Engineer Transportation

교통기사

필기 + 실기

박창수 · 이상준 · 김정위 공저

도서출판 정일

머리말

현대도시들의 대부분은 교통체증과 교통사고로 몸살을 겪고 있어, 국가적으로 이 분야에 유능한 전문가의 배출을 요망하고 있는 실정이다. 따라서 본서는 국가기술자격검정 및 각종 관련시험 응시자를 위해 분야별로 가장 기본적인 이론과 내용해설 및 출제빈도가 높거나 기출제된 문제를 엄선하여 수록하였다.

필기의 내용구성은 교통계획, 교통공학, 교통시설, 도시계획개론, 교통안전, 교통관계법규로 구성하였다. 각 장의 기본 이론과 문제 및 해설로 분류하여 수록하였다.

실기의 내용구성은 총 1~4부로 구성되었으며, 교통계획, 교통경제, 대중교통 관련 내용을 교통계획으로 통합하여 이론문제와 계산문제를 1, 2부로 나누어 구성하였다. 3, 4부는 교통공학의 이론문제와 계산문제로 분류하였으며, 관련 내용은 교통조사, 교통운영, 교통용량, 교통류이론, 도로공학, 교통안전 등이 있다.
그리고 교통기사 수험생 여러분들께 실기시험을 효과적으로 대비하는 방법에 대해 간략하게 설명하자 한다. 실기시험의 총 문제 수는 약 24~26문제 정도 출제되며, 통상 계산문제와 이론문제로 분류된다. 연도마다 조금씩 차이는 있지만 계산문제와 이론문제의 기출비율은 7:3 내지 6:4 정도로 계산문제의 비중이 높은 편이다. 따라서 계산문제에 좀 더 비중을 두면서 이론공부를 겸비한다면 반드시 좋은 결과가 나오리라 예상된다.

본서는 도시공학, 교통공학, 토목공학, 지역개발 등을 공부하는 학부생들이 사용할 수 있는 수험서로써 교통학의 전 분야를 각론별로 기본 이론과 예제를 간단명료하게 수록하였다. 특히 교통기사를 준비하는 학생들에게는 이론과 응용을 동시에 접할 수 있어 수월할 것이다. 부디 본서가 여러분의 국가기술자격시험이나 각종 관련시험 합격에 도움이 된다면 저자는 더 없는 기쁨으로 생각하는 바이다.
최근 기출문제까지 수록하여 최신출제경향을 알 수 있게 하였으며, 앞으로 해를 거듭할수록 좋은 수험서가 되도록 수정 보완을 계속할 것이며, 여러 선후배 동료들의 채찍을 달게 받을 것이다. 본서의 출판을 도와주신 도서출판 정일 이병덕 대표님께 감사의 말씀을 전한다.

차례

[교통필기]

제1장 교통계획이란?

제2장 교통공학

제3장 교통시설 공학

제4장 도시계획개론

제5장 교통안전

제6장 교통관계법규

[교통실기]

제1장 교통계획(이론문제)

제2장 교통계획(계산문제)

제3장 교통공학(이론문제)

제4장 교통공학(계산문제)

부록

기출문제

교통기사 필기

제1장

교통계획이란?

1. 교통의 개념

(1) 교통의 정의

교통공학에서 일반적으로 정의하는 교통은 "사람이나 화물을 한 장소에서 다른 장소로 이동시키는 모든 활동과 그 과정 및 절차"라고 되어있다.
즉, 사람이나 화물을 한 장소에서 다른 장소로 이동시키는 모든 활동 혹은 과정으로써 장소와 장소간의 거리를 극복하기 위한 행위를 교통이라 할 수 있다.

(2) 교통의 목표

교통은 통근, 통학, 쇼핑, 위락 등과 같은 활동을 보조해주기 위한 수단적인 의미를 가진다.
교통서비스의 궁극적인 목표는 공간적 제약을 극복하는 이동성(mobility)과 접근성(accessibility)을 제공하는 것이며, 부가적으로 편리성(convenience), 쾌적성(comfort), 안전성(safety), 경제성(economy), 신속성(rapidity) 등을 추구하는 것이다.

(3) 교통의 기능

교통의 순기능은 다음과 같다.

① 사람과 화물을 일정시간에 목적지까지 이동
② 도시화 촉진을 통한 대단위 도시(metropolis) 및 도시벨트(belt) 형성 가능
③ 물류비용 절감으로 국제 경쟁력 확보
④ 지역간, 권력간 교류 촉진으로 지역간 차이를 해소하고 시장권의 확대
⑤ 문화, 사회 활동 등을 수행하기 위한 이동 수단 제공

교통의 역기능은 다음과 같다.

① 교통사고를 유발하여 인명 및 재산피해를 유발하는 위험이 따른다.
② 배기가스, 소음, 진동에 의한 환경피해를 유발한다.
③ 많은 에너지 자원을 소비한다.

(4) 교통체계 구성요소

교통체계를 구성하고 있는 요소는 그 성격과 기능에 따라 구분할 수 있다. 일반적으로 연결체계(Links), 운반체계(Means), 터미널체계(Terminals), 인적 구성체계(Users and Labors) 등으로 대별되며, 교통의 3요소, 또는 인적 구성체계까지 포함하여 교통의 4요소라고 한다.

① 연결 체계(Links) : 교통의 출발지와 목적지를 연결해 주는 기능으로 크게 물리적 연결로와 비 물리적 연결로로 구분할 수 있다.
- 물리적 연결로 : 도로, 궤도, 관로(pipeline), 연속연결로(belts), 삭도(cable)
- 비 물리적 연결로 : 항로, 해로, 수로, 운하

② 운반수단체계(Means) : 사람 및 재화를 실어 나를 수 있는 운반수단을 의미하며, 크게 차량수단과 연속수송수단으로 구분할 수 있다.
- 차량수단 : 자동차, 버스, 열차, 선박, 항공기 등
- 연속수송수단 : 관로(pipeline), 연속연결로(belts), 에스컬레이터, 케이블카

③ 터미널 체계(Terminals) : 사람 및 재화의 출발과 도착, 환승, 주차, 하역 및 선적할 수 있는 공간 기능을 제공한다.
- 대형터미널 : 공항, 항구, 철도역, 버스터미널, 대형주차시설 등
- 소형터미널 : 버스정류장, 부두, 주택지의 차고 등
- 기타 유사시설 : 연도변 주차장, 수화물 적하장 등

④ 인적 구성체계(User and Labors) : 상기 시설을 이용하고 운영하며 유지 관리하는 인원을 의미한다.
- 이용자 : 승용차 운전자, 승객, 보행자 등
- 관련시설 종사자 : 경영자, 유지관리자, 시설운영자 등을 포함한 고용자 등

이러한 구성요소들은 교통이용자와 함께 주변 환경과 복합적으로 상호작용하면서 유기적인 관계를 형성하고 있다.
한편 또 다른 교통구성요소의 분류방법은 교통주체, 교통수단, 교통시설의 3요소로 분류하는 것이다. 개념상으로는 앞서 교통의 4요소에서 연결체계와 터미널체계를 교통시설로 통합하고, 운반수단체계를 교통수단으로 분류하고, 인적 구성체계에서의 이용자와 화물을 포함하여 교통주체로 통합했다고 할 수 있다.
상기 분류방법에 의한 교통의 3요소 세부 내용은 다음과 같다.

① 교통주체 : 사람(운전자, 승객, 보행자), 화물
② 교통수단 : 자동차(승용차, 버스, 택시, jitney, 기타), 기차, 비행기, 선박
③ 교통시설 : 환경(도로, 철도, 공항, 터미널, 항만, 역, 운하, 항로), 교통통제수단(신호, 표지판, 도로표지, 기타)

(6) 교통체계의 특성

교통체계를 평가하기 위한 일반적인 특성은 편재성(Ubiquity), 이동성(Mobility)과 효율성(Efficiency) 등의 관점에서 비교될 수 있다.

① 편재성(Ubiquity) : 편재성이란 각 체계를 이용하기 위하여 필요한 접근노력이나 출발지에서 목적지까지에 이르는 체계의 노선에 대한 굴곡성, 다양한 형태의 교통수요를 수용할 수 있는 체계의 융통성을 의미한다.
② 이동성(Mobility) : 이동성은 체계의 용량과 속도로써 표현되는 것으로 체계를 이용할 수 있는 교통량과 이동시의 신속성을 의미한다.
③ 효율성(Efficiency) : 교통서비스에 소요되는 직·간접의 비용과 체계의 생산성을 나타내는 특성으로써 직접비용이란 체계의 도입에 필요한 투자비와 운영비를 의미하며 간접비용이란 교통사고, 교통공해 등과 같은 비경제적인 영향을 포함한다.

(7) 교통의 분류

교통을 크게 공간과 수단에 따라 구분하는데, 수단적 분류는 승객이나 화물이 이용하는 교통수단을 유형별로 분류하는 것이고, 공간적 분류는 교통이 일어나는 지역적 규모에 의해 분류하는 방법이다.

① 교통수단에 의한 분류

- 개인교통수단(이동성, 비 정기성. 예 : 자가용, 오토바이, 자전거)
- 준대중교통수단(고정된 노선 없이 비정기적으로 운행. 예 : 택시, jitney, 기타)
- 대중교통수단(대량수송 수단으로 일정한 노선과 스케줄에 의해 운영. 예 : 버스, 지하철, 기타)
- 화물교통수단(트럭, 철도, 기타)
- 보행교통수단
- 서비스교통수단(소방차, 구급차, 이동 우편차, 이동 도서차, 청소차 등 공공서비스를 제

공하는 수단)

② 지역적 규모에 따른 분류

- 국가교통(국가전체)
- 지역교통(지역)
- 도시교통(도시)
- 지구교통(주거단지, 상업시설)

교통은 일반적으로 아래와 같이 교통계획(Transportation Planning), 교통운영 및 관리(Transportation Operation and Management), 교통설계(Transportation Design), 교통행정(Transportation Administration) 등 4가지 분야로 대별할 수 있다.

① 교통계획 : 계획대상 지역의 장래 교통이용 행태 및 수요를 분석, 예측하여 적정규모와 소요시설의 투자규모를 산정하고 계획을 집행하고 평가하는 분야.

② 교통운영 및 관리 : 교통시설의 운영 및 관리의 효율성과 주변환경과의 조화 등을 제고하기 위하여 교통현황을 분석 · 판단하여 교통시설의 합리적인 운영대책을 계획하고 수립하며 그 성과를 측정, 분석, 평가하는 분야.

③ 교통설계 : 교통의 연결체계(도로, 가로망, 철도 등), 운반수단체계(차량, 선박 등), 정류장 및 터미널 체계(출발, 도착, 환승 등) 등의 특성과 교통의 행태 등을 규명하여 교통수단 및 교통시설의 효율적 교통처리를 위한 교통시설의 합리적 운영체계 등을 설계하는 분야.

④ 교통행정 : 기존의 교통문제를 합리적이고 체계적으로 해결하기 위해서는 교통행정관련 부서의 유기적이고 합리적인 협조체계의 구축이 필요한데, 이를 위해서 합리적이고 효율적인 교통행정체계를 구축하고 관리하는 분야.

한편 현행 교통기사시험의 출제 기준표는 다음 표들과 같다. 이는 교통분야를 공부하는 학생들이 학습방향을 잡는데 도움이 될 수 있다.

[표 1-1] 교통기사 필기시험 출제기준표

시험 과목	주요 항목	세부 항목
교통계획	교통계획을 위한 수요예측 및 대중교통 수단 등에 관한 지식	1. 경제사회 지표의 조사 및 예측 2. 교통조사 및 통행특성 3. 교통시설 조사 4. 도시교통계획 과정 5. 교통수요 분석 및 예측 6. 대중교통체계 7. 교통정책 및 관리대안
교통공학	도로시설, 차량, 운전자 및 보행자에 관한 지식	1. 도로이용자 및 차량의 운행 특성 2. 교통류 조사 3. 교통류 특성 및 분석 4. 교통용량 5. 교통신호 및 관제
교통시설	도로 등 주요 교통시설물에 관한 지식	1. 도로의 기능체계 2. 도로의 기하설계 요소 및 부대시설 3. 교차로의 계획 4. 터미널 및 정거장 계획 5. 주차장 계획
도시계획 개론	교통계획을 위한 도시계획 과정에 관한 지식	1. 도시계획 과정 2. 토지이용계획 3. 가로망 계획
교통관계 법규	교통운영 및 관리에 관한 제 법규	1. 도시교통정비촉진법 시행령 2. 도로교통법 및 시행령, 시행규칙 3. 도로법 및 시행령 도로의 구조시설 기준에 관한 규정 4. 주차장법 및 시행령 5. 교통안전법 및 시행령 6. 도시계획법 및 시행령
교통안전	교통사고에 관한 특성, 조사, 원인분석, 방지대책에 관한 지식	1. 교통사고의 특성 2. 교통사고 조사 3. 교통사고 원인분석 4. 교통사고 방지대책

먼저 필기시험과목 중 교통계획, 교통공학, 교통시설 등은 일반적인 교통공학의 분류에서도 언급된 교통공학의 필수전공이라 할 수 있다. 도시계획개론의 포함은 교통공학과 도시계획과의 밀접한 관계를 의미하며, 교통관계법규 부분은 교통공학 전문가에 대한 관련 법규의 숙지 요구라 할 수 있다. 교통안전분야는 궁극적인 목표를 교통사고 방지대책 수립이라 할 때, 교통전문가로서 사회적 봉사활동의 역할을 기대한다.

실기시험은 교통운영 및 관리에 관한 실무적인 지식을 요구하며, 이는 교과과정에서 다양한 현장학습과 프로젝트 등을 통한 실무경험을 필요로 한다.

[표 1-2] 교통기사 실기시험 출제기준표

시험 과목	주요항목	세부항목
교통운영 및 관리	교통의 계획 및 운영에 관한 실무적인 지식	1. 교통계획에 관한 실무적인 지식 1) 교통량 조사 2) 교통계획의 접근방법 및 계획 과정 3) 교통계획의 평가방법 4) 도시교통의 정책 및 관리방안 2. 교통공학에 관한 실무적인 지식 1) 교통류 조사기법 2) 교통용량과 서비스수준 분석 3) 교통체계관리(TSM) 4) 교통신호 운영 5) 도로 및 교차로의 계획

2. 교통계획이란?

교통계획이란 사람이나 화물의 공간적인 이동을 효율적으로 하기 위하여 다양한 기법을 조직적으로 구성하는 계획 또는 교통시설의 배치와 기능에 대한 계획이다. 다시 말하면 국토계획 및 지역계획의 입장에서 그 지역에 적합한 교통시설과 교통수단을 어떻게 배치하고 또 이들의 기능을 어떻게 발휘하게 할 것인가를 계획하는 것이다.
교통계획의 과정은 현재와 과거의 성장에 관한 자료를 수집하고 분석하는 것, 대상지역 또는 도시의 목적과 목표를 설정하는 것, 지역 또는 도시의 장래발전 및 교통 수요를 예측하는 것을 포함한다. 또 이것은 실행 가능한 대안을 검토하는 것으로서, 교통계획안의 작성 및 평가뿐 아니라 상황의 변화에 따라 정기적인 검토 및 계획 변경을 하는 것도 포함된다.

2.1 교통계획의 특성

교통계획은 그 분류도 다양하게 정의될 수 있으며, 각 항목별 특성도 계획 대상지역의 특성과 기능, 그리고 그 목적에 따라 세분될 수 있다.

(1) 미래의 교통수요를 예측하고 이에 대응하기 위한 수단

① 미래의 수요예측
② 교통서비스를 충족시키는 교통수단
③ 교통시스템이 변함에 따라 통행수요
④ 사람과 환경에 미치는 역효과 최소화
⑤ 예산과의 관계

(2) 교통계획의 필요성

① 통행패턴(Travel pattern)이 일정치 않다.
② 토지이용형태(Land use pattern)의 계속적인 변화
③ 인구의 변화
④ 경제적인 요인의 지속적 변화
⑤ 환경에 지대한 영향을 미침
⑥ 토지이용과 교통체계와의 밀접한 연관성

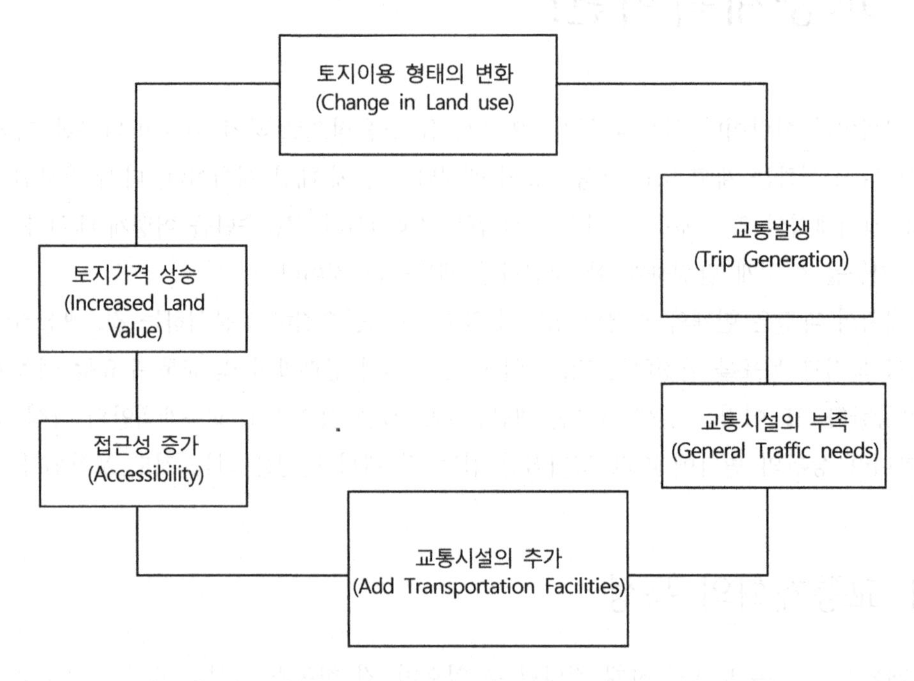

[그림 1-1] 토지이용형태의 변화에 따른 교통계획의 필요성

(3) 교통계획의 분류

① 지역에 따른 분류(지점계획 Site planning, 지역계획 Regional planning)

- 국가교통계획 : 국토이용의 효율성을 높이고 균형 발전, 국가 경제 발전을 목표로 하는 교통계획이다.
  예) 고속도로, 항공, 항만, 철도 등(화물이나 승객의 장거리 이동)
- 지역교통계획 : 도시나 그 밖의 군 등을 합친 광역권 교통계획, 지역간 승객 및 화물의 이동 촉진, 지역의 균형 발전, 지역생활권 연결 등에 중점을 둔다.
  예) 경주권 등의 권역계획, 전라북도 등의 도단위 교통계획을 다룬다.
- 도시교통계획 : 도시내 교통의 효율성 증진, 대량 교통수요의 원활한 처리에 목표를 두고 도시고속도로도 다루어지며. 교통서비스에 중점을 둔다.
  예) 간선도로, 이면도로, 승용차, 택시 등의 교통수단을 다룬다.
- 지구교통계획 : 상업지역, 주거지역 등의 도심지 특정 지구 등을 범위로 한다. 지구내의 통행을 위해 보행자 공간 확보. 대중교통의 접근성을 다루며, 이면도로, 교차로, 주차장 및 보조간선도로까지 다룬다.
  특징) 블록 단위로 편성. 도시계획 측면에서 근린주구 개념의 교통계획을 다룬다.

② 기간에 따른 분류

- 단기교통계획 : 교통문제를 진단하여 이에 적합한 단기적이고 서비스개선 위주의 교통관리 및 운영을 위한 계획
- 장기교통계획 : 계획대상 지역전체의 목표 달성을 위하여 대상지역에서 일어나는 교통문제를 파악하고 이를 해결하는 데 필요한 종합적인 틀을 제공하는 장기적이고 거시적인 교통계획

[표 1-3] 장·단기 도시교통계획의 차이점

장기교통 계획	단기교통 계획
· 소수의 대안	· 다수의 대안
· 유사한 대안	· 서로 다른 대안
· 교통수요가 비교적 고정	· 교통수요가 변화 가능
· 단일 교통수단 위주	· 여러 교통수단을 동시에 고려
· 공공기관 정책	· 공공기관 및 민간기관 정책
· 장기적 관점	· 단기적 관점
· 시설 지향적	· 서비스 지향적
· 자본 집약적	· 저자본 비용

(4) 교통계획시 어려움

① 제 변수들의 제어가 불가능하다.
② 숨어있는 교통수요의 측정이 어렵다.
③ 2차 효과 및 편리도 등을 수량적으로 측정하거나 예측하기가 어렵다.

(5) 교통계획의 목표

① 안전도 개선
② 여행시간 감축
③ 여행비용 감소
④ 이동성 개선
⑤ 효율성 증가
⑥ 연료소모 절약
⑦ 대기오염 감소
⑧ 용량 증가
⑨ 생산성 증가
⑩ 지역주민들의 혼란 최소화

(7) 교통계획의 기능

① 근시안적인 교통계획의 장기적인 테두리를 설정해 준다.
② 즉흥적인 계획과 집행을 막을 수 있다.
③ 교통행정에 대한 지침을 제공하는 역할을 한다.
④ 단기, 중기, 장기 교통정책의 조정과 상호 연관성을 높여준다.
⑤ 정책목표를 세울 수 있는 계기가 마련된다.
⑥ 한정된 재원의 투자 우선순위를 설정해 준다.
⑦ 부문별 계획 간의 상충과 마찰을 방지해 준다.
⑧ 교통문제를 진단하고 인식할 수 있는 여건을 조성해 준다.
⑨ 세부계획을 수립할 수 있는 준거를 마련해 준다.
⑩ 집행된 교통정책에 대한 점검의 틀을 제공한다.

2.2 교통계획의 접근방법

교통계획의 접근방법은 계획의 의사결정과정을 거치는데, 즉 계획의 형성과정과 사고과정을 거쳐 결과를 도출한다.

교통계획의 형성과정은 다음 4단계를 거친다.

① 구상　　　　② 대안개발
③ 최적안 선정　　④ 실행계획

교통계획의 사고과정은 다음 4단계를 거친다.

① 방향설정　　② 문제점의 파악
③ 문제점의 분석　　④ 결정

이상과 같은 교통계획의 형성과정과 사고과정을 각 요소별로 행렬화한 것이 [표 1-2]이다.

[표 1-4] 교통계획의 형성과정

	구상	대안개발	최적안 선정	실행계획수립
방향설정	거시적 현상분석	구상안 중에서 대안 채택을 위한 방향설정	최적안 선정을 위한 방향결정	실행계획 수립의 방향 설정
문제점파악	명확한 목록 수립 목적달성 방안구상	미시적 현상분석 대안의 목표 대안의 골격	대안평가에 대한 문제점	계획과 실행간의 조정
문제점분석	창조적인 구상안 제시	대안의 문제점 조사분석	평가기준 적용	계획의 구체화 분석계획의 평가
결정	각 구상안을 평가하고 결정	실행 가능한 대안 확정	최적안 선정	최종계획안 마련

〈참고문헌 : 도철웅, 교통공학원론〉

2.3 교통계획 절차

교통계획의 절차는 처음에 문제점을 파악하고 목표를 설정한다. 그 다음에 장래예측을 위하여 현황자료수집, 모형을 정립한다. 예측된 통행을 이용하여 대안들을 작성하고 대안간의 타당성분석 및 평가를 통하여 최적대안을 선택한 후 실행을 한다. 계획의 연속성을 유지하고, 실행을 원활히 하며, 또 계획을 항상 최신의 상태로 유지하기 위하여 전 과정에 걸쳐 반복적인 과정을 실행함에 따라 이를 '계속적인 과정'이라 한다.

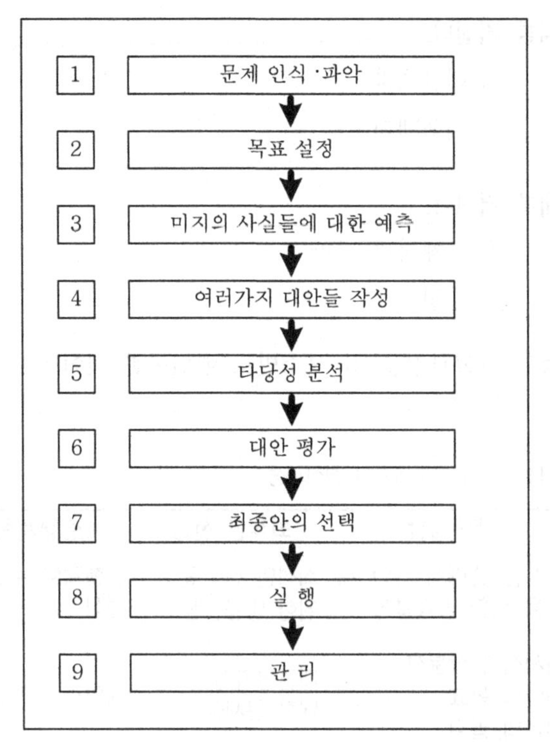

[그림 1-2] 교통계획의 진행과정

① **문제 인식 · 파악(Problem diagnosis)**

계획의 바탕이 되는 단계로 현황 분석을 통해 문제점을 알아 인식하고 공공계획에서 공공의 희망을 인식하는 단계

② **목표 설정(Goal Articulation)**

매우 중요한 단계로 초기에는 추상적이고 불분명한 상태에서 설정(ex.도시의 건강성, 쾌적성)을 해야 하기 때문에(Goal : 상위목표, Objective : 구체화된 목표) 점차 진행시키며 Goal을 구체화 시켜 나가는 단계

③ **미지의 사실들에 대한 예측(Forecasting)**

구축된 사회 · 경제지표자료들과 예측모형을 이용하여 장래에 대한 예측 단계

④ **여러 가지 대안들을 작성(Making of Alternative plan)**

최적의 대안을 고르기 위해 여러 가지 측면을 검토한 대안들 수집 단계

⑤ **타당성의 분석(Feasibility Study)**
작성된 대안들이 미래에 실현 가능성이 있는가를 분석하며, 여러 가지 운영 효과를 분석하는 단계

⑥ **대안들의 평가(Evaluation)**
경제적인 분석 방법(NPU) 등의 분석방법을 통해 대안들을 평가하는 단계

⑦ **최종안의 선택(Selection of best alternative)**

⑧ **실행(Implementation)**

⑨ **관리(Monitoring)**

3. 교통계획 자료수집

교통계획을 수립하기 위해서는 대상지역의 물리적, 사회 · 경제적 특성과 교통특성 및 토지이용 등에 대한 자료들이 필요하다. 이는 통행발생에서 통행배정까지의 모든 교통 활동이 지구 또는 지구단위의 권역내외의 사회 · 경제활동에 따라 파생되는 종속적이며 목적행위를 위한 의존적 선택수단으로서 그 기능을 갖기 때문이다.
교통은 그 자체가 독립적인 것이 아니고 사회 · 경제활동에 따라 파생되는 종속적인 것이다. 따라서 교통수요의 발생에 영향을 미칠 수 있는 요인은 대상지역의 사회 · 경제적 활동과 밀접한 관계를 고려하지 않으면 안 된다.

(1) 교통존(traffic zone) 설정

① 존은 지역적으로 인접해 있어야 한다(Spatially contiguous).
② 내부 통행을 최소화 할 수 있어야 한다.
- 승객이나 화물 이동에 대한 분석과 추정의 기본단위 공간
- 교통존의 중심을 Centroid라고 함
- 각 존의 사회적인 특성, 교통여건을 파악하여 이를 기초로 자료의 수집, 분석, 예측

③ 동질적인 토지이용이 포함되도록 함
④ 행정구역과 가급적 일치
⑤ 간선도로는 존 경계와 일치

(2) 교통계획을 위한 통계자료

① 인구(Population) : 밀도, 출생률, 사망률, 이주율, 공간적 분포
② 가구수(Household)
③ 수입(Income)
④ 출근 통행(Journey to work)
⑤ 여행 수단(Mode of travel)
⑥ 연령 분포(Age distribution)
⑦ 성별 분포(Gender distribution)
⑧ 가구규모(Size of household)
⑨ 근무처(Location of work)

(3) 인구특성(Population characteristics)

① 출생률
② 사망률
③ 이주율

Bacterial Colony 인구예측 Model

$$P_t = P_0 e^{(B-D\pm M)\Delta t}$$

여기서,

P_t : 미래인구
P_0 : 현재인구
B : 출생률
D : 사망률
M : 이주율
Δt : 경과연도

(4) 교통시설(Transportation facilities)

① 도로의 특성 및 용량, 시설물(신호, 표지판, 포장상태 등)
② 주차시설 (Public/Private, 용량, 비용, 운영시간, 이용현황, 도로주차, 차고 등)
③ 대중교통수단(기차, 버스)의 운행빈도, 용량, 정류장, 요금 등
④ 기타(화물차, 터미널, 공항, 자전거도로 현황)

(5) 토지이용 및 개발

토지이용과 교통계획 관계의 중요성은 앞서 언급한 바 있다. 토지이용계획 수집자료는 개략적으로 다음과 같다.
① 토지이용 용도구분(주거지역, 상업지역, 산업지역, 기타)
② 개발가능성 및 미개발 지역 인식
③ 교통유발이 많은 발생체 인식(Malls, schools, hospitals)
④ 민감지역 고려(학교, 종교시설, 병원, 문화재 등)
⑤ 현행 법규, 법령 인식
⑥ 지형(Topography)

(6) 통행패턴 및 여행자 특성

① 교통량(Classified by type of vehicle)
② 속도(Travel speed)
③ 사고(Travel accident)
④ 여행목적(Trip purposes)
⑤ 수단사용(Modes used)
⑥ 여행비용(Travel costs)
⑦ 링크사용(Links used)
⑧ 내부-내부교통(Internal-Internal Trip) : 출발지와 목적지 모두 존 내부에 있는 교통
⑨ 내부-외부교통 : 출발지나 목적지 중의 하나가 존 외부에 있는 교통
⑩ 외부-외부교통 : 출발지, 목적지 모두 존 외부에 있는 교통

(7) 출발/목적지조사(O/D Studies) 방법

① 가정인터뷰(Home interview surveys)
② 전화조사(Telephone surveys)
③ 우편조사(Mail-back surveys)
④ 트럭/택시조사(Truck/Taxi surveys)
⑤ 고용자조사(Employment surveys)
⑥ 노측조사(Roadside Interview)
⑦ 폐쇄선 조사 (cordon line)

- 폐쇄선 주변의 지역은 최소한 5% 이상의 통행자가 폐쇄선 내의 지역으로 출근 및 등교하는 지역으로 설정
- 폐쇄선 선정시 고려 사항

- 가급적 행정구역 경계선과 일치
- 도시주변의 인접도시나 장래 도시화지역은 포함
- 횡단하는 도로나 철도의 최소화

⑧ Screen line 조사(보완용, 특정구간 : 교각, 주요간선도로)

- 조사결과 검증 및 보완

(8) 출발/목적표(O/D Table) 산정

① 사람의 통행이 어떻게 이루어지고 있는가를 우선적으로 파악
② 사람의 통행활동은 반드시 기점(Origin)과 종점(Destination)이 있음
③ 매일 일어나는 통행활동은 일정한 패턴이 있음
④ 통행실태분석은 통행활동의 기 · 종점, 통행목적, 이용하는 교통수단 등을 조사
⑤ 전수화 : 표본에 의해 조사된 자료를 전통행자에 걸쳐서 집계하는 과정

(9) 경제상황

① 생산성(Production) ② 고용(Employment)
③ 구매행태(Retail activity)

(10) 분석

① 용량분석
② 사고조사
③ 교통 및 환경영향평가

4. 토지이용계획 조사방법

미래의 토지이용 계획 조사는 다음과 같은 용도구분으로 이루어진다.
① 주거지(과밀, median, 저밀)
② 상업지역(소매, 도매)
③ 산업지역(By type)
④ 레크리에이션(문화, 공원, 체육시설)
⑤ 도로 및 교통
⑥ 공공빌딩
⑦ 공터
⑧ 기타토지이용

한편 장래 토지이용계획을 예측하는 방법으로는 접근도 모형(Accessibility model)을 많이 사용하며 이는 다음과 같은 절차로 이루어진다.

① 주거지 지역 성장 예측 모형으로 사용
② 예측 지역 내에서의 존과 무관하게 전체를 예측
③ 변수 : 목적지의 유인력(Attractive destination), 여행경비(Cost of traveling), 여행시간(Travel time), 기타, 상수

(1) 방법(Method)

$$A_i = \sum_j E_j \times F_{ij}$$

$$F_{ij} = \frac{1}{(t_{ij})^b}$$

여기서,

E_j = Zone j의 유인력(Attractiveness)

F_{ij} = 여행시간 및 여행비용 관계식

b = 상수

A_i = Zone i의 접근도

$$G_i = G_t \frac{V_i A_i}{\sum V_x A_x}$$

여기서,

G_i = 미래토지이용을 위한 Zone i의 증가분

G_t = 예측지역의 전체증가

V_i = 빈공간(Zone i)

A_i = Zone i의 접근도

(2) 접근도모형의 주요특성

① 모든 토지이용에 사용되나, 주로 주거지역을 위한 토지이용 예측 모형

② 존의 성장은 계획지역의 전체성장, 즉 빈공간, 상대적 접근성이 기초

③ 한 주거지역의 접근성은 다른 지역의 접근용이성 및 근접성에 기초

④ 토지이용이 다른 곳의 유인력(Attractiveness)은 주거지역 사용자들에게 유인요인이 무엇인가를 알아야 한다(수용능력, 소매, 고용, 기타). 소매상지역에 토지이용 예측모델이 사용되었다면 주거지역의 인구가 유인력

⑤ 성장은 토지, 건물바닥면적, 가구수 등으로 표현되고 때때로 전체적인 성장은 외부적인 요인에 의해 영향을 받는다.

5. 4단계 교통수요추정

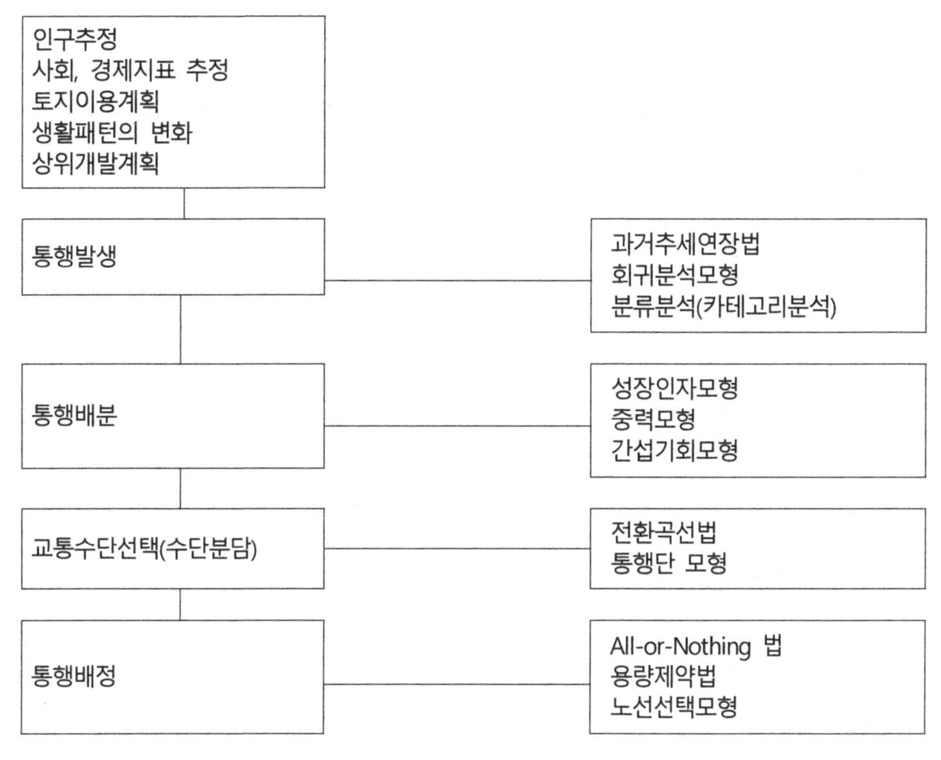

[그림 1-3] 4단계 추정법

전통적으로 가장 많이 사용되어 오면서 도시교통모형과정의 골격을 이루고 있는 방법으로 이를 순서적으로 서술하여 보면

(1) 통행발생

각 죤에 대해 사람통행과 화물통행의 유출량과 유입량을 예측하는 단계

(2) 통행배분

통행발생모형에서 예측된 각 죤별 통행유출과 통행유입에 대해 완전한 통행의 형태를 갖도

록 희망선으로 연결하는 단계로 기점과 종점이 되는 출발존과 목적존 사이의 교통비용(시간) 또는 접근도 등을 설명변수로 사용한 수학적 모형

(3) 교통수단 분담

발생된 통행을 이용 가능한 여러 수단(주로 대중교통인 버스와 개인교통수단인 승용차로 배분)에 대해 배분하는 것

(4) 통행배정

기·종점간 교통수단별로 배분된 통행을 링크와 노드(Node)로 구성된 교통망에 배정하는 것
4단계 모형의 전제조건은 다음과 같다.
① 현재 교통여건을 지배하는 교통 시스템 내의 메카니즘이 장래에도 불변한다는 가정
② 만일 변화가 일어난다면 외생변수(사회·경제적 요인)에 의해 일어난다고 가정

4단계 모형의 장점은 다음과 같다.

① 각 단계별로 도출되는 결과에 대한 검증을 거침으로써 현실의 묘사가능
② 통행패턴의 변화가 일어나지 않는다는 가정을 전제로 함
③ 단계별로 적절한 모형의 선택 가능

4단계 모형의 단점은 다음과 같다.

① 과거의 일정한 시점을 기초로 하며 수집한 자료로 모형화하기 때문에 장래 추정시 경직성을 나타냄
② 각 단계를 별개로 거치게 되므로 4단계를 거치는 동안 계획가나 분석가의 주관이 강하게 작용할 수 있음
③ 총체적 자료에 의존하기 때문에 통행자의 총체적, 평균적 특성만 산출될 뿐 행태적인 측면은 거의 무시

6. 통행발생

통행발생은 교통존을 중심으로 생성되는 통행량(production)과 존으로 유입되는 통행량(attraction)을 산정하는 데, 이는 교통이 파생수요란 점에 근거하고 있다.
통행발생량은 어느 특정한 도로나 노선에 국한되지 않고 교통존 혹은 대상지역 전체에서 발생되는 통행량이다. 이는 통행자의 속성(직업, 연령, 성별, 차량보유여부 등)과 통행목적(등교, 출근, 업무, 여가, 친교 등)으로 분류한다.

6.1 통행의 분류

(1) 통행분류

① 사람통행
- 가정기반 출근통행
- 가정기반 통학통행
- 가정기반 기타통행
- 비주거통행발생(Non-home-based trip)

② 화물통행
- 물류수요
- 화물취급단위
- 트럭통행

③ 지역외통행(External trip)
④ 통과통행(Pass-by trip)
⑤ 우회통행(Diverted trip)
⑥ 택시통행

(2) 통행목적

① 근로 ② 개인용무

③ 학교 ④ 물건사기
⑤ 위락 ⑥ 사교
⑦ 기타

(3) 통행수단

보행, 자동차, 버스, 전철, 자전거, 기타

6.2 통행발생 요인

(1) 주거지역

① 접근도(Accessibility) : CBD로부터의 거리
② 토지이용 방법(Type of land use), 거주기간
③ 밀도/개발규모
④ 자동차 보유대수
⑤ 수입
⑥ 가구규모(Size of household)
⑦ 가구원 중 경제활동 인구수
⑧ 운전면허 소지자수
⑨ 세대주의 연령, 세대주의 직업
⑩ 가옥구조

(2) 비주거지역

① 분석단위 : 건물연면적 1,000㎡ 당 통행수, 고용자 1인당 통행수, 토지바닥면적 1,000㎡ 당 통행수
② 토지이용분류 : 사무실, 공업지역, 공지, 상업지역, 교육 및 보건시설, 공공건물, 교통 및 공공시설

6.3 통행발생 모형

(1) 원단위법

해당지역의 특성을 나타내는 여러 가지 지표(사회경제적, 토지이용적 지표)간의 상관관계를 구하여 이것으로부터 목표년도의 장래교통량을 예측하는 방법. 원단위는 일정한 단위시간(일

반적으로 24시간)과 단위지표(단위인구, 단위면적, 단위통행자)를 토대로 통행량을 추정한다.

$$T_i = X_i \cdot a_i$$

T_i : 장래년도 추정통행량
X_i : 그존에서가장 중요한 지표
a_i : 평균 원단위

(2) 분류분석 모형(Cross classification analysis)

이 모형의 특징은 총인구, 가구당 통행발생량 등과 같은 종속변수를 소득, 자동차보유대수 등의 설명변수 등의 몇 가지 카테고리(예 : 소득에 따라—대, 중, 소, 가구원수—3인 이하, 5인 이하 등)에 의해 교차 분류시켜 도출해내는 모형

(가) 변수들의 특성

① 인/가구 : 가구당 가족수가 증가하면 통행발생률 증가, 일정비율은 아님
② 가구수입 : 가구수입의 증가는 통행발생률 증가
③ 가구 밀집도 : 보통 밀집도에서 가장 많은 통행발생, 낮거나 아주 높은 밀집지역은 오히려 통행발생률이 낮다.

(나) 산정방법

통행발생률을 예측하기 위하여 아래의 20개 가구를 조사하였다. 20개 가구의 소득과 자동차 보유대수 및 이에 따른 통행발생을 조사한 분석표는 다음과 같다.

가구	통행발생	수 입	자동차 보유대수
1	2	4,000	0
2	4	6,000	0
3	10	17,000	2
4	5	11,000	0
5	5	4,500	1
6	15	17,000	3
7	7	9,500	1
8	4	9,000	0
9	6	7,000	1
10	13	19,000	3
11	8	18,000	1
12	9	21,000	1
13	9	7,000	2
14	11	11,000	2
15	10	11,000	2
16	11	13,000	2
17	12	15,000	2
18	8	11,000	1
19	8	13,000	1
20	9	15,000	1

위의 조사 자료를 다음과 같은 Matrix로 구성할 수 있다.

자동차 보유 수입	0	1	2+
≤ 6,000	1,2	5	
6,000-9,000	8	9	13
9,000-12,000	4	7, 18	14, 15
12,000-15,000		19, 20	16, 17
>15,000		11, 12	3, 6, 10

자동차 보유 수입	0	1	2+
≤ 6,000	3.0(6/2)	5.0	
6,000-9,000	4.0	6.0	9.0
9,000-12,000	5.0	7.5	10.5
12,000-15,000		8.5	11.5
>15,000		8.5	12.7

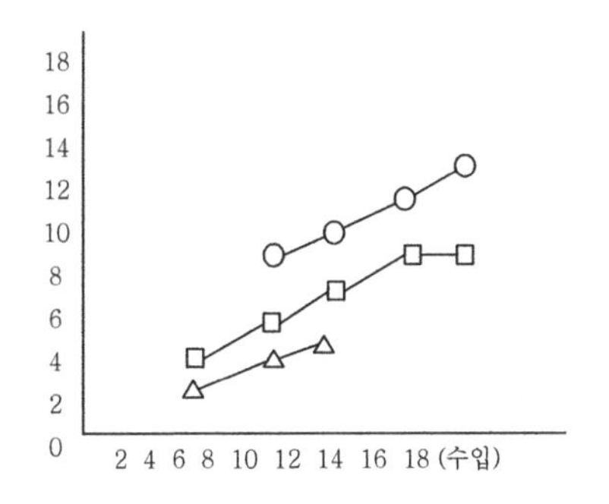

(3) 회귀분석(Linear regression analysis)

이는 종속변수가 하나 혹은 여러 개의 설명변수(독립변수)와 어떻게 연관되어 있는가를 밝혀내는 통계적인 방법으로, 통행발생에 영향을 주는 요소들에 대한 관계를 검토하여 모형을 정립한다.

● 평가

- 단점 - 통행발생변수 선택과 통행발생변수에 대한 각 존별 현재 데이터를 알아야 하고 그것을 토대로 a_0, a_1, a_2, a_3, a_n 등을 찾아내고 또 X_1, X_2, X_3, X_n 등도 구해내야 한다.
- 장점 - 분류분석이나 통행발생률을 통한 분석은 복합적인 요인을 분석 못함

● 산정방법

① 통계적 분석방법으로 종속변수와 독립변수로 구성

$$Y = a + bX$$

여기서,

Y : 종속변수
X : 독립변수
a, b : 상수

② 독립변수

• 수입
• 가구규모
• 자동차보유대수
• 밀도
• 기타

③ 종속변수

- 통행발생량

④ 모형 추정과정

- 독립변수와 종속변수 선정
- 독립변수 조사
- 독립변수에 관계가 있는 종속변수 선정
- 상관관계가 가장 높은 독립변수부터 하나씩 추가한다.
- 통계적 상관관계를 조사(상관계수)

$$b = \frac{\sum_i X_i Y_i - nxy}{\sum_i X_i^{\,2} - nx^2}$$

여기서,

n : 샘플수
x : 독립변수의평균값
y : 종속변수의 평균값
X : 독립변수의 값
Y : 종속변수의 값

$$\boldsymbol{a = y - bx}$$

여기서,

y : 종속변수의 값
x : 독립변수의 평균값

$$r = \frac{\sum_i X_i Y_i - nxy}{\sqrt{(\sum_i X_I^{\,2} - nx^2)\,(\sum_i Y_i^{\,2} - ny^2)}}$$

7. 통행배분(Trip distribution)

통행배분의 목적은 각 존별로 예측된 통행발생량과 통행유입량을 각 존간의 통행교차량(Trip interchange)으로 배분 예측하는 것이며 그 종류는 크게 다음과 같이 나누어진다.

① 성장인자모형

② 중력모형

③ 간섭기회모형

7.1 성장인자모형(Growth Factor Model)

가장 단순한 형태로서 교통계획의 방법론이 정립되기 이전부터 사용된 가장 오래된 모형이다.

① 기본개념

- 장래의 존간 통행량을 현재의 존간 통행량을 기초로 통행단(trip-end)에서의 성장 인자의 크기에 의해 결정
- 현재의 통행자의 통행형태가 장래에도 똑같다는 가정에서 출발하기 때문에 사회경제적 활동이 급격히 변하는 지역이나 도시에서는 적합성이 떨어진다.

② 사용

- 존간 통행시간 및 통행비용에 관한 자료가 없는 경우(통행시간, 통행비용을 고려 안함, 따라서 교통시스템의 변화에 부적응)
- 통행배분과 교통체계와의 상호의존성이 없음(실제 적용하기가 간편)
- 고급모델의 사용이 불필요할 경우
- 존간 통행예측을 위해서는 양존의 성장인자를 필요로 하기 때문에, 기준 연도에 통행배분이 없었던 결과는 장래의 통행배분 예측도 불가능
- 토지이용이 단일하여야 한다.
- 인구 집중율이 차이가 클 경우 오차가 발생한다.

③ 종류

- 균일성장인자모형(Uniform-growth factor model, constant factor model)

- 평균성장인자모형(Average-growth factor model)
- Fratar model
- Detroit model (Fratar 모델의 변형)

(1) 균일성장인자모형(Uniform growth factor model)

균일성장인자모형은 가장 단순화된 성장률법으로 예측된 장래의 통행량을 현재의 통행량으로 나눈 값, 즉 균일 성장률을 현재의 통행량에 곱하여 장래의 통행배분량을 추정하는 방법이다.

① 균일 성장인자는 장래의 전체 통행발생량(총생성량+총유인량)을 현재의 통행발생량으로 나눈 값

$$F = T/t$$

여기서,

F : 균일성장인자
T : 장래총통행발생량
t : 현재 총통행발생량

② 장래 존간 총통행량은 기존의 통행량에 대해 균일성장인자를 균일하게 곱하여 예측한 것

$$T_{ij} = F_{tij}$$

예측된 장래 총통행발생량은 교통생성량과 통행유인량을 구분하지 못함. 따라서 반복적(Iteration)인 계산이 필요하며, 차이가 10%이내일 때까지 반복한다. 균일성장인자모형은 다양한 성장(유인량과 생성량)에 기초한 교통배분은 예측이 불가능

(2) 평균성장인자모형(Average growth factor model)

평균성장인자모형은 각 존마다 통행유출량, 통행유입량에 대한 성장률을 각각 하여 현재의 각 존별유출량, 유입량에 성장률을 곱하여 장래의 배분교통량을 구하는 방법으로 균일성장인자모형 보다는 훨씬 정밀한 접근방법

① 성장인자모델(Growth factor model)중에 가장 많이 사용되는 모델

② 평균성장인자모형은 통행생성량과 통행유인량 각각의 평균의 값으로 성장 인자 추출

$$F_i = P_i/p_i,$$
$$F_j = A_j/a_j,$$
$$T_{ij} = t\,ij < (F\,i + F_j)/2 >$$

여기서,

F_i : 생성 성장계수
F_j : 유인 성장계수
P_i : 미래의 생성량
Pj : 현재의 생성량
Aj : 미래의 유인량
aj : 현재의 유인량

먼저 F_i와 F_j의 값을 각 존별로 구하고 현재의 존간 통행량(t_{ij})에 F_i와 F_j의 평균치를 곱하여 각 존의 장래 교통량을 산출한다. 그리고 산출된 O-D 표의 통행유출량과 유입량을 초기에 추정된 유출량 및 유입량과 비교한다. 대부분의 경우 이들의 값들은 일치하지 않기 때문에 여러 번 반복작업을 계속하여 가급적 실재와 예측비의 값이 1에 가까울 때까지 반복작업을 계속한다.

③ 현장조사에 의해서 미래의 교통생성량과 통행유인량이 조사되어지지 못하는 경우
생성량 = 미래인구 / 현재인구, 유인량 = 미래고용인원 / 현재고용인원, 미래소매상면적 / 현재소매상면적

(3) Fratar model

(가) 성장인자에 의한 Fratar model

① 앞의 성장모형보다는 정교한 모델
② 주로 외부교통의 유출입에 사용
③ 전체 존에서의 총통행유인량과 총교통생성량의 합은 같다.

$$\sum_i T_{ij} = \sum_j T_{ji}$$

④ 장래의 통행발생량/현재의 통행발생량으로 인자 산정

$$GF_j = T/t$$

⑤ 배분 방법

$$T_{ij} = T_i \left(\frac{t_{ij}\, GF_j}{\sum t_{ij}\, GF_j} \right)$$

여기서,

T_{ij} = 존 j와 i사이의 장래 교통배분량
T_i = 존 i에서 발생된 장래 교통량
t_{ij} = 존 i와 j에서의 현재 교통배분량
GF_j = 존 j를 위한 성장인자

(나) 유출 유입성장률의 곱에 의한 Fratar model

존i와 존j 사이의 통행량은 E_i(존i의 유출량의 성장율)와 F_j(존j의 유입량의 성장율)에 비례하여 증가한다는 것이다. 현재 통행량을 이와 같은 두개의 성장률로 곱하면 존i에서 유출되는 통행량이 장래추정량보다 많아지므로 아래와 같은 절차에 의해 보정하여 배분통행량을 예측하는 방법

① 존간의 통행량 E_i, F_j 산정

② 반복과정을 통하여 통행발생 단계에서 산출된 통행 유출, 유입량과 일치 되도록 조정

③ 일반적으로 평균 성장율보다 계산횟수가 적음

여기서 과다추정을 보정하기 위한 수단으로서 L_i와 L_j의 합을 2로 나눈 값을 성장률과 현재교통량에 적용하여 장래통행량을 구한다.

$$T_{ij} = t_{ij} E_i F_j \frac{L_i + L_j}{2}$$

$$L_i = \frac{\sum_{j=1}^{n} t_{ij}}{\sum_{j=1}^{n} t_{ij} F_j}$$

$$L_j = \frac{\sum_{i=1}^{n} t_{ij}}{\sum_{i=1}^{n} t_{ij} E_i}$$

(다) 성장인자모델의 문제점

① 성장인자모델은 여행시간이나 여행비용을 여행배분에 영향을 미치는 인자로 사용하지 않기 때문에, 교통시스템의 개선에 기인한 교통배분의 변화에 대응할 수 없다.

② 큰 존에 있어서의 성장은 종종 실제 성장률을 과대 예측하여 교통배분에 크게 영향을 미치게 된다.

③ 새로운 개발지에는 현재의 교통배분이 없기 때문에 미래를 예측 할 수가 없다.
④ 현재는 Fratar Model만이 광범위하게 사용된다.

(4) Detroit법

(가) Fratar모형의 계산 과정을 단순화

Detroit 모형은 Fratar 모형의 계산 과정을 보다 단순화시킨 것으로 계산이 아주 복잡한 L_i, L_j 항을 단순한 성장인자로 대치하여 Fratar와 비슷한 계산과정을 적용한다.

$$T_{ij} = t_{ij} \frac{E_i \times F_j}{F}$$

F : 총통행 발생량의 증감률
E_i : 죤i의 유출량의 성장률
F_j : 죤j의 유입량의 성장률

(나) 장점

모형이 간단하고 적용이 용이하다

(다) 단점

교통량의 증감에 따라서 결과가 상이하게 발생한다.(총통행발생량의 증감을 사용하기 때문에 개별죤의 성장률이 큰 경우 죤 전체의 성장률에 의해 증감률이 상쇄한다.)

7.2 중력모형

중력모형의 통행배분에서의 적용은 뉴턴의 만유인력법칙을 사회현상에까지 적용해 보려는 사회과학자들의 대담한 노력에서 그 근원을 찾을 수 있다. 두 장소간의 교통량 교류는 두 장소의 토지이용에 의한 활동량의 곱에 비례하고 한 장소에서 다른 장소로 통행하는 데에 따른 교통 불편성(통행비용)에 반비례하는 것이라는 가정에서 출발한다.

(1) 만류인력의 법칙

$$F_{1,2} = \frac{GM_1M_2}{D_{1,2}^2}$$

여기서,

$F_{1,2}$ = 1과 2사이에 발생하는 인력
M_1, M_2 = 질량
$D_{1,2}$ = 거리
G = 만류인력상수

사회과학에 최초로 사용한 모델

$$M_{1,2} = \frac{f(p_1)}{R_{1,2}}$$

여기서,

$M_{1,2}$ = 1지역에서 2지역으로의 인구이동
$f(p_{1)}$ = 1지역 인구(p_1)의 함수
$R_{1,2}$ = 1지역과 2지역간의 거리

교통수요예측 최초모델

$$T_{ij} = \frac{\alpha P_i P_j}{d_{ij}^n}$$

여기서,

T_{ij} = i와 j사이의 통행량
α, n = 상수
$P_1 P_2$ = i와 j지역의 인구
d_{ij} = i와 j지역의 거리

상수 n을 처음에는 2를 사용하였다. 그러나 이 값은 반드시 정수일 필요는 없고, 0.6~3.5 사이의 다양한 값의 범위를 가진다.
결국 중력모형은 교통지구 i, j의 인구 P_i, P_j 대신에 통행발생 및 유입량인 O_i, D_j를 사용하고 통행거리 대신에 통행비용함수값을 도입함으로써 다음과 같은 일반화된 중력모형을 만든다.

$$T_{ij} = \alpha O_i D_j f(c_{ij})$$

여기서 $f(c_{ij})$는 거리나 비용이 증가함에 따라 통행행위를 억제시키는 요인으로 작용하기에 통행저항함수라 하고

$$f(c_{ij}) = \exp(-\beta c_{ij})$$
$$f(c_{ij}) = c_{ij}^{-n}$$
$$f(c_{ij}) = c_{ij}^{n}\exp(-\beta c_{ij})$$

등 여러 가지 형태를 가진다.

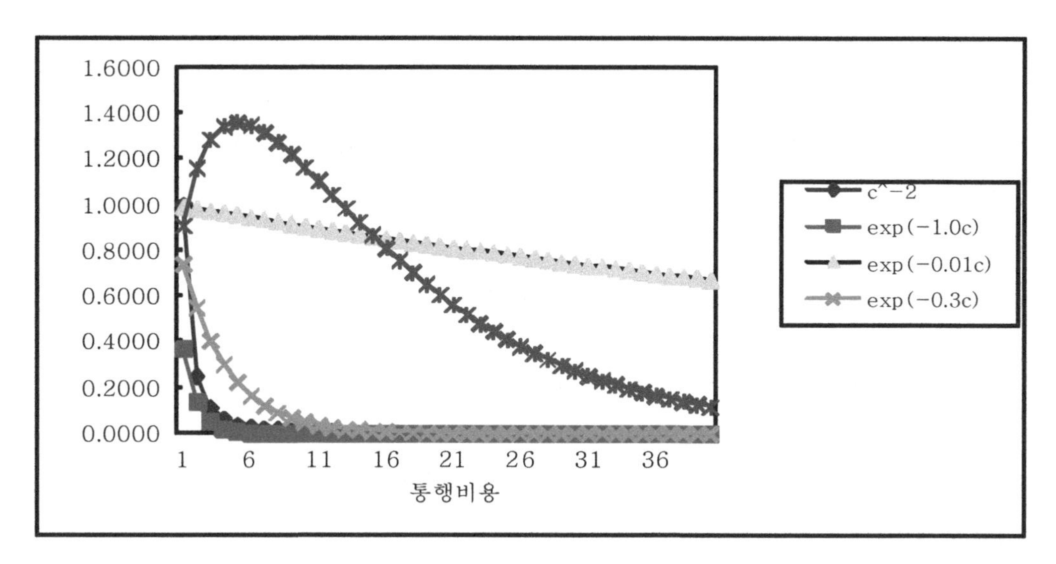

[그림 1-4] 통행저항함수의 유형별 형태

결국 중력모형은 저항함수 $f(c_{ij})$와 상수 α에 의해 그 형태가 결정된다. 그러나 여기서 α는 교차통행의 패턴을 결정하는 인자로 볼 수 없고 단지 통행발생 및 통행유입량 제약조건을 만족시키는 균형인자의 기능을 할 뿐이다.

(2) 배분교통량 추정과정

배분교통량 추정과정은 크게 두 단계로 나누어진다.

① 모형정립과정 : 기준년도의 조사자료를 이용하여 저항함수의 계수를 추정. 필요한 자료는 기준 O/D, 존간 통행비용 등. 저항함수의 형태는 분석가의 주관.

② 교통량 추정과정 : 정립된 중력모형에 목표년도의 자료를 입력하여 배분교통량을 산출. 구체적으로는 제약조건을 만족시키는 존별 평행인자를 결정. 필요자료는 존별 통행발생량 및 유입량, 존간 통행비용

실제 업무에서 중력모형의 활용은 상기단계별로 진행된다. 모형정립은 다음절에서 다루고 정

립된 모형으로 배분통행량을 추정한다.

(가) 단일제약 중력모형

단일제약은 통행발생량(O_i) 또는 유입량(D_j) 중 어느 하나만을 제약조건으로 한다. 일반화된 중력모형식

$$T_{ij} = \alpha O_i D_j f(c_{ij})$$

에서 통행발생량 제약 즉, $O_i = \sum_j T_{ij}$를 대상으로 통행량을 추정하면
발생량 제약 중력모형은$T_{ij} = \alpha O_i D_j f(c_{ij})$에서 통행유입량 D_j를 제거한 형태로 다음과 같이 나타낼 수 있다

$$T_{ij} = \alpha O_i f(c_{ij})$$

이 식을 통행발생량 제약조건에 대입하면

$$O_i = \sum_j T_{ij} = \alpha \ O_i \sum_j f(c_{ij})$$

이고 균형인자

$$\alpha = [\sum_j f(c_{ij})]^{-1}$$

α는 발생존별로 각각 다른 값을 갖는 α_i 형태를 보인다. 따라서 발생량 제약 중력모형

$$T_{ij} = O_i \frac{f(c_{ij})}{\sum_j f(c_{ij})}$$

결국 존간 배분교통량은 존별 발생량과 존별 통행저항함수에 의해 구할 수 있다.

(나) 이중제약 중력모형

이중제약 중력모형은 통행발생량 제약과 통행유입량 제약을 동시에 만족시키는 존간 교차통행량 T_{ij}를 추정함.
따라서 이중제약 중력모형의 균형인자는 각 존쌍별로 각기 다른 값을 가진다. 이를 α_{ij}로 표현할 수 있다.
그러나 제약조건식을 모두 만족시키는 균형인자 α_{ij}를 도출하기는 쉽지 않고 이해하기 어려우므로 이를 유출존 균형인자 A_i 와 유입존 균형인자 B_j로 분리하면 이중제약 중력모형의 일반식은

$$T_{ij} = A_i\ B_j\ O_i\ D_j\ f(c_{ij})$$

로 나타낼 수 있고 이 식을 통행발생량, 유입량 제약조건에 대입하면

$$O_i = \sum_j T_{ij} = A_i O_i \sum_j B_j D_j f(c_{ij})$$
$$D_j = \sum_i T_{ij} = B_j D_j \sum_i A_i O_i f(c_{ij})$$

이므로 유출존 균형인자 A_i와 유입존 균형인자 B_j는

$$A_i = [\sum_j B_j D_j f(c_{ij})]^{-1}$$
$$B_j = [\sum_i A_i O_i f(c_{ij})]^{-1}$$

따라서 A_i, B_j를 이중제약 중력모형의 일반식 $T_{ij} = A_i\ B_j\ O_i\ D_j\ f(c_{ij})$에 대입하면

$$T_{ij} = O_i \frac{B_j D_j f(c_{ij})}{\sum_j B_j D_j f(c_{ij})}$$

또는,

$$T_{ij} = D_j \frac{A_i O_i f(c_{ij})}{\sum_i A_i O_i f(c_{ij})}$$

로 나타낼 수 있다.

이식은 이중제약중력모형으로 단일제약중력모형과 구별된다.
단일중력모형은 통행의 기점이나 종점에 관한 제약조건만을 갖는 식으로 통행균형인자인 A_i나 B_j가 1인 경우의 집합이다. 즉 모든 도착지구 j에 대해 $B_j = 1$인 경우

$$A_i = [\sum_j D_j f(c_{ij})]^{-1}$$

가 되고

$$T_{ij} = O_i \frac{D_j f(c_{ij})}{\sum_j D_j f(c_{ij})}$$

로 계산할 수 있다.

이중제약 중력모형의 일반식

$$T_{ij} = A_i \ B_j \ O_i \ D_j \ f(c_{ij})$$

에서 O_i와 D_j는 결정되어 있으므로 A_i, B_j 그리고 존간 통행저항 함수값($f(c_{ij})$)을 대입하면 이중제약 배분교통량을 추정할 수 있다.

만약 통행비용함수가 모형정립과정에 의해 추정되었다고 하면 A_i, B_j를 구하여야 한다.

A_i, B_j를 구하는 방법은 Wilson의 반복평행법을 이용한다

step 0 : 초기단계 k = 0

모든 존 j에 대해 B_j (k) = 1.0으로 한다

step 1 : 균형인자 A_i (k) 추정, $k=k+1$

주어진 B_j $(k-1)$ 값을 이용하여 A_i (k)추정

step 2 : 균형인자 B_j (k)추정

step 1과 마찬가지로 A_i (k) 이용하여 B_j (k)추정

step 3 : 점검

균형인자 A_i (k), B_j (k)가 안정된 값을 갖는가를 점검한다.

모든 존에 대하여 A_i $(k) \approx A_i$ $(k-1)$, B_j $(k) \approx B_j$ $(k-1)$을 점검한다.

만약 안정된 값을 가지지 않으면 step 1로 가서 다음 반복과정을 계속한다.

step 4 : 추정완료

안정된 존별 균형인자를 이용하여 $T_{ij} = A_i \ B_j \ O_i \ D_j \ f(c_{ij})$를 추정한다.

(다) 중력모형의 정산

중력모형의 정산은 저항함수의 형태를 음지수함수라 가정하면 저항계수 β값을 구하는 작업이다. β값이 클수록 통행배분에서 통행비용에 대한 비중이 커진다.

중력모형의 정산은 반복평행법을 이용하는데 먼저 조사된 OD표를 알고 있고, β의 초기값 즉, $\beta(0)$를 존간 평균통행비용의 역수라 정한다.

초기값 $\beta(0)$ 값을 대입하여

A_i, B_j를 구하는 방법은 Wilson의 반복평행법을 이용.

step 0 : 초기단계 k = 0

모든 존 j에 대해 $B_j(k)$ = 1.0으로 한다

step 1 : 균형인자 $A_i(k)$ 추정, $k=k+1$

주어진 $B_j(k-1)$ 값을 이용하여 $A_i(k)$추정

step 2 : 균형인자 $B_j(k)$추정

step 1과 마찬가지로 $A_i(k)$ 이용하여 $B_j(k)$ 추정

step 3 : 점검

균형인자 $A_i(k)$, $B_j(k)$가 안정된 값을 갖는가를 점검한다.

모든 존에 대하여 $A_i(k) \approx A_i(k-1)$, $B_j(k) \approx B_j(k-1)$을 점검한다.

만약 안정된 값을 가지지 않으면 step 1로 가서 다음 반복과정을 계속한다.

step 4 : OD추정완료

안정된 존별 균형인자를 이용하여 $T_{ij}^* = A_i\ B_j\ O_i\ D_j\ \exp(-\beta(l) \cdot\ c_{ij})$를 추정한다.

step 5 : β값 정산

$\beta(l)$을 bisection method나 golden section method로 달리하면서 실측OD와 예측OD와의 차이를 최소화하는 $\beta(l)$을 결정한다.

7.3 간섭기회모형(The Intervening Opportunities Model)

(1) 확률 접근 모델

산정방법은 목적지에서의 기회를 나타낼 수 있는 일정한 변수를 설정하는데, 주로 출근통행이나 쇼핑통행과 같은 통행목적별 사회경제적 변수를 채택한다.

이는 다음의 2가지 가정을 기초

① 어느 지점에서 출발한 통행자가 다른 어느 지점을 목적지로 선택할 확률은 모든 대상기회에 대하여 동일

② 통행자는 이상의 제약하에서 통행시간을 극소화시킨다. 즉 통행자는 가까운 대상기회부터 시작하여 차츰 멀어지면서 목적지로서의 선택여부를 결정한다.

(2) 개념정립

① 10개의 가게가 있고, 각 가게를 선택할 확률은 일정하다(어느 가게든지 동일한 가격, 서비스를 제공한다). 만약 가게가 10개가 있으면 선택확률(L)은 가게수의 역수 즉 1/10.

② 출발지로부터 거리순으로 서열을 정한다. 가장 가까운 거리의 가게가 S_1이고 가장 먼 가게가 S_{10} (가게간의 상대적 거리는 무시됨, 단지 절대적 순서임)

③ 통행시간을 최소화하면서 k번째 가게가 선택될 확률은

$$P_k = (1-L)^{k-1}L$$

$$P_1 = 1 \times 0.1$$

$$P_2 = (1-0.1)^{2-1} \times 0.1$$ (1번째 가게를 선택하지 않고 2번째 가게를 선택)

$$P_3 = (1-0.1)^{3-1} \times 0.1$$

$$= (1-0.1)(1-0.1) \times 0.1$$ (1, 2번째 가게를 선택하지 않고 3번째 가게를 선택)

(3) 추정과정

① 각 출발존별 목적지까지의 기회(거리, 통행시간, 통행비용)를 서열화한다.
② 기회를 모든 목적지에 누적시키는 함수를 도출한다.(각 유출존에 대해 반복)
③ 가구 통행조사에 의한 목적지 선택 비율을 분석하여 선정할 확률을 구한다.
④ 모든 목적지를 향하는 통행의 누적비로서의 확률 및 존간 교통량 배분을 결정한다.

(4) 교통존으로 개념확장

i 존과 j 존 사이에 V 개의 기회가 있었고, $i \leftrightarrow j$ 간 통행비용이 동일한 곳에 dV 개의 기회가 있다.

dV 개의 도착기회 중에서 어느 하나에 도착할 확률 = 먼저 있는 V 개의 도착기회 중에서 원하는 목적지가 없을 확률× dV개의 도착기회 중에서 원하는 목적지가 있을 확률

$$P(dV) = [1-P(V)]\ L \cdot\ dV$$

$P(dV)$: dV 개의 도착기회 중에서 어느 하나에 도착할 확률(dV보다 가까운 곳에 있는V개의 도착기회 중에서는 원하는 목적지를 발견할 수 없으면서)

$P(V)$: V 개의 도착기회 중에서 원하는 목적지가 있을 확률

L : 통행자가 각 기회를 선택할 확률, 주어진 각 기회에서 자신의 목적을 달성할 확률즉 총 기회의 역수

$L \cdot\ dV$: dV 개의 도착기회 중에서 원하는 목적지가 있을 확률

V : 순서가 붙여진 V 영역내의 도착기회의 총합, 예를 들어 V_j 는 i 존에서 가까운 순서로 따져 j 존까지의 모든 도착기회

$$\frac{P\ (dV)}{1-P(V)} = L \cdot\ dV$$

$$\frac{dP(V)}{1-P(V)} = L \cdot dV$$

$$\therefore \ P(V) = 1 - K \cdot \exp(-LV)$$

$$\Rightarrow \ P(V_j) = 1 - K \cdot \exp(-LV_j)$$

따라서 j 번째 존에 도착할 확률은 j 번째 존 이내에 목적지가 있을 확률 $P(V_j)$에다 $j-1$번째 존 이내에 목적지가 있을 확률 $P(V_{j-1})$을 뺀 값과 같다.

$$P(V_j) - P(V_{j-1}) = K[\exp(-LV_{j-1}) - \exp(-LV_j)]$$

그러므로 통행량 T_{ij}는

$$T_{ij} = O_i \ K_i[\exp(-LV_{j-1}) - \exp(-LV_j)]$$

여기서,

$$O_i = \sum_{j=1}^{n} T_{ij} = O_i \ K_i \sum_{j=1}^{n} [\exp(-LV_{j-1}) - \exp(-LV_j)]$$
$$= O_i \ K_i \ [\exp(-LV_0) - \exp(-LV_n)]$$

V_0 = 0 이므로

$$K_i = [1 - \exp(-LV_n)]^{-1}$$

$$\therefore \ T_{ij} = O_i \frac{[\exp(-LV_{j-1}) - \exp(-LV_j)]}{[1 - \exp(-LV_n)]}$$

(5) 간섭기회모형의 단점

- 모형의 이론 이해가 어렵다.
- 출발지로부터의 접근성 순서대로 나열 작업이 어렵다.
- 도착존간의 상대적 거리는 무시되고 단지 절대적 순서로만 계산된다.
- 중력모형보다 이론적이나 실용성 면에서 떨어진다.

8. 교통수단 선택

원래 교통수단선택(mode choice)이라는 말은 교통수단분담(modal spilt)이라는 말에서 통행자의 선호행태를 강조하기 위해서 사용되기 시작하여 지금은 교통수단분담보다 더 일반적으로 쓰이는 경향이 있다. 교통수단선택모형이란 승용차, 택시, 버스, 도보 등을 이용하는 통행자를 예측하는 모형으로, 1950년대에는 연구목표가 주로 자동차 교통을 위한 가로망 부문에 집중된 관계로 비중이 높지 못하였다. 그런데 점점 종합적인 도시교통연구의 필요성이 인식되고, 도시교통정책에 있어서 도시환경에 적합한 새로운 교통수단의 개발과 교통체계운용(TSM)의 중요성이 높아지면서 교통수단선택모형은 도시교통계획과정에서 중요시되기 시작하였다. 그러나 지금까지도 교통수단선택모형은 다른 부분의 모형과는 달리 비교적 공감된 합리성에 기초를 두지 못하고 있어서 연구상황에 따라 편리한 형태로 적용되고 있다. 최근에 들어와서는 다양한 접근 기법을 통해 수단분담모형을 보다 합리적 이론을 근거로 일반성 있는 모형으로 발전하고 있는 추세이다.

8.1 교통수단 선택요인

(1) 통행의 종류에 따라 수단선택 상이

① 목적(업무용, 비업무용, 기타)
② 통행길이
③ 통행시간
④ CBD에 대한 방향

(2) 통행자의 특성

성별, 연령, 직업, 소득수준, 주거인구밀도, CBD까지의 거리, 자동차보유 대수

(3) 교통수단의 특성

교통망의 특성, 서비스의 질, 운행빈도, 통행시간, 통행비용, 주차비용, 추가통행시간, 접근성

[표 1-5] 교통수단선택요인

특성구분	요인
장소적 특성	지형, 주거지의 위치, 인구밀도, 주차장의 유무, 목적지까지의 통행거리, 승용차 합승이 가능한 지역의 여부, 각 교통수단으로의 접근성
개인적 특성	나이, 성별, 소득, 직업, 자가용보유 여부, 운전면허증 소지 여부, 직장인, 물건(수하물)
교통수단 특성	각 수단의 통행시간 및 통행비용, 통행거리, 대중교통 노선길이, 편리성, 안전성, 쾌적성, 신뢰성

(4) 수단선택 예측시 고려사항

① 고정승객(Captive rider) : 고정 대중교통 이용, 대안부재

② 선택승객(Choice rider) : 자가용 승용차와 대중교통수단을 상황별로 이용

8.2 수단분담 모형의 종류

(1) 여러 교통수단에 의한 통행을 직접 예측하는 모형

이 모형은 전통적으로 소도시 교통연구에 많이 사용하며, 방법으로는 대중교통에 의한 통행을 통행목적별로 총 통행발생과 함께 예측하거나 또는 개인 교통에 의한 통행과 함께 독립적으로 예측한다. 만일 총통행과 함께 예측하는 경우에는 그 값을 감하여 개인 교통의 사람통행을 추정한 후에 일반적 계획과정을 적용한다.

이 경우는 통행발생단계에서 사용하는 모형이라고도 하며 다음과 같은 방법이 있다.

① **회귀분석법**

독립변수 : 유출존에서의 자동차 보유 유무, 통행거리, 주거밀도, 대중교통수단에의 접근성 추정방식은

$Tp_i(m) = a_0 + a_1 X1_i + a_2 X2_i + \cdots a_n Xn_i$

$Tp_i(m)$: 교통수단 m을 이용한 존 i에서의 유출통행량

Xn_i : 존 i의 독립 변수

② **카테고리 분석법**

소득, 자동차 보유, 가구 규모로 분류하여 교통수단별 평균통행발생량을 추정하는 방법으로 여러 변수에 따라 분류된 가구 수에 평균 통행 횟수를 구하여 예측한다.

- 장점 : 개인교통 : 신도로건설, 도로의 확폭 등 교통시설 투자사업에 필요한 교통량자료로 이용할 수 있음
  대중교통 : 교통노선변경, 서비스조정, 요금 변화 등에 이용이 용이하다.
- 단점 : 이 모형으로 대중교통수단이 수단분담에 미치는 효과를 평가하는 데에는 부적합, 특히 개인교통에 의한 사람통행을 독립적으로 예측하는 방법은 대중교통수단의 영향을 반영할 수 없음.

(2) 통행단 수단분담모형(trip-end modal split model)

통행발생과정에서 예측된 유출통행(trip production)과 유입통행(trip attraction)에 대해 통행배분을 적용하기 전에 수단별 분담률로 분할한다. 여기서 수단별 분담률은 수단분담모형에서 결정되며, 개인교통의 유출통행과 유입통행에 대해서는 승용차 재차인원을 적용하여 차량통행으로 환산한 뒤, 최종적으로 대중교통의 사람통행과 승용차통행에 대해 통행배분을 적용한다. 이 모형의 특징은 사회·경제적인 변수에 따라 교통수단선택 패턴이 결정된다고 가정을 하며 주로 도로 이용자의 통행 분담률 산출에 주목적을 둔다.

① flow

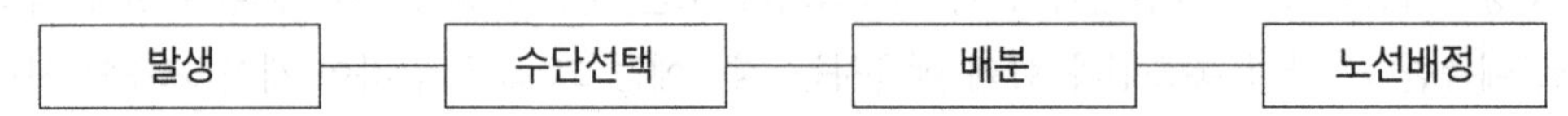

② 장단점

- 장점 : 모형 적용이 편리하고 통행자 행태에 대한 가설 설정이 가능
- 단점 : 개인의 개별적 행태를 무시하고, 교통 체계 변화에 대처가 곤란

대표적인 통행단 수단분담모형은 접근도 모델(Accessibility Ratio Model)을 들 수 있는데, 대중교통접근지수/승용차접근지수를 이용하여 분담율을 예측한다.

$$Q_i = \sum_j A_j \; F_{ij}$$

$$F_{ij} = \frac{1}{t_{ij}^b}$$

여기서,

$Q_i =$ 존 i를 위한 접근지수
$A_j =$ 존 j의 유인율
$F_{ij} =$ 존 i와 j를 위한 마찰계수
$t_{ij} =$ 존 i와 j 사이의 여행시간
$b =$ 상수

(3) 통행 교차 수단분담모형(trip-interchange modal split model)

통행발생에 이어 통행배분과정을 적용하여 예측된 통행교차를 수단별 분담률에 의해 분할하는 방법이다. 예측된 유출통행과 유입통행을 통행시간행렬을 기초로 통행목적별로 배분한 뒤 수단분담모형을 적용한다. 이는 통행의 기종점이 결정된(즉 통행교차의) 상황에서 대안수단간의 통행서비스수준을 구체적으로 측정·비교할 수 있기 때문에 이들 변수의 영향이 훨씬 민감하게 반영될 수 있다는 점에서 유리하다.
개인 교통의 사람통행에 대해서는 승용차 재차인원을 적용하여 차량통행으로 환산한다. 그리고 개인차량통행과 대중교통사람통행을 각각 가로망과 대중교통망에 대해 배정한다.
대표적인 통행 교차 수단분담모형은 전환곡선 방법(diversion curve)이다. 전환곡선은 원래 도로공학분야에 있어서 기존도로를 이용하는 통행량 중 얼마만큼이 새로운 도로 쪽으로 전환될 것인가를 예측하는데 사용되었으나 현재는 수단분담이나 노선배정단계에서 이용된다.
수단분담에서는 각 교통수단별 분담률(특히 대중교통과 자가용)이 인구밀도, 접근도, 통행시간, 통행비용, 통행거리, 통행속도, 재차시간, 접근시간, 대기시간, 환승시간 등의 서비스 비용에 따라 교통수단 이용자의 선택이 다르게 나타나는 곡선을 나타낸다. 통행단 모형의 원류라고 할 수도 있겠다.
노선배정에서는 도로 즉 경로별로 도로이용자가 각 도로의 특성과 도로의 서비스 변수에 따라 다른 경로로 전환하는 비율을 가리킨다. 전환률의 서비스변수로는 각 도로에 있어서 통행시간, 거리, 운행비용의 차이에 의한 전환 등이 있다.

보편적으로 전환곡선에 사용되는 변수(수단 분담, 통행교차모형)
① 대중교통수단요금 대 자동차 운행비용(연료 사용 비용)의 비율
② 상대적 통행시간으로서 각 수단간 door to door 까지의 통행시간비율
③ 서비스 비율로서 대중교통수단의 접근시간, 환승시간과 자동차의 주차 소요 시간, 자동차 탈 때와 내려서 최종목적지까지 가는데 소요시간의 비율

(4) 개별행태 수단분담모형

종래의 집단자료수준의 접근에서 탈피하여 개별 행태적 접근의 필요성이 점차 인식됨에 따라서 일반화되었으며, 교통비용(generalized travel cost) 또는 통행의 비효용(불만족)의 개념이 정립되었다. 이러한 개별적 행태의 효용을 바탕으로 교통수단 선택을 분석함으로써 개별적, 선택적, 확률적 개념을 적용하여 분석하는 모형이다.

- 장점 : 수단선택 과정에서 필요한 변수를 충분히 반영할 수 있기 때문에 이론적으로 가장 합당한 방법이다.
- 단점 : 최근의 수단선택모형에 관한 이론이 크게 발전되고 있으나 아직 집단수준의 투입자료의 사용으로 인해 예측력의 한계가 가장 큰 과제

① QRS 방법(Quick Response Urban Travel Estimation Techniques)

$$MS_a = \frac{I^{b}_{i\,I^{b}_{+\,I^{b}_{i\times 100jt}\,ija}\,jt}}{\;}$$

$$MS_t = 100 - MS_a$$

여기서,

MS_a : i존에서 j존으로 향하는 통행량 중에서 승용차를 이용하는 비율
MS_t : i존에서 j존으로 향하는 통행량 중에서 대중교통을 이용하는 비율
I_{ija} 또는 I_{ijt} : 존 i, j간에 수단통행의 교통저항
=[탑승시간(분)+2.5×추가시간(분)+(3×통행비용/1분당소득)]
=총통행시간을 등가시간(분)으로 나타낸값
b : 통행목적에 따른 계수

② 로지트 모형(Logit Model)

$$P(k) = \frac{e^{U_x}}{\sum e^{U_x}}$$

여기서,

$P(k)$ = 수단 k를 선택할 확률
Uk = 수단 k를 선택할 경우의 불편도 지수
$= A_0 + A_1X_1 \pm --\mp A_nX_n$
X_n = 여행비용, 여행시간, 접근시간, 대기시간
A_n = 상수

9. 노선배정

교통예측 과정의 마지막 단계로서 목적별로 구해진 존간의 교통배분량을 지역내의 도로망에 배분하는 과정이다.

9.1 노선배정 개요

(1) 용도

① 교통망 계획대안의 평가와 새로운 대안의 개발
② 교통망 시설계획의 시행에 관해 단기적 우선 순위 결정
③ 교통유발시설의 세부적 분석과 교통체계에 대한 영향분석
④ 교통축에 관련된 시설 및 활동의 입지 분석
⑤ 설계 통행량의 결정
⑥ 다른 계획과정에 필요한 자료의 제공 및 정보 환류 반영

(2) 필요자료

① 교통망의 기하특성 : 존과 교통망의 연결성, 연결구간의 위치와 거리, 노폭
② 교통망 운행특성 : 교통망의 교차점과 연결구간에 있어서의 통행규제, 통행용량, 통행시간(비용), 그리고 대중교통운행시간, 정류장 여부 등
③ 교통대상물 : 차량, 사람 또는 화물단위의 통행배분량, 미시적 노선 배정을 위해서는 출발(또는 도착) 시간별 통행량의 분포

(3) 통행배정의 일반적 구조

① 교통망 분석 : 분석대상이 되는 교통망을 전산화하고 이를 체계적으로 분석하여 존간 가능경로와 이들 경로에 대한 통행비용을 산출
② 배분교통량 경로별 할당 : 각 존간 하나 또는 여러 개의 경로에 존간 배분교통량을 할당하는 단계로서 산출된 경로별 통행비용에 반비례하여 할당

③ 구간 및 결절점의 방향별 통행수요 산출 : 각 경로에 할당된 통행량을 이용하여 해당 경로를 구성하고 있는 각각의 구간 및 결절점의 방향별 통행량을 산출

(4) 교통망

① 망(network)이란 점과 이들을 연결하는 선의 집합. 점을 결절점(node), 선을 구간(link)이라 함

② 교통망(transportation network)은 교차로, I.C., 분기점, 정류장 등의 결절점과 도로구간, 철도구간 등의 구간으로 이루어짐.

③ 구간이 모이면 경로(path)가 됨

④ 대상지역의 동질성과 균질성 등 통행발생 및 유입요인 특성에 맞도록 적절한 크기로 분할한 교통존

⑤ 통행의 발생과 도착이 이루어진다고 가정한 교통존의 중심인 센트로이드(centroid)

(5) 경로선택

통행배정의 기본가정은 통행자가 합리적 행태를 취한다는 것이다. 즉 통행자는 개인의 통행비용을 최소화할 수 있는 경로를 선택한다. 여기서 비용이란 소요시간과 경비를 합산한 것으로 이를 일반화 비용(generalized cost)라 한다.

그러나 일반화비용만으로 실제 경로선택 행태를 60~80%만 설명할 수밖에 없는데, 이는 통행자가 각 경로에 대하여 갖고있는 정보의 불확실성, 개인의 인식 또는 행태의 차이 때문이다. 일반화비용으로 설명하지 못하는 요소를 확률적 요소라 하고 이는 확률적 노선 배정법에서 다룬다.

(6) 최단경로 알고리즘

출발지에서 목적지까지의 최소비용경로

9.2 통행배정방법

(1) 전환곡선

① 두 개의 노선에 어떤 기준에 따라 정해진 비율로 배분(통행시간, 통행거리, 비용)

② 일반적으로 2개의 노선이란 1개는 간선도로와 다른 1개는 고속도로를 포함한 일반도로

- X축 : 고속도로 통행시간/가장 빠른 간선도로 통행시간의 비율
- Y축 : 존간 고속도로 이용률(%)

쉽게 통행배정을 할 수 있으나, 데이터베이스 구축이 필요하고 간혹 비합리적인 결과가 도출된다.

(2) 전량배정(All or Nothing)

출발지에서 목적지까지 언제나 최소통행시간을 갖는 노선을 선택한다는 가정에서 출발한다. 따라서 목적지로 가는 최단경로를 우선적으로 선택한다.

- 수형도(Tree)로 나타내서 최단경로 선택
- 두존 중심점간의 최단경로에 배분교통량을 전부 배부
- 어떤 링크에 용량보다 많은 교통량이 배분될 가능성 내포
- 통행시간 변화에 대처 불가능(속도－교통량 관계에 따른 변화 대처 불가능)

전량배정방식에서는 최단 노선에 전체 교통량을 배분하고 다른 노선에는 배분하지 않는다. 통행자가 어느 기점에서 다른 종점으로 통행하고자 할 때 통행비용이 가장 적게 소요되는 경로를 택한다는 기본적인 전제를 이론의 바탕으로 하고 있으며, 주로 통행시간을 이용, 최소통행시간이 걸리는 경로에 모든 통행량을 배정하는 방법이다. 용량제약 통행배정모형의 초기단계에 많이 사용된다.

① 장점

- 도로의 여건이 최대한 주어진다면 개인의 희망노선을 알려준다.
- 대중교통 같은 노선을 결정하는 경우에 개념이 같다는 점.
- 이론이 단순하며 모형을 적용하기가 용이하다.
- 총교통 체계의 관점에서 최적 통행 배분상태를 검토할 수 있다.

② 단점

- 도로의 용량을 고려하지 않음, 실질적인 도로용량을 초과하는 경우가 다수 발생한다.
- 통행자의 개별적 행태 측면의 반영 미흡하다
- 통행 시간에 다른 통행자의 경로변경 등의 현실성을 고려치 않는다.

(3) 용량 제약법

전량배정법의 결과는 최단경로에 통행량 전량이 배분되어 최단경로에 비현실적으로 과다한 부하가 발생된다. 용량 제약법은 통행자 평형원리의 개념속에서 링크성능함수를 고려한 배정기법이다. 따라서 교통량과 통행속도의 관계를 이용하여 출발지와 목적지 사이의 모든 경로에서 평형(동일한 통행시간)에 도달할 때까지 배분을 한다. 대표적인 기법으로서는 점증배정기법, 반복 과정법, 평형배정모형 등이 있다.

여기서 통행자 평형원리는 다음과 같은 Wardrop의 원리에 근거하고 있다.

'선택된 모든 경로에 의한 통행시간은 모두 동일하며, 그 시간은 선택하지 않은 다른 경로에 의한 통행시간보다 길지 않다.'

또한 링크성능함수는 링크의 통행량–용량–통행시간의 관계식인데, 미국공로국(Bureau of Public Road)에서 개발한 관계식(BPR식)을 많이 사용하고 있다.

$$T = T_o[1 + 0.15(V/C)^4]$$

여기서,

T : 통행량 V인 상태의 통행시간
T_0 : 자유통행시간
C : 도로용량
V : 교통량

(가) 점증배정기법 (imcremental assignment)

배분교통량을 n등분하여 각 단계에서 최단경로에 전량배정함. 최단경로는 각 단계에서 동일하지 않음.

(나) 반복 과정법 (iterative assignment)

배분교통량을 전량 최단경로에 배정, 다시 최단경로 구하여 전량배정, 다시 최단경로 구하여 전량배정을 반복함.

균형상태에 도달할 때까지 계속된 반복과정을 거친 후 도출된 최종 구간교통량을 반복횟수 N으로 나눈 값이 구간교통량.

- 장점
  - 계속된 반복과정을 거쳐 산정하기 때문에 조금 더 실무상황에 접근할 수 있다.
  - 교통 혼잡에 의한 영향을 고려할 수 있다.

- 단점
  - 계산과정이 계속된 반복과정이므로 복잡하고 반복작업을 하는 경우 이론적으로 교통량이 평형상태에 도달하는지에 대한 검토가 난해하다
  - 복잡하므로 시간적 손실이 크다.

(다) 평형배정모형(Equilibrium assignment)

노선배정의 기본 가정은 통행자가 자신의 목적지까지 이동할 때 자신의 통행비용을 최소화할 수 있는 경로를 선택한다는 것이다. 그러나 통행자는 자신의 통행비용을 최소화하는 경로를 쉽게 결정 못하는데 이는 통행비용은 고정되어 있는 것이 아니라 통행량에 의해 결정되기 때문이다.

평형배정모형은 모든 통행자가 자신의 통행비용을 최소화하려고 새로운 최소비용경로를 찾아 이동할 것이라는 가정을 바탕으로 하고, 그러기 위해서는 통행자는 통행비용에 대한 모든 정보를 공유한 상태여야 한다. 최종적으로 더 이상 빠른 경로가 존재하지 않는 상태를 평행(Equilibrium)상태라 한다.

이러한 평행상태를 교통망에 적용하여 도해하면 [그림 1-6]과 같다. 이 그림에서 보는 바와 같이 두 지역간 경로 a, b를 갖는 교통망을 가정하고 두 통행비용함수를 $S_a(x)$, $S_b(x)$라고 하면 교통망 평행배정은 두 지역간 통행수요를 충족시키면서 a, b경로의 통행비용은 균등한 상태이며 이 때 두 경로에 배정된 통행량은 V_a, V_b로, $V = V_a + V_b$가 된다. 이 때의 이 두 경로를 이용하는 통행자는 모두 동일한 통행비용 S^*를 지불해야 한다.

즉, $S^* = S_a^* = S_b^*$가 되는데 이 상태의 통행배정을 교통망평형이라고 한다.

교통망 평형배정모형은 교통지구간 분포 통행수요가 고정(Fixed demand)되어 있고 통행배정은 Wardrop의 원리에 따라 이루어진다고 가정하면 통행량배정에서 평형상태는 앞의 [그림 1-6]의 빗금친 부분의 면적을 최소화하는 다음과 같은 수리 모형식으로 나타낼 수 있다.

$$Min\ C = \int_0^{v_a} S_a(x)dx + \int_0^{v_b} S_b(x)dx$$

$$s.t \qquad V_a + V_b = V$$

$$V_a + V_b \geqq 0$$

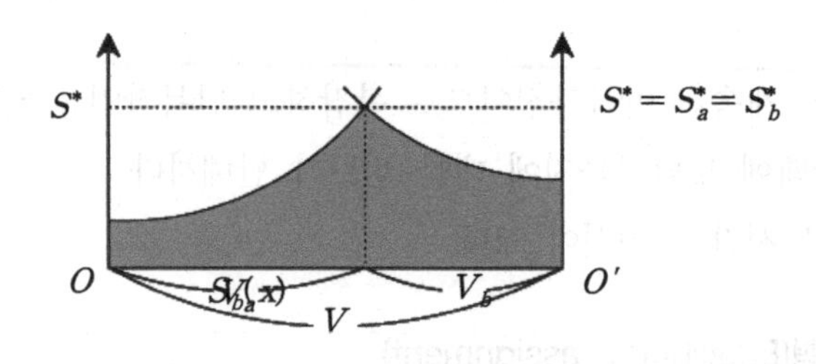

[그림 1-5] 평형 배정모형

이 수리 모형식을 대상지역 전체를 연결하는 다수의 경로를 가정하고, 각 경로가 여러 구간인 교통망에 대해 일반화시켜 재구성하면 다음과 같다.

$$\min. \sum_a \int_0^{v_a} S_z(x)dx$$

$$s.t \quad V_a = \sum_i \sum_j \sum_r P_{ijr}\ \delta^a_{ijr} \quad \forall_a \in A$$

$$\sum_r P_{ijr} = \underline{p_{ij}} \quad \forall i,j$$

$$P_{ijr} \geqq 0$$

여기서,

$S_a(v_a)$ = 링크성능함수
V_a = 구간 a의교통량
P_{ijr} = 기종점 i, j간 경로r의 교통량
δ^a_{ijr} = 1 : 구간 a가 i와 j를 연결하는 경로 r에 포함될 경우
0 : 그 외의 경우
$\underline{p_{ij}}$ = i와 j간의 통행수(*exogenously given*)

교통망 평형 배정모형식은 비선형식으로 이를 풀 수 있는 방법은 여러 가지가 있으나 범용되고 있는 것은 LeBlanc(1975) 등이 Frank-Wolfe 알고리즘을 이용한 해법을 개발하여 제시했으며 해법의 각 과정을 정리해보면 다음과 같다.

[단계 0]: (초기화)

자유류 통행시간에서의 비용으로 링크의 통행비용 t^0_a를 설정한다.
그리고 $n=1$, $x^0_a=0$, (for *all* a)로 설정을 한다.

[단계 1]: (구간통행비용 갱신)

구간비용에 따른 최소시간경로를 찾는다.

[단계 2]: (임시 해 도출)

모든 통행량을 $\{T_a^n\}$에 의해 전량배정기법을 이용하여 구간 a의 추가노선 배정량 w_a^n을 구한다.

[단계 3]: (개선 해 산정)

현재 구간의 노선배정량 $x_a^n = (1-\Phi)x_a^{n-1} + \Phi w_a^n$, $\forall a$를 구한다.

[단계 4]: (수렴여부 판정)

새로운 구간비용 $t_a^n = t_a(x_a^{n-1})$, $\forall a$을 구한다.

만약 통행량의 변화가 유의하지 않다면 반복수행을 끝내고, 현재의 구간교통량이 해가 된다. 그렇지 않으면 $n=n+1$로 하여 단계 2로 돌아간다.
이 방법은 Wardrop의 평형원리를 이전 방법에 비해 빠르게 수렴케 하는 특성을 가지고 있으나 최적 해에 접근하면서 수렴속도가 떨어지는 문제점을 가지고 있어, 이를 개선한 기법들도 개발되어 있다.

- 장점 : 반복적인 과정을 통한 모형. 링크통행량과 용량의 균형을 이루는 과정이므로 실제와 근접가능
- 단점 : 계산과정이 복잡하며 검토하는데 있어서 시간적 손실이 크다.

(라) 확률적 노선 배정법

이는 통행거리, 즉 경로가 길어지면 통행자가 그 경로를 택할 확률이 그만큼 적어진다는 논리에 입각하여, 여러 대안 노선 중에서 노선 K를 선택할 확률P(k)를 이용하여 어떤 한 노선의 통행량을 부하하는 방법으로 산정방법은 다음과 같다.

$$P(k) = \frac{\exp(-\theta Tk)}{\Sigma \exp(-\theta Tk)}$$

$P(k)$: 노선 k를 선택할 확률
θ : 통행량 전환 파라메타
Tk : 노선의 통행시간

통행 거리가 길어지면 통행자가 그 경로를 택할 확률이 적어진다는 논리에 입각하여 노선을 선정한다.

- 기점과 종점을 잇는 모든 합리적 경로는 양의 이용 확률을 갖고, 비합리적 경로는 이용되지 않는다.

- 거리가 동일한 모든 합리적 경로는 동일한 이용확률을 갖는다.
- 합리적 경로의 수가 복수이고 이들의 거리가 서로 다른 경우는 거리가 짧을수록 높은 이용확률을 갖는다.
- 배정을 할 경로의 수에 관계없이 기 · 종점을 잇는 모든 합리적 경로에 대해 동시적으로 통행을 배정한다.
- 모형에서 전환곡선의 기울기에 관련되는 θ를 조정함으로써 경로 분산확률을 통제할 수 있다.
- 문제점은 용량제약 반영하지 못함
  - 장점 : 이는 배정을 할 경로의 수에 관계없이 기 · 종점을 잇는 모든 합리적 경로에 대해 동시적으로 통행을 배정할 수 있다. 통행량 전환 parameter인 θ를 조정함으로써 경로분산확률을 통제할 수 있다.
  - 단점 : 기점과 종점을 잇는 모든 합리적 경로는 양의 이용확률을 갖고 비합리적 경로는 완전히 이용되지 않는다는 모순된 경직성을 보인다. 합리적 경로의 조건이 존재한다.

(마) 다중경로 선택방법

기·종점간에는 선택 가능한 다양한 노선이 있으며, 이 모든 노선에 교통량이 배분된다. 통행자가 최소비용노선을 선택하거나 통행자의 선호도에 따라 다른 판단을 내릴 수 있다. 기·종점을 잇는 단일의 최소 경로 대신에 통행자의 인식차에 의해 선정된 복수경로에 의해 통행량을 배정하는 방법으로 통행자가 자신이 인식하는 통행시간, 비용의 관점에서 노선을 선택한다고 전제를 한다. 그러나 통행자가 링크의 통행시간을 정확하게 알지는 못하나 대략적으로는 예상하고 있다고 하는 가정에서 출발하여 통행시간분포로부터 무작위로 통행시간을 산출해 낸다.

- 장점 : 각 통행자의 예상통행시간을 무작위로 산출함으로써 이를 전체 통행자에 걸쳐 다중경로배정으로 각 노선에 부하한다. 이를 컴퓨터에 적용시켜 신속하고 정확하게 산출이 가능하다.
- 단점 : 노선대안들에 대하여 완벽한 정보를 가지고 있다고 보기 어려운 점이 있으며, 기 · 종점간 최단경로 이외에 제2, 제3의 대안경로를 능률적으로 결정할 수 있는 알고리즘이 현실적으로 개발되지 못한 점 역시 단점으로 지적된다.

10. 평가

교통계획은 크게 통행수요 추정과 이에 따른 시설 및 서비스 공급상의 문제점 도출과정, 이 문제점을 해결하기 위한 실현 가능한 대안작성 과정 그리고 이들 대안들을 평가하여 최적안을 선정하는 평가과정으로 나눌 수 있다.

10.1 평가의 개념

① 교통 사업에 대한 타당성 분석으로부터 사업의 시행 여부를 결정하는 행위
② 여러 대안들 중 정책 수립의 합리성 제고를 위해 요구
③ 의사 결정자에게 교통 사업의 효과에 대한 체계적인 자료를 제공해 주는 과정
④ 의사 결정을 돕기 위한 자료를 수집, 분석, 조직화하는 과정
⑤ 당초 설정된 목표를 어느 정도 달성하였는가를 파악하는 과정

10.2 평가의 구분

(1) 사전평가

여러 대안들 중에서 어느 한 대안의 상대적인 우월성을 평가하는 것
① 교통사업 수행 전에 어떠한 대안이 더 우수한지를 사전에 분석.
② 가장 경제성 있는 대안의 선택.
예) 지하철 노선 중 가장 많은 편익과 적은 비용을 나타내는 노선망 선택의 경우.

(2) 사후평가

① 대안 실시 후 실시 전과 비교하여 당초의 목표를 어느 정도 달성했는가를 분석.
② 교통체계관리사업(TSM) 실시 후 얼마나 소통이 원활해졌는지에 대해 주행 속도등을 측정하여 사업의 효과 판단하는 경우.

10.3 평가 방법

설정된 평가기준에 따라 상이할 수는 있겠지만 일반적으로 통용되고 있는 평가방법으로는 평가기준에 따른 정량적·정성적인 비용과 편익을 분석하여 대안의 기본대안에 대한 상대적인 기대치 정도를 분석하는 것이다.

모든 평가 기준에 대해서 편익과 비용을 계량화하여 하나의 척도로 표시할 수 있다면 대안간의 비교는 용이해질 것이다. 그러나 현실적으로 모든 평가기준에 대해서 계량화하는 방법은 절차상의 어려움을 내포하고 있다.

실제적인 대안에 대한 평가방법으로는 가장 광범위하게 사용되는 비용-편익분석 그리고 비용효과분석, 목표성취분석, 대차대조표법 등 다양한 방법들이 있다.

10.4 평가 관점별 평가 항목의 내용

① 이 용 자 : 통행시간 및 속도, 편리성(신뢰성), 쾌적성, 안전성, 저렴성

② 운 영 자 : 건설비, 운영비, 수익성, 시스템 융통성

③ 지역사회 : 환경변화, 교통서비스 대상지역, 토지 이용과의 조화, 경제적 효과

10.5 경제성 분석 과정

(1) 비용항목

비용이라는 개념은 크게 경제적 비용과 재무적 비용의 두 가지로 구분하여 볼 수 있다.

① 경제적 비용 : 재화 또는 서비스의 실질가치를 의미하며 최적 조건하에서의 재화의 한계생산성과 동일한 의미를 가진다.

② 재무적 비용 : 통상 회계학 등에서 사용되는 일반적인 개념의 비용을 일컫는다.

- 고정비 : 도로부문 사업비, 용지 보상비, 공사비, 차량구입비
- 변동비 : 운영비(인건비, 연료비, 차량관리비)

고정비는 다시 다음과 같이 구분된다

① 도로부문 사업비

도로부문 사업비는 크게 보아 공사비, 보상비로 구분되는데, 공사비는 토공 및 포장 공사

비, 교량 설치비, 터널 설치비, I/C 및 Junction 설치비, 영업소 설치비용, 기타 휴게소등 부대시설 설치비용, 도로 유지관리비로 구분된다.

② 용지보상비

용지보상비는 기본적으로 공시지가와 시장가격 사이에서 결정해야 한다. 그러나 교통사업의 타당성조사나 기본설계에서 실제 건설이 이루어지는 때까지의 5년여의 시점 차이가 발생하고 있어 용지보상비를 정확히 산정하는 것은 무리이다.

용지비 산출에 관한 기본원칙은

첫째, 용지비의 보상은 성토부와 절토부로 나누어 수행한다는 점이다.

둘째, 보상비는 지가공시법에 의해 제시된 감정평가를 거쳐 토지보상비를 산출한 후, 실거래가(표본조사를 통해 검증)를 반영하여 보정한다는 것이다.

셋째, 노선이 지나는 지장물이나 영농지에 대한 보상비는 토지 보상비의 상대적 비율을 감안하여 산출하며, 그 항목은 보상비에 추가하도록 한다는 것이다.

넷째, 실제 용지보상비는 물가상승 등을 고려하여 보정할 수 있으나 그 상한값은 통과 노선대의 특성을 고려하여 결정하여 사용한다는 것이다.

③ 공사비

공사비는 최근 몇 년간 시행한 유사시설물의 실시설계 시 적용했던 평균공사비(제잡비 포함)를 기준으로 km 당으로 산출한다. 이 때 물가수준, 시중노임단가, 재경부 회계예규 원가계산에 의한 예정가격 작성기준 등을 감안해야 한다. 시공 중에 발생할 공법의 수정 등에 따른 공사비 변화 가능성을 감안하여 가중치를 고려할 수 있다.

④ 차량구입비

차량구입비는 당해 운영되는 차량시스템의 구입비용을 포함한다. 이때 수송수요에 따른 연차별 운영계획을 수립한 후, 소요차량대수를 산정하고 차량 당 구입가격을 적용하여 결정한다.

한편 변동비는 운영비를 의미하며, 이는 사업이 완공되어 운영단계에서 소요되는 비용을 말하며 여기에는 인건비, 연료비, 차량관리비가 포함된다.

(2) 편익 항목

편익이라 함은 대안을 실행함으로써 기대되는 계획목표의 성취에 기여하는 효과를 말하며 국가 경제적 비용의 절약이나 만족감의 증대와 같은 이익으로 표현될 수 있다.

① 차량운행비용 감소편익

차량운행비(VOC : Vehicle Operation Cost)는 도로사용자가 차량을 운행할 때 소요되는 비용으로 도로투자사업의 경우 경제성 분석을 수행하는데 기초자료로 활용되며, 도로시설의 개선에 따라 절감의 효과가 민감하게 나타나는 요소이다. 또한 자동차가 도로를 운행하는 데 소요되는 총 비용을 말하며 도로투자사업의 평가가 기존 교통시설에 대한 서비스의 질을 평가하는데 기초자료가 된다.

차량운행비는 비용의 성격에 따라 고정비와 변동비로 구분되며, 고정비는 차량의 감가상각비, 운전원 및 보조원의 임금, 보험료 및 차량검사료로 세분되며, 변동비는 연료비, 엔진오일비, 타이어마모비, 차량유지수선비 등으로 구분된다.

② 통행시간 절감편익

차량속도가 변화하는 경우 운전자는 물론 차량에 승차하고 있는 승객에게는 통행시간이 달라지는 결과를 가져온다. 즉 차량속도가 향상되면 운전자 및 승객의 통행시간은 절감되어 다른 목적에 시간을 사용할 수 있는 반면, 교통혼잡으로 차량속도가 낮아지면 운전자 및 승객에게는 더 많은 통행시간이 소요된다.

③ 교통사고 감소편익

우리 나라의 경우에는 교통사고 감소를 화폐 가치화를 통한 편익으로 전혀 고려하지 않고 있다. 최근 교통사고의 화폐 가치화에 대한 일부 연구가 수행되었으며, 무엇보다도 교통사고 감소를 위하여는 교통사고 감소효과가 큰 투자사업이 선정되는 것이 필요하므로 교통사고 감소는 편익으로 포함시켜야 한다.

④ 환경비용(환경오염 감소편익)

교통투자사업으로 영향을 받게 되는 환경비용으로는 소음, 대기오염, 지역분리 등이 있다. 교통투자사업이 이러한 환경비용에 미치는 영향은 그 크기를 측정하는 것도 용이하지 않거니와, 영향의 크기를 측정하더라도 이를 화폐 가치화하는 것은 더욱 어렵다. 그러함에도 불구하고, 선진국은 모두 교통투자사업이 환경에 미치는 영향이 지대함을 인식하고 환경에 미치는 영향은 모두 측정하게 하고 있다.

10.6 경제성 분석

(1) 경제성 분석의 기본사항

(가) 평가기간

대안의 수명, 예를 들어 교량구조물의 수명과 장래의 여건변화에 대한 예측 능력 등이 고려되어야 한다. 시설물의 수명과 장래의 예측 능력을 고려할 때 일반적으로 20~30년 정도를 평가 기간으로 잡는다. 구조물의 경우는 평가기간 마지막에 잔존가치로 처리한다.

(나) 평가항목

대안 사업에 따라 가능한 평가항목을 선정하여 중복 계산하거나 누락되는 일이 없도록 해야 한다.

[표 1-6] 경제성 분석의 평가항목

구분	비 용	편 익
공급자	· 용지비 및 건설비용 · 차량구입비용 · 시설 유지, 보수비용 · 관리, 운영, 행정비용	· 부대사업수입
이용자	· 통행경비 · 교통사고비용	· 통행시간 절감 · 차량운행비 절감 · 편리성, 신속성, 안전성, 쾌적성 등 서비스수준 향상
지역사회	· 주거 및 업무활동 재배치비용 등 사회비용 · 혼잡비용 및 환경비용 등 외부비용	· 지역개발 파급효과 · 지가상승 등 긍정적 외부효과 · 대기오염, 소음감소

(다) 할인율

① 비용과 편익이 발생하는 시점이 대안별로도 다르고 대안내에서도 상이함.

② 동일년도에 발생하는 것으로 환산하여(현재가치화) 비교.

③ 할인율의 선택은 매우 중요함. 할인율 크기에 따라 각 시기에 발생하는 비용과 편익이 다른 의미를 가지게 됨.

④ 일반적으로 할인율은 자원이 다른 사업에 사용되었을 경우 기대할 수 있는 수익, 즉 기회

비용을 말함.

(2) 분석지표

각종 경제성분석에 필요한 사항들을 고려하여 각 대안의 상대적인 우위성을 파악하기 위해 일반적으로 순현재가치(NPV), 편익/비용비율(B/C Ratio) 및 내부수익률(IRR)이 주로 사용된다.

① 순현재가치(NPV : Net Present Value)

순현재가치란 사업에 수반된 모든 비용과 편익을 기준년도의 현재가치로 할인하여 총편익에서 총비용을 제한 값이며 순현재가치 ≥ 0이면 경제성이 있다는 의미로 해석한다.

$$NPV = \sum_{i=1}^{N} \frac{B_i - C_i}{(1+d)^i}, \quad i = 1,\ 2,\ \cdots\ N$$

B_i = i 연도의 편익
C_i = i 연도의 비용
d = 할인율
N = 평가 기간

② 편익비용비율(B/C : Benefit Cost Ratio)

편익/비용 비율이란 총편익과 총비용의 할인된 금액의 비율, 즉 장래에 발생될 비용과 편익을 현재가치로 환산하여 편익의 현재가치를 비용의 현재가치로 나눈 것이다. 일반적으로 편익/비용 비율 ≥ 1이면 경제성이 있다고 판단한다.

$$B/C = \frac{\sum_{i=1}^{N} \frac{B_i}{(1+d)^i}}{\sum_{i=1}^{N} \frac{C_i}{(1+d)^i}}$$

③ 내부수익률(IRR : Internal Rate of Return)

내부수익율은 편익과 비용의 현재가치로 환산된 값이 같아지는 할인율 R을 구하는 방법으로 사업의 시행으로 인한 순현재가치를 0으로 만드는 할인율이다. 내부수익률이 사회적 할인율보다 크면 경제성이 있다고 판단한다.

$$\sum_{i=1}^{N}\frac{B_i - C_i}{(1+d)^i}=0$$

(3) 편익-비용 분석기법들의 장단점

편익/비용 비율, 순현재가치, 내부수익률에 의한 타당성 유무 판단이 항상 동일한 것은 아니다. 우선 순현재가치는 순편익의 흐름을 사업 개시년도의 가치로 평가하였지만 사업규모에 대하여 표준화(normalize)되어 있지 않기 때문에 사업간 비교에는 적당하지 않다는 단점이 있다.

예를 들어 사업규모를 두 배로 늘릴 경우 순현재가치도 자동적으로 두 배로 늘어난다. 따라서 성격은 동일하지만 상이한 두 사업의 순현재가치만으로 두 사업의 수익성을 비교하는 것은 바람직하지 않다. 반면 내부수익률은 사업의 규모에 의존하지 않는다는 장점은 있으나 수익성이 극히 낮거나 높은 사업의 경우는 계산되지 않는 단점이 있다. 편익/비용 비율은 특정 항목을 편익 혹은 비용으로 처리하는가에 따라 값이 달라진다는 단점이 있으나 일반적으로 투자심사기준으로 사용되고 있다.

[표 1-7] 경제성 분석기법의 비교

분석기법	판 단	장 점	단 점
편익/ 비용비율 (B/C)	B/C≥ 1	· 이해용이, 사업규모 고려 가능 · 비용편익 발생시간의 고려	· 편익과 비용의 명확한 구분이 곤란 · 상호배타적 대안선택의 오류발생 가능 · 사회적 할인율의 파악
내부 수익률 (IRR)	IRR≥ r	· 사업의 수익성 측정 가능 · 타 대안과 비교가 용이 · 평가과정과 결과 이해가 용이	· 사업의 절대적 규모 고려하지 않음 · 몇 개의 내부수익율이 동시에 도출될 가능성 내재
순현재 가치 (NPV)	NPV≥ 0	· 대안 선택시 명확한 기준 제시 · 장래발생편익의 현재가치 제시 · 한계 순현재가치 고려 타분석에 이용가능	· 할인율의 분명한 파악 · 이해의 어려움 · 대안 우선순위 결정시 오류발생가능

10.7 민감도 분석

민감도 분석(sensitivity analysis)이란 공공투자사업에서 불확실한 외생요인의 변화가 해당 사업의 경제성에 어떤 영향을 미치는가를 검토하는 것을 말한다. 공공투자사업에 대한 경제성 분석에 있어서 화폐단위로 계측되는 대부분의 비용과 편익의 흐름은 불확실한 미래의 예측에 바탕을 둔 기대치에 불과하므로 오류의 범위를 가지고 있을 수 있으며, 경제성 분석결과도 상대적으로 오차가 발생할 수 있다. 최종 경제성 분석결과에 영향을 미치는 여러 요인들을 결정하고 이 요인들의 변화에 따른 경제성 분석결과의 변화 정도를 파악하기 위하여 민감도 분석을 시행한다. 이러한 요인들로는 할인율의 변화, 공사비의 증감, 교통수요의 증감, 공사시행연도의 연기, 차량운행비용의 증감 등이 있으며, 이 요인들이 일정량만큼 변화되었을 경우 경제성이 어떻게 변화하는지 파악하는 방법이다.

10.8 재무성 분석

(1) 개요

재무분석이란 자금이 소요되는 투자사업에 있어 자금조성 및 자금운용면에서 합리적인 자금계획수립을 위하여 투자사업에 소요되는 제반비용과 투자사업으로 인한 제반수입, 즉 재무자원의 흐름을 분석하는 것이다. 일반적인 재무분석은 기업적 측면에서의 재무제표분석과 구분되는데 개별투자사업평가를 위한 재무분석의 경우 경제성이 있는 투자사업에 대한 우선 순위결정, 경제성이 없는 투자사업의 억제, 각종 경영계획의 수립 및 통제를 목적으로 하는 반면 재무제표분석은 대상투자사업의 수익성을 비롯하여 재무상태의 안정성을 검토·분석하는 것이다.

(2) 분석 방법

재무성 분석방법에는 회수기간법(Payback Period Method), 현금흐름할인법(DCP : Discounted Cash Flow), 수익성지수법(Profitability Index Method) 등 여러 가지 방법이 있으나 이 중 현금흐름할인법이 일반적인 재무성 분석의 방법으로 인정되고 있다. 이러한 현금흐름할인법에는 순현재가치법(NPV : Net Present Value Method) 및 내부수익률법(IRR : Internal Rate of Return Method)이 있다.

(3) 재무적 타당성 평가

재무적 타당성 평가를 모든 사업에 의무적으로 실시할 필요는 없다. 사업의 경제적 타당성이 현저히 낮은 경우라면 당연히 재무적 타당성이 존재하기 매우 힘들기 때문에 재무적 타당성 평가를 많은 시간과 비용을 들여서 실시할 필요가 없는 것이다. 이런 경우 경제적 타당성 평가만으로도 충분할 수 있다. 그러나 사업의 경제적 타당성이 높은 경우는 다르다. 예를 들어 편익/비용 비율이 1 이상인 경우 혹은 수요가 매우 높아 사업성이 높기 때문에 민간이 참여할 가능성이 높은 사업 등에 있어서는 재무적 타당성을 별도로 분석할 필요가 있다. 민간이 사업을 추진하더라도 수익을 보장할 수 있기 때문에 공적자금을 투입하는 대신 아예 민자유치 등의 방안을 제안할 수도 있기 때문이다.

예상문제

1 교통계획 중 공간적 범위에 따른 분류가 아닌 것은?

① 지역교통계획 ② 도시교통계
③ 교통축계획 ④ 가로망계획

답 ④

2 장래의 교통량을 추정하는 데 있어서 필요치 않는 것은?

① 인구 추정
② 인구당 자동차 보유대수 추정
③ 토지이용계획의 추정
④ 국민소득의 증가율 추정

답 ④

3 세부가로 교통량 추정에 앞서서 개략적 노선수요파악을 위한 네트워크로서 주로 교통존중심(Zone Centroid)간을 연결하는 많은 삼각형으로 구성하는 네트워크는 다음 중 어느 것인가?

① 거미줄망도(spider web)
② 검사선(screen line)
③ 교통지구도(Zone Map)
④ 가로망도(Highway Network)

답 ①

4 교통의 3요소에 해당되지 않는 것은?

① 시설(Link, Network)
② 운반체(Means)
③ 도로(Road)
④ 결절점(Nodes, Terminals)

답 ③

5 도시교통 체계의 구성요소에 포함되지 않는 것은?

① 차량 ② 사람과 비용
③ 도로망 ④ 터미널

해설 차량은 운반체, 도로망은 시설, 터미널은 결절점에 속함

답 ②

6 교통계획을 교통시설에 따라 분류했을 때 그 범위에 들어가는 계획은?

① 지역교통계획 ② 도시교통계획
③ 주차장계획 ④ 단기교통계획

답 ③

7 교통의 3대 구비요건에 해당하지 않는 것은?

① 이동성(Mobility) ② 분포성(Ubiquity)
③ 안전성(Safety) ④ 효율성(Efficiency)

해설 이동성 : 운반체 분포성 : 시설 효율성 : 결절점

답 ③

8 사람 또는 차량이 두 지점간을 어떤 목적을 가지고 한 수단을 이용하여 노선상을 이동하는 것을 무엇이라 하는가?

① Schedule ② Trip
③ Terminal ④ Road

답 ②

9 교통의 5E에 해당하지 않는 것은?

① Education ② Economy
③ Enforcement ④ Enactment

해설 Education : 교육 Enactment : 법규
Enforcement : 시행 Environment : 환경
Engineering : 기술

답 ②

10 다음은 일반적인 교통계획과정의 순서도이다. ㉮,㉯,㉰,㉱에 알맞게 배열된 것은?

문제인식 - ㉮ - ㉯ - 분석기법 - ㉰ - ㉱ - 평가 - 실행

① 목표설정-자료수집-장래추정-대안설정
② 자료수집-목표설정-장래추정-대안설정
③ 목표설정-자료수집-대안설정-장래추정
④ 자료수집-장래추정-목표설정-대안설정

답 ①

11 대상지역의 인구가 1,000,000人 이상일 때 최소한의 표본율은?

① 100인당 1 ② 75인당 1
③ 50인당 1 ④ 30인당 1

해설 ※ 인구규모와 최소한의 표본율과 일반적인 표본율

대상지역의 인구	표 본 율	
	최소한의 표본율	일반적인 표본율
50,000 미만	10인당 1	5인당 1
50,000~150,000	20인당 1	8인당 1
150,000~300,000	35인당 1	10인당 1
300,000~500,000	50인당 1	15인당 1
500,000~1,000,000	70인당 1	20인당 1
1,000,000 이상	100인당 1	25인당 1

답 ①

12 도시교통의 특성에 알맞지 않는 것은?

① 시간대에 따라 교통 혼잡이 심하며 첨두시간이 발생한다.
② 교통수단이 다양하다.
③ 교통 서비스와 수용의 편차가 심하다.
④ 평균 통행거리가 길다.

답 ④

13 교통혼잡지구의 교통계획의 정책목표에 해당하지 않는 것은?

① 혼잡지구에 대한 교통규제
② 지구 내 도로의 정비
③ 버스노선의 재편성
④ 주차장 시설 설치 완화

답 ④

14 다음 중 교통량 발생관계를 나타낸 것 중 잘못된 것은?

① 교통거리와 트립빈도는 반비례한다.
② 도시활동은 교통비와 트립목적과 평행적인 분포관계이다.
③ 자동차 보유율이 높아지면 교통량도 늘어난다.
④ 소득이 증가하면 지출은 증가하나 트립은 감소한다.

답 ④

15 현재교통망의 문제지점 또는 지역을 진단하고 도로의 시설, 확장 등 교통시설 건설사업의 타당성과 우선순위 등을 결정하는데 가장 중요한 근거가 되는 것은?

① 통행발생량
② 교통수단분담율
③ 노선배정교통량
④ 교통존간 통행분포량

답 ③

16 자연적인 보행[패턴]을 따라 형성되었다가 지형에 맞추어 이루어진 도로형태로서 교통량이 집중되지 않는 주거지역에 알맞은 도로망 패턴은?

① 방사형 ② 격자형
③ 선형 ④ 곡선형

답 ④

17 대도시 교통문제를 해결하기 위한 대책 중 옳지 않은 것은?

① 대중교통 문제의 해결
② TSM 사업의 효과적인 운영

③ 이면도로에 노상주차장 설치
④ 지하철 추가 건설

답 ③

18 우리 나라 서울의 경우 어느 형태의 가로망에 속하는가?

① 격자형 ② 방사형
③ 방사환상형 ④ 선형

답 ③

19 전철 건설시 고려할 사항으로서 필요한 판단기준의 중요요소라고 볼 수 없는 것은?

① 자동차보유 대수와 전철수요
② 도시의 공간적 규모
③ 승객수요
④ 인구 및 고용밀도

답 ②

20 가로망체계 중 중세서양에서부터 발달되기 시작하여 바로크시대에 가장 많이 이용했던 형태로서 도로들이 예각 또는 둔각으로 만나는 단점이 있는 유형은?

① 방사형(Radial pattern)
② 격자형(Grid pattern)
③ 선형(Linear pattern)
④ 곡선형(Curvilnear pattern)

답 ①

21 도시교통정비촉진법에 의한 교통기본계획 적용대상지역이 아닌 것은?

① 상주인구 100만 이상의 도시
② 상주인구 100만 도시와 같은 교통생활권에 있는 지역
③ 상주인구 30만 이상의 도시 중 교통계획의 필요성이 있는 지역
④ 상주인구 30만 이상의 도시 중 그 도시와 같은 교통생활권에 있는 지역

답 ④

22 교통계획 중 계획기간에 따른 분류가 아닌 것은?

① 장기교통계획 ② 도시교통계획
③ 중기축계획 ④ 단기계획

답 ②

23 교통계획 중 계획대상에 따른 분류가 아닌 것은?

① 교통축계획 ② 간선도로계획
③ 가로망계획 ④ 교차로계획

해설 ※ 교통계획의 유형

계획 기간별	계획 대상별	계획의공간적 범위별
장기계획 중기계획 단기계획	관리·운영계획 가로망계획 대중교통계획 간선도로계획 이면도로계획 교차로계획 주차시설계획 보행시설계획	국가교통계획 지역교통계획 도시교통계획 지구교통계획 교통축계획

답 ①

24 교통계획의 유형 중 공간적 범위에 따른 분류가 아닌 것은?

① 간선도로계획 ② 지역교통계획
③ 도시교통계획 ④ 교통축계획

답 ①

25 다음 중 장기교통계획의 특징이 아닌 것은?

① 소수 대안
② 유사 대안
③ 시설지향적, 자본집약적
④ 서로 다른 대안

답 ④

26 다음 중 단기교통계획의 특징이 아닌 것은?

① 다수 대안
② 여러 교통수단을 도시에 고려
③ 단기적
④ 단일교통수단 위주

답 ④

27 교통계획을 계획기간에 따라 장기교통계획과 단기교통계획으로 구분할 때 다음 설명 중 옳

은 것은?

① 장기교통계획은 시설 지향적이고 단기교통계획은 서비스 지향적이다.
② 장기교통계획은 서로 다른 대안이고 단기교통계획은 유사한 대안이다.
③ 장기교통계획은 저자본 비용이고 단기교통계획은 자본집약적이다.
④ 장기교통계획은 많은 교통수단을 동시 고려하고 단기교통계획은 단일교통 수단 위주이다.

답 ①

28 교통계획을 위한 현황자료 조사에서 인구, 소득, 자동차, 보유대수, 직업별 고용자수, 학생수 등 사회경제 지표를 조사하는데 그 용도로서 거리가 먼 것은?

① 통행발생의 설명변수로 활용
② 표본조사 결과의 전수화를 위한 총량지표로 활용
③ 교통투자사업의 재원확보 평가지표로 활용
④ 토지이용계획 대안의 수립과 인구고용 기회의 배분을 위한 기초자료로 활용

답 ③

29 도시교통정비촉진법에서 규정된 중기계획은 몇 년마다 장기계획의 타당성을 검토하도록 되어 있는가?

① 5년　② 10년
③ 15년　④ 20년

답 ①

30 도시교통정비촉진법에서 규정된 장기계획은 몇 년마다 시행하는가?

① 5년　② 10년
③ 15년　④ 20년

답 ④

31 교통계획의 기능이 아닌 것은?

① 장기적인 테두리를 설정하지 못한다.
② 세부계획을 수립하는데 근거를 마련해준다.
③ 재원의 투자 우선순위를 결정해 준다.
④ 교통행정의 지침을 제공해준다.

해설 교통계획의 기능
- 근시안적인 교통계획의 장기적인 테두리를 설정해 준다.
- 즉흥적인 계획과 집행을 막을 수 있다.
- 교통행정에 대한 지침을 제공하는 역할을 한다.
- 단기, 중기, 장기 교통정책의 조정과 상호 연관성을 높여 준다.
- 정책목표를 세울 수 있는 계기가 마련된다.
- 한정된 재원의 투자 우선순위를 설정해 준다.
- 부문별 계획간의 상충과 마찰을 방지해 준다.
- 교통 문제를 진단하고 인식할 수 있는 여건을 조성해 준다.
- 세부계획을 수립할 수 있는 준거를 마련해 준다.
- 집행된 교통 정책에 대한 점검의 틀을 제공한다.
- 계획가와 의사 결정자 및 시민과의 상호 교류와 사회학습의 분위기를 조성해 준다.

답 ①

32 교통계획의 기능이 아닌 것은?

① 장기적인 교통계획의 목표를 설정해준다.
② 정책목표를 제시한다.
③ 투자 우선순위의 설정
④ 즉흥적이고 신속한 교통계획을 집행할 수 있다.

답 ④

33 일반적으로 소득이 증가할수록 수단 분담률이 증가하는 것은?

① 승용차, 택시　② 버스
③ 도보　④ 지하철

답 ①

34 다음 중 교통의 기능이 아닌 것은?

① 교통은 유사시 국가방위에 중요한 역할을 한다.
② 교통은 사람 및 재화의 이동을 촉진시켜 지역의 균형발전에 기여한다.
③ 교통은 도시화의 촉진시킨다.
④ 교통은 생산성 향상에 기여하고 생산비를 증가시킨다.

해설 교통은 생산성 향상 및 생산비의 절감 기능을 갖고 있다.

답 ④

35 교통문제 중 교통부문에서 타부문에 영향을 주는 문제가 아닌 것은?

① 공해　② 승차난
③ 소음　④ 수입에너지

답 ④

36 신호등이 없는 교차로에서 서비스 수준 측정 요소는?

① 평균속도　② 평균지체도
③ 여유교통용량　④ 평균운영지체

답 ④

37 도시교통의 종류 중 교통조사를 위한 분류가 아닌 것은?

① 통과교통　② 지역진출 교통
③ 도시내부 교통　④ 시내교통

답 ④

38 도시교통 중 교통목적에 의한 분류가 아닌 것은?

① 주거교통　② 업무교통
③ 수상교통　④ 오락교통

해설 수상교통은 교통수단에 의한 분류

답 ③

39 주간선 도로와 보조간선 도로와의 간격은?

① 1000m 내외　② 500m 이하
③ 250m 내외　④ 300m 내외

해설 주간선과 주간선 : 1000m 내외
주간선과 보조간선 : 500m 이하
보조간선과 국지도로 : 250m 이내
구획가로간격 : 장축(120m~150m), 단축(30m~60m)

답 ②

40 주간선 도로와 주간선 도로의 이상적인 배치간격은 도심부의 경우 얼마 내외인가?

① 2000m　② 3000m
③ 1000m　④ 800m

답 ③

41 지역간 교통과 도시 내 교통이 혼재하는 교통 특성이 나타나는 도시의 인구규모는 대략 얼마인가?

① 5만~30만　② 30만~100만
③ 100만~200만　④ 200~300만

답 ①

42 다음 중 격자형 도로체계의 장점이 아닌 것은?

① 용도설정의 용이
② 시가화 구역 확산가능
③ 중심부와의 접근성 단축
④ 균형적 개발가능

답 ③

43 교통계획을 교통문제 해결을 위한 과학적 사고의 과정이라고 정의한 사람은?

① Gakenheimer　② Meyer
③ Homburger　④ Wachs

답 ④

44 도로계획의 노선 선정시 고려할 사항이 아닌 것은?

① 기존 고속도로, 간선도로, 전철 등과의 연계성을 고려한다.
② 공사비가 가급적 적게 들고 시공이 용이한 노선을 선정한다.
③ 생활권을 가급적 분리하도록 한다.
④ 통과교통을 우회 처리할 수 있는 노선을 선정한다.

답 ②

45 도시교통정비 기본계획의 내용이 아닌 것은?

① 교통시설의 설치 및 정비·개량
② 교통수단간의 연계 수송
③ 교통수단의 개발·공급 및 운영
④ 주차장 정비지구 지정

답 ④

46 교통체계관리 기법이 교통계획에 처음 도입된 시기는?

① 1950년대 ② 1960년대
③ 1970년대 ④ 1980년대

답 ③

47 교통체계관리기법의 특징이 아닌 것은?

① 지역적이고 미시적인 기법
② 사람보다는 차량에 우선을 두는 정책
③ 도시교통체계의 질적 향상도모
④ 고투자사업의 대치 기능

답 ②

48 교통체계관리기법 중에서 공급을 증가시키는 정책이 아닌 것은?

① 신호체계 개선 ② 관리센터 설치
③ 교통정보 제공 ④ 노상주차제한

해설
- 교통수요를 감소시키는 기법 : 승용차 공동이용, 버스노선 조정 및 서비스개선, Park & Ride, 준대중교통수단 도입, 자전거 및 보행자 시설설치, 요금정책
- 교통공급을 증가시키는 기법 : 신호체계개선, 관리센터설치, 교통정보제공, 시차제실시, 트럭 통행 규제• 교통공급을 증가하면서 수요를 감소시키는 기법 : 버스전용차로제(도로신설), 노상주차제한
- 교통수요와 공급을 동시에 감소시키는 기법 : 버스전용차로제(기존차로이용), 주차면적감소, 승용차 통행제한구역의 설정, 노상주차시설확대

답 ④

49 TSM 관련 효과지표(MOE)가 기술적으로 만족해야 하는 것 중 잘못된 것은?

① 계량적이어야 한다.
② 민감한 것은 안 된다.
③ 통계적으로 나타낼 수 있어야 한다.
④ 중복되는 것은 피해야 한다.

해설
- 계량적이어야 한다.
- 민감한 것이어야 한다.
- 통계적으로 나타낼 수 있어야 한다.
- 중복되는 것은 피해야 한다.
- Simulation이 가능하고 현장측정이 가능해야 한다.

답 ②

50 교통체계관리기법 중에서 수요억제정책이 아닌 것은?

① 합승의 권장
② Park-and-ride
③ 자동차통행제한 구역설치
④ 준대중교통체계도입

답 ③

51 TSM(Transportation Systems Management)기법 중에서 교통을 억제시키는 방법으로 적합지 않은 것은?

① 노상주차제한
② 출퇴근 시간대 조정
③ 자동차통행제한 구역설치
④ 버스전용차로 설치

답 ②

52 교통체계관리기법 중에서 수요와 공급을 동시에 억제하는 정책이 아닌 것은?

① 기존의 차선에 버스전용차선 설치
② 자동차 통행제한구역 설정
③ 실외주차장 감소
④ 트럭의 통행규제

답 ④

53 교통체계관리기법의 4가지 종류에 들지 않는 것은?

① 공급증가정책
② 공급, 수요의 감소정책
③ 공급, 수요의 증가정책
④ 공급증가, 수요 감소정책

답 ③

54 교통수요와 공급의 메커니즘에 근거하여 교통체계관리기법을 4가지 유형으로 분류한 사람은?

① Wachs and Gakenheimer
② Meyer and Anas
③ Wagner and Gilbert
④ Wachs and Gilbert

답 ③

55 최근 활발히 진행되는 ITS(Intelligent Transport Systems)의 목적이 아닌 것은?

① 도로이용의 효율성을 제고시키기 위하여
② 도로의 교통안전을 도모하기 위하여
③ 통행 발생량과 도착량을 정확히 예측하기 위해
④ 환경에 미치는 악영향을 감소시키기 위하여

답 ③

56 도로의 기능에 따른 분류 중 이동성이 가장 높은 도로는?

① 구획도로 ② 국지도로
③ 주간선도로 ④ 자동차 전용도로

답 ④

57 도로의 기능에 따른 분류 중 접근성이 가장 높은 도로는?

① 주간선도로 ② 국지도로
③ 보조간선도로 ④ 구획도로

답 ④

58 도시의 골격을 형성하고 도시내 장거리 주행이라는 기능을 갖는 도로는?

① 주간선도로 ② 집분산도로
③ 지구 내 도로 ④ 고속도로

답 ①

59 다음의 교통수단 중에서 평균 수송거리가 가장 큰 것은?

① 항공기 ② 트럭
③ 철도 ④ 해운

답 ④

60 교통량 증가의 요인으로 잘못된 것은?

① 토지이용의 증대
② 도시팽창
③ 차량증가와 이용빈도의 증가
④ 건축물의 용적률 감소

답 ④

61 상업지구에서 도로 서비스 기능을 향상하기 위한 계획 내용이 아닌 것은?

① 화물의 적재나 적하를 위한 공간의 확보가 중요하다.
② 통과교통을 배제한다.
③ 보도의 폭은 주거지나 공업지에 비해 넓게 해야 한다.
④ 대지 내 차량의 빈도높은 진출입을 수용하기 위해 가구의 크기도 중규모로 하기보다는 대규모로 한다.

답 ④

62 어느 구간의 거리를 차량정지시간이나 교통정체시간을 모두 포함한 시간으로 나눈 값은?

① 통행속도 ② 주행속도
③ 지점속도 ④ 설계속도

답 ①

63 도시 교통의 특성이 아닌 것은?

① 도시 내의 각 지점을 연결해 주는 단거리 교통이다.
② 도시교통은 대량 수송을 필요로 한다.
③ 도심지와 같은 특정지역에 통행이 집중된다.
④ 도시교통은 대량 수송을 필요로 하지 않는다.

답 ④

64 대안 설정은 두 단계로 나누어 검토되어야 하는데 대안의 인식단계가 아닌 것은?

① 다양하고 폭넓은 대안의 고려
② 부적합한 대안의 제거
③ 우수한 대안의 검토
④ 집행측면을 고려한 최적대안 선정

답 ④

65 도시교통의 특성에 대한 설명 중 틀린 것은?

① 대량이고 다양한 교통이 존재한다.
② 도심지에 교통발생 집중밀도가 높다.
③ 통과교통의 비율이 매우 높다.
④ 단거리 교통이 많다.

답 ③

66 **도시계획 도로가 지역 간 연결도로와 다른 교통특성이 아닌 것은?**

① 평균주행거리가 짧음
② 주행속도가 비교적 높음
③ 통과교통이 적음
④ 회전 차량이 많음

답 ②

67 **도로의 기능간 체계적인 연결 순서가 옳은 것은?**

① 주간선도로 - 보조간선도로 - 구획도로 - 국지도로
② 국지도로 - 주간선도로 - 보조간선도로 - 구획도로
③ 주간선도로 - 국지도로 - 구획도로 - 보조간선도로
④ 자동차전용도로 - 주간선도로 - 보조간선도로 - 국지도로 - 구획도로

답 ④

68 **도시계획도로가 지역간 연결도로와 도로구조상 다른 점이 아닌 것은?**

① 교차로간의 간격이 짧음
② 평면 교차로가 적음
③ 보도 및 주·정차대가 필요
④ 노상시설이 많음

답 ②

69 **도로의 기능상 구분에 적합하지 않는 것은?**

① 자동차 전용도로　② 주간선도로
③ 보조간선도로　④ 도시계획도로

답 ④

70 **자동차 전용도로와 자동차 전용도로가 교차하는 교차로의 연결방식은?**

① 불완전입체교차
② 완전입체교차
③ 평면교차
④ 도류화된 평면교차

답 ②

71 **대중교통요금의 대안 중 승객에 대한 서비스가 가장 낮은 것은?**

① 거리요금
② 균일요금
③ 시간대별 차등요금
④ 서비스에 대한 차등요금

답 ①

72 **대중교통수단의 목적을 수행하기 위한 내용이 아닌 것은?**

① 많은 승객을 수용하는 것
② 공공성에 입각한 서비스를 제공하는 것
③ 운행 노선을 승객이 알기 쉽게 배려하지 않는 것
④ 승객에게 저렴한 요금으로 서비스를 제공하는 것

답 ③

73 **대량성, 신속성, 저렴성, 안전성 면에서 우수한 대중교통수단은?**

① 지하철　② 버스
③ 승용차　④ 택시

답 ①

74 **녹색교통수단에 속하지 않는 것은?**

① 좌석버스　② 승용차
③ 지하철　④ 자전거

답 ②

75 **버스차선 정책이 아닌 것은?**

① 버스전용차선　② 버스우선차선
③ 버스우선신호　④ 역류버스차선

답 ③

76 **버스 운영체계에서 공영버스와 민영버스에 관한 설명 중 옳지 않은 것은?**

① 승객의 편리성과 안전성은 민영버스가 좋다.
② 공영버스는 정치적 간섭을 받는다.
③ 비용측면에서 공영회사가 민영회사보다 비효율적이다.

④ 승객수요가 많지 않은 지역에 균형된 서비스공급은 공영버스가 좋다.

답 ①

77 **대중교통의 효율성을 측정하는 요소가 아닌 것은?**

① 인구 ② 비용
③ 신뢰성 ④ 용량

답 ①

78 **교통이 지역사회에 미치는 영향이라 볼 수 없는 것은?**

① 지역을 평준화시킨다.
② 지역분업을 가능하게 한다.
③ 인구이동을 억제한다.
④ 시장권을 확대시킨다.

답 ③

79 **도로의 종류 중 도시 내 교통의 흐름을 원활히 하기 위해 설치되는 신호등 없는 도로는?**

① 국지도로 ② 도시고속도로
③ 간선도로 ④ 외곽순환도로

답 ②

80 **도시교통체계의 구성요소가 아닌 것은?**

① 통로 ② 차량
③ 터미널 ④ 사람과 재화

답 ④

81 **다음 중 교통주체에 해당하는 것은?**

① 자동차 ② 화물
③ 버스 ④ 역

해설 교통행위에 있어서 주체적인 역할을 하는 것은 사람과 재화(화물)이다.

답 ②

82 **도시 내에서 교통량 발생 변수들의 함수관계로 틀린 것은?**

① 소득이 높을수록 교통량의 발생이 많다.
② 자동차 보유율이 높을수록 더 많은 교통량이 발생한다.
③ 소득은 지출을 창조하지만 Trip을 창조하지 못한다.
④ 도시의 Trip은 보행에 의해서만 이루어지는 것이 보통이다.

답 ③

83 **O-D 조사에 관한 설명이 아닌 것은?**

① 차량의 이동만을 알기 위한 것이다.
② 차량, 승객의 이동을 위한 것이다.
③ 도로의 신설과 개선에 필요하다.
④ 기종점 이외의 운행목적, 운행경로 등도 조사하여야 한다.

답 ①

84 **O-D 조사 방법이 아닌 것은?**

① 노측면접에 의한 조사
② 조사용 엽서에 의한 조사
③ 자동차 소유자에 의한 조사
④ 자동차에 조사표를 나눠주는 조사

답 ③

85 **O-D 조사를 보완하기 위해 하는 조사는?**

① Screen line 조사 ② Cordon line 조사
③ 면접조사 ④ 가정방문조사

답 ①

86 **사람통행실태조사의 결과를 검증하거나 보완하기 위해 실시하는 방법으로 조사 지역 내에 몇 개의 선을 그어 이 선을 통과하는 차량을 조사하는 방법은?**

① 폐쇄선 조사 ② 노측면접조사
③ 가구통행실태조사 ④ 스크린라인조사

답 ④

87 **조사대상지역 밖에 출발지 또는 목적지를 가진 통행을 조사하는 것으로 조사대상지역 경계의 주요지점을 조사 지점으로 하여 유입, 유출되는 차량을 면접 조사하는 방법으로 가구 설문 조사등 본 조사의 보완으로 활용되는 조사는?**

① 스크린라인(Screen Line)조사
② 노측면접조사
③ 차량 번호판 조사
④ 폐쇄선(Cordon Line) 조사

답 ④

88 기종점 조사에서 코든라인(Cordon line) 설정 시 고려할 사항으로 틀린 것은?

① 도로나 철도가 가급적 최소가 되게 할 것
② 도시환경선과 일치시킬 것
③ 가급적 행정구역 경계선과 일치시킬 것
④ 위성도시나 장래 도시화 지역을 가급적 선 내에 포함시킬 것

답 ②

89 현재의 도로망, 교통통제설비, 대중교통망 및 운영, 주차시설 등의 기초자료를 얻기 위한 조사는?

① 현황조사 ② 관측조사
③ 사고기록조사 ④ 통계자료

답 ①

90 다음 조사방법 중 가구통행실태 조사방법이 아닌 것은?

① 가구면접조사 ② 전화면접조사
③ 노측면접조사 ④ 우편설문조사

해설 노측면접조사 : 간선도로나 이면도로상에서 차량을 세우거나 신호대기 중인 차량을 대상으로 출발지와 목적지를 조사하는 방법

답 ③

91 도시의 유출입 이용객의 시내통행실태 및 시외 유출입 통행실태를 파악하기 위한 조사방법은?

① 터미널 승객조사 ② 노측면접조사
③ Screen line 조사 ④ 가구통행 실태조사

답 ①

92 출발지, 목적지별 교통량조사(Origin and Destination Survey)방법에 해당되지 않는 사항은?

① 터미널 조사(Terminal Survey)
② 시험차 주행에 의한 방법(Moving Survey)
③ Screen line 조사
④ 가구방문조사(Home Interview Survey)

답 ②

93 교통희망노선도는 다음 중 어느 조사에 의하여 작성되는가?

① 교통량조사 ② 기종점조사
③ 여객수송조사 ④ 가로망조사

답 ②

94 기종점 조사란 다음 중 어느 것인가?

① 교통의 중량 ② 교통의 수량
③ 교통의 종류 ④ 교통의 방향

답 ④

95 새로운 교통수단의 도입에 따른 교통선호특성을 파악하기 위하여 설정된 가상적인 상황에 대하여 조사하는 방법을 무엇이라 하는가?

① RP(revealed preference)조사
② SP(stated preference)조사
③ 패널(panel)조사
④ 에티비티다이어리(Activity daily)조사

해설
- RP조사 : 경험에 의한 선택한 사항에 대한 조사방법 ex)교통수단선택조사
- SP조사 : 조사대상자의 잠재된 선호의식 조사방법 ex) 향후 경전철 건설시 이용자의 선호도 조사
- Panel조사 : 같은 조사 대상자를 반복적으로 조사 방법 ex) 대선 여론조사
- Activity daily조사 : 1일 동안 조사대상자의 기반 활동 조사방법 ex) 가구통행실태조사

답 ②

96 교통조사 기간에 따른 구분으로 옳지 않은 것은?

① 2시간 조사 ② 4시간 조사
③ 6시간 조사 ④ 8시간 조사

해설 교통량 조사기간에는 3시간, 4시간, 6시간, 8시간, 12시간이 있다.

답 ①

97 교통존 구분시 기준이 바람직하지 못한 것은?

① 대존은 한구 정도 크기의 행정구역을 대존으로 설정한다.
② 대존은 지형적 특성과 토지의 기능에 중점을 두어 분할한다.
③ 소존은 최소구획단위인 행정동 단위로 설정한다.
④ 중존은 법정동 특성을 감안하여 행정도 1개씩 묶어서 설정한다.

답 ④

98 교통존에 대한 설명 중 틀린 것은?

① 다양한 토지이용이 한 존에 포함되도록 한다.
② 행정구역과 가급적 일치시킨다.
③ 간선도로는 존 경계와 일치하도록 한다.
④ 강·산·철도와 같은 지형적 경계를 교통존 경계로 일반적으로 적용한다.

답 ①

99 다음 중 교통존 설정기준으로 틀린 것은?

① 동질적인 토지이용이 포함되도록 한다.
② 행정구역과 가급적 일치시킨다.
③ 간선도로는 존 경계와 일치하도록 한다.
④ 소규모 도시의 주거지역은 1,000~3,000명, 대도시의 경우는 3,000~5,000명 정도 포함되도록 설정한다.

해설 소규모 도시의 주거지역은 1,000~3,000명, 대도시의 경우는 5,000~10,000명 정도 포함되도록 설정한다.

답 ④

100 교통존의 중심을 무엇이라 하는가?

① Center ② Circle
③ Centroid ④ Point

답 ③

101 존을 설정하는데 있어 유의해야 할 점이 아닌 것은 무엇인가?

① 존의 형태는 원형에 가까워야 한다.
② 존 내부 통행을 감지할 수 있도록 설정해야 한다.
③ 존 내부의 사회적, 경제적 특성이 균일해야 한다.
④ 각 존의 가구수, 인구 및 통행량이 비슷한 것이 좋다.

해설 내부 trip을 최소화할 수 있어야 한다.

답 ②

102 폐쇄선 주변의 지역은 최소한 몇 % 이상의 통행자가 폐쇄선 내의 지역으로 출근 및 등교하는 지역으로 설정하여야 하는가?

① 5% ② 10%
③ 13% ④ 15%

답 ①

103 기종점 조사의 주요 조사 항목이 아닌 것은?

① 출발지 및 출발시각 ② 도착지 및 도착시간
③ 첨두시 총 주행거리 ④ 통행목적

답 ③

104 O-D 조사량을 존의 중심점을 연결하는 선으로 교통량에 비례한 굵기로 표시한 것을 무엇이라 하는가?

① 통행배분도 ② 존별발생 교통량
③ 도로노선도 ④ 희망노선도

답 ④

105 인구 50만 이상의 도시교통계획수립시 존 구분으로 적당한 것은?

① 존의 구분은 인구 10,000명 정도 기준의 근린생활지구 단위에 맞춘다.
② 존의 구분은 인구 50,000명 정도 기준의 행정단위에 맞춘다.
③ 인구 70,000명 정도를 행정단위 기준으로 한다.
④ 4~5개 정도를 행정단위 기준으로 한다.

답 ②

106 지방부 도로의 교통량조사에 관한 설명 중 틀린 것은?

① 상시조사 지점은 숫자가 제한되어 있기 때문에 전국의 모든 도로구간을 이 조사 지점만 가지고 grouping하기는 불가능하다.
② 전역조사는 AADT를 구하기 위한 기본교통량을 구하는 조사로서 교통량 조사가 필요한 모든 구간에 교통량 측정기기를 설치하여 조사한다.
③ 상시조사는 AADT값을 매월의 평일 평균 교통량으로 나누어 월변동계수를 구한다.
④ 상시조사는 년간 일정한 간격으로 측정하되 한 번에 연속적으로 통상 7일 동안 시간별 교통량을 측정하고 기록한다.

해설

- 상시조사
  -장기간(1년 이상)에 걸쳐 차량대수를 한 시간 이하의 단위로 측정
  -조사지점의 grouping(grouping당 최소 6개의 상시조사지점)
- 보정조사
  - 연간 일정간격(4,6,12회)으로 측정하되 한 번에 연속적으로 7일간 측정
  - grouping을 쉽게 하고 정확하게 하기 위해 연간 12회 실시
- 전역조사
  - AADT를 구하기 위한 기본 교통량을 구하는 조사
  - 1년에 1번(대개 10월 : 10월의 월 변동계수가 1)
  - 토요일, 일요일, 공휴일이 포함되어도 이날의 교통량은 제외시킴

답 ④

107 정기적인 교통량조사 방법이 아닌 것은?

① 상시조사 ② 보정조사
③ 전역조사 ④ 구간조사

답 ④

108 다음 중 전수조사의 특징이 아닌 것은?

① 관찰대상 전부를 조사한다.
② 표본오차가 0이다.
③ 경비가 적게 든다.
④ 많은 조사원이 필요하다.

답 ③

109 코든 라인을 통과하는 주요지점에서 조사지역으로 유입·유출하는 차량을 조사하는 방법은?

① 스크린라인 조사 ② 노측면접 조사
③ 폐쇄선 조사 ④ 기종점 조사

답 ③

110 가구 방문 조사나 폐쇄선 조사에서 구한 교통량과 비교 검증하고, 따라서는 폐쇄선 조사의 결과를 수정 보완할 수 있는 조사방법은?

① 노측면접조사 ② 스크린라인 조사
③ 직장방문조사 ④ 차량번호판 조사

답 ②

111 스크린라인조사의 주목적은 무엇인가?

① 분석지역 안의 내부통행에 대한 검정
② 분석대상지역의 가로망교통량에 대한 검정
③ 각 분석 구간의 기종점통행량에 대한 검정
④ 각 통행의 수송 분담률에 대한 검정

답 ③

112 간선도로나 이면 도로상에서 차량을 세우거나 또는 신호 대기하는 차량 등을 대상으로 출발지와 목적지를 조사하는 방법은?

① 스크린라인 조사 ② 기종점 조사
③ 직장방문 조사 ④ 노측면접 조사

답 ④

113 목적별 발생 도착량 비율이 가장 높은 목적 통행은?

① 등교 ② 귀가
③ 출근 ④ 기타

답 ②

114 도시교통계획 수립에 있어서 통행인의 출발지와 목적지, 통행목적, 통행수단, 통행시간, 통행횟수 등을 조사하여 토지이용과 결부시켜 교통계획에 이용하려는 조사는?

① 직장방문조사 ② 승객조사
③ 우편물조사 ④ 기종점조사

답 ④

115 교통시설 조사 중 도로에 관한 기초 조사 내용이 아닌 것은?

① 도로의 구조 ② 서비스수준
③ 포장상태 ④ 도로의 형상

답 ②

116 교통계획에서 승객이나 화물이동과 흐름을 분석하고 추정하기 위하여 단위공간을 설정하는 것은?

① Traffic Zone ② Cordon line
③ Screen line ④ Desire line

답 ①

117 속도조사의 측정방법으로 올바르지 못한 것은?

① 지점측정조사 ② 구간측정조사
③ 시험차량조사 ④ 면접조사

답 ④

118 교통존 구분도를 나타내는 지도 축척으로 올바른 것은?

① 1:50,000~1:100,000 ② 1:25,000~50,000
③ 1:12,000~1:50,000 ④ 1:200,000~1:500,000

답 ①

119 교통존을 설정할 때 대도시의 경우 한 존에 포함되어야 할 인구수로 적당한 것은?

① 1,000~2,000명 ② 5,000~10,000명
③ 12,000~15,000명 ④ 10,000~20,000명

답 ②

120 다음 중 폐쇄선 조사에 대한 설명이 잘못된 것은?

① 차량의 대부분이 조사된다.
② 조사원의 안전을 위하여 충분한 시거가 확보되어야 한다.
③ 조사원의 질문이 용이하게 이뤄질 장소에서 해야 한다.
④ 코든라인에서 유입하는 차량만 조사한다.

해설 유입뿐만이 아니라 유출차량까지 조사하는 방법이다.

답 ④

121 분석대상지역의 폐쇄선을 설정하는데 있어 유의해야 할 사항이 아닌 것은?

① 경계선을 횡단하는 도로는 가능한 많아야 한다.
② 자료수집의 편리를 위해 행정구역의 경계선과 일치시킨다.
③ 매우 큰 규모의 주거지가 인접했을 경우 이를 포함시킨다.
④ 설정된 지역은 서로간의 유기적 관계를 가져야 한다.

답 ①

122 교통사고 조사의 목적과 관련이 적은 것은?

① 교통사고 발생의 원인 규명
② 사고발생의 실태 분석
③ 교통사고 예방을 위한 기초적 활용
④ 사고당사자의 합의 도출

답 ④

123 Zoning의 분할 순서로 옳은 것은?

① area-sector-zone-subzone
② zone-sector-area-subzone
③ zone-area-sector-subzone
④ sector-area-zone-subzone

해설 area(대상지역)-sector(대존)-district(중존) -zone(소존)-subzone(세존)

답 ①

124 표본의 추출방법에는 확률표출과 비확률표출의 2가지 방법이 적용된다. 다음 중 확률표출 방법으로 맞는 것은?

① 유의표출 ② 배합표출
③ 할당표출 ④ 층화표출

답 ④

125 모집단의 개체가 똑같은 확률로 뽑혀지도록 모집단에서 추출하는 방법은?

① 단순확률 표본설계 ② 층화확률 표본설계
③ 집락확률 표본설계 ④ 비확률 표본설계

답 ①

126 **단순무작위 표출방법의 장점은?**

① 통계적인 처리가 쉽다.
② 계통적 표출에 비해 표본추출시간이 빠르다.
③ 단순무작위 표출은 작업의 어려움 때문에 거의 사용되지 않는다.
④ 연속표출이나 다단계표출은 비용이 많이 소요되고, 통계적 처리가 쉽다.

답 ①

127 **다음은 표본선정을 할 때 유의사항을 설명하였다. 다음 설명 중 옳은 것은?**

① 무작위로 추출하되 전체 교통류를 대표할 수 있어야 한다.
② 차량군 중 중간에 주행하는 차량을 선택해야 한다.
③ 하루 중 피크 1시간 동안의 최대 교통량을 선정하여야 한다.
④ 대형차의 혼입률은 고려할 필요가 없다.

답 ①

128 **도로구간의 속도를 허용오차 2km/h의 수준으로 조사하기 위한 표본수를 결정하고자 한다. 유사한 도로(모집단)의 속도 표준편차가 10km/h로 나타나 있으며, 95%의 신뢰도에 대응한 표준화 변수 1.96을 이용하면 최소한 몇 대 이상의 차량속도를 조사해야 하는가?**

① 48대 ② 64대
③ 76대 ④ 97대

해설 $n = (\frac{z\sigma}{d})^2 = (\frac{10 \times 1.96}{2})^2 = 96.04 ≒ 97$

답 ④

129 **통행시간을 나타내는 관계식 중 올바른 것은?**

① 주행시간 × 지체시간
② 주행시간 ÷ 지체시간
③ 주행시간 - 지체시간
④ 주행시간 + 지체시간

답 ④

130 **주행시간 조사방법 중 시험차량운행법에 속하지 않는 것은?**

① 교통류적응운행법 ② 차량번호판운행법
③ 평균속도운행법 ④ 최대허용운행법

해설 시험차량운행법 : 대상구간을 연속적으로 수차례 시험차량으로 주행하는 방법으로 교통류적응운행법, 평균속도운행법, 최대허용운행법이 있다.

답 ②

131 **장래 교통수요 예측시 기본적으로 유의하여야 할 사항으로 틀린 것은?**

① 기초 자료조사가 충분하고 정확해야 한다.
② 도시계획의 수요예측은 인구, 경제, 토지이용 등 장기계획에 바탕을 둠.
③ 장기 종합교통계획과 단기소통계획인가의 구분 없이 수요추정은 일관성을 유지하여야 한다.
④ 도시발전 계획에 대응하는 예측이 되어야 한다.

답 ③

132 **도시교통 계획과정에서 4단계 교통수요 예측 이전에 실시하여야 하는 것은?**

① 교통발생량 예측 ② 토지이용 예측
③ 현황 자료조사 정리 ④ 투자우선 순위 결정

해설 교통수요 추정시 먼저 장래의 인구, 토지이용 패턴을 조사하여야 함

답 ②

133 **교통계획 4단계에 있어 최종적으로 산출되는 결과는 무엇인가?**

① 현재의 각 존별 통행량
② 현재의 각 도로의 교통량
③ 미래의 각 존별 통행량
④ 미래의 각 도로의 교통량

답 ④

134 **교통수요 예측 4단계 추정법 과정이 올바른 것**

은?

① 통행발생 - 통행분포 - 교통수단선택 - 통행배분(노선배정)
② 통행분포 - 통행발생 - 교통수단선택 - 통행배분(노선배정)
③ 통행발생 - 교통수단선택 - 통행분포 - 통행배분(노선배정)
④ 통행배분(노선배정) - 통행분포 - 교통수단선택 - 통행발생

해설 교통수요예측에서 전통적으로 가장 많이 사용되는 방법으로 통행발생(trip generation), 통행분포(trip distribution), 교통수단선택(modal split), 통행배분(trip assignment)의 4단계로 나누어 순서적으로 통행량을 구한다.

답 ①

135 4단계 추정법의 장점이 아닌 것은?

① 각 단계별로 결과에 대한 검증을 거침으로써 현실의 묘사 가능
② 통행패턴의 변화가 급격하지 않은 경우 설명력이 뛰어남
③ 단계별로 적절한 모형의 선택 가능
④ 계획가의 주관이 강하게 작용

해설 4번은 단점

답 ④

136 4단계 추정법의 단점이 아닌 것은?

① 과거의 일정 시점을 기초로 모형화하므로 추정시 경직성을 나타냄
② 계획가의 주관이 강하게 작용
③ 총체적 자료에 의존함으로 인하여 행태적인 측면 반영이 어려움
④ 단계별로 적절한 모형의 선택 가능

해설 4번은 장점

답 ④

137 교통 수요 예측 모형은 분석구조 측면에서 집계형(Aggregate)과 비집계형(Disaggre -gate), 확률형(Probabilistic)과 결정형(Deterministic), 동시형(Simultaneous)과 연쇄형(squential)으로 구분할 수 있다. 종래의 전통적인 4단계 수요추정모형은 위의 어느 형에 속한다고 볼 수 있는가?

① 집계형 - 결정형 – 연쇄형
② 집계형 - 확률형 - 동시형
③ 비집계형 - 확률형 – 연쇄형
④ 비집계형 - 결정형 - 동시형

답 ①

138 사람통행(Person trip)의 주거통행 발생의 분류에 포함되지 않는 것은?

① 가정기반 업무통행 ② 가정기반 귀가통행
③ 가정기반 출근통행 ④ 가정기반 통학통행

해설 가정기반통행 : 통행의 기점과 종점 중에서 어느 하나를 가정에 기반을 두는 통행을 말하며 여기에는 출퇴근통행, 등하교통행, 쇼핑 및 귀가통행 등이 있다.
비가정기반통행 : 퇴근길에 쇼핑을 가거나 직장에서 업무차 다른 직장으로 가거나 또는 이들로부터 다시 원래 출발지로 돌아오는 통행을 말한다.

답 ①

139 통행발생량(Trip Generation)을 추정하기 위하여 각 변수를 이용하여 여러 회귀식을 만든 경우 적정 회귀식을 선택하는 방법으로 옳은 것은?

① 가능한 상수항의 값이 작은 회귀식을 선택한다.
② 종속변수를 설명하는 독립변수의 숫자가 많은 것을 선택한다.
③ 결정계수(coefficient of determination : R^2)가 0에 가까운 회귀식을 선택한다.
④ 종속변수와 독립변수간의 부호가 적정한 회귀식을 선택한다.

답 ④

140 통행(Trip)은 목적을 가진 통행주체가 이동하기 시작하여 정지하기까지의 여행으로 정의하며, 수단통행(Unlinked trip)과 목적통행(linked trip)으로 분류한다. 아래 그림은 한 사람이 집에서 회사로 출근할 때의 통행과정을 보여주고 있다. 다음 중 옳은 것은?

집 —도보— 버스정류장 —버스— 버스정류장 —도보— 지하철역 —지하철— 지하철역 —도보— 회사

① 수단 통행수 = 1, 목적 통행수 = 5
② 수단 통행수 = 5, 목적 통행수 = 1
③ 수단 통행수 = 1, 목적 통행수 = 1
④ 수단 통행수 = 5, 목적 통행수 = 5

답 ②

141 다음 한 직장인의 하루 생활동안에 발생시킨 목적 통행수는 얼마인가? 「직장인은 집을 출발해서 택시를 타고 전철역까지 가서 전철을 타고 직장주변에서 내린 뒤 회사버스를 타고 직장에 도착하였다. 일과를 마친 후 한 직장 동료의 승용차를 타고 그 직장 동료와 함께 식사를 마친 후 버스를 타고 귀가하였다.」

① 3 ② 4
③ 5 ④ 6

답 ①

142 노선배정(통행배분) 방법 중 도로의 최대 허용용량을 고려치 않고 통행량을 부하시킴으로써 도로용량을 초과하는 경우가 발생될 수도 있는 단점을 가진 배정 방법은?

① All or Nothing법 ② 용량제약법
③ 노선 선택 모형 ④ 간섭기회 모형

답 ①

143 교통혼잡을 감안한 주행시간함수를 이용하여 최단경로에 교통량을 배정하는 방법은?

① All or Nothing법 ② 용량제약법
③ 카테고리 분석법 ④ 전환율 곡선방법

답 ②

144 다음 통행배분기법 중 유효경로에 대한 배분확률을 구하여 가로에 교통량을 배정하는 방법은?

① All or Nothing Assignment 방법
② stochastic Assignment 방법
③ Incremental Assignment 방법
④ Equilibrium Assignment 방법

답 ②

145 다음 중 All or Nothing법의 장점이 아닌 것은?

① 이론이 단순하고 적용이 용이
② 총교통체계의 관점에서 최적 통행 배분상태 검토 가능
③ 통행자의 행태적 측면의 반영 미흡
④ 통행자의 희망노선을 알려 줄 수 있다.

해설 3번은 단점이다.

답 ③

146 다음 중 All or Nothing법의 단점이 아닌 것은?

① 도로의 용량을 고려하지 않는다.
② 통행자의 행태적 측면의 반영 미흡
③ 통행 시간에 따른 통행자의 경로변경 등의 현실성을 고려치 않음.
④ 적용이 용이

해설 4번은 장점이다.

답 ④

147 다음은 결정적 선택모형을 이용하여 각 교통수단별 수송분담률을 측정하고자 한다. 이 모형에서 사용되지 않는 변수는 무엇인가?

① 통행시간 ② 소득수준
③ 통행비용 ④ 더미-변수

답 ④

148 교통수요예측기법 중 집계형모형의 변수로 사용되는 것은?

① 개인의 통행수 ② 개인의 목적수
③ 가구의 이용수단 ④ 평균 가구특성

답 ④

149 집계 로짓모형을 이용하여 각존별 교통수단분담율을 추정하고자 할 때 적합하지 않는 설명변수는?

① 통행시간
② 통행비용
③ 승용차보유여부
④ 차외통행시간(접근시간 등)

답 ③

150 **다중회귀분석모형을 사용하여 통행을 예측할 수 있는 방법은 다음의 교통 4단계 추정법의 어디에 해당하는가?**

① 통행발생 ② 통행분포
③ 교통수단선택 ④ 노선배정(통행배분)

답 ①

151 **개별 행태 모형의 종류에 속하는 것은?**

① Fratar model ② Detroit model
③ Logit model ④ Cataegory analysis

해설 개별행태 모형의 종류는 다음과 같다.
- 판별분석법(Discriminant analysis)
- 로짓모형(Logit Model)
- 회귀분석법(Regression analysis)
- 프로빗 모형(Probit Model)

답 ③

152 **장래 교통 배분량을 추정하는데 이용되는 방법이 아닌 것은?**

① 균일 성장률법 ② 평균성장률법
③ 프라타법 ④ 카테고리 분석법

해설

통행발생	통행분포	교통수단 선택	통행배분
증감률법 원단위법 회귀분석법 카테고리 분석법	균일성장률법 평균성장률법 프라타법 디트로이트법 중력모형 간섭기회모형	통행단모형 전환곡선이용 방법 개별행태모형	All-or-Nothing법 용량제약법 노선선택모형

답 ④

153 **가로배분 교통량 모형에 해당하지 않는 것은?**

① Iterative assignment
② Incremental Assignment
③ Multi-path assignment
④ Trip Interchange model

해설
- Trip Interchange model(통행교차모형)은 교통수단선택시 사용된다.
- 용량제약 노선배분법(capacity restraint assignment)에는 다음과 같은 방법이 있다.
  - 반복 과정법(Iterative assignment)
  - 분할 배분법(Incremental Assignment)
  - 다중 경로 배분법(Multi-path assignment)
  - 확률적 통행 배분법(Probability assignment)

답 ④

154 **통행거리가 길어지면 통행자가 그 경로를 택할 확률이 적어진다는 가정 하에 개발된 노선배정 모형은 무엇인가?**

① All-or-Nothing법 ② Incremental 배정법
③ 다중경로 배정법 ④ Dial 모형

해설

구분	링크를 고려하지 않는 모형	링크용량을 고려하는 모형
정태적 모형	All-or-Nothing	반복배분법 분할배분법 평형배분법
확률 모형	다이알 모형 로짓 모형 프로빗 모형 시뮬레이션 모형	확률적 평행배분법
동태적 모형	확률적 다이나믹 모형	이용자 평형 다이나믹 모델

답 ④

155 **추정된 장래 존간 통행량을 기존 교통량에 부하시켜 봄으로써 기존 교통체계가 과연 장래에 어떤 문제를 나타내는지를 검토하는 단계는?**

① 통행분포 ② 통행발생
③ 노선배정 ④ 수단선택

답 ③

156 **전환곡선방법 모형은 4단계 추정법 중 어느 단계에 속하는가?**

① 통행발생 ② 수단선택
③ 통행분포 ④ 노선배정

답 ②

157 노선배정모형 중 Incremental 배정방법을 사용할 때 필요한 자료가 아닌 것은?

① Network data ② Zone 수
③ Capacity ④ Contsrain 수

답 ④

158 다음은 통행발생 과정에서 회귀분석(선형회귀식)을 이용하여 다음과 같은 결과를 도출하였다. 어느 지역의 자동차 대수가 1000대, 인구수가 10만명, 가구 수가 25,000호, 가구당 평균소득이 120만원일 때 이 지역의 총 발생량은?

변수	계수(단위)
자동차대수	4.7대
인구수	0.012명
가구수	0.22가구
가구당 평균소득	12.4만원

① 10889 ② 12888
③ 13999 ④ 21000

해설 (1000×4.7)+(100000×0.012)+(25000×0.22)+(120×12.4)=12888

답 ②

159 4단계 추정법에서 O-D 통행을 추정하는 단계는?

① 통행발생 ② 통행분포
③ 교통수단선택 ④ 통행배분

해설 통행분포는 기종점, 즉 O-D통행을 추정하는 단계로 통행의 출발지와 목적지를 연결시켜 주는 단계이다.

답 ②

160 O-D표에서의 교통량은 주로 $t_{ij}, t_{ii}, \sum t$로 표시된다. 이 중 t_{ii} 교통량은 무엇이라 하는가?

① 발생교통량 ② 집중 교통량
③ 지역 내 교통량 ④ 발생, 집중 교통량

답 ③

161 개별행태모형의 장점이 아닌 것은?

① 교통계획의 개략적 평가에 적합하지 않다.
② 단기적 교통 정책의 영향을 쉽게 확인할 수 있다.
③ 행태를 반영하기 때문에 모형이 공간적, 시간적으로 전이가 가능하다.
④ 비용의 절감

해설 개별행태모형의 장점은 다음과 같다.
- 교통존에 한정되지 않으므로 어떤 지역 단위에도 적용이 가능하다.
- 행태를 반영하기 때문에 모형이 공간적, 시간적으로 전이가 가능하다.
- 단기적 교통 정책의 영향을 쉽게 확인할 수 있다.
- 교통계획의 개략적 평가에 적합하다.
- 비용의 절감과 짧은 시간 안에 결과를 도출할 수 있다.

답 ①

162 현재 총통행량이 100이고, 장래 총통행량의 예측치가 200일 때 평균성장률은?

① 0.8 ② 1.5
③ 2.0 ④ 3.0

해설 F=장래총통행량÷현재총통행량

답 ③

163 실제 교통망에서 교차로 또는 도로구간에서 도로특성이 변화하는 경우 지점을 나타내는 용어는?

① Link ② Zone
③ Path ④ Node

답 ④

164 다음 중 노드를 설명한 것은?

① 기점이 되는 존에서 다른 존으로 나가는 통행이다.
② 폐쇄선의 중심점이다.
③ 도로망에서 차선수의 변화, 도로용량의 변화, 도로설계 속도의 변화 등의 도로특성이 변화하는 지점을 말한다.
④ 교통섬의 종류 중 하나이다.

답 ③

165 과거추세 연장법, 회귀분석모형, 분류분석모

형은 교통수요 분석단계 중에서 어느 과정에서 사용되는가?

① 수단선택 ② 노선배정
③ 통행발생 ④ 통행분포

답 ③

166 통행분포 모형 중 성장률법(growth factor model)에 포함되지 않는 것은?

① 균일성장율법 ② 퍼네스법
③ 중력모델 ④ 프라타법

답 ③

167 통행분포(Trip Distribution)모형의 유형별 특성으로 맞지 않는 것은?

① 성장인자법 : 존간 통행비용을 고려하지 않음
② 간섭기회모형 : 통행자의 목적지 선택확률 개념을 사용함
③ 중력모형 : 존별 통행유입량과 유출량을 만족시키며 통행비용을 최대화하는 통행배분
④ 엔트로피극대화모형 : 존별 통행유입량과 유출량을 만족시키며 엔트로피를 극대화하는 통행배분

답 ③

168 통행분포 예측모형 중 평균성장률법의 기본식은 어느 것인가?(여기서 E_i : 존 i의 유출량의 성장률, F_j : 존 j의 유입량의 성장률)

① $T_{ij} = T_{ij} + \frac{(E_i \times F_j)}{2}$
② $T_{ij} = T_{ij} + \frac{(E_i - F_j)}{2}$
③ $T_{ij} = T_{ij} \times \frac{(E_i \times F_j)}{2}$
④ $T_{ij} = T_{ij} \times \frac{(E_i + F_j)}{2}$

답 ④

169 중력모형에 의한 통행분포예측시 통행 임피던스(통행저항)의 함수로 사용되지 않는 함수는?

$$t_{ij} = k \times P_i \times A_{ij} \times f(Z_{ij})$$
여기서 $f(Z_{ij})$: 통행저항함수

① $f(Z_{ij}) = Z_{ij}^{-n}$
② $f(Z_{ij}) = e(-\lambda Z_{ij}^{-n})$
③ $f(Z_{ij}) = e(-\lambda Z_{ij}^{-n}) Z_{ij}^{-n}$
④ $f(Z_{ij}) = -\lambda Z_{ij}^{-n} e(-\lambda)$

해설 · 중력모형 : $T_{ij} = \alpha \times O_i \times D_{ij} \times f(c_{ij})$
· 중력모형의 이용함수
$f(c_{ij}) = \exp(-\beta c_{ij})$: 음지수 함수
$f(c_{ij}) = c_{ij}^{-n}$: 멱 함수
$f(c_{ij}) = c_{ij}^{n} \exp(-\beta c_{ij})$: 조합된 함수

답 ④

170 중력모형의 정산과정 및 예측에 투입되어야 할 자료로서 적합하지 않는 것은?

① 목표년도 노선배정 통행량
② 목표연도 존별 유입통행량과 유출통행량
③ 기준년도의 기종점간 통행량
④ 기준년도의 존간 통행시간

답 ①

171 카테고리 분석법의 장점이 아닌 것은?

① 이해의 용이성
② 자료이용의 효율성
③ 검증과 변수 조정의 용이성
④ 추정의 부정확성

해설 카테고리 분석법의 장점
· 이해가 용이
· 자료이용이 효율적
· 검정과 변수조정이 용이
· 추정이 비교적 정확
· 교통정책에 민감하게 변화
· 다양한 유형에 적용 가능
· 타지역으로 이전이 용이

답 ④

172 이해의 용이성, 다양한 교통연구의 유형에 적용성, 추정의 정확성 자료이용의 효율성의 장점을 가진 분석기법은?

① Average factor method
② Constant factor method
③ Fratar method
④ 카테고리 분석법

답 ④

173 **통행발생(trip generation)모형으로서 가장 널리 사용되는 방법은 어느 것인가?**

① 카테고리법 ② 분류분석
③ 로짓트모형 ④ 프로빗모형

답 ①

174 **통행배분단계보다 앞서 적용함으로써 통행자의 목적지나 선택경로를 알 수 없으므로 통행발생 예측시에 사용된 사회, 경제변수를 이용하는 수단선택모형은 무엇인가?**

① 통행단 모형 ② 통행교차모형
③ UMODEL 모형 ④ UMTA 모형

답 ①

175 **교통수단선택 단계에서 적용하는 모형 중 통행분포 단계에서 함께 사용되는 모형은?**

① 통행단 모형
② 통행교차모형
③ 단일제약 모형
④ 이중 제약형 중력 모형

답 ②

176 **중력모형에 엔트로피극대화 방법을 적용하여 그 문제점을 보완한 사람은?**

① Wagner ② Gilbert
③ Gakenheimer ④ Wilson

답 ④

177 **다음 중 성장률법의 장점이 아닌 것은?**

① 이해가 쉽고 적용이 용이
② 교통 여건이 크게 변하지 않는 지역에 적합
③ 가장 쉬운 방법은 균일 성장률법이며, 정확도는 프라타법이 가장 높음
④ 장래에 여건이 크게 변화하는 지역에 적용성이 떨어짐

해설 4번은 단점이다.

답 ④

178 **다음 중 개별행태모형에 대한 설명이 바른 것은?**

① 교통수단 선택시 각 통행인의 효용(만족)을 바탕으로 교통수단 선택행위를 분석
② 만유인력의 법칙을 통행의 유출입에 적용한 모형
③ 교통 수단별 분담률을 산정 후 각 수단별 통행수요를 도출하는 방법
④ 가구당 통행 발생량과 같은 종속변수를 소득, 자동차 보유대수 등의 독립변수로 교차분류시키는 방법

해설 2번은 중력모형, 3번은 통행단모형, 4번은 카테고리분석법을 설명한 것이다.

답 ①

179 **다음 교통수요 추정모델 중 개별행태 분석이 가능한 모형이 아닌 것은?**

① 회귀분석법 ② 디트로이트모형
③ 프로빗모형 ④ 로짓모형

답 ②

180 **Fratar 모형의 계산과정을 보다 단순화시킨 모형은?**

① Detroit 모형 ② 성장인자모형
③ 중력모형 ④ 균일인자모형

답 ①

181 **소득수준, 주거밀도, 중심으로부터의 거리, 통행목적 등 특성이 유사한 것들을 집단으로 묶어, 각 집단의 현재 트립발생률과 장래의 집단별 가구수를 파악함으로써 장래의 집단별 가구수를 파악함으로써 장래의 트립발생률을 추정하는 방법은?**

① 회귀분석법 ② 카테고리분석법
③ 과거추세연장법 ④ 중력모형

답 ②

182 통행분포 단계에서 사용되는 모형이 아닌 것은?

① 성장률법 ② 중력모형
③ 간섭기회모형 ④ 증감률법

해설 증감률법은 통행발생에서 사용된다.

답 ④

183 Trip end model의 일반적인 특성이 아닌 것은?

① 다른 지역으로의 전이성이 있다.
② 행태적 변수를 고려하지 못하고 있다.
③ 대부분의 회귀분석을 이용한다.
④ 다른 지역으로의 전이성이 불가능하다.

답 ①

184 일반적인 회귀식 $Y=\alpha+\beta X$에서 β를 구하는 식은?

① $\beta=\dfrac{n\sum X-\sum X\sum Y}{n\sum X^2-(\sum X)^2}$

② $\beta=\dfrac{n\sum XY-\sum X}{n\sum X^2-(\sum X)^2}$

③ $\beta=\dfrac{\sum XY-\sum X\sum Y}{n\sum X^2-(\sum X)^2}$

④ $\beta=\dfrac{n\sum XY-\sum X\sum Y}{n\sum X^2-(\sum X)^2}$

답 ④

185 일반적인 회귀식 $Y=\alpha+\beta X$에서 α를 구하는 식은?

① $\alpha=\dfrac{(\sum Y)}{n}-\beta\dfrac{(\sum Y)}{n}$

② $\alpha=\dfrac{(\sum Y)}{n}-\beta\dfrac{(\sum X)}{n}$

③ $\alpha=\dfrac{(\sum X)}{n}-\beta\dfrac{(\sum Y)}{n}$

④ $\alpha=\dfrac{(\sum X)}{n}-\beta\dfrac{(\sum X)}{n}$

답 ②

186 장래 통행량을 추정하는 회귀식에서 종속변수는 어떤 것인가?

① 통행량 ② 존별 인구
③ 자동차 수 ④ 건물 연면적

해설 존별인구, 자동차수, 건물연면적 등은 독립변수이다.

답 ①

187 버스(B)와 지하철(S)간의 선책 행태를 분석하고자 자료를 수집하여 계산한 결과, U_B(버스의 효용함수)는 -0.18, U_S(지하철의 효용함수)는 -1.15가 산출되었다. Logit모형을 이용하여 각 교통수단의 선택할 확률을 구한 값은?

① P_B = 0.55, P_S = 0.45
② P_B = 0.72, P_S = 0.28
③ P_B = 0.86, P_S = 0.14
④ P_B = 0.91, P_S = 0.09

해설 $P(X)=\dfrac{e^i}{\sum e^i}$

$$P_B=\frac{e^{-0.18}}{e^{-0.18}+e^{-1.15}}=0.725$$

$$P_S=\frac{e^{-1.15}}{e^{-0.18}+e^{-1.15}}=0.275$$

답 ②

188 통행배분모형의 확률모형 중 링크용량을 고려하는 모형은?

① 로짓모형 ② 확률적 통행 배분법
③ 판별분석법 ④ 프로빗모형

답 ②

189 통행배분단계에서 사용되는 모형 중 링크용량을 고려하지 않는 것은?

① 다중 경로 배분법 ② 분할배분법
③ All-or-Nothing법 ④ 반복 과정법

답 ③

190 **교통량 배정의 목적으로 적합지 않는 것은?**

① 현재와 장래의 교통망의 문제지점을 진단
② OD통행량 산출을 위한 기초 자료제공
③ 교통시설의 건설 우선순위 결정
④ 교통망 대안의 평가

답 ②

191 **노선배정시 링크(link)에 관한 자료로 적합하지 않는 것은?**

① 용량 ② 배차간격
③ 길이 ④ 통행속도

답 ②

192 **통행발생량(Trip Assignment)을 위하여 사용되는 자료가 아닌 것은?**

① 도로 구간별 건설비
② 도로 구간별 통행시간
③ 도로 구간별 도로용량
④ 기종점 통행량

답 ①

193 **교통시간을 화폐화하기 위한 방법이 아닌 것은?**

① 소득에 의한 법 ② 최우추정방법
③ AASHO ④ 로짓모형에 의한 법

답 ②

194 **주차수요예측에 사용되는 기법이 아닌 것은?**

① 누적주차대수법 ② 원단위법
③ P요소법 ④ 회귀분석법

해설 주차수요예측 추정방법에는 다음과 같은 것이 있다.
- 과거 추세 연장법
- 주차발생 원단위법
- 건물 연면적 원단위
- P요소법
- 자동차 기종점에 의한 방법
- 누적주차수요 추정방법

답 ④

195 **P요소법(Parking space factor method)으로 도심 주차수요를 추정할 때 다음 중 필요하지 않은 자료는?**

① 승용차 이용 출발통행량
② 주간의 통행 집중율
③ 주차장 이용 효율
④ 승용차 평균 승차인원

해설 사람통행실태조사에 의한 방법(P요소법)

$$P=\frac{d \cdot s \cdot c}{o \cdot e} t \cdot r \cdot p \cdot p_r$$

d : 통행집중율, s : 계절주차, c : 지역주차
o : 평균승차인원, e : 주차효율, p_r : 주차차량비율
r : 첨두시주차집중률, p : 승용차이용률, t : 인구

답 ①

196 **교통사업의 경제성분석과 관계 깊은 경제학 부문은 어느 것인가?**

① 거시경제학 ② 미시경제학
③ 고전경제학 ④ 후생경제학

답 ④

197 **도로투자사업의 경제성 평가과정에서 고려되는 편익이 아닌 것은?**

① 통행비용의 절감 ② 통행료 수입
③ 주변지역개발 효과 ④ 통행시간의 절약

답 ②

198 **대중교통비용은 일반적으로 고정비와 변동비로 구분된다. 다음 설명 중 틀린 것은?**

① 고정비는 교통시설 건설 혹은 차량구입에 소요되는 비용이다.
② 변동비는 대중교통체계를 운영함에 따라 발생되는 비용이다.
③ 고정비는 승객수나 교통시설 용량에 관계없이 항상 일정하게 투입된다.
④ 일정기간 동안의 단위 승객당 평균 수송비용은 수송 승객수 혹은 승객-km가 증가할수록 낮아진다.

해설
- 고정비
  - 일정시점에서 한 번 투자된 비용이다.
  - 산출량(승객수)과 무관하다.(단, 용량을 초과하지 않을 때)
- 변동비
  - 대중교통체계를 운영함에 따라 발생되는 비용이다.

- 인건비, 연료비, 차량관리비

답 ③

199 차량운행비 산정시 고정비에 해당하지 않는 것은?

① 차량의 감가상각비 ② 운전사의 임금
③ 연료비 ④ 보험료 및 세금

답 ③

200 평가방법 중 의사결정자의 교통대안에 대한 선호도를 체계적으로 밝혀내어 대안의 우열을 식별하게 유도하는 기법은 어느 것인가?

① 비용·편익분석법 ② 목표달성행렬법
③ 대차대조작성법 ④ 공조분석법

답 ④

201 평가방법 중 평가자가 영향분류를 함에 있어서 보다 융통성있게 설정할 수 있고, 평가자가 지역 주민에게 중요한 영향이나 issue를 선정하는데 보다 자유성이 있는 평가 방법은?

① 공조분석법 ② 목표달성법
③ 비용·효과분석법 ④ 대차대조표법

답 ②

202 교통사업에 대한 경제성 평가시 편익과 비용의 현재가치의 합계가 같아지는 것을 말하는 것은?

① 순현재가치 ② 편익/비용
③ 내부수익률 ④ 초기년도수익율

답 ③

203 서로 경쟁관계에 있지 않은 두 교통수단의 시장점유율의 비는 그 외 다른 교통수단 유무에 관계없이 일정 불변하다는 성질은 무엇을 말하는가?

① IIA ② DFP
③ DBM ④ FRR

해설 비관련대안의 독립성(Independence of Irrelevant Alternative Property)이란 로짓모형이 안고 있는 가장 큰 약점이다.

답 ①

204 대안선택에 있어 정확한 기준을 제시해 주고 계산이 용이하여 교통사업의 경제성 분석시 보편적으로 이용되는 기법은 무엇인가?

① 편익·비용비 ② 초기년도수익률
③ 내부수익률 ④ 순현재가치

답 ④

205 할인율을 고려하지 않는 경제성 평가기법은 무엇인가?

① 초기년도수익률 ② 편익·비용비
③ 내부수익률 ④ 순현재가치

답 ①

206 초기 연도를 정하기가 힘들고, 자본의 기회비용을 고려하지 않는 기법은?

① 초기년도수익률 ② 편익·비용비
③ 내부수익률 ④ 순현재가치

답 ①

207 투자로 인한 미래의 기대 현금 유입 총액의 현재가치와 기대 현금 유출의 현재 가치를 동일하게 하는 할인율을 무엇이라 하는가?

① NPV ② IRF
③ CRF ④ IRR

해설 내부수익률(Internal Rate of Return)은 편익과 비용의 현재가치의 합계가 같아지는 할인율을 말한다.

답 ④

208 교통계획사업평가의 경제성 분석기법 중의 하나로서 할인율을 이용하여 이것이 사회적 기회비용보다 높으면 사업의 수익성이 있다고 보는 기법은?

① B/C ② FYBCR
③ NPV ④ IRR

해설 비용·편익비(B/C)= $\sum_{n}^{N} BPV_n / \sum_{m}^{M} CPV_m$

$$= \sum_{t=0}^{T} \frac{B_{nt}}{(1+r)^t} / \sum_{t=0}^{T} \frac{C_{nt}}{(1+r)^t}$$

$$\text{순현재가치(NPV)} = \sum_{t=0}^{T} \frac{\sum_{i=n}^{N} B - \sum_{j=m}^{M} C_{jt}}{(1+r)^t}$$

$$\text{내부수익율(IRR)} = \sum_{t=0}^{T} \frac{\sum_{i=n}^{N} B - \sum_{j=m}^{M} C_{jt}}{(1+ir)^t} = 0$$

여기서, $BPVn$: n항목 편익의 현재가치
$CPVm$: m항목 비용의 현재가치
r : 사회적 할인율,
n, N : 편익 항목의 종류
m, M : 비용 항목의 종류
Bit : i항목의 t연도 편익
Cjt : j항목의 t연도 비용
T : 기준연차로부터 평가대상기간 최종 연차까지의 연수
t : 기준연차를 0으로 하는 연차
ir : 내부수익률

답 ④

209 교통사업의 평가방법 중 편익에 의한 현재가치로 환산된 장래의 연도별 편익의 총합에서 현재가치로 환산된 연도별 비용의 합계를 뺀 값으로서 사업의 경제성을 평가하는 기법은?

① 공조분석법 ② 순현재가치
③ 내부수익률 ④ 초기연도수익률

답 ②

210 경제성 분석에 사용되는 순현재가치(NPV)가 어떤 조건일 때 공공사업이 수익성이 있게 되는가?

① NPV로는 수익성을 판단할 수 없다.
② NPV〈0
③ NPV=0
④ NPV〉0

답 ④

211 편익을 비용으로 나눈 비율의 결과가 큰 대안을 선택하는 방법으로 일반적으로 널리 활용되고 있는 방법은?

① 편익·비용 분석법 ② 공조분석법
③ 내부수익률 ④ 순현재가치

답 ①

212 다음 중 시간적 가치에 따른 금전적 가치를 계산하는 Single-payment Compound- amount factor에 의한 방법은?(S_t=현재가치가 P인 총금액의 t년 후의 금전적 가치, i=할인율)

① $S_t = (1+i)^t P$ ② $S_t = \frac{P}{(1+i)^t}$
③ $S_t = (1+i)P^t$ ④ $S_t = \frac{P^t}{(1+i)}$

답 ①

213 은행에 1,000,000원을 예치하고 10년 후에 원리금을 일시불로 찾고자 한다. 인출하면 모두 얼마인가?(단, 이자율은 분기별 8%)

① 6,414,271원 ② 21,724,521원
③ 56,51,234원 ④ 5,487,147원

해설 $S = P(1+i)^n$
※ 주의 : 이자율이 분기별이기 때문에 40년으로 계산
S : 미래 n년 후의 총액
P : 현재투자액수
i : 이자율
n : 연도
1,000,000×(1+0.08)40=21,724,521

답 ②

214 은행에 2,000,000원을 반년에 이자율 6%로 예금하였다. 10년 후에 원금과 이자를 인출하면 모두 얼마인가?

① 6,414,271원 ② 4,562,475원
③ 5,651,234원 ④ 5,487,147원

해설 $S = P(1+i)^n$
※ 주의 : 이자율이 반년이기 때문에 20년으로 계산
S : 미래 n년 후의 총액
P : 현재투자액수
i : 이자율
n : 연도
2,000,000×(1+0.06)20=6,414,271

답 ①

215 미래의 금액을 알고 있을 때 현재의 금액을 알

고자 한다면, 다음 중 어떤 관계식으로 나타낼 수 있는가?

① $P=\frac{S}{(1+i)^n}$　② $P=\frac{S+i}{(1+i)^n}$
③ $P=\frac{S}{(1-i)^n}$　④ $P=\frac{S}{(1\times i)^n}$

답 ①

216 할인율이 10%일 때 2년 후 100만원의 현재가치는?

① 855,436원　② 826,446원
③ 936,720원　④ 946,561원

해설 $1,000,000\times\frac{1}{(1+r)^n}$ 이므로
$1,000,000\times\frac{1}{(1+0.1)^2}=826,446$

답 ②

217 공공교통시스템의 특성을 설명한 것으로 틀린 내용은?

① 집약적이고 대량적이다.
② 수송의 유연성이 높다.
③ 불특정다수인의 수송수요에 부응한다.
④ 공간, 에너지, 비용의 단위당 절감을 목표로 하고 있다.

해설 공공교통시스템은 수송경로가 고정되므로 수송의 유연성이 저하된다.

답 ②

218 대중교통수단의 통행목적과 거리가 먼 것은?

① 통근　② 쇼핑
③ 업무　④ 귀가

해설 쇼핑, 오락 등은 개인교통수단의 통행목적이다.

답 ②

219 다음 중 대중교통수단의 범위에 속하지 않는 것은?

① 버스　② 모노레일
③ 전철　④ 택시

해설 택시는 준대중교통수단에 속한다.

답 ④

220 준대중교통수단의 범위에 속하지 않는 것은?

① 호출택시　② 트롤리버스
③ Jitney　④ 전세버스

해설 트롤리버스는 노면대중교통수단에 속한다.

답 ②

221 지하철의 특징으로 잘못된 것은?

① 쾌적성　② 대량성
③ 안전성　④ 저렴성

답 ①

222 대중교통수단 중 시간당 최대 인원을 수송할 수 있는 것은?

① 지하철　② 버스
③ 경전철　④ 굴절버스

해설

구 분	시간당 최대 수송인원
버스	6,000 - 9,000
(굴절버스)	8,500 - 12,000
전용도로상의 버스	20,000 - 30,000
경전철	10,000 - 25,000
지하철	30,000 - 63,000

답 ①

223 대중교통에서 용량의 증가시나 공차율의 감소와 같은 서비스 변화를 고려할 때 정책의 요소가 되는 것은?

① 한계비용　② 평균비용
③ 총비용　④ 고정비

답 ①

224 시간당 최대 수송인원 10,000~25,000명을 수송할 수 있는 대중교통수단은?

① 지하철　② 버스
③ 경전철　④ 굴절버스

답 ③

225 버스의 특징으로 잘못된 것은?

① 노선조정 용이
② 연료상의 문제 용이
③ 서비스수준 조정용이
④ 수요에 대처 용이

해설 연료는 석유에 의존하며, 환경오염 문제를 유발한다.

답 ②

226 대중교통의 효율성을 측정하는 척도로서 가장 기초가 되는 것은?

① 용량 ② 속도
③ 편리성 ④ 비용

해설 운영비용은 대중교통서비스의 효율성을 측정할 수 있는 가장 기초적인 척도이다.

답 ④

227 다음 중 승객통행량(Q)을 구하는 식으로 옳은 것은? (단, h=배차간격, p=차량당 승객수, n=단위당 차량수)

① $Q=\frac{np}{60h}$ ② $Q=\frac{60\cdot\ np}{h}$
③ $Q=\frac{60\cdot\ n}{ph}$ ④ $Q=\frac{nhp}{60}$

답 ②

228 평균 운행속도가 30km/h로서 20km의 노선을 운행하는 버스가 40명을 최대로 나를 수 있다. 시간당 최대 승객수는?(배차간격 5분)

① 300명/시간 ② 400명/시간
③ 480명/시간 ④ 520명/시간

해설 $Q=\frac{60\cdot\ np}{h}$ ← 이 식에 의거

$Q=\frac{60\times1\times40}{5}=480$명/시간

여기서, h=배차간격
p=차량당 승객수
n=단위당 차량수

답 ③

229 어느 지하철 노선이 차량 10량 편성의 열차가 정차할 수 있는 시설로 건설되었다. 열차의 최소 차두간격(headway)이 3분이고 입석을 포함하여 차량당 400명이 승차할 수 있다고 할 때 이 지하철 노선의 한 시간당 최대 수송용량은 얼마인가?

① 40,000명/시간 ② 60,000명/시간
③ 80,000명/시간 ④ 100,000명/시간

해설 $Q=\frac{60\cdot\ np}{h}$ ← 이 식에 의거

$Q=\frac{60\times10\times400}{3}=800,00$명/시간

답 ③

230 시간당 승객통행량을 추정하는데 필요한 변수가 아닌 것은?

① 배차간격 ② 차량당 승객수
③ 단위당 최대차량수 ④ 왕복운행시간

답 ④

231 10km의 노선을 운행하는 버스가 터미널과 버스정류장에서 소요되는 시간을 포함하여 시간당 평균 25km의 속도로 운행한다면 왕복운행 시간은?

① 42분 ② 44분
③ 46분 ④ 48분

해설 $C=\frac{2\cdot\ L}{V}$시간 ← 이 식에서 시간을 분으로 고쳐야 한다, 따라서

$C=\frac{120\times10}{25}=48$분

여기서, C=왕복운행시간
L=일방향 노선거리(km)
V=차량운행속도(km/시간)

답 ④

232 평균운행속도 25km/h로서 10km의 노선을 운행하는 버스가 50명을 최대로 실어 나를 수 있다. 이 때 배차간격이 6분이라면 필요한 차량 규모는 얼마인가?

① 7대 ② 8대

③ 10대　　④ 11대

해설 $N=\frac{120nL}{hV}=\frac{120\times1\times10}{6\times25}=8$대

답 ②

233 평균운행속도 30km/h로서 편도20km의 노선을 운행하는 버스가 60명을 최대로 실어 나를 수 있다. 이 때 배차간격이 5분이라면 필요한 차량규모는 얼마인가?

① 16대　　② 20대
③ 24대　　④ 32대

해설 $N=\frac{120nL}{hV}=\frac{120\times1\times20}{5\times30}=16$대

답 ①

234 위 문제와 같은 조건에서 버스회사가 6대의 버스만 보유하고 있다면 승객수는 얼마인가?

① 187.5명/시간　　② 225.5명/시간
③ 355.5명/시간　　④ 375.5명/시간

해설 $Q=\frac{PVN'}{2L}$ 승객/시간

$=\frac{50\times25\times6}{2\times20}=187.5$명/시간

답 ①

235 승객이 여행거리에 따라 요금이 매회 부과되는 요금구조는?

① 거리비례제　　② 거리요금제
③ 균일요금제　　④ 구간요금제

답 ②

236 두 개의 구간의 가장 인접한 역간의 요금과 가장 멀리 떨어진 두 역간의 요금이 동일하게 산정되는 불합리성을 내포하는 요금구조는?

① 거리비례제　　② 거리요금제
③ 균일요금제　　④ 구간요금제

답 ④

237 노선별로 소지역으로 세분하여 거리에 비례하여 요금을 설정하는 요금구조는?

① 거리비례제　　② 거리요금제
③ 균일요금제　　④ 구간요금제

답 ①

238 승객이 여행거리에 관계없이 동일한 요금이 부과되는 요금구조는?

① 거리비례제　　② 거리요금제
③ 균일요금제　　④ 구간요금제

답 ③

239 거리요금제의 특징으로 틀린 것은?

① 보다 많은 수입의 증대를 가져올 수 있다.
② 균일요금제보다 형평성과 효율성이라는 측면에서 적절하다.
③ 요금징수 속도가 느려져 버스운행을 지체시킨다.
④ 저소득층보다 고소득층에 유리하다.

답 ④

240 요금체계에 대한 설명으로 올바르지 못한 것은?

① 요금제도를 설정할 때 상충하는 목표들은 무시할 수도 있다.
② 요금징수에 소요되는 인건비와 유지비 등은 최소화되어야 한다.
③ 요금제도는 모든 승객이 이해하고 이용하기 쉬워야 한다.
④ 요금부과는 모든 승객에게 공정하고 형평에 맞아야 한다.

답 ①

241 교통수단별 요금 체계의 변화로 인한 효과를 측정할 수 있는 방법은 다음 중 어느 것인가?

① 수요탄력성　　② 공급탄력성
③ 승객의 편리성　　④ 요금의 형평성

답 ①

242 일반적으로 지하철의 길이는 한 노선당 얼마인가?

① 10km　　② 15km
③ 20km　　④ 25km

해설 인구 4만명당 1km, 한 노선당 약 20km가 보통이다.

답 ③

243 노선상에서 운행되고, 정거장은 노선상에 위치하며, 일정한 배차계획에 의하여 운행하는 교통체계는?

① MRT 체계 ② PRT 체계
③ MAC 체계 ④ DM 체계

해설 ① Mass Rapid Transit System
② Personal Rapid Transit System
③ Major Activity Center
④ Dual-mode System

답 ①

244 자동차에 사람이나 화물을 실은 채 철도로 운반하는 시스템?

① Car Ferry 시스템
② Piggyback 시스템
③ Dual-mode Bus 시스템
④ Container 시스템

답 ②

245 요금과 교통수단의 수요에 대하여 조사하여 $V_1 = 9P_1^{-0.2} P_2^{0.5}$와 같은 결과가 나왔다. 택시요금에 대한 택시수요의 탄력성은 얼마인가?(단, V_1 = 택시의 수요, P_1, P_2: 택시, 버스의 요금)

① 0.2 ② 0.5
③ -0.2 ④ -0.5

답 ③

246 버스요금에 대한 택시수요의 탄력성은 얼마인가?

① 0.2 ② 0.5
③ -0.2 ④ -0.5

답 ②

247 위의 문제에서 택시요금이 1,000원, 버스요금이 250원일 때, 버스요금이 300원으로 인상된다면 택시수요는 얼마나 되는가?

① 40 ② 50
③ 60 ④ 70

해설 $v_1 = (9 \times 1000^{-0.2}) \times (250^{0.5}) = 35.74$
버스요금이 250원에서 300원 인상은 택시요금이 20% 증가
택시수요는 버스 0.5×20%=10% 즉, 택시수요는 10%가 증가
택시의 수요는 35.74(1+0.1)=39.4≒40

답 ①

248 버스의 통행비용에 대한 승객수요를 조사한 결과 다음과 같은 수요모형을 도출했다고 한다. 버스의 통행비용가격 탄력성(직접수요탄력성)은?(단, V=버스의 승객수요(인), P=버스의 통행비용(원))

$$V = 50P^{-0.4}$$

① 0.6 ② 0.4
③ -0.6 ④ -0.4

답 ④

249 어느 도심지의 주차요금에 대한 수요탄력치가 -0.2이며, 이 지역의 피크 한 시간당 주차요금이 3,000원인데 주차수요는 10,000대가 된다. 주차요금이 25%인상될 때 수요의 감소량은 얼마인가?

① 250대 ② 500대
③ 750대 ④ 1000대

해설 $\mu = \dfrac{\Delta V/V_0}{\Delta P/P_0} = \dfrac{\Delta v}{3{,}750 - 3{,}000} \times \dfrac{3{,}000}{10{,}000} = -0.2$
$\Delta v = -500$

답 ②

250 통행요금의 변화에 대응하여 교통수요가 변화하는 관계를 나타내는 요금 탄력성의 식에 맞는 것은?(단, 요금 p, 교통수요 q)

① $n = \dfrac{\Delta q}{q} / \dfrac{\Delta p}{p}$ ② $n = \dfrac{\Delta p}{p} / \dfrac{\Delta q}{q}$

③ $n = \dfrac{\Delta p}{q} / \dfrac{\Delta q}{p}$ ④ $n = \dfrac{\Delta p}{p} / \dfrac{\Delta q}{p}$

답 ①

제2장

교통공학

1. 교통공학의 분류

교통공학은 교통시스템을 건설하고 운영하는데 필요한 모든 기술적인 활동-연구, 계획, 설계, 건설, 운영, 유지관리-에 대한 책임을 가진 과학기술 분야이며, 이와 같은 활동은 단계별로 다음과 같은 8가지로 나누어 볼 수 있다.

① 계획
- 시스템계획
- 프로젝트계획

② 설계
- 시스템설계
- 프로젝트설계(도로, 교차로, 인터체인지, 주차시설, 터미널설계)

③ 조사 및 감시

④ 시공건설

⑤ 운영 및 통제
- 시스템 운영(TSM)
- 위험 및 혼잡지역 운영

⑥ 정비유지

⑦ 연구
- 학술연구
- 기술연구

⑧ 행정
- 위의 7가지 기능을 지원

2. 교통체계의 구성

- 교통체계의 구성의 3요소 -

교통주체(운전자, 보행자, 승객)
교통수단(자동차, 기차.전철, 신교통수단)
교통시설(보행시설, 도로시설, 주차시설) 및 제어(신호를 포함한 각종 안전 시설물)

2.1 교통주체

교통주체인 인간은 운전자, 보행자, 승객 등으로 교통시설 및 교통수단을 이용하는 모든 사람을 총칭한다.

(1) 운전자의 특성

운전자는 운전자의 나이, 성별, 피로도, 음주상태, 감성 등에 따라 운전의 패턴 및 사물을 인지 반응하는 시간이 달라지며, 인지반응 시간을 측정하기 위한 일련의 과정을 살펴보면 다음과 같다.

① 인지 또는 지각(Perception) : 자극을 느끼는 과정
② 식별 또는 판단(Identification) : 자극을 식별하고 이해하는 과정
③ 행동판단 또는 결정(Emotion) : 상황에 맞는 적절한 행동을 결심하는 의사결정 과정
④ 의지 또는 행동 및 브레이크 반응(Volition) : 행동의 실행 및 차량의 작동이 실행되기 직전까지의 과정

이와 같은 일련의 과정을 PIEV 과정이라 하며, 이때 소요되는 시간을 반응시간이라 한다. 실험에 의하면 운전자의 최소반응시간은 평소 약 1.64초로 본다. 그러나 이것은 최소한의 기준이므로 실제 도로의 설계 시에는 복잡한 도로조건을 고려하여 운전자에게 보다 안전성을 확보할 수 있도록 2.5초의 반응시간을 적용하고 있다.
운전자가 인지하고 반응하는 동안 자동차가 주행하는 거리 산정은 다음과 같다.

$$D_p(m) = 0.278\,VT$$

여기서,

D_p = 인지반응거리(m)
V = 자동차속도(kph)
T = 인지반응시간(초)
0.278 = 전환계수(kph를 mps로 전환하기 위한 계수)

(2) 보행자의 특성

보행이란 인간의 이동에 관한 가장 기본적인 교통수단으로 볼 수 있고, 어떠한 교통수단을 이용하더라도 그 시작과 끝에는 보행이 필요하다. 따라서 모든 교통체계에서는 적절한 보행 시설을 마련하여야 한다. 이러한 보행자의 특성에 따라 보도, 횡단보도, 통로, 계단 및 에스컬레이터 등을 적절하게 설계할 수 있다.

① 보행자의 크기 : 보행자를 위한 보도의 설계시는 사람과 사람사이의 물리적인 공간의 확보가 필요한데, 일반적인 사람의 어깨 넓이는 0.49~0.53m로 하며 앞뒤폭은 0.26~0.31m로 한다.

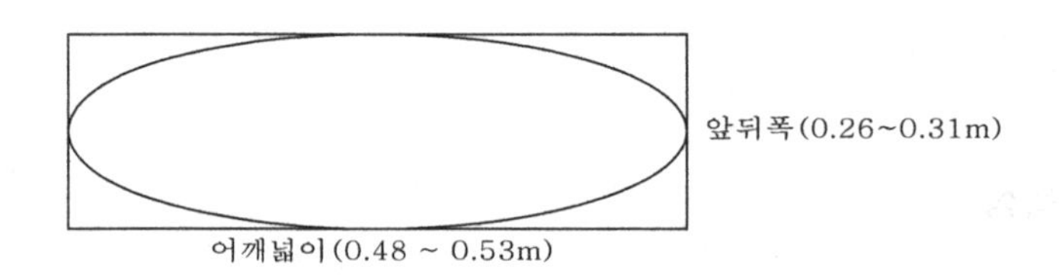

[그림 2-1] 보행자의 크기

② 보행자를 위한 고려사항으로 보행속도, 대중교통시설과의 거리등으로 구분할 수 있다.

- 보행속도

  일반적인 보행자의 보행속도 : 1.2m/초

  보행속도는 교차로에서 신호현시, 주기조정 및 보행신호에 중요한 변수로 작용한다.

- 대중교통으로 환승하기 위한 일반적인 보행거리

  도심부 : 400m 내외

  시외곽지 및 기타 : 800m 내외

  기타 : 통행목적에 따라 보행거리가 상이하다.

③ 보행자도로 서비스 수준

보행자도로의 효과척도로는 보행교통류율과 보행점유 공간이 쓰인다.

보행자도로의 서비스수준은 단순히 제공되는 보행공간의 크기만 비교하여 결정하는 것이 아니라 보행자의 안전성, 편리성, 쾌적성을 고려하여야 한다.

[표 2-1] 보행자 서비스수준

서비스수준	보행교통류율 (인/분/m)	점유공간 (㎡/인)	밀도 (인/㎡)	속도 (m/분)
A	≤ 20	≥ 3.3	≤ 0.3	≥ 75
B	≤ 32	≥ 2.0	≤ 0.5	≥ 72
C	≤ 46	≥ 1.4	≤ 0.7	≥ 69
D	≤ 70	≥ 0.9	≤ 1.1	≥ 62
E	≤ 106	≥ 0.38	≤ 2.6	≥ 40
F	-	〈 0.38	〉 2.6	〈 60

2.2 교통수단

교통수단의 종류는 그 형태에 따라 여러 가지로 분류할 수 있으나, 도시계획적 관점에서 특히 중요한 것은 이용의 대중성에 따른 분류로서 크게 개인교통(Private auto)과 대중교통(Public transit)으로 구분할 수 있다.
개인교통은 폭넓은 이동성, 낮은 재차 인원, 다양한 교통목적 충족 등을 특징으로 삼는 승용차를 의미하며 택시도 개인교통의 범주에 포함시킨다. 대중교통은 차량이 지정된 노선을 지정된 시간에 따라 운행하며 이용을 원하는 사람에게는 누구에게나 서비스하는 교통수단을 뜻한다.

(1) 자동차

교통류에 포함되는 차량은 승용차, 버스, 화물자동차, 이륜차 등으로서 크기나 중량이 크게 다르다. 이들 차량의 재원은 도로설계시 구조적, 기하적인 면에서 큰 영향을 미친다. 차량의 가속 및 감속 특성은 교통공학과 도로기술상 특히 중요하며, 운전자가 정상적인 여건에서 속도를 변화시키는 변화율은 고속도로의 가속, 감속차로 및 테이퍼의 설계, 주의표식의 위치 선정, 속도 변화구간의 설치를 위한 기초가 된다.

(가) 차량제원

① 소형승용차 : 길이(4.7m), 폭(1.7m), 높이(2.0m)
② 중대형 자동차 : 길이(13.0m), 폭(2.5m), 높이(4.0m)
③ 세미트레일러 : 길이(16.7m), 폭(2.5m), 높이(4.0m)

(나) 차량제원과 도로시설 특성과의 관계

차량의 제원은 아래와 같이 도로의 기하구조 설계에 활용된다.

① 차량의 길이 : 주차면 길이, 대중교통 정류장 길이 등

② 차량의 폭 : 차로폭, 주차면의 폭, 측방 여유폭

③ 차축간의 길이 : 교차로 가각 반경, 횡단경사에서의 측방 여유폭

④ 중량 : 교량 설계, 분리대의 설계, 도로 포장 및 지반 구조

⑤ 가감속 : 최대 종단경사, 종단경사의 길이, 평면선형 반경

⑥ 속도 : 최대 편경사, 평면선형 반경, 기타

(다) 차량의 가속

차량의 가속 및 감속특성은 교통공학과 도로설계시 특히 중요하며, 운전자가 정상적인 여건에서 속도를 변화시키는 변화율은 고속도로의 가속, 감속차로 및 테이퍼의 설계, 주의표지의 위치선정, 속도변화구간의 설치를 위한 기초가 된다.

① 도로의 종단경사 및 평면선형 설계시 중요한 변수

② 주행거리와 가속도와의 관계

차량의 속도가 v이고, 일정한 가속도 a로 움직인다고 가정하면,

$$a = \frac{dv}{dt}$$

여기에 분모, 분자에 dx를 곱하면

$$a = (\frac{dv}{dx})(\frac{dx}{dt}) = (\frac{dv}{dx})v$$

$$\therefore \quad vdv = adx$$

여기에 시간 $t=0$에서 t까지 적분하면, 시간 $t=0$일 때, 속도 및 이동거리는 v_0 및 x_0가 되고, 시간 t일 경우에는 속도 및 이동거리는 v및 x가 되므로

$$\int_{v_0}^{v} vdv = \int_{x_0}^{x} adx$$

$$\therefore \frac{1}{2}(v^2 - v^2_{)=a(x-x_0)0}$$

여기서 $(x-x_0)$를 거리(S)로 대체하면

$$S(m) = \frac{v^2 - v^2_{02a}}{}$$

여기서,

S : 주행거리(m)
v : 나중속도(m/초)
v_0 : 처음속도(m/초)
a : 가속도(m/초^2)

(라) 차량의 제동거리

브레이크를 밟아 감속하는 경우, 비상시 최소정지거리를 얻기 위해서는 최대감속도를 사용하며, 정지표지나 신호등 앞에서 정상적인 정지를 위해 필요한 적절한 길이와 시간을 얻기 위해서 필요하다.

① 차량의 제동시 달리고자 하는 관성의 힘과 타이어와 도로와의 마찰계수에 영향을 받는다.

② 차량의 제동거리 산정방법

$$D_b = \frac{V^2 - V_{0254(f \pm g)}^2}{}$$

여기서,

D_b : 제동거리(m)
f : 마찰계수
g : 종단경사
V : 처음속도(kph)
V_0 : 나중속도(kph)

(마) 정지시거

① 운전자의 눈높이를 1.0m로 하고 15cm 높이의 장애물을 보통 사람의 시력으로 인지반응하여 정지하기 위해 필요한 거리

② 정지시거에 영향을 미치는 요인

- 속도
- 반응시간
- 미끄럼마찰계수(속도와 반비례, 타이어 및 노면상태에 따라 변화)
- 종단경사
- 편경사

③ 정지시거 산정방법 : 운전자가 비상시 급정거 할 때의 정지거리는 교통공학이나 도로설계에서 아주 중요한 요소이며, 이 거리는 운전자가 어떤 상황에서 반응하는 시간동안 달린 거리와 제동거리의 합이다.

$$D_s = 0.278\,VT + \frac{V^2}{254(f \pm g)}$$

여기서,

D_s : 최소정지시거(m)
V : 속도(kph)
f : 마찰계수
g : 종단경사(%)

(2) 도시철도

도시철도는 자본집약적인 교통수단으로서 건설비용과 운행비용이 막대하기 때문에 계획단계에서부터 교통효율의 향상과 교통비용의 절감, 이용승객의 증대방안이 면밀히 검토되어야 한다.

도시철도는 도시규모 및 이용승객규모 그리고 운행특성에 따라 전차, 경전철, 중전철 등으로 구분할 수 있다.

① 전차(Street Car)

- 1~2량의 차량으로 편성
- 도로의 일부에 설치된 궤도 이용
- 사회주의 국가를 제외하고는 점차 감소추세

② 경전철(Light Rail Transit)

- 1~3량의 차량으로 편성
- 정원은 250인/량 정도이며 좌석수는 50~125인석
- 운행속도는 20~40km/h로 최고속도는 70~80km/h 수준임

③ 중전철(Heavy Rail Transit)

- 10량까지 연결
- 정원은 120~250인/량
- 운행속도는 25~60km/h 임

2.3 교통시설

도시공간에서의 교통시설은 크게 보행시설, 도로시설, 주차시설 그리고 교통신호체계로 이루어진다.

(1) 보행시설

보 · 차 분리를 위해 자동차 전용도로 이외의 일반도로에서는 보도를 설치한다.

① 분리기준 : 보행자수 150인/일 이상, 자동차교통량 2,000대/일 이상, 통학로 및 주거밀집지역은 위의 조건 이하인 경우에도 보도 설치
② 보도의 폭 : 보도의 폭은 아래 기준이상으로 한다.
  - 지방지역의 도로 : 1.5m
  - 주간선도로 및 보조간선도로 : 3.0m
  - 집산도로 : 2.25m
  - 국지도로 : 1.5m

  부득이 한 경우는 1m 이상으로 할 수 있다.
  가로수(1.5m) 및 기타 노상시설(0.5m)을 추가하여야 한다.
③ 보도의 구성 : 보도는 연석, 방호책 등으로 분리한다. 연석에 의해 20~25cm 높게 설치한다.

(2) 도로시설

도로는 물자나 사람을 수송하는 데 있어서 없어서는 안 될 가장 기본적인 공공교통시설로서 국토의 기능을 증진시키는 전국간선도로망에서부터 지역개발과 주변 토지이용을 활성화시키는 지역 내 도로망에 이르기까지 유기적인 네트워크를 이루어 각 도로가 상호 기능을 보완해 가면서 국토 발전의 기반과 생활기반의 정비, 생활환경의 개선에 큰 역할을 하고 있다.
도로의 기능은 크게 교통기능, 공간기능 2가지로 나누고 기타 도시방재기능, 도시구조형성기능 등을 추가할 수 있다.

① 교통기능
  - 도로교통처리 : 자동차, 자전거, 도보 교통처리 기능
  - 연도 이용 : 도로주변 건축물 출입기능, 일시적 주정차기능, 화물의 적 · 출하기능, 버스 정차기능

② 공간 기능
  - 통풍, 채광 등 생활환경의 확보
  - 도시경관
  - 도시시설의 설치공간 : 전기 전화, 도시가스, 상하수도, 지하철 등의 설치 공간

③ 도시방재기능

• 화재진화를 위한 소방 활동 및 긴급구조 활동 등을 위한 공간제공
• 피난공간제공
• 화재확산 억지 공간 제공

④ 도시구조형성 기능

• 도시구조의 골격형성

통상적으로 도로는 교통기능을 기준으로 그 기능에 따라 고속도로, 간선도로, 집산도로, 국지도로 등으로 구분하는데, 이는 이동성과 접근성에 그 기초를 두고 구분한다.

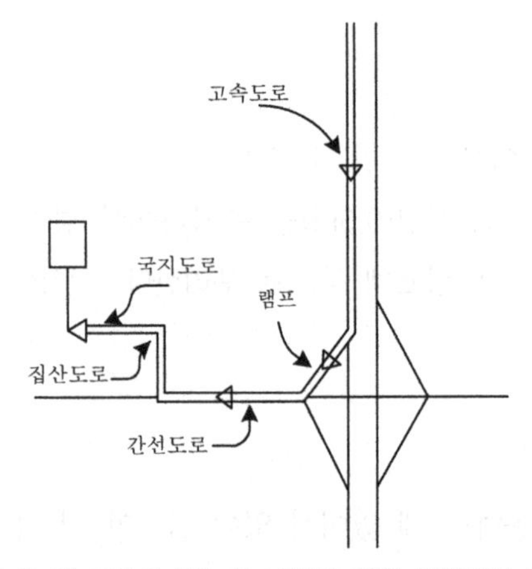

[그림 2-2] 도로의 기능상 분류에 의한 전통적인 체계

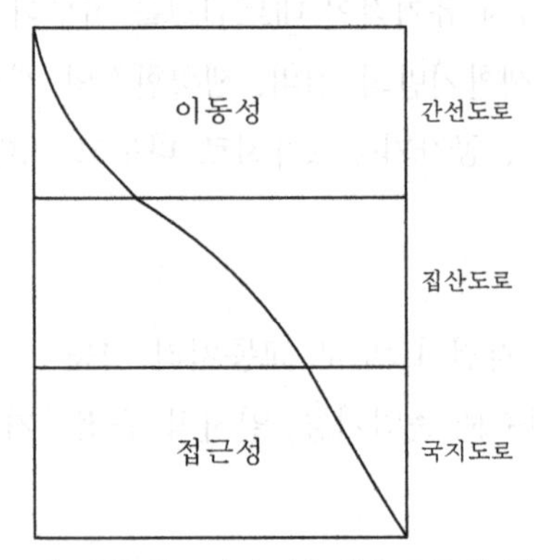

[그림 2-3] 제공되는 서비스에 따른 도로의 기능상 분류

도로의 구조·시설 기준에 관한 규칙의 도시지역 도로구분은 다음과 같다.

① 고속도로 : 가장 높은 기능을 가진 도로로서 진·출입이 제한되고, 고속 주행이 가능하며 대량 수송이 가능하도록 높은 설계 기준을 가진 4차로 이상의 도로

② 주간선도로 : 주요 지점을 연계하며 다량의 교통량과 통행길이가 비교적 긴 통행을 흡수하며, 도시 내 광역 수송기능을 담당하고 접근성 보다는 이동성에 중점을 두고 설계한 도로
③ 보조간선도로 : 주간선 도로보다는 통행량과 통행길이가 짧고 통행의 지역적 담당 기능이 도시 내 광역 기능보다는 좁은 거리를 주행하는 도로
④ 집산도로 : 국지도로를 통해 유·출입되는 교통을 모으거나 분산시켜 간선도로와 연계하는 기능을 담당하며, 간선도로에 비해 상대적으로 접근성에 중점을 둔 도로
⑤ 국지도로 : 주거단위에 직접 접근되는 도로로서 이동성이 가장 낮고 접근성이 가장 높은 도로이며 통과 교통이 배제되도록 설계 및 운영되며, 일반적으로 버스통행이 없고 보행자 통행이 차량보다는 우선권을 갖는다.

(3) 주차시설

① 노상주차장 : 도로의 노면 또는 교통광장의 일정한 구역에 설치되어 일반에게 제공되는 주차장
② 노외주차장 : 도로의 노면 및 교통광장외의 장소에 설치되어 일반에게 제공되는 주차장
③ 건축물부설 주차장 : 건축물의 내부 또는 그 부지내의 일정구역에 설치되어 건물이용자나 일반에게 제공되는 주차장

(4) 교통신호체계

교통신호체계는 신호등 등의 시설물과 이의 운영체계를 의미한다. 신호등의 설치 목적은 신호등에 의해 각 방향별 교통류에 순차적으로 통행권을 부여함으로써 차량의 안전한 교차로 통행을 도모하고자 하는 것이다.
신호기의 종류는 크게 다음과 같이 구분된다.

① 일반교통신호기 : 인접교차로의 운영을 고려하지 않고 그 교차로만의 교통류를 제어하는 방법
② 전자교통신호기 : 중앙컴퓨터에 의해 지역 내의 신호등 전 체계를 운영 감독 통제하므로 신호운영에 효율을 기할 수 있음

현재 가장 많이 사용되고 있는 전자교통신호의 제어방식은 다음과 같은 방식이 있다.

- 요일별 및 시간대별로 고정된 신호시간을 선택하는 시간대별 신호운영 방식(TOD : Time Of Day)
- 교통량에 따라 미리 준비된 신호시간계획을 자동으로 선택하는 교통대응 방식(AUTO : Traffic Responsive System)

- 신호현시의 길이를 교통수요에 맞추어서 부여하는 교통감응 방식(Actuated Traffic Signal Control)
- 그 외에 일부 선진외국에서는 신호제어 방법으로 시스템 스스로가 교통상황을 파악하여 즉시 최적 신호시간을 산출하는 실시간 신호제어방식(Real-Time Control)

3. 교통류의 특성 및 이론

교통류란 교통분석에 사용하는 척도인 교통량, 밀도 및 속도 등의 변수를 사용하여 그들간의 상관관계를 모형화한 것이다.

교통류란
수학적 방법을 동원하여 차량의 흐름이 갖는 특징 파악

- 차량의 흐름을 물의 흐름에 비유하여 수학적 방법 적용
- 한 방향으로 주행하는 연속적인 차량의 흐름
- 차량의 흐름이 갖는 특징 파악이 주목적

3.1 교통류의 특성

교통류의 특성을 나타내는 기본적인 요소는 다음과 같으며 이들은 서로 밀접한 상관관계를 가지고 있다.
① 속도(speed) : 일정시간 동안의 공간 이동량(km/시)
② 교통량(volume) : 일정시간 동안에 한 지점을 통과한 차량수(대/시)
③ 밀도(density) : 한 순간에 도로의 일정구간을 점유한 차량수(대/km)

한편 교통류의 요소들은 각기 그 역수를 가지고 있다. 속도의 역수인 통행시간, 교통량 또는 교통류율의 역수인 차두시간(Headway)과 차량간의 차간간격(Gap), 밀도의 역수인 차두거리(Spacing) 등이다.

3.2 교통류 3요소의 기본적 특성

(1) 교통량

교통량(Volume)

일정시간에 일정지점을 통과하는 차량대수(대/시, vph)
양방향 차량의 합으로 일일교통량, 시간교통량으로 이용

교통량은 단위시간당 도로의 한 지점 또는 한 구간을 통과한 차량대수로 나타낼 수 있으며, 차두 시간은 한 지점을 통과하는 연속된 차량의 통과시간 간격을 말하며 이를 그림으로 표시하면 [그림 2-4]와 같다. 차간 간격은 연속으로 진행하는 앞차의 뒷부분과 뒤차의 앞부분 사이의 시간간격을 말한다.

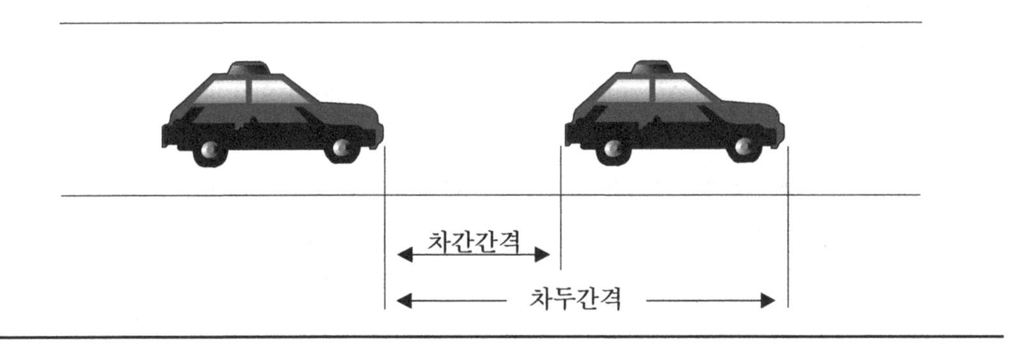

[그림 2-4] 차두시간

교통량과 차두시간, 차두시간과 차간간격과의 관계는 다음과 같다.

$$q=\frac{3,600}{h}$$

$$g=h-\frac{l}{v}$$

여기서,

q : 교통량(대/시)
h : 평균차두시간(초)
g : 평균차간간격(초)
v : 평균속도(초)
l : 차량길이(m)

한편 교통량은 교통공학 여러 분야의 필요성에 따라 다음과 같이 나누어진다.

(가) 일교통량(도시계획시 사용)

① 연평균 일교통량(AADT) : 365일 동안 조사하여 일일 평균화한 값
② 평균 일교통량(ADT) : 일년 미만의 일정기간 동안 조사하여 일 평균한 값

(나) 시간교통량(도로의 설계, 운영시 사용)

① 첨두 시간 교통량(Peak hour volume) : 하루 중 교통량이 가장 많은 시간대의 1방향 1시간 교통량
② 15분 교통량 : 교통류 분석시 첨두 시간 내의 15분 교통량을 통상적으로 이용
③ 설계시간 교통량(DHV)
- 도로의 설계시 사용되는 장래 시간 교통량
- 예측된 1시간당 차량 통과 대수
- 도로 구간을 통과 또는 이용할 것으로 예상되는 교통량으로 보통 1시간당 차량 통과 대수를 의미

④ 첨두 시간 계수 : 첨두 1시간 교통량과 시간내의 작은 단위(15분)로 구한 최대 교통량을 1시간 단위로 환산한 값과의 비, 첨두시 교통량 변동의 척도로 사용

$$PHF = \frac{\text{첨두시교통량}}{4 \times 15\text{분교통량}}$$

(2) 속도

속도(Speed)

일정시간동안 차량의 공간 변화량
시간평균속도와 공간평균속도로 구분(단위: k/시, kph)

속도는 단위 시간당 주행한 거리로 표현하며, 통상 km/시, m/초의 단위가 사용된다. 통행시간은 일반적으로 속도에 반비례한다. 속도의 종류에는 측정하는 방법에 따라 지점속도와 구간속도로 나눌 수 있고 이는 각각 시간평균속도와 공간평균속도로 정의된다. 또한 이용하는

관점에 따라 통행속도, 주행속도, 운행속도, 설계속도 등으로 구분된다.

(가) 시간평균속도(Time mean speed)와 공간평균속도(Space mean speed)

① 시간평균속도 : 일정 시간 동안 도로의 한 지점을 통과하는 차량의 평균속도, 지점속도라 하며 속도의 산술평균, 속도단속 및 교통사고 분석시 사용

$$u_t = \frac{\sum_{i=1}^{N} u_i}{N}$$

여기서,

u_t : 시간평균속도
u_i : 차량 i 의속도
N : 차량대수

② 공간평균속도 : 일정 시간 동안 도로의 한 구간을 주행하는 차량의 평균속도를 구간길이를 고려하여 산출되며, 도로구간의 길이에 관련된 속도로서 속도의 조화평균 교통류 분석시 이용

$$u_s = \frac{d}{\bar{t}} = \frac{d}{\frac{1}{N}\sum_{i=1}^{N}\frac{d}{u_i}} = \frac{N}{\sum_{i=1}^{N}\frac{1}{u_i}}$$

여기서,

u_s : 공간평균속도
d : 일정구간길이
$\bar{t}$: 차량의평균구간통과시간

시간평균속도는 각 차량속도의 산술평균이며 공간평균속도는 조화평균이다 따라서 각 차량의 속도가 전부 동일하지 않는 한 시간평균속도는 공간평균속도보다 항상 크다.

(나) 이용관점에 따른 속도의 종류

① 지점속도(spot speed) : 어느 특정지점에서 측정한 차량속도이며 각 차량속도의 산술평균값
② 통행속도(travel speed) : 어느 특정 도로구간을 통행한 평균속도. 각 차량속도의 조화평균값
③ 주행속도(running speed) : 구간거리 ÷ (통행시간 - 정지시간)
④ 운행속도(travel speed) : 구간거리 ÷ 총 통행시간
⑤ 자유속도(free speed) : 주행시 다른 차량의 영향을 받지 않고 자유롭게 낼 수 있는 속도
⑥ 설계속도(design speed) : 도로의 구조 및 설계조건을 감안한 속도

⑦ 평균도로속도(average highway speed) : 도로구간을 구성하는 소구간의 설계속도를 소구간의 길이에 관해서 가중평균한 속도

(3) 밀도

밀도(Density)
일정시간에 어떠한 구간에 존재하는 차량대수
(단위 : 대/km, 대/km/차로)

밀도는 특정시각에 도로의 일정한 구간을 점유하고 있는 차량의 수로 정의되고, 교통혼잡과 교통류의 특성을 규명하는 주요한 요소가 된다. 차두거리는 동일방향으로 진행하는 차량들에 있어서 연속된 차량의 통과거리 간격을 말한다.
밀도와 차두거리의 관계는 다음과 같다.

$$k = \frac{1,000}{h}$$

여기서,

k : 밀도(대/km)
h : 평균차두거리(m)

차량유효길이(L_e : 차량길이+감지기 loop길이)의 평균이 9.0m이면 밀도는

$$k = \frac{1,000\sum t_0}{TL_e} = (\frac{4.38}{60})(\frac{1,000}{9}) = 8.11\text{대}/km$$

시간당 교통류율은 $q = 3,600 \times N/T$이고, $\overline{u_s} = q/k$ 의 관계가 있으므로 평균속도는 다음과 같다.

$$\overline{u_s} = \frac{3.6NL_e}{\sum t_0} \text{ (kph)}$$

따라서 위의 감지기 자료에 의하면 이 교통류의 평균속도는

$$\overline{u_s} = 3.6(10)(9)/4.38 = 74\ kph$$

3.3 연속류와 단속류의 특성

교통류는 교통흐름을 통제하는 외부 영향의 유무에 따라 연속류와 단속류로 구분된다. 연속류란 고속도로를 주행하는 교통류와 같이 교통류 자체 운행특성에 의해서 교통특성(속도, 밀도, 교통량 등)이 제약된다. 반면에 단속류는 도시부를 주행하는 교통류와 같이 신호등을 비롯한 교통제어시설에 의해서 교통흐름이 단절되며 정지와 주행을 반복한다. 연속류의 경우 주행속도를 효과척도로 사용하는 반면, 단속류는 지체도를 효과척도로 사용한다.

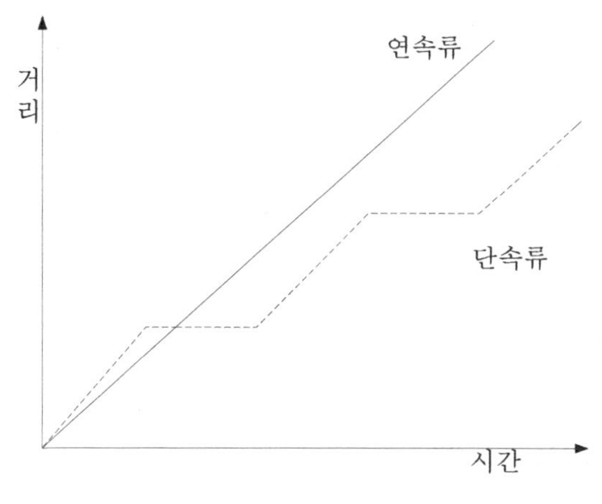

[그림 2-5] 연속류와 단속류의 시간-거리 다이아그램

① 연속류도로 : 고속도로 기본구간, 엇갈림구간, 연결로와 접속부, 2차로도로, 다차로도로
② 단속류도로 : 신호교차로, 비신호교차로

3.4 연속교통류의 특성

연속교통류의 특성은 교통량, 속도 및 밀도와의 상관관계를, 다음과 같은 기본 방정식으로 표현하고, 이들에 대한 관계를 그림으로 표시하면 [그림 2-6]과 같다.

$$q = u \times k$$

여기서,

q : 교통량(대/시)
u : 속도(km/시)
k : 밀도(대/km)

모든 연속교통류의 특성은 [그림 2-6]과 같지만, 정확한 모양과 수치는 해당도로의 도로조건 및 교통조건에 따라 결정된다. 각 그래프에서 실선은 적은 밀도와 교통량을 갖는 정상적인 교통류 상태를 나타내며 점선은 용량에 도달한 교통량(q_m)과 이때의 속도(u_m) 및 임계밀도 (k_m) 상태 이후인 강제류 상태를 나타낸다.

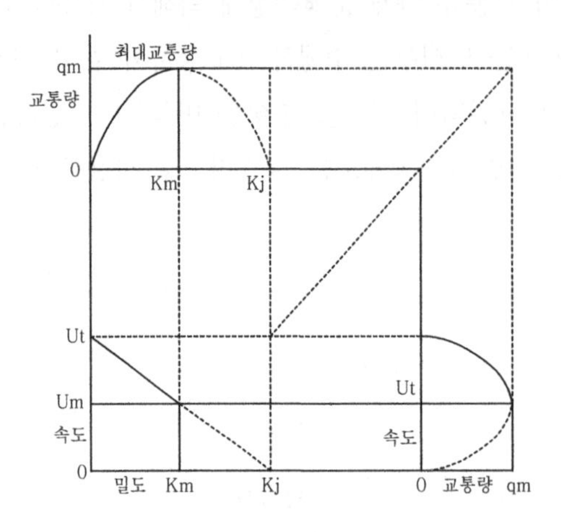

[그림2-6] 속도, 밀도, 교통량간의 관계 그래프

3.5 단속교통류의 특성

단속교통류 시설에서의 교통은 교통통제 설비 즉 교통신호 '정지', '양보' 표지 등의 영향을 받게 되며 이들은 전체 교통의 흐름에 각기 판이한 효과를 나타낸다.

(1) 신호교차로에서 녹색시간

단속교통류 시설에서 가장 중요한 고정 단속시설은 교통신호이다.
신호시간은 변하기 때문에 신호교차로의 용량 및 서비스 용량을 나타내기 위해서는 녹색시간당 차량대수(vphg)의 단위를 사용한다. 이를 포화류율(Saturation Flow Rate) 또는 포화교통량이라고 하며, 한 시간 동안의 실제 교통류율로 환산하기 위해서는 이 값에다 주기에 대한 유효녹색 시간의 비(g/C)를 곱하면 된다.

(2) 포화류율과 손실시간

포화류율은 안정류 상태로 신호교차로를 통과하는 차로당, 시간당 포화류율로 정의되며 그 계산은 다음과 같다.

$$s = \frac{3,600}{h}$$

여기서,

S : 포화류율($vphpgpl$)
h : 포화차두시간(초)

따라서 포화류율은 한 시간 내내 녹색시간이며 차량진행에 중단이 없다는 가정 하에서 차로당, 시간당 교차로를 통과할 수 있는 차량대수를 의미한다.
신호교차로에서 실제 차량의 흐름은 주기적으로 중단되며, 매 주기마다 다시 출발이 시작되기 때문에 아래 [그림 2-7]에 나타난 바와 같이 처음 N 번째까지의 차량들은 출발반응 및 가속에 의한 차두시간을 가지게 된다. 즉 [그림 2-7]에서 보는 것과 같이 처음 6번째까지의 차량은 포화차두시간(h)보다 긴 차두시간을 나타내게 되며 이때의 증가분 t_i를 출발손실시간(start-up lost time)이라 한다.

이들 차량들의 전체 출발손실시간은 이들 증가분의 합으로 다음과 같이 표시한다.

$$l_1 = \sum_{i=1}^{N} t_i$$

여기서,

l_1 : 출발손실시간(초)
t_i : i번째 차량의 손실시간(초)

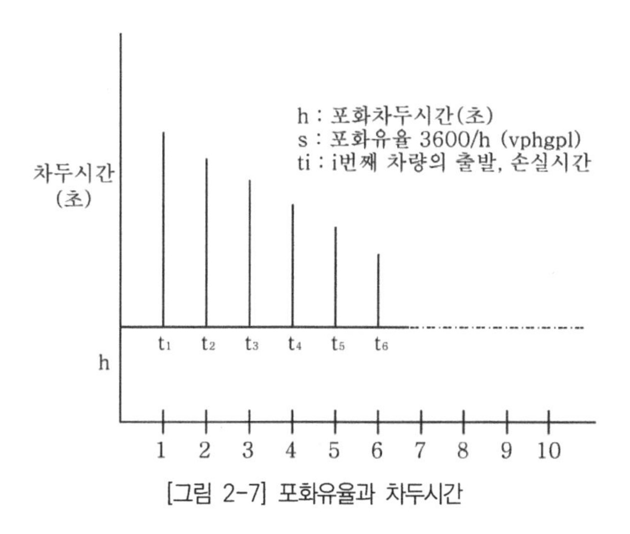

[그림 2-7] 포화유율과 차두시간

차량의 흐름이 중단될 때마다 또 다른 시간손실이 생긴다. 즉, 일단의 교통류가 중단되고 다른 방향의 교통류가 교차로에 진입하기 위해서는, 안전을 위해서 교차로 정리시간을 소거손실시간(clearance lost time)이라 한다. 실제 신호주기에는 황색 또는 전방향 적색신호를 사용하여 교차로를 정리를 한다. 그러나 운전자들은 정지선에서 급정거를 할 수 없으므로 이와 같은 시간의 일부분을 불가피하게 이용하지 않을 수 없다. 이 시간을 진행연장시간(end lag)이라 하며, 우리나라에서는 평균값으로 2.0초를 사용한다. 따라서 소거손실시간 l_2는 황색 또는 전적색 신호 중에서 진행연장시간을 뺀 시간을 말한다. [그림 2-8]은 신호교차로 접근로에서 교통수요가 용량을 초과할 때 신호의 변화에 따른 교통류율의 변화와 출발손실시간, 진행연장시간, 유효녹색시간, 소거손실시간의 개념을 나타낸 것이다.

포화유율과 손실시간과의 관계는 대단히 중요하다. 어느 진행방향의 교통은 교차로를 일정기간, 즉 유효녹색시간(녹색시간+황색시간-출발 및 소거손실시간)동안 포화유율로 통과하게 된다. 손실시간은 출발 및 멈춤이 일어날 때마다 생기게 되므로 한 시간 동안의 전체 손실시간은 신호주기와 관계가 있다. 만약 신호주기가 120초라면 한 시간 동안에 30번의 출발과 멈춤이 각 진행방향에 대해서 일어나게 된다. 따라서 한 방향의 총 손실시간은 30 (l_1+l_2)가 되며, 만약 신호주기가 60초라면 각 방향의 총 손실시간은 60 (l_1+l_2)가 되어 120초주기 때 보다 두 배의 손실시간이 생기게 된다.

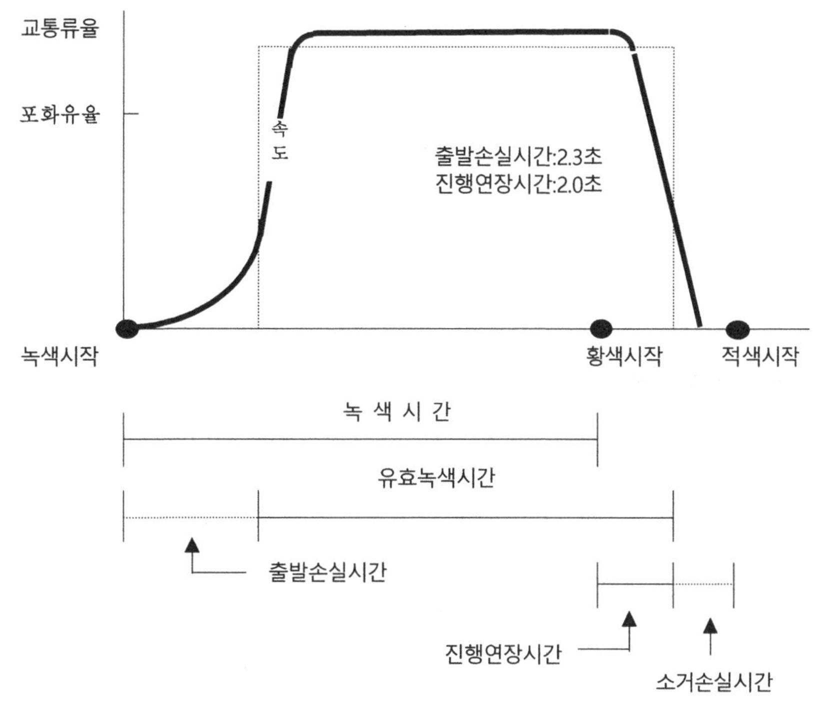

[그림 2-8] 신호변화와 포화교통류율의 개념

3.6 교통류 모형

교통류의 3변수 즉 속도, 교통량, 밀도의 상관관계는 다음과 같다.

$$q = u \times k$$

3.6.1 속도-밀도 모형

(1) 직선모형(Greenshields)

Greenshield는 속도와 밀도간의 관계를 세밀히 분석해 다음과 같은 직선모형 관계식을 제시하였다. 직선모형은 수학적으로 단순하여 사용하기 편리하고 연속교통류에 적합하다. 그러나 현실적인 k_j 값을 나타낼 수 없으며, 직선상의 가정이 밀도가 아주 높거나 낮은 경우 관측자료와 일치하지 않는다.

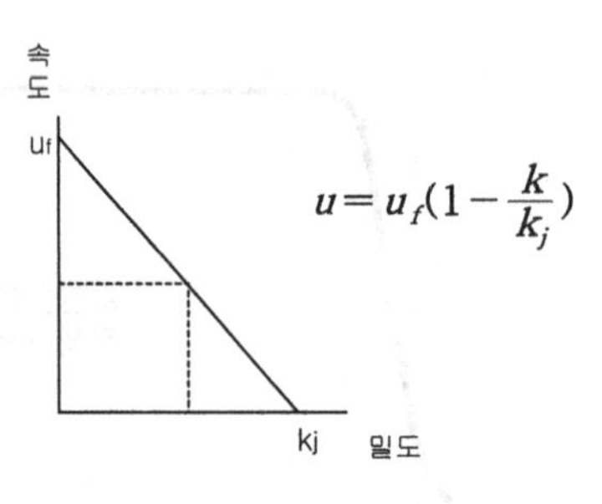

[그림 2-9] 직선모형

(2) 로그모형(Greenberg)

Greenberg는 속도와 밀도간의 관계를 다음과 같은 로그모형으로 설명하였다.

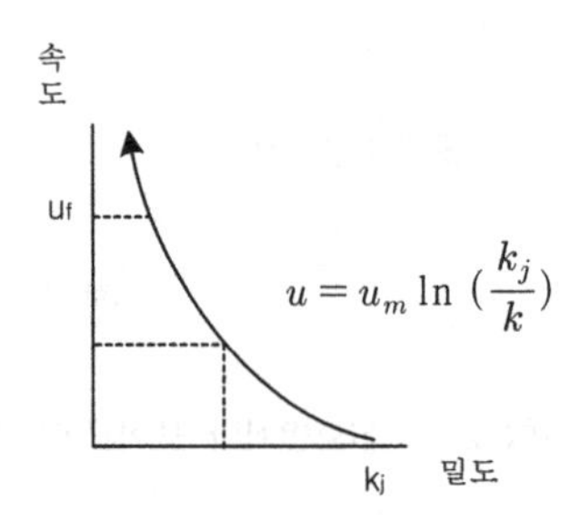

[그림 2-10] 로그모형

로그모형은 밀도가 높은 교통류는 상대적으로 잘 맞으나 밀도가 낮은 교통류에서는 속도값이 관측치와 일치하지 않는 경우가 있다.

3.6.2 교통량–밀도 모형

교통류 기본공식에 Greenshields의 속도–밀도 모형(직선모형)을 대입하여 유도하였다.

$$q=u\times k$$

$$u=u_f\,(1-\frac{k}{k_j})$$

u 대신에 Greenshields 공식을 대입하면 다음과 같다.

$$q=u_f\,(k-\frac{k^2}{k_j})$$

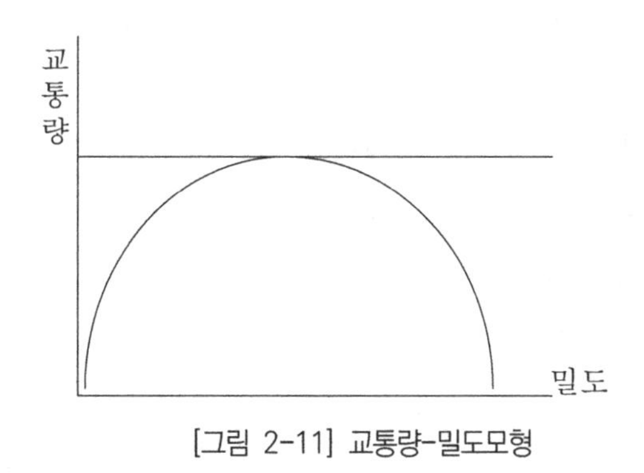

[그림 2-11] 교통량-밀도모형

최대 교통량의 상태는 위 식을 미분하여 기울기가 0인 경우이므로

$$\frac{dq}{dk}=u_f(1-\frac{2k}{k_j})=0$$

여기서 $Uf \neq 0$, 따라서 $1-2k/kj=0$, $k=kj/2$일 때 교통량이 최대가 된다. 마찬가지로 교통량, 속도의 관계식도 유추해 보면 $u=u_f/2$인 지점이 교통량이 최대가 된다. 따라서 $q_m=u_f \times k_j/4$일 때이다.

3.6.3 속도-교통량 모형

Greenshields의 속도-밀도 모형을 변형하면 다음과 같이 정리할 수 있다.

$$k=k_j(1-\frac{u}{u_f})$$

이 식을 교통류 기본공식의 k 대신에 대입하면 다음과 같다.

4. 교통조사

교통조사는 교통체계의 추이나 문제점 진단, 개선사업의 성과확인 등을 위한 사실자료를 파악할 목적으로 실시되며, 통행실태, 교통류 또는 그에 관련된 사항을 어떤 객관적인 수치로 분석, 측정하는 작업으로 그 개념은 다음과 같이 구분된다.

• 광의의 개념 : 교통량 이외의 사회경제 지표, 토지이용, 교통시설물의 운영 및 관리 실태조사까지도 포함하여 시행하는 조사.
• 협의의 개념 : 여객, 화물, 차량통행 실태에만 국한하여 실시하는 조사.

한편 교통조사의 진행단계는 아래와 같이 세 단계로 구분되는데, 어느 단계에서나 충분한 통계기법을 이용하여 정확하고 과학적으로 이루어져야 한다.

① 현장조사(Data collection)
  • 물리적 자료(도로의 기하구조, 제어기기, 도로조건, 주차공간 등)
  • 인구특성(도로사용자의 특성, 자동차의 특성, 차종)
  • 운영변수(교통량, 속도, 여행시간, 지체도, 밀도, 차두시간)
  • 특별한 목적을 위한 자료(교통사고, 주차, 대중교통, 보행자, 기타)
② 조사자료의 정리(Data reduction)
  • 조사자료 중 목적에 따라 분류하거나 특정 방법으로 정리 및 묶는 단계
③ 분석(Analysis)
  • 분석수단(Tool)에 의해 결과를 도출하는 단계

4.1 교통시설현황조사

교통체계의 시설 및 운영현황에 대한 조사는 모든 교통조사에서 필수적이다.

4.1.1 도로망 체계 현황

도로망은 교통체계의 기본적인 시설로서 모든 교통관련업무 및 연구의 기초자료가 된다. 이러한 도로망의 현황조사는 조사지역 내의 모든 도로를 대상으로 한다. 일반적으로 도로망체계 현황조사에 포함되는 조사항목은 다음과 같다.

• 도로등급 및 길이
• 도로용지(right-of-way), 도로폭, 인도폭
• 차로수(양방향), 차로운영, 각 차로의 폭
• 포장종류, 노면상태, 배수시설
• 설계속도 및 속도제한
• 교통량

- 도로구조물 및 장애물 높이(통과간격, 통과높이 등)
- 도로 기하구조(시거, 곡선반경 및 길이, 종단 및 편경사 등)
- 노상주차여부 및 방법

4.1.2 교차로 제어 체계 현황

- 신호등/표지판의 종류, 위치, 크기, 색상, 제작자
- 신호등/표지판의 설치방법(지주, 전봇대 등)
- 신호등/표지판의 최초 설치시점 또는 운영개시일, 조정시기 및 내용
- 신호등의 신호주기, 신호현시, 오프셋(offset) 등

4.1.3 통행제한 체계 현황

트럭의 통행, 우회도로 설정, 특별행사경로 설정시 통행에 제한을 주는 도로구간이 존재하게 된다. 이러한 제한요소로서는 다음과 같은 것들이 있다.

- 무게 제한
- 통과 높이 제한
- 일방 통행
- 회전 금지

4.2 교통류 특성조사

교통류 특성조사는 교통량, 속도, 밀도 등 교통류 특성 3요소의 제반 현상을 파악하기 위한 관측조사를 말한다.

4.2.1 교통량 조사

일정시간 동안 한 지점을 통과하는 차량대수를 인력이나 장비에 의해서 조사하는 것으로 사용목적에 따라 다양한 조사기간과 조사방법을 사용한다.

(1) 교통량의 구분

① 연평균 일 교통량(AADT) : 365일 24시간 교통량을 조사하여 365로 나눈 값 (새로운 도로망이나 최적 노선 선정시 사용, 서비스 수준 평가, 도로개선 타당성 사용)

② 평균 일 교통량(ADT) : 2일 이상 1년 미만 교통량을 조사하여 조사 일수로 나눈 값 (교통관제 시설-신호등, 교통표지 등-의 타당성 및 설치위치 등의 설계, 일방통행제나 가변차로제 등의 교통운영설계에 자료)

③ 연평균 주중 교통량(AAWT) : 1년 동안 월요일부터 금요일까지, 260일간 조사한 교통량을 조사일수로 나눈 값

④ 평균 주중 교통량(AWT) : 1년 미만, 즉 계절 또는 1개월 이상 동안 주간교통량을 조사하여 조사일수로 나눈 값

⑤ 시간 교통량(vph) : 특정 1시간 동안의 교통량

⑥ 방향별 설계시간 교통량 : 도로 설계시 및 운영상태 분석에 주로 사용하며 다음과 같이 산정한다.

$$DDHV = AADT \times K \times D$$

여기서,

$DDHV$: 방향별 설계시간 교통량
K : 연평균일교통량 중 첨두시간 교통량의 비율
D : 첨두시간동안 교통량의 중방향 비율

⑦ 15분 교통량 : 첨두시간내에 교통량의 변화를 분석하기 위한 교통량

⑧ 교통류율 : 첨두시간 교통량을 첨두시간계수로 보정하여 산출한 교통량

$$Q = \frac{\text{첨두시간교통량}}{PHF}$$

여기서,

Q : 교통류율
PHF : 첨두시간 계수

(2) 교통량조사의 종류

(가) 조사종류

조사자료의 종류와 조사종류는 자료가 활용되는 목적에 따라 다르다. 여러 가지 목적에 따라

일반적으로 수행되는 교통량조사의 종류는 다음과 같다.

① 가로교통량 조사 : 일정 단위시간 동안 가로상을 통과하는 총차량 수를 조사하는 것으로 일일 총통행량 산출, 교통량 분포도 작성, 추세판단, 교통제어방법 결정, 개선방안 모색 등을 위해 수행된다. 필요에 따라 방향별로 구분하여 조사하기도 하는데 이를 방향별 교통량조사라 한다. 또한 좀더 세분하여 차종별로 구분하여 조사하기도 한다.

② 교차로교통량 조사 : 교차로에서 각 접근로의 차량 진행방향별로 모든 교통량을 조사하는 것으로 도류화 설계, 교통제어방법 결정, 용량산출, 혼잡도 분석 등을 위해 수행된다.

③ 승차인원 조사 : 차량내의 승차인원을 조사하는 것으로 차량당 평균 승차인원 파악, 대중교통 이용현황 파악 등을 위해 수행된다.

④ 보행인 조사 : 횡단보도, 인도의 필요성 판단, 횡단보도 신호등 필요성 판단, 신호등 운영방안 결정 등을 위해 수행된다.

⑤ 폐쇄선(cordon-line) 조사 : 도심, 쇼핑센터 등 한 지역을 둘러싼 폐쇄선상에서 교통량을 조사하는 것으로 특정 시간대에 그 지역의 진·출입 통행량을 측정한다. 이 조사는 그 지역 내의 누적 차량수를 알기 위하거나, 기·종점 조사 자료의 검증을 위해 수행된다.

⑥ 스크린라인(screen-line) 조사 : 한 지역을 가로지르는 가상적인 선과 교차하는 모든 도로상에서 통행량을 측정하는 것으로 교통량추세 분석, 기·종점 조사자료의 검증, 통행배정을 위해 수행된다. 일반적으로 스크린라인은 한 지역을 둘로 나누는 기존의 인공 또는 자연적인 경계선을 사용하는 것이 조사 지점수를 최소화할 수 있다. 서울의 한강과 같은 것이 한 예로서 한강의 모든 교량의 통행량을 조사하면 서울을 남북으로 갈라서 두 지역간의 모든 교통량을 파악할 수 있는 것이다.

(나) 교통량 조사방법

① 기계식 조사

- 자기감응방식(Loop detector)
- 마이크로웨이브(Micro-wave)
- 울트라소닉(Ultra-sonic)
- 영상검지기(Image detector)
- 기타

② 수동식 조사 : 수동적 조사기법은 1인 또는 다수의 조사원이 조사표나 계수기(tally)를 이용하여 직접 차량을 관찰하여 조사하는 기법이다. 사람이 직접 관측하기 때문에 차종구분, 교차로 회전교통량, 방향별 교통량, 차로별 교통량, 차량등록발급 시·도별 교통량, 보행교통량, 대기차량 수, 승차인원 등의 조사까지도 가능하다.

③ 주행산정법(Moving car method)

- 교통류 적응 운행법(Floating car method) : 일정구간에 다른 차량과 균형을 유지하게 시험차량을 운행하여 주행시간을 기록하는 방법(추월차량수 = 추월당한 차량수)
- 평균속도 운행법(Average speed method) : 시험차량을 평균속도라고 판단되는 속도로 운행하여 주행시간을 기록하는 방법
- 주행차량이용법(Moving car method) : 시험차량을 일정구간 주행시 주행시간, 반대편 주행 차량수, 추월 차량수, 추월당한 차량수 등을 기록 일정구간의 교통량과 주행시간을 동시에 구할 수 있음

$$V_n = \frac{60(M+O-P)}{T_n + T_s}$$

여기서

V_n : n 방향 시간당 교통량
T_n : n 방향 주행시간
T_s : S 방향 주행시간
M : 주행방향 반대방향에서 만난 차량수
O : 시험차량을 추월한 차량수
P : 시험차량이 추월한 차량수

$$U_{tn} = T_n - \frac{60(O-P)}{V_n}$$

여기서

U_{tn} : n 방향 평균 주행시간

4.2.2 속도조사

교통체계에서 통행시간, 서비스수준, 경제성, 안전 등이 속도에 의해 큰 영향을 받으므로 속도는 교통서비스의 수준을 나타내는 중요한 척도이다.

(1) 속도조사 방법

① 수동적 조사

- 스톱워치 : 짧은 구간 측정
- 차량번호판조사 : 상대적으로 긴 구간

② 기계적 조사

- 자동감응감지기 : 도로상에 매설된 루프로부터 지점속도 측정
- 속도총 : 한 지점에서 속도총을 이용하여 차량의 속도 측정

(2) 지점속도의 활용

① 속도제한
② 속도 현황 파악
③ 특별 설계 활용
④ 제어에 활용
⑤ 교통사고 분석시 활용

(3) 표본선정시 유의사항

① 충분한 수의 표본 수집 필요(최소 : 30대)
② 차량군중 처음으로 주행하는 차량을 선택
③ 무작위로 추출하되 전체 교통류를 대표할 수 있어야 한다.
④ 대형차량의 혼입율에 준하여 대형차 표본조사를 실시

$$N = \left(\frac{KS}{E}\right)^2$$

여기서,

N : 필요한표본수
K : 통계신뢰도계수(신뢰도95%일 때 $K=1.96$)
S : 속도표준편차
E : 허용오차

표준편차를 알지 못할 때에는 모집단의 개체특성치의 비율을 추정하여 이용할 수 있는데, 이때 절대적 오차 d 대신 상대적 오차 r을 사용하여 분석한다.

즉 $d = r \cdot p$

$$n = \frac{z^2 P(1-P)}{(r \cdot P)^2} = \frac{z^2(1-P)}{r^2 \cdot P}$$

P : 모집단 개체특성치의 몫에 관한 관측값(%)
r : 상대적 허용오차 한계(%)
z : 유의수준 변수(%)

또한 여기서 설문지를 이용한 표본추출의 경우에는 기대되는 발송회송률을 고려

$$n=\frac{z^2P(1-P)}{(r\cdot P)^2\cdot S}=\frac{z^2(1-P)}{r^2\cdot P\cdot S}$$

P : 모집단 개체 특성치의 몫에 관한 관측값(%)
r : 상대적 허용오차 한계(%)
z : 유의수준 변수(%)
S : 우편기대회송률(%)

(5) 속도 분석을 위한 기본통계

① 평균

$$\bar{x}=\frac{\sum_{i=1}^{n}x_i}{n}$$

여기서,

$\bar{x}$ = 평균값
n = 샘플수
x_i = i의 관측값

② 분산과 표준편차

$$S^2=\frac{\sum_{i=1}^{n}(x_i-\bar{x})^2}{n-1}=\frac{\sum_{i=1}^{n}x^2{}_{-n\bar{x}^2\in-1}}{}$$

표준편차(standard deviation)는 S로 표시하고 표본분산의 양의 제곱근으로 한다.

③ 표준정규분포 정규확률변수 Z 값 산정 방안

$$Z=\frac{X-\mu}{\delta}$$

여기서

X : 표본평균
μ : 모집단평균
δ : 표준편차

④ 설계변경전 후 테스트(Before - After Tests)

$$\mu_\theta=|\mu_A-\mu_B|$$

$$\delta_\theta = \sqrt{\frac{\delta^2_{aN_a} + \frac{\delta^2_{bN_b}}{\quad}}{\quad}}$$

여기서

μ_θ = 두 속도평균의 차
μ_A = 사후조사값의 평균
μ_B = 사전조사값의 평균
N_A = 사후조사시의 샘플수
N_B = 사전조사시의 샘플수
δ_A = 사후조사시의 표준편차
δ_B = 사전조사시의 표준편차

$\mu_\theta \leqq \delta_\theta \cdot Z$이면 두 속도간의 차이가 있다고 할 수 없다. 일반적으로 공학에서는 95% 신뢰수준이 많이 사용되고, 이때의 Z 값은 1.96이다.

4.2.3 주행시간 및 지체도 조사

(1) 목적

① 교통혼잡 및 서비스수준의 지표로 활용
② 개선안의 경제성 평가 및 환경에 미치는 영향평가시 사용
③ 문제점 지적 및 해결방안 제시
④ 교통체계관리사업(TSM)의 개선안에 대한 효율성 판단의 기준

(2) 주행시간 조사방법

① 시험차량을 이용하는 방법
- 주행차량이용법(Moving car method) : 시험차량을 일정구간 주행 후 교통량과 주행시간을 동시에 구할 수 있음

② 시험차량을 이용하지 않는 방법
- 번호판 판독법(Plate number survey) : 관측자 2인이 일정시간의 시·종점에서 번호판 끝3~4자리와 도착시간을 기록한 후 이를 비교하여 구간속도를 구하는 방법
- 면접조사(Interview) : 통행시간, 지체의 경험 등에 대해 일정구간을 주행한 운전자에 대

해 면접 조사

(3) 교차로 지체도 측정법

① 정지지체가 보편적으로 사용(접근지체, 정지지체)

② 지체도 조사과정

- 시간간격 설정, 조사를 위해 관찰자 위치
- 시간간격에 대해 정지한 차량수 기록
- 통과 차량의 수 기록
- 기록된 자료를 이용하여 지체도 산정

③ 지체도 계산 공식

총지체도 = 총정지 차량수 * 설정된 시간간격

접근 차량당 평균지체도 = 총지체도/접근교통량

4.3 통행실태조사

통행실태조사는 사람, 화물 그리고 차량을 대상으로 통행의 목적, 지 · 종점조사, 이용교통수단 등 제반 통행특성에 관한 조사를 하는 것이다. 이러한 조사 내용은 관측조사로서는 제한적일 수밖에 없고 이용자에게 직접 필요한 자료를 얻기 위해서 면접조사가 실시된다.
통행실태조사는 가구방문, 도로상, 주차장 또는 대중교통수단 내에서 행해지므로 조사시간 등에서 제약을 받을 수밖에 없고, 시간, 비용측면에서도 상당한 투자를 필요로 한다. 따라서 통행실태조사는 사전에 충분한 조사계획과 정리된 설문지 등을 준비해야 한다.

4.3.1 가구면접조사

가구면접조사는 표본된 가구를 직접 방문하거나 전화면담, 우편회수 등의 방법으로 수행되는데, 도시교통계획과정에 가장 중요한 자료를 제공하는 종합적인 조사이다. 통상 지구내의 가구수 중에서 약 2~20%의 표본을 선택하여 면접을 실시한다.
조사자는 표본으로 선택된 가구를 방문하여 직접 질문을 통하여 바로 전날 그 가구 구성원이 발생시킨 모든 통행에 대한 세부 내용을 조사한다. 또는 학생들을 매체로 하여 가구면접조사와 같은 효과를 얻을 수 있는 학생매체 설문조사를 하기도 한다.

조사내용은 5세 이상의 가구 구성원이 그 전날 발생시킨 모든 통행에 대해서 다음과 같은 내용을 조사한다. 기타로 포함되는 사항은 식구수, 직업, 차량보유대수, 기타 교통계획에 중요한 사회경제적 자료 등이다.

① 이용교통수단(자가운전, 승용차탑승, 대중교통 이용, 보행 등)
② 통행 기점
③ 통행 종점
④ 통행 시간
⑤ 통행 목적
⑥ 승객수(승용차 경우)
⑦ 주차의 종류

이 조사는 비용이 많이 들긴 하지만 도시교통계획과정에 가장 중요한 자료를 제공하는 종합적인 기·종점조사 가운데 주요 요소 중의 하나이다.

4.3.2 노측 면접 조사

노측 면접 조사는 조사지점상의 도로에서 통과차량의 일부를 표본 추출하여 정지시킨 후 면담을 통하여 필요한 자료를 수집하는 방법이다. 통상 경계선(cordon line)이나 검사선(screen line)상의 한 지점을 통과하는 차량들을 정지시킨 후 현재의 통행패턴에 대한 질문을 한다. 그 통행의 기점과 종점 및 통행목적을 운전자에게 묻고, 통행시간, 차종 및 승객수 등을 기록한다.
조사원들이 그 점을 지나가는 모든 차량을 전부 조사할 수는 없으므로 표본조사를 한다. 표본은 조사시간에 그 점을 지나가는 차량의 종류별 대수에 비례하여 추출하는 것이 좋으며 또 그 비례에 따라 전수화 시킨다.
조사를 위해서 차량을 정지시킬 때는 안전대책과 정체 방지대책을 강구하여야 한다. 정체가 발생하면 통행패턴이 변화할 수도 있기 때문이다. 교통량이 많은 곳에서 우편설문엽서를 나누어주어 나중에 회신을 하게 방법을 사용하기도 한다.

4.3.3 화물차 및 택시 조사

종합적인 기 · 종점조사의 일부분으로서 화물차와 택시의 일상적인 운행에 관한 자료를 얻을 수 있다. 등록된 화물차나 택시 중에서 비교적 많은 표본을 선택하여, 조사기관의 요청에 의해 해당 운전자가 바로 전날 운행한 기록으로부터 필요한 자료를 얻는다.

4.3.4 기타 면접 조사

주차장 이용조사에서 주차된 차량의 운전자를 직접 면접을 하거나 또는 우편설문엽서를 주차된 차량에 남겨두고 운전자가 나중에 이를 작성하여 회신해 주도록 요청한다. 이 조사는 주차장에서 조사자가 직접 얻을 수 있는 자료 외에 그 주차운전자의 통행목적, 주차된 그 차량의 출발지, 주차장을 떠난 후의 목적지 등에 관한 자료를 얻는다.
큰 도시에서는 승객을 대상으로 대중교통에 관한 특별조사가 실시된다. 이 경우 승객에게 직접 질문을 해도 좋으나 우편설문 엽서를 사용하는 것도 좋은 방법이다.

4.4 대중교통 조사

대중교통조사는 대중교통연구나 대중교통서비스 평가를 위한 가장 기본적인 자료를 구축하기 위해 실시하며 대중교통이용실태조사와 대중교통운행실태조사로 구분된다.
대중교통이용실태조사의 목적은 수요의 분포와 밀도에 따른 운행시격과 정류장위치의 결정 또는 조정, 노선의 신설, 조정, 연장, 단축 등의 판단, 회차 지점의 선정 등이다. 반면 대중교통운행실태조사의 목적은 대중교통 노선의 서비스수준 평가, 지체발생지점 및 지체시간 판정, 운행의 정시성 평가 등이다. 대중교통자료는 서비스를 필요로 하는 승객에게 적절한 시간에 적절한 장소에서 편안한 서비스를 제공하는 대중교통서비스제공 기본방향 수립의 기초자료가 된다.

4.5 사고 조사

사고조사 방법 및 목적

① 사고지점 확인(Identification of location)
② 사고 잦은 지점에 사고요인을 추출하기 위한 세부 분석
③ 다양한 사고요인 통계 분석(운전자 요인, 도로 환경 요인, 기타)
④ 특정지점에 사고 발생 전에 사고 발생요인을 분석하여 사전에 사고예방

교통사고율은 통행량과 같은 교통사고가 발생할 수 있는 상황의 정도에 따른 교통사고 발생 건수를 의미한다. 교통사고가 발생할 수 있는 상황을 노출이라 하는데, 이는 통행량, 진입교통량, 등록차량대수, 인구 또는 운전자수 등 교통사고의 발생에 직접적으로 관련이 있는 요소들을 주로 사용한다.

$$\text{교통사고율} = \frac{\text{사고건수} \times \text{노출량의 기준}}{\text{노출}}$$

여기서 노출량의 기준은 여러 가지의 사고율을 비교하기 위해 많이 사용되는 정해진 단위노출의 양을 말하는 것으로 이는 다음과 같다.

① 통행량의 경우 100만 대—km (MVK) 또는 억대—km(HMVK)
② 진입교통량의 경우 100만 진입차량(MEV, Million Entering Vehicles)
③ 등록차량대수의 경우 1만 대 또는 10만 대
④ 인구 또는 운전자수의 경우 1만명 또는 10만명 등

(1) 사고통계의 분류

① 사고 빈도수(Accident occurrence)
② 사고에 포함된 대상(Accident involvements)
③ 사고정도(Accident severity)

(2) 사고율(Accident Rates)

$$\text{사고율} = \text{전체사고수} \times \frac{\text{척도}}{\text{전체통계}}$$

- 척도 : 분석시 사용되는 기본 인구 및 노출수
- 전체통계 : 분석지역의 분석하고자 하는 분야의 전체 통계

① 인구에 기초한 사고율(Population - Based Accident Rates)
  - 지역 인구 100,000당 사망자 및 사고 건수
  - 등록 자동차 10,000당 사망자 및 사고 건수
  - 운전 면허 소지자 10,000당 사망자 및 사고 건수
  - 도로연장 1,000km당 사망자 및 사고 건수

② 노출수에 기초한 사고율(Exposure - Based Accident Rates)

- 주행거리 100,000,000km당 사망자 및 사고 건수
- 주행시간 10,000,000시간당 사망자 및 사고 건수
- 유입 자동차대수 1,000,000당 사망자 및 사고 건수

③ 교통사고 사전–사후 분석을 위한 통계

- 근사정규분포 조사(normal approximation test)

$$Z_1 = \frac{f_a - f_b}{\sqrt{f_a + f_b}}$$

여기서,

f_a : 사후기간 동안의 교통사고수
f_b : 사전기간 동안의 교통사고수

만약에 분석값이 0.95보다 크면 차이가 있고, 분석 값이 0.95보다 작으면 차이가 없다.

(3) 사고조사 기록

사고조사에 포함되는 사항은 사고위치, 날짜, 요일, 기간, 사고종류, 피해정도, 사고에 연루된 차량종류, 노면상태, 기후 등이며 사고발생의 경위 및 사고 직전의 어떤 상황들이다.

① 현황도 : 축척에 맞추어 그리며 안전에 영향을 미칠 수 있는 모든 요소, 즉 시계제약건물 또는 나무, 가로등 기둥, 소방전, 표지판, 노면표시, 신호등 등을 표시한다.

② 충돌도 : 축척에 맞출 필요 없이 모든 사고의 발생일시 및 사고유형을 표시한다. 이 도면은 안전상의 문제점을 파악하기 쉽게 하며 현황도와 대조하여 사고원인을 찾는데 도움을 준다.

4.6 주차 조사

주차에 관한 용어는 이해하기가 매우 까다로우며, 또 미국과 일본에서 사용하는 용어가 서로 틀리므로 혼동하기가 쉽다. 이 책에서는 미국식 용어를 기준으로 사용했다.

- Parking Accumulation(관측 주차대수 : A) : 어느 특정 시점에 관측된 주차대수(대). 주차장 진출입 대수의 누적 차와 같기 때문에 붙인 이름이며, 특정시간대 내에서 일정 시간 간격으로 관측하여 구한다.
- Parking Volume(주차량 : V) : 어느 특정시간 동안에 주차장을 빠져나간(주차를 끝내고) 차량 대수(대)
- Parking Load(주차부하 : L) : 특정시간대에서 각 차량의 주차시간을 누적한 값으로서, 관

측주차대수를 누적한 값에다 관측시간간격을 곱해서 얻는다(대－시간).

- **Possible Capacity(가용용량 : C)—주차면수(면)**
  - Practical Capacity(실용용량 : C· *e*) : 주차수요가 가용용량보다 클 때, 실제로 주차할 수 있는 최대대수(면). 주차를 끝낸 후 주차면에서 나오는 차량, 주차면을 찾는 차량, 통로에서의 마찰 등으로 가용용량보다 적다. 가용용량에다 효율계수 *e*를 곱해서 얻는다.
  - Efficiency Factor(효율계수 : *e*) : 주차수요가 용량을 초과할 경우에 발생할 수 있는 주차장 최대 이용율을 말하며, 실용용량을 가용용량으로 나눈 값과 같으며, 최대 점유율과도 같다.
- **Turnover(회전수 : T)-어느 특정시간대의 주차면 당 평균주차량(회/면)**
  - Parking Duraton(평균주차시간 : D) : 어느 특정시간대의 주차 차량당 평균 주차시간 길이(시간/대)
  - Occupancy(점유율 : O) : 어느 특정시간대의 주차장 평균이용률. 주차수요가 용량보다 클 때의 이 값을 그 주차장의 효율계수라 한다.
  - Possible Parking Volume(가능주차량 : Vm) : 어느 특정시간 동안에 주차장을 이용했다가 나갈 수 있는 최대 차량대수

(1) 주차조사의 목적

주차조사의 목적은 어떤 지역의 주차문제를 해결하기 위한 주차개선 계획을 세우기 위함이다. 그러기 위해서는 아래와 같은 자료가 필요하다.

① 주차시설의 형태와 공급량
② 주차시설의 사용목적과 사용방법
③ 주차공간의 수요
④ 주차수요 특성
⑤ 주차발생요인의 위치
⑥ 주차에 관한 법적, 재정적, 행정적 자료

(2) 주차면수 결정 방법

활동상황→인구→수단분담→자동차 교통량→주차대수(회전율, 주차시간)→주차면수 결정

(3) 주차장 위치 설정 방법

① 고려사항

- 접근성(교통유발시설, 도로 접근성)
- 지점의 적절성(크기, 토지 모양, 환경, 심미적)
- 토지 가격

② 위치선정

- 시외곽지 대중교통 환승장
- 지선과 간선, 간선과 간선이 교차하는 지점
- 시간제 주차지역
- 도심주차 억제정책

(4) 설계방법

- 안전성 및 편리성
- 공간 이용의 효율화
- 주변지역과의 조화

(5) 주차비용 설정 방법

- 토지이용 및 수요자의 부담 고려
- 도심교통정책 고려, 탄력성, 교통수요 억제

(6) 주차 가능 대수 산정 방안

$$P = \frac{(\sum_{n} N \times T)}{D} \times F$$

여기서,

P : 주차 가능 대수(대수)
N : 주차장 운영시간동안 공급되는 주차면수
T : 주차장 운영시간(시간)
D : 조사기간동안 차량당 평균 주차시간(시간/자동차)
F : 주차회전으로 인해 사용되지 않는 시간을 보정하기 위한 보정계수(0.85－0.95)

(7) 평균 주차시간 및 주차회전율 산정 방안

$$D = \frac{\sum_x (N_x)(X)(I)}{N_T}$$

$$TR = \frac{N_T}{S \times T_s}$$

여기서,

D : 차량당 평균 주차시간(시간/차량)
N_x : 주어진 시간동안 주차한 차량수
X : 설정된 시간동안의 조사 번호
I : 설정된 시간 간격 길이(시간)
N_T : 관측된 전체 차량수
S : 전체 주차장 면수
T_S : 총 조사 시간(시간)

5. 용량

5.1 용량 개요

5.1.1 용량산정 목적

도로의 운행상태를 평가하여, 기존도로의 개선 방안을 세우거나, 도로계획시에 계획도로의 차로수를 결정하는 데 있다.

① 도로종류, 기능별로 교통량을 수용할 수 있는 능력 평가를 통해서 교통운영시 교통수요 관리 및 효과분석을 측정가능

② 계획, 설계, 운영, 제어 등에 사용

5.1.2 용량에 영향을 미치는 요소

(1) 도로의 기하학적 조건

① 선형과 설계속도
② 차로폭 및 측방여유폭
③ 평면 및 종단선형에서의 경사

(가) 일반지형

① 평지 : 중차량이 승용차와 같은 속도를 유지할 수 있는 경사와 평면선형 및 종단선형의 조합, 2% 미만의 경사를 가진 짧은 종단경사.
② 구릉지 : 2~5% 미만의 종단경사(중차량 속도저하)를 가지며, 속도가 어느 정도 감소하지만, 상당히 긴 시간동안 최대 오르막속도로 주행하게 되지는 않는다.
③ 산지 : 중차량이 종단 경사, 평면선형 및 종단선형 조합으로 인하여 상당히 긴 구간을 오르막 한계속도로 주행하거나, 자주 오르막 한계속도로 주행하는 곳이다. 이 구간에는 일반적으로 5% 이상의 경사 구간이 포함된다.

(나) 특정경사구간

종단경사가 3% 이상이고, 경사길이가 500m 이상인 경사구간을 말하며, 평면선형과 종단선형의 다양한 조합으로 인하여 중차량의 속도가 승용차의 속도보다 구릉지 이상으로 떨어지는 산지를 포함한다. 산지구간은 중차량이 자주 오르막 한계속도로 주행한다. 이 구간은 일반적으로 5% 이상의 종단경사구간을 포함한다.

(2) 교통조건

① 방향별 분포

교통량의 방향별 분포는 2차로 지방도로의 운영에 상당한 영향을 미치게 된다. 가장 바람직한 상태는 각 방향별로 50대 50으로 분포될 때이며, 방향별 분포가 어느 한 쪽에 치우칠수록 용량은 감소한다.

② 차로별 분포

다차로 도로에서 차로별로 교통량 이용정도가 다른 특성을 의미한다. 중요한 특성 중의 하나이다. 일반적으로 길 어깨쪽 차로의 교통량이 가장 적다. 분석에서는 각종 도로에 대한 대표적인 차로 이용률을 가정한다.

③ 중차량 혼입율

용량분석에서 특히 중차량에 의한 영향을 많이 받는데, 이렇게 중차량을 분리하는 이유는 다음과 같다.

- 중차량은 승용차보다 크기 때문에 도로면을 더 넓게 차지한다.
- 중차량은 가감속 능력과 오르막구간에서 성능이 떨어진다.

(3) 통제조건

① 속도제한
② 차로이용통제
③ 교통신호
④ 교통표지

5.1.3 용량분석시 주요 요점

① 도로의 용량은 주어진 조건에 따라 다르다.
② 용량은 도로의 한지점이나 일정한 조건을 가진 시설에 한정하여야 하며, 비록 같은 도로라 하더라도 다른 조건에서는 다른 용량을 가진다. 따라서 조건이 다르면 분리해서 분석해야 한다.
③ 용량이란 도로가 수용할 수 있는 최대 교통류율이다. 따라서 용량은 첨두 시간 최대 15분 교통량을 1시간으로 환산한 값이다.
④ 운영상태 분석시나 설계시에 사용하기 위해서 용량은 일관성을 가지며 합리적으로 기대할 수 있는 값을 사용한다.
⑤ 용량은 도로에 따라 시간당 차량의 수, 시간당 사람의 수로 한정한다.

5.1.4 서비스 수준

서비스수준이란 통행속도, 통행시간, 통행 자유도, 안락감 그리고 교통안전 등 도로의 운행 상태를 설명하는 개념이다. 수준은 A~F까지 6등급으로 나눌 수 있으며, A수준은 가장 좋은 상태, F수준은 가장 나쁜 상태를 나타낸다. 일반적으로 E수준과 F수준의 경계는 용량이 된다.

(1) 평가 척도

① 속도 및 통행시간
② 밀도
③ 지체도
④ 교통량

[표 2-2] 도로기능별 서비스수준 평가 척도

	도로기능		서비스 수준 측정 요소
연 속 류	고속도로	기본구간	밀도(대/km/차로)
		엇갈림구간	평균밀도(pcpkmpl)
		연결로구간	영향권의 밀도(pcpkmpl)
	다차로 도로		평균통행속도(kph)
	2차로 도로		도로 유형별 총 지체율(%)
단 속 류	신호교차로		- 제어지체와 추가 지체 고려 - 연동계수 적용
	비신호교차로		여유교통용량(대/시)
	간선도로		평균통행속도(km/시)
	대중교통		부하지수(사람수/좌석)
	보행자		공간점유율 (면적/보행자)

(2) 서비스 수준별 교통류 상태

교통 운행 상태의 질을 정의한 서비스수준은 일반적으로 아래의 표와 같이 A~F의 6단계로 구분된다. 이 중에서 설계 서비스수준으로는 서비스수준 C와 D가 사용된다.

[표 2-3] 서비스수준별 교통류 상태

서비스수준	교통류 상태
A (자유교통류)	운전자의 자유로운 운행 가능 타차량의 영향을 전혀 받지 않음
B (안정 교통류)	속도에 제한을 받기 시작
C (안정 교통류)	타차량의 영향을 어느 정도 받음 운전속도가 떨어지고 약간의 지체 발생
D (안정교통류, 높은 밀도)	주행에 많은 제약 운전자가 견딜 수 있을 정도의 지체
E (용량 상태)	주행시 정체 현상 발생 도로의 용량에 접근(V/C비가 1에 도달)
F (와해 상태)	극도의 교통혼잡 발생 거의 속도는 낼 수 없는 상태

그러나 현재 우리나라 도시부 도로시설에서 용량을 초과하는 경우가 빈번하여 서비스 수준 F를 나타내는 경우가 많다. 그리고 이 경우, 같은 서비스 수준 F를 나타낸다 하여도, 질적으로는 상당히 다른 형태를 나타낼 수 있다. 따라서 도시 및 교외간선도로 등 일부 도로유형에 대하여서는 서비스수준을 F, FF, FFF로 구분하여 제시할 필요성이 있다.

[표 2-4] 서비스 수준 F의 구분

서비스 수준	교통류의 상태
F	평균통행속도가 자유속도의 1/3 - 1/4 이하인 상태이다. 교차로 혼잡은 접근지체가 매우 큰 주요 신호교차로에서 일어나기 쉽다. 이런 경우는 주로 나쁜 신호연동 때문에 발생한다.
FF	과도한 교통수요로 혼잡이 심각한 상태이다. 차량이 대상구간의 전방 신호교차로를 통과하는데 평균적으로 2주기 이상 3주기 이내의 시간이 소요된다.
FFF	극도로 혼잡한 상황으로, 차량이 대상구간의 전방 신호교차로를 통과하는데 3주기 이상 소요되는 상태이다. 평상시에는 거의 발생하지 않으며, 상습정체지역이나 악천후 시 관측될 수 있는 혼잡상황이다.

5.2 고속도로

도로의 구조·시설 기준에 관한 규칙에 의하면 고속도로는 다음과 같은 특성을 지닌다.

① 중앙분리대가 설치되어야 하며

② 방향별로 2차로 이상의 최상급 도로로서
③ 유출입이 완전통제방식, 즉 연결로를 통해서만 가능하다.
④ 관련법규에 의한 고속국도 외에 도시 고속도로와 지방부 일반도로 중 자동차 전용도로로 지정된 도로가 포함된다.

5.2.1 고속도로 시스템 구성

고속도로는 다음 세 가지 요소로 구성되어 있다.

① 엇갈림 구간 : 교통 통제시설의 도움 없이 두 교통류가 맞물려 동일 방향으로 상당히 긴 도로를 따라가면서 서로 다른 방향으로 엇갈리는 구간을 말한다. 엇갈림은 합류 구간에 이어 분류 구간이 있는 구간 또는 유입 연결로 바로 다음에 유출 연결로가 있어 이 두 연결로가 연속된 보조 차로로 연결되어 있는 구간에서 발생한다. 통상 유입연결로와 유출연결로간의 거리가 750m 이내일 때를 엇갈림 구간이라 한다.
② 연결로 접속부 : 유입 연결로 또는 유출 연결로가 고속도로 본선에 접속되는 구간을 말한다. 이러한 접속부에서는 합류 또는 분류 차량의 집중으로 본선의 교통 흐름이 방해를 받는다.
③ 기본 구간 : 엇갈림 구간, 연결로 접속부에서 엇갈림과 합류 및 분류 차량의 영향을 받지 않는 구간을 말한다.

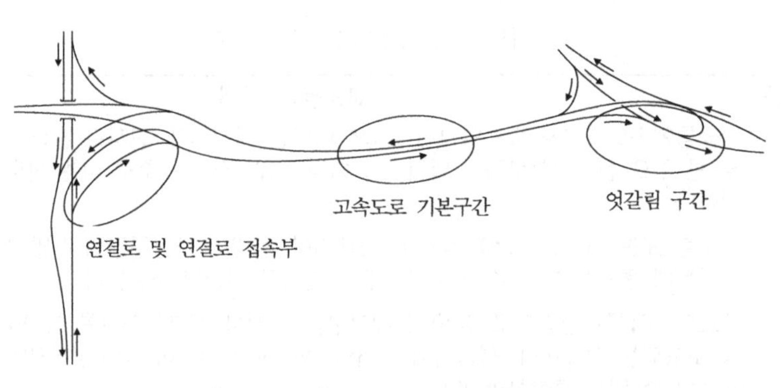

[그림 2-12] 고속도로의 시스템 구성

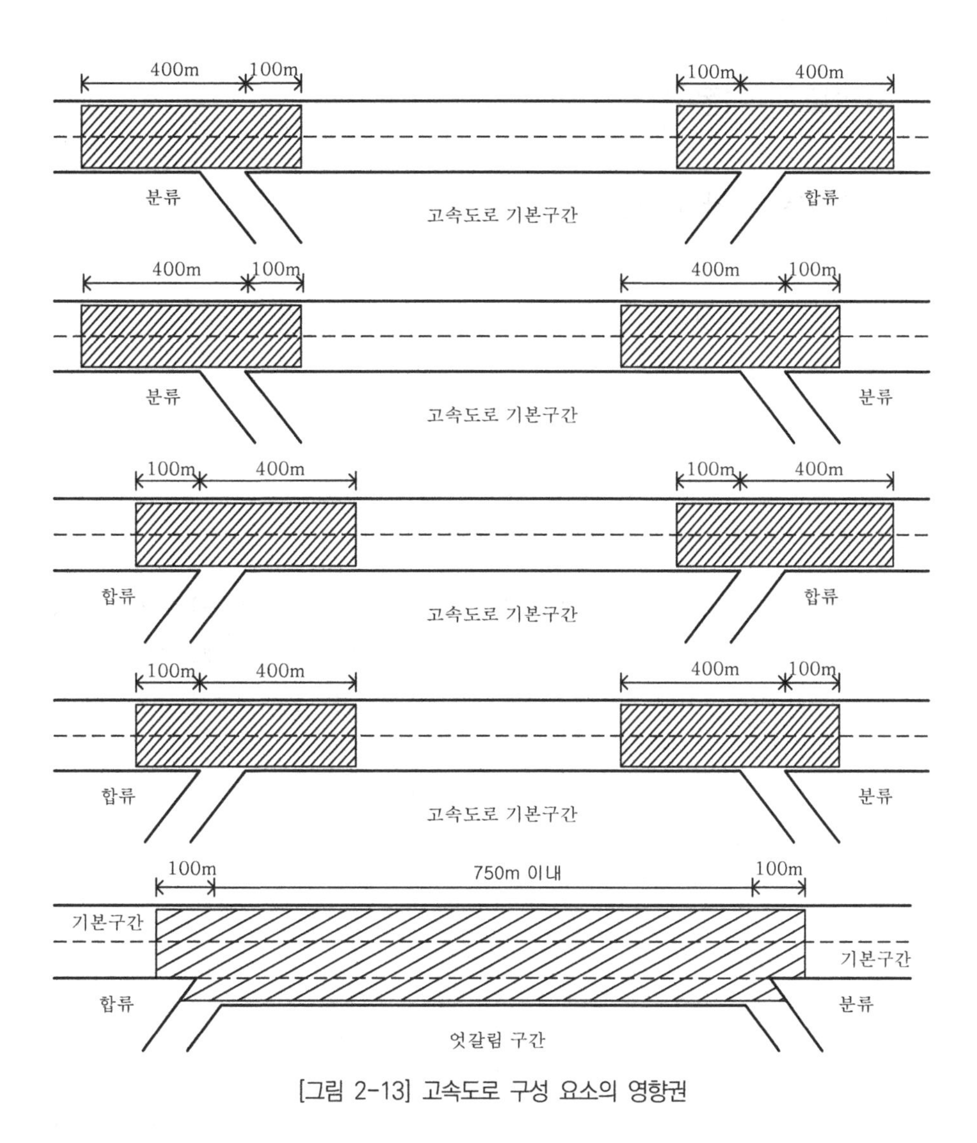

[그림 2-13] 고속도로 구성 요소의 영향권

이러한 고속도로 구성요소들의 영향권은 다음과 같다.

① 기본구간 : 연결로 접속부에서의 합류와 분류의 영향을 받지 않는 고속도로 구간

② 엇갈림 구간 : 엇갈림이 시작되는 유입연결로의 100m 상류지점부터 엇갈림이 끝나는 유출연결로의 100m하류지점까지의 구간

③ 유입연결로(합류부) : 연결로 접속부의 100m 상류지점부터 400m 하류지점까지의 구간

④ 유출연결로(분류부) : 연결로 접속부의 400m 상류지점부터 100m 하류지점까지의 구간

5.2.2 고속도로 기본구간

(1) 고속도로 기본 구간의 이상적인 조건

① 차로폭 3.5m 이상

② 측방 여유폭 1.5m 이상

③ 승용차만으로 구성된 교통류

④ 평지

(2) 고속도로 기본 구간의 교통류율 산정방법

최대서비스교통량(MSF)은 이상적인 조건하에서 어떤 서비스수준을 유지하는 차로당 최대교통량을 의미하는 반면에, 서비스용량이란 이상적인 조건이 아닌, 주어진 실제의 도로조건, 교통조건, 및 교통운영조건하에서 주어진 서비스수준을 유지할 수 있는 최대교통량을 말한다.

$$MSF_i = C_j \times (V/C)_i$$

여기서,

MSF_i = 서비스수준 i에서 차로당 최대 서비스 교통량(승용차/시/차로, $pcphpl$)
C_j = j설계 속도의 용량($pcphpl$)
$(V/C)_i$ = 서비스수준 i에서 교통량 대 용량비

따라서,

$$SF_i = MSF_i \times N \times f_W \times f_{HV}$$
$$= C_j \times (V/C)_i \times N \times f_W \times f_{HV}$$

여기서,

SF_i = 서비스수준 i에서 주어진 도로 및 교통 조건에 대한 서비스 교통량(vph)
N = 편도 차로 수
f_W = 차로폭 및 측방여유폭 보정계수
f_{HV} = 중차량 보정계수

한편, 일반적으로

$$SF = \frac{V}{PHF}$$

여기서,

V = 시간교통량
PHF = 첨두시간계수

(3) 계획 및 설계 분석

계획 및 설계 분석의 분석 절차에서는 다음 절차를 이용하여 고속도로 구간별 서비스수준 및 방향별 소요 차로수를 구한다.
차로수를 구하는 과정은 다음과 같다.

① 설계속도, 차로폭, 측방여유폭, 차로수, 지형 구분 또는 특정 경사를 포함한 예상 도로 조건을 명시한다.

② 중방향 설계시간 교통량(DDHV) 이외에 차량 구성 비율(%), 첨두시간계수(PHF), 속도를 포함한 예상 교통 조건을 명시하고, 수요 교통량(PDDHV)을 산출한다.

$$PDDHV = \frac{DDHV}{PHF} = \frac{AADT \times K \times D}{PHF}$$

$PDDHV=$ 첨두 설계시간 교통량(vph)
$DDHV=$ 중방향 설계시간 교통량(vph)
$AADT=$ 계획 목표년도의 연평균 일교통량(대/일, vph)
$K=$ 설계시간 계수
$D=$ 중방향 계수
$PHF=$ 첨두시간 계수

K 값과 D 값은 해당 지역의 교통 수요 패턴에 따라 변하는데, 매년 발간되는 교통량 상시조사 자료를 활용하여 해당 사업에 맞게 도출하여 적용하면 된다. 적정값을 구할 수 없는 경우 [표 2-5]의 값을 사용할 수 있다.

[표 2-5] 지역에 따른 설계시간 계수(K)와 중방향의 교통량 비(D)

구분	도시 지역	지방 지역
설계 시간 계수(K)	0.09 (0.07 - 0.11)	0.15 (0.12 - 0.18)
중방향 계수(D)	0.60 (0.55 - 0.65)	0.65 (0.60 - 0.70)

③ 주어진 도로 및 교통 조건에 대해 관련 보정계수(f_W, f_{HV})를 산출한다.

④ 공급 서비스 교통량(SF_i)을 계산한다.

$$SF_i = MSF_i \times f_W \times f_{HV}$$

⑤ 소요 차로수(N)를 계산한다.

$$N = \frac{\text{수요 교통량}}{\text{서비스 교통량}} = \frac{PDDHV}{SF_i}$$

5.2.3 고속도로 연결로 구간

(1) 연결로와 접속부의 정의 및 개요

두 도로 사이의 연결을 주목적으로 하는 도로 또는 도로 구간을 말하며, 연결로–고속도로 접속부, 연결로 자체, 연결로-일반도로 접속부 등의 세 가지 기하요소로 이루어진다.

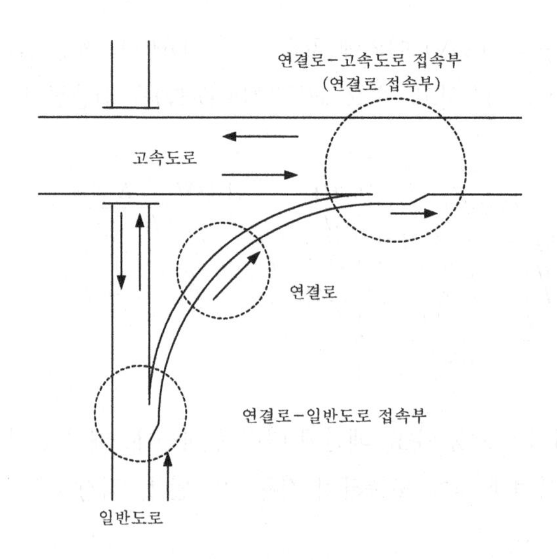

[그림 2-14] 연결로, 접속부의 구분

(2) 계획 및 설계분석

계획 및 설계 분석은 장래의 추정 교통 수요나 도로 조건에 따라 요구되는 서비스 수준을 만족하는 차로수 등을 결정하는 분석이다. 계획 분석의 경우, 연평균 일교통량을 이용하여 중방향 설계시간 교통량을 산정하고, 입력 자료는 일반적인 값을 적용한다.

산출된 연결로와 본선의 첨두 시간 교통수요를 이용하여 차로수를 결정하고 연결로 접속부 운영 상태 분석 절차에 따라서 서비스수준을 분석한다. 일반적으로 설계 서비스수준은 도시지역 D, 지방지역 C로 한다.

한편 차로수는 고속도로의 구간별 교통수요에 따라 달라질 수 있다. 연결로 유출입부의 일반적인 차로 균형 원칙은 다음과 같다.

- 합류부 : 합류후 차로수≥합류전 전체 차로수 -1
- 분류부 : 분류전 차로수≥분류후 전체 차로수 -1

5.2.4 고속도로 엇갈림 구간

(1) 정의 및 개요

엇갈림(weaving)이란 교통통제 시설의 도움 없이 상당한 구간을 따라가면서 동일 방향의 두 교통류가 차로를 변경하는 교통현상을 말한다. 일반적으로 엇갈림 구간은 합류 구간 바로 다음에 분류 구간이 있을 때 또는 유입 연결로 바로 다음에 유출 연결로가 있을 때, 이 두 지점이 연속된 보조 차로로 연결되어 있는 구간이다.

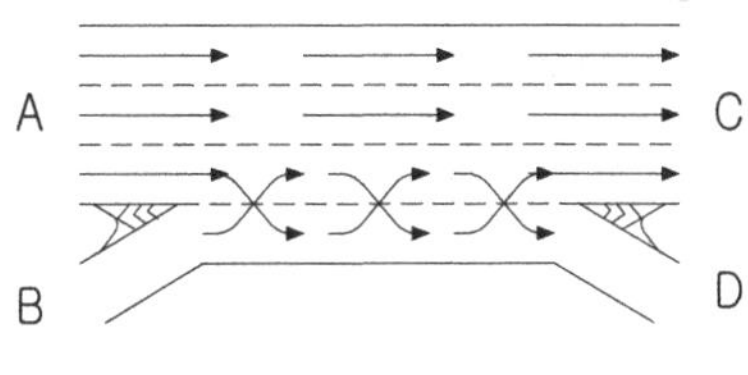

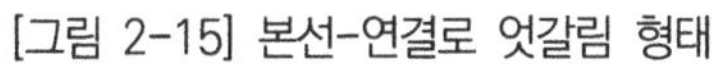
[그림 2-15] 본선-연결로 엇갈림 형태

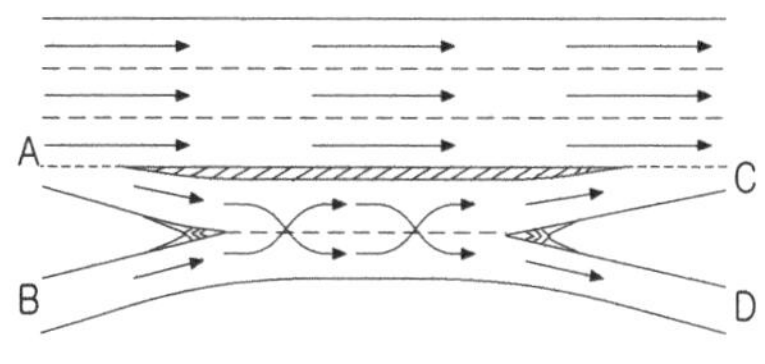

[그림 2-16] 연결로-연결로 엇갈림 형태

(2) 운영 분석 과정

운영 분석 과정은 비엇갈림 차량과 엇갈림 차량의 속도를 조사하고 이를 교통량으로 가중 평균하여 밀도를 산출하여 이 구간의 서비스수준을 판별한다.

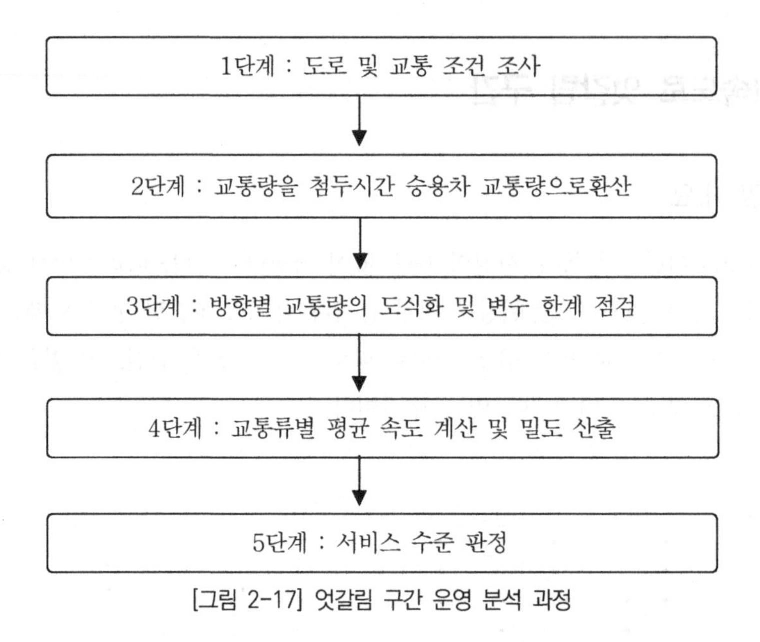

[그림 2-17] 엇갈림 구간 운영 분석 과정

5.3 2차로 도로

2차로 도로는 중앙선을 기준으로 각 방향별로 1차로씩 차량이 운행되는 도로를 말한다. 2차로 도로에서는 고속차량이 저속차량에 의해 통행이 지연되는 경우, 대향 차로를 이용할 수 있는 시거와 대향차량과의 간격이 확보되어야만 추월을 할 수 있으므로, 다차로 도로보다 교통량 처리 능력이 떨어진다.

5.3.1 일반 조건

2차로 도로의 이상적인 조건은 고속도로 기본구간의 이상적인 조건과 같다. 다만 '추월가능구간이 100%인 도로' 항목이 추가되어 있다. 여기서 2차로 도로의 추월가능구간 비율은 도로 설계 조건과 예상되는 교통 조건에 따라 결정된다. 추월가능구간은 추월가능 표시가 되어있는 구간이나 추월시거가 450m 이상인 도로 구간을 말한다. 2차로 도로 추월가능구간의 일반적인 범위는 평지에서 시거가 좋은 구간이 100%에 가깝고 평면곡선이 불량한 산지부 도로는 거의 0%에 가깝다.

5.3.2 서비스수준 효과척도

2차로 도로의 서비스수준을 나타내는 지표로 총지체율을 사용한다. 2차로 도로에서의 총지체율이란 일정구간을 주행하는 차량군 내에서 차량이 평균적으로 지체하는 비율을 말한다. 다시 말해서 총지체율이란 운전자가 희망하는 속도에 대한 지체정도를 표현하는 척도이다. 교통량이 적을 때에는 차량들은 거의 지체되지 않으며, 평균 차두 간격도 커지므로 추월 가능성이 높아진다. 교통량이 적은 조건에서 총지체율은 낮지만, 용량에 가까워질수록 추월기회가 줄어들어 거의 모든 차량들이 차량군을 형성하게 되고 총지체율은 높아진다.

$$TDR = 100 \times \frac{\sum_{i=1}^{n} \left(\frac{TT_{ai} - TT_d}{TT_{ai}} \right)}{n}$$

여기서,

TDR = 총지체율(%)
TT_{ai} = 실제통행시간
TT_d = 희망통행시
n = 교통량(대)

한편 이상적인 조건에서 총지체율은 다음 식을 사용하여 구할 수 있다.

$$\text{도로유형 I} : TDR_{\text{I}} = 0.012 \times v$$

$$\text{도로유형 II} : TDR_{\text{II}} = 0.0155 \times v$$

여기서,

TDR_{I} = 도로유형 I 이상적인 조건에서의 총지체율(%)
TDR_{II} = 도로유형 II 이상적인 조건에서의 총지체율(%)

5.3.2 용량 및 서비스 수준

(1) 용량

용량은 주어진 도로 조건에서 최대로 관측할 수 있는 15분 동안의 승용차 교통량을 1시간 단위로 환산한 값이며, 기존시설을 평가하거나 장래 시설의 계획 및 설계에 이용된다.
2차로 도로의 이상적인 조건에서 도로 용량은 3,200승용차/시/양방향(pcph)이며 방향별 최대 1,700pcphpl이다. 2차로 도로에서는 대향차로의 차량이 진행 차량의 교통류에 영향을 미치므로 2차로 도로의 용량은 다차로 도로 2개 차로의 용량보다 적다.

(2) 서비스 수준

도로를 운행하는 차량의 운행상태를 나타내는 서비스수준은 A~F까지 모두 여섯 단계로 구분된다. 2차로 도로의 서비스수준을 나타내는 효과척도는 총지체율이다.

[표 2-6] 2차로도로 서비스수준

구 분	총지체율(%)		교통량(pcph)
LOS	도로유형 I	도로유형 II	
A	≤ 8	≤ 10	≤ 650
B	≤ 15	≤ 20	≤ 1,300
C	≤ 23	≤ 30	≤ 1,900
D	≤ 30	≤ 40	≤ 2,600
E	≤ 38	≤ 50	≤ 3,200
F	〉38	〉50	-

5.4 다차로 도로

5.4.1 다차로 도로 개요

(1) 일반 사항

다차로 도로는 고속도로와 함께 지역간 간선도로 기능을 담당하는 양방향 4차로 이상의 도로로서, 고속도로와 도시 및 교외 간선도로의 도로 및 교통 특성을 함께 갖고 있으며, 확장 또는 신설된 일반국도가 주로 이에 해당된다. 다차로 도로는 완전 출입 제한된 도로가 아니라는 점에서 자동차 전용도로와는 구별되며, 평균 신호등 밀도가 1.0개/km 이하인 점에서 도시 및 교외 간선도로(1.0개/km 초과)와도 구별된다.

(2) 다차로 도로의 유형 구분

다차로 도로는 연속 교통류 특성과 단속 교통류 특성을 함께 갖고 있어 그 교통 특성의 변동범위가 폭 넓게 관측된다. 이러한 폭 넓은 변동폭을 고려하여 다차로도로의 서비스수준을 합리적이고 일관성 있게 분석하기 위하여 시설을 3가지 유형으로 구분한다. 유형 구분의 주요

기준으로는 설계속도, 신호등 밀도, 이상적인 조건의 최대 평균통행속도 등이 있으며, 그 외에 입체화 수준, 도로변 개발 정도와 연결관리 수준 등을 고려할 수 있다. 각 구분 기준이 상충할 때에는 설계속도, 신호등 밀도, 이상적인 조건의 최대 평균통행속도 순으로 그 유형을 정한다.

[표 2-7] 다차로도로 유형 구분

구 분	설계속도(kph)	신호등 밀도(개/km)	이상적인 조건의 최대 평균통행속도(BSP, kph)
유형Ⅰ	90, 100	≤0.3	92
유형Ⅱ	80	≤0.7	87
유형Ⅲ	70, 80	≤1.0	87

5.4.2 다차선 도록 분석

(1) 효과 척도

단위 시간당 통행할 수 있는 거리의 평균값을 의미하는 평균통행속도는 연속 교통류와 단속 교통류가 혼재하는 다차로 도로의 서비스 상태를 나타내는 가장 좋은 지표이다.

(2) 최대 평균 통행속도와 속도 영향 인자

최대 평균통행속도란 서비스수준 A상태(구간 평균 교통량 500vphpl 이하)의 교통류 조건에서 승용차가 내는 평균통행속도를 말한다. 이 속도는 이상적인 조건의 평균통행속도와 주어진 조건의 평균통행속도로 대별된다.
평균통행속도에 영향을 미치는 인자에는 도로 조건으로 차로폭 및 측방여유폭, 평면선형과 종단선형, 유출입 지점수 등이 있고, 교통 및 신호 운영 조건으로 교통량과 신호등 밀도 등이 있다.

① 이상적인 조건

- 직선 및 평지 구간
- 3.5m 이상의 차로폭
- 1.5m 이상의 측방 여유폭
- 유출입 지점수 : 0 개/㎞
- 신호등 개수 : 0 개/㎞

② 속도 영향 인자

- 최대 평균통행속도
- 도로 선형 조건
- 교통량과 신호등 밀도
- 차로폭 및 측방여유폭
- 유출입 지점수

(3) 용량

다차로 도로는 연속 교통류와 단속 교통류가 혼재하는 도로 교통 특성을 갖고 있다. 연속 교통류가 확보되는 도로 구간에 대해서는 차로 당 최대 교통량을 바탕으로 용량을 제시할 수 있다.

다차로 도로의 최대 평균통행속도가 92kph(설계속도 90~100kph, 제한속도 80kph)인 도로(유형 I)에서 연속류 특성을 보이는 구간이 5km 이상 지속될 때, 용량 값으로 2,000pcphpl을 적용한다. 신호교차로가 설치된 유형 II와 유형 III의 도로에서는 다음과 같이 신호교차로 용량 개념을 적용한다.

$$c = N \times s \times \frac{g}{C}$$

여기서,

c = 직진방향 차로의 용량($pcph$)
N = 교차로에서 직진 차로 수
s = 포화 교통량($pcphpl$)
g/C = 평균 녹색시간비

전체적으로 볼 때, 단속 교통류를 유발하는 신호등과 같은 요인이 존재하는 다차로 도로에서 연속 교통류의 용량 개념을 적용하는 것은 한계가 있으며, 활용성도 떨어진다. 통행의 서비스 수준을 나타내는 효과 척도조차 교통량이 아닌 평균통행속도를 사용하고 있기 때문이다. 대신, 용량 값은 차로 수 산정에 활용할 수 있다.

(4) 서비스 수준

(가) 단일 구간 서비스 수준 기준

구간 서비스수준 분석 개념은 효과척도인 평균통행속도에 부분적으로 들어 있고, 유형별 구간 분할과 그에 따른 통행속도 산정 과정에 들어 있다. 도로 특성에 따른 차등화된 서비스수준은 신호등과 같은 단속류 유발 요인을 감안하여 유형별로 다른 서비스수준을 적용한다.

[표 2-8] 다차로도로 서비스수준

도로 유형	I		II	II, III	III
주어진 도로 조건에서 승용차의 최대 평균통행속도(SP1)	≥ 87kph		< 87kph		
신호등 밀도(개/km)	≤0.1	≤0.3	≤0.1	≤0.7	≤1.0
서비스수준	**평균통행속도(kph)**				
A	≥ 85	≥ 80	≥ 80	≥ 70	≥ 65
B	≥ 81	≥ 75	≥ 76	≥ 65	≥ 60
C	≥ 76	≥ 70	≥ 71	≥ 59	≥ 53
D	≥ 71	≥ 65	≥ 66	≥ 52	≥ 45
E	≥ 65	≥ 57	≥ 60	≥ 42	≥ 35
F	< 65	< 57	< 60	< 42	< 35

(나) 전체 구간 서비스수준 기준 판정 및 분석 방법

① 전체 분석 대상 구간에 적용할 수 있는 서비스수준별 기준 값을 산정한다. 즉, 각 분석 구간별 서비스수준의 기준 값을 토대로 다음 식을 이용하여 분석 대상 전체 구간의 서비스수준 기준을 산정한다.

$$S_i = \frac{L}{\sum_{1}^{n} \frac{L_n}{S_{n,i}} + \sum_{1}^{k} \frac{d_{k,i}}{3,600}}$$

여기서,

S_i = 전체구간에 대한 서비스수준 i의 경계값(평균통행속도, kph)
L = 전체구간길이(km)
n = 분할된 구간개수
L_n = 구간 n의 길이(km)
$S_{n,i}$ = 구간 n의 서비스수준 i의 경계값(평균통행속도, kph)
k = 독립교차로수
$d_{k,i}$ = k교차로의 서비스수준 i의 제어지체 기준값(초/대)

서비스수준 / 구 분	A	B	C	D	E
제어지체 기준(초/대)	< 15	< 30	< 50	< 70	< 100

② 각 구간별로 계산된 평균통행속도를 전체 구간 평균통행속도로 환산한다.

$$S = \frac{L}{\sum_{1}^{n} \frac{L_n}{S_n} + \sum_{1}^{k} \frac{d_k}{3,600}}$$

여기서,

S = 전체 구간의 평균통행속도(kph)
S_n = 구간 n의 평균통행속도(kph)
d_k = k교차로의 제어지체(초/대)

③ 전체 구간의 평균통행속도와 ①단계에서 산정된 서비스수준 기준 값을 비교하여 전체 구간에 대한 서비스수준을 평가한다.

5.5 신호교차로

5.5.1 일반 사항

신호교차로는 교통시스템 중에서 가장 복잡한 지점이다. 이를 분석하는데는 여러 가지 조건 즉, 교통량과 그 분포, 교통구성, 기하구조의 특성, 그리고 신호등의 운영방식 등을 고려하여야 한다. 도로시설의 용량은 교통조건과 도로의 기하특성에 좌우되지만 신호교차로의 용량은 이것뿐만 아니라 신호시간 및 신호 운영 방식 등을 추가로 고려하여야 한다.

(1) 신호교차로의 용량 및 서비스수준 분석

신호교차로의 용량 및 서비스 수준의 분석은 처음에 각 차로군의 용량 및 서비스 수준을 구하고, 이를 종합하여 한 접근로에 대한 용량이나 서비스 수준을 구하며, 다시 이를 종합하여 교차로 전체의 서비스 수준을 구할 수 있다.
용량은 용량 그 자체가 사용되는 경우는 극히 드물며, 대신 v/c비에서 많이 사용된다. 서비스 수준은 차량당 제어지체를 기준으로 하고, 제어지체는 교차로에서 신호운영으로 인한 총지체로서, 감속지체, 정지지체, 가속지체를 합한 접근지체에다 초기 대기행렬로 인한 초기지체를 합한 것이다. 초기 대기행렬은 분석기간 이전에 교차로를 다 통과하지 못한 차량들을 의미하며, 분석기간 동안 도착한 차량이 이들 초기 대기행렬에 의해 받는 지체를 초기지체라 한다.

(2) 이상적인 조건

① 차로폭 : 3m 이상
② 경사가 없는 접근부
③ 교통류는 직진이며, 모두 승용차로 구성
④ 접근부 정지선의 상류부 75m 이내에 버스 정류장이 없음
⑤ 접근부 정지선의 상류부 75m 이내에 노상 주정차 시설 없음
⑥ 접근부 정지선의 상류부 60m 이내에 진출입 차량이 없을 것

(3) 주요용어

① 과포화 주기(cycle failure) : 어느 주기 동안 도착한 교통량이 가장 가까운 녹색시간동안에 정지선을 다 벗어나지 못 할 경우를 말한다.
② 균일지체(uniform delay) : 주어진 교통량이 정확하게 일정한 차두 간격으로 도착한다고 가정할 때의 차량당 평균 접근지체.
③ 기본 포화류율(base saturation flow rate): 기본조건하에 있는 신호교차로에서 정지해 있던 차량이 정지선을 통과 할 수 있는 최대 교통량으로서, 녹색신호가 계속될 때 손실시간이 없는 한 시간 동안의 교통류율로 나타낸다. 단위는 한 차로당 녹색신호 한 시간당 승용차 대수(passenger cars per hour of green per lane: pcphgpl) 이다.
④ 양방 보호좌회전 신호(dual left turn protected) : 서로 마주 보는 접근로의 좌회전이 동일 현시에 진행하는 신호.
⑤ 연동계수(progression factor) : 신호연동이 교통류에 미치는 효과를 나타내는 계수로서, 균일지체에만 적용한다.
⑥ 옵셋 편의율(offset bias ratio) : 상류 교차로에서 하류 교차로까지의 도달시간과 옵셋의 차이를 주기로 나눈 값으로서, 이 값이 0~1.0 사이 값을 갖도록 임의의 정수를 더하거나 뺀다.
⑦ 임계차로군(critical lane group) : 주어진 신호현시 동안 가장 큰 교통량비(v/s) 값을 갖는 차로군
⑧ 교통량비(flow ratio) : 신호교차로의 접근로 또는 차로군의 교통류율 대 포화 교통류율 v/s비를 말하며, y로 나타내기도 한다.
⑨ 제어지체(control delay) : 신호제어로 인해 차로군이 속도를 줄이거나 정지함에 따른 지체로서, 감속이나 정지함이 없을 때의 통행시간과 비교한 통행시간 증가분이다. 이것은 균일지체(uniform delay), 증분지체 및 추가지체(initial queue delay)로 구성된다.

⑩ 증분지체(incremental delay) : 비균일 도착에 의한 임의지체(random delay)와, 분석기간 내에서 몇 몇 과포화주기(cycle failure)에 의한 과포화지체(overflow delay)를 포함한 지체.

5.5.2 분석 방법

(1) 분석의 종류

① 운영분석 : 교통량, 신호운영 및 기하구조를 알고 서비스수준을 구함
교통량, 신호시간 및 교차로의 기하구조가 주어지고 지체 및 서비스수준을 구하는 분석으로서 신호교차로 분석에서 가장 기본이 되는 분석
② 설계분석 : 교차로 구조, 요구 서비스수준, 교통량을 알고 신호시간을 계산
교차로 조건, 요구 서비스수준, 신호조건을 알고 교통량을 구함
교통량, 신호시간 및 요구 서비스수준을 알고 접근 차로수 등을 계산
③ 계획분석 : 교차로의 전반적 크기 결정, 또는 교차로용량의 과부족 여부 파악

(2) 서비스 수준

신호교차로에서 서비스수준의 평가기준으로 사용되는 지체는 운전자의 욕구불만, 불쾌감 및 통행시간의 손실을 나타내는 대표적인 파라메터이다. 특히 이 서비스수준의 기준은 분석기간(보통 첨두 15분) 동안의 차량당 평균제어지체로 나타낸다. 이 지체의 크기에 따라 서비스수준을 A, B, C, D, E, F, FF, FFF 등 8개의 등급으로 나타낸다.

[표 2-9] 신호교차로의 서비스 수준 기준

서비스 수준	차량당 제어지체
A	≤ 15초
B	≤ 30초
C	≤ 50초
D	≤ 70초
E	≤ 100초
F	≤ 220초
FF	≤ 340초
FFF	> 340초

[표 2-10] 차로군 분석에 필요한 입력자료

조건형태	변 수
도로조건	차로수, N 평균차로폭, w(m) 경사, g(%) 상류부 링크 길이(m) 좌.우회전 전용차로 유무 및 차로수, 좌회전 곡선반경, RL 우회전 도류화 유무 주변의 토지이용 특성 버스베이 유무 버스 정거장 위치, *I* 노상주차시설 유무
교통조건	분석기간(시간) 이동류별 교통수요, V(vph) 기본포화교통유율, S0(pcphgpl) 첨두시간계수, PHF 중차량 비율, PT(%) 버스정차대수, Vb(vph) 주차활동, Vpark (vph) 순행속도, (kph) 진.출입 차량대수, Vex, Ven(vph) U턴 교통량(vph) 횡단보행자 수(인/시) 초기 대기차량 대수(대)
신호조건	주기, C(초) 차량녹색시간, G(초) 보행자 녹색시간, GP(초) 황색시간, Y(초) 상류부 교차로와의 옵셋(초) 좌회전 형태

(3) 서비스수준 분석

(가) 용량 및 V/c

$(V/S)_i$는 i 차로군의 교통량과 포화교통류율의 비를 의미하는 것으로 이를 교통량비(flow ratio)라 하고 y_i로 나타내기도 한다. i 차로군의 용량은 다음 식을 이용해서 얻는다.

$$c_i = S_i \times \frac{g_i}{C}$$

여기서,

c_i = i차로군의 용량(vph)
S_i = i차로군의포화교통류율(vph)
g_i = i차로군의 유효녹색시간(초)
C = 주기(초)

(V/c)i 는 i차로군의 교통량과 용량의 비를 의미하는 것으로서 이를 포화도(degree of saturation)라 하고 Xi로 나타내기도 한다. 따라서 교통량비와 포화도와의 관계는 다음과 같이 나타낼 수 있다.

$$X_i = \left(\frac{V}{c}\right)_i = \frac{V_i}{S_i\left(\frac{g_i}{C}\right)} = \frac{V_i C}{S_i\, g_i}$$

여기서,

X_i = $(v/c)i$ = i차로군의 포화도
V_i = i차로군의 교통량(vph)
g_i/C = i차로군의 유효녹색시간비

X_i 값은 일반적으로 0~1.0의 값을 가지나, 도착교통량이 용량을 초과하는 경우에는 1.0보다 큰 값을 나타낼 때도 있다.

(나) 임계차로군 및 임계 V/c 비

각 신호현시에 움직이는 차로군들 중에서 교통량비 y 값이 가장 큰 차로군이 임계차로군이 되며, 신호의 파라메터는 이들이 좌우한다. 임계 V/c 비를 구하는 공식은 다음과 같다.

$$X_c = \frac{C}{C-L}\sum y_i$$

여기서,

X_c = 교차로 전체의 임계 v/c 비
C = 주기 (초)
L = 주기당 총 손실시간 (초)
y_i = 각 현시의 임계차로군의 교통량비

(다) 지체 계산

여기서의 지체는 분석 기간 동안에 도착한 차량에 대한 평균제어지체를 말하며, 여기에는 분석기간 이전의 해소되지 않은 잔여차량에 의해 야기되는 지체도 포함한다. 어느 차로군의 차량당 평균제어지체를 구하는 공식은 다음과 같다.

$$d = d_1(PF) + d_2 + d_3$$

여기서,

d = 차량당 평균제어지체(초/대)
d_1 = 균일 제어지체(초/대)
PF = 신호연동에 의한 연동보정계수
d_2 = 임의도착과 과포화를 나타내는 증분지체로서,
분석기간 바로 앞 주기 끝에 잔여차량이 없을 경우(초/대)

균일지체의 경우 각각에 대해 다음과 같은 확정모형으로 구할 수 있다.

$$d_1 = \frac{0.5C\left(1 - \frac{g}{C}\right)^2}{1 - \left[\min(1, X)\frac{g}{C}\right]} \quad (Q_b = 0 \text{ 때})$$

$$= \frac{R^2}{2C(1-y)} + \frac{Q_bR}{2TS(1-y)} \quad (\text{유형 } I \text{ 때 사용})$$

$$= \frac{R}{2} \quad (\text{유형 } II, III \text{ 때 사용})$$

여기서,

Q_b = 초기 대기차량 대수(대)
d_1 = 균일지체(초/대)
C = 주기(초)
g = 해당 차로군에 할당된 유효녹색시간(초)
X = 해당 차로군의 포화도
R = 적색신호 시간(초)
y = 교통량비($flowratio$)($=v/s$)
T = 분석기간 길이(시간)
S = 해당 차로군의 포화교통량($vphg$)

차로군의 증분지체는 그 차로군의 포화도(X), 분석기간의 길이(T) 및 그 차로군의 용량(c)에 크게 좌우된다

$$d_2 = 900T\left[(X-1) + \sqrt{(X-1)^2 + \frac{4X}{cT}}\right]$$

여기서,

d_2 = 임의도착 및 분석기간 안에서의 과포화 영향을 나타내는 증분지체
T = 분석기간 길이(시간)
X = 해당 차로군의 포화도
c = 해당 차로군의 용량(vph)

추가지체는 다음 세 가지 유형으로 구분할 수 있고 유형별 추가지체의 모형식은 다음과 같다.

- 유형 I : 초기 대기차량이 존재하고 분석기간 이내에 도착하는 모든 교통량을 처리하고 분석기간 이후에는 대기차량이 남지 않는 경우

- 유형 II : 초기 대기차량이 존재하고 분석기간 이후에 여전히 대기차량이 남아 있으나 그 길이가 초기 대기행렬보다는 줄어든 경우
- 유형 III : 초기 대기차량이 존재하고 분석기간이 지난 후에도 여전히 대기차량이 남아 있으나 그 길이가 초기 대기행렬보다 늘어난 경우

$$d_3 = \frac{1800 Q_b^2}{cT(c-V)} \quad \text{(유형 I 때)}$$
$$= \frac{3600 Q_b}{c} - 1800T(1-X) \quad \text{(유형 II 때)}$$
$$= \frac{3600 Q_b}{c} \quad \text{(유형 III 때)}$$

여기서,

d_3 = 추가지체(분석기간 이전에 잔류한 과포화 대기행렬로 인한 지체)
Q_b = 분석기간(T)이 시작될 때 존재하는 초기 대기차량대수(대)
c = 분석기간중의 해당 차로군의 용량(vph)
V = 분석기간중의 해당 차로군의 도착교통량(vph)

6. 교통 운영

6.1 교통 통제시설

6.1.1 교통 통제시설 일반

(1) 개요

교통을 규제하고 지시, 안내하며 교통에 주의를 환기시키기 위하여 공공기관에서 도로상이나 그 주위에 설치한 표지, 신호등, 노면표시 및 기타 교통시설을 말한다.

(2) 목적

교통통제시설의 설치목적은 차량과 보행자를 포함한 모든 개체가 안내, 경고, 지시 등의 사

전정보를 제공받아 질서있고 안정되게 흐르도록 함으로써 도로상의 안전을 도모하고자 한다.

(3) 종류

교통통제시설에 포함되는 시설로는 교통표지, 노면표지, 그리고 신호기 등이 있다. 교통표지(traffic sign) 중 안전표지와 노면표지, 신호기는 교통류를 직접 통제하는 기능을 가지며, 경찰청이 설치, 운영 및 관리의 책임을 가지며 '도로교통법'에 근거한다. 교통신호는 종류, 운영방법 등에 대해 다음 절에서 상세히 설명한다.

6.1.2 교통표지

교통표지의 종류는 주의·규제·지시·보조표지를 포함하는 안전표지와 안내표지가 있다.

(1) 교통표지 설치를 위한 5가지 기본요소

① 설계 : 도로사용자의 주의를 쉽게 끌고 의미를 강하게 전달할 수 있는 색상 및 규격들의 조합으로 설계

② 설치 위치 : 도로사용자의 시계 내에 위치하고 충분히 반응시간을 가질 수 있도록 설치

③ 운영 : 통일되고 일관성 있게 통제설비로서의 기능을 수행하고, 필요성에 부응하며, 존중되어야 하며, 반응할 시간을 부여할 수 있도록 운영

④ 유지관리 : 판독성과 시인성을 유지하도록 규칙적으로 관리

⑤ 통일성 : 동일한 상황하에서는 동일한 통제설비를 통일되게 사용함으로써, 사용자의 반응시간을 단축시킨다.

⑥ 사전예고 : 표지는 운전자로 하여금 쉽게 반응할 수 있는 적절한 경우라면 운전자는 신호교차로에서 정지할 경우도 있기 때문에, '천천히'표지에서 사용되는 것보다 더 긴 예고 거리가 필요할 것이다. 너무 잦은 사전예고는 표지의 효과를 줄이게 되므로 좋지 않다.

(2) 교통표지분류

① 도로상의 결함이나 위험사항을 예고하는 주의표지(Warning sign)

② 교통상의 금지 또는 제한사항을 나타내는 규제표지(Prohibitory sign)

③ 필요한 사항이나 행동을 지시하는 지시표지(Indicatory sign)
④ 도로의 노선이나 저명한 지점 혹은 장소를 안내하는 안내표지(Guide sign)
⑤ 제한적이거나 구체적인 의미를 나타내는 보조표지(Supplementary sign)
  주정차금지, 허용, 추월금지, 학교 앞, 아동보호 등

(3) 교통표지의 설계

① 주의표지 : 정삼각형 형태, 황색바탕, 적색테두리, 흑색문자
② 규제표지 : 원형(역삼각형, 팔각, 오각) 형태, 백색바탕, 적색테, 흑색문자
③ 지시표지 : 원형(사각, 오각) 형태, 청색바탕, 백색문자
④ 안내표지 : 사각 형태, 녹색(청색, 갈색)바탕, 백색문자
⑤ 보조표지 : 사각 형태, 백색바탕, 흑색문자

6.1.3 교차로의 운영과 관리

(1) 개요

교차로는 교통의 상충으로 인한 사고 위험성이 높은 곳이다. 또한, 지체의 증가로 다른 도로부 보다 서비스 수준이 낮다. 상충지점과 지체가 많은 교차로를 효율적으로 운영하기 위해서는 적절한 제약과 함께 그 교차로에 맞는 교통신호의 설계가 필요하다. 교통통제설비와 도류화, 회전차로 설치, 주정차금지, 좌회전금지 등과 같은 통제기법과 함께 도로폭의 확장, 교차로 접근로의 확장 등과 같은 대규모 지점개선이 요구되기도 한다.

(2) 교차로의 통제목적

① 교차용량 증대 및 서비스수준 향상
② 사고감소 및 예방
③ 주도로에 통행우선권 부여

(3) 교차로 통제

교차로 통제를 하기 위해서는 다음과 같은 세 가지 원칙이 있다.

- 교차로 용량을 증대시키고 서비스수준을 향상시키기 위한 통제
- 사고감소와 예방을 위한 통제
- 주도로에 우선권을 부여하고 이를 보호하기 위한 통제

(4) 교차로의 회전통제방법

보호회전신호를 설치하는 방법, 회전을 금지시키는 방법, 비보호회전방법이 있다. 이와 같은 회전통제방법은 주로 좌회전교통에 대한 것으로서 그 통제목적은 교차로에서 차량-차량, 차량-사람간의 상충을 줄이고 사고 위험성을 감소시키며, 차량의 지체를 줄이고 교차로 용량을 증대시키는데 있다.

6.2 교통신호기

교통신호는 운전자에 대해 규제와 경고를 하기 위해서 물리적인 힘에 의해서 신호를 표시하는 것을 교통신호라고 한다. 도로교통법에서 '신호기라 함은 도로교통에 관하여 문자, 기호 또는 등화로써 진행, 정지, 방향전환, 주의 등의 신호를 표시하기 위하여 사람이나 전기의 힘에 의하여 조작되는 장치를 말한다.'라고 정의되어 있다.

6.2.1 교통신호체계의 개요

(1) 목적

신호등에 의해 각 방향별 교통류에 순차적으로 통행권을 부여함으로써 차량의 안전한 교차로 통행을 도모

(2) 기능

사고방지, 보행자의 안전확보, 차량의 원활한 소통, 지연의 최소화, 에너지의 절약, 교통공해

감소

(3) 신호기의 종류

(가) 교통 통제 신호기

① 정주기식 신호기(Pre-Timed Signal) : 사전에 준비된 신호시간을 내장하여 하루에 한 개 또는 여러 개를 준비된 스케줄에 따라 현시하여 매일 반복하여 작동하게 한다.

② 감응식 신호기(Traffic-Actuated Signal) : 한 개 또는 그 이상의 접근로에 매설되어 있는 차량검지기에 의하여 파악된 교통량에 따라 신축성 있게 신호시간을 조정한다. 감응식 신호기에는 전감응식과 반감응식의 두 가지 방식이 있다.

③ 교통대응 신호기(Traffic Responsive Signal) : 흔히 전지신호기라고도 불리는 이 신호기들은 중앙관제소에 위치한 컴퓨터에 의하여 일괄적으로 통제되는데 신호시간은 현장에 매설된 차량검지기에서 측정한 교통량이나 점유율의 자료를 바탕으로 계산되거나 선택된다. 주로 대도시 교통신호체계에 이용된다.

[표 2-11] 정주기식과 감응식 신호제어의 비교

	정주기식 제어	감응식 제어
장점	· 신호시간이 일정하므로 인접한 교차로간의 연동이 감응식 제어에 비하여 용이. 교차로 간격이 조밀한 지역에서는 정주기식 제어가 감응식에 비하여 일반적으로 우수 · 정주기식 신호제어는 검지기의 상태에 영향을 받지 않으므로 고장차량의 점유나 도로공사 등으로 인한 비정상적인 교통상황에도 안정적인 작동 · 정주기식 신호기는 설치비용이 저렴하며, 유지보수가 용이	· 교통량의 변동이 심한 독립 교차로에서 효과적 · 주도로와 종도로가 교차하는 도로에서 주도로에 녹색신호를 부여하다가 필요시에만 종도로방향에 최소한의 녹색신호를 제공하여 주방향에 우선권을 부여하고자 할 때 효율적 · 매일의 교통상황이 예측 불허한 교차로에서 정주기식보다 효과적

(나) 특수 신호기

특수 신호기로는 보행자안전을 위하여 설치한 보행자 신호기, 운전자에게 위험지역을 경고해 주는 황색점멸등, 가변차로로 운영되는 도로에서 이용되는 차로지정신호기, 그리고 철도건널목신호기 등이 있다.

6.2.2 신호기의 설치기준 및 운용

(1) 신호기 설치 기준

신호등 설치의 기준은 다음과 같은 조건을 만족할 때 설치된다.

① 최소교통량 기준

평일의 교통량이 다음 표 기준을 초과하는 시간이 8시간 이상이면 신호기를 설치한다.

[표2-12] 신호등 설치 최소 교통량 기준

도로분류		주도로(양방향) (대/시)	부도로 중 교통량이 많은 방향 (대/시)
주도로	부도로		
1	1	500	150
2이상	1	600	150
2이상	2이상	600	200
1	2이상	500	200

② 횡단 보행자 수 기준

하루 8시간 이상 주도로의 양방향 교통량이 600대/시 이상이고 같은 8시간 동안 횡단보도의 보행자 수가(자전거 포함) 150명/시간 이상인 경우

③ 통학로 교통량 기준

학교 앞 300m 이내에 신호기가 없고 통학시간에 차량통행교통량이 양방향 60대 이상인 경우에 신호기를 설치한다.

④ 사고 기록 기준

연간 사고 건수가 5건 이상인 장소로 신호등으로 사고를 예방할 수 있다고 인정되는 경우

⑤ 교차로 통과 대기시간

1일 중 교통이 가장 빈번한 8시간 동안 다음 기준을 초과하는 교차로로서 교차로 통과 대기시간이 너무 긴 경우에 신호기를 설치한다.

- 주 도로 교통량(양방향) : 900 vph
- 부 도로 교통량(교통량이 많은 쪽) : 100 vph

⑥ 어린이 보호구역

어린이 보호구역내 초등학교 또는 유치원의 주 출입문과 가장 가까운 거리에 위치한 횡단

보도에 신호기를 설치한다.

⑦ 신호연동

신호등 설치간격이 300m 이상으로 연동효과를 기대할 수 없을 때 중간지점에 신호기를 설치한다.

(2) 신호등 설치의 장단점

① 장점

- 질서 있게 교통량을 진행시킨다.
- 직각 충돌이나 보행자 충돌과 같은 유형의 사고가 감소한다.
- 교차로의 용량이 증대한다.
- 교통량이 많은 도로를 횡단해야 하는 차량이나 보행자를 안전하게 횡단시킬 수 있다.
- 인접 교차로와 연동시켜 일정한 속도로 긴 구간을 연속진행시킬 수 있다.
- 수동식 교차로 통제보다 경제적이다.
- 통행 우선권을 부여받으므로 안심하고 교차로를 통과할 수 있다.

② 단점

- 첨두시간이 아닌 경우에는 교차로 지체와 연료 소모가 커질 수 있다.
- 추돌 사고와 같은 유형의 사고가 증가한다.
- 부적절한 곳에 설치되었을 경우 불필요한 지체가 생기며 이로 인해 운전자나 보행자가 신호등을 무시하게 된다.
- 부적절한 시간으로 운영될 때 운전자를 짜증나게 한다.
- 신호교차로를 피하기 위하여 바람직하지 못한 경로를 택할 수 있다.

(3) 신호등의 배열 및 순서

① 신호등의 배열

신호등은 수직 또는 수평으로 배열되어져야 하며 그 순서는 다음과 같다.

[표 2-13] 신호등 배열의 순서

신호등 종류	횡형(수평배열)	종형(수직배열)
적색, 황색, 녹색화살표, 녹색의 4색등	왼쪽으로부터 적색, 황색, 녹색 화살표, 녹색의 순서	위로부터 적색, 황색, 녹색화살표, 녹색의 순서
적색, 황색 및 녹색의 3색등	왼쪽으로부터의 적색, 황색, 녹색의 순서	위로부터 적색, 황색, 녹색의 순서
적색 및 녹색의 2색등	왼쪽으로부터 적색, 녹색의 순서	위로부터 적색, 녹색의 순서
적색 x표 및 녹색 화살표의 2색 가변등	왼쪽으로부터 적색 x표, 녹색화살표(화살표시 선단은 아래로 표시)	설치할 수 없음
적색 및 녹색의 2색 보행등	설치할 수 없음	위로부터 적색, 녹색의 순서

② 신호 순서

[표 2-14] 신호 등화 순서

신호등 종류	등화 신호 순서
적색, 황색, 녹색화살표, 녹색의 4색등	적색, 녹색화살표, 황색, 녹색, 황색
적색, 황색, 녹색의 3색등	녹색, 황색, 적색
적색, 녹색의 2색등	녹색, 적색
적색, 녹색의 2색 보행등	녹색, 녹색의 점멸, 적색

6.3 신호 시간 산정절차

6.3.1 신호등 운영 특성 및 용어

(1) 신호 운영의 주요특성

① 질서있게 교통류를 이동시킨다.

② 직각 충돌 및 보행자 충돌과 같은 종류의 사고가 감소한다.

③ 적절한 신호제어 등의 운영에 의해 교차로의 용량이 증대된다.

④ 교통량이 많은 도로에서 안전하게 차량이나 보행자를 횡단시킬 수 있다.

⑤ 인접교차로를 연동시켜 일정한 속도로 긴 구간을 연속 진행시킬 수 있다.

⑥ 통행우선권을 부여받으므로 안심하고 교차로를 통과할 수 있다.

⑦ 비첨두시간시 교차로 지체와 연료소마가 필요 이상으로 커질 수 있다.
⑧ 추돌사고와 같은 유형의 사고가 증가한다.
⑨ 지속적인 신호운영 등의 유지관리가 필요하다.

(2) 기본 용어

① 주기(Cycle) : 신호등의 등화가 완전히 한번 바뀌는데 소요되는 시간
② 현시(Phase) : 한 주기 중에서 동시에 진행하는 교통류에 할당된 신호
③ 옵셋(Offset) : 어떤 기준시간으로부터 녹색 등화가 켜질 때까지의 시간차를 초 또는 주기의 백분율로 나타낸 값
④ 연속진행(Progression) : 신호체계의 계획속도에 따라 차량군을 진행시킬 때 인접 신호등에서도 정지하지 않게 하는 시간 관계
⑤ 진행대(Through Band) : 연속 진행식 체계에서 실제 연속 진행할 수 있는 첫 차량과 맨 끝 차량간의 시간대. 이때의 폭을 진행대 폭(band width)이라 한다.

6.3.2 신호시간 산정절차

신호등 설치 여부가 판단되면 보다 효율적인 교차로 운영을 위해 방향별 교통량을 고려한 신호주기 및 현시를 결정하여야 하는데 다음과 간은 비교적 복잡한 과정을 거치므로 주요 단계별 수행방법은 다음과 같다.

(1) 교통수요 추정

신호기를 신설하거나 현재의 신호시간을 검토하고 개선하기 위해서는 그 교차로의 진행 방향별 교통량을 알아야 한다. 이러한 교통량 조사는 주중 어느 날의 12시간을 관측하는 것이 바람직하며, 각 접근로의 방향별 차량 교통량과 횡단 보행자 수를 15분 단위로 조사한다. 가능하면 첨두시간의 차종별 조사도 함께 하여 차종별 구성비를 정확히 파악한다.
신호시간 설계에 사용되는 설계교통량은 대형차를 승용차 대수로 15분 단위 조사로 구하고 이를 네 배 한다. 예를 들어, 첨두 15분간의 교통량이 80대이며, 이 중에서 20대는 대형차이고 대형차의 승용차 환산계수가 1.8이라면, 설계교통량은 [60+(20×1.8)]×4=384 승용차/시가 된다.

또한 설계교통량은 교통수요를 의미하므로 교차로를 통과하는 차량대수가 아니라 도착 차량의 교통량을 뜻한다. 이때 교통량은 진행 방향별, 차종별로 관측하여야 한다.

[표 2-15] 각 차종별 승용차 환산계수

차 종 구 분		승용차 환산계수	비 고
승 용 차	승용차, 지프	1.0	
소형버스	25인 미만의 승합차	1.2	
대형버스	25인승 이상의 승합차	1.8	
소형트럭	2.5톤 미만의 화물차	1.2	
대형트럭	2.5톤 이상의 화물차	2.0	
특 수 착	트레일러, 건설중기 등	2.5	

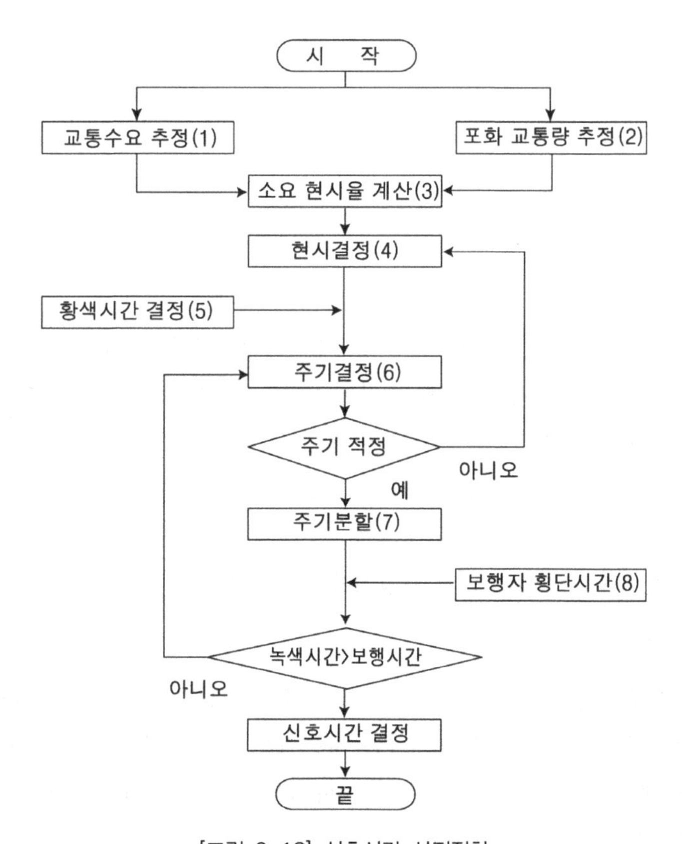

[그림 2-18] 신호시간 산정절차

(2) 포화교통량 추정

교통용량은 단위시간당의 도로를 통과할 수 있는 최대교통량을 말한다. 우리나라 도시의 경우 직진차로의 포화교통량은 시간당 1800~2400대 정도이고 좌회전 차로에서는 1700~2200대에 이르고 있다. 그러나 이와 같은 포화교통량의 값은 항상 일정한 것이 아니고 교차로의 구조, 차로폭, 접근로의 경사 및 버스정류장, 주차, 좌우회전교통량, 대형차량 혼합비등에 의하여 영향을 받게 되므로 이에 대한 보정을 해야 한다(보정식은 본서 5.5절 참조).

(3) 소요현시율 계산

각 이동류에 대한 소요현시율을 구한다. 소요현시율은 설계시간 동안의 실제 도착 교통량(v, 설계 교통량)을 포화교통량(s)으로 나눈 값이다. 이와 같은 값들을 각 이동류에 대한 교통량비(flow ratio)라고 하며 v/s로 나타낸다.

(4) 현시의 결정

① 현시수 결정

신호교차로를 효율적으로 운영하기 위한 현시의 수는 접근로의 수와 교차로 형태뿐만 아니라 교통류의 방향과 차종별 구성에 따라 결정된다.

일반적으로 혼잡하지 않은 보편적인 4지교차로에서는 모든 방향에 좌회전을 허용하는 4현시체계를 사용한다. 용량은 주기의 증가에 따라 증가된다. 짧은 주기에서는 주기가 길어질수록 용량증가율이 크지만 주기가 길어질수록 용량증가율은 감소하여 교통 혼잡이 나타난다. 이와 같은 사실을 볼 때 교차로의 효율적인 운영을 위해서는 현시수를 최소화하여 교차로의 용량을 극대화하여야 하며 특히 도심지역과 같이 혼잡한 지역에서는 현시수의 단순화가 무엇보다도 혼잡해소에 첩경이라 할 수 있다.

② 현시조합 및 현시순서

일반적인 현시조합은 분리신호와 동시신호로서 분리신호는 대향방향 좌회전 교통이 동시에 이동하고 다음현시에 직진교통이 이동하는 현시방법이며 동시신호는 같은 방향 접근로의 직진과 좌회전이 동시에 이동하는 현시방법이다. 현시순서에는 기본적으로 선좌회전방식과 선직진 방식으로 대별된다.

③ 현시율

현시율은 신호주기에 대한 각 현시에 할당되는 비율로서 다음 식과 같이 나타낸다.

$$현시율 = g_i / C$$

여기서,

$g_i = i$ 현시의 현시시간

C = 신호주기

(5) 황색신호시간 결정

① 황색신호의 개념

황색신호의 의미는 곧 적색신호가 들어온다는 주의 신호로서 도로교통법 시행규칙 제 5조 제 2항 별표 3의 정의에 의하면 황색의 등화시에는 "차마는 정지선이 있거나 횡단보도가 있을 때에는 그 직전이나 교차로의 직전에 정지하여야 하며, 이미 교차로에 진입하고 있는 경우에는 신속히 교차로 밖으로 진행하여야 한다"고 규정하고 있다.

일반적으로 적용되는 황색신호시간 산출식은 교차로 정지선 이전의 딜레마존(Dilemma Zone)을 없애는 개념에서 도출된 다음과 같은 가지스(Gazis)식을 이용한다.

$$Y = t + \frac{v}{2_a} + \frac{(w+\ell)}{v}$$

여기서,

Y : 황색신호시간(초)
t : 지각 반응시간(보통1.0초)
v : 교차로 진입차량의 접근속도(m/sec)
a : 진입차량의 임계 감속도(보통 4.5m/sec^2)
w : 교차로횡단길이(m)
ℓ : 차량의 길이(보통 4~ 5m)

여기서 a는 임계 감속도로서 정상적인 속도로 교차로에 진입하려고 하는 차량이 앞에 다른 차량이 없는 상태에서 황색신호가 나타날 때 그대로 진행할 것인지 아니면 정지할 것인지를 결정하는 기준이 된다. 운전자가 황색신호를 본 후 정지하려고 할 때, 이 값보다 큰 감속도가 요구되면 진행을 하고, 이보다 작은 감속도로 정지할 수 있으면 정지하는 경계 값이다.

예를 들어 통과도로의 폭이 20m이고 접근속도는 60㎞/hr, 임계속도는 4.5m/s^2라고 할 때, 황색신호는 다음 식에 의해 4.4초가 된다.

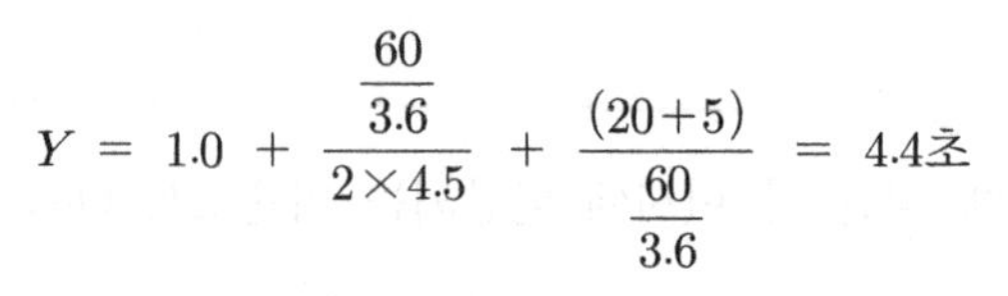

$$Y = 1.0 + \frac{\frac{60}{3.6}}{2 \times 4.5} + \frac{(20+5)}{\frac{60}{3.6}} = 4.4\text{초}$$

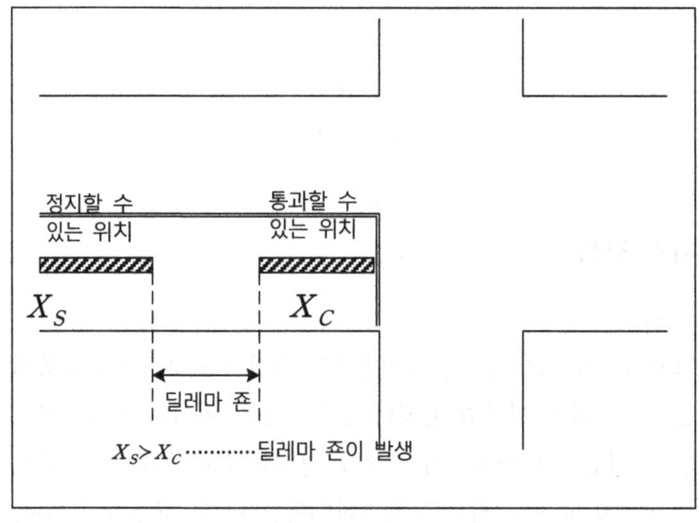

[그림 2-19] 딜레마존의 개념

② 전적색신호

전적색신호는 교차로 내의 차량을 소거시키기 위해 교차로에서 모든 방향에 적색신호를 현시하는 방법으로 황색시간이 길게 산출되는 곳에서 황색신호의 효용성을 높이고 안전을 확보하기 위해 사용되어 진다.

(6) 주기의 결정

신호시간 조절계획의 주된 목적은 교차로와 도로구간 내에서 지체와 혼잡을 최소화하며 모든 도로이용자의 안전을 도모하기 위한 것이다.

일반적으로 짧은 주기는 정지해 있는 차량의 지체를 줄여줌으로 더 좋다고 할 수 있으나, 현시의 수가 많고 교통량이 많아질수록 주기는 길어져야 한다. 따라서 교통량에 따라 적정주기가 결정되지만, 어떤 주어진 교통량에서 적정주기보다 짧은 주기는 이보다 긴 주기보다 더 큰 지체를 유발한다.

교차하는 도로 갈래 수가 많거나 현시 수가 증가하면 적정주기는 길어진다. 또한 교통량이 많으면 이를 처리하기 위한 녹색시간이 길어지므로 주기가 길어진다. 긴 주기는 단위시간당 황색시간으로 인한 손실시간이 줄어들기 때문에 이용할 수 있는 녹색시간의 비율이 커지므로 용량이 커진다.

주기는 보통 30~120초 사이에 있으며, 교통량이 매우 많은 경우도 120초 이내로 사용하는 것이 바람직하다. 주기의 길이는 90초 이하에서 5초 단위로, 90초 이상의 주기에서는 10초 단위로 나타낸다.

신호시간을 계산할 때 중요한 것은 15분 교통량의 변동을 말한다. 첨두시간 계수(peak hour factor: PHF)는 교차로에 진입하는 첨두 1시간 교통량을 첨두 15분 교통량의 네 배로 나눈 값이다.

$$PHF = \frac{\text{첨두 한시간 교통량}}{4 \times \text{첨두 15분 교통량}}$$

서울의 도심 교차로에서는 이 값이 0.9 이상을 나타내며 보통 도시지역 교차로에서는 0.85~0.9 사이의 값을 갖는다.

신호주기를 결정하는 방법 중, 대표적인 결정방법인 웹스터 방법은 다음과 같다.

(가) 웹스터(Webster) 방법

① 웹스터(Webster)는 지체를 최소로 하는 신호주기를 구하기 위하여 다음과 같은 공식을 만들었다.

$$C_o = \frac{1.5L + 5}{1 - \sum_{i=1}^{n} y_i}$$

여기서,

C_o : 지체를 최소로 하는 최적 신호주기(초)
L : 주기당 총발생 손실시간으로, 신호주기에서 총 유효녹색시간을 뺀값 $(=nl+R)$
n : 현시 수
l : 한 현시당 평균 손실시간
R : 한 주기당 총전적신호시간(초)
y_i : i현시 때 주 이동류의 교통량비(v/s)

② 이 방법은 임계 v/c비(교차로 전체의 v/c비)가 0.90~0.95인 경우에 해당된다. 만약 임계 v/c 비가 1.0이면 논리적으로 $C_o = L/(1-\sum Y_i)$이다.

(7) 최소 보행자 녹색시간(Gp) 계산

최소녹색시간은 어떤 현시가 등화될 때 최소한 부여되어야 할 녹색신호시간으로 보행자신호가 없는 경우 5~10초 범위에서 교차로 전체주기와 시스템의 안정성에 역점을 두고 설정되지만 보행자신호가 있을 경우에는 보행신호시간이 최소녹색시간이 된다. 즉 차량신호와 보행자신호가 함께 켜질 때 차량 신호는 보행자 신호보다 길어야 한다. 보행자 신호의 최소 녹색시간은 다음과 같다.

$$G_p = (4\sim7\text{초}) + \frac{\text{횡단도로폭}}{1.2}$$

이 식에서 4~7초는 첫 보행자와 마지막 보행자의 출발시각 차이(보행자 통행량에 따라 달라짐)등의 이유로 추가되는 시간이며, 1.2는 보행자의 평균 보행속도인 1.2m/sec를 의미한다.

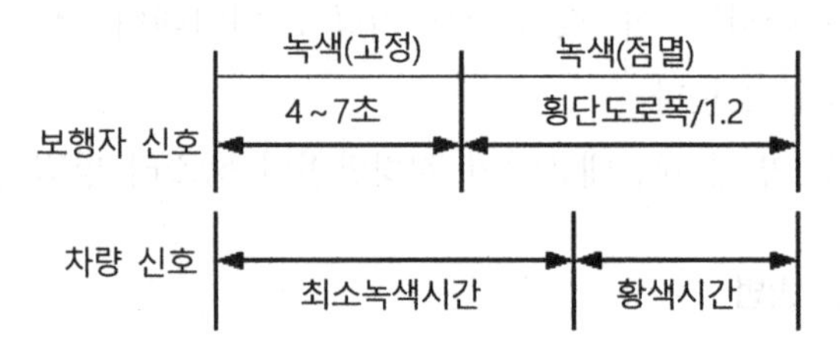

[그림 2-20] 보행자 신호의 최소 녹색시간

보행신호시간으로 인하여 야기될 수 있는 신호운영 제약요소는 다음과 같다.

① 보행신호 출력의 특성 : 지역제어기에 입력된 보행신호시간은 차량신호나 보행자수에 관계없이 항상 일정하게 출력(시간대별 조정 불가)되며 최소녹색시간은 보행신호시간보다 커야 함
② 스플릿 배정의 제약 : 차량신호는 최소녹색시간과 황색신호시간보다 커야하며 보행신호가 길어질 경우 스플릿변경폭이 적어지므로 교통량에 따른 적절한 신호배분이 불가함
③ 신호주기에의 영향 : 교통량이 적을 경우 신호주기를 낮출 수 있는 융통성이 적으며 최소녹색시간이 신호주기설정에 제약을 주므로 보행신호로 인해 신호주기가 높아지는 교차로가 동일한 교차로군내의 다른 교차로의 신호주기도 증대시킴

보행신호시간을 산정시 결정되어야 하는 2가지 중요한 요인이 있다. 하나는 녹색신호와 점멸신호의 시간배분이며 다른 하나는 적용되는 보행속도이다. 녹색신호와 점멸신호의 시간배분은 보행자의 안전을 위해서는 필수적으로 점멸시간이 증대되어야 하며 보행신호에 대한 인식의 변화로서 타개할 수 있다.

6.3.3 신호시간 산정예시

(1) 주어진 조건

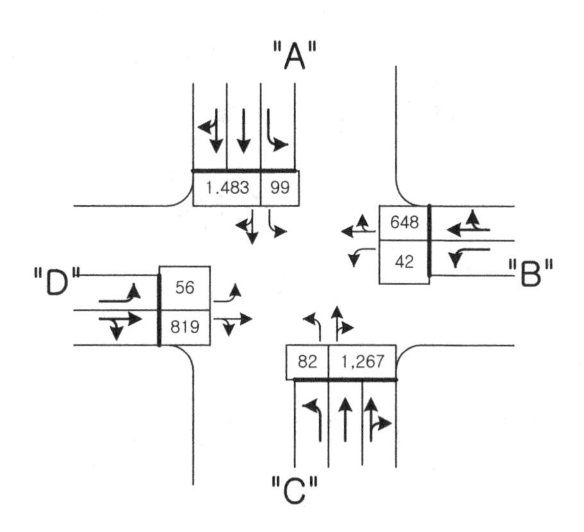

- 모든 우회전 차로에서 직진이 가능, 숫자는 설계교통량 (단위 : pcph)
- AC 도로폭 : 20m, BD 도로폭 : 14m
- 이상적인 상태에서의 포화교통량 : 2,200 pcphgpl
- 지각~반응 시간 : 1.0초
- 교차로 진입차량의 접근속도 : 60kph
- 임계감속도 : 5.0m/sec^2, 차량길이 : 5.0m

(2) 신호시간 산정과정

① 포화교통량 추정

•위에서 주어진 설계교통량에 대한 이동류별 포화교통량은 다음과 같이 가정한다.

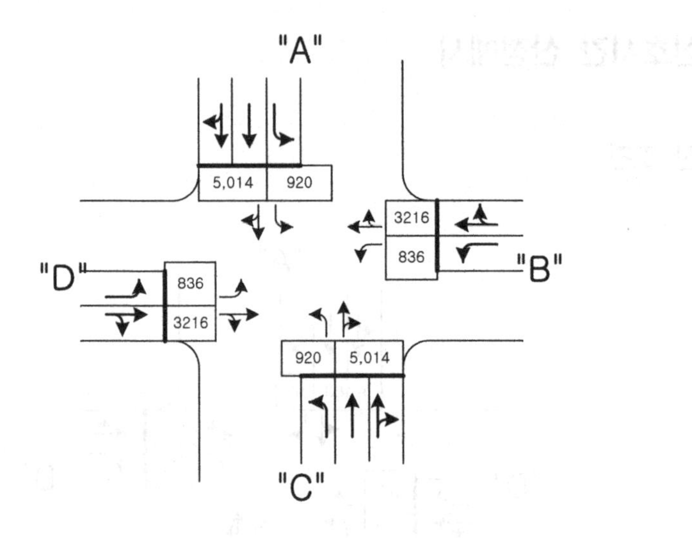

② 소요현시율 계산

접 근 로	이 동 류	교 통 량(V)	포화교통량(S)	소요현시율(V/S)
A	직진+우회전 좌회전	1,483 99	5,014 920	0.296 0.108
B	직진+우회전 좌회전	648 42	3.,216 836	0.201 0.050
C	직진+우회전 좌회전	1,267 82	5,014 920	0.253 0.089
D	직진+우회전 좌회전	819 56	3,216 836	0.255 0.067

③ 현시결정

네 갈래 교차로에서 다음과 같은 4개의 현시조합이 가능하며, 이들 현시조합에서 현시율의 합이 가장 적은 대안1이 최적현시가 된다.

현시안	Φ1	Φ2	Φ3	Φ4	Φ5	총현시율
1	0.108	0.296	0.067	0.255	-	0.726
2	0.253	0.201	0.296	0.255	-	1.005
3	0.108	0.296	0.255	0.201	-	0.860
4	0.108	0.253	0.296	0.067	0.255	0.979

④ 황색시간 결정

- AC 도로의 황색시간

$$Y_{AC} = 1.0 + \frac{60/3.6}{2 \times 5} + \frac{14+5}{60/3.6} = 3.8\text{초}$$

- BD 도로의 황색시간

$$Y_{BD} = 1.0 + \frac{60/3.6}{2 \times 5} + \frac{20+5}{60/3.6} = 4.2\text{초}$$

⑤ 주기의 결정(Webster 방법)

- 출발손실 시간 2.3초, 진행 연장시간 2.0초로 가정한다.
- 주기당 총 손실시간 (L) = 2(3.8+4.2) + 4(2.3-2.0) = 17.2초

$$C_o = \frac{1.5 \times 17.2 + 5}{1 - 0.726} + 112.41\text{초} \Rightarrow 120\text{초}$$

⑥ 시간분할

- 총 유효녹색시간 : 120 - 2(3.8+4.2) - 4(2.3-2.0) = 102.8초

- 각 현시의 유효 녹색시간

$$\Phi_1 = 102.8 \times 0.108/0.726 = 15.29\text{초}$$
$$\Phi_2 = 102.8 \times 0.296/0.726 = 41.91\text{초}$$
$$\Phi_3 = 102.8 \times 0.067/0.726 = 9.49\text{초}$$
$$\Phi_4 = 102.8 \times 0.255/0.726 = 36.11\text{초}$$

⑦ 최소녹색시간 계산

- 보행자 횡단시간 (보행속도 1.2m/sec로 가정)
  - A, C 도로 (B, C 도로횡단) : 14/1.2 = 11.67초
  - B, D 도로 (A, C 도로횡단) : 20/1.2 = 16.67초
- 최소 녹색시간 (보행자 횡단시간 - 황색시간 + 보행자 최소 초기녹색시간)
  - A, C 도로 : 11.67 - 3.8 + 7 = 14.87초
  - B, D 도로 : 16.67 - 4.2 + 7 = 19.47초
- 최소 녹색시간과 분할된 신호시간의 비교
  - A, C 도로 직진신호 : 41.91초 〉 14.87초 - 만족
  - B, D 도로 직진신호 : 36.11초 〉 19.47초 - 만족

⑧ 신호시간 결정

Φ1	Φ2	Φ3	Φ4
15.29초	41.91초	9.49초	36.11초

6.4 교통통제 기법

교통통제란 도로교통에 관한 금지·제한을 나타내는 교통규제 뿐만 아니라 지시·지정 및 안내를 나타내는 것까지 포함한다. 좁은 의미의 교통통제는 도로교통법에 근거하여 도로에서의 위험을 방지하고 교통의 원활한 소통을 도모하기 위하여 도로에 있어서의 통행과 이에 수반되는 각종 행위를 금지, 제한, 지시, 지정, 안내하는 것을 말한다. 넓은 의미의 교통통제는 경찰이 담당하는 도로교통법과 도로관리자가 담당하는 도로법, 운수관리자가 담당하는 도로운송차량법에 근거를 두고 있다.

6.4.1 교통통제 개요

(1) 교통통제의 필요성

오늘날 대부분의 도시들의 도로교통 상태는 교통량의 급속한 증가와 도로시설의 부족으로 인해 교통정체와 통행속도 감소가 일상화되어 가고 있고 이로 인해 도시민의 일상생활과 경제 활동이 지장을 받고 있다. 그런데 도로시설은 그 방대한 투자규모 때문에 교통의 증가율에 미치지 못하고 있는 실정이어서 정체현상은 갈수록 심각해지고 있다. 따라서, 도로교통의 안전과 원활한 소통을 도모하기 위해서는 도로시설의 확충뿐만 아니라 기존 도로의 효율적인 활용 방안도 신중히 고려하여야 한다.

(2) 교통통제시 고려사항

① 교통용량 증대대책의 일환으로서 적극적으로 추진할 것
② 종합적인 효과에 초점을 맞추고 국부적인 이해에 얽매이지 말 것
③ 올바른 여론을 참작하여 실시할 것
④ 도로를 효과적으로 활용하도록 노력할 것
⑤ 과학적인 기초 조사에 근거하여 합리적으로 실시할 것
⑥ 실시 이전에 널리 홍보할 것
⑦ 적절한 지도 단속을 할 것
⑧ 사전, 사후의 효과측정을 실시할 것

6.4.2 속도 통제

(1) 제한 속도

기본 속도법칙은 어떤 운전자도 주어진 여건에 적절한 속도를 초과하여 도로를 주행해서는 안 되며 실제적인 그리고 잠재적인 위험에 유의해야 한다는 것이다.

① 프리마 페이시 제한속도(prima facie limit)
운전자가 지정된 제한속도를 초과했을 시 일단 기본속도법칙을 위반한 것으로 간주한다. 하지만, 위반 운전자가 주행한 속도가 당시 상황에서 부적절하지 않다고 제시한 증명이

법정에서 인정되면 속도위반이 성립되지 않는다. 따라서 프리마 페이시 제한속도제는 특정속도가 해당도로에 항상 안전하거나 안전하지 않다는 사실을 인정하는 것이다. 이러한 제한속도는 현실에 따라 융통성이 발휘되는 반면에 규제의 의미가 불분명하며, 실지 단속에도 어려움이 있다는 단점이 있다.

② 절대 제한속도(absolute speed limit)

운전자가 지정된 제한속도를 초과할 경우 상황에 관계없이 무조건 속도위반이 된다. 이러한 제한속도는 의미가 명백하므로 단속이 용이한 장점은 있으나 융통성이 결여되어 부당한 속도제한을 가하는 경우가 발생한다.

(2) 구역속도 제한

도로의 종류에 따라 제한속도가 규정에 따라 적용되기는 하지만, 일부구역에서는 도로나 교통여건으로 인하여 이러한 일률적인 제한속도가 적절하지 못한 경우가 있는데, 이 경우는 해당지역에 별도의 조정된 제한속도를 지정할 필요가 있다. 여기에 해당하는 지역으로는 다음과 같다.

① 도로가 지방부에서 도시부로 전이하는 구역
② 도로의 기하구조가 불량하여 제한된 규정속도를 적용하기 어려운 구역
③ 시계가 불량한 지역에 위치한 교차로
④ 도로공사장이나 학교주변

6.4.3 교차로 회전 통제

각종교통규제 중에서 손쉽게 실시할 수 있으며 효과도 즉시 나타난다. 회전 통제가 적절히 실시되었을 경우 차량대 차량 또는 차량대 보행자의 상충점을 줄여 사고의 위험을 감소시킬 수 있으며, 교차로의 용량을 증대시켜 지체를 감소시킬 수 있다. 일반적인 교차로회전통제로는 좌회전 금지, 우회전 금지, U-turn 금지가 있다.

(1) 좌회전 금지

좌회전 금지는 대량의 교통량이 통과하는 간선도로에서 도로용량을 늘리기 위하여 실시한다. 두 개의 간선도로가 만날 때 형성되는 교차로는 통상 주변의 교차로보다 혼잡하게 되는데,

이 경우 좌회전 금지를 실시하면 신호현시수가 줄어서 해당 교차로의 용량을 증가시켜 혼잡을 완화시킬 수 있다.

(2) 우회전 금지

외국의 경우 우회전 금지는 주로 횡단보도 사고가 빈번한 지역에서 실시하는데, 우리나라의 경우 대부분의 교차로에 보행신호가 설치되어 있어 보행자가 보호되므로 우회전 금지는 거의 실시하지 않고 있다.

(3) U-turn 금지

외국의 경우에는 특별히 금지하지 않는 경우에는 허용하는 수동적인 방법을 취하고 우리의 경우는 회전규제가 없는 지역에서의 U-turn은 원칙적으로 금지하는 적극적인 방법을 취하고 있다.
U-turn은 가로소통에 도움이 되므로 안전상 특별히 문제시되지 않아 규제할 필요가 없는 교차로에서는 허용함이 바람직하다.

6.4.4 노상주차 통제

노상주차통제는 두 가지 측면에서 영향을 미친다. 우선 도로상의 주차를 금지하면 주차로 인한 교통용량의 감소를 방지하여 소통의 원활화를 도모할 수 있다. 다른 측면은, 노상주차를 금지하거나 주차시간에 제한을 가하여 노상주차에 의존하는 차량의 수요를 조절하여 총교통량을 억제하는 측면이 있다.

6.4.5 차로 이용 통제

(1) 일방통행제

일방통행제는 기존도로시설의 효율을 높여 교통체증을 완화시키는데 효율적인 방안으로 인정되고 있으며, 교통사고 감소에도 효과적이다.

(가) 장점

① 기존도로의 효율적 활용(교통량의 적절한 분배)
② 용량의 증대(교차로의 현시 감소)
③ 안정의 향상(교차로내의 차량 상충점 감소)
④ 신호효율의 극대화(인접 신호 교차로 간에 완전 연동 가능)

[표 2-16] 교차로 차로수별 상충점의 수

A 도로	B 도로	이동류	상충점의 수
이차로, 양방	이차로, 양방	12	24
이차로, 일방	이차로, 양방	7	11
이차로, 일방	이차로, 일방	4	6

(나) 문제점

① 우회경로의 확보
② 통행거리의 증대(가로 교통량 증대)
③ 버스운행상의 문제점(역류버스전용구간으로 보완)
④ 운전자 혼란(단속과 홍보 강화)

(2) 가변 일방차로제

첨두시간 동안 방향별 교통량이 극히 불균형하며 주변에 대응하는 일방통행도로로 활용할 수 있는 적당한 도로가 없는 경우 기존의 양방통행도로를 시간대에 따라 운행방향이 변경되는 가변 일방차로제로 운영할 수 있다.
① 첨두시간에는 일방통행으로, 비첨두시간에는 양방통행으로 운영되는 것이 일반적이다.
② 한 방향 교통량이 적어도 전체 교통량의 80%이상일 경우 실시를 고려한다.
③ 주변도로가 좀방향 교통량을 수용할 수 있어야 한다.
④ 교통사고의 위험이 크므로 사고방지를 위하여 운영시 주의를 요한다.
⑤ 도로보수공사기간 중 도로가 첨두시간 동안 양방향 교통량을 수용하지 못할 경우 한시적으로 사용되기도 한다.

(3) 가변 차로제

첨두시간 동안 많은 도로들이 불균형한 방향별 교통패턴을 보이게 되는데, 주방향교통량이 양방향교통량의 65% 이상을 차지하면 주방향에 더욱 많은 차로를 제공할 필요가 있다. 가변 일방차로제와 달리 중앙차로만을 가변차로로 지정하여 오전, 오후 첨두시간 동안 주방향교통을 위하여 제공하며 잔여차로는 고정적으로 운영된다.

[표 2-17] 가변차로제의 장단점

장 점	단 점
· 필요한 시간대에 필요한 방향으로 용량을 추가로 배정할 수 있다. 오전과 오후 첨두 교통량을 동일한 도로로 처리 가능하다. · 일방통행제와 대비할 때 우회도로를 필요로 하지 않는다. · 기존도로를 효율적으로 활용한다. · 가변일방차로제와 비교할 때 종방향 교통이 우회할 필요가 없다.	· 설치 및 운영의 어려움이 있다. · 통제시설이 적절하지 못할 경우 사고의 위험이 높다. · 가변차로의 사용방향이 전이하는 동안 운전자에게 혼란을 줄 수 있으며, 사고의 위험이 크다. · 때때로, 종방향 교통의 용량이 부족하여 혼잡할 수 있다.

(4) 대중교통 전용차로제

대중교통 전용차로제는 특정차로를 버스나 다인승차량(HOV, High Occupancy Vehicle)에 우선 제공하여 기존도로의 소통능력을 제고시키려는 의도로 실시하는 제도이다. 이러한 전용차로제는 환경 및 사회적 요구, 연료절감, 도로건설비의 상승 등의 동기에 의하여 세계적으로 널리 실시되고 있으며 효과를 보고 있다.

① 동일방향전용노선(with-priority lanes)

이 방식은 가장 보편적인 방법으로 널리 실시되고 있는 방식으로 버스가 정상적인 교통흐름과 동일한 방향으로 운행하도록 하여 버스를 위하여 확보된 차로를 말한다. 전용차로는 일반적으로 노변차로에 적용하는데, 중앙차로도 지정할 수도 있다.

② 역방향 전용차로(contra-flow priority lanes)

버스가 정상적인 교통흐름에 반대방향으로 운행하도록 확보된 차로를 일컫는다. 이 방식은 일방통행도로에서 버스승객들이 양쪽방향의 경로가 분리됨으로써 겪는 불편을 해소하기 위하여 실시한다. 일방통행도로에서의 버스의 서비스를 향상시킬 수 있다.

③ 버스전용도로(bus-only streets)

승용차로부터 버스를 보호하는 가장 적극적인 방안이다. 보행자의 활동이 활발한 상업지역주변의 도로에서는 승용차의 진입을 통제하고 버스만을 통행시켜 승객들이 목적지까지 편리하게 도착하며, 또한 보행자의 안전을 도모할 수 있다.

예상문제

1 교통공학을 「사람과 재화의 이동을 안전성, 신속성, 편리성, 경제성의 관점에서 원활하게 하기 위해 교통시설의 운영 및 관리, 기능적 설계·계획에 관한 전문적이고 과학적인 원칙의 응용학문」이라고 정의한 사람은?

① J. Rae ② E. Morlok
③ E. C. Carter ④ W. Homburger

답 ④

2 다음 중 운전자가 주행도중에 나타나는 위험한 물체나 도로표지 등의 정보를 인식하여 주행조작에 활용하는 과정을 옳게 나열한 것은?

① 반응-인지-확인-판단 ② 인지-확인-판단-반응
③ 인지-판단-확인-반응 ④ 확인-인지-판단-반응

해설 인지(Perception) → 확인(Intellection) → 판단(Emotion) → 반응(Volition)

답 ②

3 위 문제의 4가지 단계에 소요되는 시간을 무엇이라 하는가?

① 설계시간 ② 동작시간
③ 추정시간 ④ 인지-반응시간

해설 인지-반응시간(perception-reaction time), 이 값은 교통설계나 운영분야에서 매우 중요하게 사용되고 있다.

답 ④

4 PIEV 시간은 교통시설 설계에서 대단히 중요한 요소이다. 도로설계에 사용되는 기준으로서 PIEV 시간은 얼마인가?

① 1.0초 ② 1.5초
③ 2.0초 ④ 2.5초

답 ④

5 신호 교차로의 서비스수준 효과척도는 어느 것인가?

① 평균 운영지체 ② 평균 제어지체
③ 평균 지체율 ④ 평균 밀도

답 ②

6 비신호 교차로의 서비스수준 효과척도는 어느 것인가?

① 상충횟수 ② 평균밀도
③ 차량당 제어지체 ④ 교통량 대 용량비

답 ①

7 각 교통시설에 대한 서비스 수준 효과척도로써 맞지 않는 것은?

① 고속도로 기본구간 : 평균정지지체
② 신호교차로 : 차량당 제어지체
③ 2차선도로 : 총지체율
④ 엇갈림구간 : 평균밀도

해설 각 시설별 효과 척도

구분	도로기능		서비스 수준 측정 요소
연속류	고속도로	기본 구간	- 밀도(대/km/차로) - 교통량 대 용량비(V/c)
		엇갈림 구간	- 평균밀도(pcpkmpl)
		연결로 구간	- 영향권의 밀도(pcpkmpl)
	다차로 도로 (유형 I, II)		- 유형 I: 교통량 대 용량비(V/c) - 유형 II: 평균통행속도(km/h)
	2차로 도로 (유형 I, II)		- 도로 유형별 총 지체율(%) - 도로 유형별 평균통행속도(km/h)
단속류	신호교차로		- 차량당 제어지체(초/대)
	비신호교차로		- 양방향 정지 교차로: 평균운영지체 - 무통제 교차로: 방향별 교차로 진입 교통량, 상충횟수
	도시 및 교외 간선도로 (유형 I, II, III)		- 도로 유형별 평균통행속도(km/h)
	대중교통		- 버스 차내 용량: 인/좌석, 탑승인원, 면적(㎡/인) - 버스 운행간격 및 운행시간: 분, 시 - 버스정류장 정차면 용량: 정차면당 시간당 최대 버스수(대-버스/h) - 정류장 용량: 정류장당 시간당 최대 차량수(대-버스/h)
	보행자 도로		- 보행자 도로: 보행교통류율(인/분/m),보행자 점유공간(㎡/인) - 계단: 보행교통류율(인/분/m) - 대기공간: 보행자 점유공간 (㎡/인) - 횡단보도: 보행자 평균지체(초/인), 보행자 점유공간(㎡/인)

답 ①

8 다음 중 양방향정지 비신호교차로의 서비스수준 분석을 위한 효과척도로 사용하는 값은?

① 방향별 교차로 진입교통량
② 평균제어지체
③ 시간당 상충횟수
④ 평균운영지체

답 ④

9 다음 중 신호교차로의 서비스 수준을 분석하는 경우 효과척도로 사용하는 값은?

① 통행속도 ② v/c비
③ 차량당 제어지체 ④ 총지체율

답 ③

10 지체도에 대한 설명이다. 틀린 것은?

① 서비스 수준 및 교통흐름의 효율성 평가 요소이다.
② 단위시간당 정지한 차량을 조사한다.
③ 단위시간은 반드시 15초로만 한다.
④ 신호교차로의 혼잡도를 나타낸다.

답 ③

11 교차로의 신호시설 설치시 장점이 아닌 것은?

① 추돌사고를 방지할 수 있다.
② 보행자와의 마찰을 피할 수 있다.
③ 교차로의 용량을 증대시킨다.
④ 연계된 교차로와의 연동체계가 가능하다.

해설 교차로에서 충돌 사고와 같은 교통사고의 감소효과

답 ①

12 평면 교차로에서의 신호등 설치 기준에 대한 사항으로 잘못된 것은?

① 어린이 보호구역내 초등학교 또는 유치원의 주 출입문과 가장 가까운 거리에 위치한 횡단보도에 신호기를 설치한다.
② 학교 앞 300m 이내에 신호등이 없고 통학시간에 차량통행시간 간격이 1분 이내인 경우 신호등을 설치한다.
③ 신호등의 설치간격이 300m 이상으로 인접 신호등과의 연동효과를 기대할 수 없을 때 중간지점에 신호등을 설치한다.
④ 교통사고 연간 7회 이상 발생한 장소로 신호등 설치시 사고를 예방할 수 있다고 인정되는 경우 신호등을 설치한다.

답 ④

13 평면 교차로의 도류화 기법(channelization)의 원칙으로 틀린 것은?

① 교차로의 상충면적은 가능한 좁게 한다.
② 상충이 발생되는 지점은 가능한한 분리시킨다.
③ 교통류는 서로 직각으로 교차하고 비스듬히 합류해야 한다.
④ 직진차량은 가급적 속도를 줄이도록 유도한다.

답 ④

14 도류화의 설명 중에서 옳지 않는 것은?

① 차량이 합류, 분류 및 교차하는 위치와 각도를 조정한다.
② 차량의 속도를 바람직한 정도로 조절한다.
③ 분리된 회전차로는 회전차량이 직진차로를 뚫고 지나가도록 한다.
④ 차량이 진행해야 할 경로를 명확히 알려준다.

답 ③

15 도류화의 목적이 아닌 것은?

① 도로주차 공간 확보
② 속도조절
③ 불법회전방지
④ 필요 이상의 과대 도로포장 방지

답 ①

16 다음 중 교통체계 관리기법(TSM)의 범주에 들지 않는 것은?

① 출퇴근시간의 시차제운영방안
② 버스전용차선의 건설
③ 승용차소유 억제 정책
④ 도심진입 통행료 부과

답 ③

17 교통체계관리(TSM)기법의 특징이 아닌 것은?

① 저렴한 비용필요
② 빠른 효과 효과측정 용이
③ 기존시설의 최대이용
④ 장기교통계획의 일부분

답 ④

18 다음 중 신호등의 설치형식에 해당하지 않는 것은?

① 현수식 ② 측주식
③ 수평식 ④ 중앙주식

답 ③

19 고정식 신호등의 장점이 아닌 것은?

① 교통의 흐름을 방해하는 조건의 영향을 배제
② 신호주기가 일정하기 때문에 인접 신호등과 연동화가 용이
③ 다수의 보행인이 존재하는 장소에 적합
④ 구조가 복잡

해설 구조가 간단하고, 이 외에도 설치비용이 저렴하다는 장점이 있다.

답 ④

20 고정시간 신호기의 장점이 아닌 것은?

① 인접신호등과 연동가능
② 교통패턴이 비교적 안정된 교차로에 적합
③ 차량의 주행속도를 어느 정도 조절가능
④ 첨두시에 불필요한 지체 유발

답 ④

21 교통량 반응식 신호등의 장점이 아닌 것은?

① 교통량의 예측이 어려워 고정신호주기로 처리하기 힘든 곳에 적용
② 연동화하기 어려운 교차로에 적합
③ 주도로 교통의 흐름에 불필요한 영향 배제
④ 교통량의 시간별 변동이 클 경우 지체의 최소화 불가능

해설 교통량의 시간별 변동이 클 겨우 지체의 최소화 가능

답 ④

22 다음 중 교통감응 신호의 장점이 아닌 것은?

① 신호 연동화가 용이하다.
② 인력에 의한 교통량 조사가 필요 없다.
③ 단시간 내에 교통량 변동에 적응할 수 있다.
④ 차량검지기의 설치 및 관리가 용이하다.

해설 4번은 교통 감응 신호기의 단점이다.

답 ④

23 독립적으로 운용되거나(독립교차로) 또는 2~3 신호기가 연동되어 교통량의 큰 변동에 적합한 신호기는?

① 고정시간 신호기 ② 전자신호기
③ 교통감응 신호기 ④ 교통조정 신호기

답 ③

답 ②

24 신호등 교차로의 연동 보정계수 산출과정에서 도착형태에 속하지 않는 것은?

① 임의 도착형태　② 적색중간 도착형태
③ 녹색중간 도착형태　④ 황색중간 도착형태

해설 도착형태 5가지
- 적색시점 도착형태　- 적색중간 도착형태
- 임의 도착형태- 녹색중간 도착형
- 녹색시점 도착형태

답 ④

25 다음 중 신호통제의 범위에 따른 분류가 아닌 것은?

① 고속도로 신호통제
② 독립교차로 신호통제
③ 간선도로 신호통제
④ 가로망 신호통제

답 ①

26 다음 중 신호주기 변동 방식에 따른 분류가 아닌 것은?

① 1년 주기 신호방법
② 정주기 신호방법
③ 교통량반응 신호방법
④ 교통량조정 신호방법

답 ①

27 손실시간의 총량은 용량에 영향을 준다. 이와 같은 논리에서 신호주기가 길어졌을 때의 설명으로 틀린 것은?

① 신호주기가 길어져 녹색시간이 길면 차두시간이 길어져 용량증대효과는 상쇄되기도 한다.
② 신호주기의 길이는 차량의 평균정지지체시간에 영향을 주지 않는다.
③ 지체는 많은 요인들에 영향을 받는 복합변수로, 주기의 길이는 이들 요인 중 하나에 불과하다.
④ 좌회전신호와 좌회전 전용차로가 있는 전용좌회전 교차로에서 주기가 길어지면, 좌회전 대기행렬이 좌회전 포켓의 용량을 초과하게 되어 직진차선을 침범하게 되어 용량이 감소한다.

28 신호 교차로에서 녹색시간을 설계할 때 고려되어야 할 사항이 아닌 것은?

① 접근로의 교통량　② 횡단보도의 길이
③ 보행자의 속도　④ 차량의 속도

답 ④

29 신호가 적색에서 녹색으로 바뀐 후 첫 번째 차량이 교차로를 통과하기까지의 손실 시간을 무엇이라 하는가?

① 출발 지체시간　② 유효 녹색시간
③ 현시간 전이시간　④ 녹색비

답 ①

30 차량이 실제로 교차로를 통과하는 시간을 무엇이라 하는가?

① 출발 지체시간　② 유효 녹색시간
③ 현시간 전이시간　④ 녹색비

답 ②

31 신호 주기에 대한 유효 시간의 비를 무엇이라 하는가?

① 출발 지체시간　② 유효녹색시간
③ 현시간 전이시간　④ 녹색비(g/c ratio)

답 ④

32 다음 중 보행자 횡단시간의 결정요소가 아닌 것은?

① 자동차의 교통량　② 교차로의 폭원
③ 보행자의 속도　④ 횡단 보행자수

답 ①

33 교차로에서 이상적인 상태에서의 포화교통량의 단위는?

① pcphg　② vphg
③ pcphgpl　④ vph

답 ③

34 교차로에서 주어진 조건 하에서의 포화교통량의 단위는?

① pcphg ② vphg
③ pcphgpl ④ vph

답 ②

35 다음 중 전통적으로 신호교차로의 분석을 위한 효과척도 요소가 아닌 것은?

① 지체도 ② 대기행렬의 길이
③ 황색시간 길이 ④ 정지횟수

답 ③

36 교통신호 운영체계에서 신호등 연동시스템의 4대 요소가 아닌 것은?

① cycle ② 녹색시간
③ 신호간격 ④ 황색시간

답 ④

37 신호교차로의 이상적 조건이 아닌 것은?

① 평지
② 교통류는 승용차로 구성
③ 녹색신호 100%
④ 양방향 교통량분포는 50:50이다.

답 ④

38 신호교차로의 용량에 영향을 주지 않는 요소는?

① 차로폭 ② 마찰계수
③ 주차형태 ④ 종단구배

답 ②

39 간선도로는 교차로에서의 회전교통량이 전체의 몇 %를 초과하지 않는 도로를 말하는가?

① 40% ② 10%
③ 30% ④ 25%

답 ④

40 다음 교차로의 적정주기는?(-2현시 : 동서방향, 남북방향 -각 임계교통비(v/s): 0.3, 0.4 -황색시간 각 3초)

① 20초 ② 30초
③ 40초 ④ 50초

해설 Webster 방식을 이용한 신호 주기 산정식

$$Cp = \frac{1.5 \cdot L + 5}{1 - \sum_{i=1}^{n} v/s} \qquad \therefore Cp = \frac{1.5 \times 6 + 5}{1 - 0.7} = 46.6$$

여기서, Cp : 최적신호주기(초)
L : 주기당 총손실 시간(초)
n : 주기당 현시의 수
v/s : (현시i의 최대 교통량/현시i의 포화교통량)

답 ④

41 다음 교차로의 적정주기는?

- 4현시 : 동 . 서 . 남 . 북방향
- 각 임계교통비(v/s): 0.3, 0.24, 0.12, 0.15
- 황색시간 각 3초)

① 118초 ② 125초
③ 121초 ④ 136초

해설 $\therefore Cp = \frac{1.5 \times 12 + 5}{1 - (0.3 + 0.24 + 0.12 + 0.15)} = 121$

답 ③

42 다음 교차로의 적정주기는?

- 도로조건 : 양방향 2차선(동 . 서 . 남 . 북 동일)
- 교통조건 : 동서(600, 800), 남북(800,1100), 포화교통량(2200)
- 황색시간 : 현시당 3초

① 111초 ② 115초
③ 100초 ④ 120초

해설

$$Cp = \frac{1.5 \cdot L + 5}{1 - \sum_{i=1}^{n} v/s}$$

$$Cp = \frac{1.5 \times 6 + 5}{1 - (\frac{1100}{2200} + \frac{800}{2200})} = 100$$

답 ③

43 신호교차로에서 증가하는 교통량에 대비하여 3현시 신호를 운영할 계획이 있다. 다음 그림과 같이 각 접근로별 V/S비를 구했을 때, 이 신호교차로에서 사용되어 질 수 있는 최소한의 주기는 얼마인가?(단, 손실시간은 현시당 4초로 가정하라)

현시	V/S
↰ ↳	0.15
⇆	0.4
↑↓	0.35

① 90초 ② 100초
③ 110초 ④ 120초

해설 $C_{min} = \dfrac{L}{1-\sum_{i=1}^{n} v/s}$

$\therefore C_{min} = \dfrac{12}{1-(0.15+0.4+0.35)} = 120$

여기서, C_{min} : 최적신호주기(초)

L : 주기당 총손실 시간(초)

v/s : (현시i의 최대 교통량/현시i의 포화교통량)

답 ④

44 교차로에서의 MOE가 될 수 없는 것은?

① 평균지체 ② 연료소비
③ 정지횟수 ④ 연동계수

답 ④

45 교차로에서의 MOE가 될 수 없는 것은?

① 평균지체 ② 연료소비
③ 정지횟수 ④ 임계교통비

답 ④

46 신호등 설치 요건이 아닌 것은?

① 최소차량 교통량 ② 교통사고 건수
③ 신호체계 운영방법 ④ 보행속도

답 ④

47 신호등 설치 요건이 아닌 것은?

① 최소차량 교통량
② 학교부근 안전대책 방안
③ 교통사고건수
④ 좌회전교통량 지체정도

답 ④

48 연동 방법 중 틀린 것은?

① 연속 진행시스템 ② 동시시스템
③ 교호시스템 ④ 차량시스템

답 ④

49 주도로와 부도로가 편도 1차선일 때 신호등 설치를 위한 최소교통량은?

① 주도로(양방향):500 부도로:150
② 주도로(양방향):600 부도로:150
③ 주도로(양방향):500 부도로:200
④ 주도로(양방향):550 부도로:150

해설 ※ 신호등 설치 시

각 접근별 차선수		주도로의 양방향 교통량(대/시)	부도로의 교통량이 많은 도로의 교통량(대/시)
주도로	부도로		
1	1	500	150
2이상	1	600	150
2이상	2이상	600	200
1	2이상	500	200

답 ①

50 다음의 등화배열 원칙 중 잘못된 것은?

① 녹색과 황색은 동시에 사용할 수 있다.
② 3색등화에서는 2개 이상의 등을 켜면 안 된다.
③ 적색 다음에 황색이 오면 안 된다.
④ 적색과 황색은 동시에 켤 수 있다.

답 ④

51 신호변수를 모르는 상태에서 예상교통량과 예상교차로 구조를 알 때 용량초과 여부를 판단하는 분석 방법은?

① 공학 분석 ② 지체도 분석
③ 서비스 분석 ④ 계획 분석

답 ④

52 신호연동 수립 시 조정되는 변수가 아닌 것은?

① 현시 ② offset
③ cycle ④ 교차로 도착분포

답 ④

53 교차로에 신호시설 설치 시 단점이 아닌 것은?

① 추돌사고가 늘어날 소지가 있다.
② 운전자의 불만을 야기시킬 수 있다.
③ 부적절한 신호는 운전자가 무시하게 된다.
④ 교차로의 용량을 감소시킨다.

답 ④

54 한 교차로를 통과한 진입차량이 일정한 신호등을 계속 통과하기 위해 교차로간의 녹색시간이 켜지는 시간간격을 무엇이라 하는가?

① cycle ② phase
③ split ④ offset

답 ④

55 신호시간 결정에 있어 현시간 전이시간 산정공식으로 맞는 것은?
(단, Y=황색시간, t=운전자 반응시간, V=접근속도, a=임계감속도, W=교차로의 폭, L=차량의 길이)

① $Y=t+\frac{v}{2a}+\frac{W+L}{v}$

② $Y=t+\frac{v^2}{a}+\frac{W+L}{v}$

③ $Y=t+\frac{v}{2a}+(\frac{W+L}{v})^2$

④ $Y=t+\frac{v^2}{2a}+(\frac{W+L}{v})^2$

답 ①

56 다음 중 신호시간 계획에 의해 결정되는 변수가 아닌 것은?

① 주기길이 ② 현시순서
③ 지체시간 ④ 현시분할

답 ③

57 도시 내 통행되는 교통량의 점유율에 따라 신호주기와 분할 등을 미리 시간대별로 고정시켜 신호 운영하는 방법을 무엇이라 하는가?

① Time of day control
② Signal data control
③ Pre-timed control
④ Traffic actuated control

답 ①

58 신호주기가 75초인 정주신호 교차로에서 일정 시점에 정지한 차량의 수를 조사하여 차량의 정지지체를 계산하려 한다. 정지 차량의 조사 간격으로 부적당한 값은?

① 16초 ② 15초
③ 14초 ④ 13초

해설 조사간격이 주기와의 배수관계면 정지지체를 계산하는 의미가 사라진다. 즉, 주기와 배수관계가 아닌 조사간격을 설정해야 조사한 값의 평균값을 산정할 수 있기 때문이다.

답 ②

59 다음 중 한 접근로에서 동시에 표시될 수 있는 것은?

① 적색과 녹색
② 녹색과 녹색화살표와 황색
③ 녹색과 적색과 녹색화살표
④ 녹색과 녹색화살표

답 ④

60 검지기에서 정지선까지 45m이고 차량길이 5m, 단위연장시간이 3초일 때 Green -shield 식 2.1n+3.7일 때 최소녹색시간은?

① 24.8초 ② 25.6초
③ 28.5초 ④ 29.3초

해설 45/m=9 -최대 9대 정도의 차량이 들어갈 수 있음. 위 식에 의거 2.1×9+3.7=22.6초, 단위연장시간이 3초이므로 22.6+3=25.6초

답 ②

61 각 차선그룹의 용량을 구하는 공식으로 옳은 것은? (단, si : i 차선군에서의 용량, ci : 포화유율, g : 유효 녹색시간, C : 신호주기)

① $Si = ci \times (g/C)i$
② $Si = ci \times (C \times g)i$
③ $Si = ci \times (C/g)i$
④ $Si = ci \times (C+g)i$

답 ①

62 어느 교차로의 한 접근로에서 포화교통량이 1,800대/hg, 접근교통량이 320대, 유효 녹색시간이 25초, 신호주기 120초일 때 이 접근로의 v/c의 비는?

① 0.64 ② 0.72
③ 0.82 ④ 0.85

해설 $v/c = \frac{(v/si)}{(g/C)} = \frac{(320/1,800)}{(25/120)} = 0.85$

답 ④

63 어떤 신호교차로에 도착하는 차량들이 다음과 같을 때 차량군비는 얼마인가?
(단, 녹색시간 30초 동안 20대 차량이 도착하고 적색시간 26초 동안에는 15대가 도착하며 총 신호주기 60초 동안에는 40대가 도착한다)

① 1.0 ② 1.5
③ 2.0 ④ 3.2

해설 $v/c = \frac{(v/si)}{(g/C)} = \frac{(20/40)}{(30/60)} = 1$

답 ①

64 교통량 조사 중 첨두시간교통량의 이용목적이 아닌 것은?

① 도로망의 서비스 수준 평가
② 도로의 기하구조 설계(차선수)
③ 교통관제시설의 설계(신호등)
④ 교통운영체계의 설계(일방통행제)

답 ①

65 일방통행의 장점이 아닌 것은?

① 용량 증대 ② 상충이동류 감소
③ 신호시간 조절의 용이 ④ 회전용량의 감소

답 ④

66 다음은 첨두시간의 교통상황을 알아보기 위해 조사한 표이다. 첨두 시간계수는?

시간	7:00~7:15	7:15~7:30	7:30~7:45	7:45~8:00
교통량	1000	1100	1200	900

① 0.822 ② 0.914
③ 0.875 ④ 0.922

해설 $PHF = \frac{\text{피크시 교통량}}{4 \times 15\text{분 최대 교통량}}$

답 ③

67 어느 접근로의 조사결과가 아래 표와 같을 때 접근로의 총지체도는?

조사시간	0초	15초	30초	45초	교통량
9:00	7	4	7	9	60
9:01	4	2	2	1	40
9:02	6	5	8	5	35
9:03	7	9	3	6	50
9:04	3	5	4	3	15

① 1000대·초 ② 1500대·초
③ 1700대·초 ④ 1900대·초

해설 총지체도=총정지차량수×설정된 시간간격

답 ②

68 위 문제의 접근에서 차량당 접근지체도는?

① 4.5초 ② 5.5초
③ 6.5초 ④ 7.5초

해설 접근차량당 평균지체도=총지체도/도착교통량

답 ④

69 교통량 조사 결과 다음과 같다. Peak Hour Factor(PHF)를 구하여라.

조사시간	교통량	조사시간	교통량
8:00 ~ 8:15	200대	8:30 ~ 8:45	400대
8:15 ~ 8:30	300대	8:45 ~ 9:00	300대

① 0.60 ② 0.62
③ 0.72 ④ 0.75

해설 $PHF = \frac{1200}{400 \times 4} = 0.75$

답 ④

70 전체 1시간 교통량 1622v/h이고, peak 15분간 통행량이 450vph일 때 PHF는?

① 0.82 ② 0.87
③ 0.9 ④ 0.94

해설 $PHF = \frac{1622}{450 \times 4} = 0.9$

답 ③

71 다음은 첨두시간의 교통상황을 알아보기 위해 조사한 표이다. 첨두시간계수는?

조사시간	교통량	조사시간	교통량
9:00 ~ 9:15	800대	10:00 ~ 10:15	1100대
9:15 ~ 9:30	900대	10:15 ~ 10:30	1000대
9:30 ~ 9:45	1100대	10:30 ~ 10:45	1000대
9:45 ~ 10:00	1200대	10:45 ~ 11:15	1100대

① 0.89 ② 0.94
③ 0.96 ④ 0.92

해설 $PHF = \frac{1100 + 1200 + 1100 + 1000}{4 \times 1200} = 0.92$

답 ④

72 다음과 같이 교통량이 측정되었다. 첨두시간 계수는?

조사시간	교통량	조사시간	교통량
8:00 ~ 8:20	180대	9:00 ~ 9:20	220대
8:20 ~ 8:40	200대	9:20 ~ 9:40	190대
8:40 ~ 9:00	160대	9:40 ~ 10:00	150대

① 0.79 ② 0.74
③ 0.96 ④ 0.88

해설 교통량이 가장 많은 시간대는 8:20부터 9:20까지이므로 $\therefore PHF = \frac{580}{220 \times 3} = 0.878$

답 ④

73 주차조사를 하는 경우 주차특성 파악에 있어서 주차수요 특성에 해당되지 않는 것은?

① 주차수요 ② 평균주차 점유시간
③ 주차장 유형 ④ 회전율

답 ③

74 교차로의 접근로에서 관측된 교통량 : 700대/시, PHF : 0.89, 차선활용도에 의한 보정 계수:1.05인 경우에 보정된 교통량을 계산하면 다음 중 어느 것인가?

① 826 ② 816
③ 842 ④ 833

해설 첨두통행량 $Vp = \frac{V}{PHF} \times u = \frac{700}{0.89} \times 1.05 = 826$

답 ①

75 주차조사를 하는 목적과 거리가 가장 먼 것은?

① 주차 현황을 파악하여 장래 주차시설의 증설 계획 수립
② 주차장 출입구의 위치와 도로교통에 영향을 파악하여 출입구 도로변의 적정설계를 위해
③ 교통유발 대상 시설물의 신축, 증축 등에 있어서 주차시설의 적정설계 자료 제공
④ 토지이용계획의 패턴을 예상하기 위해

답 ④

76 다음 중 일반적인 주차조사 방법에 해당되지 않는 것은?

① 주차시설 현황조사 ② 주차이용도 조사
③ 탑승인원 조사 ④ 주차시간 길이 조사

답 ③

77 주차발생기법 중에서 교통패턴이 크게 변하지 않는 상태 하에서의 단기적 주차수요 예측에

일반적으로 이용하는 기법은?

① 원단위법 ② 회귀분석법
③ p요소법 ④ 누적주차 대수법

답 ①

78 주차원단위법의 종류에 해당되지 않는 것은?

① 건물연면적 원단위법 ② 교통량 원단위법
③ 주차발생 원단위법 ④ 누적주차 원단위법

답 ④

79 주차효율이 0.80 주차 발생량이 1,000m²당 5대, 건물 연면적이 40,000m²일 때 주차 수요는?

① 155대 ② 230대
③ 250대 ④ 300대

해설 주차발생 원단위법

$$P=\frac{U\times F}{1,000\times e}=\frac{5\times 40,000}{1,000\times 0.80}=250$$

여기서, P : 주차수요(첨두시, 대)

U : 첨두시 용도별 건물연면적 1,000m²당 주차발생량(대)

F : 용도별 건물연면적(m²)

e : 주차효율

답 ③

80. 주차효율이 80.3% 주차 발생량이 1,000m²당 5.3대, 건물 연면적이 20,000m²일 때 주차 수요가 매년 증가율 4%씩 증가한다고 가정하면 10년 후의 주차수요는?

① 240대 ② 196대
③ 220대 ④ 190대

해설 $P=\frac{5.3\times 20,000}{1,000\times 0.803}=132$

∴ 10년 후에는 $132\times(1+0.04)^{10}=195.39$

답 ②

81. 시내 백화점의 주차특성을 조사한 결과 주차방생 원단위가 4.72(대1000m² /시), 주차이용효율이 80.5% 신축 후 주차대수의 연평균 증가율이 3%로 나타났다. 신축예7정 어느 백화점의 건물 연면적이 22,350m² 일 때 목표연도(5년 후)의 주차수요를 원단위법으로 구하면 주차대수는?

① 76대 ② 131대
③ 142대 ④ 152대

해설 $P=\frac{4.72\times 22,350}{1,000\times 0.805}=131.05$

∴ 5년 후에는$131.05\times(1+0.03)^5=151.92$

답 ④

82 다음은 어느 주차장의 이용형태를 10시간동안 조사하였더니 총 주차대수는 205대, 첨두시간 교통량은 45대, 주차장 효율계수는 0.85를 나타냈다. 위의 첨두수요를 만족시키기 위한 주차면수는 얼마나 되어야 하는가?

① 50면 ② 53면
③ 58면 ④ 62면

해설 소요주차면수=주차부하/효율계수

답 ②

83 위 문제에서 조사시간동안의 시간당 평균 주차회전수는 얼마인가?

① 0.31회/시 ② 0.39회/시
③ 0.42회/시 ④ 0.45회/시

해설 205/(53×10)=0.386

답 ②

84 어느 건물의 주차 용량이 50대, 주차 이용대수가 하루 330대이고 평균주차시간이 2.5시간이다. 주차장이 하루 18시간 개방된다고 할 때 이 주차장의 주차효율은?

① 0.85 ② 0.89
③ 0.92 ④ 0.95

해설 주차효율=(주차이용대수×평균주차시간)/(주차용량×운영시간)=(330×2.5)/(50×18)=0.92

답 ③

85 어느 건물의 주차 용량이 100대, 주차 이용대수가 하루 평균 500대이고 평균주차시간이 2시간이다. 이 주차장은 오전 6시에 개방하여 저녁 10시까지 운영한다고 할 때 주차효율은?

① 0.55　② 0.59
③ 0.66　④ 0.63

해설 주차효율=(500×2)/(100×16)=0.63

답 ④

86 어느 건물의 주차 가능 용량이 500대이고 1일 주차 차량이 1,200대 이며 주차 차량들의 평균 주차 시간은 3시간이었을 경우 이 주차장의 주차효율을 구하면?(단, 주차 개방시간은 20시간으로 한다)

① 0.36　② 0.87
③ 1.52　④ 0.1.82

해설 주차효율=(1,200×3)/(500×20)=0.36

답 ①

87 차량의 속도는 교통공학적으로 다음과 같은 목적에 이용된다. 이에 해당하지 않는 것은?

① 제한속도설정
② 교통개선사업의 효과 판단
③ 도로의 기하구조 설계요소 기준설정
④ 교통안전표지의 기준설정

해설 설치위치 선정

답 ④

88 다음 중 주차부하에 대한 설명으로 적합한 것은?

① 특정 시간대에 주차장을 이용한 각 차량의 주차시간을 누적한 값
② 주차수요가 가용용량보다 클 때 실제로 주차할 수 있는 최대대수
③ 주차수요가 용량을 발생할 수 있는 주차장의 최대 이용률
④ 첨두시간대의 주차량을 소요주차면수로 나눈 것

해설 2번은 실용 용량, 3번은 효율계수, 4번은 첨두 회전수를 설명한 것이다.

답 ①

89 다음 중 주차 회전율에 대한 설명 중 옳은 것은?

① 특정시간대의 각 차량의 주차시간을 누적한 값
② 특정기간동안 조사대상 지역의 주차장에 주차되어 있는 차량수
③ 특정시간대의 주차장의 평균 이용률
④ 이용차량대수를 총주차면수로 나눈 것

답 ④

90 어느 구간의 거리를 통행시간에서 정지속도를 뺀 시간으로 나눈 값을 무엇이라 하는가?

① 주행속도　② 통행속도
③ 설계속도　④ 지점속도

답 ①

91 1km의 도로 구간을 차량이 통과하는 데 3분이 소요되었다. 이 중 1분을 신호등에 의해 정지했다고 할 때 차량의 운행속도는 얼마인가?

① 30km/h　② 25km/h
③ 35km/h　④ 20km/h

해설 1km/3분×60분=20km/h

답 ④

92 1km의 도로 구간을 차량이 통과하는 데 3분이 소요되었다. 이 중 1분을 신호등에 의해 정지했다고 할 때 차량의 주행속도는 얼마인가?

① 35m/h　② 25km/h
③ 20km/h　④ 30km/h

해설 1km/(3분-1분)×60분=30km/h

답 ④

93 다음 중 설계속도의 산정을 위한 기본원칙에 어긋나는 것은?

① 지방도로보다 간선도로의 속도를 크게 산정

② 산악지에서보다 평지부에서의 속도를 크게 산정
③ 도시부 도로는 지방부 도로보다 속도를 크게 산정
④ 교통량이 많은 노선에서 속도를 적게 산정

답 ③

94 **속도조사 시 유의사항으로 틀린 것은?**

① 속도장비는 운전자에게 보이지 않도록 한다.
② 표본은 무작위로 추출되어야 한다.
③ 차량군의 첫 번째 차량일 필요는 없다.
④ 표본은 첨두, 비첨두 각각 50대 이상으로 충분히 수집한다.

답 ③

95 **속도조사 시 유의하여야 할 사항이 아닌 것은?**

① 속도조사 행위가 인근 사람에게 띄어 구경꾼이 모여들지 않도록 한다.
② 속도조사에 이용되는 장비는 접근하는 운전자에게 보이지 않도록 해야 한다.
③ 주로 속도가 높은 차량을 조사대상으로 한다.
④ 관찰자가 운전자에게 띄이지 않도록 몸을 최대한 숨겨야 한다.

답 ③

96 **도로에서 최고속도를 설정할 때 쓰이는 백분율 속도는?**

① 100%　② 98%
③ 85%　④ 95%

답 ③

97 **제한속도는 운전자의 85%가 주행하는 속도로 정하는 바 85% 속도를 산정하는 데 필요한 표본 수는 평균속도 산정표본 수의 몇 배나 되는가?**

① 0.85배　② 1.0배
③ 1.5배　④ 2.0배

답 ③

98 **속도조사에서 사용되는 지점속도에 대한 설명으로 적합한 것은?**

① 차량이 도로상의 일정지점을 통과할 때의 순간속도
② 설계속도를 넘지 않는 범위 내에서 차량이 낼 수 있는 최대안전 속도
③ 차량이 달린 구간을 통행시간에서 정지시간을 제외한 시간으로 나눈 속도
④ 측정된 속도의 값을 낮은 속도에서 높은 속도로 배열한 것

해설 2번은 운행속도, 3번은 주행속도, 4번은 중위속도

답 ①

99 **다음 중 지점속도를 조사하는 목적으로 가장 거리가 먼 것은?**

① 교통시설설계
② 교통통제방식 결정
③ 교통개선의 효과측정
④ 노선배정에 있어서 교통량 배분의 결정

해설 속도제한 구역 설정 등 교통통제방식 결정시, 사고조사, 교통개선의 효과측정, 교통단속, 교통시설설계 등에 이용된다.

답 ④

100 **속도조사시 최소 표본수는 얼마인가?**

① 10대　② 20대
③ 30대　④ 40대

답 ③

101 **다음 중 도로상을 운행하는 차량의 구간속도 산출 시 이용되는 조사방법이 아닌 것은?**

① 주행차량주행법　② 이동차량주행법
③ 번호판 판독법　④ 노측면접법

답 ④

102 **다음 중 교통량 조사방법이 아닌 것은?**

① 사진 측정법　② 기계적인 방법
③ 주행산정법　④ P요소법

답 ④

103 **다음 중 구간속도 및 지체도 조사 방법에 해당**

되지 않는 것은?

① 시험차량 운행법 ② 주행차량 이용법
③ 번호판 판독법 ④ 항공사진 측량법

답 ④

104 다음의 자동차 주행시간 조사방법 중에서 일정 구간에 시험차량을 구간의 다른 차량과 균형을 유지하면서 운행하며 주행시간을 기록하는 방법에 해당하는 것은?

① 평균속도 운행법 ② 주행차량 이용법
③ 번호판 판독법 ④ 교통류 적응운행법

답 ④

105 다음 조건에 맞는 최소 표본수의 수는 얼마인가? (단, 속도표준편차 10km/h, 허용오차 2km/h, 95%의 신뢰도)

① 60대 ② 80대
③ 90대 ④ 100대

해설 표본수 산정공식 $N=(\frac{KS}{E})^2$이므로,

$N=(\frac{2\times10}{2})^2=100$

여기서, N : 필요한 표본수
K : 통계신뢰도계수(신뢰도 95%일 때 K=1.96이지만 통상 2를 써도 무방하다.)
S : 속도표준편차}
E : 허용오차

답 ④

106 어느 도로의 제한속도를 검토하기 위하여 필요한 표본 수는 얼마인가? (단, 속도 표준편차 10km/h, 허용오차 2km/h, 95%의 신뢰도)

① 60대 ② 80대
③ 150대 ④ 120대

해설 표본수 산정공식 $N=(\frac{KS}{E})^2$이므로,

$N=(\frac{2\times10}{2})^2=100$

※ 제한속도 산정에는 평균속도 산정표본수의 1.5배가 필요하므로 100×1.5=150

답 ③

107 속도 측정시의 필요한 표본수의 산출공식은? (단, N : 필요 표본수, K : 통계신뢰도 계수, S : 속도표준편차, E : 허용오차)

① $N=(KS/E)^2$ ② $N=(K/SE)^2$
③ $N=(KS/E)^3$ ④ $N=(E/KS)^2$

답 ①

108 앞뒤로 주행하는 2대의 차량의 선단이 어떤 지점을 통과할 때의 시간차는?

① 찻간길이 ② 차간간격
③ 차량간격 ④ 차두시간

답 ④

109 출근통행자의 표본수를 추정하려고 한다. 통행자 중 30%가 출근자로 조사되었다. 추정치의 오차허용범위를 ±5%, 95%의 신뢰구간을 적용할 때 표본의 크기는 얼마인가? 또한 우편엽서로 조사하는 경우 우편엽서 회송률이 45%일 때 표본의 크기는 얼마인가?

① 3214, 7145 ② 3588, 7711
③ 2145, 6548 ④ 3586, 7969

해설 표준편차를 알지 못할 때에는 모집단의 개체특성치의 비율을 추정하여 이용할 수 있는데, 이 때 절대적 오차 d 대신 상대적 오차 r을 사용하여 분석한다.
즉 $d=r.p$

$n=\frac{z^2P(1-P)}{(r\cdot P)^2}=\frac{z^2(1-P)}{r^2\cdot P}$

P : 모집단 개체 특성치의 몫에 관한 관측값(%)
r : 상대적 허용오차 한계(%)
z : 유의수준 변수(%)

또한 여기서 설문지를 이용한 표본추출의 경우에는 기대되는 발송회송률을 고려한다.

$n=\frac{z^2P(1-P)}{(r\cdot P)^2\cdot S}=\frac{z^2(1-P)}{r^2\cdot P\cdot S}$

P : 모집단 개체 특성치의 몫에 관한 관측값(%)
r : 상대적 허용오차 한계(%)
z : 유의수준 변수(%)
S : 우편기대회송률(%)

답 ④

110 '가'도로와 '나'도로가 만나는 교차로에서 작년

한 해 동안에 발생한 사고건수는 58건이었으며, 이 교차로를 들어오는 하루 평균 교통량은 29,000대였다. 이 교차로의 MEV당 사고율은?

① 5.21 ② 6.02
③ 5.64 ④ 5.48

해설 교차로에서 일백만 진입차량당 사고율 : MEV(Million Entering Vehicle)을 구하는 식은

$$MEV = \frac{교통사고건수 \times 1,000,000}{365 \times 년수 \times 일평균교통량}$$

답 ④

111 어느 도로구간에서의 속도조사를 위하여 이동차량 주행법을 이용하였다. 그 결과 아래와 같을 때 Vn(북방향시간당 교통량)과, Utn(북방향 교통류의 평균주행 시간)은 얼마인가?

주행차량이 남쪽으로 주행할 때 반대방향에서 만난 차량수(450대) 주행차량이 북쪽으로 주행할 때 조사차량을 추월한 차량수(15대) 주행차량이 북쪽으로 주행할 때 조사차량이 추월한 차량수(10대) 북쪽으로 주행할 때의 주행시간(15분) 남쪽으로 주행할 때의 주행시간(13분)

① 925대/시, 15.7분 ② 975대/시, 10.7분
③ 915대/시, 11.7분 ④ 975대/시, 14.7분

해설 $V_n = \frac{60(M+O-P)}{T_n + T_s}$

$U_{tn} = T_n - \frac{60(O-P)}{V_n}$

V_n : n 방향 시간당 교통량
U_{tn} : n 방향 평균 주행시간
T_n : n 방향주행시간
T_s : S 방향 주행시간
M : 주행방향 반대방향에서 만난 차량수
O : 시험차량을 추월한 차량수
P : 시험차량이 추월한 차량수

답 ④

112 다음 아래의 그림에서 A부분은 교통의 어떤 상태에 달하게 되는가?

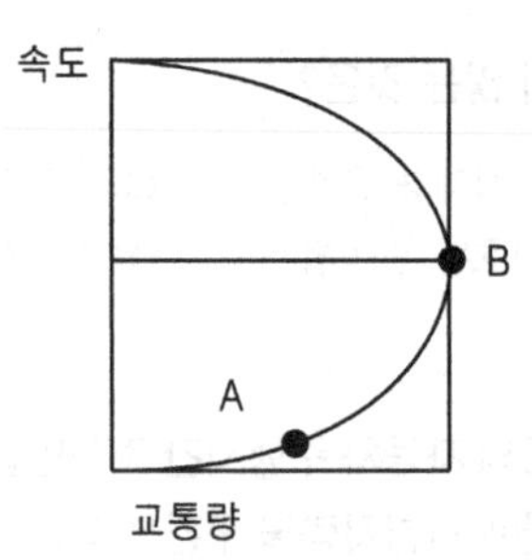

① 소통양호 ② 소통 비혼잡
③ 소통혼잡 ④ 정체현상

답 ③

113 위 문제의 그림에서 B 부분에서의 서비스 수준은?

① 서비스 수준 A ② 서비스 수준 C
③ 서비스 수준 E ④ 서비스 수준 F

답 ③

114 다음 중 전통적인 car-following 모형에서 한 운전자의 가속에 영향을 미치는 요소들에 포함되지 않는 것은?

① 앞차와의 속도차
② 속도차에 대한 반응민감도
③ 앞차와의 간격
④ 차체의 크기

답 ④

115 Forbes의 차량추종 이론에 의한 최소 안전거리 차두간격은 얼마인가? (단, 차량의 길이=6m, 속도=100km/h, 운전자 반응시간=1.5초)

① 44m ② 48m
③ 51m ④ 59m

해설 · Forbes 추종이론

$d_{min} = \Delta t \cdot \dot{x}_n(t) + L_n$ (차두간간격)

$h_{min} = \Delta t + \frac{L_n}{\dot{x}_n(t)}$ (차두시간)

Δt : 반응시간
$\dot{x}_n(t)$: 차량속도
L_n : 차량길이

답 ②

116 다음 아래의 그림은 무엇과 무엇의 관계를 나타낸 것인가?

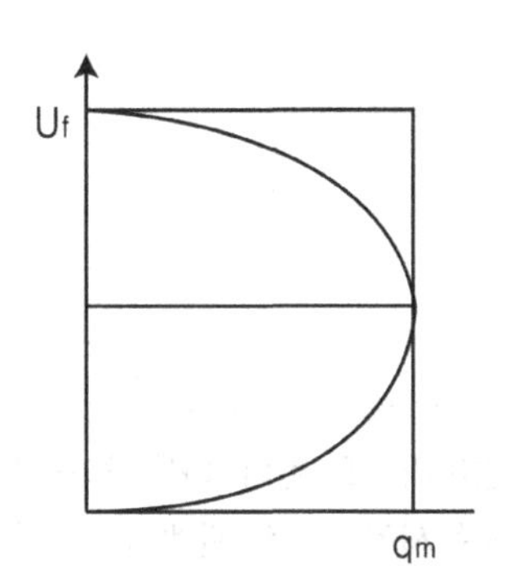

① 속도-밀도 관계 ② 교통량-밀도 관계
③ 속도-교통량 관계 ④ 속도-지체 관계

답 ③

117 다음 그림은 신호 교차로에서 대기 행렬모형을 타나낸 것이다. 정지하는 차량의 비율을 나타낸 것으로 옳은 것은?

용량 > 도착량

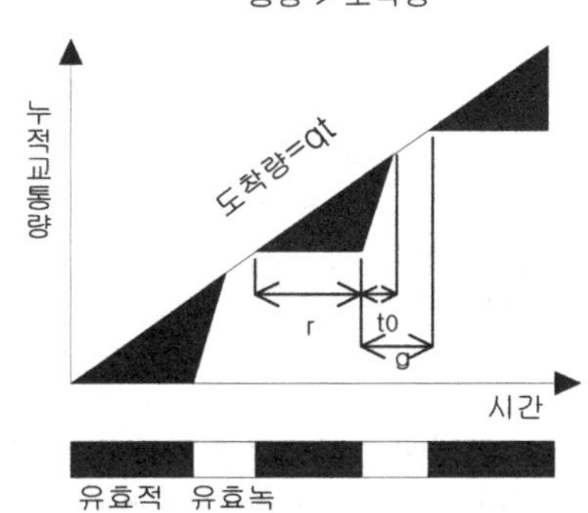

① $P_s = \frac{qr}{2}(r + t_0)$

② $P_s = \frac{r^2}{2C(1-Y)}$

③ $P_s = \frac{r + t_0}{r + g}$

④ $P_s = \frac{r + t_0}{c}$

해설

$$\text{정지하는차량의비율} = \frac{\text{유효적색시간} + \text{출발손실시간}}{\text{유효적색시간} + \text{유효녹색시간}}$$

답 ③

118 다음 아래의 그림은 무엇과 무엇의 관계를 나타낸 것인가?

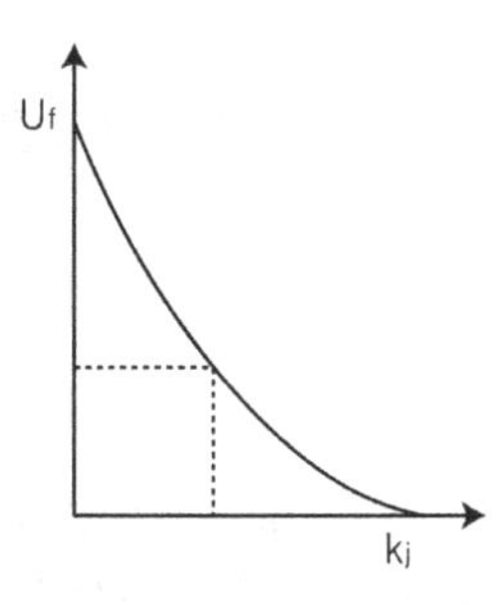

① 속도-밀도 관계 ② 교통량-밀도 관계
③ 속도-교통량 관계 ④ 속도-지체 관계

답 ①

119 위의 문제 그림 중에서 점선으로 이루어진 부분을 무엇이라 하는가?

① 안정류 ② 불안정류
③ 기본구간 ④ 위빙구간

답 ②

120 다음 아래의 그림은 무엇과 무엇의 관계를 나타낸 것인가?

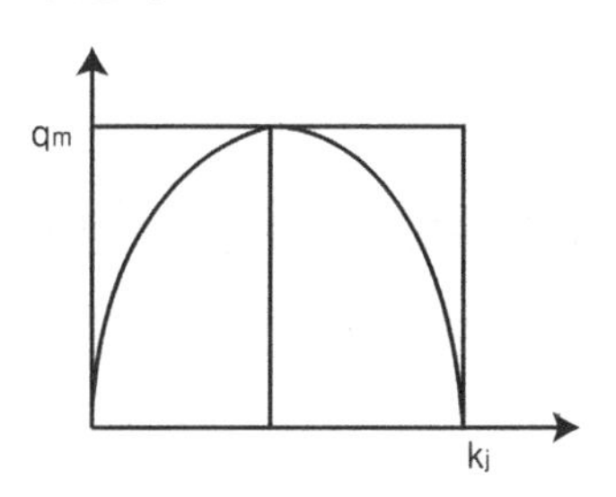

① 속도-밀도 관계 ② 교통량-밀도 관계
③ 속도-교통량 관계 ④ 속도-지체 관계

답 ②

121 V/C비가 1.0일 때의 서비스 수준은?

① 서비스 수준 A ② 서비스 수준 C
③ 서비스 수준 E ④ 서비스 수준 F

답 ③

122 앞차량의 뒷부분과 뒷차량의 앞부분 사이의 거리는?

① 차두간격　② 차간길이
③ 찻간간격(gap)　④ 차량간격

답 ③

123 교통류의 3대 요소가 아닌 것은?

① 교통량　② 도로
③ 밀도　④ 속도

답 ②

124 교통류이론에서 교통류 특성을 설명할 수 있는 세 가지 변수에 속하지 않는 것은?

① 속도　② 교통량
③ 밀도　④ 지체도

답 ④

125 출발하는 차량의 속도가 55km/h이고, 차량의 자유속도가 70km/h일 경우의 충격파의 속도는?

① -10km/h　② -15km/h
③ -20km/h　④ -25km/h

해설
- 유사한 밀도시 충격파 : $u_w = u_f\,(1-2n)$
- 출발로 인한 충격파 : $u_w = -(u_f - u_2)$
- 정지로 인한 충격파 : $u_w = -u_f n_1$

답 ②

126 다음 중 속도, 교통량, 밀도의 관계식으로 옳은 것은?(단, Q:교통량, K:밀도, U=공간 평균속도)

① $Q=K\cdot U$　② $Q=K/U$
③ $U=Q\cdot K$　④ $K=Q\cdot U$

답 ①

127 차두거리(space headway)를 공간평균속도(U)와 교통량(Q)로 나타낼 때 옳은 것은?

① $S=Q\cdot U$　② $S=U/Q$
③ $S=Q/U$　④ $S=Q-U$

해설 차두거리(S)=1/k이므로 k=1/s가 된다. 이 식을 q=ku 식에 대입하면 q=(1/s)u가 되므로
위 식을 차두거리에 관해 바꾸면 s=u/q가 된다.

답 ②

128 포화용량(s)와 포화용량시의 차두간격(h:초)에 대한 식으로 옳은 것은?

① $s=3600/h$　② $s=60\times h$
③ $s=120\times h$　④ $s=60/h$

해설 $\text{포화용량} = \dfrac{3,600}{\text{차두간격}}$

답 ①

129 포화교통류율(saturation flow-rate)과 포화용량이라고도 한다. 다음 중 포화용량(s)와 포화차두시간(h)과의 관계식으로 옳은 것은?

① $h=s/3600$　② $s=100/h$
③ $h=1000/s$　④ $s=3600/h$

답 ④

130 15분 동안에 교통량을 측정한 결과 700대가 관측되었다면 평균 차두시간은?

① 1.3초/대　② 1.5초/대
③ 1.8초/대　④ 2.3초/대

해설 차두시간과 교통량 관계식은 아래와 같다. $h=\dfrac{3,600}{q}$
여기서, q=교통량(대/시), h=차두시간(초)
15분을 1시간으로 환산하여
$h=\dfrac{3,600}{4\times 700}=1.29$초/대

답 ①

131 15분 동안에 교통량을 측정한 결과 1000대가 관측되었다면 평균 차두시간은?

① 0.5초/대　② 1.5초/대
③ 1.8초/대　④ 0.9초/대

해설 $h=\dfrac{3,600}{4\times 1000}=0.9$초/대

답 ④

132 30분 동안에 교통량을 측정한 결과 3,000대가 관측되었다면 평균 차두시간은?

① 0.4초/대　② 1.0초/대
③ 0.9초/대　④ 0.6초/대

해설 $h=\frac{3,600}{2\times 3,000}=0.6$

답 ④

133 평균 주행속도가 50km/h이고, 차두시간이 2.4초/대일 때의 밀도는?

① 10대/km ② 20대/km
③ 30대/km ④ 40대/km

해설 교통량과 차두시간의 관계식은 아래와 같다.

$q=\frac{3,600}{h}$

여기서, q=교통량(대/시), h=차두시간(초)

$\therefore\ q=\frac{3,600}{2.4}=1500$

q를 구하고 난 뒤 교통량과, 밀도와 속도관계식으로 k(밀도)를 구한다.

$q=u\times k$

여기서, q=교통량, k=밀도, u=속도

$\therefore\ k=\frac{q}{u}=\frac{1500}{50}=30$대/km

답 ③

134 교통량이 13대/분, 차량의 평균공간 속도가 1.25km/분일 때, 차량밀도는?

① 1.84대/km ② 1.96대/km
③ 2.08대/km ④ 10.40대/km

해설 $k=\frac{q}{u}=\frac{13}{1.25}=10.4$

답 ④

135 차량의 평균속도가 40km/h, 차두 평균간격이 20m일 경우 도로의 평균 교통량은 얼마인가?

① 200대/시간 ② 500대/시간
③ 800대/시간 ④ 2,000대/시간

해설 $k=\frac{1}{h}=\frac{1}{0.02}=50$

$q=u\times k=40\times 50=2000$대/시간

답 ④

136 속도와 밀도와의 관계가 U=52.4-1.35k로 밝혀졌다. 여기에서 Q_{max}는?

① 509대/시 ② 609대/시
③ 709대/시 ④ 809대/시

해설 교통류 기본공식에 Greenshields의 속도-밀도 모형(직선모형)을 대입하여 유도하였다.

$q=u\times k$

$u=u_f\ (1-\frac{k}{k_j})$

그러므로

$u_f=52.4$가 되고, $k_j=\frac{52.4}{1.35}=38.8$이 된다.

Q_{max}를 구하는 식은 아래와 같다.

$Q_{max}=u_f\times\frac{k_j}{4}=52.4\times\frac{38.8}{4}=509$

답 ①

137 2km의 도로 구간에서 1시간 동안 교통량을 조사한 결과 2개 차선에서 800대의 차량이 관측되었다. 이 구간의 밀도는?

① 100대/시/차선 ② 200대/시/차선
③ 250대/시/차선 ④ 300대/시/차선

해설 2차선에 800대이면, 1차선당 400대의 차량이 있고, 2km의 구간이므로 1km당 200대의 차가 있다.

답 ②

138 30분 동안에 교통량을 측정한 결과 950대가 관측되었다면 평균 차두시간은?

① 1.3초/대 ② 1.5초/대
③ 1.7초/대 ④ 1.9초/대

해설 h=3600/Q ∴ 3600/1900=1.89

답 ④

139 평균 주행속도가 60km/h이고 차두시간이 2.8초/대일 때 밀도는?

① 18대/km ② 21대/km
③ 25대/km ④ 28대/km

해설 Q=3600/2.8=1285.714
∴K=1285.714/60=21

답 ②

140 0.33km 구간에서 1차선에 어느 시간에 30대의 차량이 관측되었다. 교통 밀도는 얼마인가?

① 70대/km/차선 ② 80대/km/차선

③ 90대/km/차선　　④ 100대/km/차선

해설 $K=\frac{30대}{1/3km}=90대/km/차선$

답 ③

141 고속도로 서비스평가의 척도가 되는 것은?

① 밀도　　② 속도
③ 포화비　　④ 도로용량

답 ①

142 교통류 내에서의 운행상태를 분류하는 기준으로 서비스 수준을 사용한다. A~F까지 6개 서비스수준 중 도로의 용량에 거의 도달한 상태를 나타내는 것은?

① C　　② D
③ E　　④ F

답 ③

143 다음 그림은 교통량과 밀도와의 관계를 보여주고 있다. 여기서 용량상태를 의미하는 밀도는?

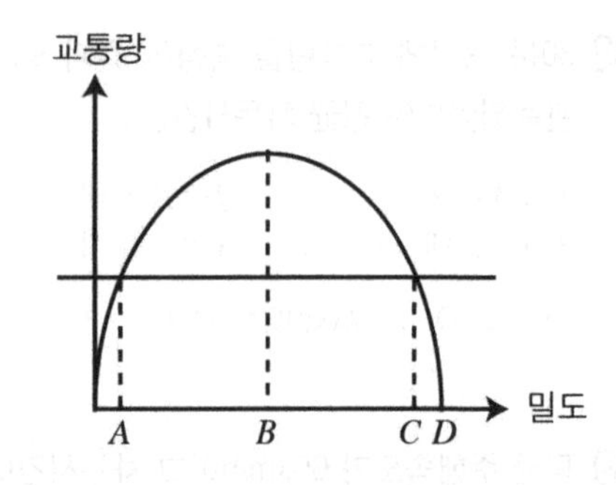

① A　　② B
③ C　　④ D

해설 B는 용량상태이다.

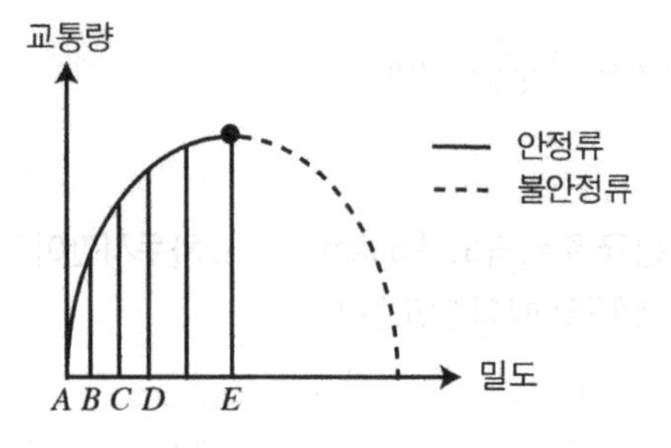

답 ②

144 속도-밀도 관계식이 직선 관계식을 가질 때 자유속도 120km/h이고, 혼잡 밀도(jam density)가 64대/km/차선일 때의 교통 용량은 얼마인가?

① 1860pcphpl　　② 1900pcphpl
③ 1920pcphpl　　④ 1940pcphpl

해설 $Q_{\max}=u_f\times\frac{k_j}{4}=120\times\frac{64}{4}=1920$

답 ③

145 어느 한 접근로의 적정황색시간을 구하고자 한다. 모든 방향의 도로의 폭은 20m이고 접근속도는 60km/h, 접근감속도 4.5m/s^2, 운전자 반응시간은 1초, 차량의 길이가 5m일 때 적정황색시간은?

① 2.2초　　② 3.3초
③ 3.8초　　④ 4.4초

해설 적정 황색 신호 시간 결정식

$$Cp=t+\frac{V}{2a}+\frac{W+L}{V}$$

여기서,

C_p : 황색시간(초)
a : 차량의 감속도(m/sec^2)
t : 운전자 반응시간(1~2초)
V : 차량속도(m/sec)
W : 교차로 폭(m)
L : 차량 길이(m)

※ 주의사항 : 위의 예제 중에서 차량의 속도 단위 km/h를 m/sec로 환산 후 계산하여야 함

$$\therefore Cp=1+\frac{16.7}{2\times4.5}+\frac{20+5}{16.7}=4.35초$$

답 ④

146 어느 한 접근로의 적정황색시간을 구하고자 한다. 모든 방향의 도로의 폭은 25m이고 접근속도는 60km/h, 접근감속도 4.5m/s², 운전자 반응시간은 1초, 차량의 길이가 5m일 때 적정황색시간은?

① 4.2초　　② 4.4초
③ 4.5초　　④ 4.7초

해설 $Cp = 1 + \frac{60/3.6}{2 \times 4.5} + \frac{20+5}{60/3.6} = 4.65$초

답 ④

147 다음 중 유효녹색시간을 구하는 식으로 올바른 것은?

① 녹색시간+황색시간-출발지체시간
② 녹색시간-황색시간-출발지체시간
③ 녹색시간-황색시간+출발지체시간
④ 녹색시간+황색시간+출발지체시간

해설 유효녹색시간 : 차량이 실제로 교차로를 통과하는 시간

답 ①

148 어느 교차로의 접근로의 딜레마존 길이를 구하고자 한다. 실제 황색신호 3초, 교차 도로폭 25m, 정지속도 72km/h, 평균 차량길이 5m일 때 딜레마존의 길이는?

① 25m　　② 45m
③ 30m　　④ 40m

해설 딜레마존의 길이는 (적정황색시간×속도)-(실제황색시간×속도)

- 4.5×(72/3.6)=90m
- 3×(72/3.6)=60m　∴90-60=30

답 ③

149 교차로의 한 접근로의 녹색시간이 42초, 황색시간이 4초 출발 손실시간이 2초일 때 유효 녹색시간은?

① 42초　　② 44초
③ 46초　　④ 48초

해설 녹색시간+황색시간-출발지체시간

∴ 42+4-2=44초

답 ②

150 다음 중 횡단보도 설치 기준으로 적합하지 못한 것은?

① 피크시 차량교통량 기준
② 보행속도 기준
③ 피크시 보행교통량 기준
④ 연간 보행사고 기준

답 ②

151 황색신호가 시작되는 것을 보았지만, 임계감속도로 정지선에 정지하기가 불가능하여 계속 진행할 때 황색신호 이내에 교차로를 완전히 통과하지 못하게 되는 경우가 생기는 구간을 무엇이라 하는가?

① 교통죤　　② 딜레마죤
③ 지체구간　　④ 병목구간

답 ②

152 딜레마죤의 해결책으로 적절한 것은?

① 실제 황색시간을 적정 황색시간보다 짧게 하면 된다.
② 적정 황색시간을 유효 녹색시간보다 길게 하면 된다.
③ 실제 황색시간과 적정 황색시간을 같게 하면 된다.
④ 실제 황색시간을 적정 황색시간보다 길게 하면 된다.

답 ④

153 신호교차로에서 딜레마 죤을 없애기 위한 현시간 황색시간을 산출하는데 고려되지 않는 사항은?

① 주기　　② 감속도
③ 접근속도　　④ 차량의 길이

답 ①

154 공간평균속도를 산정하는 식으로 옳은 것은?

① $Vs=\frac{N}{\sum_{i=1}^{n} Vi}$　② $Vs=\frac{1}{N}\sum Vi$

③ $Vs=\frac{1}{N\sum_{i=1}^{n}\frac{1}{Vi}}$　④ $Vs=\frac{N}{\sum_{i=1}^{n}\frac{1}{Vi}}$

답 ④

154 시간 평균속도를 산정하는 식으로 옳은 것은?

① $Vt=\frac{N}{\sum_{i=1}^{n} Vi}$　② $Vt=\frac{N}{\sum_{i=1}^{n}\frac{1}{Vi}}$

③ $Vt=\frac{1}{N\sum_{i=1}^{n}\frac{1}{Vi}}$　④ $Vt=\frac{\sum_{i=0}^{n} Vi}{N}$

답 ④

156 순간 속도를 측정하기 위하여 30m의 구간을 설정하여 5대 차량을 조사하였다. 통과시간은 2.3초, 2.0초, 1.9초, 2.1초, 1.7초였다. 시간평균속도를 구하여라.

① 35km/h　② 55km/h
③ 45km/h　④ 60km/h

해설 시간평균속도(Time Mean Sped)의 식은 다음과 같다.

$$V_t=\frac{\sum_{i=0}^{n} V_i}{N}$$

여기서, V_t : 시간평균속도(km/h)
V_i : 차량주행속도(km/h)
N : 차량대수

첫 번째 차량의 속도는 $\frac{30m}{2.3초}\times 3.6=46.9km/h$

두 번째 차량의 속도는 $\frac{30m}{2.0초}\times 3.6=54km/h$

세 번째 차량의 속도는 $\frac{30m}{1.9초}\times 3.6=56.8km/h$

네 번째 차량의 속도는 $\frac{30m}{2.1초}\times 3.6=51.4km/h$

마지막 차량의 속도는 $\frac{30m}{1.7초}\times 3.6=63.5km/h$

$$\therefore TMS=\frac{46.9+54+56.8+51.4+63.5}{5}$$
$$=54.52km/h$$

답 ②

157 순간 속도를 측정하기 위하여 30m의 구간을 설정하여 5대 차량을 조사하였다. 통과시간은 2.3초, 2.0초, 1.9초, 2.1초, 1.7초였다. 공간평균속도를 구하여라.

① 48km/h　② 50km/h
③ 54km/h　④ 59km/h

해설 공간평균속도(Space Mean Speed)의 식은 다음과 같다.

$$V_s=\frac{N}{\sum_{i=1}^{n}\frac{1}{V_i}}$$

여기서, V_s : 공간평균속도(km/h)
V_i : 차량주행속도(km/h)
N : 차량대수

$$\therefore SMS=\frac{5}{\frac{1}{46.9}+\frac{1}{54}+\frac{1}{56.8}+\frac{1}{51.4}+\frac{1}{63.5}}$$
$$=53.96km/h$$

답 ③

158 어떤 차량이 시속 50KPH로 40km를 주행하고 60KPH로 20km를 40KPH로 50km를 주행하였다. 전체 구간의 공간평균 속도는?

① 43.25km/h　② 46.15km/h
③ 47.27km/h　④ 50.00km/h

해설 공간평균속도(Space Mean Speed)의 식은 다음과 같다.

$$\therefore SMS=\frac{40+20+50}{\frac{40}{50}+\frac{20}{60}+\frac{50}{40}}=46.15km/h$$

답 ②

159 통과하는 차량의 속도를 측정한 결과 20km/h, 40km/h, 60km/h였다. 시간 평균속도와 공간평균속도는 얼마인가?

① 40km/h, 32.7km/h　② 38.2km/h, 35km/h
③ 48km/h, 45.2km/h　④ 43.5km/h, 43km/h

답 ①

160 순간 속도를 측정하기 위하여 5대 차량의 지점속도를 측정한 결과 50km/h, 45km/h, 65km/h,

55km/h, 47km/h였다. 시간 평균속도와 공간 평균속도는 얼마인가?

① 54.5km/h, 53km/h ② 54.5km/h, 54km/h
③ 52.4km/h, 52km/h ④ 53.5km/h, 53km/h

답 ③

161 어느 도로의 3m 구간에 2대의 차량을 조사한 결과 아래와 같은 결과를 얻었다.
- 가 차량 소요시간 : 0.5초
- 나 차량 소요시간 : 1.0초

시간 평균속도는 얼마인가?

① 4.5m/s ② 4.5km/h
③ 4.5km/s ④ 4.5m/h

해설 ※ 단위에 주의하자.

답 ①

162 어느 도로의 3m 구간에 2대의 차량을 조사한 결과 아래와 같은 결과를 얻었다.
- 가 차량 소요시간 : 0.5초
- 나 차량 소요시간 : 1.0초

공간 평균속도는 얼마인가?

① 4.0m/h ② 4.0km/h
③ 4.0km/s ④ 4.0m/s

답 ④

163 경사, 노면상태, 차종 등이 속도에 미치는 영향을 찾아내어 속도규제나 단속 또는 사고분석에 이용하고자 할 때 사용되는 속도는?

① 공간평균속도 ② 시간평균속도
③ 운행속도 ④ 평균도로속도

답 ②

164 공간·시간 평균속도의 설명 중 틀린 것은?

① 공간평균속도는 속도의 조화평균이다.
② 공간평균속도는 교통류 분석에 이용한다.
③ 시간평균속도는 교통사고 분석에 이용한다.
④ 시간평균속도는 공간평균속도보다 항상 낮은 값을 갖는다.

해설 시간평균속도는 공간평균속도보다 항상 높은 값을 갖는다.

답 ④

165 지점 측정법을 이용하여 평균속도를 측정하였다. 이 평균속도를 사용할 수 없는 경우는?

① 서비스수준분석 ② 사고조사
③ 황색신호시간계산 ④ 속도제한구역설정

답 ①

166 포아송분포식으로 맞는 것은?(단, μ : 평균 발생건수 x : 발생건수)

① $P(x) = \dfrac{\mu^{-x} \cdot e^{-\mu}}{x!}$

② $P(x) = \dfrac{\mu^{x} \cdot e^{\mu}}{x!}$

③ $P(x) = \dfrac{\mu^{x} \cdot e^{-\mu}}{x!}$

④ $P(x) = \dfrac{\mu^{x} \cdot e^{-\mu}}{\mu!}$

답 ③

167 어느 교차로의 임의의 접근로에서 도착 교통량이 시간당 600대이다. 30초 동안에 4대가 도착할 확률은?(단, 교통량은 포아송분포로 도착한다)

① 10% ② 28%
③ 18% ④ 48%

해설 Poisson Distribution: $P(x) = \dfrac{\mu^{x} \cdot e^{-\mu}}{x!}$

여기서, $P(x)$: 사건이 x회 발생할 확률
μ : 평균 발생 건수
x : 발생건수

시간당 600대의 평균도착은 초당 $\dfrac{600}{3600} = \dfrac{1}{6}$ 대이기 때문에 30초 동안에는 5대가 평균도착한다.

$\therefore P(x) = \dfrac{5^{4} \cdot e^{-5}}{4!} = 0.175$

답 ③

168 어느 접근로의 임의 도착교통량이 시간당 600대이다. 30초 동안에 3대가 도착할 확률은?

(단, 교통량은 포아송분포로 도착한다)

① 10%　　② 14%
③ 17%　　④ 19%

해설 Poisson Distribution

$$\therefore P(x) = \frac{5^3 \cdot e^{-5}}{3!} = 0.14$$

답 ②

169 교통량이 180(대/시)라고 한다. 한 시간 내에 도착하는 자동차 대수가 poisson 분포를 따른다고 가정할 때, 1분간에 4대의 자동차가 도착할 확률은 얼마인가?

① 0.101　　② 0.147
③ 0.168　　④ 0.202

해설 Poisson Distribution

$$\therefore P(x) = \frac{3^4 \cdot e^{-3}}{4!} = 0.168$$

답 ③

170 운전면허 소지자 15,000인의 지난 3년간 교통사고 경력을 조사한 결과 전체 교통 사고는 4,700건이다. 3년간 교통사고를 4회 일으킨 사람은 몇 명으로 추정되는가?

① 1명　　② 2명
③ 3명　　④ 4명

해설 Poisson Distribution

μ=4700/15000=0.31건

$$P(x) = \frac{0.31^4 \cdot e^{-0.31}}{4!} \times 15,000 = 4.2$$

답 ④

171 다음 중 계수분포(Counting distribution)이 아닌 것은?

① 포아송 분포　　② 이항 분포
③ 음지수 분포　　④ 음이항 분포

해설 계수분포 : 셀 수 있는 사건의 분석시 적용

답 ③

172 도로상의 임의의 지점을 통과하는 차량의 대수, 보행자의수 또는 교통사고 차량의 대수 등 교통류의 분포상태를 나타낼 때 자주 이용하는 확률분포는 무엇인가?

① 음이항 분포　　② 음지수 분포
③ 포아송 분포　　④ 이항 분포

답 ③

173 다음 중 계수분포(Counting distribution)인 것은?

① 포아송 분포　　② 지수 분포
③ 카이제곱 분포　　④ 감마 분포

답 ①

174 어느 접근로의 시간당 좌회전 교통량은 360대이다. 이 때 주기가 100초라면 한 주기에 5대가 도착할 확률은?

① 2.78%명　　② 3.78%
③ 3.42%　　④ 4.78%

해설 Poisson Distribution

360/3600=0.1, 1초에 0.1대의 차량이 온다. 그러면 100초 동안에는 평균적으로 10대가 도착한다.

$$P(x) = \frac{10^5 \cdot e^{-10}}{5!} = 0.0378$$

답 ②

175 다음 중 간격분포(Interval distribution)가 아닌 것은?

① 음지수 분포　　② 조정된 지수 분포
③ 이항 분포　　④ Erlang 분포

해설 간격분포 : 사건이 연속적으로 일어나는 경우에 적용

답 ③

176 4지 교차로에서 임의의 차가 좌회전할 때 확률이 30%, 이 때 차량 5대 중 3대가 좌회전할 확률은?

① 0.03　　② 0.21
③ 0.13　　④ 0.25

해설 이항분포 : 결과가 두 가지로 나타나는 경우, 성공률이 p인 시행이 n번 발생할 때 x의 분포

$$P(x) = \frac{n!}{x!(n-x)!} p^x q^{n-x}$$

여기서, $P(x)$: n번 시동에서 x번 일어날 확률

n : 시도 횟수

x : 성공 횟수

p : 사건이 일어날 확률

q : 사건이 일어나지 않을 확률

$$\therefore P(3) = \frac{5!}{3!2!} 0.3^3 0.7^2 = 0.13$$

답 ③

177 일요일밤 술 취한 운전사의 확률은 25%, 5대의 차를 잡아서 2대가 취객 운전사일 확률은?

① 16.3% ② 26.4%
③ 22.2% ④ 18.3%

해설 이항분포

$$\therefore P(2) = \frac{5!}{2!3!} 0.25^2 0.75^3 = 0.264$$

답 ②

178 어떤 특정한 법칙 없이 T형 교차로의 한 방향에 도착하는 차량의 70%가 좌회전하고 나머지는 우회전한다고 한다. 10대의 차량이 한 방향에 도착했을 때 정확히 3대가 우회전할 확률은 얼마인가?

① 0.009 ② 0.267
③ 0.367 ④ 0.454

해설 이항분포

$$\therefore P(3) = \frac{10!}{3!7!} 0.3^3 0.7^7 = 0.2668$$

답 ②

179 다음 중 차로수를 구하는 공식으로 옳은 것은?

① 설계서비스 교통량/설계시간 교통량
② 설계시간 교통량/설계서비스 교통량
③ 첨두교통량/AADT
④ 설계시간 교통량/AADT

답 ②

180 간선도로의 서비스 수준을 한 차선당 1,880대로 하였다면 예상 교통량이 4,800대인 도로는 몇 개의 차선이 필요할 것인가?

① 3 ② 4
③ 5 ④ 6

해설 4,800/1,880=2.55 차선은 소수점이 없으므로 편도 3차선이 필요하다.

답 ①

181 방향별 설계시간 교통량(DDHV)를 구하는 공식으로 옳은 것은?

① AADT×K30×D ② AADT×K30-D
③ AADT×K30÷D ④ AADT×K30+D

답 ①

182 어느 도로 구간의 연평균 일 교통량이 5,000대이고 연중 30번째 시간 교통량의 비율이 18%, 중방향 교통량의 비율이 75%일 때 설계시간 교통량을 구하여라.

① 623대/시 ② 652대/시
③ 675대/시 ④ 712대/시

해설 DDHV=AADT×K30×D=5,000×0.18×0.75=675대/시

답 ③

183 한 지점에서 24시간 조사한 교통량을 1년동안 조사하여 통과한 차량수를 365로 나눈 값을 무엇이라 하는가?

① AADT ② DHV
③ ADT ④ DDHV

답 ①

184 어느 지역에 고속도로를 건설하려고 한다. 주어진 조건이 아래와 같을 때 필요한 차로수를 구하여라.(AADT : 45,000대, K30 : 30%, D : 65%, 설계서비스 교통량 : 2400대/차로)

① 1차로 ② 2차로
③ 3차로 ④ 4차로

해설 차선수=설계시간 교통량/설계서비스 교통량
DDHV=45,000×0.3×0.65=8775대/시
차선수=8775/2400=3.66
∴ 한 방향 4차로가 요구된다.

답 ④

185 편도 2차로 톨게이트 상류에서 조사한 첨두시간 교통수요는 6650대 이었다. 톨게이트를 지난 후 도로의 용량이 5000대/시간이며 톨게이트의 요금징수시간이 차량당 평균 10초이다. 도로운영에서 톨게이트를 통과하는 시간당 차량대수가 도로 용량과 일치하게 되는 것이 가장 좋을 때 톨게이트의 적정 요금 징수소의 수는 얼마인가?

① 10개소　② 7개소
③ 14개소　④ 5개소

해설 1시간 톨게이트 용량 3600/10=360대/시
즉, 1개의 톨게이트당 1시간당 360대/시를 처리할 수 있다. 차선수=5000/360=13.88
∴ 14개의 톨게이트가 필요하다.

답 ③

186 폭이 넓은 도로에서 폭이 좁은 도로로 진입시 연속된 흐름의 교통방해가 일어나는 현상은 무엇인가?

① 지체현상　② 위빙현상
③ 충격파현상　④ 병목현상

답 ④

187 통과교통의 배제가 가능하고 한쪽 끝이 가로막힌 소로를 무엇이라 하는가?

① 쿨데삭　② 격자형도로
③ 접속로　④ 국지도로

답 ①

188 다음 중 교통섬의 효과가 아닌 것은?

① 보행자를 위한 안전섬의 역할을 한다.
② 교통시설의 설치장소로 쓰인다.
③ 정지선 위치를 후진시켜 보행자와의 마찰을 피한다.
④ 교통의 흐름을 정비한다.

해설 정지선위치를 후진시키는 것이 아니고 전진함

답 ③

189 다음 중 교통섬의 설치 목적이 아닌 것은?

① 차량의 주경로를 분명히 하고 교통 흐름을 분리한다.
② 위험하지 않은 교통 흐름을 제어한다.
③ 보행자를 보호한다.
④ 교통관제시설을 설치할 수 있는 공간을 확보한다.

해설 위험한 교통흐름을 제어한다.

답 ②

190 신호연동 수립 시 조정되는 변수가 아닌 것은?

① 녹색시간　② offset
③ cycle　④ 우회전 방법

답 ④

191 다음 중 보행자 서비스 수준의 일반적인 척도가 아닌 것은?

① 보행밀도　② 평균교통류량
③ 지체도　④ 속도의 표준편차

답 ③

192 평면선형과 종단선형을 조합시키는 경우에 유의할 사항으로 옳지 못한 것은?

① 운전자를 시각적으로 자연스럽게 유도하는 선형으로 할 것
② 평면, 종단 양선형의 크기에 균형이 잡히도록 할 것
③ 평면곡선과 종단곡선을 겹치지 않도록 할 것
④ 노면배수에 지체가 생기지 않는 선형으로 할 것

답 ③

193 다음 중 도로의 일반적인 선형설계 원칙에 어긋나는 것은?

① 선형의 단절성
② 지형과 토지이용의 조화
③ 선형의 시각적 검토
④ 종단선형과 횡단구성의 조화

답 ①

194 선형설계 시 고려사항이 아닌 것은?

① 자동차 주행 시 안전하고 쾌적성을 유지하도록 할 것
② 운전자의 시각이나 심리적인 면에서 양호할 것
③ 도로 및 주위 경관과 조화를 이룰 것
④ 자연적, 사회적 조건에 적합하고 경제적 타당성은 고려할 필요 없다.

답 ④

195 다음 중 우회전 차선을 설치해야 하는 조건이 바르지 못한 것은?

① 교차각이 90°인 직각교차인 경우
② 우회전 교통이 특히 많은 경우
③ 우회전 차량의 속도가 높은 경우
④ 우회전 차량 및 보행자가 많은 경우

해설 교차각이 120° 이상의 예각교차로서 우회전 교통이 많은 경우

답 ①

196 도로 교각이 몇 % 이하일 경우 완화곡선인 클로소이드를 삽입하게 되는가?

① 3% ② 7%
③ 5% ④ 8%

답 ③

197 도로의 곡선부에서 곡선장이 설계기준보다 짧은 경우에 일어나는 현상이 아닌 것은?

① 운전자가 핸들조작에 불편을 느낀다.
② 곡선반경이 실제보다 크게 보인다.
③ 원심가속도의 증가율이 커진다.
④ 곡선이 절선같이 보인다.

해설 곡선장이 너무 짧으면 곡선반경이 실제보다 작게 보인다.

답 ②

198 설계속도가 100km/h일 때 적당한 종단곡선의 길이는?

① 100m ② 85m
③ 70m ④ 50m

해설

설계속도 (km/h)	120	100	80	60	50	40	30	20
종단곡선의 길이(m)	100	85	70	50	40	35	25	20

답 ②

199 일반적으로 도로 설계시 설계속도의 변화는 얼마 이상이면 안 되는가?

① 10km/h ② 15km/h
③ 20km/h ④ 25km/h

해설 설계속도는 10km/h 간격으로 변화하는 것이 바람직하다.

답 ①

200 다음 중 도로별 k_{30}의 비교가 바르게 된 것은?

① 도시내도로 〉 지방지역도로 〉 도시외곽도로 〉 관광도로
② 관광도로 〉 지방지역도로 〉 도시내도로 〉 도시외곽도로
③ 관광도로 〉 도시외곽도로 〉 지방지역도로〉 도시내도로
④ 관광도로 〉 지방지역도로 〉 도시외곽도로〉 도시내도로

답 ④

201 다음 그림 중 곡선은 도로상 어떤 지점에서의 차량누적도착교통량(Cumulative Number of Vehicle arrived)을 시간에 따라 표시한 그림이고 직선은 그 지점의 교통용량을 보인다. 이 그림을 설명한 것 중에서 틀린 것은?

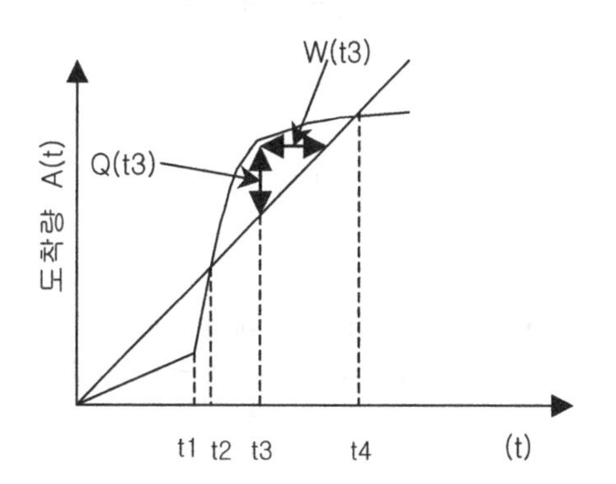

① 조사지점에서 시간 t_2까지는 용량상의 문제가 없다.
② t_3에 도착한 차량은 $W(t_3)$만큼 기다려야 그 지점을 통과한다.
③ t_3에 대기행렬의 길이가 최대로 된다면 이 때 그 길이는 $Q(t_3)$로 나타낼 수 있다.
④ 이 지점에서 유입교통량이 용량을 초과하는 시간대는 t_2~t_4이다.

해설

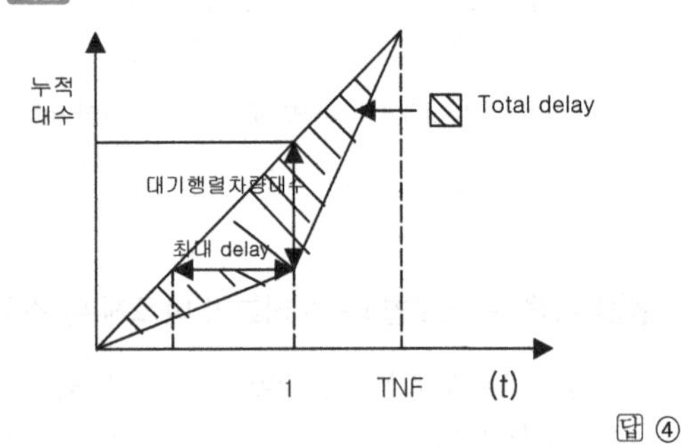

답 ④

202 다음 중 용량에 대한 설명으로 옳은 것은?

① 일정시간 동안 한 방향의 차선구간을 통과할 수 있는 최대 차량수
② 첨두시간 교통량에 대한 전체 교통량의 관계
③ 이상적인 도로조건 하에서 단위시간당 처리할 수 있는 교통량
④ 실제의 도로조건 하에서 단위시간당 처리할 수 있는 교통량

해설 2번은 첨두시간 계수, 3번은 기본 교통량, 4번은 가능 교통량

답 ①

203 교통용량의 종류가 아닌 것은?

① 최대용량 ② 가능용량
③ 실용용량 ④ 최적용량

해설 기본 교통용량=최대용량

답 ④

204 이상적인 도로 조건에서 단위 시간당 최대로 처리할 수 있는 기본 교통량으로 틀린 것은?

① 다차선 도로 : 2,200대/차선
② 2차선 지방도로 : 3,200대/시
③ 교차로 접근로 : 녹색시간 1시간당 2,200대/시/차선
④ 교차로 접근로 : 1800대/차선

답 ④

205 이상적인 교통조건 하에서 단위시간당 최대로 처리할 수 있는 교통량을 무엇이라고 하는가?

① 최적용량 ② 가능교통용량
③ 실용교통용량 ④ 기본교통용량

해설 기본교통용량(최대용량) : 이상적인 조건 하에서 단위시간당 최대 처리 교통량

답 ④

206 이상적인 교통조건 하에서 단위시간당 최대로 처리할 수 있는 교통량을 무엇이라고 하는가?

① 기본 교통량 ② 가능 교통량
③ 설계 교통량 ④ 실용 교통량

답 ①

207 주어진 교통조건 하에서 일정시간에 차선당 어떤 지점을 통과하는 최대 교통량을 무엇이라고 하는가?

① 기본 교통량 ② 실용 교통량
③ 설계 교통량 ④ 가능 교통량

답 ④

208 가능 교통량에 영향을 주는 요소가 아닌 것은?

① 차량속도 ② 도로구배
③ 길어깨 넓이 ④ 대형차량 혼입율

답 ①

209 길어깨를 설치하는 이유로 맞지 않는 것은?

① 도로시설 설치
② 버스 전용차선 확보
③ 규정된 차선 폭 확보
④ 고장 및 응급차량 대피

답 ②

210 도시간선도로의 어떤 구간에 대한 통행시간(Travel Time)을 결정하는 식은 다음 중 어느 것인가?

① 정지지체시간 + 순행시간
② 접근지체시간 + 순행시간
③ 정지지체시간 + 가·감속시간
④ 정지지체시간 + 접근지체시간

답 ②

211 기본 교통량의 이상적인 조건에 대한 설명이다. 아닌 것은?

① 차선폭은 3.25m 이상일 것
② 도로에 설치된 시설물이 교통류에 영향을 주지 않을 것
③ 차선폭은 3.5m 이상일 것
④ 도로의 기하구조는 임계속도에 영향을 미치지 않아야 한다.

해설 기본 교통량은 최대용량의 의미를 갖고 있다.

답 ①

212 다음 중 고속도로의 구성요소에 해당되지 않는 것은?

① 기본구간 ② 엇갈림구간
③ 램프구간 ④ 특정경사구간

답 ④

213 다음 중 다차선 고속도로의 설계속도로서 옳은 것은?

① 120km/h 이상 ② 70km/h 이상
③ 100km/h 이상 ④ 80km/h 이상

답 ③

214 서비스 수준은 몇 단계로 구분하는가?

① 5단계 ② 6단계
③ 7단계 ④ 8단계

해설 A, B, C, D, E, F 6단계로 구분된다.

답 ②

215 도시 및 교외간선도로의 용량분석 시 사용되는 주효과 척도는?

① 교통량 대 용량비 ② 지체도
③ 평균통행속도 ④ 지체시간 백분율

답 ③

216 다음 중 지방지역의 고속도로의 설계기준이 되며 비교적 안정류의 서비스 수준을 나타내는 지표는?

① A ② B
③ C ④ D

답 ③

217 교차로의 차량지체도의 산출 모형이 아닌 것은?

① Transyt 모형 ② Webster 모형
③ 균일성장 모형 ④ HCM 모형

답 ③

218 같은 방향으로 진행하는 교통류가 교차하는 것을 무엇이라고 하는가?

① 위빙 ② 분류
③ 현시 ④ 합류

답 ④

219 고속도로의 진입부와 진출부가 인접하고 있어서 도로의 형태가 X자 형태로 나타나는 구간을 무엇이라고 하는가?

① 위빙(weaving) ② 분류
③ 현시 ④ 합류

답 ①

220 고속도로의 이상적인 도로조건이 아닌 것은?

① 평지
② 승용차로만 구성
③ 차로폭은 3.0m 이상
④ 측방 여유폭 1.5m 이상

답 ③

221 양방향 2차로 도로의 이상적인 조건이 아닌 것은?

① 100% 추월가능구간
② 40:60 방향별 분포를 갖는다.
③ 평지
④ 설계속도 80km/h 이상이어야 한다.

해설 50:50 방향별분포

답 ②

222 양방향 2차로 도로의 이상적인 조건에 해당되지 않는 것은?

① 교통류가 승용차로만 구성되어야 한다.
② 평지부 도로이어만 한다.
③ 추월금지구간이 5% 이내이어야 한다.
④ 측방여유폭이 1.5m 이상이어야 한다.

답 ③

223 다음 중 엇갈림 구간의 교통상태에 영향을 받지 않는 것은?

① 차로의 할당
② 엇갈림구간의 차량종류
③ 엇갈림구간의 길이
④ 엇갈림구간의 총 차로수

답 ②

224 양방향 2차선 도로의 서비스 수준 효과척도인 것은?

① 차로당 용량　　② 포화교통량
③ 밀도　　④ 총지체율

답 ④

225 고속도로의 엇갈림 구간에서 상향램프 및 합류지역에서의 교통류 영향권의 범위는?

① 접속지점으로부터 상류 700m부터 하류 200m
② 접속지점으로부터 상류 600m부터 하류 200m
③ 접속지점으로부터 상류 500m부터 하류 100m
④ 접속지점으로부터 상류 400m부터 하류 100m

답 ④

226 고속도로 용량분석에서 이상적인 도로조건 중에서 최대 서비스 교통량은?

① 1,800pcphpl　　② 2,400pcphpl
③ 2,200pcphpl　　④ 2,800pcphpl

답 ③

227 다음 중 pcu란 무엇인가?

① 승용차 환산계수
② 마찰계수
③ 구배환산계수
④ 좌회전 교통량 환산계수

답 ①

228 중차량에 대한 보정계수 구하는 식으로 옳은 것은?(− Pt, Pb : 트럭 및 버스차량의 비율, − Et, Eb : 트럭 및 버스의 승용차 환산계수)

① $fhv = \dfrac{1}{1+Pt(Et+1)+Pb(Eb+1)}$

② $fhv = \dfrac{1}{1-Pt(Et-1)+Pb(Eb-1)}$

③ $fhv = \dfrac{1}{1+Pt(Et-1)-Pb(Eb-1)}$

④ $fhv = \dfrac{1}{1+Pt(Et-1)+Pb(Eb-1)}$

답 ④

229 pcu에 대한 설명으로 잘못된 것은?

① 중대형 차량을 승용차로 나타낸 것이다.
② 서비스 수준을 산출하는데 자료에 기본적인 관계가 있다.
③ 대형차의 pcu는 경사구간의 구배에 따라 그 값이 달라진다.
④ 구릉지에서 대형차의 pcu는 보통 2.5정도이다.

해설 대형차의 pcu는 평지에서 1.5, 구릉지에서 3.0정도이다.

답 ④

230 다음 중 승용차 환산계수(pce)를 결정하는데 고려사항으로 볼 수 없는 것은?

① 통행차량의 최고속도

② 도로의 경사도와 경사구간의 길이
③ 차량의 종류
④ 차종구성비

답 ①

231 교통류의 일반적인 특성에 해당되지 않는 것은?

① 독립성 ② 개별성
③ 불연속성 ④ 능률성

답 ④

232 어느 평탄한 도로에 트럭 10%가 운행하고 있을 때, 대형차 혼입에 따른 보정계수는 얼마인가?(단, 평지에서 트럭의 환산계수는 1.5)

① 0.86 ② 0.95
③ 0.91 ④ 0.98

해설 $fhv = \dfrac{1}{1+0.1(1.5-1)} = 0.95$

답 ②

233 고속도로에서 서비스 수준 i에서의 서비스 교통량을 구하는 공식은? (단, -SFi : 주어진 도로조건에서 서비스 수준 i일 때의 서비스 교통량(대/시)

- (V/C)i : 서비스 수준 i에서의 교통량/용량비
- N : 방향당 차로수
- Fw : 차로폭 및 측방 여유폭에 대한 보정계수
- Fhv : 중차량에 대한 보정계수)

① SFi : 2,200(V/C)i · N · Fw · Fhv
② SFi : 2,200+(V/C)i · N · Fw · Fhv
③ SFi : 2,200(V/C)i · N · Fw/Fhv
④ SFi : 2,200(V/C)i-(N · Fw · Fhv)

답 ①

234 다음 중 용량보정계수에 포함되지 않는 것은?

① 대형차 혼입율 ② 차로수
③ 측방여유폭 ④ 종단구배

답 ②

235 위빙구간의 교통용량 산정방법에 관한 설명 중 옳지 않은 것은?

① 엇갈림구간의 형태는 엇갈림 차량의 최소차로 변경횟수와 진출입 차로의 위치에 의해 결정된다.
② 엇갈림구간의 길이가 감소할수록 길이당 차로 변경 횟수가 적어진다.
③ 엇갈림구간의 길이가 감소할수록 길이당 차로 변경 횟수가 많아진다.
④ 엇갈림하지 않고 주행하는 교통류의 통행속도와 직접적으로 연결되어 있다.

답 ③

236 90km/h로 주행하는 차량의 정지시거는 얼마인가?(단, 구배 5%, 반응시간 2.5초, 마찰계수 0.37)

① 114.1m ② 138.5m
③ 119.4m ④ 120.3m

해설 $D = 0.278 \cdot V \cdot t + \dfrac{V^2}{254(f \pm g)}$

$\therefore D = 0.278 \times 90 \times 2.5 + \dfrac{90^2}{254(0.37+0.05)}$

$= 138.5m$

답 ②

237 평탄지 도로를 주행 중인 차량이 돌발적인 장애물을 만나서 급제동하여 가까스로 그 직전에 멈추었다. 활주흔(skid mark)의 길이가 40m, 차량 타이어와 도로면 사이의 마차 계수가 0.6이면 이 차량은 장애물을 만나기 직전에 얼마의 속도로 주행하고 있었다고 추정되는가?(단, 운전자 반응시간은 무시하며 경사는 0%이다)

① 57km/h ② 66km/h
③ 78km/h ④ 99km/h

해설 $D = 0.278 \cdot V \cdot t + \dfrac{V^2}{254(f \pm g)}$

$40 = 0.278 \times v^2 \times 0 + \dfrac{v^2}{254(0.6+0)}$

$v^2 = 40 \times 254(0.6)$

$\therefore \ v = 78.08km/h$

답 ③

238 차량이 시속 60km로 주행하다가 300m를 주행하고 정지하였다고 하면 감속률은?

① $0.41m/s^2$ ② $0.46m/s^2$
③ $0.51m/s^2$ ④ $0.56m/s^2$

해설 $300 = \frac{60/3.6^2}{2a}$

$\therefore$ a=$0.463m/s^2$

답 ②

239 다음 중 곡선부 최소반경을 구하는 공식이 알맞게 표현된 것은? (단, R : 곡선반경, V : 설계속도, f : 마찰계수, i : 편구배)

① $R = \frac{V^2}{127(i+f)}$ ② $R = \frac{2V^2}{127(i \cdot f)}$
③ $R = \frac{2V^2}{127(f/i)}$ ④ $R = \frac{127V^2}{(i+f)}$

답 ①

240 편구배는 없고 마찰계수 0.4를 갖는 도로구간의 회전반경으로 50m가 주어져 있다. 설계속도는 대략 얼마인가?

① 40km/h ② 60km/h
③ 50km/h ④ 70km/h

해설 $R = \frac{V^2}{127(e+f)} \quad \rightarrow V^2 = 127R(e+f)$

$\rightarrow V = \sqrt{127R(e+f)}$

$\therefore V = \sqrt{127 \times 50(0.4)} \fallingdotseq 50$

여기서, R : 곡선반경(m)

V : 속도(km/h)

e : 편구배

f : 마찰계수

답 ③

241 편구배 2%, 속도 80km/h, 마찰계수 1.3일 때의 곡선반경 R은 얼마인가?

① 80.8m ② 24.5m
③ 38.2m ④ 66.3m

해설 $R = \frac{80^2}{127(0.02+1.3)} = 38.2$m

답 ③

242 교통체계 관리의 특징이 아닌 것은?

① 저렴한 비용
② 기존시설의 최대이용
③ 빠른 효과와 용이한 효과 측정
④ 높은 비용

답 ④

243 교통체계 관리기법의 특성에 포함되지 않는 것은?

① 단기적이고 저투자비용이다.
② 지역적이고 미시적인 기법이다.
③ 사람보다 차량의 효율적인 움직임에 역점을 둔다.
④ 도시교통체계의 양보다 질 위주의 전략이다.

답 ③

244 가변차선제 실시로 인한 단점에 해당하는 것은?

① 양단의 교통류 합류 및 분류상 문제 발생
② 상업, 업무지구의 경우 민원발생소지가 있음
③ 교통용량을 증대하고 방향별 서비스 수준을 균형화시킴
④ 주행거리의 증가를 초래하는 경우가 있음

답 ①

245 교차로 접근로에 좌회전을 위해 별도 차선을 제공하는 것을 무엇이라 하는가?

① 완화차선제 ② 버스전용차선제
③ 능률차선제 ④ 부가차선제

답 ③

246 좌회전 차량과 반대방향 직진차량의 교통량이 적고 상충마찰이 적은 곳에 실시되는 교통통제 방법은?

① 유턴 ② 동시신호제
③ 교호신호제 ④ 비보좌회전

답 ④

247 도시 주차장의 문제점 중 주차공급 측면의 문제점이라 볼 수 없는 것은?

① 노상불법주차의 성행
② 도시계획 및 공급주차장의 설치부진
③ 주차시설의 양적 부족
④ 주차요금의 획일적인 징수

답 ④

248 버스전용 차로제의 종류가 아닌 것은?

① 가로변 버스 전용 차로
② 역류버스 차로
③ 중앙버스 전용 차로
④ 순환버스 전용 차로

답 ④

249 가변 차로제의 적용기준이 아닌 것은?

① 방향별 교통량 분포가 5:5 이상일 경우
② 방향별 교통량 분포가 6:4 이상일 경우
③ 양방향 교통 소통을 위해 도로 용량이 충분한 구간
④ 정기적으로 교통혼잡이 발생하고 일방통행제 실시가 불가능한 간선도로

답 ①

250 가변 차로제의 장점이 아닌 것은?

① 교통량이 많은 방향에 차로 제공
② 교통통제시설 설치비가 많이 소요
③ 대중교통노선 조정이 불필요
④ 운전자 및 보행자의 통행거리 감소

답 ②

251 가변 차로제의 단점이 아닌 것은?

① 교통량이 적은 방향에 대한 용량부족 초래
② 교통통제시설 설치비가 많이 소요
③ 교통사고 발생률 증가
④ 대중교통노선 조정이 불필요

해설 4번은 장점

답 ④

252 일방통행제의 장점이 아닌 것은?

① 상충 이동류 감소 ② 용량 증대
③ 평균통행속도 증가 ④ 교통통제설비 감소

답 ④

253 일방통행제의 단점이 아닌 것은?

① 통행거리 증가 ② 대중교통용량 감소
③ 회전용량 감소 ④ 주차조건의 개선

답 ④

254 다음 중 동시 시스템의 장점인 것은?

① 교통상황에 대처하기 위하여 신호시간 계획을 수정하기 어려움
② 교통량이 아주 많은 경우 효과적임
③ 주방향과 부방향의 신호시간 분할이 50:50으로 가능한 경우에 적합
④ 교차로에 의한 지체를 피할 수 있음

해설 1번은 교호시스템 단점, 3번은 교호시스템 장점, 4번은 연속진행시스템의 장점

답 ②

255 다음 중 동시 시스템의 단점이 아닌 것은?

① 주교차로를 위주로 현시분할이 이루어지므로 타 교차로의 운영효율성 저하
② 교차로간 거리가 길면 연동효과를 기대할 수 없음
③ 간선축이 과포화되었을 때에는 회전차량의 진입이 어렵게 됨
④ 방향별 교통량 분포비가 뚜렷하지 않은 경우 적용하기 어려움

해설 4번은 연속진행시스템의 단점이다.

답 ④

256 평균 도착율 6대 평균 서비스율 8대일 경우 평균 대기행렬의 길이와 시스템 내에 2대가 있을 확률과 시스템 내 평균 대기행렬 길이를 구하시오.

① 14.06% 1.25대 ② 14.06% 2.25대
③ 15.06% 1.25대 ④ 15.06% 2.25대

해설 $\rho = \frac{\lambda(\text{도착률})}{\mu(\text{서비스율})} = \frac{6}{8} = 0.75$

- 시스템 내에 2대가 있을 확률

$P(2) = \rho^n\ (\rho - 1) = 0.75^2(1-0.75) = 0.1406$

- 평균대기시간

$E[Lq] = \frac{\rho^2}{1-\rho} = \frac{0.75^2}{1-0.75} = 2.25$대

- 차량의 대기행렬 모형

- 단일 서비스 시스템

$\rho = \frac{\lambda}{\mu}$ λ=단위시간당 고객 도착률

μ=단위시간당 고객 서비스율

ρ=교통강도 또는 이용계수

ρ의 값은 항상 1보다 작아야 한다. 왜냐하면 이 값이 1보다 크다면 대기행렬이 무한정으로 길어져서 이 대기 시스템은 사용가치가 없어지기 때문이다.

① 시스템 내에 차량이 한 대도 없을 확률

$P_0 = 1 - \rho$

② 시스템 내에 n대 차량이 있을 확률

$P_{(n)} = \rho^n(1-\rho)$

③ 평균대기행렬길이

$E[Lq] = \frac{\rho^2}{1-\rho}$, 즉 $E(X) - \rho$

④ 시스템 내의 평균 차량대수

$E[X] = \frac{\rho^2}{1-\rho} + \rho = \frac{\rho}{1-\rho} = \frac{\lambda}{\mu - \lambda}$

, 즉 $E(Lp) + \rho$

⑤ 대기행렬의 평균 대기시간

$E(Tq) = \frac{\lambda}{\mu(\mu-\lambda)} = \frac{1}{\mu-\lambda} - \frac{1}{\mu}$

$= \frac{\lambda}{\mu(\mu-\lambda)}$

⑥ 시스템 내의 평균체류시간

$E(T) = \frac{1}{\mu - \lambda}$, 즉 $\frac{E(X)}{\lambda}$

⑦ 시스템 내의 차량대수의 분산 Var(n)

$Var(n) = \frac{\rho}{(1-\rho)^2} = \frac{\lambda\mu}{(\mu-\lambda)^2}$

답 ②

제3장

교통시설 공학

1. 교통시설공학이란?

교통시설공학에서 주 학습내용은 교통시설물의 설계에 관한 것이다. 여기서 설계라는 것은 교통시설물의 위치, 크기, 종류 등을 합리적으로 결정하는 것을 의미한다. 교통시설물의 설계에서 가장 중요한 것은 첫째, 교통류가 자연스럽게 처리될 수 있어야 하며 둘째, 안전해야 한다는 것이다. 이를 위해서는 교통시설물의 설계개념이 가급적 일관성 있게 유지되어야 하며 운전자가 느끼는 속도변화의 감각과 자연스럽게 조화를 이루는 것이 요구된다.

본장에서는 교통시설물 중 도로시설물을 주 대상으로 설명한다. 도로는 교통공학 연구의 시발점이기도 하며, 우리 일상생활에서 언제나 접하는 교통시설물이므로 가장 중요한 교통시설물이라 할 수 있다.

2. 도로 개요

(1) 길과 도로(道路)

① 길이란 무엇인가?

사전적 정의로는 직접적인 통행수단인 실체로서의 길, 관념적인 도로, 당위적인 행위의 규범 등으로 정의하고 있다. 구체적 표현을 할 때는 작은 길은 오솔길, 큰길은 한길, 마을 안길은 고샅길 따위와 같이 말한다.

② 도로란 무엇인가?

우리나라 도로법에서는 '도로라 함은 일반의 교통에 공용되는 도로로서 터널, 교량, 도선장 및 도로와 일체가 되어 그 효용을 다하게 하는 시설 또는 그 공작물을 포함한다.' 고 정의하고 있다.

(2) 도로의 역사

① 자연도 : 초기의 도로는 자연에 순응하면서 자연과 더불어 형성된 길. 농경도, 부락도(태고의

원시의 도로)

② 인공도 : 고대 도시국가시대에 왕궁을 중심으로 태동

③ 로마(B.C. 300년경) : 12만 Km의 우마차 도로(층별로, 석회를 채운 판석, 돌과 석회를 사용한 세립 콘크리트, 조약돌을 사용한 세립 콘크리트, 깬돌)

④ 잉카제국(A.C. 600년) : 아스팔트 재료를 포장재로 사용, 우마차를 위한 쇄석 재료에서 자동차를 위한 포클랜드 시멘트를 사용한 포장도로로 발달

(3) 한국도로의 역사

① 도로망에 대한 정비는 삼국시대. 행정도로, 군사도로

② 고려, 조선시대에 와서 주요도로에 30리마다 역을 설치, 도로자체는 외세의 침입과 폐쇄적인 행정 체제를 반영하듯이 불규칙한 오솔길 및 산길

③ 선조 30년부터 통신만을 주로 하는 파발제도 도입(서발 : 서울–의주, 북발 : 서울–경원, 남발 : 서울–동래)

④ 일제시대 식민통치를 위한 도로 개발(북벌정책 및 도시간 도로 개발)

⑤ 1950년대까지는 철도가 주된 교통수단

⑥ 1960년대 도로에 대한 투자가 본격화. 도로 위주의 수송형태로 전환. 2001년 말 도로 총연장 약 9만km

(4) 간선도로망 계획

① 정책 추진방향

- 국토의 균형발전과 교통수요에 부응하는 간선도로망의 구축
- 산업경쟁력 제고 및 국민불편 해소를 위한 교통애로 구간정비
- 도로시설 개량과 운영개선을 통한 시설능력, 이용편의 및 안전성 향상
- 도로의 지능화, 정보화를 통한 교통 효율 극대화
- 도로투자재원의 안정적 확보 방안 강구

② 도로 정비 목표(2020년까지)

- 장래 경제수준에 적합한 규모로서 약 20만km로 확충
- 고속간선망 10,000km(고속도로 6,000km, 고규격국도 4,000km)
- 일반국도 15,000km, 지방도로 175,000km

• 9×7 국토간선망을 구축하여 국토의 균형발전에 부합하는 도로망 배치

(5) 도로의 분류

① 도로의 구분은 고속도로(중앙분리대, 입체교차, 설계속도80km/시 이상)와 일반도로로 함
② 도로는 토지이용을 기초로 하기 때문에 도시지역과 지방지역으로 구분

[표 3-1] 도로의 구분

구 분	지방지역	도시지역
고속도로	고속도로	도시간선도로
일반도로	주간선도로 보조간선도로 집산도로 국지도로	주간선도로 보조간선도로 집산도로 국지도로

③ 도로의 두 가지 기능
- 접근성(Accessibility) : 토지이용시설에 접근할 수 있는 기능
- 이동성(Mobility) : 시종점을 얼마나 빨리 연결할 수 기능

(5) 노면의 재료에 의한 분류

① 토사도 : 자연지반의 흙으로 된 도로(자연도를 인공도로 개량한 도로)
② 자갈도 : 자연지반의 흙 위에 자갈을 표층으로 사용한 도로
③ 쇄석도 : 부순돌로 구성된 도로(19C 널리 사용)
④ 아스팔트 콘크리트 포장도 : 모래, 부순돌 등의 골재와 아스팔트를 결합재로 사용한 포장도
⑤ 시멘트 콘크리트 포장도 : 모래, 자갈, 부순돌 등의 골재와 포클랜드 시멘트를 사용하여 콘크리트 슬래브로 만든 포장도
⑥ 블록포장도 : 벽돌, 콘크리트블록, 아스팔트블록 등 일정한 크기로 만든 블록을 표층에 깐 도로

[표 3-2] 포장별 장단점

아스팔트	콘크리이트
지반연약, 부분보수용이, 유지관리가 고가	중차량, 장기간 양생, 승차감불량, 유지관리저렴
1, 2년동안 미끄럼 저항증가하나, 그 이후는 감소, 가을과 겨울 미끄럼 저항 증가	초기에는 계절적, 온도변화, 일기변화에 상대적으로 저항 변화가 적다.
하절기 사고율 증가, 습윤시 마찰계수 저하하는 정도가 크다.	동절기 사고율 증가

3. 도로망 계획

3.1 도로 조사

(1) 도로 현황 조사

① 도로연장 : 실연장, 개량·미개량별 연장, 교량 터널 등의 연장, 폭별 연장, 노면별 연장. 보통 항공사진도상에서 측정, 정밀조사는 거리측량에 의해 조사

② 폭 : 총폭, 차로폭(고속차로, 완속차로), 차로수, 보도 및 자전거의 폭, 중앙분리대, 길어깨, 측대, 정차대, 노상시설대, 식수대 등의 폭

③ 곡선반경 : 실측에 의한 방법

④ 종단경사 : 레벨로 실측

⑤ 노면의 현황 : 노면의 종류와 유지상황, 요철의 유무, 횡단경사 상황

⑥ 기타 : 건축한계(Clearance), 시거, 배수의 상황, 입체교차로의 상황

(2) 교통량 조사

① 일반교통량조사 : 교통량 변화가 적은 봄철과 가을철(10월) 화요일과 금요일사이의 12시간(오전 7시부터 오후 7시까지) 또는 24시간 조사. 15분 단위 또는 1시간 단위로 조사하며, 자동차 종류별, 보행자, 이륜차, 기타

② 상시교통량 조사 : 교통량측정기에 의해 특정지점을 연속적으로 조사. 루프검지기, 초음파검지기, 영상검지기, 초단파검지기 등
③ 시종점 조사 : 보통 OD조사라고 하며, 도로망의 검토와 노선계획의 입안에 중요한 자료
④ 조사방법 : 노측조사, 우편엽서조사, 차량번호판 조사, Light-on, Light-off 조사
⑤ 조사결과를 지역의 전체 결과로 확대 재생산 필요, 차량등록대수와 조사대수의 비
⑥ 미래 교통량 예측

(3) 속도조사

각종 속도측정기로 조사(지점속도, 주행속도)

(4) 교통사고조사

발생일시, 발생장소, 발생시의 일기, 원인, 차종별, 관계되는 구조물(도로, 터널, 교량)의 구조, 도로조건(폭, 노면의 종류, 시거, 선형, 경사, 표지, 안전시설, 노면상태, 길어깨 상황), 운전자의 상황, 차량의 적재상황, 자연환경 등

(5) 경제조사

① 조사항목 : 인구 및 산업인구, 산업, 토지이용상황, 공장 분포상황, 자동차 보유대수, 자원, 기타
② 시계열로 연장해서 미래 예측

(6) 토질조사

지형(지형도, 항공사진), 지질 및 토질(성토, 절토, 비탈면 안정, 원지반 안정과 침하)

(7) 기타조사

① 기상조사 : 노선을 선정하기 위해서는 강수량, 적설량, 안개의 빈도, 비탈면이나 배수공의 설계에는 강우강도, 기온, 터널의 환기를 위해서는 풍속, 풍향, 기온 등 조사
② 가격조사 : 도로건설비(노무인건비, 재료비, 운송비 등)

③ 용지 및 보상조사 : 계획노선에 따라서 토지, 가옥, 구축물, 수목 등의 물건조사
④ 재해조사 : 지진, 해일, 홍수등의 자연재해 방지를 위한 원인 조사

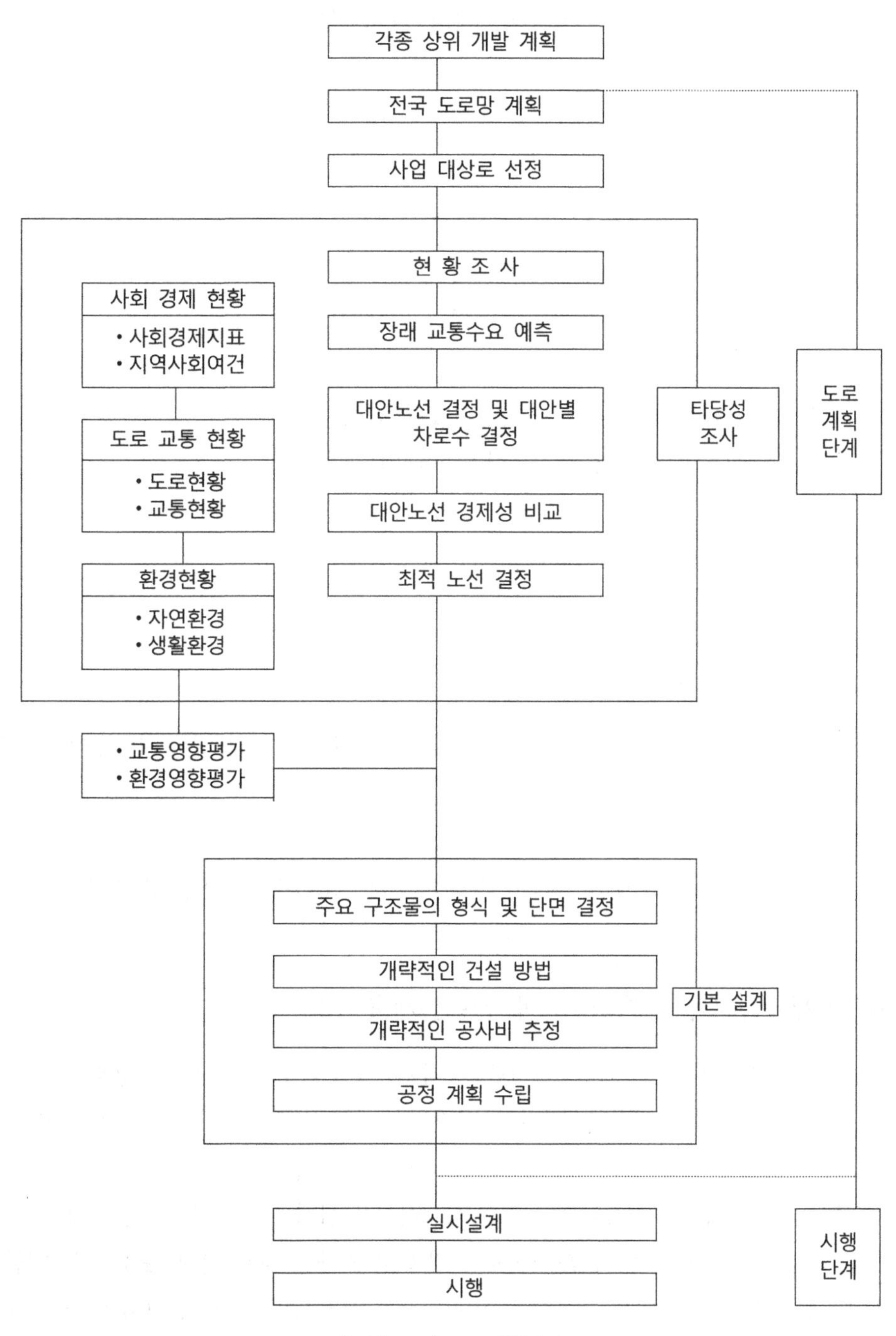

[그림 3-1] 도로계획과정

3.2 노선선정

(1) 개략 계획(특정 폭을 가진 노선의 예상 통과지역)

① 1/50,000~1/25,000의 지형도를 이용, 평면 선형을 그린다. 대안도로도 첨가한다.

(2) 예비 설계(통과 위치)

① 기준점(통과지점 또는 피해야 할 점) 설정
② 도로구조시설기준에 적합한지 여부에 따라 노선 중심선을 그린다.
③ 중심선을 따라 종단면도를 작성한다.
④ 종단선형이 결정되면 100m 단위로 횡단면도를 작성한다.
⑤ 터널, 교량 등의 구조물의 규모나 대략적인 배치를 계획
⑥ 공사비 산정
⑦ 공사비나 조건을 고려하여 최종노선 결정

(3) 노선선정의 결정요인

① 사회적 요인 : 지역계획과의 관계, 피해야 할 장소, 환경파괴 최소화, 지역분할이나 수리, 기상의 변화 최소화
② 경제적 요인 : 투자에 따른 경제적 편익 계산
③ 기술적 요인 : 다른 도로와의 접속, 철도와의 교차, 도하지점, 지질 및 기상조건

(4) 기본설계와 실시설계(통과위치에 선형설계를 추가)

① 기본설계 : 기본설계도면은 1/5,000 축척의 지형도를 이용하며, 현지측량 없이 지도상에서 수집된 자료를 활용하여 위치도, 평면도, 종단면도, 횡단면도, 구조물 등을 작성 주요구조 및 수리 계산서, 토질조사 및 수량산출 근거 등의 과업 포함
② 실시설계 : 실제 시공에 필요한 구체적인 설계사항을 설계도면에 표기하는 단계, 1/2,000지형도에서 세부선형설계, 배수 구조물과 교량 및 터널에 대한 상세 설계, 포장설계, 영업소와 휴게소 등의 부대시설에 대한 세부설계, 일반 시방서 및 특별 시방서, 설계 내역서 실시 설계

도면에는 위치도, 평면도, 종단면도, 횡단면도, 구조물도, 부대시설도, 조경도 및 기타 필요한 도면

3.3 환경영향 평가와 교통영향 평가

(1) 환경영향 평가

① 고속국도, 일반국도, 지방도 중 4km 이상의 도로신설
② 2차로이상의 도로로써 10km 이상의 도로확장 사업
③ 도시계획사업에서 특별시, 광역시는 폭 30m, 시는 폭 25m 이상인 도로 중 4km 이상의 도로 건설사업

진행과정은 사전계획검토, 평가대상 환경영향 항목선정, 환경영향조사, 환경영향예측, 환경보전대책 검토 등의 순서로 진행된다.

(2) 교통영향 평가

평가대상은 도로교통정비촉진법에 규정되어 있으며, 환경영향평가의 대상과 같은 규모이며, 내용은 계획도로 주변의 토지이용 및 도로교통 현황, 관련계획 검토, 장래교통수요 예측, 사업시행에 따른 교통영향과 문제점 및 개선방안 등이다.
교통영향평가 시행시의 효과는 도시 개발 사업으로 인한 교통시설과 교통여건에 대한 평가가 가능하고, 정책수립의 합리성 제고와 의사 결정자에게 교통 행정에 대한 체계적인 자료제공 등이다.

3.4 도로건설의 경제성 분석

(1) 비용

① 공사비 : 토공 및 포장 공사비, 교량 설치비, 터널 설치비, I/C 및 J/C 설치비, 영업소 설치비용, 기타 휴게소 등 부대시설 설치비용, 도로 유지관리비
② 보상비 : 공시지가와 시장가격 사이에서 결정

(2) 편익

① 시간편익
② 차량주행비
③ 교통사고의 감소

4. 도로설계

4.1 도로설계 시 고려사항

도로설계는 목표가 설정되면 그 지역의 지형조건, 개발 가능성, 환경, 경제적 타당성 등을 검토하고, 장래 교통수요를 처리할 수 있는 시설규모를 결정한다. 그리고 설계 전과정에서 안전 측면을 고려한다.

(1) 정책

목표 설정, 특정설계 변수, 실무편람 고려

(2) 환경

수질, 소음, 배기가스, 생태계 단절 고려, 도로자체의 기능에 따른 전망, 시거 등 고려

(3) 교통수요

향후 20년 후의 교통수요 예측, 차로수, 용량, 도로의 규모 결정

(4) 지형조건

지질조사(언덕, 산악, 바위산), 문화재, 토지이용형태(종교시설물, 기존가옥, 절대농지, 기타)

(5) 비용

투자비용 마련 방안(에너지세, 통행료 징수, 본드(bond), 민자유치, 사용자 비용) 사용 우선 순위 조정(교통수단별, 터널, 교량, 종단경사, 횡단경사)

(6) 교통안전

인간의 한계를 도로가 수용(Forgiving highway), 회복구간(recovery zone), 시거확보, 경사 및 반경 확보 등

4.2 도로설계 원칙

(1) 의사전달(Communication)

명확, 단순, 반응구간 확보, 대체물 사용 금지

(2) 일관성(Consistency)

표지판, 도로표시, 도로구조, 신호

(3) 3단면 고려(Three dimensions)

종단, 횡단, 측면

(4) 인간의 한계에 관대한 도로(Forgiving highway)

회복구간, 시거확보, 관대한 설계

4.3 설계지정 항목

설계를 좌우하고 지배하는 설계지배요소 중에서 설계시에 반드시 그 값이 주어져야 하는 요소

- 현재의 AADT
- 목표년도의 AADT
- 목표년도의 k계수(설계시간계수 DHV)
- 방향별 교통량 분포(D 계수)
- 중차량 구성비(T 계수)
- 설계속도
- 설계서비스수준

4.4 설계과정

① 필요시설물 결정
② 수요분석
③ 교통운영분석
④ 시설규모
⑤ 위치선정
⑥ 시스템구성결정
⑦ 물리적 설계표준 인지
⑧ 지형설계
⑨ 보조시스템의 설계
⑩ 표면설계
⑪ 비용 및 영향 예측
⑫ 설계평가

4.5 설계속도(Design speed)

설계속도는 선형설계를 하기 위한 기본이 되는 속도이다. 이 속도에 따라 구체적인 선형요소인 곡선반경, 곡선의 길이, 편경사, 곡선부의 확폭, 완화구간, 시거, 종단곡선, 오르막차로 등이 결정된다. 또 차로 및 길어깨의 폭도 설계속도와 밀접한 관계에 있다.
설계속도란 어떤 특정구간에서 모든 조건이 만족스럽고 속도가 단지 그 도로의 물리적 조건에 의해서만 좌우되는 최대안전 속도를 말한다. 그러므로 설계속도가 정해지면 수평 및 종단선형, 시거, 편경사, 길어깨 및 차로폭, 건축여유폭 등 제반설계요소는 모두 설계속도에 기준에 맞추어야 한다.

① 차량의 주행에 영향을 미치는 도로의 물리적 형상을 상호 관련시키기 위하여 정해진 속도
② 도로의 기능이 충분히 발휘될 수 있는 조건(기후, 통행교통량)에서 보통의 운전자가 쾌적성을 잃지 않고 안전하게 주행할 수 있는 속도
③ 설계속도 최고 값인 120kph는 차량의 성능, 인간의 한계를 고려하여 설정하였음

④ 지형상황으로 인해 설계속도를 20kph를 감한 구간이 1~2개 정도이면 허용할 수 있으나, 이러한 구간이 많이 생기면 도로의 구분을 한 단계 낮추어야 한다.

⑤ 비록 단구간일지라도 20kph이상의 속도를 변경하는 것은 허용되지 않는다.

[표 3-3] 도로기능별 설계속도

도로의 구분		설계속도(km/h)		
		지방지역		도시지역
		평지	산지	
고속도로		120	100	100
일반도로	주간선도로	80	60	80
	보조간선도로	70	50	60
	집산도로	60	40	50
	국지도로	50	40	40

4.6 설계기준 차량

횡단면구성, 곡선부의 확폭량, 종단경사 등의 도로구조를 결정하고 또 교차점의 설계를 하기 위해서는 차량의 치수나 성능이 정해져야 한다. 차량의 물리적인 특성과 크기가 다른 각종 차량의 구성비는 도로설계의 중요한 지배요소이다. 그러므로 모든 차량의 종류를 파악하고 분류하여 각 분류별로 대표적인 차량크기를 결정하여 설계에 이용할 필요가 있다. 설계차량이란 이와 같이 대표적으로 선정된 차량으로서 그것의 중량, 크기 및 운행특성은 그 부류의 적합한 도로를 설계하는데 이용되는 지배요소이다.

[표 3-4] 설계기준차량의 제원

(단위 : m)

차종 / 제원	길이	폭	높이	축거	앞내민 길이	뒷내민 길이	최소 회전 반경
소형자동차	4.7	1.7	2.0	2.7	0.8	1.2	6.0
중,대형자동차	13.0	2.5	4.0	6.5	2.5	4.0	12.0
세미트레일러 연결차	16.7	2.5	4.0	전축거:4.2 /후축거:9.0	1.3	2.2	12.0

〈앞내민길이: 차량의 전면부터 앞바퀴축의 중심까지의 거리, 후축거도 같은 원리〉
고속도로, 도시고속도로, 주간선도로는 세미트레일러의 기준으로 설계하고 이외의 도로는 소형 및 중대형차가 원활하게 소통하도록 설계한다.

4.7 설계구간

① 도로가 존재하는 지역 및 지형의 상황과 계획교통량에 따라 동일한 설계기준을 적용하는 구간, 즉 도로의 구분과 지형, 계획교통량을 기준으로 분할한 각 구간을 말하며, 만약 짧은 구간 내에서 설계속도를 자주 변화시키면 운전자의 혼란야기, 운전의 불안정, 쾌적성의 저해요인 등으로 작용한다.

② 하나의 설계구간은 자동차가 안전하고 쾌적한 주행을 할 수 있는 충분한 길이를 가져야 한다. 설계속도의 차가 20kph를 넘는 설계구간을 접속시키면 도로의 기하구조가 크게 변하므로, 교차부 또는 접속부의 경우를 제외하고는 상호 접속시켜서는 안된다.

③ 설계구간의 변경점은 지형, 지역, 주요교차점, 입체교차 등 교통량이 변화하는 지점, 교량, 터널 같은 구조물이 있는 곳 등 운전자가 무의식적으로 상황의 변화를 감지할 수 있는 지역으로 한다.

[표 3-5] 설계구간의 표준길이

도로의 구분	설계구간의 표준적인 길이	부득이한 경우에 설계속도만을 떨어뜨리는 최소구간 길이
자동차 전용도로, 지방지역 간선도로	30~20km	5km
지방지역 기타도로	15~10km	2km
도시지역 기타도로	주요한 교차지점	

4.8 출입제한

(1) 완전 출입제한

통과교통을 우선으로 취급하기 위하여 그 도로와의 연결은 한정된 출입로만으로 하고 평면교차나 인접도로와의 직접연결을 금지하는 상태를 의미하며, 도시고속 도로는 완전출입 제한을 원칙으로 하되 노선의 성격과 자동차교통 등의 상황에 따라 불완전 출입제한으로 할 수 있다.

(2) 불완전 출입제한

몇 개의 평면교차나 시도와의 직접연결을 허용하는 정도

(3) 완전 출입제한은 평면교차가 없음

(4) 이외에 출입제한을 실시하기 위해서는 다음의 조건을 만족시켜야 한다.

① 계획교통량이 많을 것
② 장거리 교통의 비율이 클 것
③ 노선의 계획연장이 길 것

4.9 도로의 횡단면 구성

도로 횡단면의 설계요소의 모양이나 크기는 그 도로의 용도에 따라 다르다. 높은 설계교통량을 가진 도로는 당연히 많은 차로를 필요로 하거나 넓은 길어깨나 중앙분리대 또는 출입제한을 필요로 할 것이다.
도로 횡단면의 설계요소는 크게 다음 세 가지로 나누어진다.

① 차도 : 차량이 통행하는 부분
② 노변지역 : 길어깨, 배수시설, 기타 도로변 시설
③ 교통분리시설 : 중앙분리대, 측도

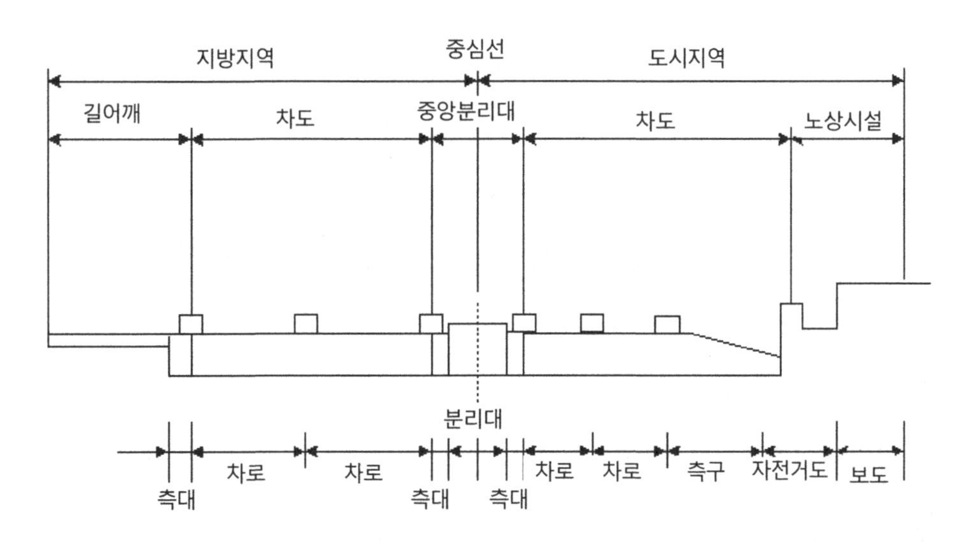

[그림 3-2] 도로횡단면의 구성

(1) 횡단면 구성시 고려사항

① 도로의 기능에 따라 구성하며, 설계속도가 높고 계획교통량이 많은 노선에 대해서는 높은 규격의 횡단구성요소를 갖출 것
② 계획 목표년도에 대한 교통수요와 요구되는 계획수준에 적응할 수 있는 교통처리 능력을 갖출 것
③ 교통의 안전성과 효율성을 고려하여 구성할 것
④ 출입제한방식, 교차접속부의 교통처리능력, 교통처리방식을 연관하여 검토할 것
⑤ 인접지역의 토지이용을 고려하여, 양호한 생활환경 보전에 노력할 것
⑥ 도로의 횡단구성 표준화를 도모할 것

4.10 차도 및 차로수

차도는 차량 통행에 사용되는 도로의 부분으로서(자전거도로 제외), 직진차로, 회전차로, 변속차로, 오르막차로, 양보차로 등을 포함한다.

(1) 차로수(보통 왕복차로를 통칭)의 결정

$$\text{차로수} = \frac{\text{설계시간교통량} \times D/PHF}{\text{서비스교통량}} \times 2$$

$$= \frac{\text{연평균일교통량} \times K \times D/PHF}{\text{서비스교통량}} \times 2$$

여기서

K : 연평균일교통량에 대한 30번째 시간교통량의 비율
D : 설계시간에 대한 왕복방향별 교통량의 비율

(2) 차로수 결정 요령

① 자동차의 교차통행을 고려하여 교통량이 적은 경우에도 2차로 이상으로 하는 것을 원칙으로 한다.
② 차로수의 결정은 원칙적으로 설계시간교통량에 의하여 결정한다.
③ 지방지역의 차로수는 짝수차로를 원칙으로 한다.(단 회전차로지역은 홀수 가능)

④ 도시지역의 차로수는 도로의 여건에 따라 홀수차로로 할 수 있다.

(3) 차로폭

차로의 폭은 차로의 중심선에서 인접한 차로의 중심선까지로 하며, 도로의 구분, 설계속도 및 지역에 따라 다음 표의 폭 이상으로 한다. 다만, 설계기준자동차 및 경제성을 고려하여 필요한 경우에는 차로 폭을 3m 이상으로 할 수 있다.
회전차로의 폭은 3m 이상을 원칙으로 하되, 필요하다고 인정되는 경우에는 2. 75m 이상으로 할 수 있다.

[표 3-6] 설계속도에 따른 차로 폭

도로의 구분			차로의 최소 폭(m)	
			지방지역	도시지역
고속도로			3.50	3.50
일반도로	설계속도 (km/h)	80 이상	3.50	3.25
		70 이상	3.25	3.25
		60 이상	3.25	3.00
		60 미만	3.00	3.00

4.11 중앙분리대

차도를 왕복방향으로 분리하고 안전하고 원활한 교통을 확보하기 위하여 설치한 도로시설물 중의 한 부분이다. 4차로(오르막차로, 회전차로, 변속차로 제외)이상의 도로에는 차로를 왕복 방향별로 분리하기 위한 중앙분리대를 설치하거나 노면표시를 하여야 한다.

① 왕복교통류를 분리, 도로 중심선측 통행저항 감소, 교통용량 증대, 중앙선 침범에 의한 차량의 정면 충돌사고를 방지한다.
② 금지된 유턴(U-turn)을 방지한다.
③ 도로표지 등 교통관리시설을 설치할 수 있는 장소를 제공한다.
④ 폭이 충분할 때 좌회전 차로로 사용할 수 있다.
⑤ 보행자 횡단시 안전섬 역할을 한다.
⑥ 야간주행시 전조등의 불빛을 방지한다.

(1) 중앙분리대의 구성과 폭

중앙분리대는 분리대와 측대로 구성되며, 중앙분리대의 측대 폭은 설계속도가 시속 80킬로미터 이상인 경우는 0.5미터 이상으로, 시속 80킬로미터 미만인 경우는 0.25미터 이상으로 한다. 차로를 왕복방향별로 분리하기 위하여 노면 표시를 하는 경우에는 각 노면표시간의 간격을 30cm 이상으로 하여야 한다.

[표 3-7] 도로별 중앙분리대폭 기준

도로의 구분	중앙 분리대의 최소폭 (m)	
	지방지역	도시지역
고속도로	3.0	2.0
일반도로	1.5	1.0

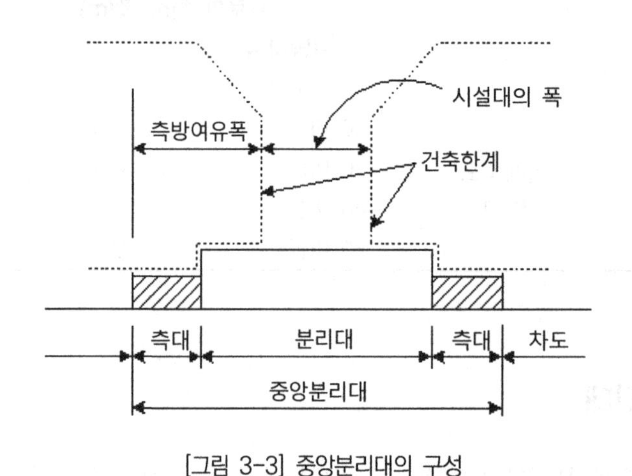

[그림 3-3] 중앙분리대의 구성

넓은 중앙분리대의 표면형상은 오목형으로 잔디를 입히며, 자동차가 넘어갈 수 있는 연석을 사용한다. 좁은 중앙분리대의 표면형상은 볼록형으로 포장을 하며, 자동차가 넘어갈 수 없는 연석을 사용한다.

한편 상기 그림에 표시된 건축한계(Clearance limit)는 도로상에서 차량이나 보행자의 안전확보를 위한 일정한 폭, 높이에서 시설물을 설치하는 최소공간의 한계로서, 이 한계 내에는 교각, 조명, 방호책, 신호기, 도로표지, 가로수, 전주 등 어떤 시설물도 들어 설 수 없다. 높이는 일반적으로 4.5m이나, 적설지대에서는 4.7m까지 확보한다.

(3) 중앙분리대의 종류

① 횡단형 : 페인트로 칠한 노면시설이나 표지병 또는 주행차로와 대비되는 색상 또는 질감을 가진 재료를 사용하거나 잔디를 이용한다.
② 억제형 : 횡단형에다 소규모의 등책형 연석을 설치하거나 주름철판을 이용하여 경우에 따라서는 횡단이 가능하도록 하는 것이다.
③ 방책형 : 가드레일이나 관목, 또는 벽을 설치하여 차량의 진입 또는 횡단을 금지시키기 위한 것이다.

4.12 길어깨

(1) 길어깨의 기능

① 도로의 주요 구조부를 보호한다.
② 고장차의 대피용, 일시주차용, 사고와 교통의 혼잡방지에 도움을 준다.
③ 측방여유폭으로서 교통의 안전성과 쾌적성을 준다.
④ 노상시설, 지하매설물, 유지작업에 필요한 장소로서 이용된다.
⑤ 절토부의 곡선부에서는 시거를 증대시킨다.
⑥ 유지가 잘된 길어깨는 도로의 미관을 높인다.
⑦ 보도가 없는 도로에서는 보행자나 자전거의 통행에 이용된다.

길어깨는 자동차의 하중에 견딜 수 있게 함은 물론 빗물의 침수방지, 경우에 따라서는 자전거, 보행자의 통행을 쉽게 하기 위하여 포장을 하는 것이 바람직하다. 성토부에서는 노면수를 길어깨 끝에서 집수하여 배수시설로 흘려 보내도록 연석을 설치하는 것이 좋다.
지형상 부득이한 경우에는 길어깨의 폭을 0.75m이 상으로, 오르막차로나 변속차로를 설치하는 부분이나 일방향 2차로 이상인 교량, 터널, 고가도로 및 지하차도의 길어깨의 폭은 0.5m 이상으로 할 수 있다.

[표 3-8] 도로별 길어깨의 최소폭

도로의 구분	차도 오른쪽 길어깨의 최소폭(m)			
	지방지역			도시지역
고속도로	3.00			2.00
일반도로	설계속도 (km/h)	80 이상	2.00	1.50
		60 이상 80 미만	1.50	1.00
		60 이상	1.00	0.75

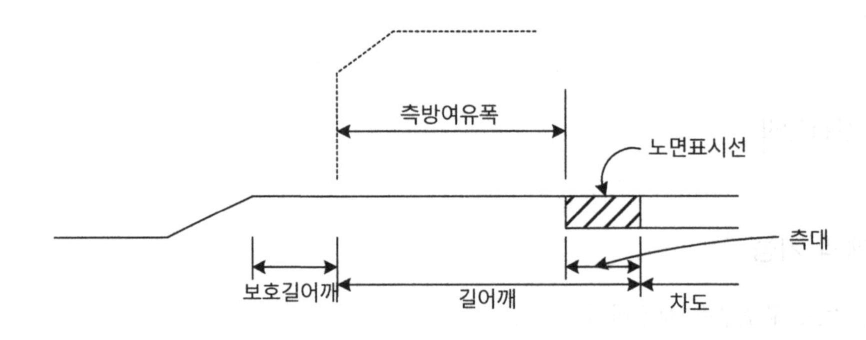

[그림 3-4] 길어깨의 구성

(2) 길어깨의 측대

① 차도와의 경계를 노면표시 등으로 일정폭만큼 명확하게 나타내고, 운전자의 시선을 유도하여 운전시 안정성을 증대시킨다.

② 주행상 필요한 측방여유폭의 일부를 확보함으로써 차도의 효용을 유지한다.

③ 차로를 이탈하는 자동차에 대해서 속도가 높은 경우에 안전성을 향상시킨다.

[표 3-9] 길어깨에 설치하는 측대의 여유폭

설계속도(kph)	측대의 최소폭(m)
80 이상	0.5
80미만	0.25

(3) 적설지대의 길어깨

적설지대란 최근 5년 이상의 최대 적설 깊이 50cm 이상인 지역, 적설제거를 위한 적설 여유폭이 필요하며, 예상 적설깊이에 따라 노측 여유폭을 1.5~4.5m 이상 확보한다.

4.13 정차대

정차대는 자동차의 주차 또는 정차에 이용하기 위하여 도로에 접속하여 설치하는 부분을 말한다. 차량통행의 방해를 방지하기 위하여 우측에 설치하는 것으로, 일반적으로 정차대의 폭은 대형차의 정차를 고려하여 2.5m를 표준으로 한다.

4.14 자전거도로

(1) 목적

교통량이 많은 도로에서 혼합교통을 없애고 자전거 및 보행자가 안전하게 통행할 수 있도록 하기 위함

(2) 폭

자전거도로의 폭은 1.1m 이상으로 한다. 다만, 연장 100m 미만의 터널 · 교량 등의 경우에는 0.9m 이상으로 할 수 있다.

(3) 분리기준

① 자전거 교통량이 500~700대/일이면 자전거도로 설치
② 자전거 교통량이 적을 경우 자전거 · 보행자겸용 도로가 효과적

(4) 분리방법

① 차도와 같은 높이로 차도사이에 분리시설을 설치하는 것
② 차도보다 높게 설치하는 것

4.15 보도

보차분리를 위해 자동차 전용도로 이외의 일반도로에서는 보도를 설치한다.

(1) 분리기준

보행자수 150인/일 이상, 자동차교통량 2,000대/일 이상, 통학로 및 주거 밀집지역은 위의 조건이하인 경우에도 보도 설치

(2) 보도의 폭

보도의 폭은 아래 표와 같고, 가로수(1.5m) 및 기타 노상시설(0.5m)를 추가되어야 한다.

[표 3-10] 도로 기능별 보도폭

구 분		보도의 최소폭(m)
지방지역의 도로		1.5
도시지역	주간선도로 및 보조간선도로	3.0
	집산도로	2.25
	국지도로	1.5

보도의 폭과 보행자수의 관계식은 다음과 같다.

$$P = 3{,}600 D_p \times v \times W$$

여기서,

P = 보행자수(인/시)
v = 보행자속도(m/sec)
D_p = 보행자밀도(인/m^2)
W = 보도폭(m)

일반적으로 속도는 1.0m/sec, 밀도를 0.7인/m^2으로 하면

$$P = 2{,}500\,W(\text{인/시})$$

(3) 보도의 구성

보도는 연석, 방호책 등으로 분리한다. 연석에 의해 20~25cm 높게 설치한다.

4.16 측도

고속도로나 주요 간선도로에 평행하게 붙어있는 국지도로를 측도라고 한다.
이 도로의 기능은 도로에로의 출입을 제한시키고 주요도로에서 인접지역으로의 접근성을 제공하며, 또 주요 도로의 양쪽에 교통순환을 시켜 원활한 도로체계를 유지하게 한다.
측도는 교통량이 많은 4차로 이상의 자동차전용도로나 간선도로에 설치하며, 측도의 폭은 3m 이상을 표준으로 한다.

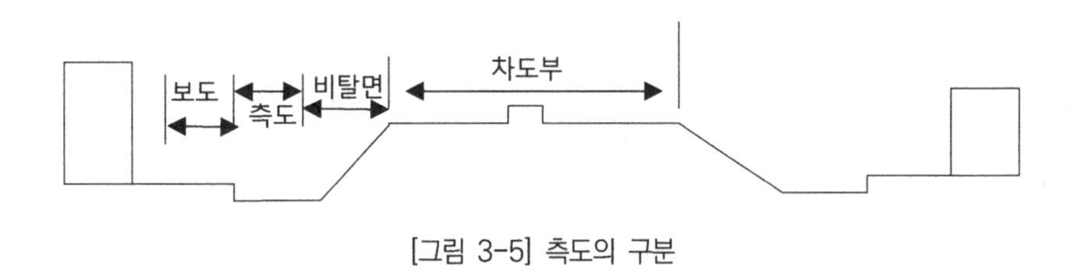

[그림 3-5] 측도의 구분

4.17 환경시설대

① 교통량이 많은 도로연변의 주거지역이나 정숙을 요하는 시설 또는 공공시설 등의 환경보전을 위해서 도로 바깥쪽에 식수대, 둑, 방음벽 등의 환경시설대를 설치한다.
② 일반평면도나 고가도로에서는 양측 차도 끝에서 폭 10m, 자동차전용도로에서는 양측 차도 끝에서 폭 20m의 환경시설대를 설치한다.

4.18 횡단경사

차도에서 배수를 위하여 노면의 중심을 정점으로 하고 양쪽으로 향하여 경사진 횡단경사를 붙인다.

[표 3-11] 포장별 횡단경사

노면의 종류	횡단경사(%)
시멘트 콘크리트 포장도로 및 아스팔트 콘크리트 포장도로	1.5-2.0
간이포장도로	2.0-4.0
비포장도로	3.0-6.0

5. 도로 평면선형

도로 중심선을 평면으로 그리는 형상을 말하며, 종단적으로 그리는 형상은 종단선형이라 한다. 평면선형의 구성은 직선, 원곡선, 완화곡선으로 이루어진다.

5.1 직선과 곡선의 적용

(1) 직선적용 구간

① 평탄지 및 산과 산사이의 넓은 골짜기
② 시가지 또는 그 근교지대로서 가로망이 직선으로 되어 있는 지역
③ 긴 대교 또는 고가구간
④ 터널구간

(2) 직선구간의 한계 길이

최대길이는 설계속도의 20배, 최소길이는 설계속도의 2배
곡선반경은 가능하면 크게 하되 최대곡선반경은 10,000m~15,000m로 한다.

[표 3-12] 설계속도에 따른 직선구간의 한계길이

설계속도(km/h)	120	100	80	60	50
직선의 최대길이	2,400	2,000	1,600	1,200	1,000
반대방향으로 굴곡하는 곡선사이의 삽입하는 직선의 최소길이	240	200	160	120	100
같은 방향으로 굴곡하는 곡선사이에 삽입하는 직선의 최소길이	720	600	480	360	300

5.2 평면선형의 종류

① 도로의 선형

•평면 선형, 종단선형, 입체선형으로 구성
•설계속도에 따라 결정
•최대한 지형에 맞추어서 설계함이 바람직

② 선형 설계시 고려사항
- 자동차 주행시 안전하고 쾌적성을 유지하도록 할 것
- 운전자의 시각이나 심리적인 면에서 양호할 것
- 도로 및 주위 경관과 조화를 이룰 것
- 자연적, 사회적 조건에 적합하고 경제적 타당성을 갖도록 할 것

(1) 단원곡선

① 1개의 원곡선을 중간으로 양쪽으로 직선으로 연결한 것
② 단일 반지름을 사용

(2) 복합곡선

① 같은 방향으로 굽고 곡률이 다른 2개 이상의 원곡선이 직접 접속하는 것
② 곡률의 차이가 클 경우 두 개의 원곡선 사이에 중간의 곡률을 가진 원곡선을 넣거나 완화곡선을 넣는다.
③ 두 곡선의 곡선 반경비는 1.5:1을 넘지 않도록 한다.

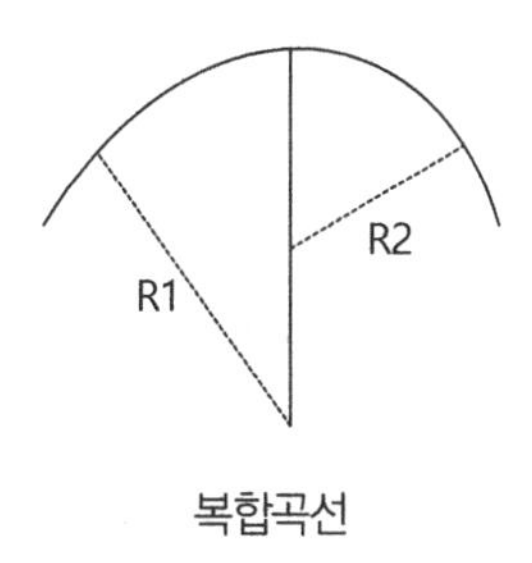

복합곡선

(3) 배향곡선

① 방향이 다른 2개의 원곡선이 직접 접속하고 있는 것을 배향곡선이라고 한다.
② 곡률이 아주 작고 편경사를 붙일 필요가 없는 경우이외에는 배향곡선을 피하고 두개의 원곡

선 사이에 5~6초 이상의 통과시간을 요하는 완화곡선을 넣어야 한다.

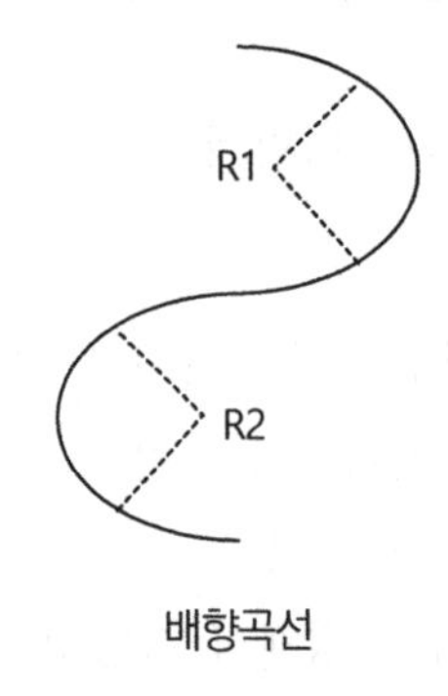

배향곡선

(4) 반향곡선

① 헤어핀(hair) 모양으로 된 곡선을 반향곡선이라 한다.
② 산악지역에서 종단경사를 완화할 목적으로 지그재그식으로 올라가는 도로

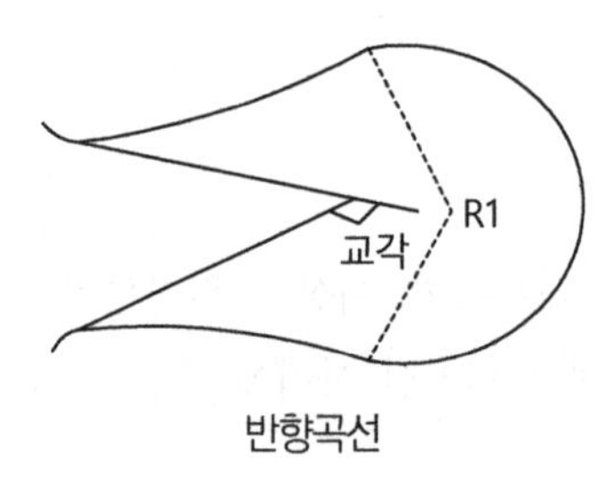

반향곡선

(5) 루프곡선

평면상에서 폐합된 모양의 곡선을 루프곡선이라고 하며, 이곡선은 입체부의 연결로에 잘 쓰인다.

루프곡선

(6) 클로소이드곡선

곡률이 서서히 변화하는 곡선을 완화곡선이라고 하며, 클로소이드곡선은 완화곡선의 일종으

로 직선과 원곡선 또는 곡률이 다른 두 원곡선 사이의 접속부에 쓰인다.

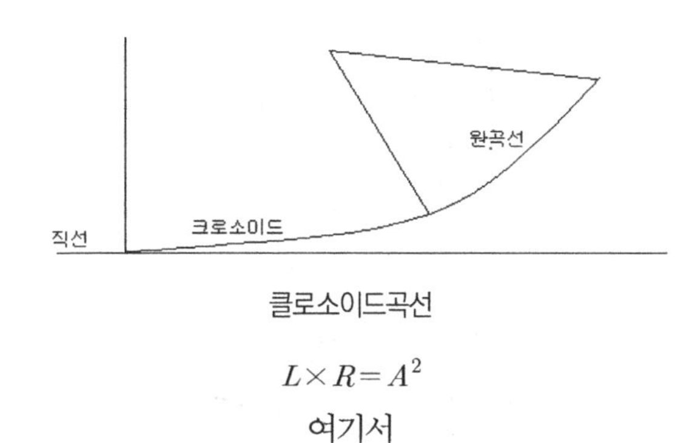

클로소이드곡선

$$L \times R = A^2$$

여기서

A : 클로소이드 파라메타(설계속도가 높은 도로는 큰 파라메타 사용)

L : 곡선의 길이

R : 곡선반경(m)

> 클로소이드 파라메타(A)를 60으로 하는 도로선형의 곡선장 20m 마다의 곡선반경(R)을 구하라 (단 곡선장 80m까지).

5.3 곡선반경

도로의 굴곡부에 쓰이는 곡선의 반경은 차량이 고속으로 안전하고 쾌적하게 주행할 수 있도록 설계해야 하며, 곡선부 주행시의 원심력에 의한 횡활동이나 전도를 방지하기 위해 차량의 주행속도, 곡선반경, 횡단경사 및 노면의 마찰계수를 고려하여 설계하여야 한다.

(1) 횡활동을 일으키지 않기 위한 조건

평면곡선부를 주행하는 자동차는 원운동을 하기 위하여 구심력이 필요하며, 그에 반하여 평면곡선반경과 속도에 따라 다음과 같은 크기의 원심력이 작용하게 된다.

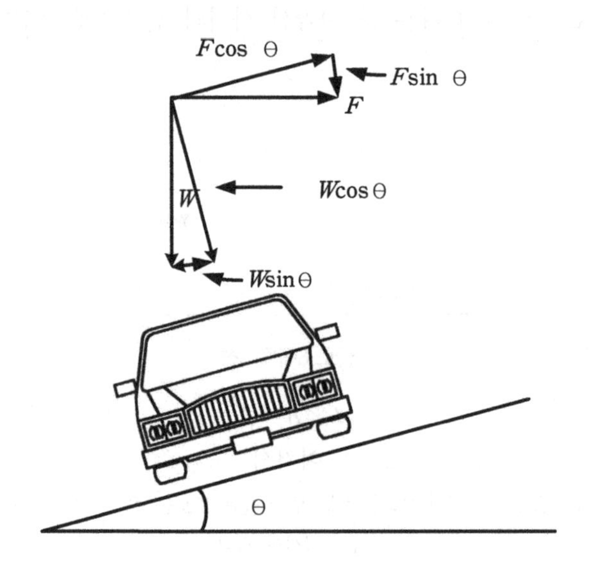

[그림 3-6] 횡활동을 유지하기 위한 조건

여기서,

F : 원심력(kg)
g : 중력가속도(≒ $9.8m/\sec^2$)
v : 자동차의 속도($m/\sec$)
W : 자동차의 총중량(kg)
θ : 노면의 경사각
i : 노면의 편경사($=\tan\theta$)
R : 곡선반경(m)
f : 노면과 타이어 사이의 횡방향마찰계수

원심력은

$$F=\frac{W}{g}\times\frac{v^2}{R}$$

여기서 원심력에 의해서 밖으로 미끄러지지 않기 위해서는 다음 조건을 만족시켜야 한다.

$$F\cos\theta - W\sin\theta \le f(F\sin\theta + W\cos\theta)$$

여기에 양변에 $\cos\theta$로 나누면

$$F - W\tan\theta \le f(F\tan\theta + W)$$

F 대신에 원심력 방정식을 대입하고, $\tan\theta$ 대신에 편경사 i를 대입하면

$$\frac{v^2}{gR}-i \le f(\frac{v^2}{gR}i+1)$$

위의 식을 평면 곡선반경 R의 식으로 정리하면

$$R \geq \frac{v^2}{g}\frac{1-fi}{i+f}$$

여기서 1-fi(fi는 매우 작다) 는 1과 가깝다. 따라서

$$R \geq \frac{v^2}{g(i+f)}$$

여기서 v의 mps 단위를 V의 kph단위로 바꾸기 위한 전환계수 3.6과 $g=9.8m/\sec^2$를 적용하면

$$R \geq \frac{V^2}{127(f+i)}$$

따라서 횡활동을 일으키지 않기 위한 최소 곡선반경은

$$R = \frac{V^2}{127(f+i)}$$

(2) 최소곡선반경의 산정시 f값 고려사항

콘크리트포장 : 0.4~0.6, 아스팔트포장 : 0.4~0.8, 빙설면 : 0.2
일반도로에서는 안정성을 유지하기 위해서 f=0.10~0.15를 채택하고, 편경사는 6%, 8%를 채용한다.

5.4 곡선의 설치

직선 사이 또는 완화곡선 사이에 설치되는 원곡선은 일반적으로 곡선반경으로 표시하는데 원곡선의 각 요소와 기호는 다음과 같다

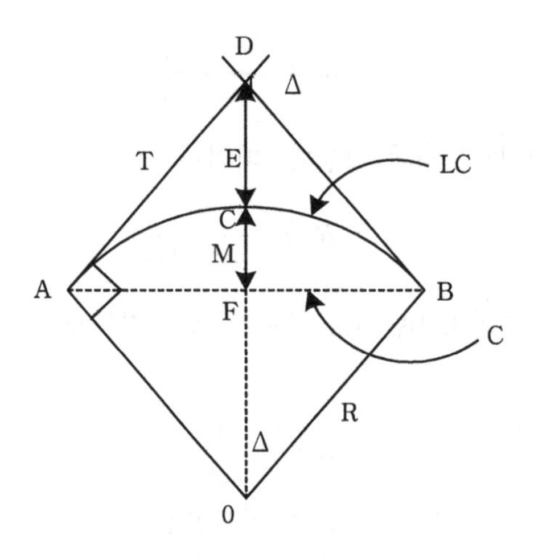

[그림 3-7] 원곡선의 구성

A : 곡선시점(Point of Curve)
B : 곡선종점(Point of Tangent)
T : 접선장
E : 외선장(External distance)
M : 중앙종거(Middle ordinate distance)
D : 교점
Δ : 중심각
LC : 곡선장
C : 장현
R : 반지름

(1) 접선장(T)

삼각형 AOD는 직각삼각형이므로 $\tan\frac{\Delta}{2}=\frac{T}{R}$ 따라서

$$T=R\tan\frac{\Delta}{2}$$

(2) 곡선장(LC)

$$1\text{Radian}=\frac{180}{\pi}=57.2958$$

$$D(\text{호의 길이 100m인 경우에 중심각})=\frac{5729.58}{R}$$

$$L=\frac{\Delta}{D}\times 100,\ \text{따라서}$$

$$L=\frac{R\Delta}{57.2958}$$

(3) 외선장(E)

삼각형 AOD에서 $\frac{OD}{R}=\sec\frac{\Delta}{2}$, 그런데 OD는 E+R, 따라서

$$E=R(\sec-1)$$

(4) 장현(C)

선분 AB = 선분 FA의 2배 = $2R\sin\frac{\Delta}{2}$

(5) 중앙종거(M)

선분 FC = R - 선분 OF = R - $R\cos\frac{\Delta}{2}$, 따라서

$$M=R(1-\cos\frac{\Delta}{2})$$

> 반지름이 1000m이고, 교각이 45°, 두 접선장이 만나는 지점의 station이 20+86.44라면 곡선장, 곡선 시작점, 끝점의 station을 구하라.

해설 LC= $\frac{R\Delta}{57.2958}$=1000×45/57.2958=785.40

T= $R\tan\frac{\Delta}{2}$=1000×tan22.5=414.21

곡선 시작점의 station=(20+86.44)-(4+14.21)=16+72.23

곡선 끝점의 station=(16+72.23)+(7+85.40)=24+57.63

> 특정 지형을 조사한 결과 교각이 25°, 절벽의 시작부터 교각지점까지 길이가 196m이며, 회복구간의 길이를 30m로 설계하고자 한다. 곡선의 반경을 구하라.

해설 외선장의 길이=196+30+1.75=227.75

E=$R(\sec\frac{\Delta}{2}-1)$

227.75=R(1/cos12.5-1)=9384m

(6) 최소곡선의 길이는 다음조건을 고려하여 정한다.

① 운전자가 핸들조작에 불편을 느끼지 않게 한다.

② 곡률의 변화로 인한 원심가속도의 변화율을 일정한 값 이하로 한다.

③ 교각이 작을 경우 곡선반경이 실제보다 작게 보이는 착각을 일으키지 않는 정도 길이로 한다.

④ 위에 대하여 운전자가 착각을 일으키는 한계를 5°로 보고, 착각을 일으키지 않기 위해서는 외선장의 길이를 길게 하면 된다.

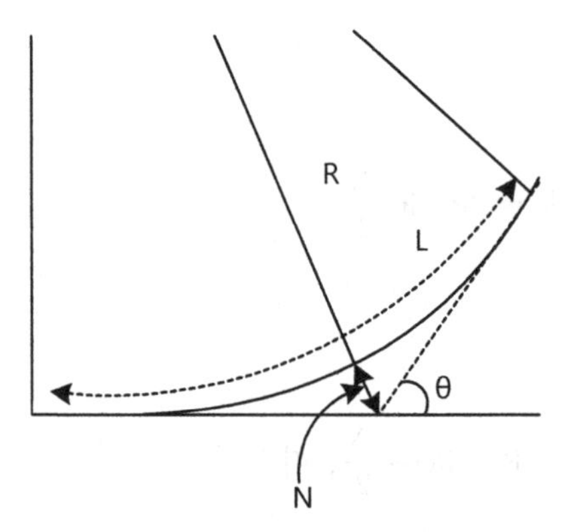

[그림 3-8] 도로교각 5° 미만일 경우의 외선길이

따라서 최소곡선의 길이는 교각의 한계값인 5°로 보고 다음과 같은 식이 성립된다.

$$L = 688\frac{N}{\theta}$$

> 교각이 25°, 회복구간이 30m 정도 필요한 절벽에 도로를 건설하고자 한다. 절벽부터 교각지점까지의 거리가 200m라면 도로의 곡선반경은 얼마여야 하나?
> 다음과 같은 조건의 경우에 곡선의 길이를 구하라.

해설

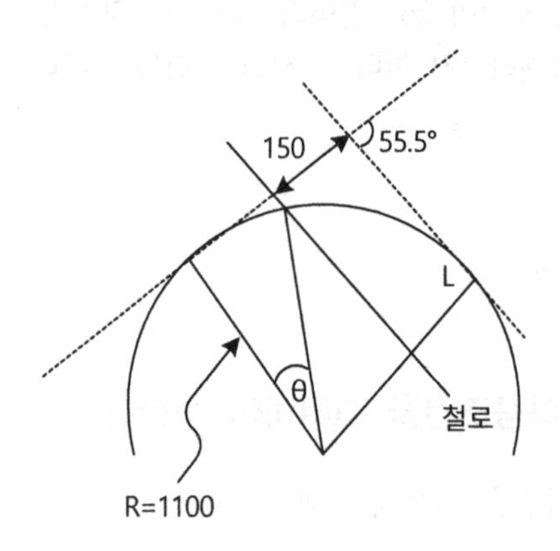

5.5 편경사

곡선부를 주행하는 차량의 원심력을 줄이기 위하여 곡선부의 횡단면에는 곡선의 안쪽으로 향하여 경사를 붙이는데, 이를 편경사라 한다.
편경사의 설치비율은 다음과 같다.

[표 3-13] 편경사 설치비율

구분		최대 편경사(%)
지방지역	적설한랭 지역	6
	기타지역	8
도시지역		6
연결로		8

(1) 편경사 설치방법

가장 단순한 편경사 설치인 양방향 2차로도로의 편경사 설치 과정은 다음과 같다. 이를 보면 직선부가 끝나고 곡선이 시작되는 지점에서부터 차량진입을 원활하게 하기 위하여 도로횡단면의 변화를 주고 있음을 알 수 있다.

① 도로의 정상 횡단경사의 바깥쪽 차로의 횡단경사를 어느 정도 길이 내에서 0으로 한다.
② 안쪽 차로는 도로의 정상 횡단경사를 유지하고 바깥쪽 차로는 계속 기울기를 높여, 바깥쪽 차로와 안쪽 차로의 횡단경사가 일직선이 되게 한다.
③ 바깥쪽 차로와 안쪽 차로의 횡단경사가 일직선이 된 후는 계속하여 일직선의 경사를 높여 최대 편경사가 되도록 한다.

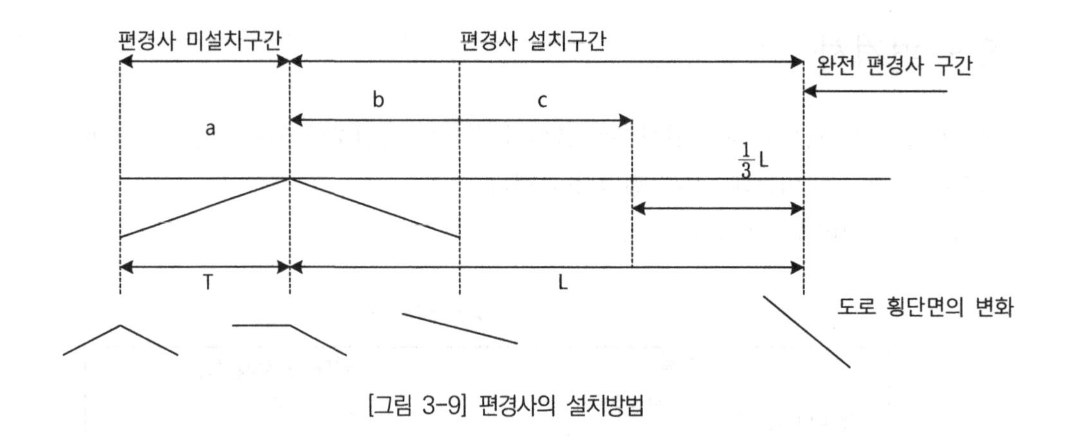

[그림 3-9] 편경사의 설치방법

(2) 편경사의 접속설치 비율(Transition standards)

편경사의 설치 길이는 도로 중심선길이와 편경사에 의한 표고차의 비율이 항상 일정 한도를 초과하지 않도록 충분히 긴 값을 가져야 하는데 이를 편경사의 접속설치 비율이라 한다. 편경사의 회전축으로부터 편경사가 설치되는 차로수가 2개 이하인 경우의 편경사의 접속설치길이는 설계속도에 따라 다음 표의 편경사 최대 접속설치율에 의하여 산정된 길이 이상이 되어야 한다.

[표 3-14] 편경사의 접속설치 비율

설계속도(km/h)	편경사의 접속설치 비율
120	1 : 200
100	1 : 175
80	1 : 150
60	1 : 125
50	1 : 100
30	1 : 75
20	1 : 50

설계속도 80kph의 도로의 곡선부에 편경사를 설치하고자 한다. 도로폭이 3.5m인 경우 PC에서의 편경사 값은 얼마인가(단, 설치비율은 1:150, 직선구간의 편경사는 2%, 곡선구간의 편경사: 8%)?

해설 a지점부터 수평구간인 b지점까지의 거리 : 0.02×3.5×150=10.5m
b지점부터 c지점까지의 거리 : 0.02×3.5×150=10.5m
c지점부터 d지점까지의 거리 : 0.06×3.5×2×150=63m
b지점부터 d지점까지의 거리 : 73.5m
b지점부터 pc지점까지의 거리 : 73.5×2/3=49m, pc-d구간거리 : 24.5m
c점부터 pc지점까지의 거리 : 38.5m
따라서 pc에서의 편경사는 2% + 6%(38.5/24.5+38.5)=5.67%

평탄지 도로에서 a점의 표고가 100.00m, 2차로 도로의 차로폭은 3.5m, 편경사 0.08, NC 0.015, 설계속도 80kph인 경우의 PC점의 표고는(편경사 비율 150:1)?

5.6 완화곡선

도로가 직선부에서 곡선부로 또는 큰 원곡선에서 작은 원곡선으로 변하는 부분에서는 차량이 속도를 낮추는 일이 없이 주행할 수 있게 하기 위하여 완화곡선 또는 완화구간을 설치

(1) 완화곡선 설치의 이점

① 곡선반경을 서서히 변화시켜, 곡선부를 주행하는 차량에 대한 원심력을 점차적으로 변화시켜 일정한 주행속도 및 주행궤적을 유지시킨다.
② 표준횡단경사 구간과 곡선부의 최대편경사 구간을 원활하게 접속시킨다.
③ 표준 횡단폭과 곡선부의 확폭된 폭을 원활하게 접속시킨다.
④ 원곡선의 시작점과 끝점에서 확폭된 절곡된 형상을 시각적으로 원활하게 보이도록 한다.

직선주행에서 일정반경의 원곡선의 주행으로 옮길 때까지의 주행을 완화주행이라 한다. 그때의 주행궤적은 다음과 같다.

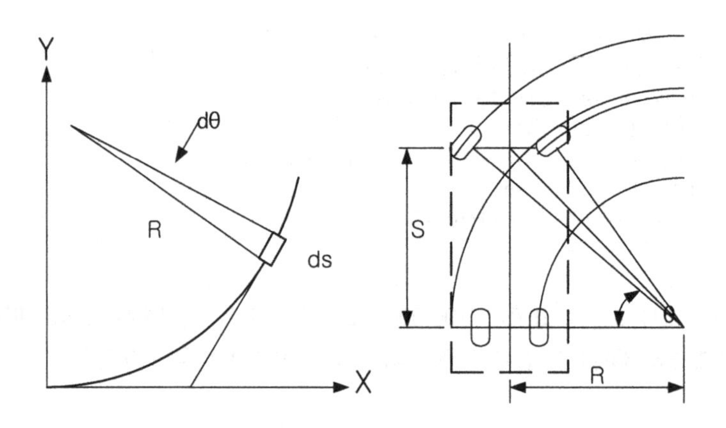

[그림 3-10] 자동차의 완화주행

위 그림에서 t시간동안의 주행거리를 S, 회전각을 θ라고 하면, 회전각속도 W는

$$W=\frac{\theta}{t}=\frac{\theta}{S}\frac{S}{t}=\frac{V}{R}\ (\because R\theta=S,\quad \frac{S}{t}=V)$$

여기서

V : 자동차의 주행속도(m/sec)
R : 곡선반경(m)

회전각 가속도를 구하기 위하여 아래 그림에서와 같이 조향각을 θ, 축거를 b라 하면,

$$R=b/\tan\theta$$

여기서 속도 v가 일정하면,

회전각 가속도는 회전각속도를 미분한 값이므로 다음과 같다.

$$\frac{dw}{dt}=\frac{d}{dt}\left(\frac{v}{R}\right)=\frac{d}{dt}\left(\frac{v\cdot\tan\theta}{b}\right)$$

직선주행에서 곡선주행으로 옮기려는 자동차에 대해서, 이 회전각가속도가 일정하게 되는 주행이 운전하기 쉬운 주행이라고 가정하면,

$$\frac{d}{dt}\frac{v\cdot\tan\theta}{b}=k(\text{일정})$$

여기서 적분을 통해 tanθ로 풀면

$$\tan\theta=\frac{kb}{v}t+C$$

만약 $t=0$라면, $\tan\theta=0, C=0$, 그리고 $R=b/\tan\theta$

$$\frac{1}{R}=\frac{k}{V}t$$

곡선의 시점으로부터의 길이를 L이라 하면, $t=L/V$

$$\frac{1}{R}=\frac{kL}{V^2}$$

$$RL=\frac{v^2}{k}=A^2(\text{일정})$$

여기서 A를 클로소이드의 파라매터라고 한다.
일정속도로 주행하고 있는 자동차의 핸들을 천천히 돌리면 자동차의 주행궤적은 크고 파라매터가 큰 클로소이드곡선이 되고, 핸들을 빠르게 회전시키면 파라매터가 작은 클로소이드곡선이 된다.
일정 각속도로 핸들을 회전시킬 경우는 주행속도가 빠를수록 파라매터는 커지고 늦을수록 작아진다.

A=60.00m의 클로소이드곡선상의 곡선길이 20.00m 마다의 지점에서의 반경을 구하라.
A=60.00m, L=20.00, 40.00, 60.00, 80.00m
R_1=180.00m
R_2=90.00m
R_3=60.00m
R_4=45.00m

(2) 완화곡선 및 완화구간의 길이

자동차전용도로의 전구간 및 일반도로 중 설계속도가 80kph 이상인 도로의 곡선부에는 완화곡선을 설치하여야 하며, 완화곡선의 길이는 다음과 같이 구한다.

$$L=Vt=\frac{v}{3.6}t$$

L : 완화곡선길이
t : 주행시간(2초)
v : 주행속도(km/h)
V : 주행속도(m/sec)

일반도로 중 설계속도가 80kph 미만인 도로의 곡선부에는 완화구간을 설치하여 편경사와 확폭을 접속 설치하여야 한다.

(3) 완화곡선의 생략

완화곡선을 직선부와 원곡선 사이에 삽입할 때, 직선과 원곡선을 직접 삽입할 때에 비하여 아래 그림과 같이 이정량이 생긴다. 이정량이 차로폭에 포함된 여유 폭에 비하여 작은 경우에는 직선과 원곡선을 직접 연결시켜도 직선부에서 완화 곡선으로 주행할 수 있다.

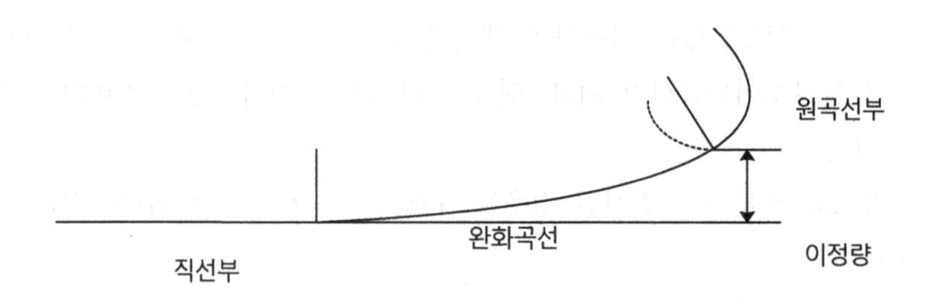

[그림 3-11] 완화곡선의 이정량

완화곡선의 설치 여부는 한계 이정량 20cm로 결정, 이상이면 완화곡선을 설치하고, 이하이면 설치하지 않는다. 이정량의 계산은 다음 식으로 개략 계산할 수 있다.

$$S = \frac{1}{24}\frac{L^2}{R}$$

여기서

S : 이정량(m)
L : 완화구간의길이(m)
R : 곡선반경(m)

따라서

$$0.2(m) = S = \frac{1}{24}\frac{L^2}{R}$$

여기서 완화곡선의 길이 L=$\frac{v}{3.6}t$ 에서, t=2초를 대입하고 L을 소거하면

$$4.8R=(\frac{v}{1.8})^2,\quad R=0.064\ v^2$$

여기에 설계속도를 대입해서 곡선반경을 구하고 이상의 반경에서는 완화곡선을 생략하며, 일반적으로 설계 시에는 위 곡선반경의 3배 이상의 경우에 완화곡선을 생략한다.

5.7 곡선부의 확폭

자동차가 곡선부를 주행할 때에 앞바퀴와 뒷바퀴는 다른 궤적을 그리며 뒷바퀴 는 앞바퀴보다 안쪽으로 기울어진다. 그러므로 곡선부에서는 직선부에 비해서 차로의 폭을 넓혀야 한다. 이와 같이 곡선부에서 넓혀야 할 폭의 크기를 확폭이라 한다. 그리고 확폭은 원칙적으로 차로 안쪽으로 행하고 다른 차로의 차량이 침입하지 못하도록 한다. 일반적으로 확폭은 뒷바퀴의 중심과 앞바퀴의 중심의 변화량만큼 확폭한다.

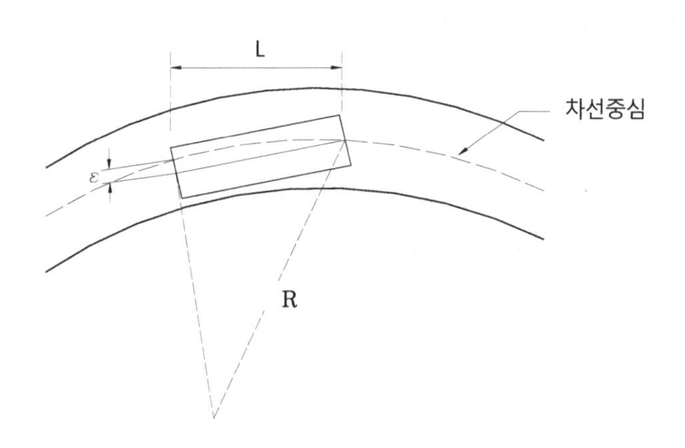

[그림 3-12] 곡선부의 확폭

여기서,

R : 차로중심선의 반경
ε : 확폭량
L : 차량의 전면에서 뒷차 축까지의 거리

이고 다음과 같은 관계식이 성립된다.

$(R-\epsilon)^2+L^2=R^2$에서,$L^2=2R\epsilon-\epsilon^2$, 여기서 ϵ^2은 $2R\epsilon$에 비해서 작은 량이므로, 확폭량은 다음과 같다.

$$\epsilon=\frac{L^2}{2R}$$

세미 트레일러의 확폭량은

$$\epsilon=\frac{L^2_{+L^2_{22R}1}}{}$$

> 주간선도로와 보조간선도로의 확폭은 세미트레일러로 계산을 한다. R=100m, 4차로도로의 확폭은?

6. 시거(Sight Distance)

운전자가 주행시 전방을 내다볼 수 있는 차로 중심선의 거리를 시거라 한다. 도로 위를 주행하는 차량의 노면위에 있는 장애물을 발견하고 제동 정지하거나, 저속차를 추월할 때 충돌의 위험이 없도록, 도로의 선형은 운전자의 위치에서 전방을 충분히 내다볼 수 있어야 한다.
시거의 종류는 정지시거와 추월시거로 구분된다.

① 정지시거 : 물체를 본 시간으로부터 브레이크를 밟아 브레이크가 작동하기까지 달린 거리와 브레이크가 작동되고부터 정지할 때까지의 미끄러진 거리로 이루어진다.
차로의 중심선 1.0m의 높이에서 같은 차로의 중심선상에 있는 높이 15cm의 물체의 정점을 내다볼 수 있는 거리로 차로의 중심선을 따라 측정한다.

② 추월시거 : 추월차량이 중앙선을 넘어 앞차를 추월하여 다시 본 차로로 돌아올 동안 맞은편에서 오는 차량과 충돌을 피할 수 있는 거리이다.
차도의 중심선상 1.0m의 높이에서 차도의 중심선상에 있는 높이 1.2m의 대상물을 내다볼 수 있는 거리를 측정한 길이를 앞지르기 시거라 한다.

6.1 정지시거

(1) 정지시거의 계산

정지시거는 반응시간 동안의 주행거리와 제동정지거리의 합으로 이루어진다. 즉 운전자가 장애물을 인지하고 브레이크를 작동시킬 때까지의 주행거리와 브레이크가 작동 후 자동차가 진행한 거리를 합한다. 반응시간은 2.5초를 사용한다.

$$\frac{V}{3.6}t+\frac{V^2}{254f}=0.694V+\frac{V^2}{254f}$$

여기서

f : 0.28 − 0.44를 사용

[표 3-15] 정지시거 길이

설계속도 (km/h)	정지시거 (m)
120	280
110	250
100	200
90	170
80	140
70	110
60	85
50	65
40	45
30	30
20	20

종방향 미끄럼 마찰계수 f는 정지시거 계산시 노면습윤 상태에서의 값을 사용하고 있고 속도가 증가함에 따라 그 값이 감소한다.
한편 마찰력과 타이어조건, 마찰력 노면조건과의 관계는 다음과 같다.

(2) 타이어 조건과 마찰력

① 타이어 나선줄의 형식과 깊이
② 내압 및 접지압

③ 타이어에 걸리는 축하중
④ 타이어 크기
⑤ 타이어의 마모상태

(3) 노면조건과 마찰력

① 노면포장의 종류
② 결합재의 성질, 종류, 양, 및 그 상태
③ 사용골재의 성질과 종류
④ 노면의 거칠기(요철)
⑤ 노면의 상태(건습, 결빙, 적설, 청결상태)
⑥ 노면상의 노화와 마모상태
⑦ 계절에 의한 변화
⑧ 노면온도

6.2 앞지르기 시거

(1) 앞지르기 시거 계산시 가정

① 앞지르기 당하는 차량은 등속 주행한다.
② 앞지르기하는 차량은 앞지르기할 때까지는 앞지르기 당하는 차량과 등속으로 주행한다.
③ 앞지르기가 가능하다는 것을 인지한다.
④ 앞지르기할 때에는 최대가속도 및 설계속도로 주행한다.
⑤ 대향차량은 설계속도로 주행하는 것으로 하고, 앞지르기가 완료된 경우 대향차량과 앞지르기 하는 차량 사이에는 적절한 여유거리가 있으며 서로 엇갈려 지나간다.

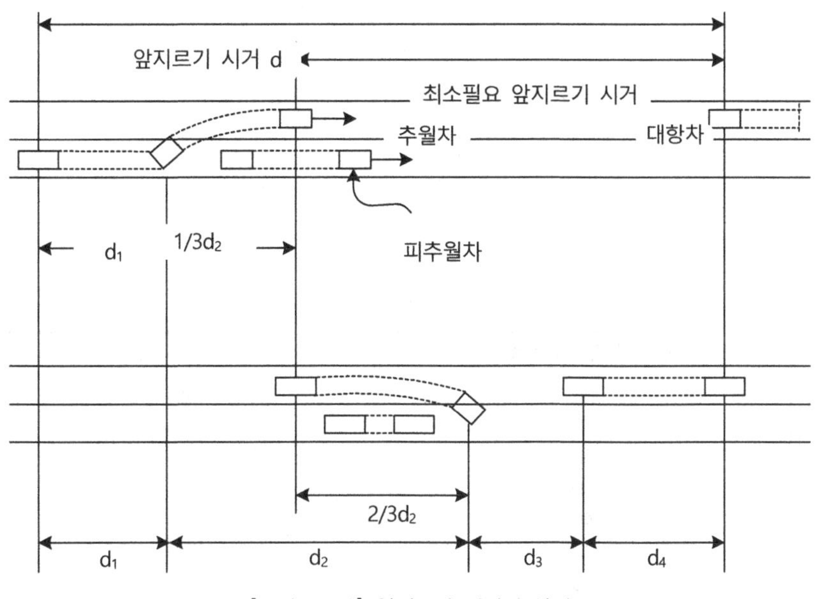

[그림 3-13] 앞지르기 시거의 산정

(1) 앞지르기 시거 계산

앞지르기 시거는 다음의 4가지 거리를 합한 총거리를 확보하여야 한다.

d_1 : 추월이 가능하다고 판단하여 추월차가 가속하면서 대향차로로 옮기기 직전까지 주행한 거리

$$d_1 = \frac{V_0}{3.6} t_1 + \frac{1}{2} a t_1^2$$

d_2 : 대향차로에 옮기기 직전부터 대향차로를 주행하여 원차로로 돌아갈 때까지 주행한 거리

$$d_2 = \frac{V}{3.6} t_2$$

d_3 : 추월이 끝나고 원차로로 돌아왔을 때의 대향차와의 차간거리

$$d_3 = 30 \sim 100\text{m}$$

d_4 : 추월차가 추월을 완료하는 동안에 대향차가 주행한 거리

$$d_4 = \frac{2}{3} d_2$$

따라서 전체 앞지르기 시거 d는

$$d = d_1 + d_2 + d_3 + d_4$$

여기서

V_0 : 앞지르기 당하는 자동차의 속도(kph)
t_1 : 가속시간(초)
V : 추월차의 반대편 차로에서의 속도(kph)
t_2 : 앞지르기를 시작하여 완료하기까지의 시간(초)

[표 3-16] 앞지르기 시거 길이

설계속도 (km/h)	앞지르기 시거 (m)
80	540
70	480
60	400
50	350
40	280
30	200
20	150

6.3 평면 곡선부의 시거

평면곡선부에서 충분한 시거를 확보하기 위해서는 평면곡선반경을 크게 취하든가, 필요한 범위를 도로부지로서 확보하는 등의 배려가 필요하다.

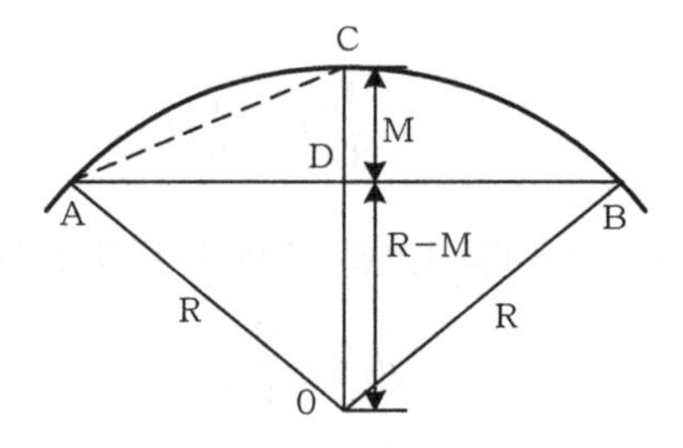

[그림 9-14] 평면 곡선에서의 시거

$$\triangle ACD\text{에서 } AD^2 = AC^2 - M^2$$

$$\triangle ADO\text{에서 } AD^2 = R^2 - (R-M)^2$$

$$\therefore\ M = \frac{AC^2}{2R}$$

호 AB를 정지시거 d라 하고, 선분 AC의 길이는 호 AC의 길이와 근사하다 가정하면

$$AC \approx d/2$$

$$\therefore \quad M = \frac{d^2}{8R}$$

7. 종단선형

7.1 종단곡선

(1) 종단경사

종단경사의 완급은 도로건설비뿐만 아니라 완공 후에도 도로이용 효율 등 경제적인 측면에서 중요하게 고려되어야 한다. 특히 우리나라와 같이 산지가 많은 지형에서는 경제적인 면과 속도저하의 측면을 동시에 고려하여 합리적으로 종단경사의 설계가 이루어지도록 하여야 한다. 설계시 종단경사는 가능한 한 표준경사를 사용하여야 하며, 부득이한 경우의 종단경사는 설계도로의 경제적인 측면과 주변여건이 불가피한 경우에만 적용하여야 한다.

[표 3-17] 종단경사

설계속도 (km/h)	최대종단경사 (%)							
	고속도로		간선도로		집산도로 및 연결로		국지도로	
	평지	산지	평지	산지	평지	산지	평지	산지
120	3	4						
110	3	5						
90	3	5	3	6				
80	4	6	4	6	6	9		
70	4	6	4	7	7	10		
60			5	7	7	10		
50			5	8	7	10	7	13
40			5	8	7	11	7	14
30			6	9	7	12	7	15
20							8	16

(2) 오르막차로

설계된 경사구간의 길이가 제한 길이를 초과할 경우에는 트럭이 허용된 최저속도로 주행할 수 있도록 종단경사를 조정하거나, 고속으로 주행하는 다른 차량과 분리할 수 있도록 오르막차로를 설치하여야 한다.

① 종단경사가 있는 구간에서 자동차의 오르막 능력 등을 검토하여 필요하다고 인정되는 경우에는 오르막차로를 설치
② 저속차량을 교통류로부터 분리시킴으로써 교통을 원활하게 유도하고 필요한 교통용량을 확보하기 위함
③ 오르막구간의 진입속도는 설계속도가 80kph 이상인 경우는 모두 80kph로 하며, 설계속도 80kph 미만인 경우는 설계속도와 같은 속도로 한다.
④ 오르막구간의 정점에서의 속도는 오르막구간의 진입속도에서 20kph를 감한 값 이상의 속도를 유지하도록 한다.
⑤ 설계속도가 시속 40킬로미터 이하인 경우에는 오르막차로를 설치하지 않을 수 있다.
⑥ 오르막차로의 폭은 본선의 차로폭과 같게 설치한다.

7.2 종단곡선 길이의 길이

(1) 종단곡선의 개요

종단곡선은 일반적으로 포물선으로 설치하며, 충분한 범위 내에서 주행의 안전성과 쾌적성을 확보하고 도로의 배수를 원활히 할 수 있도록 설치하여야 한다.
종단곡선 변화비율은 두 종단경사의 차가 1% 변화하는데 확보하여야 하는 수평거리로서 다음과 같다.

$$K = L/I$$

K : 종단곡선 변화비율
L : 종단곡선 길이
I : 종단경사 차의 절대값

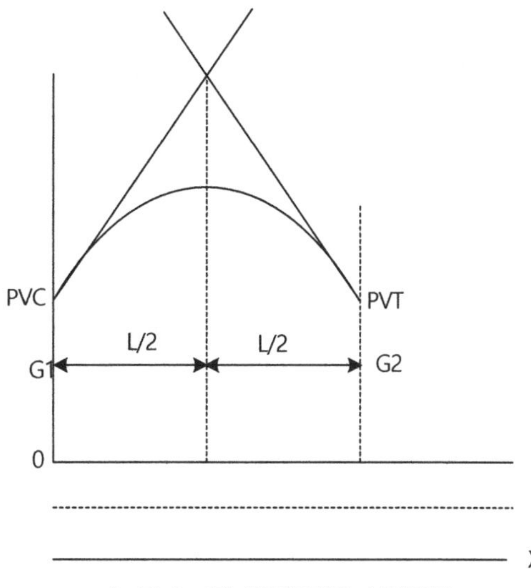

[그림 3-15] 종단곡선의 설치길이

종단곡선의 일반식을 $y=ax^2+bx+c$라고 할 때
$y=ax^2+bx+c$에서 접선의 기울기를 구하기 위해서 미분을 하면,

$$\frac{dy}{dx}=2ax+b$$

① $x=0$, $y=ax^2+bx+c$에서 $y=c$ (PVC의 고도)

② $x=0$, $\frac{dy}{dx}=2ax+b$에서 PVC지점의 경사, 경사 $b=G_1$

③ $x=L$, $G_{2=2aL+G_1}$, $a=\frac{G_2-G_1}{2L}$

따라서, $y=\frac{G_2-G_1}{2L}x^2+G_1x+PVC$의 고도

최고점/최저점의 위치

$\frac{dy}{dx}=2ax+b=0$인 점, 즉 기울기가 0인 지점, $x=-b/2a$

> 오목형의 종단곡선의 G_1=-4%, G_2=2%, PVI=400.00(고도), 설계속도=80kph인 경우의 선형 L의 길이와 PVC의 표고를 구하라(L=KI).

G_1=-4%, G_2=2%인 오목형 종단곡선의 최저점이 409.50 지점이고, PVC의 station이 401+27.22 이며, PVI의 고도가 400이라면, 최저점의 station을 구하라.

볼록형의 종단곡선 G_1=4%, G_2=-2%이고, L=400m, PVC 표고가 280m라면 최고점 및 PVT지점의 표고를 구하라.

다음 조건의 볼록형 종단곡선의 L을 구하고, 선형방정식을 완성하라.

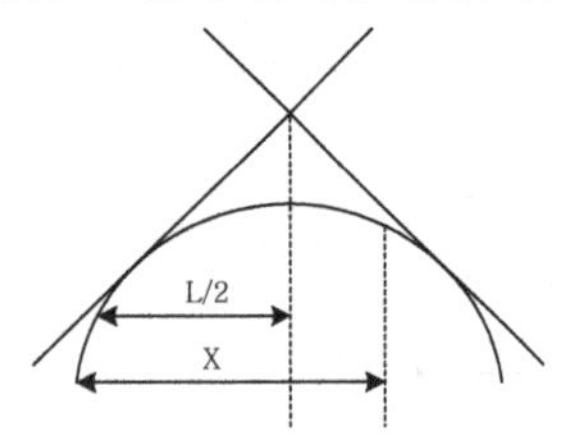

PV1의 station = 101+64, 고도=400, G_1=4%, G_2=-2%

x지점의 고도=365, x지점의 Station = 104+21

(2) 볼록형 종단곡선

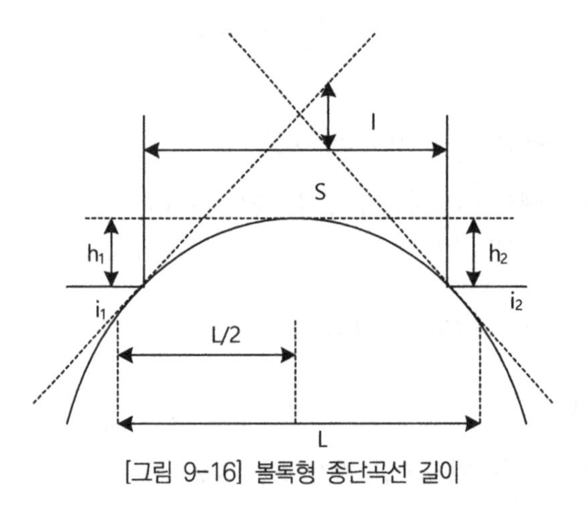

[그림 9-16] 볼록형 종단곡선 길이

① 정지시거(S)보다 종단곡선 길이(L)를 길게 설치할 경우(S<L)

$$L = \frac{Is^2}{100(\sqrt{2h_1} + \sqrt{2h_2})^2}$$

여기서 일반적으로 h_1은 1.0m, h_2는 0.15m로 설정

$$L = \frac{IS^2}{100(\sqrt{2 \times 1.0} + \sqrt{2 \times 0.15})^2} = \frac{IS^2}{385}$$

② 정지시거(S)보다 종단곡선 길이(L)를 짧게 설치할 경우(S〉L)

$$L = 2S - \frac{200(\sqrt{h_1} + \sqrt{h_2})^2}{I} = 2S - \frac{385}{I}$$

(2) 오목형 종단곡선

① 정지시거(S)보다 종단곡선길이(L)를 길게 설치할 경우(S〈L)

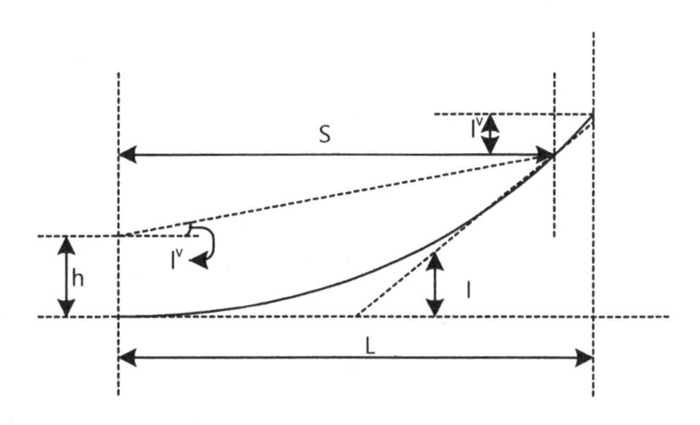

[그림 9-17] 오목형 종단곡선 길이

$$L = \frac{IS^2}{120 + 3.5S}$$

② 정지시거(S)보다 종단곡선 길이(L)를 짧게 설치할 경우(S〉L)

$$L = 2S - \frac{120 + 3.5S}{I}$$

7.3 선형설계의 기본방침

① 선형은 자동차의 주행면에서 안전 · 쾌적하고, 운전경비면에서 경제적일 것

② 선형은 운전자의 시각 및 심리면에서 양호할 것

③ 선형은 도로환경 및 주위의 경관과 조화가 이루어질 것

④ 선형은 지형, 지물, 토지이용계획 등의 자연적 조건 및 사회적 조건에 적합하고, 공사비와 편익비의 균형 등 경제적인 타당성이 있을 것

(1) 평면선형 설계의 일반방침

① 선형은 지형에 적합하여야 한다.

② 선형은 연속적이어야 한다.

③ 도로간의 교각이 작은 경우에는 곡률이 실제보다 크게 보이는 착각을 방지하기 위하여 충분한 곡선 길이를 확보하여야 한다.

④ 높은 성토가 연속되는 구간에는 곡선반경을 될 수 있는 대로 크게 한다.

⑤ 직선과 원곡선 사이에 클로소이드 곡선을 삽입할 때, 클로소이드의 정수 A와 원곡선 반경 R과의 사이에는 다음과 같은 관계가 되어야 한다.

$$R > A > R/2$$

직선에서 원곡선으로의 선형의 변화가 점차적으로 원활하게 된다.

⑥ 직선—클로소이드—원곡선-클로소이드—직선의 선형구성인 경우에 두 클로소이드의 정수 A를 반드시 같게 할 필요는 없고, 지형조건 등에 따라 비대칭의 곡선형으로 해도 좋다. 대칭형인 경우에는 완화곡선길이—원곡선—완화곡선길이의 비는 1:2:1 정도로 잡는 것이 좋다.

⑦ 두 클로소이드가 그 시점에서 배향해서 접속된 선형인 경우에 두 클로소이드의 정수 A는 같은 편이 좋다.

⑧ 직선을 낀 두 곡선부가 배향하고 있을 때는 직선의 길이 L은 다음조건을 만족해야 한다. A_1, A_2는 클로소이드의 상수이다.

$$L < \frac{A_1 + A_2}{40}$$

⑨ 두 원곡선을 연결하는 선형은 될 수 있는 대로 피하고, 중간에 클로소이드를 삽입하는 것이 좋다. 이때 다음 조건을 만족해야 한다.

$A > R_2/2$, 여기서 R_2 : 작은 원의 곡선반경

⑩ 양방향으로 굴곡하는 두 곡선 사이에 짧은 직선을 삽입하는 선형을 피한다.

(2) 종단선형의 일반방침

① 선형은 지형에 적합하고 원활한 것이어야 한다.
② 앞쪽과 뒤끝만 보이고, 중간이 푹 패여 잘 보이지 않는 선형은 피한다.
③ 급한 상향경사 앞에 하향경사를 설치해서 오르막구간에서 트럭의 주행속도를 높이려 할 때, 하향경사를 너무 급하게 하거나 길게 해서는 안 된다.
④ 같은 방향으로 굴곡하는 두 종단곡선 사이에 짧은 직선경사구간을 두는 것은 피한다.
⑤ 길이가 긴 오르막 구간에는 오르막경사가 끝나는 정상 부근에서 경사를 비교적 완만하게 한다.
⑥ 경사 변화가 작을 때의 종단곡선은 될 수 있는 대로 크게 한다.
⑦ 오르막경사가 크고 오르막길이가 긴 경우에는 트럭의 속도저하, 교통량 등을 감안하여 오르막차로의 설치를 고려한다. 이때 경사를 낮추어서 오르막차로를 설치하지 않는 경우와 경제성을 비교한다.
⑧ 종단경사는 완만할수록 좋지만, 노면배수를 위하여 최소 0.3~0.5%로 하는 것이 좋다.
⑨ 종단선형의 양부는 평면선형과의 관련으로 결정되는 수가 많으므로, 평면선형과 조합하여 입체선형이 양호하도록 한다.

8. 평면교차

도로의 교차부는 2개 이상의 도로가 교차 또는 접속되는 지점이다. 따라서 서로 다른 교통류가 횡단하거나 또는 회전하여 통행노선을 바꾸는 장소이다.
교차부는 정상적인 교통의 진행뿐만 아니라 횡단 · 회전, 분류 · 합류 등이 발생하여 도로의 기본구간보다 복잡한 운전행태가 일어난다. 따라서 사고, 정체가 일어나기 쉬우므로 설계 및 운영에 각별히 신경을 기하여야 하는 곳이다.

8.1 평면교차로 개요

2개이상의 도로가 평면상에서 합쳐지는 도로로, 상충이 발생하는데, 유형은 교차상충, 합류상충, 분류상충으로 구분한다.

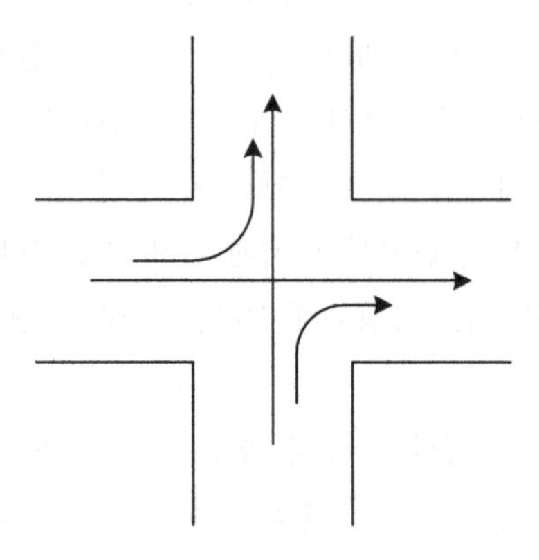

[그림 3-18] 평면교차로의 상충유형

한편 평면교차로의 형태는 가지의 수, 교차각, 교차위치에 따라 분류한다(T, Y, 직각, 사각, 기타).

(1) 평면교차로 설계의 기본 원리

① 상충의 횟수를 최소화한다.
② 상충이 발생하는 교통류간의 속도차를 적게 하고 교차각도 30° 이하로 한다.
③ 기하구조와 교통관제 운영방법이 조화를 이루어야 한다(속도차이 배제).
④ 교통표지나 신호등 등의 적극적인 상충처리 방법을 적용한다.
⑤ 회전차로는 가급적 독립적으로 설치한다.
⑥ 한 주행경로에서 여러 번의 분류나 합류가 발생하지 않도록 한다.
⑦ 상충의 위치가 근접해 있으면 위험과 차량혼잡이 커지므로, 상충지점은 서로 분리하고 상충이 발생하는 지점을 최소화한다.
⑧ 가장 많은 교통량과 높은 속도를 갖는 교통류를 우선 처리한다.
⑨ 속도 등 교통특성이 서로 다른 교통류는 분리한다.

(2) 평면교차로의 형상과 간격

① 동일평면에서 4지 이하의 가지를 가지는 것이 바람직하고, 필요에 따라서 회전차로, 변속차로 또는 교통섬을 설치하고, 가각부를 곡선으로 설치하여 적당한 정지시거와 교통안전이 확보되도록 하여야 한다. 회전 및 변속차로의 폭은 3m로 하고, 필요에 따라서는 0.25m를 감할 수 있다.

② 종단경사는 교차로 부근에서 3%를 초과하지 말아야 한다.

③ 평면교차로의 간격을 결정하기 위해서는 도로의 기능상 구분, 설계속도, 차로수 및 회전차로의 접속형태 등을 고려하여야 하며, 인접교차로와 간격이 좁은 경우에는 일방통행, 출입금지 등의 규제와 그것에 적합한 교차로 개선사업을 실시하여야 한다.

(3) 평면교차로의 시거

① 신호교차로의 시거 : 교차로전방에서 신호를 인지할 수 있는 최소거리

$$S = \frac{1}{3.6}Vt + \frac{1}{2\alpha}\left(\frac{V}{3.6}\right)^2$$

S : 최소시거(m)
V : 설계속도(kph)
t : 반응시간(sec)
α : 감속도(m/sec^2)

[표 3-18] 신호 교차로의 최소시거

설계속도(V) (㎞/h)	최소시거(m)		비고
	지방지역 ($t=10s, a=2.0m/m/s^2$)	도시지역 ($t=6s, a=3.0m/m/s^2$)	
20	65	45	15
30	100	70	20
40	145	100	45
50	190	135	65
60	240	170	85
80	350	260	140

② 신호 없는 교차로의 시거 : 부도로 전방에 설치한 일시정지 표지를 확인 후 바로 브레이크를 밟으므로 반응시간을 2.5초로 한다.

[표 3-19] 신호없는 교차로의 최소시거

설계속도 (㎞/h)	20	30	40	50	60
최소시거(m)	25	40	60	85	115

(4) 도류로의 곡선반경 및 변속차로

곡선반경은 보행자의 영향, 교통섬의 기능, 교통관제시설, 도로의 폭등을 고려하여 구한다. 일반적으로 교차각이 90°에 가까울 경우 평면곡선반경은 15~30m 정도로 한다.
회전차로나 변속차로를 설치하는 경우에는 당해도로의 설계속도에 따라 적절한 변이구간을 설치하여야 한다. 회전 및 변속차로의 교차각은 작을수록 좋다.

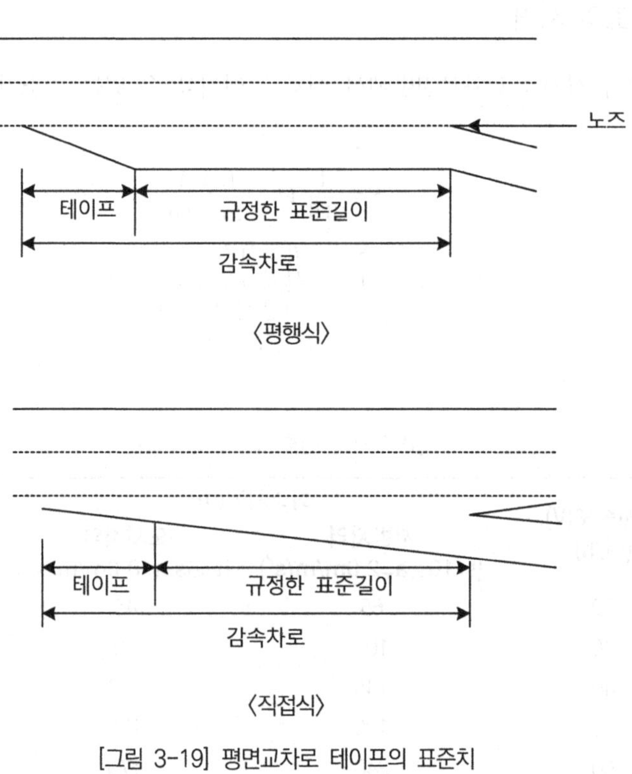

[그림 3-19] 평면교차로 테이프의 표준치

[표 3-20] 가감속차로의 길이

설계속도(km/h)			80km/h	70km/h	60km/h	50km/h	40km/h	30km/h	비고
가속차로	길이	지방지역(a=1.5㎨)	160	130	90	60	40	20	
		도시지역(a=2.5㎨)	100	80	60	40	30	-	
감속차로	길이	지방지역(a=2.0㎨)	120	90	70	50	20	20	
		도시지역(a=3.0㎨)	80	60	40	30	10	10	

8.2 평면교차로의 교통처리

(1) 교통신호에 의한 교통처리

단독제어(독립교차로 제어)방식, 계통제어(간선도로 제어, Network 제어)방식, 광역제어

(2) 전용차로

(가) 좌회전 차로의 차로폭

좌회전 차로의 차로폭은 3m 이상(2.75m까지 가능)이어야 하며 차로폭을 결정할 때 고려할 사항은 다음과 같다.

① 좌회전교통량

② 직진교통량

③ 접근속도

④ 차량혼입률

⑤ 신호주기

이 중 ①, ③, ④는 위의 좌회전차로 설계를 하는데 있어 모든 사항에 고려되어야 한다.

(나) 좌회전 차로의 설계

① 좌회전 차로의 기능

- 좌회전 교통류의 감속을 원활히 수행

- 좌회전 차량이 대기할 수 있는 공간을 확보함으로써 교통신호운영의 적정화를 꾀한다.
- 좌회전 교통류를 직진교통류와 분리시킴으로써 평면교차로 운영에 중요한 역할을 하는 좌회전 교통류의 영향을 최소화시킬 수 있다.

② 설계 사항

- 접근로의 테이퍼 : 접근로의 테이퍼는 접근방향 교통류를 우측으로 밀리게 하며 이로 인해 좌회전 차로를 설치할 수 있는 공간을 조성하며 직진차량들이 원만한 진행을 할 수 있도록 충분한 거리 안에서 설치되는 것이 중요

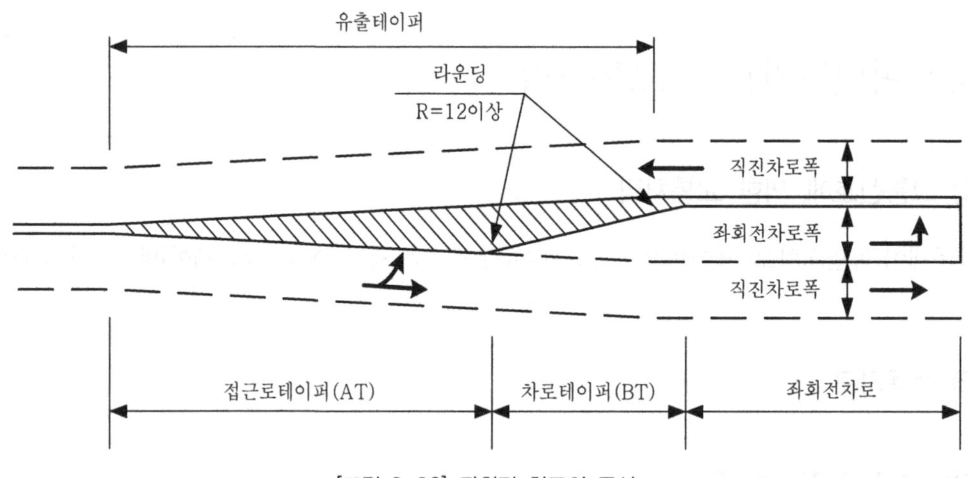

[그림 3-20] 좌회전 차로의 구성

[표 3-21] 접근로 테이퍼 최소 설치기준

설계속도(㎞/h)		80	70	60	50	40	30
테이퍼	기준값	1/55	1/55	1/40	1/35	1/30	1/20
	최소값	1/25	1/20	1/20	1/15	1/10	1/8

- 차로의 테이퍼 : 이는 좌회전 교통류를 직진차로에서 좌회전 차로로 유도하는 기능을 하며 이에 대한 설계시 좌회전 차량이 좌회전 차로로 진입할 때 무리한 감속을 유발하지 않도록 해야 하며 너무 완만히 설계하면 운전자에게 혼란을 가져올 수 있다는 것에 유의폭에 대한 길이의 변화비로 나타내며 설계속도 60kph 이상에서는 1:15, 50kph 이하에서는 1:8을 사용
- 좌회전 차로의 길이 : 좌회전 차로의 길이 산정은 가장 중요한 사항으로 그 길이의 산정

기초는 감속을 하는 길이와 차량의 대기공간이 확보되도록 함

- 감속을 위한 길이 : 감속을 위한 길이는 차로테이프 구간부터 감속을 시행하게 되므로 감속을 위한 길이는 차로테이프 길이를 포함하여 다음 표의 값으로 한다.

[표 3-22] 좌회전 차로의 감속길이(ℓ)

설계속도		80	70	60	50	40	30	비고
감속거리(m)	기준치	125	95	70	50	30	20	a = 2.0m/sec^2
	최소치	80	65	45	35	20	15	a = 3.0m/sec^2

- 대기차량을 위한 길이

대기차량을 위한 길이는 감속을 위한 길이보다 더 중요한 문제로서 만일 이 값이 적으면 대기차량으로 인한 직진차량의 방해로 교통사고의 위험증대와 함께 해당교차로는 물론 노선 전체 교통정체의 요인이 된다.

좌회전 차로의 대기차량을 위한 길이는 비신호 교차로의 경우 첨두시간 평균 2분간 도착하는 좌회전 교통량을 기준으로 하며, 그 값이 1대 미만의 경우에도 최소 2대의 차량이 대기할 공간은 확보되어야 한다. 신호교차로에의 경우에는 첨두시 신호 1주기당 도착하는 자회전 차량 수가 필요하나 교통량의 변화, 정체시의 대기차량 등을 고려하면 그 1.5배에 해당하는 길이가 되도록 하며, 이렇게 산출된 거리도 최소한 신호 1주기당 도착하는 좌회전 차량 수에 두 배를 한 값보다 길어야 한다. 또한 차량길이는 대부분 정확한 중차량 혼입률 산정이 곤란하므로 그 값을 7.0m하여 계산하되, 화물차 진출이 많은 지역에서는 그 비율을 산정하여 승용차는 6.0m 화물차는 12.0m로 하여 길이를 산정하여야 한다. 즉 좌회전 차로의 최소 설치길이는 다음 식에 의한 것으로 한다.

$$L = 1.5 \cdot N \cdot S + \ell - T \geq 2.0 \cdot N \cdot S$$

여기서,

L = 좌회전 대기차로의 길이
N = 자회전 차량의 수(신호 1주기당 또는 비신호시 1분간 도착하는 좌회전 차량)
S = 차량길이($S = 7.0m$)
l = 감속길이
T = 차로 테이퍼길이

(3) 로터리 교차(Roundabout)

① 로터리를 설치하기 위한 적절한 장소

- 부도로에 정지나 양보신호 등으로 인하여 과도한 지체가 발생할 경우
- 우회전 교통량이 차지하는 비중이 많을 경우
- 4지 이상의 교차로로써 모든 교통류를 수용해야 하는 경우
- 집산도로나 국지도로에 교통사고가 많이 발생할 경우
- 간선도로가 끝나는 지점에 국지도로와 만나는 지점
- 지방부 교차로에서 우회전이나 교차로 교통사고가 많이 일어나는 지점
- 시 외곽지역의 간선도로로써 우회전 교통량이 많고 속도가 높은 교차로
- Y나 T형 교차로에서 우회전 교통량이 많을 경우
- 교통류의 변화가 심하거나, 예측이 불가능한 교차로
- 국지도로가 만나는 교차로에서 우선권을 부여하기 곤란한 경우

② 로터리를 설치하기에 부적절한 경우 장소

- 공간 부족, 지형적인 어려움, 건설비 과다 등으로 설계가 곤란한 경우
- 주도로 부도로가 만나는 곳에서 주도로에 지체도가 큰 경우
- 보행자가 많으며, 교통량이 많아 보행하기 어려운 곳
- 신호 연동이 필요한 경우
- 첨두시 가변차로를 운용하는 경우
- 대형차량 및 트레일러가 많이 운행하는 교차로

③ 우리나라에서 로타리가 많이 사용되지 않는 이유

- 공간 부족(최소 반경 12.5~15m 반경의 부지 필요)
- 보행자가 많다.
- 교통량이 많아 끼어들기가 어렵다.
- 교통문화 부재
- 4지 이상의 교차로가 많지 않으며, 4지 이상의 교차로인 경우 특정 방향의 교통량이 많지 않아 특정 교통류 규제 가능
- 공간이 충분한 시 외곽지는 교통량이 적고 설치비 과다로 경제성이 없다.

(4) 도류식 교차

교통섬을 설치하여 교통류를 일정한 경로로 유도하게 하는 교차로 형태

① 유도섬 : 교통류의 방향을 규제

② 분류섬 : 대향 또는 같은 방향의 교통류를 분리

③ 안전섬 : 보행자 횡단시 대피에 쓰이는 교통섬

(가) 교통섬의 설계

① 설계의 목적

- 차량의 주경로를 분명히 설정
- 교통흐름을 분리
- 교통흐름의 억제
- 보행자 보호
- 교통통제시설 설치공간 확보
- 정지선의 전진효과

② 교통섬의 종류

- 보행자 대피섬
- 교통분리섬
- 도류화섬(회전교통류와 같은 특정경로 유도)

③ 교통섬 설계시 고려사항

- 교통섬의 형태 결정
- 교통성의 크기와 모양 결정
- 교통섬의 위치 결정
- 교통섬의 제원을 결정

④ 설계시 유의사항(설계제원)

- 차로이나 회전차로는 운전자들에게 자연스러운 주행을 유도하여야 함.
- 교통섬의 설치 횟수는 최소한으로 유지되어야 한다.
- 교통섬은 적정크기를 확보해야 한다.
- 교통섬은 시거가 확보되지 않는 지점이나 급한 평면곡선 내에는 설치할 수 없다.
- 교통운영 면으로 볼 때 회전차로가 설치되면 회전교통류에는 독립적인 교통표지나 신호 등 현시가 제공되어야 한다.

(5) 평면교차로의 구성형태

① 차로 : 차로수 및 폭은 원칙적으로 접근로와 동일해야 하며, 유입차로수와 유출 차로수는 균형을 이루어야 한다. 특히 유출 차로수가 유입차로수보다 적어서는 안 된다.

② 도류로 : 도류로의 형상을 결정하는 요소는 이용 가능한 용지폭, 교차로의 형태, 설계차량, 설계속도 등이며, 도시지역은 용지와 교통량에 의해서, 지방지역은 속도에 의해 주로 형상이 결정된다.

③ 부가차로 : 좌회전 차로의 길이는 비신호 교차로에서는 2분 동안 도달하는 좌회전 교통량을, 신호교차로에서는 1주기 동안에 도달하는 좌회전 차량수를 기준으로 한다.

④ 감속차로와 가속차로 : 충분한 가감을 위한 공간 확보

⑤ 교통섬 및 분리대

⑥ 우회전차로의 효과

- 직진교통량의 혼란이 감소된다.
- 도로 교통용량이 증대한다.
- 보행자 안전섬의 여유를 제공한다.
- 정지선을 전진시킬 수 있다.

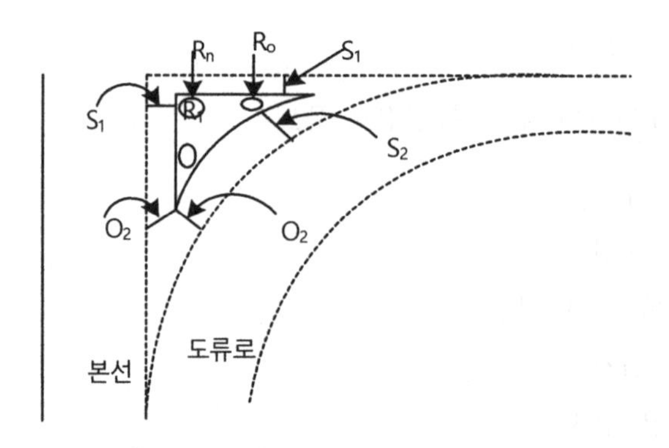

[그림 3-21] 교통섬 선단의 곡선반경

[표 3-23] 교통섬 선단의 곡선반경

R_i	R_0	R_n
0.50 - 1.00	0.50	0.50 ~ 1.50

[표 3-24] Nose Offset, Set Back의 최소값

구분 \ 설계속도(㎞/h)	80kph	60kph	50~40kph
S_1	2.00	1.50	1.00
S_2	1.00	0.75	0.50
O_1	1.50	1.00	0.50
O_2	1.00	0.75	0.50

⑦ 보도 및 횡단보도 : 횡단보도의 폭은 보행자 교통량에 따라 증가시켜야 하며, 최소 4m 이상으로 한다. 위치는 교차로 상황, 자동차 및 보행자 교통량 등을 고려하여 가능한 한 차도횡단거리가 짧고 교차면적도 좁아야 한다.

9. 입체교차

교차로에서 교통의 안전성과 효율성은 교차로를 입체화할 때 최대의 능력이 발휘될 수 있다고 알려져 있다. 그러나 입체교차가 원칙인 고속도로급 도로를 제외하고는 입체교차를 위한 용지와 공사비가 부담스러운 것도 현실이다.
현재 우리나라는 4차로 이상의 도로가 서로 교차할 경우는 입체교차를 원칙으로 하며, 완전출입제한도로(자동차전용도로)와 불완전출입제한도로가 교차하는 경우도 입체교차를 원칙으로 한다.

9.1 입체교차 개요

입체화할 교통류는 원칙적으로 교통량이 많은 방향으로 하며, 모든 방향으로 교통량이 많은 경우는 평면교차점을 지표부에 두고, 통과차도의 한쪽을 지하차도, 다른 쪽을 고가차도 형식으로 3층 입체교차가 가능하다.

① 본선 : 본선의 종단곡선은 하나로 하는 것이 좋으며, 차로수는 편도 2차로 이상을 원칙으로 한다. 측방여유폭은 0.75m 정도가 적당하다. 그리고 보도, 자전거도는 지표부에 설치하므로

입체부 본선에 설치하지 않는 것이 보통이다.

② 측도 : 측도의 폭은 교차부에서 좌우회전 교통량에 따라 정하지만 적어도 1차로 외에 정차대를 포함한 폭 이상으로 한다.

③ 입체교차 유출입부 : 본선이 측도와 접속하는 부분의 근처를 말하며, 여기서 교통류의 분·합류가 이루어지고 교통류의 혼란이 발생하기 쉬우므로, 안전하고 원활한 교통이 확보되도록 해야 한다. 측도와 본선의 분·합류구간은 분·합류교통의 안전과 원활함을 위하여 적당한 길이를 확보해야 한다.

9.2 인터체인지

인터체인지는 입체교차 구조와 교차도로 상호간의 연결로를 갖는 도로의 한 부분을 의미한다. 인터체인지는 교통류를 원활히 소통시키는 장점이 있으나, 설치비용의 과다와 넓은 용지가 필요하다. 설치위치는 교통상의 조건, 사회적 조건, 자연조건을 고려하여 신중히 검토해야 한다.

(1) 인터체인지의 배치계획시 기준

① 일반국도 등 주요도로와의 교차점 또는 접근지점

② 인구 30,000명 이상의 도시부근 또는 인터체인지 세력권 인구가 50,000~100,000명 정도가 되도록 배치

③ 중요한 항만, 비행장, 유통시설 또는 국제관광상 중요한 지역 등을 통하는 도로와의 교차 또는 근접지점

④ 인터체인지의 출입교통량이 30,000대/일 이하가 되도록 배치

⑤ 인터체인지 간격은 교통운영상 최소 2km, 도로 유지관리상 최대 30km가 되도록 배치

⑥ 고속도로 본선과 인터체인지에 대한 총 편익비용비가 최대로 되도록 배치

[표 3-25] 인터체인지 표준 설치수

도시인구(1,000인)	1노선당 인터체인지 표준 설치수
100미만	1
100~300미만	1~2
300~500미만	2~3
500이상	3

[표 3-26] 인터체인지 설치의 지역별 표준간격

지역	표준간격
대도시 도시고속도로	2~5
대도시 주변 주요 공업지역	5~10
소도시가 존재하고 있는 평야	15~25
지방촌락, 산간지	20~30

(2) 인터체인지의 위치선정

① 교통조건 : 위치 및 연결로의 접속지점이 그 지역의 도로망에 적합한가를 조사
② 사회적조건 : 보상비 산정, 매장문화재 등 용지관계조사
③ 자연조건 : 지형, 지질, 배수, 수리, 기상에 관한 것, 지형도나 실지답사 또는 토질조사 실시

(3) 인터체인지의 구성

① 연결로(Ramp) : 직결로, 준직결로, 루프로 구분
- 직결로 : 목적방향에 따라서 설치한 연결로
- 준직결로 : 목적방향과 반대로 분기는 하지만 합류지역에서는 목적방향으로 연결
- 루프 : 목적방향과 반대로 분기하여 270°를 전향하여 우회하는 연결로

② 가속차로 : 가속차로의 길이는 연결로와 통과차로의 설계속도에 따라 상이
③ 감속차로 : 감속차로의 길이는 연결로와 통과차로의 설계속도에 따라 상이하나 일반적으로 가속차로의 길이보다 짧다.

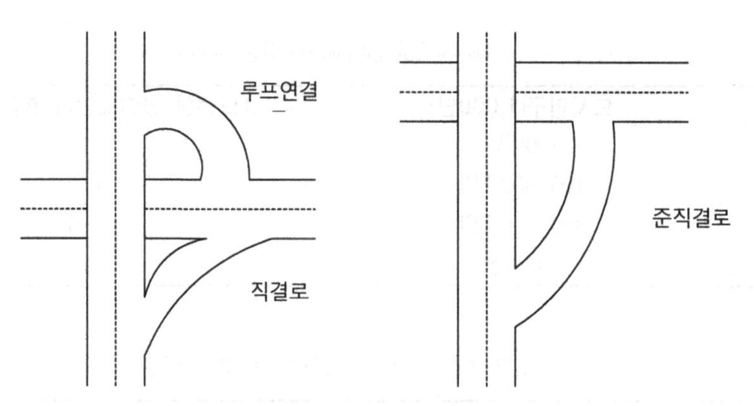

[그림 3-22] 인터체인지 연결로 형식

(4) 인터체인지의 형식

① 다이아몬드형 인터체인지

다이아몬드형 인터체인지는 두 도로의 교차점이 분리된 인터체인지 중에서 가장 간단한 형태이다. 통과교통과 교차교통간의 상충은 교차점을 교량구조물로 설치하여 입체화시키므로 제거되며, 교차하는 두 도로 중에서 주도로에서의 좌회전은 램프를 통해 부도로로 끌어들여 좌회전시킴으로써 상충의 위험성을 줄인다.

- 장점 : 토지의 효율성, 건설비용 과소, 이상적인 도시네트워크
- 단점 : 용량과소, 진출입 오류발생 우려, 보행자 횡단 문제

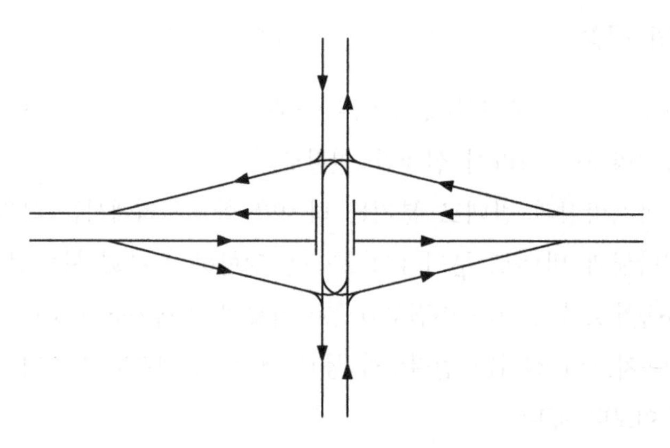

[그림 3-23] 다이아몬드형 인터체인지

② 클로버형 인터체인지

엇갈림 구간을 사용하여 모든 방향의 교차상충을 제거한다.

엇갈림 구간은 교차점 직전의 출구와 직후의 입구 사이에 생기며 이 구간이 클로버형 인터체인지 설계에서 가장 중요한 부분이 된다.

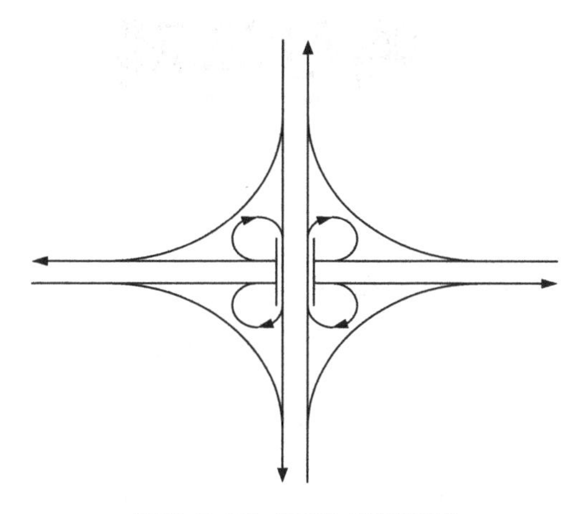

[그림 3-24] 클로버 인터체인지

- 장점 : 용량증대, 심미적
- 단점 : 토지이용과다, 엇갈림문제

③ 직결형 인터체인지(Directional interchange)

좌회전교통을 처리하기 위한 하나 혹은 둘 이상의 직접 혹은 반직접연결 램프를 가지고 있다. 두 개의 고속도로가 교차하는 인터체인지나 또는 대단히 많은 하나 혹은 둘 이상의 회전교통을 가진 인터체인지에는 직결램프를 설치하는 것이 좋다.

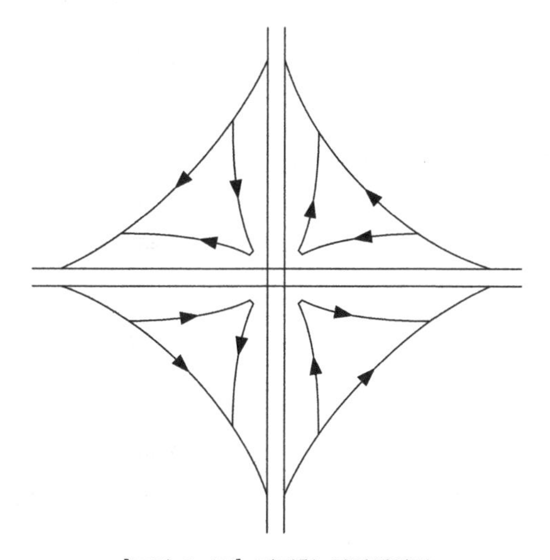

[그림 3-25] 직결형 인터체인지

예상문제

1 도로의 구분에서 도로의 종류가 아닌 것은?

① 고속국도 ② 군도
③ 지방도 ④ 광역시도

답 ④

2 일반도로 중 지방지역에 소재하는 일반도로의 종류 및 등급을 잘못 설명한 것은?

① 주간선도로 : 국도
② 보조간선도로 : 국도 또는 지방도
③ 집산도로 : 지방도 또는 시도
④ 국지도로 : 군도

해설 ※ 일반도로(지방지역)의 종류 및 등급

일반도로	도로의 종류 및 등급
주간선도로	국도
보조간선도로	국도 또는 지방도
집산도로	지방도 또는 군도
국지도로	군도

답 ③

3 도로구조령에 명시하는 설계 차량의 종류가 아닌 것은?

① 소형자동차
② 대형자동차
③ 보통자동차
④ 세미트레일러 연결차

답 ③

4 도시부 도로에서 주간선도로와 주간선도로의 간격으로 옳은 것은?

① 250m 내외 ② 500m 내외
③ 800m 내외 ④ 1,000m 내외

답 ④

5 도시부 도로에서 주간선도로와 보조간선도로의 간격으로 옳은 것은?

① 250m 내외 ② 500m 내외
③ 800m 내외 ④ 1,000m 내외

해설

구분	동일 시스템간의 간격	
	도시부	지방부
주간선과 주간선	1,000m	3,000m
주간선과 보조간선	500m	1,500m
보조간선과 국지가로	250m	500m

답 ②

6 도시부 도로에서 보조 간선도로와 국지가로의 간격으로 옳은 것은?

① 250m 내외 ② 500m 내외
③ 800m 내외 ④ 1,000m 내외

답 ①

7 지방부 도로에서 주간선도로와 주간선도로의 간격으로 옳은 것은?

① 2,000m 내외 ② 3,000m 내외
③ 800m 내외 ④ 1,000m 내외

답 ②

8 지방부 도로에서 주간선도로와 보조간선도로의 간격으로 옳은 것은?

① 2,000m 내외 ② 1,500m 내외
③ 800m 내외 ④ 1,000m 내외

답 ②

9 도로의 3대 기능이 아닌 것은?

① 접근기능 ② 이동기능
③ 환경기능 ④ 공간기능

답 ③

10 도로계획시 기본적으로 고려해야 할 사항으로 틀린 것은?

① 도로의 기능분류 결정
② 도로의 건설비용결정
③ 도로의 기본구조결정
④ 도로의 유형결정

답 ②

11 주행의 안전성과 접근기능을 중요시하는 도로는?

① 주간선도로 ② 보조간선도로
③ 자동차전용도로 ④ 집산도로

답 ④

12 학교 주변지역의 도로계획 시 고려사항으로 틀린 것은?

① 보행자 안전을 위하여 보도의 폭을 좁게 설치한다.
② 보행자 전용도로의 설치를 고려한다.
③ 보행자 안전을 위하여 보도의 폭을 넓게 설치한다.
④ 보행자 안전을 고려한 도로계획을 세워야 한다.

답 ①

13 다음 중 보행자 도로의 표준 구배는?

① 1% ② 5%
③ 4% ④ 2%

답 ④

14 다음 중 이동성이 가장 높은 도로는?

① 주간선도로 ② 보조간선도로
③ 집산도로 ④ 국지도로

답 ①

15 보도의 표준 구배는 2%이다. 단 도로주변 대지와의 접근 등을 고려하여 부득이한 경우 몇 % 이하로 할 수 있는가?

① 2% ② 4%
③ 6% ④ 8%

답 ②

16 도로 조건 및 교통조건이 이상적인 경우에 1차선당 1시간에 통과할 수 있는 승용차의 최대수를 무엇이라 하는가?

① 설계교통용량 ② 기본교통용량
③ 실용교통용량 ④ 가능교통용량

답 ②

17 다음 중 접근성이 가장 높은 도로는?

① 주간선도로 ② 보조간선도로
③ 집산도로 ④ 국지도로

답 ④

18 도로의 기능별에 따른 순서가 바른 것은?

① 주간선도로 - 보조간선도로 - 국지도로 - 집산도로
② 보조간선도로 - 주간선도로 - 집산도로 - 국지도로
③ 집산도로 - 주간선도로 - 보조간선도로 - 국지도로
④ 주간선도로 - 보조간선도로 - 집산도로 - 국지도로

답 ④

19 정지시거를 측정하기 위한 기준으로서 운전자의 눈높이는 얼마인가?

① 1.0m ② 2.0m
③ 1.5m ④ 2.5m

답 ①

20 정지시거 물체의 정점의 높이는 얼마인가?

① 0.25m ② 0.35m
③ 0.20m ④ 0.15m

답 ④

21 추월시거 설계시 물체 정점의 높이는 얼마로 하는가?

① 1.0m ② 1.2m
③ 1.5m ④ 1.75m

답 ②

22 다음 중 도로의 기능별 분류에 대한 설명 중 바르지 못한 것은?

① 고속도로 : 지역간 또는 도시간의 많은 통과교통을 신속히 이동시키는 도로
② 주간선도로 : 고속도로와 보조간선도로를 연결하면서 지역간 또는 도시간의 통과교통을 처리
③ 보조간선도로 : 주간선도로와 집산도로를 연결하면서 군간의 주요지점을 연결하는 도로
④ 집산도로 : 인접토지에 직접 접근하는 지구 내 교통을 처리하며, 보행자, 자전거 이용자의 편리성, 안전성을 중요시하는 도로

해설 4번은 국지도로에 대한 설명이다.

답 ④

23 다음 중 도로의 기능별 분류에 대한 설명 중 바르지 못한 것은?

① 주간선도로 : 도시지역에 존재하는 자동차전용도로, 출입제한의 기능을 갖으며 대량의 교통을 신속하게 수송하며 높은 설계기준을 지닌다.
② 보조간선도로 : 주간선도로와 집산도로를 연결하면서 군간의 주요지점을 연결하는 도로
③ 집산도로 : 간선도로와 국지도로 사이의 교통을 처리하며 인접토지에 직접접근을 하게 한다.
④ 국지도로 : 인접토지에 직접 접근하는 지구 내 교통을 처리하며, 보행자, 자전거 이용자의 편리성, 안전성을 중요시하는 도로

해설 1번은 도시고속도로에 대한 설명이다.

답 ①

24 다음 중 소형자동차, 보통자동차, 세미트레일러 연결차의 높이가 바른 것은?

① 2m, 4m, 4m ② 1.8m, 4m, 4m
③ 2m, 4m, 4.5m ④ 2m, 3.7m, 3.8m

해설 ※ 설계 기준 차량

제원(단위:m) / 자동차종별	길이	폭	높이	축거	앞내민 길이	뒷내민 길이	최소회전 반경
소형자동차	4.7	1.7	2.0	2.7	0.8	1.2	6.0
보통자동차	13.0	2.5	4.0	6.5	1.5	4.0	12.0
세미트레일러 연결차	16.7	2.5	4.0	전축거4.2 후축거9.0	1.3	2.2	12.0

답 ①

25 다음 중 소형자동차, 보통자동차, 세미트레일러 연결차의 최소회전반경이 바른 것은?

① 2.2m, 4m, 8m ② 2m, 6m, 12m
③ 6m, 12m, 12m ④ 6m, 11m, 14m

답 ③

26 다음 중 소형자동차, 보통자동차, 세미트레일러 연결차의 길이가 바른 것은?

① 3.7m, 13.0m, 16m
② 4.7m, 13.0m, 13.0m
③ 4.7m, 13.0m, 16.7m
④ 4.7m, 12m, 12m

답 ③

27 앞바퀴 축의 중심으로부터 뒷바퀴 축의 중심까지의 거리를 무엇이라 하는가?

① 축거 ② 중량
③ 높이 ④ 폭

답 ①

28 다음 중 토지이용에 따른 도로율이 가장 높은 지역은?

① 상업지역 ② 공업지역
③ 녹지지역 ④ 주거지역

답 ①

29 다음 중 도시계획도로가 지역간 연결도로와 도로구조상 다른 점이 아닌 것은?

① 주·정차대가 필요
② 노상시설 및 지하매설물이 많다.
③ 교차로간의 간격이 짧다.
④ 평면교차로가 짧다.

답 ④

30 도시계획 도로와 지구간 연결도로를 비교하여 설명한 것 중 틀린 것은?

① 도시계획도로가 지구간 연결도로보다 평균 통행거리가 짧다.
② 도시계획도로가 지구간 연결도로보다 주행속도가 빠르다.
③ 도시계획도로가 지구간 연결도로보다 통과교통이 적다.
④ 도시계획도로가 지구간 연결도로보다 회전차량이 많다.

해설 도시계획 도로는 지구 연결도로에 비해서 주행속도가 느리다.

답 ②

31 다음 중 자동차 전용도로나 지방부 간선도로의 효과적인 설계를 위해 분할설계를 하는 구간으로 올바른 것은?

① 10~20km ② 15~20km
③ 20~30km ④ 25~35km

해설

도로의 구분	표준설계 구간 길이	부득이한 경우 설계속도만 줄이는 최소구간 길이
자동차 전용도로, 지방부 간선도로	20~30km	5km
지방부 기타도로	10~15km	2km
도시부 일반도로	주요 교차로 간격	

답 ③

32 다음 중 도시부 도로의 효과적인 설계를 위해 분할설계를 하는 구간으로 올바른 것은?

① 10~20km ② 20~30km
③ 30~40km ④ 주요 교차로 간격

답 ④

33 교통안전에 만전을 기하고자 공간적 한계를 확보해야 하는데 이 한계를 무엇이라고 하는가?

① 건축선 후퇴 ② 도로한계
③ 건축한계 ④ 공간한계

답 ③

34 건축한계는 우리나라에서 높이 얼마를 기준으로 하는가?

① 5.5m ② 4.0m
③ 4.5m ④ 5.0m

답 ③

35 다음 중 도로의 설계속도의 최소값은?

① 10km/h ② 20km/h
③ 30km/h ④ 40km/h

답 ②

36 다음 중 지방부 자동차전용도로의 설계서비스 수준은?

① A ② B
③ C ④ D

답 ③

37 다음 중 도시부 자동차전용도로의 설계서비스 수준은?

① A ② B
③ C ④ D

답 ④

38 다음 중 지방부 일반도로의 설계서비스 수준은?

① A ② B
③ C ④ D

해설 설계 서비스 수준의 기준

구 분	지 방 부	도 시 부
자동차 전용도로	C	D
일반 도로	D	D

답 ④

39 차량에 적합한 도로를 설계하는데 기준이 되는 설계차량의 제원이 아닌 것은?

① 길이　　② 뒷내민길이
③ 최소회전반경　　④ 차량 가격

해설 1번, 2번, 3번 이 외에도 앞내민 길이, 폭, 높이, 축거 등이 있다.

답 ④

40 설계시간계수(K)에 대한 설명으로 틀린 것은?

① K값은 도로의 특성이나 지역에 따라 달라진다.
② K값은 AADT가 큰 도로일수록 작다.
③ K값은 교통량이 계절적으로 변동이 큰 도로에서는 크다.
④ 도시부의 도로나 간선도로로서의 성격이 강한 노선일수록 K값은 크다.

해설 도시부의 도로나 간선도로로서의 성격이 강한 노선일수록 K값은 작다.

답 ④

41 우리나라에서 지방지역 주요도로에 적용할 설계시간계수(K)값은?

① 200번째　　② 100번째
③ 50번째　　④ 30번째

답 ④

42 다음 (　)안에 알맞은 말은?

설계시간계수(K)는 도시부 도로가 통상 지방부 도로 보다 (　)

① 작다
② 크다
③ 같다
④ 일률적으로 말할 수 없다.

답 ①

43 설계시간계수(K)값의 일반적인 경향으로 옳은 것은?

① 년평균일 교통량이 많은 도로일수록 K값이 작다.
② 도시부도로나 간선도로의 성격이 강한 도로일수록 K값은 크다.
③ 인구밀도가 낮은 지방부도로에서는 K값이 작다.
④ 교통량의 계절적 변동이 큰 도로에서는 K값은 작다.

답 ①

44 다음 중 설명이 바르지 못한 것은?

① 설계시간교통량은 연중 40번째로 높은 시간당 교통량으로 한다.
② 설계목적을 위해서는 차종구성을 알아야 한다.
③ 기하설계를 위한 설계교통량으로는 첨두시간 교통량이 널리 이용된다.
④ 양방향도로에서 양방향교통량에 대한 중방향 교통량이 차지하는 비율을 D계수라 한다.

답 ①

45 다음 중 도로의 기하구조 설계시 가장 중요한 요인은?

① 곡선반경　　② 서비스 수준
③ 일교통량　　④ 설계속도

해설 설계속도는 곡선반경, 곡선의 길이, 편구배, 완화구간, 시거, 종단곡선 오르막차선 등을 결정하는 요인이다.

답 ④

46 다음 중 설계속도에 의해 결정되는 요소가 아닌 것은?

① 곡선의 길이　　② 설계차량
③ 오르막차선　　④ 편구배

답 ②

47 지방부 주간선도로의 최저설계속도(평지)는?

① 140km/h　　② 120km/h
③ 100km/h　　④ 80km/h

답 ④

48 지방부 집산도로의 최저설계속도(평지)는?

① 40km/h　　② 60km/h
③ 100km/h　　④ 80km/h

답 ②

49 도시부 도로의 최저설계속도가 잘못 설명된 것은?

① 도시고속도로 : 120km/h
② 주간선도로 : 80km/h
③ 보조간선도로 : 60km/h
④ 집산도로 : 50km/h

답 ①

50 지방부 고속도로의 최저설계속도(평지)는?

① 140km/h ② 120km/h
③ 100km/h ④ 80km/h

해설 ※ 설계속도의 설정기준

구		분	설계속도(단위:km/h)
지방부	고속도로	평지부	120
		산지부	100
	주간선도로	평지부	80
		산지부	60
	보조간선도로	평지부	70
		산지부	50
	집산도로	평지부	60
		산지부	50
	국지도로	평지부	50
		산지부	40
도시부	도시고속도로		100
	주간선가로		80
	보조간선가로		60
	집산가로		50
	국지가로		40

답 ②

51 정지시거를 구할 때 마찰계수의 변수에 해당하지 않는 것은?

① 엔진의 제동 ② 도로 노면의 상태
③ 타이어의 상태 ④ 운전자의 성별

답 ④

52 도로의 선형 설계시 고려사항이 아닌 것은?

① 가능한 직선부로 한다.
② 가능한 완만한 구배로 설계한다.
③ 자연적인 지리조건과 조화를 이룬다.
④ 곡선부의 반경은 가능한 작게 설계한다.

답 ④

53 도로의 곡선부에서 곡선길이가 설계기준보다 짧을 경우에 일어나는 현상이 아닌 것은?

① 원심력이 커진다.
② 곡선이 절선처럼 느껴진다.
③ 운전하는데 쾌적하다.
④ 곡선반경이 실제보다 작게 보인다.

해설 운전자는 핸들조작에 불편을 느낀다.

답 ③

54 설계속도 80km/h 이상의 도로에서 최소차로폭으로 올바른 것은?

① 3.0m ② 3.25m
③ 3.5m ④ 2.75m

답 ③

55 설계속도 60km/h~80km/h 도로에서 최소 차로폭으로 올바른 것은?

① 3.0m ② 3.25m
③ 3.5m ④ 2.75m

답 ②

56 설계속도 60km/h 미만의 도로에서 최소 차로폭으로 올바른 것은?

① 3.0m ② 3.25m
③ 3.5m ④ 2.75m

답 ①

57 회전차로는 부득이한 경우 최소 차로폭을 얼마까지 할 수 있는가?

① 3.0m ② 3.25m
③ 3.5m ④ 2.75m

해설 ※ 우리나라 차로폭의 최소치

설계속도(단위 : km/h)	최소차로폭(단위 : m)
80 이상	3.5
60~80	3.25
60 미만	3.0

*회전차로(좌회전, 우회전, U회전)는 부득이한 경우 차로폭을 2.75m로 할 수 있다.

답 ④

58 지방지역 일반도로 설계속도에 따른 우측 길어깨의 최소폭으로 잘못된 것은?

① 80km/h 이상 : 2.0m
② 80~60km/h : 1.5m
③ 60~50km/h : 1.25m
④ 60km/h 미만 : 1.0m

답 ③

59 설계속도 80km/h 이상의 지방고속도로의 차도 우측에 설치하는 최소 길어깨폭은?

① 1.0m ② 2.0m
③ 3.0m ④ 4.0m

답 ③

60 설계속도 80km/h 이상의 도시고속도로의 차도 우측에 설치하는 최소 길어깨폭은?

① 1.0m ② 2.0m
③ 3.0m ④ 4.0m

답 ②

61 지방 일반도로에서 설계속도 80km/h~60km /h 사이의 차도 우측에 설치하는 최소 길어깨 폭은?

① 1.75m ② 1.5m
③ 2.0m ④ 2.75m

답 ②

62 설계속도 100km/h인 지방지역 고속도로의 차도우측에 설치하는 길어깨(갓길)의 최소폭은?

① 1.25m ② 1.75m
③ 2.00m ④ 3.00m

답 ④

63 설계속도 80km/h 이상의 자동차전용도로의 좌측 최소 길어깨폭은?

① 1.0m ② 1.5m
③ 2.0m ④ 2.75m

해설 ※ 좌측 길어깨의 최소폭

설계속도 (단위 : km/h)	구분	최소길어깨폭 (단위 : m)
80 이상	자동차전용도로 일반도로	1.0 0.75
80 미만		0.5

답 ①

64 설계속도 80km/h 이상의 일반도로의 좌측 최소 길어깨폭은?

① 1.0m ② 1.5m
③ 2.0m ④ 0.75m

답 ④

65 다음 중 오르막차선에 대한 설명으로 틀린 것은?

① 허용 최저속도 이하의 구간이 500m 미만이 되는 경우에는 오르막차선을 설치 아니할 수 있다.
② 종단구배가 5%를 초과하는 차도의 구간에 필요하다고 인정하는 경우에는 오르막차선을 설치한다.
③ 오르막차선의 폭은 3m로 하며, 본선차도에 붙여서 설치하여야 한다.
④ 설계속도가 30km/h 이하인 경우에는 오르막차선을 설치하지 아니할 수 있다.

해설 설계속도가 40km/h 이하인 경우에는 오르막차선을 설치하지 아니할 수 있다.

답 ④

66 고속도로에서 오르막차로를 설치하여야 할 종단구배(%)로서 옳은 것은?

① 2% ② 3%
③ 4% ④ 5%

해설 종단구배가 5%(고속도로의 경우에는 3%)를 초과하는 차도의 구간에는 필요하다고 인정하는 경우에 오르막차로를 설치하여야 한다. 오르막차로의 폭은 3m 이하로 하고, 본선차도에 붙여서 설치하여야 한다.

답 ②

67 오르막차로의 폭은 몇 m 이하로 하여야 하는가?

① 1m ② 2m
③ 3m ④ 4m

답 ③

68 도로의 주요 구조부를 보호하거나 차도의 효용을 유지하기 위하여 차도, 보도, 자전거도에 접속하여 설치하는 띠 모양의 도로부분을 뭐라 하는가?

① 중앙분리대 ② 연석
③ 길어깨 ④ 식수대

답 ③

69 다음 중 길어깨의 필요성에 대한 설명이 잘못된 것은?

① 차도, 보도, 자전거도 또는 자전거 보행차도에 접속하여 도로의 주요 구조부를 보호한다.
② 고장차가 본선차도로부터 대피할 수가 있어 사고와 교통의 혼란을 방지하는 역할을 한다.
③ 측방여유폭으로서 교통의 안전성과 쾌적성에 기여한다.
④ 노상시설을 설치하는 공간을 제공하지 않는다.

해설 노상시설을 설치하는 공간이 된다.

답 ④

70 양방향으로 분리된 도로에서 방향별로 분리하는데 사용되는 도로의 띠 모양 부분을 뭐라 하는가?

① 중앙분리대 ② 연석
③ 길어깨 ④ 식수대

답 ①

71 다음 중 길어깨의 필요성에 대한 설명이 잘못된 것은?

① 유지작업이나 어떤 경우에는 지하매설물에 대한 공간이 된다.
② 유지가 잘되어 있는 길어깨는 도로의 미관을 높인다.
③ 보도 등이 없는 도로에서는 보행자 등의 통행 부분으로도 된다.
④ 배수면에서도 좋지 않다.

해설 길어깨에서 集水를 하면 포장단에서 集水하는 것보다 차도 포장내부로 雨水의 침수가 적으므로 배수면에서도 좋다.

답 ④

72 중앙분리대의 기능이 아닌 것은?

① 왕복교통류를 분리. 중앙선 침범에 의한 차량의 정면 충돌사고를 방지한다.
② 보행자 횡단시 안전섬 역할을 한다.
③ 평면교차로가 있는 도로에서는 폭이 충분할 때 좌회전 차로로 활용할 수 있다.
④ 수용공간으로서 지하주차장의 출입구나 평면주차장을 설치할 수 없게 한다.

해설 1번, 2번, 3번 외에도 사고 및 고장차량이 정지할 수 있는 여유 공간 제공, 금지된 좌회전이나 U-turn 차량 차단, 수용공간으로서 지하주차장의 출입구나 평면주차장을 설치할 수 있다.

답 ④

73 다음 중 고속도로의 중앙분리대의 최소폭은?

① 1.0m ② 2.0m
③ 3.0m ④ 4.0m

해설 ※ 중앙분리대의 폭

도로의 구분	중앙 분리대의 최소폭(m)	
	지방지역	도시지역
고속도로	3.0	2.0
일반도로	1.5	1.0

답 ③

74 도시지역의 고속도로 및 일반도로의 중앙분리대 설치시 최소폭은?

① 도시고속도로 1.5m, 일반도로 1.0m
② 도시고속도로 2.0m, 일반도로 1.0m
③ 도시고속도로 2.5m, 일반도로 2.0m
④ 도시고속도로 3.0m, 일반도로 2.0m

답 ②

75 중앙분리대의 측대의 폭은 몇 cm 이상으로 하여야 하는가?

① 30cm ② 40cm
③ 50cm ④ 60cm

답 ③

76 자전거도로의 최소폭은?

① 2m ② 2.5m
③ 1.1m ④ 3.5m

해설 자전거도로의 폭은 1.1m 이상으로 한다. 다만, 연장 100m 미만의 터널·교량 등의 경우에는 0.9m 이상으로 할 수 있다.

답 ③

77 고속도로·도시고속도로를 제외한 도로에 설치하는 보도의 설치기준이 틀린 것은?

① 도시지역의 주간선도로 및 보조간선도로에 설치하는 보도의 최소폭은 2.5m
② 도시지역의 집산도로에 설치하는 보도의 최소폭은 2.25m
③ 도시지역의 국지도로에 설치하는 보도의 최소폭은 1.5m
④ 지방지역의 도로에 설치하는 보도의 최소폭은 1.5m

해설 도시지역의 주간선도로 및 보조간선도로에 설치하는 보도의 최소폭은 3.0m이다.

답 ①

78 종단구배와 편구배를 조합시킬 경우 고려사항이 아닌 것은?

① 평면선형과 종단선형의 균형을 유지하도록 한다.
② 편구배와 종단곡선이 겹치지 않도록 한다.
③ 노면의 배수처리가 용이한 선형을 유지하도록 한다.
④ 시각적으로 자연스런 선형을 유지하도록 한다.

답 ②

79 주행차량에 영향을 주는 원심력을 줄여서 안전하게 회전할 수 있도록 곡선의 내측을 낮게 설계하는 것을 무엇이라 하는가?

① 편구배 ② 종단구배
③ 오르막차선 ④ 합성구배

답 ①

80 곡선과 직선부 사이 혹은 곡선반경이 현저히 다른 두 개의 서로 인접한 곡선 사이에 설치하는 곡선은?

① 완화곡선 ② 복합곡선
③ 배향곡선 ④ 종단곡선

답 ①

81 같은 곡선반경을 가진 2개의 단곡선이 서로 반대방향으로 진행하며 연결된 경우의 곡선을 무엇이라 하는가?

① 완화곡선 ② 복합곡선
③ 배향곡선 ④ 종단곡선

답 ③

82 같은 방향으로 달리는 2개 이상의 곡선이 서로 연결되어 있는 곡선을 무엇이라 하는가?

① 완화곡선 ② 복합곡선
③ 배향곡선 ④ 종단곡선

답 ②

83 다음 중 곡선반경을 구하는 식으로 바른 것은? (단, 마찰계수 : f, 편구배 : e, 설계속도 : V)

① $R=\dfrac{V^2}{127(e\pm f)}$ ② $R=\dfrac{V+1}{127(e\pm f)}$

③ $R=\dfrac{V^2+1}{127(e\pm f)}$ ④ $R=\dfrac{V}{127(e\pm f)}$

답 ①

84 설계속도가 100km/h이고, 편구배 0.05, 마찰계수 0.2일 때 최소 곡선반경은?

① 315m ② 326m
③ 298m ④ 311m

해설 $R=\dfrac{V^2}{127(e\pm f)}$ = $R=\dfrac{100^2}{127(0.05+0.2)}$
= 314.96m

답 ①

85 **신설되는 도로구간에 평면곡선의 연결을 위한 최소 곡선반경은? (단, 설계속도: 80km/h이고, 편구배 0.03, 마찰계수 0.1)**

① 381m ② 388m
③ 412m ④ 394m

해설 $R=\dfrac{80^2}{127(0.03+0.1)}$
=387.64m

답 ②

86 **설계속도와 최소 곡선반경이 잘못 짝지어진 것은?**

① 120km/h-710m ② 100km/h-460m
③ 80km/h-280m ④ 60km/h-130m

해설 평면곡선의 최소반경

설계속도 (단위 : km/h)	최소곡선 반경 (단위 : m)	설계속도 (단위 : km/h)	최소곡선 반경 (단위 : m)
120	710	50	90
100	460	40	60
80	280	30	30
70	200	20	15
60	140		

답 ④

87 **편구배 0.02, 마찰계수 0.4를 갖는 도로구간의 회전반경으로 70m가 주어져 있다. 설계속도는 대략 얼마인가?**

① 51km/h ② 71km/h
③ 61km/h ④ 81km/h

해설 $R=\dfrac{V^2}{127(e+f)}$
$\rightarrow V^2=127R(e+f)\ \rightarrow V=\sqrt{127R(e+f)}$
$\therefore V=\sqrt{127\times 70(0.02+0.4)}\fallingdotseq 61$

답 ③

88 **차량의 최소 회전반경의 정의로서 옳은 것은?**

① 차량의 안쪽 앞바퀴의 타이어 외측선이 그리는 원의 반경
② 차량 바깥쪽 뒷바퀴의 타이어 중심선이 그리는 원의 반경
③ 차량의 안쪽 뒷바퀴의 타이어 외측선이 그리는 원의 반경
④ 차량의 바깥쪽 앞바퀴의 타이어 중심선이 그리는 원의 반경

답 ④

89 **설계속도의 변화는 얼마 이상의 변화가 되면 안 되는가?**

① 10km/h ② 20km/h
③ 30km/h ④ 40km/h

답 ②

90 **정차대의 폭의 표준은 얼마인가?**

① 2.0m ② 2.25m
③ 2.5m ④ 2.75m

답 ③

91 **도시부도로에 있어서 자동차의 정차로 인한 차량의 통행장애를 방지하기 위하여 필요하다고 인정하는 경우에는 차도의 우측에 정차대를 설치하여야 하는데 정차대 폭의 표준은 얼마인가?**

① 2.5m ② 3.5m
③ 4.5m ④ 5.0m

답 ①

92 **비상주차대의 설치 간격은 고속도로인 경우 얼마를 표준으로 하는가?**

① 300m ② 550m
③ 750m ④ 900m

답 ③

93 **비상주차대에 대한 설명으로 틀린 것은?**

① 고속도로에서 우측 길어깨의 폭원이 2.0m 미만일 경우에는 비상주차대를 설치하여야 한다.
② 고속도로에서의 비상주차대의 설치간격은 750m를 표준으로 한다.
③ 지방지역 일반도로에서의 비상주차대의 설치

간격은 750m를 표준으로 한다.

④ 공사비의 절감을 위하여 길어깨를 축소하는 장대교, 터널에는 적당한 간격으로 비상주차대를 설치하여야 한다.

해설 우측 길어깨 폭원이 2.0m 미만일 경우 계획교통량이 적으면 비상주차대를 설치 안해도 된다.

답 ①

94 다음 중 편구배의 크기와 직접적인 관련이 없는 사항은?

① 설계속도 ② 곡선반경
③ 도로의 폭 ④ 적설한냉의 정도

답 ③

95 도시지역의 최대 편구배값은 얼마인가?

① 3% ② 4%
③ 5% ④ 6%

답 ④

96 지방지역의 적설 한냉지역의 최대 편구배값은 얼마인가?

① 3% ② 4%
③ 5% ④ 6%

답 ④

97 지방지역의 적설 한냉지역이 아닌 기타 지역의 최대 편구배값은 얼마인가?

① 8% ② 10%
③ 5% ④ 6%

해설 ※ 우리나라 도로시설기준령의 최대편구배 값

구	분	최대편구배(%)
지방지역	적설한냉지역	6
	기 타 지 역	8
도 시 지 역		6

답 ①

98 도로의 선형설계시 고려되는 사항이 아닌 것은?

① 주변지가배려 ② 쾌적한 주행성
③ 안락한 승차감 ④ 전조등 시거조건

답 ①

99 대형차량에서 시거를 고려하지 않는 이유는?

① 운전자 눈의 높이가 높고 고속차량이어서
② 운전자 눈의 높이가 낮고 고속차량이어서
③ 운전자 눈의 높이가 낮고 저속차량이어서
④ 운전자 눈의 높이가 높고 저속차량이어서

답 ④

100 다음 중 도로설계시 완화곡선의 종류 중 대표적인 곡선은?

① 배향곡선 ② 합성구배 곡선
③ 클로소이드 곡선 ④ 포물선 곡선

답 ③

101 완화곡선의 종류로 부적합한 것은?

① 3차 포물선 ② 램니스케이트 곡선
③ 클로소이드 곡선 ④ 2차 포물선

답 ④

102 도로 선형설계의 원칙이 아닌 것은?

① 도로선형의 연속성을 중시하여 설계한다.
② 자연적인 지리조건과 조화를 이루도록 한다.
③ 급격히 변화하는 선형의 사이에는 완화곡선을 설치한다.
④ 긴 곡선의 끝나는 지점에는 작은 반경의 곡선부를 설치한다.

답 ④

103 선형 설계의 원칙적 사항이 아닌 것은?

① 선형의 불연속성
② 선형의 연속성
③ 지형 및 지역의 토지이용과의 조화
④ 평면선형, 종단선형 및 횡단구성의 조화

답 ①

104 도로 횡단면의 구성요소가 아닌 것은?

① 차도 ② 중앙분리대
③ 종단곡선 ④ 길어깨

답 ③

105 평면선형과 종단선형을 조합시키는 경우 고려 사항이 아닌 것은?

① 평면곡선과 종단곡선을 겹치지 않게 할 것
② 배수를 고려할 것
③ 운전자를 시각적으로 자연스럽게 유도할 것
④ 평면선형 및 종단선형의 크기에 균형이 잡히도록 할 것

해설 평면선형과 종단곡선을 겹치도록 해야 한다.

답 ①

106 곡선반경이 무한대인 직선과 R인 단곡선을 직접 이은 평면선형에서는 직선과 단곡선이 만난 점에서 운전자가 급격히 핸들을 조작하지 않으면 안 된다. 이를 피하기 위해서 무엇을 삽입하는가?

① 배향곡선　② 합성구배 곡선
③ 클로소이드 곡선　④ 포물선 곡선

답 ③

107 완화곡선의 최소길이를 구하는 식으로 올바른 것은?

① $L = \dfrac{0.0702\,V^3}{RC}$　② $L = \dfrac{0.0702\,V^2}{RC}$
③ $L = \dfrac{0.0702\,V^2 R}{C}$　④ $L = \dfrac{0.0702\,V}{RC}$

해설 L : 완화곡선의 최소길이(m)
V : 속도(km/h)
R : 곡선반경(m)
C : 원심력의 가속도 변화율(m/sec3) (=보통 1~3)

답 ①

108 L(완화곡선길이)과 단곡선의 곡선반경 R, 그리고 클로소이드 파라메타 A와의 관계식으로 옳은 것은?

① $A^3 = R \cdot L$　② $A^3 = \dfrac{R}{L}$
③ $A^2 = \dfrac{R}{L}$　④ $A^2 = R \cdot L$

답 ④

109 다음 중 완화구간에서 Clothoid 곡선의 파라메타 A를 구하는 공식으로 옳은 것은?

① $A = \sqrt{\dfrac{0.0702\,V^2}{C}}$　② $A = \sqrt{\dfrac{0.0702\,V^3}{C}}$
③ $A^2 = \sqrt{\dfrac{0.0702\,V^2}{C}}$　④ $A^2 = \sqrt{\dfrac{0.0702\,V^3}{C}}$

해설 $A^2 = R \cdot L \cdots ①$　$L = \dfrac{0.0702\,V^3}{RC} \cdots ②$

②식의 L을 ①식에 대입하면

$A^2 = R \cdot \dfrac{0.0702\,V^3}{RC} \rightarrow A = \sqrt{\dfrac{0.0702\,V^3}{C}}$

답 ②

110 다음 중 완화곡선 구간의 설치기준으로 올바른 것은?

① 자동차 전용도로의 전구간 및 일반도로 중 설계속도가 60km/h 이상
② 자동차 전용도로의 전구간 및 일반도로 중 설계속도가 80km/h 이상
③ 자동차 전용도로의 전구간 및 일반도로 중 설계속도가 120km/h 이상
④ 자동차 전용도로의 전구간 및 일반도로 중 설계속도가 100km/h 이상

답 ①

111 다음 중 완화곡선 및 완화구간에 대한 설명으로 잘못된 것은?

① 설계속도가 120km/h인 도로에 설치하는 완화곡선의 최소길이는 70m
② 설계속도가 100km/h인 도로에 설치하는 완화곡선의 최소길이는 60m
③ 자동차 전용도로의 곡선부에는 전구간에 걸쳐 완화곡선을 설치할 것
④ 일반도로 중 설계속도가 100km/h 이상인 도로의 곡선부에 완화곡선을 설치할 것

해설 자동차 전용도로의 전구간 및 일반도로 중 설계속도 60km/h 이상인 도로에서의 완화곡선길이

설계속도(km/h)	120	100	80	60
완화곡선의 최소길이(m)	70	60	50	35

답 ④

112 설계속도가 120kph일 때의 완화곡선의 최소 길이는?

① 80m ② 70m
③ 67m ④ 56m

답 ②

113 완화곡선에 있어서 속도가 일정할 때 원심가속도 변화율과 파라메타에는 어떠한 관계가 있는가?

① 원심가속도 변화율에 상관없이 파라메타는 일정하다.
② 원심가속도 변화율이 커지면 파라메타는 비례하여 커진다.
③ 원심가속도 변화율이 커지면 파라메타는 반비례하여 적어진다.
④ 원심가속도 변화율에 상관없이 파라메타는 커지기도 하고, 적어지기도 한다.

답 ③

114 다음 중 합성구배를 구하는 식으로 올바른 것은?

① $S=\sqrt{i^2+j^2}$ ② $S=i^2+j^2$
③ $S=\sqrt{i^2-j^2}$ ④ $S=\sqrt{i+j}$

답 ①

115 횡단구배가 1.5%이고, 종단구배가 3.7%인 합성구배(%)는 얼마인가?

① 3% ② 4%
③ 5% ④ 6%

해설 $S=\sqrt{i^2+j^2}$ → $S=\sqrt{1.5^2+3.7^2}=3.99$
여기서, S : 합성구배(%), i : 횡단구배 또는 편구배(%), j : 종단구배(%)

답 ②

116 다음 중 도로구조령에서 정하는 차선 폭으로 적합한 것은?

① 3.0~3.5m ② 2.75~3.0m
③ 2.75~3.5m ④ 2.0~3.5m

답 ③

117 설계속도 120km/h일 때 편구배의 접속 설치비율은?

① 1/300 ② 1/200
③ 1/100 ④ 1/50

답 ②

118 설계속도 100km/h일 때 편구배의 접속 설치비율은?

① 1/300 ② 1/200
③ 1/100 ④ 1/175

해설 편구배 접속 설치비율

설계속도 (km/h)	120	110	100	80	60	50
편구배 접속 설치비율	1/200	1/180	1/175	1/150	1/125	1/115

답 ④

119 노변지역에 포함되는 것이 아닌 것은?

① 측도 ② 갓길
③ 배수구 ④ 연석

해설 측도는 고속도로나 주요 간선도로에 평행하게 붙어있는 국지도로로서 교통분리시설에 포함된다.

답 ①

120 도로 횡단면의 설계요소가 아닌 것은?

① 조명시설 ② 교통분리시설
③ 차도 ④ 노변지역

답 ①

121 설계속도와 최대 종단구배를 연결한 것 중 틀린 것은?

① 120km/h - 3% ② 100km/h - 3%
③ 80km/h - 4% ④ 70km/h - 5%

해설 ※ 설계속도와 최대 종단구배

설계속도 (단위:km/h)	종 단 구 배(%)	
	표 준	부득이한 경우
120	3	3
100	3	5
80	4	6
70	4	6
60	5	7
50	6	9
40	7	10
30	8	11
20	10	13

답 ④

122 다음 중 연석의 기능이 아닌 것은?

① 고장차량의 대피소 ② 차도의 경계구분
③ 배수유도 ④ 차량의 이탈방지

답 ①

123 다음 중 중앙분리대의 종류가 아닌 것은?

① 방책형 ② 억제형
③ 횡단형 ④ 종단형

답 ④

124 다음 중 측도의 기능이 아닌 것은?

① 인터체인지 기능 대체
② 원활한 도로체계 유지
③ 주요도로에의 출입제한
④ 주요도로에서 인접지역으로의 접근성 제공

답 ①

125 아스팔트 포장의 특징이 아닌 것은?

① 콘크리트 포장에 비하여 소음, 진동이 적다.
② 콘크리트 포장보다 평탄성이 용이하다.
③ 간단한 공법으로 유지 수선이 가능하다.
④ 줄눈이 있어 평탄성이 좋지 않다.

해설 4번은 시멘트 콘크리트 포장에 관한 특징이다.

답 ④

126 다음 포장두께 설계법 중 우리나라에서 가장 많이 쓰이는 설계법은?

① AASHTO 설계법 ② PCA 설계법
③ AI 설계법 ④ TA 설계법

답 ①

127 다음 중 콘크리트 포장과 비교한 아스팔트 포장의 장점으로 옳은 것은?

① 유지·보수비가 적게 든다.
② 유지·보수가 쉽다.
③ 그늘에서 박리하지 않는다.
④ 지반이 약한 지역에 유리하다.

답 ②

128 시멘트 콘크리트 포장도로 및 아스팔트 포장도로의 횡단구배는 몇 %인가?

① 1.5 이상, 2 이하 ② 1.0 이상, 2 이하
③ 1.0 이상, 1.5 이하 ④ 1.5 이상, 3 이하

답 ①

129 도로의 끝단부터 방호책, 전주 등 장애물까지의 거리를 무엇이라 하는가?

① 측면경사폭 ② 측방여유폭
③ 중앙분리대 ④ 차선폭

답 ②

130 정지시거를 구하는 공식으로 올바른 것은?

① $D=\frac{V}{3.6}+\frac{V^2}{2g(f\pm G)\cdot (3.6)^2}$

② $D=\frac{V}{3.6}t+\frac{V}{2g(f\pm G)\cdot (3.6)^2}$

③ $D=\frac{V}{3.6}t+\frac{V^2}{2g(f\pm G)\cdot 3.6}$

④ $D=\frac{V}{3.6}t+\frac{V^2}{2g(f\pm G)\cdot (3.6)^2}$

해설 여기서,
V : 속도(km/h)
t : 반응시간(초)
g : 중력가속도(9.8/sec^2)
f : 타이어와 노면의 종방향 마찰계수
G : 종단구배(%/100)

답 ④

131 차량의 제동거리에 운전자의 반응시간 동안 차

량이 주행한 거리인 空走距離(공주거리)를 합해서 산출한 거리를 무엇이라 하는가?

① 추월시거 ② 앞지르기시거
③ 정지시거 ④ 제동시거

답 ③

132 앞지르기시거를 결정하기 위해 고려하여야 할 사항으로 틀린 것은?

① 고속자동차가 앞지르기가 가능하다고 판단하고 가속하여 반대편 차로로 진입하기 직전까지 주행한 거리
② 고속자동차가 반대편 차로로 진입하여 앞지르기 할 때까지 주행하는 거리
③ 고속자동차가 앞지르기를 완료한 후 반대편 차로의 자동차와의 여유거리
④ 고속자동차가 앞지르기를 완료한 후 마주 오는 자동차가 주행한 거리

답 ④

133 80km/h로 주행하는 차량의 정지시거는 얼마인가? (단, 구배 4%, 반응시간 2.5초, 마찰계수 0.31)

① 128m ② 114m
③ 135m ④ 138m

해설 $D=\frac{V}{3.6}t+\frac{V^2}{2g(f\pm G)\cdot(3.6)^2}$

$=\frac{80}{3.6}\times 2.5+\frac{80^2}{2\times 9.8(0.31+0.04)\cdot(3.6)^2}=127.5$

또는, $D=0.278\cdot V\cdot t+\frac{V^2}{254(f\pm g)}$

$=0.278\times 80\times 2.5+\frac{80^2}{254(0.31+0.04)}=127.5$

답 ①

134 도로설계에 사용되는 최소 정지시거는 다음 중 어느 것을 기준한 값인가?

① 평지의 건조한 노면
② 평지의 젖은 노면
③ 2% 하향경사의 건조 노면
④ 2% 하향경사의 젖은 노면

답 ②

135 다음 중 정지시거를 바르게 표현한 것은?

① 반응거리+정지시거 ② 반응거리+반응시간
③ 반응거리+제동거리 ④ 반응거리+정지거리

답 ③

136 도로의 설계속도에 따른 정지시거의 확보에 대한 기준으로 잘못된 것은?

① 120km/h : 280m ② 100km/h : 220m
③ 80km/h : 140m ④ 70km/h : 110m

해설 최소정지시거표

설계속도 (km/h)	120	100	80	70	60	50	40	30	20
정지시거 (m)	280	200	140	110	85	65	45	30	20

답 ②

137 볼록한 종단선형에서 시거 S가 종단곡선의 길이 L보다 길거나 같을 경우에 종단곡선의 최소 길이를 구하는 공식은?

① $L_{\min}=2-\frac{200(\sqrt{H_1}+\sqrt{H_2})^2}{A}$

② $L_{\min}=S-\frac{200(\sqrt{H_1}+\sqrt{H_2})^2}{A}$

③ $L_{\min}=2S-\frac{100(\sqrt{H_1}+\sqrt{H_2})^2}{A}$

④ $L_{\min}=2S-\frac{200(\sqrt{H_1}+\sqrt{H_2})^2}{A}$

답 ④

138 볼록한 종단선형에서 시거 S가 종단곡선의 길이 L보다 짧을 경우에 종단곡선의 최소길이를 구하는 공식은?

① $L_{\min}=\frac{AS^2}{200(\sqrt{H_1}+\sqrt{H_2})^2}$

② $L_{\min}=2S-\frac{AS^2}{200(\sqrt{H_1}+\sqrt{H_2})^2}$

③ $L_{\min}=\frac{AS}{200(\sqrt{H_1}+\sqrt{H_2})^2}$

④ $L_{\min}=2S-\frac{200(\sqrt{H_1}+\sqrt{H_2})^2}{A}$

답 ①

139 오목한 종단선형에서 시거 S가 종단곡선의 길이 L보다 길거나 같을 경우에 종단곡선의 최소길이를 구하는 공식은?

① $L_{min} = 2A - \frac{120+3.5S}{S}$

② $L_{min} = 2S - \frac{120+3.5S}{A}$

③ $L_{min} = 2S - \frac{120-3.5S}{A}$

④ $L_{min} = 2 - \frac{120+3.5S}{A}$

답 ②

140 오목한 종단선형에서 시거 S가 종단곡선의 길이 L보다 짧을 경우에 종단곡선의 최소길이를 구하는 공식은?

① $L_{min} = 2S - \frac{S^2 A}{120+3.5S}$ ② $L_{min} = \frac{S^2 A}{120-3.5S}$

③ $L_{min} = \frac{S^2 A}{120+3.5S}$ ④ $L_{min} = \frac{SA}{120+3.5S}$

답 ③

141 시거에 대한 설명으로 올바른 것은?

① 차선의 중심선에서 1.5m에서 물체의 높이 0.15m를 볼 수 있는 거리
② 차선의 중심선에서 1.2m에서 물체의 높이 0.15m를 볼 수 있는 거리
③ 차선의 중심선에서 1.1m에서 물체의 높이 0.15m를 볼 수 있는 거리
④ 차선의 중심선에서 1.0m에서 물체의 높이 0.15m를 볼 수 있는 거리

답 ④

142 종단선형에서 볼록 종단곡선의 최소길이는 무엇에 따라 통상 결정되는가?

① 곡선반경 ② 소요시거
③ 배수 ④ 도로폭

답 ②

143 다음 그림과 같은 종단곡선이 있다. 이 종단곡선의 시점(VPC)로부터 20m 지점에서 표고를 구하면?

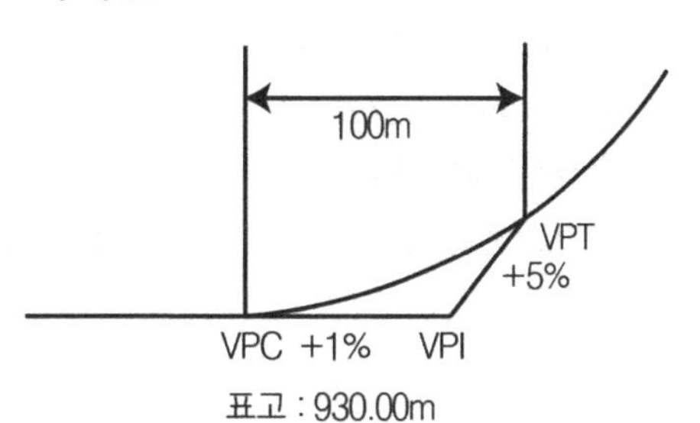

① 930.25m ② 930.28m
③ 930.31m ④ 930.33m

해설 20m지점표고

$ELE = 930 + (1 \times 0.2) + \frac{4 \times (0.2)^2}{2 \times 1}$ =930.28m

• 종단곡선상의 표고산정

$ELE_p = ELE_{vpc} + G_1 X - \frac{AX^2}{2L}$ (볼록 곡선의 경우)

$ELE_p = ELE_{vpc} + G_1 X + \frac{AX^2}{2L}$ (오목 곡선의 경우)

A : $|G_2 - G_1|$
L : 종단곡선의 길이
X : VPC에서부터의 수평거리

답 ②

144 밑에 곡선에서 VPC로부터 50m 떨어진 지점, 최고점에서 표고를 구하여라.(단, VPC의 표고는 600m이다)

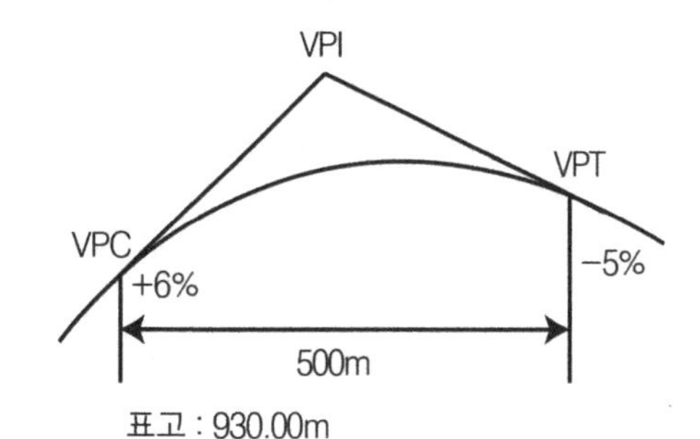

① 931.525m ② 931.725m
③ 932.525m ④ 932.725m

해설 20m지점표고

$ELE = 930 + (6 \times 0.5) - \frac{11 \times (0.5)^2}{2 \times 5}$ =932.725m

답 ④

145 밑에 +4% 와 -2% 구배를 갖는 도로부 사이를 800m의 종단곡선으로 연결하였다. 이 종단 곡선의 시작부 표고가 100.00m라고 하면 곡선의 시작부에서 500m 떨어진 지점의 표고는 얼마인가?(단, 곡선 시작부는 +4% 구배상에 있다)

① 100m ② 110m
③ 120m ④ 130m

해설 500m지점표고

$ELE = 100 + (4 \times 5) - \frac{6 \times (5)^2}{2 \times 8}$ =110.625m

답 ②

146 다음 중 신호기 설치높이(cm)의 기준은?

① 450cm 이상, 500cm 이하
② 400cm 이상, 500cm 이하
③ 450cm 이상, 550cm 이하
④ 500cm 이상, 550cm 이하

해설 신호등의 높이는 노면으로부터 수직으로 그 하단이 450cm 이상, 500cm 이하에 위치하여야 한다.

답 ①

147 도로의 횡단구성요소에 대한 설명으로 바르지 못한 것은?

① 중앙분리대-필요에 따라 유턴 등을 방지하여 교통류의 혼잡을 피함으로써 안정성을 높인다.
② 길어깨-측방여유폭을 가지므로 교통의 안전성과 쾌적성에 기여한다.
③ 정차대-정차대의 표준폭은 2.5m이며, 블록에 연속적으로 설치한다.
④ 자전거도-자전거도의 종단구배의 허용범위는 2~3%이다.

해설 자전거도의 종단구배의 허용범위는 2.5~3%이다.

답 ④

148 중앙분리대의 효과를 설명한 것이다. 옳지 않은 것은?

① 유턴(U-Turn)시 많은 도움을 준다.
② 보행자 횡단시에 안전성을 높이는 역할을 할 수 있다.
③ 좌회전 차로의 설치에 큰 도움이 된다.
④ 대향차로의 오인(誤認)을 방지한다.

답 ①

149 다음 중 과속방지시설에 대한 설명으로 틀린 것은?

① 주거지역 내 구획도로에 설치
② 보행자의 통행안전과 건축물의 환경유지를 위해 설치
③ 과속방지시설의 간격은 차량이 일정한 통행속도를 유지하도록 20~90m 범위 내에 균일한 간격으로 설치
④ 과속방지시설 통과시 속도는 20km/h를 기준으로 설치

해설 과속방지시설 통과시 속도는 25km/h를 기준으로 설치

답 ④

150 신호가 없는 교차로에서 좌회전 차로의 길이를 구할 때 기준이 되는 것은?

① 1분간의 좌회전교통량
② 2분간의 좌회전교통량
③ 3분간의 좌회전교통량
④ 4분간의 좌회전교통량

답 ②

151 비신호 교차로의 경우 좌회전 차로의 대기차량을 위한 길이의 기준이 되는 것은?

① 첨두시간 평균 1분간의 좌회전교통량
② 첨두시간 평균 2분간의 좌회전교통량
③ 첨두시간 평균 3분간의 좌회전교통량
④ 첨두시간 평균 5분간의 좌회전교통량

답 ②

152 교차로의 좌회전 차로 길이의 결정에 영향을 주지 않는 것은?

① 좌회전교통량 ② 차량 감속도
③ 차량길이 ④ 차로폭

답 ④

153 어린이 보호구역이란 초등학교, 유치원의 주

된 출입문을 중심으로 반경 몇m 범위 내에 있는 지역인가?

① 100m ② 200m
③ 300m ④ 400m

해설 초등학교, 유치원의 주된 출입문을 중심으로 반경 300m 범위 내에 안전시설 및 도로부속시설 이 설치된 지역으로서, 이 지역 내에서는 학교와 직접 연결된 도로상의 노상주차가 금지 또는 폐지되고, 필요시 자동차의 주·정차가 금지되며, 자동차의 운전속도는 30km/h 이내로 제한된다.

답 ③

154 다음 중 교통안전표지의 설치높이가 잘못 짝지어진 것은?

① 주의표지 : 100~210cm
② 규제표지 : 100~210cm
③ 지시표지 : 100이상
④ 보조표지 : 100 이하

해설 교통안전표지의 설치높이
단, 내민식, 문형식, 부착식으로 할 경우에는 500cm 이상

표 지 종 류	설치높이(cm)
주 의 표 지	100~210
규 제 표 지	100~210
지 시 표 지	100 이상
보 조 표 지	100 이상

답 ④

155 교통안전표지 중 내민식의 경우에는 설치높이가 얼마 이상이어야 하는가?

① 400cm ② 440cm
③ 450cm ④ 500cm

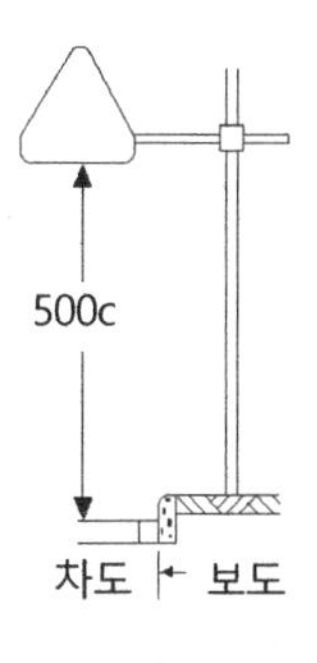

답 ④

156 교통안전표지 중 도로상태가 위험하거나 도로 또는 그 부근에 위험물이 있는 경우에 필요한 안전조치와 예비동작을 할 수 있도록 이를 도로이용자에게 알리는 표지는 어느 것인가?

① 주의표지 ② 규제표지
③ 지시표지 ④ 보조표지

답 ①

157 교통안전표지 중 도로교통의 안전을 위하여 각종 제한이나 금지 등의 규제를 하는 경우에 이를 도로이용자에게 알리는 표지는 어느 것인가?

① 주의표지 ② 규제표지
③ 지시표지 ④ 보조표지

답 ②

158 교통안전표지 중 도로의 통행방법, 통행구분 등 도로교통의 안전과 원활한 소통을 위해 필요한 사항을 도로이용자에게 지시하고 이에 따르도록 하는 표지는 어느 것인가?

① 주의표지 ② 규제표지
③ 지시표지 ④ 보조표지

답 ③

159 교통안전표지 중 주의, 규제 및 지시표지 등의 본표지 의미를 명확하게 하거나 보충 또는 추가하여 도로이용자에게 알리는 표지는 어느 것인가?

① 주의표지 ② 규제표지
③ 지시표지 ④ 보조표지

답 ④

160 교차로에서 일어나는 상충의 종류가 아닌 것은?

① 합류　　② 분류
③ 직류　　④ 교차

답 ③

161 교차로 설계시 고려해야 할 사항이 아닌 것은?

① 상대속도를 줄일 것
② 상충면적을 줄일 것
③ 연속된 상충점을 합류시킬 것
④ 상충지점수를 줄일 것

답 ③

162 교차로 설계시 고려해야 할 사항과 거리가 먼 것은?

① 회전교통로를 마련할 것
② 설계와 교통통제를 조화시킬 것
③ 지체된 교통류에 우선권을 줄 것
④ 이질교통류를 분리시킬 것

답 ③

163 도로 노선계획의 유의사항으로 잘못된 것은?

① 교차각은 될수록 직각에 가깝도록 한다.
② 엇갈림교차나 곡선부에서 교차는 피한다.
③ 종단곡선의 정상부나 맨 아랫부분에 교차로를 설치해야 한다.
④ 기능이 현격히 다른 도로와의 교차는 가능한 한 줄인다.

답 ③

164 교차로에서 상대속도를 줄일 때 얻게 되는 이점이 아닌 것은?

① 상충지점의 수를 감소시킨다.
② 도로의 용량을 증대시킨다.
③ 운전자의 판단시간이 길어진다.
④ 충돌시 상대에너지를 줄임으로써 피해를 감소시킨다.

답 ①

165 평면교차로의 간격을 결정하는데 중요하지 않는 것은?

① 해당도로 및 접속 도로의 기능
② 설계속도
③ 차로수
④ 차량의 길이

답 ④

166 평면교차로에서 도류화의 목적이 아닌 것은?

① 차량이 합류, 분류 및 교차하는 위치와 각도를 조정한다.
② 보행자 안전지대를 설치하기 위한 장소를 제공한다.
③ 주된 이동류에 우선권을 제공한다.
④ 두 개 이상의 차량경로를 원활히 교차시킨다.

해설 교차하지 않기 위해서 차량의 경로를 도류화시킨다.

답 ④

167 평면교차로에서 도류로의 폭을 결정하는 요소와 관계가 가장 먼 것은?

① 설계차량　　② 곡선반경
③ 차로수　　④ 전향각

답 ③

168 교차로의 도류화로 기대되는 효과가 아닌 것은?

① 안전성 제고　　② 용량증대
③ 명확한 통행경로　　④ 교통량의 증대

답 ④

169 평면교차로에서 도류화를 위한 일반적인 설계원칙이 아닌 것은?

① 바람직하지 않은 교통흐름은 억제되거나 금지되어야 한다.
② 차량의 진행경로는 분명히 표시하지 않아도 된다.
③ 차량의 진행경로는 분명히 표시되어야 한다.
④ 차량의 본래 주행속도는 되도록 유지되어야 한다.

답 ②

170 **평면교차로에서 도류화를 위한 일반적인 설계 원칙이 아닌 것은?**

① 상충이 발생하는 지점은 가능한 한 분리시켜야 한다.
② 교통류는 서로 직각으로 교차하고 비스듬히 합류해야 한다.
③ 우선 순위가 높은 교통류의 처리가 우선적으로 이루어져야 한다.
④ 우선 순위가 낮은 교통류의 처리가 우선적으로 이루어져야 한다.

답 ④

171 **평면교차로에서 도류화를 위한 일반적인 설계 원칙이 아닌 것은?**

① 바람직한 교통통제기법이 충분히 활용될 수 있어야 한다.
② 직진차량은 되도록 속도변화를 갖지 않아야 한다.
③ 보행자에 대한 안전성을 높인다.
④ 직진차량은 되도록 속도변화를 갖게 해줘야 한다.

답 ④

172 **교통섬의 설치하는데 일반적인 설계원칙이 아닌 것은?**

① 차로나 회전 차로는 운전자들에서 자연스러운 주행을 유도해야 한다.
② 교통섬의 설치 횟수는 최대한으로 유지되어야 한다.
③ 교통섬은 적정 크기를 확보해야 한다.
④ 교통섬은 시거가 확보되지 않는 지점이나 급한 평면곡선 내에는 설치할 수 없다.

해설 교통섬의 설치 횟수는 최소한으로 유지되어야 한다. 이 외에도 교통운영면으로 볼 때 회전차로가 설치되면 회전 교통류에는 독립적인 교통표지나 신호등 현시가 제공되어야 한다.

답 ②

173 **도시부에서 교통섬의 최소 크기는?**

① 3m² ② 5m²
③ 7m² ④ 9m²

해설 교통섬의 최소크기

	교통섬의 크기(m²)	
	최소	부득이한 경우
도시부	9	5
지방부	9	7

답 ④

174 **인터체인지 배치 계획에 있어서의 기준으로 올바르지 못한 것은?**

① 주요 간선도로와의 교차 또는 접근 지점
② 인구 30,000명 이상의 도시외곽 지역 또는 인터체인지 세력권 인구가 50,000~100,000명 정도가 되도록 배치
③ 중요한 항만, 비행장, 유통시설, 기타 중요한 지역을 통하는 도로와의 교차
④ 인구 50,000명 이상의 도시외곽지역

답 ④

175 **인터체인지 배치 계획에 있어서의 기준으로 올바르지 못한 것은?**

① 인터체인지의 출입교통량이 30,000대/일 이하가 되도록 배치
② 인터체인지 간격이 최소 2km, 최대 30km가 되도록 배치
③ 고속도로 본선과 인터체인지마다에 걸리는 총비용 편익비가 극대가 되도록 배치
④ 인터체인지 간격이 최소 4km, 최대 30km가 되도록 배치

답 ④

176 **입체교차로를 설치하여야 할 설계속도로서 적합한 것은?**

① 80km/h ② 90km/h
③ 100km/h ④ 120km/h

답 ①

177 **평면 교차계획의 설계에서 기본원칙으로 틀린 것은?**

① 교차지수는 4지 이하로 한다.
② 교차각은 90도에 가깝게 한다.
③ 교차점에서의 주이동류는 직선에 가깝게 한다.
④ 교차점의 간격은 가능하면 적게 한다.

해설 교차점간의 간격을 너무 짧게 하면 램프부에서 곡률반경이 지나치게 커진다.

답 ④

178 동일한 평면상에서 도로와 철도가 교차하는 경우 교차각도는 몇 도 이상으로 하는 것이 좋은가?

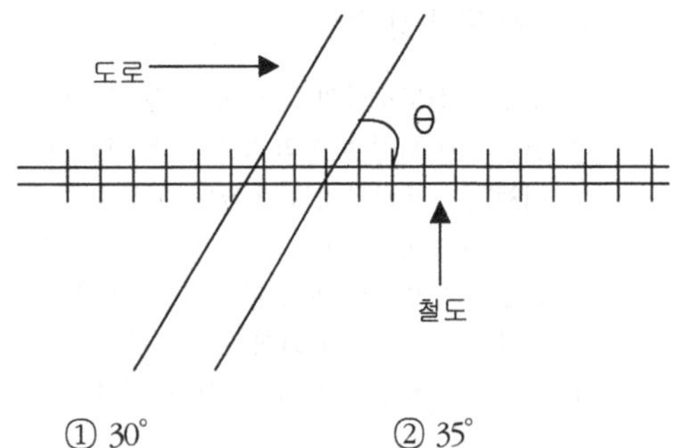

① 30°　② 35°
③ 40°　④ 45°

답 ④

179 4지 교차로의 상충횟수는?

① 32개　② 172개
③ 42개　④ 142개

답 ①

180 6지 교차로의 상충횟수는?

① 32개　② 172개
③ 42개　④ 142개

답 ②

181 입체교차로의 설치기준에 해당하지 않는 것은?

① 상위 기능도로를 입체화한다.
② 입체화하는 도로의 차선수는 2차선 이상으로 한다.
③ 자동차 전용도로, 주간선도로 또는 보조간선도로에 설치한다.
④ 도심 이외의 지역으로서 용지의 제약이 있는 교차로에 설치한다.

해설 입체교차로는 최소 양방향 4차선 이상의 차선에 대하여 설치한다.

답 ②

182 다음 중 인터체인지의 단점은?

① 교통용량을 증가시킨다.
② 상충을 최소화한다.
③ 교통류를 원활하게 한다.
④ 넓은 용지가 소요

답 ④

183 교차하는 도로 사이에 연결로를 붙인 도로를 무엇이라고 하는가?

① 평면교차로　② 인터체인지
③ 합류교차　④ 복합 입체 교차로

답 ②

184 도로의 교차방식 중 출입 제한도로 상호간의 교차에 사용되는 입체교차로는?

① 평면교차로　② 인터체인지
③ 합류교차　④ 로타리

답 ②

185 입체 교차형식의 종류에 해당되지 않는 것은?

① 반트럼펫형　② 다이아몬드형
③ 클로버형　④ 직결형

답 ①

186 다음 중 완전 입체교차형이 아닌 것은?

① 직결형
② 트럼펫형(3갈래교차)
③ 클로버형
④ 다이아몬드형

해설 1번, 2번, 3번 외에도 2중 트럼펫형(4지교차) 등이 있다.

답 ④

187 다음 중 불완전 입체교차형이 아닌 것은?

① 불완전 클로버형

② 트럼펫형(3갈래교차)
③ 트럼펫형(4갈래교차)
④ 다이아몬드형

해설 1번, 3번, 4번 외에도 준직결형, 로터리형, 교차점 입체교차 등이 있다.

답 ②

188 다이아몬드 인터체인지에 비해 공사비가 훨씬 많이 소요되므로 도시부에서 설치하기가 어렵고 도시 외곽부나 지방부에서 좌회전 교통류를 신속히 처리할 필요가 있는 지점에 대해서 설치하는 인터체인지는?

① 완전 클로버형 ② 직결형
③ 트럼펫형 ④ 준직결형

답 ①

189 2개의 평면교차로가 인접하고, 병목현상이 발생하는 단점이 있는 인터체인지는?

① 다이아몬드형 ② 로터리형
③ 완전크로바형 ④ 직접연결형

답 ①

190 다음 그림과 같은 입체 교차형식을 무엇이라고 하는가?

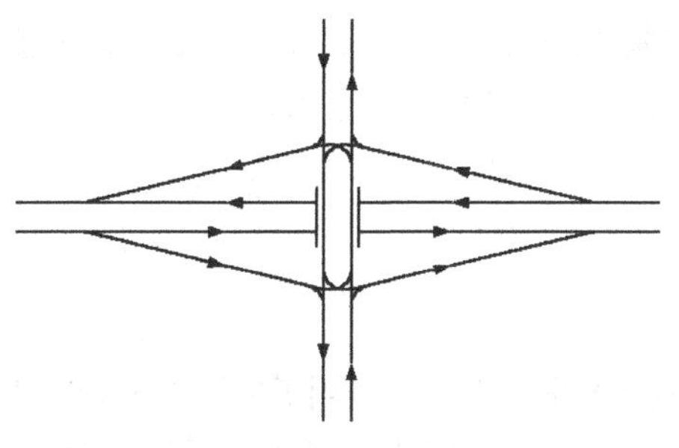

① 다이아몬드형 ② 직결형
③ 2중 트럼펫형 ④ 로터리형

답 ①

191 연결로의 일부를 겹쳐서 엇갈림이 수반되고, 5지 이상 교차로에 적합한 것은?

① 다이아몬드형 ② 직결형
③ 2중 트럼펫형 ④ 로터리형

답 ④

192 횡단도로의 교통량이 비교적 많은 경우 주도로에서 빠져나오는 램프부와 횡단도로 간의 교통량을 효율적으로 처리하기 위해 교통신호등을 설치해야 할 필요성이 있는 인터체인지는?

① 다이아몬드형 ② 직결형
③ 2중 트럼펫형 ④ 로터리형

해설 다이아몬드 인터체인지의 설계에서 가장 중요한 것은 횡단도로상에서 램프부로 진입하는 좌회전 차량을 처리하는 방법이며 이를 위해 側道를 설치하는 경우가 많다.

답 ①

193 좌회전 차량들의 통행거리가 길고 엇갈림이 발생하며 인터체인지 설치를 위해 많은 부지가 필요하다는 단점이 있는 인터체인지형은?

① 다이아몬드형 ② 직결형
③ 2중 트럼펫형 ④ 완전클로바형

답 ④

194 다음 교차로의 연결로 중 교통사고 발생률이 가장 높은 유형은?

① 다이아몬드형 유입연결로
② 트럼펫형의 유출연결로
③ 좌측접속 유출연결로
④ 집산도로가 없는 루프형 유입연결로

해설 좌측접속 유출연결로는 사고 위험성이 높아 불가피한 경우 이외엔 설계하지 않는다.

답 ③

195 가장 소요면적을 많이 차지하는 교차로 형식은?

① 다이아몬드형 ② 완전클로버형
③ 트럼펫형 ④ 준직결형

답 ②

196 연결로 형식 중 교통용량이 가장 적은 형식은?

① 우직결연결로 ② 준직결연결로
③ 좌직결연결로 ④ 루프연결로

해설 루프연결로는 준직결, 직결연결로보다 용량이 상당히 저하되고, 우회하기 위하여 여분의주행거리를 주행하게 되므로 교통량이 적은 쪽의 연결로에 루프를 사용하는 것이 교통용량의 면에서나 주행비용의 관점에서도 타당한 것이다.

답 ④

197 다음 중 기본 차로수 균형의 원칙에 위배되는 것은?

① 분류부 본선의 차로수는 분류 이후 차로수 합에서 1을 감한 값과 같아야 한다.
② 합류부 본선의 차로수는 합류 이전 차로수 합에서 1을 감한 값과 같거나, 혹은 합류 이전 차로수 합과 같아야 한다.
③ 차로의 감소는 한 번에 1차로보다 더 줄어서는 안 된다.
④ 차로의 감소는 한 번에 1차로보다 더 줄일 수 있다.

답 ④

198 완전 클로버형 입체 교차로의 최소면적은?

① 10,000㎡　② 50,000㎡
③ 30,000㎡　④ 100,000㎡

답 ④

199 용지가 비교적 적게 소요되며 4지 교차의 대표적인 인터체인지형은 어느 것인가?

① 완전클로버형　② 로터리형
③ 다이아몬드형　④ 직결형

답 ③

200 다음 그림의 연결로는 어떤 형식인가?

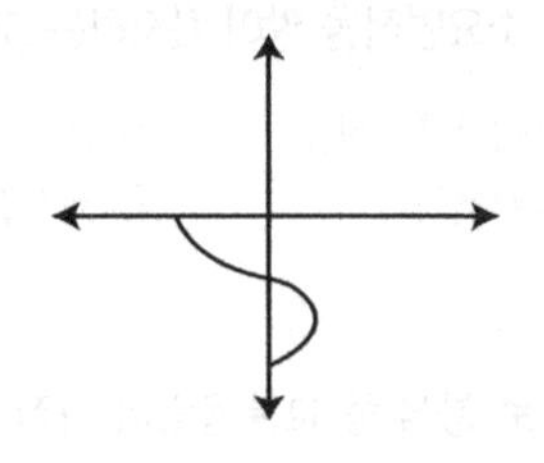

① 준직결식(semi-direct)
② 직결식(direct)
③ 루프식(loop)
④ 4분원식(one quardrant)

답 ①

201 자동차 전용도로의 상호간 연결시 가장 적합한 교차형식은?

① 완전입체교차　② 불완전입체교차
③ 평면교차　④ 부분입체교차

답 ①

202 인터체인지 구성에 포함되지 않는 것은 무엇인가?

① 램프　② 감속차선
③ 가속차선　④ 위빙

해설 Weaving은 일종의 교차현상이다.

답 ④

203 다음 중 크로바형 인터체인지의 특징이 아닌 것은?

① Weaving이 없다.
② 좌회전은 270°각도로 이루어진다.
③ 용지 점유가 많다.
④ 완전 입체의 접속방식이다.

답 ①

204 교차하는 도로 사이에 연결로(ramp)를 붙인 도로를 무엇이라 하는가?

① 인터체인지　② 평면교차
③ 단순입체교차　④ 복합입체교차

답 ①

205 도로의 입체교차형식 중에서 램프를 한 곳에 모을 수가 있어서 요금징수에 편리한 것은?

① 완전클로바형　② 직결형
③ 다이아몬드형　④ 트럼펫형

답 ④

206 인터체인지간의 최소거리는?

① 5.5km　② 3.5km

③ 2.0km ④ 500m

답 ③

207 철도 건널목의 양측에서 각각 몇 미터까지의 구간은 건널목을 포함하여 직선으로 하여야 하는가?

① 10m ② 20m
③ 30m ④ 35m

답 ③

208 도로가 철도와 동일한 평면에서 교차하는 경우 최소 교차각은?

① 45° ② 50°
③ 70° ④ 85°

답 ①

209 교차로에서 우회전 전용차선을 설치하는 요건으로 부적절한 것은?

① 우회전 교통이 특히 많은 경우
② 우회전 차량의 속도가 높은 경우
③ 우회전 차량과 우회전 유출부의 보행자가 많은 경우
④ 교차각이 예각이 아닌 경우

답 ④

210 횡단보도의 최소폭은?

① 1m ② 2m
③ 3m ④ 4m

답 ④

211 횡단보도는 육교, 지하도 및 다른 횡단보도로부터 몇 m 이내에 설치하지 않는가?

① 100m ② 200m
③ 300m ④ 400m

해설 횡단보도는 육교, 지하도 및 다른 횡단보도로부터 200m 이내 등에는 설치하지 않는다. 단, 어린이보호구역으로 지정된 구간 내 또는 보행자의 안전이나 통행을 위하여 특히 필요하다고 인정되는 경우에는 설치할 수 있다.

답 ②

212 횡단보도는 곡선구간, 오르막길, 내리막길 및 터널입구로부터 몇 m 이내에 설치하지 않는가?

① 100m ② 200m
③ 300m ④ 400m

답 ①

213 회전차선 및 변속차선의 폭의 기준은 얼마인가?

① 2.75m ② 3.25m
③ 3.0m ④ 3.5m

답 ③

214 중앙선의 황색점선이 뜻하는 것으로 바른 것은?

① 반대방향의 교통에 주의하면서 양방향 모두에서 넘어갈 수 있다.
② 어떤 경우에도 양방향 모두에서 넘거나 침범할 수 없다.
③ 첨두시간에만 넘어갈 수 있다.
④ 2차로 이상의 도로에서 앞지르기 금지구간에 설치한다.

답 ①

215 중앙선의 황색실선이 뜻하는 것으로 바른 것은?

① 반대방향의 교통에 주의하면서 양방향 모두에서 넘어갈 수 있다.
② 어떤 경우에도 양방향 모두에서 넘거나 침범할 수 없다.
③ 첨두시간에만 넘어갈 수 있다.
④ 점선구역에서 반대방향의 교통에 주의하면서 넘어갈 수 있다.

답 ②

216 표지의 고려할 요소 중 뚜렷하게 보일 수 있도록 만전을 기할 사항과 거리가 먼 것은?

① 색상 ② 크기, 모양
③ 전단 ④ 조명

답 ③

217 도로에서 대피소의 상호간 거리가 적당한 것은?

① 100m ② 200m
③ 300m ④ 400m

답 ③

218 안전표지의 기본요건과 관계가 없는 것은?

① 필요에 부응할 것
② 도로 사용자의 순응을 유도할 것
③ 여건에 대응할 수 없는 시간의 미확보
④ 주의를 환기시킬 수 있어야 할 것

답 ③

219 노면표지의 역할과 관계가 먼 것은?

① 교통류의 규제 ② 교통류의 안내
③ 교통류의 처리 ④ 교통류의 경고

답 ③

220 신호등의 수평적 위치에서 전방가시 범위는?

① 직전방 10°내외 ② 직전방 15°내외
③ 직전방 20°내외 ④ 직전방 25°내외

답 ②

221 도로교통의 안전을 위하여 각종 주의, 규제, 지시 등의 내용을 노면에 기호, 문자 또는 선으로 도로 이용자에게 알리는 표시를 무엇이라 하는가?

① 전광판 ② 신호등
③ 안내표시 ④ 노면표시

답 ④

222 노면표시는 어떤 것이 있는가?

① 규제표시, 지시표시 ② 규제표시, 안내표시
③ 규제표시, 주의표시 ④ 지시표시, 주의표시

답 ①

223 노면표시에서 사용하는 선의 의미가 틀리게 설명된 것은?

① 점선 : 허용 ② 실선 : 제한
③ 복선 : 의미의 강조 ④ 실선 : 허용

답 ④

224 노면표시의 기본색이 아닌 것은?

① 백색 ② 적색
③ 황색 ④ 청색

답 ②

225 노면표시의 색이 의미하는 뜻으로 틀린 것은?

① 백색 : 동일한 방향의 교통류 분리 및 경계 표시
② 황색 : 반대방향의 교통류 분리, 도로이용의 제한 및 지시 표시
③ 청색 : 지정방향의 교통류 분리 표시
④ 백색 : 반대방향의 교통류 분리 및 경계 표시

답 ④

226 버스정류장의 구조기준에 대한 설명으로 틀린 것은?

① 가속차선의 길이는 1 : 4 정도로 할 것
② 감소차선 테이퍼는 1 : 4 정도로 할 것
③ 1개의 주차면의 길이는 15m 이상으로 할 것
④ 정지차선의 폭은 3m 이상으로 할 것

해설 가속차선의 길이는 1 : 6 정도로 할 것

답 ①

227 다음 중 버스정류장의 유형이 아닌 것은?

① far-side stop ② near-side stop
③ up-side stop ④ mid-block stop

답 ③

228 휴식시설(parking area 및 service area)의 표준간격과 최대간격은 얼마로 적당한가?

① 10km, 20km ② 15km, 20km
③ 15km, 25km ④ 20km, 25km

해설 · 모든 휴게소 상호간 : 표준 15km, 최대25km
· 서비스 제공장소 상호간 : 표준 50km, 최대100km

답 ③

229 휴게시설의 배치시 휴게소 상호간의 표준은 얼마정도 떨어지는 것이 바람직한가?

① 30km ② 50km
③ 100km ④ 120km

답 ②

230 주차장 설계시에 설계차량으로 결정할 때 고려해야 할 사항이 아닌 것은?

① 주차장이 피크로 될 때 가장 영향을 주는 차종을 설계차량으로 한다.
② 설계차량에는 장래의 차량치수의 변화를 고려해 주어야 한다.
③ 설계차량의 승객 출입을 위한 차량문의 여닫이를 고려해 주어야 한다.
④ 주차장의 공간을 효과적으로 이용하면서 질서있는 주차를 기대하기 위하여 과대한 차량을 설계차량으로 사용하지 않는다.

답 ②

231 노외주차장의 설계에 관한 다음 설명 중 옳지 않은 것은?

① 주차 차량을 한군데에 집합 처리한다.
② 노상 주차장에 비해 비교적 교통사고가 많이 발생한다.
③ 주차면의 수는 직각 주차방식일 때가 가장 많이 확보된다.
④ 주차장으로 진입하는 도로의 설계가 매우 중요하다.

답 ②

232 옥내 주차장에 대한 설명으로 옳은 것은?

① 입구 차로수는 출구차로수의 2배로 하는 것이 바람직하다.
② 아래위층을 연결하는 일반적인 램프의 최대설계용량은 차로당 150vph이다.
③ 옥내주차장은 램프식, 경사바닥식, 기계식으로 분류할 수 있으며, 지가가 싸고 넓은 장소에서는 기계식으로 운영하는 것이 경제적이다.
④ 1시간 이내 완전히 채우거나 비울 수 있어야 한다.

답 ④

233 Park and Ride 주차시설을 옳게 설명한 것은?

① 공원이나 유원지에서 입장료를 낸 사람에게 개방된 주차장
② 대중교통 연계지점에 건설된 주차장으로 이곳에 승용차를 주차시킨 후 대중교통으로 갈아차게 하기 위해서 만든 주차장
③ 전철이나 지하철역에 건설된 주차장으로 역세권 개발을 위해 만들어진 것
④ 공원 내에서 공원 내를 운행하는 셔틀버스에 갈아타기 위해 만든 주차장

답 ②

234 교통량이 적은 가로부에 길이 100m에 걸쳐서 평행식 노상주차장을 설치하려 한다. 몇 대가 주차 가능한가? (단, 100m 중에 횡단보도 등 노상주차장이 단절되는 부분이 없는 것으로 가정한다)

① 15대 ② 16대
③ 20대 ④ 28대

해설 평행식 주차장 일반형 주차면당 주차길이는 6m 이다.

답 ②

235 다음 중 도로별 보도의 최소폭으로 틀린 것은?

① 지방지역도로 : 1.5m
② 도시지역 주·보조간선도로 : 3.0m
③ 집산도로(도시지역) : 2.0m
④ 국지도로(도시지역) : 1.5m

해설 집산도로(도시지역) : 2.25m

답 ③

236 방호울타리의 기능이 아닌 것은?

① 주간 및 야간에 운전자의 시선을 유도한다.
② 차량의 차도이탈을 방지한다.
③ 보행자를 보호한다.
④ 보행자의 횡단억제에 이용한다.

답 ①

237 주차장 설계시 주차효율이 가장 낮은 주차방식

은?

① 평행 주차　　② 60°주차
③ 30°주차　　④ 직각 주차

답 ①

238 옥내주차장의 종류에 포함되지 않는 것은?

① 램프식　　② 경사바닥식
③ 평행식　　④ 기계식

답 ③

239 경사식 주차장의 경사의 최대치는?

① 2.5%　　② 3.5%
③ 5.5%　　④ 6.5%

해설 경사바닥식 주차장의 경사 크기는 5.5%를 넘어서는 안 된다.

답 ③

240 차종이 소형차인 주차장 설계시 중앙통로의 폭이 큰 것부터 작은 것 순으로 나열시 맞는 것은?

㉮ 45°전진주차	㉯ 90°후진주차
㉰ 60°전진주차	㉱ 90°전진주차

① ㉰-㉮-㉯-㉱　　② ㉱-㉰-㉯-㉮
③ ㉯-㉮-㉰-㉱　　④ ㉱-㉯-㉰-㉮

답 ④

241 도시계획시설로서 출입구가 2개 이상 있는 곳의 주차형식별 주차장 차로 너비로 부적절한 것은?

① 평행 주차 : 3.3m
② 직각주차 : 5m
③ 60도 대향주차 : 4.5m
④ 40도 대향주차 : 3.5m

답 ①

제4장

도시계획개론

1. 도시사

1.1 고대

1.1.1 그리스

그리스의 자연적 조건은 해안선이 복잡하고 산지가 많으며 평지는 분산적이어서 각 지역이 분립하여 공동체를 이루게 되었다. 지주들은 농촌을 떠나 방위를 위하여 성을 두르고 신전을 짓고 정치와 철학, 학문, 예술을 논하며 거주하는 Polis, 즉 도시 국가를 형성하였다. 아테네를 제외한 거의 모든 그리스의 Polis는 1만명 내외의 소규모로서 성벽에 의해 도시부와 전원부로 구분되었다.

도시부는 정치·경제·문화의 중심지였으며 중앙에는 Acropolis라는 구릉 위에 종교 건축군을 이루어 종교적 중심이 되게 하였으며 시가에는 Agora라고 부르는 광장이 있어서 회의, 재판 및 사교 등 시민의 생활 무대가 되는 다목적 용도로 사용되었다. Agora의 위치는 도시의 주입구와 Acropolis 입구 사이에 배치되었고 중요 간선도로가 이곳으로 연결되어 있었다.

1.1.2 로마

로마는 그리스의 도시계획 기법에 근간을 두고 발전하였다.

"로마는 하루아침에 이루어진 것이 아니다"라는 말처럼 로마는 오랜 기간을 통해 놀랄만한 대도시로 발전하여 전성기의 로마의 면적은 12km^{2}에 이르며 인구 100만명에 달하는 큰 규모였다. 로마에는 11개의 공중목욕탕, 2개의 원형극장, 28개의 도서관, 30개의 공원, 1790동의 대저택, 46602개의 insula, 500개의 분수가 있었다.

이와 같은 도시의 성장과 더불어 심각한 주택난과 수송문제가 야기되었다. 이러한 대도시를 유지하기 위하여 동서남북을 잇는 2개의 직선가로 Cardo, Decumanus와 직교상의 규칙적 도로망은 도시 전체에 걸쳐 대칭성이 강조되어 있는 모습을 나타내고 있다. 그리고 광대한 영토를 지배하기 위하여는 대형차에 의한 대량 수송이 필요하였기 때문에 로마를 중심으로 폭이 넓고 잘 포장된 도로가 전 영토로 뻗게 되어 "모든 길은 로마로 통한다"라는 말이 생겼다. 그들은 또한 신선한 물을 끌어오기 위하여 거대한 상수도관을 건설하였다. 로마 황제와 통치자는 제국과 그들 자신을 위하여 거대한 기념물인 Forum을 건설하여 그 주변에 의사당, 신전, 시장 등 대규모의 공공 건축물을 세웠다. 그리스 도시에는 없으나 로마가 가지는 구성 요소로는 thermae라고 부르는 공중목욕탕과 insula가 있었다. 각 insula는 특권이 적은 한 계급의 일단의 거주 단위였다. insula는 높이가 수층이나 되었고 건물이 초라했으며 불에 약한 목조 건물로서 퇴화하기 쉬웠다. 로마의 도시계획은 행정적이고 도시 설비적인 관점에서 대도시 문제를 해결해 나갔으나 창조성은 결여되어 있었다.
로마제국은 타국의 정복과 지배의 수단으로 각 지방에 많은 도시를 건설하였는데 3가지 방식으로 구분된다.

① 식민도시 - 새로 정복한 영토를 지배하기 위한 근거지로 건설한 도시
② 병영도시 - 변경지대 수비병의 주둔지로서 건설한 도시
③ 상업도시 - 교통의 요지에 건설된 도시로서 현존하는 유럽 도시의 기원이 되는 경우가 많다.

1.2 중세

로마제국의 멸망 이후 중세도시는 농노제도에 의한 농업이 주축을 이루었기 때문에 봉건 영주의 거처를 중심으로 도시가 형성되었다. 그러나 11C 이후부터는 농업기술이 향상되고 도시는 물질 교류의 장소가 되었다. 즉 도시는 영주, 귀족, 승려들의 소비의 장소임과 동시에 상인들의 교역 장소라는 상업중심의 성격을 띠게 되었다.
특히 수공업이 중심도시와의 무역으로 발달하였는데 이러한 지중해의 중심도시로서 크게 발달한 도시로는 베니스, 플로렌스, 밀라노 등이 있다. 또한 중세의 도시발달은 상인조합(guild)의 활동에 힘입은 바가 컸다. 상인들은 시의회를 조직하여 봉건 영주 대신에 실질적인 도시의 지배자로 등장하게 되어도 이러한 guild의 영향력의 증대와 화폐 경제로의 전환은 도시 행정의 진보를 가져오게 되었다.
중세도시의 구조와 경관은 과학 기술적 요인보다는 자연적 및 사회적 요인에 의해 좌우되었다. 즉 자연적 요인은 급수, 방위, 교통 등의 지리적 요건이며 사회적 요인은 당시의 사회제도와 사상으로서 성직자, 봉건 영주, guild 조직을 찬미하기 위하여 교회당, 시청 광장, 시청사, guild가 등을 건설하였는데 이들은 성벽에 의해 둘러싸여 중세도시의 핵을 이루었다.
특히 대성당은 대규모로 건설되어 성벽과 함께 도시의 skyline을 지배하였다. 그러나 도시는 방어를 유리하게 하기 위하여 지형이 불규칙한 구릉이나 섬 등에 입지하였고 두꺼운 성벽으로 둘러싸여 있으며 교통 및 급수 조건의 한계로 도시규모는 직경 1 mile 이내로서 인구는 5만명 이하였다.

이들의 대표적인 중세도시로는 시에나, 카르카손, 몬트파지에 등이 있다.

1.3 근세

도시 발달사에서 근세란 15C부터 18C까지를 말하며 그 전반을 르네상스 시대 그리고 그 후반을 바로크 시대로 구분할 수 있다.
르네상스는 문학, 미술, 건축뿐만 아니라 자연과학 분야에서도 새로운 이론과 기술이 나타나서 도시의 구조와 형태를 크게 바꾸어 놓았다. 코페르니쿠스의 지동설은 종래 인간의 가치관과 도시 관념에 일대 변혁을 가져왔고 나침반의 발명에 따른 콜럼부스의 신대륙 발견을 비롯한 많은 지리상의 발견은 식민지 개척과 무역확대를 통한 자본 축적을 가능케하여 새로운 부유한 상인계급을 출현시켰다. 화약과 대포의 발명은 도시의 성벽을 무용화시키게 되어 폐쇄도시에서 개방도시로 공간구조적 변화를 가져오게 되었다.
절대주의를 최대의 기반으로 하는 바로크 도시의 특징은 기하학적인 형태와 전망을 가진 직선도로, 격자형과 방사형의 형태를 조합시킨 정원과 정원광장이다. 마차의 출현에 따라 대로는 직선화되고 부차가로와 분리되었지만 폭이 넓은 대로는 왕이나 군주의 권위를 상징하였다. 이에 따라 군주가 거처하는 궁전은 도시 중심부에 위치하지 않고 원근법적으로 바라보았을 때 그 시종점에 자리잡았고 도시를 강한 중심축과 좌우대칭의 기하학적 형태로 개조하였는데 당시에 건설된 대표적인 도시로는 대정원을 포함하고 있는 베르사이유와 32개의 방사상 가로로 계획된 카를스루에 등을 들 수 있다. 또 이러한 대궁전 주위에는 대광장, 대광로가 축조되었다.
그리고 이 시대를 전후하여 성곽이 무용화되고 도시구역이 확대되었는데 여러 도시에는 성벽을 철거한 자리에 환상도로를 조성하여 오늘날 도심공간의 미관 증진에 크게 기여하고 있는바 대표적인 도시로는 비엔나를 들 수 있다.
르네상스와 바로크 시대의 도시계획적 특징은 도시미에 있었는데 당시의 도시설계 기법의 특징에 대해 Abercrombie는 다음의 4가지로 구분하였다.

① 직선광로
② 고전적 수법(격자형 가로)의 재도입
③ 조원적 설계
④ 새로운 형태의 광장과 광장군
한편 이 시대에는 알베르티, 필라레, 뒤러 등의 건축가들에 의해 수많은 이상도시안이 제안

되었고 기존 도시에 대한 재정비계획도 이루어졌다.

1.3.1 르네상스

중세의 붕괴와 르네상스는 새로운 도시에 대한 생각을 불러 일으켰다. 자본이 어느 정도 축적되고 화약이 발명되었으며 대형 사륜차의 등장으로 도로가 넓어지고 똑바르게 되었다. 도시의 인구집중은 인구와 위생에 대한 문제를 제기하게 되었다.
여기에 비트루비우스의 건축십계가 발견되자 당시의 도시계획가에게 그것은 새로운 지침서로 각광받게 되었고 이에 영향 받은 여러 이상도시의 계획안이 나오게 되었다.
르네상스의 초기에 도시계획의 개념은 중세의 종교적이고 상징적인 해석을 벗어나게 되었으며 인본주의이면서도 군사적인 이상도시로서 전개하였다. 그러나 통일된 개념의 도시로서 이상적인 계획들은 단순히 형식적이고 군사적인 고려에만 의존하여 알아보기 쉬운 mannerism에 빠지게 된다.
이렇게 되는데는 대부분의 계획안들이 부와 권력의 결핍으로 실현을 보지 못했을 뿐만 아니라 중앙 집권의 강화, 경제적인 부담 등 사회여건의 변화로 단지 이상에만 그치게 된 데 원인이 있다.

1.4 근대

1.4.1 근대도시계획의 형성과정

18세기 말 이전까지의 도시는 완만한 발달을 보였으나 산업혁명과 더불어 도시가 급격히 성장하기 시작하였으며 근대적인 도시체계를 형성하였다. 19세기에 들어 영국에서 일어난 산업혁명으로 인하여 기계력의 사용에 의하여 생산과 수송이 비약적으로 확대되었을 뿐만 아니라 가내 수공업으로부터 공장제 수공업에 의한 대량 생산으로 변화하고 도시로 향해 많은 인구가 집중하여 도시 인구의 급격한 증대를 보았다. 도시화는 공업화와 거의 정비례하였으며 더 많은 도시 거주자가 그 전의 어느 때보다도 생계를 제조업에 의존했다.
19세기 이후는 공장 생산의 발달과 새로운 수송 방법으로 더 많은 노동자가 발달하는 공업도시에 거주할 수 있게 되어 비도시적 지역에서의 이동을 촉진하였다. 이러한 공업도시의 발달은 도시에 매연, 소음, 과밀 주거, 도시의 불규칙한 확장, 도시지역의 거대화, 기생적 도시 교외의 발생, 농촌의 황폐, 도시미, 전원미의 오손 등의 현상을 야기시켰다. 이러한 도시문제들이 대두됨에 따라 초기의 이상 도시안들이 주로 사회 개혁가들에 의해 제안되었으나 이 제안들은 너무 공상적이거나 경영에 난점이 있어 실제로는 거의 실현되지 못했다.

그러나 현대에 들어서면서 도시계획에 있어서는 조사와 분석을 통한 과학적인 방법이 도입되기 시작하였으며 산업혁명 이후 대도시에로의 인구 유입이 커다란 도시 문제화하자 대도시의 불규칙한 팽창을 억제하고 분산주의적인 도시 설계안이 나오게 되었다. 이것들 중 가장 대표적인 것이 전원도시(Garden City)안이다.

전원도시안은 도시와 농촌의 장점을 취하면서 인구 분산 정책을 실현하도록 한 것이며 전원도시의 영향으로 전원촌락, 전원교외 등이 생겨났고 단일 성격의 중심을 가진 소규모의 도시로서 모체도시의 기능을 보완하는 위성도시(Satelite City)안도 있었다. 반면에 도시의 중심에 인구 300만을 집중시키자는 집중주의적 대도시론도 있었으며 지역계획 이론도 생겨났다.

1944년 런던구역 계획에는 Greenbelt 개념이 도입되어 도시의 무질서한 확산을 규제하였으며 영국에서는 전원도시의 영향으로 신도시가 생겨났다. 또 지구 재개발, 지구 수복, 지구 보존 등으로 정의될 수 있는 도시 재개발 수법이 개발되어 불량화한 도시 일부를 도시의 기능과 환경의 개선이라는 목표에 맞게 뜯어 고치는데 크게 기여했다. 또한 제 1차 세계대전이후 영국에서는 실업 구제, 국력 회복, 신업 진흥 등의 목표로 지역 계획이 발달하였으며 이러한 지역 계획은 프랑스, 독일 등지에서도 활발하게 이루어졌다.

한편 미국에서는 지역 지구제의 출현으로 토지이용의 기술과 지식에 대하여 중요한 기여를 하였으며 이 지역 지구제를 도시계획을 시행하기 위한 수단으로 일반적으로 채택하였다. 산업혁명의 결과로 빚어진 거대한 공업도시의 추악함은 시카고에서 열렸던 만국 박람회에서 새로운 희망과 신선한 감각으로 바뀌었는데 이것이 도시미 운동의 시초이다. 도시미 운동은 결코 도심부나 훌륭한 공공건물에 국한된 것이 아니었으며 도시 개선에 대한 범국가적인 계획이었으며 그 영향으로 고전적인 건물이 많이 지어졌으며 공지도 충분히 확보하고자 노력하였다.

또 20세기 초에 들어서 커뮤니티의 문제들을 토의하기 시작했으며 그 결과로 근린주구 단위에 의한 계획이 탄생하였다. 근린주구의 규모는 일반적으로 1개의 초등학교를 운영할 수 있는 정도로서 융통성이 있었으나 주구 내의 생활의 안전을 지키고 생활 편익 시설들을 확충하여 편익성과 쾌적성을 확보하는 것을 목표로 하고 있다. 한편 거대도시가 발달한 것도 20세기의 특히 현저한 현상이다.

1.4.2 산업혁명 이후의 이상도시

산업혁명과 프랑스 혁명으로 인하여 민족국가의 성립과 산업화는 각국 도시내부구조를 근본적으로 변화시켜 놓는 계기가 되어 도시의 확대와 인구의 유입이 크게 나타났다. 새로운 군사기술과 전술이 급격히 발전되고 공업이 급격히 발달되기 시작하면서 도시의 벽이 무너지고 도시는 그 주변으로 끝없이 확장되어 뻗어갔다. 산업화로 인한 도시 인구집중은 환경불량의 slum지구가 생기고 유행병 등의 위생문제가 도시문제로 대두됨에 따라 현대 초기의 이상도시안들이 쏟아져 나오게 되었다.

1.4.3 Howard의 전원도시

영국의 근대 도시화 과정에서 표출된 것은 도시 인구의 대부분이 도시 산업 시설의 집적지에 혼재함으로써 도시 사회의 병폐 현상을 야기시켰다. 이에 대하여 1898년 Howard는 전원도시운동(Garden City Movement)의 구체적인 방법론을 제시하였으니 그의 저서 〈Tomorrow : A Peaceful Path To Real Reform〉에서 신선한 공기와 자연 환경의 아름다움으로 건강 생활을 유지하면서 도시민에게 작업과 여가의 기회를 부여할 수 있는 전원도시의 필요성을 강조했다.

그가 주장한 전원도시이론은 대도시 또는 자립도시의 계획 방법으로서 도시와 전원의 공간적 기능을 적절히 조정시킴으로서 생산 활동을 효율적으로 높이고 그 도시의 생활환경을 전원적인 아늑한 분위기로 만듦으로써 도시 생활을 윤택하게 할 수 있다는 이상론을 제시하였다.

그는 도시(town), 전원(country), 전원도시(town country)를 3개의 자석에 비유하였다.

그는 전원도시의 조건으로 다음과 같은 조건을 내세웠다.

① 도시의 인구는 3~5만으로 제한할 것
② 도시 주변에는 식량의 자급자족을 위해 넓은 농업지대를 가져야 한다.
③ 시민 경제 유지에 필요한 산업(공장)을 확보할 것
④ 상하수도, 전기, 가스, 철도 등 공공 공급시설은 그 도시 전속으로 할 것
⑤ 시가지에는 충분한 open space의 확보
⑥ 계획 집행의 철저를 기하기 위한 토지의 공유화 등

Howard가 제안한 전원도시는 인구 32,000명의 작은 도시이지만 이것이 계획인구에 도달할 때까지 성장하였을 때는 다른 전원도시를 차례로 만들어 이들을 철도와 도로로 연결시켜 도시집단을 이루게 한다. 그의 다이어그램에 의하면 이 도시의 집단의 인구는 약 25만 명이 된다. 또한 전원도시의 시가지 넓이는 400 ha이며 그 주위에 2,000 ha의 농경지가 둘러싸여 있다. 시가지 부분의 패턴은 방사환상형이며 토지이용과 시설배치의 패턴은 중심부에 광장·시청사·박물관 등의 공공시설, 중간지대에는 주로 주택·교회·학교 등, 변두리에는 공장·창고·철도 등이 있으며 그 바깥쪽은 큰 농장, 임대농원, 목초지 등으로 이루어지는 농업지대로 되어있다.

전원도시이론은 특히 개발이익의 도시 사회에의 환원과 토지 소유의 공적 개념 그리고 지역제의 시도와 전원적 도시 환경의 유지를 위한 녹지 설정 등은 근대적 도시개발의 계획수립에 획기적인 기틀을 마련하였다.

이 이론은 많은 사람의 호응을 불러 일으켰으며 1903년 전원도시주식회사가 창설되고 런던에서 35mile 떨어진 곳에 최초의 전원도시 Letchworth를 건설하였으며 그 후 1920년에는 두 번째의 전원도시 Welwyn이 건설되었다.

영국에서는 전원도시의 성공은 당시의 세계 각 국에 큰 영향을 주어 전원도시뿐만 아니라 전원교외(garden suburb)라고 할 수 있는 것이 각지에 건설되었다. 뿐만 아니라 영국에서는 1946년에 신도시법을 제정하기에 이르렀다.

이와 같은 전원도시운동의 파급효과는 여러 나라에 근대적 도시개발의 방향제시에 광범위한 영향을 미쳤다. 이 운동의 발전은 각 국의 신도시 개발 및 위성도시 건설 방향으로 계승되어 1920년 이후에는 도시계획 수법의 주류를 이루게 되었다.

2. 도시계획론

2.1 Mata의 선상도시

선상도시는 1882년 Mata에 의하여 제안되었다. 계획의 목적은 교통시간을 단축하여 도시의 교통문제를 해결하고 다이나믹한 개발과 기능적인 성장을 도모하며 공정한 토지분배를 하기 위한 것이다. 그는 도시의 교통문제에 관심을 가지고 마드리드에 첫 번째 전차와 전화를 가

설했으며 선상의 유통체계가 도시설계의 기본이 되어야 한다고 주장했다.
주요 내용은 폭 500m의 선상으로서 중앙에 노폭 40m의 간선도로를 두며 각 세대는 자기의 주택과 정원을 가지며 건폐율은 20%를 초과하지 못하도록 하였다. 이 계획안은 1894년 스페인의 마드리드 교외에 실제로 실현되었으며 1930년에는 소련의 밀류틴에 의해 스탈린그라드에 이루어졌는데 선상도시는 소규모 공업도시에 적합하며 도심의 형성이 불리하기 때문에 대도시에는 부적합하다.

장　　점	단　　점
- 과잉교통의 배제 - 도시환경의 악화 예방 - 도시규모의 과대화 방지 등 도시성장에 융통성있게 대처	- 도시로서의 동질감을 느낄 수 없다. - 특수한 지형조건에만 유리 - 교통유발을 높인다.

2.2 Garnier의 공업도시

프랑스의 건축가 가르니에는 1917년에 공업도시를 발표하였다. 이 계획은 도시를 구성하는 기능을 지역적으로 분리하여 명확한 도시구조를 나타낸 획기적인 제안이었다. 가르니에의 공업도시는 인구가 35,000명이며 공업지역은 강변을 따라 낮은 땅에 펴져 철도, 도로, 수운의 편이를 확보하고 수력 발전소가 있다.
주거지역은 격자형 계획을 사용하였으며 도시 자체는 선형으로 배치하였다. 중심지구에는 행정, 집회, 레크레이션 등의 공공 건축물을 갖추고 주택이나 학교는 그 바깥쪽에 있으며 병원 등의 시설은 더욱 높은 곳에 위치하였다. 공업지역과 도시는 녹지대에 의해서 분리되고 각각 확장이 가능하다.

2.3 위성도시론

위성도시의 발달은 Howard의 전원도시에서 유래한다고 볼 수 있다. 위성도시는 대도시의 팽창을 억제하기 위하여 그 주위에 계획적으로 배치되는 도시로서 일상 생활의 중심이 도시구성의 단위이다. 이것은 도보거리가 중심이 되고 그 규모는 대략 3~5만 명의 인구이며 인구밀도로는 132m^2/1인을 기준으로 하면 반지름 약 1km의 범위가 된다.

$$\pi r^2 = 3.14 * 1,000^2 = 3,000,000m^2$$
$$3,000,000m^2 / 132m^2 = 23,800\text{인}$$

이것이 둘 이상의 중심에 의해서 도시구성이 되며 그것들 사이에는 교통기관이 필요하고 각 중심은 상업, 공업, 문교, 위락중심 등으로 구분되고 또는 한 개의 중심이 2개 이상의 기능을 수용할 때도 있다. 이 복합중심이 가장 큰 것이 도심이며 세력권도 넓다. 도심 외에 부도심이 배치되는 경우가 많은데 도심, 부도심의 수나 배치는 도시의 규모와 교통기관의 능력에 따라 좌우된다.
즉, 도시란 상업, 공업, 행정, 문교, 위락 등 수 개의 중심을 가지고 있는데 위성도시란 모체 도시의 주변에 단일 성격의 중심을 가진 소규모의 수 개의 도시로서 모체 도시의 기능을 보완하는 위성과 같은 도시를 말한다.
1920년대에 위성도시안을 제안한 사람들은 G. R. Taylor, R. Uwin, R. Witten, A. Rading 등이 있다.
전원도시나 위성도시가 소규모 도시라는 점에서는 차이가 없으나 전원도시는 독립된 도시인데 반하여 위성도시는 모체도시에 의존하여 형성된다는 점이다.

2.4 Le Corbusier의 대도시론과 CIAM

Le Corbusier는 전원도시, 위성도시 등의 소도시론에 대한 반대로 1922년 「인구 300만의 도시」의 계획안을 발표하였다. 그가 주장한 이상도시는 광대한 open space에 둘러싸인 장대한 마천루를 중심으로 하는 도시였다.
도심에는 인구 3,000명/ha를 수용하는 60층 사무소 건물이 숲을 이루고 그 견폐율은 불과 5%로서 그 중심에는 철도나 비행기를 위한 교통센터가 배치되었다. 마천루 주변에는 apart 지구가 있어 8층의 연속주택이 광대한 open space 속에 또는 이것을 둘러싸듯이 배치되었으며 그 인구밀도는 300명/ha였다.
그는 도시의 구성원칙으로 4가지 사항을 제안하였다.

① 도시 중심부의 난잡은 구제되어야 한다.
② 그러나 중심부의 밀도는 높여도 좋다.
③ 중심부에 교통기관을 집중시켜야 한다.

④ 공지와 공원은 충분히 확보되어야 한다.

1925년 그는 이 계획안을 파리 중심부를 위한 개조 계획인 보아젠 계획에 적용하였으며 1933년 빛나는 도시계획에서도 이 발상을 전개하였다. 그는 급속히 진전하는 공업화 사회의 이론에 충실하였으며 미국의 고층 건축, 자동차 사회에 매료되었다. 그는 이 모든 문제를 계획에 포함시켜도 기술적으로 해결이 가능한 것을 실증하려 했다.
1928년 Le Corbusier와 그의 주장을 지지해온 기데온과 그로피우스 등 각 국 건축가들에 의하여 CIAM(근대 건축 국제회의)이 결성되어 1933년 제 4차 아테네 회의에서 현대도시의 현상과 사고를 정리하여 95조로 된 아테네 헌장을 발표하였다. 여기서는 도시의 4가지 기능으로서 거주, 여가, 노동, 교통을 선정하여 이들 기능의 상호관계를 결정하여야 한다고 규정했다. 녹지, 태양, 공간을 이상도시의 목표로 하는 CIAM의 주장은 많은 사람들로부터 공감을 얻어 도시계획수법으로 정착되었다.

3. 도시시설계획

3.1 도시계획시설

① 교통운수시설 : 도로, 주차장, 자동차정류장, 철도, 궤도, 삭도, 고속철도, 운하, 항만, 공항
② 도시공간시설 : 광장, 공원, 녹지, 유원지, 관망탑, 공공공지
③ 유통 및 공급시설 : 시장, 유통업무설비, 수도, 공동구, 전기공급설비, 가스공급설비, 유류저장 및 송유설비
④ 공공문화시설 : 운동장, 공용의 청사, 학교, 도서관
⑤ 도시방재시설 : 하천, 저수지, 방풍설비, 방수설비, 방화설비, 사방설비, 방조설비
⑥ 보건 위생시설 : 하수도, 도살장, 공동묘지, 화장장, 쓰레기 및 오물처리장

3.2 광장의 종류

종류		내용
교통광장	교차점 광장	도시 내의 혼잡한 주요가로의 교차점에서 각종 차량과 보행자를 원활히 유통시킬 목적
	역전 광장	철도역의 전면에 접하여 설치된 광장으로 주로 철도교통과 도로교통의 변환을 효율적으로 처리하기 위해 설치
	주요시설 광장	항만 또는 공항 등 일반 교통의 혼란요인이 되는 주요시설에 대한 원활한 교통처리를 위해 해당시설과 접속되는 부분에 결정
미관광장	중심대 광장	도시 시민생활의 중심지로서 다수의 시민의 집회행사사교 등이 예상되는 곳에 결정하며, 전체시민의 이용이 용이하도록 교통중심지역에 설치
	근린광장	근린중심의 학교, 시민관 등을 중심으로 설치
	경관 광장	시민의 오락, 휴식, 경관과 도시공간의 보전을 위하여 필요할 때 하천이나 호수, 사적지, 보호수림 또는 역사적, 문화적, 향토적 의의가 있는 장소에 설치
지하광장		고속철도의 지하정류장지하도 또는 지하상가와 접속하여 원활한 교통처리를 도모하고 이용자들에게 휴식을 제공하기 위하여 필요한 경우 설치
건축물에 축조되는 광장		건축물의 효과를 높이거나 기념물을 관람할 수 있도록 건축물의 전면이나 기념물 주위에 설치

3.3 시설녹지의 종류(위치별)

① 철도연변 시설녹지 : 철도경계선으로부터 30m 이내

② 고속도로연변 시설녹지 : 도로 경계선으로부터 50m 이내

③ 국도연변 시설녹지 : 도로 경계선으로부터 20m 이내

④ 하천연변 시설녹지

⑤ 공업단지 주변 시설녹지

3.4 시설녹지의 종류(목적별)

① 보호성 시설녹지 : 토지이용의 순화, 방풍설, 공해방지, 피난완충차단은폐토사붕괴 방지의 목적

② 쾌적성 시설녹지 : 차광, 차폐, 시선유도, 명암순응 완충, 지표 제공 등의 목적

③ 위락성 시설녹지 : 레크레이션으로 활용 목적

④ 생산성 시설녹지 : 농경지로 활용 목적

3.5 역전광장의 분류

① 수직형 : 가장 단순하고 기본적이며 우리나라 역전광장의 약 50%를 차지한다. 소규모에 적합. 양측보도 뿐이며 중앙에는 횡단보도가 없는 것이 기본형이다.
② 평행형 : 출입구에 비하여 깊이가 있는 광장에 적합한 형이다.
③ 돌출형 : 승객 및 출입자동차수가 많은 역전광장에 적합하다. 출입구가 넓고 큰 면적에 적당하고 중앙보도의 시설이 필요하다.

3.6 공공공지

① 도시계획적 정의 : 설치 또는 관리주체의 공사를 막론하고 공공성과 영속성이 보장되어 있는 비건폐지
② 시설기준 : 도시 내의 주요시설물 또는 환경의 보호, 경관의 유지, 재해대책 및 보행자의 통행과 시민의 일시적인 휴양공간의 확보를 위하여 설치하는 도시계획시설의 하나

3.7 공동구

(1) 장점

- 가로 및 도시미관에 도움
- 노면의 이용가치를 높인다.
- 빈번한 노면 굴착을 하지 않아도 된다.

(2) 단점

- 최초 건설비용이 비싸다.

3.8 하수도

(1) 종류

- 도시하수도 : 배수를 목적으로 하는 것으로 우수 배수를 주로 담당하므로 종말처리장 설치를 하지 않아도 된다.
- 공공하수도 : 주로 시가지에 있어서의 하수를 배출하고 저류하기 의해 공공기관이 관리
- 유역하수도 : 공공하수도에서 배출하는 하수를 받아 다시 처리, 종말처리장 있음.

(2) 계획

보통 20년 계획

(3) 처리방식

구 분	분 류 식	합 류 식
의 의	오수와 우수를 분리하여 처리	오수와 우수를 하나의 하수시설로 처리
채택대상도시	상공업이 활달한 대도시	도시기능이 약한 중소도시
장 단 점	수질보전이 용이하고, 환경위생상 이상적이나 설치비용이 많이 든다.	설치비용이 적게 들지만 처리비용이 많이 들고, 수질보전에 어려운 점이 있다.

(4) 1일 평균오수량

최대오수량의 70~80%

(5) 계획시간당 최대 오수량

계획 1일 최대 오수량의 시간당 환산치의 1.3~1.5배를 표준

4. 도시조사분석

4.1 전수조사와 표본조사의 분류

	표본오차	비표본오차	조사원	비 용	기동성	시 간	노 력
전수조사	오차없음	크다	비숙련가능	막대함	융통성없음	많이든다	많이든다
표본조사	오차있음	작다	훈련이필요	적당함	기동적	적게든다	적게든다

4.2 유위추출법과 무작위 추출법

(1) 유위추출법

- 할당법 : 연령별, 남녀별 구성들이 조사대상의 구성에 일치하도록 표본수를 할당하는 방법
- 전형법 : 조사대상을 몇 개의 유사한 군으로 나누어 각 군의 대표적인 것을 뽑는 방법

(2) 무작위 추출법

- 단순무작위 추출법 : 표본을 우연에 맡겨 추출. 공정하다는 장점. 표본 수만큼 난수가 필요하다.
- 계통추출법 : 1회 난수를 발생시켜 다수의 표본을 추출. 대장의 순서와 추출간격이 일정하면 안된다.
- 단계추출법 : 한 명이 조사원이 조사할 수 있는 범위를 추출하고 그 범위 안에서 조사대상을 추출한다.
- 층별추출 : 모집단을 몇 개의 층으로 나누고 각 층에 표본수를 할당한다.

4.3 장래 인구 추청

(1) 과거 추세에 의한 방법

- 평균증가율(r)을 기본으로 하는 방법
- 등차급수에 의한 방법 : 안정된 인구증가율을 기본으로 급격한 인구변동이 없을 때

$$P_n = P_0(1 + rn)$$

- 등비급수에 의한 방법 : 인구수가 일정률로 증가할 때. 급성장 도시의 인구예측에 적합

$$P_n = P_0(1 + r)n$$

- 회귀방정식에 의한 방법 : 인구의 증감이 교차되는 도시에 적용

(2) 취업인구에 따른 예측 : 대상지역에서 앞으로 뚜렷한 산업구조의 변경이 예상될 때 적용

- 비교유추에 의한 방법
- 토지이용에 의한 방법 : 신도시 계획에 적합
- 정주모형에 의한 방법 : 도시인구를 변화시키는 경제, 사회, 문화의 구성요소들 사이에 존재하는 상호인과관계를 방정식으로 표현하여 장래인구를 예측

5. 도시관련 계획의 유형과 개념

5.1 국토계획

일정한 국가 목적을 달성하기 위하여 국토 위에 공간적 질서를 수립하고 국토개발의 기본방향과 지침을 설정하는 종합적 공공계획이다.

(1) 개념

- 전 국토를 계획대상으로 하는 계획
- 인간 활동의 공간적 배분문제를 다룸
- 국토의 공간구성과 관계되는 모든 분야가 망라되는 종합 계획
- 하위계획과 구체적인 집행에 지침이 되는 지침 제시적 계획

• 국가가 계획수립의 주체가 되는 계획

(2) 수립 과정

• 하향식 계획방식
• 상향식과 하향식의 절충적인 방법이 바람직

(3) 우리나라의 국토계획

구 분	제 1차 국토계획 (1972~1981)	제 2차 국토계획 (1982~1991)	제 3차 국토계획 (1992~2001)
배 경	· 국력의 신장 · 공업화 추진	· 인구의 지방정착 · 수도권의 과밀완화	· 수도권 집중, 지역간 불균형 완화 · 산업과 생활기반시설 수요 대처 · 국제화 대비
기 본 목 표	· 국토이용관리의 효율화 · 국토자원개발과 자연보호 · 국민생활환경의 개선	· 인구의 지방정착 유도 · 개발가능성의 전국적 확대 · 국민복지수준의 제고 · 국토자연환경의 보전	· 지방분산형 국토골격 형성(균형성) · 생산적. 자원절약적 국토이용(효율성) · 복지수준의 향상과 환경보전(쾌적성) · 통일에 대비한 기반조성(통합성)
개 발 전 략 및 정 책	· 대규모 공업기지 구축 · 중소기업의 육성 · 지역기능 강화 · 교통통신. 수자원 및 에너지 공급망의 정비 · 부진지역 개발을 위한 지역기능의 강화	· 국토의 다핵구조 형성과 지역 생활권 조성 · 도시의 성장억제 및 관리 · 사회간접자본 확충 · 후진지역의 개발촉진	· 지방육성과 수도권 집중 억제 · 공업용지 및 여가공간의 조성 · 종합적 고속 교류망의 확충 · 국민생활수준의 향상과 국토자원 관리 · 통일에 대비한 국토기반 구축
특징 및 문제점	· 거점 개발방식 채택 · 경부축 중심의 양극화 초래	· 국토 균형발전 추구 · 국토의 불균형 지속	· 국제화와 지방분산의 모순 발생
권역구분	4대권 8중권 12소권	28개지역 지역생활권	4대 지역경제권, 특정지역

5.2 지역계획

① 일정한 지역의 당면과제와 장래문제를 과학적이고 합리적으로 조사 분석하여 효율적인 대안을 마련하는 작업

② 지역계획은 공간계획이면서 일정한 공간적 영역을 대상으로 수립되는 계획이 아니기 때

문에 계획의 개념을 공간적 차원에서는 정의하기 어렵다.

③ 지역계획은 두 개 이상의 자치단체를 포괄하는 지역적 범위를 대상으로 하여 경제적, 사회적, 물적 요소를 포함하는 공공정책을 수립·집행하는 활동

④ 국토계획보다 구체적이며 사업 지향적

⑤ 종류 : 도종합개발계획, 수도권 정비계획, 지방정주 생활권계획, 특정지역계획, 도서(오지) 개발촉진법, 농어촌 소득개발촉진법

5.3 도시계획

① 계획의 내용, 목표 등 제측면에서 구체성을 띠며 실질적인 내용을 담는다.

② 불특정 다수의 시민을 위한 계획이라는 점에서 아직은 공공의 복지향상이 주목적이다.

③ 정책적 측면이 사업적 측면보다 강하다.

④ 물적, 기술적 접근보다 경제, 사회적, 생태적 접근이 강조된다.

⑤ 최근계획은 3차원적인 형태의 창출과 입체적 토지이용을 중심으로 하는 공간구조의 골격을 마련하는데 방향을 두고 있다.

⑥ 도시계획법상 도시계획의 유형

- 지역, 지구, 구역의 지정/변경에 관한 계획
- 도시계획시설의 설치, 정비, 개량에 관한 계획
- 도시개발사업에 관한 계획

⑦ 도시계획의 주요 관련계획

- 상수도계획, 하수도계획, 산업계획, 주택계획, 도로계획

5.4 단지계획

일단의 구획된 토지를 편리하고 건강하며 쾌적한 주거환경을 유지할 수 있도록 주택의 건축양식이나 배치상황을 조정하는 동시에 각종 공공시설과의 합리적인 상관관계를 갖게 하는 종합계획이다.

6. 토지이용계획

6.1 토지이용 계획의 목적

① 토지이용의 효율성
② 문제점의 최소화 및 잠재력의 극대화
③ 안전성, 보건성, 편리성, 쾌적성, 경제성의 확보

6.2 토지이용계획시 고려사항

① 대상지의 물리적, 지리적, 역사적, 문화적 지역특성을 반영한다.
② 수용능력의 한계 내에서 개발과 보존의 적절한 균형과 조화를 유지하도록 계획한다.
③ 장래발전의 확장 및 토지이용의 변화에 대응할 수 있도록 신축성있는 계획을 수립한다.
④ 토지기반시설의 설치, 관리비용을 최소화할 수 있도록 효율적인 토지이용패턴을 구성한다.
⑤ 대상지의 가로망, 공원, 녹지, 공공편익시설체계와 조화를 이루도록 계획한다.
⑥ 서로 상충되는 용도는 가급적 분리하고 상호 보완적인 용도는 유기적인 연계성을 갖도록 계획한다.
⑦ 토지이용, 경관 등의 측면에서 주변지역과 조화를 이루도록 계획한다.
⑧ 단지계획에서는 토지이용계획과 교통계획이 상호 밀접한 관련성이 있기 때문에 이들간에 통합적 계획이 요구된다.

6.3 토지이용별 주택건설용지 배치기준

① 단독주택용지 : 이주택지, 협의양도인 택지, 기존 단독주택지와 인접한 곳
② 연립주택용지 : 완만한 구릉지나 경사지역, 아파트와 단독주택과의 완충지역, 아파트용지로는 부적합한 소규모 택지, 고도제한지역이나 도시스카이라인의 보전이 필요한 지역
③ 아파트용지 : 지가가 높고 접근성이 양호한 지역, 공공편익시설과 상업지역에 인접한 지역, 비교적 평탄한 지역
④ 근린생활시설용지 : 집단적인 단독주택지역이나, 주변지역과 연계하여 상가형성이 필요한

지역에 배치하는 것이 좋다. 일반적으로 아파트단지 내부에는 단지 내 상가나 분산상가를 설치하게 마련이며, 인접지역에는 근린생활시설용지보다는 중심상업용지나 일반상업용지를 배치하는 것이 토지이용의 효율성 측면에서 바람직하다고 할 수 있다.

6.4 주거지 밀도 배분 계획

① 고밀도 : 주거단지의 입구, 간선도로변 지역, 중심상업지역의 주변지역으로 도시성이 강조되어야 할 지역, 전철역 주변지역

② 중밀도 / 저밀도 : 구릉지로서 자연지형의 스카이라인을 보존해야 할 지역, 강이나 하천지역 등 수변경관이 양호한 지역, 생태계의 훼손이 우려되는 지역

밀도의 결정 요인

토지의 수요.공급관계, 환경의 질적 수준, 가족 구성원이나 소득수준 등 주민의 특성, 토지매입비, 단지조성비, 금리 등 개발비용, 주변지역 여건, 관련법제, 공공시설 수준, 정책적 의지

6.5 상업지역의 공간구조적 특성

① 토지이용상 지가경쟁에서 버티지 못하는 기능은 주변부로 밀려나며 경쟁력있는 활동만이 도시중심으로 응집되어 공간구조의 순화현상이 일어난다.

② 유사업종의 상점들은 최대이익을 얻기 위해 한 지역으로 집약되어 상호 유기적인 연계 및 기능적 보완관계를 유지하고자 한다.

③ 주변지역에서 접근이 용이한 곳, 교통의 결절점, 지원산업의 접근성이 높은 곳 등을 중심으로 상업활동이 활성화된다.

④ 도시 내에서 토지점유비율이 적으면서 도시 전체 활동에 대한 비율은 높아 고밀도의 상업활동이 일어나며 한정된 토지 및 지가에 의해 수직적인 공간이용이 나타난다.

6.6 토지용도별 입지조건

구분	적 지 조 건	배 치 방 법	형태지역지구제
주거지역	· 평탄지나 언덕지(구릉지)에 · 한적하며 · 배수가 잘 되고 · 남향이어야 하고 · 통근통학에 편리한 곳	· 시가구역-상업공업적지 · 역사적으로 주거적인 곳 · 근린분구주구커뮤니티를 구성하도록 배치	대도시에서 도심부도심에 가까운 주거지역은 고밀도의 주거, 중간부에서는 중층(3~5), 외곽지에서는 저밀도의 독립 주택가구로 배치
상업지역	· 교통이 편리하고 · 토지는 평탄하며 · 주거지역에서 통근 소비동선이 연결되는 상대적 위치	가능한 한 소집단으로 전용화시키고 주거지역과의 상대적 위치배치, 분산배치하며 도심부도심 지구중심 등을 형성하게끔 한다.	도시 내의 위치, 업태에 따라 세움. 중심지는 주차시설 마련
공업지역	· 교통동력용수노동력획득에 편리한 곳 · 평탄한 지형 · 광대한 지역으로 지가가 저렴한 곳 · 철도의 연변하천항만의 연안	· 공업밀도별로 유형화하고 · 위험한 공업은 시가지에서 멀리 떨어진 곳에 배치 · 가능한 전용화시키도록 그루핑하는 것이 중요	낮은 건폐율 적용. 업태에 따라 건축밀도 조정

6.7 토지이용의 수요예측

① 주거지역 면적(면적소요추계)

- 택지수요량 = 1호당 부지면적 × {1÷(1-공공용지율)}

② 상업지역 면적(면적소요추계)

- $\dfrac{\text{상업지역이용인구} \times 1\text{인당평균상면적}(15m^2)}{\text{평균층수} \times \text{건폐율} \times (1 - \text{공공용지율})} = \text{상업지역면적}$

③ 공업지역(소요면적추계)

- 업종별 종업원 1인당 면적 원단위 × 종업원수 = 공장부지면적
- 업종별 표준 공장 부지 면적 × 업종별 공장수 = 공장부지면적

④ 녹지면적

- 도시계획구역 대비 1인당 $6m^2$ 이상
- 시가화구역 대비 1인당 $3m^2$ 이상

6.8 밀도의 유형

구 분	내 용	적 용
순 밀 도 (인/ha, 호/ha)	단일용도의 토지 일정면적에 대한 밀도, 주택지의 경우 주택지 내 순대지(공공용지를 제외한 순수주택용지)의 단위면적에 대한 밀도	-
총 밀 도 (인/ha, 호/ha)	계획대상지의 총면적에 대한 밀도. 순대지 면적에다 주변의 도로면적(도로경계의 1/2과 교차점 경계부 면적의 1/4)을 더하고 내부도로를 포함한 단위면적에 대한 밀도	-
인구밀도 (인/ha)	단위면적당 그곳에 거주하는 인구수의 평균	단지의 유형, 배치 및 주요시설의 개소, 규모, 용량을 산정
호수밀도 (호/ha)	단위면적당 그곳에 입지하고 있는 주택수의 평균	교육시설, 상업시설 등의 규모를 산정

6.8.1 밀도산정의 방법

① 용적률 : 연상면적 ÷ 대지면적 = 평균층수×건폐율 = 호수밀도 × 1호당면적

② 평균층수 : 용적률 ÷ 건폐율 = 총층수÷건물의 동수 = 연상면적 ÷ 건축면적

③ 총주택지 면적 : 순주택지 면적 ÷ (1 - 공공용지율)

④ 총인구밀도 : 총인구수 ÷ 총주택단지면적

⑤ 총호수밀도 : 총주택호수 ÷ 총주택단지면적

6.8.2 거주밀도 구분

구 분	총밀도 (인/ha)	순밀도 (인/ha)
저 밀 도	100 ~ 200	200 ~ 400
중 밀 도	200 ~ 300	400 ~ 600
고 밀 도	300 ~ 400	600 ~ 800

6.8.3 단독주택지 가구 및 획지계획

단변의 길이는 30~50m, 장변의 길이는 120~150m의 범위(국지도로 배치거리와 일치)

※ 신 도시계획법 정리

	도시기본계획	광역도시계획	도시계획
계획간 위계	광역도시계획 - 도시기본계획 - 도시계획		
정 의	도시의 기본적인 공간구조와 장기발전방향을 제시하는 종합계획으로서 도시계획수립의 지침이 되는 계획	광역도시권의 장기발전방향을 제시하는 계획	도시의 개발·정비·관리 및 보전을 위하여 수립하는 세부계획
계획단위	20년	20년	20년
수 립 (입 안) 권 자	- 당해 특별시장 광역시장 시장 - 군수 (필요시에만 건교부장관 협의 필요)	- 관할도지사 (동일 관할구역) - 시·도지사 공동수립 (관할구역에 겹치는 경우) - 건교부장관 (국가계획과 관련시 / 광역도시권 지정 후 3년경과시까지 승인신청이 없는 경우 / 시도지사의 요청이 있는경우에는 공동수립)	- 당해 시장 광역시장 시장 군수 - 건설교통부장관(국가계획 관련시) - 도지사(광역도시계획과 관련된 도시계획의 입안관련 미합의시)
대 상 지 역	- 관할구역 기준 - 협의하에 인접행정구역 포함가능	- 인접한 둘 이상의 특별시·광역시.시 또는 군의 관할구역의 전부 또는 일부	- 당해 관할구역 기준 - 광역도시계획과 관련된 경우 인접행정구역 포함가능
기 초 조 사	- 인구·경제·사회·문화·교통·환경·토지이용 기타 대통령령이 정하는 사항 - 필요한 사항을 대통령령이 정하는 바에 따라 조사 또는 측량	좌 동	좌 동
정 책 방 향	1. 광역도시권의 공간구조와 기능분담에 관한 사항 2. 광역도시권의 녹지관리체계와 환경보전에 관한 사항 3. 광역시설의 배치·규모·설치에 관한 사항 4. 기타 광역도시권에 속하는 도시 상호간의 기능연계에 관한 사항으로서 대통령령이 정하는 사항	1. 광역도시권의 공간구조와 기능분담에 관한 사항 2. 광역도시권의 녹지관리체계와 환경보전에 관한 사항 3. 광역시설의 배치·규모·설치에 관한 사항 4. 기타 광역도시권에 속하는 도시 상호간의 기능연계에 관한 사항으로서 대통령령이 정하는 사항	1. 도시계획구역의 지정 또는 변경에 관한 계획 2. 지역·지구의 지정 또는 변경에 관한 계획 3. 개발제한구역·시가화조정구역의 지정 또는 변경에 관한 계획 4. 도시기반시설의 설치·정비 또는 개량에 관한 계획 5. 도시개발사업 또는 재개발사업에 관한 계획 6. 지구단위계획구역의 지정 또는 변경에 관한 계획과 지구단위계획
승인권자	- 건설교통부장관	- 건설교통부장관	- 시·도지사 - 특수한 경우 건설교통부장관
승 인 절 차	- 관계중앙행정기관의 장과 협의 - 중앙도시계획위원회의 심의 - 관계서류 송부 및 공고 공람	좌 동	- 관계행정기관의 장과 미리 협의 - 중앙도시계획위원회 또는 시 도 도시계획위원회 심의 - 관계서류 송부 및 공고 공람 - 고시 5일후 효력발생 - 도시계획 지적도면 작성 및 승인 - 지적도면 공고 공람
특 이 사 항	- 수립권자는 5년주기로 타당성 검토 및 반영	- 합의가 이뤄지지 않은 경우 건교부장관에게 조정신청 가능 - 건교부장관은 중앙도시계획위원회의 심의를 거쳐 조정	- 지형도면의 고시가 없는 경우 그 2년이 되는 날의 다음날에 도시계획결정은 효력 상실 - 수립권자는 5년주기로 타당성 여부를 전반적으로 재검토하여 정비

예상문제

1 일종의 회합장소이면서 시장의 기능을 담당한 B.C 5세기경의 고대 그리스 도시에서의 시장 광장을 무엇이라 하는가?

① acropolis ② forum
③ agora ④ campo

답 ③

2 근세 르네상스 도시계획의 특징 중 프랑스 교외의 베르사유 궁전의 특색은 무엇인가?

① 직선광로 ② 보루형
③ 조원적 설계 ④ 광장

답 ③

3 중세 도시 형태는 다음 중 어느 것인가?

① 개방형 ② 직선광로
③ 폐쇄형 ④ 분산형

답 ③

4 Miletus 출신의 Hippodamus가 주장한 이상적인 가로망 형태는?

① 격자형 ② 불규칙형
③ 원형 ④ 방사선형

답 ①

5 초기 중세도시의 특징이 아닌 것은?

① 좁은 광장
② 규칙적인 도로
③ 교회가 모든 것을 위압
④ 비좁고 불규칙한 도로

답 ②

6 대표적 건축물로 성, 수도원, 성당, 시청, guild hall이라 할 수 있는 시대의 도시는?

① 고대 그리스 도시 ② 중세 초기 도시
③ 고대 로마 도시 ④ 원시 시대 도시

답 ②

7 Renaissance 도시계획의 가장 중요한 요소는?

① 광장 ② 주택
③ 상점 ④ 상·하수도

답 ①

8 G. R. Taylor와 관계있는 사항은?

① 위성도시 ② 신도시
③ 전원도시 ④ 공업도시

답 ①

9 위성도시 목적에 맞는 것은?

① 대도시의 인구집중 ② 대도시 개조계획
③ 재개발 계획 ④ 대도시 인구분산

답 ④

10 전원도시에 대한 기술 중 틀린 것은?

① 중심도시와 전원도시는 녹지대로 분리된다.
② 각 도시는 도로나 철도로 연결한다.
③ 전원도시 인구는 7만명이다.
④ 각 전원도시는 자체 내에 공장을 갖고 자급자족을 한다.

해설 중심도시는 58,000人이고 이 중심도시는 인구 30,000의 작은 전원도시로 둘러싸인다.

답 ③

11 가로망을 기초로 한 도시발전 형태의 구분은 다음과 같다. 다음 중 미국 도시들의 가로망의 형태는?

① 방사환상형 ② 격자형
③ 성형 ④ 선형

답 ②

12 다음 중 20세기 초에 전원도시론을 주장한 사람은?

① 르꼬르뷔제 ② 제임스 포드
③ 에버너져 하워드 ④ 아버크롬비

답 ③

13 다음 중 세계 최초로 건설된 전원도시는 어느 곳인가?

① Welwyn ② Polymouth
③ Canberra ④ Letchworth

답 ④

14 다음은 전원도시에 대한 설명이다. 해당되지 않는 것은?

① 계획을 철저히 반영할 수 있도록 일정규모의 토지를 공유제로 운영
② 도시 주위의 넓은 농업지대를 가져야 한다.
③ 인구규모는 3~5만에 한정한다.
④ 상하수도 등 기본공급 시설은 자체적으로 완결토록 한다.

해설 토지의 전 부분을 공유제로 함

답 ①

15 다음은 소도시론을 주장한 도시계획가들이다. 이 중 관계없는 사람은?

① Ebenezer Howard ② Gottfried Feder
③ Robert Taylor
④ Auther Comey

해설 Ebenezer Howard-전원도시
Gottfried Feder-신도시
Taylor-위성도시

답 ④

16 고대 그리스시대의 대부분의 도시는 주위에 성벽을 쌓음으로써 堡壘形(보루형) 도시 형태를 나타냈고, 그리스 시민에게 있어서 민주주의 상징이라고 볼 수 있는 神殿(신전)이 도시의 背後地(배후지)에 세워졌다. 이것을 무엇이라고 하는가?

① Forum ② Place
③ Acropolis ④ Agora

답 ③

17 고대 로마시대의 도시에서 새로운 황제가 나타날 때 광장을 중심으로 기념물이나 건물군을 건설한 것은 무엇이라 불리우는가?

① 실체스터(Silchester) ② 포럼(Forum)
③ 바실리카(Basilica) ④ 아고라(Agora)

답 ②

18 Le Corbusier의 도시계획 이론이 아닌 것은?

① 도시기능의 엄격한 분리
② 풍부한 녹지대
③ 집단 주거의 실현
④ 도시의 미를 무시함

해설 도시의 미는 능률과 마찬가지로 중요하고 각 건물은 사용목적에 따라 원형을 갖는다.

답 ④

19 도시의 발달 과정에서 동양이 서양과의 큰 차이점은?

① 궁궐과 성곽으로 도시를 이루었다.
② 시민의 집회장이나, 휴식처(시장광장이나 근린광장)가 없었다.
③ 상가지역이 없었다.
④ 군사적 요새지에 도시가 발달했다.

해설 서양도시는 광장(plaza)이 도시의 중심을 이루고 정치·경제·사회·문화에 대한 정보의 집결점이요, 분산점이 되었다.

답 ②

20 미국에서 발달한 고층건물의 특징은?

① 채광
② 통풍
③ 위생
④ 상업수요에 대한 예술적 표현

답 ④

21 전원도시(Garden City)의 조건 중 인구는 어느 정도로 한정했는가?

① 10~15만 ② 3~5만
③ 20~25만 ④ 20~30만

답 ②

22 공간적으로 분리되어 있으나 기능적으로 서로 연결되어 있는 도시군을 지칭하는데 가장 적합한 명칭은?

① 도시지역 ② 거대도시
③ 연담도시 ④ 위성도시

해설 여러 도시들이 집중되어 있는 지역에서 도시권이 확대되면서 인접한 도시와 결합할 때 연담도시라고 한다.

답 ③

23 중세 도시에만 있을 수 있는 도로망 형식은?

① 방형형 또는 격자형 ② 대각선 삽입방형형
③ 환상 방사선형 ④ 집중형

답 ④

24 Ebenezer Howard의 전원도시 조건이 아닌 것은?

① 도시 주위에 넓은 농업지대를 가져야 한다.
② 시민경제 유지에 족할만한 공업을 유지한다.
③ 상·하수도, 가스, 전기, 철도 등을 주변도시와 공동으로 운영한다.
④ 계획의 철저를 보존하기 위하여 토지를 공공단체 소유로 한다.

답 ③

25 다음 하워드(Howard)가 제시한 전원도시의 요건에 해당되지 않는 것은?

① 인구규모의 확대
② 토지의 공개념
③ 경제적 가족성
④ 개방이익의 사회환원

답 ①

26 전원도시와 가장 관계가 깊은 나라는?

① 프랑스 ② 영국
③ 독일 ④ 미국

답 ②

27 Adickes 법은 어느 나라와 관계가 있는가?

① 프랑스 ② 오스트리아
③ 독일 ④ 영국

답 ③

28 위성도시에 대한 내용 중 틀린 것은?

① 위성도시는 중심대도시의 세력권에 있다.
② 통근, 구매에 있어서 밀접한 관련이 있다.
③ 모체도시에 의존하는 주택도시 성격을 다분히 가진다.
④ 완전 독립의 중소 산업도시의 성격을 가진다.

답 ④

29 다음 협의의 의미의 신도시에 대한 설명으로 가장 적합한 것은?

① 신도시 개발이 보다 포괄적이고 통일된 개념으로 등장한 것은 20세기 무렵이다.
② 시행주체에 따라 공영 개발방식과 민간 개발방식, 제3섹터 개발방식으로 분류할 수 있다.
③ 주변의 기존 도시나 모도시와의 관계가 신도시 개발의 성공에 중요한 요소가 된다.
④ 신도시는 생산, 유통, 소비의 모든 기능을 갖춘 독립도시를 의미한다.

해설 · 광의의 의미의 신도시 :계획에 의하여 개발된 신도시
· 협의의 의미의 신도시 : 생산, 유통, 소비의 모든 기능을 갖춘 독립도시

답 ④

30 다음 중 신도시 개발의 장점이라고 볼 수 있는 것은?

① 도시개발에서 경제성을 추구할 수 있다.

② 인간미가 있는 도시를 건설할 수 있다.
③ 인구의 재배치를 효율적으로 달성할 수 있다.
④ 도시적 분위기를 느끼게 하는데 용이하다.

답 ③

31 Abercrombie와 다음 중 관계된 것은?

① Paris 계획　② Vienna 계획
③ London 계획　④ Welwyn 개조계획

답 ③

32 다음 설명 중 틀린 것은 어느 것인가?

① 후기의 고전 도시는 주로 그리스 도시, 대표적인 것으로는 아테네와 로마 도시 등을 말한다.
② 그리스의 도시는 대체로 지형을 이용하고 거기에 순응하여 조화를 이룬 것이 특색이다.
③ 고대 도시계획은 보행이 중심이 되고, 기준이 되었다.
④ 중세도시는 주로 개방형이다.

답 ④

33 동양형 도시의 특징이 아닌 것은?

① 통치자 중심의 인위적 도시건설이다.
② 도심부가 대부분 격자형 가로망이다.
③ 자연 발생적 도시형성이다.
④ 신분의 차이에 따라 거주지는 달랐다.

답 ③

34 교회나 수도원과 영주의 왕궁이 대표적인 건물인 시대의 도시는?

① 고대도시　② 중세도시
③ 근세도시　④ 르네상스도시

답 ②

35 다음 광장의 종류 중 어느 것이 영국의 주택도시인 Bath에 채택된 것인가?

① 전정광장(前庭廣場)
② 기념비광장(記念碑廣場)
③ 시장광장 및 교통광장
④ 근린광장(近隣廣場)

답 ④

36 도시조형으로 보아서는 교회가 중심적 위치를 차지함으로써 전체에 통일된 감을 주며, 그 통일성은 보루의 수평선과 대조되어 강조되었다. 이것은 어느 시대의 도시형태인가?

① 고대도시
② 근세도시
③ 중세 암흑시대의 도시
④ 현대도시

답 ③

37 Soria Mata와 관계된 것은?

① 선상도시　② 전원도시
③ 위성도시　④ 신도시

해설 선상식 발전은 1882년 스페인 Madrid교외에 건설이 시초이고, Stalingrad도 대표적인 선상도시이다.

답 ①

38 다음 도시유형들 중 모도시와의 종속적 관계로 형성되어지는 도시형태는?

① 전원도시　② 위성도시
③ 뉴타운　④ 신도시

답 ②

39 지역계획론(대도시론)과 관계가 있는 사람은?

① Ebenezer Howard　② Gottfried Feder
③ Robert Taylor　④ Auther Comey

해설 Regional Planning Theory-Auther Comey

답 ④

40 Australia의 수도 Canberra 계획안의 당선자는?

① Auther Comey　② Le Corbusier
③ Walter Griffin　④ Gottfried Feder

답 ③

41 다음 연결된 사항 중 틀린 것은?

① Soria Y. Mate - 선상도시
② E. Howard - 전원도시
③ R. Taylor - 위성도시

④ Tony Garnier - 상업도시

해설 Tony Garnier는 공업도시를 구상하였다.

답 ④

42 다음 연결된 사항 중 틀린 것은?

① Le Corbusier - 빛나는 도시
② Walter Gropius - 주택단지
③ Perry - 근린 주구 단위
④ Wolf - 방형형도시

해설 Wolf는 방상환상형 도시를 구상했음

답 ④

43 고대 중국의 장안·북경 등의 일반적인 가로망 형태는?

① 환상방사형 ② 격자형
③ 지형형 ④ 집중형

답 ②

44 고대 로마시대의 도시가 갖고 있던 광장을 무엇이라 하는가?

① 전정광장 ② Agora
③ 교통광장 ④ Forum

답 ④

45 이집트의 피라밋을 건설하기 위해 건설된 도시는?

① 카픈 ② 바시리카
③ 아퀘덕트 ④ 칼타고

답 ①

46 서구형 도시의 특징이 아닌 것은?

① 상인 중심의 상업도시로 출발하였다.
② 시민의식을 고취시켜 자유로운 시민정신을 형성시켰다.
③ 도시 공동체를 형성하였다.
④ 통치자 중심의 인위적 도시 발생이다.

답 ④

47 현대적 의미의 지역제가 최초로 발달한 곳은?

① 미국 ② 영국
③ 독일 ④ 스웨덴

해설 고층 건축물의 고도를 제한하는 지역제의 채택(1810년)

답 ③

48 위성도시의 원리에 대한 설명 중 잘못된 것은?

① 전원도시에 비롯되었다.
② 인구 약 30,000명의 소도시 계획이다.
③ 인구를 분집시킨다.
④ 차후 병합될 대도시의 교외지이다.

답 ④

49 위성도시의 목적에 맞는 것은?

① 대도시의 인구집중 ② 대도시의 개조계획
③ 재개발 계획 ④ 대도시의 인구분산

답 ④

50 도시지역이 무제한으로 무질서하게 증가되는 현상을 무엇이라 하는가?

① Sprawl ② Slum
③ Zone ④ Green belt

답 ①

51 Slum에 대한 설명 중 틀린 것은?

① 도심지에서 가까운 거리
② 노후된 건물
③ 자립전망이 흐림
④ 불법건물

답 ④

52 Le Corbusier의 도시계획 원칙이 아닌 것은?

① 도시 중심지구의 과밀을 추구
② 거주밀도를 높일 것
③ 교통수단을 늘일 것
④ 수목 면적을 높일 것

해설 도시 중심지구는 과밀을 완화시킬 것을 주장하였다.

답 ①

53 독일의 지구상세계획은 우리나라 어느 계획과

비슷한가?

① 도시재개발계획 ② 상세계획
③ 토지이용계획 ④ 택지개발계획

답 ②

54 선상도시의 이론적 출발점은?

① 교통문제 ② 주거문제
③ 인구문제 ④ 공해문제

답 ①

55 도시계획의 기법에서 직선(直線)을 강조한 사람은?

① Raymond Unwin ② Robert Taylor
③ Robert Owen ④ Le Corbusier

답 ④

56 Kevin Lynch가 주장하는 도시형성 요소가 아닌 것은?

① 인구 ② 도로
③ 지구 ④ 결절점

해설 Kevin Lynch는 도로, 지구, 결절점 이외에도 표지, 경계를 도시형성 요소로 보았다.

답 ①

57 Kevin Lynch의 도시공간(경관)의 형성요소에 포함되지 않는 것은?

① 통로(path) ② 경계(edge)
③ 상징물(landmark) ④ 자연(nature)

답 ④

58 도시의 성격을 분류하는데 그 내용이 아닌 것은?

① 인구수 ② 산업별 인구구성
③ 도시화 ④ 도시의 기능

답 ③

59 "The Image of the city"라는 도시론을 주장한 Kevin Lynch의 환경을 구성하는 Image성분이 아닌 것은?

① 구조(Structure) ② 동일성(Identity)
③ 의미(Meaning) ④ 상징물(Landmark)

답 ④

60 가도시화를 설명한 사람은?

① T. G. McGee ② Toynbee
③ Doxiadis ④ Hoyt

해설 Toynbee는 역사학자이며, Doxiadis는 도시를 인구 규모에 의해 분류했으며, Hoyt는 선형이론을 주장했다.

답 ①

61 선상도시의 장점이 아닌 것은?

① 교통문제해결
② 도시환경 악화방지
③ 도시규모의 과대화방지
④ 교통문제 악화

답 ④

62 생활권 중심으로 일상생활권, 매주생활권, 매월생활권으로 생활방식을 규정한 사람은?

① Ebenezer Howard ② Le Corbusier
③ Gorrfried Feder ④ Taylor

답 ③

63 Radburn과 관계가 먼 것은?

① 슈퍼 블록 채택 ② 통과교통 배제
③ 통과교통 허용 ④ 막다른 골목

답 ③

64 슈퍼블록의 개념을 설명한 것으로 가장 거리가 먼 것은?

① 통과 교통을 방지하고 가구 내 편익시설을 갖추어 생활의 편리를 도모하는데 목적이 있다.
② 블록 내 자동차 접근이 어렵기 때문에 인근 주차장이 필요하다.
③ 보통 소형블럭(50×100m)을 4~5개를 합친 규모이다.
④ 블록단위로 계획, 설계가 행해져 소형블록의 단점인 공간의 이용에 효율성을 제고하고자 한다.

답 ②

답 ③

65 인간정주사회이론(Science of Human Settlement)을 전개한 사람은?

① Doxiadis ② Taylor
③ Comey ④ Le Corbusier

답 ①

66 Christaller은 도시중심성의 지표로서 무엇을 이용하였는가?

① TV 대수 ② 전화대수
③ 자동차대수 ④ 인구수

답 ②

67 1944년 런던을 내부시가지, 교외, 녹지대, 외곽전원지대의 4개의 지대로 구분하고, 런던에 집중하는 인구와 기능을 중심부로부터 외곽으로 분산하여 도시화 지역을 재편성하는 계획을 수립한 사람은?

① Taylor ② Abercrombie
③ Le Corbusier ④ Geddes

답 ②

68 도시계획의 물리적 계획의 기준이 되는 것은?

① 인구 ② 상업규모
③ 교통량 ④ 농업규모

답 ①

69 도시를 구성하는 3대 유기적 요소 중 다른 것은?

① 교통 ② 토지
③ 인구 ④ 시설

답 ①

70 도시문제를 야기시키는 근본적인 문제는 무엇인가?

① 토지부족
② 교통량과다
③ 인구의 급격한 도시집중
④ 녹지 및 오락시설 부족

71 도시의 지역구조이론 중 동심원 구조이론을 발표한 사람은?

① E. W. Burgess ② H. Hoyt
③ R. E. Dickinsen ④ C. D. Harris

답 ①

72 도시구성의 3대 요소가 아닌 것은?

① 밀도 ② 배치
③ 동선 ④ 인구

답 ④

73 도시구성의 3대 물리적 요소란?

① 인구, 토지, 정책 ② 교통, 주택, 사업
③ 토지, 인구, 시설 ④ 밀도, 배치, 동선

답 ④

74 도시의 정의가 아닌 것은?

① 도로의 교차점(결절점)
② 교역을 하는 장소
③ 경제적 발전과 무한히 팽창할 가능성이 있는 장소
④ 건전한 장소이며 항상 도시 인구의 유입이 행해진다.

답 ④

75 공업 도시형에 흔히 쓰이는 것은?

① 방사형 ② 대상형
③ 성운상형 ④ 집단상형

답 ②

76 상업시설 용지의 배치유형을 집중형과 노선형으로 나눌 때 집중형의 장점이 아닌 것은?

① 시설의 다양성, 이용자 선택성이 커짐
② 시설상호간의 유기적 관계성이 높음
③ 상품, 서비스 유형에 따른 이용권이 명확한 위계를 가짐
④ 모든 주민에게 균등한 접근성을 부여

해설 4번은 방사형의 특징이다.

답 ④

77 주택지의 구획가로로서 통과교통을 배제하고 차의 주행속도를 낮추는데 유효한 도로는?

① 격자형도로 ② U자형도로
③ T자형도로 ④ X자형도로

답 ③

78 격자형 도로망의 단점이 아닌 것은?

① 통과교통이 생기기 쉽다.
② 시간적으로 단조로운 행태를 갖는다.
③ 차량에 의한 접근이 용이하다.
④ 차도와 보도가 교차한다.

답 ③

79 도시계획의 기본 개념 중 잘못된 것은?

① 도시의 창설 또는 개량
② 도시의 건전한 발전을 도모
③ 개인복리의 증진에 기여
④ 문화에 관한 중요시설 배치

답 ③

80 부산, 마산시의 시가지 형태를 분석하면?

① 집단상 ② 방사상
③ 대상 ④ 성운상

해설 집단상 : New York, 방사상 : 대전, 성운상 : 서울, 도쿄

답 ③

81 현대 도시의 도시 기능 중 대표적인 것은?

① 문화 ② 교육
③ 위생 ④ 정보

답 ④

82 도시구성 요소간의 관계 중 인구·시설·토지의 관계를 수량적으로 나타낸 것은?

① 밀도 ② 배치
③ 동선 ④ 정보

답 ①

83 위락 중심은 어느 지역 내에 포함되어야 하는가?

① 녹지지역 ② 상업지역
③ 공업지역 ④ 주거지역

답 ②

84 도시인구가 40만, 취업인구는 20만일 때 취업률(%)은?

① 30% ② 40%
③ 50% ④ 60%

해설 취업률(%) = 취업인구÷도시인구

답 ③

85 도시계획이란 "도시 장래의 발전에 대하여 준비하는 일이다"라고 주장한 학자는 누구인가?

① James Ford ② Thomas Adams
③ George McAneny ④ Auther Comey

답 ③

86 도시의 외부와 내부간 도시 내 각 지역간 또는 도시중요시설 상호간의 인구, 물자 유통의 체계를 무엇이라 하는가?

① 밀도 ② 배치
③ 동선 ④ 집중

답 ③

87 James Ford의 도시계획학에 대한 정의로 잘못된 것은?

① 도시는 끊임없이 변화하는 내형에 간접적으로 관계하는 과학 및 예술이다.
② 순수과학으로서 원인(역사, 환경)과 인간 상호간의 영향 및 환경(도시지리학, 도시생태학)을 조사하는 일이다.
③ 경제학, 사회학, 정치학, 통계학, 위생학, 건축학 조원학 등 모든 지식의 종합체인 것이다.
④ 순수과학과 응용과학을 이용하고 시민을 교도하고 조직화한다.

답 ①

88 도시의 기능에 의한 분류가 아닌 것은?

① 정치도시 ② 군사도시
③ 상업도시 ④ 지방도시

답 ④

89 **광역 도시계획이 요청되는 조건이 아닌 것은?**

① 주택부족
② 시가지의 입체적 팽창
③ 교통혼잡
④ 불량주택지의 발생

해설 시가지의 평면적 팽창

답 ②

90 **도시의 형태적 특색으로서는 다음 사항 중 어느 것이 도시계획의 가장 기본적 고려 대상이 되는가?**

① 산업별인구 구성비 ② 건축밀도
③ 가로율 ④ 각 용도지역

답 ①

91 **도시기능에 따른 분류가 아닌 것은?**

① 생산 ② 인구
③ 소비 ④ 후생

답 ②

92 **기능의 공간적 배치에 대한 각 요소의 조건이 아닌 것은?**

① 최소의 일로 최대의 효과
② 최소의 시설로 최대의 효과
③ 쾌적한 주거환경
④ 최대의 시설 공급

답 ④

93 **다음 중 선형이론(扇形理論)과 관계있는 사람은?**

① 울만 ② 찰레스 레이
③ 톰프슨 ④ 호이트

해설 선형이론은 1939년 Hoyt가 Burges의 동심원 이론을 수정하여 전개했다.

답 ④

94 **도시성장 및 구조이론에서 동심원이론을 제기한 사람은?**

① C. D. Harris ② E. W. Burgess
③ Ullman ④ J. Thompson

답 ②

95 **우리나라의 법제상 市가 되기 위한 인구 수는 얼마인가?**

① 2만人 ② 1만人
③ 5만人 ④ 6만人

답 ③

96 **광역권 도시계획의 기본취지는?**

① 생활권 자체만의 효율성 추구
② 생산권의 집중적인 개발
③ 농경지, 녹지 등을 확보키 위해
④ 생활권과 생산권의 연계화

답 ④

97 **도시계획의 기법에서 곡선(曲線)을 강조한 사람은?**

① Raymond Unwin ② Ebenezer Howard
③ Le Corbusier ④ James Ford

해설 R. Unwin은 도시계획에서 직선으로 구획하는 데에서 오는 획일성, 기계적인 면을 보완하기 위해 곡선을 가미할 것을 강조하였다.

답 ①

98 **우리 나라는 언제 도시인구가 전체인구의 50%를 넘었는가?**

① 1960년대 ② 1970년대
③ 1980년대 ④ 1990년대

답 ②

99 **도심(都心)에 인접하여 위치하며 일명 슬럼지대에 해당하는 지대는?**

① 천이지대 ② 중산층 주거지대
③ 근로자 주거지대 ④ 통근자 주거지대

답 ①

100 **도시 구성 방법에서 주거시설의 집단을 무엇이라고 하는가?**

① 도심　　② 결절점
③ 커뮤니티　　④ C·B·D

답 ③

101 **도시계획의 성격으로 가장 타당하지 않은 것은?**

① 정적(靜的)
② 동적(動的)
③ 종합성(綜合性)
④ 기본계획성(基本計劃性)

답 ①

102 **일반적으로 대도시의 세력권의 범위는?**

① 10km　　② 30km
③ 50km　　④ 100km

해설 ①은 소도시, ②는 중소도시, ④는 거대도시에 영향을 받는 세력권 내의 지역이다.

답 ③

103 **도시 시설을 기능에 따라서 위치나 면적을 적절하게 결정하는 것은?**

① 동선　　② 시설
③ 지적　　④ 배치

답 ④

104 **다음 중 도시의 외부불경제 요인이 아닌 것은?**

① 문화적인 이익　　② 환경오염
③ 교통혼잡　　④ 물가의 상승

해설 ①은 외부 경제요인이라 할 수 있다.

답 ①

105 **Doxiadis에 의하면 Ecumenopolis는 인구규모가 어느 정도이어야 하는가?**

① 1만人　　② 1억人
③ 30억人　　④ 300억人

답 ④

106 **도시의 성장 발전에 관한 이론 중 다핵심이론과 가장 관계없는 사람은?**

① Mckenze　　② Burgess
③ Harris　　④ Ullman

해설 Burgess는 동심원 이론을 주장

답 ②

107 **다음 중 도시 계획법상 도시계획 사항이 아닌 것은?**

① 지역 지구의 지정에 관한 계획
② 구역의 지정 또는 변경에 관한 계획
③ 건축계획
④ 도시재개발 사업에 관한 계획

답 ③

108 **세계가 하나의 도시로 될 것이라고 상정한 개념은?**

① Metropolis　　② Megalopolis
③ Conurbation　　④ Ecumenopolis

답 ④

109 **국가를 하나의 도시로 상정한 도시규모는?**

① Metropolis　　② Conurbation
③ Ecumenopolis　　④ Megalopolis

답 ④

110 **도시 내 토지이용에 관한 고전적인 이론들 중에 Burgess의 동심원이론(concentric-zone concept)의 내용에 부합되지 않는 것은?**

① 1920년대 초기에 발전된 이론으로 도시 내 토지 이용에 있어서 생태학적 진행의 과정을 설명하였다.
② 도시를 완충지대가 포함된 6개의 동심원 구조로 보았다.
③ 도시 내의 중심에는 loop지역이 있어서 중심 상업업무기능을 담당한다고 보았다.
④ 도시의 가장 외곽 지역은 통근자의 지역이라 하여 중류층 이상의 교외주거지가 형성된다고 하였다.

답 ②

111 다음 그림 중에서 Burgess의 동심원 이론에 관한 지역을 잘못 설명하고 있는 것은?

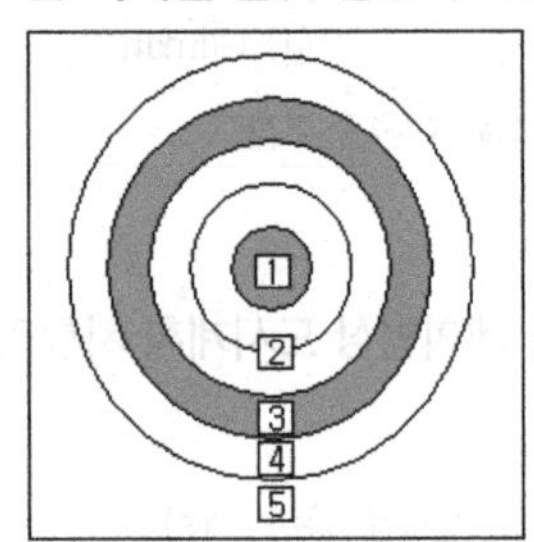

① C.B.D　　② 상업지역
③ 노동자주택지구　　④ 중산층주택지구

해설 1 : 중심업무지구
2 : 점이지대
3 : 노동자주택지구
4 : 중산층주택지구
5 : 교외지구

답 ②

112 다음 Hoyt의 선형이론에 따른 그림에서 2는 어떤 토지이용을 말하는가?

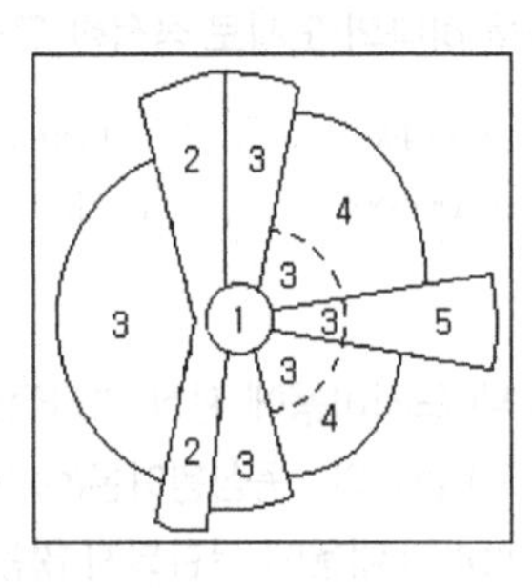

① 중심업무지구　　② 도매, 경공업지구
③ 저급 주택지구　　④ 고급주택지구

해설 1 : 중심업무지구
2 : 도매, 경공업지구
3 : 저급주택지구
4 : 중산층주택지구
5 : 고급주택지구

답 ②

113 우리나라 대도시들이 안고 있는 문제라고 할 수 없는 것은?

① 인구의 감소　　② 주택난
③ 교통혼잡　　④ 환경악화

답 ①

114 다음 다핵심 이론에 관한 그림 설명 중에서 9에 맞는 토지 이용은?

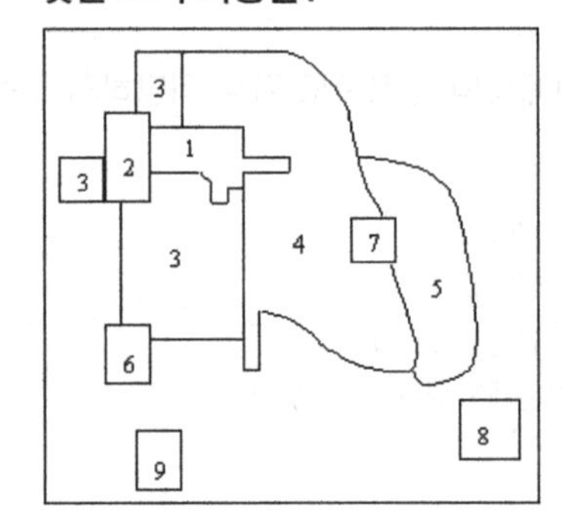

① 경공업 지역　　② 서민주거지역
③ 고급주거지　　④ 교외공업지역

해설 1 : 도심지　　2 : 도매 및 경공업지역
3 : 서민주거지　　4 : 중산층거주지
5 : 고급주거지　　6 : 중공업지역
7 : 외곽상업지역　　8 : 교외주거지
9 : 교외공업지역

답 ④

115 다음 중 교통과 토지이용상 가장 효율적인 가로망은?

① 격자형　　② 방사형
③ by pass　　④ 방사환상

답 ④

116 도시발달의 요소가 아닌 것은?

① 집약적 공급시설의 조직망
② 조밀한 인구밀도
③ 모든 것이 분산되는 곳
④ 교통수단의 변형

해설 모든 것이 집약되는 곳

답 ③

117 도시계획을 하는 경우 가장 필요로 하는 3대 물리적 문제가 아닌 것은?

① 교통망 계획　　② 지역제

③ 공원 녹지계획 ④ 도시환경 정비계획

답 ③

118 다음 중 건폐율은 무엇인가?

① $\frac{공지면적}{용지면적}$ ② $\frac{건축면적}{용지면적}$

③ $\frac{연상면적}{용지면적}$ ④ $\frac{호수}{용지면적}$

답 ②

119 다음 사항 중 토지이용 조사에서 취급하지 않아도 좋은 사항은?

① 건물의 용도
② 건물 소유주의 직업
③ 건물의 노후 정도
④ 건물의 구조 및 재료

답 ②

120 대도시의 세력권이란 소도시의 매일 전 유출인구수와 대도시에의 주간 유출인구수와의 비가 통상 몇 %를 넘는 것을 그 중심 대도시의 세력권이라 하는가?

① 10~15% ② 10~20%
③ 20~30% ④ 30~35%

답 ③

121 근대 통계조사 방법 중 가장 많이 쓰이는 것은?

① 전수조사 ② 표본조사
③ 간접조사 ④ 질문조사

답 ②

122 다음 중 전수조사의 단점이 아닌 것은?

① 거액의 경비를 필요로 한다.
② 결과표의 기입까지 많은 시간과 노력을 필요로 한다.
③ 표본 오차를 수반하게 한다.
④ 조사원을 많이 필요로 하므로 훈련의 난점이 있다.

답 ③

123 도시세력권 조사에서 세력권 내의 시·읍·면의 행정구역을 포함한 지형도의 축척은 얼마인가?

① 1 : 25,000 ~ 1 : 50,000
② 1 : 30,000 ~ 1 : 40,000
③ 1 : 15,000 ~ 1 : 30,000
④ 1 : 20,000 ~ 1 : 40,000

답 ①

124 도시계획의 기본계획도는 축척 얼마의 지형도에 작도해야 하는가?

① 1 : 25,000 ~ 1 : 50,000
② 1 : 600 ~ 1 : 1,000
③ 1 : 3,000 ~ 1 : 6,000
④ 1 : 20,000 ~ 1 : 40,000

답 ①

125 도시관리계획 결정의 고시가 있은 때에는 지적이 표시된 지형도에 도시관리계획 사항을 명시한 도면을 작성하여야 하는데 이 때 일반적인 도시지역의 경우 축척으로 옳은 것은?

① 축척 500분의 1 ~ 1천 500분의 1
② 축척 1천 500분의 1 ~ 3천분의 1
③ 축척 3천분의 1 ~ 4천 500분의 1
④ 축척 4천 500분의 1 ~ 6천분의 1

답 ①

126 도시기본계획 수립의 경우 가장 우선적으로 고려해야 할 사항은?

① 토지이용계획 ② 공원녹지계획
③ 공공처리시설계획 ④ 교통계획

답 ①

127 토지이용계획의 의미를 가장 잘 설명한 것은?

① 유럽형의 접근은 토지이용계획이 도시기본계획의 상위계획으로 정의된다.
② 미국형 접근은 교통계획, 도시시설계획은 토지이용계획에 포함되는 것으로 구분된다.
③ 광의로 해석할 경우 모든 도시시설계획이 토지

이용계획과 대응된다.

④ 토지공간의 평면 위에서 사람들이 영위하는 제반활동들을 예측하여 토지이용을 합리적으로 배치하는 계획작업이다.

답 ④

128 정기적인 인구조사는 몇 년마다 실시하는가?

① 5년마다 ② 10년마다
③ 2년마다 ④ 15년마다

해설 정기적인 인구·주택조사는 서기 연도의 끝 숫자가 0인 해로부터 매 10년마다 행한다. 간이조사는 5년마다 실시한다.

답 ②

129 우리나라에서 시행하고 있는 인구주택총조사에 대한 설명으로 부적절한 내용은?

① 지정통계조사
② 5년주기 조사
③ 전항목에 대한 전수조사
④ 11월 1일이 조사기준시점

해설 인구주택총조사의 전항목을 전수조사를 할 경우 너무 많은 시간과 경비가 소요된다. 따라서 현실적으로 불가능하다.

답 ③

130 도시기본계획을 원칙적으로 입안해야 할 사람은?

① 시장·군수 ② 도지사
③ 건교부장관 ④ 국무총리

답 ①

131 우리나라 도시계획법에서 [도시기본계획]이 제도화된 연도는?

① 1962년 ② 1971년
③ 1976년 ④ 1981년

해설 1962년 : 도시계획법 제정
1971년 : 도시계획법 전면개정
1976년 : 도시재개발법 제정

답 ④

132 우리나라 지방자치단체로서 市가 되기 위한 인구 규모는?

① 1만명 이상 ② 2만명 이상
③ 5만명 이상 ④ 10만명 이상

답 ③

133 도시계획 입안시 인구의 산정기간은?

① 5~10년 ② 15~20년
③ 50~60년 ④ 20~40년

답 ②

134 다음 관계식 중 등비급수에 의한 법은?

① $Y=a+bx$ ② $P_n=P_o(1+r)^n$
③ $Y=abx$ ④ $P_n=P_o(1+nr)$

해설 등비급수는 $P_n=P_o(1+r)^n$
P_n : n년 후의 추정인구,
P_o : 현재연도의 인구, r : 연평균 증가율,
n : 경과년수(계획년수)

답 ②

135 다음 관계식 중 등차급수에 의한 법은?

① $Y=a+bx$ ② $P_n=P_o(1+r)^n$
③ $Y=abx$ ④ $P_n=P_o(1+nr)$

해설 등차급수는 $P_n=P_o(1+nr)$
P_n : n년 후의 추정인구, P_o : 현재연도의 인구,
r : 연평균 증가율, n : 경과년수(계획년수)

답 ④

136 현재 연도의 상주인구 100만의 도시가 있다. 10년 후의 추정인구는 얼마인가? (단, 연평균 증가율은 4%, 등차급수에 의해 증가한다고 가정한다)

① 140만 ② 160만
③ 150만 ④ 180만

해설 등차급수에 의해
Pn=1000000×(1+0.04×10)=1,400,000

답 ①

137 현재의 인구가 550,000人이고, 5년 전의 인구가 500,000人이었다. 이 기간 동안의 연평균

증가율은 등차급수 방정식에 의해 계산하면 몇 %인가?

① 1% ② 2%
③ 3% ④ 4%

해설 등차급수는 $P_n = P_o(1+nr)$이므로, 증가율은

$r = \frac{550000-500000}{500000 \times 5}$=0.02

답 ②

138 현재 인구 100만인의 도시가 있다. 10년 후의 장래 계획인구는?(단, 인구증가율 r=3%이며, 등비급수에 의해 증가한다고 가정한다)

① 1,100,000 ② 1,200,000
③ 1,340,000 ④ 1,500,000

해설 등비급수는 $P_n = P_o(1+r)n$이므로, P_n=100만 ×(1+0.03)^{10}=1,343,916

답 ③

139 현재의 인구가 140만人이고, 10년 전의 인구가 100만人이었다. 이 기간 동안의 연평균 증가율은 등비급수 방정식에 의해 계산하면 몇 %인가?

① 2.2% ② 1.2%
③ 4.2% ④ 3.4%

해설 등비급수 $P_n = P_o(1+r)^n$에서

$r = \sqrt[n]{\frac{Pn}{Po}} - 1$ 이므로,

$r = \sqrt[10]{\frac{1400000}{1000000}} - 1 = 0.03422$

답 ④

140 인구 구조 중 성비를 나타내는 것은?(단, Mt : t년의 남자인구 Ft : t년의 여자인구를 나타낸다)

① $St = \frac{Mt}{Ft} \times 100$ ② $St = \frac{Ft}{Mt} \times 100$
③ $St = \frac{Ft}{Mt} \times 1,000$ ④ $St = \frac{Mt}{Ft} \times 1,000$

답 ①

141 도시계획에 있어서의 장래인구의 예측방법 중에서 출생, 사망, 전입, 전출, 성비, 가임여성의 생산율, 연령대별 생산율 등 인구증감의 인과관계를 고려하여 인구를 분석하고 예측하는 방법은 다음 중 어느 것인가?

① 등차급수법 ② 집단생잔법
③ 비교유추법 ④ 최소자승법

답 ②

142 다음 중 비교유추에 의한 인구추정방법에 대한 설명으로 옳지 않은 것은?

① 과거추세연장법에 의한 장래인구예측이 어려울 때 적용될 수 있다.
② 비교 대상도시는 가능한 인구규모가 계획대상도시보다 다소 작은 도시를 택한다.
③ 뚜렷한 기간산업을 찾기 어려워 취업인구에 의한 예측이 곤란할 때에도 유용하게 적용될 수 있다.
④ 전국 도시 중 제반 조건이 유사한 도시를 찾아 그 도시의 인구성장과정을 적용하는 방식이다.

답 ②

143 변이 할당분석(shift-share analysis)에서 도출되는 효과 중 적절치 않은 것은?

① 전국 경제성장 효과 ② 산업구조 변화 효과
③ 지역할당 효과 ④ 임금구조 조정 효과

답 ④

144 사회간접자본에 대하여 제3섹터 혹은 민간회사가 시설을 건설한 후 일정기간동안 소유 및 운영을 하며, 일정기간 경과 후 소유권 및 운영권이 정부에 귀속되는 민간자본투자 형태는?

① BOO(Build-Operate-Own)
② BOT(Build-Operate-Transfer)
③ BTO(Build-Transfer-Operate)
④ BOOT(Build-Own-Operate-Transfer)

답 ②

145 도시(지역)경제학의 주요이론으로 거리가 먼

것은?

① 경제기반이론　② 투입산출분석
③ 변이할당분석　④ 효용함수이론

답 ④

146 j지역 i산업의 입지상(LQ)에 관한 설명 중 틀린 것은?

① LQ=1이면 j지역 i산업은 쇠퇴상태이다.
② LQ〈1이면 j지역 i산업은 수입의존형이다.
③ LQ〉1이면 j지역 i산업은 수출산업이다.
④ LQ=0 이면 j지역 i산업은 존재하지 않는다.

해설 LQ=1이면 j지역 i산업은 자급자족 상태임

답 ①

147 우리나라 토지 이용의 특성이 아닌 것은?

① 자연 발생성　② 혼합성
③ 이중성　④ 단일성

답 ④

148 지역중심 상업시설이 아닌 것은?

① 호텔　② 쇼핑센타
③ 백화점의 분점　④ 노선상가

해설 호텔은 업무 상업시설이다.

답 ①

149 용적률과 평균 층수와의 관계는 다음 보기와 같다. 건폐율이 일정하다고 할 때 다음 중 옳은 것은 어느 것인가?

① 평균 층수가 늘면 용적률도 높아진다.
② 평균 층수가 줄면 용적률은 높아진다.
③ 평균 층수와 용적률은 아무 관계가 없다.
④ 평균 층수가 늘면 용적률이 줄어든다.

해설 $V=ns$
여기서 V=용적률, n=평균층수, s=건폐율

답 ①

150 토지이용구분에서 건축용지가 아닌 것은?

① 주택용지　② 공업용지
③ 상업용지　④ 도로용지

답 ④

151 유보구역은 다음 중 어느 것과 관계가 있는가?

① 개발제한구역　② 미개발구역
③ 개발구역　④ 개발예정구역

답 ②

152 공업지역의 적지조건이 아닌 것은?

① 교통, 동력, 용수 등이 용이한 곳
② 광대한 지역
③ 구릉지
④ 지가가 저렴한 곳

답 ③

153 어떤 주택단지 건물이 모두 5층 아파트이고 공지율이 83%라 하면, 주택단지의 용적률은?

① 70%　② 75%
③ 80%　④ 85%

해설 용적률은 $V=ns$에서 평균층수는 5층이고, 건폐율은 100-83=17% 이므로 V=5×17=85% 이다.

답 ④

154 다음과 같은 호수밀도 계산에 있어서 단위 호/ha로 할 때 맞는 값은?(평균층수 : 2층, 건폐율 : 0.15, 1호당 연상면적 : 60㎡)

① 30호/ha　② 40호/ha
③ 50호/ha　④ 60호/ha

해설 $ns=de$ 여기서 n=평균층수, s=건폐율, e=1호당연상면적 d=호수밀도이므로 2×0.15=60×d가 된다.
따라서 $d=\frac{0.3}{0.006}=50$호/ha (여기서 주의할 것은 단위에 대한 개념이다. 1ha=10,000㎡이므로 위 식에서 분모가 0.006이 된다)

답 ③

155 지역 성장을 예측하는데 있어서 과거 그 시점의 국가경제, 지역경제 및 산업구조를 분석하는 모형은?

① 경제기반분석　② 투입산출분석
③ 변이할당분석　④ 지역성장모형

답 ③

156 상업지역의 적지조건이 아닌 것은?

① 교통이 편리한 곳
② 토지가 평탄한 곳
③ 교통의 결절점에서 먼 곳
④ 교통의 초점인 도심부

답 ③

157 순인구 밀도가 150人/ha이고 주택용지율이 70%일 때 총인구밀도는 얼마인가?

① 85人/ha ② 95人/ha
③ 105人/ha ④ 115人/ha

해설 총인구밀도는=순인구밀도×주택용지율

답 ③

158 도시인구가 20만이고, 주거지역의 1인당 점유 택지면적 $40m^2$, 주택용지율 65%라 하면 전체 주거지역 면적은?

① 12.31㎢ ② 2.55㎢
③ 4.44㎢ ④ 3.33㎢

해설 총 주택용지 면적

$$\frac{200,000 \times 40m^2/인}{0.65} = 12307692.31m^2 \times 1km/1000^2m^2$$
$$= 12.307km^2 ≒ 12.31km^2$$

답 ①

159 도시인구가 10만인 도시에서 전체 면적 중 주택용지율이 55%이고, 주거지역의 1인당 택지 점유 면적이 $40m^2$이라면 전체의 주거지 면적은 얼마인가?

① 7.3㎢ ② 8.3㎢
③ 9.5㎢ ④ 10.5㎢

해설 총 주택용지 면적

$$\frac{100,000 \times 40m^2/인}{0.55} = 7272727.273m^2 \times 1km/1000^2m^2$$
$$= 7.2727km^2 ≒ 7.3km^2$$

답 ①

160 인동간격을 필요로 하는 경우 어떤 것이 제1조건이 되는가?

① 교통안전 ② 사생활보호
③ 방화 ④ 일조

답 ④

161 용적률 조사를 하는 이유는 무엇인가?

① 도심지의 소요면적을 추정
② 토지이용 분포를 추정
③ 교통량 분포를 추정
④ 교통 종류별 분포를 추정

답 ②

162 공원배치 방식 중 소도시에서 주로 볼 수 있는 형태는?

① 방사환상식 ② 방사식
③ 환상식 ④ 분산식

답 ④

163 어떤 도시의 면적은 300ha, 호수는 5,000호, 호당 평균 가족수는 5인일 때 이 도시의 인구 밀도는?

① 53人/ha ② 63人/ha
③ 73人/ha ④ 83人/ha

해설 $인구밀도 = \frac{인구}{토지면적} = \frac{25,000}{300} = 83人/ha$

답 ④

164 어떤 주택단지의 토지이용비율은 주택용지 70%, 교통용지15%, 공원 녹지등 기타용지 15%이다. 이 주택단지의 총인구밀도를 175인/ha로 계획한다면 주책용지에 대한 순인구 밀도는?

① 140인/ha ② 175인/ha
③ 200인/ha ④ 250인/ha

해설 주택용지율이 70%이므로 $\frac{175인/ha}{0.7} = 250인/ha$

답 ④

165 도시인구 50만명이고 취업률 30% 그 중 제조업의 종사자는 5만명일 경우, 도시의 제조업

구성비는 얼마인가?

① 12%　　② 20%
③ 33%　　④ 40%

해설 취업인구수= 500,000명 × 0.3 = 150,000명

제조업 구성비=
$\frac{제조업인구수}{취업인구수} = \frac{50,000}{150,000} = 0.33\%$

답 ③

166 다음 중 주거지역의 적지조건이 아닌 것은?

① 토지가 언덕진 곳
② 한적한 곳
③ 배수가 잘 되고 깨끗한 곳
④ 동향인 곳

해설 남향이 좋고, 통근·통학 등 일상생활에 편리한 곳이 좋다.

답 ④

167 용도지역제 중에서 필요한 경우 세 분류 1종, 2종, 3종으로 구분 지정할 수 있는 용도지역은?

① 전용주거지역　　② 일반주거지역
③ 중심상업지역　　④ 일반상업지역

답 ②

168 도시지역 안에서 공공의 안녕질서와 도시기능의 증진을 위해서 필요하다고 인정할 때에는 지구의 지정을 도시관리 계획으로 결정할 수 있는데 지구의 종류가 아닌 것은?

① 미관지구　　② 고도지구
③ 보존지구　　④ 재개발지구

답 ④

169 상업 업무지구에서 비교적 적절한 구획도로망 형태는 어떠한 것인가?

① 루프형　　② 쿨데삭(cul-de-sac)
③ 격자형　　④ 선형

답 ③

170 주거 단지 내 도로 계획시 일반적 고려사항이 아닌 것은?

① 단지 내 도로의 과속 방지턱 설치
② 곡선형 도로로 감속 유도
③ 원활한 통과를 위한 통과 도로의 최대화
④ 도로패턴은 원활한 접근을 위한 조직적으로 계획

답 ③

171 우리나라 도시 가로망 배치계획에서 일반적인 원칙과 가장 거리가 먼 것은?

① 간선도로의 경우 도심부와 도시 외곽에서 도로의 배치간격은 각각 1km~3km 정도가 바람직하다.
② 보조간선도로는 도심에서 300~500m 간격으로 배치하는 것이 적당하다.
③ 집분산 도로의 배치간격은 주거지역에서 250~500m 간격으로 배치하는 것이 적당하다.
④ 국지도로는 지구의 특성에 따라 배치간격이 정해지며 간선도로, 보조간선도로를 연결할 수 있도록 계획한다.

답 ④

172 가로의 기능별 배치기준에서 도심부 간선도로의 배치간격으로 가장 적합한 것은?

① 500m　　② 200m
③ 5,000m　　④ 1,000m

답 ④

173 도로를 규모별로 광로, 대로, 중로, 소로로 구분하고 있다. 이중 광로는 몇 m이상의 도로폭을 지칭하는 것인가?

① 30m　　② 40m
③ 50m　　④ 60m

답 ②

174 다음 관계식 중 잘못된 것은?

① 건폐율 $= \frac{건축면적}{용지면적}$

② 용적률 $= \frac{연상면적}{녹지면적}$

③ 공지율 = $\frac{공지면적}{용지면적}$

④ 호수밀도 = $\frac{호수}{용지면적}$

해설 용적률 = $\frac{연상면적}{용지면적}$

답 ②

175 다음 중 용적율의 개념을 정확히 표현한 것은?

① 건축면적/대지면적　② 공지면적/대지면적
③ 연상면적/건축면전　④ 연상면적/대지면적

답 ④

176 우리나라에서의 지역지구제는 언제부터 시작되었다 할 수 있는가?

① 1920년　② 1934년
③ 1925년　④ 1948년

해설 1934년 조선시가지 계획령에서부터 시작되었다.

답 ②

177 도시인구가 50만명이고, 공공용지율이 30%인 도시의 주거용지 면적이 6k㎡이라면 주택용지율은?

① 0.4　② 0.67
③ 0.7　④ 0.83

해설 주택용지율 = 1 - 공공용지율, 따라서 1-0.3 = 0.7

답 ③

178 도시인구가 30만명이고, 취업률 35%, 제조업인구 구성비 10%, 제조업인구 1인당 토지점유면적 50m^2 공공용지율이 30%일 때 공업지역 전체 면적은?

① 0.45　② 0.55
③ 0.65　④ 0.75

해설 공업용지 전체변적 =

$$\frac{전체인구수 \times 제조업인구구성비 \times 1인당점유면적취업률}{1 - 공공용지율}$$

$$= \frac{300,000 \times 0.1 \times 50 \times 0.35}{1 - 0.3} = 0.75km^2$$

답 ④

179 도시공원법상 인구 1인당 필요 공원 면적은?

① 3.0㎡　② 6.0㎡
③ 5.5㎡　④ 10.0㎡

답 ②

180 다음 중 토지이용패턴에 영향을 미치는 요인이 아닌 것은?

① 교통수단과의 접근도
② 인접토지와의 보합성
③ 공공시설의 이용 접근도
④ 도시인구 및 주택수

답 ④

181 주거지역의 분류가 아닌 것은?

① 전용주거지역　② 완전주거지역
③ 준주거지역　④ 일반주거지역

답 ②

182 사업의 비용을 충당하기 위하여 남겨 놓은 토지는?

① 보상지　② 체비지
③ 획지　④ 건축지

답 ②

183 토지구획정리 사업을 행하기 위한 수단에 해당되지 않는 것은?

① 토지의 분할·합필　② 토지의 교환
③ 관개 용수로의 정비　④ 도로의 신설·개량

해설 3번은 농지개량사업의 한 수단이다.

답 ③

184 환지계획에서 고려해야 할 요인에 해당되지 않는 것은?

① 종전토지의 면적　② 종전토지의 지목
③ 종전토지의 이용상태　④ 종전토지의 가격

답 ④

185 우리나라에서의 토지구획정리사업의 환지방식은?

① 면적표준방식　　② 지가표준방식
③ 절충주의방식　　④ 순체환지방식

답 ③

186 도시재개발사업에 필요한 토지규모는?

① 제한없음　　② 10,000m² 이상
③ 20,000m² 이상　　④ 30,000m² 이상

답 ①

187 도시재개발에 있어서 도시기능과 생활환경이 점차 약화되고 있는 대상지에서 건축물의 신축을 부분적으로 허용하며, 나머지 건축물을 수리, 개조함으로서 점진적으로 개조하는 재개발수법은?

① 철거재개발　　② 수복재개발
③ 전면재개발　　④ 보전재개발

답 ②

188 재개발구역의 선정지준 중에서 불량도의 정도를 파악하는 방법에 해당되지 않은 것은?

① 유형분류방식　　② 요소수 방식
③ 절충식　　④ 벌점방식

답 ①

189 재개발계획에서 역사적 기념물을 보존할 필요가 있을 경우의 개발방식은?

① 지구수복방식
② 지구보존방식
③ 지구전체의 재개발방식
④ 신도시 건설방식

답 ②

190 도시 설계를 행함에 있어서 도시설계를 하고 난 후 시민에게 공람해야 하는 기간은?

① 15일　　② 30일
③ 35일　　④ 40일

답 ②

191 Super block(대가구)는 다음 중 몇 개의 획지(lot)로 구성되는가?

① 10~20개　　② 40~80개
③ 60~100개　　④ 100~200개

답 ②

192 근린주구개념을 처음에 주장한 사람은?

① 테일러　　② 르꼬르뷔제
③ 하워드　　④ 페리

답 ④

193 다음의 주택단지 계획에서 크기 순으로 옳게 표시된 것은?

① 지역 → 근린보구 → 인보구 → 근린주구
② 지역 → 인보구 → 근린주구 → 근린분구
③ 지역 → 근린주구 → 근린분구 → 인보구
④ 근린주구 → 근린분구 → 지역 → 인보구

해설

구분	근린주구	근린분구	인보구
반경	400~800m	300~500m	100m전후
인구	50,000~10,000명 정도	3,000~4,000명 정도	200~800명 정도
중심기본 시설	초등학교 1개교, 유치원 1개소, 놀이터	유치원1개소, 아동공원 진료소, 파출소 각1개	
상호관계	4~5개의 근린분구	3~4개의 인보구	

답 ③

194 주택단지의 구성에서 다음 3개의 서로 다른 단위를 작은 것부터 큰 것으로 배열한 것은?

① 근린분구 → 근린주구 → 안보구
② 안보구 → 근린분구 → 근린주구
③ 근린주구 → 근린분구 → 안보구
④ 안보구 → 근린주구 → 근린분구

답 ②

195 보행으로 중심부와 연결이 가능하며, 초등학교, 상가 등의 공동서비스 시설을 공유하는 규모로서 주민간의 동질성이 강조되는 계획적 공간범위는?

① 인보구　　② 근린분구
③ 근린주구　　④ 지역공동체

답 ③

196 Radburn 계획의 내용과 틀린 것은?

① cul-de-Sac 설치
② 주거구는 Super bolck으로 계획
③ 주거 단지 내의 통과교통을 허용
④ 도로를 목적별로 분리하여 설치

답 ③

197 가로에 의해서 둘러싸여진 1구획을 무엇이라 하는가?

① 가구(block) ② 일단지
③ 획지 ④ 배후지

답 ①

198 근린지구 내의 초등학교 초대 유치거리는?

① 400m ② 600m
③ 800m ④ 1,000m

답 ③

199 C.A. Perry의 근린주구에 대한 설명 중 틀린 것은?

① 주구 개발은 대체로 초등학교 1개교가 필요한 정도의 인구에 대응하는 호수를 가질 것
② 주구 단위는 통과 교통이 통과하지 않고 우회하도록 함
③ Open Space는 각 주구의 요구에 따라 계획된 소공원과 레크레이션 공간을 가질 것
④ 서비스 공간을 갖는 학교, 기타 공공시설 용지는 주구의 변두리에 위치함

해설 C.A. Perry의 근린주구
가. 인구 5,000~6,000명, 면적 60ha
나. 내부도로는 cul-desac형(주구내 거주자의 주차접근으로 허용)
다. 근린주구의 초등학교나 공공시설은 하나의 중심점에 적절히 모아야 한다.
라. 근린주구에서는 소공원이나 레크레이션의 계통이 일정 필요량 충족되어야 한다.
마. 간선도로에 의해 둘러 쌓이도록 한다.
바. 편익시설의 위치는 학교와 주거의 연결지역에 위치(800m이상 걷지 않아야 함)
사. 가정에서 community까지는 400m

답 ④

200 많은 학자들에 의해 근린주구에 대한 기준들이 제안되어지고 있다. 다음 중에서 근린주구의 설정기준에 해당되지 않는 내용은?

① 밀도 ② 거리
③ 이용빈도 ④ 시설물

답 ③

201 다음 도세(道稅) 중 보통세가 아닌 것은?

① 취득세 ② 면허세
③ 지역개발세 ④ 주민세

답 ③

202 다음 시군세(市郡稅) 중 보통세가 아닌 것은?

① 도시계획세 ② 자동차세
③ 재산세 ④ 주민세

해설 도시계획세는 목적세이다.

답 ①

203 국립공원개발계획은 다음 중 어느 계획에 해당되는가?

① 농촌계획 ② 도시계획
③ 국토계획 ④ 도계획

답 ③

204 국토계획이 맨 처음 도입된 나라는?

① 프랑스 ② 영국
③ 독일 ④ 미국

답 ③

205 국토계획을 처음 이론적으로 체계화한 사람은?

① Auther Comey ② Paul Wolf
③ Chester Bohls ④ James Thomas

답 ①

206 우리나라 제3차 국토 종합개발계획 기간으로 맞는 것은?

① 1972~1981 ② 1992~2001
③ 1982~1988 ④ 1980~2001

답 ②

207 우리나라의 국토계획의 변경과정 중에서 거점 개발방식이 채택되었던 시기는?

① 제1차국토계획 ② 제2차국토계획
③ 제2차국토(수정)계획 ④ 제3차국토계획

답 ①

208 수도권 정비 기본계획에서 구분된 권역이 아닌 것은?

① 개발유보권역 ② 개발제한권역
③ 제한정비구역 ④ 자연보존권역

답 ②

209 국토건설종합계획 심의회의 위원의 임기는?

① 5년 ② 4년
③ 6년 ④ 8년

답 ②

210 국토이용계획은 누가 입안하는가?

① 관할 도지사 ② 시장·군수
③ 건교부장관 ④ 도시계획위원회

답 ③

211 건교부장관·도지사·시장·군수는 국토이용계획에 관한 조사측정을 위하여 개인이 점유하는 토지에 출입하기 위해서는 일정한 기간 전에 이를 토지 소유자, 공유자·관리자 등에 그 장소와 일시를 통지해야 하는 바 다음 중 그 법정기일은?

① 출입할 날 3일 전까지
② 출입할 날 4일 전까지
③ 출입할 날 5일 전까지
④ 출입할 날 6일 전까지

답 ①

212 도시지역 이외의 지역으로서 주민의 집단적 생활근거지로 이용되고 있거나 이용될 지역을 무엇이라고 하는가?

① 경지지역 ② 농촌지역
③ 도시지역 ④ 취락지역

답 ④

213 다음 중 국토이용 관리법의 목적이 아닌 것은?

① 국토건설종합계획에 따른 국토이용계획 입안 및 결정 시행을 규정
② 국토의 효율화
③ 토지의 이용가치 증진
④ 중앙집권체제의 강화

답 ④

214 국토이용계획이 결정고시된 경우 3년 이내에 지형도면을 결정 고시해야 하는 자는?

① 시장·군수 ② 사업시행자
③ 도지사 ④ 토지개발공사

답 ③

215 다음 중 국토이용의 기본이념을 잘못 설명한 것은?

① 공공복리의 우선
② 양호한 자연환경 보전
③ 토지의 합리적 이용
④ 규제규역의 지정

답 ④

216 국토이용계획을 입안할 때 따라야 하는 계획은?

① 국토건설종합계획 ② 도건설 종합계획
③ 도시계획 ④ 군건설 종합계획

답 ①

217 국토건설종합계획은 다음과 같이 구분한다. 해당되지 않는 것은?

① 특정지역건설종합계획 ② 전국건설종합계획
③ 도건설종합계획 ④ 시건설종합계획

해설 이외에도 군건설종합계획이 있다.

답 ④

218 토지 이용계획을 수입함에 있어서 정성적(定性的)인 예측변수가 아닌 것은?

① 토지의 생산성 및 산업별 생산액
② 생활양식의 변화추이
③ 산업입지의 형태
④ 기술 및 사회가치관의 변화

답 ①

219 현행 국토의 계획 및 이용에 관한 법률상의 용도지역의 구분에 해당되지 않는 것은?

① 전용주거지역 ② 유통상업지역
③ 준공업지역 ④ 개발제한지역

답 ④

220 도시 재개발 계획을 수입하는데 거쳐야 할 가장 기본이 되는 선행 사항은?

① 종합적인 현장조사
② 주변지역과의 관계검토
③ 도시기반시설이 갖추어져 있는지의 여부검토
④ 도시전체의 개발계획 검토

답 ①

221 도시하부구조는 다음 중 무엇을 말하는가?

① 도시생활 편익시설
② 도시의 공원, 녹시시설
③ 도시의 기반시설
④ 주택 등 도시생활에 필요한 기본시설

답 ③

222 다음 중 지리정보시스템(GIS)에서 점(point)자료에 대한 공간분석의 내용으로 적당하지 않은 것은 어느 것인가?

① 공간적 질의(spatial query)
② 근린성 분석(proximal analysis)
③ 네트워크 분석(network analysis)
④ 지리적 처리(geocoding)

답 ③

223 취락지역에 설치할 수 있는 것은?

① 공해 위험이 있는 공장
② 유류 저장고
③ 화약류 저장고
④ 군사시설

답 ④

224 도시계획법상 특정시설 제한구역은 누가 정하는가?

① 대통령 ② 도지사
③ 시장·군수 ④ 건교부장관

답 ④

225 시행자가 도시계획사업 실시계획의 인가를 신청하고자 할 때에는 관계서류의 사본을 시민에게 공시하여야 하는 기간은?

① 5일 ② 7일
③ 10일 ④ 14일

답 ④

226 도시의 무질서한 시가화를 방지하고 도시계획적 단계적 개발을 도모하기 위해 지정하는 사업은?

① 택지시설 제한구역 ② 시가화조정구역
③ 도시개발예정구역 ④ 개발제한구역

답 ②

227 도시계획법상 도시에 있어서의 산업과 인구의 과대한 집중을 방지하기 위하여 특히 필요하다고 인정할 때 지정하는 구역은?

① 도시개발예정구역 ② 시가화조정구역
③ 특정시설제한구역 ④ 택지시설제한구역

답 ③

228 도시계획법상 도시의 무질서한 확산을 방지하고 도시주변의 자연환경을 보전하기 위하여 도시의 개발을 제한할 필요가 있을 시 지정하는 구역은?

① 도시개발예정구역 ② 시가화조정구역
③ 특정시설제한구역 ④ 개발제한구역

답 ④

229 도시계획법에서 규정하고 있지 않은 구역은?

① 도시개발예정구역 ② 시가화조정구역
③ 산업기지개발구역 ④ 개발제한구역

답 ③

230 도시계획구역 내에서 주거지역에만 지정할 수 있는 구역은?

① 도시개발예정구역 ② 아파트지구
③ 개발제한구역 ④ 재개발구역

답 ②

231 도시계획사업 시행자가 타인 토지에 출입하려면 몇 일전에 토지소유자에게 통지해야 하는가?

① 2일 전 ② 3일 전
③ 5일 전 ④ 10일 전

답 ②

232 도시계획의 효력발생 시기는?

① 도시계획결정 고시일
② 도시계획결정 고시일로부터 5일 후
③ 도시계획결정 고시일로부터 7일 후
④ 도시계획결정 고시일로부터 10일 후

답 ②

233 도시기본계획을 수립할 때 공청회 개최는 언제 하는가?

① 도시계획 조사 이전 ② 기본계획 승인 이후
③ 기본계획 수립시 ④ 기본계획 공고 이후

답 ③

234 도시계획의 결정에서 가장 우선적으로 고려해야 할 것은?

① 국토이용계획 ② 공공건축물 계획
③ 교통계획 ④ 공급처리 시설계획

답 ①

235 현대도시계획의 추세에 대하여 올바르게 설명한 것은?

① 사회·경제적 여건을 포함하는 종합계획의 성격을 가진다.
② 물리적 계획을 중심으로 설계기법 및 제도를 중시한다.
③ 지방자치제의 실시로 인하여 폐쇄적 도시계획 수립방향으로 간다.
④ 국토 및 지역계획 등 상위계획과의 조화가 불필요하게 되어간다.

답 ①

236 다음 중에서 가장 상위 공간계획은 어느 것인가?

① 국토이용계획 ② 국토계획
③ 수도권정비계획 ④ 도시기본계획

답 ②

237 주거지역 내에서 건축이 금지되는 것은?

① 예식장 ② 고층아파트
③ 전문대학 ④ 사원

답 ①

238 현행법상 도시계획의 입안자가 될 수 없는 것은?

① 도지사 ② 시장·군수
③ 토지개발공사장 ④ 건교부장관

답 ③

239 상수도 계획에서 급수 보급률은?

① $\text{급수보급률} = \dfrac{\text{급수인구}}{\text{총인구}} \times 100(\%)$
② $\text{급수보급률} = \dfrac{\text{총인구}}{\text{급수인구}} \times 100(\%)$
③ 급수구역 내 총인구×급수보급률
④ 1인 1일 최대급수량×급수인구

답 ①

240 도시계획법에 규정된 주차장은?

① 노외주차장 ② 야외주차장
③ 공용주차장 ④ 유료주차장

답 ①

241 도시계획법상 광장에 해당되지 않는 것은?

① 미관광장　② 지하광장
③ 근린광장　④ 교통광장

답 ③

242 다음 중 저층주택 중심의 환경보호를 위해 지정한 지역은?

① 전용주거지역　② 준주거지역
③ 일반주거지역　④ 자연녹지지역

답 ①

243 결정고시 후 몇 년 내에 시장·군수가 지적도면의 승인을 받아야 하는가?

① 1년　② 2년
③ 3년　④ 4년

답 ②

244 다음 중 도시계획시설의 종류에 해당되지 않는 것은?

① 골프장　② 실내 수영장
③ 화장장　④ 공원

답 ②

245 도시공간시설 중 광장에 대한 설명으로 잘못된 것은?

① 광장은 다 목적이 되도록 교통시설이 집중하도록 계획한다.
② 도시의 상징적 광장으로서의 계획이 필요하다.
③ 광장의 종류에는 교통광장, 경관광장, 지하광장 등이 포함된다.
④ 철도교통과 도로교통의 효율적 변환이 가능한 철도역의 전면에 는 역전광장을 설치하는 것이 바람직하다.

답 ①

246 Rond Point로 적합한 것은?

① 도시 공간상, 기념상 등을 놓은 중요 지점
② 빛과 물체의 상관관계
③ 중심광장의 알맞은 크기
④ 가로망의 막다른 점

해설 Rond Point : 도시계획에서는 기념상 등을 설치하는 장소가 되었다.

답 ①

247 CIAM 이란?

① 교통안전공단　② 도시계획위원회
③ 국토개발원　④ 근대 국제 건축가 협회

해설 CIAM(Congress International Architecture Modern) : 근대 국제 건축가 협회

답 ④

248 다음 중 토지수용법상의 상업인정으로 보는 것은?

① 도시계획의 결정
② 도시계획의 결정통지
③ 도시계획사업 시행장의 지정
④ 도시계획사업의 실시계획의 인가

답 ④

249 도시에서 채용하고 있는 하수도의 종류 중 어떤 식이 우수한 것인가?

① 합류식　② 분류식
③ 수운식　④ 보류식

답 ②

250 일반 도시에서 급수 인구는 상주인구의 몇 %를 잡는가?

① 60~90%　② 30~70%
③ 50~80%　④ 70~100%

답 ①

251 도시 조형미의 기법 중 호주의 수도 Canberra는 다음 중 어느 것인가?

① 조형식　② 자유식
③ 외경식　④ 자연식

답 ③

252 다음의 지하 매설물 중 도시 내 가로의 차도 밑

에 매설해야 할 것은?

① 전신, 전화
② 전등, 전력의 전람
③ 수도지관과 가스지관
④ 하수도, 상수도 본관 및 가스본관

해설 4번 이외의 것은 보도 밑에 매설한다. 상수도 본관과 가스본관은 하수도 좌우차도 밑에 매설한다.

답 ④

253 공공건축물을 집합시킴으로써 얻어지는 이점이 아닌 것은?

① 사무취급상의 편의와 능률의 증진
② 건축물에 대한 제한실시와 방화상에 적합
③ 넓은 건축부지를 저렴하게 미리 확보해 둔다.
④ 도시중심의 이동을 장려

답 ④

254 도시조형을 위한 도시미운동은 다음 중 어느 나라에서 시작하였는가?

① 프랑스　② 일본
③ 독일　④ 미국

답 ④

255 도시조형미의 기법상 르네상스의 기법은?

① 조형식　② 외경식
③ 자유식　④ 자연식

답 ①

256 공공건축물의 분포형태는 그것이 광역적인 전시적 단일시설인 경우 다음 중 어느 형을 취할 것인가?

① 집합형　② 결절형
③ 분산형　④ 단독형

답 ④

257 공동구(共同溝)를 처음 설치한 나라는?

① 프랑스　② 미국
③ 독일　④ 영국

답 ①

258 하수도관은 얼마 깊이로 매설하도록 규정되어 있는가?

① 1m　② 2~4m
③ 5~6m　④ 6~8m

답 ②

259 하수도계통의 배치방식에 해당되지 않는 것은?

① 수직식　② 선상식
③ 방사식　④ 분산식

답 ④

260 우리나라에서 오늘날과 같은 상수도를 갖게 된 해는?

① 1935년　② 1908년
③ 1946년　④ 1942년

답 ②

261 하수도를 최초로 집단적으로 계획 건설한 곳은?

① 모헨조다로　② 바비론
③ 로마　④ 아테네

답 ①

262 공원 후보지의 선정에 맞지 않는 곳은?

① 지형상 건축용지로 부적당한 곳
② 거주지로서 적당한 곳
③ 공지로서 보전시켜야 하는 곳
④ 자연풍치의 보존지

답 ②

제5장

교통안전

1. 교통안전

사회발전에 따라 통행량이 증가함에 따라 교통사고의 가능성도 높아진다 할 수 있다. 특히 우리나라의 교통사고 발생 정도는 세계적으로도 상당히 높은 상황이다. 그러나 최근 교통사고 감소를 위한 관계기관의 노력 및 운전자들의 의식전환 등이 결합하여 가시적인 효과를 보이고 있는 것처럼, 교통사고는 인위적인 노력으로 상당부분 방지할 수 있다.
교통의 구성이 교통주체, 교통수단, 교통시설 3요소로 이루어지는 것처럼, 교통사고 역시 이 3요소의 단독 및 결합된 원인으로 일어난다. 또한 교통사고에 대한 체계적인 분석이 반드시 이루어져야만, 교통사고 감소에 대한 공학적인 해결책을 마련할 수 있다. 본장에서는 이와 같은 점에서 교통사고에 대한 특성, 사고의 조사 및 분석 등을 언급하고 사고방지대책까지 검토하고자 한다.

(1) 교통안전 관리의 필요성

① 특효약이 없다. 이동성이 있는 한은 피할 수 없다. 물론 확률을 최소화하기 위한 조치는 취해야 한다.
② 원인과 책임 개념의 포기, 즉 도로설계자는 인간의 실수에 대하여 설계할 의무를 가지며, 사고희생자의 잘못을 열렬히 비난할 의무를 가지지는 않는다. 즉 불량한 주거환경에서 생활하므로 생활양식이 불결하여 전염병이 발생한다는 태도를 버려야 전염병을 퇴치할 수 있다.
③ 결과는 사고가 아니다. 사고빈도를 줄이는 데만 골몰한다면, 사고의 정도를 경감시키는 프로그램으로부터 얻을 수 있는 많은 가능한 이익을 잃게 된다.
④ 위험상황에 대한 노출을 줄이는, 즉 이동성을 관리함으로서 사고로 인한 손실을 줄일 수 있다(음주운전, 초보자). 그러나 특정장소에서 사고가 많이 발생함에도 불구하고 교통량이 많아 양호한 사고율을 보이는 경우가 있으므로, 사고율보다는 사고빈도에 중요성을 부과해야 한다.
⑤ 과학에 기초한 분석의 중요성이 강조된다. 신뢰할 수 있는 자료와 자료의 분석 및 해석기술의 두 가지를 의미한다.
⑥ 효과적인 대책을 선정하기 위하여 대안을 평가할 필요가 있다.
⑦ 다른 대안보다는 편익이 크다는 것을 보여줘야 한다.

(2) 국내 교통안전의 문제점과 대책

① 교통안전의 문제점 : 국내 교통안전상의 주요 문제점들은 다음의 5가지로 요약될 수 있다.
- 교통안전에 대한 정책의지 취약
- 실무조직의 미비 및 관련인력의 전문성 결여
- 교통환경의 불량 및 안전시설의 불비
- 직업 운전자들의 근로환경 불량
- 도로 이용자들의 안전의식 결여

② 교통안전대책
- 정책적으로는 교통안전상의 문제점들의 개선을 위한 대책이 수립되어야 한다.
- 기술적으로는 교통사고의 원인분석에 기초한 과학적인 방안이 강구되어야 한다.
- 교통안전에 대한 인식의 전환이 필요하다.

(3) 교통안전 전략

① 노출통제 : 교통의 행태를 안전한 형태로 바꾼다. 도로교통의 대안(철도, 항공, 재택근무), 차량제한, 도로제한(보행자 전용도로, 자동차전용도로)
② 사고예방 : 도로설계, 교차로설계 및 통제, 가로조명 및 표지, 도로건설 및 유지, 노변위험관리, 속도 및 속도제한, 교통약자에 대한 조치, 차량안전공학(AVCS), 제동, 조명, 운전자 통제, 시야, 충격저항, 냉방 및 환기
③ 행태수정 : 안전벨트 착용, 보행자 훈련, 운전자 훈련, 규제(음주, 속도)
④ 부상통제 : 자동차(문 잠금장치, 안전벨트, 에너지 흡수 조향장치대, 보행자 안전을 고려한 외부모양), 자전거 및 오토바이(헬멧), 버스(안전대, 부드러운 내부설비)
⑤ 부상후의 관리(부상후 관리의 주요 효과는 사고후의 1~2시간 이내) : 사고의 발생, 위치, 성격을 알려줄 효과적인 통신, 준의료서비스에 의한 신속한 대응을 확신할 수 있는 체계, 희생자를 병원에 후송할 효율적이고 효과적인 교통

(4) 교통안전공학의 역할

① 안전을 의식한 새로운 도로망의 계획
② 새로운 도로의 설계에 안전사항의 결합

③ 장래 안전문제를 예방하기 위하여 기존 도로의 안전개선
④ 기존 도로망에서 알려진 위험지점의 개선

(5) 사고조사의 단계

① 경찰의 사고자료를 토대로 분석
② 보완적 자료 분석 : 경찰에 의해 수집되는 통상적인 자료 이외의 자료(특정유형의 사고, 특정유형의 도로 사용자, 특정유형의 차량)
③ 심층 다방면 조사(의학, 인간공학, 차량공학, 도로 및 교통공학, 경찰 등)

(6) 사고 자료의 집계 방법

① 지점별 집계
- 단일지점 : 사고다발지점
- 노선조치 : 비정상적으로 사고가 많이 발생하는 도로에 치료적 조치의 적용
- 지역조치 : 사고다발지역(주거지역)에의 치료적 조치의 적용
- 일반조치 : 일반적 사고특성(철도 건널목, 보행자 시설)을 가진 지점들에서 치료적 조치의 적용

② 공통적 특성의 집계
- 사고의 유형(정면충돌)
- 도로특성(노견, 교량접근)
- 차량유형(트럭, 오토바이)
- 일반적 특성(과속, 피로, 음주, 마약)

2. 교통사고의 특성

(1) 교통사고 유발 인자

일반적으로 교통사고는 인적요인, 차량요인, 환경적 요인에 의해서 또는 이들 인자들 간의

복합적 관계에 의해서 일어난다.

일부의 교통사고는 위의 인자들 중 하나의 인자만으로 설명되어질 수 있으나 대부분의 교통사고는 인자들이 결합되어 복합적인 요인으로 유발되는 사고이다.

① 도로사용자(운전자, 보행자)

운전자의 지능, 성격, 기질, 태도, 의욕, 기분, 피로, 질병, 약물, 시각, 청각, 연령, 성별, 근육운동기능 등과 같은 심리적 및 정신적 조건, 생리적 및 감각적 조건, 육체적 및 근육적 조건 등이 있다.

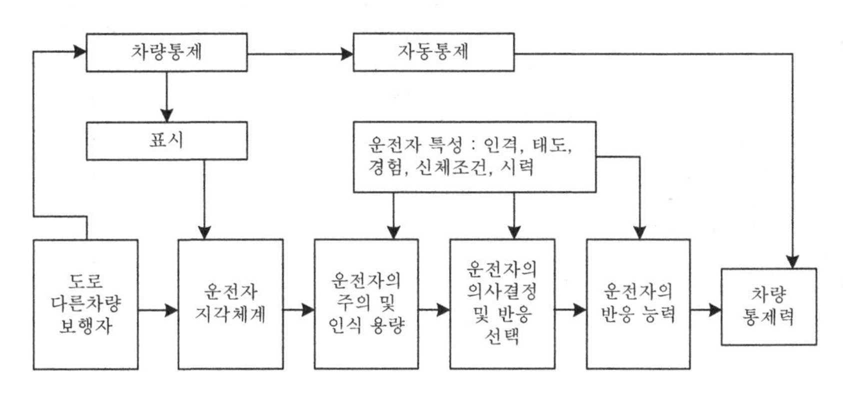

[그림 5-1] 운전자의 정보처리과정

② 차량

차량의 성능, 결함을 의미하며 차량자체의 결함에 의한 사고는 그 빈도가 낮다.

③ 환경(도로, 교통상태, 기후)

도로, 교통조건, 명암, 일기, 온도 등의 자연조건과 직장, 가정 같은 사회적인 조건이 있다. 특히 도로설계자의 기본목표 중 하나는 최대한으로 사고의 위험을 제거하는 것인데, 교통량이 많을 경우 완전 입체화된 고속도로가 현재로서는 최선의 해결책으로 인식되고 있다.

(2) 교통안전을 위한 인자의 개선

도로 교통체계의 개선을 위한 노력은 교통사고의 세 가지 유발인자, 즉 운전자, 차량 및 도로에 집중되었다. 이 중 운전자가 이 체계에서의 의사 결정 요소이므로 대부분의 교통사고에 책임이 있다고 주장된다. 그러나 사고를 감소시키기 위한 최선의 방법은 운전자를 개선하는 것이라는 주장에 지나치게 집착하는 것은 바람직하지 않다. 이는 인간의 본성을 바꾸는 데는 한계가 있으며 세 유발인자들 중 개선하기도 가장 어렵기 때문이다. 그러므로 운전자를 개선하려는 시도를 지속적으로 추진하면서 운전자의 정보처리 및 운전조작을 도울 수 있는 도로·환경 및 차량의 개선을 위해 노력하는 것이 효율적인 방법이 될 것이다.

참고로 일본의 교통안전정책 성공의 부문별 기여도는 다음 표와 같은데 도로정비 분야의 기여도가 가장 높은 것으로 나타났다.

[표 5-1] 일본의 교통안전정책 성공의 부문별 기여도

시책		기여도(%)
도로정비	시설정비	63.2
	도로여건준수(규제강화)	6.6
도로교통질서 유지		13.0
교통안전교육 및 홍보		14.4
차량의 안전도 증진		1.9
구급의료체제 장비		0.7
기타		0.2
계		100.0

3. 사고의 조사

3.1 개 요

(1) 교통사고의 개념

① 일반적 의미의 교통사고

차량, 궤도차, 열차, 항공기, 선박 등 교통기관이 운행 중 다른 교통기관, 사람 또는 사물과 충돌하여 사람을 사상하거나 물건을 손괴한 경우

② 협의의 교통사고

도로교통법(이하"법") 제50조①항에 의하면 도로에서 차의 교통으로 인하여 사람을 사상하거나 물건을 손괴한 경우

(2) 교통사고의 구분

교통사고는 피해정도에 따라 사망사고, 중상사고, 경상사고, 부상신고사고, 물피사고 등으로 구분한다. 우리나라에서 적용하고 있는 각 사고의 구분은 다음과 같다.

① 사망사고 : 교통사고 발생 시로부터 72시간 이내에 사망자를 낸 사고
② 중상사고 : 3주 이상의 치료를 요하는 중상자를 낸 사고
③ 경상사고 : 5일 이상 3주미만의 치료를 요하는 경상자를 낸 사고
④ 부상신고사고 : 5일 미만의 치료를 요하는 부상자를 낸 사고
⑤ 물피사고 : 물적 피해만 낸 교통사고

여기서 교통사고 사망자사고 기준에서 우리나라는 교통사고 발생시로부터 72시간 이내에 사망한 사람을 교통사고 사망자로 집계하고 있으나 이 기준은 각 나라마다 다르다. 따라서 각국의 교통사고 사망자수를 비교할 때는 국제비교 표준치인 30일 이내 사망자수로 환산하기 위해 보정계수를 곱해 주어야 한다.

(3) 교통사고 조사의 목적

교통사고를 조사하고 분석하는 궁극적인 목적은 교통사고의 원인을 정확히 규명하여 이에 대한 효율적인 교통사고 예방대책을 강구하여, 교통사고로부터 귀중한 생명과 재산을 보호하기 위함이다. 또한 사고 원인에 대한 책임의 소재를 명확히 하고자 하는 것으로써 크게 3가지로 구분한다.

① 공학적 목적

- 차량과 도로의 안전설계, 교통관제 시설, 교통안전 시설 등의 개선을 위한 자료제공
- 교통사고의 정확한 원인규명으로 사고 방지대책 강구
- 사고에 기여하는 요인을 찾아내어 교통안전대책을 수립을 위한 기초 자료로 활용
- 사고 많은 장소를 선별, 투자의 우선 순위 결정을 위한 기초자료로 활용
- 교통운영의 효율화

② 법적 목적

- 교통사고에 대한 책임 규명
- 법제도의 개선
- 교통지도·단속의 효율화
- 재판의 공정성을 기하기 위한 과학적 자료의 제공

③ 교육적 목적

운전자 및 보행자의 교통안전 의식개선을 위한 교육·홍보자료로 활용

(4) 교통사고 조사 방법

교통사고는 일반적으로 3단계법과 7단계법의 2가지 방법으로 조사한다.

① 3단계법 : 사고 전, 사고 당시, 사고 후로 진행과정을 구분 조사한다.

- 사고 전

  사고당사자가 도로의 어느 부분을 어느 방향으로부터 어느 방향으로 진행하였는가, 사고 현장의 교통량, 도로, 시야, 장애물, 운전하고 있는 자동차의 상태 등을 객관적으로 판단하고, 조사하는 것이다. 특히 사고전의 과정을 정확히 하지 않으면 사고원인의 결정적 모순이 발생하므로 주의하여야 한다.

- 사고 당시

  사고당사자가 교통사고 발생시 최초로 접촉지점, 충돌과정, 충돌 후 분리되기 이전 최초 접촉지점과 최후로 접촉되어 있는 상황을 파악하는 것이다.

- 사고 후

  교통사고의 결과로 차량이나 피해자가 정지된 정확한 위치 및 상황을 파악하는 것이다. 특히 사고 후 사고현장에 있던 사람들이 현장의 사정상 사고차량이나 사상자의 위치를 변경시킬 수도 있기 때문에 사고발생지점과 사상자의 정확한 위치를 확인하여야 한다.

② 7단계법

대형교통사고의 경우에는 교통사고 조사 방법에 7단계법을 활용한다.

- 피해자 인지 가능지점

  정상적인 운전자가 위험요소를 인지할 수 있는 시공간적인 위치를 뜻하는 데, 인지가능지점은 직접 실험하여 명확하게 해 두어야 한다. 운전자의 입장에서 운전대로부터 거리, 방향, 사고현장부근의 상황, 시야 상황 등을 실험한다.

- 피해자 발견지점

  운전자가 현실적으로 피해자를 발견할 때의 거리와 지점을 파악하여야 한다.

- 위험예방 조치지점

  운전자가 피해자를 발견하였으나 가까운 거리에 있는 긴박한 위험이 없으므로 감속하거나 경음기를 울리는 등 조치를 취한 지점을 파악한다.

- 위험 인지지점

  운전자가 현실적으로 위험을 감지하고 조향장치나 제동장치 등을 조작하였을 때의 거리 및 지점을 파악하는 것으로, 활주흔이나, 차륜흔, 기타 노면에 생긴 흔적이나 충돌, 접촉, 추돌지점으로부터 역산하여 추정한다.

- 위험 회피지점

  운전자가 조향장치, 제동장치 등에 의하여 피양조치를 취하였던 때의 거리 및 지점을 파악하는 것으로 활주흔이나 차륜흔의 위치 굴절의 현출상황이나 충돌, 접촉, 추돌지점으로부터 역산하여 추정한다.

- 접촉 충돌지점

  충돌시 대상들간의 최초접촉에서부터 인명이나 재산의 피해, 최대접촉지점, 충돌 후 대상들 간의 분리되기 이전 최후 접촉이 있는 상태나 지점을 파악하는 것으로 활주흔이나 차륜흔, 기타 노면에 생긴 흔적이나 자동차 등으로부터의 낙하물, 냉각수, 윤활유, 브레이크액 등을 통하여 추정한다.

- 정지지점

  충돌후 자동차나 사상자가 도로상에 정지된 최종적인 위치를 파악하는 것으로 사고차량이 정차직후의 상태일 때는 바로 그 지점이 정지지점이 되어 문제가 없으나 부상자의 구호, 교통정체의 해소 때문에 현장이 변경되어 그 위치나 상태가 바뀌어 졌으면 활주흔, 차륜흔, 기타 노면에 생긴 흔적이나 피해자의 소지품 등이 있는 장소의 의하여 추정한다.

3.2 자료의 정리

사고 자료의 공학적인 이용을 위하여 사고 보고서는 사고 발생 지점별로 정리되어야 한다. 전산에 의한 자료의 정리는 [그림 5-2]와 같다.

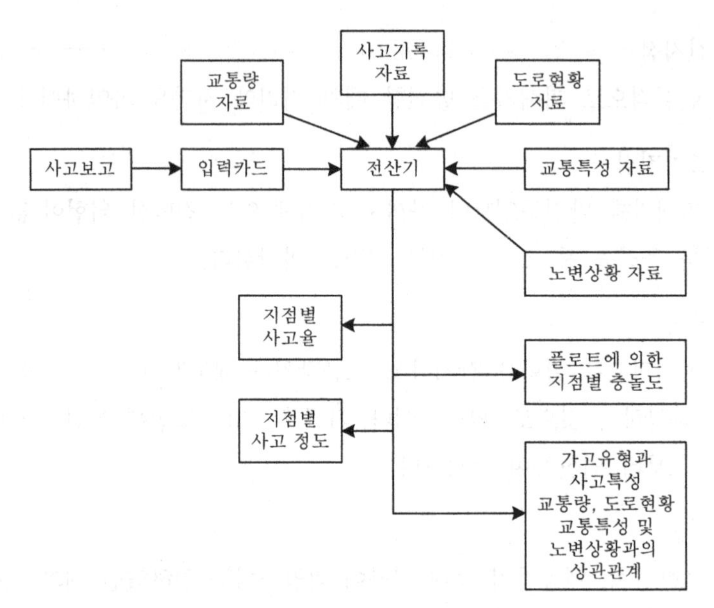

[그림 5-2] 교통사고의 보고 및 정리 절차

3.3 사고의 공학적인 조사

(1) 사고지점도

사고 지점도는 사고가 집중적으로 발생하는 지점의 신속한 시각적 색인을 제공한다. 가장 일반적인 지점도는 1/25,000의 지도상에 핀, 색종이를 붙이거나 표시를 하여 사고지점을 나타낸다.

다수의 희생자(사망 또는 부상)를 포함하는 대형사고에 의한 왜곡을 피하기 위하여 지점도는 희생자수 대신 사고건수를 나타내는 것이 일반적이다.

① 보행자사고지점도

② 야간사고지점도

③ 어린이사고지점도

④ 외부 운전자 관련 사고지점도

⑤ 음주 운전자 관련 사고지점도

⑥ 사고 운전자 거주지도

⑦ 사고 보행자 거주지도

⑧ 사고 관련자의 직장도
⑨ 특수자동차에 관련된 사고지점도

(2) 사고다발 지점의 작도

사고지점도 및 위치파일이나 전산자료처리에 의해 사고건수가 많은 지점들의 리스트를 작성한다.

(3) 충돌도 및 대상도의 작도

① 충돌도 : 화살표와 기호로 사고에 관련된 차량이나 보행자의 경로, 사고의 유형 및 정도를 도식적으로 나타낸다(사고의 패턴, 예방책의 연구에 사용).
② 대상도 : 충돌도와 유사하나 수마일 연장의 균일한 도로구간에 대해서 작도, 대상도의 경우 사고다발지점간의 거리는 축소

(4) 현황도

현황도는 교통사고 다발지점에서의 중요한 물리적 현황을 축척에 맞추어 그린 것이다. 1/100~1/250의 축척으로 사고다발지점의 물리적 특성을 작도한다.
① 연석과 차도의 경계
② 인접 건축물선
③ 도류화, 노면표시 등의 차도 및 보도
④ 교통안전표지 및 교통통제설비
⑤ 시야장애
⑥ 도로 부근의 물리적 장애물

4. 사고의 분석

(1) 개요

개별적 사고의 원인 규명, 특정지점에서의 가능한 예방책을 제시

① 개별적 사고의 상세한 분석

② 한 지점 또는 유사한 지점들에서 발생하는 일단의 사고 분석

(2) 교통사고 분석의 종류

① 기본적인 사고통계 비교분석 : 국가, 지역내, 지역간, 도로종류별 사고통계, 사고발생주체별 사고통계, 사고발생구간 또는 지점별 사고통계(교통안전정책수립 및 예산배정의 근거자료로 사용)

② 사고요인 분석 : 도로, 교통, 차량, 교통안전시설, 교통운영방법과 사고율과의 관계 (교통사고 방지대책수립의 근거자료 및 소요예산정책의 근거자료로 사용)

③ 위험도 분석 : 사고 많은 구간 또는 지점을 판별

④ 사고원인 분석 : 사고 많은 지점 또는 특정한 사고에 대해서 그 원인을 분석하거나 규명하는 미시적 분석(사고방지대책수립의 근거자료로 사용, 특정사고의 사고유발 책임소재 규명)

4.1 개별적 사고의 분석 단계

① 사고보고 : 모든 사고에 관한 1차적 정보

② 선정된 사고에 대한 보충자료의 수집 : 측량, 사진촬영 등의 사실자료와 개인적 진술(충돌전 상황)

③ 기술적 자료 준비 : 도로와 차량의 실험 및 시험, 사고후의 상황도 등에 의한 사실자료와 의견(충돌시의 상황, 사고후의 상황)

④ 전문적인 재구성 : 어떻게 사고가 발생하였는가 하는 결론(전적으로 의견)

⑤ 원인분석 : 사고원인의 종합적 분석

- 교통 공학자는 주로 3, 4, 5번에 참여를 하게 되며, 몇 개의 목적들 중 어느 하나를 위하여 개별 사고의 각 상황에 경중을 두어 분석한다. 이들 목적은 특정한 지점에서 모호한

원인으로 발생한 사고에서 도로-차량-운전자 관계의 이해, 관련 전문가들로 구성된 팀의 구성원으로 표본적 사고의 심층연구 또는 교통사고로 인한 소송과의 관련들이다.
- 개별적 사고의 분석에 있어서 교통 공학자들의 임무인 사고의 재구성과 이에 필요한 공학적 기초지식은 다음과 같다.

(1) 사고의 재구성

사고의 재구성에서 가장 기본적인 것은 정지 및 미끄럼흔적, 회전시의 편주흔적, 가속흔적 및 충돌흔적과 같은 도로상의 타이어 자국의 유형을 인식할 수 있는 능력이다.

① 속도, 도로상에서의 위치, 교통통제 장비의 지각과 이해 및 방어적인 조치에 대한 추론

② 정지, 미끄럼 흔적, 회전시의 편주흔적, 가속흔적 및 충돌흔적 같은 도로상의 타이어 자국의 유형을 인식할 수 있는 능력. 차량파손의 특성, 접촉파손부분, 정적, 동적인 접촉 및 부딪치거나 힘이 가해진 방향이 인식되어야 한다.

(2) 차량의 미끄럼거리 추정

① 미끄럼 흔적으로부터 추정된 미끄럼거리는 사고차량의 초기속도 추정을 가능하게 한다.

② 직선 미끄럼(skid mark)은 양후륜의 미끄럼 흔적들 모두가 전륜의 미끄럼 흔적을 벗어나지 않는다. 미끄럼 거리는 차량의 모든 바퀴들의 미끄럼흔적 중 가장 긴 미끄럼흔적의 길이

③ 곡선미끄럼(yaw mark)은 양후륜의 미끄럼흔적들이 전륜의 미끄럼흔적의 어느 한쪽을 벗어난다. 각 바퀴의 미끄럼길이를 측정하고 그 합을 바퀴의 수로 나눈 평균미끄럼거리를 그 차량의 미끄럼 길이로 한다.

(3) 역학의 응용

사고의 재구성에 사용되는 동력학의 3가지 개념은 다음과 같다.

① 공중에서 떨어지는 물체의 거동(도로로부터 추락한 차량의 속도 추정)

차량이 도로를 벗어나 도로의 맨 끝으로부터 거리 S(m), 높이 차 h(m)의 지점에 추락하였다면, 비행시간 t의 관계식은 다음과 같고 g는 중력가속도($9.8m/\sec^2$)이다.

$$t = \sqrt{\frac{2h}{g}}$$

낙하속도를 V라 하면

$$V = \frac{S}{t}$$

이고 t를 대입하면

$$V = \frac{S\sqrt{g}}{\sqrt{2h}}$$

중력가속도 g를 대입하면

$$V = \frac{2.21S}{\sqrt{h}}(m/\text{sec})$$

또는

$$V = \frac{7.97S}{\sqrt{h}}(kph)$$

를 얻을 수 있다.

② 마찰로 인한 에너지 소모로 미끄러지는 물체의 감속

미끄러지는 거리를 S(m), 속도를 V라 하면,

$$V = \sqrt{2gSf} = 4.43\sqrt{Sf}\ \ (m/\text{sec}) = 15.9\sqrt{Sf}\ \ (kph)$$

여기서 f는 마찰계수, 만약에 경사가 있으면 $f \pm 0.01n(\%)$

③ 곡선부에서의 원심력

평면곡선반경을 R이라 하면

$$R = \frac{V^2}{g(e+f)}$$

$$V = \sqrt{(e+f)gR}$$

$$= 3.13\sqrt{(e+f)R}\ \ (\text{sec})$$

$$= 11.3\sqrt{(e+f)R}\ \ (kph)$$

(4) 속도 추정

① 스키드 마크로부터 속도 추정

$$V = 3.6\sqrt{2g(f \pm i)S}$$

여기서,

V= 제동시속도(kph)

f= 타이어와 노면의 마찰계수

i=종단경사(상향경사일 때+)
S=스키드마크 길이(m)

② 요마크로부터 속도추정 : 요마크로부터 속도추정은 요마크의 길이가 아니고 곡선반경을 사용한다.

$$V = 3.6\sqrt{2g(f \pm i)R}$$

여기서,

R= 요마크의곡선반경(m)

(5) 속도합의 추정

미끄러질 때의 초기속도(등속도)

$$V = \sqrt{V_1^{\ 2} + V_2^{\ 2}}$$

여기서,

V : 미끄러지기 시작할 때의 속도
V_1 : 미끄럼거리로부터 미끄러짐-정지속도
V_2 : 미끄러짐 끝에서의 속도

(6) 충돌속도의 추정

전형적인 충돌의 유형은 다음과 같이 구분된다.

① 정지한 차량과의 충돌
② 다른 방향에서 접근하는 두 차량의 교차로에서의 충돌
③ 반대 방향에서 접근하는 두 차량의 정면충돌
④ 주행 중인 차량의 전신주, 나무 또는 강성 구조물과의 충돌

질량이 m_a, m_b인 두 대의 차량이 속도 v_a, v_b로 충돌할 때

완전 소성체인 경우

$$(m_a v_a) + (m_b v_b) = (m_a + m_b)\ V'$$

완전 탄성체(반발계수 1)인 경우

$$(V_a - V_b) = (V_b' - V_a')$$

반발계수 e를 알고 있을 경우

$$e(V_a - V_b) = (V_b' - V_a')$$

등의 식으로 정리할 수 있다.

한편 또 다른 충돌상황들을 정리하면 다음과 같다.

① 주행차량이 정지한 차량과 충돌할 경우

- 속도 $V_1 m/\text{sec}$로 주행하는 자동차 A가 브레이크 작동후 거리 S_1 만큼 미끄러진 후 정차한 차량 B와 충돌하고 두 차량이 함께 거리 S_2 만큼 미끄러졌을 경우, 차량 A의 초기속도는?
- 충돌 전 초기속도, $V_1 m/\text{sec}$로 주행하는 무게 W_A인 차량 A가 브레이크 작동 후 거리 S_1 만큼 미끄러져 충돌하기 직전 그 속도가 $V_2 m/\text{sec}$로 되었다면,

$$V_1^{\ 2} = V_2^{\ 2} + 2gfS_1$$

- 무게 W_B인 정차한 차량 B와 충돌하여 두 차량이 속도 $V_3 m/\text{sec}$의 속도로 함께 움직일 때 e=0인 완전한 소성충격을 가정한 V_2와 V_3와의 관계는,

$$\frac{W_A}{g} V_2 = \frac{W_A + W_B}{g} V_3 \quad \text{또는}\ V_2 = \frac{W_A + W_B}{W_A} V_3$$

$$\therefore \ V_1^{\ 2} = \left(\frac{W_A + W_B}{W_A}\right)^2 \cdot \ V_3^{\ 2} + 2gfS_1$$

- 충돌 후 차량 A, B가 정지하기 전 거리 S_2 만큼 미끄러졌다면 V_3와 S_2와의 관계는?

$$V_3^{\ 2} = 2gfS_2$$

위의 공식을 합치면

$$V_1 = \sqrt{\left(\frac{W_A + W_B}{W_A}\right)^2 2gfS_2 + 2gfS_1} \quad (mps)$$

$$V_1 = \sqrt{250f\left[S_2\left(\frac{W_A + W_B}{W_A}\right)^2 + S_1\right]} \quad (kph)$$

여기서,

W_A : 주행차량의 무게, kg
W_B : 정차한 차량의 무게, kg
f : 평균 마찰계수
S_1 : 충돌전의 초기 미끄럼거리, m
S_2 : 충돌후 두 차량이 함께 미끄러진 거리, m

> 한 차량이 50m 거리를 미끄러져 주차한 차량과 충돌하여 15m을 미끄러져 정지하였다. 양차량의 무게가 동일할 때 주행차량의 초기속도를 계산하라(단, 마찰계수는 0.5).
> S_1 = 50m, S_2 = 15m, f=0.5, Wa = Wb, (Wa+Wb)/Wa = 2

해설 $V_1 = \sqrt{250 \times 0.5(15 \times 2^2 + 50)} = 117.3kph$

② 직각에서 접근하는 두 차량이 충돌할 경우

교차로에 접근하는 두 차량 A, B가 브레이크 작동 후 미끄러지면서 직각으로 충돌한 경우의 수는 다음 3가지가 일반적이다.

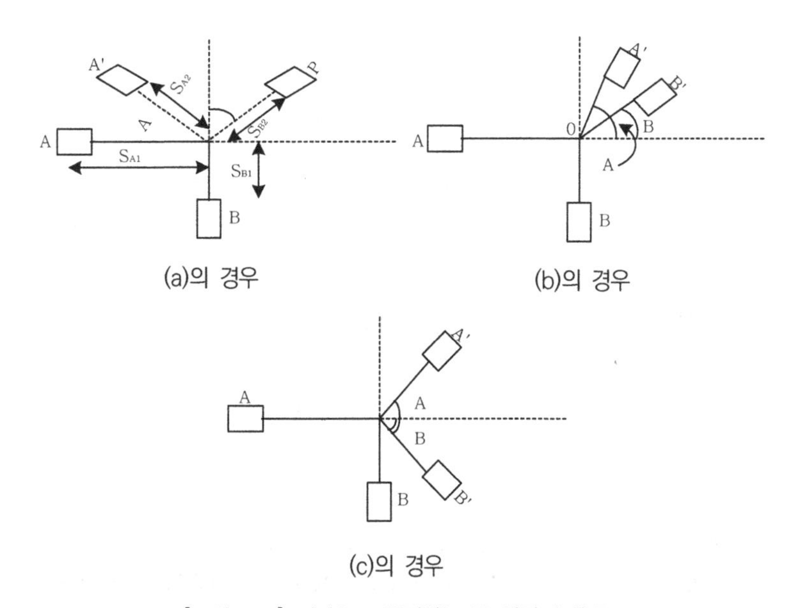

[그림 5-3] 직각으로 근접하는 두 차량의 충돌

위와 같은 경우 충돌 후의 미끄러지는 차량들의 방향은 두 차량의 초기속도와 무게에 좌우된다. S_{A2}와 S_{B2}가 충돌 후의 두 차량의 미끄러진 거리라면 충돌 직후의 두 차량의 속도 V_{A3}와 V_{B3}의 관계식은

$$V_{A3} = \sqrt{250fS_{A2}}$$

$$V_{B3} = \sqrt{250fS_{B2}}$$

세 경우에 대해서 거리 S_{A1}과 S_{B1}만큼 미끄러져 충돌하기 직전 두 차량의 속도 V_{A2}또는 V_{B2}들은 다음과 같은 관계식이 성립한다.

(a의 경우)

$$V_{A2} = \frac{W_B}{W_A} V_{B3} \sin B - V_{A3} \cos A$$

$$V_{B3} = \frac{W_A}{W_B} V_{A3} \sin A + V_{B3} \cos B$$

(b의 경우)

$$V_{A2} = \frac{W_B}{W_A} V_{B3} \cos B + V_{A3} \cos A$$

$$V_{B2} = \frac{W_A}{W_B} V_{A3} \sin A + V_{B3} \sin B$$

(c경우)

$$V_{A2} = V_{A3} \cos A + \frac{W_B}{W_A} V_{B3} \cos B$$

$$V_{B2} = \frac{W_A}{W_B} V_{B3} \sin A - V_{B3} \sin B$$

미끄러지기 전의 차량의 초기속도 V_{A1}과 V_{B1}은

$$V_1 = \sqrt{250fS_1 + V_2^{\ 2}}$$

> 두 차량이 서쪽과 남쪽으로부터 직각으로 접근하는 두차량 A와 B가 충돌하여 차량 A는 서쪽으로부터 50° 북쪽으로 차량 B는 북쪽으로부터 60° 동쪽으로 미끄러졌다. 차량 A, B의 충돌 전 초기 미끄럼거리는 각각 38과 20m이며, 충돌 후의 미끄럼거리는 각각 15m과 36m이다. 차량 B와 차량A의 중량비가 1.5일 때의 두 차량의 초기속도를 계산하라.

해설 a의 경우에 해당한다.

$$A=50°,\ B=60°,\ S_{A1}=38m.\ S_{B1}=20m,\ S_{A2}=15m,$$
$$S_{B2}=36m, W_B/W_A=1.5,\ f=0.5$$

① 충돌 후의 두 차량의 속도

$$V_{A3} = \sqrt{250 \times 0.5 \times 15} = 43.3kph$$

$$V_{B3} = \sqrt{250 \times 0.5 \times 36} = 67.1kph$$

② 충돌 직전의 두 차량의 속도

$$V_{A2} = \frac{W_B}{W_A} V_{B3} \sin B - V_{A3} \cos A$$
$$= 1.5 \times 67.1 \times \sin 60^\circ - 43.3 \times \cos 50^\circ$$
$$= 59.4kph$$

$$V_{B3} = \frac{W_A}{W_B} V_{A3} \sin A - V_{B3} \cos B$$
$$= 1/1.5 \times 43.3 \times \sin 50^\circ + 67.1 \cos 60^\circ$$
$$= 55.7kph$$

③ 충돌하기 전 차량의 초기속도

$$V_1 = \sqrt{250 f S_1 + V_2^{\ 2}}$$
$$V_{A1} = 91.0kph$$
$$V_{B1} = 74.8kph$$

한 차량이 단속적으로 15m에 이어 30m의 바퀴자국을 남기고 정지하였을 경우 이 차량의 초기속도를 계산하라(f=0.5로 가정한다).

해설 $V = \sqrt{250 f S_1 + 250 f S_2} = \sqrt{250 f (S_1 + S_2)}$

따라서,

$$V_1 = \sqrt{250 \times 0.5 \times 1.5} = 43.3kph$$
$$V_2 = \sqrt{250 \times 0.5 \times 3.0} = 61.2kph$$
$$V = \sqrt{250 \times 0.5 \times (15 + 30)} = 75.0kph$$
$$V = \sqrt{43.3^2 \times 61.2^2} = 75.0kph$$

4.2 교통사고 조사분석 자료

(1) 사람으로부터의 교통사고 자료

(가) 운전 전술과 운전 전략

자동차를 운전하는 과정은 2단계로 구분할 수 있는데, 첫째는 운전전술(Driving Tactics)이고, 둘째는 운전전략(Driving Strategy)이다.

① 운전전술

자동차 운행 중 위험상황에 처할 때마다 이를 피하기 위해서는 그 위험을 피할 수 있는 조치를 취하여야 한다. 이때 운전자가 하는 행동을 운전전술이라 한다. 이 운전전술에는 다음 3가지의 행위를 포함한다.

- 위험상황의 인지
- 위험상황을 회피하려는 의사결정
- 의사결정에 의한 운전전술의 시행이다.

② 운전 전략

자동차 주행 중 직면하는 위험상황에 직면할 때 일반적인 인지와 의사결정, 운전전술의 시행으로 인해서 사고의 위험을 줄이기 위하여 노상에서 실행되는 속도와 위치를 적절하게 조정하는 것으로, 특정차량의 운행중 운전전술을 성공적으로 이끌어 내기 위한 행위라 할 수 있다.

(나) 반응

반응은 위험을 인지하는 것부터 운전전술이나 운전전략을 결정하는데 까지의 행동이동이고, 반응시간은 이때까지 소요되는 시간을 말한다. 따라서 반응시간의 길이는 판단의 복잡성과 상황의 긴박성, 인지와 위험회피의 시행에 의하여 달라지고, 반응의 기민성은 정확성만큼 중요하지 않다. 반응에는 크게 반사, 단순, 복합, 식별 반응 등으로 나눌 수 있다.

(다) 선천적 기능과 후천적 능력

① 선천적 기능

선천적 기능으로는 운전시 필요한 정보의 80% 이상을 받아들이며, 정보의 옳고 그름을 판단할 수 있는 시각이 있다. 시각은 시야, 현혹 회복력, 색약, 시력 등으로 구분된다. 청각, 지능 및 신체 장애 등도 선천적 기능에 포함된다.

② 후천적 능력

후천적 능력에는 자동차를 조종하는 조작 능력, 운전 경험에 따른 도로 조건의 인식, 운전자의 성격과 관련된 도로의 분할 사용, 운전 습관에 따른 주의력 지속 등이 포함된다.

(라) 음주

음주, 주취시에는 운전자의 지각, 반응시간이 길어지고 판단능력이 떨어져 착각, 주의력 산만, 주의태만 등으로 인한 사고위험이 높아지므로 음주운전은 엄격한 단속의 대상이 되고 있다. 그러므로 교통사고시 운전자의 음주여부에 대한 확인은 반드시 해 두어야 한다. 음주의 정도는 혈액 중 알콜의 농도에 의하여 판단하는데, 일반적으로 [표 5-2]에서 보는 것과 같다. 그러나 [표 5-2]의 자료는 평균적인 주취효과를 나타내는 것이므로 실제로는 많은 개인차가 있다.

[표 5-2] 혈중 알콜 농도와 음주와의 관계

혈중 알콜 농도	의미구간	취한정도
0.05% 이하	무취	정상, 운전능력에는 별 영향이 없다
0.05 ~ 0.15%	미취	안면홍조, 보행정상, 약간 취하며 말이 좀 많아지고 기분이 좋은 상태. 운전시 음주의 영향을 받는다.
0.15 ~ 0.25%	경취	안면이 창백해 지고, 보행이 비정상이며, 사고판단, 주의력 등이 산만해지며, 언어는 불명확하고 비뇨감각이 저하되며, 운전시 모든운전자가 음주의 영향을 받는다.
0.25 ~ 0.35%	심취	모든 기능이 저하되고 보행이 곤란하며 언어는 불명확하고 사고력이 감퇴한다.
0.35 ~ 0.45%	만취	의식이 없고, 체온이 내려가며, 호흡이 곤란해진다
0.45이상	사망	치명적으로 호흡마비, 심장마비, 심장쇠약으로 사망한다

(마) 사고 관련자의 증언 신뢰도

교통사고의 추정을 위해서는 사고관련자의 증언이 필연적인데 여기에는 허위성이 다소 내재되어 있기는 하나 그렇다고 그들의 증언을 완전히 배제하고 교통사고를 추정할 수 없다. 증언은 보통 다음과 같은 4가지의 편위성이 있게 된다.

① 기억에 의존하는데 기인한 부정확성

② 허구 증언

③ 부화뇌동적 허구성
④ 자기 방어적 허위진술

또 증언은 사고 후, 차나 건조물의 피해상태 등을 보고, 또한 주위사람들의 말을 듣는 도중에 자신도 모르게 주위의 분위기에 휩싸여 가상의 스토리에 영합하게 됨으로써 자신이 보지 못한 것도 보았다고 생각하는 잘못을 범하게도 된다. 그러나 교통사고 조사분석에서 가장 경계하여야 할 것은 ④자기 방어적인 허위진술이다. 이것은 사고 당사자에 한하지 않고 동승자로서도 사고 당사자와의 이해관계나 인간관계에 의하여 허구적인 진술을 하는 경우가 있다. 따라서 이러한 증언의 편위성을 파악하는 방법으로는

- 첫째 물증과의 부합성
- 둘째 복수증언과의 일치성을 조사해 보아야 한다.

물증은 활주흔으로부터 추정한 충돌 속도 등이 있는데, 물증에도 이론이나 전제조건을 잘못 적용함으로서 야기되는 잘못이 있을 수 있으므로 이를 증언과 맞추어 봄으로써 정확성을 기할 수 있다.

(2) 차량으로부터의 교통사고 자료

(가) 운행기록계(Tachograph)

고속버스, 전세버스, 위험물 운반 화물차, 쓰레기 운반전용 화물차, 최대 적재량 8톤이상 적재 화물차, 택시 등에는 자동차 안전기준에 관한 규칙 등에 의하여 운행기록계(tachograph)가 부착되어 있다. 운행기록계는 속도계와 시계를 조합한 것으로 운행시간, 순간속도, 운행거리 등 운전자의 운행중의 행적을 기록지에 기록하는 장치로서 충돌시에 충격으로 인하여 진동 기록이 기록지에 그대로 기록으로 남게 되기 때문에 이것을 분석하면 충돌시간, 충돌전의 속도 등을 추정할 수 있다.

(나) 제동장치의 결함

제동장치의 결함에 의한 사고 중 전형적인 것은 바퀴잠김 불량에 의한 미진현상에 기인한 것이다. 그 밖의 제동장치의 결함에 의한 사고 요인은 다음과 같은 것들이 있다.

① 제동력 전달 불량
② 증기폐쇄(Vaper Lock)

③ 물기에 의한 제동 저하(Wet Fading)
④ 제동력의 치우침
⑤ 모닝효과(Morning Effect)
⑥ 페이드(Fade)
⑦ 제동 라이닝의 마모
⑧ 제동액의 부족이나 누설로 인한 에어록 현상
⑨ 마스터 실린더의 제동 컵고무가 마모된 경우
⑩ 바퀴 실린더의 제동 컵고무가 마모된 경우

이상 10가지 중 증기폐쇄, 모닝효과, 물기에 의한 제동 저하, 페이드 등은 과도적 현상이기 때문에 사고 후 시간이 지나게 되면 검증이 거의 불가능하므로 현장조사시 확인하여 두어야 한다.

(다) 창유리

자동차가 앞쪽에서 충돌하게 되면 탑승자는 앞쪽으로 튕겨나가 전면 유리를 부딪히게 되며, 또한 보행자를 정면으로 충격하여도 보행자가 본네트 위로 끌려 올라와 미끄러지면서 머리를 전면 유리에 부딪치게 된다. 따라서 전면 유리의 파손 상태로부터 충돌의 양태를 추정할 수 있는 경우가 종종 있다. 자동차용 창유리를 머리모형에 부딪힌 경우의 실험치로 나타난 자료가 [표 5-3]인데 이 표에 의하면 유리의 파손 상태로부터 충돌속도의 개략치를 역 추리할 수가 있다.

[표 5-3] 자동차용 유리의 강도

유리의 종류	파손(균열)속도	관통속도
부분경화유리	20km/h	20km/h
보통접합유리	10km/h	20km/h
HPR접합유리	10km/h	35km/h

주) HPR(High Penetration Resistance)접합유리 : 중간막을 0.38mm에서 0.76mm로 두껍게 하고 유리와의 접합정도를 낮추어 적층 효과를 높인 유리.

(라) 페인트

충돌부위에는 반드시 상대차의 페인트가 묻게 되므로 페인트의 부착 상태에 의하여 충돌의 양태에 대한 설명을 보완시킬 수가 있다.

(3) 도로로부터의 교통사고 자료

(가) 노상에서 발견되는 흔적들

거의 대부분 교통사고에서 적어도 1~6 종류의 흔적들을 노상에서 발견할 수가 있다. 이런 흔적이 어떻게 해서 일어났는가에 따라 분석해 보면 사고의 전모를 그려보는 대 큰 도움이 된다. 노상에서 발견될 수 있는 흔적을 구분하여 정리하면 다음과 같다.

① 차량 및 사상자의 최종위치
- 제어되지 않은 최종위치
- 제어된 위치

② 타이어 흔적 (앞 절의 '속도 추정' 참조)
- 스키드 마크(Skidmark) : 바퀴가 고정된 상태에서 미끄러진 경우
- 스커프 마크(Scuffmark) : 빗살흔, 바퀴가 구르면서 미끄러진 경우
- 타이어 프린트(Tire Print) : 타이어 자국, 바퀴가 구르면서 미끄러지지 않은 경우

③ 금속자국
- 패인자국
- 긁힌자국

④ 낙하물
- 하체 부착물(진흙, 녹, 페인트, 눈, 자갈 등)
- 차량용 액체(냉각수, 연료, 배터리용액 등)
- 차량의 부속
- 차량 적재물
- 차로 재질

⑤ 파손된 고정 대상물

⑥ 차량의 도로이탈 흔적
- 추락
- 도, 전복

(2) 곡선 반경

곡률과 곡선 반경은 그 개념이 상반된 용어인데, 둘 다 곡선의 굽은 정도를 나타내기는 하나, 곡률이 크다는 것은 커브가 급하다는 말이고, 곡선 반경이 크다라는 말은 커브가 완만하다는 것을 의미한다. 교통사고 조사시에는 보통 곡선 반경으로 커브의 굽은 정도를 나타내는 대 곡선 반경은 현의 길이와 호의 높이를 측정하여 간단하게 구할 수가 있다.

4.3 특정 지점에서의 사고 분석

특정지점의 사고분석의 목적은 분석되는 지점에서의 특정사고를 예방하기 위해서는 어떠한 조치가 행해져야 하는가를 찾기 위해서이다.
특정지점에서의 사고분석은 지점개선의 일부이며, 유사한 특성을 가진 지점들의 연구는 특수한 설계의 영향이나 도로의 사용 패턴을 평가하기 위해서이다.

(1) 지점개선을 위한 사고근거

지점개선의 근거는 사고경험이다. 이러한 경험이 교통안전 개선에 사용되기 위해서는 다음과 같은 것이 갖추어 주어야 한다.
① 사고 보고서 상에서의 지점이 명확해야한다.
② 충분한 자료로서 공학적 분석이 가능해야 한다.
③ 경미한 사고의 보고체계 확립, 이는 공학적 판단을 하는데 데이터의 양을 갖출 필요가 있다.

(2) 연구의 우선 순위를 두기 위해 피해의 정도에 따라 경중을 두는 방법

(가) 교통사고에 비중을 주는 순서

① 사망사고
② 불구 부상사고
③ 비불구 부상사고
④ 가벼운 부상사고
⑤ 물적 피해 사고

(나) 사고비용에 의한 비중

사망사고 〉 부상자 〉 물적피해

(다) 관련된 교통단위의 수에 의한 비중

사고건수 대신에 차량, 보행자, 자전거 등의 관련자의 수

(3) 지점의 유형

(가) 교차부

교차부 내에서의 교통사고, 교차로에 관련된 교통사고

(나) 구간

비교차로 사고, 도로변 유출입 사고
표준 구간 장으로는 도시지역에서는 0.2km, 지방부에서는 2km가 권장된다.

(다) 특성상의 균질성

차로수, 폭, 중앙분리대, 노견, 유출입 빈도, 경사, 교통운영, 노면의 상태, 인접지역의 토지이용

5. 교통사고 방지대책

교통사고를 방지하기 위한 안전개선계획은 다음 3단계 개선책의 계획, 개선대안의 선택, 개선대안의 시행의 순서로 수분된다. 그리고 이 3단계 이후에 안전개선의 효과를 평가하는 단계를 갖는다.
본절에서는 안전개선계획 3단계를 세부적으로 정의하고 궁극적으로 교통사고 감소를 위한 방안을 모색한다.

5.1 안전개선계획

안전개선계획의 단계별 역할을 보다 구체적으로 정리하면 다음과 같다.

① 계획(사고, 교통, 도로자료 수집, 분석, 시행의 우선 순위 결정)
② 선택(개선대안 경제성, 시행의 용이성 등으로 판단)
③ 시행(안전개선의 시행계획 및 시행과정)
④ 평가(사고 및 잠재사고의 건수 또는 정도를 감소시키는데 있어서의 안전개선의 효과 평가)

(1) 안전개선계획의 단계 세분화

① 위험지점의 선정
② 개선대안의 선택
③ 개선대안의 평가
④ 개선의 시행 계획 및 시행
⑤ 개선의 효과 평가
⑥ 계획의 평가

(2) 위험지점의 선정

위험지점을 선정하는 4가지 기법

① 사고 건수법(빈도)
② 사고율법
③ 사고건수-율법
④ 율-품질관리법

[표 5-4] 위험지점 선정 기법별 필요 자료

자료	사고건수법	사고율법	사고건수-율법	율-품질관리법
기간	x	x	x	x
사고지점	x	x	x	x
구간거리	x	x	x	x
교통량		x	x	x
평균사고율		x	x	x
도로의 유형			x	x

[표 5-5] 사고의 측정단위

지점	측정단위	사고건수법	사고율법	사고건수-율법	율-품질관리법
구간	km당 사고건수	x		x	
	백만차량-km당 사고건수		x	x	x
교차로 및 지점	백만차량당 사고건수	x		x	
	사고건수		x	x	x

(3) 사고건수법

가장 단순하고 직접적인 접근방법으로서, 교통량이 적은 지방부 도로에 효과적이다. 교통량의 많고 적음에 따른 요인은 고려하지 않는다.

(4) 사고율법

교통량이 차이가 심할 때 효과적이다. 계산방법으로는

① 각 구간 및 개별적 교차로나 지점의 사고건수를 구한다.

② 분석기간 동안의 각 구간의 실제 사고율을 계산한다.

- 백만차량-km당 사고건수

$$= \frac{(\text{구간의 사고건수})10^6}{ADT(\text{일수})(\text{구간장})}$$

③ 분석기간 동안의 각 교차로나 지점의 사고율을 계산한다. 교차로의 ADT는 그 교차로 접근로들의 ADT 합의 1/2을 사용한다.

- 백만차량 당 사고건수

$$= \frac{(\text{교차로나 지점에서의 사고건수})10^6}{ADT(\text{일수})}$$

④ 동시에 지점의 유형별 총 교통사고, 총차량-km 및 총교통량을 합계하여 구간과 교차로 및 지점들의 체계 전체의 평균사고율을 구한다.

⑤ 위험지점을 선정하기 위한 기준으로서의 최소사고율을 결정한다.

(5) 사고건수-율법

사고건수 외에 다음의 계산과정을 요구한다.

① 도로의 구간에 대해서는 각 등급별 전체구간에 대한 전체자료에 기초하여 도로의 등급별로 km당 평균사고율 및 백만차량-km당 평균사고율을 계산한다.

$$km\text{당 평균사고율} = \frac{\text{총사고건수}}{\text{도로의 총연장}}$$

$$\text{백만차량}-km\text{당 평균사고율} = \frac{(\text{총사고건수})(10)^6}{\sum(\text{구간별}ADT)(\text{일수})(\text{구간장})}$$

② 지점 및 교차로에서 사고가 집중 발생하는 곳(160m 이내에 2건 이상)을 선정하여 도로의 각 등급별로 지점당 평균사고건수 및 백만차량 당 평균사고건수를 계산한다.

$$\text{지점당 평균사고율} = \frac{\text{총사고건수}}{\text{도로의 총연장}}$$

$$\text{백만차량당 평균사고건수} = \frac{(\text{총사고건수})(10)^6}{\sum(\text{구간별}ADT)(\text{일수})}$$

③ 위의 각 기준의 최소 기준값을 설정한다. 도로의 각 등급별로 전체 평균의 2배의 값부터 시작한다.

④ 각 구간에 대하여 km당 및 백만차량-km당 실제 사고건수를 계산한다.

⑤ 지점이나 교차로와 같이 사고가 집중적으로 발생하는 곳은 사고건수 및 백만차량 당 사고 건수를 계산한다.

⑥ 사고 건수나 율 양값에서 한계 최소 기준값보다 높은 지점들은 위험지점 리스트에 오르게된다. 분석될 도로의 등급별로 그 기준에 의하여 비교가 이루어진다.

(6) 율-품질관리법

통계적 검정을 적용함으로써 분석의 질적 통제가 가능하다.

• 통계적 검정방법

$$R_c = R_a + K\sqrt{\frac{R_a}{M} + \frac{0.5}{M}}$$

여기서,

R_c : 한계사고율(구간에 대하여는 백만차량당 사고건수, 교차로나 지점에 대하여는 백만차량당 사고건수
R_a : 도로 등급별 평균사고율
M : 그지점이나 구간의 분석기간 동안의 차량노출(백만차량, 백만차량$-km$)
K : 상수, 신뢰의 수준을 결정하는 값

① 도로구간의 각 등급별 백만차량-km당 평균사고건수를 계산한다.

신뢰수준	K값
0.995	2.576
0.95	1.645
0.90	1.282

② 160m 이내의 각 구간에서 2건이나 그 이상의 사고가 발생하는 지점 및 교차로의 사고 다발지점을 가려내고 그러한 지점들에 대하여는 도로 등급별 백만차량 당 평균사고건수를 계산한다.

③ 각 개별지점들에 대하여 분석기간 동안의 차량노출 M을 결정한다.

구간에 대하여는

$$M = \frac{(구간ADT)(일수)(구간장)}{(10)^6}(MVK)$$

교차로나 지점에 대하여는

$$M = \frac{(지점ADT)(일수)}{(10)^6}(MV)$$

④ 각 지점에 대하여 한계사고율, Rc를 계산한다.

⑤ 같은 기간 동안의 각 지점에 대한 실제 관찰 사고율을 계산한다.(구간에 대하여는 백만차량-km당 사고건수로 계산한다.)

⑥ 각 지점에 대하여 실제 사고율을 한계사고율과 비교하여 한계사고율을 초과하는 모든 지점

(구간, 교차로 및 지점)들의 리스트를 준비한다.

5.2 개선대안의 선택

개선대안 제안을 위한 위험지점 분석의 4단계는 다음과 같다.

① 충돌도의 준비
② 사고특성의 요약
③ 현장조사의 실시
④ 개선책의 대안

(1) 사고분석자료의 이용

특정지점에서의 사고분석의 목적은 그 지점에서의 사고의 예방을 위해 가능한 개선책을 찾아내기 위한 사고의 패턴을 발견하는 것, 사고조사 과정에서 작도된 충돌도 및 대상도의 분석과 요약된 사고의 특성에 기초하여 사고의 패턴을 조사한다.

(2) 현장조사

충돌도나 자료로부터 사고의 원인이 결정되지 않으면 위험지역의 현장조사가 필요하다.
현장조사의 과정은 다음과 같다.

① 사고보고, 사고요약, 도면, 교통량, 교통법규, 위반사항, 기타 운영상의 자료 등 현재 이용 가능한 자료들을 재검토한다.
② 야간, 젖은 노면 등 분명한 유의적인 특성에 따라 현장조사계획을 세운다.
③ 현장관측에 유리한 몇 개소의 지점을 선택하여 비정상적인 행태를 규명하기 위해 운전자들을 관측하며 가능하면 그들 행태의 원인을 밝힌다.
④ 운전자들이 도로환경을 어떻게 볼 것인가에 특별한 주의를 기울이면서 그 지점의 방향을 달리하여 수차례 운전하여 본다.
⑤ 현재의 기록에 포함되지 않은 특이한 상황을 조사한다.
⑥ 개인적 관찰을 위해 위험지역 근처에 거주하거나 근무하는 사람들과 그 지점의 상황을 상의한다.
⑦ 발견 및 결론을 정리한다.

한편 현장 관측시 고려사항으로서는 다음과 같은 부분을 검토하여야 한다.

① 사고가 도로 또는 인접부지의 물리적 조건에 의해 유발되었으며 그 조건이 제거되거나 수정될 수 있는가?

② 시야를 가리는 장애물이 있으며 제거될 수 있는가? 또는 사전에 운전자에게 경고하기 위한 적절한 조치가 취해질 수 있는가?

③ 현재의 교통표지, 신호등 및 노면표시는 의도한 바의 기능을 다하고 있는가?

④ 교통은 사고발생을 최소화하기 위하여 적절히 도류화 되었는가?

⑤ 부도로의 좌회전 같은 어느 하나의 통행을 금지함으로써 사고가 예방될 수 있는가?

⑥ 교통의 일부를 사고의 위험이 높지 않는 다른 통과도로로 전환시킬 수 있는가?

⑦ 교통량에 기초할 때 야간교통사고의 비율이 주간교통사고의 비율보다 높지 않는가?

⑧ 상황으로 보아 부가적인 교통법규나 선택적인 규제가 필요한가?

⑨ 현재의 교통설비에 대한 운전자의 준수, 사고지점에 접근하는 차량들의 속도 등과 같은 교통의 움직임에 대한 보충적인 조사가 필요한가?

⑩ 그 지역에서의 주차가 사고를 유발하는가?

⑪ 운전자들이 충분한 선행거리에서 적절한 차로를 선택함으로써 위험지역 가까이에서 차로 변경의 필요를 최소화할 수 있는 적절한 예고표지가 있는가?

(3) 개선책의 개발 및 제안

개선책 개발과정을 위한 목표로서는 다음 사항들을 들 수 있다.

① 지배적인 사고유형 및 도로 특이점에 영향을 미칠 수 있는 일련의 조치의 결정

② 전문적인 판단 및 경험에 기초하여 그 지점에서 지배적인 사고 건수 또는 정도를 경감시킬 것으로 기대되는 개선책의 선정

③ 선택된 개선책의 안전측면, 교통효율 또는 환경측면에의 악영향 배제

④ 위험지역 개선으로부터의 편익을 최대화하는 비용-효과성

⑤ 비용을 능가하는 편익을 가져오는 효율성

(4) 안전한 도로의 정의

① 기준 이하이거나 비정상적인 상태를 운전자에게 경고한다.

② 운전자에게 마주칠 상황에 대한 정보를 제공한다.

③ 비정상적인 구간에서는 운전자를 유도한다.
④ 운전자의 상충 지점 또는 구간의 통과를 통제한다.
⑤ 운전자의 잘못이거나 부적절한 행태를 포용한다.

(5) 교차로 설계 원칙

① 충돌점의 최소화로 사고의 기회를 최소화
② 선형, 노면 및 유도표시, 교통통제를 통하여 주 이동류에 우선권을 준다.
③ 공간적, 시간적으로 충돌지점을 분리
④ 충돌각도를 통제한다.
⑤ 충돌지역을 명확히 하고 최소화
⑥ 차량경로를 명확히
⑦ 선형, 차로폭, 교통통제, 또는 속도제한을 사용하여 접근속도를 통제
⑧ 도로부지 요구의 명확한 지침을 제공
⑨ 노변위험을 최소화
⑩ 교차로를 이용할 것으로 예상되는 모든 차량 및 비차량 교통에 대비
⑪ 운전작업을 단순화
⑫ 도로이용자의 지체를 최소화

(6) 구간, 비교차 지점에서의 안전설계 및 운영 원칙

① 평면 및 종단선형에 대한 적절하고 지속적인 표준의 확보
② 도로기능 및 교통량에 적합한 도로 횡단면의 개발
③ 차도의 유도
④ 인접한 부지로부터 적절한 접근통제표준의 확보
⑤ 노변환경의 장애물 제거 또는 포용(사고원인 및 가능대책에 관한 일반대책)

6. 개선대안의 시행

(1) 개요

① 일반 원칙

교통안전 개선은 교통시설에 대한 물리적 개선을 수반하기 때문에 그 개선책 또한 교통을 구성하는 여러 시스템에 대한 개선을 의미한다. 교통사고를 방지하기 위한 안전대책의 일반적인 원칙으로는 다음과 같은 것을 생각할 수 있다.

• 교통의 흐름을 단순화시키고 유도할 것
- 일방통행, 좌우회전금지, U턴 금지, 추월금지, 차로표시, 도류대표시, 교통섬 등 교통규제의 실시와 안내표지의 설치

• 교통의 흐름을 시간적 · 공간적으로 분리하고 불필요한 교차를 줄일 것
- 시간적으로 분리하는 시설 : 신호기, 일시정지 표지 설치 등
- 공간적으로 분리하는 시설 : 중앙분리대, 보도, 방호책, 차도 외측선, 육교, 지하보도 등

• 분리하고 단순화하여도 여전히 교차할 가능성이 있는 차량, 사람, 또는 장애물은 확인하기 쉽게 하고, 차의 주행에 적합하지 않은 도로상황을 시정할 것

한편, 교통사고를 줄이기 위한 대책은 3E로 불리는 세 가지 분야로 대별할 수 있으며, 이들 대책의 종합적인 추진을 계획해야 한다.

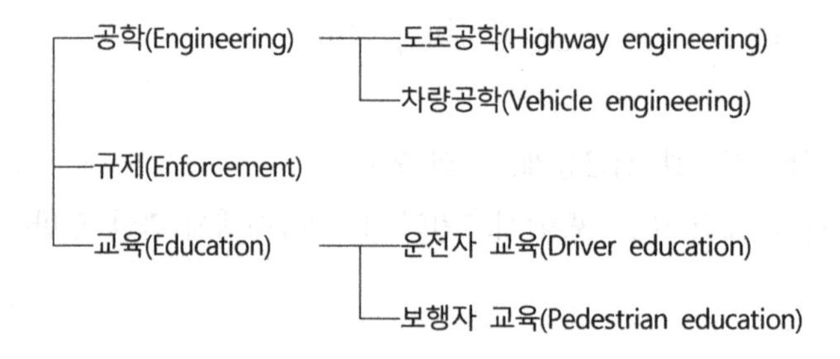

② 대책의 분류

교통사고를 분석하고 그에 대한 방지대책을 수립하기 위하여 교통안전 기술자는 문제의 성격에 따라 다음과 같이 단일지점대책, 지역대책, 노선대책, 광역대책의 4가지 측면에서 접근할 수 있다.

- 단일지점 대책 : 보통 사고다발지점이라고 불리는데, 교통사고가 기준치 이상으로 많이 발생하는 특정지점에 대한 개선 대책을 말한다.
- 지역 대책 : 미끄러짐, 과속, 야간사고 등이 특정지역에 걸쳐 문제가 되는 경우에 시·군·구 등의 지역 일부 또는 전체에 대한 개선 대책을 말한다. 면적인 대책에 속한다.
- 노선 대책 : 특정노선 전체에 걸쳐 특정사고유형이 문제가 되는 경우에 대한 개선대책을 말한다. 선적인 대책에 속한다.
- 광역 대책 : 넓은 범위의 광역지역을 대상으로 컴퓨터 분석 등에 의하여 단위 면적 당 사고건수 또는 단위 인구 당 사고건수 등을 구하여 문제지역을 파악하고 이에 대한 대책을 수립하는 것을 말한다.

(2) 단로부 개선대책

단로부(mid-block)는 교차로에 비해 교통류 흐름이 단순한 편이나, 이 단순성 때문에 차량이 과속하고 운전자의 주의를 태만히 함으로써 교통사고가 발생하게 된다.

(3) 교차로 개선대책

교차로에서 발생하는 사고를 방지하기 위해서는 경찰의 사고원인조사서, 사고발생상황도, 현장답사 등을 통하여 해당 교차로의 사고원인이 무엇인가를 찾아내야 한다. 사고원인이 밝혀지면 그에 따라 적절한 교통시설 및 교통운영상의 개선대책을 강구한다.

(4) 교통정온화 대책

교통정온화 대책이란 최근 영국, 독일, 일본 등에서 대두되기 시작한 대책으로서, 주로 주택지역에서 교통안전을 개선하고 거주환경을 정숙하게 함으로써 도로교통의 부(-) 영향을 감소시키기 위한 제반 대책을 말한다.
이러한 교통정온화 대책은 속도 감소대책, 도로환경 개선대책 등 두 범주로 구분한다.

① 속도 감소 대책

속도 감소 대책은 주로 자동차의 속도를 감소시키는 것을 목적으로 하는 여러 가지 대책을 말한다. 이러한 속도 감소대책에는 다음과 같은 종류가 있다.

- 차도좁힘(Traffic throttle), 입구처리(Entry treatment), 보도확장(Footway widening), 진

입금지("Plug" No-entry), 과속 방지턱(Road hump), 입구 좁힘(Treatment across junction), 도로 차단(Road closures), 노폭제한(Width restrictions), 차도굴절(Chicane) 등

② 도로환경 개선대책

도로환경 개선대책은 직접 노면을 높이거나 좁히는 물리적 대책 대신, 도로의 제반환경을 변화시켜 운전자로 하여금 속도를 줄이도록 하는 대책을 말한다. 이러한 도로환경 개선대책에는 다음과 같은 종류가 있다.

- 시각적 폭(Optical width) 좁힘, 노면 스트립(Occasional strips), 노면 재질변경(Surface changes), 입구 효과(Gateway effect), 식재(Planting) 등.

[표 5-6] 사고원인별 개선대책

사고패턴	가능원인	일반적 대책
비신호 교차로에서의 직각 충돌	제한된 시거	시야 장애물의 제거 가각 주차 제한 정지표지 설치 경고표지 설치 가로조명 개선 접근로의 제한속도 낮춤 신호등 설치 양보표지 설치 교차로의 도류화
	교차로의 높은 교통량	신호등 설치 통과교통의 타노선으로의 전환
	높은 접근속도	접근로의 제한속도 노면 요철구간 설치
신호교차로에서의 직각 충돌	신호등의 불량한 가시도	사전경고표지 설치 대형 신호등 렌즈의 설치 문형식 신호대의 설치 신호등 뒷판 설치 신호등 두부의 위치 개선 시야 장애물 제거 보조 신호등 두부의 설치 접근로의 제한속도 낮춤
	부적절한 신호시간	황색신호시간 조정 전적색신호의 현시 신호시간의 재설계 일련의 신호교차로의 연동화
야간사고	가시도 불량	가로조명 설치 또는 개선, 시선유도표지의 설치 또는 개선
젖은 노면사고	미끄러운 노면	적절한 배수의 제공, 제한속도 낮춤
비신호교차로에서의 추돌사고	횡단보행자	횡단보도표지 노면표지의 설치 또는 개선, 횡단보도의 재배치
	운전자의 교차로 불인지	경고표지의 개선
	미끄러운 노면	재포장, 적절한 배수제공, 포장구간경사, 접근로의 제한속도 낮춤
	높은 회전교통량	좌, 우회전차로 설치, 회전금지, 연석회전반경 증가
신호교차로에서의 추돌사고	신호등의 불량한 가시도	신호교차로에서 직각충돌과 동일
	부적절한 신호시간	황색신호시간 조정, 신호시간의 재설계, 교차로의 연동화
	보행자 횡단	횡단보도 표지나 노면표시의 설치 또는 개선, 보행자 신호 현시
	미끄러운 노면	비신호교차로에서의 추돌사고와 동일
	준거에 맞지 않는 신호등	신호등의 제거

[표 5-6] 사고원인별 개선대책(계속)

사고패턴	가능원인	일반적 대책
교차로에서의 보행자사고	높은 회전교통량	좌,우회전차로의 설치, 회전금지, 연석 회전반경 증가
	제한된 시거	시야 장애물제거, 횡단보도설치, 횡단보도표시 및 노면표시의 개선
	보행자의 부적절한 보호	보행자섬의 설치, 보행자 신호등 설치
	부적절한 신호현시	보행자 신호 현시, 보행자 신호시간 조정
	학교앞 신호현시	"아동보호"표지 설치
교차로간의 보행자 사고	운전자의 부적절한 주의	주차금지, 주의표지 설치, 제한속도 낮춤, 보행자 방호책 설치
	보행자의 차도보행	보도 설치
	횡단보도간 거리가 너무 멀다.	횡단보도 설치, 보행자 작동 보행자 신호등 설치
교차로에서의 좌회전 충돌사고	높은 좌회전 교통량	좌회전 신호 현시, 좌회전 금지 교차로의 도류화, 일방통행제 실시
	제한된 시거	시야장애 제거, 주의표지 설치, 접근로의 제한속도 낮춤
교차로에서의 우회전 충돌	작은 회전 반경	연석 회전 반경 증가
고정물체와의 충돌	차도에 인접한 고정물체	장애물의 제거, 방호연석설치, 방호책 설치
차량의 차도 이탈 및 고정물체와의 충돌	미끄러운 노면	노면의 재포장, 적절한 배수제공, 제한속도의 낮춤
	교통조건에 부적절한 도로설계	차도확장, 교통섬의 재배치, 도로의 재건설
	불량한 시선유도	노면시선유도 표지 설치, 급커브 등 예고 주의표지 설치, 차도 경계표시 설치 또는 개선
진입로에서의 보행자 사고	보도가 차량 통행로에 지나치게 근접	보도를 차량통행로로부터 후퇴
반대방향에서 주행하는 차량들간의 측면충돌 또는 정면충돌	교통조건에 부적절한 도로설계	차로확장, 교차로의 도류화, 회전차로 설치, 예고노선 안내도 설치, 주차금지
진입도로에서의 충돌	좌회전 차량	중앙분리대 설치 중앙회전차로 설치
	부적절하게 위치한 진입	진입로의 최소간격 규제, 부도로로 유도, 인접한 진입도로의 통합
	우회전 차량	우회전 차로 설치, 진입로 근처의 주차금지, 진입로의 확폭, 통과도로의 확폭
	높은 통과 교통량	부도로를 이용하도록 유도, 지구 서비스도로 건설, 통과교통의 타 노선으로의 전환
	진입로의 높은 교통량	신호등 설치, 가감속차로의 설치, 진입로의 도류화
	시거제한	시야장애제거, 진입로 근처의 주차 금지, 가로조명의 설치 또는 개선

예상문제

1 교통사고의 근본적 원인은 여러 가지 원인들의 연쇄 반응에 의하여 어떠한 형태로 일어나는가?

① 계획적으로 ② 필연적으로
③ 고의적으로 ④ 우발적으로

답 ④

2 교통사고에 있어서 우발적 요인이란 다음 중 어떤 것을 가리키는가?

① 인간의 순간적 행동과 물리적·화학적 결함
② 인간의 기계적 행동과 과학적 결함
③ 인간의 불안전 행동과 기계적·물리적 결함
④ 인간의 고의적 행동과 기계적·물리적 결함

답 ③

3 결함이나 위험이라는 것은 필연적으로 교통사고로 연결되어지는 것이 아니라 그것이 어떤 경우에는 교통사고를 일으킬 수 있는 가능성이 많다는 말이다. 다음 중 그 뜻은?

① 과실유발적 요인
② 필연적 위험
③ 원인과 결과의 상대적 요인
④ 불가항력적 위험

해설 과실유발적 요인 : 기계적·물리적 결함

답 ①

4 다음 중 재해의 연쇄반응 순서가 옳게 나열된 것은?

① 물적 요인 → 개인의 결함 → 사회적 요인 → 사고 → 상해
② 물적 요인 → 개인의 결함 → 사회적 요인 → 상해 → 사고
③ 사회적 요인 → 개인의 결함 → 물적 요인 → 상해 → 사고
④ 사회적 요인 → 개인의 결함 → 불안전행위 → 사고 → 상해

답 ④

5 교통사고를 좌우하는 요소가 아닌 것은?

① 도로 및 교통조건
② 교통통제조건
③ 차량을 운전하는 운전자
④ 차량의 이용자

답 ④

6 교통사고의 주요 3요소가 아닌 것은?

① 환경 요인 ② 인적 요인
③ 물적 요인 ④ 교통수단요인

답 ③

7 다음 중 도로교통을 구성하는 3요소가 아닌 것은?

① 사람 ② 도로
③ 자동차 ④ 자본

답 ④

8 교통사고 원인 모델에 해당되지 않는 것은?

① 단독성 ② 복합성
③ 연쇄성 ④ 집중성

해설 교통사고 원인의 모델 분류는 연쇄형(단순연쇄형, 복합연쇄형), 집중형, 복합형이 있다.

답 ①

9 **교통사고의 많은 요인들이 사고유발에 똑같은 비중을 지니고 있다는 원리는 어느 것인가?**

① 교통사고 원인의 종합성 원리
② 교통사고 원인의 등치성 원리
③ 교통사고 원인의 획일성 원리
④ 교통사고 원인의 통일성 원리

답 ②

10 **다음 중 교통사고 발생의 특성 표현으로 적합한 것은?**

① 지속성　② 연속성
③ 우발성　④ 운명성

답 ③

11 **다음은 교통사고 원인의 분류에 대한 설명 중 잘못된 것은?**

① 교통사고는 인적인 원인보다는 도로환경의 결함, 차량의 결함 등 물적인 원인에 의한 사고가 훨씬 능가하고 있으므로 물적 원인의 제거가 급선무이다.
② 어떤 사고가 발생한 장소에서 그와 유사한 시기에 일시적으로 집중하여 사고가 발생하는 경향이 있다.
③ 교통사고의 원인은 연쇄적으로 요인에 의하여 발생할 뿐만 아니라 동일 장소에 동일 시간대에 집중적으로 발생하는 복합적인 사고경향을 나타내기도 한다.
④ 교통사고란 단독의 원인에 의해서가 아니라 어떤 요인이 발생하면 연속적으로 하나 하나의 요인을 만들게 되어 사고가 발생한다.

답 ①

12 **교통사고의 사상은 잠재적 원인이 현재적으로 나타나는 것이므로 시간적인 과정에서 본다면 어떤 현상에 의하여 일어나는가?**

① 돌발반응　② 연쇄반응
③ 지각반응　④ 인식반응

답 ②

13 **다음 중 교통사고의 구성요소로서 틀린 것은?**

① 사회적 환경과 유전적 요소
② 단체적인 성격상의 결함
③ 개인적인 성격상의 결함
④ 불안전한 행위와 불안정한 환경 및 조건

답 ②

14 **교통사고의 구성요소는 시간적인 경과상에서 실현되어 나타나는 것이기 때문에 시간적인 과정에서 볼 때 구성요소를 무슨 현상이라 하는가?**

① 단독반응 현상　② 우연반응 현상
③ 복합반응 현상　④ 연쇄반응 현상

답 ④

15 **교통사고의 원인은 반드시 교통사고로 이어지는 것이 아니라 어떤 경우에 복합적으로 작용하여 교통사고를 일으키는 기회가 조성된다. 이를 옳게 설명한 것은?**

① 필연적 위험성　② 우연적 위험성
③ 불가항력적 위험성　④ 과실유발적 요인

답 ④

16 **교통사고의 많은 요인 중에서 하나만이라도 없다면 연쇄반응은 없을 것이며, 교통사고는 일어나지 않을 것이다. 이것을 교통사고 원인의 무슨 원리라 하는가?**

① 우연반응　② 등치성 원리
③ 돌발반응　④ 복합성 원리

답 ②

17 **의지 · 감정면에서는 자제력의 부족, 긴장 인내성의 부족, 정서불안정, 공격심 억제 부족 등이 많은 사람을 일컬어 무엇이라고 하는가?**

① 사고기피자　② 사고관리자
③ 사고경향자　④ 사고다발자

답 ④

18 사고요인의 등치성 원리는 어디에 중점을 둔 것인가?

① 교통사고 원인
② 운행조건
③ 불안전한 행위
④ 유사한 사고의 반복사고

답 ①

19 사고가 사고발생의 근원에서 시작하여 다음 요인이 생기게 되고 그것이 또 다른 요인을 일으키는 형태의 사고형을 무엇이라 하는가?

① 단독형 ② 복합형
③ 연쇄형 ④ 집중형

답 ③

20 교통의 본질은 이동을 뜻하는데 어떤 이동을 그 기준으로 하는가?

① 시간적 이동 ② 안전적 이동
③ 공간적 이동 ④ 사회적 이동

답 ②

21 다음 중 교통사고의 반복성을 감안해야 하는 이유 중 옳지 않는 것은?

① 장래의 사고발생 장소의 예측
② 사고예방을 위한 안전시설의 운영
③ 특정시간에 발생된 사고에 대한 개선방안 강구
④ 과거사례는 사고발생 예측의 단순한 자료로 참고

답 ④

22 다음의 교통안전조치 중 이동성과 상충하지 않는 조치는?

① 안전벨트
② 접근을 제한하는 가로배치
③ 속도제한
④ 과속방지턱

답 ①

23 교통사고 조사에서 대책수립이 가능한 원인 색출, 교통관계자들의 공통적 원인의 색출 등은 어떤 원리를 설명한 것인가?

① 우연반응 ② 등치성 원리
③ 돌발반응 ④ 복합성 원리

답 ②

24 교통사고 구성요소의 연쇄반응이라 할 수 없는 것은 다음 중 어떤 것인가?

① 교통사고로 인한 사상자의 발생
② 사회적 환경과 유전적 요소
③ 불안전한 행위와 불안전한 환경 및 조건
④ 졸음에 의한 결함

해설 이외에도 개인성격상의 결함, 상해와 손실 등이 있다.

답 ④

25 자동차 운전 중에 돌발적인 상황에 부딪혔을 때 운전자가 행동하게 되는 과정을 올바르게 배열한 것은?

① 인지 → 조작 → 판단
② 인지 → 판단 → 조작
③ 판단 → 인지 → 조작
④ 조작 → 판단 → 인지

답 ②

26 운전자의 반응과정을 바르게 연결한 것은?

① 주의 - 의사결정 - 반응 - 인식
② 인식 - 주의 - 의사결정 - 반응
③ 인식 - 주의 - 반응 - 의사결정
④ 주의 - 인식 - 의사결정 - 반응

답 ④

27 교통사고의 원인 분류와 관계가 없는 것은?

① 잠재적 원인 ② 간접적 원인
③ 우연적 원인 ④ 직접적 원인

답 ③

28 사고의 연쇄성을 충돌 전, 충돌 중, 충돌 후로 나누어 순서적으로 방호가 돌파되어야 사고로 이어진다는 이론은?

① 병렬이론　　② 사고잠재성 이론
③ 도미노 이론　　④ 사고기회의 궤도

답 ④

29 교통사고의 복합적 원인은 어디에서 생기는가?

① 숙련도　　② 연쇄반응
③ 과로　　④ 연속운행

답 ②

30 교통사고원인은 복합원인에 의하여 우발적으로 일어난다. 이런 현상을 무엇이라 하는가?

① 지각반응　　② 신체반응
③ 복합반응　　④ 연쇄반응

답 ④

31 사고요인의 연쇄과정과 거리가 먼 것은?

① 집중형　　② 의지형
③ 복합형　　④ 연쇄형

해설

혼합형 ─ 연쇄형 ─ 단순연쇄형 / 복합연쇄형
혼합형 ─ 집중형

답 ②

32 어떤 요인이 연속적으로 하나하나의 요인을 만들어 가는 형은?

① 집중형　　② 연쇄형
③ 종합형　　④ 복합형

답 ②

33 교통사고 원인 중 가장 주요원인이라고 생각되는 것은?

① 인적원인　　② 환경요인
③ 차량요인　　④ 사회요인

답 ①

34 교통사고의 발생은?

① 운명적　　② 필연적
③ 우발적　　④ 충격적

답 ③

35 교통사고에서 어떤 요인이 발생하면 그것을 시작으로 해서 다음 원인이 생기게 되고 또 그것이 다음 요인을 계속해서 연속적으로 만들어 가는 형태를 무엇이라 하는가?

① 반복형　　② 돌발형
③ 연쇄형　　④ 집중형

답 ③

36 다음의 사고유발 특성 중에서 후천적 요인이 아닌 것은?

① 운전경험의 미숙　　② 공격적인 성격
③ 차량조작 미숙　　④ 교통법규 미숙지

해설 2번은 선천적인 성격이다.

답 ②

37 사고다발자의 공통적 성향이 아닌 것은?

① 양보심 부족　　② 경험 부족
③ 도로선형의 문제　　④ 억제력 부족

해설 3번은 물적 원인

답 ③

38 다음은 교통사고의 원인이 되는 것들이다. 도로구조의 결함이라 볼 수 없는 것은?

① 도로선형의 불합리
② 노면의 결함
③ 도로의 부적절한 설계
④ 신호기기 및 교통안내표지 등의 설치 불합리

답 ④

39 다음 중 교통사고의 공통적인 3요소에 해당되지 않는 것은?

① 뒤따르는 차로부터의 추돌사고
② 정면충돌과 관련되는 충돌사고
③ 차량의 측면사고 또는 접촉사고
④ 운전자의 졸음운전에 의한 추락사고

답 ④

40 **교통사고의 요인 중 가정환경의 불화, 직장 인간관계의 불화는 무슨 원인인가?**

① 직접원인 ② 잠재원인
③ 간접원인 ④ 저돌적 원인

답 ②

41 **다음 중 교통사고 원인에 있어서 인적 원인이 아닌 것은?**

① 시계의 불량 ② 신호무시 행위
③ 사면로의 횡단 ④ 노상작업

답 ①

42 **다음의 교통사고 원인 중 간접원인에 해당되는 것은?**

① 음주운전 ② 과속추월
③ 신호위반 ④ 차선위반

답 ①

43 **교통사고 원인 중 잠재적 원인이 아닌 것은?**

① 건강상태
② 경제적인 고민
③ 가정과 직장에서의 갈등
④ 사고 당사자의 인적 요인

해설 4번은 간접원인

답 ④

44 **다음 중 교통사고의 인적원인이 아닌 것은?**

① 좌회전 위반 ② 신호무시
③ 유아단독 보행 ④ 횡단금지 장소 횡단

해설 1번은 차량요인

답 ①

45 **교통사고 원인의 규명 분류 중 간접원인이라 볼 수 없는 것은?**

① 사고당사자의 인적 요인
② 교통시설환경 원인
③ 차량의 정비불량요인
④ 가정 및 직장에서의 갈등

해설 4번은 잠재적 원인

답 ④

46 **교통사고에서 운전자의 심리적인 착오로 사고를 일으키는 경우가 많은데, 그 심리적 원인이라 할 수 없는 것은?**

① 사회적 지위 ② 감각
③ 운동기관 ④ 중추

답 ①

47 **교통사고 원인분석 중에서 원인규명에 있어서 대안적 사항이 아닌 것은?**

① 임기응변적이고 현실적 대책인 원인
② 항구적인 대책마련을 위한 원인
③ 반드시 제거되어야 할 원인
④ 교통관계자의 공감적인 원인

답 ①

48 **교통사고에 있어서 차량결함에 해당하는 것은?**

① 중앙선 침범으로 인한 사고
② 노면결빙으로 인한 사고
③ 신호무시로 인한 사고
④ 타이어 펑크로 인한 사고

답 ④

49 **교통사고 요인 중 차량에 의한 원인에 해당되는 것은?**

① 사면로의 횡단 ② 유아단독 횡단
③ 끼어들기 위반 ④ 신호무시

해설 1, 2, 4번은 인적 요인(보행자위반사항)에 해당된다.
차량요인 : 좌회전위반, 끼어들기위반, 추월위반

답 ③

50 **다음 중 인적 요인에 해당되지 않는 것은?**

① 사면로의 횡단 ② 추월위반
③ 유아단독 횡단 ④ 보행자 의무위반

답 ②

51 **다음 중 충돌사고 중 가장 많은 비율을 차지하**

는 것은?

① 차와 차　　② 건널목사고
③ 차와 사람　　④ 차와 열차

답 ①

52 반응의 종류 중 상대방을 관찰한 후에 그에 따른 적절한 선택을 하여 행하는 반응을 무엇이라 하는가?

① 단순반응　　② 식별반응
③ 반사반응　　④ 복합반응

답 ②

53 다음 중 운전자가 나타내는 여러 가지 반응 중 반응시간이 가장 긴 것은?

① 반사반응(Reflex reaction)
② 단순반응(Simple reaction)
③ 복합반응(Complex reaction)
④ 판별반응(Discriminative reaction)

답 ④

54 교통사고의 원인 중 도로요인에 해당되지 않는 것은?

① 선형　　② 구배
③ 교통량　　④ 도로 폭

답 ③

55 다음 중 교통사고의 원인 중에서 도로구조에 의한 요인은?

① 도로의 선형　　② 방호책
③ 도로표지　　④ 신호통제

해설 2, 3, 4번은 안전시설에 의한 요인이다.

답 ①

56 교통사고요인 중 도로구조요인에 해당하지 않는 것은?

① 도로의 선형　　② 도로의 안전시설
③ 도로의 노면상태　　④ 도로의 노폭

답 ②

57 교통사고의 원인이 되는 미끄러운 노면의 개선 대책으로 적절치 않는 것은?

① 노면의 재포장　　② 제한속도의 낮춤
③ 미끄럼 주의표시설치　　④ 시야장애제거

답 ④

58 교통안전관리자가 사고의 원인을 규명함에 있어서 직접적인 관계가 없는 것은?

① 차량운전자의 교통관계 법규 위반별 교통사고 원인
② 사고원인 귀속체를 중심으로 한 교통사고원인
③ 차량의 정비불량에 의한 사고 건수
④ 차량운전자의 체중별 사고 건수

답 ④

59 사고유발 요인 중 어느 단계에서 가장 많은 사고가 발생하는가?

① 식별　　② 판단
③ 인지　　④ 조작

답 ③

60 교통안전에 있어서 가장 효율적인 가로망은?

① 격자형　　② 방사환상형
③ 방사형　　④ 순환형

답 ②

61 다음 중 운전자가 음주로 인한 영향을 받을 수 있는 혈중 알코올 농도는?

① 0.10% 이상　　② 0.15% 이상
③ 0.20% 이상　　④ 0.25% 이상

답 ②

62 교통사고의 원인을 규명함에 있어서 중요시하지 않는 것은?

① 차량의 파손 또는 인체의 상해 부위
② 2차 충돌의 유무
③ 운전자의 면허 취득일
④ 충돌한 접촉 부위 및 방향

답 ③

63 사고의 재구성에 대한 설명 중 옳지 않은 것은?

① 사고의 재구성은 속도, 도로상에서의 위치에 대한 추론을 포함한다.
② 교통통제방비의 지각과 이해에 대한 추론은 관련이 없다.
③ 측량의 자료가 부족할 때 사진의 이용이 가능하면 재구성을 위한 도면자료를 얻기 위하여 기초적인 사진측량술을 이용할 수도 있다.
④ 사고의 재구성에서 가장 기본적인 것은 정지 및 미끄럼흔적, 회전식의 편주흔적, 가속 및 충돌흔적 등 도로의 타이어 자국을 인식할 수 있는 능력이다.

답 ②

64 교통사고시의 사고원인을 규명하는데 필요없는 사항은?

① 1차 충돌의 유무
② 충돌한 지점
③ 차량의 파손상태 및 상황
④ 차량의 충돌 접촉부위 및 방향

답 ①

65 다음 중 교통사고 중 가장 위험한 원인은 어느 것인가?

① 기상조건 ② 자동차의 속도
③ 운행시간 ④ 보행자의 속도

답 ②

66 다음 중 잘못된 것은?

① 도로의 곡선반경이 적을수록 사고율이 높다.
② 곡선부가 종단구배와 중복되는 곳에서의 사고율은 높다.
③ 교차로 내에서의 사고는 충돌사고보다 추돌사고가 높다.
④ 교차로 내에서의 사고는 추돌사고보다 충돌사고가 많다.

답 ③

67 다음 중 곡선부에서 사고를 감소시키는 방법으로 잘못된 것은?

① 시거를 확보한다.
② 편경사를 감소시킨다.
③ 선형을 개선한다.
④ 주의표지와 노면표지를 합리적으로 설치하여야 한다.

답 ②

68 산악지에서의 제한시거는?

① 60m 이하 ② 80m 이하
③ 100m 이하 ④ 120m 이하

해설 제한시거
- 산악지 : 120m 이하
- 구릉지, 평지 : 180m 이하

답 ④

69 다음 중 설명이 바르지 못한 것은?

① 길어깨가 넓으면 안정성이 크다.
② 교통량이 많고 사고율이 높은 구간에 차선을 넓히면 사고율이 감소한다.
③ 차도와 길어깨를 구획하는 노면표시를 명확히 하면 사고가 감소한다.
④ 길어깨는 포장된 것보다 토사 또는 자갈이 안전하다.

답 ④

70 중앙분리대의 폭이 2.4m를 초과하는 경우에 설치하는 분리대는?

① 방책형 ② 억제형
③ 횡단형 ④ 방호책

답 ③

71 다음 중 방호책의 성질로 잘못된 것은?

① 차량을 감속시킬 수 있어야 한다.
② 차량의 손상이 적도록 하여야 한다.
③ 충돌시 차량을 튕겨내야 한다.
④ 횡단을 방지할 수 있어야 한다.

답 ③

72 다음 중 램프의 사고율과 무관한 것은?

① 테이퍼의 길이

② 램프의 간격
③ 램프의 교통량
④ 감속·가속차선의 길이

답 ③

73 개천을 건너거나 비로 인해 제동 라이닝에 물이 묻게되면 마찰계수가 떨어져 제동 효과가 저하되는 현상을 무엇이라 하는가?

① Hydroplaning ② Standing wave
③ Morning effect ④ Wet fading

답 ④

74 다음 중 차량이 고속주행시 파도치는 현상에 대하여 옳게 설명한 것은?

① Hydroplaning ② Standing wave
③ Morning effect ④ Wet fading

답 ②

75 회전하는 바퀴와 노면 사이에서 차량의 진행방향이 일어나는 저항은?

① 회전저항 ② 제동저항
③ 점도저항 ④ 마찰저항

답 ①

76 Hydroplaning에서 발생하는 현상이 아닌 것은?

① 구동력 상실 ② simmy 현상
③ 조종능력 상실 ④ 제동력 상실

답 ①

77 비가 오는 날은 수막 현상에 의한 교통사고가 많이 발생한다. 다음 중 수막현상을 증대시키는 요인이 아닌 것은?

① 두꺼운 수막층의 깊이
② 스키드마크(skidmark)
③ 노상 산란물
④ 직접 접촉 파손(Contact damage)

답 ④

78 자동차가 위험을 감지하여 brake를 작동하였는데 brake 작동 후 정지할 때까지의 진행거리를 무엇이라고 하는가?

① 제동거리 ② 공주거리
③ 통행거리 ④ 자유거리

답 ①

79 활주흔이 꺾어진 곳이 나타내는 것은?

① 제동시작지점 ② 인지지점
③ 최종정지지점 ④ 충돌지점

답 ④

80 안전운전자의 심리적 특징이 아닌 것은?

① 주의력 ② 경계심
③ 예측력 ④ 거만함

답 ④

81 신호 교차로에서 가장 잘 나타나는 사고유형은?

① 충돌사고 ② 추락사고
③ 추돌사고 ④ 전복사고

답 ③

82 교통사고의 원인 중에서 단속때문에 일어나는 경우가 있다. 이러한 원인이라 보기 어려운 것은?

① 단속을 위한 명령·규정 또는 법의 결함
② 차량의 불량정비
③ 교통통제설비의 불비 또는 불합리
④ 교통정리원의 부적절한 배치

답 ②

83 교통 단속시 단속의 파급효과가 일정기간동안 지속되고 인접지역까지 영향을 미치는 현상을 무엇이라 하는가?

① Halo effect ② Chain effect
③ Side effect ④ Dual effect

답 ①

84 브레이크 과용으로 일어나는 현상은?

① Vapor lock　② Swing
③ Hydroplaning　④ Standing wave

답 ①

85 운전 상태에서 아주 위험한, 여유시간 0.5초를 무슨 상태라고 하는가?

① 준사고 상태　② 공백상태
③ 위험상태　④ 안전상태

답 ①

86 운전도중 돌발상황에 대처하기 위해 여유시간을 4초 정도 유지하는 속도로 운전하는 상태를 무엇이라고 하는가?

① 서행운전　② 제한운전
③ 정상운전　④ 여유운전

답 ①

87 다음 중 정상운전의 여유시간으로 옳은 것은?

① 1초　② 2초
③ 4초　④ 5초

해설 준사고상태 : 0.5~1초
저속 : 4초
일반(정상)속도 : 2초
고속 : 1초

답 ②

88 다음 중 준사고 상태는 여유시간 몇 초 이내인가?

① 1초　② 1.5초
③ 0.5초　④ 2.0초

답 ①

89 다음 설명 중 틀린 것은?

① 여유시간이 없거나 거의 없는 상태이면 사고를 피할 수 없다.
② 여유시간이 2초 정도이면 충분한 대처를 할 수 있다.
③ 여유시간이 0.5초 정도이면 충분한 대처를 할 수 있다.
④ 여유시간이 1초 이내에서는 준사고 상태가 된다.

답 ③

90 다른 차량이나 위험한 돌발상황에서 대처할 수 있는 운전방법을 무엇이라 하는가?

① 정상운전　② 방어운전
③ 서행운전　④ 공격운전

답 ②

91 운전 중 돌발상황에 인지, 판단 및 의사 결정을 하였으나 사고가 발생했다면, 이 사고의 원인은 무엇인가?

① 생리적 결함　② 법규 위반
③ 기후결함　④ 조작미숙

답 ④

92 교통사고를 예방 또는 그로 인한 피해를 경감시키기 위한 대책인 3E에 속하지 않는 것은?

① Enforcement　② Engineering
③ Education　④ Evaluation

답 ④

93 교통사고 유발인자 중 단독으로 가장 많은 비율을 차지하는 것은?

① 도로　② 이용자
③ 차량　④ 환경

답 ②

94 교통사고에 대한 일반적인 설명 중 옳지 않은 것은?

① 교통사고는 속도가 높을수록 치사율은 높다.
② 사상자수 기준으로 교통사고 발생 비율(인/억대-km)은 일반국도 보다 고속국도가 낮다.
③ 커브지점의 사고는 정면 충돌사고가 많다.
④ 교통사고 사망자수는 지방도보다 고속국도가 많다.

해설 교통사고 사상자수(인) : 일반국도〉지방도〉고속국도
교통사고 발생 비율(인/억대-km, 건/억대-km) : 일반국도〉지방도〉고속국도

답 ④

95 교통사고의 본질을 이해하고 사고방지 대책을 마련하기 위해서 합리적으로 다루어야 할 사항이 아닌 것은?

① 교통안전교육 및 홍보
② 안전운전방법을 교육 및 홍보
③ 교통안전시설에 대한 공학적 기법 도입
④ 교통안전관리자의 필수적인 자격증 소지

답 ④

96 교통사고의 과학적 분석에 있어서 차량결함에 의한 원인이라 볼 수 있는 것은?

① 중앙선 침범으로 인한 사고
② 안전거리 미확보로 인한 사고
③ 신호위반으로 인한 사고
④ 정비불량으로 브레이크 고장에 의한 사고

답 ④

97 교통사고원인 중 운전자에 의하여 발생하는 것은 몇 %인가?

① 60% ② 70%
③ 80% ④ 90%

답 ④

98 교통사고 요인 중 교통 환경요인은 어느 것인가?

① 교통단속 ② 취업환경
③ 교통량 ④ 교통도덕

답 ③

99 교통사고 발생요인을 크게 대별하는데 주요 요인이 아닌 것은?

① 사람요인 ② 차량요인
③ 잠재요인 ④ 도로요인

답 ③

100 다음 중 교통사고의 원인분류에 다른 것은 무엇인가?

① 직접원인 ② 간접원인
③ 차량원인 ④ 잠재원인

답 ③

101 교통사고의 유발 인자를 크게 세 가지로 나눌 때 이에 속하지 않는 것은?

① 도로 사용자 ② 교통정책
③ 차량 ④ 환경

답 ②

102 속도가 높은 도로일수록 많이 발생하는 사고유형은?

① 접촉사고 ② 단독사고
③ 추락사고 ④ 충돌사고

답 ②

103 사고요인이 과학적 분류에서 차량적 원인이라 볼 수 없는 것은?

① 추월위반 ② 끼어들기 위반
③ 노상작업 ④ 좌회전 위반

답 ③

104 교통사고원인을 분석하면서 교통사고는 충돌 전, 충돌 중, 충돌 후 등의 세 가지 사고기회의 궤도를 돌파하여야 비로소 사고로 연결된다고 주장한 사람은?

① Reason ② Rumar
③ Hauer ④ Hadden

해설 Reason은 사고의 연쇄과정을 체인의 원리와 다른 유추로 해석하였는데 이를 사고기회궤도라고 부른다.

답 ①

105 사고의 연쇄성을 충돌 전, 충돌 중 및 충돌 후로 나누어 일련의 방호가 돌파되어야 중대사고로 이어진다는 이론은 다음 중 어느 것인가?

① 도미노이론 ② 사고유발이론
③ 사고기회의 궤도 ④ 사고잠재성 이론

답 ③

106 다음 중 보행자의 심리라고 할 수 없는 것은?

① 보행자는 자동차가 양보해 줄 것을 믿고 있다.

② 자동차의 통행이 적으면 제멋대로 행동한다.
③ 횡단보도를 찾아서 보행하려 한다.
④ 보행을 급히 서두르는 것이 보통이다.

답 ③

107 다음 중 교통사고와 속도의 관계를 잘못 설명한 것은?

① 교통사고는 속도가 높을수록 치사율이 높다.
② 교통사고는 속도가 높을수록 사고율이 높다.
③ 교통사고에서의 속도는 상대적인 속도차에 기인한다.
④ 교통사고는 속도가 낮을수록 사고율이 낮다.

해설 교통사고율은 단순히 속도의 높고 낮음에 기인하는 것이 아니고, 상대속도 차이에 의해 결정된다. 그러므로 속도의 차이가 균일한 이동류는 사고발생을 감소시킨다.

답 ②

108 차량운행 중에 운전자의 보통 피로는 몇 시간 동안의 연속운전에서 나타나는가?

① 1시간　② 2시간
③ 3시간　④ 4시간

답 ②

109 청소년 운전자의 일반적 성향이 아닌 것은?

① 교통법규 무시　② 방어적 운전
③ 과속운전　④ 과격한 운전

답 ②

110 교통사고 방지를 위한 일방통행제의 장점을 잘못 설명한 것은?

① 추돌사고의 가능성을 줄일 수 있다.
② 상충지점 및 상충횟수를 줄일 수 있다.
③ 정면 또는 측면충돌사고를 방지할 수 있다.
④ 균일한 교통류를 형성시키는 효과가 있다.

답 ①

111 정상적인 사람이 색채를 식별할 수 있는 일반적인 각도의 범위는?

① 80°　② 90°
③ 100°　④ 110°

답 ③

112 곡선반경과 교통사고와의 관계 중 맞는 것은?

① 곡선반경이 짧을수록 교통사고는 낮다.
② 곡선반경이 짧을수록 교통사고는 높다.
③ 곡선반경과 교통사고는 관계가 없다.
④ 곡선반경이 클수록 교통사고는 높다.

답 ②

113 자동차의 교통사고 원인 중 가장 많은 사항은?

① 정비불량　② 시계불량
③ 보행자 과실　④ 운전부주의

답 ④

114 교통사고의 내재적 조건에서 사고건수가 가장 많은 것은?

① 판단　② 조작
③ 인지　④ 정비불량

답 ③

115 사고 조사에 대한 원인에 포함시키지 않아도 되는 것은?

① 간접원인　② 직접원인
③ 잠재적 요인　④ 추구적 원인

답 ④

116 사고원인의 과학적 분류에서 인적 원인이 아닌 것은?

① 좌회전 위반　② 육교 밑 횡단
③ 신호무시　④ 경사면의 횡단

답 ①

117 사고요인 중 차량적 원인은 다음 중 어느 것인가?

① 끼어들기 위반
② 육교 밑 횡단
③ 유아단독 보행
④ 횡단보도이외의 횡단

답 ①

118 교통사고에서 과실 유발적 요인이란 다음 중 어떤 것을 말하는가?

① 인간의 고의적 행동과 기계적 물리적 결합
② 인간의 불안적 행동과 기계적 결합
③ 인간의 순간적 행동과 물리적 결합
④ 인간의 불안적 행동과 기계적 물리적 결합

답 ④

119 교통사고 발생요인 중 사고의 본질과 방지대책의 기본에 들지 않는 것은?

① 항구 대책적 요인
② 제거원인
③ 우발적 요인
④ 교통관계자 공감적 원인

답 ③

120 철길건널목 사고방지를 위한 횡단자 보호방법으로서 가장 효과가 큰 것은?

① 점멸기 ② 경보기
③ 자동차단기 ④ 가공식 신호기

답 ③

121 커브지점에서 가장 많은 사고유형은 어느 것인가?

① 추돌사고 ② 접촉사고
③ 충돌사고 ④ 전복사고

답 ③

122 교통량에 비해 km당 사고율이 가장 낮은 도로는?

① 고속도로 ② 시군도
③ 일반국도 ④ 지방도

답 ①

123 다음 설명 중 틀린 것은?

① 야간에 일어나는 사고는 가로조명 때문에 일어나기도 한다.
② 도시부의 교차로에서는 조도를 증가시키면 보행자 사고가 감소할 수 있다.
③ 노상주차의 방법은 평행주차가 각도주차보다 사고율이 낮다.
④ 노상주차의 방법은 각도주차가 평행주차보다 사고율이 낮다.

해설 각도주차는 도로공간을 많이 차지하기 때문에 평행주차보다 사고율이 높다.

답 ④

124 정면충돌사고를 차량단독사고로 변환시키는 시설물은?

① 노면요철 ② 갓길
③ 가드레일 ④ 방호책

해설 중앙분리대에 설치된 방호책은 사고방지 차원보다는 사고의 유형을 변형시킴으로써 효과적

답 ④

125 중앙분리대를 설치하여 많이 감소시킬 수 있는 사고의 유형은?

① 측면충돌사고 ② 추돌사고
③ 직각 및 정면충돌사고 ④ 전복사고

답 ③

126 사고를 특히 많이 내는 사람의 특징 중 잘못된 것은?

① 지식이나 경험이 풍부하다.
② 충동억제력이 부족하다.
③ 지나치게 동작이 빠르거나 늦다.
④ 인지능력이 뒤떨어진다.

답 ①

127 혼수상태에 빠질 수 있는 혈중 알콜농도는?

① 0.5% 이상 ② 0.4% 이상
③ 0.2% 이상 ④ 0.3% 이상

해설 0.5% 이상-사망
0.4% 이상-혼수상태에 빠진다.
0.3% 이상-눈이 감기고 기력이 없어진다.
0.2% 이상-광란적으로 된다.
0.15% 이상-모든 운전자가 주취의 영향을 받는다.

답 ②

128 보행자 사망자가 가장 많은 연령층은?

① 14세 이하　② 61세 이상
③ 20세~40세　④ 50세~60세

답 ②

129 치사율이 사고건당 가장 높은 도로는?

① 일반국도　② 고속도로
③ 지방도　④ 시군도

답 ②

130 다음 중 혈중 알콜농도 0.05부터 0.15%까지의 주취상태로 잘못된 것은?

① 말이 많아지고 공격적이다.
② 운전에 별 영향을 주지 않는다.
③ 지나치게 활동적인 행동양상을 보인다.
④ 근육운동의 조정능력이 떨어진다.

답 ②

131 다음 중 주변 토지로의 접근 기능을 갖는 것은?

① 고속도로　② 국지도로
③ 간선도로　④ 집산도로

답 ②

132 교차로 내에서 가장 많은 사고유형은?

① 정면충돌사고　② 직각충돌사고
③ 차량단독사고　④ 추돌사고

답 ②

133 교차로 부근에서 주로 발생하는 사고유형은?

① 정면충돌사고　② 직각충돌사고
③ 차량단독사고　④ 추돌사고

답 ④

134 고속도로와 기타도로를 비교할 때 고속도로 수준의 도로설계가 줄일 수 있는 사고는?

① 단독차량 충돌　② 통제상실
③ 정면충돌　④ 추돌

답 ③

135 다음 중 교통사고 발생지점별 설명이 잘못된 것은?

① 커브지점에서의 사고는 추돌사고가 대부분이다.
② 교차로 내에서는 직각 충돌사고가 많이 발생한다.
③ 커브지점에서의 사고는 정면충돌사고가 대부분이다.
④ 교차로 부근에서의 사고 중에는 추돌사고가 대부분 발생한다.

답 ①

136 일반적인 교차로의 교통사고 특성에 대한 설명 중 옳은 것은?

① 4지교차보다 3지교차가 사고율이 높다.
② 교통량이 많을수록 사고율이 높다.
③ 무신호 교차로에서는 신호교차로보다 정면충돌 사고의 위험성이 높다.
④ 보호좌회전이 비보호좌회전보다 사고율이 높다.

답 ③

137 교통사고를 조사하는 본래의 목적은 다음 중 어느 것인가?

① 사고의 재발을 방지하고, 불안전한 상태 및 불안전한 행동의 사실을 발견하여 시정하기 위하여
② 사고 책임을 규명하기 위하여
③ 사고 책임자를 벌하기 위하여
④ 사고로 인한 재산 및 인명피해정도를 파악하기 위하여

답 ①

138 교통사고를 정확하게 파악하는 이유는 무엇을 확보하기 위함인가?

① 사고원인 재연　② 사고원인 선택
③ 사고원인 규명　④ 간접원인 규명

답 ③

139 교통사고 다발지점에서의 중요한 물리적 상황을 축척에 맞추어 그린 것을 무엇이라 하는가?

① 충돌도　② 대상도

③ 사고지점도　　　　④ 현황도

답 ④

140 **교통사고 충돌도 관한 다음의 설명 중 옳지 않는 것은?**

① 사고 패턴을 파악할 수 있다.
② 사고다발지점의 물리적 현황을 나타낸다.
③ 개선책의 시행에 따른 결과를 분석할 수 있다.
④ 축척을 무시하고 작도된다.

해설 ②번은 현황도에 대한 설명이다.

답 ②

141 **사고경험에 기초한 위험지역 선정을 위해 일반적으로 사용되는 기법이 아닌 것은?**

① 노선배정에 의한 방법
② 교통사고율에 의한 방법
③ 교통사고 건수에 의한 방법
④ 교통사고 현황판에 의한 방법

답 ①

142 **사고경험에 기초한 위험지점 선정을 위해 사용되는 기법이 아닌 것은?**

① 사고율법　　　　② 사고건수법
③ 율-품질관리법　　④ 사고위험율법

답 ④

143 **표준구간의 일반적인 노변방호책의 높이는?**

① 0.81m　　② 0.75m
③ 0.69m　　④ 0.59m

답 ③

144 **표지판의 기준높이는 얼마인가?**

① 3m　　② 4m
③ 5m　　④ 6m

답 ③

145. **도류섬의 식수목 높이는 최대 몇 m인가?**

① 0.5m　　② 1m
③ 1.5m　　④ 2m

답 ②

146 **신호등이 없는 교차로에서 시거불량으로 인한 사고의 방지대책으로 틀린 것은?**

① 접근로 속도제한　　② 교통섬위치 조정
③ 양보표지 설치　　④ 신호등 신설

답 ②

147 **다음 중 원심력과 관계 없는 것은?**

① 마찰계수　　② 곡선반경
③ 교차각도　　④ 속도

답 ③

148 **다음 중 사고분석에 관한 설명이 잘못된 것은?**

① 분석기법에는 통계적 분석과 사례적 분석방법이 있다.
② 노선분석, 차종별분석, 지역별분석은 사례적 분석기법에 속한다.
③ 과학적이며 실증적인 분석을 하는데 목적이 있다.
④ 노선분석, 차종별분석, 지역별분석은 통계적 분석기법에 속한다.

답 ②

149 **다음 중 사고를 분석하는데 있어 사례적 분석 항목에 속하지 않는 것은?**

① 교통량 개별분석
② 운전자 적성분석
③ 교통환경분석
④ 운전자 개별적 사고분석

답 ①

150 **교통사고 분석요령은 효과적인 방지대책을 수립하기 위해서 필요한 과학적이며 실증적인 분석을 하는데 있다. 분석방법을 크게 통계적 방법과 사례적 방법으로 분류할 때 다음 중 통계적 분석방법이 아닌 것은?**

① 조직별 분석　　② 교통환경 분석
③ 노선별 분석　　④ 차종별 분석

답 ②

151 교통사고 분석방법 중에서 통계적 분석내용에 포함되지 않는 것은?

① 차종별 분석 ② 노선별 분석
③ 운전자별 분석 ④ 조직별 분석

답 ③

152 위험도 선정을 위해 사용되는 분석방법 중 미국의 교통연구원에서 발간한 교통사고 분석체계에 기술된 합리적인 방법으로 각 지점의 사고율을 산정하고 그 지점의 사고율이 유사한 조건을 갖는 도로에 대한 사고율보다 현저히 높은지의 여부를 검토하기 위한 절차에 근거한 것이며 사고 발생 확률이 poisson분포에 따른다는 데서 출발하는 분석방법은?

① 교통사고 건수에 의한 방법
② 통계적 교통사고율 분석방법
③ 교통사고 현황판에 의한 방법
④ 교통사고 피해정도에 의한 방법

답 ②

153 교통안전대책을 수립하는데 있어 위험지점을 선정할 때 교통량 자료가 고려되지 않는 기법은?

① 사고건수법 ② 사고율법
③ 사고건수-율법 ④ 율-품질관리법

답 ①

154 사고사례를 수집하여 그 원인을 분석하고 검토하는 목적은?

① 안전교육 계획수립 ② 시재정 계획수립
③ 교통환경 개선 ④ 유사사고 재발방지

답 ④

155 교통사고를 조사하는데 있어서 주요자료 내용이 아닌 것은?

① 도로 노면상태 자료 ② 보행자 관련자료
③ 충돌상황표시 자료 ④ 도로 교통통제자료

답 ②

156 사고다발 지점의 선정에서 사고발생 빈도수를 측정하는 기간은?

① 1년 ② 2년
③ 3년 ④ 4년

답 ①

157 다음 중 종합된 사고 통계자료의 사용목적에 해당되지 않는 것은?

① 차량정비 ② 차량검사
③ 차량구입 ④ 도로개선

답 ③

158 교통사고로 인한 사망이란 교통사고가 난 후 얼마 내에 사망한 것인가?

① 24시간 이내 ② 48시간 이내
③ 72시간 이내 ④ 1주일 이내

답 ③

159 다음 중 사고율에 의하여 사고다발 지점을 선정하는 경우 사용되는 사고율 지표로 잘못된 것은?

① 등록차량 1만대당 사고율
② 1백만 주행km당 사고율
③ 인구 100만인당 사고율
④ 인구 10만인당 사고율

해설 사고율에 의한 방법
- 1백만 진입차량당 사고율
- 1억 또는 1백만 주행km당 사고율
- 등록차량 1만대당 사고율
- 인구 10만인당 사고율

답 ③

160 다음 중 교차로 사고분석에 주로 사용되는 교통사고율은?

① 차량 10,000대당 사고
② 진입차량 100만대당 사고
③ 인구 10만명당 사고
④ 통행량 1억대·km당 사고

답 ②

161 어느 교차로에서 작년 한 해 동안에 발생한 사

고건수는 58건이었으며, 이 교차로를 들어오는 하루 평균교통량은 29,000대였다. 이 교차로의 MEV당 사고율은?

① 5.21 ② 6.02
③ 5.64 ④ 5.48

해설 교차로에서 일백만 진입차량당 사고율 : MEV(Million Entering Vehicle)을 구하는 식은

$$MEV = \frac{\text{교통사고건수} \times 1,000,000}{365 \times \text{년수} \times \text{일평균교통량}}$$

답 ④

162 어느 도로에서 3년 동안 0.9km 구간을 조사한 결과 하루 평균교통량은 4,500대였다. 교통사고건수는 사망·중상·경상·대물피해 모두를 합쳐 26건이었다. 교통 사고율은?

① 5.86 ② 6.02
③ 5.64 ④ 6.12

해설 도로구간에 대한 경우는 분모에 도로구간을 곱하여 준다.

$$AR = \frac{\text{교통사고건수} \times 1,000,000}{365 \times \text{년수} \times \text{일평균교통량} \times \text{도로구간의길이}}$$

$$= \frac{26 \times 1,000,000}{365 \times 3 \times 4,500 \times 0.9} = 5.86\text{건/백만차량}\cdot\text{km}$$

답 ①

163 어느 도로에서 3년 동안 0.9km 구간을 조사한 결과 하루 평균교통량은 4,400대였다. 교통사고건수는 사망·중상·경상·대물피해 모두를 합쳐 22건이었다. 1억 차량당 교통 사고율은?

① 607건/1억차량·km ② 507건/1억차량·km
③ 564건/1억차량·km ④ 520건/1억차량·km

해설 $\frac{22 \times 100,000,000}{365 \times 3 \times 4,400 \times 0.9} = 507\text{건/1억차량}\cdot\text{km}$

답 ②

164 개선 전 1년간 사고건수가 40건, 사고감소율이 20%, 분석시의 ADT가 30,000대였다. 장래의 ADT가 50,000일 때 장래의 예측사고 감소 건수는 얼마인가?

① 10 ② 18
③ 13 ④ 20

해설 교통사고감소건수

$$= N \times \frac{ARF}{100} \times \frac{\text{개선후일평균교통량}}{\text{개선전일평균교통량}}$$

$$\therefore 40 \times 0.2 \times \frac{50,000}{30,000} = 13.3$$

여기서, N : 개선하지 않았을 때의 교통사고 건수
ARF : 교통사고 감소계수(%)

답 ③

165 개선사업 시행 전 3년간의 연평균 사고건수가 10건이며, 연평균 ADT가 6,000대인 한 교차로에서 사고감소율 20%인 교통안전 사업을 시행한 후 3년 동안에 예측되는 연평균 사고감소건수는? (단, 이 교차로의 사업시행 후 3년 동안의 연평균 ADT는 7,000대로 예측된다)

① 4.6건 ② 2.3건
③ 1.2건 ④ 5.9건

해설 교통사고감소건수 $= 0 \times 0.2 \times \frac{7,000}{6,000} = 2.3$

답 ②

166 35km의 도로구간에서 3년 동안 150건의 교통사고가 발생하였다. 조사결과 3년 동안 일평균 교통량이 6,000대이고, 총사고건수 중 5%가 치명적인 사고였다면, 차량 1억대·km당 총 사고율은 얼마인가?

① 51.5 ② 61.2
③ 70.2 ④ 65.2

해설 1억대 km당 사고율

$$= \frac{\text{총사고건수} \times 100,000,000}{ADT \times 365 \times \text{년수} \times \text{도로구간}}$$

$$= \frac{150 \times 100,000,000}{6,000 \times 365 \times 3 \times 35} = 65.2$$

답 ④

167 위 문제에서 차량 1억대·km당 치명적 사고발생률은 얼마인가?

① 1.96 ② 2.24
③ 2.96 ④ 3.26

해설 1억대 km당 사고율

$$= \frac{\text{치명사고율} \times \text{총사고건수} \times 100,000,000}{ADT \times 365 \times \text{년수} \times \text{도로구간}}$$

$$= \frac{0.05 \times 150 \times 100,000,000}{6,000 \times 365 \times 3 \times 35} = 3.26$$

답 ④

168 50km의 도로구간에서 1년 동안 60건의 교통사고가 발생하였다. 조사결과 일평균교통량(ADT)이 8,000이고 총 사고건수 중 5%가 치명적인 사고였다면 1억 차량 km당 치명적 사고 발생률은 얼마인가?

① 1.80　② 2.00
③ 2.05　④ 2.30

해설 1억대 km당 사고율

$$= \frac{60 \times 100,000,000}{8,000 \times 365 \times 50} = 41.096\text{건/억대} - KM$$

1억대 km당 치명적 사고율$= 41.095 \times 0.05 = 2.05$

답 ③

169 다음 중 교통사고의 사례적 분석에 해당되지 않는 것은?

① 차량의 안전도 분석　② 운전자의 적성 분석
③ 교통안전 분석　④ 운행노선 분석

해설 운행노선분석은 통계적 분석이다.

답 ④

170 사고율 및 질의 통제에 의한 사고율 산출방법에 이용되는 분포는?

① 포아송 분포　② 감마 분포
③ 정규분포　④ T분포

답 ①

171 율-품질관리법에서 가정하는 교통사고 발생분포는?

① 포아송 분포　② 이항 분포
③ 음지수 분포　④ 지수 분포

답 ①

172 운전면허 소지자 15,000인의 지난 3년간 교통사고 경력을 조사한 결과 전체 교통사고는 4,700건이다. 3년간 교통사고를 4회 일으킨 사람은 몇 명으로 추정되는가?

① 1명　② 2명
③ 3명　④ 4명

해설 Poisson Distribution

μ=4700/15000=0.31건

$$P(x) = \frac{0.31^{4} \cdot e^{-0.31}}{4!} \times 15,000 = 4.2$$

답 ④

173 운전면허 소지자 50,000명의 지난 5년간 사고경력을 조사하였다. 전체 교통사고는 10,000건이다. 지난 5년간 3회 이상 교통사고를 일으킨 사람을 교통사고 상습자로 관리하고자 한다. 교통사고 상습자는 몇 명으로 추정되는가?

① 80인　② 75인
③ 70인　④ 65인

해설 Poisson Distribution

$$P(x) = \frac{m^{x} \cdot e^{-m}}{x!}$$

m=10000/50000=0.02건

$$P(0) = \frac{0.2^{0} \cdot e^{-0.2}}{0!} = 0.8187$$

$$P(1) = \frac{0.2^{1} \cdot e^{-0.2}}{1!} \times = 0.1637$$

$$P(2) = \frac{0.2^{2} \cdot e^{-0.2}}{2!} = 0.0163$$

교통사고를 3회 이상 일으킬 확률

$= 1 - [P(0) + P(1) + P(2)] = 0.0013$

교통사고상습자$= 5,000 \times 0.0013 = 65$인

답 ④

174 다음 중 교통사고 건수에 의한 방법의 단점을 설명한 것은?

① 교통량이 많으면 위험도로가 될 수 있다.
② 각 지점의 교통사고 비교가 곤란하다.
③ 산악지형에서는 오차의 발생이 크다.
④ 교차로에서는 분석이 곤란하다.

해설 교통사고건수에 근거하여 총 사고건수가 많은 지점부터 배열하는 방법으로서 각 지점의 교통량을 반영하지 않는다. 따라서 이 방법을 사용하면 교통량이 많은 도로를 선정하는 경향이 있다.

답 ①

175 다음 중 교통사고 분석에서 통계적 분석 내용에 들지 않는 것은?

① 노선별 분석 ② 차종별 분석
③ 조직별 분석 ④ 개별적 사고분석

답 ④

176 사고다발 지역 선정시 교차로의 경우 기준차량 대수로서 바른 것은?

① 100만대 ② 10만대
③ 1만대 ④ 1,000대

답 ①

177 다음 중 일백만 차량당 사고율 지표는 어느 것인가?

① M.E.V ② H.M.E.V
③ M.E.K ④ A.A.D.T

답 ①

178 다음 중 교통사고의 일반적인 예측모형은 어느 것인가?

① Smeed 모형 ② Mullen
③ 로지스틱 곡선 ④ Tanner

답 ①

179 다음 중 교통사고 사망률을 구하는 식은 어느 것인가?

① (사고건수+사망자수)×100
② (사망자수×사고건수)×100
③ (사망자수/사고건수)×100
④ (사고건수/사망자수)×100

답 ③

180 다음 중 사고 Data에 의하지 않고서 사고위험성을 평가하는 기법은?

① Conflict 기법
② Simulation Model
③ 다중회귀분석 기법
④ 통계적 품질관리기법

답 ①

181 교통사고 분석기법 중 교통량이 비교적 적은 도로에서 널리 이용되는 방법은?

① 교통사고 건수에 의한법
② 사고건수 및 사고율 병합법
③ 통계적 교통사고율에 의한법
④ 사고율법

답 ①

182 다음 중 사고다발 지역의 선정에서 일정구간 지표는 어느 것인가?

① 1억대·km ② 1만대 진입차량
③ 10만대·km ④ 1만대·km

답 ①

183 교통사고율에서 강도율을 표시할 때 옳은 것은?

① $\frac{\text{사고건수}}{\text{연속운전시간}} \times 1,000$
② $\frac{\text{사망자수}}{\text{사고건수}} \times 1,000$
③ $\frac{\text{사고건수}}{\text{총운전자수}} \times 1,000$
④ $\frac{\text{사고건수}}{\text{연속운전시간}} \times 1,000,000$

답 ①

184 Rc와 AR의 관계를 옳게 설명한 것은?

① Rc 〉 AR : 위험도로
② Rc = AR : 위험도로
③ 상관없음
④ Rc 〈 AR : 위험도로

해설 Rc보다 AR이 크게 되면 그 지점은 위험도로로 선정한다.
Rc : 대상지역의 한계 교통사고율
AR : 교통사고율

답 ④

185 어느 한 지역의 일평균 교통량이 10,000대이고 도로구간이 12km이며 이와 유사한 도로의 평균사고율이 1년에 3.5건이라면 95%의 신뢰수준으로 한계교통사고율(백만 차량·km)은?

(단, 95%의 신뢰수준일 때 k=1.645)

① 3.58 ② 3.98
③ 4.38 ④ 4.88

해설 $M = \frac{ADT \times 365 \times 도로구간의길이 \times 연수}{10^6}$

$= \frac{10,000 \times 365 \times 12 \times 1}{10^6} = 43.8$

$R_C = R_a + k\sqrt{\frac{R_a}{M}} + \frac{1}{2M} = 3.5 + 1.645 \times \sqrt{\frac{3.5}{43.8}} + \frac{1}{2 \times 43.8}$
$= 3.976$건/백만차량$\cdot km$

$R_C =$ 대상지역의 한계교통사고율
$AR =$ 유사지역 교통사고율
k = 유의수준계수
$M =$ 대상지역 교통사고 노출량

답 ②

186 교통사고 조사의 기본원칙이 아닌 것은?

① 시간경과 여부 ② 발생원인
③ 부상자 응급치료 ④ 피해상황

답 ③

187 사고조사의 가장 큰 기본원칙 사항에서 관련이 없는 것은?

① 사고조사의 현장주의 ② 운전자의 진술
③ 자료의 객관성 ④ 조사의 전문성

답 ②

188 위험지점의 개선으로부터 기대되는 2차 편익으로 보기 어려운 것은?

① 차량혼잡감소
② 물피사고감소
③ 개선된 가로 조명으로 인하 가로범죄의 감소
④ 사고처리에 요하는 인력의 타부문 활용

답 ②

189 교통사고 위험도 평가에 사용되는 일반적인 기준은 어느 것인가?

① 교통사고 현황판에 의한 방법
② 사고현황도
③ 회귀분석
④ 사고건수 및 사고율

답 ④

190 각 지점에서 피해가 가장 큰 교통사고를 기준으로 하여 각 교통사고를 대물피해사고로 환산하여 비교함으로써 위험도로를 선정하는 방법은 어느 것인가?

① 사고현황도
② EPDO
③ 교통사고 건수에 의한 방법
④ 통계적 교통사고율 분석방법

해설 대물피해환산법(Equivalent Property Damage Only)

답 ②

191 EPDO의 사고유형 중 올바른 것은?

① 대물단독피해사고 : PDO형사고
② 사망사고 : B형사고
③ 경상사고 : A형사고
④ 부상신고사고 : F형사고

해설 - 중상사고 : A형사고
- 경상사고 : B형사고
- 부상신고사고 : C형사고
- 대물피해단독사고 : PDO형사고

답 ①

192 EPDO가 의미하는 것은?

① 등가사망사고 ② 등가중상사고
③ 등가경상사고 ④ 등가물피사고

해설 EPDO(Equivalent Property-Damage-Only) : 재산피해 환산건수
EPDO사고건수=사망사고건수×F_F + 부상사고건수×F_I + 재산피해만의 사고건수
(F_F: 사망사고건수의 심각도 계수, F_I: 부상사고건수의 심각도 계수)

답 ④

193 교통사고 발생의 실태에 대한 일반적인 경향을 파악하는데 편리한 것은?

① 사고현황 ② 사고지점
③ 사고분석 ④ 사고통계

답 ④

194 다음 중 Skid mark로 알 수 있는 것은 어느 것

인가?

① 도로의 마찰계수를 알 수 있다.
② 자동차의 타이어의 크기를 알 수 있다.
③ 자동차의 제동거리를 알 수 있다.
④ 자동차의 엔진오일을 알 수 있다.

답 ③

195 타이어의 점검 내용으로 틀리는 것은?

① 홈의 깊이가 충분할 것
② 무겁게 느끼는 것
③ 공기압이 적당한가
④ 균열이나 마모가 없을 것

답 ②

196 분석기법 중 사례적 분석이 아닌 것은?

① 교통환경분석　② 운전자 적성분석
③ 도심분석　④ 개별사고분석

답 ③

197 다음 중 교통환경 진단에 포함되지 않는 항목은 어느 것인가?

① 직장환경　② 검사장환경
③ 가정환경　④ 교통안전시설환경

답 ②

198 다음 중 교통환경 진단의 요소가 아닌 것은?

① 교통질서진단
② 가정환경진단
③ 직장환경진단
④ 교통안전시설환경진단

답 ①

199 차량의 결함 · 적재물사항 · 보호구의 착용사항 · 도로사항 등이 문제되는 상태를 무엇이라 하는가?

① 불관리 상태　② 불계획 상태
③ 불안전 상태　④ 불건전 상태

답 ①

200 다음 중 핸들에 점검내용으로 잘못된 것은?

① 제멋대로 움직이나
② 한쪽으로 쏠리는가
③ 흔들리거나 무겁게 느끼는가
④ 공기압력의 상승

답 ④

201 다음 중 교통수단 및 교통환경에 위험을 배제하여 물적 측면에 대한 안전대책은?

① Safe T score　② Under Job system
③ Harzard　④ Fail Safe system

답 ④

202 Fail safe system은 어떤 측면을 고려하는가?

① 물적 측면　② 심리측면
③ 교육측면　④ 공간적 측면

답 ①

203 위험지점의 개선대안 제안을 위한 위험지점분석 단계로 옳은 것은?

① 현장조사실시 - 사고특성요약 - 충돌도 준비 - 개선책제안
② 충돌도 준비 - 사고특성요약 - 현장조사실시 - 개선책제안
③ 충돌도 준비 - 현장조사실시 - 사고특성요약 - 개선책제안
④ 사고특성요약 - 충돌도 준비 - 현장조사실시 - 개선책제안

답 ②

204 합리적인 운행계획의 수립을 위한 순환체계로 옳은 것은?

① 계획-조정-통제-실시-계획
② 계획-조정-실시-통제-계획
③ 계획-통제-조정-실시-계획
④ 계획-실시-통제-조정-계획

답 ④

205 교통안전시설 중 도로부분의 보조시설이 아닌 것은?

① 지하도 도로표지　② 방호책

③ 건널목　　④ 육교

답 ③

206 다음 중 교통안전시설이 아닌 것은?

① 철도　　② 활주로
③ 어항　　④ 등대

답 ②

207 교통안전계획의 특성이 아닌 것은?

① 통제성　　② 미래성
③ 목적성　　④ 적정성

답 ④

208 정상적인 사람이 정지 시 두 눈으로 확인할 수 있는 최대범위는 몇 도인가?

① 100　　② 200
③ 150　　④ 220

답 ②

209 교통관제 시설은 운전자 시선을 중심으로 몇 도 이내에 설치하는 것이 바람직한가?

① 10°　　② 20°
③ 30°　　④ 40°

답 ①

210 다음 중 고가식 보행시설의 단점이 아닌 것은?

① 도시미관 저해
② 범죄의 가능성
③ 구조물 안전상의 문제
④ 인근건물 소유주와의 협조 어려움

답 ②

211 도시가로의 안전조치 중 비용-효과성과 안전 효율성을 동시에 높게 만족시키는 조치와 거리가 먼 것은?

① 회전차로　　② 사고지점의 재포장
③ 부러지는 지주　　④ 차로폭 확장

답 ④

212 다음 중 지하식 보행시설의 단점이 아닌 것은?

① 고가의 건설비　　② 범죄의 가능성
③ 구조물 안전상의 문제　④ 유지관리의 어려움

답 ③

213 다음 중 현혹현상에 속하지 않는 것은?

① 전조등 현혹　　② 햇빛 현혹
③ 가로등 현혹　　④ 후항등 현혹

답 ③

214 자극이 있을 경우에 대한 행동이 이미 결정된 상태 하에서의 반응은?

① 식별반응　　② 단순반응
③ 반사반응　　④ 복합반응

답 ②

215 교통안전사업의 효과를 측정하기 위해 권장되는 분석이 아닌 것은?

① 비교평행분석
② 통계적 분석
③ 사전·사후분석
④ 통제지점에 의한 사전·사후분석

답 ②

216 다음 중 타코그래프의 차트지에 체크되지 않는 것은?

① 속도기록　　② 주행기록
③ 진동기록　　④ 연료소모기록

답 ④

217 시속 18km로 달리던 자동차가 $0.5m/s^2$으로 감속하였다면 몇 m를 주행한 후에 정지하였는가?

① 10m　　② 15m
③ 20m　　④ 25m

해설 $u_1^2 - u_2^2 = 2ad$

$\therefore\ d = (u_1{}^2 - u_2{}^2)/2a = \dfrac{5^2 - 0^2}{2 \times 0.5} = 25$ ※

18km/h=5m/s(단위환산)

답 ④

218 초속 30m로 달리던 자동차가 급제동하여 2초 후에 초속 10m로 되었다면 평균감속도는 얼마인가?

① $20m/s^2$　　② $15m/s^2$
③ $30m/s^2$　　④ $10m/s^2$

해설 $\alpha = \frac{\Delta v}{\Delta t} = \frac{20}{2} = 10$

답 ④

219 차량이 노면에서 미끄러질 때 감속도 $6.9m/s^2$이었다면 마찰계수는 얼마인가?

① 0.5　　② 0.7
③ 0.8　　④ 0.9

해설 $2a \times f = g \rightarrow 2 \times 6.9 \times f = 9.8$
$\therefore f = 0.71$

답 ②

220 옆 미끄럼 마찰계수가 0.7이고 곡률반경(곡선반경)이 300m인 젖은 곡선로에서 자동차가 옆으로 미끄러지지 않고 선회할 수 있는 이론적인 한계 선회속도를 구하면?

① 163km/h　　② 168km/h
③ 173km/h　　④ 178km/h

해설 $R^2 = \frac{v^2}{127(e+f)} \rightarrow 300 = \frac{v^2}{127 \times 0.7}$
$\therefore v = 163.3km/h$

답 ①

221 한 차량이 연속적으로 20m에 이어 30m의 바퀴자국을 남기고 정지하였을 경우 마찰계수를 0.5라 할 때 이 차량의 초기속도는?

① 60km/시　　② 70km/시
③ 80km/시　　④ 90km/시

해설 $(20+30) = \frac{v^2}{254(0.5)}$　　$\therefore v = 80km/시$

답 ③

222 한 차량이 50m 거리를 미끄러져 주차한 차량과 충돌하였으며 충돌 후 두 차량이 18m 미끄러져 정지하였다. 양 차량의 무게가 동일할 때 주행차량의 초기 속도는?(단, 마찰계수는 0.6)

① 145.8km/h　　② 136.4km/h
③ 123.9km/h　　④ 118.2km/h

해설 $v = \sqrt{254 \times f\,[\,S_2(\frac{W_A + W_B}{W_B})^2 + S_1]}$
W_A와 W_B가 같으므로
$v = \sqrt{254 \times 0.6\,[\,18(\frac{2}{1})^2 + 50]} = 136.35km/h$

답 ②

223 한 차량이 30m 거리를 미끄러져 주차한 차량과 충돌하였으며 충돌 후 두 차량이 15m 미끄러져 정지하였다. 양 차량의 무게가 동일할 때 주행차량의 초기 속도는?(단, $f = 0.6$)

① 101km/h　　② 110km/h
③ 117km/h　　④ 120km/h

해설 W_A와 W_B가 같으므로
$v = \sqrt{254 \times 0.6\,[\,15(\frac{2}{1})^2 + 30\,]} = 117.12km/h$

답 ③

224 신호위반시 승용자동차의 범칙금은 얼마인가?

① 20,000원　　② 40,000원
③ 50,000원　　④ 60,000원

답 ④

225 고속도로에서 안전거리 미확보시 승용차의 범칙금은 얼마인가?

① 10,000원　　② 20,000원
③ 30,000원　　④ 40,000원

답 ③

226 교통안전 기본계획은 몇 년마다 수립하는가?

① 2년　　② 10년
③ 15년　　④ 5년

답 ④

227 사고방지 대책의 순서로 올바른 것은?

① 지점선정-문제분석-대책시행-대책수립-사후 모

니터링
② 지점선정-문제분석-대책수립-대책시행-사후 모니터링
③ 지점선정-대책시행-대책수립-문제분석-사후 모니터링
④ 사후모니터링-문제분석-대책수립-대책시행-지점선정

답 ②

228 개별적 사고분석의 5단계의 순서가 옳은 것은?

① 사고보고 → 선정된 사고에 대한 보충자료의 수집 → 전문적인 재구성 → 기술적 자료준비 → 원인분석
② 사고보고 → 기술적 자료준비 → 선정된 사고에 대한 보충자료의 수집 → 전문적인 재구성 → 원인분석
③ 사고보고 → 전문적인 재구성 → 기술적 자료준비 → 선정된 사고에 대한 보충자료의 수집
④ 사고보고 → 선정된 사고에 대한 보충자료의 수집 → 기술적 자료준비 → 전문적인 재구성 → 원인분석

답 ④

229 시거불량으로 인한 교통사고 방지대책이 아닌 것은?

① 장애물 제거
② 모서리 근처에 주차금지
③ 접근로에서 속도제한
④ 차선폭 확장

답 ④

230 제한된 시거로 인한 비신호교차로에서의 직각충돌에 대한 일반적 대책으로 틀린 것은?

① 요철설치 ② 교차로의 도류화
③ 가각주차제한 ④ 양보표지 설치

답 ①

231 비신호교차로에서의 높은 교통량으로 인해 발생하는 직각충돌사고에 대한 대책으로 맞는 것은?

① 통과교통의 타노선으로의 전환
② 가로조명 개선
③ 시야장애물 제거
④ 접근로의 속도제한

해설 2, 3, 4번은 시거불량으로 인한 경우의 대책

답 ①

232 다음 중 교차로에서 작은 회전반경으로 인한 우회전 충돌사고 방지대책은?

① 가각주차 제한 ② 연석 회전반경 증가
③ 통과교통 우회 ④ 노면표지 설치

해설 ① : 제한된 시거로 인한 사고방지 대책
③ : 높은 교통량으로 인한 사고방지 대책
④ : 미끄러운 노면에 대한 사고방지 대책

답 ②

233 신호교차로에서 부적절한 신호시간으로 인한 직각충돌 사고의 대비책으로 바르지 못한 것은?

① 황색신호시간 조정
② 보조신호등 두부의 설치
③ 전적색신호
④ 신호교차로의 연동화

해설 2번은 신호등의 가시도가 불량일 때의 대책이다.

답 ②

234 교차로에서 보행자사고가 학교 앞 신호현시문제일 경우 일반적인 대책은?

① 전적색신호
② "아동보호" 표지 설치
③ 신호등 제거
④ 황색신호시간 조정

답 ②

235 다음 중 좌회전 교통량이 많은 교차로에서 좌회전 충돌사고에 대한 일반적 방지대책이 아닌 것은?

① "정지"표지의 설치 ② 좌회전 금지
③ 일방통행제 시행 ④ 접근로의 속도제한

답 ④

236 높은 좌회전교통량으로 인한 교차로에서의 좌

회전 충돌사고가 많을 때의 일반적인 대책으로 적절하지 않는 것은?

① 좌회전 신호 현시부여
② 좌회전 금지
③ 연석 회전반경 증가
④ 교차로의 도류화

해설 좌회전 금지, 교차로의 도류화, 정지표지의 설치, 노면 표지설치, 좌회전 신호 현시부여

답 ③

237 다음 중 교차로 설계원칙으로 틀린 것은?

① 충돌각도를 최소화하라.
② 상충점을 최대로 하여 사고의 기회를 최소화시킨다.
③ 상대속도 차이를 줄여라.
④ 상충점을 최소로 하여 사고의 기회를 최소화시킨다.

답 ②

238 각각 2차로인 도로가 직각으로 교차하는 교차로에서는 상충지점이 32개소가 나타나게 되어 사고의 위험요소로 작용한다. 만약 이 교차로에서 각 진입로마다 좌회전을 금지시키면 상충지점은 몇 개가 감소하는가?

① 4　② 6
③ 12　④ 42

해설 4지 교차로의 경우 좌회전을 모두 금지시키면 상충의 수가 32개에서 12개로 감소된다.
· 4지 교차로 상충수
· 좌회전 금지시 4지 교차로 상충수

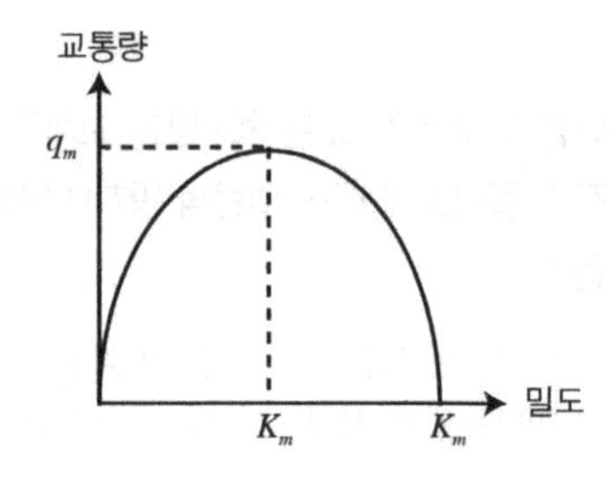

분류상충(▲) : 8
합류상충(■) : 8
교차상충(●) : 16

계 : 32

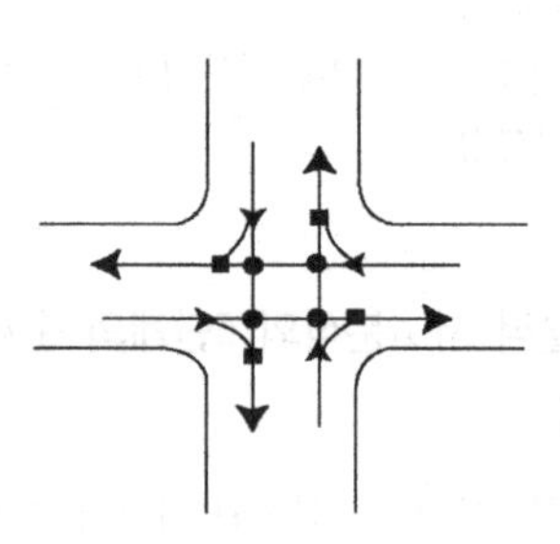

합류상충(■) : 4
분류상충(▲) : 4
교차상충(●) : 4

계 : 12

답 ③

239 밝은 곳에서 갑자기 어두운 곳으로 들어가면 잠시 동안은 아무것도 보이지 않으나 시간이 경과 후에는 잘 보이는 것을 무슨 현상이라 하는가?

① 동체시력　② 명순응
③ 오행지각　④ 암순응

답 ④

240 야간의 물체 인지거리는 주간에 비해 얼마 정도인가?

① 1/3　② 1/2
③ 2/5　④ 3/4

답 ②

241 야간운전시 대향차량과 전조등 불빛에 의하여 도로 중앙부근의 물체 및 보행자가 보이지 않는 현상을 무엇이라 하는가?

① 증발현상　② 색약
③ 암조현상　④ 암순응

답 ①

242 어두운 곳에서 나와 눈이 부셔 잠시 눈이 보이지 않다가 회복되는 것을 무슨 현상이라 하는가?

① 명순응 ② 암순응
③ 암조현상 ④ 색약

답 ①

243 자동차가 brake가 작동 후에 이동한 거리를 무엇이라 하는가?

① 공주거리 ② 제동거리
③ 정지거리 ④ 반응거리

답 ②

244 다음 중 정지거리를 바르게 설명한 것은?

① 제동시간과 제동거리를 합한 것이다.
② 공주거리와 제동시간을 합한 것이다.
③ 공주거리와 제동거리를 합한 것이다.
④ 공주거리에서 제동거리를 뺀 것이다.

답 ③

245 정상적인 사람이 머리를 고정시키고 두 눈으로 색채를 확인할 수 있는 범위는?

① 50° ② 150°
③ 200° ④ 100°

답 ④

246 강우량이 많아서 노면이 수류 상태로 되어 브레이크나 핸들조작을 어렵게 만드는 현상을 무엇이라 하는가?

① Hydroplaning ② Standing wave
③ Morning effect ④ Wet fading

답 ①

247 야간교통사고를 감소하기 위한 대책이 아닌 것은?

① 가로조명시설 신설 ② 배부시설 재조정
③ 주의 표지 설치 ④ 시선유도 표지 설치

답 ②

248 물기 있는 도로 주행시 노면과 타이어 사이에 물의 얇은 막이 생겨 주행시 브레이크 기능을 상실하게 되는 현상을 무슨 현상이라 하는가?

① 시미현상
② 스탠딩 웨이브 현상
③ 하이드로 플래닝 현상
④ 퍼드 현상

답 ③

249 부적절한 신호운영에 의한 교통사고 감소 대책이 아닌 것은?

① 교통섬 설치 ② 황색신호 조정
③ 전적색신호 ④ 신호시간 재조정

답 ①

250 다음 중 노면미끄럼 사고의 유형을 방지하기 위한 대책이 아닌 것은?

① 마찰계수가 높은 노면포장
② 미끄럼주의 표지 설치
③ 속도제한 표지 설치
④ 황색시간 조정

답 ④

251 구릉지 및 평지에서의 제한시거는?

① 150m 이하 ② 100m 이하
③ 200m 이하 ④ 180m 이하

답 ④

252 교통표지를 세우기 위하여 설치한 지주와의 충돌시 충격을 완화시켜주는 안전시설은 어느 것인가?

① 가드레일 ② 연석
③ 브레이크웨이 지주 ④ 요철

답 ③

253 화살표와 기호로 사고에 관련된 차량이나 보행자의 경로, 사고의 유형 및 정도를 도식적으로 나타낸 것을 무엇이라 하는가?

① 사고지점도 ② 대상도
③ 현황도 ④ 충돌도

답 ④

254 사고충돌도의 범례 중 다음 그림이 상징하는 것은?

① 전복한 차량 ② 측면충돌
③ 정면충돌 ④ 추돌

답 ①

255 다음 중 사고가 집중적으로 발생하는 지점의 색인을 시각적으로 제공하는 것은?

① 충돌도 ② 현황도
③ 대상도 ④ 사고지점도

답 ④

256 다음 중 현황도의 표시사항이 아닌 것은?

① 인접건축물선 ② 교통안전표지
③ 교통통제설비 ④ 사고건수

해설 사고건수는 사고지점도에서 나타낸다.

답 ④

257 교통방호책의 설치를 요하는 일반적인 경우가 아닌 것은?

① 차량의 특정방향으로 회전통제
② 고속에서의 대향차선의 침입
③ 노변 위험물이 차도를 이탈한 차량과 충돌할 위험이 있을 때
④ 운전자의 통제

해설 보행자의 통제시에 필요

답 ④

258 노변방호책의 구비조건으로 잘못된 것은?

① 견딜 수 있을 만한 최대감속을 유지하여야 한다.
② 차량을 관통하거나 튀어 오르게 하지 않고 차량의 방향을 유지시킨다.
③ 차량이 튕겨 나가거나, 전복하지 않게 하여야 한다.
④ 차량의 경로나 정지한 지점이 인접차선을 침범하지 않아야 한다.

답 ②

259 방호책의 효과에 관련된 설명으로 옳지 않은 것은?

① 주행차량의 도로이탈을 방지한다.
② 도로 이탈차량의 진행방향을 복원시킨다.
③ 운전자의 시선을 유도한다.
④ 횡단하는 보행자를 보호한다.

답 ④

260 다음 중 중앙 방호책 가드레일의 높이는?

① 0.54~0.69m ② 0.54~0.84m
③ 0.34~0.69m ④ 0.69~0.84m

답 ④

261 교통안전시설인 중앙 방호책의 구성요소로 옳지 않는 것은?

① 표준구간 ② 전이구간
③ 끝부분 ④ 완충구간

답 ④

262 노변방호책의 높이를 적절히 하지 않으면 차량이 방호책에 부딪치고 나서 방호책 위를 비행하거나 차량타이어가 방호책에 박히게 되어 방호책의 높이는 매우 중요하다. 일반적으로 방호책의 높이로 가장 적당한 것은?

① 0.4~0.6m ② 0.7~0.8m
③ 1.0~1.2m ④ 1.3~1.5m

답 ②

263 다음 노변방호책 중 충격에 의한 동적처짐이 가장 큰 것은?

① W빔-철재연약지주 ② 박스빔
③ 케이블 가드레일 ④ 돌출 W빔

답 ③

264 노변방호책은 그 동적처짐의 종류에 따라 연

성, 반강성 및 강성으로 구분할 수 있는데, 이중 연성 방호책은 어떻게 구성하는 것인가?

① 약한 지주와 약한 레일
② 약한 지주와 강한 레일
③ 강한 지주와 강한 레일
④ 강한 지주와 약한 레일

답 ②

265 약한 지주와 강한 레일로 구성되어 충격차량을 억제하는데 주로 레일 요소의 작용에 의존하는 방호책은?

① 연성방호책 ② 반강성방호책
③ 강성방호책 ④ 콘크리트방호책

답 ①

266 다음 중 주거지역에 차량의 속도를 적정 수준으로 유지하기 위해 사용되는 안전시설은?

① 가드레일 ② 노변방호책
③ 속도통제턱 ④ 브레이크웨이 지주

답 ③

267 주거지역에서 차량의 높은 속도는 주거환경을 해칠 뿐 아니라 어린이 및 보행자 교통사고를 비롯한 심각한 위험요소가 되고 있다. 이들 지역의 차량속도를 적정수준으로 유지하기 위해 노면에 돌출부를 처리한 것을 무엇이라 하는가?

① 브레이크 웨이 ② 슬립베이스
③ 충격쿠션 ④ 속도험프

답 ④

268 다음 중 과속방지턱(Speed hump)의 규격으로 올바른 것은?

① 길이 3.5m 높이 10cm
② 길이 3.7m 높이 10cm
③ 길이 3.5m 높이 15cm
④ 길이 3.7m 높이 5cm

답 ②

269 교통안전의 목적이라 할 수 없는 것은?

① 사회복지 증진 ② 경제성 향상
③ 인명존중 ④ 원활한 소통

답 ④

270 다음 중 교통안전과 가장 밀접한 관계가 있는 시력은?

① 광안성 ② 정지시력
③ 동체시력 ④ 정상시력

답 ③

271 교통사고연구를 위한 도시지역 도로의 표준구간장은?

① 0.8km ② 0.6km
③ 0.4km ④ 0.2km

답 ④

272 구간교통사고 분석을 위해 선정하는 표준구간장으로 권장되는 것은?

① 도시지역 : 0.1km, 지방부 : 1km
② 도시지역 : 0.2km, 지방부 : 2km
③ 도시지역 : 0.3km, 지방부 : 3km
④ 도시지역 : 0.5km, 지방부 : 5km

답 ②

273 다음 중 BAI(혈중 알콜농도)와 주취의 관계를 설명한 것 중 틀린 것은?

① 0.05% 이하 : 운전자에게 별 영향이 없다.
② 0.15%~0.2% : 모든 운전자가 영향을 받는다.
③ 0.2%~0.3% : 눈이 감기고 기력이 없어진다.
④ 0.4%~0.5% : 혼수상태에 빠진다.

해설

BAL(%)	주 취 상 태
0.05 이하	운전능력에는 별 이상이 없다. 평균적으로 작은 맥주 2병 또는 위스키 60cc를 마신 경우에 해당한다.
0.05~0.15	주취의 영향을 받게 된다. 평균적으로 작은 맥주 6병 또는 위스키 170cc를 마신 경우에 해당한다.
0.15 이상	모든 운전자의 주취의 영향을 받는다.
0.2 이상	광란적으로 된다.
0.3 이상	눈이 감기고 기력이 없어진다.
0.4 이상	혼수상태에 빠진다.
0.5 이상	사망에 이르는 농도이다.

답 ③

274 체중 60kg인 사람이 사고 발생 1시간 후 BAL 값이 0.05%였다. 사고 당시의 BAL은?(단, 체중 60kg인 사람의 시간당 BAL 감소치는 0.027)

① 0.057% ② 0.067%
③ 0.077% ④ 0.087%

해설 운전자의 사고당시 BAL=0.05+(0.027×1)=0.077

답 ③

275 체중 70kg인 사람이 사고 발생 2시간 후 BAL 값이 0.08%였다. 사고 당시의 BAL은?(단, 체중 70kg인 사람의 시간당 BAL 감소치는 0.023)

① 0.104% ② 0.114%
③ 0.121% ④ 0.126%

해설 운전자의 사고당시 BAL=0.08+(0.023×2)=0.126

답 ④

제6장

교통관계법규

예상문제

1 도시교통 정비촉진법의 목적이 아닌 것은?

① 교통수단 및 교통체계를 효율적으로 운영
② 도시교통의 원활한 소통
③ 교통시설의 정비 촉진
④ 국민의 복지증진

답 ④

2 도시교통정비 촉진법의 목적이 아닌 것은?

① 교통수단 및 교통체계를 효율적으로 운영·관리
② 교통시설의 정비를 촉진
③ 도시교통의 원활한 소통과 교통편의의 증진에 이바지
④ 교통사고 예방으로 국민의 생명과 재산을 보호

답 ④

3 다음 운반수단 중 도시교통 정비촉진법에서 정한 운반수단의 종류가 아닌 것은?

① 승용자동차 ② 화물자동차
③ 대형자동차 ④ 특수자동차

해설 승용자동차, 승합자동차, 화물자동차, 특수자동차

답 ③

4 도시교통정비촉진법상의 교통수단의 범위에 속하지 않는 것은?

① 승용자동차 ② 화물자동차
③ 원동기장치자전거 ④ 특수자동차

답 ③

5 "도시교통정비지역"은 상주인구가 몇 명 이상인 지역을 말하는가?

① 30만명 ② 10만명
③ 5만명 ④ 1만명

답 ②

6 도시교통 정비지역에 해당되지 않는 것은?

① 상주인구 10만 이상의 도시
② 상주인구 10만 이상의 도시와 같은 교통생활권역에 있는 지역
③ 국토교통부장관이 필요하다고 인정하여 안전행정부장관과 협의한 후 중앙 도시교통정책심의위원회의 심의를 거쳐 지정·고시한 도시 및 그 교통권역
④ 도농복합형태의 시에 있어서는 읍·면지역을 포함한 지역의 인구가 10만 이상인 지역

해설 읍·면지역을 제외한 10만 이상인 지역

답 ④

7 도시교통정비지역을 선정하는 기준은 무엇인가?

① 주차장면수 ② 자동차등록대수
③ 상주인구 ④ 행정구역

답 ③

8 중앙도시교통정책심의위원회는 위원장 1인과 부위원장 1인을 포함하여 몇 명 이내의 위원으로 구성되는가?

① 12인 ② 30인
③ 36인 ④ 48인

답 ②

9 다음 중 지방도시교통정책심의위원회의 업무범위에 속하지 않는 것은?

① 중심도시 및 교통권역의 지정에 관한 사항
② 기본계획의 수립·변경 및 그 시행실적의 평가
③ 도시교통의 개선을 위한 명령의 실시계획
④ 교통수요관리의 시행에 관한 사항

해설 중앙도시교통정책 심의위원회 업무범위
㉮ 중심도시 및 교통권역의 지정에 관한 사항
㉯ 도시교통개선을 위한 명령의 기준에 관한 사항
㉰ 도시계획 등 도시교통 정비계획과 관련된 계획의 조정에 관한 사항
㉱ 특별시 및 광역시의 기본계획 · 중기계획 및 시행계획의 수립·변경 및 그 시행실적의 평가에 관한 사항
㉲ 기타 도시교통정책과 관련하여 위원장이 심의를 요청한 사항

답 ①

10 다음 중 중앙도시교통정책 심의위원회의 심의 사항이 아닌 것은?

① 기본계획의 수립, 변경 및 그 시행 실적의 평가에 관한 사항
② 도시 교통정비 지역의 지정에 관한 사항
③ 대중교통 운영개선을 위한 명령의 기준
④ 도시교통 정책과 관련하여 위원장이 심의를 신청한 사항

답 ①

11 중앙도시계획위원회에 대한 설명으로 틀린 것은?

① 도시계획에 대한 조사·연구를 수행하기 위하여 국토교통부에 중앙도시계획위원회를 둔다.
② 중앙도시계획위원회의 위원장 및 부위원장은 위원 중에서 국토교통부장관이 임명 또는 위촉한다.
③ 중앙도시계획위원회는 위원장·부위원장 각 1인을 포함한 10인 이상 20인 이내의 위원으로 구성한다.
④ 위원장은 중앙도시계획위원회의 업무를 총괄하며, 중앙도시계획위원회의 의장이 된다.

답 ③

12 교통수단의 운행에 필요한 교통시설 중 틀린 것은?

① 자동차　　② 도로
③ 철도　　④ 주차장

답 ①

13 다음 중 도시교통정비 기본계획의 수립 단위는?

① 5년　　② 20년
③ 15년　　④ 10년

답 ②

14 도시교통정비 중기계획은 몇 년 단위로 수립하여야 하는가?

① 5년　　② 2년
③ 10년　　④ 6년

답 ①

15 도시교통정비 기본계획과 중기계획은은 몇 년 단위로 수립하여야 하는가?

① 20년, 10년　　② 10년, 5년
③ 20년, 5년　　④ 15년, 5년

답 ③

16 도시교통 기본계획 및 중기계획은 당해 지역이 도시교통 정비지역으로 지정된 몇년 이내에 수립하여야 하는가?

① 1년　　② 3년
③ 2년　　④ 5년

답 ③

17 도시교통 정비사업자는 사업 또는 시설에 대한 허가 등의 신청은 심의필증을 교부받은 날부터 몇 년 이내에 신청하여야 하는가?

① 5년　　② 1년
③ 4년　　④ 2년

답 ④

18 다음 중 도시교통 기본계획에 포함되어야 할 내용 중 틀린 것은?

① 주차장의 건설 및 운영방안
② 투자사업 계획 및 재원조달 방안

③ 도시교통의 현황 및 전망
④ 도시위락시설 이용 방안

답 ④

19 도시교통정비 기본계획의 수립에 포함 사항이 아닌 것은?

① 교통공원 증설
② 교통수단의 개발·공급 및 운영
③ 교통시설의 설치·정비 및 개량
④ 환승시설 및 정류소의 설치·관리

답 ①

20 도시교통정비 기본계획의 수립을 위한 기초조사 내용에 포함되지 않는 것은?

① 차량의 검사현황
② 교통시설 현황 및 이용실태
③ 인구 및 사회경제현황
④ 토지이용현황

답 ①

21 도시교통 정비촉진법상 도시교통정비 기본계획의 수립시 포함되어야할 사항이 아닌 것은?

① 교통시설의 개선
② 대중교통체계의 개선
③ 차량의 관리
④ 환경친화적 교통체계의 구축

답 ③

22 도시교통정비 기본계획의 수립을 위하여 다음과 같은 기초조사를 하여야 한다. 필요조사 사항이 아닌 것은?

① 사회경제 지표현황
② 자동차 보유현황
③ 토지 이용현황
④ 자동차 생산시설현황

답 ④

23 교통영향평가를 실시할 수 없는 기관?

① 한국교통연구원　② 도로교통안전협회
③ 국토연구원　④ 교통안전진흥공단

해설 1, 2, 3번 이외에도 기술용역업을 하는 자 등이다.

답 ④

24 다음 중 도시교통정비 지역 내에서 대통령령으로 정하는 일정규모 이상의 사업을 하는 자는 어떠한 평가를 받아야 하는가?

① 교통시설관리평가　② 교통영향평가
③ 교통체계관리평가　④ 도시교통정비평가

답 ②

25 다음 중 교통영향평가 지침을 작성하여 고시하여야 할 자는?

① 대통령　② 도지사
③ 국토교통부장관　④ 안전행정부장관

답 ③

26 다음 중 도시교통 정비지역 안에서 도시교통의 개선을 위하여 시·도지사에게 명할 수 있는 자는?

① 국토교통부장관　② 국무총리
③ 대통령　④ 국방부장관

답 ①

27 도시교통의 원활한 소통과 교통시성의 효율적인 이용을 위하여 일정한 지역에서 교통수요관리를 시행할 필요가 있다고 인정될 때 교통수요관리시행을 할 수 있는 자는?

① 국무총리　② 국토교통부장관
③ 시장　④ 도지사

답 ③

28 다음 정의 중 틀린 것은?

① 교통체계관리란 교통수단의 효율을 극대화하기 위하여 행하는 모든 행위를 말한다.
② 환승시설이란 교통수단의 이용자가 다른 교통수단을 이용하기 편리하게 하기 위하여 철도역, 정류소, 자동차정류장 등의 기능을 복합적으로 제공하는 시설을 말한다.
③ 교통수단이란 사람 또는 재화를 한 지점에서 다른 지점으로 이동하는 데 이용되는 버스, 열

차 기타 대통령령으로 정하는 운반수단을 말한다.

④ 교통영향평가란 대량의 교통수요를 유발하거나 유발할 우려가 있는 사업을 시행하는데 있어 미리 그 교통영향을 평가하여 이에 따른 대책을 제시하는 것을 말한다.

해설 교통체계란 교통시설의 효율을 극대화하기 위하여 행하는 모든 행위를 말한다.

답 ①

29 **연차별 시행계획은 몇 년을 단위로 하여 수립하는가?**

① 5년 ② 2년
③ 1년 ④ 3년

답 ④

30 **시장 등이 연차별 시행계획을 수립하는데 설명이 틀린 것은?**

① 도지사가 연차별 시행계획을 수립하여 시장에게 제출하여야 한다.
② 연차별 시행계획은 도시교통정비 중기계획을 단계적으로 시행하기 위하여 수립한다.
③ 연차별 계획은 3년 단위로 수립한다.
④ 연차별 시행계획 중 도시계획시설은 도시계획법에서 수립된 연차별 시행계획을 따라 수립하여야 한다.

해설 시장이 연차별 시행계획을 수립하여 도지사에게 제출하여야 한다.

답 ①

31 **시장이 도시교통정비 중기계획을 시행하는데 필요한 연차별 시행계획을 수립 또는 변경하는 경우 며칠 이내에 누구에게 제출하여야 하는가?**

① 15일 이내, 도지사
② 15일 이내, 국토교통부장관
③ 30일 이내, 도지사
④ 30일 이내, 국토교통부장관

답 ③

32 **교통영향평가 업무에 근거가 되는 법률은?**

① 도로교통법
② 도시교통정비촉진법
③ 도시계획법
④ 도로법

답 ②

33 **다음 중 교통영향평가 내용이 아닌 것은?**

① 사업지 주변지역의 장래 교통수요예측
② 진출입동선에 대한 개선대책
③ 대중교통에 관한 개선대책
④ 사업시행에 대한 예비타당성 평가

해설 ④번은 사업예비타당성조사시에 대한 내용이다.

답 ④

34 **교통영향 평가기관이 교통영향 평가지침 내용의 위반 사유로 업무를 정지시킬 수 있는 기간은?**

① 3개월 이내 ② 6개월 이내
③ 9개월 이내 ④ 1년 이내

답 ②

35 **도로교통법의 목적에 관한 설명 중 잘못된 것은?**

① 교통상의 위험방지 ② 교통상의 장애제거
③ 원활한 교통확보 ④ 교통시설재원 확보

답 ④

36 **도로교통법에 정의하는 자동차에 해당하지 않는 것은?**

① 승용자동차 ② 승합자동차
③ 화물자동차 ④ 자전거

답 ④

37 **정차란 몇 분 동안 차량이 정지상태에 있는 것인가?**

① 2분 ② 3분
③ 4분 ④ 5분

답 ④

38 **정차에 대한 설명으로 맞지 않는 것은?**

① 주차 이외의 정지상태를 말한다.
② 5분을 초과할 수 없다.
③ 운전자가 즉시 운전할 수 없는 상태의 정지는 정차가 아니다.
④ 운전자가 즉시 운전할 수 없는 상태에 있더라도 5분을 초과하지 않으면 정차다.

답 ④

39 주차에 관한 설명 중 잘못된 것은?

① 승객을 기다리기 위한 정지상태
② 고장으로 인한 정지상태
③ 운전자가 즉시 운전할 수 없는 차량의 정지상태
④ 5분 이내의 정지상태

답 ④

40 다음 중 서행에 관한 설명 중 올바른 것은?

① 5분을 초과하지 않고 정지하는 것
② 화물을 내리기 위해서 정지하는 것
③ 차가 즉시 정지할 수 있는 느린 속도로 진행하는 것
④ 기어를 5단으로 하고 진행하는 것

답 ③

41 다음 중 도로교통법상 서행하여야 할 장소 중 틀린 것은?

① 가파른 비탈길의 내리막
② 비탈길의 고갯마루 부근
③ 철길 건널목
④ 도로가 구부러진 부근

해설 철길건널목 앞에는 반드시 일단 정지하여야 한다.

답 ③

42 다음 중 서행하여야 할 경우가 아닌 것은?

① 가파른 비탈길의 내리막
② 교통정리가 행하여지지 않는 교차로
③ 도로의 구부러진 부근
④ 건널목 앞

답 ④

43 차마는 도로의 중앙으로부터 우측부분을 통행하여야 하는 것을 원칙이다. 하지만 도로의 중앙이나 좌측부분을 통행할 수 있는 경우가 아닌 것은?

① 도로가 일방통행일 때
② 도로의 파손으로 우측부분을 통행할 수 없는 때
③ 도로의 좌측부분의 폭이 통행에 충분하지 아니한 때
④ 도로의 우측부분의 폭이 6미터가 되지 아니한 도로에서 다른 차를 앞지르기 하고자 하는 때. 다만, 반대방향의 교통을 방해할 염려가 없고, 앞지르기가 제한되지 아니한 경우

해설 차마는 다음 각호의 1에 해당하는 경우에는 제3항의 규정에 불구하고 도로의 중앙이나 좌측부분을 통행할 수 있다. 〈개정 91.5.31〉
1. 도로가 일방통행인 경우
2. 도로의 파손, 도로공사나 그 밖의 장애 등으로 도로의 우측부분을 통행할 수 없는 경우
3. 도로의 우측부분의 폭이 6미터가 되지 아니하는 도로에서 다른 차를 앞지르고자 하는 경우. 다만, 다음 각 목의 어느 하나에 해당하는 경우에는 그러하지 아니하다.
가. 도로의 좌측부분을 확인할 수 없는 경우
나. 반대방향의 교통을 방해할 우려가 있는 경우
다. 안전표지 등으로 앞지르기가 금지되거나 제한되어 있는 경우
4. 도로의 우측부분의 폭이 차마의 통행에 충분하지 아니한 경우
5. 가파른 비탈길의 구부러진 곳에서 교통의 위험을 방지하기 위하여 지방경찰청장이 필요하다고 인정하여 구간 및 통행방법을 지정하고 있는 경우에 그 지정에 따라 통행하는 경우

답 ③

44 다음 중 앞지르기의 개념을 정확히 기술한 것은?

① 차가 앞서가는 차의 후미를 일정한 거리를 두고 따라 가는 것
② 차와 차가 차로를 달리하여 나란히 주행하는 것
③ 차가 앞서가는 다른 차의 옆을 지나서 그 차의 앞으로 나가는 것
④ 차가 앞서가는 다른 차의 옆을 지나서 운행하는 것

답 ③

45 도로교통법상 앞지르기가 금지된 장소를 나열한 것이다. 옳은 것은?

① 횡단보도, 교차로, 터널 안, 다리 위
② 비탈길의 고개마루 부근, 가파른 비탈길의 내리막
③ 도로의 구부러진 곳, 버스정류장 부근, 학교 앞
④ 가파른 비탈길의 오르막, 안전지대가 설치된 곳

답 ②

46 다음 중 교차로 통행방법 중 틀린 것은?

① 모든 차는 교차로에서 우회전하려는 때에는 미리 도로의 우측가장자리를 따라 서행하여야 한다.
② 우선순위가 같은 차가 동시에 교차로에 들어가려고 하는 때에는 좌측도로의 차에 진로를 양보하여야 한다.
③ 교통정리가 행하여지고 있지 아니하는 교차로에 들어가려는 모든 차는 그 차가 통행하고 있는 도로의 폭보다 교차하는 도로의 폭이 넓은 경우에는 서행하여야 한다.
④ 모든 차는 교차로에서 좌회전하려는 때에는 미리 도로의 중앙선을 따라 교차로의 중심안쪽을 서행하여야 한다.

답 ②

47 도로의 구분에 따른 설계 기준 자동차로 적합하지 않는 것은?

① 고속도로 : 세미트레일러
② 주간선도로 : 대형자동차
③ 보조간선도로 : 대형자동차
④ 국지도로 : 대형자동차

해설 도로의 구분에 따른 설계 기준 자동차는 다음 표와 같다.

도로구분	설계기준 자동차
고속도로 및 주간선도로	세미트레일러
보조간선도로 및 집산도로	세미트레일러 또는 대형 자동차
국지도로	대형 자동차 또는 소형 자동차

답 ②

48 도로의 유형중 지방도에 대한 설명으로 옳지 못한 것은?

① 도청소재지로부터 시청 또는 군청소재지에 이르는 도로
② 시청 또는 군청소재지 상호간을 연결하는 도로
③ 중요도시, 지정항만, 중요한 비행장 또는 관광지 등을 연결하며 고속국도와 함께 국가기간도로망을 이루는 도로
④ 도내에 비행장, 항만, 역에서 미와 밀접한 관계가 있는 고속국도, 국도 또는 지방도를 연결하는 도로

답 ③

49 긴급자동차가 아닌 것은?

① 구급자동차　② 소방자동차
③ 교통단속용 경찰차　④ 화물자동차

답 ④

50 긴급자동차의 지정신청은 누구에게 하여야 하는가?

① 국무총리　② 지방경찰청장
③ 국토교통부장관　④ 대통령

답 ②

51 다음 중 통행의 최우선 순위를 갖는 차량은 어떤 것인가?

① 원동기 장치 자전거 외의 차마
② 긴급자동차 외의 자동차
③ 긴급자동차
④ 원동기 장치 자전거

답 ③

52 자동차 전용도로란 무슨 도로를 말하는가?

① 긴급자동차만이 다닐 수 있는 도로
② 주행속도에 제한이 없는 도로
③ 통행료를 지불해야만 다닐 수 있는 도로
④ 자동차만이 다닐 수 있는 도로

답 ④

53 전용차로를 설치할 수 있는 사람은?

① 시장 ② 경찰서장
③ 지방경찰청장 ④ 군수

답 ①

54 도로에 차로 및 가변차선을 설치할 수 있는 사람은?

① 지방경찰청장 ② 시장
③ 경찰서장 ④ 군수

답 ①

55 다음 중 주차금지 장소 중 맞지 않은 것은?

① 화재경보기로부터 3m 이내의 곳
② 소방용 기계기구 설치된 곳으로부터 5m 이내의 곳
③ 터널 안
④ 도로가 구부러진 곳

해설 4번은 서행장소이다.

답 ④

56 보행자가 도로를 횡단할 수 있도록 안전표지로 써 표시한 도로의 부분을 무엇이라 하는가?

① 안전지대 ② 길어깨
③ 횡단보도 ④ 교차로

답 ③

57 보행자가 도로를 횡단할 수 있도록 안전표지로서 표시한 도로의 부분은?

① 안전지대 ② 보행자용 육교
③ 횡단보도 ④ 길가장자리 구역

답 ③

58 안전지대로부터 몇 m 이내에 주·정차가 금지되는가?

① 10m 이내 ② 20m 이내
③ 30m 이내 ④ 40m 이내

답 ①

59 다음 중 정차, 주차금지 장소 중 맞지 않은 것은?

① 화재경보기로부터 3m 이내의 곳
② 교차로
③ 횡단보도
④ 도로모퉁이 5m 이내

해설 1) 주·정차 모두 금지장소
- 교차로, 횡단보도, 보도
- 교차로 가장자리, 도로 모퉁이 각각 5m 이내
- 건널목, 횡단보도, 안전지대, 버스정류장 표시주의 각각 10m 이내
- "주·정차 금지표지"가 있는 곳
2) 주차만 금지 장소
- 터널 안, 다리 위
- 화재경보기 3m 이내
- 소방기계기구, 소방용 물통, 소화전, 도로공사 구역 각각 5m 이내
- "주차 금지" 표시가 있는 곳

답 ①

60 다음 중 주차 및 정차의 금지 장소가 아닌 곳은?

① 교차로의 가장자리 또는 도로의 모퉁이로부터 5m 이내
② 건널목의 가장자리로부터 10m 이내
③ 횡단보도로부터 10m 이내
④ 안전지대의 사방으로부터 20m 이내

답 ④

61 다음 중 앞지르기금지 장소인 곳은?

① 교량 전 ② 터널 안
③ 횡단보도 ④ 학교 앞

답 ②

62 안전지대에 대한 설명 중 틀린 것은?

① 안전지대라 표시는 황색 실선으로 한다.
② 안전지대라 함은 자동차의 주차 공간이다.
③ 안전지대 표시는 교차로, 노폭이 넓은 도로의 중앙 등에 설치한다.
④ 안전지대라 함은 도로를 횡단하는 보행자의 안전을 위하여 도로에 표시한 부분을 말한다.

답 ②

63 안전표지의 설명 중 틀린 것은?

① 안전표지는 자동차를 운행하는 운전자만 규제

한다.
② 안전표지는 운전자 및 보행자를 동시에 규제한다.
③ 안전표지는 규제, 주의, 지시 등의 내용을 표시한다.
④ 안전표지는 표지판 또는 노면상의 기호문자, 선 등으로 표시한다.

답 ①

64 다음 안전표지의 뜻은?

① 속도제한
② 주차금지
③ 서행
④ 진입금지

답 ③

65 도로교통법상 유아는 몇 세 미만을 말하는가?

① 4세 미만 ② 12세 미만
③ 6세 미만 ④ 10세 미만

답 ③

66 도로교통법상 어린이는 몇 세 미만을 말하는가?

① 4세 미만 ② 13세 미만
③ 6세 미만 ④ 10세 미만

답 ②

67 다음 안전표지의 뜻은?

① 강변도로
② 주차금지
③ 자동차 통행금지
④ 진입금지

답 ③

68 다음 안전표지의 뜻은?

① 강변도로
② 주차금지
③ 자동차 통행금지
④ 정차주차금지

답 ①

69 노면표지중 중앙선은 노폭 몇 m이상인 도로에 표시하는가?

① 8m ② 7m
③ 6m ④ 5m

답 ③

70 다음 안전표지의 뜻은?

① 화물자동차 통행금지
② 통행금지
③ 자동차 통행금지
④ 승합자동차 통행금지

답 ④

71 다음 안전표지의 뜻은?

① 최고속도제한
② 주차금지
③ 승용 자동차 통행금지
④ 최저속도제한

답 ①

72 다음 안전표지의 뜻은?

① 최고속도제한
② 주차금지
③ 승용 자동차 통행금지
④ 최저속도제한

답 ④

73 자동차의 속도를 감속 운행해야 할 경우에 맞지 않은 것은?

① 고속버스는 기후에 상관없이 승객의 편의를 생각하여 감속운행을 하지 않아도 된다.
② 이상기후시에는 법정속도의 100분의 20을 감속
③ 폭우, 폭설, 안개 등으로 가시거리가 100m 이내일 때 법정속도의 100분의 50까지 감속운행
④ 비가 내려 노면에 습기가 있고, 눈이 20mm 미만으로 쌓였을 때는 법정속도의 100분의 20을 감속 운행한다.

답 ①

74 다음 중 일시 정지하여야 할 곳은 어디인가?

① 비탈길의 고갯마루
② 일시정지의 안전표지를 설치한 곳
③ 가파른 비탈길의 내리막
④ 도로가 구부러진 곳

답 ②

75 신호등 설치 및 관리의 의무를 가진 자로서 해당되지 않은 사람은?

① 시장
② 군수
③ 구청장
④ 특별시장 및 광역시장

답 ③

76 다음 중 안전표지의 종류가 아닌 것은?

① 주의표지 ② 안내표지
③ 지시표지 ④ 보조표지

해설 안전표지의 종류 : 주의표지, 규제표지, 지시표지, 보조표지, 노면표지

답 ②

77 다음 중 무면허 운전행위가 아닌 것은?

① 시험에 합격했으나 면허증을 교부받기 전에 운전하는 경우
② 음주운전으로 운전면허 취소된 경우
③ 운전연습허가증으로 운전하는 경우
④ 유효기간이 지나서 운전하는 경우

답 ③

78 다음 중 운전면허 취소처분 기준이 아닌 것은?

① 대리로 운전면허 응시
② 음주측정불응
③ 운전면허증 제시의무 위반
④ 교통사고 야기 후 도주

해설 3번은 벌점 30점
1) 면허의 취소처분기준
-교통사고 야기 후 도주
-술에 취한 상태에서 인사사고 또는 만취상태 운전(0.1% 이상)
-음주 측정 불응
-타인에게 운전면허증 대여
-대리로 운전면허 시험 응시
-운전면허 행정처분기간 중에 운전
-등록 또는 임시운행 허가를 받지 않은 자동차 운전
-허위 부정수단으로 면허취득
-타인의 차를 훔치거나 빼앗은 때
-자동차를 범죄행위에 이용한 때
-단속 경찰 폭행(구속시) 또는 다른 법령에 의한 취소 사유시
-벌점 누산 점수가 1년 121점, 2년 201점, 3년 271점 이상인 때
-결격사유 해당 또는 적성검사 불합격, 적성검사(갱신) 기간 1년 경과, 수시적성검사 불합격 또는 기간 경과

답 ③

79 다음 중 도로교통법상 안전거리란?

① 차가 느린 속도로 진행하는 거리
② 앞차와 진행방향을 확인할 수 있는 거리
③ 앞차가 급정지하였을 때 충돌을 피할 수 있는 필요한 거리
④ 앞차와의 거리가 평균 5m 이상을 유지한 거리

답 ③

80 다음 중 신호등 4색 등화 횡형으로 배열순서에 대한 설명이 올바른 것은?

① 우로부터 적색·황색·녹색화살표·녹색의 순서로 한다.
② 우로부터 녹색·황색·녹색화살표·적색의 순서로 한다.
③ 좌로부터 적색·황색·녹색화살표·녹색의 순서로 한다.
④ 좌로부터 적색·녹색화살표·황색·녹색의 순서로 한다.

해설 4색 등화 횡형일 때의 경우

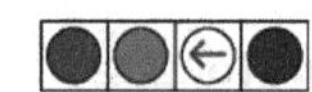

답 ③

81 다음 중 신호등 4색 등화 종형 배열순서에 대한 설명이 올바른 것은?

① 위로부터 적색·황색·녹색·녹색화살표의 순서로 한다.

② 아래로부터 녹색·황색·녹색화살표·적색의 순서로 한다.
③ 위로부터 적색·황색·녹색화살표·녹색의 순서로 한다.
④ 아래로부터 적색·녹색화살표·황색·녹색의 순서로 한다.

해설 4색 등화 종형일 때의 경우

답 ③

82 다음 중 신호등 3색 등화 횡형 배열순서에 대한 설명이 올바른 것은?

① 좌로부터 적색·황색·녹색의 순서로 한다.
② 우로부터 녹색·황색·녹색화살표의 순서로 한다.
③ 우로부터 적색·녹색·황색의 순서로 한다.
④ 좌로부터 적색·녹색화살표·황색의 순서로 한다.

답 ①

83 다음 중 신호등 3색 등화 종형 배열순서에 대한 설명이 올바른 것은?

① 아래로부터 적색·녹색화살표·황색의 순서로 한다.
② 아래로부터 녹색·적색·황색의 순서로 한다.
③ 위로부터 적색·녹색·황색의 순서로 한다.
④ 위로부터 적색·황색·녹색의 순서로 한다.

답 ④

84 횡단보도를 설치할 수 있는 사람은?

① 구청장 ② 경찰서장
③ 국토교통부장관 ④ 지방경찰청장

답 ④

85 공사시행자가 공사로 인하여 신호기 또는 안전표지를 훼손한 때에는 부득이한 사유가 없는 한 당해 공사가 끝난 날로부터 ( )일 이내에 이를 원상회복하고 그 결과를 관할 경찰서장에서 신고하여야 한다. ( ) 속에 들어갈 내용은?

① 3 ② 5
③ 7 ④ 10

답 ①

86 신호등이 없는 횡단보도를 자동차가 통과할 때, 횡단보도에 보행자가 있을 때 준수사항과 거리가 먼 것은?

① 서행한다.
② 경음기를 울린다.
③ 일시정지한다.
④ 서행 또는 일시정지한다.

답 ②

87 경음기 사용제한 구역 중 틀린 곳은?

① 학교 ② 도로의 모퉁이
③ 도서관 ④ 병원

해설 도로의 모퉁이 부근은 경음기를 울려야 할 장소

답 ②

88 고속도로 운행 중 자동차 고장으로 인하여 고장차량 표지 설치장소로 맞는 것은?

① 고장차량의 100m 이상 후방에
② 고장차량의 300m 이상 후방에
③ 고장차량의 150m 이상 후방에
④ 고장차량의 50m 이상 후방에

답 ①

89 앞을 보지 못하는 사람은 무슨 색 지팡이를 가지고 다녀야 하는가?

① 흰색 ② 보라색
③ 파란색 ④ 검정색

답 ①

90 다음 중 도로에 차로 및 가변차선을 설치할 수 있는 사람은?

① 대통령　② 국토교통부장관
③ 경찰서장　④ 지방경찰청장

답 ④

91 다음 중 편도 4차로인 고속도로에서의 통행차량의 차종을 잘못 설명한 것은?

① 1차로 : 고속용 승합자동차
② 2차로 : 승용자동차
③ 3차로 : 승합자동차(고속용)
④ 4차로 : 승합자동차(고속용제외), 화물자동차, 특수자동차

해설 1차로(앞지르기 차로) : 2차로가 주행차량인 차량이 앞지르기를 할 때 통행

답 ①

92 고속도로가 아닌 편도 4차로에서 3차로를 통행할 수 없는 차종은?

① 우마차　② 특수 자동차
③ 건설기계　④ 승합자동차

답 ①

93 고속도로에서 전용차로를 설치할 수 있는 사람은?

① 경찰청장　② 경찰서장
③ 지방경찰청장　④ 국토교통부장관

답 ①

94 차선을 설치할 수 없는 곳은?

① 노폭이 6m 이상인 도로
② 횡단보도 내
③ 지하도 시설이 있는 도로
④ 차의 왕래가 빈번한 도로

답 ②

95 자동차 운전면허 중 사업용 자동차를 운전할 수 있는 종별은 몇 종인가?

① 2종　② 3종
③ 1종　④ 상관없음

답 ③

96 안전운전관리자의 자격요건 중 자동차의 운전관리업무에 몇 년 종사한 경험이 있는 사람인가?

① 2년　② 1년
③ 3년　④ 6개월

답 ①

97 안전운전관리자를 선임하여야 하는 자동차 보유대수는?

① 7대　② 10대
③ 15대　④ 20대

답 ②

98 안전운전관리자를 선임 또는 해임한 경우에 며칠 이내에 관할 경찰서장에게 신고하여야 하는가?

① 30일　② 10일
③ 5일　④ 7일

답 ④

99 관할 경찰서장으로부터 안전운전관리자의 해임명령을 받은 날로부터 며칠 내에 해임하여야 하는가?

① 15일　② 30일
③ 7일　④ 10일

답 ①

100 교통사고 발생시 조치를 않을 경우에는 벌칙은?

① 2년 이하의 징역 또는 100만원 이하의 벌금
② 4년 이하의 징역 또는 300만원 이하의 벌금
③ 5년 이하의 징역 또는 100만원 이하의 벌금
④ 5년 이하의 징역 또는 300만원 이하의 벌금

답 ④

101 손해배상금 우선 지급의 청구를 받은 보험회사 및 공제조합에서는 얼마 이내에 지급하여야 하는가?

① 4일 ② 5일
③ 7일 ④ 10일

답 ③

102 교통사고의 정의를 올바르게 기술한 것은?

① 차의 교통으로 인하여 물건을 손괴하는 것을 말한다.
② 자동차의 운행으로 인해 사람만을 사상한 것을 말한다.
③ 차의 교통으로 인하여 사람을 사상하거나 물건을 손괴하는 것을 말한다.
④ 자전거의 통행으로 인하여 보행자를 다치게 한 행위를 말한다.

답 ③

103 교통사고의 개념 중 틀린 것은?

① 제차의 교통으로 원활한 소통을 방해한 경우
② 제차의 교통으로 사람을 사망케 한 경우
③ 제차의 교통으로 사람을 상해케 한 경우
④ 제차의 교통으로 물건을 손괴한 경우

답 ①

104 운전면허의 발급자는?

① 경찰서장 ② 운전면허학원장
③ 지방경찰청장 ④ 국토교통부장관

답 ③

105 다음 중 음주운전에 대한 처벌이 가능한 혈중 알콜농도는?

① 0.05% 이상 ② 0.1% 이상
③ 0.07% 이상 ④ 0.03% 이상

답 ④

106 도로법에서 규정하는 도로는?

① 고속도로 ② 주간선도로
③ 보조간선도로 ④ 국지도로

답 ①

107 도로법에서 규정하는 도로가 아닌 것은?

① 구획도로 ② 일반국도
③ 특별시도 ④ 광역시도

해설 이 외에도 시도, 군도, 구도, 고속도로가 있다.

답 ①

108 도로법에서 도로에 속하지 않는 것은?

① 가로수 ② 터널
③ 도로용 엘리베이터 ④ 도선장

답 ①

109 도로법의 목적이 아닌 것은?

① 도로망의 정비와 적정한 도로관리를 위함
② 도로에 관한 계획의 수립
③ 공공복리의 향상
④ 교통사고에 해소를 위한 계획 수립

해설 이 법은 도로망의 정비와 적정한 도로관리를 위하여 도로에 관한 계획의 수립, 노선의 지정 또는 인정, 관리, 시설기준, 보전 및 비용에 관한 사항을 규정함으로써 교통의 발달과 공공복리의 향상에 기여함을 목적으로 한다.

답 ④

110 도로법에 의한 도로부속물이 아닌 것은?

① 도로원표
② 도로경계표
③ 가로수
④ 기타 국토교통부장관령으로 정한 것

해설 1. 도로원표, 이정표, 수선담당구역표, 도로경계표와 도로표지
2. 도로의 방호울타리, 가로수 또는 가로등으로서 도로관리청이 설치한 것
3. 도로에 연접하는 자동차주차장 및 도로수선용재료적치장과 이들 시설을 종합 관이하는 도로관리사업소로서 도로관리청이 설치한 것
3의2. 도로에 관한 정보제공장치, 기상관측장치 또는 긴급연락시설로서 도로관리청이 설치한 것
4. 기타 대통령령으로 정한 것

답 ④

111 다음 중 도로법상의 도로 부속물에 해당하지 않는 것은?

① 도로원표 ② 도로상의 가로등
③ 이정표 ④ 도로터널

답 ④

112 우리나라 도로법에 규정된 도로의 종류에 해당되지 않은 것은?

① 고속국도 ② 일반국도
③ 군도 ④ 농어촌도로

답 ④

113 도로를 개축하는 공사계획을 확정한 때에는 국토교통부령이 정하는 바에 의하여 지체없이 공고해야 하는 사항과 관계가 먼 것은?

① 공사시설의 방법 ② 노선명
③ 당해공사의 구간 ④ 시행기간

답 ①

114 도로를 굴착하여 공작물을 신설하고자 하는 자는 그 점용에 관한 사업계획서를 매년 정해진 달에 제출하여야 하는데 이중 정해진 달이 아닌 것은?

① 3월 ② 7월
③ 10월 ④ 1월

답 ①

115 교통에 방해되어 제거한 공작물 등을 보관한 때에는 그 공작물들을 보관한 날부터 며칠간 그 경찰서의 게시판에 공고하여야 하는가?

① 5일 ② 10일
③ 14일 ④ 30일

답 ③

116 도로의 구분에 있어서 도시지역과 지방지역을 구체적으로 구분할 때 사용하는 지표는 인구의 규모로서 도시지역은 몇 명 이상 거주하는 지역을 대상으로 하는가?

① 3000명 ② 5000명
③ 7000명 ④ 10000명

답 ②

117 도로 경계선으로부터 몇 미터를 초과하지 않는 범위 안에서 접도구역을 지정할 수 있는가?

① 20m ② 40m
③ 50m ④ 80m

답 ①

118 도로의 구조에 대한 손궤, 미관의 보존 또는 교통에 대한 위험을 방지하기 위한 접도구역은 도로경계선으로부터 몇 미터를 초과하지 않는 범위 안에서 지정할 수 있는가?

① 10m ② 20m
③ 30m ④ 40m

답 ②

119 다음 중 지방도에 대한 설명 중 틀린 것은?

① 도청소재지로부터 시청 또는 군청소재지에 이르는 도로
② 시청 또는 군청소재지 상호간을 연결하는 도로
③ 도내의 비행장, 항만, 역 또는 이와 밀접한 관계가 있는 비행장, 항만 또는 역을 상호 연결하는 도로
④ 읍사무소 또는 면사무소 소재지 상호간을 연결하는 도로

해설 4번은 군도에 해당하는 도로이다.
1. 도청소재지로부터 시청 또는 군청소재지에 이르는 도로
2. 시청 또는 군청소재지 상호간을 연결하는 도로
3. 도내의 비행장, 항만, 역 또는 이와 밀접한 관계가 있는 비행장, 항만 또는 역을 상호연결하는 도로
4. 도내의 비행장, 항만 또는 역에서 이와 밀접한 관계가 있는 고속국도, 국도 또는 지방도를 연결하는 도로
5. 제1호 내지 제4호외의 도로로서 지방의 개발을 위하여 특히 중요한 도로

답 ④

120 도로의 유형 중 지방도에 대한 설명으로 옳지 못한 것은?

① 도청소재지로부터 시청 또는 군청소재지에 이르는 도로
② 시청 또는 군청소재지 상호간을 연결하는 도로
③ 중요도시, 지정항만, 중요한 비행장 또는 관광지 등을 연결하며 고속국도와 함께 국가기간 도로망을 이루는 도로

④ 도내에 비행장, 항만, 역에서 미와 밀접한 관계가 있는 고속국도, 국도 또는 지방도를 연결하는 도로

답 ③

121 다음 중 군도에 대한 설명 중 틀린 것은?

① 시청 또는 군청소재지 상호간을 연결하는 도로
② 군청 소재지로부터 읍사무소 또는 면사무소 소재지에 이르는 도로
③ 읍사무소 또는 면사무소 소재지 상호간을 연결하는 도로
④ 군의 개발을 위하여 특히 중요한 도로

해설 1. 군청 소재지로부터 읍사무소 또는 면사무소 소재지에 이르는 도로
2. 읍사무소 또는 면사무소 소재지 상호간을 연결하는 도로
3. 제1호 및 제2호외의 도로로서 군의 개발을 위하여 특히 중요한 도로 [전문개정 93.3.10]

답 ①

122 특별시 또는 광역시 구역 안의 도로 중 특별시도, 광역시도를 제외한 구간을 연결하는 도로는?

① 군도　② 지방도
③ 구도　④ 시도

답 ③

123 도로의 관리청은 국도에 있어서는 누구인가?

① 국토교통부장관　② 국무총리
③ 시장　④ 도지사

해설 도로의 관리청은 국도에 있어서는 국토교통부장관, 국가지원지방도에 있어서는 도지사(특별시, 광역시안의 구간은 당해 시장), 기타의 도로에 있어서는 그 노선을 인정한 행정청이 된다. 〈개정 66.8.3, 70.8.10, 95.12.6〉

답 ①

124 도로의 관리청은 국가지원지방도에 있어서는 누구인가?

① 국토교통부장관　② 국무총리
③ 시장　④ 도지사

답 ④

125 도로의 관리청은 몇 년을 단위로 하여 그 소관 도로에 대한 장기적인 정비방향이 될 도로정비 기본계획을 수립하여야 하는가?

① 15년　② 10년
③ 5년　④ 30년

해설 도로의 관리청은 10년을 단위로 하여 그 소관 도로에 대한 장기적인 정비방향이 될 도로정비기본계획을 수립하여야 한다.

답 ②

126 도로의 관리청은 도로정비기본계획수립과 타당성 여부를 가가 몇 년마다 수립·검토하는가?

① 10년, 5년　② 20년, 10년
③ 10년, 10년　④ 20년, 20년

답 ①

127 다음 중 도로정비기본계획의 내용에 포함되어야 할 사항이 아닌 것은?

① 도로정비의 목표 및 방향
② 교통수요 예측
③ 도로의 정비, 관리계획
④ 소요재원의 조달방안

해설 1. 도로정비의 목표 및 방향
2. 도로의 정비, 관리계획
3. 환경친화적 도로의 건설방안
4. 소요재원의 조달방안
5. 기타 국토교통부장관이나 도로의 관리청이 체계적인 도로정비를 위하여 필요하다고 인정하는 사항

답 ②

128 교통이 현저히 폭주하여 차량의 능률적인 운행에 지장이 있는 도로 또는 도로의 일정한 구간에 있어서 교통의 원활을 기하기 위하여 어떠한 도로를 지정할 수 있는가?

① 시도　② 군도
③ 자동차 전용도로　④ 고속국도

답 ③

129 자동차전용도로는 도로경계선으로부터 몇 미터

범위 내에서 고속 교통구역을 지정할 수 있는가?

① 30m ② 20m
③ 40m ④ 50m

답 ①

130 다음중 도로의 구분에 따른 도시지역의 설계속도가 잘못된 것은?

① 고속도로 : 100km
② 주간선도로 : 80km
③ 보조간선도로 : 60km
④ 국지도로 : 50km

답 ④

131 정당한 사유 없이 도로(고속국도는 제외한다)를 손궤하여 도로의 효용을 해치거나 교통에 위험을 발생시킨 자의 벌칙은?

① 5년 이하의 징역 또는 1천만원 이하의 벌금
② 10년 이하의 징역 또는 1천만원 이하의 벌금
③ 15년 이하의 징역 또는 1천500만원 이하의 벌금
④ 20년 이하의 징역 또는 1천500만원 이하의 벌금

해설 정당한 사유없이 도로(고속국도를 제외한다)를 손궤하여 도로의 효용을 해하게 하거나 교통의 위험을 발생하게 한 자는 10년 이하의 징역 또는 1천만원 이하의 벌금에 처한다. 〈개정 66.8.3, 70.8.10, 93.3.10〉

답 ②

132 고속국도를 파손하거나 그 부속물을 이전하거나 파손하여 고속국도의 효용을 해친 자 또는 고속국도에서 교통에 위험을 발생하게 한 자의 벌칙은?

① 5년 이하의 징역 또는 1천만원 이하의 벌금
② 10년 이하의 징역 또는 1천만원 이하의 벌금
③ 15년 이하의 징역 또는 1천500만원 이하의 벌금
④ 20년 이하의 징역 또는 1천500만원 이하의 벌금

답 ③

133 도로법상 보상금에 관하여 불복이 있는 자는 보상금의 지불을 받은 날로부터 며칠 이내에 대통령령이 정하는 바에 의하여 토지수용위원회에 재결을 신청할 수 있는가?

① 10일 ② 20일
③ 30일 ④ 40일

답 ③

134 도시교통 정비촉진법의 목적이 아닌 것은?

① 교통수단 및 교통체계를 효율적으로 운영
② 도시교통의 원활한 소통
③ 교통시설의 정비 촉진
④ 국민의 복지증진

답 ④

135 도시교통정비 촉진법의 목적이 아닌 것은?

① 교통수단 및 교통체계를 효율적으로 운영관리
② 교통시설의 정비를 촉진
③ 도시교통의 원활한 소통과 교통편의의 증진에 이바지
④ 교통사고 예방으로 국민의 생명과 재산을 보호

답 ④

136 다음 중 주차장의 종류가 아닌 것은?

① 주거주차장 ② 노상주차장
③ 노외주차장 ④ 건축물부설주차장

답 ①

137 주차장법에 의한 주차장의 종류로 볼 수 없는 것은?

① 노상주차장 ② 노외주차장
③ 부설주차장 ④ 지하주차장

답 ④

138 주차장 정비지구의 지정을 국토교통부장관에 신청하는데 틀린 것은?

① 시장
② 군수
③ 경찰서장

④ 특별시장 및 광역시장

답 ③

139 다음 중 주차장법의 목적이 아닌 것은?

① 도시 내 자동차 교통의 흐름을 원활히 하는데 기여
② 공공의 편의를 도모
③ 주차장 수익의 증대
④ 도시기능의 유지 및 증진

답 ③

140 주차장의 설치의무가 면제되는 경우는 다음 중 어느 경우인가?

① 부설주차장의 규모로 주차대수 10대 이하
② 시설물의 용도 및 규모에 있어 연면적 2천 제곱미터 이상의 위락시설
③ 도로교통법에 의한 차량통행의 금지되는 장소
④ 연면적 5천 제곱미터 이상의 숙박시설

답 ③

141 다음 주차장 특별회계 설치 재원에 관한 설명 중 옳지 않은 것은?

① 노외주차장 설치를 위한 비용의 납부금
② 당해 지방자치단체의 일반회계로부터의 전입금
③ 정부의 보조금
④ 주차위반 범칙금

답 ④

142 노상주차장을 설치하는 도로의 폭 또는 교통상황들을 고려하여 당해 도로를 이용하는 자동차의 통행이 지장이 없는 폭을 몇 m 이상 확보하고 설치하여야 하는가?

① 3.5m　　② 3.0m
③ 2.0m　　④ 2.5m

답 ①

143 노외주차장의 경우 주차대수가 몇 대를 초과하여야 출구와 출입구를 분리하는가?

① 300대　　② 400대
③ 500대　　④ 550대

답 ②

144 노상주차장의 주차요금 징수에 관한 것 중 주차요금을 받을 수 없는 자동차는?

① 승합자동차　　② 화물자동차
③ 승용자동차　　④ 긴급자동차

답 ④

145 노외주차장의 설치 허가는 누구에게 신청서를 제출하여야 하는가?

① 국무총리　　② 시장·군수
③ 경찰서장　　④ 국토교통부장관

답 ②

146 건축물 부설 주차장을 설치하여야 할 건축물의 용도별 규모 및 주차장의 설치기준을 누구의 령으로 따르는가?

① 국무총리령　　② 국토교통부장관령
③ 대통령령　　④ 안전행정부장관령

답 ③

147 다음 중 주차면적 비율이 건축물 연면적의 몇 % 이상이면 주차전용 건축물로 보는가?

① 80%　　② 90%
③ 85%　　④ 95%

답 ④

148 노외주차장의 차로의 너비는 출입구가 1개인 경우이고 평행주차방식일 때 얼마 이상으로 하여야 하는가?

① 5.0m　　② 5.5m
③ 6.0m　　④ 6.5m

답 ①

149 노외주차장의 차로의 너비는 출입구가 1개인 경우이고 직각주차방식일 때 얼마 이상으로 하여야 하는가?

① 5.0m　　② 5.5m

③ 6.0m ④ 6.5m

답 ③

150 노외주차장의 차로의 너비는 출입구가 2개인 경우이고 직각주차방식일 때 얼마 이상으로 하여야 하는가?

① 5.0m ② 5.5m
③ 6.0m ④ 6.5m

답 ③

151 노외주차장의 차로의 너비는 출입구가 2개인 경우이고 평행주차방식일 때 얼마 이상으로 하여야 하는가?

① 5.0m ② 3.3m
③ 6.0m ④ 6.5m

해설

주차형식	차로의 너비	
	출입구 2개 이상	출입구 1개
평행주차	3.3	5.0
직각주차	6.0	6.0
60°대향주차	4.5	5.5
45°대향주차	3.5	5.0
교차주차	3.5	5.0

답 ②

152 노외주차장의 차로의 노변에서 몇 Lux 이상의 조도를 유지하여야 하는가?

① 10Lux ② 15Lux
③ 20Lux ④ 25Lux

답 ①

153 다음 중 노상주차장의 설비기준으로 틀린 것은?

① 보도와 차도의 구별이 없는 도로에 설치하지 말 것
② 종단구배가 4%를 초과하는 도로에 설치하지 말 것
③ 노상주차장은 보조간선도로에 설치하지 말 것
④ 종단구배가 6% 이하인 도로로서 보도와 차도의 구별이 되어 있고, 그 차도의 너비가 13m 이상인 경우에는 설치가능

해설 주간선도로에 설치하여서는 아니된다.

답 ③

154 운전자가 자동차를 직접 운전하여 주차장으로 들어가는 주차장을 무엇이라 하는가?

① 주식 주차장 ② 지주식 주차장
③ 지주 주차장 ④ 자주식 주차장

답 ④

155 도로의 종단경사는 도로의 설계속도에 따라 차이가 있다. 도로의 구조 시설기준에 관한 규칙에 설계속도 60km/hr인 평지부 간선도로에서의 일반적인 경우의 최대 종단경사는 얼마 이하인가?

① 2% ② 3%
③ 5% ④ 7%

답 ③

156 신호등이 없는 교차로에서 설계속도에 따른 최소시거가 틀린 것은?

① 설계속도 20km/h에서 최소시거 25m
② 설계속도 40km/h에서 최소시거 60m
③ 설계속도 30km/h에서 최소시거 40m
④ 설계속도 60km/h에서 최소시거 120m

답 ②

157 다음 중 노상주차장의 설비기준으로 바르지 못한 것은?

① 보도와 차도의 구별이 없는 도로라도 너비 6m 이상의 도로로서 보행자의 통행이나 연도의 이용에 지장이 없는 경우에는 설치 가능
② 고속도로·자동차 전용도로 또는 고가도로에 설치 불가능
③ 주차대수 규모가 20대 이상인 경우에는 장애인 전용 주차구획을 1면 이상 설치하여야 한다.
④ 종단구배가 6%를 초과하는 도로에는 설치 불가능

해설 종단구배가 4%를 초과하는 도로에 설치해서는 안된다. 다만, 종단구배가 6% 이하인 도로로서 보도와 차도의 구별이 되어 있고, 그 차도의 너비가 13m 이상인 경우에는 설치가능

답 ①

158 지체부자유자를 위한 전용주차장 설치요건 중 옳은 것은?

① 주차대수 1대당 폭 3.0m 이상, 길이 5.5m 이상
② 주차대수 1대당 폭 3.2m 이상, 길이 5.5m 이상
③ 주차대수 1대당 폭 3.0m 이상, 길이 5.0m 이상
④ 주차대수 1대당 폭 3.3m 이상, 길이 5.0m 이상

답 ④

159 다음 중 주차 단위구획에 대한 설명이 바르지 못한 것은?

① 주차 단위구획은 황색점선으로 표시하여야 한다.
② 장애인 주차 단위구획은 1대당 너비 3.3m 이상, 길이 5m 이상
③ 주차장 단위구획은 1대당 너비 2.3m 이상, 길이 5m 이상
④ 평행주차 형식의 경우는 1대당 너비 2m 이상, 길이 6m 이상

해설 백색실선으로 표시

답 ①

160 노상·노외주차장을 설치할 수 있는 자가 아닌 것은?

① 특별시장　② 광역시장
③ 경찰서장　④ 구청장

해설 이 외에도 시장·군수

답 ③

161 자주식 주차장으로 지하식 또는 건축물식에 의한 노외주차장에는 주차대수가 몇 대를 초과하는 경우 폐쇄회로 텔레비전 및 녹화장치 등을 설치하여야 하는가?

① 15대　② 20대
③ 25대　④ 30대

답 ④

162 자주식 주차장으로서 지하식 또는 건물식의 노외주차장의 높이는 주차바닥면으로부터 얼마 이상이어야 하는가?

① 2.1m　② 2.2m
③ 2.3m　④ 2.4m

답 ③

163 노외주차장의 높이는 바닥면으로부터 얼마 이상이어야 하는가?

① 2.1m　② 2.2m
③ 2.3m　④ 2.4m

답 ①

164 다음 중 노외주차장의 출구 및 입구를 설치해서는 안될 장소에 해당하지 않는 것은?

① 너비 6m 미만의 도로와 종단구배가 6%를 초과하는 도로
② 유치원·초등학교·노인복지시설 등의 출입구로부터 20m 이내의 도로
③ 횡단보도에서 5m 이내의 도로의 부분
④ 주차대수 200대 이상인 경우에는 너비 10m 미만의 도로

해설 너비 4m 미만의 도로와 종단구배가 10%를 초과하는 도로

답 ①

165 노외주차장을 설치하는 경우 주차대수 몇 대마다 1면의 장애인전용 주차구획을 설치하여야 하는가?

① 10대　② 30대
③ 50대　④ 70대

답 ③

166 만약 어떤 노외주차장의 경우 주차대수가 400대라고 한다면 필요한 장애인 전용 주차면수는?

① 6면 ② 8면
③ 10면 ④ 12면

해설 400÷50=8 ∴ 8면이 필요

답 ②

167 다음 중 주차장의 종류가 아닌 것은?

① 노상주차장 ② 노외주차장
③ 자주식주차장 ④ 부설주차장

해설 3번은 주차방식에 의한 분류

답 ③

168 도시지역 · 준도시지역 및 준농림지역 안에서 주차수요를 유발하는 건축물을 건설하는 경우 어떤 주차장을 설치하여야 하는가?

① 노상주차장 ② 부설주차장
③ 자주식주차장 ④ 노외주차장

답 ②

169 택지개발공사·도시재개발사업 · 공업단지 개발사업 등의 사업을 할 때 설치하여야 하는 주차장은?

① 부설주차장 ② 노외주차장
③ 주거주차장 ④ 노상주차장

답 ②

170 노외주차장의 주차구획 및 차로부분에서는 몇 Lux 이상의 조도를 유지하여야 하는가?

① 50Lux ② 30Lux
③ 10Lux ④ 100Lux

답 ③

171 주차장 정비지구에 대한 정비계획에 있어서 조사사항이 아닌 것은?

① 주차장의 인원관리현황
② 주차수효의 장기예측
③ 자동차 교통발생량
④ 토지이용현황

답 ①

172 기계식 주차장에는 주차대수 몇 대마다 정류소를 설치하여야 하는가?

① 10대 ② 15대
③ 25대 ④ 20대

답 ④

173 부설주차장의 설치를 제한할 수 있는 사람이 아닌 것은?

① 구청장 ② 특별시장
③ 광역시장 ④ 시장

답 ①

174 다음 중 교통안전 정책심의위원회의 위원장은 누구인가?

① 경찰청장 ② 국토교통부장관
③ 도지사 ④ 국무총리

답 ④

175 교통안전 기본계획은 몇 년마다 수립하여야 하는가?

① 5년 ② 1년
③ 10년 ④ 20년

답 ①

176 다음 중 교통안전법 목적을 잘못 설명한 것은?

① 원활한 교통소통
② 공공복리의 증진에 기여
③ 교통안전에 관한 시책의 기본을 규정
④ 교통안전에 관한 시책의 계획적인 추진 도모

해설 교통안전법은 교통안전에 관한 시책의 기본을 규정함으로써 그 종합적 계획적인 추진을 도모하여 공공복리의 증진에 기여함을 목적으로 한다.

답 ①

177 다음 중 교통안전 시행계획을 작성해야 하는 사람은?

① 지방자치단체의 장　② 국토교통부장관
③ 지정행정기관의 장　④ 지방경찰청장

답 ③

178 교통안전 세부시행계획을 작성해야 하는 사람은?

① 국무총리　② 지방자치단체장
③ 국토교통부장관　④ 지정행정기관의 장

답 ②

179 교통안전진단은 누가 실시하여야 하는가?

① 국토교통부장관　② 지방경찰청장
③ 지정행정기관의 장　④ 경찰서장

답 ③

180 다음 중 교통안전에 관한 정부의 의무가 아닌 것은?

① 교통사고 상황 등에 관한 국회에 보고할 의무
② 종합적인 시책의 수립실시의 의무
③ 차량 등의 안전성 향상을 위한 시책을 마련할 의무
④ 교통사고 원인의 조사분석 및 사고통계의 유지 의무

해설 4번은 교통안전 관리자의 의무이다.

답 ④

181 교통안전관리자의 업무 감독 내용이 아닌 것은?

① 운수업체의 손해배상 관리자
② 도로운송차량법령에 의한 정비관리자
③ 항공법에 의한 운항 관리사
④ 자동차운수사업법의 규정에 의한 교육훈련담당자

답 ①

182 지정행정기관의 장이 교통안전진단 결과 취할 수 있는 조치가 아닌 것은?

① 교통안전시설의 개선 또는 사용제한
② 교통안전에 사용되는 장비 또는 차량들의 개선 또는 사용제한
③ 종사원의 근무시간 등 근무환경 개선
④ 종사원의 교통안전에 관한 교육

답 ④

183 교통안전법상 차량 등의 사용자는 안전한 운행을 확보하기 위하여 반드시 고용하여야 할 자는?

① 무사고운전자　② 교통안전관리자
③ 1종 면허 소지자　④ 교통기사

답 ②

184 교통안전관리자의 구분에 들어가지 않는 것은?

① 도로 교통안전관리자
② 해상 교통안전관리자
③ 항공 교통안전관리자
④ 철도 교통안전관리자

해설 이 외에도 선박교통안전관리자, 삭도교통안전관리자, 항만하역교통안전관리자

답 ②

185 국민의 생명·신체 및 재산을 보호하기 위하여 육상교통, 해상교통, 항공교통의 안전에 관한 종합적인 시책을 수립하고 실시하여야 할 기관은?

① 국토교통부　② 국회
③ 정부　④ 경찰청

답 ③

186 정부의 교통안전기본계획 지침은 언제까지 작성하여야 하는가?

① 계획년도 개시전 전년도 12월 말까지
② 계획년도 개시전 전년도 10월 말까지
③ 계획년도 개시전 전년도 3월 말까지
④ 계획년도 개시전 전년도 5월 말까지

답 ②

187 지정 행정기관의 교통안전시행계획을 언제까지 작성하여야 하는가?

① 시행년도의 전년도 9월 말까지
② 시행년도의 전년도 12월 말까지
③ 시행년도의 전년도 3월 말까지

④ 시행년도의 전년도 6월 말까지

답 ①

188 **차량의 사용자는 교통안전계획을 언제까지 수립하여야 하는가?**

① 매년 3월 말　② 매년 10월
③ 매년 12월 말　④ 매년 5월

답 ③

189 **교통안전법에서 과태료의 처분에 대한 이의가 있는 자는 몇 일 이내에 이의를 제기할 수 있는가?**

① 30일 이내　② 1주일 이내
③ 5일 이내　④ 15일 이내

답 ①

190 **교통안전관리자가 자격 취득 후 최초로 취업한 날로부터 몇 년 이내에 신규 교육을 받아야 하는가?**

① 1년　② 2년
③ 3년　④ 4년

답 ①

191 **정부가 수립하여야 하는 교통안전기본계획에 대한 설명 중 틀린 것은?**

① 기본계획은 국무회의의 심의를 거쳐 이를 공고하여야 한다.
② 국무총리는 교통안전정책 심의위원회의 심의를 거쳐 계획 연도개시 전전년도 10말까지 기본계획지침을 작성하여 지정행정기관의 장에게 시달한다.
③ 기본계획에는 교통안전에 관한 종합적·장기적인 추진방안이 포함되어야 한다.
④ 기본계획의 수립은 10년마다 하여야 한다.

해설 기본계획의 수립은 5년마다

답 ④

192 **교통안전기본계획의 수립, 실시에 관한 내용으로 옳은 것은?**

① 정부는 교통안전기본계획을 10년마다 수립 실시해야 한다.
② 교통안전기본계획은 교통안전정책심의위원회의 심의를 거쳐 이를 공고하여야 한다.
③ 지정행정기관의 장은 소관별 기본계획안을 매년 12월말까지 정책위원회에 제출하여야 한다.
④ 국무총리는 매년 5월말까지 교통안전기본계획을 작성한다.

답 ②

193 **교통안전관리자의 직무에 관한 것 중 틀린 것은?**

① 교통사고 원인의 조사분석 및 사고 통계유지
② 교통안전 진단
③ 종사원의 운행, 운항 중 근무상태 파악
④ 종사원에 대한 교통안전 교육훈련의 실시 및 과로방지

해설 2번은 지정행정기관의 장이 갖는 권한이다.

답 ②

194 **교통안전관리자의 교육은 어디서 실시하는가?**

① 교통안전진흥공단　② 도로교통안전협회
③ 국토교통부　④ 한국교통연구원

답 ①

195 **국토교통부장관은 국가의 효율적인 교통체계를 구축하기 위한 국가기간교통망계획을 몇 년 단위로 수립하여야 하는가?**

① 3년　② 10년
③ 15년　④ 20년

답 ④

196 **관계 중앙행정기관의 장이 교통시설 관련 개발사업을 추진하려는 경우, 연계교통체계 구축대책을 수립·시행해야 하는 교통시설에 해당하지 않는 것은?(단, 대통령령으로 정하는 대규모 개발사업은 고려하지 않는다.)**

① 「항만법」에 따른 항만
② 「공항시설법」에 따른 공항
③ 「철도건설법」에 따른 고속철도
④ 「물류시설의 개발 및 운영에 관한 법률」에 따

른 물류단지

답 ③

197 **국가통합교통체계효율법령상 환승센터 및 복합환승센터 구축 기본계획 수립단위로 옳은 것은?**

① 3년 ② 5년
③ 10년 ④ 20년

답 ②

198 **국가통합교통체계효율화법상 공공교통시설 개발사업의 타당성 평가서를 부실하게 작성한 평가대행자에게 얼마의 과태료를 부과하여야 하는가?**

① 300만원 이하 ② 5백만원 이하
③ 1천만원 이하 ④ 2천만원 이하

답 ③

199 **국토교통부장관은 교통기술의 연구개발을 촉진하고 그 성과를 효율적으로 이용하기 위하여 몇 년 단위로 국가교통기술 개발계획을 수립하여야 하는가?**

① 3년 ② 5년
③ 10년 ④ 20년

답 ②

200 **국가통합교통체계효율화법령상 국가교통조사의 실시에 관한 설명으로 옳지 않은 것은?**

① 정기조사는 전국을 대상으로 4년마다 실시한다.
② 교통수단별 에너지 소비량 및 효율 조사 내용이 포함되어야 한다.
③ 교통수단별 및 교통시설별 운행노선, 교통량, 주행거리 등 공급·운영 실태가 포함되어야 한다.
④ 교통물류활동으로 발생하는 교통혼잡, 교통사고 , 환경오염, 온실가스 배출 등 교통관련 사회적 외부비용이 포함되어야 한다.

해설 정기조사는 전국을 대상으로 5년마다 실시

답 ①

201 **국가통합교통체계효율화법 시행규칙상 타당성 평가 대상사업에서 제외하는 사업으로 옳지 않은 것은?**

① 총사업비 300억원 이상인 공공교통시설 개발사업
② 교통시설의 유지·보수 등 기존 시설의 효용증진을 위한 단순개량 및 유지·보수사업
③ 재해 예방·복구 지원 등 긴박한 상황에 대응하기 위하여 시급히 추진할 필요가 있는 사업
④ 국가교통위원회의 심의를 거쳐 국토교통부 장관이 타당성 평가 대상사업에서 제외하는 것이 타당하다고 인정한 사업

해설 타당성 평가 대상사업은 총사업비 300억원 이상인 공공교통시설 개발사업을 말함

답 ①

202 **국가통합교통체계효율화법상 타당성 평가대행 업무에 대한 설명으로 옳지 않은 것은?**

① 국토교통부의 소속공무원이 등록기준의 준수 여부를 조사 할 수 있다.
② 교통투자평가협회는 개인이 위탁하는 타당성 평가 업무를 할 수 있다.
③ 타당성 평가의 대행에 필요한 비용의 산정기준은 국토교통부장관이 고시한다.
④ 타당성 평가대행 실적의 보고는 매년 1우러 31일까지 국토교통부장관에게 보고하여야 한다.

답 ②

203 **국가통합교통체계효율화법에서 정의하는 환승센터의 종류로 옳지 않은 것은?**

① 주차장형 환승센터
② 터미널형 환승센터
③ 물류수송형 환승센터
④ 대중교통 연계수송형 환승센터

답 ③

204 **국가교통기술개발계획에 포함되어야 할 사항이 아닌 것은?**

① 기술의 홍보 및 교육
② 교통기술의 개발 방향과 목표
③ 교통기술의 국내외 환경 분석
④ 교통기술의 중장기 중점 기술개발 전략

답 ①

205 국가통합교통체계효율화법령상 규정하고 있는 국가교통조사의 정기조사는 몇 년마다 실시하는가?

① 3년 ② 5년
③ 10년 ④ 20년

답 ②

206 국가통합교통체계효율화법령상 국가기간교통시설 중 대통령령으로 정하는 교통시설이 아닌 것은?

① 국가기간복합환승센터
② 「도시개발법」에 따른 시가지도로
③ 「도로법」에 따른 국가지원지방도
④ 「도로법」에 따른 일반국도대체우회도로

답 ②

207 아래의 설명 중 ( )안에 들어갈 알맞은 말은?

> 국토교통부장관은 국가기간복합환승센터를 지정하려면 (㉠)를 수립하여 관할 시·도지사의 의견을 듣고 관계 중앙행정기관의 장과 협의한 후 (㉡)의 심의를 거쳐야 한다.

① ㉠ : 복합환승센터의 개발에 관한 계획, ㉡ : 국가교통위원회
② ㉠ : 복합환승센터의 관리에 관한 계획, ㉡ : 국가교통체계위원회
③ ㉠ : 복합환승센터의 개발에 관한 계획, ㉡ : 국가교통체계위원회
④ ㉠ : 복합환승센터의 건설에 관한 계획, ㉡ : 국가통합교통체계위원회

답 ①

208 국가통합교통체계효율화법령상 국가교통 데이터베이스 점검단 구성 및 운영에 관한 설명으로 옳지 않은 것은?

① 국토교통부장관은 전문가가 참여하는 국가교통 데이터베이스 점검단을 구성·운영할 수 있다.
② 국가교통데이터베이스 점검단장은 참여 전문가 중에서 국토교ㅓ통부장관이 위촉하는 자로 한다.
③ 국가교통 데이터베이스 점검단의 구성과 운영에 관한 사항은 국토교통부장관이 정하여 고시한다.
④ 국가교통 데이터베이스 점검단에 참여하는 전문가는 25명 이내의 교통데이터베이스, 교통조사 등에 관한 학식과 경험이 풍부한 자로 한다.

답 ④

209 국가통합교통체계효율화법령상 대통령령으로 정하는 대규모 개발사업의 범위와 면적 기준이 옳지 않은 것은?

① 택지개발사업 : 100만㎡ 이상
② 도시개발사업 : 100만㎡ 이상
③ 역세권 개발사업 : 100만㎡ 이상
④ 기업도시개발사업 : 100만㎡ 이상

답 ③

210 국가통합교통체계효율화법에 따른 국가기간교통망계획의 수립에 관한 아래 내용 중 ( )안에 들어갈 숫자로 모두 옳은 것은?

> 국토교통부장관은 국가의 효율적인 교통체계를 구축하기 위하여 (㉠)년 단위로 국가기간교통망계획을 수립하여야 한다. 다만, 국토부장관은 (㉡)년마다 국가기간교통망계획을 변경하여야 한다.

① ㉠ : 10, ㉡ : 10
② ㉠ : 10, ㉡ : 5
③ ㉠ : 20, ㉡ : 10
④ ㉠ : 20, ㉡ : 5

답 ④

211 **국가통합교통체계효율화법에서 규정하는 타당성 평가에 관한 설명으로 옳지 않은 것은?**

① 국토교통부장관은 대통령령으로 정하는 바에 따라 투자평가지침을 작성하여 고시하여야 한다.
② 공공교통시설 개발사업과 민간투자사업 모두 타당성 평가서를 국토교통부장관에게 제출하여야 한다.
③ 사업시행자는 공공교통시설 개발사업을 시작하기 전에 투자평가지침에 따라 해당 사업의 타당성을 평가하여야 한다.
④ 교통시설개발사업 시행자는 타당성 평가 실시 결과에 예비타당성 조사 실시 결과 간 현저한 차이가 발생한 경우에는 필요한 조치를 할 것을 요청할 수 있다.

답 ②

212 **국가통합교통체계효율화법령상 중기 교통시설 투자계획에 대하여 설명이 틀린 것은?**

① 국토교통부장관은 5년 단위로 중기 교통시설 투자계획을 수립한다.
② 계획에 포함된 지방교통시설 개발사업을 지방자치단체가 시행하는 경우 국가의 지원을 받을 수 없다.
③ 중기 교통시설투자계획에는 교통시설 간의 적정한 수송분담구조 및 투자재원 배분의 설정에 관한 사항이 포함되어야 한다.
④ 국토교통부장관은 소관별 집행 실적 평가보고서를 종합 분석하여 공공기관의 장에게 통보하여야 한다.

답 ②

213 **국가통합교통체계효율화법령상 지능형교통체계 기본계획에 대한 설명이 틀린 것은?**

① 국가차원의 지능형교통체계기본계획은 10년 단위로 수립하여야 한다.
② 지능형교통체계 여건 변화를 고려하여 2년마다 전반덕으로 재검토하고 필요한 경우 그 내용을 정비한다.
③ 시·도지사 또는 시장·군수는 해당 지역의 지능형교통체계에 관한 기본계획을 수립할 수 있다.
④ 자동차·도로교통분야, 철도교통분야, 해상교통분야(항만포함), 항공교통분야(항공 포함)에 대하여 분야별 계획을 수립하여야 한다.

답 ②

214 **복합환승센터 지정의 해제와 관련 아래 설명에서 밑줄 친 내용에 해당하는 것은?**

> 복합환승센터로 지정·고시된 날부터 대통령령으로 정하는 기간 이내에 복합환승센터개발실시계획의 승인을 신청하지 아니하면 그 기간이 지난 다음 날에 해당 지역에 대한 복합환승센터의 지정이 해제된 것으로 본다.

① 4년 이내 ② 3년 이내
③ 2년 이내 ④ 1년 이내

답 ②

215 **국가통합교통체계효율화법에 따른 "국가기간교통시설"에 해당하지 않는 것은?**

① 「공항시설법」에 따른 공항
② 「항만법법」에 따른 무역항
③ 「철도의 건설 및 철도시설 유지관리에 관한 법률」에 따른 광역철도
④ 「국가통합교통체계효율화법」에 따른 광역복합환승센터

답 ④

216 **국가통합교통체계효율화법령에 따른 '교통시설'에 해당하지 않는 것은?**

① 일반국도대체우회도로
② 국가지원지방도
③ 국가기간복합환승센터
④ 물류터미널 중 종합물류터미널

답 ④

217 **국가통합교통체계효율화법령상 타당성 평가 대행자가 타당성 평가서와 그 작성의 기초가**

되는 자료를 보존하여야 하는 기준은?

① 해당 사업 또는 시설의 준공 후 5년
② 해당 사업 또는 시설의 준공 후 10년
③ 해당 사업 또는 시설의 타당성 평가 후 5년
④ 해당 사업 또는 시설의 타당성 평가 후 10년

답 ①

218 국토교통부장관은 국가교통조사 및 공공기관의 장이 시행하는 개별교통조사의 중복을 방지하는 등 효율적인 교통조사의 시행과 조사 결과의 공동 활동 등을 위하여 몇 년 단위로 국가교통조사계획을 수립하여야 하는가?

① 1년 ② 3년
③ 5년 ④ 10년

답 ③

219 국가통합교통체계효율화법에서 하나 또는 둘 이상의 교통수단을 이용하여 대규모 여객 또는 화물의 연계운송·환승·환적·하역·보관 등 주요 교통물류활동이 이루어지고 있는 공항·항만·철도역·터미널·산업단지 등 주요 근거지를 뜻하는 것은?

① 교통물류거점 ② 환승지원시설
③ 물류환승거점 ④ 복합환승센터

답 ①

220 국토교통부장관은 몇 년의 범위에서 교통 분야별 지능형교통체계의 계획을 수립하여야 하는가?

① 10년 ② 7년
③ 5년 ④ 3년

답 ①

221 국가통합교통체계효율화법령상 타당성 평가 실시 결과와 예비타당성조사 실시 결과의 현저한 차이가 발생한 경우 기준이 옳은 것은?

① 교통수요 예측 결과 : 해당 타당성 평가 실시 결과가 예비타당성조사 실시 결과보다 100분의 30이상 증감한 경우
② 편익 분석 결과 : 해당 타당성 평가 실시 결과가 예비타당성조사 실시 결과보다 100분의 20 이상 증감한 경우
③ 비용 분석 결과 : 해당 타당성 평가 실시 결과가 예비타당성조사 실시 결과보다 100분의 20 이상 증감한 경우
④ 만족도 분석 결과 : 해당 타당성 평가 실시 결과가 예비타당성조사 실시 결과보다 100분의 30이상 증감한 경우

답 ①

222 국토교통부장관이 환승센터 및 복합환승센터 구축 기본계획을 국가교통위원회의 심의를 거쳐 수립하여야 하는 기간의 기준은?

① 3년 단위 ② 5년 단위
③ 10년 단위 ④ 20년 단위

답 ②

223 공공기관의 장이 소관 업무를 수행하기 위해 국가통합교통체계효율화법에서 규정한 개별교통조사를 시행하고 이를 완료하였을 때에는 완료한 날로부터 몇일 이내에 국토교통부장관에게 그 결과를 통보하여야 하는가?

① 15일 ② 30일
③ 45일 ④ 60일

답 ②

224 국가통합교통체계효율화법의 정의에 따른 복합환승센터의 구분에 해당하지 않는 것은?

① 국가기간복합환승센터
② 지능형복합환승센터
③ 광역복합환승센터
④ 일반복합환승센터

답 ②

225 국가통합교통체계효율화법상 천재지변으로 인해 국가교통관리에 중대한 차질이 발생한 경우, 이에 효과적으로 대응하기 위하여 비상 시 교통대책을 수립할 수 있는 자는?

① 경찰서장 ② 소방청장
③ 행정안전부장관 ④ 국토교통부장관

답 ④

226 **국가통합교통체계효율화법령상 복합환승센터의 지정과 관련하여, 복합환승센터 개발계획 변경 시 관할 시 관할 시·도지사의 의견을 듣고 관계 중앙행정기관의 장과 협의한 후 국가교통위원회의 심의를 거쳐야 하는 기준 사항이 아닌 것은?**

① 복합환승센터의 사업시행자를 변경하려는 경우
② 복합환승센터 지정 면적의 100분의 10 이상을 변경하려는 경우
③ 복합환승센터 건축연면적의 100분의 30 이상을 변경하려는 경우
④ 복합환승센터의 연계교통시설을 위한 계획 및 환승시설의 위치·규모 등을 변경하려는 경우

답 ③

227 **시장 또는 군수가 대중교통의 이용을 촉진하고 원활한 교통 소통을 확보하기 위하여 필요하다고 인정되는 경우에 취해야 하는 조치가 아닌 것은?**

① 간선급행버스체계의 구축
② 대중교통수단 제한속도의 상향
③ 노선버스중심의 지능형교통체계 구축
④ 고가 또는 지하도로 등 교차로의 입체화

답 ②

228 **대중교통의 육성 및 이용촉진에 관한 법률의 정의에 따른 '대중교통시설'에 해당하지 않는 것은?(단, 그 밖에 대통령령이 정하는 시설 또는 공작물로서 대중교통수단의 운행과 관련되 시설 또는 공작물을 고려하지 않는다.)**

① 버스 전용차로
② 택시 정류장
③ 「도시철도법」에 따른 도시철도시설
④ 「도시교통정비촉진법」에 따른 환승시설

답 ②

229 **대중교통의 육성 및 이용촉진에 관한 법률상의 내용으로 틀린 것은?**

① "대중교통"이라 함은 이 법에 의한 대중교통수단 및 대중교통시설에 의하여 이루어지는 교통체계를 말한다.
② 국토교통부장관은 10년 단위의 대중교통 기본계획을 수립하여야 한다.
③ 특별시장·광역시장·특별자치시장·특별자치도지사·시장 또는 군수(광역시 안에 소재하는 군수 제외)는 기본계획에 따라 5년 단위의 지방대중교통계획을 수립하여야 한다.
④ 국토교통부장관은 직접 또는 시·도지사의 요청에 의하여 대중교통시범도시를 지정할 수 있다.

답 ②

230 **대중교통의 육성 및 이용촉진에 관한 법률의 정의에 따른 '간선급행버스체계'의 구성용소에 포함되지 않는 것은?**

① 편리한 환승시설
② 교차로에서의 버스우선통행
③ 교통카드전용결제시스템
④ 버스전용차로

답 ③

231 **대중교통을 체계적으로 육성·지원하고 국민의 대중교통수단 이용을 촉진하기 위하여 필요한 사항을 규정함으로써 국민의 교통편의와 교통체계의 효율성을 증진함을 목적으로 하는 법률은?**

① 교통안전법
② 교통약자의 이동편의법
③ 국가통합교통체계 효율화법
④ 대중교통의 육성 및 이용촉진에 관한 법률

답 ④

232 **대중교통시설에 관한 사항을 반영하여야 하는 개발사업의 대상 및 범위 기준이 틀린 것은?**

① 「도시개발법」에 의한 도시개발 사업 중 「도시교통정비촉진법」에 따른 교통영향평가 대상이 되는 사업

② 「기업도시개발 특별법」에 의한 기업도시 개발사업 및 "신행정수도 후속대책을 위한 연기·공주지역 행정중심복합도시의 건설사업" 중 부지면적 25만 제곱미터 이상인 사업
③ 도로의 신설 또는 확장사업 중 편도 2차로 이상으로서 총길이 10킬로미터 이상인 사업
④ 「철도의 건설 및 철도시설 유지관리에 관한 법률」에 따른 철도건설사업 및 「도시철도법」에 의한 도시철도의 건설사업 중 철도역사 또는 도시철도역사가 포함되는 사업

답 ③

233 **대중교통의 육성 및 이용촉진에 관한 법률의 정의에 따라 '간선급행버스체계'의 구성요소에 해당하지 않는 것은?**

① 버스운행관리시스템(BMS)
② 버스전용차로
③ 저공해 저상버스
④ 교차로에서의 버스우선통행

답 ③

234 **대도시권 광역교통기본계획에 포함되어야 할 사항에 해당하지 않는 것은?(단, 그 밖에 대도시권에 광역교통의 개선을 위하여 대통령령으로 정하는 사항은 고려하지 않는다.)**

① 광역교통시설 부담금의 배분 및 사용에 관한 사항
② 대도시권 광역교통의 현황 및 장기적인 교통수요의 예측에 관한 사항
③ 대도시권 대중교통수단의 장기적인 확충 및 개선에 관한 사항
④ 광역교통기본계획의 목표 및 단계별 추진전략에 관한 사항

답 ①

235 **대도시권 광역교통 관리에 관한 특별법에 따른 광역교통계획 수립단위 기준이 모두 옳은 것은?**

① 광역교통기본계획 10년, 광역교통시행계획 5년
② 광역교통기본계획 20년, 광역교통시행계획 10년
③ 광역교통기본계획 10년, 광역교통시행계획 10년
④ 광역교통기본계획 20년, 광역교통시행계획 5년

답 ④

236 **대도시권 광역교통에 관한 업무를 수행하기 위하여 국토교통부 소속으로 두는 대도시권 광역교통위원회의 소관 업무가 아닌 것은?(단, 그 밖에 광역교통위원회가 필요하다고 인정하는 사항은 고려하지 않는다.)**

① 광역교통수단과 연계된 환승요금의 요율 및 기준에 관한 사항
② 광역교통시설에 대한 재정지원에 관한 사항
③ 광역교통시설 부담금에 관한 사항
④ 대도시권 광역교통기본계획의 수립

답 ④

237 **대도시권 광역교통 관리에 관한 특별법의 용어 정의에 따라 다음 중 '광역교통시설'에 해당하지 않는 것은?(단, 그 밖에 대통령령으로 정하는 교통시설은 고려하지 않는 다.)**

① 「화물자동차 운수사업법」에 따른 화물자동차 휴게소로서 지방자치단체의 장이 건설하는 화물자동차 휴게소
② 둘 이상의 시·도에 걸쳐 운행되는 도시철도 또는 철도로서 대통령령으로 정하는 요건에 해당하는 도시철도 또는 철도
③ 「국가통합교통체계효율화법」에 따른 환승센터·복합환승센터로서 대통령령으로 정하는 요건에 해당하는 시설
④ 「국토의 계획 및 이용에 관한 법률」에 따른 부설주차장으로서 도시지역에서 주차수요를 유발하는 시설물의 건축 시 설치하는 시설

답 ④

238 **대도시권 광역교통 관리에 관한 특별법령에 따라 광역교통시설 부담금으로 부과 대상 사업 기준이 틀린 것은?**

① 「택지개발촉진법」에 따른 택지개발사업

② 「도시개발법」에 따른 도시개발사업
③ 「주택법」에 따른 대지조성사업
④ 「도시 및 주거환경정비법」에 따른 재개발사업 (단, 10세대 이상의 공동주택을 건설하는 경우)

답 ④

239 **광역교통 개선대책을 수립하여야 하는 대규모 개발사업의 범위에 해당하지 않는 것은?(단, 그 밖에 다른 법률에서 광역교통개선대책의 수립대상으로 규정한 사업의 경우는 고려하지 않는다.)**

① 사업면적이 110만m²인 택지개발사업
② 시설계획지구의 면적이 200만m²인 관광단지조성사업
③ 시설계획지구의 면적이 200만m²인 산업단지조성사업
④ 수용인구가 3만명인 도시개발사업

답 ③

240 **대도시권 광역교통 관리에 관한 특별법령의 정의에 따른 '대도시권'의 권역 구분에 해당하지 않는 것은?**

① 대구권　② 대전권
③ 수도권　④ 전주권

답 ④

241 **대도시권 광역교통관리에 관한 특별법령상 광역교통 개선대책을 수립하여야 하는 대규모 개발사업의 수용인구 또는 수용인원 기준이 옳은 것은?**

① 1만명 이상　② 3만명 이상
③ 5만명 이상　④ 10만명 이상

답 ①

교통기사 실기

제1장

교통계획(이론문제)

1. 교통조사

1　교통의 3대 요소를 쓰시오.

해설 교통주체(사람, 물건), 교통수단(자동차, 버스, 지하철, 철도, 비행기, 선박), 교통시설(교통로, 역, 주차장, 공항, 항만)

2　도로의 기능 3가지를 쓰시오.

해설 접근성, 이동성, 공간성

3　교통시설의 3요소를 쓰시오.

해설 시설(LINKS), 결절점(NODES), 운반체(MEANS)

4　교통정책의 3대 목표는 열거하시오.

해설 교통체계의 효율성, 교통서비스의 질적 향상, 환경 악영향의 최소화

5　통행목적의 유형에 대해 열거하시오.

해설 출근통행, 등교통행, 업무통행, 쇼핑통행, 친교 · 여가통행

6　교통량 조사방법 3가지를 열거하시오.

해설 주행차량 이용 조사방법, 기계적 조사, Cordon line조사, Screen line조사, 사진측량법

7　속도조사의 방법을 3가지 열거하시오.

해설 차량번호판조사, 자동감지기조사, 사고기록조사, 통계조사, 실험조사

8　노측면접 조사시 조사할 수 있는 조사의 종류를 3가지 이상 설명하시오.

해설 출발지 및 목적지(기종점), 통행목적, 평균재차인원(승객수), 통행시간

9　교통존 내의 교통량조사 방법을 단계별로 설명하시오.

해설 존 설정 → 외부의 교통조사 → 내부의 교통조사 → 스크린라인 검정 → 자료분석(확충)

10 Cordon Line 조사와 Screen Line 조사의 목적에 대해 설명하시오.

해설 가구통행실태 조사자료의 전수화를 위하여 보정하는데 필요한 조사자료들을 Cordon Line 조사나 Screen Line 조사방법 통해 얻는 것이 Cordon Line 조사와 Screen Line 조사의 주목적이다.

11 Cordon Line 조사와 Screen Line 조사에 대해 설명하시오.

해설 • **Cordon Line 조사**

① 폐쇄선(Cordon Line) : 조사대상지역을 포함하는 외곽선을 의미
② 총 통행량의 5% 이상이 Cordon Line을 통과하는 지점에 대해 조사(대상지역으로 유·출입조사)
③ 폐쇄선 설정시 고려사항
- 가급적 행정구역 경계선 일치
- 도시주변에 인접한 위성도시나 장래 도시화 지역 등은 가급적 폐쇄선 내에 포함
- 폐쇄선을 횡단하는 도로나 철도 등이 최소가 되도록 설정
④ 폐쇄선조사를 통해 습득할 수 있는 정보
- 지역(폐쇄선)을 출입하는 통행량
- 통행수단
- 시간별 변동

• **Screen Line 조사**

① 경계선(Screen Line) : 조사지역 내 일정 지점을 통과하는 통행자조사
② Screen Line은 존의 중심지를 지나지 않도록 하고, Cordon Line과 근접하지 않도록 Screen Line을 적정 간격으로 설정
③ 실제로 조사한 교통량과 표본조사를 전수화시킨 자료를 비교하기 위해 실시 (OD 표본조사로부터 추정된 교통량 검증)

12 경계선 교통량조사(Cordon line)시 필요한 조사 항목에 대해 3가지 이상 쓰시오.

해설 차종별 교통량, 평균재차인원, 24시간 교통량, 조사지점도

13 폐쇄선(Cordon Line) 설정시 고려사항을 설명하시오.

해설 - 가급적 행정구역 경계선과 일치시킨다.
- 도시주변의 인접 위성도시나 장래도시화 지역은 폐쇄선 내에 포함시킨다.
- 횡단되는 도로나 철도는 최소화한다.
- 주변에 동이 위치하면 포함시킨다.

14 스크린라인(Screen Line) 설정시 고려사항을 설명하시오.

해설 - 존 중심지를 지나지 않도록 설정한다.
- 폐쇄선(Cordon Line)과 근접하지 않도록 설정한다.
- 여러 개의 스크린라인 설정시 적정한 간격이 유지되도록 설정한다.
- 실제로 조사한 교통량과 표본조사를 전수화 시킨 자료를 비교하기 위해 실시(OD 표본조사로부터 추정된 교통

량 검증)

15 사람통행실태조사 방법의 종류를 설명하시오. or 사람통행실태조사의 방법을 기술하시오. or 도시교통계획 수립을 위해 사용된 조사방법을 열거하시오.

해설 폐쇄선조사, 스크린라인조사, 영업용차량조사, 대중교통 수단이용객조사, 터미널승객조사, 직장방문조사, 가구방문조사, 노측면접조사, 차량번호판조사

참고

- **출발/목적지조사(O/D Studies) 방법**

① 가구방문조사(앙케이트, 설문지 등)

조사대상 지역 내에 기·종점을 가진 사람통행에 한하여 조사하는 것으로서 가구방문조사, 우편에 의한 회수법, 학생이용 설문조사 등의 방법이 있다.

② 영업용차량조사(Commercial Vehicle Survey)

버스, 화물차, 택시, 트럭 등의 영업용 차량을 대상으로 그 대상지역에서 무작위로 추출된 영업용차량에 대해 조사표를 이용하여 설문조사한다.

③ 직장방문조사(Office Interview Survey)

가구방문조사는 가구를 근간으로 하여 통행을 조사하는 방법이지만 직장방문조사는 조사자가 직장의 고용자를 대상으로 하여 조사표를 배부하고, 조사일의 통행실태를 조사하는 방법이다.

④ 대중교통 수단 이용객조사(Transit Passenger Survey)

버스정류장이나 지하철역 등에서 승차하기 위해 기다리는 승객에게 설문지를 배부하여 우편으로 우송하는 방법이다.

⑤ 차량번호판조사(License Plate Survey)

조사예정 지역 내의 일정한 지점을 선정하여 이 지점들을 통과하는 차량의 번호, 차종, 통과시간을 기록하는 방법이다. 이는 차량의 출발지와 목적지(도착지)를 알 수 있다. 이 방법은 조사대상 지역이 크면 신뢰성이 있는 결과를 얻기 힘들다. 또한 차량의 번호판이 작고 지저분하여 번호를 식별하기가 힘든 경우가 종종 발생한다.

⑥ 노면접조사(Roadside Interview)

간선도로나 이면도로상에 차량을 세우거나 신호 대기하는 차량 등을 대상으로 출발지와 목적지를 조사한다.

16 도로개선사업, 교차로 문제를 해결하는데 사용하는 교통조사의 종류 4가지를 쓰시오.

해설 도로현황(기하구조)조사, 교통량조사, 속도조사, 지체도조사 등

17 교통존 설정시 4가지 유의 사항을 설명하시오.

해설 - 각 존은 가급적 동질적인 토지 이용이 포함이 되도록 한다.
- 각 존 내부의 사회적, 경제적 성격이 비슷한 존을 산정한다.
- 간선도로나 강, 철도 등이 가급적 존 경계선과 일치하도록 한다.

- 행정구역과 가급적 일치시킨다.
- 각 존의 모양은 원형에 가깝게 해야 한다.
- 한 존에 소규모 도시의 주거지역 : 1,000~3,000명
  대규모 도시의 주거지역 : 5,000~10,000명
  (각 존의 가구수, 인구, 통행량 규모가 비슷해야 한다.)
- 각 존은 분리되어야 한다.

18 공공서비스로서의 교통에 정부의 개입이 필요한 이유에 대해서 설명하시오.

해설
- 외부효과가 크고 다분히 공공재적 성격을 지니고 있다.
- 교통시설에 대한 투자와 관리는 해당 지역뿐만 아니라 도시전역에 걸쳐 영향을 미친다.
- 서비스의 형평성과 효율성을 확보하기 위해서
- 교통체계 구성요소간의 연결성과 체계성을 유지하기 위해서
- 사적독점에서 나타나는 부작용을 방지
- 일정수준 이상의 교통서비스를 확보하기 위해서

19 가구방문조사에는 성별, 연령, 직업을 제외한 나머지 사항을 5가지로 나열하시오. or 교통수요조사 방법 중 가구방문조사 결과로 얻을 수 있는 것을 3가지 이상 쓰시오.

해설 출발지와 목적지, 통행목적, 통행비용, 자동차소유여부와 보유대수, 환승 여부, 가구총소득, 5세 이상 가족수, 통행시간, 교통비, 이용한 교통수단, 운전면허증 소지여부

20 교통수요와 교통상황 실태조사를 전국 또는 도시권 전체가 대상지역인 광역적 교통조사의 종류 5가지만 나열하시오.

해설
- 가구통행 실태조사
- 자동차 기종점조사
- 고속국도, 국도, 간선도로 등 상위도로 주위의 교통량조사
- 주요교차점 교통량조사
- 구역의 지체도 및 빈도조사
- 물류조사

21 교통지구 분할의 3대 원칙을 설명하시오.

해설
- 균일한 무게를 지녀야 한다.
- 단일의 centroid(중심)를 가져야 한다.
- 교통존은 원형에 유사하여야 한다.

22 표본설계의 유형 3가지를 설명하시오.

해설 • **단순확률 표본설계**
- 모집단이 개체가 똑같은 확률로 뽑혀지도록 표본단위를 모집단에서 추출
- 조사대상을 무작위로 추출

• **층화확률 표본설계**

- 모집단의 개체 특성치분포가 계층에 따라 다를 경우에 적용
- 일반적으로 조사대상자의 직업, 연령 등의 구성비에 비례하여 표본 추출

• **집락확률 표본설계**

- 모집단이 지리적으로 구분되어 있고, 또 지역적으로 개체 특성치 분포가 다를 때 적용되는 표본 추출 방법

23 가구통행실태조사 중학생이용 설문조사의 장 · 단점을 설명하시오.

해설

장점	·교육당국의 협조만 얻으면 학교별 학생 설문이 용이 ·저비용
단점	·30대 가장의 가구가 적게 나타남 ·존별 표본수가 아주 적은 존이 발생 ·택시이용자의 수가 적게 나타나는 경향이 있음 ·근로자의 표본수가 적음

24 교통수단에 영향을 미치는 요소를 나열하시오.

해설 - 통행자의 사회 · 경제적 변수
- 교통비용에 대한 인식
- 경쟁관계에 있는 교통류(수단)의 특성
- 현재 교통수단 분담 정책

25 교통량의 내부 구성요소를 3가지만 열거하시오.

해설 차종구성, 방향별, 회전별 교통량, 기 · 종점별 교통량

2. 교통계획 과정

1 교통계획의 기능에 대해 설명하시오.

해설 - 근시안적인 교통계획의 장기적인 테두리 설정해준다.
- 즉흥적인 계획과 집행을 막을 수 있다.
- 교통행정에 대한 지침을 제공하는 역할을 한다.
- 정책목표를 세울 수 있는 계기가 마련된다.
- 한정된 재원의 투자우선순위를 설정해 준다.

- 세부계획을 수립할 수 있는 준거를 마련해 준다.
- 교통문제 진단, 인식여건 조성시킨다.
- 집행된 교통정책 점검할 수 있다.
- 단기, 중기, 장기교통정책의 조정과 상호연관성을 높일 수 있다.

2 토지이용과 교통체계 간의 연관성에 대해 설명하시오.

해설 토지이용은 통행발생 활동의 가장 중요한 결정요인으로 여겨진다. 통행발생 활동의 수준과 해당지역 내에서의 통행방향은 교통시설의 필요성을 결정한다. 이들 시설을 마련하면 그 토지의 접근성은 변화되고 이로 말미암아 지가가 변하게 된다. 지가는 토지이용의 주요 결정요인이므로, 결국 이 순환과정 내에서 어느 한 요소가 변화되면 나머지 모든 요소가 변하는 순환을 계속한다. 교통체계와 토지이용 간의 상호작용은 다음과 같다.

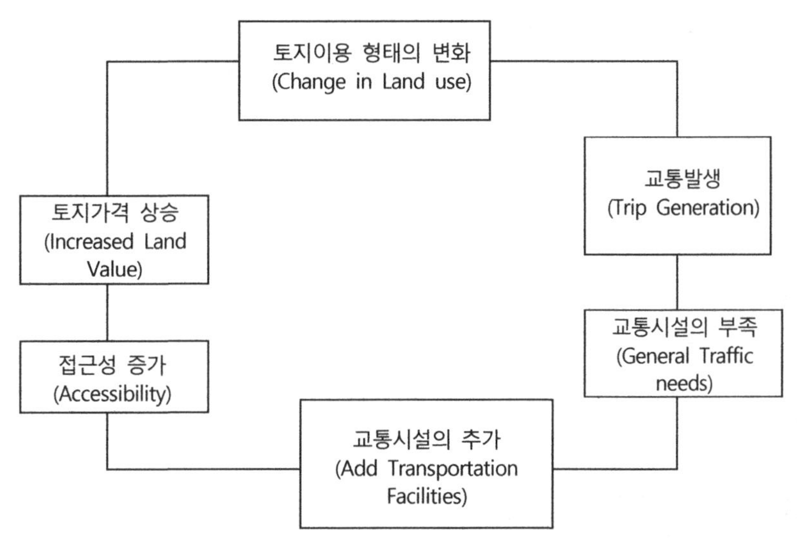

[그림] 토지이용 형태의 변화에 따른 교통계획의 필요성

참고

- **토지이용과 교통과의 관계**

① 토지이용이 교통에 미치는 영향 : 지대이론(Rent Theory)
- 지역 교통망 형성
- 목적별/수단별 통행발생 규모 결정
- 통행분포 결정

② 교통이 토지이용에 미치는 영향 : 입지이론(Location Theory)
- 토지이용 분포와 형태 결정
- 접근성 제고로 토지가치 상승

• **토지이용-교통 모형의 유형**

① 지대이론(Rent Theory)

- 입지 선정시 지대가 중용
- CBD에 가까울수록 수송비 감소로 유리
- 도시구조에 따른 지대발생이론

② 입지이론(Location Theory)

- 공장, 주거, 상업지의 입지 선정시 수송비 중요
- 교통이 토지이용 형태를 결정하는 중요한 요소
- Lowry 모형 : 토지이용 상호 간 흡입력이 큰 활동을 상호 운행시켜 총 수송비 최소화

3 도시교통계획 과정에 대해서 설명하시오.

해설

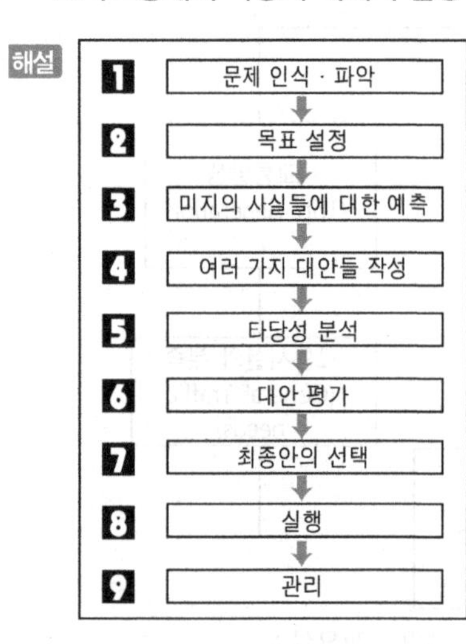

① 문제인식 · 파악(Problem diagnosis)
계획의 바탕이 되는 단계로 현황 분석을 통해 문제점을 알아 인식하고 공공계획에서 공공의 희망을 인식하는 단계이다.

② 목표설정(Goal Articulation)
매우 중요한 단계이다. 초기에는 추상적이고 불분명한 상태에서 설정(도시의 건강성, 쾌적성)을 해야 하기 때문에 (Goal : 상위목표, Objective : 구체화된 목표) 점차 진행시키며 Goal을 구체화시켜 나가야 한다.

③ 미지의 사실들에 대한 예측(Forecasting)
구축된 사회 · 경제지표자료들과 예측모형을 이용하여 장래에 대한 예측한다.

④ 여러 가지 대안들을 작성(Making of Alternative plan)
최적의 대안을 고르기 위해 여러 가지 측면을 검토하여 대안들을 수집한다.

⑤ 타당성의 분석(Feasibility Study)
작성된 대안들이 미래에 실현 가능성이 있는가를 분석하며, 여러 가지 운영 효과의 분석도 중요하다.

⑥ 대안들의 평가(Evaluation)
경제적인 분석 방법(NPU) 등의 분석방법을 통해 대안들을 평가한다.

⑦ 최종안의 선택(Selection of best alternative)

⑧ 실행(Implementation)

⑨ 관리(Monitoring)

4 교통계획의 상위 목표를 4가지 이상 설명하시오.

해설 - 합리적 수송체계 확립
- 도시 및 지역개발
- 목표달성을 위한 적극적인 방법
- 토지이용의 능률비교, 기동성 향상
- 교통사고 감소, 환경의 질적 개선
- 에너지절약, 경제적 효율성 증진성을 높일 수 있다.

참고

상위목표	하위목표(objectives)
기동성의 향상	· 도시통행의 서비스 수준 향상 · 통행의 신뢰성 향상 · 자가용 승용차의 이용 억제를 위한 대안적 교통수단의 제공 · 교통약자에 대한 양호한 교통서비스 제공 · 보행자와 자전거 등과 같은 교통수단을 위한 교통시설 개선
교통사고의 감소	· 교통사고건수의 감소 · 사망과 중경상건수의 감소
환경의 질적 개선	· 자동차 방출가스의 영향 감소 · 소음의 감소 · 자연환경에 대한 악영향 감소 · 도시환경의 심미성 향성
에너지 절약	· 도시통행에 소요되는 연료소비량의 감소
교통의 경제적 효율성 증진	· 현 교통체계의 사람과 화물의 처리능력 향상 · 개인 통행비용의 감소 · 도시교통체계의 공공비용 감소 · 화물수송비용 감소 · 도시교통에 의해 초래되는 경제적 효과의 최대화

5 노선계획수립을 위한 계획 교통량의 추정절차를 순서대로 나열하시오.

해설 지역계획조사 → 조사지역 설정과 존분할 → 경제 및 토지이용 현황조사 → 교통현황조사 → 인구, 경제 및 토지이용예측 → 장래교통량 예측

6 교통계획의 유형은 어떤 것들이 있는지 설명하시오.

해설 - 계획기간에 따라 : 장기, 중기, 단기계획
- 계획의 공간적 범위에 따라 : 국가, 지역, 도시, 지구, 교통축 교통계획
- 계획대상에 따라 : 대중교통, 간선도로, 교차로, 주차시설, 보행시설, 관리 · 운영

7 노선계획 수립과정을 순서대로 설명하시오.

해설

1단계	현황조사 및 분석표
	· 사회경제지표 및 현황조사
	· 연관계획 검토

↓

2단계	교통수요 예측
	· 사회경제지표 예측
	· 장래 교통수요 예측

↓

3단계	노선선정 및 계략설계
	· 최적노선 선정
	· 개략설계

↓

4단계	예비설계
	· 기술적 타당성 검토
	· 예비설계

↓

5단계	투자계획수립
	· 경제성분석
	· 투자계획

8 계획대상의 특성에 따라 분류된 교통계획의 종류를 나열하시오.

해설 운영 · 관리계획, 가로망계획, 대중교통계획, 간선도로계획, 이면도로계획, 교차로계획, 주차시설계획, 보행시설계획 등

9 교통서비스 개선 및 서비스의 질적 향상을 알 수 있는 사항을 설명하시오.

해설 - 통행시간, 대기시간, 환승시간, 통행비용, 교통사고의 감소
- 교통서비스의 신뢰성 회복
- 기존교통체계의 교통처리능력 제고
- 토지이용 효과증진

10 교통계획의 공간적 범위에 따라 분류하시오.

해설 국가교통계획, 지역교통계획, 도시교통계획, 지구교통계획, 교통축교통계획

참고

• **교통의 공간적 분류와 특성**

구분	교통계획 목표	교통체계	교통특성
국가교통	· 국토이용의 효율성을 제고하기 위한 교통망 형성 · 국토의 균형발전을 위한 교통망	고속도로, 철도 항만, 항공	· 화물과 승객의 장거리 이동 · 국가경제발전의 측면에서 접근
지역교통	· 지역 간 승객 및 화물이동 촉진	고속도로, 철도, 항만	· 화물과 승객의 장거리 이동 · 지역생활권간의 교류
도시교통	· 도시교통 효율성 증대 · 대량교통수요의 원활한 처리	간선도로, 이면도로, 도시고속도로, 지하철, 승용차, 택시, 전철, 버스	· 도시경제활동을 위한 교통서비스
지구교통	· 지구 내 자동차의 통행제한 · 안전하고 쾌적한 보행자공간의 확보 · 대중교통체계의 접근성 확보	이면도로, 주차장 보조간선도로, 골목	· 블록으로 형성 · 근린지구의 교통처리
교통축교통	· 교통축별 교통처리능력의 향상 · 교차로 용량의 증대	간선도로, 교차로, 승용차, 택시, 버스, 지하철	· 교통체증이 발생되는 축 · 도심과 연결되는 주요 동서, 남북, 방사선 간선도로

11 장기교통계획과 단기교통계획을 서로 비교하여라.

해설

장기교통계획	단기교통계획
소수대안	다수의 대안
유사한 대안	서로 다른 대안
교통수요고정	교통수요의 변화
단일교통수단위주	여러 교통수단을 동시에 고려
공공기관의 정책	공공기관 및 민간기관 정책
장기적	단기적
시설지향적	서비스지향적
추정지향적	피드백지향적
자본집약적	저자본집약적

12 도시교통정비 촉진법의 목적 세 가지를 설명하시오.

해설 - 교통시설의 정비를 촉진
- 교통수단 및 교통체계를 효율적으로 운영·관리
- 도시교통의 원활한 소통과 교통편의의 증진에 이바지

13 도시교통정비 촉진법에 의한 교통혼잡 특별관리구역 지정기준에 대해 설명하시오.

해설 교통혼잡 특별관리구역(도시교통정비 촉진법 제42조)는 시장이 도시교통의 원활한 소통과 교통편의 증진을 위해 필요하다고 인정하면 도시교통정비지역안의 일정지역을 지정한다. 특별관리구역에 있는 대통령령으로 정하는 규모 이상의 시설물(주거용 시설물은 제외하며, 이하 "특별관리구역시설물"이라 한다) 및 특별관리구역에 들어가는 차량에 대하여 제43조에 따른 교통수요관리 조치를 시행할 수 있다.

- **교통혼잡 특별관리구역 지정기준(도시교통정비 촉진법 시행령 제30조)**

① 혼잡시간대(일정구역을 둘러싼 편도 3차로 이상의 도로 중 적어도 1개 이상의 도로이 시간대별 평균속도가 10km/h 미만인 상태)가 평일 기준 1일 평균 3회 이상 발생
② 그 구역으로 진입 또는 진출교통량이 해당도로 단방향 교통량의 15% 이상일 것

- **교통수요관리 조치(도시교통정비 촉진법 제43조)**

혼잡통행료 부과 징수, 교통유발 부담금 징수, 부설 주차장 이용제한 명령, 통행 개선 및 대중교통 이용촉진을 위한 시책 실시

14 도시교통정비 촉진법상 도시교통정비 기본계획의 수립시 포함되어야할 사항을 열거하시오.

해설
- 교통시설 개선
- 대중교통체계의 개선
- 환경친화적 교통체계 구축

15 국가교통위원회에서 처리하는 업무범위에 대해 설명하시오.

해설
- 국가기간교통망계획의 수립 및 변경
- 중기투자계획의 수립 및 변경과 집행 실적 평가
- 교통시설 개발사업의 투자재원 확보
- 국가교통조사계획의 수립 및 변경
- 국가교통물류경쟁력지표 설정
- 중기 연계교통체계구축계획의 수립 및 변경
- 연계교통체계구축대책의 수립 및 변경
- 제1종 교통물류거점의 지정 및 변경
- 복합환승센터 개발 기본계획의 수립 및 변경
- 광역복합환승센터의 지정
- 복합환승센터개발계획 수립 및 변경
- 지능형교통체계기본계획의 수립 및 변경
- 국가교통기술개발계획 및 국가교통기술개발시행계획의 수립 및 변경
- 교통체계와 관련된 제도의 개선
- 국가교통정책의 종합조정

16 국가기간교통망계획 수립 내용에 대해 설명하시오.

해설
- 교통 여건의 전망과 교통 수요의 예측
- 종합적인 교통정책 및 교통시설투자의 방향
- 국가기간교통망 구축의 목표와 단계별 추진전략
- 국가기간교통시설의 신설·확장 또는 정비사업 및 연계수송체계
- 국가기간교통시설 개발사업에 필요한 재원 확보의 기본 방향과 투자의 개략 적인 우선순위
- 교통기술의 개발 및 활용
- 국가기간교통망과 다른 나라 교통망 간의 연계운영·개발 및 협력
- 그 밖에 교통체계의 개선에 관한 사항

17 대중교통 기본계획 수립 내용에 대해 설명하시오.

해설 - 대중교통의 현황과 전망
- 대중교통정책의 기본방향과 목표
- 대중교통시설 및 대중교통 수단의 개선, 확충에 관한 사항
- 비수익노선 대중교통 수단의 현황과 향후 운행조정 및 지원방향
- 자가용 승용차 이용자의 대중교통 이용촉진에 관한 사항
- 농어촌 및 벽지주민을 위한 대중교통 이용 편의 증진에 관한 사항
- 기본계획의 추진에 소요되는 재원의 조달방안
- 기타 대통령령이 정하는 사항

18 4단계 추정모형의 종류와 추정법을 각각 2가지씩 쓰시오.

해설

통행발생	· 과거추세연장법(증감율법, 원단위법) · 회귀분석법 · 카테고리분석법
통행분포	· 성장률법 (균일성장률법, 평균성장률법, 프라타법, 디트로이트법) · 간섭기회모형 · 중력모형, 엔트로피모형
교통수단선택	· 통행단모형(전환곡선, 회귀분석) · 통행교차모형(전환곡선, 회귀분석) · 확률선택모형(판별분석법, 로짓모형, 회귀분석법, 프로빗모형)
통행배정	· 용량을 제약하지 않는 방법(ALL-OR-NOTHING) · 용량을 제약하는 방법(반복배정, 분할배정, 이용자균형배정, 확률적 통행 배정)

19 기존의 전통적 4단계 교통수요 추정모형의 문제점을 설명하시오.

해설 - 설명변수가 제약되어 있다.
- 각 단계에서 예측을 위해 사용되는 모형의 파라미터, 변수의 값 등이 각 단계간에 일치하지 않는다.
- 존별 집계자료에 근거해서 개발된 모델이기 때문에 개발된 모델을 타 존의 교통수요 추정에 활용할 수 없다.
- 수요관리정책 등과 같이 비물리적 교통계획 대안에 대한 평가가 불가능하다.
- 단계별로 활용하는 자료의 행태가 상이하기 때문에 오차의 누적현상에 의한 신뢰도 저하현상이 발생할 수 있다.

20 4단계 수요추정의 장 · 단점을 설명하시오.

해설 • **장점**
- 각 단계별로 결과에 대한 검증함으로써 교통수요를 수리적 모형으로 묘사 가능
- 통행패턴의 변화가 일어나지 않는다는 가정을 전제로 하기 때문에 통행패턴의 변화가 적은 사업에 유용
- 장기적, 대규모 사업 분석에 유용
- 각 단계별로 적절한 모형의 선택이 가능

• **단점**
- 과거의 일정한 시점을 기초로 모형화 함으로써 추정시 경직성을 나타냄
- 계획가나 분석가의 주관이 강하게 작용할 수 있음

- 총체적 자료에 의존하기 때문에 통행자의 행태적 측면이 거의 무시됨
- 단기적, 서비스 지향 사업에 적용 곤란
- 누적오차 발생

21 통행단모형의 특징에 대하여 서술하시오.

해설
- 사회, 경제적인 변수에 따라 교통수단 선택 패턴이 결정된다고 가정
- 모형 적용이 편리하고 통행자 행태에 대한 가설 설정이 가능
- 주로 도로이용자의 통행자분담율 산출에 주목적을 둠
- 개인의 개별적 형태를 무시
- 교통체계의 변화에 대처가 난이

22 통행발생(Trip Generation) 모형의 분석기법의 종류를 열거하시오.

해설 회귀분석법, 과거추세연장법(원단위법, 증감율법), 카테고리법

23 통행발생모형 중 회귀모형의 분석과정 단계별로 설명하시오.

해설 발생, 집중 교통량과 인과관계를 가지고 있다고 생각되는 존의 지표(변수)를 선택 → 발생, 집중 교통량과 위에서 선택한 변수와의 관련성을 단상관분석 등으로 파악하여 설명변수 설정 → 중회귀분석 → 중회귀분석의 검토 → 예측모델의 재검토

24 카테고리분석의 적용과정을 설명하시오.

해설 카테고리유형 결정 → 조사된 자료를 유형에 따라 분류 → 현재 평균 통행 발생량 산출 → 장래 총통행 발생량 산출

25 카테고리분석법에 의한 수요 추정시 설명변수로 작용하는 유형의 종류를 3가지만 열거하시오.

해설 차량보유대수, 가구의 규모, 가구의 소득 등

26 교차분류법(카테고리법)의 장 · 단점을 기술하시오.

해설
- **장점**
  - 자료 이용이 효율적이며 이해가 용이
  - O/D가 없어도 예측 가능
  - 타 지역에 이전이 용이
  - 카테고리 그룹과 존 체계가 독립적임
  - 통행발생율과 설명변수간의 관계를 선형 또는 비선형으로 가정하지 않아도 됨
  - 특정계층의 행태를 반영할 수 있음
- **단점**
  - 표본수가 적을 경우 통행발생률의 정확도가 떨어짐

- 통계적 적합도를 평가할 수 있는 검정통계량 부재
- 시행오차방법을 제외하고 가장 적합한 조합을 결정할 수 있는 방법론 부재
- 교차분류의 기준이 되는 변수가 정해졌다 하더라도 예측의 정확도를 높일수 있는 방법이 없음
- 존 규모에 따라 분석의 정확도가 좌우될 수 있음
- 최저값 또는 최고값이 극단값을 가질 가능성이 높음
- 셀 안의 변동량 정보가 없음
- 교통운영체계와 토지이용 패턴이 크게 변하지 않는 지역에서만 통행발생률을 이용할 수 있음
- 카테고리 범위에 포함되지 않는 값에 대해서는 외삽(extrapolation)을 허용하지 않음(최상위 또는 최하위 카테고리 범위는 오차로 인정함)

27 원단위법의 장 · 단점을 기술하시오.

해설 • **장점**

- 소규모 지역단위에 적합
- 추정비용 및 시간절약
- 건축밀도 및 토지이용의 집약도가 고려됨

• **단점**

- 기준자료(신도시 등)가 없을 경우 분석자 주관 개입
- 내부통행이 고려가 안 됨
- 목적별 통행비중의 변화를 고려하지 못함
- 접근변수의 한계
- 원단위가 장래에도 변하지 않는다는 가정 때문에 장래상황 반영이 어려움

28 시계열 자료(Time-Series Data)와 횡단면 자료(Cross-Sectional Data)에 대해 설명하시오.

해설 • **용어 정의**

- 시계열 자료(Time-Series Data) : 시간을 통해 변화하는 양을 나타내 는 시계열 자료
- 횡단면 자료(Cross-Sectional Data) : 개체 간, 그룹 간의 크기나 양의 차이를 나타내는 횡단면 자료

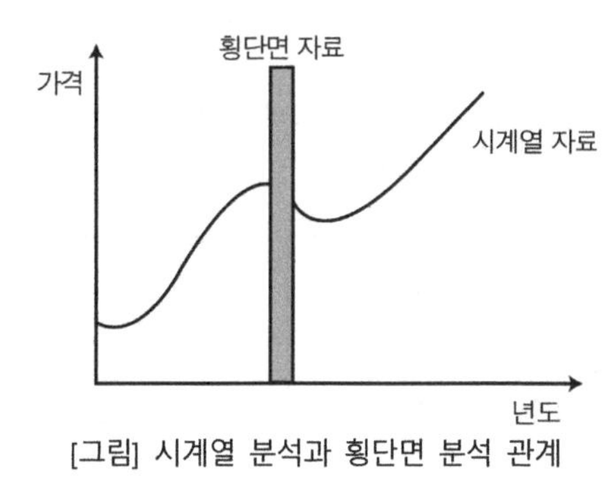

[그림] 시계열 분석과 횡단면 분석 관계

• **특징**

① 시계열 자료보다 횡단면자료의 표본수가 많음
② 횡단면 분석은 지역별, 직업별 등 시계열로 명백히 구분하기 곤란한 요인분석 가능

③ 소비함수 계측의 경우
- 시계열 분석은 소득과 가격요인의 상관도가 높으면 신뢰할 추계값 산정이 곤란
- 횡단면 분석은 소득요인 우선 계측 후 가격요인을 구할 수 있음
- 그러나 횡단면 자료에서 각 가계의 가격요인이 같은 정도로 작용하고 있기 때문에 우선 소득계층별 자료에서 소득 요인만을 계측하고 다음에 시계열 자료에서 가격요인을 구하게 되는 방법이 고려되고 있음

• **사례**

① 일정시간대의 존 중심자료에 의한 기존 4단계 추정모형에서는 횡단면 분석을 함
② 그러나 개인 또는 가구의 생활주기 자료에 의한 활동중심모형(Activity Based Model)에서는 시계열 분석을 함

• **분석의 한계**

① 개인 혹 가구의 선택에 영향을 미치는 핵심변수들의 관측값 변화는 특별한 이유 때문에 발생될 수 있음. 예를 들어 교통수단, 주거입지 변화로 휘발류 가격이나 생애주기 등의 변화를 초래
② 이런 변화는 정확한 같은 시점에서 발생되지 않기 때문에 횡단면 자료는 변화의 인과관계를 파악하는데 한계가 있음
③ 횡단면 자료는 현재 통행패턴과 설명변수간의 인과관계를 잘 표현할 수 있으나 장래 통행패턴을 예측하는데 한계가 있음
④ 이런 취약점을 시계열 자료를 활용해 극복할 수 있음
⑤ 시계열 분석 역시 방법론 자체에 심각한 기술적 제약이 있음

29 통행발생모형의 접근방법 중 O/D 접근방법과 P/A 접근방법의 차이를 설명하시오.

해설 O/D 접근방법은 통행목적(통근, 등교, 학원, 업무, 귀가, 쇼핑, 기타)으로 구분하며 모든 통행에 있어서 출발지를 기점(O), 도착지를 종점(D)으로 두는 방식이다. P/A 접근방법은 가정기반 출퇴근통행(Home based work trip), 가정기반 통학통행, 가정기반 쇼핑통행(Home based school trip) 가정기반 기타통행(Home based other trip), 비가정기반 통행(None home based trip) 등으로 구분하는 방식이다. 즉, 가정기반통행의 경우 통행 방향을 구분하지 않고 가정을 통행생성(P) 지점으로, 반대지점을 통행유인(A) 지점으로 접근하는 방법이다. 다만 비가정기반 통행의 경우 O/D 접근방법과 동일하다.
통행목적별 구분에 있어서 O/D 접근방법이 P/A 접근방법과 분명히 다른점은 귀가통행을 별도의 목적통행으로 구분하고 있는 것이다. P/A 접근방법에서 통행을 가정과 관련하여 분류하는 근본적 논리는 가정을 모든 활동이 시작하고 끝나는 개인의 기반이 되는 지점으로써 고려하고자 하는 것이다.
다시 말해 O/D 접근방법은 통행이 출발하고 도착하는 현상적 패턴을 기준으로 하여 통행량을 산출하는 반면, P/A 접근방법은 통행의 주체인 개인이 기반을 두는 지점과 활동의 목적이 달성되는 지점으로 고려한 통행 행태적 패턴을 기준으로 통행량을 산출한다.
이와 같이 P/A 기반 접근방법은 보다 근본적인 활동의 목적으로 통행목적 범주를 설정하였기 때문에 통행 행태 측면에서 O/D 기반 접근방법보다 우수하다고 할 수 있다

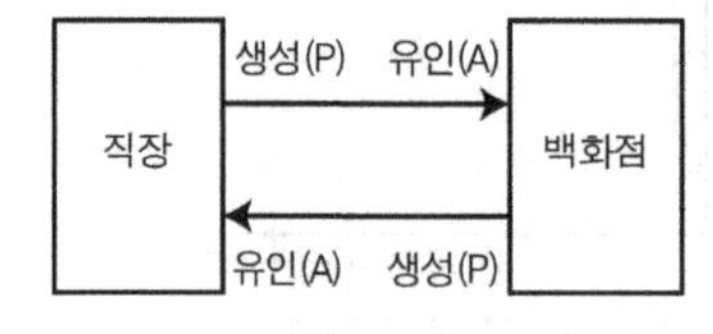

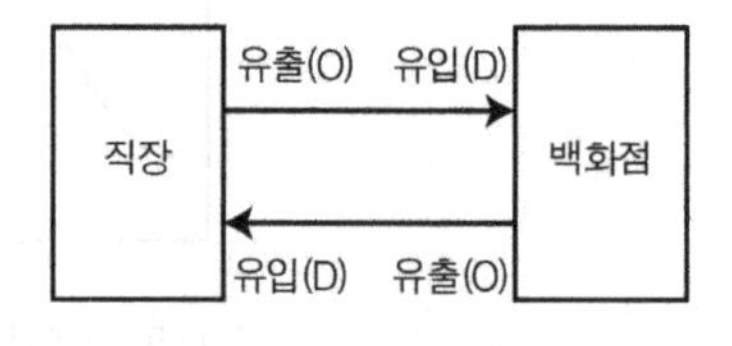

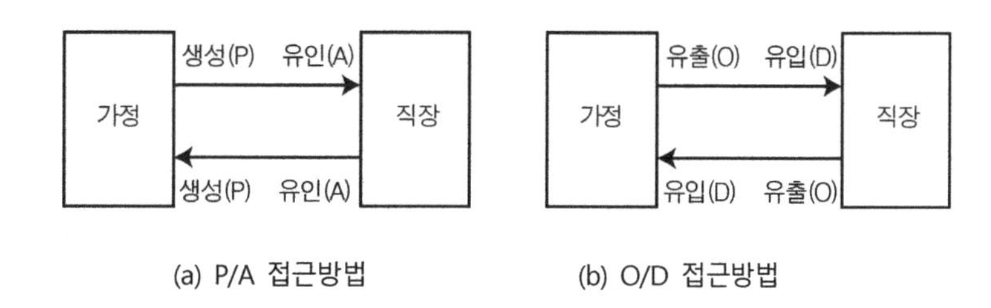

(a) P/A 접근방법 (b) O/D 접근방법

30 통행분포(Trip Distribution) 모형의 분석기법의 종류를 열거하시오.

해설 성장률법(균일성장률법, 평균성장률법, 프라타법, 디트로이트법), 중력모형, 간섭기회모형

31 성장률법의 장 · 단점을 서술하시오.

해설 • **장점**

- 이해가 용이하고 적용이 용이
- 장래의 교통여건이 크게 변하지 않는 지역에 적합
- 프라타법의 경우 평균성장률법보다 통행제약조건을 만족시키는 속도가 신속
- 가장 쉬운 방법은 균일성장률법이고 정확도는 프라타법이 가장 높음

• **단점**

- 장래여건이 크게 변화하는 지역에 적용성이 떨어짐
- 프라타법의 경우 계산과정이 복잡하고 이해가 어려움

32 중력모형의 유형을 열거하시오.

해설 - 총량제약 중력모형
- 유출제약 중력모형
- 유입제약 중력모형
- 이중제약 중력모형

참고

• **중력모형**

중력모형의 통행배분에서의 적용은 뉴턴의 만유인력법칙을 사회현상에까지 적용해 보려는 사회과학자들의 대담한 노력에서 그 근원을 찾을 수 있다. 두 장소 간의 교통량 교류는 두 장소의 토지이용에 의한 활동량의 곱에 비례하고 한 장소에서 다른 장소로 통행하는 데에 따른 교통 불편성(통행비용)에 반비례하는 것이라는 가정에서 출발한다.

① 총량제약 중력모형

– 존별 총출발통행량(O_i)과 총도착통행량(D_j)에 대한 제약이 없는 모형이며, 모든 존 간에 분포된 통행량 총합($\sum_i \sum_j T_{ij}$)은 분석대상지역의 총통행량(T)과 같아야 한다는 제약조건만을 만족시키는 중력모형임

$$T_{ij} = \frac{KO_i D_j}{d_{ij}^{\beta}}$$ 여기서, $T_{ij} = i$ 와 j 사이의 통행량
$O_{i,}$ = 존 i의 출발통행량
D_j = 존 j의 도착통행량
$d_{ij} = i$ 와 j 지역의 거리
β = 파라미터
K = 조정계수

② 유출제약 중력모형

- 존별 총출발통행량(O_i)에 대한 제약이 있는 모형이며, 존 i에서 출발하여 다른 모든 존으로 가는 통행량의 합($\sum_j T_{ij}$)은 존 i의 총출발통행량(O_i)과 같아야 한다는 제약조건을 만족시키는 중력모형임

$$T_{ij} = \frac{A_i O_i D_j}{d_{ij}^{\beta}}$$ 여기서, $T_{ij} = i$ 와 j 사이의 통행량
A_j = 출발지 존 i의 조정계수
$O_{i,}$ = 존 i의 출발통행량
D_j = 존 j의 도착통행량
$d_{ij} = i$ 와 j 지역의 거리
β = 파라미터

③ 유입제약 중력모형

- 존별 총출발통행량(D_j)에 대한 제약이 있는 모형이며, 다른 모든 존에서 출발하여 존 j에 도착하는 통행량의 합($\sum_i T_{ij}$)은 존 j의 총도착통행량(D_j)과 같아야 한다는 제약조건을 만족시키는 중력모형임

$$T_{ij} = \frac{B_j O_i D_j}{d_{ij}^{\beta}}$$ 여기서, $T_{ij} = i$ 와 j 사이의 통행량
B_j = 도착지 존 j의 조정계수
$O_{i,}$ = 존 i의 출발통행량
D_j = 존 j의 도착통행량
$d_{ij} = i$ 와 j 지역의 거리
β = 파라미터

④ 이중제약 중력모형

- 존별 총출발통행량(O_i)과 총도착통행량(D_j)에 대한 제약이 있는 모형임

$$T_{ij} = \frac{A_i O_i B_j D_j}{d_{ij}^{\beta}}$$ 여기서, $T_{ij} = i$ 와 j 사이의 통행량
A_j = 출발지 존 i의 조정계수
B_j = 도착지 존 j의 조정계수
$O_{i,}$ = 존 i의 출발통행량
D_j = 존 j의 도착통행량
$d_{ij} = i$ 와 j 지역의 거리
β = 파라미터

33 중력모형의 장 · 단점을 2가지씩 설명하시오.

해설 • **장점**

- 통행생성과 통행유인의 형태로 토지이용간과 교통의 상호경쟁성이 고려된다.
- 존 간 통행시간의 변화에 민감하다.(통행시간에 따라 다른 통행패턴을 따름)
- 존 간 통행량에 영향을 주는 통행목적을 고려할 수 있다.
- 직감적으로 이해하기 쉬우며, 특정지역에 적용하기 용이하다.
- 완전한 현재 O/D표가 없어도 장래통행분포 예측이 가능하다

- **단점**

- 통행의 마찰인자로 작용하는 통행시간, 통행거리, 통행비용 등은 기준년도의 값이 목표연도에도 동일한 값을 가질 것으로 가정되는데 이러한 가정은 현실적으로 한계를 가질 수 밖에 없다.
- 존 사이의 통행시간은 하루 중에도 시간대별로 많은 차이를 보이는데도 불구하고 중력모형은 일반적으로 하나의 출발지-목적지 존 간(O-D)의 통행시간은 하나의 값만을 가진 것으로 가정함으로써 정확한 통행분포의 예측에 한계를 가진다.
- 일반적으로 중력모형은 먼 통행은 과소 예측하고, 가까운 통행은 과대 예측하는 경향이 있다.
- 존 내 통행량 예측을 위한 소요시간의 결정이 어렵다.

34 교통수단에 영향을 미치는 요소를 설명하시오.

해설
- 교통비용에 대한 인식
- 경쟁관계에 있는 교통수단의 특성
- 통행자의 사회 · 경제적 변수

35 기회간섭모형의 단점을 설명하시오.

해설
- 모형의 이론 이해가 어렵다.
- 출발지로부터의 접근성 순서대로 나열 작업이 어렵다.
- 도착존 간의 상대적 거리는 무시되고 단지 절대적 순서로만 계산된다.
- 중력모형보다 이론적이나 실용성 면에서 떨어진다.

참고

- **기회간섭모형**

i 존과 j 존 사이에 V개의 기회가 있었고, $i \leftrightarrow j$ 간 통행비용이 동일한 곳에 dV개의 기회가 있다.
dV개의 도착기회 중에서 어느 하나에 도착할 확률 = 먼저 있는 V 개의 도착기회 중에서 원하는 목적지가 없을 확률 $\times dV$ 개의 도착기회 중에서 원하는 목적지가 있을 확률

$$P(dV) = [1 - P(V)]\ L \cdot dV$$

$P(dV)$: dV개의 도착기회 중에서 어느 하나에 도착할 확률(dV보다 가까운 곳에 있는 V 개의 도착기회 중에서는 원하는 목적지를 발견할 수 없으면서)
$P(V)$: V 개의 도착기회 중에서 원하는 목적지가 있을 확률
L : 통행자가 각 기회를 선택할 확률, 주어진 각 기회에서 자신의 목적을 달성할 확률 즉 총 기회의 역수
$L \cdot dV$: dV 개의 도착기회 중에서 원하는 목적지가 있을 확률
V : 순서가 붙여진 V 영역 내의 도착기회의 총합, 예를 들어 V_j 는 i 존에서 가까운 순서로 따져 j 존까지의 모든 도착기회

$$\frac{P\ (dV)}{1 - P(V)} = L \cdot dV$$

$$\frac{dP(V)}{1 - P(V)} = L \cdot dV$$

$$\therefore\ P(V) = 1 - K \cdot \exp(-LV)$$

36 개별행태모형의 종류를 나열하시오.

해설 판별분석법, 로짓모형, 회귀분석법, 프로빗모형

참고

개별형태모형은 기존의 전통적 4단계 교통수요추정모형의 제기되는 각종 문제점을 극복하기 위해 개발된 모형으로써 효용이론을 근거해 모형구축

37 개별행태모형의 장점에 대해서 설명하시오.

해설 - 교통존이 한정되지 않으므로 어떤 지역단위에서도 적용이 가능
- 효용이론에 근거한 모델 구축
- 형태성이 강하기 때문에 공간적 시간적으로 이전 가능
- 관측 불가능한 효용에 대해서 가정된 분포의 형태에 따라서 다양한 형태의 모형이 구축 가능
- 4단계 교통수요추정모형과 비교해서 여러 가지 과정을 동시에 수행 가능
- 단기적 교통정책의 영향을 쉽게 확인
- 비용 절감, 짧은 시간 만에 결과 도출

38 개별형태모형에서 수집된 자료를 토대로 종속변수와 설명변수의 관계를 규명하는 방법 3가지를 열거하시오.

해설 - 회귀분석(regression)
- 판별분석법(discriminant analysis)
- 최우추정법(maximum likelihood method

참고

- **회귀분석법(Regression Analysis)**

① 일반식

$$P_{im} = \theta_0 + \theta_1 X_{im1} + \theta_2 X_{im2} + \cdots + \theta_k X_{imk}$$

P_{im} : 개인 m이 대안 i를 선택할 확률

θ_k : 대안 i의 k번째설명변수에 대한 계수

X_{imk} : 대안 i의 k번째설명변수에 대한 개인 m의 변수값

② 문제점

– 종속변수인 개인의 선택확률을 알 수 없다 → 자료를 계층별로 분류하여 각 계층별 선택확률을 사용하고 설명변수도 각 계층별 평균치 적용
– 개별행태모형의 종속변수는 이산형인데 회귀분석법의 종속변수는 연속형
– 회귀방정식의 오차항에 관한 확률적 분포의 가정에 위배
– 계수의 적합성 평가 불가능

- **판별분석법(Discriminant Analysis)**

① 판별함수식

- 인간의 선택은 각 대안이 갖는 비효용의 상대적 크기에 따라 결정
- 상대적 비효용함수인 판별함수를 통해서 계수를 추정

$$Z_{im} = \lambda_0 + \lambda_1 X_{im1} + \lambda_2 X_{im2} + \cdots + \lambda_k X_{imk}$$

Z_{im} : 집단 i에 속한 개인 m의 상대적 비효용

λ_k : k번째 요소에 대한 가중계수

X_{imk} : 집단 i에 속한 개인 m에 대한 k번째 변수의 값

② 문제점

- 계수의 의미설명이 곤란
- 소속집단의 판별은 모든 개인이 어느 한 집단에 결정적으로 속한다는 가정에 근거하여 확률적 선택의 가정과 대치

- **최우추정법(Maximum Likelihood Method)**

① 개인 m이 대안a 또는 b를 선택할 확률

$$P_m(a) = \frac{e^{V_{am}}}{\sum_i e^{V_{im}}} \qquad P_m(b) = \frac{e^{V_{bm}}}{\sum_i e^{V_{im}}}$$

$$V_{im} = \theta_0 + \theta_1 X_{im1} + \theta_2 X_{im2} + \cdots + \theta_k X_{imk}$$

$P_m(a)$: 개인 m이 대안 a를 선택할 확률

$P_m(b)$: 개인 m이 대안 b를 선택할 확률

V_{im} : 개인 m의 대안 i에 대한 효용

θ_k : 대안 i의 k번째설명변수에 대한 계수

X_{imk} : 대안 i의 k번째설명변수에 대한 개인 m의 변수값

② 조사자의 입장에서 개인 m이 대안 i를 선택하는 것을 관측할 수 있는 확률

$$f_m(i) = P_m(a)^{\delta_{am}} \times P_m(b)^{\delta_{bm}}$$

$f_m(i)$: 개인 m이 대안 i를 선택하는 행위를 관측할 수 있는 확률

δ_{am} : 개인 m이 대안 a를 선택하면 1, 그렇지 않으면0

δ_{bm} : 개인 m이 대안 b를 선택하면 1, 그렇지 않으면0

③ 우도함수(Likelihood Function)의 도입 : 현상은 가장 개연성 있는 확률의 표출이라는 이론

$$L = \prod_{m=1}^{M} f_m(i) = \prod_{m=1}^{M} \prod_{i} P_m(i)^{\delta_{im}} = \prod_{m=1}^{M} P_m(a)^{\delta_{am}} \times P_m(b)^{\delta_{bm}}$$

L: 우도함수

M: 표본의 수

$P_m(i)$: 개인 m이 대안 i를 선택할 확률

i: 대안 a, b

- 개인 m이 대안 i를 선택할 확률이 타인의 대안선택 확률에 대해서 독립적이라는 가정
- 우도함수는 조사를 통해서 특정한 사건이 발생한 결과를 관측할 확률과 같음
- 조사를 통해 수집한 자료에는 종속변수와 독립변수가 모두 포함되며, 독립변수의 계수만이 미지수임
- 우도함수를 극대화하는 계수값이 로짓모형 내 효용함수의 계수값
- 우도함수의 양변에 ln을 취함

$$\ln L = L^* = \sum_{m=1}^{M} \sum_{i} \delta_{im} \ln P_m(i) = \sum_{m=1}^{M} \delta_{am} \ln P_m(a) + \delta_{bm} \ln P_m(b)$$

- 상기 함수의 극대값을 찾기 위한 조건은 θ_k에 대해 미분하여 0이 되고, 2차 편도함수가 음의 값을 가져야 한다.

$$\frac{\partial L^*}{\partial \theta_k} = 0 \quad \text{그리고} \quad \frac{\partial^2 L}{(\partial \theta_k)^2} < 0$$

- 상기 조건식은 k에 대하여 비선형이므로 해를 구하기 위하여 수치 해석적 기법을 적용 (Newton-Raphson법 또는 Davidson-Fletcher-Powell법 등)

39 로짓모형의 변수를 교통체계와 사회, 경제적으로 분류하여 서술하시오.

해설 - 교통체계변수 : 차내시간(IVTT), 차외시간(OVTT), 통행비용
- 사회·경제적 변수 : 통행자의 소득, 가장여부, 자가용 보유여부, 가장의 연령

참고

- **로짓모형(Logit Model)**

로짓모형에서 교통수단 선택에 결정적으로 중요한 설명력을 가진 변수는 교통비용, 통행시간, 도보시간, 승차대기시간, 대중교통의 차두간격, 가족 중 운전할 수 있는 사람의 수, 임금 등 있음

$$P_n(i) = \frac{e^{Uin}}{\sum_{j=1}^{J} e^{Ujn}}$$

여기서, $P_n(i)$: t번째 통행자가 i번째 대안을 선택할 확률

e^{Uin} : t번째 통행자가 i번째 대안에 대해 갖는 효용

j : 선택 가능한 대안의 수

40 로짓모형의 장 · 단점을 쓰시오.

해설 • **장점**

- 명확한 이론적 배경(효용이론)
- 많은 변수를 모형식에 포함 가능
- 통행자의 행태적 반응을 신뢰성 있게 설명
- 타지역으로 적용범위를 넓게 활용할 수 있음
- 모형식이 간단하고 정산이 용이
- 수요 추정시 다른 과정과 통합 가능
- 비용이 적게 소요
- 단기적 정책효과를 사전에 예측하는데 있어서 우수한 결과 도출

• **단점**

- 변수값이 장래에도 그대로 적용되어 장기적인 선택지표 사용 곤란
- 선택 대안의수가 많을 경우 신뢰성 저하
- 비관련 대안의 독립성 보장이 필요

41 로짓모형의 비관련대안 독립성(Independence of Irrelevant Alternatives)에 대해 설명하시오.

해설 IIA(비관련대안 독립성)는 로짓모형의 바람직스럽지 못한 성질로 기존 대안 집합 내 새로운 대안이 도입될 경우 새로운 대안과 관련 없는 독립대안의 선택확률에도 영향을 미치는 문제점이 발생한다.
IIA의 이런 성질을 독립대안의 선택확률을 과대 또는 과소평가하게 되어 예측 오차를 발생시킨다.

참고

• **IIA 개념을 쉽게 이해할 수 있는 예**

① 처음에는 버스와 승용차 2개의 수단만 존재하며, 수단별 선택확률은 각각 50%이다.
$(P_a = 1/2,\ P_b = 1/2)$

② 이후 버스가 빨간버스와 파란버스 분류되어 3개의 수단으로 증가될 경우 수단별 선택확률은
$(P_a = 1/3,\ P_{rb} = 1/3,\ P_{bb} = 1/3)$

③ 그러나 통행자는 빨간버스와 파란버스를 같은 대안으로 취급하여 실제통행의 선택확률은
$(P_a = 1/2,\ P_{rb} = 1/4,\ P_{bb} = 1/4)$

④ 따라서 로짓모형 적용시 승용차는 과소추정되며, 분류된 버스는 과대추정이 발생하게 된다.

42 비관련대안의 독립성 문제를 극복하기 위한 상호 독립성을 가정하지 않은 모형에 대해 설명하시오.

해설 IIA(비관련대안 독립성)을 극복하는 방안은 특성대안의 직접탄력성과 교차탄력성을 구하여 수단간 관련성 또는 독립성 여부를 판단한다. 또한 상호 독립성을 가정하지 않는 다음과 같은 모형을 사용함으로써 IIA를 확보한다.

- 프로빗모형(Probit Model)
  · 상호 대안간 독립성을 가정하지 않는 모형
- 결합로짓모형(Joint Logit Model)
  · 추정효용함수에 대안을 분류할 수 있는 효용함수 적용
  · 개인 특성을 고려한 대안 그룹별 적용

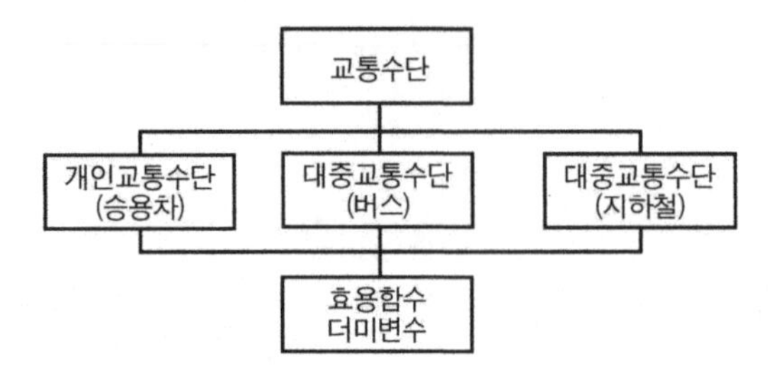

- 네스티드모형(Nested Logit Model)
  · 계층적으로 수단선택 확률 산정
  · 비슷한 속성의 대안은 같은 가지로 분류
  · 1회에 분석할 대안수가 많으면 대안평가가 어려움

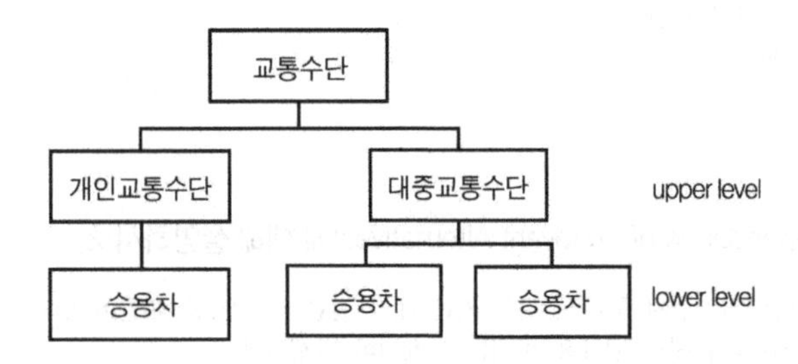

43 개별형태모형과 4단계 교통수요추정모형의 특징을 비교하시오.

해설

구분	개별형태모형	4단계 수요추정모형
기본개념	· 개별적 행태를 중시	· 교통현상간 인과성을 중시
자료형태	· 개인의 통행행태 관련자료 [통행빈도, 목적지 선택빈도, 선택된 대안의 속성자료(통행시간, 통행비용), 개인의 속성자료(소득, 승용차보유 여부) 등]	· 존별 집계자료 [존별 인구, 취학아동수, 산업부문별 고용자수, 소득수준별-자동차보유대수별 가구수, 용도별 건물연면적 등]
모델의 구조	· 확률모형	· 결정적 모형
변수의 속성	· 종속변수 : 선택확률 · 독립변수 : 개인의 형태관련 자료	· 종속변수 : 통행량 · 독립변수 : 존의 사회경제지표
모형의 활용성	· 다른 존에 적용 가능	· 다른 존에 적용하기 곤란
수요추정과정	· 수요추정과정의 통합 가능	· 수요추정과정 통합의 한계
한계성	· 장기적, 거시적으로 지역별 변화가 심할 때 오차가 심함	· 존의 평균적 성격의 변화가 심한 경우 곤란
계획기간	· 단기교통정책	· 장기교통계획

44 통행배정모형의 유형을 설명하시오.

해설

<table>
<tr><th>구분</th><th colspan="2">링크 용량을 고려하지 않는 모형</th><th colspan="2">링크 용량을 고려하는 모형</th></tr>
<tr><td rowspan="3">정적
모형</td><td colspan="2" rowspan="3">전량배정(ALL-or-nothing)</td><td colspan="2">반복배정(Iterative Assignment)
분할배정(Incremental Assignment)</td></tr>
<tr><td rowspan="2">균형배정
(Equilibrium
Assignment)</td><td>이용자균형배정
(User Equilibrium Assignment)</td></tr>
<tr><td>체계최적배정
(System optimum Assignment)</td></tr>
<tr><td rowspan="2">확률적
모형</td><td>이항경로 선택모형
(Binary Route
Choice Model)</td><td>이항유니폼 모형
(Binary Uniform Model)
이항로짓 모형
(Binary Logit Model)
이항프로빗 모형
(Binary probit Model)</td><td colspan="2" rowspan="2">확률적 평행배정
(Stochastic Equilibrium Assignment)</td></tr>
<tr><td>다중경로
노선선택 모형
(Multinominal
Route Choice
Model)</td><td>다이얼 모형(Dial Model)
다항로짓 모형
(Multinominal Logit Model)
시뮬레이션기법
(Simulation Method)</td></tr>
<tr><td>동적
모형</td><td colspan="2">확률적 동적 모형
(Stochastic Dynamic Assignment)</td><td colspan="2">동적 이용자균형 모형
(User Equilibrium Dynamic Model)</td></tr>
</table>

45 통행배정단계에서 용량제약이 필요한 근거와 용량제약에 따른 통행배정모형의 종류를 열거하시오.

해설 전량배정의 결과는 최단경로에 통행량 전량이 배정되어 최단경로에 비현실적으로 과다한 부하가 발생된다. 용량제약법은 통행자 평형원리의 개념 속에서 링크성능함수를 고려한 배정기법이다. 따라서 교통량과 통행속도의 관계를 이용하여 출발지와 목적지 사이의 모든 경로에서 평형(동일한 통행시간)에 도달할 때까지 배정한다.

여기서 통행자 평형원리는 다음과 같은 Wardrop의 원리에 근거하고 있다.

'선택된 모든 경로에 의한 통행시간은 모두 동일하며, 그 시간은 선택하지 않은 다른 경로에 의한 통행시간보다 길지 않다.'

또한 용량제약의 대표적인 배정기법으로서는 반복배정(Iterative Assignment), 분할배정(Incremental Assignment), 평행배정(User Equilibrium Assignment), 확률적 이용자균형배정(Stochastic Equilibrium Assignment) 등이 있다.

46 ALL-OR-NOTHING법의 장·단점에 대해서 설명하시오.

해설

- **장점**
  - 도로의 여건이 최대한 주어진다면 개인의 희망노선을 파악 가능
  - 대중교통 배정노선을 결정하는 개념과 동일
  - 이론이 단순하며 모형을 적용하기가 용이
  - 총 교통체계의 관점에서 최적통행배정 상태를 검토 가능
- **단점**
  - 도로의 용량을 고려하지 않음
  - 실질적인 도로용량을 초과하는 경우가 다수 발생
  - 통행자의 개별적 행태 측면의 반영 미흡

- 통행시간에 다른 통행자의 경로변경 등의 현실성을 고려치 않음

참고

- **통행배정기법의 장·단점 비교**

구분	장 점	단 점
반복배정 분할배정	·이해와 접근이 용이 ·링크 용량을 고려	·반복과정 등 어디가 평형상태인지 검토 난이 ·현실적으로 통행시간만으로 노선선택이 결정되지는 않음
전환곡선법	·신규노선 건설시 O/D data에 근거한 신규노선의 교통량 추정에 좋음	·여러 노선의 배정이 곤란
균형배정	·현재 기술력과 여건에 알맞은 배정기법으로서 현실적으로 많이 적용함	·이용자 균형배정과 체계최적 균형배정의 결과가 다름 ·Braess' Paradox 발생
확률적 통합배정	·통행배정결과의 신뢰도가 높음 ·링크의 통행비용에 대해서는 통행배정 결과가 영향이 없음 ·비체증 상황에 적합	·대개의 경우 도로용량 고려가 없음 ·대안 경로에 대한 알고리즘 미흡
동적 배정	·교통류의 시간대별 변화 평가 ·돌발상황이나 수요의 변화가 심할 때 적용 가능	·교통시설, 운전자 형태에 관한 미시적 자료의 신뢰성 문제 ·시간대별 O/D 추정의 현실적인 제약이 따름

47 Braess' Paradox에 대해 설명하시오.

해설 Braess' 역설(Braess' Paradox)은 새로운 도로(즉 링크)의 건설 후에 오히려 통행자의 통행시간이 길어질 수 있는 가능성을 이용자 균형통행배정원리를 통해 보여주는 것을 말한다.
즉, 이용자는 이용자 균형에 의해 통행하여 체계최적상태를 이루지 못하므로 시스템 전체의 통행시간은 증가하는 현상을 보인다.

참고

- **Down-Thompson's Paradox**
  - 도로건설에 따라 도로용량이 증대하면 승용차 이용수요가 증가하고 대중교통 이용수요는 감소하여 사회적통행비용이 오히려 증가한다는 이론이다.
  - 도로용량의 증가는 대중교통에서 개인통행으로 전환을 야기하게 되는데 이는 대중교통서비스의 악화를 가져오게 되어 새로운 균형점은 더 높은 통행비용을 보이게 된다.
  - 이 역설의 의미하는 것은 승용차의 통행시간과 대중교통의 통행시간은 서로 같아지는 방향으로 사람들의 이용형태가 바뀌게 되므로 대중교통을 장려함으로서 사회적 비용을 감소시켜야 한다는 점이다.
- **Edgeworth Paradox**
  - 승용차 이용자에게 패널티를 부과시켜 승용차 통행비용을 높이면, 승용차 이용수요가 대중교통으로 전환되어 오히려 사회적 통행비용이 낮아진다는 이론이다.
  - 이론적으로 Marginal Cost와 Average Cost와의 차이만큼의 부담금 징수로 승용차의 통행비용을 증

대시킴으로서 승용차 이용자와 대중교통 이용자의 전체적인 통행비용은 감소하게 된다.

48 다중공선성(Multicollinearity)의 문제점에 대해 설명하시오.

해설 다중회귀모형에서 설명변수들 간에 직선의 상관관계가 높은 것을 다중공선성이라 부른다. 다중회귀모형에서 설명변수 간의 상관관계가 0이라고 가정하지만 현실적으로 상관관계는 존재하게 된다.

그러나 설명변수 간 너무 높은 상관관계(0.9 이상)가 존재하는 두변수를 모형에 같이 포함하면 회귀분석의 목적인 종속변수와 설명변수 간의 변화에 대한 설명이 모호해진다. 이러한 현상을 다중공선성 문제라 한다.

다중공선성의 문제는 회귀분석에서 애매하고 어려운 부분으로서 일반적으로 설명변수의 수가 많아질수록, 그리고 횡단면자료(cross-sectional data)를 이용하는 모형보다는 시계열자료(time-series data)를 사용하는 모형에서 더욱 심각하게 나타나는 것으로 알려져 있다.

다중공선성을 탐지할 때 추정량의 표준오차나 t-값, 설명변수 간의 상관관계, 결정계수(R^2) 등을 종합적으로 살펴보아야 한다.

49 다중공선성(Multicollinearity)의 해결책에 대해 설명하시오.

해설
- 원래의 모형에 대한 선험적인 사전지식이나 새로운 추가자료를 더 입수하여 이용하면 다중공선성은 감소됨
- 이론적인 면과 실제자료의 분포 등에 근거를 두고 높은 상관관계에 있는 설명변수를 면밀히 검토한 후에 그 중 하나 또는 일부 변수를 추정하고자 하는 회귀모형에서 제외시키면 다중공선성은 감소됨
- 서로 상관관계가 큰 설명변수를 변형시키거나 다른 것으로 대체시켜 원래 의도했던 모형자체를 바꾸어 보는 것도 하나의 방법
  ex) 선형 → 비선형으로 변환

50 결정계수(R^2)에 대해 설명하시오.

해설 결정계수는 다중회귀모형에서 종속변수의 변동이 설명변수에 의해 설명되는 정도 즉, 설명변수의 설명력을 나타내는 지표로서 0과 1사이 값을 가진다.

일반적으로 설명변수의 수가 많아지면 결정계수는 높아지지만 불필요한 설명변수를 모형에 포함하면 불필요한 자료조사 등 모형의 경제성이 저하된다.

이러한 문제 때문에 결정계수의 의미를 해석할 때 사용하는 것이 조정된 결정계수 $\bar{R}^2$이다.

51 RP(Reveal Preference) 조사와 SP(Stated Preference) 조사에 대해 설명하시오.

해설
- **RP 조사**
  - 장래여건이 변하지 않는다는 전제조건 하에 일반적으로 장래수요예측시 실제의 행동결과(RP)를 조사하는 기법
- **SP 조사**
  - 장래여건 변화를 감안하여 개인의 선호의식(SP)을 예측하는 조사
  - 즉, 현재상태가 아닌 장래의 가상상태에 대한 교통이용자의 행동변화를 조사·분석하는 기법

52 SP(Stated Preference) 조사시 응답자에게 대안을 제시하는 방법 3가지 이상 기술하시오.

해설
- 순서화(Ranking) : 선택 가능한 대안을 제시하고 응답자가 대안을 순서대로 평가

- 단순선택(Choice) : 2가지 이상 대안으로 큰 선호를 가진 대안을 선택
- 등급화(Rating) : 선택대안에 대한 선호정도를 표현
  ㉠ semantic 척도 : 5개 또는 7개 구간을 나눈 척도
  ㉡ scoring 척도 : 선택대안의 상대적인 선호를 수치로 표현
- 자유회답

53 RP(Reveal Preference) 조사와 SP(Stated Preference) 조사의 장 · 단점을 기술하시오.

해설

구분	RP 조사	SP 조사
장점	· 응답결과와 실제행동결과를 차이가 적음 · 즉, 목적변수로서의 행동결과에 오차가 적음	· 속성간의 상관제어가 가능 · 설명변수 설정가능 · 관측오차가 적음 · 자료획득이 용이함(동일인 복수응답가능) · 대안의 명확한 제시가 가능
단점	· 관측오차발생 · 자료수집 곤란 · 대안간의 명확한 판단 곤란 · 변수의 다중공선성이 판단 곤란	· 행동과 의식간의 오차발생 · 변수가 증가하면 혼란가중 · 적절한 변수치설정 곤란

54 SP(Stated Preference) 조사시 발생되는 잠재적 오차(bias)의 종류를 나열하시오.

해설
- 긍정편차 : 응답자는 자기생각보다 설문자가 듣기 기대하는 대안을 응답하는 편차
- 합리화편차 : 자신의 현재 행동을 합리화하기 위해 인위적으로 응답하는 편차
- 정책반응편차 : 자신의 의견이 정책에 영향을 주기 위해 고의적으로 응답하는 편차
- 제약조건을 무시하는 반응편차 : 실제 제약조건을 무시하는 비현실적인 응답 편차

55 SP(Stated Preference) 조사시 신뢰성확보 방안을 제시하시오.

해설
- 속성의 수 : 3개 이하(더 많으면 응답자에게 혼란 가중)
- 대안의 작성 : 응답자가 이해하기 쉽고 간단하게 대안 작성
- 선택대안제시방법 : 무작위가 바람직함
- 선호표현방법 : 선호가 결정되는 한계치 제시

3. 교통계획 평가방법

1 교통대안 평가기법 중 비용-편익 분석법을 열거하시오.

해설 비용-편익비(B/C), 초기년도수익률($FYRR$), 순현재가치(NPV), 내부수익률(IRR), 자본회수기간(PP)

2 편익-비용 산정방법에서 산출되는 편익의 종류에 대해 열거하시오.

해설 통행시간 절감편익, 운행비용 절감편익, 교통사고비용 감소편익, 환경비용 절감편익

참고

① 차량운행비용 감소편익

차량운행비(VOC : Vehicle Operation Cost)는 도로사용자가 차량을 운행할 때 소요되는 비용으로 도로투자사업의 경우 경제성 분석을 수행하는데 기초자료로 활용되며, 도로시설의 개선에 따라 절감의 효과가 민감하게 나타나는 요소이다. 또한 자동차가 도로를 운행하는 데 소요되는 총 비용을 말하며 도로투자사업의 평가가 기존 교통시설에 대한 서비스의 질을 평가하는데 기초자료가 된다.
차량운행비는 비용의 성격에 따라 고정비와 변동비로 구분되며, 고정비는 차량의 감가상각비, 운전원 및 보조원의 임금, 보험료 및 차량검사료로 세분되며, 변동비는 연료비, 엔진오일비, 타이어마모비, 차량유지수선비 등으로 구분된다.

② 통행시간 절감편익

차량속도가 변화하는 경우 운전자는 물론 차량에 승차하고 있는 승객에게는 통행시간이 달라지는 결과를 가져온다. 즉 차량속도가 향상되면 운전자 및 승객의 통행시간은 절감되어 다른 목적에 시간을 사용할 수 있는 반면, 교통혼잡으로 차량속도가 낮아지면 운전자 및 승객에게는 더 많은 통행시간이 소요된다.

③ 교통사고 감소편익

우리나라의 경우에는 교통사고 감소를 화폐가치화를 통한 편익으로 전혀 고려하지 않고 있다. 최근 교통사고의 화폐가치화에 대한 일부 연구가 수행되었으며, 무엇보다도 교통사고 감소를 위해서는 교통사고 감소효과가 큰 투자사업이 선정될 필요가 있으므로 교통사고 감소는 편익으로 포함시켜야 한다.

④ 환경비용 감소편익

교통투자사업으로 영향을 받게 되는 환경비용으로는 소음, 대기오염, 지역분리 등이 있다. 교통투자사업이 이러한 환경비용에 미치는 영향은 그 크기를 측정하는 것도 용이하지 않거니와, 영향의 크기를 측정하더라도 이를 화폐 가치화하는 것은 더욱 어렵다. 그러함에도 불구하고, 선진국은 모두 교통투자사업이 환경에 미치는 영향이 지대함을 인식하고 환경에 미치는 영향은 모두 측정하게 하고 있다.

⑤ 운영자수입 변화편익

통행배정 결과를 나타내는 분석대상 영향권 내의 통행시간이 실제로 통행요금이 포함된 일반화 비용을

말한다. 이를 순수한 의미의 통행시간과 구분해 주기 위해서 별도 편익으로 계산한다. 통행시간 절감편익을 통행 배정 후 산출된 통행시간을 이용하여 산정하였을 경우 운영자수입 역시 편익으로 반영해야 소비자 잉여의 왜곡을 해결할 수 있다.

3 편익-비용산정 방법에서 비용항목에 대해 열거하시오.

해설 · 고정비 : 도로부문사업비(용지보상비, 공사비), 차량구입비
· 변동비 : 운영비(인건비, 연료비, 차량관리비)

참고

① 도로부문사업비

도로부문사업비는 크게 보아 공사비, 보상비로 구분되는데, 공사비는 토공 및 포장 공사비, 교량설치비, 터널설치비, I/C 및 Junction설치비, 영업소설치비용, 기타 휴게소등 부대시설 설치비용, 도로 유지관리비로 구분된다.

② 용지보상비

용지보상비는 기본적으로 공시지가와 시장가격 사이에서 결정해야 한다. 그러나 교통사업의 타당성조사나 기본설계에서 실제 건설이 이루어지는 때까지의 5년여의 시점 차이가 발생하고 있어 용지보상비를 정확히 산정하는 것은 무리이다.
용지비 산출에 관한 기본원칙은 첫째, 용지비의 보상은 성토부와 절토부로 나누어 수행한다는 점이다. 둘째, 보상비는 지가공시법에 의해 제시된 감정평가를 거쳐 토지보상비를 산출한 후, 실거래가(표본조사를 통해 검증)를 반영하여 보정한다는 것이다. 셋째, 노선이 지나는 지장물이나 영농지에 대한 보상비는 토지 보상비의 상대적 비율을 감안하여 산출하며, 그 항목은 보상비에 추가하도록 한다는 것이다. 넷째, 실제 용지보상비는 물가상승 등을 고려하여 보정할 수 있으나 그 상한값은 통과 노선대의 특성을 고려하여 결정하여 사용한다는 것이다.

③ 공사비

공사비는 최근 몇 년간 시행한 유사시설물의 실시설계 시 적용했던 평균공사비(제잡비 포함)를 기준으로 km당으로 산출한다. 이 때 물가수준, 시중노임단가, 재경부 회계예규 원가계산에 의한 예정가격 작성기준 등을 감안해야 한다. 시공 중에 발생할 공법의 수정 등에 따른 공사비 변화 가능성을 감안하여 가중치를 고려할 수 있다.

④ 차량구입비

차량구입비는 당해 운영되는 차량시스템의 구입비용을 포함한다. 이때 수송수요에 따른 연차별 운영계획을 수립한 후, 소요차량대수를 산정하고 차량 당 구입가격을 적용하여 결정한다.
한편 변동비는 운영비를 의미하며, 이는 사업이 완공되어 운영단계에서 소요되는 비용을 말하며 여기에는 인건비, 연료비, 차량관리비가 포함된다.

4 교통영향평가의 목적 3가지를 기술하시오.

해설 - 사업시행 전에 규모, 성격 등의 적정성 검토
- 악영향을 고려하여 최소화방안을 계획과정에서 고려와 정책 방향 설정
- 파급효과 등의 정도, 원인자, 수혜자 등을 판별하여 비용분담 결정

5 각 대안들의 교통사업 평가시에 검토되어야 하는 영향분석들의 내용을 서술하시오.

해설 비용, 교통체계 이용자에 대한 영향, 차량운행비용, 교통사고, 환경영향, 지역경제에 미치는 영향, 에너지소비, 재정적, 조직적 영향, 접근성과 토지이용 패턴에 대한 영향, 교통시설의 건설과 이용에 따른 국지적인 영향

6 교통계획평가에 있어서 경제성 분석시 고려할 요소를 나열하시오.

해설 - 소비자잉여 : 교통시설 개선으로 이용자가 지불한 금액 이상으로 누리는 효용
- 잠재가격 : 공공자원의 사회적 기회비용을 말함
- 사회적 할인율 : 인플레이션을 반영하기 위해 통상적으로 평균화 개념의 이자율
- 교통투자의 승수효과 : 교통사업의 효과는 해당지역 전역에 걸쳐 일어나기 때문에 지역에 미치는 영향을 신뢰성 있게 평가하기 위해 승수효과를 고려
- 편익 : 통행시간의 가치, 교통사고 감소, 운영자 수입, 차량운행비용, 환경오염 감소
- 비용 : 용지보상비, 공사비, 차량구입비, 유지관리비

7 경제성평가기법의 장 · 단점을 설명하시오.

해설

기법	장점	단점
B/C	· 이해의 용이 · 사업규모 고려 가능 · 비용, 편익이 발생하는 시간에 대한 고려 가능	· 편익과 비용을 명확하게 구분하기 힘들다. · 대안이 상호 배타적일 경우 대안선택의 오류 발생가능 · 할인율을 반드시 알아야 한다.
FYRR	· 이해의 용이 · 계산 간단	· 사업의 초기년도를 정하기 곤란 · 편익, 비용이 발생하는 시간 고려가 불가능 · 할인율을 고려하기 않아 정확성 결여
IRR	· 사업의 수익성 측정 가능 · 타대안과 비교가 용이 · 평가과정과 결과 이해가 용이	· 사업의 절대적인 규모를 고려하지 못함 · 몇 개의 내부수익률이 동시에 도출될 가능성 내재
NPV	· 대안선택에 있어 정확한 기준제시 · 장래발생편익의 현재가치 제시 · 한계 순현재가치를 고려하여 여러 가지 분석 가능	· 할인율(자본의 기회비용)을 반드시 알아야 함 · 이해가 어려움 · 상대적 기준이 아니므로 대안 우선순위 결정시 오류발생 가능성이 존재
PP	· 사업 시행 후 타사업이 있을 경우 정책결정에 유용 · 자본이 부족할 때 유리	· 분석 전기간에 걸친 적절한 지표로 사용하기에는 역부족

[팁] 비용-편익비(B/C비), 초기년도수익률($FYRR$), 내부수익률(IRR), 순현재가치(NPV) 각각의 장단점을 묻는 문제는 다수 출제된 바 있으므로 경제성평가기법 4가지 모든 장·단점을 반드시 이해하고 암기해 두어야 한다.

8 비용-편익 분석법 대해 서술하시오.

해설 • **비용-편익분석법**

· 교통사업평가에 가장 많이 적용되는 방법
· 소용된 비용과 사업시행으로 인한 편익의 비교분석
· 비교방법으로 비용-편익비, 초기연도수익률, 순현재가치, 내부수익률, 자본회수기간 등을 사용

㉮ 비용-편익비(B/C비)

- 비용으로 편익을 나누어 가장 큰 수치가 나타나는 대안을 선택하는 방법
- 장래에 발생될 비용과 편익을 현재가치로 환산해야 한다.
- B/C 〉 1이면 타당성이 있는 사업, B/C비 〈 1이면 타당성이 없는 사업

$$(B/C)\text{비} = \frac{\text{편익의 현재가치}}{\text{비용의 현재가치}}$$

㉯ 초기년도수익률(FYRR : First Year Rate of Return)

- 사업시행으로 인한 수익이 나타나기 시작하는 해의 수익을 소요비용으로 나누는 방법
- 초기에 많은 비용이 소요되고 일정한 편익이 발생되는 경우에 적합

$$FYRR = \frac{\text{수익성이 발생하기 시작한 해의 편익}}{\text{사업에 소요된 비용}}$$

㉰ 내부수익률(IRR : Internal Rate of Return)

- 편익과 비용의 현재가치로 환산된 값이 같아지는 할인율을 구하는 방법
- 내부수익률 : 사업시행으로 인한 순현재가치(NPV)를 0으로 만드는 할인율
- 내부수익률이 사회적 기회비용(일반적인 할인율)보다 크면 수익성이 존재
- NPV=0, B/C=1로 만들어 주는 값⇒IRR

$$IRR = \sum_{t=0}^{n} \frac{B_t}{(1+r)^t} = \sum_{t=0}^{n} \frac{C_t}{(1+r)^t}$$

㉱ 순현재가치(NPV : Net Present Value)

- 현재가치로 환산된 총 편익에서 총 비용을 제하여 편익을 구하는 방법
- 교통사업의 경제성 분석시 가장 보편적으로 사용
- 할인율을 적용하여 장래의 비용, 편익을 현재가치화
- $NPV > 0$이라면 타당성이 있는 사업이라 판단

$$NPV = \sum_{t=0}^{n} \frac{B_t}{(1+r)^t} - \sum_{t=0}^{n} \frac{C_t}{(1+r)^t} = 0$$

㉲ 자본회수기간(PP : Payback Period)

- 할인율이 적용된 총 편익과 총 비용이 같아지는 기간을 찾는 방법
- 자본회수 기간은 짧을수록 유리
- PP의 n년도를 도출

$$PP = \sum_{t=0}^{n} \frac{B_t}{(1+r)^t} = \sum_{t=0}^{n} \frac{C_t}{(1+r)^t}$$

9 민감도분석(sensitivity analysis)에 대해 설명하시오.

해설 공공투자사업에서 불확실한 외생요인의 변화가 해당사업의 경제성에 어떤 영향을 미치는가를 검토하는 것을 말한다. 공공투자사업에 대한 경제성 분석에 있어서 화폐단위로 계측되는 대부분의 비용과 편익의 흐름은 불확실한 미래의 예측에 바탕을 둔 기대치에 불과하므로 오류의 범위를 가지고 있을 수 있으며, 경제성 분석결과도 상대적으로 오차가 발생할 수 있다. 최종 경제성 분석결과에 영향을 미치는 여러 요인들을 결정하고 이 요인들의 변화에 따른 경제성 분석결과의 변화 정도를 파악하기 위하여 민감도 분석을 시행한다.
이러한 요인들로는 할인율의 변화, 공사비의 증감, 교통수요의 증감, 공사시행연도의 연기, 차량운행비용의 증감 등이 있으며, 이 요인들이 일정량만큼 변화되었을 경우 경제성이 어떻게 변화하는지 파악하는 방법이다.

10 경제적 타당성평가와 재무적 타당성평가 간의 차이를 항목별로 구분하여 설명하시오.

해설 • **경제적 타당성 평가**

- 국가적 관점에서 해당 정책대안에 대하여 경제적 측면에서 사업의 적합성과 경제적 타당성 여부를 평가함
- 즉, 경제적 타당성 평가는 일반적으로 비용-편익분석법을 통하여 이루어지는데, 국가 전체적인 입장에서 사회적 편익과 사회적 비용을 추정하여 사회적 순현재가치를 추정하는 방법임

• **재무적 타당성 평가**

- 기업의 관점에서 해당 투자계획(안)에 대하여 재무적 측면에서 투자의 타당성과 투자가치를 평가함
- 즉, 재무적 타당성 평가는 일반적으로 현금흐름할인분석법을 통하여 이루어지는데, 사업주체의 입장에서 현금유입과 현금 유출 및 최초자본투자에 대한 비용을 추정하여 재무적 순현재가치를 추정하는 방법임

• **경제 · 재무적 타당성 평가 비교**

기법	경제적 타당성 평가	재무적 타당성 평가
목적	· 평가대상사업의 시행여부 및 최적투자시기 결정	· 평가대상사업의 민자유치사업으로 제안여부 결정
관점	· 국가적 관점	· 사업주체 관점
재무제표 산출	· 공동체의 사회적 대차대조표(사회적 편익/비용)	· 회계주체의 현금에 기초한 손익계산서(현금유입/현금유출)
소득과 손실 가치평가	· 이상적 시장 조건에서 계산되는 경쟁적 잠재가격으로 평가	· 현재 시장 조건하에서 현재가치 평가
할인과정	· 국채이자율, 사회적 시간선호율 가중평균 등을 고려하여 이론적으로 도출	· 투자자금(주식과 부채)의 산출된 비용

11 사회적 할인율 결정에 대한 이론과 최근 할인율 조정배경을 서술하고, 사회적 할인율이 변화될 경우 경제성분석 결과에 미치는 영향을 기술하시오.

해설 • **사회적 할인율의 결정이론**

- 다스굽타(Dasgupta) 등이 민간부문에서의 할인율에 준하여 사회적 할인율을 결정방법론의 한계를 지적하고, 주관적 가치판단에 입각한 사회적 할인율을 주장
- 즉, 공공투자사업의 경우 사회적 할인율을 민간부문의 할인율(시장 할인율)보다 낮게 하향조정할 필요가 있음

• **우리나라의 사회적 할인율 결정 방법**

- 교통부문 예비타당성조사에서 경제성 분석에 적용되는 사회적 할인율은 7.5%(1999~2003년), 6.5%(2004~2007년), 5.5%(2008~현재)를 적용하고 있으며,'예비타당성조사 일반지침'이 개정 될 때마다 사회적 할인율은 하향

조정되었음

- 공공투자사업의 경우 적정할인율은 시간선호율과 투자의 수익률에 의해 결정됨. 여기서, 투자의 수익률은 국채의 금리 또는 기대 실질이자율을 통해 사회적 할인율을 가늠하고 있음
- 우리나라는 1년, 3년(단기), 5년, 10년(중기), 20년, 30년(장기) 만기 국고채가 존재함. 이 중 비교적 장기라고 볼 수 있는 20~30년 국고채 중 20년 만기 국고채는 2006년에 등장하였고 2012년부터 30년 국고채가 발행되어 발행된 기간이 짧음. 10년 만기 채권은 시장거래 빈도가 작아 5년 만기 국채 금리 수준을 공공투자사업에 사용되는 금리로 적용하여 왔음

• 우리나라의 사회적 할인율 조정 필요성

- 2000년 이후 국고채(5년, 10년 국고채)의 명목금리와 실질금리를 제시하고 있음. 2004년까지 감소추세였다가 이후 다시 상승추세를 보이고 있으며, 2008년에 감소 후 상승 추세를 보이다가 2011년에는 (-)금리까지 하락하여 다시 상승하였음. 명목 금리는 2008년 이후 최근까지 지속적으로 하락하고 있음. 2000년 이후 5년 만기 국고채의 실질 금리 평균은 2.01%, 10년 만기 국고채의 실질금리 평균은 2.25%임
- 2000년 이후 실질금리는 4~5년 단위로 살펴보면 하락 이후 다시 상승하는 추세를 보이고 있으며, 최근 5년간 평균 실질금리만을 고려하면, 0.95%로 더욱 낮아지는 것을 볼 수 있어 평균 실질금리가 과거대비 저금리 및 저성장 현상이 뚜렷이 나타난다고 해석할 있음. 비록 이러한 현상이 단기적인 현상인지 추세변화인지에 대해서는 좀 더 긴 시간을 두고 판단하여야 할 문제이나, 최근의 현상을 반영한다면 사회적 할인율의 결정에 미치는 모수들의 값들에 대하여 수정하여 적용할 필요성이 있음
- 따라서 현재 적용하는 실질 할인율 5.5%는 다소 높은 것으로 판단할 수 있음. 물론 공공투자사업을 고려한 사회적 할인율의 적정 수준에 대해서는 단순한 수치상의 제시보다는 정성적인 판단도 고려해야 할 것임

• 우리나라 국고채 금리 추이

단위: %

구 분		2000	2001	2002	2003	2004	2005	2006
명목금리	국고채 5년	8.67	6.21	6.26	4.76	4.35	4.52	4.96
	국고채 10년	7.76	6.86	6.59	5.05	4.73	4.95	5.15
	국고채 20년	-	-	-	-	-	-	5.37
실질금리	국고채 5년	6.41	2.14	3.5	1.25	0.76	1.77	2.76
	국고채 10년	5.5	2.79	3.83	1.54	1.14	2.2	2.95
	국고채 20년	-	-	-	-	-	-	3.17
소비자물가상승률		2.26	4.07	2.76	3.51	3.59	2.75	2.2
할인율		7.5	7.5	7.5	7.5	6.5	6.5	6.5
구 분		2007	2008	2009	2010	2011	2012	평균
명목금리	국고채 5년	5.28	5.36	4.64	4.31	3.9	3.24	5.11
	국고채 10년	5.35	5.57	5.17	4.77	4.2	3.45	5.35
	국고채 20년	5.44	5.6	5.39	4.98	4.34	3.53	4.95
실질금리	국고채 5년	2.74	0.66	1.84	1.31	-0.1	1.04	2.01
	국고채 10년	2.81	0.87	2.37	1.77	0.2	1.25	2.25
	국고채 20년	2.9	0.9	2.59	1.98	0.34	1.33	1.89
소비자물가상승률		2.54	4.7	2.8	3	4	2.2	3.11
할인율		6.5	5.5	5.5	5.5	5.5	5.5	-

자료: 한국은행 경제통계시스템

12 교통측면에서 소비자잉여의 개념을 정의하고 소비자잉여 부분을 수식과 그래프로 표현하시오.

해설 소비자가 높은 가격을 지불하고라도 얻고 싶은 재화를 그보다 낮은 가격으로 구매한 경우 얻는 복지 또는 잉여 만족의 개념이다. 즉, 소비자가 그 재화 없이 지내는 것보다는 그것을 얻기 위해 기꺼이 지불할 용의가 있는 가격이 그가 실제로 지불하는 가격을 초과하는 부분을 말한다.

고정된 수요곡선의 단일구간일 경우 어느 구간에 어떤 교통수단을 이용하는 기종점 쌍이 있다고 하면, 이 구간의 개선되기 전의 통행비용을 C_1, 개선 후의 통행비용을 C_2라고 하면 개선 후의 이 구간의 통행량이 Q_1에서 Q_2로 증가하게 된다. 소비자잉여의 증가분은 편익이 된다. 수요곡선이 선형이므로 이용자 편익은 다음 식과 그래프로 표현된다.

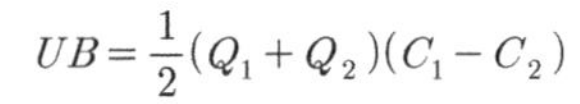

$$UB = \frac{1}{2}(Q_1 + Q_2)(C_1 - C_2)$$

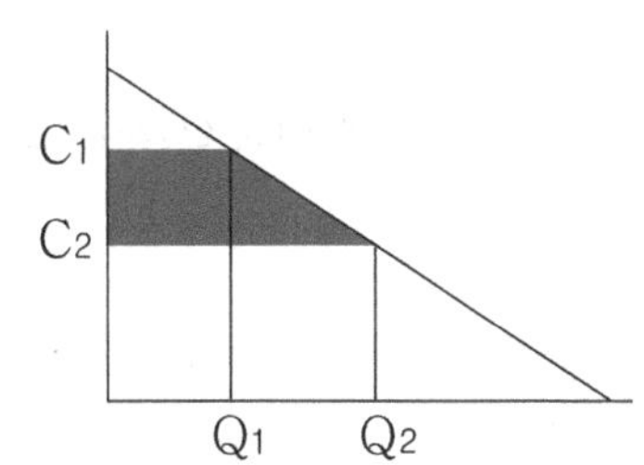

UB : 교통시설 개선으로 인한 편익

13 혼잡비용과 혼잡세에 대해 설명하시오.

해설 • **혼잡비용**

혼잡비용은 교통혼잡에 의해 증가하는 사회적 비용으로서 교통량이 일정수준 이상 늘어나면서 시간지체를 초래하고 시간지체는 한계비용으로 비용화 될 수 있는 개념이다. 즉, 혼잡비용은 도로에 있어서 추가되는 1대의 자동차가 수반하는 주행비용 및 시간비용의 증가분을 의미한다.

• **혼잡세**

혼잡세는 수요와 공급의 균형이론에 입각하여 사회적 편익을 극대화 시킨다는 관점에서 출발한다. 즉, 사회적 편익을 극대화 시키기 위해서 정부의 간섭으로 도로이용자에게 요금을 부과하는 것을 말한다.

여기서 요금의 부과는 반드시 구체적인 혼잡요금이나 세금을 징수하는 것만을 의미하는 것은 아니고 혼잡을 피하기 위해 시차제 출근, 주차요금, 주행세 등을 포함하는 포괄적인 개념이다.

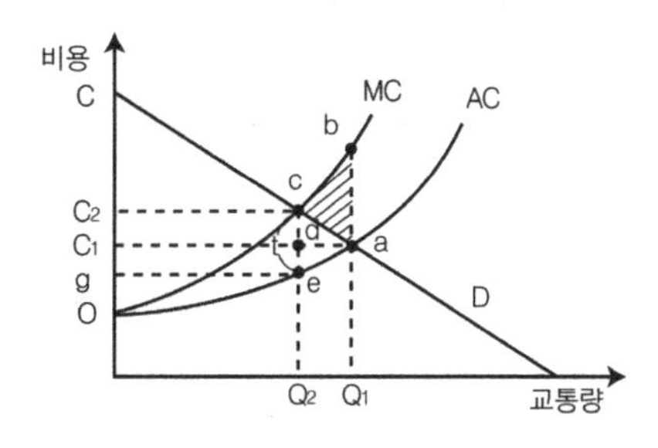

㉮ 정부의 간섭이 없는 경우(혼잡세 미징수시)

- 통행수요 : 비용곡선과 수요곡선이 만나는 a

- 교통량 : Q_1
- 총 소비자잉여 : $\triangle CC_1a$
- 혼잡비용 : $\triangle 0ac$
- 총 사회적 편익 : 총소비자잉여 - 혼잡비용=$\triangle CC_1a$ - $\triangle 0ac$

㉯ 정부의 간섭이 있는 경우(혼잡세 징수시)
- 통행수요 : a에서 c로 감소
- 교통량 : Q_1 에서 Q_2로 감소
- 혼잡세 : $\overline{ce} = C_2 - g = t$
- 총 소비자잉여 감소(혼잡세 부과 후) : 통행자 손실 + 노선, 수단 전환자 손실= $\square C_2C_1dc$ + $\triangle cda$
- 총 사회적 편익 : 총 소비자잉여 - 혼잡비용 =$\triangle CC_2c$ - 0(혼잡세 부과시 혼잡비용은 발생하지 않음)
- 혼잡세 수입액 : $\square C_2gec$

14 우리나라의 도로 · 철도사업의 추진절차에 대해 설명하시오.

해설 도로 · 철도사업 추진절차는 계획타당성평가, 예비타당성조사, 타당성평가, 기본계획, 기본설계, 실시설계, 시공, 사후평가 등의 정형화된 과정을 거친다. 필요한 경우 예비타당성조사 이전에 사전조사를 수행할 수 있으며, 총사업비 500억원 이상 사업에서 총사업비가 크게 증가하는 등 일정요건에 해당하는 사업 등에 대해 사업타당성을 원점에서 재조사하는 타당성 재조사가 있다.

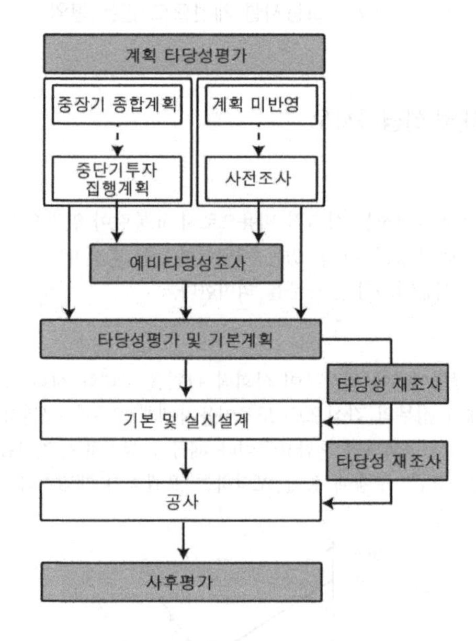

15 과거 교통영향평가제도와 현재 시행 중인 교통영향분석 · 개선대책 제도를 비교설명하시오

해설

구분	교통영향평가	교통영향분석 · 개선대책
근거법령	· 환경 · 교통 · 재해에 관한 영향	· 도시교통정비촉진법
수립대상지역	· 전국권	· 교통이 혼잡한 도시교통정비 지역과 그 교통권역에 한정
평가서 심의	· 중앙 또는 시도의 교통영향 심의위원회	· 사업계획 승인관청 소속의 교통영향분석 · 개선대책심의 위원회
심의대상이 건출물인 경우 심의	· 건축위원회 · 교통영향심의위원회	· 건축위원회(교통전문가참석)
심의절차	· 8단계(250일 소요) ① 평가서 초안작성 ② 주민의견수렴 ③ 평가서 재작성 ④ 평가서 제출 ⑤ 평가서협의(심의)요청 ⑥ 평가서협의(심의) ⑦ 협의내용통보 ⑧ 사업승인	· 4단계(120일 소요) ① 교통영향분석 · 개선대책 수립 ② 교통개선대책 제출 ③ 교통개선대책 심의 ④ 사업승인
주민의견수렴	· 필요	· 불필요
허위 부실보고서 작성시	· 규정 없음	· 2년 이하 지역이나 2천만원 이하 벌금 또는 1천만원 이하 과태료
교통유발량이 적은시설	· 포함	· 제외

4. 대중교통 및 주차

1 대중교통의 기능에 대해 설명하시오.

해설 승용차에 비해 에너지 효율이 높아 에너지를 절약할 수 있으며 승객 1인당 점유면적이 적어 승객을 대량 수송할 뿐 아니라 교통 혼잡과 주차수요를 감소시키는 기능을 발휘한다.

2 신교통시스템 유형에 대해 설명하시오.

해설 • **왕복 · 순환궤도시스템(Shuttle Loop Transit ; SLT)**

- 차량이 하나의 궤도를 왕복하거나 환상형 형태의 노선을 왕복하는 시스템
- 차량정원은 수명에서부터 100명 이상에 이르기까지 여러 유형이 있으며 배차간격은 1분 이상이 일반적임

• **집단고속전철시스템(Group Rapid Transit ; GRT)**

- SLT와 GRT 간에는 큰 차이는 없지만 GRT쪽이 궤도에 분기를 많이 사용하기 때문에 노선 선택이 가능하다는

점과 배차간격이 수초에서 1분 정도로 짧아짐에 따라 기술적으로 보다 복잡한 시스템
- 역은 측선에 설치하는 경우와 본선에 설치하는 경우가 있으며, 차량은 단독로도, 연결로도 주행 가능

• **개별궤도시스템(Personal Rapid Transit ; PRT)**
- 기존의 Linear 개념 궤도 시스템과 달리 Network로 구성되어 수인용 차량이 수초의 간격으로 주행 가능한 시스템
- SRT, GRT는 합승제로 운영하는 대신 PRT는 1명 또는 같은 목적지로 가는 수명의 승객만으로 차량을 전용할 수 있는 시스템
- 이는 택시와 유사한 기능을 지니는 것으로 차량은 출발지에서 목적지까지중간에서 정지하지 않는 시스템

3 대중교통 수단의 종류를 분류하는 방법을 나열하시오.

해설 - 통행료에 의한 분류
- 기술에 따른 분류
- 서비스 형태에 따른 분류

4 도시교통 문제의 유형을 설명하시오.

해설 - 도시구조와 교통체계간의 부조화
- 교통시설에 대한 운영 및 관리의 미숙
- 교통시설 공급의 부족
- 교통계획 및 행정의 미흡
- 대중교통 체계의 비효율성

5 도시교통의 특성 5가지를 열거하시오.

해설 - 단거리교통
- 대량수송
- 도심지 등 특정지역에 집중
- 통행로, 교통수단, 터미널에 의한 서비스 제공
- 첨두특성(오전, 오후 등 2회의 피크 현상)

6 버스공동배차제의 3가지 방법을 나열하시오.

해설 노선공동관리, 수입금 공동관리, 차량공동관리

참고

① 노선공동관리 : 각 버스회사가 고유의 노선을 보유하고 있는 것이 아니라 노선을 각 회사별로 순환·운영하는 방법
② 수입금공동관리 : 버스회사가 운행결과 발생한 수입금을 어떤 일정한 기구에 입금시킨 후 협정에 따라 배분하는 방법
③ 차량공동관리 : 전체 대중교통차량을 공동으로 관리하는 것

7 대중교통의 요금 징수방법에 대해서 설명하시오.

해설 • **균일요금제**
- 승객의 통행거리에 관계없이 동일한 요금이 부과되는 요금구조
- 운임체계가 간단하여 승객의 승하차 시간이 단축될 수 있음
- 운송량이 많고 운행구역이 비교적 소범위인 지역에 적합
- 장·단거리 승객의 통행거리가 고려되지 않음

• **거리비례요금제**
- 승객의 통행거리에 비례하여 요금을 설정
- 형평성과 효율성 측면에서 유리
- 장거리 승객이 단거리 승객보다 더 많은 운임을 지불
- 균일요금제보다 더 많은 운임을 징수할 수 있어 업체의 수입증대로 인한 경영효율을 기할 수 있음

• **거리체감요금제**
- 운행구간이 멀어짐에 따라 체감율을 적용하는 요금구조
- 장거리 승객에 대한 운임이 상대적으로 단거리 승객에 비해 저렴하게 지불하는 방식이므로 장거리 통행자에게 유리
- 거리비례제에 비해 운송수입이 감소될 수 있음

• **구간요금제**
- 운임수준을 거리에 의해 결정하되 거리측정의 단위를 구간으로 요금을 정하는 방법
- 서비스 대가원칙에 접근한 방식
- 구간간에 걸치는 승객의 불만 제기

• **구역요금제**
- 전 노선을 몇 개의 구역(zone)으로 나누어 구역마다 단위운임을 정하는 요금제
- 요금징수가 편리하며 서비스대가 원칙에 접근
- 구간간에 걸치는 승객의 불만 제기와 구역설정 기준이 애매함

8 교통요금을 결정하는 제원칙을 4가지 이상 열거하시오.

해설 수입증대, 공평성(형평성), 간편성, 안전성, 비용의 최소화, 사회적 목표와 일치성, 요금징수 속도, 요금정보 이해 용이

9 대중교통의 서비스수준을 종합적으로 판단하기 위한 조사항목을 5가지 이상 열거하시오.

해설 - 노선의 현황조사
- 서비스빈도 및 규칙성
- 첨두시 재차인원
- 속도 및 지체
- 노선의 서비스범위 조사

10 대중교통 서비스수준 조사시 조사해야 할 항목 4가지 이상 쓰시오.

해설 배차간격, 운행속도, 통행시간, 혼잡률, 환승횟수

11 대중교통 이용객은 고정승객(Captive Rider)과 선택승객(Choice Rider)으로 분류할 수 있다. 그 이유에 대해 설명하시오.

해설 대중교통 이용자 형태에 따라 고정승객과 선택승객으로 분류한다. 고정승객은 승용차를 보유하지 않거나 승용차 이용이 불가능한 이용자로서 수단선택의 여지없이 대중교통만을 이용해야 하는 승객을 말한다. 선택승객은 승용차를 보유하거나 승용차 이용이 가능한 이용자로서 통행시간, 통행비용 등 일반화 통행비용에 따라 수단선택이 자유로운 승객을 말한다.

이런 차이점에 기인하여 대중교통수요 추정시 수단선택단계에서는 고정승객과 선택승객을 분류시켜 반영해야 한다.

12 대중교통 수요추정시 목적통행량을 예측한 뒤 수단통행량 대 목적통행량의 비율(수단통행량/목적통행량)을 보정시켜 수단통행량을 예측한다. 여기서 수단통행량 대 목적통행량의 비율을 산정하는 이유를 설명하시오.

해설 목적통행량과 수단통행량은 반드시 일치하지 않는다. 왜냐하면 대중교통 특성상 환승 존재하기 때문이다. 따라서 환승조건(지하철역 유무, 환승센터 유무, 대중교통노선, 대기시간 등)에 따라 지역간 수단/목적비는 서로 다르며, 이를 목적통행량에 보정시켜 수단통행량을 예측한다.

13 도시활동에 관한 조사의 종류를 3가지 이상 설명하시오.

해설 인구지표에 관한 조사, 시설지표에 관한 조사, 경제지표에 관한 조사

14 도시철도 건설시 고려사항을 열거하시오.

해설 승객수요, 도시규모, 도시형태, 인구 및 고용밀도, 자동차보유대수와 전철수요

15 도시고속철도 노선망 종류를 나열하시오.

해설
- Petersen System : 도심지(장방형), 교외(방사형)
- Petersen 개량형 : 교차점 추가
- Cauer System : 환승횟수↓, 외부방사형
- Schimpff System : 중심(직각교차), 주변부(방사형)
- Turner System : 반원형(중심-평행선, 관통선)

16 주차정책의 주요목적에 대해 설명하시오.

해설 주차공간 확보, 교통안전 향상, 교통류의 원활화, 주차수요 억제

17 주차수요를 추정하는 방법의 종류를 설명하시오.

해설 - 과거추세연장법 : 과거 주차수요의 증가 경향을 토대로 장래의 주차수요를 예측하는 방법

- 주차원단위법 : 주차수요산정시 기존의 자료를 이용하여 원단위를 구한 후 주차수요를 추정(주차원단위법은 주차발생 원단위법, 건물연면적 원단위법, 교통량 원단위법)
- 자동차 기·종점에 의한 방법
- 사람통행실태에 의한 방법

참고

- **과거추세연장법**

과거의 주차수요의 패턴과 증가경향을 토대로 하여 장래까지 연장시켜 장래 발생될 주차수요를 분석하는 방법

- **주차원단위법**

① 주차발생원단위법–현재 가장 널리 이용됨

주차수요 추정시 기존의 자료를 사용하여 원단위를 구한 후 주차 수요를 추정하는 방법

$$P = \frac{U \times F}{1{,}000 \times e}$$

P : 주차수요(대), U : 피크시 건물연면적 1,000㎡당 주차발생량(대/1,000㎡)

F : 계획건물상면적(㎡), e : 주차이용효율

② 건물연면적원단위법

두 가지 방법으로 분류된다.

㉠ 현재의 토지이용의 용도별 연면적과 총 주차대수 이용방법(회귀분석을 통행)

$$Y = a_0 + a_1 X_1 + a_2 X_2 + \cdots + a_i X_i$$

Y : 총 주차대수

a_i : i 용도별 연면적 원단위(파라미터)

X_i : 용도별 연면적

㉡ 용도에 따른 연면적당 주차발생량을 구해 장래 용도별 연면적을 곱하여 이용하는 방법

$$Y = a_0^{\spadesuit} + a_1^{\spadesuit} X_1 + a_2^{\spadesuit} X_2 + \cdots + a_i^{\spadesuit} X_i$$

Y : 총 주차대수

$a_i^{\spadesuit}$: i 용도별 연면적 원단위당 주차발생량

X_i : 장래 용도별 연면적

③ 교통량 원단위법

사람통행실태조사에 의한 승용차의 통행량패턴과 기종점 조사에 의한 승용차통행을 도심지 내, 도시 내, 도시 내 지구간으로 구분하여 총 주차대수와 관련시켜 일정한 지구의 주차수요를 구한다. 일단 차량통행에 의한 주차대수 원단위가 구해지면 장래 목표연도의 증가된 통행량에 이 주차원 단위를 적용하면 주차수요가 추정될 수 있다.

이 방법은 교통여건이 비교적 안정되어 있는 지역과, 지역 혹은 지구의 경계가 분명하여 동질적인 토지이용을 지닌 곳에 적합

• **자동차 기종점에 의한 방법**

승용차의 기종점을 분석하여 주차수요를 추정하는 방법으로 두 가지 유형이 있다.

① 교통량원단위법과 같이 승용차의 기종점과 총 주차대수와의 상관관계에 따라 주차수요를 분석하는 방법

② 도심지 등과 같은 특정한 지구로 진입하는 모든 도로의 출입지점을 기점으로 설정하여 차량번호판을 기록한 후 승용차 주차장소에서 조사원이 기록한 차량번호와 비교하여 주차수요를 분석하는 방법

이 방법은 일정한 시간에 도심지나 지구로 진입하는 차량의 수와 주차대수를 파악함으로써 차량유입대수와 주차대수간의 관계식이 성립되어 장래 차량 유입대수에 의해 장래 주차수요과 추정되는 방법

$주차수요 = \frac{주차차량}{진입차량}$ 의 비율을 검토하는 것이다.

• **사람통행에 의한 수요추정**

① P 요소법

주차수요는 피크시 승용차 도착통행량과 주차장 용적률 및 이용효율 등의 변수에 따라 변화한다는 전제 하에 정립된 방법

$$P = \frac{d \cdot s \cdot c}{o \cdot e} \times (t \cdot r \cdot p \cdot pr)$$

P : 주차수요(면수), d : 주간(07:00~19:00)통행집중률(%)

: 계절주차집중계수, c : 지역주차조정계수, o : 평균승차인원(인/대)

e : 주차이용효율(%), t : 1일 이용인구(인), r : 피크시 주차집중률(%)

p : 건물이용자 중 승용차이용률(%)

pr : 승용차이용자 중 주차차량비율(%)

② 사람통행실태조사에 의한 수요추정

이 방법은 사람통행에 의한 주차수요추정법은 가구설문조사와 같은 방법에 의해 얻어진 기종점조사표에 의해 통행발생량을 예측하고 이를 각 교통수단으로 분류하여 승용차의 유입통행량을 토대로 하여 추정하는 방법이다. 이러한 과정을 거쳐 일단 주차수요가 추정되면 주차원단위에 의한 건물용도별로 추정된 주차수요와 비교해 본다. 비교 후 합리적인 수준의 주차수요가 도출되었다고 판단되었다면 이를 최종주차수요추정치로 확정짓는 방법이다.

18 도심지보행교통 문제진단 준거를 열거하시오.

해설 - 통행안전성
- 접근의 체계성
- 보행의 기능성
- 보행시설 이용의 형평성
- 보행의 쾌적성

19 주차수요추정 방법별 장·단점을 설명하시오.

해설

추정방식	장점	단점
과거추세연장법	이해가 쉽고, 적용 편리	· 신뢰성 부족 · 장래의 불확실성에 대한 고려가 불가능함
주차발생원단위법	단기적 주차수요예측에 높은 신뢰성 제공함	· 주차이용효율 산출이 어려움 · 발생원단위 변화의 융통성 부족
건물연상면적 원단위법	총체적 수요추정에 비교적 높은 신뢰성 제공	자료수집 곤란
P 요소법	· 여러 가지 지역특성의 포괄적 고려 가능 · 특정장소의 수요추정에 적합	각 계수에 대한 자료수집 어려움
자동차 기종점에 의한 방법	특정지역에 대해서는 정확한 수요 추정이 가능	· 조사곤란 · 시간 및 비용소요과다
누적주차수요추정법	· 시간에 대한 고려 가능 · 특정용도의 수요추정에 적용이 쉽다.	추정시 각 용도별로 각각 추정함으로써 비용이 많이 소요됨

20 지속적인 환경적 문제를 개선하기 위한 교통측면에서의 거시적 정책목표 세 가지를 설명하시오. or 지속 가능한 개발에 있어 환경 친화적인 교통정책의 목표 세 가지를 설명하시오.

해설
- 통행자의 기동성을 감소시키는 도시개발정책 : 직주근접, 도중교통수단과 자전거의 연계화
- 승용차 교통수요를 대체할 교통수단 정비 : 대중교통서비스의 개선, 자전거 통행체계의 개선
- 환경의 보전 : 무공해자동차의 개발지원, 배기가스배출기준의 강화 및 단속
- 무공해 교통장려 : 근거리걷기운동, 자전거타기 홍보 및 저가보급, 자전거도로망 확충

21 환승센터의 효과를 공공기관, 버스, 택시, 이용자 측면에서 나눠어 설명하시오.

공공기관	· 지가상승과 상업 · 업무시설의 증가로 재산세 등 세원 확보 · 주민수의 증가로 각종 세원의 증대
버스	· 환승지점에서 버스베이 등 정차공간 확보 · 승객증가로 운영수입 증대 · 승객불편감소로 버스 이미지 향상 · 정시성 확보
택시	· 승객증가로 수입증대 · 주행시간의 절약
이용자	· 시간 단축 · 환승의 편리성, 안전성, 쾌적성 확보 · 상업시설의 집중으로 구매행위 편리 · 휴식공간에서 휴식 가능

실전문제

1 사람통행실태조사 방법의 종류를 4가지로 나열하시오.

2 교통존 설정시 4가지 유의사항을 열거하시오.

3 폐쇄선 선정시 3가지 고려사항을 기술하시오.

4 교통수요조사 방법 중 가구방문조사 결과로 습득할 수 있는 사항을 4가지로 나열하시오

5 교통계획의 기능에 대해 3가지로 설명하시오.

6 장기교통계획과 단기교통계획을 서로 비교하시오.

7 카테고리분석법의 장점에 대해 3가지로 설명하시오.

8 개별형태모형의 장점에 대해 3가지로 설명하시오.

9 4단계 수요추정의 장 · 단점을 각각 2가지씩 설명하시오.

10 4단계 추정모형의 종류와 각 모형의 추정법을 각각 2가지씩 설명하시오.

11 ALL-OR-NOTHING법의 장 · 단점을 각각 2가지씩 설명하시오.

12 비용-편익 분석법 대해 서술하시오.

13 경제성 평가기법의 장 · 단점을 2가지씩 설명하시오.

14 도시교통 문제의 유형을 3가지만 열거하시오.

15 도시교통의 특성 5가지를 설명하시오.

16 주차수요추정 방법별 장·단점을 설명하시오.

제2장

교통계획(계산문제)

1. 교통계획 과정

1 **현재의 인구가 73,086인이고, 자동차보유대수가 6,710대인 A지역에서 통행량을 조사한 결과 125,300통행으로 나타났다. 장래 10년 후 A지역의 인구는 82,420인, 자동차보유대수는 14,892대로 예측되었다. 증감율법을 이용하여 장래 10년 후의 A지역 통행발생량을 산정하시오.**

해설 $F_i = \frac{P_i'}{P_i} \times \frac{M_i'}{M_i} = \frac{82,420}{73,086} \times \frac{14,892}{6,710} = 2.5$

$T_i = t_i \cdot F_i = 125,300 \times 2.5 = 313,250$ 통행

참고

- **증감률법(rate of change model)**

현재의 통행유출, 유입량에 장래의 인구, 자동차 보유대수 등 사회경제적 지표의 증감률을 곱하여 장래의 교통량 추정식은

$$T_i = t_i \cdot F_i$$

여기서 F_i를 구하는 식 $F_i = \frac{P_i'}{P_i}$ or $F_i = \frac{M_i'}{M_i}$

T_i : 장래년도 i 존의 추정교통량	t_i : 기준년도 i 존의 교통량
i : 대상 존	F_i : 사회경제적 지표에 의한 증감률
P_i' : 장래 추정인구	P_i : 기준년도 인구수(지표)
M_i' : 장래 추정 자동차수	M_i : 기준년도 자동차수(지표)

2 **$A \to B$ 간 현재 통행량은 150이며 장래 통행량은 220으로 추정되고, $B \to A$ 간 현재 통행량은 200이며 장래 통행량은 700으로 예상된다. $A-B$ 간 장래 통행량에 대한 균일 성장률을 산출하시오.(단, 존내 통행량은 없다)**

해설 현재의 OD표

O \ D	A	B	계
A	0	150	150
B	200	0	200
계	200	150	350

장래의 OD표

O \ D	A	B	계
A	0	220	220
B	700	0	700
계	700	220	920

$$F = \frac{T'_{AB}}{T_{AB}} = \frac{220+700}{150+200} = \frac{920}{350} = 2.63$$

3 **다음 자료는 통행발생량과 자동차 보유대수와의 관계를 나타낸 것이다.**

자동차보유대수(X)	12	10	14	11	12	9
통행발생량(Y)	18	17	23	19	20	15

(1) 위의 관계식을 선형회귀식으로 산출하시오.

해설 선형회귀식 $Y=\alpha+\beta X$

$$\beta=\frac{n\Sigma XY-\Sigma X\Sigma Y}{n\Sigma X^2-(\Sigma X)^2},\ \alpha=\frac{\Sigma Y}{n}-\beta\frac{\Sigma X}{n}$$

$\sum X=68,\ \sum Y=112,\ \sum X^2=786,\ \sum Y^2=2{,}128, \sum XY=1{,}292$

$$\beta=\frac{n\Sigma XY-\Sigma X\Sigma Y}{n\Sigma X^2-(\Sigma X)^2}=\frac{(6\times1292)-(68\times112)}{(6\times786)-68^2}=1.48$$

$$\alpha=\frac{\Sigma Y}{n}-\beta\frac{\Sigma X}{n}=\frac{112}{6}-1.48\times\frac{68}{6}=1.89 \Rightarrow\ \therefore\ Y=1.89+1.48X$$

(2) R^2(상관계수)를 산출하시오.

해설 $R^2=\dfrac{n\Sigma XY-\Sigma X\Sigma Y}{\sqrt{[n\Sigma X^2-(\Sigma X)^2][n\Sigma Y^2-(\Sigma Y)^2]}}$

$$\frac{6\times1{,}292-68\times112}{\sqrt{(6\times786-68^2)(6\times2{,}128-112^2)}}=0.95$$

(3) 자동차 보유대수(X)=22대일 때, 통행발생량을 산출하시오.

해설 $1.89+1.48\times22=34.45$

∴ 자동차 보유대수가 22대일 때 35통행

4 **장래자동차 보유대수가 5만대일 경우 회귀식을 이용하여 통행발생량을 산출하시오.**

(단위 : 1,000대, 1,000통행)

	존1	존2	존3	존4
자동차 보유대수(X)	5	7	14	12
통행발생량(Y)	20	40	90	60

해설 선형회귀식$=\alpha+\beta X$

$$\beta=\frac{n\Sigma XY-\Sigma X\Sigma Y}{n\Sigma X^2-(\Sigma X)^2},\ \alpha=\frac{\Sigma Y}{n}-\beta\frac{\Sigma X}{n}$$

$n=4,\ \Sigma X=38,\ \Sigma Y=210,\ \Sigma X^2=414,\ \Sigma Y^2=44{,}100,\ \Sigma XY=2{,}360$

$$\beta=\frac{n\Sigma XY-\Sigma X\Sigma Y}{n\Sigma X^2-(\Sigma X)^2}=\frac{(4\times2{,}360)-(38\times210)}{(4\times414)-38^2}=6.89$$

$$\alpha=\frac{\Sigma Y}{n}-\beta\frac{\Sigma X}{n}=\frac{210}{4}-6.89\times\frac{38}{4}=-12.96$$

$Y = -12.96 + 6.89X$

∴ 자동차 보유대수가 5만대일 경우 331,540 통행

5 직업별 통행발생 원단위 및 장래 통행지수가 다음과 같다. 원단위법을 이용하여 1일 총통행 유입량을 구하시오.

구 분	통행발생 원단위	장래 통행지수
대학생	0.9	50명
중고생	1.2	800명
초등학교	0.9	1,800명
사무직고용자	0.9	200명
도매업고용자	1.3	100명
소매업고용자	1.1	50명

해설 ① 주거지(출근통행유입량)

$0.9 \times$ 사무직고용자수 $+ 1.3 \times$ 도매업고용자수 $+ 1.1 \times$ 소매업고용자수

$0.9 \times 200 + 1.3 \times 100 + 1.1 \times 50 = 365$

② 주거지(등교통행유입량)

$0.9 \times$ 대학생수 $+ 1.2 \times$ 중고학생수 $+ 0.9 \times$ 초등학생수

$0.9 \times 50 + 1.2 \times 800 + 0.9 \times 1,800 = 2,625$

③ 1일 총통행 유입량

①+② = 2,990통행/일

참고

- **원단위법(rate of change model)**

해당지역의 특성을 나타내는 여러 가지 지표(사회경제적, 토지이용적 지표)간의 상관관계를 구하여 이것으로부터 목표년도의 장래교통량을 예측하는 방법. 원단위는 일정한 단위시간(일반적으로 24시간)과 단위지표(단위인구, 단위면적, 단위통행자)를 토대로 통행량을 추정함

$$T_i = X_i \cdot a_i$$

T_i : 장래년도 추정통행량
X_i : 그 존에서 가장 중요한 지표
a_i : 평균 원단위

6 다음은 어느 한 존의 총 통행발생량을 구하기 위해서 카테고리분석법을 이용하여 분석하고자 한다. 아래와 같은 자료가 수집되었다면 이 지역의 통행발생량을 산출하시오.

· 저소득, 버스, 3인 이하 가구규모=500
· 저소득, 버스, 4인 이상 가구규모=800
· 중소득, 택시, 4인 이상 가구규모=500
· 중소득, 버스, 4인 이상 가구규모=300
· 고소득, 택시, 4인 이상 가구규모=300
· 고소득, 승용차, 3인 이하 가구규모=50

구 분	가구당 월평균 소득수준					
	하		중		상	
	3인 이하	4인 이상	3인 이하	4인 이상	3인 이하	4인 이상
버 스	2.6	3.3	2.9	3.5	3.2	4.0
택 시	0.4	0.7	1.8	2.2	2.3	2.7
승용차					2.3	3.5

해설 $(500\times2.6)+(800\times3.3)+(500\times2.2)+(300\times3.5)+(300\times2.7)+(50\times2.3)=7{,}015$

∴ 통행발생량은 7,015 통행

참고

- **카테고리분석법에서 총 통행발생량**

총 통행발생량=평균통행발생량×유형별가구수

7 다음은 어느 한 존의 총 통행발생량을 구하기 위해서 카테고리분석법을 이용하여 분석하고자 한다. 아래와 같은 자료가 수집되었다면 이 지역의 통행발생량을 산출하시오.

	저소득	중소득	고소득
버스	3.0	3.5	1.8
택시	0.7	2.2	3.7
승용차	0.8	0.4	2.5

· 저소득, 버스, 가구규모=450
· 저소득, 승용차, 가구규모=60
· 중소득, 버스, 가구규모=1,100
· 고소득, 승용차 가구규모=150

해설 $(450\times3.0)+(60\times0.8)+(1{,}100\times3.5)+(150\times2.5)=5{,}623$

∴ 통행발생량은 5,623 통행

8 현재의 존 간 통행량과 장래의 존별 통행유출량이 아래와 같을 때 균일 성장률법으로 배분하시오.

현재 OD표

O \ D	1	2	3	계
1	4	7	4	15
2	5	7	6	18
3	8	10	14	32
계	17	24	24	65

장래의 OD표

O \ D	1	2	3	계
1				22
2				24
3				48
계	21	32	35	87

해설 $T_{ij}=t_{ij}\cdot F$

F=장래의 총 통행량/현재의 총 통행량, $F=\dfrac{\Sigma T_{ij}}{\Sigma t_{ij}}=\dfrac{87}{65}=1.34$

$T_{11}=4\times1.34=5$ $T_{12}=7\times1.34=9$ $T_{13}=4\times1.34=5$

$T_{21}=5\times1.34=7$ $T_{22}=7\times1.34=9$ $T_{23}=6\times1.34=8$

$T_{31}=8\times1.34=11$ $T_{32}=10\times1.34=14$ $T_{33}=14\times1.34=19$

O \ D	1	2	3	계
1	5	9	5	19
2	7	9	8	24
3	11	14	19	44
계	23	33	32	87

9 평균성장률법으로 존 간 통행배분을 하시오.(Interation 2회까지)

〈현재의 OD표〉

O \ D	1	2	3	계
1	4	7	4	15
2	5	7	6	18
3	8	10	14	32
계	17	24	24	65

〈장래의 OD표〉

O \ D	1	2	3	계
1				22
2				24
3				42
계	21	32	35	88

해설 P_i=존 i의 현재 통행 유출량, A_j=존 j의 현재 통행 유입량

P'_i=존 i의 장래 통행 유출량, A'_j=존 j의 장래 통행 유입량

유출량의 성장률(E_i)=P'_i/P_i, 유입량의 성장률(F_j)=A'_j/A_j

장래의 통행량(T'_{ij})=현재의 통행량(T_{ij})$\times(E_i+F_j)/2$

〈1차 배분과정〉

E_1=22/15=1.47, E_2=24/18=1.33, E_3=42/32=1.31

F_1=21/17=1.24, F_2=32/24=1.33, F_3=35/24=1.46

T_{11}=4×(1.47+1.24)/2=5.42, T_{12}=7×(1.47+1.33)/2=9.8,

T_{13}=4×(1.47+1.46)/2=5.86

T_{21}=5×(1.33+1.24)/2=6.43, T_{22}=7×(1.33+1.33)/2=9.31,

T_{23}=6×(1.33+1.46)/2=8.37

T_{31}=8×(1.31+1.24)/2=10.2, T_{32}=10×(1.31+1.33)/2=13.2,

T_{33}=14×(1.31+1.46)/2 =19.39

〈장래의 OD표〉

O \ D	1	2	3	계
1	5.42→5→6	9.8→10	5.86→6	22→21→22
2	6.43→6→7	9.31→9	8.37→8	24→23→24
3	10.2→10	13.2→13	19.39→19	42
계	21→23	32	35→33	88→86→88

〈최종 장래의 OD표〉

O \ D	1	2	3	계
1	6	10	6	22
2	7	9	8	24
3	10	13	19	42
계	23	32	33	88

〈2차 배분과정〉

E_1=22/22=1, E_2=24/24=1, E_3=42/42=1

F_1=21/23=0.91, F_2=32/32=1, F_3=35/33=1.06

T_{11}=6×(1+0.91)/2=5.73, T_{12}=10×(1+1)/2=10,

T_{13}=6×(1+1.06)/2=6.18, T_{21}=7×(1+0.91)/2=6.69,

T_{22}=9×(1+1)/2=9, T_{23}=8×(1+1.06)/2=8.24

T_{31}=10×(1+0.91)/2=9.55, T_{32}=13×(1+1)/2=13,

T_{33}=19×(1+1.06)/2=19.57

〈장래의 OD표〉

O \ D	1	2	3	계
1	5.73→6	10	6.18→6	22
2	6.69→7	9	8.24→8	24
3	9.55→10	13	19.57→20	42
계	22	32	34	88

〈최종 장래의 OD표〉

O \ D	1	2	3	계
1	6	10	6	22
2	7	9	8	24
3	10	13	19	42
계	23	32	33	88

10 프라타법(Frata model)을 이용하여 존별 통행분포를 추정하여라.

〈현재의 OD표〉

O \ D	1	2	계
1	8	3	11
2	5	4	9
계	13	7	20

〈장래의 OD표〉

O \ D	1	2	계
1			19
2			14
계	18	15	33

해설 ① **각존별 유출 유입량의 성장률 계산**

	1	2
E_i	19/11=1.73	14/9=1.56
E_j	18/13=1.38	15/7=2.14

② **보정식 계산**

	1	2
L_i(유출)	8+3/(8×1.38+3×2.14)=0.63	5+4/(5×1.38+4×2.14)=0.58
L_j(유입)	8+5/(8×1.73+5×1.56)=0.60	3+4/(3×1.73+4×1.56)=0.61

③ **각 존 간 통행량 계산**

T_{11}=8×1.73×1.38×(01.63+0.6)/2=11.75=12

T_{12}=3×1.73×2.14×(0.63+0.61)/2=6.89≒7
T_{21}=5×1.56×1.38×(0.58+0.6)/2=6.35≒6
T_{22}=4×1.56×2.14×(0.58+0.61)/2=7.9≒8

④ **최종배분결과**

O/D	1	2	계
1	12	7	19
2	6	8	14
계	18	15	33

참고

- **Fratar 모형**

존 i와 존 j 사이의 통행량은 E_i와 F_j에 비례하여 증가한다는 것이다. 현재 통행량을 이와 같은 두 개의 성장률로 곱하면 존 i에서 유출되는 통행량이 장래추정량보다 많아지므로 아래와 같은 절차에 의해 보정하여 배분통행량을 예측하는 방법

$$t'_{ij}(i) = t_{ij} \times E_i \times F_j \times \frac{\Sigma t_{ij}}{\Sigma t_{ij} \cdot E_j} L_i = \frac{\Sigma t_{ij}}{\Sigma t_{ij} \cdot E_j} \text{로 간략화}$$

$$t'_{ij}(i) = t_{ij} \times E_i \times F_j \times \frac{\Sigma t_{ij}}{\Sigma t_{ij} \cdot F_j} L_i = \frac{\Sigma t_{ij}}{\Sigma t_{ij} \cdot F_j} \text{로 간략화}$$

여기서, 과다추정을 보정하기 위한 수단으로서 L_i와 L_j의 합을 2로 나눈 값을 성장률과 현재교통량에 적용하여 장래통행량을 계산하면 다음과 같다.

$$t'_{ij} = \{t'_{ij(i)} + t'_{ij(j)}\}/2$$

$$t'_{ij}(j) = t_{ij} \times E_i \times F_j \times \frac{L_i + L_j}{2}$$

11 **다음의 기존 O/D 통행량과 장래 추정통행량을 단일제약 중력모형(유출제약모형)을 이용하여 배분하시오.(여기서, 통행저항함수는 존 간 거리를 이용한다)**

기존

O \ D	1	2	계
1	6	6	12
2	4	2	6
계	10	8	18

장래

O \ D	1	2	계
1			20
2			10
계	18	12	30

존 간 거리

O \ D	1	2
1	5	21
2	15	10

해설 • 단일제약 모형(통행유출량 제약모형)
- 통행유출량만 일치시키도록 통행의 기종점을 연결
- 존 i의 총통행유출량을 조사된 존 i의 총 통행량과 일치시킴

① 보정치 K_i값 계산

$$K_1 = [\frac{10}{5}]^{-1} = 0.5, \qquad K_2 = [\frac{8}{15}]^{-1} = 1.875$$

② 존 간 통행량 계산

$$T_{11} = \frac{0.5 \times 12 \times 10}{5} = 12, \quad T_{12} = \frac{0.5 \times 12 \times 8}{21} = 2.28 ≒ 2$$

③ 장래 통행량 분포

$$T_{21} = \frac{1.875 \times 6 \times 10}{15} = 7.5 ≒ 7, \quad T_{22} = \frac{1.875 \times 6 \times 8}{10} = 9$$

∴ 통행유출량이 같으므로 최종 통행배정 결과는 아래와 같다.

O \ D	1	2	계
1	12	2	14
2	7	9	16
계	19	11	30

12 O/D표가 다음과 같을 때 다음을 계산하시오.

O \ D	1	2	3	4	5	6
1	1,107	1	5	37	45	69
2	1	237	23	42	13	21
3	5	23	365	50	19	8
4	37	42	50	104	10	3
5	45	13	19	10	236	9
6	69	21	8	3	9	31

(1) 존내통행을 산출하시오.

해설 1,107+237+365+104+236+31=2,080(대각선의 합)

(2) 존유출량을 산출하시오.

해설 710(대각선을 제외한 합)

(3) 총 통행량을 산출하시오.

해설 2,790(존유출량+존내통행)

13 어느 지역의 노선망을 나타낸 그림이다. 노선망 간에 유입되는 통행량 All-or-nothing 배정과 Incremental Assignment(분할배정)을 이용하여 link별 배정통행량을 계산하시오.(단, 분할배정 시행시에 각각 50%, 50%로 분할하여 배정한다. $T_{14} = 100$, $T_{24} = 100$)

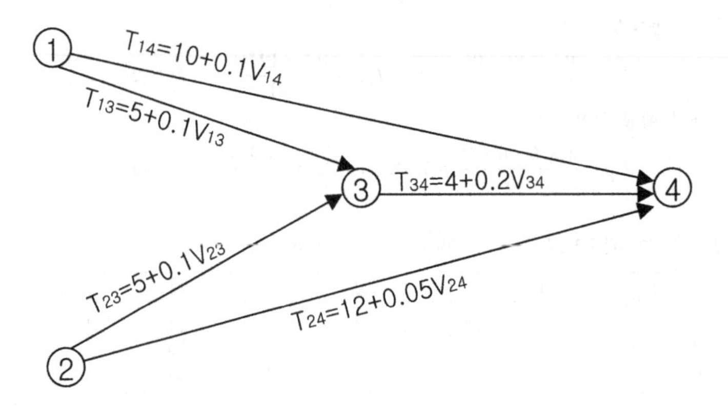

해설 ① **All-or-noting 배정기법**

$V=0$일 때,

①→④ $= T_{14} = 10$, ①→③→④ $= T_{13} + T_{34} = 9$

∴ ①→③→④에 100대 전량배정

②→④ $= T_{24} = 12$, ②→③→④ $= T_{23} + T_{34} = 9$

∴ ②→③→④에 100대 전량배정

경로	① → ③	① → ④	② → ③	② → ④	③ → ④
배정교통량	100	0	100	0	200

② **Incremental Assignment(분할배정기법)**

1) 50%인 50대를 배정 : 처음 배정할 때는 All-or-nothing 법과 같은 방법 적용

①→④ $= T_{14} = 10$, ①→③→④ $= T_{13} + T_{34} = 9$

∴ ①→③→④에 50대 배정

②→④ $= T_{24} = 12$, ②→③→④ $= T_{23} + T_{34} = 9$

∴ ②→③→④에 50대 배정

경로	① → ③	① → ④	② → ③	② → ④	③ → ④
배정교통량	50	0	50	0	100

2) 50%인 50대를 먼저 배정 : 나머지 50대를 배정할 때는 첫 번째 배정한 경로에 배정된 교통량이 있다는 가정하에 교통량을 배정한다.

①→④ $= T_{14} = 10$,

①→③→④ $= T_{13} + T_{34} = [5+(0.1\times50)]+[4+(0.2\times50)] = 19$

∴ ①→④에 50대 배정

②→④ $= T_{24} = 12$,

②→③→④ $= T_{23} + T_{34} = [5+(0.1\times50)]+[4+(0.2\times50)] = 19$

∴ ②→④에 50대 배정

경로	① → ③	① → ④	② → ③	② → ④	③ → ④
배정교통량	50	50	50	50	100

14 **그림과 같은 노선망 간에 통행량을 All-or-nothing 배정과 Incremental Assignment를 이용하여 link 통행량을 배정하시오.(단, ①→④의 통행량은 30대)**

a : $T=10+2V$, b : $T=10+3V$, c : $T=10+V$, d : $T=15+5V$, e : $T=20+V$,

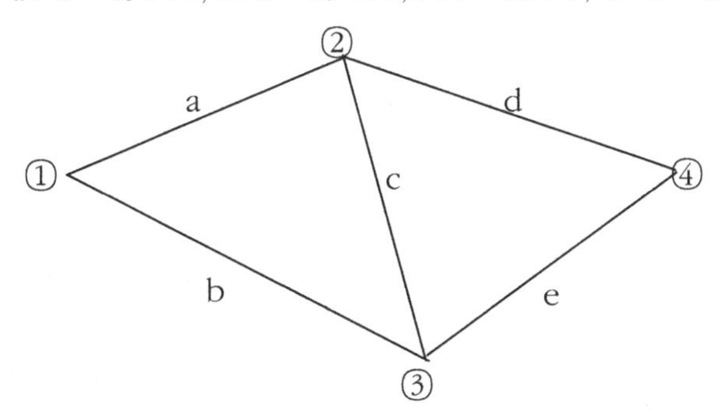

(1) All-or-nothing 배정기법을 이용하여 link의 통행량을 배정하시오.

해설 $V=0$일 때, ①→②→④ : $a+d=25$
①→②→③→④ : $a+c+e=40$
①→③→②→④ : $b+c+d=35$
①→③→④ : $b+e=30$
∴ ①→②→④에 30대 전량 배정

(2) Incremental Assignment(분할배정)을 이용하여 link의 통행량을 배정하시오.(단, 20%, 30%, 50% 점진적 배정)

해설 1) 20%인 6대를 먼저 배정
$V=0$일 때, ①→②→④ : $a+d=25$
①→②→③→④ : $a+c+e=40$
①→③→②→④ : $b+c+d=35$
①→③→④ : $b+e=30$
∴ ①→②→④에 6대 배정

2) 30%인 9대를 먼저 배정
①→②→④ : $a+d=[10+(2\times6)]+[15+(5\times6)]=77$
①→②→③→④ : $a+c+e=[10+(2\times6)]+10+20=52$
①→③→②→④ : $b+c+d=10+10+[15+(5\times6)]=65$
①→③→④ : $b+e=10+20=30$
∴ ①→③→④에 9대 배정

3) 나머지 50%인 15대를 배정
①→②→④ : $a+d=[10+(2\times6)]+[15+(5\times6)]=77$
①→②→③→④ : $a+c+e=[10+(2\times6)]+10+[20+(1\times9)]=61$

①→③→②→④ : $b+c+d=[10+(3\times9)]+10+[15+(5\times6)]=92$
①→③→④ : $b+e=[10+(3\times9)]+[20+(1\times9)]=66$
∴ ①→②→③→④에 15대 배정

참고

- **전량배정(All-or-nothing)**
  - Free Flow Speed($V=0$)에서 최단경로를 찾아 최단경로상에 통행량을 전량 배정하는 방법
- **분할배정(Incremental Assignment)**
  - 배정교통량을 n등분하여 각 단계에서 최단경로에 전량 배정함
  - 최단경로는 각 단계에서 동일하지 않음
- **반복배정(Iterative Assignment)**
  - 배정교통량을 전량 최단경로에 배정, 다시 최단경로 구하여 전량배정, 다시 최단경로 구하여 전량배정을 반복함
  - 균형상태에 도달할 때까지 계속된 반복과정을 거친 후 도출된 최종구간교통량을 반복횟수 N으로 나눈 값이 구간교통량

15 **출발지 R과 도착지 S 간 2개의 경로가 있다. 이용자 평형 배정기법(User Equilibrium Assignment)과 체계최적 배정기법(System Optimum Assignment)의 가정을 설명하고 각 배정기법을 이용하여 경로별 통행량을 산출하시오.(단, 전체통행량은 5대)**

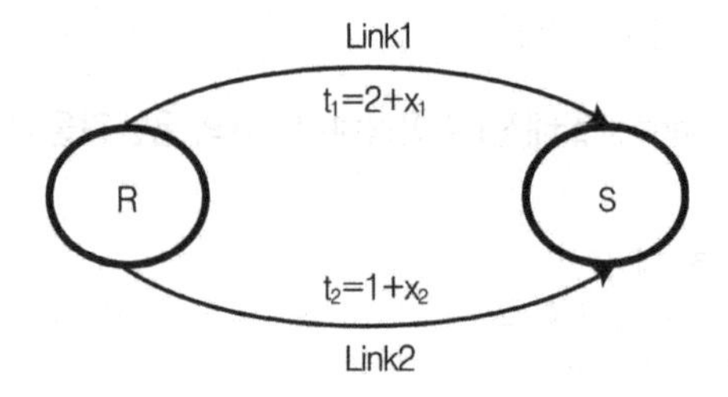

해설 **1. 이용자 평형배정의 가정(Wardrop Rule Ⅰ)**

① 각 통행자는 통행시간이 최소인 경로를 통행한다.
② 모든 통행자는 모든 링크 통행시간을 알고 있다.
③ 이용된 경로의 통행시간은 동일하고 사용되지 않는 경로의 통행시간보다 작거나 같다.
④ 각 통행자의 평균통행비용이 최소로 된다.
⑤ 각 통행자의 경로선택은 타운전자에게 영향을 준다.

위의 이용자 평행원리의 조건에 따르면, 식 1)과 같이 성립

$$2+x_1=1+2x_2 \quad \cdots\cdots\cdots\cdots 1)$$

전체통행량은 5대이므로 식 2) 성립

$$x_1+x_2=5 \quad \cdots\cdots\cdots\cdots 2)$$

식 1)과 식 2)를 연립방정식을 통해 풀이하면,

$\therefore\ x_1 = 3$대, $x_2 = 2$대

2. 체계최적 배정의 가정(Wardrop Rule Ⅱ)

① 각 통행자 개인의 통행비용 최소화가 아닌 사회 전체적 통행비용을 최소화함으로써 사회적 후생이 극대화된 상태를 말함
② 이용되는 모든 경로의 총 통행시간과 통행비용은 최소이다.
③ 통행자는 한계통행비용이 최소가 되는 경로를 이용한다.
④ 운전자의 경로선택이 타운전자에게 영향을 주지 않는다.

총 통행비용을 산출하려면,
평균통행비용 × 차량대수 = 총통행비용

$$tc_1 = (2+x_1)x_1 = 2x_1 + x_1^2, \quad tc_2 = (1+2x_2)x_2 = x_2 + 2x_2^2$$

총비용함수를 미분한 것이 한계비용함수이므로,

$$MC_1 = 2+2x_1\ , \quad MC_2 = 1+4x_2$$

위의 체계최적원리의 제약조건에 따르면,

$MC_1 = MC_2\ ,\quad x_1 + x_2 = 5$이 성립되고 이 제약조건을 연립방정식으로 풀이하면,

$\therefore\ x_1 = 3.17$대, $x_2 = 1.83$대

참고

- **평형배정모형(User Equilibrium)**

노선배정의 기본 가정은 통행자가 자신의 목적지까지 이동할 때 자신의 통행비용을 최소화할 수 있는 경로를 선택한다는 것이다. 그러나 통행자는 자신의 통행비용을 최소화하는 경로를 쉽게 결정 못하는데 이는 통행비용은 고정되어 있는 것이 아니라 통행량에 의해 결정되기 때문이다.

평행배정모형은 모든 통행자가 자신의 통행비용을 최소화하려고 새로운 최소비용경로를 찾아 이동할 것이라는 가정을 바탕으로 하고, 그러기 위해서는 통행자는 통행비용에 대한 모든 정보를 공유한 상태여야 한다. 최종적으로 더 이상 빠른 경로가 존재하지 않는 상태를 평행(Equilibrium)상태라 한다.

이러한 평행상태를 교통망에 적용하여 도해하면 아래 [그림]과 같다. 이 그림에서 보는 바와 같이 두 지역 간 경로 a, b를 갖는 교통망을 가정하고 두 통행비용함수를 $t_a(w)$, $t_b(w)$라고 하면 교통망 평행배정은 두 지역 간 통행수요를 충족시키면서 a, b경로의 통행비용은 균등한 상태이며 이때 두 경로에 배정된 통행량은 x_a , x_b로 $x = x_a + x_b$가 된다. 이때의 이 두 경로를 이용하는 통행자는 모두 동일한 통행비용 x^*를 지불해야 한다.

즉, $x^* = x_a^* = x_b^*$가 되는데 이 상태의 통행배정을 교통망평형이라고 한다.

교통망 평형배정모형은 교통지구간 분포 통행수요가 고정(Fixed demand)되어 있고 통행배정은 Wardrop의 원리 I 에 따라 이루어진다고 가정하면 통행량배정에서 평형상태는 아래의 [그림]의 빗금친 부분의 면적을 최소화하는 다음과 같은 수리모 형식으로 나타낼 수 있다.

$$Z(x_a,\ x_b) = \int_0^{x_a} t_a(w)dx + \int_0^{x_b} t_b(w)dw$$

$$s.t \quad x_a + x_b = x$$

$$x_a + x_b \geqq 0$$

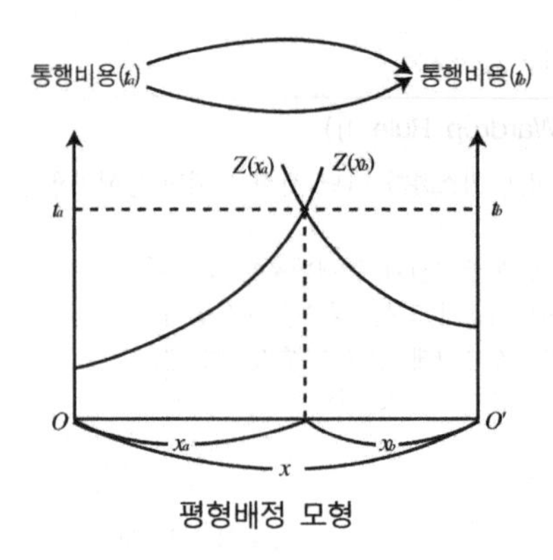

평형배정 모형

이 수리모 형식을 대상지역 전체를 연결하는 다수의 경로를 가정하고, 각 경로가 여러 구간인 교통망에 대해 일반화시켜 재구성하면 다음과 같다.

$$Min \sum_a \int_0^{x_a} t_a(w)dw$$

$$s.t \qquad \sum_k f_k^{rs} = q_{rs} \qquad \forall r, s$$

$$f_k^{rs} \geqq 0 \qquad \forall k, r, s$$

$$\text{여기서,} \quad x_a = \sum_r \sum_s \sum_k f_k^{rs} \delta_{ak}^{rs} \qquad \forall a$$

단,

x_a = 링크a의 통행량
t_a = 링크a의 통행시간
f_k^{rs} = 출발지 r와 목적지 s 간의 통행경로 k의 통행량
q_{rs} = 출발지 r와 목적지 s 간의 통행분포량

$$\delta_{ak} = \begin{cases} 1 : \text{만약 링크 } a\text{가 출발지 } r\text{와 목적지 } s\text{간의 통행경로 } k\text{상에 있으면} \\ 0 : \text{그렇지 않으면} \end{cases}$$

교통망 평형배정 모형식은 비선형식으로 이를 풀 수 있는 방법은 여러 가지가 있으나 범용되고 있는 것은 LeBlanc(1975) 등이 Frank-Wolfe 알고리즘을 이용한 해법을 개발하여 제시했으며 해법의 각 과정을 정리해보면 다음과 같다.

[단계 1]: 방향발견(direction finding)

다음의 극소화문제의 해 $Y^n = (y_1^n, y_2^n ......, y_i^n)$을 발견한다.

$$Min \ Z^n(Y) = \nabla Z(X^n) \cdot Y = \sum_i \left(\frac{\partial Z(X^n)}{\partial x_i}\right) y_i \quad \cdots\cdots\cdots\cdots 1)$$

$$s.t \qquad \sum_i h_{ij} y_i \geqq b_j$$

단, $Y^n = (y_1^n, y_2^n \cdots, y_i^n)$ = 새로이 정의된 결정변수
h_{ij}, b_j = 상수
n = 반복계산단계

[단계 2]: 이동크기결정(step-size determination)

다음의 극소화문제의 해 α_n을 발견한다.

$$Min\ Z[X^n + \alpha(Y^n - X^n)]$$
$$s.t \quad 0 \leq \alpha \leq 1$$

[단계 3]: 이동(move)

X^{n+1}을 다음과 같이 계산한다.

$$X^{n+1} = X^n + \alpha_n(Y^n - X^n)]$$

[단계 4]: 수렴여부 검사단계

만약 통행량의 변화가 유의하지 않다면 반복수행을 끝내고, 현재의 구간교통량이 해가 된다. 그렇지 않으면 $n=n+1$로 하여 단계1 돌아가 반복과정을 수행한다.

이 방법은 Wardrop의 평형원리를 이전 방법에 비해 빠르게 수렴케 하는 특성을 가지고 있으나 최적 해에 접근하면서 수렴속도가 떨어지는 문제점을 가지고 있어, 이를 개선한 기법들도 개발되어 있다.

- **체계최적(System Optimum)**

체계최적은 통행자 개인의 통행비용 최소화가 아닌 사회 전체적 통행비용을 최소화함으로서 사회적 복지가 극대화된 상태를 말한다.

체계최적 배정기법으로 교통망에 배정된 통행량을 통해서 교통망의 총 통행비용을 계산할 수 있다. 총 통행비용은 교통망별 교통량의 함수로 정의되므로 총 통행비용을 최소가 되도록 하는 해가 존재하게 된다. 이러한 해는 통행량-통행비용 관계식을 통해서 한계통행비용을 도출할 수 있다.

통행배정은 WardropⅡ 원리에 따라 이루어지며, 다음과 같은 수리모 형식으로 나타낼 수 있다.

$$Min\ \tilde{Z}(X) = \sum_a x_a t_a(x_a)$$
$$s.t \quad \sum_k f_k^{rs} = q_{rs} \quad \forall r, s$$
$$f_k^{rs} \geq 0 \quad \forall k, r, s$$
$$\text{여기서,} \quad x_a = \sum_r \sum_s \sum_k f_k^{rs} \delta_{ak}^{rs} \quad \forall a$$

단, x_a = 링크a의 통행량

t_a = 링크a의 통행시간

f_k^{rs} = 출발지 r와 목적지 s 간의 통행경로 k의 통행량

q_{rs} = 출발지 r와 목적지 s 간의 통행분포량

$$\delta_{ak} = \begin{cases} 1 : \text{만약 링크 } a\text{가 출발지 } r\text{와 목적지 } s\text{간의 통행경로 } k\text{상에 있으면} \\ 0 : \text{그렇지 않으면} \end{cases}$$

체계최적의 목적함수는 링크 통행량의 측면에서 표현되며, 이용자 균형의 목적함수와 달리 링크 통행시간의 적분함수를 포함하지 않는다. 한편 체계최적 모형의 제약조건은 이용자 평형 모형과 동일하다.

체계최적 모형은 체계최적 통행패턴을 위해 통행자들이 통행경로를 바꿈으로써 자신의 통행시간을 감소시킬 수 있는 소지가 있다. 결과적으로 체계최적 통행 패턴은 안정적이지 못하고, 통행자의 실제적인 통행경로 선택 형태를 설명하지 못한다.

체계최적모형이 통행자의 통행경로 선택 형태를 정확하게 묘사하지 못함에도 구하고 체계최적 모형의 해는 사회적으로 가장 바람직한 통행배정을 보여준다는 점에서 교통계획의 표준척도로서의 기능을 한다고 볼 수 있다. 특히 체계최적 통행량은 이용자균형 통행량과의 비교를 위해 주로 이용된다.

16 **출발지 A와 도착지 B 간 그림과 같은 경로가 존재한다. 이용자 평형 배정기법(User Equilibrium Assignment)과 체계최적 배정기법(System Optimum Assignment)을 이용하여 각 링크별 배정된 통행량과 평균통행비용 그리고 전체 링크에서 발생되는 총 통행비용을 계산하시오.(단, 총 통행량은 100대)**

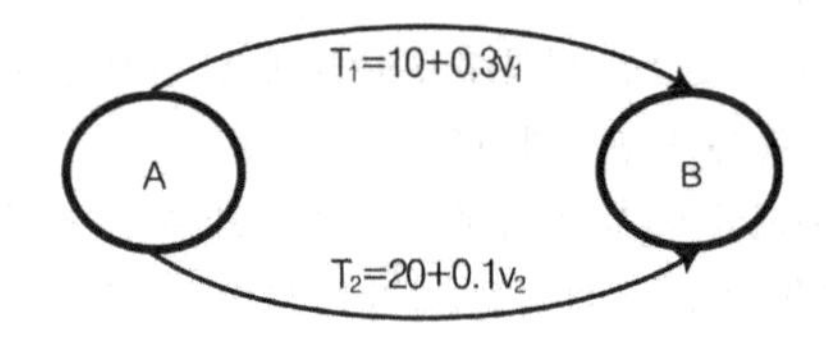

해설 • **통행량 산정**

- UE(이용자 평형)

$10+0.3V_1=20+0.1V_2$ · · · · · · · · · · · 식 1)

총 통행량은 100대이므로 식 2) 성립

$V_1+V_2=100$ · · · · · · · · · · · · · 식 2)

식 1)과 식 2)를 연립방정식을 통해 풀이하면,

$\therefore\ V_1=50$대, $V_2=50$대

- SO(체계최적)

총 통행비용을 산출하려면,

평균통행비용 × 차량대수 = 총통행비용

$TC_1=(10+0.3V_1)V_1=10V_1+0.3V_1^2$,

$TC_2=(20+0.1V_2)V_2=20V_2+0.1V_2^2$

총비용함수를 미분한 것이 한계비용함수이고

$MC_1=10+0.6V_1$, $MC_2=20+0.2V_2$

체계최적원리의 제약조건에 따르면,

$MC_1=MC_2$, $V_1+V_2=100$이 성립되고 이 제약조건을 연립방정식으로 풀이하면,

$\therefore\ V_1=37.5$대, $V_2=62.5$대

• **평균통행비용 산정**

- UE(이용자 평형)

$AC_1=10+(0.3\times50)=25$, $AC_2=20+(0.1\times50)=25$

- SO(체계최적)

$AC_1=10+(0.3\times37.5)=21.5$, $AC_2=20+(0.1\times62.5)=26.25$

- **총 통행비용 산정**
  - UE(이용자 평형)
    $STC = V_1 \cdot AC_1 + V_2 \cdot AC_2 = (50\times25)+(50\times25)=2,500$
  - SO(체계최적)
    $STC = V_1 \cdot AC_1 + V_2 \cdot AC_2 = (37.5\times21.25)+(62.5\times26.25)=2,437.5$

17 **어느 노선의 용량이 시간당 6,000대이고 자유통행시간이 1시간 30분이다. BPR의 통행량-속도 함수식을 이용하여 통행량이 8,000대일 경우의 통행시간을 산출하시오.**

해설 $T_o = 1.5$, $T = 1.5[1+0.15(\frac{8,000}{6,000})^4] = 2.21$시간

참고

BPR식 ⇒ $T = T_0[1+0.15(v/c)^4]$

18 **링크의 길이 1km, 도로용량 1,500대/시간/차로, 2차로, 통행량이 없을 때 주행속도는 20km/h, V=5,500vph일 때 주행시간을 산출하시오.**

해설 $\frac{1km}{20km/h} = 0.05$시간, $T = 0.05[1+0.15(\frac{5500}{3000})^4] = 0.135$시간

19 **출발지 A와 도착지 B 간 그림과 같은 경로가 존재한다. 이용자 평형 배정기법(User Equilibrium Assignment)을 이용하여 경로별 평균통행비용과 통행량을 산출하시오.(단, 총 통행량은 1,000대이고 통행경로별 통행저항함수(BPR)식을 아래와 같이 제시한다)**

- path 1 : $t_1 = 10[1+0.15(V_1/700)^4]$
- path 2 : $t_2 = 8[1+0.15(V_2/500)^4]$

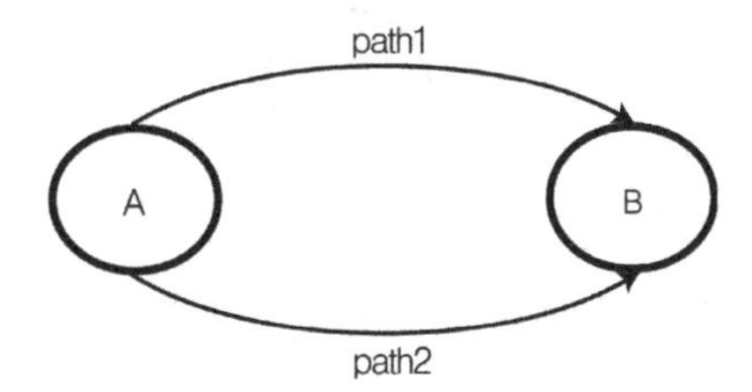

해설 이용자 최적조건함수는 평균통행비용이 같아지는 해이므로 평형상태 통행량을 산출하다. 즉, $t_1 = t_2 = t_e$가 되는 점에서 통행량을 구한다.

$10[1+0.15(V_1/700)^4] = 8[1+0.15((V_2/500)^4]$, $V_1 + V_2 = 1,000$

위의 식을 연립방정식을 통해 풀이하면 근사해를 도출하게 된다.

∴ 경로별 통행량 : $V_1 = 419$대, $V_2 = 581$대

∴ 경로별 통행비용 : $t_1 = 10.195$, $t_2 = 10.188$

20 출발지 A와 도착지 B 간 그림과 같은 경로가 존재한다. 체계최적 배정기법(System Optimum Assignment)을 이용하여 경로별 통행량을 산출하시오.(단, 총 통행량은 1,000대이고 통행경로별 통행저항함수(BPR)식을 아래와 같이 제시한다)

- path 1 : $t_1 = 10 + 0.003(V_1)^2$
- path 2 : $t_2 = 20 + 0.0007(V_2)^2$

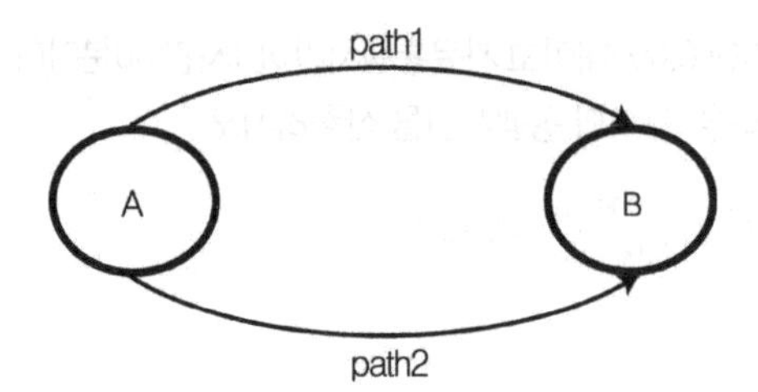

해설 체계최적 조건은 총 통행비용이 최소화되는 해이므로 다음의 연립방정식 해와 같다.

$\min TC = \min[V_1 \times (10 + 0.003V_1^2) + V_2 \times (20 + 0.0007V_2^2)]$

$V_1 + V_2 = 1{,}000$이므로 위 식을 V_1으로 정리하면 다음과 같다.

$\min TC = \min[0.0023V_1^3 + 2.1V_1^2 - 2{,}110V_1 + 720{,}000]$

위 식에서 총 통행비용의 최소값을 구하기 위해서 한계비용 0이 되는 해를 찾기 위해 위 식을 미분하여 0이 되는 근을 구한다.

$TC' = 0.0069V_1^2 + 4.2V_1 - 2{,}110 = 0$

∴ 경로별 통행량 : $V_1 = 326.86$대, $V_2 = 673.14$대

21 다음 그림의 네트워크를 보고 이용자 평형 배정기법(User Equilibrium Assignment)을 이용하여 각 링크상의 통행시간과 통행량을 산정하시오.(단, ①→③ 사이의 통행량은 4대)

$$t_1 = 2 + x_1^2,\ \ t_2 = 1 + 3x_2,\ \ t_3 = 3 + x_3$$

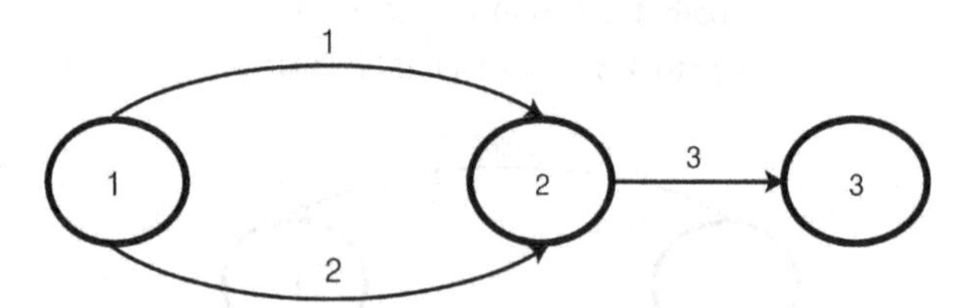

해설 2번 노드에서 3번 노드로 가는 링크는 하나이므로 링크 1과 링크 2에서 이용자 평형이 이루는 x_1과 x_2를 구하면 된다. 이용자 평행배정 원칙에 따라 ①→②에서 $t_1 = t_2$, $x_1 + x_2 = 4$가 성립된다. 이를 이용하여 연립방정식을 풀면

$2 + x_1^2 = 1 + 3x_2$, $x_1 + x_2 = 4$ 이고,

$x_1 = 2.14$, $x_2 = 1.86$, $t_1 = t_2 = 6.58$

②→③에서 $x_3 = 4$에 의해 $t_3 = 7$

22 다음 그림의 네트워크를 보고 이용자 평형 배정기법(User Equilibrium Assignment)을 이용하여 각 링크상의 통행시간과 통행량을 산정하시오.(단, ①→③ 사이의 통행량은 4대)

$$t_1 = 2 + x_1^2,\ \ t_2 = 3 + x_2,\ \ t_3 = 1 + 2x_3^2,\ \ t_4 = 2 + 4x_4$$

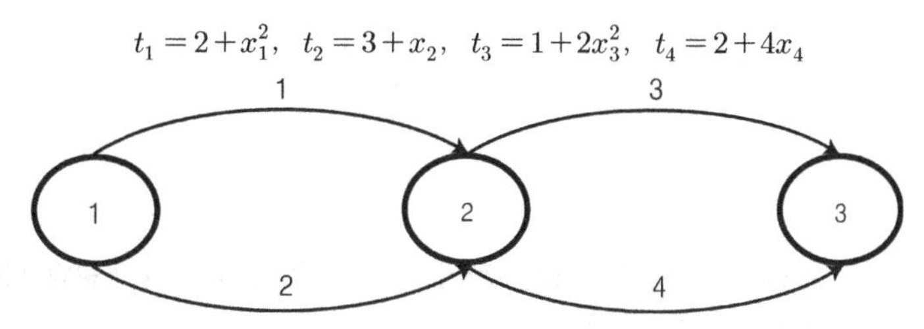

해설 이용자 평행배정 원칙에 따라 ①→②에서 $t_1 = t_2$, $x_1 + x_2 = 4$가 성립된다. 이를 이용하여 연립방정식을 풀면

$2 + x_1^2 = 3 + x_2$, $x_1 + x_2 = 4$ 이고,

$x_1 = 1.8,\ x_2 = 2.2,\ t_1 = t_2 = 5$

②→③에서 $t_3 = t_4$, $x_3 + x_4 = 4$에 의해

$x_3 = 2.1,\ x_4 = 1.9,\ t_1 = t_2 = 9.6$

23 자유교통류 도로구간의 현장에서 발견할 수 있는 교통량과 통행시간의 관계를 식으로 쓰고 이를 그래프로 도시하시오.

해설

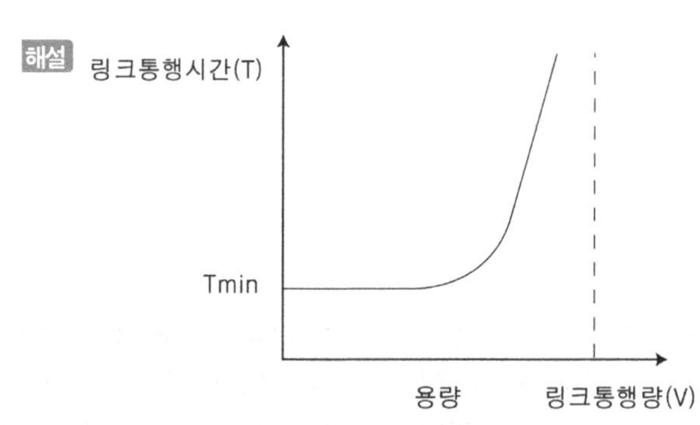

통행함수의 식 : $T = T_{\min}\left[(1 + \alpha\left(\frac{V}{C}\right)^{\beta}\right]$ 여기서, $T_{\min}$: 자유교통류 링크 통행시간

α, β : 매개변수(BPR식에서는 $\alpha = 0.15$, $\beta = 4$)

24 시간함수가 다음과 같을 때 평형상태일 때의 1시간 동안의 통행량을 산출하시오.

$$T = 5 + 0.01V \text{ (서비스함수)},\ \ V = 13{,}000 - 260T \text{ (통행량)}$$

해설 $V = 13{,}000 - 260(5 + 0.01V)$

$V = 3{,}250$(대/시)

25 서비스함수 $T-m+nV$에서 $m=5$분, $n=0.005$분/대/시간, 통행량 $V=a+bT$에서 $a=10{,}000$대/시간, $b=-300$대/시간/분이라고 주어졌다면 평형상태의 통행량과 주행시간을 산출하시오.

해설 $V=10{,}000-300T$, $T=5+0.005V \rightarrow V=10{,}000-300(5+0.005V)$

$V=3400$(대/시), $T=22$(분)

26 어느 로짓모형을 정산한 결과표와 같은 파라미터를 얻었다. 통행자의 분당 시간가치를 계산하여라.
〈차내시간, 차외시간 및 통행비용〉

구분	차내시간(IVTT)	차외시간(OVTT)	통행비용(COST)
파라미터	0.08972	0.19345	0.00363

해설 로짓모형으로부터 시간가치를 도출하려면 시간의 파라미터를 비용의 파라미터로 나누면 얻어지므로

차내시간 가치= $\frac{0.08972}{0.00363}=24.7$원/분

차외시간 가치= $\frac{0.19345}{0.00363}=53.3$원/분

27 다음과 같은 효용함수식을 이용하여 통행 시간가치를 산출하시오.
U=-0.006T-0.0009C(T : 통행시간(분), C : 통행비용(원))

해설 통행 시간가치 = -0.006/-0.0009=6.67(원/분)
∴ 약 7원이다.

28 $A-B$(5km 거리)까지 통행하는 버스 이용자의 차외시간은 출발지에서 정류장까지 2분, 대기시간 5분, 정류장에서 목적지까지 2분이다. 버스요금 250원, 버스 통행속도 30km/h이며, 버스정류장 간 거리는 4km이다. 승용차 이용자의 경우 주차비 1,000원, 통행료 200원, 주행비 1km당 50원, 속도 40km/h일 때, 각각 이용자의 일반화 비용(general cost)을 산출하시오.(도로 이용자의 시간가치는 3,000원)

해설 분당 시간가치= $\frac{3{,}000}{60}=50$원/분

버스이용자 general cost

$(2\times50)+(5\times50)+(2\times50)+250+(\frac{4\times60\times50}{30})=1{,}100$원

승용차이용자 general cost

$1{,}000+200+(50\times5)+(\frac{5\times60\times50}{40})=1{,}825$원

29 아래와 같은 효용함수를 일반적으로 시간가치는 시간의 파라미터를 비용의 파라미터로 나누면 (α/β)를 구할 수 있다고 한다. 이를 증명하시오.

$U = \alpha IVTT + \beta COST$(서비스함수)

해설 각각 편미분하면, $\frac{\partial U}{\partial IVTT} = \alpha$ $\frac{\partial U}{\partial COST} = \beta$

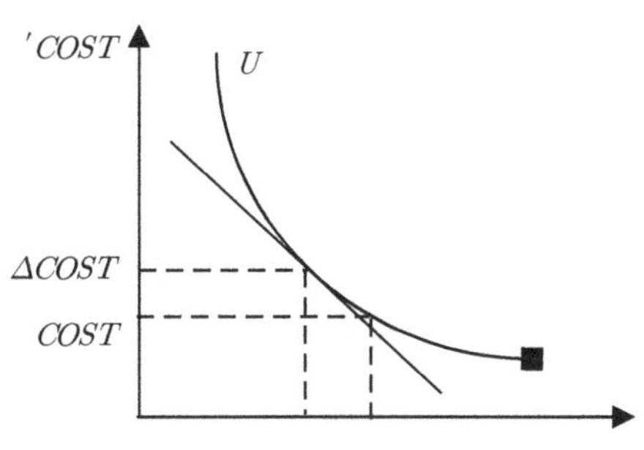

효용이 같기 때문에, $\frac{\partial U}{\partial IVTT} \cdot IVTT = \frac{\partial U}{\partial COST} \cdot COST$

$$\frac{COST}{IVTT} = \frac{\frac{\partial U}{\partial IVTT}}{\frac{\partial U}{\partial COST}} = \frac{\alpha}{\beta}$$

30 **로짓모형 U=-0.0005X_1 -0.0007X_2일 경우 (X_1 : 비용, X_2 : 시간, 택시비용 2,000원, 시간 20분, 버스비용 340원, 시간 35분)일 경우 택시를 이용할 확률을 산출하시오.**

해설 $U_t = -0.0005 \times 2000 - 0.0007 \times 20 = -1.014$

$U_b = -0.0005 \times 340 - 0.0007 \times 35 = -0.1945$

$$P_t = \frac{e^{-1.014}}{e^{-1.014} + e^{-0.1945}} = 0.3$$

31 **버스와 지하철의 선택확률을 산출하시오. 효용함수는 다음과 같다.**

$U_B = -0.04T_B - 0.1X_B - 0.0036C_B$ $\quad U_S = 0.7 - 0.04T_S - 0.1X_S - 0.0036C_S$

	버스	지하철
차내통행시간(T)	30	20
차외통행시간(X)	5	10
비용(C)	170	250

해설 $U_B = -0.04T_B - 0.1X_B - 0.0036C_B$

$= -(0.04 \times 30) - (0.1 \times 5) - (0.0036 \times 170) = -2.31$

$U_S = 0.7 - 0.04T_S - 0.1X_S - 0.0036C_S$

$= 0.7-(0.04\times20)-(0.1\times10)-(0.0036\times250)=-2$

$e^{U_b}=e^{-2.31}=0.1 \qquad e^{U_s}=e^{-2}=0.14 \qquad \Sigma e^{U_i}=0.24$

$$\text{대안별 선택확률}(Pi)=\frac{e^{Ui}}{\Sigma e^{Ui}}$$

$$P_b=\frac{e^{U_b}}{\Sigma e^{Ui}}=\frac{0.10}{0.24}=0.42$$

$$P_s=\frac{e^{U_s}}{\Sigma e^{Ui}}=\frac{0.14}{0.24}=0.58$$

32 어느 도시통행에서 승용차와 버스 두 수단만 있다. 승용차의 효용함수(U_c)=-0.52, 버스의 효용함수 (U_b)=-0.95이다. 어떤 통행자가 버스를 통행할 확률을 산출하시오.

해설 $e^{U_c}=e^{-0.52}=0.59, \quad e^{U_b}=e^{0.95}=0.39 \quad \therefore \Sigma e^{Ui}=0.98$

$$\text{대안별 선택확률}(P_i)=\frac{e^{Ui}}{\Sigma e^{Ui}}$$

$$P_b=\frac{e^{U_b}}{\Sigma e^{U_i}}=\frac{e^{U_b}}{e^{U_c}+e^{U_b}}=\frac{e^{-0.95}}{e^{-0.95}+e^{-0.52}}=0.4$$

33 버스(B)와 지하철(S) 간의 선택행태를 분석하고자 자료를 수집하여 계산한 결과 U_B(버스의 효용함수)는 -0.18, U_S(지하철의 효용함수)는 -1.15가 산출되었다. Logit 모형을 이용하여 각 교통수단의 선택할 확률을 산출하시오.

해설
$$P_B=\frac{e^{U_B}}{e^{U_B+}e^{U_S}}=\frac{0.835}{0.835+0.317}=\frac{e^{-0.18}}{e^{-0.18}+e^{-1.15}}=0.72$$

$$P_S=\frac{e^{U_S}}{e^{U_B+}e^{U_S}}=\frac{0.317}{0.835+0.317}=\frac{e^{-0.18}}{e^{-0.18}+e^{-1.15}}=0.28$$

$\therefore\ P_B=72\%,\ P_S=28\%$

34 지하철, 버스, 택시의 효용함수가 각 -0.47, -0.98, -0.88일 경우 Logit Model을 이용하여 수단별 선택확률을 산출하시오.

해설
$$P_s=\frac{e^{-0.47}}{e^{-0.47}+e^{-0.98}+e^{-0.52}}=0.44$$

$$P_b=\frac{e^{-0.98}}{e^{-0.47}+e^{-0.98}+e^{-0.52}}=0.26$$

$$P_t=\frac{e^{-0.88}}{e^{-0.47}+e^{-0.98}+e^{-0.52}}=0.29$$

$\therefore\ P_s=44\%,\ P_b=26\%,\ P_t=29\%$

35 각 수단별 선택할 확률을 산출하시오. 이때 효용함수 $U=-0.04T-(0.12/D)\cdot\ X$이다. 로짓모형을 이용하여 대안별 선택확률을 산출하시오.

변수	지하철	버스	택시
차내통행시간(T)	20분	40분	10분
차외통행시간(X)	10분	8분	5분
거리(D)	15km	15km	15km

해설 효용함수$(U) = -0.04T-(0.12/D)X$

$U_s = -0.04\times 20-(0.12/15)\times 10 = -0.88$

$U_b = -0.04\times 40-(0.12/15)\times 8 = -1.664$

$U_t = -0.04\times 10-(0.12/15)\times 5 = -0.44$

$e^{U_s} = e^{-0.88} = 0.41,\ e^{U_b} = e^{-1.664} = 0.19,\ e^{U_t} = e^{-0.44} = 0.64$

$\therefore \Sigma e^{U_i} = 1.24$

대안별 선택확률$(Pi) = \dfrac{e^{U_i}}{\Sigma e^{U_i}}$

$P_s = \dfrac{e^{U_s}}{\Sigma e^{U_i}} = \dfrac{0.41}{1.24} = 0.33$

$P_b = \dfrac{e^{U_b}}{\Sigma e^{U_i}} = \dfrac{0.19}{1.24} = 0.15$

$P_t = \dfrac{e^{U_t}}{\Sigma e^{U}} = \dfrac{0.64}{1.24} \equiv 0.52$

36 교통수단 K에 대하여 다음과 같은 Utility 함수와 속성이 주어져있다. 1일 총 통행량이 40,000명일 때 Logit Model을 사용하여 수단별 통행량을 산정하고 지하철요금이 2배로 인상되었을 때 지하철 수입변화를 구하시오.

$U_K = \alpha_K - 0.25X_1 - 0.04X_2 - 0.02X_3 - 0.002X_4$

(X_1: 접근시간(분), X_2: 대기시간(분), X_3: 주행시간(분), X_4: 요금(원)

$\alpha_{승용차} = -0.15,\ \alpha_{버스} = 0.50,\ \alpha_{지하철} = -0.45$)

속성	X_1	X_2	X_3	X_4
승용차	0	0	20	100
버스	7	15	40	50
지하철	10	5	30	75

해설 • **수단별 효용**

$U_a = -0.15-(0.02\times 20)-(0.002\times 100) = -0.75$

$U_b = 0.5-(0.25\times 7)-(0.04\times 15)-(0.02\times 40)-(0.002\times 50) = -2.75$

$U_s = -0.45-(0.25\times 10)-(0.04\times 5)-(0.02\times 30)-(0.002\times 75) = -3.9$

$e^{U_a} = e^{-0.75} = 0.4724,\ e^{U_b} = e^{-2.75} = 0.0639,\ e^{U_s} = e^{-3.9} = 0.0202$

$\therefore \Sigma e^{U_i} = 0.5565$

• **수단별 선택확률**

$$P_a = \frac{e^{U_a}}{\sum e^{Ui}} = \frac{0.4724}{0.5565} = 0.8488$$

$$P_b = \frac{e^{U_b}}{\sum e^{Ui}} = \frac{0.0639}{0.5565} = 0.1149$$

$$P_s = \frac{e^{U_s}}{\sum e^{Ui}} = \frac{0.0202}{0.5565} = 0.0363$$

• **수단별 통행량**

$T_a = 0.8488 \times 40{,}000 = 33{,}952$

$T_b = 0.1149 \times 40{,}000 = 4{,}596$

$T_s = 0.0363 \times 40{,}000 = 1{,}452$

여기서, 지하철요금이 2배로 인상 되었을 때

$U_s = -0.45 - (0.25 \times 10) - (0.04 \times 5) - (0.02 \times 30) - (0.002 \times 150) = -4.05$

$e^{U_a} = e^{-0.75} = 0.4724,\ e^{U_b} = e^{-2.75} = 0.0639,\ e^{U_s} = e^{-4.05} = 0.0174$

$\therefore \sum e^{U_i} = 0.5537$

• **수단별 선택확률**

$$P_a = \frac{e^{U_a}}{\sum e^{Ui}} = \frac{0.4724}{0.5537} = 0.8532$$

$$P_b = \frac{e^{U_b}}{\sum e^{Ui}} = \frac{0.0639}{0.5537} = 0.1154$$

$$P_s = \frac{e^{U_s}}{\sum e^{Ui}} = \frac{0.0174}{0.5537} = 0.0314$$

• **수단별 통행량**

$T_a = 0.8532 \times 40{,}000 = 34{,}128$

$T_b = 0.1154 \times 40{,}000 = 4{,}616$

$T_s = 0.0314 \times 40{,}000 = 1{,}256$

• **지하철요금 수입 변화**

75원일 때 $75 \times 1{,}452 = 108{,}900$원

150원일 때 $150 \times 1{,}452 = 188{,}400$원

∴ 지하철요금을 2배로 인상하면, 지하철수입은 79,500원 증대

37 인구 100만인 도시의 사람통행실태조사(PT survey)를 실시하였다. 1일발생량을 승용차로 수송할 경우 승용차 trip수를 산출하시오.

> ① 표본수 : 5%
> ② 평균통행발생원단위 : 2.0 trip/인
> ③ 승용차 평균승차인원 : 2.0인/대세대수

해설 $\dfrac{1{,}000{,}000\text{인} \times 0.05 \times 2(trip/\text{인})}{2(\text{인}/\text{대})} = 50{,}000\ trip$

38 어느 시에서 새로운 아파트단지의 건설계획을 수립 중에 있다. 아파트건설 후 단지주변가로망에 얼마만큼의 교통량이 나타날지 궁금하여 귀하에게 교통유발량을 추정 의뢰하였다고 하자. 아래 자료를 토대로 주변 가로망에 부하될 차량통행량과 첨두시 1시간 교통량을 산출하시오.

인구1인당 통행횟수 : 1.7회	버스평균재차인원 : 45인
세대수 : 1,000세대	자가용분담률 : 25%
가구당 인구 : 4인	택시분담률 : 10%
피크시 1시간 집중률=13%	버스분담률 : 35%
자가용 평균재차인원=1.3인	지하철분담률 : 30%
택시 평균재차인원=1.8인	버스의 승용차환산계수 : 2

해설 1,000세대×4인/가구×1.7회/인=6,800통행

각 수단별 분담률 : 자가용 6,800×0.25=1,700
택시 6,800×0.1=680
버스 6,800×0.35=2,380
지하철 6,800×0.3=2,040

차량대수 : 자가용 1,700/1.3인=1,308
택시 680/1.8인=378
버스 2,380/45인=53

∴ 총 통행량=1308+378+(53×2)=1,792대
∴ 첨두시 1시간 교통량=1792대×0.13=233대

39 아래 제시된 자료를 토대로 이 지역의 발생될 차량통행량과 첨두시 1시간 교통량을 계산하시오.

인구1인당 평균통행량 : 1.8 trip	버스평균재차인원 : 45인
세대수 : 1,000세대	자가용분담률 : 35%
가구당인구 : 3.5인/가구	택시분담률 : 10%
가구당 자가용 보유대수 : 0.4대	버스분담률 : 20%
피크시 1시간집중률=65%	지하철분담률 : 35%
자가용평균재차인원=1.2인	버스의 승용차환산계수 : 2
택시평균재차인원=1.9인	

해설 1,000세대×3.5인/가구×1.8회/인=6,300통행

각 수단별 분담률 : 자가용 6,300×0.35=2,205통행
택시 6,300×0.1=6,300통행
버스 6,300×0.2=1,260통행
지하철 6,300×0.35=2,205통행

차량대수 : 자가용 2,205/1.2인=1,838대
택시 630/1.9인=332대
버스 1,260/45인=28대

∴ 총 통행량=539+156+(28×2)=2,226대

∴ 첨두시 1시간 교통량=2,226대×0.65=1,447대

40 **다음은 기종점 간 관측통행량과 예측통행량을 비교한 자료이다. 관측치와 예측치에 대한 RMSE를 산출하시오.**

관측통행량/예측통행량

O/D	1	2
1	782/694	1,125/1,075
2	325/310	695/650
3	1,300/1,290	1,050/995

해설 $\sqrt{\frac{(782-694)^2+(1125-1075)^2+(325-310)^2+(695-650)^2+(1300-1290)^2+(1050-995)^2}{6}}=51.021$

참고

RMSE(Root Means Square Error) $=\sqrt{\frac{\Sigma(f_i^{est}-f_i^{obs})^2}{N}}$

f_i^{est} : 링크 i의 배정교통량

f_i^{obs} : 링크 i의 관측교통량

N : 링크수

41 **지하철요금이 1,000원일 때 수요가 10,000명이라면 요금이 1,100원으로 인상될 경우의 수요를 산정하시오.(단, 수요의 탄력성은 -0.3으로 가정하시오)**

해설 수요 탄력성 $=\frac{\text{수요변화율}}{\text{가격변화율}}=\frac{\frac{\Delta V}{V}}{\frac{\Delta P}{P}}=\frac{\Delta V}{\Delta P}\cdot\frac{P}{V}$

$$-0.3=\frac{\frac{\Delta V}{10,000}}{\frac{100}{1,000}} \Rightarrow \frac{\Delta V}{1,000}=-0.3 \Rightarrow \Delta V=-300$$

∴ 지하철요금이 100원으로 인상될 경우 지하철수요는 10,000-300=9,700명 감소한다.

참고

수요탄력성이란 어떤 재화나 서비스 가격 변화에 대한 수요의 변화를 의미한다.

42 **V_1=1,200-2P_1+7P_2와 같은 수요모형에 대해 물음에 답하여라.**

V_1 : 택시의 수요	P_1, P_2 : 택시, 지하철의 가격

(1) P_1이 1,000원이고 P_2가 250원일 때 택시의 수요는 얼마인가?

해설 $V_1 = 1,200-(2\times1,000)+(7\times250)=950$대

(2) 지하철요금에 대한 택시수요의 탄력성은 얼마인가?

해설 $= \frac{\Delta V_1}{\Delta P_2}\times\frac{P_2}{V_1}=\frac{7P_2}{1,200-2P_1+7P_2}=\frac{7\times250}{950}=1.84$

(3) 택시요금에 대한 택시수요의 탄력성은 얼마인가?

해설 위 (2)번 문제와 같은 방법으로 V_1을 P_1에 대해 미분하면 -2가 된다.

$= \frac{\Delta V_1}{\Delta P_1}\times\frac{P_1}{V_1}=\frac{-2P_1}{1,200-2P_1+7P_2}=\frac{-2\times1,000}{950}=-2.1$

(4) 가격이 300원으로 인상되었을 때 택시의 수요는 얼마인가?

해설 지하철 가격이 20%가 인상되었으므로 택시의 수요는 20×(1.84)=36.8%가 증가한다. 가격인상 후 택시의 수요는 950(1+0.368)=1,300이 된다.

43 **$V_1 = 10-7P_1+4P_2$와 같은 수요모형이 있다고 가정하자. 여기서 V와 P의 1과 2는 교통수단을 나타내는 부호로서 1은 택시, 2를 지하철이라고 하자. P_1은 일반화된 통행비용이다. 여기서 지하철의 통행비용에 대한 택시의 승객수요의 교차탄력성을 산출하시오.**

해설 $V_1 = 10-7P_1+4P_2,\ \frac{\Delta V_1}{\Delta P_2}=4$

$\mu=\frac{\Delta V_1}{\Delta P_2}\cdot\frac{P_2}{V_1}=\frac{4P_2}{(10-7P_1+4P_2)}$

참고

μ (교차탄력성) $=\frac{\frac{\Delta V}{V_0}}{\frac{\Delta P}{P_0}}=\frac{\Delta V}{\Delta P}\cdot\frac{P_0}{V_0}$ (가격변화분에 수요변화분)

ΔV_1은 V_1을 P_2에 편미분한 값으로 나머지는 상수로 없어지고 $4P_2$는 4가 된다.

- **탄력성의 특성**

직접탄력성		교차탄력성	
산출결과	의미	산출결과	의미
$\eta>1$	탄력	$\eta_{xy}>1$	x, y는 경쟁관계
$\eta=1$	단위 탄력	$\eta_{xy}=0$	x, y는 독립
$\eta<1$	비탄력	$\eta_{xy}<1$	x, y는 보완관계

$\eta_{xx}=\frac{\Delta Q_x}{\Delta P_x}$, $\eta_{xy}=\frac{\Delta Q_y}{\Delta P_x}$

η_{xx} = 직접탄력성

η_{xy} = 간접탄력성

Q_x , Q_y = x, y의 수요량

P_x = x의 가격

44 지하철공사의 경험에 의하면 그림과 같은 지하철요금과 승객수요 간의 관계가 도출된다고 한다. 이와 같은 관계를 이용하여 수요탄력성을 산출하시오.

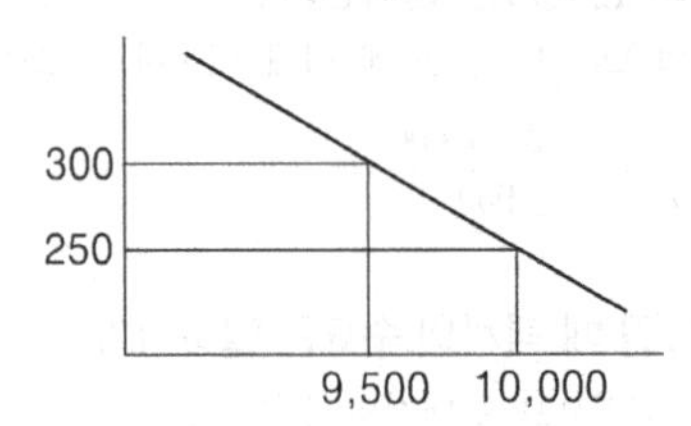

해설 $\mu = (\frac{\Delta V}{\Delta P} \cdot \frac{P_0}{V_0})$

$\mu_1 = (\frac{10,000 - 9,500}{250 - 300}) \cdot \frac{250}{10,000} = -0.25$

$\mu_2 = (\frac{9,500 - 10,000}{300 - 250}) \cdot \frac{300}{9,500} = -0.315$

45 버스요금과 승객수요 간의 관계를 다음 그래프와 같이 나타난다고 할 때 수요탄력성을 산출하시오. 또한 버스요금이 500원으로 인상되는 경우 승객수요를 산출하시오.

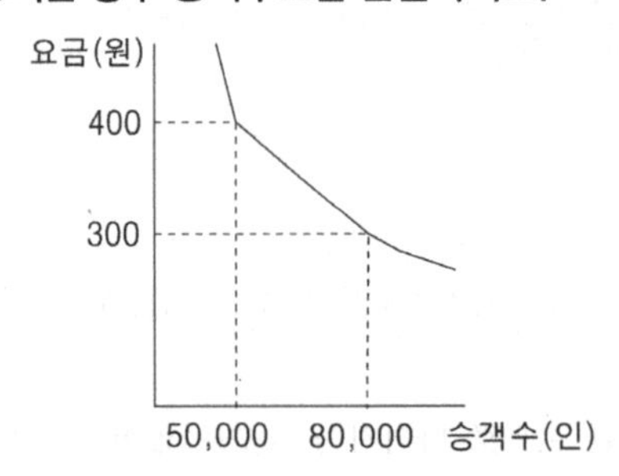

해설 $\mu = (\frac{\Delta V}{\Delta P} \cdot \frac{P_0}{V_0})$ $P_0 = 300$, $V_0 = 80,000$, $\Delta P = (300 - 400) = -100$

$\Delta V = (80,000 - 50,000) = 30,000$

$\mu = (\frac{80,000 - 50,000}{300 - 400} \times \frac{300}{80,000}) = -1.125$

- **버스요금이 500원으로 인상될 경우**

$\Delta V = \mu \times \Delta P \times \frac{V_0}{P_0}$=이므로

$-1.125 \times (500 - 400) \times \frac{50,000}{400} = -14,063$

∴ 수요는 50,000-14,063=35,937(인)

46 비용 1% 증가하면 수요는 2%는 감소하는 비용(P)과 수요(Q)의 관계 곡선을 참고로 할 때 비용(P)이 1,000원에서 1,050원으로 증가하였을 경우 수요(Q)는 100,000명에서 얼마만큼 변하는가?

해설 $\mu = (\frac{\Delta Q}{\Delta P} \cdot \frac{P_0}{Q_0}) = \frac{-2\%}{1\%} = -2$

$\Delta Q = \mu \times \Delta P \times \frac{Q_0}{P_0}$ 이므로

$-2 \times (1{,}050 - 1{,}000) \times \frac{100{,}000}{1{,}000} = -10{,}000$(인)

∴ 수요는 10,000(인) 감소하여 90,000(인)

47 다음과 같은 수요함수가 있을 때 다음을 답하여라.

$$V = 100 \times P^{-0.5}$$

(1) P=0.25일 때 수요를 산출하시오.

해설 $V = 100 \times 0.25^{-0.5} = 200$

(2) 위의 식에서 탄력성을 산출하시오.

해설 $\mu = \frac{\Delta V}{\Delta P} \times \frac{P}{V} = -0.5$

(3) 가격이 20%가 증가하는 경우에 수요는 얼마만큼 변하는가?

해설 ΔV=-0.5×20=-10이 변한다.(10%가 감소한다)

∴ 수요는 200×0.9=180이 된다.

48 요금과 수요에 대하여 조사하여 $V_1 = 100P_1^{-0.2} \cdot P_2^{0.5}$($V_1$: 택시의 수요, P_1, P_2 : 택시, 지하철의 가격)와 같은 결과가 나왔다.

(1) 택시요금에 대한 택시수요의 탄력성을 산출하시오.

해설 $\mu = \frac{\Delta V}{\Delta P} \times \frac{P}{V} = -0.2$

(2) 지하철요금에 대한 택시수요의 탄력성을 산출하시오.

해설 $\mu = \frac{\Delta V}{\Delta P} \times \frac{P}{V} = 0.5$

(3) 택시요금이 1,000원, 지하철요금이 250원일 때 지하철요금이 300원으로 인상된다면 택시수요를 산출하시오.

해설 $V_1 = 100 \cdot 1{,}000^{-0.2} \cdot 250^{0.5} = 397$대

지하철의 수요탄력성 μ=0.5이고, $\frac{\Delta P}{P_2}=\frac{(300-250)}{250}=0.2$이므로

지하철요금이 20% 증가되고 택시수요는 $\frac{\Delta V}{V_1}=\mu\times\frac{\Delta P}{P_2}=0.5\times 20\%=10\%$ 증가한다.

∴ 새로운 택시수요는 397×(1+0.1)=437대

2. 교통계획 평가방법

1 초기년도 기준으로 순현재가치(NPV)를 계산하여라.(할인율은 7.5%)

	초기	1년 후	2년 후	3년 후	4년 후	5년 후
비용	1000억원					
편익		100억원	200억원	300억원	400억원	500억원

해설 $NPV=-1,000+\frac{100}{(1+0.075)}+\frac{200}{(1+0.075)^2}+\frac{300}{(1+0.075)^3}+\frac{400}{(1+0.075)^4}+\frac{500}{(1+0.075)^5}=155.377$억원

2 현재 100만원 이자율 10%인 경우, 1년 후에 110만원이 된다. 1년 후에 100만원이 필요하다면 현재 얼마를 투자하면 되는가?

해설 투자액을 X라 하면 $X(1+0.1)$=100만원

$X=\frac{1,000,000}{(1+0.1)}$=909,091원

즉, 909,901원이 1년 후 100만원의 현재가치이다.

3 어떤 교통관련 사업을 실시한 결과 초기년도에 총 1,000만원의 비용이 소요되고 완공 후 5년간 연차적으로 다음과 같은 편익이 발생한다고 할 때 순현재가치를 산정하시오. 할인율을 13%로 가정한다.(단위 : 원)

연수	1	2	3	4	5
편익	6,000,000	5,000,000	4,000,000	3,000,000	2,000,000

해설 $NPV=-10,000,000+\frac{6,000,000}{1.13}+\frac{5,000,000}{(1.13)^2}+\frac{4,000,000}{(1.13)^3}+\frac{3,000,000}{(1.13)^4}+\frac{2,000,000}{(1.04)^5}=4,923,145$원

4 다음 표와 같이 편익과 비용이 발생하였다면 과연 이 도로건설 사업은 타당성이 있는가를 분석하시

오.(단, 할인율은 10%)

내역	연도					
	0	1	2	3	4	5
건설비	-1.0					
총수입-운영비 및 관리비		+0.3	+0.3	+0.3	+0.3	
재포장공사						-0.3
도로주변 대지 매각						+0.1
합계	-1.0	+0.3	+0.3	+0.3	+0.3	-0.2

해설 여기서는 순현재가치로 타당성을 분석한다.

$$NPV = -1.0 + \frac{0.3}{(1+0.1)} + \frac{0.3}{(1+0.1)^2} + \frac{0.3}{(1+0.1)^3} + \frac{0.3}{(1+0.1)^4} - \frac{0.2}{(1+0.1)^5} = -0.1732 < 0$$

∴ 따라서 이 도로건설 사업은 타당성이 없다고 할 수 있다.

5 다음 표와 같이 교통사업 대안에 대한 5년 동안의 편익과 비용이 산출되었다면 할인율이 4%일 때 NPV를 구하고 어느 대안이 우수한가를 선택하시오.

(단위 : 백만원)

연수	0	1	2	3	4	5
대안 Ⅰ	-10	5	4	3	2	1
대안 Ⅱ	-10	-5	6	6	6	6

해설 $NPV_I = -10 + \frac{5}{1.04} + \frac{4}{(1.04)^2} + \frac{3}{(1.04)^3} + \frac{2}{(1.04)^4} + \frac{1}{(1.04)^5} = 3.70$백만원

$NPV_{II} = -10 - \frac{5}{1.04} + \frac{6}{(1.04)^2} + \frac{6}{(1.04)^3} + \frac{6}{(1.04)^4} + \frac{6}{(1.04)^5} = 6.13$백만원

∴ 대안II를 선택한다.

6 어떤 교통관련 사업을 실시한 결과 초기년도에 총 1억 4천만원의 비용이 소요되고 완공 후 5년간 연차적으로 다음과 같은 편익이 발생한다고 할 때 순현재가치를 산정하시오. 할인율을 11.5%로 가정한다.(백만원 단위까지 계산하시오)

1차년도 편익비 6천 4백만원	2차년도 편익비 5천 8백만원
3차년도 편익비 4천 4백만원	4차년도 편익비 3천 9백만원
5차년도 편익비 3천 2백만원	

해설 $NPV = -14 + \frac{6.4}{(1+0.115)} + \frac{5.8}{(1+0.115)^2} + \frac{4.4}{(1+0.115)^3} + \frac{3.9}{(1+0.115)^4} + \frac{3.2}{(1+0.115)^5} = 3.96$ 천만원

7 시간당 교통량과 비용의 변화에 따른 소비자 잉여를 산출하시오.(교통량: Q_1=3,000, Q_2=3,200, 비용 C_1=2,000, C_2=1,900)

해설 $UB = \frac{1}{2}(Q_1 + Q_2)(C_1 - C_2) = \frac{1}{2}(3,000 + 3,200)(2,000 - 1,900) = 310,000$ 대 · 원/시간

참고

소비자가 높은 가격을 지불하고라도 얻고 싶은 재화를 그보다 낮은 가격으로 구매한 경우 얻는 복지 또는 잉여 만족의 개념이다. 즉, 소비자가 그 재화 없이 지내는 것보다는 그것을 얻기 위해 기꺼이 지불할 용의가 있는 가격이 그가 실제로 지불하는 가격을 초과하는 부분을 말한다.

고정된 수요곡선의 단일구간일 경우 어느 구간에 어떤 교통수단을 이용하는 기종점 쌍이 있다고 하면, 이 구간의 개선되기 전의 통행비용을 C_1, 개선 후의 통행비용을 C_2라고 하면 개선 후의 이 구간의 통행량이 Q_1에서 Q_2로 증가하게 된다. 소비자잉여의 증가분은 편익이 된다. 수요곡선이 선형이므로 이용자 편익은 다음 식과 그래프로 표현된다.

$$UB = \frac{1}{2}(Q_1 + Q_2)(C_1 - C_2)$$

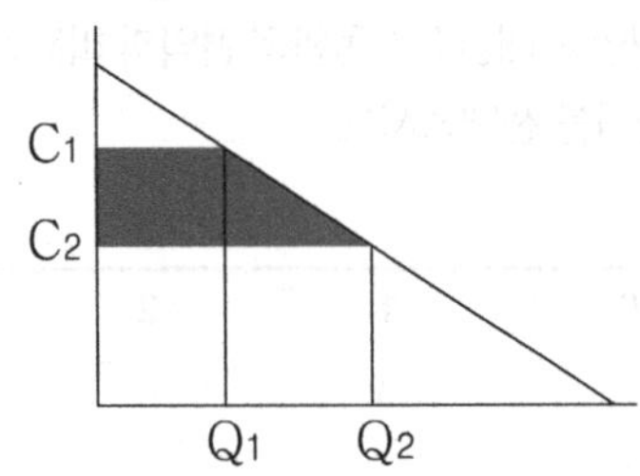

UB : 도로 개선으로 인한 편익

8 비용과 시간당 교통량 관계식이 $C = 5,000 - 0.1Q$이고, 비용이 1,000원에서 500원으로 인하 될 때 소비자 잉여를 산출하시오.

해설 $C = 5,000 - 0.1Q$을 $C_1 = 1,000$, $C_2 = 500$로 대입하면 $Q_1 = 40,000$, $Q_2 = 45,000$이므로

$UB = \frac{1}{2}(Q_1 + Q_2)(C_1 - C_2) = \frac{1}{2}(40,000 + 4,500)(1,000 - 500) = 21,250,000$ 대 · 원/시간

3. 대중교통 및 주차

1 평균운행속도가 40km/h로서 15km의 노선을 운행하는 버스가 40명을 최대로 나를 수 있다. 시간당 최대승객수를 산출하시오.(단, 배차간격은 5분)

해설 $Q=\frac{60nP}{h}=\frac{60\times1\times40}{5}$=480명/시간(버스의 대수에 상관없는 경우)

참고

- **수송인원 산정식**
  - 차량의 규모에 제약을 받지 않는 경우

    $Q=\frac{60nP}{h}$ ⇒ 승객수 $=60\times$객차수$\times\frac{\text{객차당승객수}}{\text{배차간격}}$
  - 차량의 규모에 제약을 받는 경우

    $Q=\frac{NVP}{2L}$ ⇒ 총차량대수

    $=\frac{\text{차량규모}\times\text{평균운행속도}\times\text{차량당승객수}}{2\times\text{노선길이}}$
- **노선에 필요한 차량수**

  $n=\frac{120\cdot N\cdot L}{h\cdot v}$ ⇒ 총차량대수

  $=\frac{120\times\text{객차수}\times\text{노선의길이}}{\text{배차간격}\times\text{평균운행속도}}$

2 평균속도가 30km/h, 20km 노선을 운행하는 버스가 40명을 최대로 수송, 만약 버스회사가 10대의 버스만 보유하고 있다면 시간당 수송 가능한 승객수를 산출하시오.

해설 $Q=\frac{P\cdot V\cdot N}{2L}=\frac{40\times30\times10}{2\times20}=300$명/시간

3 평균속도가 30km/h로서 15km의 노선을 운행하는 버스가 50명을 최대로 나를 수 있다. 만약 버스회사가 10대의 버스만 보유하고 있다면 승객수를 산출하시오.

해설 $Q=\frac{P\cdot V\cdot N}{2L}=\frac{50\times30\times10}{2\times15}=500$명/시간

4 평균운행속도 60km/h로서 30km의 노선을 운행하는 버스가 50명을 최대로 실어 나를 수 있다. 이때 배

차간격이 5분이라면 필요한 차량대수를 산출하시오.

해설 $n = \frac{120 \cdot N \cdot L}{h \cdot v} = \frac{120 \times 1 \times 30}{5 \times 60}$ =12대

5

어느 버스노선의 길이가 편도 35km이고 평균운행속도가 18km/h이면 5분 간격으로 배차시키기 위해서는 최소 몇 대의 차량이 준비되어야 하는가?(소수점 이하는 반올림하시오)

해설 $n = \frac{120 \cdot N \cdot L}{h \cdot v} = \frac{120 \times 1 \times 35}{5 \times 18}$ =47대

6

평균운행속도는 26km/h로서 16km의 노선을 운행하는 버스가 50명을 최대로 나를 수 있다. 배차간격이 7분이면, 필요한 차량규모를 산출하시오.

해설 $n = \frac{120 \cdot N \cdot L}{h \cdot v} = \frac{120 \times 1 \times 16}{7 \times 26}$ =11대

7

노선길이 30㎞, 배차간격 3분, 속도 40㎞/h, 평균재차율 40명일 경우 시간당 최대수송인원과 버스대수를 산출하시오.

해설 $Q = \frac{60nP}{h} = \frac{60 \times 1 \times 40}{3}$ =800명/시간

$n = \frac{120 \cdot N \cdot L}{h \cdot v} = \frac{120 \times 1 \times 30}{3 \times 40}$ =30대

8

다음의 조건에서 지하철의 적정 배차간격을 산출하시오.

① 지하철 이용수요 = 51,200 인/시
② 지하철혼잡률 = 200%
③ 지하철 한 량의 승객용량 = 160인/량, 지하철은 모두 8량으로 구성

해설 $\text{혼잡률}(\%) = \frac{\text{차량당 재차인원}}{\text{차량의 용량}} \times 100$

혼잡률 200%는 차량당 재차인원의 2배를 뜻한다.

$h = \frac{60nP}{Q} = \frac{60 \times 8 \times 320}{51200} = 3\text{분}$

9

10량으로 구성된 지하철이 5분 간격으로 운행되며 한량 당 250명의 승객이 탈 수 있다. 하루 이용인원이 100,000명이며 첨두시간 집중률이 17%일 때 첨두시간의 지하철 이용률을 산출하시오.

해설 1시간당 가능 이용객수=10량×250명×12=30,000명/시간

첨두시간 이용객수=100,000×0.17=17,000명

지하철 이용률=(17,000/30,000)×100=56.7%

10 다음 표를 보고 물음에 답하시오.(단위 : 만인)

KM	사람(승객)
0 ~ 10	200
10 ~ 20	180
20 ~ 40	160
40 ~ 100	140

(1) 총승객-km는?

해설 $(200\times5)+(15\times180)+(30\times160)+(70\times140)=18,300$만$-km$

(2) 평균운행거리는?

해설 $\frac{183,000\text{만}-km}{680\text{만}}=26.91km$

11 어느 버스노선의 총운행시간이 1시간이고, 총노선거리가 25km/h일 때 평균운행속도를 산출하시오.

해설 평균운행속도= $\frac{\text{총주행거리}}{\text{총운행시간}}=\frac{25\times60}{60}$ =25km/h

12 다음과 같이 운행하는 버스노선에 대해서 총 운행거리, 최소필요대수, 운행당 km당 승객수를 산출하시오.

노선거리 : 왕복 30km, 노선운행회수 : 6회, 첨두시 배차간격 : 5분
총수송인 : 600인, 운행시간 : 120분

해설
· 총 운행거리=노선거리 × 노선운행회수 $=30\times6=180km$
· 최소필요버스대수= $\frac{\text{운행시간}}{\text{피크시배차간격}}=\frac{120}{5}=24$대
· 운행당 km당 승객수= $\frac{\text{총수송인}}{\text{총운행거리}}=\frac{600}{180}=3.3$명$/km$

13 주차효율이 0.8, 주차발생량 1,000㎡당 5대, 계획건물연면적 3,000㎡일 경우 주차수요를 산출하시오.

해설 $P=\frac{U\cdot F}{1,000\cdot e}=\frac{5\times3,000}{1,000\times0.8}=18.75\fallingdotseq$ 19대

참고

$P=\frac{U\times F}{1,000\times e}$

P : 주차수요(대)

U : 피크시건물연면적1000㎡당 주차발생량(대/1000㎡)

F : 계획건물상면적(㎡)

e : 주차이용효율계수

14 시내 백화점들의 주차특성을 조사한 결과 주차발생원 단위가 5.24(대/1000㎡/h) 주차이용효율이 80%, 신축 후 주차대수의 연평균증가율이 5%도 나타났다. 신축예정인 어느 백화점의 건물연면적이 45,000㎡일 때 목표연도(5년 후)의 주차수요를 원단위법에 의해 산출하여라.

해설 $P=\frac{U\cdot F}{1,000\cdot e}=\frac{5.24\times 45000}{1000\times 0.8}=294.75$

5년 후 주차수요 $=294.75(1+0.05)^5=376.18 ≒ 377$대

15 시내 백화점들의 주차특성을 조사한 결과 주차발생 원단위가 4.72대/1,000㎡/시, 주차이용효율이 80.5%, 신축 후 주차대수의 연평균 증가율이 3%로 나타났다. 신축 예정인 어느 백화점의 건물연면적(상면적)이 22,350㎡일 때 목표연도(3년 후)의 주차수요를 원단위법에 의해 산출하여라.

해설 $P=\frac{U\cdot F}{1,000\cdot e}=\frac{4.72\times 22,350}{1,000\times 0.805}=130.05$

3년 후 주차수요 $=130.05(1+0.03)^3=143.20 ≒ 144$대

16 시내 백화점의 주차특성을 조사한 결과 주차장발생 원단위가 4.5(대/1,000㎡/시), 주차이용효율이 80.5%, 신축 후 주차대수의 연평균 증가율이 4%로 나타났다. 신축예정인 어느 백화점의 건물 연면적 14,000㎡일 때 목표연도(5년 후)의 주차수요를 원단위법으로 산출하시오.

해설 $P=\frac{U\cdot F}{1,000\cdot e}=\frac{4.5\times 14,000}{1,000\times 0.805}=78.26$

5년 후 주차수요 $=78.26(1+0.04)^5=96.70 ≒ 97$대

17 시내스포츠센터들의 주차특성을 회귀분석을 이용하여 원단위를 조사한 결과 다음과 같은 결과가 나왔다. 새로 신축하는 건물이 수영장 8,000㎡, 체력단력장 2,000㎡, 볼링장 4,000㎡, 기타오락시설 2,000㎡일 때 주차발생량을 산출하시오.(단위 : 연면적 1,000㎡)

용도	수영장	체력단력장	볼링장	기타오락시설	content
원단위	4.24	3.27	7.41	2.54	17.5

해설 총주차대수=17.5+(4.24×8.0)+(3.27×2.0)+(7.41×4.0)+(2.54×2.0)=92.68

∴ 93대

참고

- **건물연면적 원단위법**

$Y=a_0+a_1X_1+a_2X_2+\ldots+a_iX_i$

Y : 총주차대수

ai : i 용도별연면적원단위(파라미터)

X_i : 용도별연면적

18 도심지의 어느 한 주차장의 이용형태를 10시간동안 조사하였더니 첨두시간 교통량 34대, 10시간 총 교통량은 150대, 주차장 효율계수는 0.85를 나타냈다.

조사시간	주차대수	조사시간	주차대수
08:00~09:00	4	01:00~02:00	45
09:00~10:00	10	02:00~03:00	35
10:00~11:00	20	03:00~04:00	22
11:00~12:00	30	04:00~05:00	14
12:00~01:00	42	05:00~06:00	3

(1) 첨두시간대를 산출하시오.

해설 01:00~02:00

(2) 주차부하를 산출하시오.

해설 45면-시간(표에 가장 많이 주차된 주차대수를 선택)

(3) 이 첨두수요를 만족시키기 위한 주차면수를 산출하시오.

해설 소요주차면수= $\frac{\text{주차부하}}{\text{효율계수}} = \frac{45}{0.85}$ =53면

(4) 첨두시간대의 주차시간길이를 산출하시오.

해설 주차시간길이= $\frac{\text{주차부하}}{\text{첨두시간교통량}} = \frac{45}{34}$ =1.32시간

(5) 첨두시간대의 주차회전수를 산출하시오.

해설 주차회전수= $\frac{\text{첨두시간대주차량}}{\text{소요주차면수}} = \frac{34}{53}$ =0.64회/시간

(6) 하루의 평균주차시간길이를 산출하시오.

해설 평균주차시간길이= $\frac{\text{전시간의주차부하}}{\text{10시간교통량}} = \frac{225}{150}$ =1.5시간

(7) 하루의 시간당 평균주차회전수를 산출하시오.

해설 평균주차회전수= $\frac{\text{10시간교통량}}{10 \times \text{주차소요면수}} = \frac{150}{10 \times 53}$ =0.28회/시간

참고

– 주차효율= $\frac{\text{주차이용대수} \times \text{평균주차시간}}{\text{주차용량} \times \text{운영시간}}$ (%)

- 소요주차면수 = $\frac{\text{주차부하}}{\text{효율계수}}$
- 효율계수 : 실용주차면수－시간과 가용주차면－시간비를 나타내는 첨두주차시간에 대한 것으로 최대값(0.8~0.95)
- 주차시간길이 = $\frac{\text{주차부하}}{\text{첨두시간}}$
- 주차부하 : 어느 기간동안 주차에 이용된 총 주차면－시간
- 첨두시간대 주차회전수 = $\frac{\text{첨두시간대주차량}}{\text{소요주차면수}}$

19 임시주차장으로 사용하고 있는 넓은 공지에 평균주차장을 설치하고자 한다. 첨두3시간 동안 매30분마다 한 번씩 조사한 주차대수는 아래 표와 같다. 첨두시간 동안의 주차량은 60대이었고 주차장 효율계수를 0.85로 계획하고자 할 때 다음을 산출하시오.

조사시간	주차대수
13:00~13:30	40
13:30~14:00	43
14:00~14:30	42
14:30~15:00	42
15:00~15:30	42
15:30~16:00	41
합 계	250

(1) 첨두시간을 산출하시오.

해설 13:30~14:30

(2) 첨두시간 주차부하를 산출하시오.

해설 $\frac{(43+42)}{2}$=42.5대-시

(3) 주차소유면수를 산출하시오.

해설 $\frac{42.5}{0.85}$=50면

(4) 첨두시간의 회전수를 산출하시오.

해설 $\frac{60}{50}$=1.2회/시간

(5) 첨두시간의 평균주차길이를 산출하시오.

해설 $\frac{42.5}{60}$=0.71시간

20 임시주차장으로 사용되고 있는 넓은 공지에 평면주차장을 설치하고자 한다. 첨두3시간 동안 매 30분마다 1번씩 조사한 주차대수는 다음의 표와 같다. 첨두3시간의 주차량은 88대이었고, 주차장 효율계수를 0.85로 계획하고자 한다.

시간	주차대수/30분
13:00~13:30	40
13:30~14:00	43
14:00~14:30	42
14:30~15:00	42
15:00~15:30	42
15:30~16:00	41
계	250

(1) 첨두3시간대의 주차부하를 산출하시오.

해설 주차부하 = 첨두시간대주차대수 × 3시간 = $250 \times \frac{30}{60}$ = 125면 − 3시간

(2) 소요주차면수를 산출하시오.

해설 소요주차면= $\frac{\text{주차부하량}}{\text{주차이용효율} \times 3\text{시간}} = \frac{125}{3 \times 0.85}$ =49면

(3) 첨두시간대의 회전수를 산출하시오.

해설 회전수= $\frac{\text{실주차대수}}{\text{소요주차면수} \times \text{주차시간}} = \frac{88}{49 \times 3}$ =0.598회/시간

(4) 첨두시간대의 평균주차시간길이를 산출하시오.

해설 첨두시간길이= $\frac{\text{주차부하량}}{\text{실주차대수}} = \frac{128}{88}$ =1.42시간

21 노상주차장 길이가 120m인 노상주차에서 10분 간격으로 4시간 동안 연속주차 조사결과 다음의 결과를 얻었다. 평균주차대수, peak시 및 평균주차지수, 평균회전율, 평균주차시간을 산출하시오.(단 주차 1면 길이는 6.0m)

연주차대수 : 134대, 피크시주차대수 : 9대, 실주차대수 : 37대

(1) 평균주차대수를 산출하시오.

해설 평균주차대수 = $\frac{\text{연주차}}{\text{조사시간}} = \frac{134\text{대}}{4\text{시간}}$ = 33.5(대/시간)

(2) peak시 평균주차지수를 산출하시오.

해설 peak시 주차지수$(K) = \frac{\text{peak시 주차대수}}{\text{주차가능대수}} = \frac{9\text{대}}{20\text{대}}$ = 0.45(대/시간)

(3) 평균회전율를 산출하시오.

해설 $평균회전율 = \frac{실주차대수}{주차가능대수} = \frac{37대}{20대} = 1.85(대/시간)$

(4) 평균주차시간를 산출하시오.

해설 $평균주차시간 = \frac{연주차시간}{실주차대수} = \frac{134대 \times \frac{10}{60} \times 60분}{37대} = 36.22분$

참고

- 주차량(V) : 어느 특정시간 동안에 주차장을 이용한 또는 이용하고 나눈 값이다.(대) (일본의 경우 실주차대수)
- 주차부하(L) : 특정시간대에서 각 차량의 주차시간을 누적한 값으로서, 관측주차대수를 누적한 값에다 관측시간간격을 곱해서 얻는다.(대/시간)
- 가용용량(C) : 주차 가능한 주차면수(면)
  조사대상구간에서 물리적으로 주차가능하다고 추정되는 mesh수(일본의 경우 주차가능대수)
- 회전수(T) : 어느 시간동안 한 주차면을 이용하는 평균차량대수(일본의 경우 회전율)
- 평균주차시간(D) : 어느 측정시간대의 주차 차량당 평균 주차시간 길이(시간/대) (일본의 경우 평균주차시간)
- 점유율(O) : 어느 특정시간대의 주차장 평균이용률. 주차수요가 용량보다 클 때의 이 값을 그 주차장의 효율계수라 한다.(일본의 경우 주차지수)
- 가능주차량(V_m) : 어느 특정시간 동안에 주차장을 이용했다가 나갈 수 있는 최대 차량대수(일본의 주차가능대수와 혼동하기 쉬우므로 주의를 요함)
- V(실주차대수) = CT(가용용량)(회전수)
- L(연, 총주차대수) = VD(평균주차시간) = CHO(주차가능주차면수)(특정시간대의길이)(점유율)

22 50면 주차장에 첨두3시간 주차대수가 90대일 때 시간당 회전수를 산출하시오.

해설 $주차회전수 = \frac{실주차대수}{가용용량} = \frac{90}{50 \times 3} = 0.6회/시간$

23 임시주차장으로 사용되고 있는 넓은 공지에 평면주차장을 설치하고자 한다.

07:00~19:00까지 매 1시간마다 한 번씩 조사한 주차대수는 다음 표와 같다. 또 이주차장에서 12시간 동안의 주차량을 198대이었으며 첨두3시간 동안의 주차량은 104대였다. 주차장효율계수를 0.65로 계획하고자 한다면 다음의 주차자료를 산출하시오.

조사기간	주차대수
07:00~08:00	0
08:00~09:00	12
09:00~10:00	34
10:00~11:00	38
11:00~12:00	36
12:00~03:00	40
13:00~14:00	42
14:00~15:00	44
15:00~16:00	43
16:00~17:00	37
17:00~18:00	30
18:00~19:00	4
계	360

(1) 첨두3시간대는 언제부터 언제까지인가?

해설 13:00 ~ 16:00

(2) 첨두3시간대의 주차부하를 산출하시오.

해설 42+43+43=129면-3시간(위 첨두시간대의 주차대수를 합함)

(3) 이 첨두수요를 만족시키기 위한 주차면수를 산출하시오.

해설 $소요주차면수=\frac{주차부하량}{주차이용효율\times 3시간}=\frac{129}{0.65\times 3}=67면$

(4) 시설이 완공되었을 때 첨두3시간대의 시간당 평균주차대수를 산출하시오.

해설 $평균주차회전수=\frac{실주차대수}{소요주차면수\times 주차시간}=\frac{104}{67\times 3}= 0.52회/시간$

(5) 시설이 완공되었을 때 첨두3시간대의 평균주차시간 길이는?

해설 $평균주차시간=\frac{주차부하}{실주차대수}=\frac{129}{104}=1.24시간$

(6) 하루의 평균주차시간 길이는 얼마이며, 하루시간당 평균주차회전수를 산출하시오.

해설 하루 $평균주차시간=\frac{360}{198}=1.82시간$

하루시간당 $평균주차회전수=\frac{198}{66\times 12}=0.25회/시간$

(7) 이 주차장의 첨두1시간의 점유율를 산출하시오.

해설 $점유율=\frac{주차부하}{주차면수}=\frac{44}{67}=0.66$

24 첨두3시간 동안의 주차대수이다.

조사기간	주차대수
12:00~13:00	41
13:00~14:00	42
15:00~16:00	43
계	126

(1) 첨두3시간 동안 주차대수 100대, 점유율 0.75일 때, 주차면수를 산출하시오.

해설 · 첨두3시간 주차부하 $= \dfrac{41+42+43}{3} = 126$면 $-$ 3시간

· 주차면수 $= \dfrac{\text{주차부하}}{\text{점유율} \times \text{시간}} = \dfrac{126}{0.75 \times 3} = 56$면

(2) 첨두3시간 동안 주차대수 100대, 이용효율계수 0.9일 때, 소요주차면수와 주차회전수를 산출하시오.

해설 · 소요주차면수 $= \dfrac{\text{주차부하량}}{\text{주차이용효율} \times 3\text{시간}} = \dfrac{126}{0.9 \times 3} = 47$면

· 주차회전수 $= \dfrac{\text{실주차대수}}{\text{소요주차면수} \times \text{주차시간}} = \dfrac{100}{47 \times 3} = 0.7$회/시간

[팁] 점유율의 최대값은 이용효율계수(e)이고 주차면수와 소요주차면수는 같은 개념이다.

25 A백화점 주차장의 시간대별 유출입교통량이다. 누적주차 수요예측방법을 이용하여 주차수요를 산정하시오.(단, 오전 10시 이전에 주차장에 주차 중인 차량대수는 37대로 조사되었다)

조사기간	유입	유출
10:00~11:00	140	14
11:00~12:00	332	229
12:00~13:00	437	391
13:00~14:00	571	499
14:00~15:00	704	588
15:00~16:00	908	804
16:00~17:00	972	862
17:00~18:00	985	943
18:00~19:00	775	896
19:00~20:00	671	798

해설 가장 많은 주차대수를 나타내는 시간대는 17:00 ~ 18:00이므로
누적주차대수 = 주차유입대수 - 주차유출대수
=(140+332+437+571+704+908+972+985)
-(14+229+391+499+588+804+862+943)=719대
조사시간 이전의 주차된 주차대수 37대를 합해준다. ⇒ 719+37=756대

[팁] 누적주차 수용추정방식은 각 시간대 별 유입과 유출대수를 뺀 값을 누적하여 가장 많은 주차대수를 나타내는 시간대의 주차수요를 추정하는 방식이다.

26 **어느 대도시에 위치한 호텔들의 주차특성을 조사한 결과가 아래 표와 같다. 신축예정인 A호텔의 일 이용인구가 12,500명이고 피크시 주차집중률이 10.1%로 예측되었다면 이 호텔이 확보되어야 할 주차대수를 산출하시오.**

구분	특성치
주간통행집중률	60%
계절주차집중계수	1.1
지역 주차집중계수	1.1
평균승차인원(인/대)	1.8
주차이용효율	80%
건물이용자 중 승용차이용효율	45%
승용차 이용자 중 주차차량비율	95%

해설 $P(\text{주차수요}) = \frac{d \cdot c \cdot s}{o \cdot e} \cdot t \cdot r \cdot p \cdot pr = \frac{0.6 \times 1.1 \times 1.1}{1.8 \times 0.8} \times 0.45 \times 0.95 \times 12{,}500 \times 0.101 = 272$

모든 비율은 %(백분율)값으로 계산되어야 함

참고

- **사람통행실태조사에 의한 방법(P 요소법)**

$$P(\text{주차수요}) = \frac{d \cdot c \cdot s}{o \cdot e} \cdot t \cdot r \cdot p \cdot pr$$

d : 통행집중률　　s : 계절주차　　c : 지역주차

o : 평균승차인원　　e : 주차효율　　t : 인구

r : 첨두시주차집중률　　p : 승용차이용률　　pr : 주차차량비율

27 **어느 지역의 주간집중률이 80%, 계절계수 1.1, 지역주차집중계수 1, 평균재차인원 1.45인, 이용효율 85%, 1일 이용인구 26,000인, 피크시 주차 집중률 25%, 승용차 이용률 20%, 이용자 중 주차차량비율 98%의 경우 P요소법을 이용하여 주차수요를 추정하여라.**

해설 $P\,(\text{주차수요}) = \frac{0.8 \times 1.1 \times 1.0}{1.45 \times 0.85} \times (26{,}000 \times 0.25 \times 0.2 \times 0.98) = 910\text{대}$

28 **어느 대도시에 위치한 호텔들의 주차특성을 조사한 결과가 아래 표와 같다. 신축예정인 A호텔의 일 이용인구가 12,500명이고 피크시 주차집중률이 10%로 예측되었다면 이 호텔이 확보해야 할 주차대수를 산출하시오.**

구분	특성치
주간통행집중율	70%
계절주차집중계수	1.1
지역 주차집중계수	1.1
평균승차인원(인/대)	1.6
주차이용효율	80%
건물이용자중 승용차이용효율	45%
승용차 이용자중 주차차량비율	90%

해설 주차수요

$$P(\text{주차수요}) = \frac{0.7\times1.1\times1.1}{1.6\times0.8}\times0.45\times0.90\times12,500\times0.1 = 335\text{대}$$

실전문제

1 다음은 어느 한 존의 총 통행발생량을 구하기 위해서 카테고리 분석법을 이용하여 분석하고자 한다. 아래와 같은 자료가 수집되었다면, 이 지역의 통행 발생량을 산출하시오.

	저소득	중소득	고소득
버스	3.0	3.4	1.8
택시	0.7	2.3	3.8
승용차	0.4	1.1	2.5

· 저소득, 버스, 가구규모=700
· 저소득, 승용차, 가구규모=60
· 중소득, 버스, 가구규모=1,000
· 고소득, 승용차 가구규모=200

2 요금과 수요에 대하여 조사하여 $V_1 = 100P_1^{-0.3}P_2^{0.4}$ (V_1 : 택시의 수요, P_1, P_2 : 택시, 지하철의 가격)와 같은 결과가 나왔다.

(1) 택시요금에 대한 택시 수요의 탄력성은 얼마인가?

(2) 지하철요금에 대한 택시 수요의 탄력성은 얼마인가?

(3) 택시 요금이 1,600원, 지하철 요금이 600원일 때 지하철 요금이 700원으로 인상된다면 택시수요는 얼마가 되는가?

3 어느 지역의 노선망을 나타낸 그림이다. 노선망 간에 유입되는 통행량 All-or- nothing 배정과 Incremental assignment(분할배정)을 이용하여 link별 배정통행량을 계산하시오.(단, 분할배정 시행시 단계별 50%씩 분할하여 배정한다. T_{12}=200)

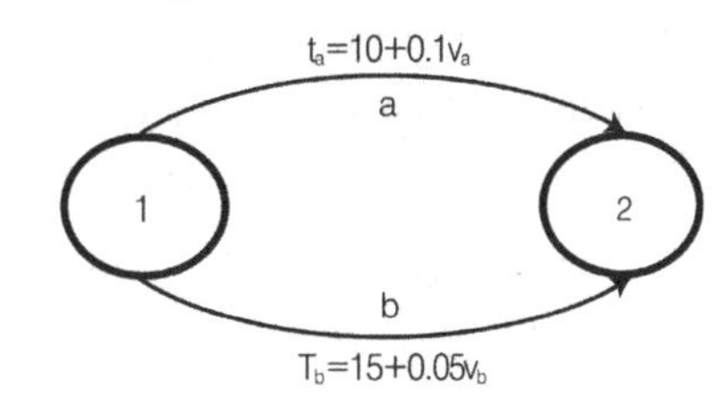

4 다음 그림에 나타난 네트워크에 대한 사용자 평형 배정기법과 체계최적 배정기법을 이용하여 교통량과 통행시간을 구하시오. 여기서, t_a와 x_a는 링크 $a(a=1,\ 2,\ 3)$상에서의 통행시간과 교통량을 나타낸다. 노드 1에서 노드 3으로 가는 O-D 통행량은 4단위이다.

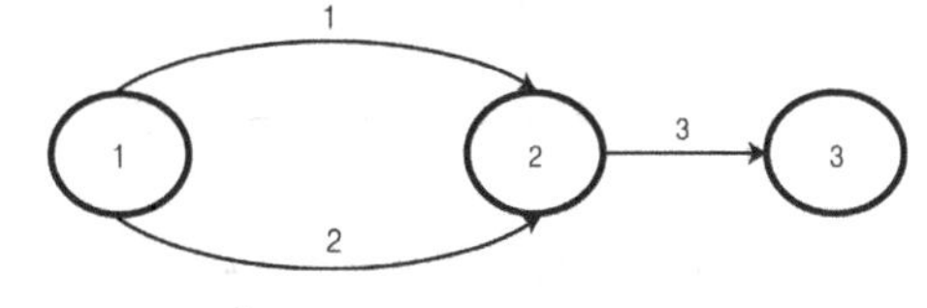

$t_1 = 2 + x_1^2$

$t_2 = 1 + 3x_2$

$t_3 = 3 + x_3$

5 대안별 · 연도별 편익 및 비용에 관한 다음의 표를 보고 순현재가치를 구하고 어느 대안이 우수한가

를 선택하시오.(단위 : 백만원, 할인율=8%)

연수	0	1	2	3	4	5
대안 I	-10	7	5	3	2	1
대안 II	-10	5	5	6	6	6

6 평균속도가 40km/h로서 20km의 노선을 운행하는 버스가 50명을 최대로 나를 수 있다. 만약 버스회사가 10대의 버스만 보유하고 있다면 승객수를 산출하시오.

7 임시주차장으로 사용하고 있는 넓은 공지에 평균주차장을 설치하고자 한다. 첨두3시간 동안 매30분마다 한 번씩 조사한 주차대수는 아래 표와 같다. 첨두시간 동안의 주차량은 70대이었고 주차장 효율계수를 0.85로 계획하고자 할 때 다음의 물음에 답하시오.

조사시간	주차대수
13:00~13:30	50
13:30~14:00	53
14:00~14:30	54
14:30~15:00	52
15:00~15:30	45
15:30~16:00	46
합계	300

(1) 첨두시간은 언제인가?

(2) 첨두시간 주차부하를 산출하시오.

(3) 주차소유면수를 산출하시오.

(4) 첨두시간의 회전수를 산출하시오.

(5) 첨두시간의 평균주차길이를 산출하시오.

8 어느 대도시에 위치한 호텔들의 주차특성을 조사한 결과가 아래 표와 같다. 신축예정인 A호텔의 일 이용인구가 15,000명이고 피크시 주차집중률이 10%로 예측되었다면 이 호텔이 5년 후에 확보되어야 할 주차대수는 얼마인가? (연평균 증가율5%)

구분	특성치
주간통행집중률	60%
계절주차집중계수	1.1
지역 주차집중계수	1.1
평균승차인원(인/대)	1.8
주차이용효율	85%
건물이용자중 승용차이용효율	45%
승용차 이용자 중 주차차량비율	90%

9 로짓모형 U=-0.0005X_1-0.0003X_2일 경우(X_1 : 비용, X_2 : 시간, 택시비용 2,000원, 시간 20분, 버스비용 500원, 시간 30분)일 경우 택시를 이용할 확률은?

10 현재의 존간 통행량과 장래의 존별 통행유출량이 아래와 같을 때 균일 성장률법으로 배분하시오.

현재OD표

O \ D	1	2	3	계
1	6	8	6	20
2	5	7	10	22
3	9	10	14	33
계	20	25	30	75

장래의 OD표

O \ D	1	2	3	계
1				22
2				24
3				48
계	21	32	37	90

11 어느 시에서 새로운 아파트단지의 건설계획을 수립 중에 있다. 아파트건설 후 단지주변가로

망에 얼마만큼의 교통량이 나타날지 궁금하여 귀하에게 교통유발량을 추정 의뢰하였다고 하자. 아래 자료를 토대로 주변 가로망에 부하될 차량통행량과 첨두시 1시간 교통량을 산출하시오.

인구1인당 통행횟수 : 1.8
버스평균재차인원 : 45인
세대수 : 1,000세대
자가용분담률 : 25%
가구당인구 : 4인
택시분담률 : 10%
가구당 자가용 보유대수 : 0.5대
지하철분담률 : 40%
피크시 1시간 집중률=15%
버스분담률 : 25%
자가용 평균재차인원=1.2인
버스의 승용차환산계수 : 2
택시 평균재차인원=1.8

제3장

교통공학(이론문제)

1. 교통류 조사기법

1 지점속도가 사용되는 용도를 4가지 설명하시오.

해설 사고조사, 속도제한구역 설정, 교통단속, 황색시간 계산, 교통개선 대책의 효과 측정

참고

- **지점속도가 필요한 이유**
  - 교통통제 설비운영 및 적절한 교통법규의 결정
  - 사고다발지점조사에서 적절한 대책 방안 결정
  - 도로기하구조 설계
  - 교통개선 사업들의 사전 · 사후 평가시 효과 측정
  - 애로구간의 문제 파악

2 속도조사의 방법에 대해 설명하시오.

해설 수동적 조사 : stop watch 조사, 차량번호판 조사
기계적 조사 : 자동감응검지기, 스피드건 사용법

3 속도조사 및 표본선정시 유의 사항에 대해 기술하시오.

해설 - 장비와 관찰자는 운전자들에게 보이지 않도록 한다.
- 충분한 수의 표본이 수집될 수 있도록 하며 최소 표본수는 30대 이상으로 한다.
- 차량군에서 첫 번째로 주행하는 차량을 표본으로 한다.
- 무작위로 추출하되 전체 교통류를 대표할 수 있어야 한다.
- 대형차량은 전체 혼입률에 준하여 조사한다.
- 속도조사가 인근사람들에게 띄어 구경꾼이 모여들지 않도록 한다.

4 차량 간의 상대속도를 줄임으로써 얻는 3가지 이점을 설명하시오.

해설 - 용량을 증대시킨다.
- 운전자의 판단시간이 길어진다.
- 교통사고 피해정도를 감소시킨다.

5 차량속도 자료의 용도를 기술하시오.

해설 - 제한속도의 설정
- 도로의 기하구조 설계시 사용

- 교통신호등의 황색시간 산정
- 교통개선사업의 효과 판단
- 교통안전표지의 설치위치 산정
- 차종별 주행속도의 차이점 조사 및 교통운영상 대책에 반영

6 문제되는 도로구간이나 교차점의 교통류개선을 위한 교통조사의 종류를 5가지만 설명하시오.

해설 교통량조사, 밀도조사, 속도조사, 교통용량조사, 교통류의 영향원인조사, 사고 등의 발생상황조사

7 속도제한이 실시되는 일반적인 사례를 기술하시오.

해설
- 도로공사구간 또는 학교 앞과 같은 곳
- 교차로 접근로, 특히 시계에 장애를 받는 부분
- 부근의 다른 도로보다 설계기준이 아주 높거나 낮은 도로
- 지방부에서 도시부로 연결되는 도로부분
- 비정상적인 도로조건, 예를 들어 도로의 골곡부, 급커브, 급한 내리막길, 시거에 제약을 받는 부분, 좁은 측방여유폭을 가진 부분, 노면상태가 극히 나쁜 곳, 기타 위험한 부분

8 주행시간을 조사하는 방법에 대해서 설명하시오.

해설
- 시험차량을 이용하는 방법 : 교통류 적응법, 평균속도운행법, 주행차량 이용법
- 시험차량을 이용하지 않는 방법 : 번호판 판독법, 노측면접조사

9 주행시간 및 지체도조사의 용도를 4가지 이상 설명하시오.

해설
- 교통혼잡 및 서비스 수준의 지표로 사용
- 개선안의 경제성 평가 및 환경에 미치는 영향 평가시 사용
- TSM의 개선안에 대한 효율성 판단시
- 문제지점 파악 및 해결방안 제시시 사용
- 교통운영개선 사업의 사전
- 사후조사에 의한 개선안 효율성 판단시

10 교통류모형의 3대 특성을 나타내는 지표를 쓰시오.

해설
- 교통량(q) : 일정시간에 일정지점을 통과하는 차량대수(단위 : 대/시, vph)
- 속도(u) : 일정시간 동안 차량의 공간 변화량을 시간평균속도와 공간평균속도로 구분(단위 : km/시, kph)
- 밀도(k) : 일정시간에 어떠한 구간에 존재하는 차량대수(단위 : 대/km, 대/km/차로)

11 교통류에 대해 설명하시오.

해설
- 한 방향으로 주행하는 연속적인 차량의 흐름
- 차량의 흐름을 유체의 흐름에 비유하여 수학적 공식에 적용
- 차량의 흐름이 갖는 특징 파악이 주목적

12 속도의 유형 및 개념을 설명하시오.

해설 - 주행속도 : 구간거리/(통행시간-정지시간)
- 통행속도 : 구간거리/총통행시간
- 지점속도 : 일정도로구간의 한 지점에서 측정한 차량속도
- 자유속도 : 주행시 다른 차량의 영향을 받지 않고 자유롭게 낼 수 있는 속도
- 설계속도 : 차량의 안전한 주행과 도로의 구조, 설계조건 등을 감안하여 설정한 속도
- 운영속도 : 도로의 설계속도를 초과하지 않는 범위 내에서 차량이 낼 수 있는 최대속도

참고

- **속도의 분류**

① 주행속도(running speed) : 어느 구간의 거리를 통행시간(travel time)에서 정지시간을 뺀 시간으로 나눈 값, 즉 구간거리(통행시간－정지시간)

② 통행속도(travel speed) : 어느 구간의 거리를 차량정지시간(교차로, 역, 정류장)이나 정체시간을 모두 포함한 시간으로 나눈 값

③ 지점속도(spot speed) : 어느 구간상의 지점에서 속도검출기에 의해 or 직접 사람에 의해 측정된 속도로서 평균지점속도는 특정지점을 통과한 전 차량에의 지점속도를 구하여 평균한 값

이 속도는 속도제한, 사고조사, 교통개선효과측정, 교통단속, 교통시설설계, 황색신호시간 계산 등에 중요한 역할을 수행한다.

④ 자유속도(free speed) : 다른 차량의 영향을 받지 않고 자유롭게 주행하는 속도로서 운전자가 선택할 수 있는 속도

⑤ 설계속도(design speed) : 차량의 안전한 주행과 도로의 구조 및 설계조건 등을 감안하여 설정한 속도로서 도로구조령에 규정된 속도

⑥ 임계속도(critical speed) : 교통용량이 최대로 되었을 때의 속도로서 이론적 교통용량의 산정자료가 된다.

⑦ 85%속도 : 전체차량의 85%가 이 속도 이하로 주행하는 경계점으로서 속도제한 등이 교통규제시에 기준치로 쓰이는 경우가 많다.

13 도로구간에 대한 관측의 종류를 3가지만 열거하시오.

해설 - 차두시간의 관측
- 차두간격의 관측
- 차로이용률의 관측
- 추월횟수의 관측

14 시간평균속도(*TMS*)와 공간평균속도(*SMS*)의 관계를 설명하시오.

해설 시간평균속도(*TMS*)는"도로상의 한 지점에서 일정 시간동안 통과하는 차량의 속도들의 산술 평균"을 시간평균속도라 하고, 반면"특정시점의 한 순간에 도로의 일정구간을 점유하고 있는 차량들의 속도들의 조화평균"을 공간평균속도(*SMS*)라 한다. 즉, 시간평균속도(*TMS*)는 한 특정지점을 통과하는 차량들의 속도를 교통량에 대해 가중평

균한 결과이며 공간평균속(SMS)는 한 시점에서 도로의 일정구간을 점유하고 있는 차량들의 속도를 밀도에 대해 가중평균한 결과로 볼 수 있다.

15 시간평균속도(TMS)는 공간평균속도(SMS)보다 크거나 같은 이유를 설명하시오.

해설 시간평균속도(TMS)는 공간평균속도(SMS)와는 달리 속도측정이 시작될 때 대상구간에 진입 못한 고속 차량이 속도측정에 포함되거나 대상구간에 주행하고 있었으나 저속 차량은 속도측정에서 제외되는 경우가 발생되기 때문에 시간평균속도가 공간평균속도 보다 크다. 또한 짧은 시간동안 움직인 거리를 측정하여 각 차량의 속도를 구할 때 시간평균속도와 공간평균속도가 같다.

16 Single-Regime 모형 중 Greenshield와 Greenberg 모형의 차이점을 기술하시오.

해설 • **Greenshield 모형**

- 실제 관측치에 따라 자료들을 ploting하여 그 중 선형이 되는 부분만을 선별해 간단한 일차식으로 만들어낸 것으로 수학적으로 단순함
- 반면 현실적으로 밀도가 매우 높거나 낮으면 비직선 관계인 혼잡밀도를 나타내기 어려움

• **Greenberg 모형**

- 교통류 흐름이 고밀도에서 유체이론을 따른다는 가정 → Logarithm 관계식을 유도
- 혼잡밀도에서는 잘 맞으나 밀도가 낮은 경우에 속도를 밀도로 설명하기가 부적절

17 교통류의 주요 확률분포에 대해 설명하시오.

해설 • **이산확률분포**

- Poisson분포($\frac{\sigma^2}{m} ≒ 1$)

  완전히 무작위로 드물게 발생하는 이산형 사상-교통량이 적은 임의 교통류

  $P(x) = \frac{m^x e^{-m}}{x!}$ λ : 평균도착률(v/sec)

  $m = \lambda t$ (t시간 동안 평균도착차량대수)

- 이항(Binomial)분포($\frac{분산}{평균} < 1.0$)

  교통량이 많은 교통류에 사용

  $B(x) = {}_nC_x\, p^x q^{n-x}$ $m = np,\ s^2 = npq$

- 음이항(Negative binomial)분포

  k번 성공을 위해 x번 실패할 확률 $NB(x) = {}_{x+k-1}C_x\, p^k q^x$

- 기하(Geometric)분포

  NB에서 $k=1$일 경우 $G(x) = p \cdot q^x$

• **연속확률분포**

- Negative exponential분포

  간격분포의 가장 기본적 형태로 포아송분포에서 나온 것 평균도착대수 λ인 포아송분포에서 t 시간 사이에 차량이 한 대도 도착하지 않을 확률

  $P(h \le t) = \int_h^t \frac{1}{\mu} e^{-\frac{t}{\mu}} dt$

- Shifted Negative Exponential분포

허용차두시간 h만큼 오른쪽으로 이동

$$P(h \leq t) = \int_h^t \frac{1}{\mu - h} e^{-\frac{t-h}{\mu-h}} dt$$

- Erlang 분포

편의된 음지수(Shifted Negative Exponential)분포와 달리 최소허용시간보다 적을 확률을 0이 아닌 아주 작은 값으로 보는 분포

$$P(h \leq t) = 1 - e^{-\lambda t} \sum_{n=0}^{k-1} \frac{(\lambda t)^n}{n!}$$

18 추종이론(Car-Following Theory)에 대해 설명하시오. or 선형추종모형과 교통류모형과의 관계에 대해 설명하시오.

해설 • 기본개념

- 자극·반응의 관계로부터 나온 것으로서, 뒤따르는 운전자(추종운전자)는 시간 t일 때의 자극의 크기에 비례하여 가속 혹은 감속을 하되 그 반응시간 T만큼 지체시간을 갖는다. 이를 식으로 표시하면 다음과 같다.

$$\text{반응}(t+T) = \text{민감도} \times \text{자극}(t)$$

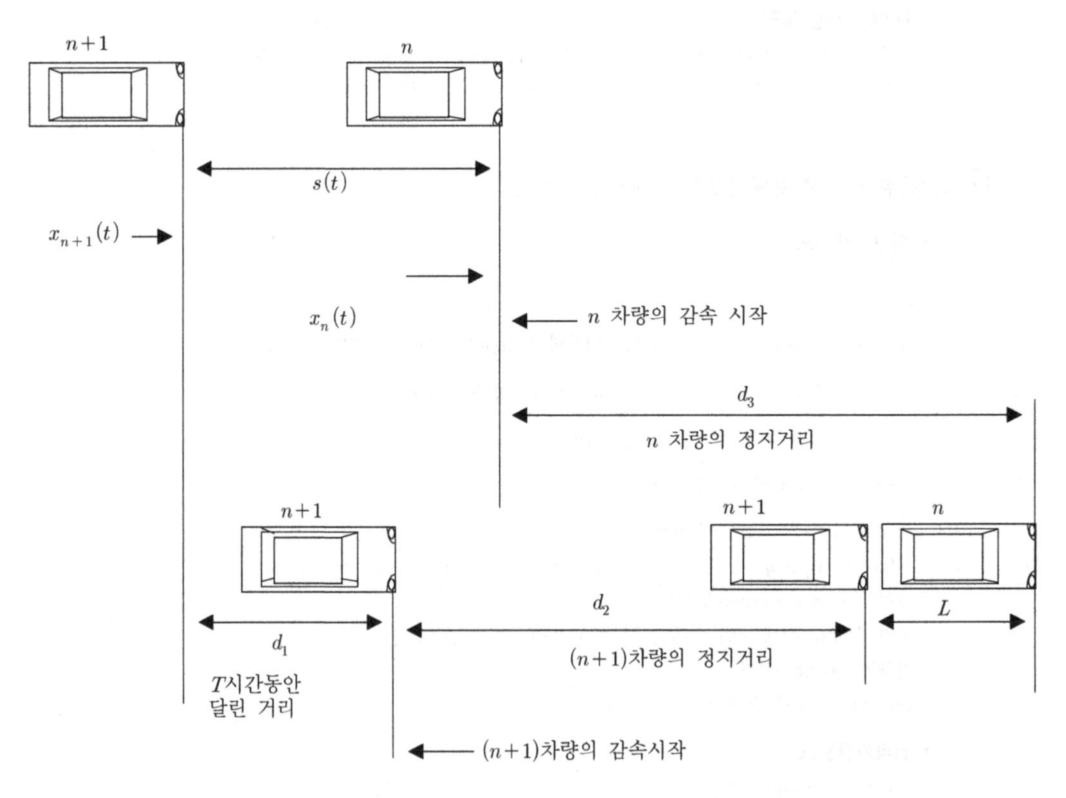

[그림] 추종이론의 기본개념도

여기서,

$x_n(t)$ = 시각 t에서의 n 차량의 위치

$s(t)$ = 시각 t일 때 두 차량의 간격

$= x_n(t) - x_{n+1}(t)$

d_1 = 반응시간 T동안 $(n+1)$차량이 움직인 거리 $= Tu_{n+1}(t)$

d_2 = 감속하는 동안 $(n+1)$차량이 움직인 거리

$= [u_{n+1}(t+T)]^2 / 2a_{n+1}(t+T)$

d_3 = 감속하는 동안 n차량이 움직인 거리 $= [u_n(t)]^2 / 2a_n(t)$

L= 정지해있을 때 두 차량간의 차두거리

$u_i(t)$ = 시각 t일 때 i차량의 속도

$a_i(t)$ = 시각 t일 때 i차량의 가속도

- **추종이론 모형의 유도**

$$s(t) = x_n(t) - x_{n+1}(t) = d_1 + d_2 + L - d_3 = Tu_{n+1}(t) + \frac{u_{n+1}^2(t+T)}{2a_{n+1}(t+T)} + L - \frac{u_n^2(t)}{2a_n(t)}$$

만약 두 차량의 정지거리가 같다면 $d_2 = d_3$이므로,

$$x_n(t) - x_{n+1}(t) = T \cdot u_{n+1}(t) + L$$

여기서 반응시간(T)동안 뒷차량의 속도변화는 없으므로,

$$u_{n+1}(t) = u_{n+1}(t+T)$$

이다. 따라서

$$x_n(t) - x_{n+1}(t) = T \cdot u_{n+1}(t+T) + L$$

양변을 t에 관해서 미분하면,

$$u_n(t) - u_{n+1}(t) = T \cdot a_{n+1}(t+T)$$

$$\therefore \quad a_{n+1}(t+T) = T^{-1}[u_n(t) - u_{n+1}(t)]$$

즉, $(t+T)$ 시각일 때$(n+1)$ 차량의 반응은 t시각일 때의 앞 차량(n차량)과의 상대속도에 비례하며 그 비례상수, 즉 민감도는 T^{-1} 이다.

한편 이 식을 좀 더 일반화시키면 다음과 같다.

$$a_{n+1}(t+T) = \alpha[u_n(t) - u_{n+1}(t)]$$

여기서 α는 민감도계수이다. 이 모형은 반응이 자극에 직접 비례하기 때문에 선형추종모형이라 할 수 있다.

- **교통류 모형도출**

$$a_{n+1}(t+T) = \frac{\alpha_0}{x_n(t) - x_{n+1}(t)]} \cdot [u_n(t) - u_{n+1}(t)]$$

여기서 α_0의 단위는 거리/시간이다.

이 추종모형을 교통류 모형으로 변환시키는 방법은 다음과 같다. 위 식을 적분하면,

$$u_{n+1}(t+T) = \alpha_0 \ln[x_n(t) - x_{n+1}(t)]$$

교통류 모형은 안정상태(steady state)의 교통류 조건을 표현하는 것이므로 앞에서도 언급한 바 있지만, $u_{n+1}(t) = u_{n+1}(t+T) = u$이며, $[x_n(t) - x_{n+1}(t)]$는 평균차두시간, 즉, $1/k$을 나타내기 때문에 다음과 같이 고쳐 쓸 수 있다.

$$u = \alpha_0 \ln\left(\frac{1}{k}\right) + C_0$$

교통류에서 $k = k_j$ 일 때 $u = 0$이므로,

$$C_0 = -\alpha_0 \ln\left(\frac{1}{k_j}\right)$$

이며, 이를 다시 정리하면 다음과 같다.

$$u = \alpha_0 \ln\left(\frac{k_j}{k}\right)$$

또 $q = uk$이므로,

$$q = \alpha_0 \ln\left(\frac{k_j}{k}\right)$$ 이다.

$q-k$ 곡선에서 q가 최대일 때의 K값은 $dq/dk = 0$에서 구할 수 있다. 즉,

$$\left(\frac{dq}{dk}\right) = \alpha_0 \ln\left(\frac{k_j}{ke}\right)$$

여기서 $\alpha_0 \neq 0$이므로 $K = \frac{k_j}{e}$일 때 q가 최대값q_m을 가지며, 또 이때u는u_m이다. 따라서,

$u_m = \alpha_0 \ln(e) = \alpha_0$ 이다.

따라서 최종 정리된 식은 다음과 같이 된다.

$$u = u_m \ln\left(\frac{k_j}{k}\right)$$

이 식은 Greenberg의 모형과 일치하므로 Greenberg의 교통류 모형은 추종모형의 이론과 같이 근거를 가진 모형이라 할 수 있다.

뒤 차량의 반응민감도를 일반식으로 나타내면 다음과 같다.

$$a_{n+1}(t+T) = \alpha_0 \frac{u_{n+1}^2(t+T)}{[x_n(t) - x_{n+1}(t)]^l}[u_n(t) - u_{n+1}(t)]$$

여기서 l과 m의 값에 따라 여러 가지 추종모형과 이에 따른 교통류 모형을 얻을 수 있다.

2. 교통용량

1 서비스수준(LOS)에 대해 설명하시오.

해설 교통류 내에서의 운영상태를 나타내는 것으로서 운전자나 승객이 느끼는 정상적인 평가기준, 서비스수준은 통행속도, 통행시간, 통행자유도, 교통안전 등 도로로의 운행상태를 나타내는 개념으로서 A-F까지 6등급으로 나뉨

• **도로유형별 서비스수준 효과척도**

서비스수준	교통류 상태
A(자유교통류)	사용자 개개인들은 교통류 내의 다른 사용자의 출현에 실질적으로 영향을 받지 않는다. 교통류내에서 원하는 속도 선택 및 방향 조작 자유도는 아주 높고, 운전자와 승객이 느끼는 안락감이 매우 우수하다.
B(안정교통류)	교통류 내에서 다른 사용자가 나타나면 주위를 기울이게 된다. 원하는 속도 선택의 자유도는 비교적 높으나 통행 자유도는 서비스수준 A보다 어느 정도 떨어진다. 이는 교통류 내의 다른 사용자의 출현으로 각 개인의 행동이 다소 영향을 받기 때문이다.
C(안정교통류)	교통류 내의 다른 차량과의 상호작용으로 인하여 통행에 상당한 영향을 받기 시작한다. 속도의 선택도 다른 차량의 출현에 영향을 받으며, 교통류 내의 운전자가 주위를 기울여야 한다. 이 수준에서 안락감은 상당히 떨어진다.

서비스수준	교통류 상태
D(안정교통류, 높은 밀도)	속도 및 방향 조작 자유도 모두 상당히 제한되며, 운전자가 느끼는 안락감은 일반적으로 나쁜 수준으로 떨어진다. 이 수준에서는 교통량이 조금만 증가하여도 운행 상태에 문제가 발생한다.
E(용량 상태, 불안정 교통류)	교통류 내의 방향 조작 자유도는 매우 제한되며, 방향을 바꾸기 위해서는 차량이 길을 양보하는 강제적인 방법을 필요로 한다. 교통량이 조금 증가하거나 작은 혼란이 발생하여도 와해 상태가 발생한다.
F(와해 상태, 강제류)	도착 교통량이 그 지점 또는 구간 용량을 넘어선 상태이다. 이러한 상태에서 차량은 자주 멈추며 도로의 기능은 거의 상실된 상태이다.

그러나, 현재 우리나라 도시부 도로시설에서 용량을 초과하는 경우가 빈번하여 서비스수준 F를 나타내는 경우가 많다. 그리고 이 경우, 같은 서비스수준 F를 나타낸다 하여도, 질적으로는 상당히 다른 형태를 나타낼 수 있다. 예를 들어, 신호교차로의 경우, 평균 접근지체가 신호 1주기를 초과하는 경우에서부터 3~4 주기 이상에 이르는 경우까지 다양하다. 이러한 경우, 같은 서비스수준 F를 나타낸다 하여도, 이를 개선하기 위한 대책은 전혀 다를 수 있으므로, 서비스수준 F인 경우에도 교통류 상황에 대한 질적인 구별이 가능하도록 할 필요가 있다. 따라서 도시 및 교외간선도로 등 일부 도로유형에 대하여서는 서비스수준을 F, FF, FFF로 구분하여 제시할 수 있는데. 서비스수준 F를 3단계로 구분할 경우, 각 단계별 교통류 상태는 아래와 같다.

• **서비스수준 F의 구분**

서비스수준	교통류 상태
F	평균통행속도가 자유속도의 1/3~1/4 이하인 상태이다. 교차로 혼잡은 접근지체가 매우 큰 주요 신호교차로에서 일어나기 쉽다. 이런 경우는 주로 나쁜 신호연동 때문에 발생한다.
FF	과도한 교통수요로 혼잡이 심각한 상태이다. 차량이 대상구간의 전방 신호교차로를 통과하는데 평균적으로 2주기 이상 3주기 이내의 시간이 소요된다.
FFF	극도로 혼잡한 상황으로, 차량이 대상구간의 전방 신호교차로를 통과하는데 3주기 이상 소요되는 상태이다. 평상시에는 거의 발생하지 않으며, 상습정체지역이나 기상조건의 악화 시 관측될 수 있는 혼잡상황이다.

2 도로의 효과척도(MOE)대해 설명하시오.

해설 효과척도(Measurement Of Effect)란 도로의 질적 운행상태를 나타내는 척도로서 서비스수준을 나타내는 데 사용하며 도로의 유형별로 차이가 있다.

효과척도는 명확하고 계량적이어야 하며 현장에서 측정이 가능하고 도로용량에 영향을 주는 제 요인에 민감하게 변화되어야 한다.

• **도로유형별 서비스수준 효과척도**

구분			효과척도
연속류	고속도로	기본구간	밀도, V/C
		엇갈림구간	평균밀도
		연결로, 접속부	밀도
	다차로도로		평균통행속도(km/h), V/C
	2차로도로		총지체율(%), 평균통행속도(km/h)
단속류	신호교차로		평균제어지체
	비신호교차로	양방향정지	평균운영지체
		무통제	방향별 교차로 진입 교통량, 시간당 상충횟수
	도시 및 교외 간선도로		평균통행속도(km/h)
대중교통	버스 차내용량		차량당 승객의 좌석수 또는 면적
	버스 운행간격 및 운행시간		운행회수/시, 운행시간/1일
	버스정류장 정차면 용량		시간당 최대 버스수(대/시)
	버스 정류장 용량		시간당 버스정류장당 최대버스대수(대/시)
보행자	보행자도로		보행자점유공간(㎡/인), 보행교통류율(인/분/m), 보행밀도, 보행속도
	계단		보행교통류율
	대기공간		보행자점유공간(㎡/인)
	횡단보도		보행자평균지체, 보행자점유공간(㎡/인)
자전거	자전거전용도로		상충횟수(회/시)
	자전거 · 보행자 겸용		상충횟수(회/시)
	노상자전거도로		상충횟수(회/시)
	신호교차로		정지지체(회/시)
	도시가로상의 자전거도로		평균 통행속도(km/h)

3 2차로도로의 효과척도(MOE)를 설명하시오.

해설 2차로도로를 운행하는 운전자에게 제공할 수 있는 서비스수준을 나타내는 지표로 "총지체율"과 "평균 통행속도"를 사용한다.

2차로도로에서는 차량들이 도로를 운행하는 동안 저속 차량으로 인하여 차량군이 형성되며, 차량군내의 차량들은 운행이 자유롭지 못하여 지체하게 된다. 총지체율이란, 일정구간을 주행하는 차량군 내에서 차량이 평균적으로 지체하는 비율을 말한다. 다시 말해서, 총지체율이란 운전자가 희망하는 속도에 대한

지체정도를 표현하는 척도이다. 교통량이 적을 때에는 차량들은 거의 지체되지 않으며, 평균 차두간격도 커지므로 앞지르기 가능성이 높아진다. 교통량이 적은 조건에서 총지체율은 낮지만, 용량에 가까워질 수록 앞지르기기회가 줄어들어 거의 모든 차량들이 차량군을 형성하게 되고 총지체율은 높아진다.

(식 1)은 현장자료를 사용하여 총지체율을 산정하는 식이며, (식 2)는 이론적 식을 이용하여 총지체율을 산정하는 것이다. 현장관측이 어려울 경우 이론적 식을 적용하여 총지체율을 산정한다.

$$TDR = 100 \times \frac{\sum_{i=1}^{n}\left(\frac{TT_{ai} - TT_d}{TT_{ai}}\right)}{n} \qquad (식\ 1)$$

여기서, TDR = 총지체율(%)

$TTai$ = 실제통행시간

TTd = 희망통행시간

n = 교통량(대)

$$TDR = 100 \times (1 - e^{(a \times V_d^b)}) \qquad (식\ 2)$$

여기서, TDR = 총지체율(%)

V_d = 진행방향교통량(승용차/시)

a, b = 매개값

평균 통행속도는 주어진 도로·교통 조건에서 일정구간을 주행하는 차량의 평균 속도를 말한다. 이상조건을 가지는 2차로도로에 대해 자유속도 100kph~60kph로 4개 유형으로 구분된다.

도로를 운행하는 차량의 운행상태를 나타내는 서비스수준은 A~F까지 모두 여섯 단계로 구분된다. 2차로도로의 서비스수준을 나타내는 효과척도는 총지체율이며, 교통량에 따른 각 서비스수준은 아래와 같다.

- **서비스수준**

LOS	도로유형 I					도로유형 II		
	총지체율 (%)	통행속도(kph)			교통량 (pcph)	총지체율 (%)	통행속도(kph)	
		100	90	80			100	90
A	≤11	≥95	≥85	≥75	≤650	≤11	≥95	≥85
B	≤21	≥85	≥75	≥65	≤1,300	≤21	≥85	≥75
C	≤30	≥80	≥70	≥60	≤1,900	≤30	≥80	≥70
D	≤39	≥75	≥65	≥55	≤2,600	≤39	≥75	≥65
E	≤48	≥70	≥60	≥50	≤3,200	≤48	≥70	≥60
F	〉48	〈70	〈60	〈50	-	〉48	〈70	〈60

4 비신호교차로의(MOE)를 쓰시오.

해설 - 양방향정지 교차로 : 평균운영지체
- 무통제 교차로 : 방향별 교차로 진입 교통량, 시간당 상충횟수

5 속도, 교통량, 밀도의 용어 정의를 하시오.

해설 - 속도 : 단위시간당 통행할 수 있는 거리의 평균값(km/h)
- 교통량 : 일정시간 동안에 한 지점을 통과한 차량대수(대/시)
- 밀도 : 밀도란 일정한 도로 구간 또는 차로에 존재하는 차량대수를 구간의 길이 또는 차로의 길이를 기준으로 나타낸 값으로 일반적으로 km당 차량대수(대/km) 또는 차로 1km당 차량대수(대/km/차로)로 나타낸다.

6 고속도로 기본구간의 일반적인 서비스(V/C)와 주행속도와의 관계를 그림으로 도시하시오.

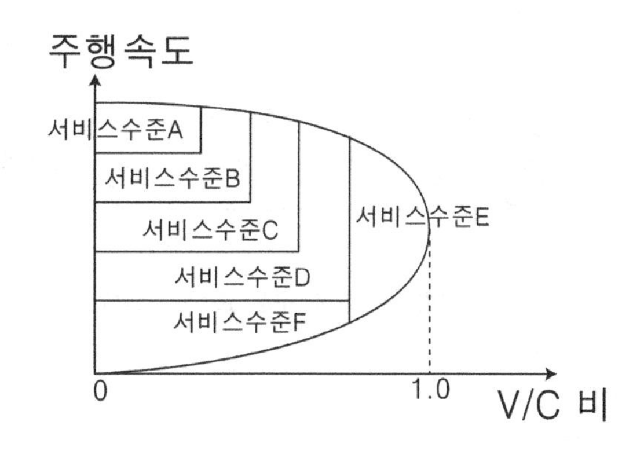

7 고속도로 기본구간의 MOE를 통행속도로 쓸 수 없는 이유를 설명하시오.

해설 - 속도가 조금만 달라져도 LOS에 민감
- 용량, 속도관계 민감
- 설계속도가 틀릴 때 비교가 불가

8 고속도로의 구성요소와 구성요소의 영향권에 대해 설명하시오.

해설 고속도로는 기본구간, 엇갈림구간, 연결로 및 접속부로 구성된다.

고속도로 기본구간은 엇갈림 또는 연결로 차량의 영향권을 벗어난 구간에 위치하는데, 일반적으로 엇갈림구간 또는 연결로 접속부의 영향권은 다음 그림과 같이 설정하며, 이 영향권에 따라 구간을 분할하여 서비스수준을 분석한다.

① 엇갈림구간 : 엇갈림이 시작되는 진입 연결로의 100m 상류지점부터 엇갈림이 끝나는 진출 연결로의 100m 하류지점까지의 구간

② 진입연결로 : 연결로 접속부의 100m 상류지점부터 400m 하류지점까지의 구간

③ 진출연결로 : 연결로 접속부의 400m 상류지점부터 100m 하류지점까지의 구간

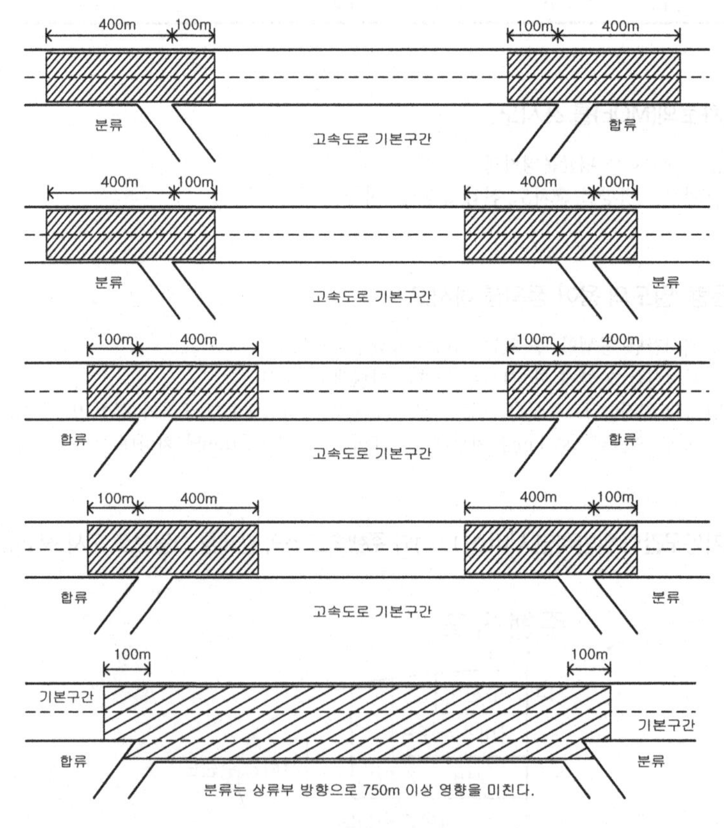

[그림] 고속도로 구성 요소의 영향권

9 양방향 2차로도로의 용량산정에 있어서 서비스수준으로 교통량이 부적절한 이유를 설명하시오.

해설 2차로도로에서 차량 운행시 저속차량들로 인하여 차량군을 형성하게 되며, 차량군 내의 차량들은 원활한 운행을 하지 못한다. 또한, 고속차량들이 저속차량을 추월하고 싶어도 대향차로의 차량 유무에 따라 추월의 불가가 결정된다.

10 양방향 2차로도로에서 용량을 분석하기 위한 서비스수준 분석기준으로 교통량을 사용했을 때 발생되는 문제점을 서술하시오.

해설 2차로도로 특성상 저속차량으로 인한 차량군 형성으로 도로구간 내에 교통량이 적어도 고속차량 주행이 원활하지 못하는 경우가 속출한다. 또한 곡선선형이 잦거나, 대향차로의 차량 유무에 따라 저속차량을 추월하지 못하므로 교통량을 효과척도(MOE)로 사용하기에는 많은 문제점을 안고 있다.

11 엇갈림(Weaving)구간에 대해 서술하시오

해설 엇갈림이란 교통통제 시설이 도움 없이 상당히 긴 도로를 따라가면서 동일방향의 두 교통류가 차로를 변경하는 교통현상을 말한다. 엇갈림구간은 합류구간 유입연결로 바로 다음에 분류구간이 있을 때 또는 유입연결로 바로 다음에 유출연결로가 있을 때 이 두 지점이 연속된 보조차로로 연결되어 있는 구간이다.

참고

- **엇갈림구간의 형태**

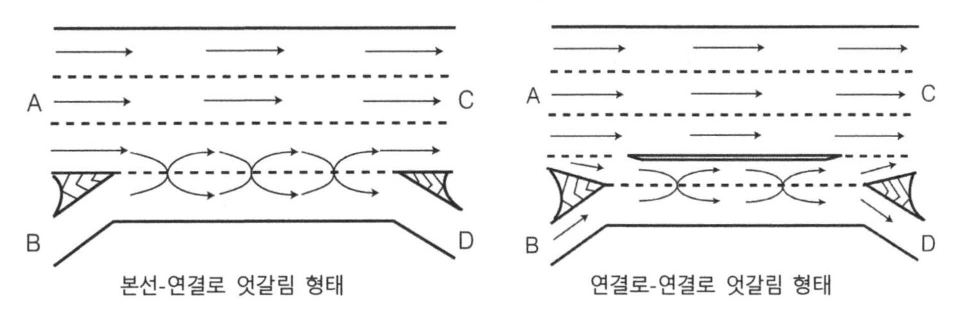

본선-연결로 엇갈림 형태 　　　　 연결로-연결로 엇갈림 형태

12 고속도로의 3가지 기본적인 시설을 제시하시오.

해설 기본구간, 엇갈림구간, 연결로 접속부

13 완전출입통제된 도로를 Freeway라 하며 부분출입을 허용하는 고속도로를 expressway라 할 때 expressway의 교통량을 검토하는 부분 4곳을 설명하시오. or expressway의 용량조사지점 4곳을 설명하시오.

해설 기본구간, 엇갈림구간, 램프부, 유출입부

14 용량에 영향을 미치는 요소들을 설명하시오.

해설 도로조건, 교통조건, 교통신호조건

참고

- 도로조건 : 선형과 설계속도, 차로폭, 측방여유폭, 구배
- 교통조건 : 방향별분포, 차로별분포, 대형차량 혼입율
- 신호조건 : 속도제한, 차로이용통제, 교통신호, 교통표지

15 도로에 있어서 용량이 감소하는 경우를 3가지만 설명하시오.

해설 - 적색신호등에서의 차량대기
- 통행료징수소에서의 순간적인 지체
- 도로를 차단하거나 영향을 주는 갑작스러운 사고

16 2차로도로의 운영상 특징을 4가지만 설명하시오.

해설 - 교통흐름의 분석 과정이 매우 복잡하다.
- 교통류의 상태는 추월거리가 얼마만큼 확보되었는가에 따라 결정된다.
- 용량상의 문제보다 안전문제가 더욱 강조된다.
- 교통량 - 밀도 - 속도와의 기본관계식이 고속도로에서처럼 분명하게 나타나지 않는다.

17 2차로도로의 이상적인 조건을 설명하시오.

해설 - 평지
- 앞지르기 기능구간이 100%인 도로
- 차로폭은 3.5m 이상
- 측방여유폭은 1.5m 이상
- 승용차만으로 구성된 교통류
- 교통 통제 또는 회전차량으로 인하여 직진 차량이 방해받지 않는 도로

18 고속도로 기본구간의 이상적인 조건을 설명하시오.

해설 - 승용차로만 구성된 교통류
- 차로폭은 3.5m 이상
- 측방여유폭은 1.5m 이상
- 평지

19 다차로도로의 이상적인 조건을 나열하시오.

해설 - 차로폭 3.5m 이상
- 측방여유폭은 1.5m 이상

- 구배 0%인 평지
- 신호등 밀도 : 0개/km
- 유출입 지점수 : 0개/km

20 통행서비스 수준의 향상이라는 목표의 개략적인 효과척도 6가지를 나열하시오.

해설
- 평균통행시간
- 평균통행거리
- 평균통행속도
- 평균통행요금
- 평균지체시간
- 평균정지수

21 평균접근지체와 평균정지지체 시간을 비교 설명하시오.

해설
- 평균정지지체 : 한 접근로의 차량의 총 정지지체시간을 차량수로 나눈 값으로서(초/대)의 단위로 표시되며 신호교차로의 서비스수준을 평가하는 지표로 사용
- 평균접근지체 : 신호교차로에서 정지신호에 의해 차량지체가 발생한다. 정지신호에 의한 차량지체를 정지지체시간이라 하며 여기에 가속, 감속으로 인한 손실시간을 합한 시간을 접근지체시간이라 한다. 한 주기당 도착하는 모든 차량들의 접근지체시간을 구하여 차량수로 나누면 접근지체시간이 된다.

22 간선도로 교통의 특성을 파악할 때 고려할 사항을 3가지만 설명하시오.

해설
- 도로 주변환경
- 도로 내 교통신호등 개수
- 차량 간의 상호작용(교통밀도, 대형차량의 구성비, 회전교통량에 의해 결정)

23 첨두시간교통량(PHV)이 사용되는 분야를 설명하시오.

해설
- 도로의 기하구조의 설계시 사용
- 교통관제 시설의 타당성 및 설치위치 등의 설계시 반영
- 일방통행제, 가변차로제 등 교통운영체계의 설계시 사용
- 교통용량의 도출 및 개선안 설계시 사용

24 연평균일교통량($AADT$), 평균일교통량(ADT)가 이용되는 분야를 설명하시오.

해설
- 새로운 도로망이나 최적노선 선정시 사용
- 도로의 수용와 서비스수준 평가시 사용
- 도로개선 타당성 및 건설우선순위 선정시 사용

25 설계시간계수(K)에 대해 설명하시오.

해설 설계시간계수(K)sms "해당 도로의 한 시간 교통량의 분포 중 어느 정도의 교통량을 계획목표년도의 설계시간 교

통량(Design Hourly Volume, DHV)으로 선택할 것인가를 결정해주는 계수"로 정의되며, 설계시간 교통량(DHV)은 계획목표년도의 연평균 일교통량(AADT)에 설계시간 계수(K)를 곱하여 산출한다.

설계시간 교통량은 연중 조사된 8,760시간(=365일×24시간/일)의 시간 교통량을 교통량이 많은 순서부터 내림차순으로 정렬하고 이를 시간 교통량-순위 관계곡선으로 부드럽게 연결한 뒤 이 곡선이 급격히 변하는 지점의 시간 교통량을 선정하여 활용하며, 설계대상 도로 주변의 유사 교통수요 변동 특성을 가지는 도로구간을 대상으로 교통량 상시조사 자료(국토교통부, 도로교통량 통계연보, 각 연도)등을 활용하여 해당사업에 맞게 도출하여 적용한다. 국내에서는 일반적으로 30번째 시간 교통량에 대한 연평균 일교통량의 비(K30)를 설계시간 계수로 적용하고 있다.

$$K_{30} = \frac{DHV_{30}}{AADT} = \frac{30\text{번째 시간교통량}}{\text{연평균일교통량}}$$

참고

- **K값의 특성**
  - K값이 높을수록 교통량 변화가 심함
  - 주변지역의 개발이 증가되면 K값은 감소
  - K값의 크기는 관광도로 > 지방부도로 > 도시외곽도로 > 도심부도로
  - K값은 도로시설 규모 결정을 위한 주요변수로 과대 또는 과소에 따른 영향이 매우 크므로 선정시 신중해야함

- **시간교통량 순위**

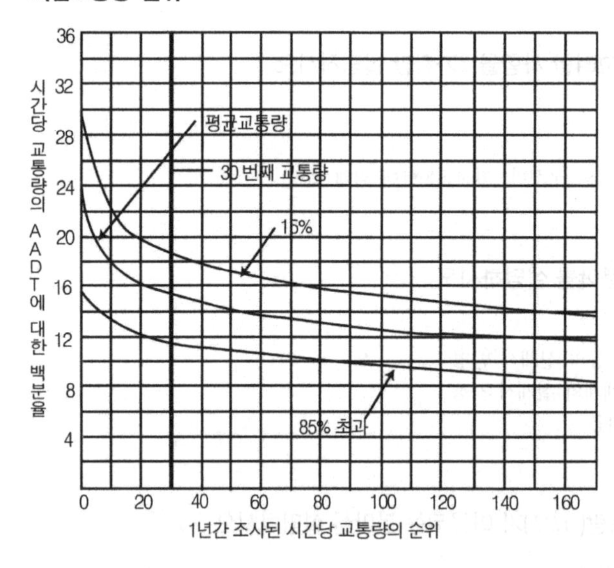

- **설계시간 계수(K)**

도로 구분		지역구분		
		도시지역 도로	지방지역 도로	관광지역 도로
일반 국도	2차로	0.12*(0.10~0.14)**	0.16*(0.13~0.20)	0.23*(0.18~0.28)
	4차로 이상	0.10(0.07~0.12)	0.12(0.09~0.15)	0.14(0.12~0.17)
고속국도(4차로 이상)		0.10(0.07~0.13)	0.014(0.09~0.19)	

* 설계시간 계수 적용범위 중 상한값과 하한값의 산술평균
** 설계시간 계수의 적용범위

26 균일지체(uniform delay), 증분지체(incremental delay), 추가지체(initial queue delay)에 대해 설명하시오.

해설 신호제어로 인해 차로군이 속도를 줄이거나 정지함에 따른 지체로서, 감속이나 정지함이 없을 때의 통행시간과 비교한 통행시간 증가분을 제어지체(control delay)라 말한다. 이것은 균일지체(uniform delay), 증분지체(incremental, overflow, random delay) 및 추가지체(initial queue delay)로 구성된다.

- 균일지체 : 도착교통량이 완전히 균일하게 도착한다고 가정했을 때의 차량 당 평균접근지체
- 증분지체 : 비균일 도착에 의한 임의지체(random delay)와, 분석 기간 내에서 몇 몇 과포화주기(cycle failure)에 의한 과포화지체(overflow delay)를 포함한 지체
- 추가지체 : 분석기간 시작 전에 대기차량이 남아 있으면, 이 대기차량이 방출되는 동안 분석기간에 도착한 차량이 감당해야 할 추가적인 지체

27 신호교차로 서비스수준 분석 과정을 설명하시오.

해설 자료조사 → 교통량 보정 → 포화교통량 산정 → 각 차로군 별 용량 및 V/C비 계산 균일지체, 증분지체, 추가지체 계산 → 연동계수(PF)를 적용하여 제어지체 계산 → 차로군별 지체를 교통량에 관해서 가중평균하여 접근로의 평균지체를 계산하고 서비스수준 판정 → 접근로별 지체를 교통량에 관해서 가중평균하여 교차로 전체의 평균지체계산 및 서비스수준 판정

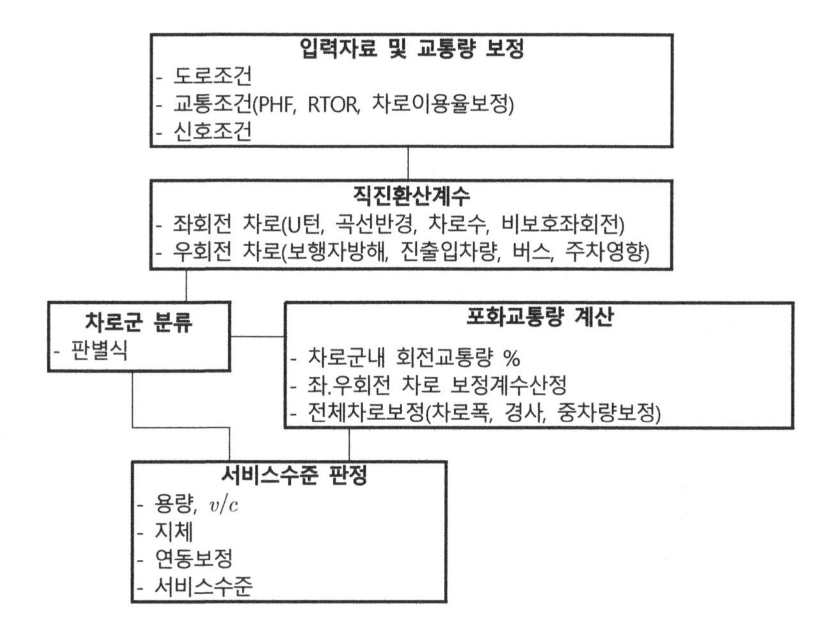

참고

- **신호교차로의 서비스수준 분석**

1. 신호교차로의 분석 목적

① 각 현시의 주이동류의 v/s 비를 이용하여 교차로 전체의 v/c, 즉 임계 v/c를 구하기 위함

② 모든 이동류의 v/c를 이용하여 교차로 전체의 평균지체를 구해 서비스수준 결정 위함

③ 모든 이동류의 v/s 비를 이용하여 적절한 현시방법과 적정신호시간을 계산하기 위함

2. 신호교차로의 서비스수준 분석

1) 도로조건, 교통조건, 신호조건 자료입력

2) 도착교통량 보정

① 첨두시간 교통류율 환산

첨두시간 교통류율은 분석시간대(보통 첨두 1시간) 내의 첨두 15분 교통량을 4배해서 1시간 교통량으로 나타낸다.

② 차로이용률 보정

③ 우회전 교통량 보정

3) 회전 및 노변차로의 직진환산계수

각 회전별 노변차로에 대한 직진환산계수를 설정한다.

4) 차로군 분류

한 접근로에서 동일한 현시에 진행하는 이동류들의 차로이용율이 다를 수 있으며 따라서 차로별 서비스수준도 다르다. 이용율이 같은 이동류끼리 묶어서 몇 개의 차로군으로 분류하고 분석도 차로군 별로 한다.

① 포화교통량 보정

각 차로를 이용하는 이동류의 포화교통량을 도로조건과 교통조건에 맞게 보정하는 단계이다.

$$S_i = S_o \times N_i \times f_{LT}(\text{또는 } f_{RT}) \times f_w \times f_g \times f_{HV}$$

여기서,

S_i : i 이동류의 포화교통량(vphg)

S_o : 이상적 조건 하에서의 포화교통량(pcphgpl), 보통 우리나라에서는 2,200pcphgpl을 이용

5) 각 차로군 별 용량 및 V/C비 계산

① 차로군별 용량 계산

신호교차로에서 각 접근로의 용량은 각 현시에 따른 차로군별로 구한다. 즉 교차로 접근로의 용량은 전반적인 도로조건, 교통조건 및 신호조건에서 교차로를 통과 할 수 있는 차로군별 용량으로 나타낸다. 이 용량은 각 차로군의 V/C비와 지체 및 서비스수준을 구하거나, 차로군의 지체를 교통량에 관해서 가중평균하여 그 접근로, 나아가 교차로 전체의 평균지체 및 서비스수준을 구하기 위해 사용된다. 따라서 한 접근로의 차로군별 용량을 합하여 그 접근로의 용량으로 나타내는 것은, 서로 다른 이동류의 용량을 합하는 것이므로 의미가 없다.

$(V/S)i$는 i 차로군의 교통량과 포화교통류율의 비를 의미하는 것으로 이를 교통량비(flow ratio)라 하고 vi로 나타내기도 한다. i 차로군의 용량은 다음식을 이용해서 얻는다.

$$c_i = S_i \times \frac{g_i}{C}$$

여기서,

c_i = i 차로군의 용량(vph)

S_i = i 차로군의 포화교통류율(vph)

g_i = i 차로군의 유효녹색시간(초)

C = 주기(초)

$(V/c)i'$는 i 차로군의 교통량과 용량의 비를 의미하는 것으로서 이를 포화도(degree of saturation)라 하고 X_i로 나타내기도 한다. 따라서 교통량비와 포화도와의 관계는 다음과 같이 나타낼 수 있다.

$$X_i = \left(\frac{V}{c}\right)_i = \frac{V_i}{S_i\left(\frac{g_i}{C}\right)} = \frac{V_i C}{S_i g_i}$$

여기서,

X_i = $(V/c)i$ = i 차로군의 포화도

V_i = i 차로군의 교통량(vph)

g_i/C = i 차로군의 유효녹색시간비

X_i 값은 일반적으로 0~1.0의 값을 가지나, 도착교통량이 용량을 초과하는 경우에는 1.0보다 큰 값을 나타낼 때도 있다. 앞에서 언급한 몇 개의 차로군을 가진 접근로의 경우와 마찬가지로 교차로 전체의 용량도 별 의미가 없다.

② 임계 v/c비 계산

교차로 전체의 v/c를 나타내기 위해서는 한 현시의 여러 이동류 중 최대의 v/s값을 나타내는 주이동류를 이용한다. 따라서 각 신호현시마다 주이동류가 그 현시의 녹색신호길이를 결정한다.

$$X_c = \frac{C}{C-L}\sum y_i$$

여기서,

X_c = 교차로 전체의 임계 v/c비

C = 주기(초)

L = 주기당 총 손실시간(초)

y_i = 각 현시의 임계차로군의 교통량비

6) 연동계수(PF)를 적용하여 제어지체 계산

$$d = d_1(PF) + d_2 + d_3$$

여기서,

d = 차량당 평균제어지체(초/대)

d_1 = 균일제어지체(초/대)

PF = 신호연동에 의한 연동보정계수

d_2 = 증분지체(초/대)

d_3 = 추가지체(초/대)

7) 차로군별 지체를 교통량에 관해서 가중평균하여 접근로의 평균지체를 계산하고 서비스수준 판정

8) 접근로별 지체를 교통량에 관해서 가중평균하여 교차로 전체의 평균지체를 계산하고 서비스수준 판정

• **신호교차로의 서비스수준 기준**

서비스수준	차량당 제어지체
A	≤ 15초
B	≤ 30초
C	≤ 50초
D	≤ 70초
E	≤ 100초
F	≤ 220초
FF	≤ 340초
FFF	〉 340초

28 도로의 설계차로수 결정 과정에 대해서 설명하시오.

해설 ① 대상도로구간의 교통량 변화율을 반영하기 위해 연평균교통량에 대한 비율을 결정하여 K_{30}의 값을 구한다.
② 설계시간 교통량을 산출한다.
③ 중차량 혼입률과 방향별 분포를 고려한 설계시간 교통량을 산출한다.
④ 마지막으로 차로수를 결정한다.

29 2차로도로의 서비스수준 분석 과정을 설명하시오.

해설 서비스수준을 산정하기 위해서 도로의 유형을 구분하고, 첨두시간 환산 교통량을 산출한 뒤 기본조건에서의 총지체율과 평균 통행속도를 산출하여 각종 총지체율과 평균 통행속도 보정계수를 적용하게 된다. 2차로도로는 〈그림 1〉의 과정을, 2+1차로도로는 〈그림 2〉의 과정을 거쳐 해당도로의 서비스수준을 분석한다.

- **2차로도로의 서비스수준 분석**

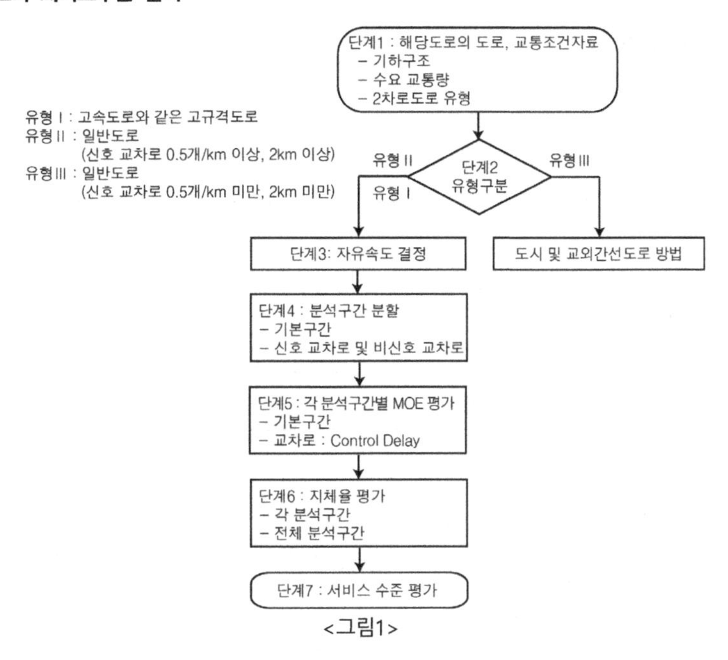

<그림1>

- **2+1차로도로의 서비스수준 분석**

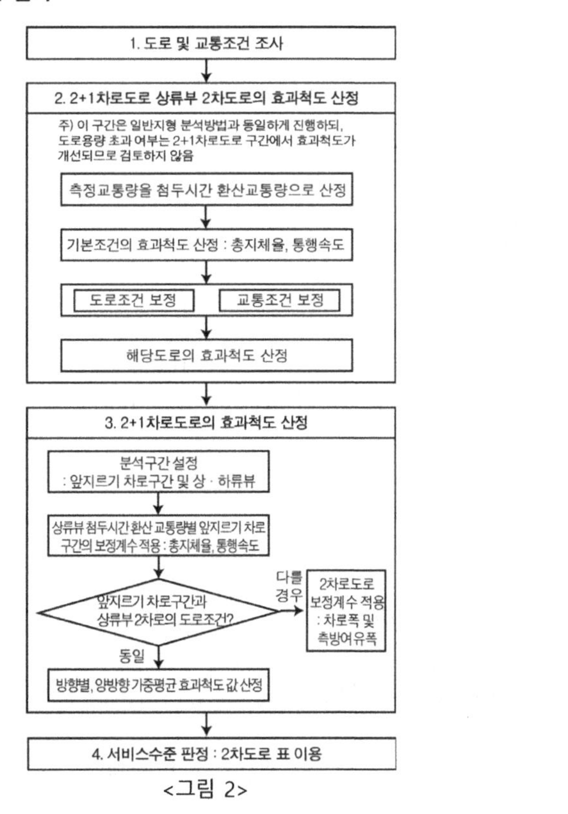

<그림 2>

참고

- **2차도로 운영상태 분석 절차**

(1) 2차로도로 유형구분(Ⅰ, Ⅱ, Ⅲ) 및 자유속도 결정

① 유형Ⅰ : 연속 교통류 특징을 가지고 있는 2차로도로

② 유형Ⅱ : 기본적으로 연속류 구간에 단속류 특징이 가미된 2차로도로

③ 유형Ⅲ : 도로주변이 개발된 지역으로서 접근성을 강조하는 단속 교통류 특징을 가지고 있는 2차로도로

(2) 구간 분할

- 분석 대상구간 분할방법

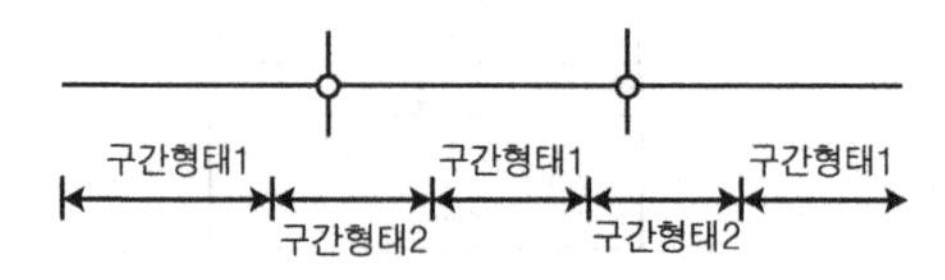

㉠ 구간형태1 : 2차로도로 기본구간으로서, 신호 교차로의 영향을 미치지 않는 구간

㉡ 구간형태2 : 신호교차로의 영향을 받는 구간으로서, 구간 길이는 제어지체의 세가지 요소(감속지체, 정지지체, 가속지체)를 포함하는 구간

- 구간형태2(신호교차로 영향권 길이)의 길이 산정

$ESL = 242 + 74 \times (V_d/100) - 102 \times (LB) - 70 \times [(V_d/100) \times (g/C)] + 152$
$\times [(V_d/100) \times L \times DIS]$

여기서, ESL = 신호교차로 상류부 영향권 길이(m)

V_d = 진행방향교통량(승용차/시)

LB = 좌회전 전용차로 유무(유 = 1, 무 = 0)

g/C = 유효 녹색시간비

L = 진행방향 교통량 좌회전 비율

DIS = 진행방향 교통량 분포 비율

㉠ 신호교차로 영향을 받는 하류부 영향권 길이: 100m

㉡ 구간형태2의 길이 = 상류부 영향권 길이(m) + 100m

(3) 각 구간형태와 각 분석대상 구간별 MOE 평가

- 구간형태1

㉠ 교통류율 환산 : $V_p = \dfrac{V}{PHF \times f_{HV}}$, $f_{HV} = \dfrac{1}{1 + P_T(E_T - 1)}$

여기서, E_T = 통행속도 중차량보정계수
총지체율 중차량보정계수

㉡ 용량확인

일방향 교통량이 1,700pcphpl, 양방향 교통량 3,200pcph를 초과하지 않는 경우 분석절차

진행

㉢ 총지체율 산출

$TDR_{1,i} = 100 \times (1 - e^{(a \times V_d^b)}) + f_{np,D} + f_{w,D}$

여기서, $TDR_{1,i}$ = 구간형태1의 i구간 총지체율(%)

V_d = 진행방향교통량(승용차/시)

$f_{np,D}$ = 방향별 분포 비율과 앞지르기
가능구간 비율에 따른 총지체율 보정계수(%)

$f_{w,D}$ = 차로 폭 및 측방여유폭 총지체율 보정계수(%)

㉣ 통행속도 산정

$ATS_{1,i} = FFS - 0.0132 \times V_d - 0.0037 \times V_o - f_{np,ATS} - f_{w,ATS}$

여기서, $TDR_{1,i}$ = 구간형태1의 i구간 평균통행속도(km/h)

FFS = 자유속도(km/h)

V_d = 진행방향교통량(승용차/시)

V_o = 대향교통량(승용차/시)

$f_{np,ATS}$ = 방향별 분포 비율과 앞지르기 가능구간 비율에 따른
통행속도 보정계수(km/h)

$f_{w,ATS}$ = 차로 폭 및 측방여유폭 통행속도 보정계수(%)

– 구간형태2

㉠ 교통류율 환산 : $V_p = \dfrac{V}{PHF \times f_{HV}}$, $f_{HV} = \dfrac{1}{1 + P_T(E_T - 1)}$

여기서, E_T = 중차량보정계수(신호교차로 편 적용)

㉡ 제어지체 산정

$d = d_1(PF) + d_2 + d_3$

여기서,

d = 차량당평균제어지체(초/대)

d_1 = 균일제어지체(초/대)

PF = 신호연동에의한연동보정계수

d_2 = 임의도착과 과포화를 나타내는 증분지체로서,
분석기간 바로 앞주기 끝에 잔여차량이 없을 경우(초/대)

d_3 = 분석기간 이전의 잔여 대기차량에 의해 분석기간에
도착하는 차량이 받는 추가지체(초/대)

㉢ 통행속도 산정

$ATS_{2,i} = \dfrac{3.6 \times L_{2,i}}{(d + 3.6 \times L_{2,i}/FFS_{up})}$

여기서, $ATS_{2,i}$ = 구간형태2의 i구간 통행속도(km/h)

$L_{2,i}$ = 구간형태 2(신호교차로 영향권)의 i 구간길이(m)

FFS_{up} = 상류부 자유속도(km/h)

㉣ 총지체율 산정

$$TDR_{2,i} = \frac{d}{(3.6 \times L_{2,i}/FFS)}$$

여기서, $TSR_{2,i}$ = 구간형태2의 i구간 총지체율(%)

d = 제어지체(초/대)

(4) 전체구간에 대한 통행속도와 지체율 평가

$$ATS_{전체구간} = \frac{L}{\sum_i \frac{L_{1,i}}{ATS_{1,i}} + \sum_j \frac{L_{2,j}}{ATS_{2,j}}}$$

여기서, $ATS_{전체구간}$ = 전체구간 통행속도(km/h)

$ATS_{1,i}$ = 구간형태1의 i구간 통행속도(km/h)

$ATS_{2,i}$ = 구간형태2의 i구간 통행속도(km/h)

L = 전체구간 길이(km)

$L_{1,i}$ = 구간형태 1의 i 구간길이(km)

$L_{2,i}$ = 구간형태 2의 i 구간길이(km)

$$TDR_{전체구간} = \sum_i TDR_{1,i} \times \frac{L_{1,i}}{L} + \sum_j TDR_{2,j} \times \frac{L_{2,i}}{L}$$

여기서, $ATS_{전체구간}$ = 전체구간 총지체율(%)

$TDR_{1,i}$ = 구간형태1의 i구간 총지체율(%)

$ATS_{2,i}$ = 구간형태2의 i구간 총지체율(%)

(5) 총지체율과 통행속도에 의한 서비스수준 판정

도로유형에 따른 총지체율과 통행속도에 해당하는 서비스수준을 판정한다.

30 고속도로 기본구간의 서비스수준 분석 과정을 설명하시오.

해설 도로조건 및 교통조건 자료정리 → 주어진 도로 및 교통조건에 대해 관련 보정계수(f_W, f_{HV})를 산출 → 현재 또는 장래 교통량(V)을 첨두시간 환산 교통량(V_c)으로 환산 → 주어진 도로 및 교통조건에 대한 용량(C)을 산출 → 수요 교통량(V)과 용량(C)에서 교통량 대 용량비(V/C)를 산출 → 산출한 V/C비에서 그에 상응하는 밀도 값을 보간법으로 찾고 서비스수준을 판정

참고

- **고속도로 서비스수준 분석**

1. 운영상태 분석

1) 분석대상 도로의 도로조건과 교통조건을 명시

① 도로 조건 : 설계속도, 차로폭, 측방여유폭, 차로수, 지형구분 혹은 특정 경사구간 등

② 교통조건 : 교통량, 차량구성비율(%), 첨두시간계수(PHF) 등

2) 주어진 도로 및 교통조건에 대해 관련 보정계수(f_W, f_{HV})를 산출

① f_W : 차로폭 및 측방여유폭 보정계수
② f_{HV} : 중차량 보정계수(다음 식을 이용)

▶ 일반지형일 경우

$$f_{HV} = \frac{1}{[1+P_{T_1}(E_{T_1}-1)+P_{T_2}(E_{T_2}-1)]} \quad (\text{평지})$$

$$f_{HV} = \frac{1}{[1+P_{HV}(E_{HV}-1)]} \quad (\text{구릉지, 산지})$$

여기서,

P_{T_1}, P_{T_2} : 중형(2.5톤 이상 트럭과 버스) 및 대형(특수 차량)의 구성비
E_{T_1}, E_{T_2} : 중형과 대형의 승용차 환산계수
P_{HV} : 중차량(2.5톤 이상의 소형 트럭과 버스를 포함한 전 중차량)의 구성비
E_{HV} : 중차량의 승용차 환산계수

▶ 특정 경사구간일 경우

$$f_{HV} = \frac{1}{[1+P_{HV}(E_{HV}-1)]}$$

3) 현재 또는 장래교통량(V)을 첨두시간 환산교통량(V_c)으로 환산
교통량단위는 대 단위 외에 승용차단위로도 할 수 있는데, 비교되는 용량 또는 서비스 교통량단위와 일관성을 갖게 해야 한다.

$$V_P = \frac{V}{PHF}(\text{vph})$$

4) 주어진 도로 및 교통조건에 대한 용량(C)을 산출
이 때 기본이 되는 용량값은 C_j=2,200pcphpl, 용량 상태의 값인데, 해당 설계속도에 따른 용량(C_j, 차로당)을 뜻한다.

$$C = C_j \times N \times f_W \times f_{HV}(\text{vph})$$

5) 수요교통량(V)과 용량(C)에서 교통량 대 용량비(V/C)를 산출

2. 계획 및 설계분석
1) 설계속도, 차로폭, 측방여유폭, 차로수, 지형 구분 또는 특정 경사를 포함한 예상 도로조건을 명시한다.

2) 중방향 설계시간 교통량($DDHV$) 이외에 차량구성비율(%), 첨두시간계수(PHF), 속도를 포함한 예상 교통 조건을 명시하고, 수요교통량($PDDHV$)을 산출한다.

$$PDDHV = \frac{DDHV}{PHF} = \frac{AADT \times K \times D}{PHF}$$

여기서,

$PDDHV$ = 첨두설계시간 교통량(vph)
$DDHV$ = 중방향설계시간 교통량(vph)
$AADT$ = 계획 목표년도의 연평균 일교통량(대/일, vph)
K = 설계시간계수, D = 중방향계수, PHF = 첨두시간계수

3) 주어진 도로 및 교통조건에 대해 관련 보정계수(f_W ,f_{HV})를 산출한다.
① f_W : 차로폭 및 측방여유폭 보정계수
② f_{HV} : 중차량 보정계수(다음 식을 이용)

▶ 일반지형일 경우

$$f_{HV} = \frac{1}{[1+P_{T_1}(E_{T_1}-1)+P_{T_2}(E_{T_2}-1)]} \text{ (평지)}$$

$$f_{HV} = \frac{1}{[1+P_{HV}(E_{HV}-1)]} \text{ (구릉지, 산지)}$$

▶ 특정 경사구간일 경우

$$f_{HV} = \frac{1}{[1+P_{HV}(E_{HV}-1)]}$$

4) 공급 서비스교통량(SF_i)을 계산한다.

$$SF_i = MSF_i \times f_W \times f_{HV}$$

5) 소요차로수(N)를 계산한다.

$$N = \frac{\text{수요교통량}}{\text{서비스교통량}} = \frac{PDDHV}{SF_i}$$

• **고속도로 기본구간 서비스수준**

서비스수준	밀도 (pcpkmpl)	설계 속도 120 kph		설계 속도 100 kph		설계 속도 80 kph	
		교통량 (pcphpl)	v/c비	교통량 (pcphpl)	v/c비	교통량 (pcphpl)	v/c비
A	≤6	≤700	≤0.3	≤600	≤0.27	≤500	≤0.25
B	≤10	≤1,150	≤0.5	≤1,000	≤0.45	≤800	≤0.40
C	≤14	≤1,500	≤0.65	≤1,350	≤0.61	≤1,150	≤0.58
D	≤19	≤1,900	≤0.83	≤1,750	≤0.8	≤1,500	≤0.75
E	≤28	≤2,300	≤1.00	≤2,200	≤1.00	≤2,000	≤1.00
F	〉28	-	-	-	-	-	-

31 고속도로 연결로 엇갈림 구간의 서비스수준 분석 과정을 설명하시오.

해설 도로 및 교통조건 조사 → 엇갈림 속도와 비엇갈림 속도 산출 → 평균밀도 산출 → 서비스수준 판정

- **본선-연결로 엇갈림 구간의 운영상태 분석**

  도로 및 교통조건 조사 → 첨두시간 환산 교통량 산출 → 방향별 교통량 도식화 → 교통류별 평균속도 계산 및 밀도 산출 → 밀도로 서비스수준 판정

- **연결로-연결로 엇갈림 구간**

  도로 및 교통조건 조사 → 첨두시간 환산 교통량 산출 및 엇갈림 교통량 관련 변수 한계 점검($V_w \leq 3,000$) → 밀도로 서비스수준 판정

참고

- **평균밀도 산출방법**

  속도 추정식 또는 현장 조사에 따라 산출된 엇갈림 속도와 비엇갈림 속도를 토대로 엇갈림 구간내의 평균 속도를 계산한 후, 평균 밀도를 산출한다.

$$S = \frac{V}{\frac{V_w}{S_w} + \frac{V_{nw}}{S_{nw}}}, \quad D = \frac{V/N}{S}$$

여기서, S = 엇갈림 구간의 모든 차량에 대한 평균속도(kph)

S_w = 엇갈림 차량의 평균속도(kph)

S_{nw} = 비엇갈림 차량의 평균속도(kph)

V = 엇갈림 구간의 총교통량($pcph$)

V_w = 엇갈림 교통량($pcph$)

V_{nw} = 비엇갈림 교통량($pcph$)

D = 엇갈림 구간의 평균 밀도($pcpkmpl$)

32 고속도로 연결로 접속부 구간의 서비스수준 분석 과정을 설명하시오.

해설 기하구조 및 교통수요 파악 → 첨두시간 환산 교통량 산출 → 용량 확인 → 영향권 교통량 계산 → 밀도 산출 → 서비스수준 판정

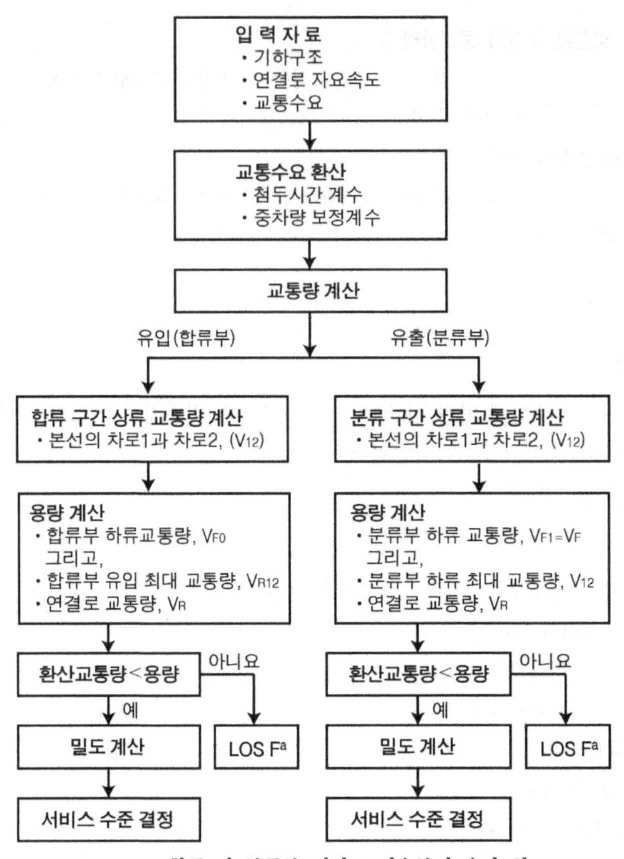

a : 합류 및 분류부 연결로 접속부의 용량 참고

33 비신호교차로인 양방향정지 교차로의 서비스수준 분석 과정을 설명하시오.

해설 자료입력 → 교통류율 및 시간간격 산정과 상충교통류 확인 → 잠재용량산정 → 저항계수산정 → 차로배분용량산정 → 운영지체산정 → 서비스수준 판단

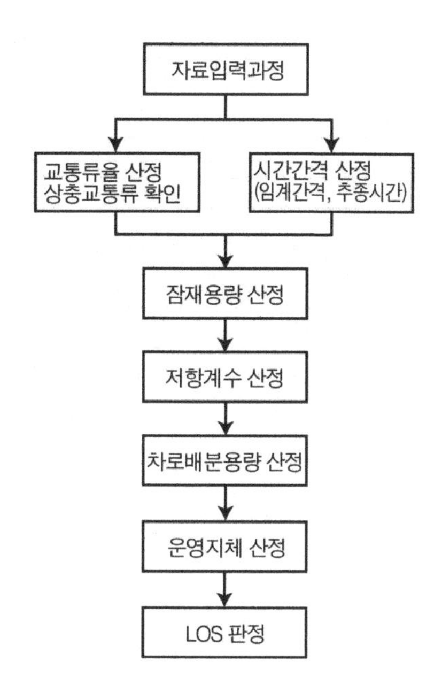

34 비신호교차로인 무통제 교차로의 서비스수준 분석 과정을 설명하시오.

해설 방향별 교통량 입력 → 교통량의 중차량 보정 → 주도로의 교통량비 산정 → 서비스수준 판단

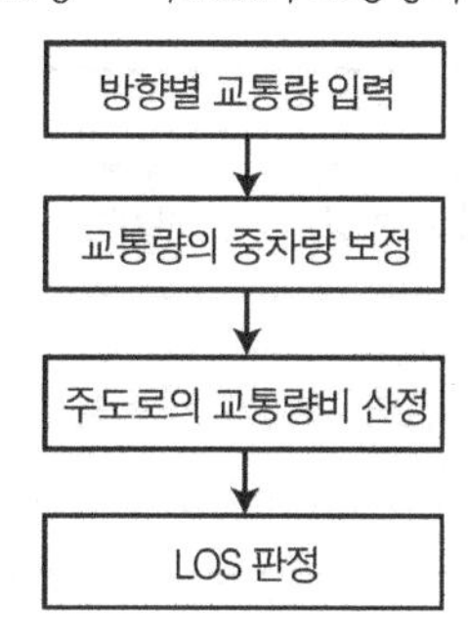

35 다차로도로의 서비스수준 분석 과정을 설명하시오.

해설 다차로도로 유형 I는 고속도로의 서비스수준 분석절차를 따르며, 유형 II는 도로 및 교통조건 설정, 최대통행속도(S_{p1})산정, 구간별 평균통행속도 산정, 서비스수준 평가 순으로 서비스수준을 분석한다. 다차로도로 유형 II의 상세한 서비스수준 분석 과정을 다음과 같다.

도로조건 및 교통조건 설정 → 각 구간별 최대통행속도 산정 → 각 구간별 평균통행속도 산정 → 각 구간별 서비스수준 평가 → 전체 구간의 서비스수준 평가

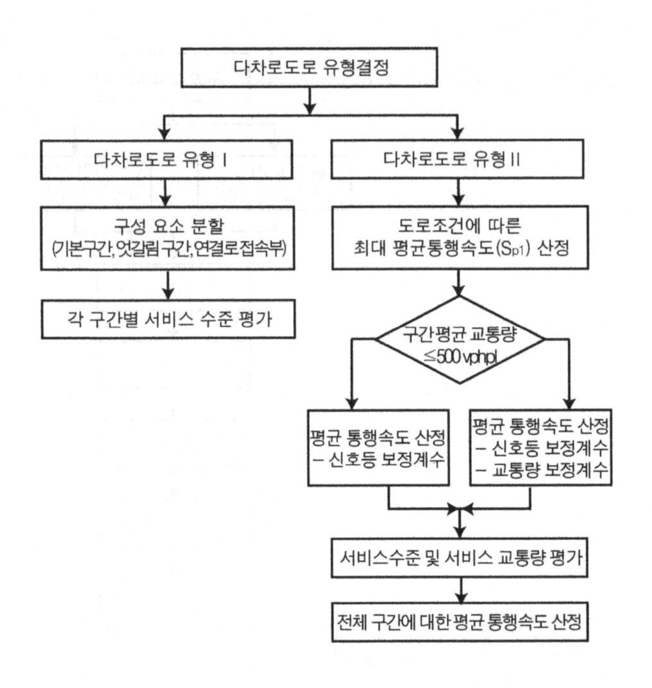

참고

- **다차로도로의 유형 I 서비스수준(기본구간)**

서비스 수준	설계속도 100kph			설계속도 80kph		
	V/C	서비스교통량 (승용차/시/차로)	속도 (kph)	V/C	서비스교통량 (승용차/시/차로)	속도 (kph)
A	≤ 0.27	≤ 600	≥ 97	≤ 0.25	≤ 500	≥ 86
B	≤ 0.45	≤ 1,000	≥ 95	≤ 0.40	≤ 800	≥ 85
C	≤ 0.61	≤ 1,350	≥ 93	≤ 0.58	≤ 1,150	≥ 84
D	≤ 0.80	≤ 1,750	≥ 88	≤ 0.75	≤ 1,550	≥ 79
E	≤ 1.00	≤ 2,200	≥ 77	≤ 1.00	≤ 2,000	≥ 67

- **다차로도로 유형 II 서비스수준**

서비스 수준	V/C	자유속도(kph)		서비스교통량(승용차/시/차로)		
		87	70	g/C=0.8	g/C=0.6	g/C=0.5
A	≤ 0.20	≤ 600	≥ 97	350	250	200
B	≤ 0.45	≤ 1,000	≥ 95	800	600	500
C	≤ 0.70	≤ 1,350	≥ 93	1,250	900	800
D	≤ 0.85	≤ 1,750	≥ 88	1,500	1,100	950
E	≤ 1.00	≤ 2,200	≥ 77	1,750	1,500	1,100

36 다이아몬드형 인터체인지의 서비스수준 분석 과정을 설명하시오.

해설 다이아몬드형 인터체인지는 교통류의 처리방식에 따라 2점 교차형과 1점 교차형으로 구분된다. 다이아몬드형 인터체인지의 가장 일반적인 형식인 2점 교차형은 고속주행 본선을 연결하는 연결로와 일반도로인 단속류 도로의 결합부에 2개의 평면교차로를 생성한다. 각각의 평면교차로는 고속주행 본선으로 진출하기 위한 좌회전 이동류와 일반도로로 진입하기 위한 좌회전 이동류를 포함하고 있으며, 교차로 사이의 거리가 짧아 서로에게 영향을 미쳐 독립 신호교차로의 운영과 차별화된 특징을 갖는다.

일반적으로 교통량이 적은 지방부에서는 양보 또는 정지신호에 의한 비신호교차로로 운영되고, 교통량이 많은 도시부에서는 신호교차로로 운영되고 있다. 비신호교차로로 운영되는 다이아몬드형 인터체인지는 비신호교차로의 용량 및 서비스 수준 분석 방법론을 적용하고 신호교차로로 운영되는 다이아몬드형 인터체인지에 대한 용량 및 서비스수준 분석 방법론을 적용한다. 신호교차로로 운영되는 다이아몬드형 인터체인지 서비스수준 분석 과정은 다음과 같다.

입력자료 및 교통량 보정 → 회전 및 노변차로의 직진환산계수 반영 → 차로군 분류 → 포화교통류율 보정 → 추가녹색손실시간 계산 → 유효녹색시간 보정 → 용량, V/C, 지체 산정 → 평균제어지체 산정 → 서비스수준 결정

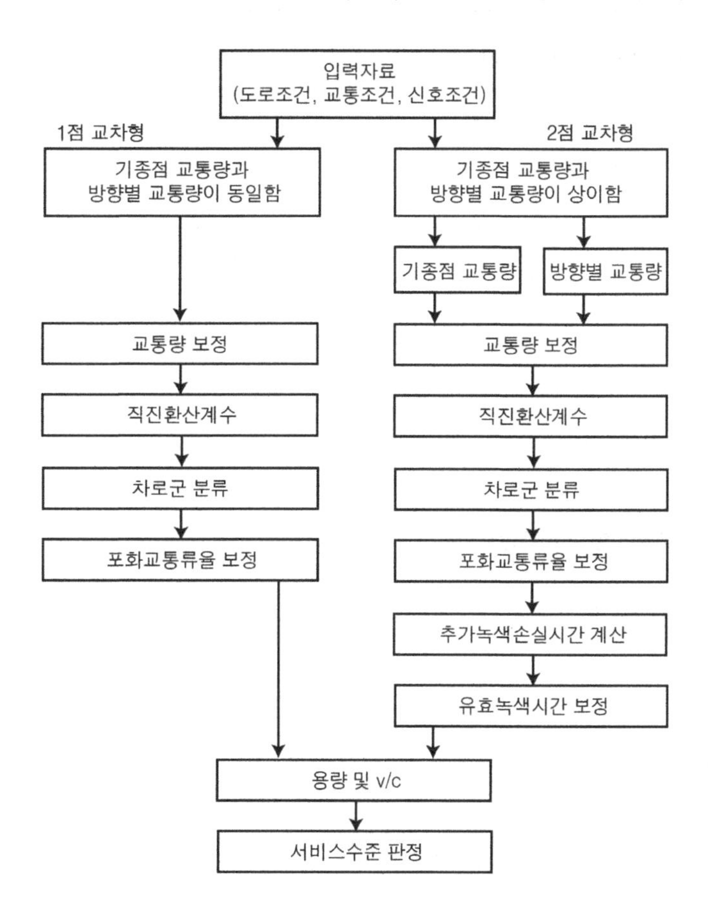

참고

- **다이아몬드형 인터체인지의 서비스수준 기준**

서비스수준	차량당 제어지체
A	≤ 22초
B	≤ 45초
C	≤ 75초
D	≤ 105초
E	≤ 150초
F	≤ 330초
FF	≤ 510초
FFF	〉510초

- **2점 교차형 다이아몬드형 인터체인지**

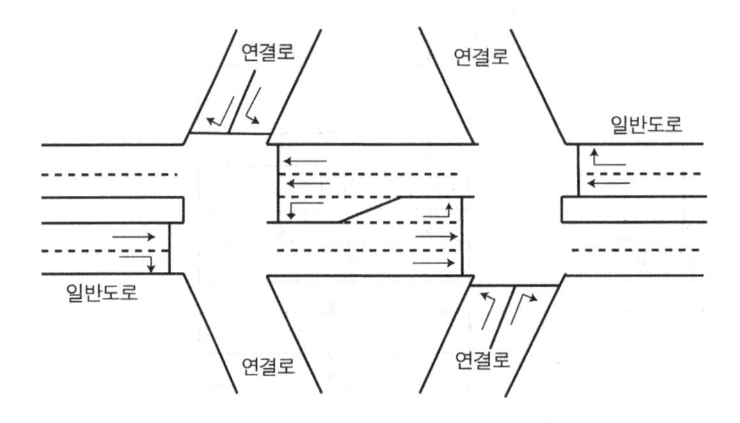

- **1점 교차형 다이아몬드형 인터체인지**

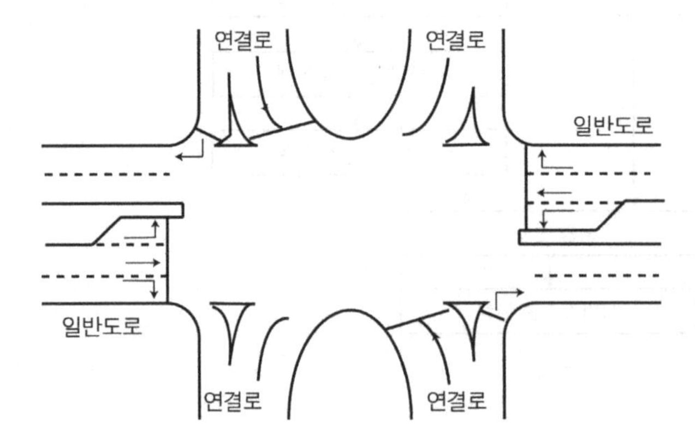

37 회전교차로의 서비스수준 분석 과정을 설명하시오.

해설 교통량 보정 → 진입 교통량 산출 → 상충 교통량 산출 → 횡단 보행자 영향계수 산출→ 진입 용량 산출 → V/C 산정 → 평균지체 산정 → 서비스수준 판단

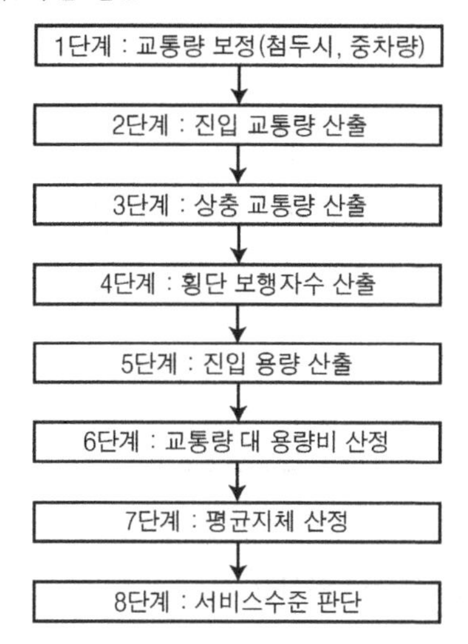

38 간선도로의 서비스수준 분석 과정을 설명하시오.

해설 분석대상 간선도로의 위치 및 연장 설정 → 간선도로 유형 결정 → 유형별 분석구간 분류 → 구간별 순행시간 산정 → 각 교차로에 대한 자료 정리 및 각 교차로 접근지체 계산 → 평균통행속도 산정 → 서비스수준 판단

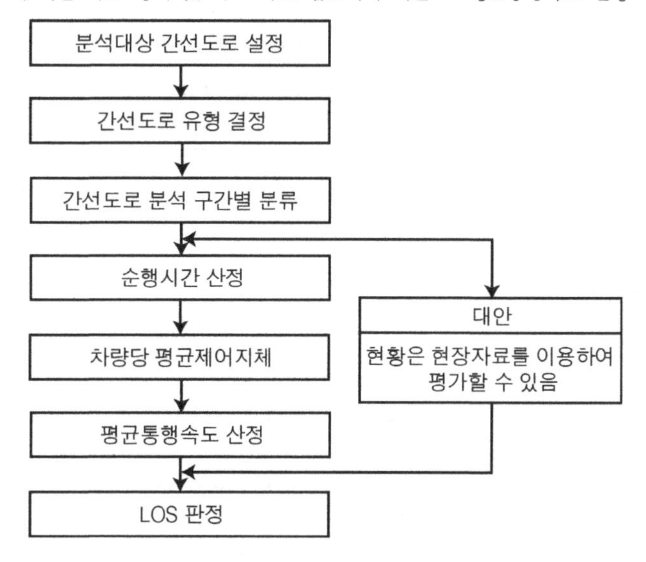

참고

• **간선도로의 평균 통행속도별 서비스수준**

도로 유형	I	II	III
자유속도 범위(kph)	≤ 85	≤ 75	≤ 65
자유속도 기준(kph	80	70	60
서비스수준	평균통행속도(kph)		
A	≥ 67	≥ 60	≥ 49
B	≥ 51	≥ 46	≥ 39
C	≥ 37	≥ 33	≥ 29
D	≥ 28	≥ 25	≥ 20
E	≥ 21	≥ 18	≥ 12
F	≥ 10	≥ 10	≥ 8
FF	≥ 6	≥ 6	≥ 5
FFF	〈 6	〈 6	〈 5

39 버스의 서비스수준 분석 과정을 설명하시오.

해설 **1. 버스 차내용량**

버스형태 분류 → 버스내 탑승인원조사 → 좌석당 탑승인원(좌석형 버스) 또는 승객 1인당 점유면적 산정(입석형 버스) → 서비스수준 판정

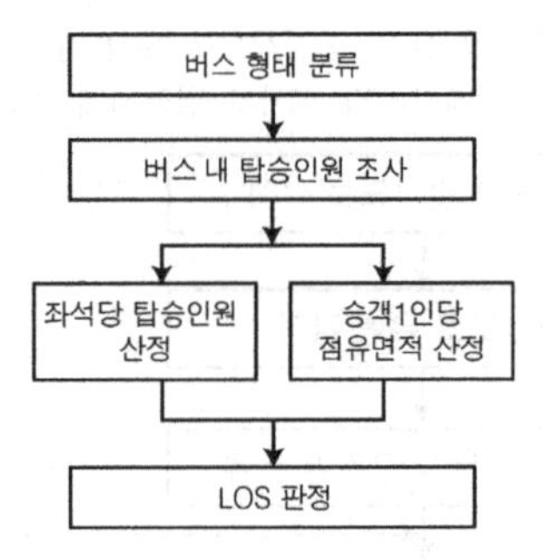

2. 버스 운행간격 및 운행시간

운행 노선수 조사 → 버스 운행시간, 배차간격, 첫차/막차 시간 조사 → 서비스수준 판정

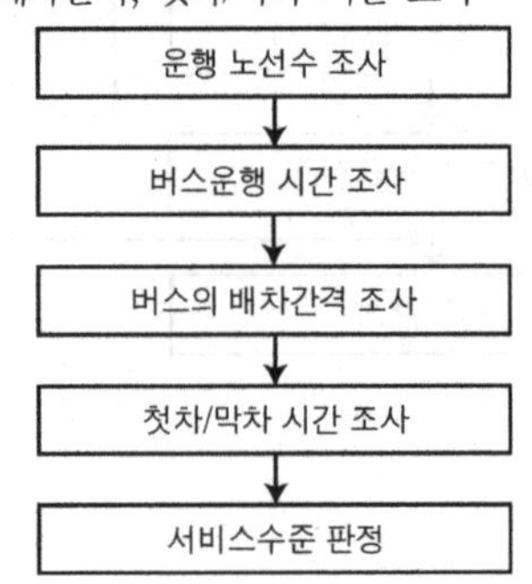

3. 버스 정차면

통행로의 연속류/단속류 분류 → 버스 정차시간 분석(감 · 가속시간, 출입문 개폐시간, 승객 승하차인원) → 정차면 용량 산정 모형식 활용 → 정차면 용량 산정→ 서비스수준 판정

4. 버스 정류장

통행로의 연속류/단속류 분류 → 버스 정차시간 분석(감 · 가속시간, 출입문 개폐시간, 승객 승하차인원) → 정차면 용량 산정 → 정류장 길이(정차면수) 조사 → 정류장 용량 산정 → 서비스수준 판정

40 보행자시설의 서비스수준 분석 과정을 설명하시오.

해설

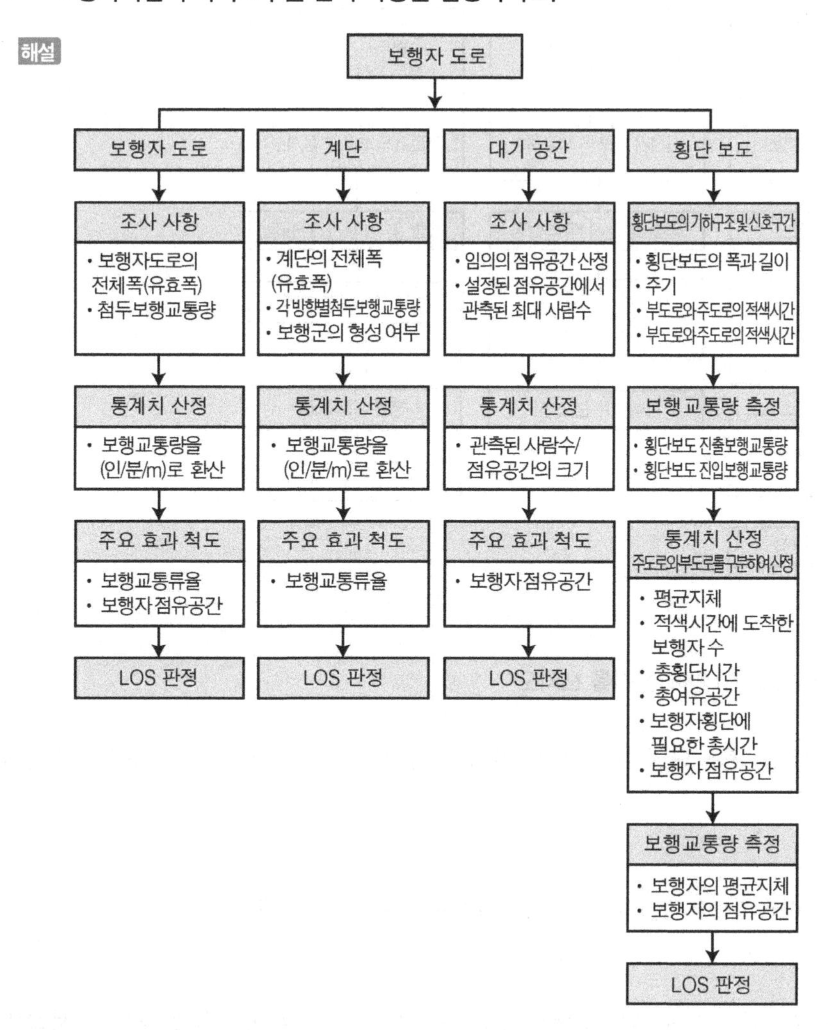

41 자전거도로의 서비스수준 분석 과정을 설명하시오.

해설

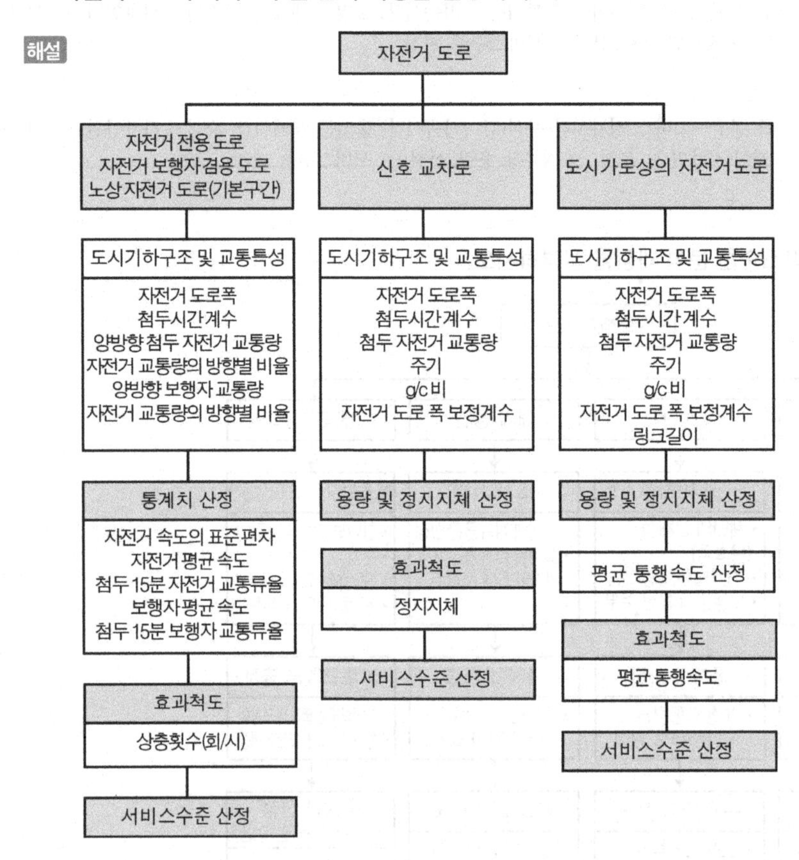

42 보행자시설에 관한 괄호() 안에 용어를 쓰시오.

(1) 대상지역의 보행교통량을 단위시간( )동안 단위길이( )를 통과한 보행자의 수로 환산한 것으로 단위는 인/분/m가 된다.

⇒ (　　　　　　)

(2) 보행자 1인이 이용 가능한 공간의 크기를 의미하며 단위는 ㎡/인이 된다.

⇒ (　　　　　　)

(3) 실제 보도폭에서 보도상에 설치되어 보행에 지장을 주는 시설의 방해폭원을 제외한 폭원으로서 보행자가 이용할 수 있는 최소 폭원이다.

⇒ (　　　　　　)

해설 (1) 1분, 1m, 보행교통류율　(2) 보행점유공간　(3) 유효보도폭

3. 교통체계관리(T.S.M)

1 TSM(Transportation System Management)과 장기교통계획을 비교하시오.

해설

구분	TSM	장기교통계획
대안	소수의 대안	다수의 대안
목표	당면문제해소	폭넓은 정책에 관련
문제점	국부적 해결에만 주력	장래 예측에 의존
최종결과	구체적 설계	최적대안 설정
효과(기간)	단기적(1~5년)	장기적(10~20년)
분석절차	유추해석 또는 간단한 관계식 이용	통행 및 도로망 모형에 기초

2 TSM의 계획과정에 대해 설명하시오.

해설 문제인식 → 목표설정 → 자료수집 → 분석기법 → 장래추정 → 대안의 설정 → 평가 → 집행

3 TSM의 효율적인 계획을 위한 4단계 작업과정을 쓰시오.

해설 TSM계획 수립 → TSM계획 분석 및 평가 → TSM계획 수행 → 사후 모니터링 및 사후평가

4 TSM 중 교통류의 흐름을 개선할 수 있는 기법을 나열하시오.

해설 신호교차로 개선, 일방통행제, 가변차로제, 노상주차의 제거, 교차로의 도류화

5 TSM이 도입된 배경에 대해 설명하시오.

해설
- 교통시설의 건설비 증가
- 예산의 제약
- 시설의 효율성 제고
- 인구 및 토지이용의 변화
- 효율과 형평성 검토
- 신규건설에 대한 대중의 거부감
- 융통성 있는 교통시스템의 필요성

6 TSM 전략에 대해 설명하시오.

해설
- 강제적 사용통제

- 사용자 정보안내
- 경제적 통제방법(통행료 징수)
- 대중교통운영 변경
- 소규모 공급확대
- 신규건설에 대한 대중의 거부감
- 융통성 있는 교통시스템의 필요성
- 저비용 고효율

7 교통 및 통행패턴의 관점에서 TSM이 목표로 하는 효과에 대해 기술하시오.

해설 - 교통류의 특성개선
- 교통의 공간적 재배분
- 교통의 시간적 재배분
- 교통의 수단간 재배분
- 통행분포 및 통행길이 변경
- 통행빈도 변경, 총수요를 낮추는 것

8 TSM의 특성을 설명하시오. or TMS의 특성을 4가지 이상 설명하시오.

해설 - 적은 비용투자
- 단기적인 편익발생
- 지역적이고 미시적인 기법
- 고투자사업의 보완
- 교통체계의 양적 측면보다 질적 측면 강조
- 기존시설 및 서비스의 효율적 활용
- 도시교통체계의 모든 요소간의 조정 및 균형 유지의 역할
- 고투자사업 대치 가능
- 차량보다는 사람의 효율적인 움직임에 중점

[팁] 9가지 모든 특성을 암기하기 어려우면 암기하기 쉬운 5항목을 완벽히 암기해야 한다.(앞 번호 항목들이 암기하기 수월함)

9 TSM의 MOE(효과척도 : Measure Of Effectiveness)가 기술적으로 만족시켜야 할 점 5가지만 설명하시오. or TSM의 MOE를 충족시키기 위한 조건을 5가지 이상 설명하시오.

해설 - 계량적이어야 한다.
- 시뮬레이션이 가능하고 현장측정이 가능해야 한다.
- 민감한 것이어야 한다.
- 통계적으로 나타낼 수 있어야 한다.
- 중복되는 것은 피해야 한다.

10 TSM의 MOE가 적절하게 만족시켜야 할 점을 5가지만 나열하시오.

해설 - 목표에 관한 것
- 영향을 민감하게 나타내는 것

- 적용지역과 영향권을 가지고 있는 것
- 측정시간대의 측정시간 길이에 관한 것
- 목표와 직접 또는 간접적인 관계를 가져야 한다.

11 TSM의 기법 중 대표적인 차로통제기법 3가지만 설명하시오.

해설 ① 일방통행제 : 차량의 흐름을 한 방향으로만 규제하여 속도의 원활화를 도모하는 방안
② 가변차로제 : 교통량에 따라 차로를 부여하여 차량의 원활한 흐름을 유도하는 방안
③ 버스전용차로제 : 버스를 다른 교통과 분리시킴으로써 상호간의 마찰방지를 목적으로 설치

12 TSM 기법을 적용하기 위해 수요와 공급의 변화에 따른 유형 4가지를 쓰시오.

해설 교통수요를 감소시키는 기법, 교통공급을 증가시키는 기법, 교통공급을 증가하면서 수요를 감소시키는 기법, 교통수요와 공급을 동시에 감소시키는 기법

13 수요와 공급 측면에서 본 TSM 기법을 유형별로 쓰시오.

해설 ① 수요감소 : Car-Sharing, Park & Ride, 준대중 교통수단 도입, 버스노선조정, 요금정책, 자전거/보행자시설 설치
② 공급증가 : 신호체계 개선, 교통정보 제공, 관리센터 설치, 시차제 실시, 트럭통행 규제
③ 수요감소/공급증가 : 버스전용차로제(신설), 노상주차 제한
④ 수요감소/공급감소 : 버스전용차로제(기존차로 이용), 승용차 통행제한구역 설정, 주차면적 감소, 노상주차시설 확대

14 TSM 중에서 "수요감소, 공급감소"측면에서의 시행방안 3가지를 설명하시오.

해설 - 버스전용차로제(기존차로 이용)
- 승용차 통행제한구역 설정
- 주차면적 감소
- 대중교통수단 우선통행

15 TSM 기법 중 수요와 공급을 동시에 감소시키는 기법 2가지를 열거하고 수요-공급곡선으로 도시하시오.

해설 수요와 공급을 동시에 감소시키는 기법

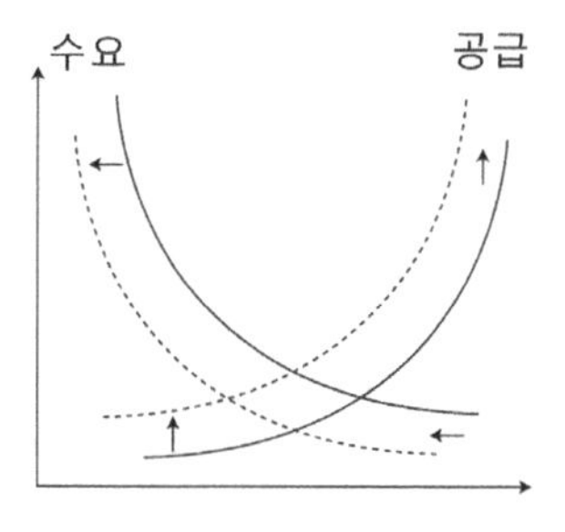

- 버스전용차로제(기존차로 이용)
- 승용차 통행제한구역 설정
- 주차면적 감소
- 노상주차시설 확대

참고

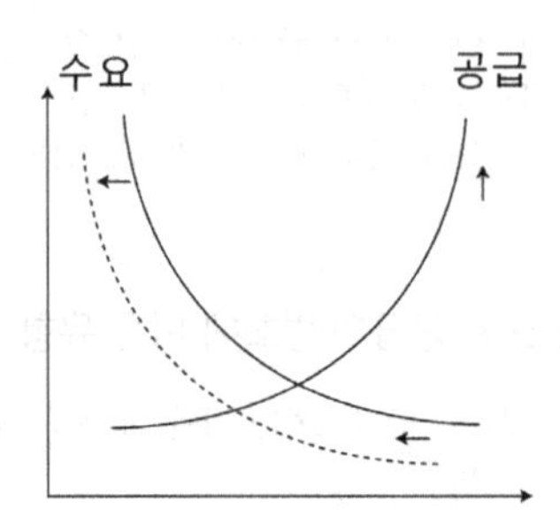

수요↓, 공급0 　Car-Sharing, Park & Ride, 준대중 교통수단 도입, 버스노선조정, 요금정책, 자전거/보행자시설 설치

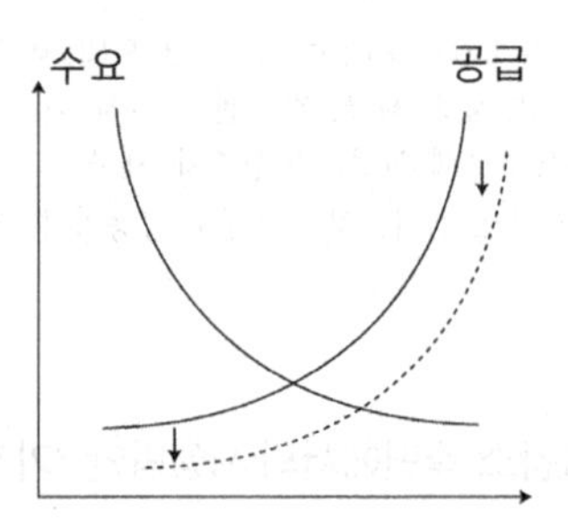

수요0, 공급↑ 　신호체계 개선, 교통정보 제공, 관리센터 설치

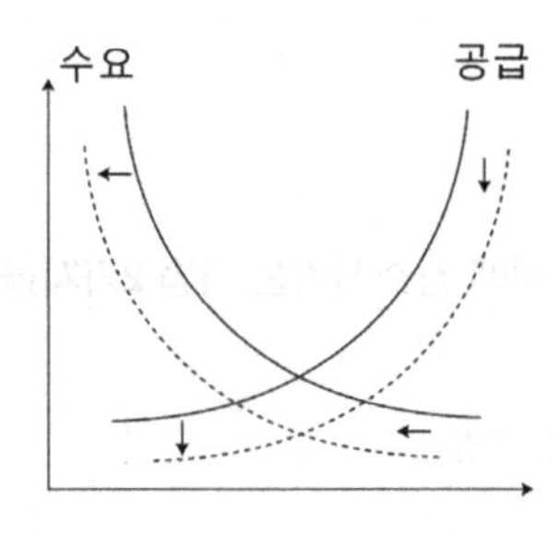

수요↓, 공급↑ 　버스전용차로제(신설), 노상주차 제한

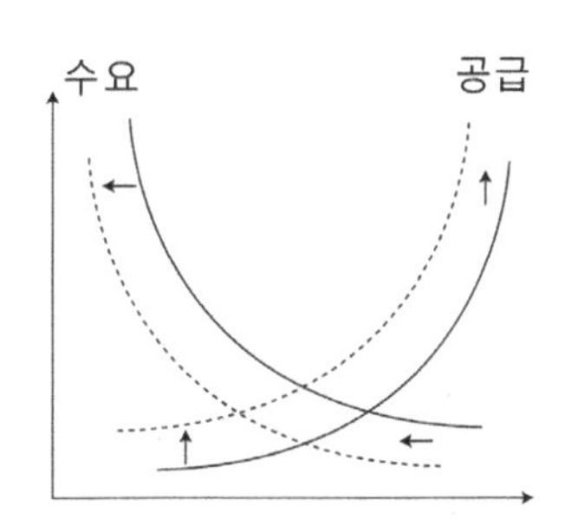

수요↓, 공급↓ 버스전용차로제(기존차로 이용), 승용차 통행제한구역 설정, 주차면적 감소, 노상주차시설 확대

16 TSM 기법 중 수요↓, 공급↑의 그림과 방안 2가지를 설명하시오.

해설 버스전용차로제(신설), 노상주차 제한

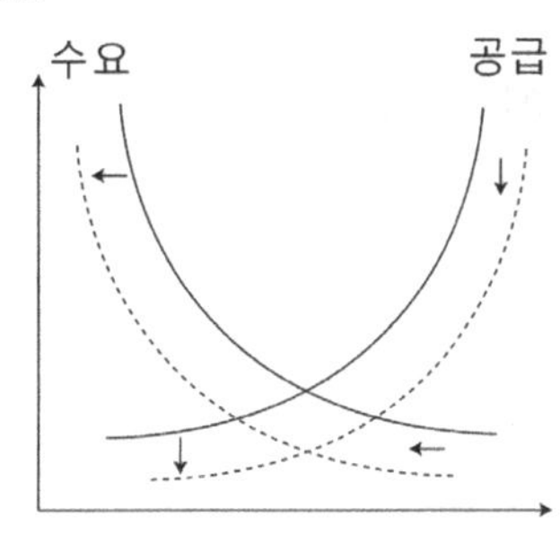

17 고속도로에서 혼잡시 반복정체를 해결하기 위한 교통 차량수요관리 방안 2가지를 나열하시오.

해설 유입램프 조절, 운전자 정보체계 운영, 전용차로 차량에 대한 우선권 부여

18 첨두시 자가용억제정책 4가지만 쓰시오. or 도시교통에서 승용차억제방안 4가지만 쓰시오.

해설
- 출근시차제
- Car-Sharing
- Park & Ride
- 부제 운영

19 첨두시간대의 교통수요를 줄이기 위한 방안을 5가지 이상 나열하시오.

해설
- 승용차 공동이용
- Park & Ride 도입
- 준대중교통수단 도입
- 요금정책
- 근무일수 단축
- 출퇴근시간 조정
- 첨두시 트럭의 통행제한- 목적세 부과

20 Gilbert가 고안해낸 주차억제정책 4가지는? or 와그너, 길버트가 분류한 자가용 수요억제 방법을 기술

하시오.

해설 물리적 대책, 운영적 대책, 규제적 대책, 요금대책

참고

- 물리적 대책 : 도로의 폐쇄, 도로의 차단, 우회도로의 설치
- 규제적 대책 : 지역통행허가제, 주차규제 분산출근제
- 운영적인 대책 : 교통신호체계개선, 램프미터기설치, 일방통행제실시, 회전금지, 대중교통전용차로제 실시
- 요금정책 : 통행진입세, 주차요금인상, Peak시 통행료 징수, 휘발유배급제

21 TOMPSON의 통행제한 정책유형을 3가지만 쓰시오.

해설 통행제한, 통행억제, 통행회피

22 교통수요 관리정책의 개선효과에 대해 쓰시오.

해설 - 교통자체의 발생차단
- 통행수단 이용의 전환
- 통행시간적 재배분
- 통행발생 및 목적지 전환에 따른 통행의 공간적 재배분
- 통행의 연속화

23 교통수요 관리방안의 특징을 설명하시오.

해설 - 법적 규제 : 주로 환경법, 건축법에 의거해서 시행함으로써 법적 뒷받침을 받는다.
- 간접적 규제 : 직접 운전자를 규제하기보다는 운전자가 속한 기관이나 건물 또는 개발사업을 추진하는 건설회사를 대상으로 하는 간접적인 규제행태를 띠고 있다.
- 시행지역의 광역성 : 대상지역을 광역화하여 규제에 따른 교통량의 전화현상을 극소화함으로써 시행효과를 광범위하게 얻을 수 있도록 하고 있다.
- 교통수요 감축량 목표설정 및 목표미달시 벌금부과 : 구체적으로 교통량 감축량을 명시하여 이를 달성하지 못했을 경우 벌금을 부과하는 방식을 채용하고 있다.

24 서울시 교통정책 TDM(Transportation Demand Management)에서 장기적인 개선방안 4가지를 설명하시오.

해설 - 보행자중심의 교통체계구축
- 대중교통중심의 교통정책 실현
- 승용차 이용억제
- 무공해 교통대책
- 교통수요 절감을 위한 도시개발정책
- 사회정의와 형평성 실현

25 TDM(교통수요관리)기법 유형에 대해 설명하시오.

해설 • **통행발생 자체차단**
- 근무스케줄 단축(압축근무, 재택근무)
- 성장관리 정책(토지이용 관리)
- 차량쿼터제(VQS) : 허용차량대수 결정

• **교통수단 전환유도**
- 경제적 기법 : 주차요금 정책, 도심통행료 징수, 혼잡세 징수, 주행세, 주차제
- 법적, 제도적 장치 : 부제운행, 주거지 주차 허가제, 건물의 수요억제, 교통유발부담금제도 강화, 교통위반시 선택적 운행 정지
- 대체수단 지원 정책 : 대중교통 이용 활성화, Car Pool · Van Pool 이용 촉진, 자전거 이용 활성화

• **통행발생의 시간적 재배분(첨두시 혼잡 완화)**
- 시차제 출근(탄력근무제)
- 교통정보체계를 통한 출발시간 및 노선의 조정
- 물류체계 개선(야간배송, 공동 수배송, 제3자물류)

• **통행의 공간적 재배분(출발지/목적지/노선전환)**
- 지역허가 통행제(ALS)
- 미터링(차량진입제한)
- 주차금지구역의 확대
- 교통방송을 통한 통행노선의 전환

26 TDM(교통수요관리)의 문제점에 대해 쓰시오.

해설 • **효율적 측면**
- 교통형태가 비용에 비탄력적인 현상 발생(혼잡세를 부과하여도 기대치의 혼잡완화효과 미비
- 잠재수요로 인해 수요관리의 효과가 지속성이 없음
- 지역경제에 악영향
- 수요관리만으로 문제를 해결하려고 할 경우 성장잠재력이 큰 지역에서는 효과 미흡

• **형평성 측면**
- TDM 수혜자 형평성 문제 발생(부유층 유리)
- TDM에 의한 사회적 편익의 재투자 문제
- 국민의 평등한 교통권 행사 제약 문제

27 가변차로 도입시 조건을 설명하시오.

해설 - 방향별 교통량분포가 6 : 4 이상인 경우
- 수요가 적은 쪽도 용량이 충분한 구간
- 6차로 이상의 도로인 경우

28 가변차로의 장 · 단점을 설명하시오.

해설

장점	· 필요한 방향에 추가적인 용량제공 · 일방통행제에 생기는 운전자 및 보행자의 통행거리가 길어지는 것을 방지 · 적절한 평행도로가 없더라도 일방통행제와 같은 장점을 살릴 수 있다. · 대중교통의 노선을 재조정할 필요가 없다.
단점	· 경방향 교통에 대한 교통 용량이 부족할 경우가 있다. · 경방향 교통쪽이 버스정거장이나 좌회전을 금지해야만 할 경우가 있다. · 교통통제설비의 설치에 비용이 많이 든다. · 교통사고의 발생률이 증가한다.

29 대중교통 전용차로제의 장 · 단점을 설명하시오.

해설

장점	· 대중교통 차량과 다른 교통차량 간의 마찰을 방지할 수 있다. · 대중교통의 통행시간이 단축된다. · 일반차량의 지체 감소에 따른 도로용량 증대된다. · 교통사고율이 감소된다.
단점	· 전용차로가 연석차로인 경우, 승용차의 도로 우측으로의 접근 방해 · 회전교통류와 상충 · 전용도로가 도로 중앙차로인 경우 별도의 승하차 교통섬 필요 · 교통통제설비 추가 소요

30 가변차로제를 실시시 도로조건과 교통조건을 고려해야 한다. 두 조건에 대해 서술하시오.

해설

장점	· 대중교통 차량과 다른 교통차량 간의 마찰을 방지할 수 있다. · 대중교통의 통행시간이 단축된다. · 일반차량의 지체 감소에 따른 도로용량 증대된다. · 교통사고율이 감소된다.
단점	· 전용차로가 연석차로인 경우, 승용차의 도로 우측으로의 접근 방해 · 회전교통류와 상충 · 전용도로가 도로 중앙차로인 경우 별도의 승하차 교통섬 필요 · 교통통제설비 추가 소요

31 일방통행제의 장 · 단점을 서술하시오.

해설

장점	도로용량증대, 상충이동류의 감소, 교통 안전성 향상, 신호시간 조절의 용이, 주차조건의 개선, 평균통행속도의 증가, 교통운영의 개선, 도로변 업무지역의 효과
단점	통행거리의 증가, 대중교통용량의 감소, 도로변 영업에 악영향, 회전용량의 감소, 교통통제설비의 증가, 넓은 도로에서 보행자 횡단 곤란

32 중앙버스차로와 역류버스차로를 도시하시오.

해설 • **중앙버스차로**

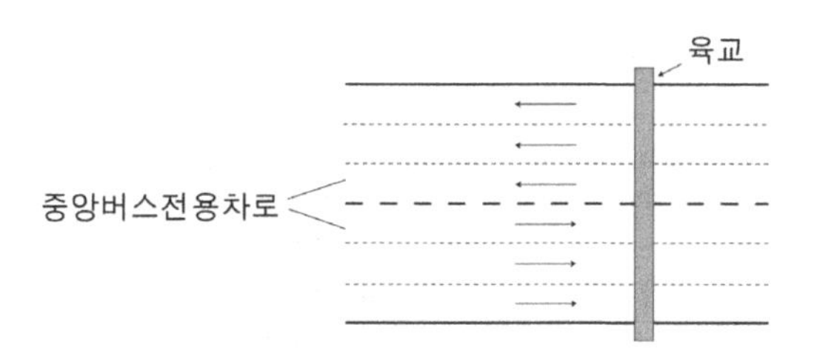

• **역류버스차로**

버스전용차선

일반교통류차선

참고

종류	장점	단점
가로변 버스 전용 차로	- 시행이 간편, 적은 운용비용 - 기존 가로망체계에 미치는 영향의 극소화 - 원상복귀가 용이	- 시행효과미비 - 가로변 상업활동과 상충 - 주정차 등으로 통행방해 발생 - 교차로에서 우회전차량과 마찰
중앙 버스전용 차로	- 개선효과가 큼 - 일반차량의 가로변 접근성유지 - 일반차량과의 마찰방지 - 버스 이용자의 증가 기대 - 버스 운행속도와 정시성향상	- 도로중앙에 설치된 정류장 이용승객의 안전문제 발생 - 고비용 - 보행자 사고의 증가 - 일반차로의 용량감소
역류 버스전용 차로	- 일반차량과의 분리 - 버스 운행속도와 정시성향상 - 버스서비스를 유지시키면서 일방 통행제의 장점 반영 - 교통류 마찰 최소화로 속도 개선효과가 큼	- 보행자 사고의 증가 - 잘못 진입한 차량으로 인한 혼란 야기 - 시행 준비가 까다롭고 고비용

33 One way street의 장점을 5가지 이상 설명하시오.

해설
- 도로용량 증대
- 교통안전성 향상
- 주차조건의 개선
- 교통운영의 개선
- 상충이동류의 감소
- 신호시간 조절의 용이
- 평균통행속도 증가
- 도로변 업무지역의 효과

34 지능형교통체계(ITS)의 개념과 ITS 분야에 대해 기술하시오.

해설 ITS(Intelligent Transpor Systems) : 지능형교통시스템

운영관리기법 중 ITS는 기존의 교통체계에 정보 · 전자 · 통신 기술을 접목한 지능형교통체계를 의미한다. ITS는 교통시설을 효율적으로 운영하고 통행자에게 유용한 정보를 제공함으로서 전체 교통체계의 효율성을 기하는 교통 부문의 정보화 사업이다.

- ATMS(Advanced Traffic Management System) : 첨단교통관리시스템
  교통류의 관리를 지능화, 첨단화하기 위한 제반 서브시스템들을 묶은 시스템 집합이다.
- APTS(Advanced Public Transportation System) : 첨단대중교통시스템
  대중교통수단의 능률을 향상시키고 수요를 증가시키기 위해 고안된 제반 서브시스템을 묶은 집합이다.
- ATIS(Advanced Traveller Information System) : 첨단여행자정보시스템
  실시간 교통정보를 비롯 제반 교통상황정보를 이용자와 유관기관에 제공하여 교통수요를 분산하고 교통시설의 이용을 극대화하기 위한 제반 서브시스템을 묶은 집합이다.
- CVO(Advanced Commercial Vehicle Operation) : 첨단화물교통
  화물과 화물차량 운행의 최적화를 위해 제반 서브시스템을 묶은 시스템 집합이다.
- AVHS(Advanced Vehicle & Highway System) : 첨단차량제어시스템
  자동제어 등 능동적 차량제어기술을 기반으로 한 차량과 센서를 통해 노면 및 도로 주변상태를 감지·경고하는 등 우선적으로 도로 시설을 묶은 시스템 집합이다.

참고

- **국내 ITS 아키텍쳐(Architecture) 7개 분야**
  - 교통관리 최적화 서비스 분야(ATMS)
  - 전자지불 처리 서비스 분야(ATMS)
  - 교통정보 유통 활성화 서비스 분야(ATIS)
  - 여행자 정보 고급화 서비스 분야(ATIS)
  - 대중교통 서비스 분야(APTS)
  - 화물 운송 효율화 서비스 분야(CVO)
  - 차량 · 도로 첨단화 서비스 분야(AVHS)

35 ITS의 효과에 대해 기술하시오.

해설
- 정체 최소화
- 안전성 향상
- 교통정보 사전 인지
- 환경보전 및 에너지 절감
- 교통서비스의 획기적 개선
- 첨단산업 기술의 발전

36 ETC(Electronic Toll Collection)의 대해 설명하시오.

해설 달리는 차안에서 무선 또는 적외선통신을 이용하여 통행료를 지불하는 최첨단 전자요금 징수시스템을 ETC라고 한다.

요금소에서 차량의 논스톱 주행으로 이용객 편의증진 및 물류비, 환경오염 감소, 요금소 지・정체 해소로 차로증가 효과를 나타내며, 기존의 요금징수시스템보다 3~4배 빨리 통과할 수 있다.

37 가변정보판(Variable Message Sign : VMS)에 대해 설명하시오.

해설 VMS는 운전자들에게 도로 및 교통상황, 교통사고, 공사정보를 제공함으로써 혼잡완화 및 안전도 제고 등을 목적으로 설치한다.

특히 VMS는 본선 및 우회도로의 교통정보 제공을 통한 운전자들에게 경로 선택권을 부여하고, 균형 있는 교통량 배분을 통해 도로의 효율적인 이용을 도모한다.

38 BIS(Bus Information System)과 BMS(Bus Management System)에 대해 설명하시오.

해설 BIS는 차량위치파악을 통해 승객에게 버스의 현 위치나 필요 대기시간을 제시하고, 중앙제어센터에서 버스운행에 대한 필요한 지시를 통해 버스운행을 제어함으로써 운행정확도를 높여 대중교통의 신뢰성 향상 및 이용효율을 증대시키는 시스템이다.

즉, 버스의 현 위치나 필요 대기시간 등을 승객에게 제공하는 교통정보체계 BIS라 하고 버스운영자와 행정관리자에게 필요한 정보까지를 포함하는 시스템을 BMS라 한다.

참고

- **BIS와 BMS의 비교**

<table>
<tr><th>구분</th><th>BIS</th><th>BMS</th></tr>
<tr><td>수요자</td><td>· 버스승객</td><td>· 운전자, 운영자, 행정관리자</td></tr>
<tr><td>서비스</td><td>· 운행정보 제공
· 정류소도착시간정보 제공</td><td>· 버스운행 관리
· 돌발상황 관리
· 버스서비스평가 지원
· 버스정책수립 지원</td></tr>
<tr><td rowspan="2">기능적요소</td><td>· 버스운행정보 제공
(정류소단말, 버스단말, 인터넷)</td><td>· 배차시간 조정
· 버스운행기록
· 버스운행계획 수립</td></tr>
<tr><td colspan="2">· 버스위치 추적
· 버스와 센터 간 통신</td></tr>
<tr><td rowspan="2">물리적요소</td><td>· 공중단말(정류소, 버스)
· 개인단말(PDA, PC)</td><td>· 버스운영자 단말</td></tr>
<tr><td colspan="2">· 버스-단말-센터</td></tr>
</table>

39 TOD(Transit Oriented Development)의 개념에 대해 설명하시오.

해설 TOD란 대중교통시스템을 중심으로 한 토지이용정책으로 대중교통 정류장(버스정류장, 지하철 역사)를 중심으로 고밀의 복합용도로 개발하는 것을 말한다.

TOD를 시행함으로써 대중교통 이용증진 및 자가용 억제가 되어 교통혼잡이 완화되는 동시에 대기오염까지 감소시킨다. 또한 교통약자의 이동성 증진과 공공 안전성이 향상된다.

40 대중교통전용지구(Transit Mall)의 정의와 적용에 있어서 선정조건, 주의사항, 효과 등을 설명하시오.

해설 대중교통전용지구(Transit Mall)란 도심 상업지에 승용차 교통을 억제하고, 보행자 전용도로로 가로를 정비한 후 대중교통수단의 통행을 허용한 가로공간을 말한다. 외국에서는 Pedestrian Mall이라고도 하며, 우리나라는 「대중교통 육성 및 이용 촉진에 관한 법률」 에서 대중교통전용지구라 한다.

① Transit Mall 선정조건

· 소음 · 배기가스 등 환경오염 피해를 최소화할 도심의 문화공간
· 백화점 · 전문상가 · 쇼핑센터 등이 밀집한 도심지역
· 버스 · 지하철 이용을 최대한 편리하게 하기 위한 주변의 도로망

② 설치시 주의사항

- 도로조건
  - 도로폭이 15~30m, 조성연장은 200~1,000m
  - 도로와 보도의 비율은 1:1이 바람직
- 교통조건
  - 교통유발시설과 Transit Mall의 직접 연결로 보행자 유도동선 형성
  - 대중교통을 가급적 많이 배차
  - 전용지구 외곽지역에서 또 다른 교통혼잡 발생을 검토할 것
- 주민의견
  - 이해관계자의 공청회 등 의견수렴
  - 상가 주민의 물품을 상, 하역하는 조업방안을 제시(운영시간대 조정, 공동 조업공간)

③ Transit Mall 기대효과

· 대중교통 접근성 및 편리성의 향상으로 도심상업지구의 활성화
· 승용차 통행제한으로 쾌적한 보행자 공간 조성
· 승용차에 의한 도시내 혼잡완화와 배기가스 및 소음 감소로 도심 환경 개선

41 교통류를 적극적으로 통제하는 방안을 설명하시오.

해설 - 일방통행도로
- 가변일방통행도로
- 부분가변일방통행도로
- 가변차로제
- 일방우선도로
- 대중교통전용차로

42 지구교통개선사업(Site Transportation Management : STM)에 대해 설명하시오.

해설 지구교통개선사업은 간선도로보다는 이면도로 위주의 교통개선사업으로 이면도로의 도로기능체계 정립은 물론 지구 내 도로공간에 안전성과 쾌적성을 부여하는 생활개선차원의 교통정비사업이다.

즉, 교통체계의 기능성과 효율성보다는 안전성, 편리성, 쾌적성을 보다 중시한 계획이며, 지구 내 거주자의 교통체계 이용기회를 적절히 균등하게 분배하는 것이 지구교통개선사업의 목적이다.

43 지구도로 설계 방안에 대해 설명하시오.

해설 ① **지구도로 기능체계 정립**

- 자동차 중심도로
  - 보차분리가 가능한 도로
  - 주차장, 공업시설, 창고 등 자동차 집중시설이 있는 도로
  - 자동차 통행이 많은 도로
- 보행자 중심도로
  - 보행자·자전거 통행이 집중되는 도로(지하철역, 상가, 학교)
  - 지구의 상징적 의미를 가지는 도로(공원, 산책로)
- 생활 중심도로
  - 보행자·자동차 중심도로
  - 도로의 생활 이용이 많은 도로
  - 보행자·자동차 통행량이 많지 않은 도로
  - 폭원이 협소한 도로

② **지구도로 정비 기본방향**

- 교통안전 제고
  통과교통 억제
  통행속도 억제
  보행자 공간 확보
- 주거환경 제고
  소음 배기가스 감소
  오픈 스페이스 확보
  경관 및 미관 향상

③ **지구도로망 재구성(장기적 방안)**

- 자동차 통행 억제를 위한 도로망

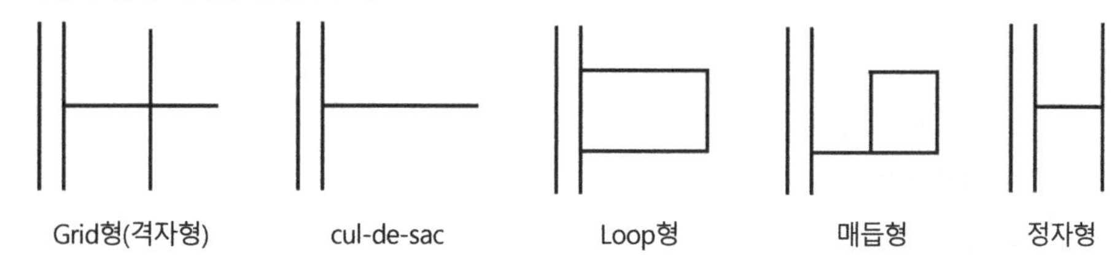

- 자동차 교통류 억제를 위한 도로망

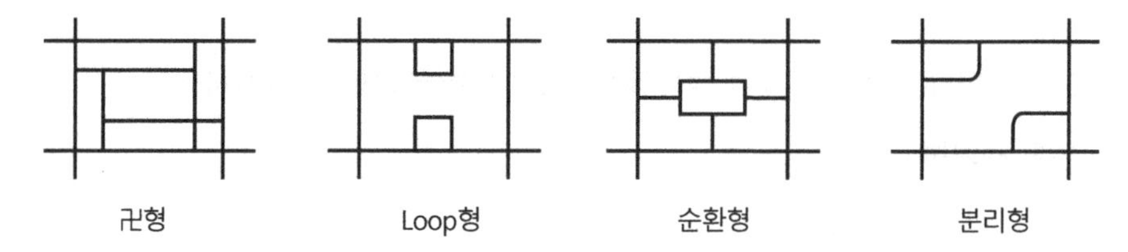

- 토지이용/가로망/교통형태를 고려한 계획
- 불필요한 우회를 줄이고 긴급자동차 접근이 용이하도록 계획(비상동선 확립)

④ **도로공간 정비(단기적 방안)**
· 주차방식 다양화
· 포장기법 다양화
· 조경, 식재
· 보차분리
· 속도저감 물리적 시설 설치

⑤ **교통규제에 의한 억제기법(단기적 방안)**
· 일방통행제
· 대형차량 및 화물차 진입금지
· 시간제 통행금지

44 교통정온화기법(Traffic Calming)의 개념에 대해 설명하시오.

해설 1980대 이후 독일, 네덜란드 영국 등에서 전개되기 시작한 지구교통관리의 새로운 기법으로 소프트웨어 측면이 규제에 의한 교통억제와 하드웨어 측면의 물리적 교통억제 및 이 두 가지 억제책을 조합한 기법들이 있으며 통과교통의 배제, 주행속도의 억제, 노상주차의 적정화 등을 주목으로 하며 그 내용은 다음과 같다.

• **규제에 의한 교통억제기법**
- 30km/h 최고속도 구역규제(어린이 보호구역)
- 대형차량/화물차량 통제(시간대 허용/금지)
- 노상주차 대책(주차금지/주차허가제)
- 보행자와 자전거 도로규제 구역 지정
- 횡단보도 및 교차점 마킹
- 진행방향지정(일방통행제)

• **물리적 교통억제기법**
- 과속방지턱
- 노면 요철포장
- 통행차단
- 주 · 정차공간
- 교차로입구 과속방지턱
- 교차로 전면 과속방지턱
- 교차로 좁힘
- 차단(대각선, 직진, 편측, 도류화 등)
- 볼라드(Bollad)

45 교통정온화기법(Traffic Calming) 적용되는 물리적 시설물에 대해 설명하시오.

해설 ① **속도 저감시설**
• Speed Hump(과속방지턱)
- 도로의 턱을 설치해 속도 감속 유발
- 원호형, 사다리꼴, 가상Hump 등이 있음
• Speed Tables
- 벽돌이나 질감이 거친 재료를 사용해서 만든 넓고 평평한 형태의 과속방지턱
• Bump

- 차량 진행방향의 직각방향으로 물리적인 수직 단차를 주어 속도를 제어
- 낮은 속도로 통과하더라도 자동차 현가장치 등을 훼손시키고 탑승객에게 심한 불쾌감을 주는 문제점이 있음

• Narrowing
- 도로의 폭을 좁게 처리

• Neck down
- 교차로 가각부분의 연석 확장
- 평면·종단 선형 변화가 없어 속도 감속에 한계

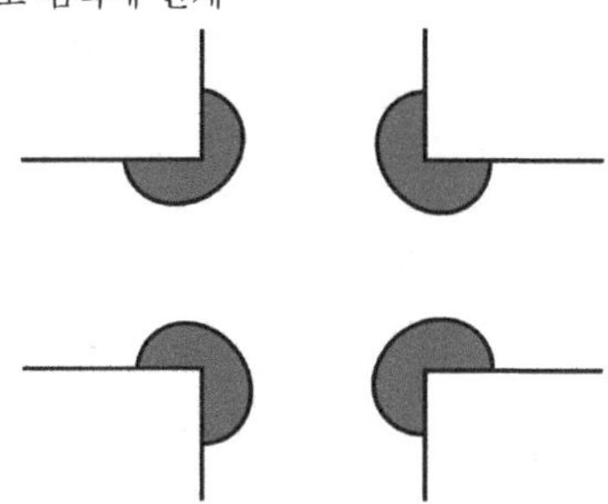

• Center Island Narrowing
- 도로 중앙부에 교통섬 등 좁게 처리
- 보행자 유리, 속도 감속 한계

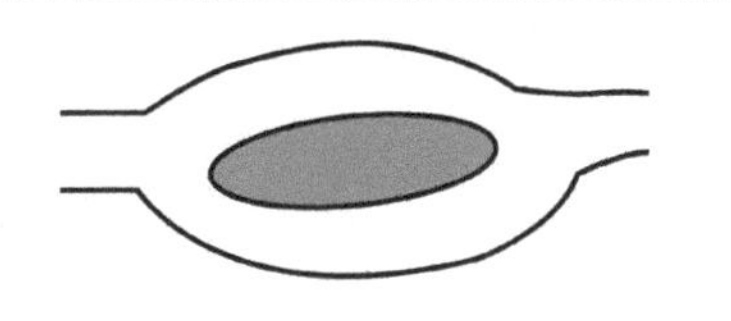

• Chicane
- 지그재그형 도로구간(선형변화)
- 일정 폭원 이상의 도로구간에 적용 가능
- 속도규제, 통과차량 억제효과
- 긴급차량의 통행분리

차도 굴절형

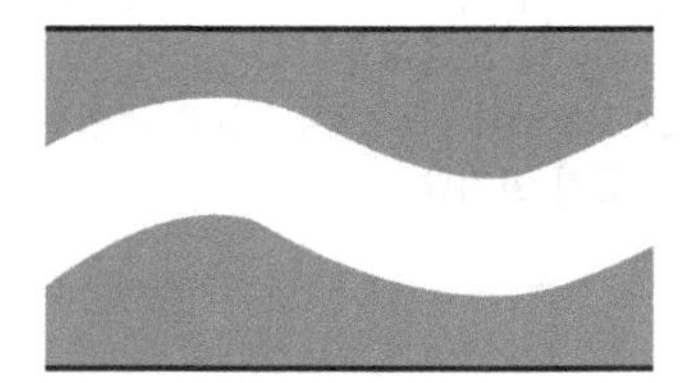

차도 굴곡형

• Chocker
- 차도부분을 물리적 시설물로 좁게 하여 차량 감속
- 대기행렬 발생도로에는 부적절
- 긴급차량의 통행분리

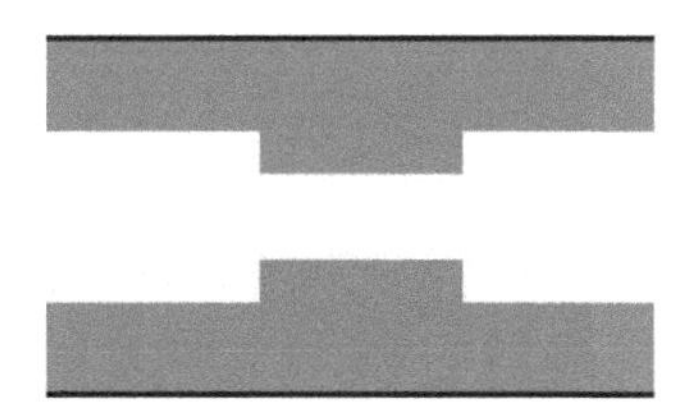

• Raised Intersection(Plateau)
- 고원식 교차로라 칭하며 과속방지턱 형상을 가로상 또는 교차로 전체에 설치
- 속도 감소에 탁월한 효과가 있으나 비교적 설치비용 고비용
• Raised Crosswalk(고원식 횡단보도)
- 횡단보도 전체에 과속방지턱 설치
- 보행자와 자동차 모두에게 안전
• Textured Pavement(노면포장)
- 가로상 일정구간을 골재에 노출시켜 일정구간의 속도 감소를 유발
• Alternative Parking(엇갈림 주차)
- 주차구획선을 지그재그로 배치하여 도로를 s자형으로 굴곡시킴
• Roundabout(회전교차로)
- 교차로의 중앙에 원형섬을 설치하여 차량이 순환하며 통과함
- 교통량이 많은 지역
• Road Marking
- 노면표시를 이용하여 도로가 시각적으로 좁아지는 효과를 만드는 기법
• Traffic Circle(원형교통섬)
- 통과차량이 원형으로 통과하도록 교차로상에 설치한 원형교통섬

② 안전이동 횡단시설

• 굴절식 횡당보도(Staggered Crossing)
- 주의력이 약한 교통약자의 안전한 횡단을 위해 횡단보고 중앙에 보행섬을 두고 두 번에 걸쳐 횡단하게 한 시설
- 광로 설치
• 보행섬(Pedestrian Refuge)
- 횡단보도 중앙에 보행섬을 설치하여 차량의 통과 여부를 확인하며 횡단하게 하는 시설
• 방호울타리 및 단주(Bollard)

③ 시인성 확보시설

• 횡단보도 전방에 미끄럼방지 칼라포장 및 지그재그 표시
• 통행표지판
- 어린이보호구역, 제한속도 등 확대표지판에 동시에 표시
• Gateway 및 노면표시
- 어린이보호구역 시점부(차로 노면 포함)에 일정구간 칼라포장, 제한속도, 통행제한시간, 어린이보호구역 표지 등
• 야간 등화 표지판

참고

- **Traffic Calming 속도 저감시설의 장 · 단점**

구분	장점	단점
Center Island Narrowing	· 보행자 안전증진에 유리 · 도로미관 향상	· 속도 감소의 한계
Chicane	· 선형변화에 의한 감속 가능 · 대형차 처리에 유리	· 설계에 각별한 주의 필요(긴급동선 확보) · 배수문제 주의
Speed Hump	· 설치비용 비교적 저렴 · 속도 감소 효과적	· 승차감 저해 · 소음 공해 발생
Speed Table	· 교차로부가 낮은 지역은 시거확보 용이 · 보행자 및 운전자에게 안정감 부여	· 지속적인 유지 관리 필요 · 용량 감소와 과속시 사고 위험
Raised Intersection	· 속도 감소에 탁월한 효과 · T-교차로의 안전성 증진	· 비교적 많은 비용 소요 · 보행자 통행권 확보에 주의
Raised Crosswalk	· 보행자와 자동차 안전에 유리 · 도로 미관에 영향이 미약	· 비교적 많은 재원 필요 · Speed Hump보다 감속효과 적음
Roundabout	· 도로전체의 감속 유리 · 도로 미관 향상 · 교차로 대기시간 감소 · 신호교차로 보다 운영비 절감	· 대형자동차 처리 불리 · 양보문화 전제 · 보행자 안전횡단
Textured Pavement	· 긴구간 속도 감소 기능 · 도로미관 향상/소음감소	· 비교적 많은 재원 필요 · 교통약자 이용 불편
Traffic circle	· 감소/안전 증진에 매우 효과적 · 도로 미관 향상	· 대형차 처리에 불리 · 지속적인 관리 필요

4. 교통신호 운영

1 교통표지의 종류를 나열하시오.

해설 규제표지, 주의표지, 지시표지, 안내표지, 보조표지

2 교통표지판의 3요소를 열거하시오.

해설 형태, 색상, 크기

3 교통표지(sign) 색상에 대해 설명하시오.

해설 적색 : 규제금지, 황색 : 주의, 오렌지색 : 공사유지보수작업, 작업구역
녹색 : 안내

청색 : 도로주변정보, 갈색 : 관광안내 유적지, 위락 및 문화활동 장소
백색 : 규제바탕, 흑색 : 문자, 부호

4 노면표시의 색깔과 선의 의미에 대해 설명하시오.

해설 - 흰색 : 같은방향 교통류
- 황색 : 반대방향의 교통류 분리(중앙선)
- 파선 : 횡단허용
- 실선 : 횡단금지
- 황색실선 : 도로변 주·정차금지, 교통섬의 윤곽선 중앙선
- 황색파선 : 도로변 주차금지(정차는 가능)

5 교통표지의 설계요소를 적으시오. or 표지설계시 그 적용방법 및 근거에 있어서 일관성이 있어야 하는데 표지설계시 고려되어야 하는 3가지를 나열하시오.

해설 명료성, 연속성(일관성), 시인성, 상호일치

6 교통통제설비 종류를 나열하시오.

해설 교통표지, 노면표시, 신호기, 장애물표시, 반사체, 차로유도표, 교통섬, 방호책, 이정표, 노면요철

7 교차로 교통통제의 목적에 대해 설명하시오.

해설 교차로 용량 및 서비스수준 증대, 교통사고 감소 및 예방, 주도로에 통행우선권 부여(주도로 보호 및 우선처리)

8 교통통제설비 설계시 기본요소 4가지를 나열하시오.

해설 - 적절한 설계
- 적절한 설치
- 적용의 통일성
- 일관성 있는 운영
- 규칙적인 유지관리

9 교통통제설비 설계시 기본 요구조건 5가지를 나열하시오. or 교통관제시설이 갖추어야 할 조건을 설명하시오.

해설 - 필요성에 부응해야 한다.
- 주의를 끌 수 있어야 한다.
- 간단명료한 의미를 전달할 수 있어야 한다.
- 도로 이용자에게 존중될 수 있어야 한다.
- 반응을 위한 시간적인 여유를 가질 수 있는 곳에 설치되어야 한다.
- 교통을 통제 또는 규제, 지시를 위한 법적인 근거가 있어야 한다.

10 신호등 설치시 분석을 통해 설치의 타당성을 검토할 때 검토사항을 열거하시오.

해설
- 차량교통량(주도로의 최소교통량, 부도로의 최소교통량)
- 최소보행교통량
- 통학로(학교 앞 횡단)
- 교통사고(사고기록)
- 연속진행(교통감응신호)
- 신호체계
- 보행자신호기

11 횡단보도 설치기준에 대해 설명하시오.

해설
- 폭원 : 40m 이상, 추가시 2.0m 추가
- 도색 : 6.0m 이상 설치시 2등분하여 도색설치
- 오르막, 내리막, 진출입구, 터널입구, 100m 이내 설치 금지
- 편도 3차로 이상 도로에 설치시 중앙에 안전지대 설치(권장)
- 횡단보도 간격은 200m 이상(권장)

12 교통신호설치의 준거 3가지 이상을 설명하시오. or 신호등 설치시 4가지 요건에 대해 설명하시오.

해설
- 교통량 : 평일의 교통량이 다음 기준을 초과하는 시간이 8시간 이상일 때(연속적 8시간이 아니라도 가능) 신호기 설치
- 보행자 교통량 : 평일의 교통량이 다음 기준을 초과하는 시간이 8시간 이상일 때 신호기 설치
  · 차량교통량(양방향) : 600vph
  · 횡단보행자(양방향, 자전거포함) : 150명/시간

주(차로)	부	주(양)	부(단)
1	1	500	150
2	1	600	150
2	2	600	200
1	2	500	200

- 통학로 : 학교 앞 300m 이내에서 신호등이 없고 통학시간에 차량 통행시간 간격이 1분이 내인 경우에 신호등 설치
- 사고기록 : 교통사고가 연간 5회 이상 발생한 장소를 신호등 설치시 사고를 예방할 수 있다고 인정되는 경우
  · 국내준거(도로교통법 시행규칙, 교통안전시설 실무편람)
- 차량용 신호기만 있으나 잘 보이지 않아 보행자가 도로를 횡단하는 데 사용할 수 없을 때 보행자 신호기도 함께 설치
- 차도의 폭이 16m 이상인 교차로 또는 횡단보도에서 차량신호가 변하더라도 보행자가 차도 내에 남을 때가 많은 경우 보행자신호기를 설치

13 신호교차로와 비신호교차로에서 대기차로 설치시 고려해야 할 요소를 열거하시오.

해설

신호교차로	1.5~2주기 동안 회전차량이 도착하는 최대대수를 수용할 수 있는 길이
비신호교차로	2분 동안 도착하는 회전차량을 수용할 수 있는 길이

14 신호교차로 설계시 보정해야 할 사항 5가지를 나열하시오.

해설 차로폭(f_w), 중차량, 접근로 종단구배(f_g), 주차차량 및 주차활동(f_p), 우회전교통량(f_{RT}), 좌회전교통량(f_{LT}), 버스정차 및 노면마찰(f_{bb})

참고

$S = S_0 \times f_w \times f_{HV} \times f_g \times f_P \times f_{bb} \times f_a \times f_{RT} \times f_{LT} \times N$

15 신호등 운영의 장 · 단점을 설명하시오.

해설

단점	· 첨두시간이 아닌 경우는 교차로 지체와 연료소모가 필요 이상 커질 수 있다. · 추돌사고와 같은 유형의 사고가 증가한다. · 부적절한 곳에 설치되었을 경우, 불필요한 지체가 생기며 이로 인해 신호등을 기피하게 된다. · 부적절한 시간으로 운영될 때, 운전자를 짜증스럽게 한다.
장점	· 질서있게 교통류를 이동시킨다. · 직각충돌 및 보행자 충돌과 같은 종류의 사고가 감소 · 교차로의 용량이 증대 · 교통량이 많은 도로를 횡단해야 하는 차량이나 보행자 보호 · 인접교차로를 연동시켜 일정한 속도로 긴 구간을 연속진행시킬 수 있다. · 수동식교차로 통제보다 경제적이다. · 통행우선권을 부여받으므로 안심하고 교차로를 통과할 수 있다.

16 간선도로의 신호운영계획시 고려사항 3가지 이상 열거하시오.

해설 신호교차로간의 거리, 신호현시, 차량도착특성, 도로운영(일방, 양방), 시간에 따른 교통량 변동

17 신호시간계획의 5가지 구성요소를 열거하시오.

해설 현시의 수, 현시의 순서, 신호분할비(split), 주기, offset

18 보행자 횡단시간 결정요소를 3가지만 쓰시오.

해설 횡단보행자수, 보행속도, 교차로 폭

19 황색시간 결정시 4가지 고려요소를 설명하시오.

해설 반응시간(t), 접근속도(V), 감속도(a), 교차로의 폭(W), 차량길이(L)

황색시간 결정식 : $Y = t + \frac{V}{2a} + \frac{W+L}{V}$

20 최소녹색시간을 결정하는 4가지 요소를 나열하시오.

해설 횡단보도 길이, 황색시간, 보행속도, 보행자들이 횡단하는데 지체되는 시간

21 차량도착형태 5가지를 열거하시오.

해설 적색시점도착, 적색중간도착, 임의도착, 녹색시점도착, 녹색중간도착형태

22 진행방향의 녹색시간, 출발지연시간, 진행연장시간을 알고 있을 때 유효녹색시간 산출방식을 수식으로 설명하시오.

해설 유효녹색시간=녹색시간-출발지연시간+진행연장시간

23 신호주기를 결정하는 과정을 설명하시오.

해설 ① 먼저 교통수요를 추정하고 포화교통류도 추정한다.
② 소요현시율을 계산해서 현시 방법을 결정한다.
③ 황색시간을 결정해서 주기를 결정한다.
④ 신호시간을 분할한다.
⑤ 보행자 횡단시간을 고려하여 녹색시간이 보행자 횡단시간보다 크게 하여 신호시간을 결정한다.

24 전적시간(all red time)에 대해 설명하시오.

해설 교차로의 모든 유입방향에 대하여 적색등화를 켜는 것으로서 현시가 교체될 때 교차로 내의 차량을 소거하기 위하여 사용하거나, 대각선 횡단보도 적용시 사용되는 신호체계이다.

25 신호주기의 구성요소 중 출발 손실시간, 진행연장시간, 소거손실시간, 유효녹색시간을 그림으로 나타내시오.

해설

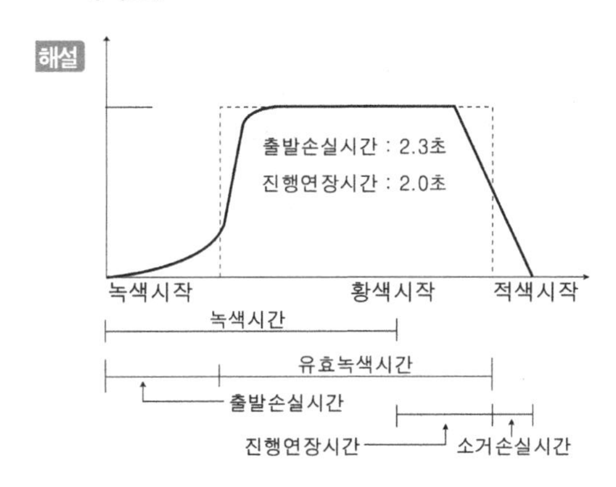

참고

$g = G + Y -$ (출발손실시간 + 소거손실시간)

or $g = G -$ 출발손실시간 + 진행연장시간

26 고정식 신호제어기의 장점을 설명하시오.

해설
- 일정한 신호시간으로 운영되기 때문에 인접신호등과 연동시키기 편리하다.
- 보행자 교통량이 일정하면서 많은 곳에 유리
- 교통흐름에 방해되는 영향 배제
- 설치비용이 저렴하다.
- 구조가 간단하고 정비수리가 용이하다.
- 수리, 관리비용이 저렴하다.

27 감응식 신호제어의 운영변수 3가지를 설명하시오.

해설 감응식 신호제어는 적용범위에 따라 완전감응신호제어와 반감응신호제어로 분류되며, 수요대응 기능에 따라 일반 감응신호제어와 Volume-density 제어로 구분된다. 감응식 신호제어 운영변수로는 다음과 같다.

- 최소녹색시간(Minimum Green Interval)은 교차로의 현시에서 녹색시간에 제공할 수 있는 최소시간을 말하며, 일반적인 감응제어에서의 정지선과 검지기 사이에 대기할 수 있는 차량 수에 따름
- 진행연장시간(Extension Interval)은 단위연장(Unit Extension)과 같은 의미이며, 차량 간 수용할 수 있는 최대 차두간격이라고도 할 수 있으나 검지기 운용방식에 따라 차이가 남
- 최대녹색시간(Maximum Green Interval)은 현시의 최대값이며, 차량감응이 발생하더라도 지정시간 이후 종료

28 교통감응 신호기의 장 · 단점을 설명하시오.

해설 • **장점**

- 교통예측이 불가능하여 고정시간신호를 처리하기 어려운 교차로에 적합하다.
- 복잡한 교차로에 적합
- 고정시간신호로는 간격이나 위치가 부적당한 곳에 적당
- 하루 중 잠시 동안 신호설치의 준거에 도달한 곳에 사용하면 좋다.
- 교통량의 시간별 변동이 심할 때 사용하면 지체를 최소화
- 부도로 교통에 꼭 필요한 때에만 주도로 교통을 차단시킬 목적으로 사용하면 좋다.
- 주도로 교통에 불필요한 지체를 주지 않게 계속적인 (정지-진행)의 운영을 할 수 있다.

• **단점**

- 운영관리가 어렵고, 초기투자비용이 크다.
- 교통량이 많을 경우 효과 미비
- 교차로 간격이 너무 길면 연동효과 상실

참고

- **반감응 신호기**

① 주방향 교통량이 많고 부방향 교통량이 적음
② 검지기를 부도로에만 설치

- **완전감응 신호기**

① 교통량 분포 변화가 큼
② 접근교통량이 클 경우 효과 미비
③ 인접 교차로 거리는 1.5km 이상일 때 효과 최대

29 교통감응 신호기 설치기준 3가지를 기술하시오.

해설 - 교통량 예측이 불가능하여 고정신호주기로 처리하기 어려운 곳에 적용
- 연동화하기 어려운 교차로
- 주도로교통의 흐름에 불필요한 영향 배제
- 시간별 교통량의 변동이 큰 경우 지체의 최소화

30 완전감응 신호통제에서 신호시간의 종류 5가지를 열거하시오.

해설 초기녹색시간, 단위연장, 최소녹색시간, 최대녹색시간(연장한계), 황색시간

31 반감응 신호 제어기에서 사용되는 신호시간을 주도로와 부도로 별로 구분하여 설명하시오.

해설

구분	신호시간
주도로	최소녹색시간 황색시간 보행자 횡단시간
부도로	최소녹색시간 단위연장시간 최대녹색시간(연장한계) 황색시간

32 딜레마 구간에 대해 설명하시오.

해설 황색신호가 시작되는 것을 보았지만 임계감속도로 정지선에 정지하기가 불가능하여 계속 진행할 때 황색신호 이내에 교차로를 완전히 통과하지 못하게 되는 경우가 생기는 구간을 말하며, 실제 황색시간이 적정 황색시간보다 적은 것을 말한다.

참고

- **딜레마 구간(실제황색시간 〈 적정황색시간)**

  - 딜레마 시작점$(B)=(t+\frac{v}{2a})\times v$

  - 딜레마 끝점(C)

    =실제 황색시간×진행속도−[교차로폭(w)+차량평균길이(l)]

  - 딜레마 길이=(적정 황색시간 진행지점)−(짧은 황색시간 진행지점)

    $=d_0-d_a$

  여기서, t=운전자 반응시간(통상 1.0초)

  v=차량의 접근속도(m/sec)

  a=감속도(통상 5.0m/sec^2)

  d_0=적정 황색시간 동안 달리는 거리

  d_a=실제 짧은 황색시간 동안 달리는 거리

- **옵션 구간(실제 황색시간 〉 적정 황색시간)**

  황색신호가 켜지는 순간에 이 구간 안에 있는 운전자는 그대로 진행을 하더라도 황색신호 동안에 교차로를 횡단할 수 있고 또 정지를 하더라도 임계감속도 이내에서 정지선에 어려움 없이 정지

  - 옵션 시작점(A)

    =실제 황색시간×진행속도−[교차로폭(w)+차량평균길이(l)]

  - 딜레마 시작점$(B)=(t+\frac{v}{2a})\times v$

  - 옵션 구간 길이=(긴 황색시간 진행지점)−(적정 황색시간 진행지점)

    $=d'_a-d_0$

  여기서, d'_a=실제 긴 황색시간 동안 달리는 거리

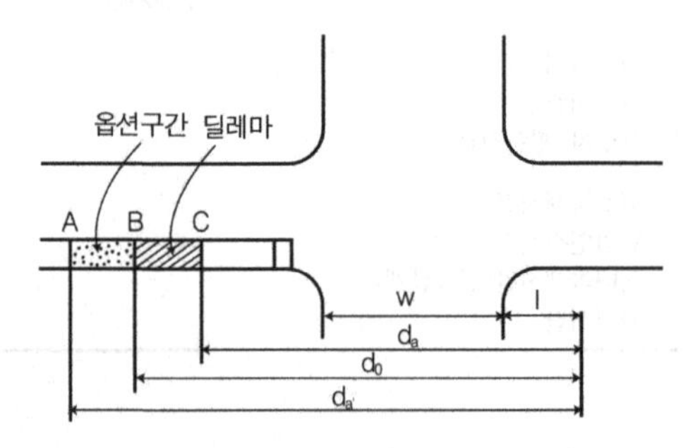

[그림] 딜레마 구간과 옵션 구간 개념도

33 교통신호시스템의 신호시간 방법을 3가지 쓰시오.

해설 시공도 기법, On-line 기법, Off-Line 기법

34 시공도를 이용하여 도출할 수 있는 사항 3가지를 나열하시오.

해설 주기, 신호분할(시간분할), 옵셋

35 연동의 설계요소에 대해 설명하시오.

해설 - 도로조건 : 교차로간의 거리, 도로의 폭, 차로수, 접근로
- 교통조건 : 교통량, 교통량 변동, 제한속도
- 교통수요정책 : 연동화 될 경로나 네트워크를 결정
- 교통장치 : 수요변화 결정과 교통장치에 의해 제약이 부과되는 것을 식별할 필요가 있음

36 연동의 종류에 대해 설명하시오.

해설 - 단순연동 : 일방향이나 역방향 교통량이 작은 양방향 가로에서 사용
- 전진연동 : 단순연동이 차량에 앞서는 green wave를 만들기 때문에 전진연동이라고 한다.
- 가변연동 : 하루에 여러 번 단순연동의 offset이 바뀌는 경우 이를 가변연동이라 한다.
- 후진연동 : 내부 대기행렬이 많은 경우 하류 교차로의 녹색시간을 먼저 시작하여 이 내부 대기행렬을 풀어줄 경우 이를 후진연동이라 한다.

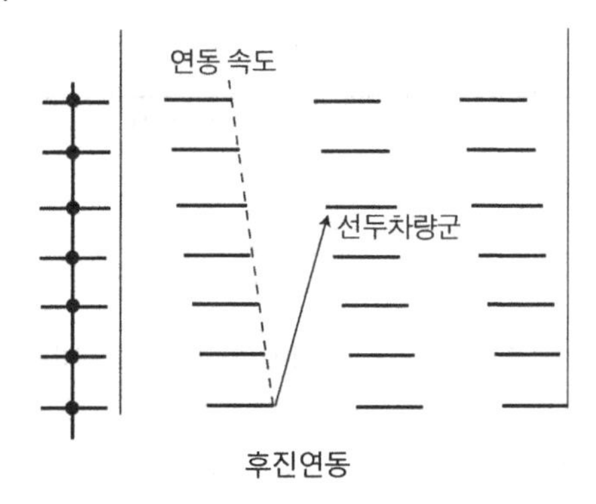

후진연동

37 신호등 연동체계의 4가지 변수를 쓰시오.

해설 주기, 녹색시간, 옵셋(녹색시간 시차), 현시방법

38 전진연동 신호체계의 종류에 대해서 설명하시오.

해설 • **동시시스템**
- 동시연동체계 안에 있는 모든 신호는 동시에 같은 신호 지시
- offset은 0이며, 각 교차로에서의 시간분할은 같음

$$V = \frac{L}{C}$$

• **교호시스템**
- 교호연동시스템과 같은 방식이지만 두 교차로로 이루어진 교차로 그룹이 교대로 신호를 바뀌는 경우

- 신호그룹의 신호가 동시에 켜지는 경우
- 양방향 통행도로의 연동시스템에서 차량이 계속적인 주행을 하기 위해서는 주기의 녹 · 적색시간 분할이 50 : 50 이 되어야 함

$$V = \frac{2L}{C}$$

- **이중교호시스템**

- 두 교차로로 이루어진 교차로 그룹이 교대로 신호가 바뀌는 경우
- 양방향의 차량이 계속적인 주행을 하기 위한 속도, 주기 및 교차로 간격의 관계는 다음과 같다.

$$V = \frac{4L}{C}$$

- **연속진행시스템**

- 어떤 신호등의 녹색 표시 직후에 그 교차로를 연속진행 방향으로 출발한 차량이 그 다음 교차로에 도착할 때를 맞추어 녹색으로 바뀌는 경우
- 앞에서 설명한 연동체계와 달리 몇 개의 교차로가 각기 독립적인 시간분할 값을 갖는데 제한을 받지 않지만 주도로의 최소녹색시간이 연속진행방향의 진행대 폭을 결정하게 되는 것을 유의해야 함
- 진행방향에서 볼 때 어느 교차로 사이의 옵셋은 두 교차로간의 거리를 계속적으로 주행하는 차량의 속도로 나눈 값과 같음

39 교통축 연동기법의 장 · 단점에 대하여 설명하시오.

해설

연동기법	동시시스템	교호시스템	연속진행시스템
장점	· 교차로간의 거리가 짧고 연동축의 길이가 짧은 경우 효과적임 · 교통량이 아주 많은 경우 효과적임	· 정상주행을 통해서 옵셋동안에 다음교차로에 도달할 수 있을 정도로 교차로 간 거리가 긴 경우에 효과적임 · 주방향과 부방향의 신호시간분할이 50:50으로 가능한 경우에 적합함	· 교차로에 의한 지체를 피할 수 있음 · 연동축상의 교차로간 간격이 일정하지 않을 경우에 적용하기 적합한 기법임 · 방향별 분포비가 뚜렷한 경우 주방향을 우선적으로 처리함으로써 총통행 비용절감
단점	· 주교차로를 위주로 현시 분할이 이루어지므로 타교차로의 운영효율성 저하 · 교차로간의 거리가 길면 연동효과를 기대할 수 없음 · 간선축이 과포화 되었을 때에는 회전차량의 진입이 어렵게 됨	· 주도로와 교차하는 부도로의 신호시간비가 50:50이므로 대부분 비효율적임 · 교차로가 간격이 일정하지 않는 경우 링크 주행시간과 옵셋값이 맞지 않음 · 교통상황에 대처하기 위하여 신호시간 계획을 수정하기 어려움	· 타 연동방식에 비해서 주방향의 대향교통류는 연동효과 저감됨 · 방향별 교통량 분포비가 뚜렷하지 않은 경우 적용하기 어려움 · 주행속도가 높을 경우 적용이 어려움

40 신호등을 연동시키는 방법으로 일정한 구간을 계속적으로 진행시키는 연속진행 System이 있는데 이외의 두 가지 방법을 쓰시오.

해설 동시시스템, 교호시스템

41 양방향 가로의 효율적인 연동을 하기 위해서 고려해야 할 사항을 설명하시오.

해설 - 시스템주기가 가능한 한 연동을 향상시킬 수 있는 기하구조와 platoon 속도에 근거하여 결정되어야 한다.
- 주기, block 길이, platoon 속도의 조합이 적정할 때 양방향 연동을 맞추는 작업이 훨씬 수월해진다.
- 가능한 한 새로운 도시나 가로를 계획할 때 미리 위의 조합을 고려하는 것이 좋다.

42 Metering의 개요와 방법론에 대해 기술하시오.

해설 미터링 기법은 진출 또는 진입차량이 극대화 될 수 있도록 대기차량의 형성 및 관리는 물론 교통사고 감소와 합류부의 용량을 증대시키기 위한 교통공학기법 중 하나이다.

미터링 기법의 종류로는 내부미터링(Internal Metering), 외부미터링(External Metering), 통행단미터링(Release Metering), 지역미터링(Area Metering), Ramp Metering 등 있다.

- 내부미터링 : 이미 교통신호체계 내부로 들어온 교통류를 주어진 체계 내에서 최대로 통과할 수 있도록 조절 관리하는 것으로 회전교통, 주차에 대한 규제와 신호주기의 합리화 등의 고속도로 램프미터링, 가로망미터링 등을 말한다.
- 외부미터링 : 광의의 교통수요 관리기법에 포함되며 이는 교통수요관리를 통행의 끝인 가정이나 직장 등의 교통환경과 교통체계 사이에서 최적의 교통체계를 유지하기 위한 일련의 교통정책과 진입제어 미터링 등을 말한다.
- 통행단미터링 : 첨두시간을 분산 · 완화시키기 위한 시차제 출근제도나 주차요금의 시간대별 차등부과제도 등과 같이 대부분 통행단에서 의사결정과정에 영향을 준다.
- 지역미터링 : 대규모 네트워크를 대상으로 교통량을 최대화하고 통행속도를 증대시키기 위한 방법이다.
- 램프미터링 : 고속도로 유입램프와 유출램프에서 유입차량을 조절하여 본선으로 혼잡을 전가되는 것을 방지

참고

- **미터링의 종류**

① 진입램프미터링
- 진입램프 차단(Closure)
- 램프미터링(Ramp Metering)
- 정주기식미터링(Pretimed Metering)
- 교통반응미터링(Traffic Responsive Metering)
- 간격수락 합류(Gap Acceptance Merge)
- 통합램프 통제(Integrated Ramp)

② 진출램프미터링

③ 본선미터링(Mainline Metering)

④ 교통축 통제(Corridor Control)

43 램프미터링(Ramp Metering)의 목적에 대해 설명하시오.

해설 - 본선 통과교통량 최대화
- 진출 Ramp의 spill-back 최소화
- 효율적인 돌발상황 관리

44 램프미터링 방법의 유형을 설명하시오.

해설

공간적 범위에 의한 분류	국부미터링	램프 주변의 교통 여건을 분석하여 최적 유입량 산출
	전체미터링	고속도로 시스템의 전체적인 관점에서 최적 유입량 산출
이용되는 자료에 의한 분류	OPEN-Loop 시스템	과거 자료에 의해 미리 결정해 놓은 유입 조절량에 따라 시행
	Closed-Loop 시스템	검지기에 의해 수집된 실시간(real time)정보에 의해 유입량이 그때 그때 결정되어 실행

45 버스우선신호 시스템의 개념과 종류에 대해 설명하시오.

해설 • **버스우선신호 시스템의 정의**

- 버스우선신호는 교차로 신호현시체계를 노면전차, 버스와 같은 대중교통들이 우선 통과할 수 있도록 제어하는 Transit Signal Priority System(TSPS)의 일종
- TSPS는 진행방법과 적용범위에 따라 Priority(합리적 우선순위)와 Preemption(절대적 우선순위)로 구분되며 전략에 따라서 고정시간제어, 스케쥴기 반제어, 차두시간기반제어, 실시간제어전략으로 구분함

• **버스우선신호의 종류**

① 수동식 우선신호

- 버스 검지와는 상관없이 고정제어방식으로 운영하는데, 신호계획(주기, 녹색 시간, offset 등)을 버스에 우선하여 수립하는 방식
- 비포화 교통상황이면서 버스대수가 많은 곳에서 적용하면 효과적임

② 능동식 우선신호

종류	특징
Early green	· 적색현시 동안 버스가 검지되면 정상상태보다 녹색신호를 일찍 시작하는 방법 · 단, 상충현시의 최소녹색, 황색, 보행현시는 보장
Extend green	· 녹색 현시동안 버스가 검지되면 버스가 교차로를 통과하도록 녹색시간 연장
Actuated transit phase	· 좌회전차로에 버스가 검지되면 좌회전 현시를 삽입하는 방식
Phase insert	· 직진차로에 버스가 검지되면 정상상태에서 버스신호현시 삽입
Phase rotation	· 버스가 검지되면 현시순서를 바꾸어 우선신호 제공
Phase suppression	· 버스가 검지되면 수요가 적은 현시를 생략하는 방식

5. 도로 및 교차로 계획

1 도로의 기능에 대하여 나열하시오.

해설 이동기능, 접근기능, 공간기능

2 도로의 기능 중 이동성, 접근성을 이용하여 기능별로 분류하여 그리시오. or 간선도로, 집산도로, 국지도로를 이동성과 접근성의 개념을 도시하여 나타내시오.

해설

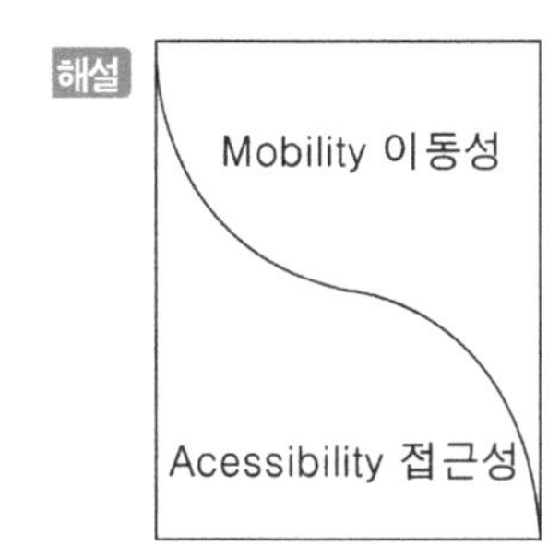

3 도로의 기능성에 따라 도로를 분류하고 이를 각각 간단히 설명하시오.

해설
- 고속도로 : 자동차 전용도로로서 대량의 교통을 가장 빠른 시간 내에 안전하고 효율적으로 이동시키기 위하여 출입제한의 기능을 갖춘 도로이다.
- 간선도로 : 전국 도로망의 주 골격을 형성하는 주요도로이다.
- 보조간선도로 : 지역도로망의 골격을 형성하는 주 간선도로에 연계되는 도로이다.
- 집산도로 : 지역 내의 통행을 담당하는 도로로서 광역기능을 갖지 않는 도로이다.
- 국지도로 : 지구 내의 주거 단위에 접근하기 위해 제공된 도로로서 가장 통행거리도 짧고 기능상 최하위의 도로이다.

4 접근성만 강한도로의 종류를 쓰시오.

해설 Cull-de-sac, 국지도로

5 이동성이 높은 도로의 특성을 쓰시오.

해설 교통량이 많음, 통행거리가 길음, 통행속도 높음, 교통수단은 주로 자동차

6 도로법상의 도로를 분류하시오.

해설 고속도로, 일반국도, 특별시도, 시 · 군 · 도

7 도시계획도로를 기준을 분류하시오.

해설 광로, 대로, 중로, 소로

8 도시부도로의 기능상에 따라 분류하시오.

해설 도시고속도로, 간선도로, 보조간선도로, 집산도로, 국지도로

9 도로분류의 목적을 쓰시오.

해설 - 노선 계획, 설계, 관리기준의 설정
- 원활한 교통운영
- 건설과 관리의 책임지정

10 도로설계의 4요소를 쓰시오.

해설 - 설계속도(40~120km/h)
- 설계시간 교통량(DHV)
- 설계서비스수준(LOS)
- 설계대상차량(소형자동차, 대형자동차, 세미트레일러)

11 설계속도에 의해 결정되는 도로기하구조의 종류를 열거하시오.

해설 곡선반경, 편구배, 곡선부의 확폭, 완화구간의 시거, 종단곡선, 오르막차로 등

12 설계속도를 결정하는 요소를 나열하시오.

해설 차로폭, 길어깨폭, 지형

13 도로 유형, 지역, 설계속도에 따른 차로폭 결정기준에 대해 설명하시오.

해설 차로의 폭은 차선이 중심선에서 인접한 차선의 중심선까지로 하며, 도로의 구분, 설계속도 및 지역에 따라 아래 표의 폭 이상으로 한다. 다만, 설계기준자동차 및 경제성을 고려하여 필요한 경우 차로폭을 3미터 이상으로 할 수 있다. 그러나 통행하는 자동차이 종류 · 교통량, 그 밖의 교통 특성과 지역 여건 등에 따라 필요한 경우 회전차로의 폭과 설계속도가 시속 40km/h 이하인 도시지역 차로의 폭은 2.75미터 이상으로 할 수 있다.

도로에는 「도로교통법」 제15조에 따라 자동차의 종류 등에 따른 전용차로를 설치할 수 있다. 이 경우 간선급행버스체계 전용차로의 차로폭은 3.25미터 이상으로 하되, 정류장이 추월차로 등 부득이한 경우 3미터 이상으로 할 수 있다.

도로의 구분			차로의 최소 폭(m)		
			지방지역	도시지역	소형차로
고속도로			3.50	3.50	3.25
일반 도로	설계속도 (km/h)	80이상	3.50	3.25	3.25
		70이상	3.25	3.25	3.00
		60이상	3.25	3.00	3.00
		60미만	3.00	3.00	3.00

14 오르막차로 설치시 검토사항에 대해서 설명하시오.

해설 • **교통용량**

- 교통용량과 교통량의 관계
- 고속 자동차와 저속 자동차의 구성비

• **경제성**

- 오르막경사의 낮춤과 오르막차로 설치의 경제성
- 고속주행에 따른 편의 및 쾌적성 향상과 사업비 절감에 따른 경제성

• **교통안전**

- 오르막차로 설치에 따른 교통사고 예방효과

15 종단곡선의 목적을 3가지 이상 설명하시오.

해설
- 운동량의 변화에 대한 충격완화
- 평면선형과의 조화가 필요
- 운전자의 시거확보

16 최소곡선반경으로 도로의 연석을 설치시 고려할 사항을 설명하시오.

해설 소형자동차, 대형자동차, 세미트레일러 이 세 종류의 설계기준 제원을 고려해야한다.
즉, 세 종류의 제원 중 규모가 가장 큰 세미트레일러의 제원을 기준으로 최소곡선반경을 설치한다.

17 도로설계시 설계기준차량의 종류와 종류별 제원에 대해 설명하시오.(단위 : m)

해설

종류	소형자동차	중대형자동차	세미트레일러
길이	4.7	13.0	16.7
폭	1.7	2.5	2.5
높이	2.0	4.0	4.0
최소회전반경	6.0	12.0	12.0

18 차도의 시설한계 높이를 축소할 수 있는 아래의 경우에 대한 기준을 작성하시오.(단, 도로의 구조 및 시설기준에 관한 규칙에 따른다.)

(1) 집산도로 또는 국지도로서 지형 상황 등으로 인해 부득이 하다고 인정되는 경우 (　)m 까지 축소 가능

(2) 소형차도로인 경우 (　)m 까지 축소 가능

(3) 대형자동차의 교통량이 현저히 작고, 그 도로의 부근에 대형자동차가 우회할 수 있는 도로가 있는 경우 (　)m 까지 축소 가능

해설 (1) 4.2m (2) 3m (3) 3m

19 도로의 횡단면 구성요소들을 설명하시오.

해설 중앙분리대, 측대, 차로, 길어깨, 보도, 자전거도

20 길어깨의 필요성 5가지를 쓰시오. or 길어깨의 기능 4가지를 쓰시오.

해설
- 배수기능
- 도로의 미관 증진
- 차도의 주요구조부 보호
- 측방여유폭 확보(교통의 안전성과 쾌적성에 기여)
- 고장차량을 본선 차도로부터 대피 할 수 있는 공간제공
- 보도없는 도로에서의 보행자 통행로 제공
- 노상시설설치 장소 제공

21 출입제한의 계획상 판단 기준을 설명하시오.

해설
- 계획 교통량이 많을 것
- 평균 통행길이가 길 것
- 노선의 계획연장이 길 것

22 교통공학에서 정의되는'정상시력'에 대해 기술하시오.

해설 1/3인치 크기의 글자를 아주 밝은 상태에서 20ft 거리에서 읽을 수 있는 사람의 시력을 말한다.

23 인지반응과정(PIEV)을 단계별로 설명하시오.

해설 외부자극에 대한 인간의 신체적 반응은 다음과 같은 일련의 과정을 통하여 이루어진다.
- 지각(Perception) : 자극을 느끼는 과정
- 식별(Identification or Intellection) : 자극을 이해하고 식별
- 행동판단(Emotion or Judgement) : 적절한 행동으로 결정하는 단계
- 행동 및 브레이크 반응(Volition or Reaction) : 행동의 실행 및 이에 따른 차량의 작동이 시작되기 직전까지의 과정

참고

- **인지반응시간**
  - 실험에 의하면 이 시간은 0.22~1.5초 정도
  - 실제운행 중에 발생하는 시간 : 0.5~4.0초
- **PIEV 적용대상**
  - 안전시거, 교차로 안전 접근속도, 교통신호기의 황색주기, 응급시 운전자의 대처속도 등

24 정지시거에 영향을 미치는 요소에 대해 쓰시오.

해설 설계속도(v), 반응시간(t_r), 미끄럼 마찰계수(f), 구배(s)

참고

$$d = t_r \cdot \ v + \frac{v^2}{2g(f+s)}$$

25 주변지역의 무질서한 개발, 무제한 출입허용으로 인한 마찰증대와 주행속도저하, 교통사고 증가 등의 간선도로 기능상실을 최소화하기 위한 간선도로기능 회복방안에 대하여 설명하시오.

해설 출입제한도로의 정비, 측도의 설치, 연도토지의 취득, 토지이용제한, 연도개발권취득, 연도발전의 제한

26 평면교차로 설계의 기본원리를 5가지 이상 설명하시오.

해설
- 상충점 분리
- 상충지점수 최소화
- 상충횟수 최소화
- 상충면적 최소화
- 상대속도 최소화
- 이질교통류는 서로 분리
- 기하구조와 교통통제 · 운영방법 조화
- 가장 타당한 교차방법을 사용할 것
- 회전 교통 경로를 마련할 것
- 복잡한 합류와 분류를 피할 것
- 주도로 우선권 부여

[팁] 많은 항목의 정답을 암기하기가 부담스러우면, 정답 중에서 본인이 암기하기 쉬운 4~5가지 항목만 선택해 완벽하게 암기하기를 추천한다.

27 평면교차로 설계시 고려해야 할 요소 5가지를 설명하시오.

해설 - 인적요소 : 운전자 습관, 운전자의 기대치, 차량주행경로의 순응정도, 판단능력, 반응시간, 보행자의 특성

- 교통류 요소 : 용량, 차량교통량, 차량재원, 차량의 흐름, 차량속도, 대중교통수단과의 연계, 교통사고기록
- 물리적 요소 : 인접부지의 특성, 종단선형, 시거, 교차각, 상충지역, 속도변화 구간, 교통관제시설, 조명시설, 안정시설
- 경제적 요소 : 공사비 및 토지보상비, 지체 및 우회에 따른 연료소비
- 환경적 요소 : 주변 토지이용 현황, 사회·경제적 환경 요소, 소음 및 공해 등 생활환경 요소

28 교통섬 설치목적을 설명하시오.

해설
- 차량의 주행로를 명확히 설정
- 교통류 분류
- 위험한 교통류 흐름 제어
- 보행자 보호
- 교통통제시설의 설치 공간 확보

29 교통섬 설치에 따른 효과를 설명하시오.

해설
- 정지선 위치를 전진시킨다.
- 도류로를 명시하여 차량을 유도한다.
- 보행자를 보호한다.
- 신호, 표지, 조명 등 관련시설의 설치장소를 제공한다.

30 교통섬의 설계 원칙에 대해 설명하시오.

해설
- 자연스러운 주행속도를 유지하도록 하여야 한다.
- 적당한 크기를 확보해야 한다.
- 필요 이상의 교통섬을 설치하는 것은 피해야 한다.
- 시야가 확보되지 않거나 곡선이 급한 지점 등에는 안전상 설치를 금지하는 것이 바람직하다.

[팁] 본 시험에서 교통섬에 설치목적, 교통섬 설치에 따른 효과, 교통섬의 설계원칙이 혼동되는 경우가 있으므로 정확한 이해와 암기가 필요하다.

31 교통섬에 식수시 발생되는 문제점을 설명하시오.

해설
- 교통섬에 나무를 심어 접근시 시야 방해
- 교통통제시설의 설치 곤란
- 우회전차량의 회전시 불편

32 로터리(Rotary)와 회전교차로(Roundabout)의 차이점을 설명하고, 회전교차로의 특징과 유형별 구분 그리고 설치 대상지 선정기준에 대하여 기술하시오.

해설 ① 회전교차로와 로터리의 차이점

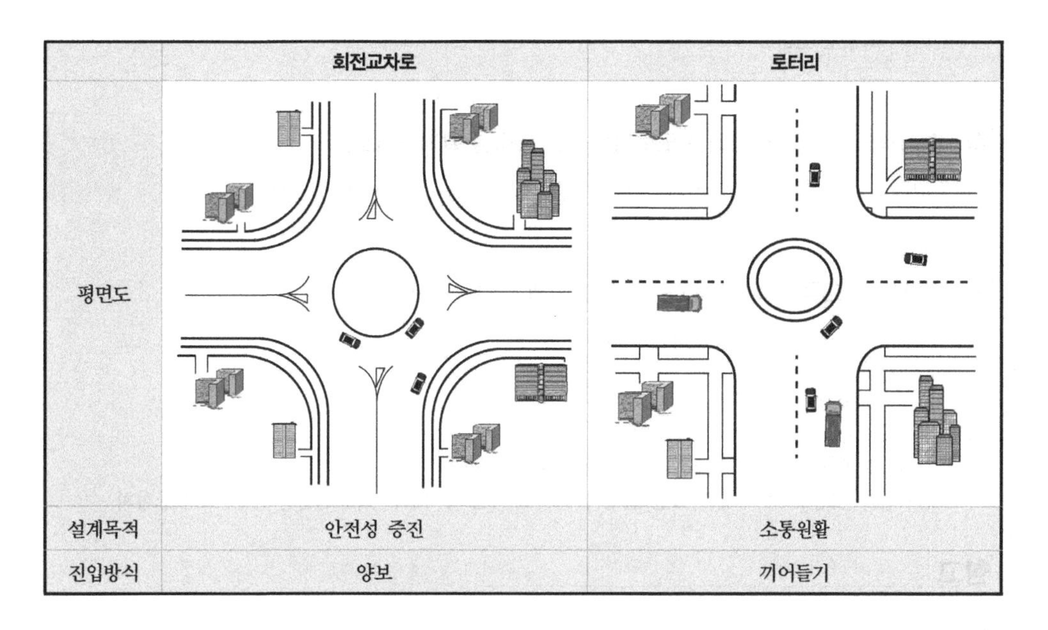

	회전교차로	로터리
평면도		
설계목적	안전성 증진	소통원활
진입방식	양보	끼어들기

② 회전교차로(Roundabout)의 특징과 유형

구 분		선정기준
초소형 교차로		· 평균 주행속도 50km/h 미만 도시지역 · 소형 회전교차로를 설치할 공간이 없는 경우 · 대형차는 교통섬을 밟고 통과
도시지역	소형 회전교차로	· 모든 접근로가 편도 1차로인 경우 · 소형화물이나 버스통행이 가능
	1차로 회전교차로	· 모든 진입, 진출로와 회전차로가 1차로인 도시지역 · 화물차 턱 필요(버스이용 불가)
	2차로 회전교차로	· 하나의 접근로만이라도 2차로인 도시지역 · 보도와 자전거도로를 조경시설 등으로 구분
지방지역	1차로 회전교차로	· 도시지역보다 높은 주행속도 지역(보행자 한산) · 진출입로는 도시부보다 완만
	2차로 회전교차로	· 한 개 이상의 접근로가 2차로인 지방지역 · 속도측면에서 지방지역 1차로 회전교차로와 유사 · 기하구조는 도시지역 2차로 회전차로와 유사

33 평면교차로 회전이동류 접근관리기법을 쓰시오.

해설 차로제공, 회전금지, 전환, 분리

34 선형설계시 유의사항에 대해 기술하시오.

해설 - 추정교통량이 많은 구간에서는 될 수 있는 한 작은 곡선을 피한다.
- 전후선형을 고려, 급하게 작은 반경의 곡선을 쓰지 않는다.
- 주위의 지형, 도시화의 상황, 연도환경에 따라 선형설계

- 종단곡선도 고려

35 설계속도에 의해 결정되는 도로기하구조 요소를 열거하시오.

해설 곡선반경, 편구배, 곡선부의 확폭, 완화구간의 시거, 종단곡선, 오르막차로 등

36 "클로소이드곡선"(Clothoid)의 장점에 대해 설명하시오.

해설 - 선형이 원활하여 핸들조작이 편하다.
- 공사비가 적어진다.
- 성토, 절토가 적어도 된다.
- 설계설치가 용이
- 차량주행시 원심력의 증감을 적절히 조절할 수 있다.
- 곡선과 직선부 사이 혹은 곡선 반경이 현저히 다른 두 개의 서로 인접한 곡선 사이에 설치

참고

- **클로소이드곡선**

곡률이 서서히 변화하는 곡선을 완화곡선이라고 하며, 클로소이드곡선은 완화곡선의 일종으로 직선과 원곡선 또는 곡률이 다른 두 원곡선 사이의 접속부에 쓰인다.

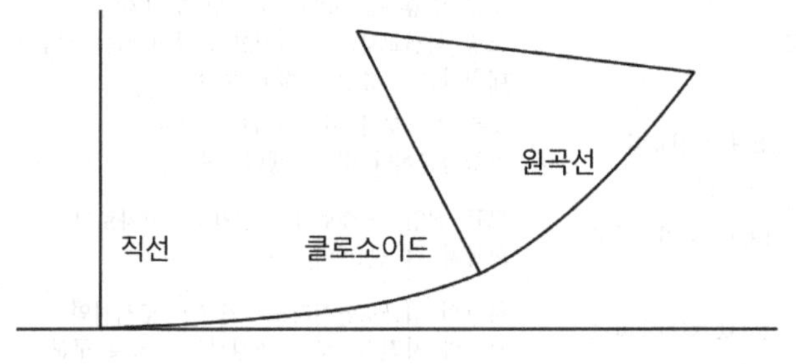

$$L \times R = A^2$$

여기서,
A : 클로소이드 파라메타(설계속도가 높은 도로는 큰 파라메타 사용)
L : 곡선의 길이
R : 곡선반경(m)

37 종단곡선의 목적을 3가지 이상 설명하시오.

해설 - 운동량의 변화에 대한 충격완화
- 평면선형과의 조화가 필요
- 운전자의 시거확보

38 곡선반경 설계시 고려되는 요소를 쓰시오.

해설 설계속도(V), 편구배(e), 마찰계수(f)

참고

- **최소곡선반경**

$$R(\text{최소곡선반경}) = \frac{V^2}{127(e+f)}$$

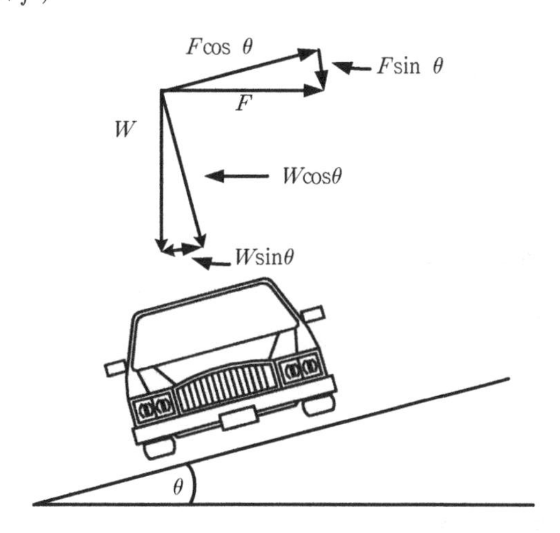

[그림] 횡활동을 유지하기 위한 조건

여기서

F : 원심력(kg)
g : 중력가속도(≒ $9.8m/\sec^2$)
v : 자동차의 속도($m/\sec$)
W : 자동차의 총중량(kg)
θ : 노면의 경사각
i : 노면의 편경사($=\tan\theta$)
R : 곡선반경(m)
f : 노면과 타이어사이의 횡방향마찰계수

원심력은

$$F = \frac{W}{g} \times \frac{v^2}{R}$$

여기서 원심력에 의해서 밖으로 미끄러지지 않기 위해서는 다음 조건을 만족시켜야 한다.

$$F\cos\theta - W\sin\theta \leq f(F\sin\theta + W\cos\theta)$$

여기에 양변에 $\cos\theta$로 나누면

$$F - W\tan\theta \leq f(F\tan\theta + W)$$

F 대신에 원심력 방정식을 대입하고, $\tan\theta$ 대신에 편경사 i를 대입하면

$$\frac{v^2}{gR} - i \leq f(\frac{v^2}{gR}i + 1)$$

위의 식을 평면곡선반경 R의 식으로 정리하면

$$R \geq \frac{v^2}{g}\frac{1-fi}{i+f}$$

여기서 $1-fi$(fi는 매우 작다)는 1과 가깝다. 따라서

$$R \geq \frac{v^2}{g(i+f)}$$

여기서 v의 mps단위를 V의 kph단위로 바꾸기 위한 전환계수 3.6과 $g = 9.8m/\sec^2$ 를 적용하면

$$R \geq \frac{V^2}{127(f+i)}$$

따라서 횡활동을 일으키지 않기 위한 최소곡선반경은

$$R = \frac{V^2}{127(f+i)}$$

39 도로의 횡단방법 4가지를 쓰시오.

해설 - 통제되지 않은 평면횡단
- 교통표시 또는 신호등에 의해 통제되는 평면횡단
- 엇갈림
- 입체교차로

40 좌회전 차로의 기능을 설명하시오.

해설 - 좌회전 교통류의 감속을 원만히 수행케 한다.
- 좌회전 차량이 대기할 수 있는 공간을 확보함으로써 교통 신호운영의 적정화를 꾀할 수 있게 한다.
- 좌회전 교통류를 다른 교통류와 분리시킴으로써 평면교차로의 운영에 중요한 역할을 하는 좌회전 교통류의 영향을 최소화시킬 수 있다.

41 좌회전 전용차로 설치시 고려해야 할 요소 3가지만 열거하시오.

해설 속도, 교통량, 통제설비의 형태

42 부가차로의 종류 3가지를 설명하시오.

해설 • 오르막차로(구배구간)
- 구배구간에서, 저속 주행차량이 주행차로에서 벗어나 구배구간을 통행할 수 있도록 설치한 차로

• 양보차로(평지, 긴구간)
- 저속주행 차량이 고속주행차량에게 주행차로를 양보할 수 있도록 상당히 긴 구간에 한 차로를 추가 설치한 곳에서 저속 주행차량이 주행하는 차로

• 턴아웃(저속차량의 잠시 대피 차로)
- 저속주행 차량이 고속주행 차량에게 통행권을 양보하기 위하여 잠시 대피해 있을 수 있는 차로

43 보조차로의 구성요소 3가지만 쓰시오.

해설 감속차로길이, 대기차로 길이, 진입테이퍼의 길이

44 2차로도로의 능률차로제를 설계하시오.

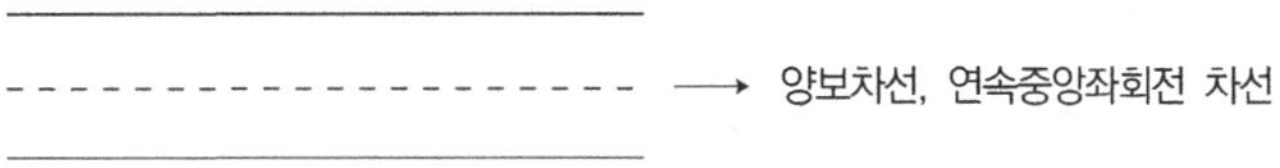

→ 양보차선, 연속중앙좌회전 차선

해설

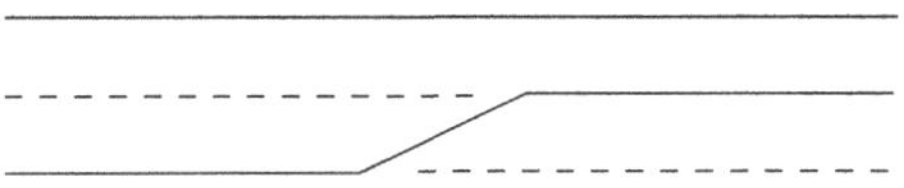

45 도류로 형태를 결정하는 요소를 쓰시오.

해설 용지의 폭, 교차로의 형태, 설계기준차량, 설계속도

46 도류로 설계시 고려사항 5가지를 나열하시오.

해설 설계속도, 교통량, 규제방법, 보행자, 설계기준차량, 도류로의 전향각

47 도류화의 설계원칙에 대하여 설명하시오.

해설
- 바람직하지 않은 교통흐름은 억제되거나 금지되어야 한다.
- 차량의 진행경로는 분명히 표시되어야 한다.
- 차량의 본래 주행속도는 되도록 유지되어야 한다.
- 상충이 발생하는 지점은 가능한 한 분리시켜야 한다.
- 교통류는 서로 직각으로 교차하고 비스듬히 합류해야 한다.
- 우선순위가 높은 교통류의 처리가 우선적으로 이루어져야 한다.
- 바람직한 교통통제기법이 충분히 활용될 수 있어야 한다.
- 직진차량은 되도록 속도 변화를 갖지 않아야 한다.
- 보행자에 대한 안전성을 높인다.
- 운전자를 한 번에 한 가지 이상의 의사결정을 하지 않도록 해야 한다.
- 운전자가 적절한 시인성 및 시계를 가지도록 해야 한다.
- 교통섬의 최소면적은 4.5㎡ 이상 되어야 한다.

48 평면교차로의 회전이동류 접근관리기법을 설명하시오.

해설 차로제공, 회전금지, 전환, 분리

49 교차로 회전통제의 방법 3가지를 설명하시오.

해설 보호좌회전 통제방식, 회전금지 통제방식, 비보호좌회전 통제방식

50 좌회전 대안(代案)될 수 있는 처리방법의 특징을 설명하시오.

해설
- 보호좌회전금지 : 모든 좌회전문제를 해결할 수 있고 상충을 줄일 수 있으나 운행 및 이동거리가 증가한다.
- 비보호좌회전처리 : 손실시간을 최소화할 수 있으나 대향 교통류와 상충이 일어나 좌회전차량의 혼잡을 야기시킬 수도 있다.
- 비보호 독립차로 좌회전처리 : 좌회전교통류의 대기가 없으므로 직진차량에 방해가 되지 않는다. 그러나 이 역시 비보호좌회전이므로 대향교통류의 상충이 발생된다.

51 교차로 좌회전 금지시에 장·단점 2가지씩 설명하시오.

해설
- 장점 : 교통량이 많은 교차로의 효율성을 높여준다.
  다른 이동류의 용량을 증대시킨다.
- 단점 : 운행 및 이동거리가 증가한다.
  좌회전 금지로 인한 영향이 부근의 다른 교차로로 파급될 가능성이 있다.

52 교차로에서의 기본 통행우선권의 수칙 4가지를 설명하시오.

해설
- 교차로에 접근하는 차량의 운전자는 다른 접근로에서 교차로에 이미 진입한 차량에게 우선권을 양보해야 한다.
- 두 접근로에서 거의 동시에 접근한 차량의 경우 오른쪽 접근로의 차량이 우선권을 가진다.
- 좌회전하려고 하는 운전자는 맞은편에서 접근하는 직진차량에게 우선권을 양보해야 한다.
- 비신호교차로에서 도로를 횡단하고 있는 보행자에게 차량은 우선권을 양보해야 한다.(교차로의 횡단보도가 설치되어 있지 않더라도 마찬가지임)

53 공용차로에서 보호좌회전을 실시할 때 선행좌회전, 후행좌회전의 장·단점을 설명하시오.

해설

	장점	단점
선행좌회전	· 전용좌회전 차로가 없는 좁은 접근로의 용량증대, 좌회전을 먼저 처리하므로 직진과 좌회전의 상충감소, 후행좌회전에 비해 운전자 반응속도가 빠름 신호시간 조정이 용이	· 선행녹색이 끝날 때 좌회전의 진행연장이 대향직진의 출발방해, 선행녹색 시작 때 대향직진이 잘못 알고 출발 우려 · 선행녹색이 끝날 때 출발을 시작하는 보행자와 상충 우려, 연속진행 연동신호에 맞추기 곤란
후행좌회전	· 양방직진이 동시출발, 후행녹색 시작 때 보행자 횡단은 거의 끝난 상태이므로 보행자와 상충감소, 연동신호에서 직진차량군의 후미 부분만을 절단	· 후행녹색 신호 시작 때 대향좌회전도 좌회전할 우려, 전용좌회전차로가 없을 때 후행녹색 이전에 좌회전 대기차량이 직진 방해 · 고정시간신호 혹은 T형 교차로의 교통감응신호에 사용하면 위험 · 후행좌회전 이후 양방향 전용좌회전이 올 때 신호처리곤란

54 교통량이 많고 좌회전 교통량이 많을 경우 보호좌회전 준거 4가지 설명하시오.

해설 직진교통량, 좌회전교통량, 중차량혼입율, 신호주기

55 공용차로에서 보호좌회전을 실시할 때 선행좌회전, 후행좌회전에 대해 설명하시오.

해설 - 선행좌회전 : 양방향의 좌회전이 동시에 시작되고 끝난 후 양방향 직진이 동시에 이루어지는 방식
- 후행좌회전 : 양방향직진현시 이후에 양방향좌회전이 오는 경우

56 교차로에서 주도로 교통류를 우선처리 함으로써 얻는 이점을 설명하시오.

해설 통과교통의 지체를 줄임, 국지교통의 지체를 줄임, 교통사고 감소, 용량증대

57 교차로에서 통과교통 위주의 통제가 갖는 결점에 대해 설명하시오.

해설 통과교통의 속도가 증가하므로 교통사고의 심각도가 커지며, 통과교통을 횡단하는 차량 및 보행자교통은 오랜 지체를 감수해야 한다.

58 교차로에서 상충교통류를 통제하는 방법을 열거하시오.

해설 기본통행우선권 수칙, 양보표지, 2방향 정지표지, 다방향 정지표지, 교통신호

59 직진과 우회전을 분리하여 다음 교차로를 도류화 하시오.(화살표와는 상관없음)

해설

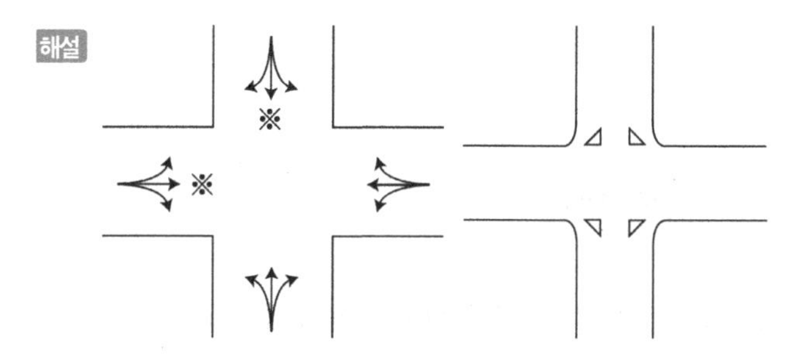

60 다음의 선형도로를 개선하시오.

해설

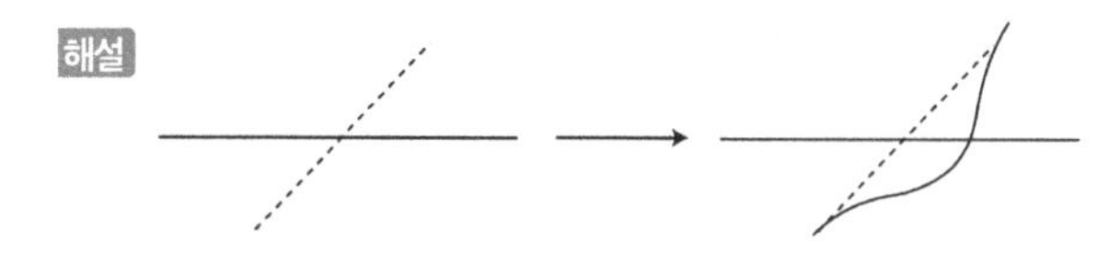

[팁] 화살표 부분을 유심히 보면 교차로 형태에 상관없이 서로 교차하는 도로는 직각에 가깝도록 설계하는 것이 문제의 핵심

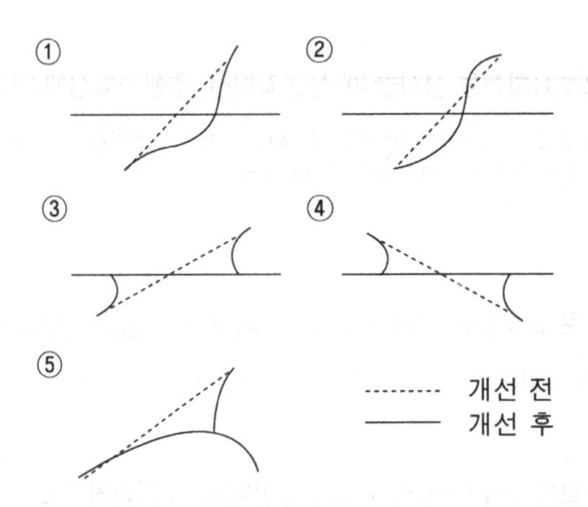

61 다음 그림과 같은 3지교차로의 기하구조를 개선하고 교통표지판과 교통섬을 설치하시오.

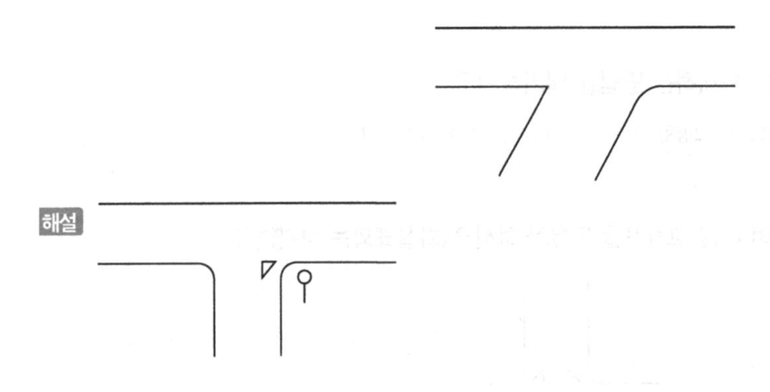

해설

[팁] 서로 교차하는 도로는 직각으로 교차하는 것이 바람직하다.

62 다음의 도로가 예각 교차로로 인하여 사고가 많이 발생한다. 안전하게 도류화 하시오.(단, 빗금 친 부분은 차도로 활용가능)

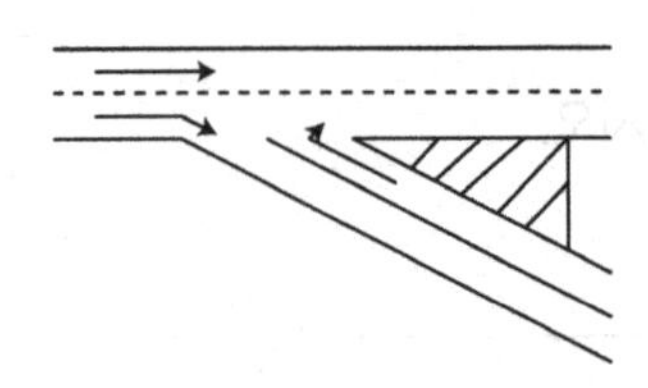

해설

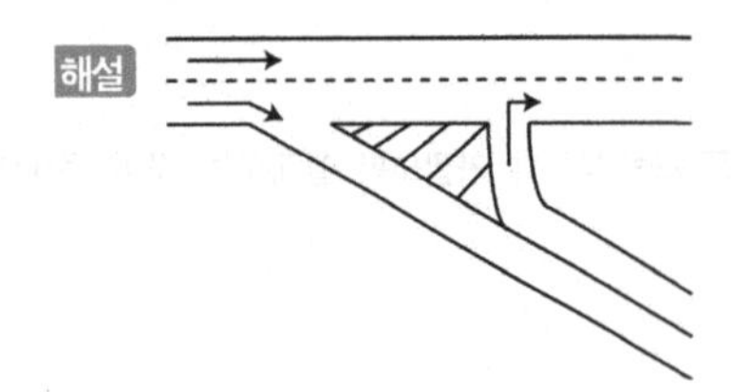

63 다음 그림에 있는 교차로를 도류화하시오.(빗금친 부분은 도로부지로 사용할 수 있다. 화살표 표시 포함)

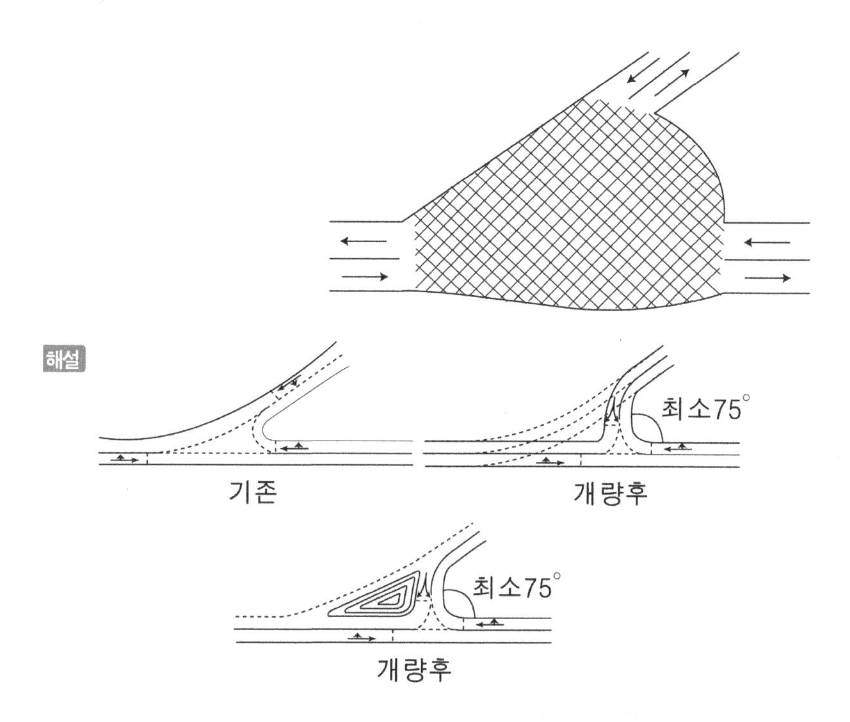

64 다음 그림에 있는 자전거횡단도의 교통섬을 연결할 때, 상충을 최소화하는 방향으로 개선하시오.

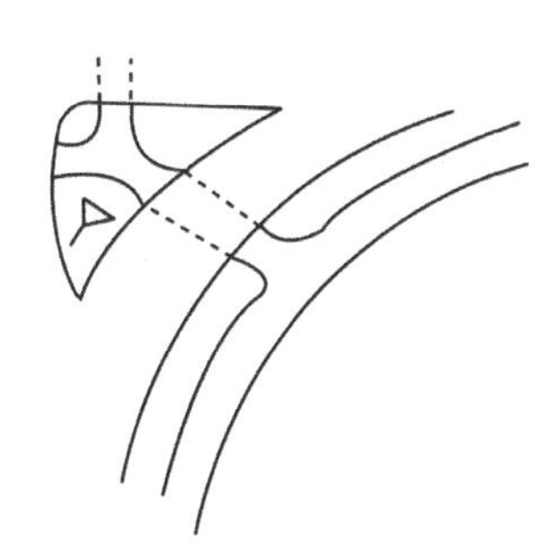

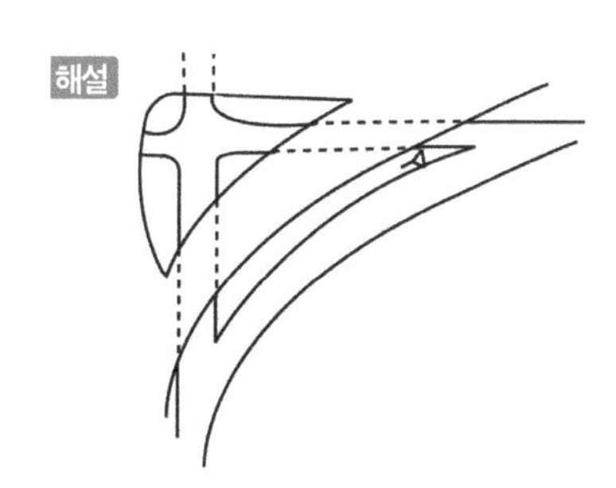

65 다음 Y자형 교차로를 개선하시오

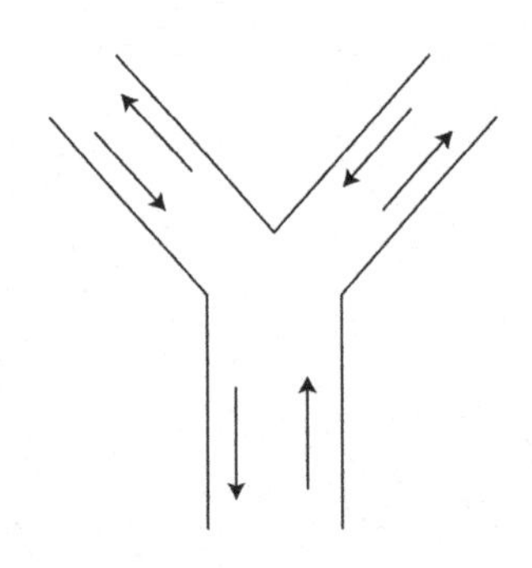

해설

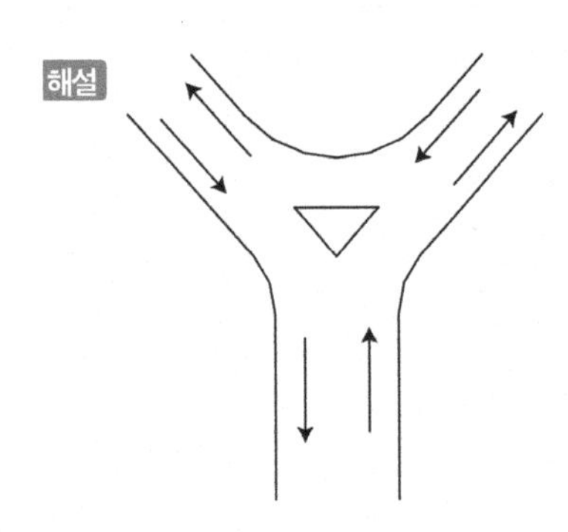

66 교통운영의 효율성을 검정하는 일반적인 효과척도를 나열하시오.

해설 교통서비스의 질, 각종 기회에 대한 접근성, 경제적 효율성, 교통수요와 공급, 지역영향, 대기, 소음 및 수질오염, 융통성과 적용성, 미적인 질

67 4지 교차로상충 유형을 쓰고 설명하시오.

해설 교차상충(crossing conflict), 합류상충(merging conflict), 분류상충(diverging conflict)

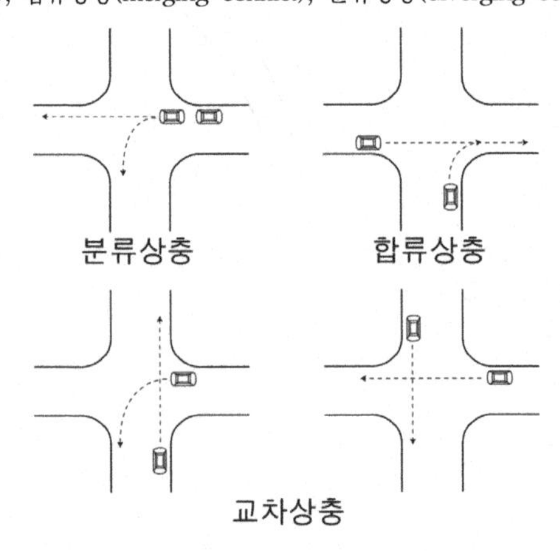

68 다음 그림에서 제시한 4지 교차로의 진행방향을 토대로 각 이동류별 상충점을 도시하시오.

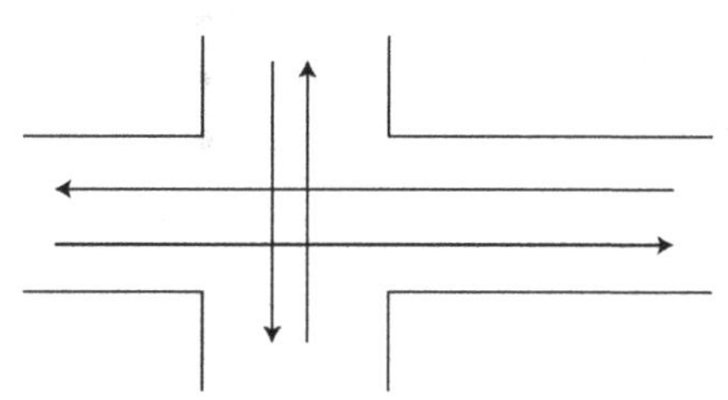

해설

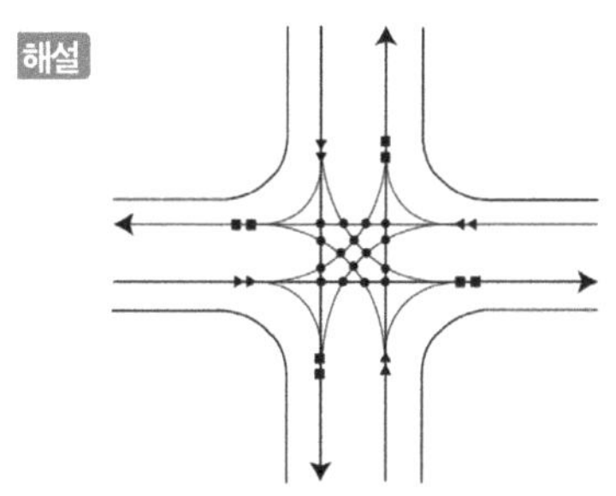

교차점(crossing point) : 16 + 합류점(merging point) : 8 + 분류점(divering point) : 8 = 상충점(conflict point) : 32개

참고

- **상충점의 수**

갈래수	교차상충	합류상충	분류상충	계
3	3	3	3	9
4	16	8	8	32
5	49	15	15	79
6	124	24	24	172

69 일방통행과 직교하는 양방통행차로의 충돌점의 수를 구하시오.

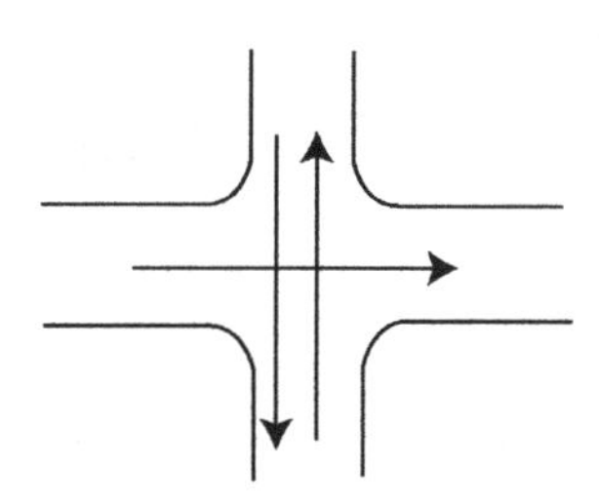

해설

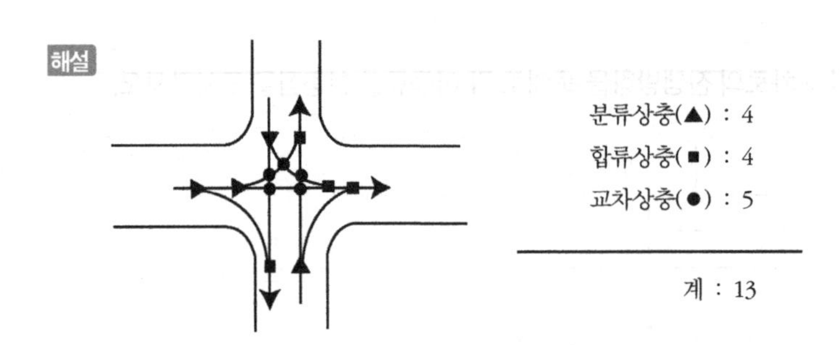

참고

• 일반통행

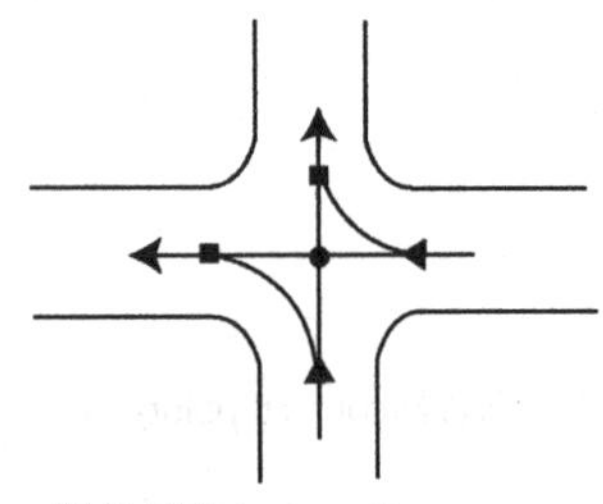

분류상충(▲) : 2
합류상충(■) : 2
교차상충(●) : 1

계 : 5

• 좌회전 금지

분류상충(▲) : 4
합류상충(■) : 4
교차상충(●) : 4

계 : 12

70 인터체인지 설계시 고려사항을 열거하시오.

해설 도로의 기능, 교통류, 설계속도, 도로폭, 지형, 경제적 측면

참고

• **교차로에 의한 인터체인지 분류**

교차로 수	인터체인지 분류
3지 교차	직결형, 트럼펫형
4지 교차	다이아몬드형, 크로버형, 직결형, 트럼펫형
다지 교차	로타리형, 복합형, 직결형

71 완전 입체 교차하는 인터체인지의 종류를 열거하시오.

해설 클로버형, 직결형, 트럼펫형(3지), 2중 트럼펫형(4지교차)

72 불완전 입체교차로 램프의 종류를 나열하시오.

해설 다이아몬드형, 불완전클로버형, 준직결형, 트럼펫형(4지교차, 로터리형

73 엇갈림 발생 입체교차로 램프의 종류를 나열하시오.

해설 완전클로버형, 2중 트럼펫형, 로터리형

74 I.C 설계시 고려사항을 열거하시오.

해설 도로의 기능, 교통류특성, 설계속도, 출입제한의 정도, 교통표지, 경제적 측면지형, 도로의 폭

75 다이아몬드형 인터체인지의 장점과 단점을 설명하시오.

해설 • **장점 : 용지면적이 적게 소요**

공사비 저렴
짧은 우회거리
저급도로와의 교차시 적합

• **단점 : 2개의 평면교차로 인접**

병목현상 발생
관리비 증대
도로용량 과소

76 완전 클로버형 인터체인지의 장점과 단점을 설명하시오.

해설 • **장점 : 구조물 단순**

시공 용이

• **단점 : 용지면적 과다 소모**

엇갈림 현상 발생
도로용량 저하
도시부에서는 적용 불가능

77 트럼펫형 인터체인지의 장점과 단점을 설명하시오.

해설 • **장점 : 요금소 설치 용이**

구조물 단순

시공 용이
엇갈림 현상 미발생(2중 트럼펫 제외)

• **단점 : 용지면적 과다 소모**
우회거리 과다

78 직결형 인터체인지의 장점과 단점을 설명하시오.

해설 • **장점 : 엇갈림 현상 미발생**
좌회전 교통류 직결 처리(4지교차)
고속도로 상호간 교차 적합

• **단점 : 구조물 설치 과다**
공사비용이 높고 공사가 복잡

79 다음 그림에 제시된 5지교차로를 개선하시오.

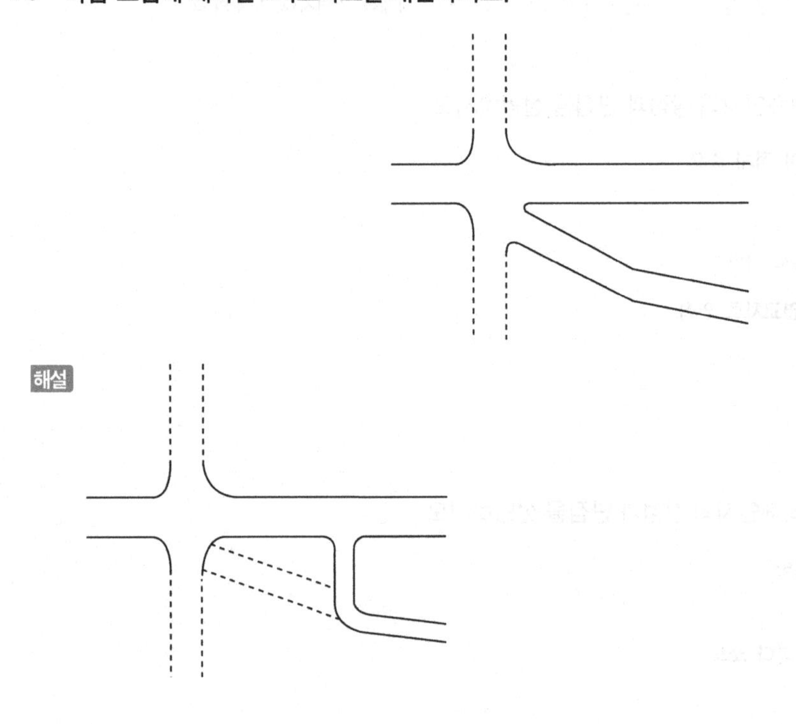

참고

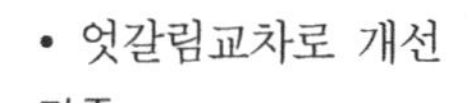

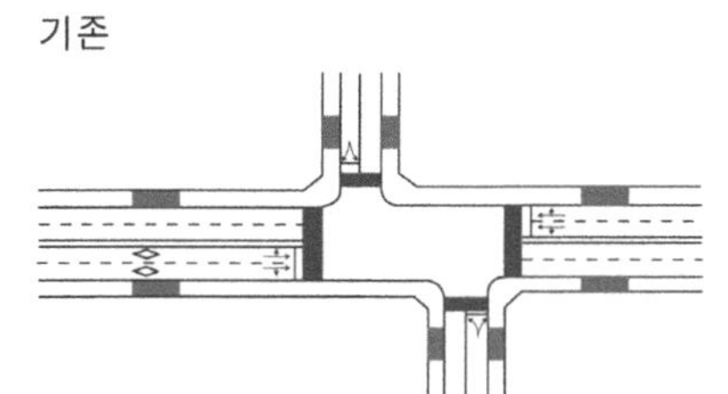

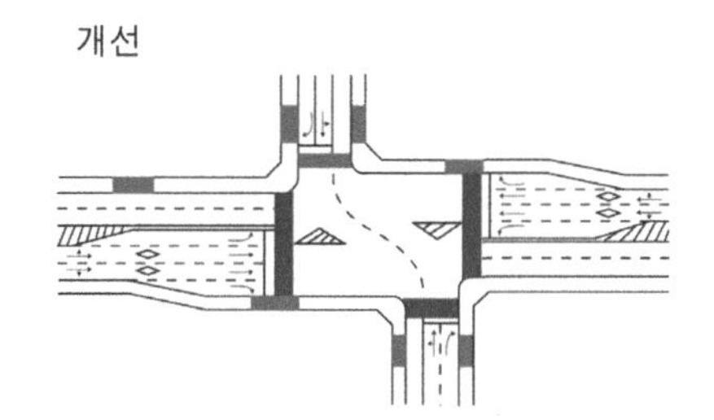

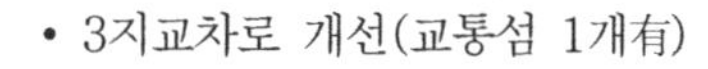

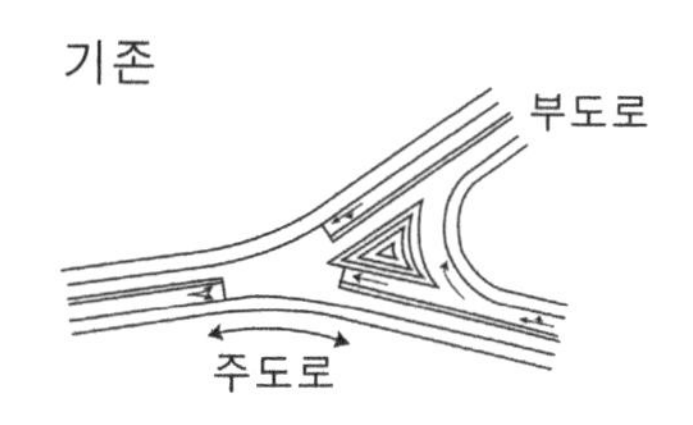

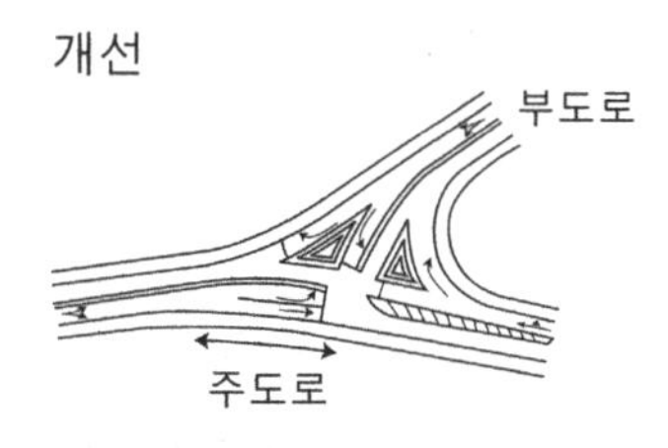

80 완전 클로버형 입체교차로의 형태와 진행방향을 도시하시오.

해설

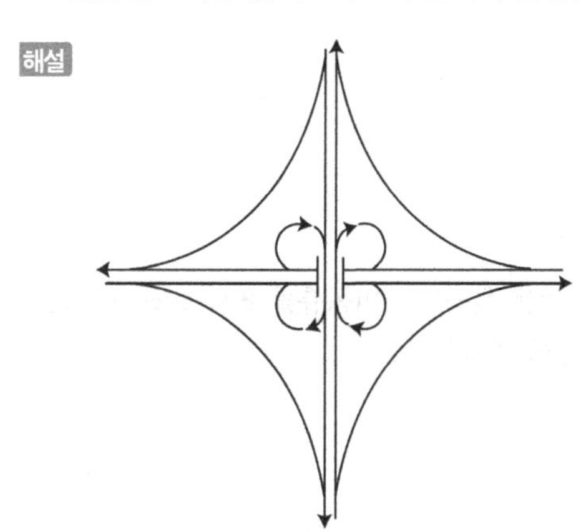

81 고속도로와 교차로와 교차하는 지점을 다이아몬드형 인터체인지를 설계하려고 한다. 각 이동류의 진행방향과 좌회전 진입방향을 화살표로 도시하시오.

해설

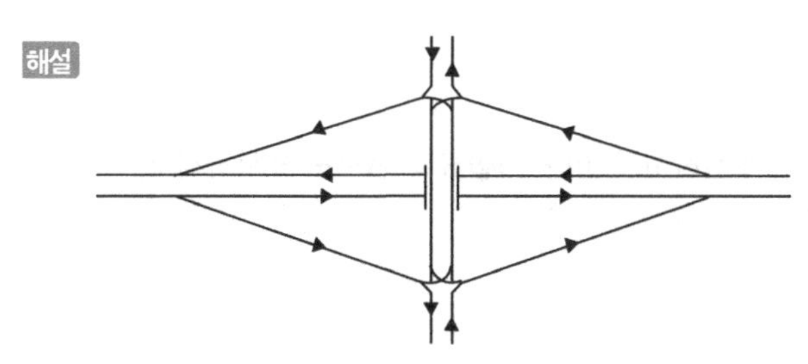

82 다음 보통형과 분리형 다이아몬드형 인터체인지의 진행방향을 도시하시오.

해설

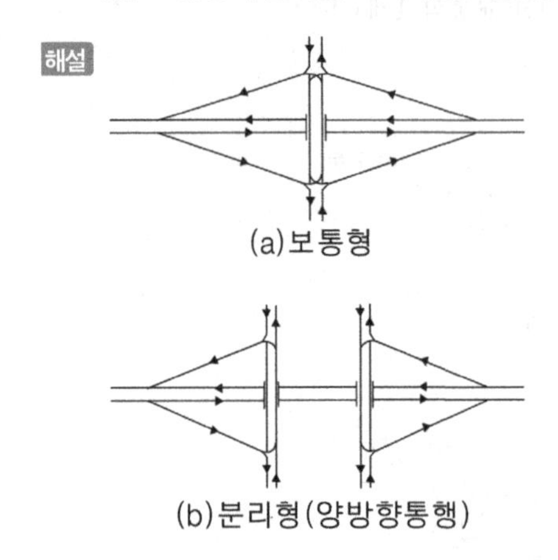

(a)보통형

(b)분리형(양방향통행)

83 다음의 3지교차 트럼펫형 인터체인지를 도시하시오.

해설

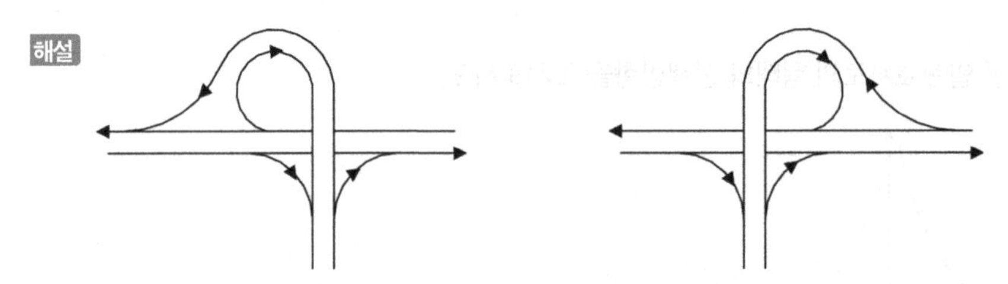

84 그림에 제시한 4지교차로에서 상대적으로 교통량이 많은 접근로의 이동류를 표시(※)해 놓았다. 이를 근거로 다이아몬드 인터체인지를 도시하고 교통흐름을 표시하시오.

해설

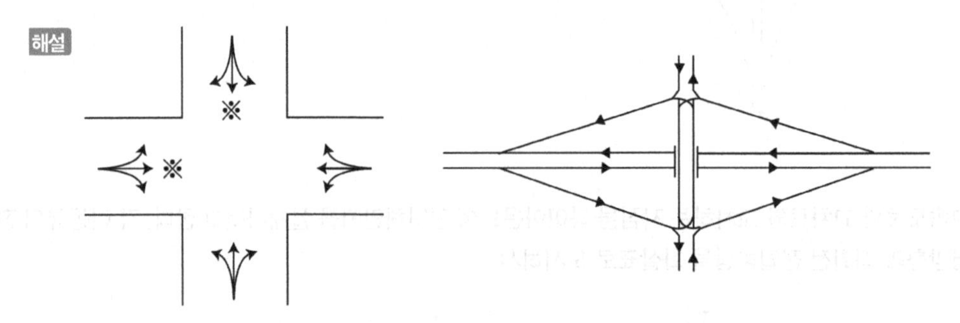

85 다음 3지교차로에 적합한 입체교차로로 개선하고자 한다. 화살표와 선으로 표시하시오.

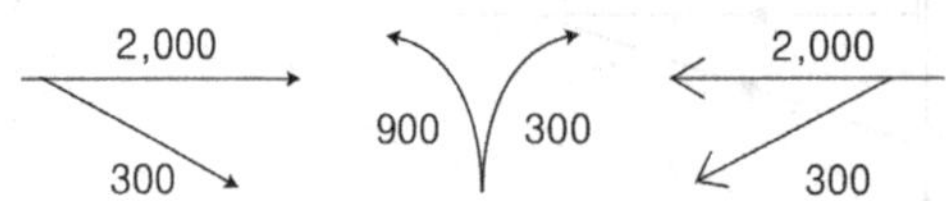

해설

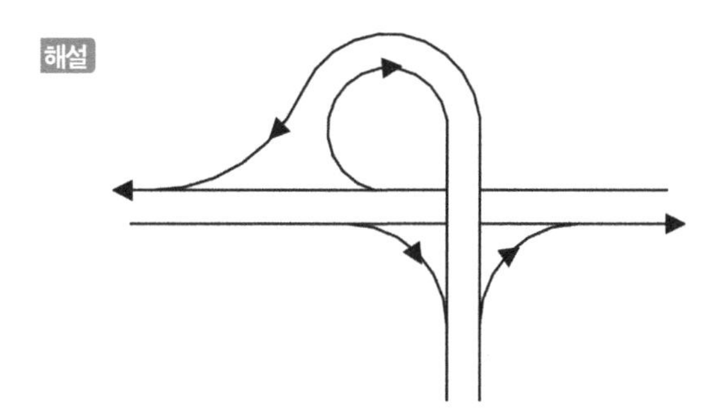

[팁] 3지트럼펫형 인터체인지는 좌회전교통량에 의해 결정되므로 교통량이 적은 방향을 루프방식(곡선반경이 적은 램프)으로 처리한다.

86 다음의 3지교차로를 트럼펫형 인터체인지로 만들고자 한다. 교통량의 특성이 맞게 설계하시오.

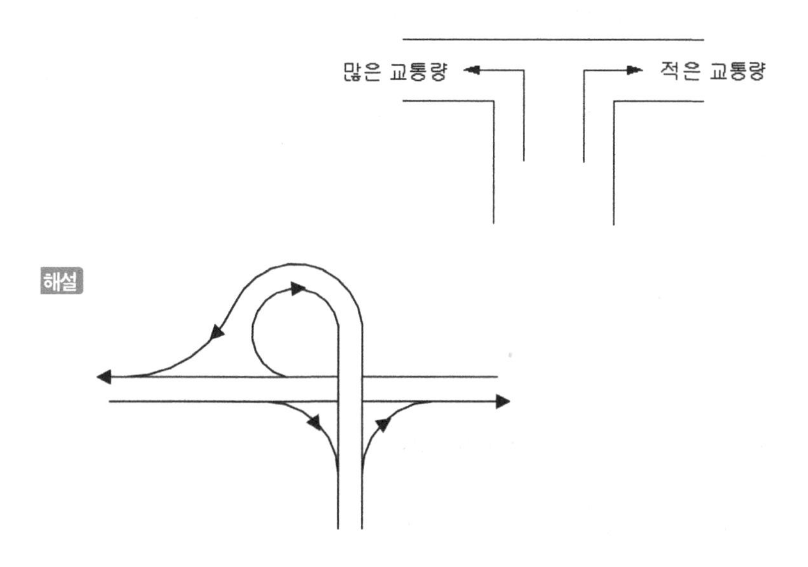

해설

6. 교통안전 및 시설

1 교통의 안전대책 3E를 영어를 설명하시오.

해설 Education(교육), Engineering(공학), Enforcement(규제)

참고

5E : Education(교육), Engineering(기술), Enforcement(통제), Environment(환경), Enactment(법령)

2 교통사고 대책수립순서를 설명하시오.

해설 문제점 있는 장소선정 → 문제점분석 → 대책수립 → 대안작성 및 대안에 대한 평가 → 사고방지대책의 시행 → 사후모니터링

3 교통사고 요인을 분류하시오.

해설 연쇄형(단순, 복잡), 집중형, 혼합형(복합형)

4 교통사고의 주요 3요소를 열거하시오.

해설 인적요인, 교통수단요인, 환경요인

5 교통사고분석 중에서 통계적, 사례적 조사방법을 열거하시오.

해설
- 통계적 조사방법 : 노선별, 차종별, 조직별, 연령별 분석방법
- 사례적 조사방법 : 차량의 안전도, 운전자 적성, 교통안전, 개별사고 분석

6 사고다발지점에 쓰이는 그림 2가지에 대해 설명하시오.

해설
- 현황도 : 현황도는 교통사고 다발지점에서의 중요한 물리적 현황을 축척에 맞추어 그린 것이다. 1/100~1/250의 축척으로 사고다발지점의 물리적 특성을 작도한다.
- 충돌도 : 충돌도는 화살표와 기호로 사고에 관련된 차량이나 보행자의 경로, 사고의 유형 및 정도를 도식적으로 나타낸다(사고의 패턴, 예방책의 연구에 사용).

7 사고다발지점(High Accident Frequency Location)의 선정방법에 대하여 설명하시오. or 위험지점 선정방법에는 대해 기술하시오.

해설 - 사고건수법 : 주어진 기간 동안에 도로의 구간이나 지점에서 발생한 교통사고 건수
- 사고율법 : 교통량 또는 차량의 운행거리를 이용한 교통사고율을 산정
- 사고건수 · 사고율법 : 사고건수법과 사고율법을 혼용한 방법
- 한계사고율법 : 지점 또는 구간의 사고율이 비슷한 특성을 지니는 유사지점과(Reference Site) 비교하여 사고위험도의 높낮이를 통계적으로 해석하는 방법
- 사고 심각도법(EPDO) : 교통사고의 심각도를 고려하여 사망, 부상 등 사회적 손실을 재산피해와 비교하여 가중치를 부여하는 방법

8 위험지점 선정방법을 열거하고 선정방법별 장 · 단점을 쓰시오.

해설

구분	장 점	단 점
사고건수법	· 사용 편리 · 자료습득 용이	· 교통량에 대한 고려가 없음 · 일시적인 외부변수(자연재해 등)에 의한 사고건수 증감 설명이 곤란
사고율법	· 교통량 또는 운행거리를 고려할 수 있음	· 지방도, 군도 등 교통량 수집자료가 미비한 도로의 경우 적용이 어려움
사고건수 · 사고율법	· 사고건수법 적용시 운행거리가 매우 적은 경우 · 사고율이 비상식적으로 높은 경우 · 위 두가지 경우에 발생되는 문제점 보완 가능	· 유사특성을 가진 평균사고율과 평균사고건수의 통계적 해석 무시
사고심각도법	· 사고심각도를 반영할 수 있으므로 비용-편익 고려 가능	· 사고심각도에 따른 객관적인 사상계수 산정이 어려움
한계사고율법	· 통계학적 해석이 가능하여 보다 합리적임	· 유사지점 결정의 뚜렷한 원칙 없이 분석가의 의지대로 결정 · 분석가 별로 상이한 결과 도출 가능성 내재

9 교통사고분석 방법을 분류하고 방법론에 대해 설명하시오.

해설 - 기본적인 사고통계 비교분석 : 국가, 지역 내, 지역 간, 도로종류별 사고통계, 사고발생주체별 사고통계, 사고발생구간 또는 지점별 사고통계 : 교통안전정책수립 및 예산배정의 근거자료로 사용
- 사고요인 분석 : 도로, 교통, 차량, 교통안전시설, 교통운영방법과 사고율과의 관계 : 교통사고방지대책수립의 근거자료 및 소요예산책정의 근거자료로 사용
- 위험도 분석 : 사고 많은 구간 또는 지점을 판별
- 사고원인 분석 : 사고 많은 지점 또는 특정한 사고에 대해서 그 원인을 분석하거나 규명하는 미시적 분석 : 사고방지대책수립의 근거자료로 사용, 특정사고의 사고유발 책임소재 규명

참고

- Smeed 교수(영) : 교통사고사망자(D), 자동차보유대수(V), 인구(P)

$$D=0.003\,V\left(\frac{P}{V}\right)^{2/3}$$

10 사고다발지점 또는 위험지점의 안전개선계획을 수립 후 개선효과를 측정하기 위한 분석방법론에 대해 설명하시오

해설 • **유사지점에 의한 사전 · 사후 분석**

- 사업시행 전 · 후의 효과측도의 퍼센트 변화를 동기간 동안 개선이 시행되지 않는 유사지점에서의 퍼센트 변화와 비교
- 단, 개선이 없는 경우의 사업지점은 유사지점의 형태를 보일 것이며 사업지점과 유사지점간의 사고경험에서의 차이는 도로개선에 기인한다고 가정

• **사전 · 사후 분석**

- 유사지점을 이용할 수 없거나 특정 독립변수의 통제가 중요하지 않을 경우 흔히 이용
- 동일지점의 사업시행 전 · 후의 사고자료에 기초하며 두 가지의 기본가정 중 어느 하나가 잘못되었다면 부정확한 결론 도달
- 첫째, 교통안전개선이 없을 경우 그 효과측도들은 같은 수준으로 계속되며 둘째, 사업시행 후에 측정된 효과측도의 변화는 그 개선에 기인

• **비교평행 분석**

- 사업시행 전의 자료를 구할 수 없다는 것 외에는 유사지점에 의한 사전 · 사후 분석방법과 유사
- 유사지점은 개선전의 사업지점과 유사한 결함을 보여야 하며 유사지점의 평균효과측도와 비교할 때 사업지점에서의 효과측도의 변화는 개선에 기인
- 즉, 사업시행 후만 비교

• **추세 비교 분석**

- 유사지점 선정이 필요 없고 사업지점만 분석
- 공사 전, 공사 중, 공사 후 3단계를 비교 분석

11 교통사고조사 시 필요한 조사항목을 열거하시오.

해설 사고위치, 사고의 날짜 · 요일 · 시간, 사고종류, 피해정도, 사고에 연류된 차량종류, 노면상태, 기후, 사고발생의 경위 및 사고 직전의 상황

12 표지나 노면표시를 제외한 도로 안전시설의 종류에 대해서 설명하시오.

해설
- 장애물표시 : 노면에 설치하지는 않지만, 임시 바리케이드, 배수구입구 등 도로주변에 있는 중요한 장애물에 표시를 하거나 또는 그러한 장애물이 있다는 것을 나타내는 표지
- 반사체 : 도로변에 세워서 교통을 유도하거나 교통안전을 도모하기 위한 시설
- 차로유도표 : 반사체와 비슷한 기능을 수행하며, 경로를 잘 나타내기 위해 갓길을 따라 일정간격으로 세워두는 반사체 막대
- 방호책(baricade) : 공사 또는 정비유지 작업을 운전자에게 알리기 위해 사용되는 임시설비
- 교통콘(traffic cone) : 위해물 주위나 혹은 이를 지나치는 차량에게 안전한 주행선을 안내하는 일종의 이동차로표시
- 노면요철(rumble strip) : 노면을 갈고리로 긁은 것처럼 작은 요철을 만들어 운전자에게 전방의 상황 변화를 예고하는데 사용
- 이정표 : 잘 알려진 지점을 기준으로 하여 어떤 지점의 정확한 위치를 나타내는 표지

13 방호책의 효과에 대해서 설명하시오.

해설
- 주행차량의 도로 이탈을 방지
- 도로 이탈차량의 진행 방향을 복원
- 운전자의 시선유도
- 보행자의 무단횡단을 억제

14 중앙분리대의 기능에 대해 설명하시오.

해설
- 왕복교통류 분리
- 정면 충돌사고 감소
- 비분리 다차로도로에서 대향차로 오인 방지
- U-turn 방지, 교통혼잡방지
- 교통관제시설 설치장소 제공
- 차량의 대기공간
- 횡단공간 제공

15 교통안전시설은 능동적(Active)시설과 수동적(Passive) 시설로 나눌 수 있다. 이 개념을 설명하고 그 예를 5가지 이상 제시하시오.

해설
• 능동적(Active) 시설 : 도로에 적절한 장소에 설치함으로써 사고 발생을 예방하려는 시설
- 적절한 종 · 횡단 선형, 길어깨폭, 차선폭
- 과속방지시설 : Hump(과속방지턱), Plateau(교차로 전체 과속방지턱)
- 시선유도시설 : 시선유도표지, 갈매기표지, 표지병
- 기타시설 : 노면요철포장, 조명시설, 반사경

• 수동적(Passive) 시설 : 교통사고 발생 후 피해를 최소화시키는 안전시설
- 노변 및 중앙방호책
- 충격쿠션
- 브레이크웨이 지주
- 안전벨트
- ABS
- 에어백

16 스카프마크(Scuff Mark)에 대해 설명하시오.

해설 차량이 선회운동을 하면 차체에는 원심력이 작용하고 이 원심력에 저항하는 것이 타이어의 횡방향 마찰력이므로 차량이 도로를 급선회할 때 횡미끄럼 차륜흔적 즉, Yaw Mark가 생성되면서 도로이탈 및 전도, 전복 등의 사고가 발생할 가능성이 높다. 노면 위에서 타이어가 구르면서 일부 마찰을 일으켜 발생되는 흔적들이며 크게 3종류로 구분한다.

① 요마크(Yaw Mark) : 다소 차축과 평행하게 미끄러지면서 타이어가 구를 때 만들어지는 스커프마크(Scuff Mark)

② 가속스커프(Acceleration Scuff) : 휠이 도로표면 위를 최소 1바퀴 돌거나 회전하는 동안 충분한 힘이 공급되어 만들어지는 스카프 마크

③ 플랫타이어마크(Flat Tire Mark) : 타이어의 적은 공기압에 의해 타이어가 과편향되어 만들어진 스커프 마크

참고

• **요(Yaw)란 원래 항해술 용어로써, 차량의 3가지 운동 중 하나이다.**

– 피치(Pitch) : 액슬축의 가로방향으로 상하운동
– 롤(roll) : 액슬축의 세로방향으로 측면운동
– 요(Yaw) : 액슬축의 수직방향으로 좌우운동

17 차량주행 시 발생되는 저항 5가지에 대해 설명하시오.

해설 • **전행저항(Rolling Resistance)**

- 차륜이 수평노면 상을 굴러갈 때 발생하는 저항
- 전행저항은 노면상태와 차량의 총중량에 비례

• **공기저항(Air Resistance)**

- 역방향의 공기력에 의한 저항
- 공기저항은 공기밀도와 차량의 전면면적, 차량과 공기의 상대속도에 비례

• **경사저항(Grade Resistance)**

- 경사진 도로를 일정속도로 올라갈 때 차를 후퇴시키려는 저항
- 노면의 경사각과 차량의 총중량에 비례

• **곡선저항(Curve Resistance)**

- 곡선구간을 돌 때 앞바퀴를 안쪽으로 끄는 힘에 의한 저항
- 곡선저항은 차종, 곡선반경, 속도에 좌우됨

• **관성저항(Inertial Resistance)**

- 속도를 변하게 할 때 이겨야 할 저항
- 차량의 무게와 가속도의 크기에 비례

실전문제

1 속도의 유형 및 개념을 설명하시오.

2 고속도로 기본구간의 일반적인 서비스(V/C)와 주행속도와의 관계를 그림으로 그리시오.

3 2차로도로의 이상적인 조건 4가지를 설명하시오.

4 엇갈림(Weaving)구간에 대해 서술하시오.

5 신호교차로 서비스수준 분석 과정을 간략히 설명하시오.

6 TMS의 특성을 4가지 이상 기술하시오.

7 TSM의 MOE(효과척도 : Measure Of Effectiveness)가 기술적으로 만족시켜야 할 점을 4가지만 나열하시오.

8 수요와 공급 측면에서 본 TSM 기법을 유형별로 쓰시오.

9 일방통행제의 장단점을 3가지씩 설명하시오.

10 가변차로 도입시 필요한 조건사항 3가지만 나열하시오.

11 교통통제설비 설계시 기본요소 4가지를 열거하시오.

12 신호주기의 구성요소 중 출발 손실시간, 진행연장시간, 소거손실시간, 유효녹색시간을 그림으로 나타내시오.

13 감응신호기의 장점 3가지를 설명하시오.

14 평면교차로 설계의 기본원리 5가지를 설명하시오.

15 교통섬 설계 원칙에 대해 설명하시오

16 도류화 설계원칙 4가지를 설명하시오.

17 도시부 도로의 기능상에 따라 분류하시오.

18 완전크로바형 입체교차로의 형태와 진행방향을 도시하시오.

19 ITS 분야 5가지를 쓰시오.

20 사고다발지점(High Accident Frequency Location)의 선정방법에 대하여 설명하시오.

제4장

교통공학(계산문제)

1. 교통류 조사기법

1 시험차량을 이용하여 도로의 일정구간을 주행하면서 얻은 결과가 아래와 같다고 할 때 북쪽방향과 남쪽 방향에 대해 시간당 교통량과 평균주행시간을 구하시오.

주행방향 /조사대수	주행시간(분)	반대방향 주행차량수(대)	주행차량을 추월한 차량대수(대)	주행차량이 추월한 차량대수(대)
북쪽	-	-	-	-
1	2.75	80	1	1
2	2.55	75	2	1
3	2.85	83	0	3
4	3.00	78	1	1
남쪽	-	-	-	-
5	2.95	78	2	0
6	3.15	83	1	1
7	3.20	89	1	1
8	2.83	86	1	1

해설 북방향 주행시간=(2.75+2.55+2.85+3.00)=1.15/4=2.79분
북방향 평균반대방향 주행차량수=79대
북방향 시험차량을 추월한 차량평균수=1대
북방향 시험차량이 추월한 평균차량수=1.5대

남방향 주행시간=(2.95+3.15+3.20+2.83)=12.13/4=3.03분
남방향 평균반대방향 주행차량수=84대
남방향 시험차량을 추월한 차량평균수=1.25대
남방향 시험차량이 추월한 평균차량수=0.75대

- 방향별 교통량 및 평균주행시간의 계산

북방향 $$Vn = \frac{60(Ms + On - Pn)}{Tn + Ts} = \frac{60(84 + 1 - 1.5)}{2.79 + 3.03} = 861\text{대/시}$$

$$\overline{Tn} = Tn - \frac{60(On - Pn)}{Vn} = 2.79 - \frac{60(1 - 1.5)}{861} = 2.82\text{분}$$

남방향 $$Vs = \frac{60(Mn + Os - Ps)}{Tn + Ts} = \frac{60(79 + 1.25 - 0.75)}{2.79 + 3.03} = 820\text{대/시}$$

$$\overline{Ts} = Ts - \frac{60(Os - Ps)}{Vs} = 3.03 - \frac{60(1.25 - 0.75)}{820} = 2.99\text{분}$$

참고

- **주행차량 이용법**
  - 구간교통량과 함께 구간운행속도를 구할 때 이용된다.
  - 시종점시간과 함께 주행차량 반대편에서 주행차량과 만나는 차량수를 조사
  - 주행차량을 추월하는 차량수와 추월당하는 차량수를 조사
  - 운전자는 가능한한 추월이 균형을 이루도록 주행한다.

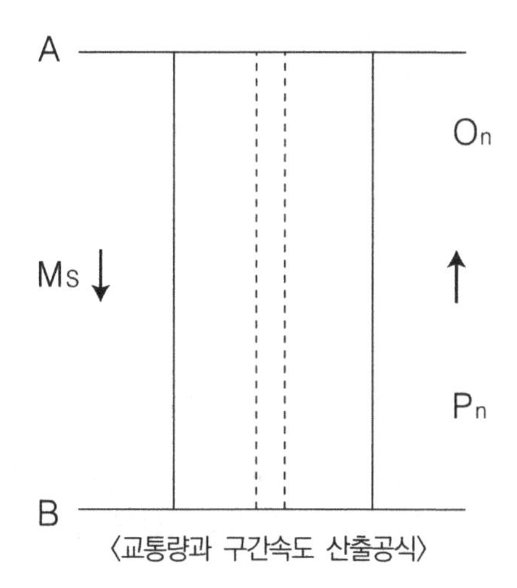

〈교통량과 구간속도 산출공식〉

$\cdot V_n = \dfrac{60(M_s + O_n - P_n)}{T_n + T_s}$ $\quad \cdot \overline{T_n} = T_n - \dfrac{60(O_n - P_n)}{V_n}$

위 그림에서

- ↑ n=북쪽, ↓ s=남쪽
- V_n=북방향 시간당 교통량
- M_s=주행차량이 남방향시 반대방향에서 만난 차량
- O_n=주행차량이 북방향시 주행차량을 추월한 차량
- P_n=주행차량이 북방향시 주행차량이 추월한 차량
- T_n=북방향 교통류의 평균주행시간
- $\overline{T_n}$=n방향 평균주행시간

2 **A와 B의 두 구간의 시간당 교통량(Q), 평균통행시간(t), 평균통행속도(v), 밀도(K)를 구하기 위해 이동차량조사법을 이용하여 아래와 같이 A~B 구간의 통행특성을 조사하였다.**

- $A \rightarrow B$ 방향 통행시간(ta) : 144.4초
- $B \rightarrow A$ 방향 통행시간(tb) : 68.2초
- $B \rightarrow A$ 진행시 반대편에서 오는 차량대수(X) : 102대
- $A \rightarrow B$ 진행시 추월차량수가 추월당한 차량보다 4대(Z)가 적다.
- A와 B 구간의 거리(ℓ) : 1,164(m)

위의 자료를 이용하여 A에서 B지점으로 진행시의 Q, t, $\overline{V}$, K를 구하시오.

해설 · $V_b = \dfrac{60(M_a + O_b - P_b)}{T_b + T_a}$ · $\overline{T_b} = T_b - \dfrac{60(O_b - P_b)}{V_b}$

① $Q = \dfrac{(X+Z)}{t_b + t_a} = \dfrac{(102+4)}{144.4+68.2} = 0.4986\text{대}/\text{초} = 1795\text{대}/\text{시}$

② $t = 144.4 - \dfrac{4}{0.4986} = 136.4\text{초}(2.273\text{분})$

③ $\overline{V} = \dfrac{\ell}{t} = \dfrac{1,164}{136.4} = 8.5m/\text{sec} = 30.6km/h$

④ $K = \dfrac{Q}{V} = \dfrac{1,796}{30.6} = 58.7\text{대}/km$

3 **A와 B의 두 구간의 시간당 교통량(Q), 평균통행시간(t), 평균통행속도(v), 밀도(K)를 구하기 위해 이동차량조사법을 이용하여 아래와 같이 $A \sim B$ 구간의 통행특성을 조사하였다.**

- $A \rightarrow B$ 방향 통행시간(ta) : 130.4초
- $B \rightarrow A$ 방향 통행시간(tb) : 70.3초
- $B \rightarrow A$ 진행시 반대편에서 오는 차량대수(X) : 110대
- $A \rightarrow B$ 진행시 추월차량수가 추월당한 차량보다 4대(Z)가 많다.
- A와 B 구간의 거리(ℓ) : 1,222(m)

위의 자료를 이용하여 A에서 B지점으로 진행시의 Q, t, $\overline{V}$, K를 구하시오.

해설 · $V_b = \dfrac{60(M_a + O_b - P_b)}{T_b + T_a}$ · $\overline{T_b} = T_b - \dfrac{60(O_b - P_b)}{V_b}$

① $Q = \dfrac{3,600(X+Z)}{t_b + t_a} = \dfrac{3,600(110-4)}{70.3+130.4} = 1,902\text{대}/\text{시}$

② $t = 130.4 - \dfrac{3,600(-4)}{1,901} = 137.95\text{초}$

③ $\overline{V} = \dfrac{\ell}{t} = \dfrac{1,222}{137.95} = 8.86m/\text{sec} = 31.9km/h$

④ $K = \dfrac{Q}{V} = \dfrac{1,901}{31.91} = 59.6\text{대}/km$

4 **속도조사를 위한 이동차량운행법이 있다. 여기에서 북방향 시간당 교통량(V_n)과 북방향 교통류의 평균주행시간($\overline{T_n}$)은?**

M_s : 주행차량이 남쪽으로 주행할 때 반대방향에서 만나 차량수 : 450대 O_n : 주행차량이 북쪽을 주행할 때 조사차량을 추월한 차량수 : 15대 P_n : 주행차량이 북쪽을 주행할 때 조사차량이 추월한 차량수 : 10대 T_n : 북쪽으로 주행할 때의 주행시간 : 15분 T_S : 남쪽으로 주행할 때의 주행시간 : 13분

해설 $V_n = \frac{60(M_s + O_n - P_n)}{T_n + T_s} = \frac{60(450+15-10)}{15+13} = 975$대/시

$\overline{T_n} = T_n - \frac{60(O_n - P_n)}{V_n} = 15 - \frac{60(15-10)}{975} = 14.69$분

5 **어느 도로구간에서의 속도조사를 위하여 이동차량주행법을 이용하였다. 그 결과가 아래와 같을 때 V_n(북방향 시간당 교통량)과 $\overline{T_n}$(북방향 교통류의 평균주행시간)을 구하시오.**

M_s=460대, O_n=20대, P_n=15대, T_n=16분, T_S=12분

해설 $V_n = \frac{60(M_s + O_n - P_n)}{T_n + T_s} = \frac{60(460+20-15)}{16+12} = 997$대/시

$\overline{T_n} = T_n - \frac{60(O_n - P_n)}{V_n} = 16 - \frac{60(20-10)}{997} = 15.7$분

6 **도로구간의 속도를 허용오차 ±2km/h의 수준으로 조사하기 위한 표본수를 결정하고자 한다. 유사한 도로(모집단)의 속도 표준편차가 10km/h로 나타나 있으며, 95%의 신뢰도에 대응한 표준화 변수 1.96을 이용하면 최소한 몇 대 이상의 차량속도를 조사해야 하는가?**

해설 $n = (\frac{z\sigma}{d})^2 = (\frac{10 \times 1.96}{2})^2 = 96.04 ≒ 97$대

참고

- **표본의 크기**

모집단이 정규분포를 이루고 있다고 가정을 토대로 표본의 평균과 모집단평균의 추정치가 얼마의 오차가 있는지를 검토하는 것이 중요하다.

즉, 모집단의 평균 μ와 표본평균 χ간의 오차를 알아야 추출한 표본의 신뢰도를 분석할 수 있다.

$$n = (\frac{z\sigma}{d})^2$$

n : 표본 수 　　　　z : 표준화변수 (유의수준 변수)

σ : 모집단표준편차 　　　　d : 최대허용오차 (절대오차)

한편 제한속도인 85% 속도 산정에는 다음과 산정 표본수의 1.5배가 필요하므로 다음과 같은 식을 사용한다.

$$n = (\frac{z\sigma}{d})^2 \times 1.5$$

표준편차를 모를 때에는 모집단의 개체특성치의 비율을 추정하여 이용할 수 있다. 이때 절대적 오차 d대신 상대적 오차 r를 사용하여 분석의 편의를 도모한다.

$$n = \frac{z^2 P(1-P)}{(r \cdot P)^2} = \frac{z^2(1-P)}{r^2 \cdot P}$$

P : 모집단 개체특성치의 몫에 관한 관측값(%)

r : 상대적 허용오차 한계(%)

z : 유의수준변수(%)

또한 여기서 설문지를 이용한 표본추출의 경우에는 기대되는 발송회송률을 고려한다면

$$n = \frac{z^2 P(1-P)}{(r \cdot P)^2 \cdot S} = \frac{z^2(1-P)}{r^2 \cdot P \cdot S}$$

P : 모집단 개체 특성치의 몫에 관한 관측값(%)

r : 상대적 허용오차 한계(%)

z : 유의수준변수(%)

S : 우편기대회송률(%)

7 **고속도로의 제한속도를 결정하고자 한다. 속도의 표준편차는 8.5km/h, 한계오차 2km/h의 경우 필요한 최소 표본수를 결정하시오.**

해설 $n = (\frac{z\sigma}{d})^2 \times 1.5 = (\frac{8.5 \times 1.96}{2})^2 \times 1.5 = 104.08 ≒ 105$대

8 **출근통행자의 표본수를 추정하려고 한다. 통행자 중 30%가 출근자로 조사되었다. 추정치의 오차허용범위를 ±5%, 95%의 신뢰구간을 적용할 때 표본의 크기와 우편엽서로 조사하는 경우 우편엽서 회송률이 45%일 때 표본의 크기를 구하시오.**

해설 $P = 0.3,\ r = 0.05,\ z = 1.96$

$$n = \frac{(1.96)^2(0.7)}{(0.05)^2(0.3)} = 3,586$$

$P = 0.3,\ r = 0.05,\ z = 1.96,\ S = 0.45$

$$n = \frac{(1.96)^2(0.7)}{(0.05)^2(0.3)(0.45)} = 7,969$$

∴ 출근자 최소표본수는 3,586명이며, 우편엽서를 이용할 때에는 7,969명을 조사해야 한다.

9 **어느 도로의 3m 구간의 2대의 차량을 조사한 결과 아래와 같은 결과를 얻었다. A차량 소요시간 0.5초, B차량 소요시간 1.0초일 때 시간평균속도와 공간평균속도는?(단위 ㎧)**

해설 $U_a = 3/0.5 = 6m/s$ $U_b = 3/1.0 = 3m/s$

$U_t = \frac{6+3}{2} = 4.5m/s$ $U_s = \frac{2}{\frac{1}{6}+\frac{1}{3}} = 4.0m/s$

참고

- **속도측정방법**

① 지점측정법-한 지점에서 ΔX만한 측정구간을 정하여 도로상에 표시하고 t초 동안 통과한 N대의 차량의 경과 시간(Δt)을 측정하여 그 속도를 구함

㉠ 시간평균속도($\overline{U_t}$)-산술평균 : 모든 차량의 속도를 그 수로 나눈 값

$$\overline{U_t} = \frac{1}{N}\sum_{i=1}^{N}\frac{\Delta X}{\Delta t_i} = \frac{1}{N}\sum_{i=1}^{N}U_i$$

㉡ 공간평균속도($\overline{U_S}$)-조화평균 : 모든 차량이 이동한 총 거리를 합하여 총 걸린 시간으로 나눈 속도

$$\overline{U_s} = \frac{1}{\frac{1}{N}\sum_{i=1}^{N}\frac{1}{U_i}} = \frac{N}{\sum_{i=1}^{N}\frac{1}{U_i}}$$

㉢ 시간평균속도와 공간평균속도의 관계

$$\overline{U_t} > \overline{U_S}\ ,\ \overline{U_t} = \overline{U_s} + \frac{\delta_s^2}{\overline{U_s}}$$

② 구간측정법-긴 구간(L) 내에 있는 M대의 차량이 짧은 시간(Δt) 동안 움직인 거리(S_i)를 측정하여 각 차량의 속도를 구함

$$\overline{U_s} = \frac{\sum S_i}{M \cdot \Delta t} = \frac{1}{M}\sum U_i$$

이때의 특징으로는 시간평균속도=공간평균속도

10 **아래 그림에서와 같이 둘레가 1km인 원형트랙에 2대의 차량이 각 30km/시와 60km/시의 속도로 일정하게 주행하고 있는 상황을 가정하자. 차량A는 원형트랙을 1시간에 30회 순환하고, 차량B는 60회 순환한다. 이러한 교통류의 시간평균속도와 공간평균속도를 구하시오.**

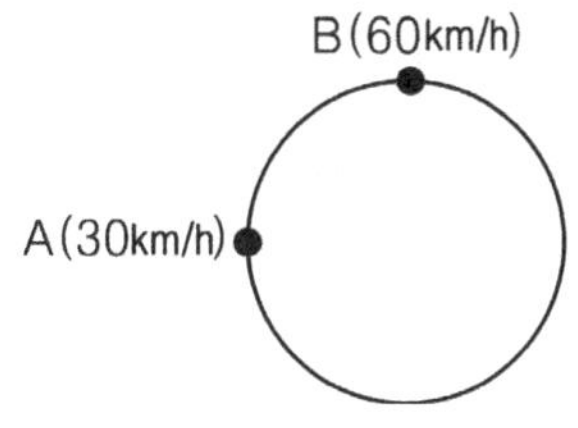

해설 트랙의 한 지점에서 통과하는 차량들의 속도를 관측하면, 1시간 동안 60km/시로 주행하는 차량이 60대, 30km/시로 주행하는 차량이 30대가 관측이 될 것이다.

반면, 1km의 원형트랙 상에는 항시 60km/시로 주행하는 차량 1대와 30km/시로 주행하는 차량 1대와 30km/시로 주행하는 차량 1대가 관측될 것이다. 이러한 상황은 구간연장 1km의 도로구간에서 이와 같은 일정한 교통류가 주행하는 상황과 같은 상태임을 알 수 있다.

$$TMS = \frac{1}{N}\sum_{i=1}^{N} U_i = \frac{(60\times60)+(30\times30)}{(60+30)} = 50kph$$

$$SMS = \frac{N}{\sum_{i=1}^{N}\frac{1}{U_i}} = \frac{(1\times60)+(1\times30)}{(1+1)} = 45kph$$

11 어느 200m 구간에서 속도조사를 실시하였다. 3개의 차량이 이 구간을 통과하는데 각각 10.5초, 9.7초, 11.7초로 나타났다.

(1) 공간평균속도는 얼마인가?

해설 $SMS = N\times\frac{s}{\Sigma ti} = 3\times\frac{200}{(10.5+9.7+11.7)} = 18.8m/s = 67.68km/h$

(2) 시간평균속도는 얼마인가?

해설 $TMS = \frac{1}{N}\times\Sigma\frac{s}{ti} = \frac{1}{3}\times(\frac{200}{10.5}+\frac{200}{9.7}+\frac{200}{11.7}) = 18.92m/s = 68.11km/h$

12 시점조사에서 4대 차량의 지점속도가 30, 40, 50, 60km/h로 관측되었다. 이때, 시간평균속도와 공간평균속도를 산출하시오.

해설 $TMS = \frac{\sum Vi}{N} = \frac{(30+40+50+60)}{4} = 45.0km/h$

$$SMS = \frac{N}{\sum\frac{1}{Vi}} = \frac{4}{(\frac{1}{30}+\frac{1}{40}+\frac{1}{50}+\frac{1}{60})} = 42.1km/h$$

13 순간속도를 측정하기 위하여 30m의 측정구간을 설정하여 5대의 차량의 통과시간을 측정한 결과 다음과 같다. 시간평균속도와 공간평균속도를 구하시오.

차량번호	측정구간 통과 시간(초)
1	2.3
2	2.0
3	1.9
4	2.1
5	1.7

해설 $TMS = (\frac{30}{2.3}+\frac{30}{2.0}+\frac{30}{1.9}+\frac{30}{2.1}+\frac{30}{1.7})\times\frac{1}{5} = 15.15m/s$

∴ 54.54km/h

$$SMS = \frac{30\times5}{2.3+2.0+1.9+2.1+1.7} = 15.0m/s$$

∴ 54km/h

14 지점속도조사에 관측된 4대 차량의 속도가 30, 40, 50, 60km/h일 때 다음의 물음에 답하시오.

(1) 시간평균속도는 얼마인가?

해설 $U_t = \dfrac{30+40+50+60}{4} = 45km/h$

(2) 공간평균속도는 얼마인가?

해설 $U_s = \dfrac{1}{\dfrac{1}{N}(\Sigma \dfrac{1}{U})} = \dfrac{1}{\dfrac{1}{4}(\dfrac{1}{30}+\dfrac{1}{40}+\dfrac{1}{50}+\dfrac{1}{60})} = 42.11km/h$

15 5분 간격으로 통과하는 차량의 속도를 측정한 결과 다음과 같다. 시간평균속도와 공간평균속도를 구하시오.

회	1	2	3	4	5	6	7	8	9	10	11	12
kph	50	65	81	100	92	58	79	83	59	102	88	92

해설 $U_t = \dfrac{50+65+81+100+92+58+79+83+59+102+88+92}{12}$

$= 79.08\ km/h$

$U_s = \dfrac{1}{\dfrac{1}{12}(\dfrac{1}{50}+\dfrac{1}{65}+\dfrac{1}{81}+\dfrac{1}{100}+\dfrac{1}{92}+\dfrac{1}{58}+\dfrac{1}{79}+\dfrac{1}{83}+\dfrac{1}{59}+\dfrac{1}{102}+\dfrac{1}{88}+\dfrac{1}{92})}$

$= 75.22\ km/h$

16 연속교통류의 평균주행속도를 항공사진을 이용한 구간측정법으로 구하고자 한다. 400m 구간 내에 있는 7대의 차량이 2초 동안 움직인 거리가 아래 표와 같이 측정되었다.

차량번호	2초 동안 움직인 거리(m)
1	35.86
2	27.72
3	36.38
4	39.64
5	33.62
6	33.92
7	27.76

(1) 시간평균속도를 구하시오.

해설 각 차량의 초속을 구하면

17.93, 13.86, 18.19, 19.82, 16.81 16.96, 13.88(m/s)

· 공간평균속도

$$= \frac{7}{\frac{1}{17.93}+\frac{1}{13.86}+\frac{1}{18.19}+\frac{1}{19.82}+\frac{1}{16.81}+\frac{1}{16.96}+\frac{1}{13.88}}$$

$$= 16.515m/s = 59.45km/h$$

공간평균속도는 거리의 합/시간의 합으로도 구할 수 있다.

(2) 시간평균속도를 구하시오.

해설 시간평균속도= $\frac{\sum 초속}{7} = \frac{117.45}{7} = 16.779m/s = 60.40km/h$

17 순간속도를 측정하기 위하여 30m의 측정구간(speed trap)을 설정하여 5대 차량의 통과시간을 측정한 결과 다음과 같다.

차량번호	측정구간 통과시간(초)
1	2.3
2	2.0
3	1.9
4	2.1
5	1.7

(1) 시간평균속도를 구하시오.

해설 시간평균속도= $(\frac{30}{2.3}+\frac{30}{2.0}+\frac{30}{1.9}+\frac{30}{2.1}+\frac{30}{1.7}) \times \frac{1}{5} = 15.15m/s$

$$= 54.54km/h$$

(2) 공간평균속도를 구하시오.

해설 공간평균속도= $\frac{30 \times 5}{2.3+2.0+1.9+2.1+1.7} = 15.0m/s = 54km/h$

18 50m 구간 $A-B$ 지점에서 차량의 통과시간을 스톱워치를 사용하여 측정하였다. 측정결과가 다음과 같을 때 시간평균속도를 구하시오.

차량수	A 지점(초)	B 지점(초)
1	0.10	3.20
2	0.50	4.10
3	0.10	3.50
4	0.10	2.90
5	0.30	3.90

해설 $V = \frac{d}{t_B - t_A}$ → $V_1 = \frac{50}{3.2-0.1} = 16.1m/s$ $V_2 = \frac{50}{4.1-0.5} = 13.8m/s$

$$V_3=\frac{50}{3.5-0.1}=14.7m/s \quad V_4=\frac{50}{2.9-0.1}=17.9m/s \quad V_5=\frac{50}{3.9-0.3}=13.9m/s$$

$$TMS=\frac{V_1+V_2+V_3+V_4+V_5}{N}=\frac{16.1+13.8+14.7+17.9+13.9}{5}=15.28m/s$$

19 **일반적으로 시간평균속도가 공간평균속도보다 크다. 그러나 짧은 시간 동안 거의 비슷함을 알 수 있다. 이를 증명하시오.**

해설 $U_s=(\sum S_i)/(M)\times\Delta t)=(1/M)\times\sum(S_i/\Delta t)=(1/M)\sum U_i=U_t$

참고

- 시간평균속도 $= U_t = TMS$ (*Time Mean Speed*)
- 공간평균속도 $= U_s = SMS$ (*Space Mean Speed*)

20 **2차로도로에서 승용차환산계수를 적용하여 구한 교통량이 3,200대/h일 때 평균속도가 40㎞/h였다. 다음 물음에 대해 답하시오.**

(1) 밀도는?

해설 $\frac{\text{교통량}}{\text{속도}}=\frac{\frac{3,200\text{대/시}}{2}}{40km/h}=40\text{대}/km/\text{line}$

(2) 차두시간은?

해설 $\frac{3,600}{Q}=\frac{3,600}{\frac{3,200}{2}}=2.25\text{초/대}$

(3) 차두거리는?

해설 $\frac{1,000}{\text{밀도}}=\frac{1,000}{40}=25m/\text{대}$

참고

- **차두간격, 차두거리, 차간간격**
  - 차두거리(Spacing space headway) : 주행하는 차량의 맨 앞 부분부터 앞서가는 차량의 맨 앞까지의 거리

    $S=\frac{1,000}{K}$ S : 차두거리(m/대) K : 밀도(대/km)
  - 차두시간(간격)-headway : 어느 한 지점을 통과하여 뒤에 오는 차량의 앞부분이 같은 지점을 통과할 때까지의 시간

$h = \frac{3,600}{q}$ h : 차두간격(sec/대) q : 교통량(대/hour)

– 차간간격 : 앞차의 뒷부분과 뒤차의 앞부분 사이의 거리로 초로 환산

$g = h - \frac{l}{\overline{V}}$ g : 차간간격(초) h : 차두간격(초)

$\overline{V}$: 속도(km/h) l : 차량길이(m)

– 평균차두시간 $(\bar{t}) = \frac{1}{Q} = \frac{1}{\overline{v_s} \cdot K}$

– 평균차두간격 $(\bar{S}) = \frac{1}{K} = \frac{\overline{v_s}}{Q}$

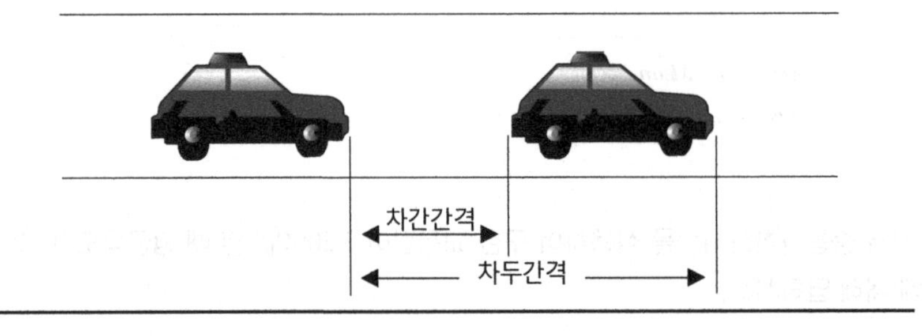

21 편도 4차로도로에서 승용차환산계수를 적용하여 구한 교통량이 6,600대/h일 때 평균속도가 35㎞/h였다. 다음 질문에 답하시오.

(1) 밀도

해설 $\frac{\text{교통량}}{\text{속도}} = \frac{\frac{6,600\text{대/시}}{4}}{35km/h} = 47.14\text{대}/km/\text{line}$

(2) 차두시간

해설 $\frac{3,600}{Q} = \frac{3,600}{1,650} = 2.18\text{초/대}$

(3) 차두거리

해설 $\frac{1,000}{\text{밀도}} = \frac{1,000}{47.14} = 21.21m/\text{대}$

22 편도 4차로도로에서 교통량이 5,000대/시간이고 평균속도가 40km/h일 때 다음 질문에 답하시오.

(1) 밀도

해설 $\frac{\text{교통량}}{\text{속도}} = \frac{\frac{5,000\text{대/시}}{4}}{40km/h} = 31.25\text{대}/km/\text{line}$

(2) 차두시간

해설 $\frac{3,600}{Q}=\frac{3,600}{1,250}=2.88$초/대

(3) 차두거리

해설 $\frac{1,000}{밀도}=\frac{1,000}{31.25}=32m$/대

(4) 차량의 길이가 4m일 때 차간시간

해설 $g=h-\frac{l}{v}=2.88-\frac{4}{11.11}=2.52$초

23 차두간격 20m/대, 차두시간(h)=4.2초일 때 평균속도는?

해설 차두간격 $=\frac{1,000}{K}$ → $K=\frac{1,000}{차두간격}=\frac{1,000}{20}=50km$/km

$Q=\frac{3,600}{h}=\frac{3,600}{4.2}=857$대/시

평균속도$(u)=\frac{Q}{K}=857/50=17.14km/h$

24 평균주행속도(u)=50km/h, 차두시간(h)=2.4초/대일 때 밀도는?

해설 $Q=\frac{3,600}{h}=3,600/2.4=1,500$대/시

$K=\frac{Q}{U}=\frac{1,500}{50}=30$대$/km$

25 앞의 A차량이 60km/h, 뒤의 B차량이 54km/h으로 주행하고 있을 때 이 두 차량의 차간간격을 구하시오.(단, A차량의 길이 : 10m, B차량의 길이 : 5m, 차두시간 : 5초)

해설 $g=h-\frac{l}{v}$ 여기서, $g=5-\frac{10}{60/3.6}=4.4$초 ∴ 두 차량의 차간간격 4.4초

26 15분 동안에 교통량을 측정한 결과 700대가 관측되었다면 평균 차두시간은 얼마인가?

해설 $Q=\frac{700}{15}$대/분 $=\frac{700}{15}\times 60$대$/h=2,800$대$/h$

$h=\frac{1}{Q}=\frac{1}{2,800}h$/대 $=\frac{3,600}{2,800}$초/대 $=1.29$초/대

27 15분 동안에 교통량을 측정한 결과 600대가 관측되었다면 평균차두시간은 얼마인가?

해설 $Q = \frac{600}{15}$ 대/분 $= \frac{600}{15} \times 60$대$/h = 2,400$대$/h$

$h = \frac{1}{Q} = \frac{1}{2,400} h/$대 $= \frac{3,600}{2,400}$초/대 $= 1.5$초/대

28 검지기 2m, 평균차량길이 3m이고 총조사시간 30초, 검지기점유시간이 각각 0.38, 0.45, 0.35, 0.53, 0.55초와 같다. 밀도를 산정하시오.

해설 시간점유율$(O_t) = \frac{\sum t_{\circ}}{T} = \frac{0.38+0.45+0.35+0.52+0.55}{30} = 0.075$

∴ 밀도$(K) = \frac{1,000}{(L_v + L_d)} \times R_t = \frac{1,000}{3+2} \times 0.075 = 15$대$/km$

참고

- **교통류의 점유율**
  - 시간점유율(time occupancy : O_t) : 지점 S에 N대의 차량이 존재한 시간

$\cdot\ O_t = \frac{\sum t_{\circ}}{T} = \frac{\sum \text{차량의 검지기 점유시간}}{\text{총 관측시간}}$

$\cdot$ 밀도$(K) = \frac{1000}{(L_v + L_d)} \times O_t = \frac{1000}{(\text{평균차량길이} + \text{검지기길이})} \times O_t$

$\cdot$ 교통량$(Q) = \frac{3600 \cdot N}{T}$

  - 공간점유율(Space occupancy : O_s) : 구간 S에 N대의 차량이 차지하는 거리

$\cdot\ O_s = \frac{\sum l}{L} = \frac{\sum \text{통과한 차량길이}}{\text{도로구간 길이}}$

$\cdot$ 밀도$(K) = \frac{1000}{l_m} \times O_s = \frac{1000}{\text{평균차량길이}} \times \text{공간점유율}$

29 검지기 2미터 승용차 3미터 30초 동안 5대의 검지시간에서 밀도와 평균속도를 구하시오.

차량번호	1	2	3	4	5	합계
감지시간(초)	0.40	0.47	0.37	0.54	0.57	2.35

해설 시간점유율$(O_t) = \frac{\sum t_{\circ}}{T} = \frac{2.35}{30} = 0.0783$

∴ 밀도 $= \frac{1000}{(L_v + L_d)} \times O_t = \frac{1000}{3+2} \times 0.0783 = 15.66$ 대$/km$

$$\therefore \text{ 평균속도} = \frac{3.6 \times N \times (L_v + L_d)}{O_t \times T} = \frac{3.6 \times 5 \times 5}{30 \times 0.0783} = 38.3km/h$$

30 다음 그림은 관측되는 시공영역 내의 차량의 경로이다.

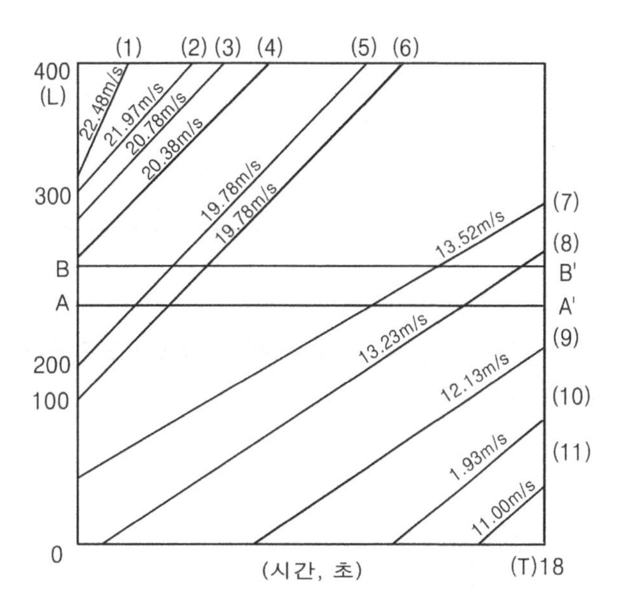

(1) 교통류율을 구하시오.

해설 교통류율(q)=$\frac{4대}{18초} \times 3{,}600/초h = 800vph$

18초 내에 $A-B$와 $A'-B'$ 구간 사이를 통과한 차량이 4대임을 알 수 있다.

(2) 차두시간(h)를 구하시오.

해설 차두시간(h)=$\frac{3{,}600}{q} = \frac{3{,}600}{800}$=4.5초/대

(3) 시간평균속도(TMS)를 구하시오.

해설 $U_t = \frac{19.78 + 19.78 + 13.52 + + 13.23}{4} = 16.58m/s = 59.68km/h$

(4) 공간평균속(SMS)를 구하시오.

해설 $$U_s = \frac{1}{\frac{1}{4}(\frac{1}{19.78} + \frac{1}{19.78} + \frac{1}{13.52} + \frac{1}{13.23})} = 15.96m/s = 57.45km/h$$

31 속도와 밀도의 관계에서 Greenshield 모형의 기본식, 그래프, 특징에 대해 기술하시오.

해설 • Greenshield 모형

- 속도와 밀도의 직선관계 가정
- 수학적으로 단순한 반면 현실적으로 k_j(혼잡밀도, 또는 최대밀도)값을 나타낼 수 없으며, 모든 영역에서 직선관계가 아님
- 즉, 밀도가 매우 낮거나 높으면 비직선관계가 나타남

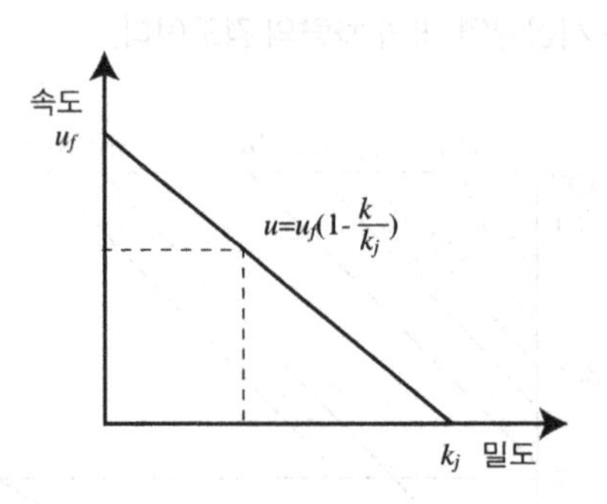

32 **교통량(q) = 속도(u) · 밀도(k)식을 Greenshield 모형의 속도-밀도 관계식을 이용하여 임계밀도(k_m)는 혼잡밀도(k_j)의 1/2임을 유도하시오.**

해설 $q = u \cdot k$

$u = u_f\,(1 - \frac{k}{k_j})$

u 대신에 Greenshield 공식을 대입하면 다음과 같다.

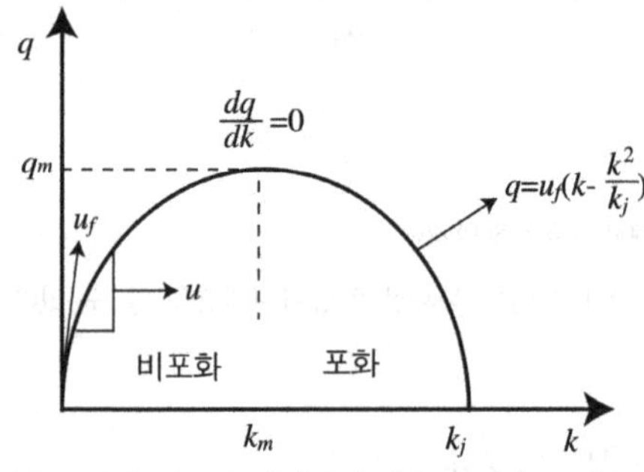

최대 교통량의 상태는 그림 [교통량-밀도의 관계곡선]에서 나타내는 식을 미분하여 기울기가 0인 경우이므로 $dq/dk = 0,\ \ k = k_m$으로 계산하면

$$\frac{dq}{dk} = u_f(1 - \frac{2k_m}{k_j}) = 0$$

여기서 $u_f \neq 0$, 따라서 $1 - \frac{2k_m}{k_j} = 0,\ \ k_m = \frac{k_j}{2}$일 때 교통량이 최대가 된다.

33 **교통류속도와 밀도 간의 관계식이 $u = u_f\,(1 - \frac{k}{k_j})$로 표시되는 경우, 최대통과교통량이 $q_m = \frac{u_f \cdot k_j}{4}$로 나타남을 증명하시오.**

해설 $q = u \cdot k$

$u = u_f\,(1 - \frac{k}{k_j})$

u대신에 Greenshield 공식을 대입하면 다음과 같다.

$$q = u_f\,(k - \frac{k^2}{k_j})$$

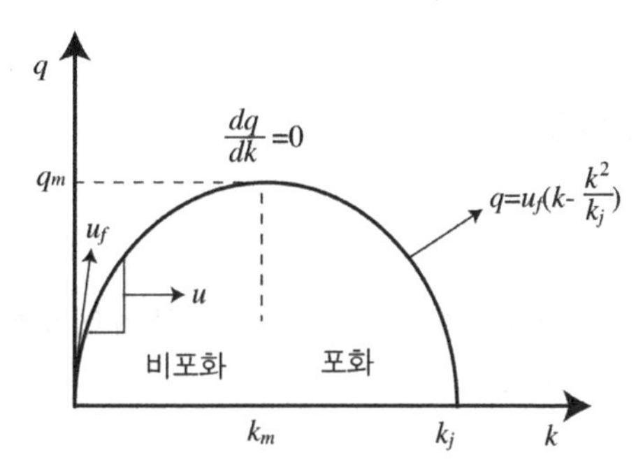

최대교통량의 상태는 그림 [교통량-밀도의 관계곡선]에서 나타내는 식을 미분하여 기울기가 0인 경우이므로 $dq/dk = 0$, $k = k_m$으로 계산하면

$$\frac{dq}{dk} = u_f(1 - \frac{2k_m}{k_j}) = 0$$

여기서 $u_f \neq 0$, 따라서 $1 - \frac{2k_m}{k_j} = 0$, $k_m = \frac{k_j}{2}$일 때 교통량이 최대가 된다.

마찬가지로 교통량-속도의 관계식도 유추해 보면 $u = \frac{u_f}{2}$인 지점이 교통량이 최대가 된다. 따라서 최대교통량은 $q_m = \frac{u_f \cdot k_j}{4}$일 때이다.

34 **Greenshield 모형은 속도와 밀도의 관계를 $u = u_f\,(1 - k/k_j)$의 식으로 도출하였다. u_f =60km/h이고 k_j =120대/km일 때의 다음 문제를 답하시오.(단, u_f : 자유속도, k_j : 혼잡밀도)**

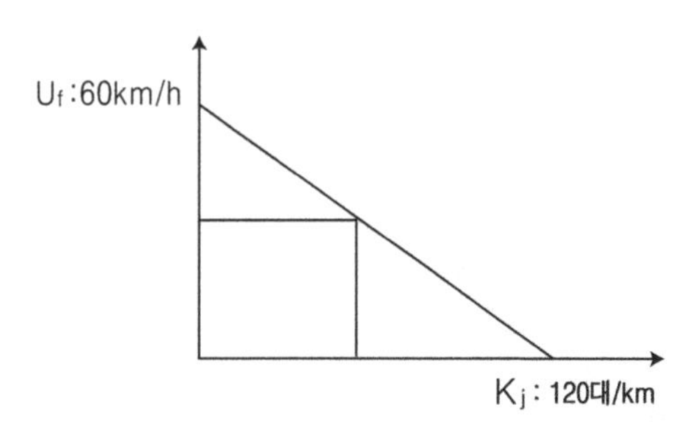

(1) k_m(임계밀도)를 구하시오.

해설 Greenshield는 속도와 밀도관계가 $u = u_f\,(1 - k/k_j)$라고 정의하였다.

$u_f = 60\ km/h$, $k_j = 120$ 대$/km$

$q = k \cdot u_f = (1 - k/k_j)k = u_f\,(k - k^2/k_j)$

$dq/dk = 0$일 때, $k \rightarrow k_m$

$dq/dk = u_f\,(1 - 2k_m/k_j) = 0 \Rightarrow 1 - 2k/k_j = 0 \Rightarrow 1 = 2k_m/k_j$

$k_m = k_j/2 = 120/2 = 60$ 대/km

(2) u_m(임계속도)를 구하시오.

해설 $u_m = u_f(1 - k_m/k_j) = 60(1 - 60/120) = 30km/h$

(3) q_{max}(최대교통량)을 구하시오.

해설 $q_{max} = u_m \times k_m = 30 \times 60 = 1,800$ 대/시

35 Greenshield 모형의 속도-밀도관계식이 $u = 52.4 - 0.35k$로 주어졌을 때, Max Capacity, Optimum Speed, Jam Density를 구하시오.

(1) q_{max}(Max Capacity)

해설 $q = u \cdot k = (52.4 - 0.35k)k = 52.4k - 0.35k^2$

$dq/dk = 0$일 때 $k \rightarrow k_m$, $\frac{dq}{dk} = 52.4 - 0.7k_m = 0$

$k_m = \frac{52.4}{0.7} = 74.86$

단, k_m은 용량이 최대일 때의 밀도를 말한다.

$q_{max} = 52.4 \times 74.86 - 0.35 \times 74.86^2 = 1,962$ 대/h

(2) u_o(Optimum Speed)

해설 $u_o = \frac{q_{max}}{k_o} = \frac{1,962}{74.86} = 26.2\ km/h$

(3) k_j(Jam Density)

해설 속도-밀도 관계식에서 혼잡밀도(k_j)는 속도(u)가 0인 상태에서 밀도를 나타내므로

$u = 52.4 - 0.35k \rightarrow 0 = 52.4 - 0.35k_j$

$k_j = \frac{52.4}{0.35} = 149.6$ 대/km

[팁]

- q_m or q_{max} = Max Capacity, Max Flow(용량, 최대교통류율)
- u_m or u_o = Optimum Speed(임계속도)
- k_m or k_o = Optimum Density(임계밀도)
- u_f = Free Speed(자유류속도)
- k_j = Jam Density(혼잡밀도)

36 Greenshield 모형의 교통량-밀도관계식이 $q = -0.1k^2 + 20k$일 때 다음에 대해 답하시오.

(1) q_{max}(최대교통량)을 계산하시오.

해설 $\frac{dq}{dk} = -0.2k_m + 20 = 0$

$k_m = \frac{20}{0.2} = 100$

$q_{max} = -0.1 \times 100^2 + 20 \times 100 = 1,000$ 대/h

(2) u_m(임계속도)을 계산하시오.

해설 $u_m = \frac{q_m}{k_m} = \frac{1,000}{100} = 10\ km/h$

(3) k_j(혼잡밀도)를 계산하시오.

해설 교통량-밀도관계에서 k_j는 q가 0인 상태에서 밀도를 나타내므로

$-0.1k_j^2 + 20k_j = 0 \rightarrow k_j(0.1k_j - 20) = 0$ k_j는 0이 아니므로

$k_j = 200$ 대/km

37 자료수집 결과 속도와 밀도의 관계가 $u = 54.51 - 0.24k$로 나타난다. 이때 q_{max}, u_m, k_j 값을 구하시오.

(1) q_{max}

해설 $q = u \times k = (54.51 - 0.24k)k = 54.51k - 0.24k^2$

$dq/dk = 0$일 때 $k \rightarrow k_m$,

$dq/dk = 54.51 - 0.24 \times 2 \times k = 0 \rightarrow k = 54.51/(0.24 \times 2) = 113.56$

$k_m = 113.56$

$Q_{max} = 54.51k_m - 0.24k_m^2 = 54.51 \times 113.56 - 0.24 \times 113.56^2 = 3,095$ 대/시

(2) u_m

해설 $u_m = q_m/k_m = 3,095/113.56 = 27.25\ km/h$

(3) k_j

해설 교통량-밀도관계에서 k_j는 q가 0인 상태에서 밀도를 나타내므로

$u = 54.51 - 0.24k_j = 0 \rightarrow k_j = 54.51/0.24 = 227.13$

$k_j = 227.13$ 대/km

38 Greenberg 모형에서 속도와 밀도의 관계를 $u = u_m \ln(k_j/k)$으로 나타낸다. 이때 $k_m = k_j / e$임을 증명하라.

해설 $u = u_m \ln(k_j/k)$이며, u_m일 때 k_m이므로

$u_m = u_m \ln(k_j / k_m) \rightarrow \ln(k_j / k_m) = 1$

$k_m = k_j / e$

참고

- **Greenberg모형**
  - 속도와 밀도관계를 로그모형으로 표현
  - 혼잡밀도에서는 잘 맞으나 낮은 밀도에서는 속도를 밀도로 설명하기 부적절
  - $k \to 0$ 일 때, $u \to \infty$

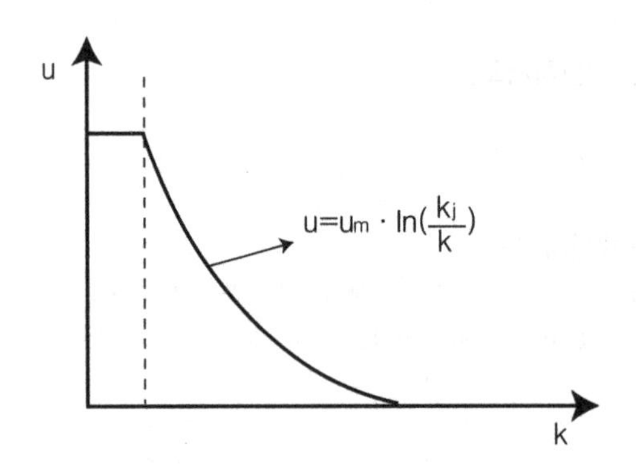

39 **Underwood 모형에서 속도와 밀도의 관계를 $u = u_f e^{-k/k_m}$으로 나타낸다. 이때 $u_m = (u_f / e)$임을 증명하라.**

해설 $u = u_f e^{-k/k_m}$이며, u_m일 때 k_m이므로

$u_m = u_f e^{-(k_m/k_m)} = u_f e^{-1}$

$u_m = u_f / e$

참고

- **Underwood모형**
  - Greenberg모형의 무한대 자유류속도(u_f)에 불만족하여 자유류속도(u_f)의 설명력을 보완한 모형
  - 속도가 0에 도달하지 않고 혼잡밀도가 무한대
  - 임계밀도 관측이 어려움
  - 추후 Underwood모형의 단점보완을 위해 추후 Edie가 밀도가 낮을 때는 Underwood지수모형을 적용하고 밀도가 높을 때는 Greenberg지수모형 사용한 Two-regime모형 제시

- **Northwestern University모형**
  - 모형식 : $u = u_f e^{-\frac{1}{2}(k/k_m)^2}$
  - 특징 : 속도-밀도곡선이 S자 형태
    혼잡밀도가 되어도 속도가 0이 되지 않음

• **Drew모형**

– 모형식 : $u = u_f[1-(\frac{k}{k_j})^{(\frac{n+1}{2})}]$

– 특징 : Greenshied모형에 Parameter 추가
n=1일 때 Greenshied모형
n=0일 때 포물선모형
n=−1일 때 exponential모형

• **Pipe-Munjal모형**

– 모형식 : $u = u_f[1-(\frac{k}{k_j})^n]$

– 특징 : n은 1보다 큰 실수이며 n=1일 때 Greenshied모형

40 **Greenberg 모형은 속도와 밀도의 관계를 $u = u_m \times \ln(k_j/k)$으로 나타낸다. 이때 $u_m = 40kph,\ k_j = 120vpk$일 경우 다음 문제에 답하시오.**

(1) K_m(임계밀도)을 구하시오.

해설 $Q = u \cdot k = (u_m \ln(k_j/k)) \times k$
$dq/dk = 0$일 때, $k \rightarrow k_m$
$dq/dk = u_m \ln(k_j/k_m) - 1 = 0 \rightarrow \ln(k_j/k_m) - 1 = 0 \rightarrow \ln(k_j/k_m) = 1$
$\rightarrow k_j/k_m = e \rightarrow k_m = k_j/e = 120/e = 44.15$
$k_m = 44.15$ 대/km

(2) Q_{max}(최대교통량)을 구하시오.

해설 $q_{max} = u_m \times k_m = 40 \times 44.15 = 1,766$대/시

참고

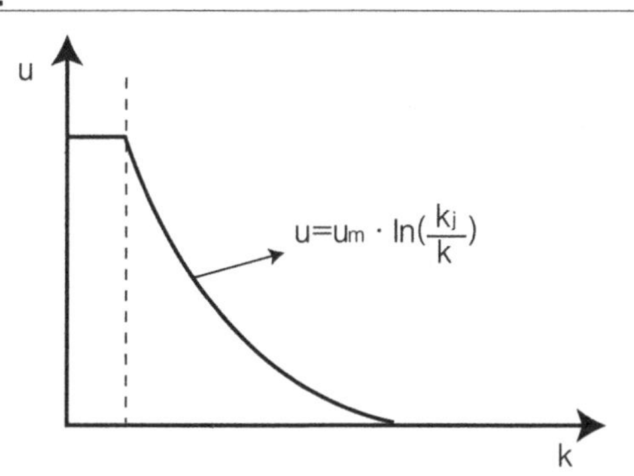

41 **어느 지점에서 차량번호판 기법을 이용하여 속도조사를 실시하여 다음과 같은 결과가 나타났다.**

속도간격(km/h)	차량대수	속도간격(km/h)	차량대수
10~20	0	60~70	32
20~30	4	70~80	16
30~40	7	80~90	8
40~50	18	90~100	5
50~60	54	100~110	1

X	f	X · f	X2 · f	%	누적%
10~20	0	0	0	0.0	0.0
20~30	4	100	2,500	2.8	2.8
30~40	7	245	8,575	4.8	7.6
40~50	18	810	36,450	12.4	20.0
50~60	54	2,970	163,350	37.2	57.2
60~70	32	2,080	135,200	22.1	79.3
70~80	16	1,200	90,000	11.0	90.3
80~90	8	680	57,800	5.5	95.8
90~100	5	475	45,125	3.4	99.2
100~110	1	105	11,025	0.8	100.0
합계	145	8,665	550,025		

(1) 지점 평균속도는 얼마인가?

해설 $V=\frac{\Sigma f \cdot X}{N}=\frac{8,665}{145}=59.76km/h$

(2) 위의 차량들 평균속도의 속도표준편차는 얼마인가?

해설 $S=(N\cdot\Sigma f\cdot X^2-(\Sigma f\cdot X)^2)\frac{1}{N(N-1)}$

$=(145\times550,025-8,665^2)/145\times144=223.73$

$S=14.96km/h$

$속도표준편차(s)=\sqrt{\frac{\Sigma(X-V)^2 f}{N-1}}\rightarrow$

$$s=\sqrt{\frac{(-44.76)^2\times0}{145-1}}+\sqrt{\frac{(-34.76)^2\times4}{145-1}}+\sqrt{\frac{(-24.76)^2\times7}{145-1}}$$

$$+\sqrt{\frac{(-14.76)^2\times18}{145-1}}+\sqrt{\frac{(-4.76)^2\times54}{145-1}}+\sqrt{\frac{5.24^2\times32}{145-1}}$$

$$+\sqrt{\frac{15.24^2\times16}{145-1}}+\sqrt{\frac{25.24^2\times8}{145-1}}+\sqrt{\frac{35.24^2\times5}{145-1}}$$

$$+\sqrt{\frac{45.24^2\times1}{145-1}}=14.96$$

(3) 위의 차량들의 공간평균속도는 얼마인가?

해설 $SMS=TMS-\frac{S^2}{TMS}=59.8-\frac{223.73}{59.8}=56.0km/h$

(4) 위의 차량들의 최빈속도는 얼마인가?

해설 최빈속도는 가장빈도가 높은 속도로서 55km/h가 된다.

(5) 위의 차량들의 중위속도는?

해설 약 54km/h

참고

중위속도란 속도조사에서 얻어진 속도를 크기의 순서로 나열한 속도의 중앙치를 말한다. 따라서 누적률 50% 사이에 있는 계급값들을 원단위법에 적용시켜 중위속도를 산출한다.

(6) 위의 결과로 제한속도를 설치하고자 할 때 그 속도는?

해설 약 73km/h(운전자의 85%가 주행하는 속도)

42 **교통량이 180대/시라고 한다. 한 시간 내에 도착하는 자동차 대수가 poisson 분포를 따른다고 가정할 때, 1분간에 4대의 자동차가 도착할 확률을 구하시오.**

해설 $\lambda(\text{평균도착률}) = \frac{180}{3{,}600} = 0.05\text{대/초}, \quad t = 60\text{초}$

$m(\text{평균도착대수}) = \lambda \cdot t = 0.05 \times 60 = 3\text{대/분}, \quad x = 4$

$P(x) = \frac{m^x e^{-m}}{x!} \rightarrow P(4) = \frac{3^4 \times e^{-3}}{4\,!} = 0.168 \qquad \therefore\ 16.8\%$

참고

- **포아송분포**

완전히 무작위로 발생하는 이산형 사상 나타내는데 사용

계수기준을 한 시행(trial)으로 보고 이 때 일어난 평균사상수 m일 때 한 시행에서 x개의 사상이 일어날 확률

$P(x) = \frac{m^x e^{-m}}{x!}$

x=0, 1, 2, ⋯

x=일정시간 내 도착(or 도로구간 내에 있는)하는 차량대수

$P(x)$=계수 기준 내(한 시행)에 x대 도착(있을)확률

m=계수 기준 내 도착할(있을) 평균차량 대수

43 **어느 주차장에 도착하는 차량이 1,000대/시이다. 이 주차장에 30초당 3대가 도착할 확률을 구하시오. (단, 주차장 도착차량의 분포는 포아송분포에 따른다고 가정한다)**

해설 $\lambda(\text{평균도착률}) = \frac{1,000}{3,600} = 0.2778\text{대/초},\ t = 30\text{초},$

$m(\text{평균도착대수}) = \lambda \cdot t = 0.2778 \times 30 = 8.334\text{대},\ \ x = 3$

$P(x) = \frac{m^x e^{-m}}{x!} \rightarrow P(3) = \frac{8.334^3 \times e^{-8.334}}{3\,!} = 0.0232 \quad \therefore\ 2.32\%$

44 어느 도로의 임의도착 교통류에서 도착차량이 시간당 600대 있다. 이 도착차량의 분포가 poisson분포를 따른다고 가정할 때, 30초 동안에 3대가 도착할 확률을 구하시오.

해설 $\lambda(\text{평균도착률}) = \frac{600}{3600} = \frac{1}{6}\text{대/초},\ \ t = 30\text{초},$

$m = \lambda \cdot t = \frac{1}{6} \times 30 = 5\text{대},\ \ x = 3$

$P(x) = \frac{m^x e^{-m}}{x!} \rightarrow P(3) = \frac{5^3 \times e^{-5}}{3\,!} = 0.1404 \quad \therefore\ 14.04\%$

45 주기가 120초인 교차로에 좌회전 포켓길이를 구하려고 한다. 임의로 도착하는차량의 분포가 poisson 분포를 따른다고 가정할 때, 좌회전교통량은 150대/시 를 95% 수용할 수 있는 확률의 좌회전 포켓길이를 산정하시오.(단, 이전 주기에 남아있는 좌회전차량은 없다고 가정하고, 대기차량의 차두거리를 6m로 가정한다)

해설 1시간주기당주기횟수$= \frac{3,600}{120} = 30$

주기당좌회전교통량$(m)\ =\ \frac{150}{30}\ = 5\text{대}$

$P(x) = \frac{m^x e^{-m}}{x!}$

차량대수(X)	누적확률	차량대수(X)	누적확률
0	0.006738	5	0.615961
1	0.040428	6	0.762183
2	0.124652	7	0.866628
3	0.265026	8	0.931906
4	0.440493	9	0.968172

$P(0) + P(1) + P(2) + ... + P(9) = 0.9682$

좌회전 포켓길이=차량대수×차량길이=9대×6m=54m

∴ 좌회전교통량의 95%를 수용할 수 있는 좌회전 포켓길이는 54m이다.

46 면허증소지자 30,120인 5년간 사고발생건수조사를 조사했더니 전체 7,000건이다. 5년 동안 3번 이상 발생자를 상습범이라고 하자. 전체사고건수 중 상습범은 몇 명인가?

해설 $P(x) = \frac{m^x \cdot e^{-m}}{x\,!} \qquad m = \frac{7,000}{30,120} = 0.23$

x가 3회 이상이므로 $1-[P(O) + P(1) + P(2)]$

$P(0) = \frac{0.23^0 \times e^{(-0.23)}}{0!} = 0.7945$

$P(1)=\frac{0.23^1 \times e^{(-0.23)}}{1!}=0.1827$

$P(2)=\frac{0.23^2 \times e^{(-0.23)}}{2!}=0.021$

교통사고를 3회 이상 일으킬 확률

$P(x \geq 3) = 1-P(x \leq 2)=1-[P(0)+P(1)+P(2)]$

= 1-[0.7945+0.1827+0.021]=0.0018

∴ 교통사고 상습자는 30,120인×0.0018=54.2인 ≒ 55인

47 운전면허 소지자 50,000인이 지난 5년간 사고경력을 조사하였다. 전체 교통사고는 15,000건이다. 지난 5년간 3회 이상 교통사고를 일으킨 사람을 교통사고 상습자로 관리하고자 한다. 교통사고 상습자는 몇인인지 산출하시오.

해설 $P(x)=\frac{m^x \cdot e^{-m}}{x\,!}$ $m=\frac{15,000}{50,000}=0.3$

x가 3회 이상이므로 1-$[P(O)+P(1)+P(2)]$

$P(0)=\frac{0.3^0 \times e^{(-0.3)}}{0!}=0.7408$

$P(1)=\frac{0.3^1 \times e^{(-0.3)}}{1!}=0.2222$

$P(2)=\frac{0.3^2 \times e^{(-0.3)}}{2!}=0.0333$

교통사고를 3회 이상 일으킬 확률 =

$P(x \geq 3) = 1-P(x \leq 2)=1-[P(0)+P(1)+P(2)]$

=1-[0.7408+0.2222+0.0333]=0.0037

∴ 교통사고 상습자는 50,000인×0.0037=185인

48 어느 버스터미널의 시간당 버스도착대수가 평균 100대일 때 5분 동안 8대의 버스가 도착할 확률을 구하시오.(단, 버스의 도착분포는 포아송분포를 따른다고 가정)

해설 $\lambda(\text{평균도착률})=\frac{100}{3,600}=0.02778\text{대/초},\ t=300\text{초},$

$m(\text{평균도착대수})=\lambda \cdot t=0.2778 \times 300=8.334\text{대},\quad x=8$

$P(x)=\frac{m^x e^{-m}}{x!} \rightarrow P(8)=\frac{8.334^8 \times e^{-8.334}}{8\,!}=0.1386 \quad \therefore\ 13.86\%$

49 T형 교차로에서 보조도로에서 주도로로 진입하는 교통량 중 60%가 우회전 40%가 좌회전을 하고 있다. 5대의 차량이 보조도로에서 주도로로 진입할 때 우회전차량이 1대 이상 3대 이하의 경우의 확률은 얼마인가?

해설 (이항분포) $B(x)=\binom{n}{x}p^x q^{n-x}=\frac{n!}{x!(n-x)!}p^x q^{n-x}$

시행의 수(n)=5

n번의 시행에서 일어나는 사상의 수(x)
한 시행에서 한 사상이 일어날 확률(p)=0.6
$q=1-p=1-0.6=0.4$

$$B(1)=\frac{5!}{1!(5-1)!}0.6^1 0.4^{(5-1)}=\frac{5!}{1!4!}0.6^1 0.4^4=0.0768$$

$$B(2)=\frac{5!}{2!(5-2)!}0.6^2 0.4^{(5-2)}=\frac{5!}{1!3!}0.6^2 0.4^3=$$

$$B(3)=\frac{5!}{3!(5-3)!}0.6^3 0.4^{(5-3)}=\frac{5!}{3!2!}0.6^3 0.4^2=0.3456$$

$$B(1\leq x\leq 3)=B(1)+B(2)+B(3)=0.0768+0.2304+0.3456=0.6528$$

$\therefore$ 65.28%

참고

- **이항분포**

계수기준이 주차면수 or 차량대수인 경우에 많이 사용
계수기준을 구성하는 차량 한 대(or 한 면)가 하나의 시행으로 보고 n번의 시행에서 x개의 사상이 일어날 확률

$$B(x)=\binom{n}{x}p^x q^{n-x}=\frac{n!}{x!\,(n-x)!}p^x q^{n-x},\ x=0,\ 1,\ 2,\cdots$$

$B(x)$: n번의 시행에서 x번의 사상이 일어날 확률
n : 시행의 수(계수기준이 되는 차량대수)
x : n번의 시행에서 일어난 사상의 수
p : 한 시행에서 한 사상이 일어날 확률
q : 한 시행에서 사상이 일어나지 않을 확률
특징 : 확률변수 x의 평균은 np, 분산은 npq, 분산이 평균보다 항상 적다. 따라서 분산/평균이 1보다 적은 교통량 많은 교통류에 사용

$$B(0)=q^n,\ B(x)=\frac{n+1-x}{x}\cdot\frac{p}{q}\cdot B(x-1)$$

50 **Y형 교차로에서 우회전확률이 2/3, 좌회전확률이 1/3이다. 3대 차량 중 2대 이하가 우회전할 확률을 구하시오.**

해설 이항분포 $B(x)=\binom{n}{x}p^x q^{n-x}=\frac{n!}{x!(n-x)!}p^x q^{n-x}$

시행의 수(n)=3
n번의 시행에서 일어나는 사상의 수(x)
한 시행에서 한 사상이 일어날 확률(p)=2/3
$q=1-p=1-1/3=2/3$

$$B(0)=\frac{3!}{0!(3-0)!}(\frac{2}{3})^0(\frac{1}{3})^{(3-0)}=\frac{3!}{0!3!}(\frac{2}{3})^0(\frac{1}{3})^3=0.0370$$

$$B(1)=\frac{3!}{1!(3-1)!}(\frac{2}{3})^1(\frac{1}{3})^{(3-1)}=\frac{3!}{1!2!}(\frac{2}{3})^1(\frac{1}{3})^2=0.2222$$

$$B(2)=\frac{3!}{2!(3-2)!}(\frac{2}{3})^2(\frac{1}{3})^{(3-2)}=\frac{3!}{2!1!}(\frac{2}{3})^2(\frac{1}{3})^1=0.4444$$

$B(0\le x\le 2)=B(0)+B(1)+B(2)=0.7036 \quad \therefore 70.36\%$

51 삼거리에서 좌회전교통량 1/4, 우회전교통량이 3/4이다. 총 3대가 올 때 우회전이 2대 이하일 확률은?

해설 이항분포 $B(x)=\binom{n}{x}p^x q^{n-x}=\frac{n!}{x!(n-x)!}p^x q^{n-x}$

시행의 수(n)=3

n번의 시행에서 일어나는 사상의 수(x)

한 시행에서 한 사상이 일어날 확률(p)=0.75

$q=1-p=1-0.6=0.05$

$$B(0)=\frac{3!}{0!(3-0)!}0.75^0 0.25^{(3-0)}=\frac{3!}{0!3!}0.75^0 0.25^3=0.0156$$

$$B(1)=\frac{3!}{1!(3-1)!}0.75^1 0.25^{(3-1)}=\frac{3!}{1!2!}0.75^1 0.25^2=0.1406$$

$$B(2)=\frac{3!}{2!(3-2)!}0.75^2 0.25^{(3-2)}=\frac{3!}{2!1!}0.75^2 0.25^1=0.4219$$

$B(0\le x\le 2)=B(0)+B(1)+B(2)=0.0156+0.1406+0.4219=0.5781$

$\therefore 57.81\%$

52 다음 그림과 같은 Y 자형 3지교차로에서 우회전 교통량이 1/3, 좌회전교통량이 2/3이다. 4대의 진입 차량 중 2대 이하의 차량이 우회전할 확률을 구하시오.

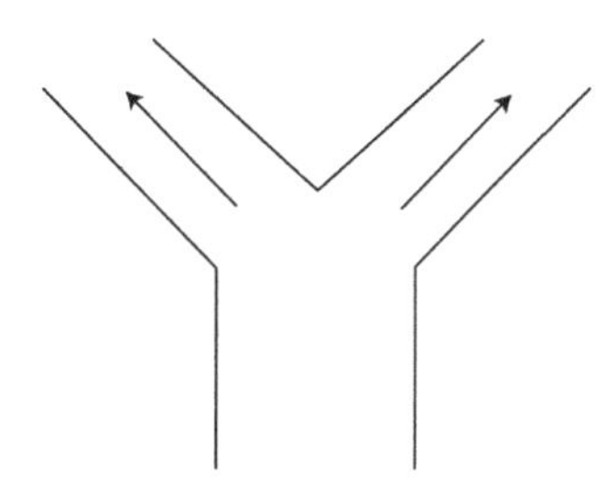

해설 이항분포 $B(x)=\binom{n}{x}p^x q^{n-x}=\frac{n!}{x!(n-x)!}p^x q^{n-x}$

시행의 수(n)=4

n번의 시행에서 일어나는 사상의 수(x)

한 시행에서 한 사상이 일어날 확률(p)=1/3

$q=1-p=1-1/3=2/3$

$$B(0)=\frac{4!}{0!(4-0)!}(\frac{1}{3})^0(\frac{2}{3})^{(4-0)}=\frac{4!}{0!4!}(\frac{1}{3})^0(\frac{2}{3})^4=0.1975$$

$$B(1)=\frac{4!}{1!(4-1)!}(\frac{1}{3})^1(\frac{2}{3})^{(4-1)}=\frac{4!}{1!3!}(\frac{1}{3})^1(\frac{2}{3})^3=0.3951$$

$$B(2)=\frac{4!}{2!(4-2)!}(\frac{1}{3})^2(\frac{2}{3})^{(4-2)}=\frac{4!}{2!2!}(\frac{1}{3})^2(\frac{2}{3})^2=0.2963$$

$B(0\le x\le 2)=B(0)+B(1)+B(2)=0.8889 \quad \therefore 88.89\%$

53 총 100명 중에서 대중교통이용자가 75명이고 승용차 이용자는 25명이다. 앞으로 8명 더 조사할 때 5명이 대중교통일 확률을 구하시오.

해설 대중교통을 이용할 확률(m)=75명/100명=0.75
시행의 수(n)=8
n번의 시행에서 일어나는 사상의 수(x)
한 시행에서 한 사상이 일어날 확률(p)=0.75

$q=1-p=1-0.75=0.25$

8명 중에서 5명이 대중교통을 이용할 확률

$$B(5)=\frac{8!}{5!(8-5)!}(0.75)^5(0.25)^{(8-5)}=\frac{8!}{5!3!}(0.75)^5(0.25)^3=0.2076$$

$\therefore$ 20.76%

54 복잡한 도심지 교차로에서 임의도착 교통량을 15초 단위로 64회 측정한 결과 평균값(x)=7.469, 분산(S)=3.999를 얻었다. 이를 이항분포에 적합시키기 위한 확률을 구하시오.

해설 $n=\frac{x^2}{x-s}$, $p=\frac{x}{n}$, $q=1-p$

$$n=\frac{7.469^2}{7.469-3.999}=16.08$$

$$p=\frac{7.469}{16}=0.467=1-p=1-0.467=0.533$$

55 교통류의 구성이 트럭 10%, 승용차 90%로 이루어져 있다. 3번째 트럭이 통과하기까지 6대의 승용차가 통과할 경우 확률을 구하시오.

해설 (음이항 분포)$N(x)=\frac{(x+k-1)!}{x!(k-1)!}p^kq^x$
한 시행에서 사상이 일어날 확률(p)=0.1

$q=1-p=1-0.1=0.9$

n번의 시행에서 마지막 시행이 k 번째의 성공(k)=3
x=1

$$N(x)=\frac{(x+k-1)!}{x!(k-1)!}p^kq^x=\frac{(6+3-1)!}{(6!(3-1)!}\times(0.1)^3(0.9)^6=0.0149 \quad \therefore \ 1.5\%$$

참고

- **음이항분포**

k번째 사상을 얻기 위해(성공 위해) x번 실패해야 할 확률. 즉 $(k+x)$번 시행해야 함.
마지막 n번째 $(=k+x)$의 시행이 k번째의 성공이 될 때까지 x번 실패가 있을 확률을 음이항분포로

$$N(x)={}_{x+k-1}C_x\cdot p^kq^x=\frac{(x+k-1)!}{x!(k-1)!}p^kq^x \qquad x=0,1,2,\ldots$$

$N(x)=$ k번째의 성공을 얻기 위해 x번의 실패를 할 확률

즉, k번의 성공을 위해서 시행횟수가 $n=k+x$일 확률

p = 한 시행에서 사상이 일어날 확률

$q=1-p$

$k=n$ 번의 시행에서 마지막 시행이 k번째의 성공

56 교통량이 적은 도로에서 임의도착분포를 갖는 교통류가 있다. 시간당 도착교통량이 600대일 때 차두시간이 4초보다 적을 확률을 구하시오.(단, 임의도착교통량의 분포는 음지수분포에 따른다)

해설 음지수분포 $\lambda=\frac{600}{3,600}=\frac{1}{6}$대/초

$P(h<4)=1-P(h\geq 4)=1-e^{-\lambda t}=1-e^{-4/6}=0.48658$ $\therefore$ 48.66%

참고

- **음지수분포**

간격분포의 가장 기본적 형태로 포아송분포에서 나온 것. 평균도착대수 λ인 포아송분포에서 t시간 사이에 차량이 0대 도착할 확률

$P(0)=e^{-\lambda t}$에서 말을 바꿔 두 차량 사이의 차두간격이 t보다 클 확률

$$\int_t^{\infty} f(t)dt=e^{-\lambda t}$$

$f(t)$=차두시간의 분포를 나타내는 확률분포함수, λ=평균도착류율

이를 좀 더 간략화 하면 $P(0)=P(h\geq t)=e^{-\lambda t}$로 나타나 주어진 시간 t동안 차량이 한 대도 도착하지 않을 확률을 나타냄

또한 주어진 시간 내에 차량이 관측(또는 도착)될 확률은 $P(h<t)=1-e^{-\lambda t}$로 나타낼 수 있다.

57 어떤 주차장에 2시간 동안 360대의 차량이 도착한다고 한다. 1분 동안 차량이 한 차량이 한 대로 도착하지 않을 확률을 구하시오.(단, 주차시간의 분포는 음지수분포에 따른다)

해설 음지수분포 $\lambda=\frac{360}{2\times 60}=3$대/분, $P(0)=e^{-\lambda t}=e^{-3\cdot 1}=0.0498$

$\therefore$ 4.98%

58 어느 주차장의 평균주차시간은 2시간이다. 한 대의 차량이 도착했을 때 이 차량이 1시간미만 주차할 확률은?(단, 주차시간의 분포는 음지수분포에 따른다)

해설 음지수분포 $P(h<1)=1-P(h\geq 1)$ 이므로 $e^{-\lambda t}=e^{\frac{t}{\bar{t}}}$

따라서 $1-e^{-\frac{1}{2}}=0.3934$

$\therefore$ 39.34%

59 임의 도착하는 교통류의 교통량이 600대이다. 평균최소허용 차두시간이 1.5초일 때 차두시간이 4초보다 적을 확률을 이동된 음지수분포를 이용하여 구하시오.

해설 • 이동된 음지수분포

$\lambda = \frac{600}{3,600} = \frac{1}{6}$ 대/초　　$\mu = \frac{1}{\lambda}$ → ∴ $\mu = 6$ 초/대

$P(h<4) = \int_{1.5}^{4} \frac{1}{6-1.5} e^{-((t-1.5)/(6-1.5))} dt$

$= \int_{4}^{1.5} \frac{1}{4.5} e^{-((t-1.5)/(4.5))} dt$

$= [e^{-((t-1.5)/(4.5))}]_{1.5}^{4} = 1 - e^{-(2.5)/(4.5)} = 0.4262$

∴ `42.62``%

참고

• **이동된 음지수분포**

한 차로에서 차간시간은 0이 될 수 없으며 최소한의 안전차두시간을 갖는다. 그러므로 음지수분포는 최소허용차두시간 h만큼 오른쪽으로 이동된다.

$$P(h \le t) = \int_{h}^{t} \frac{1}{\mu - h} e^{-\frac{t-h}{\mu-h}} dt$$

60 임의 도착하는 교통류의 교통량이 500대이다. 최소허용 차두시간이 1.5초일 때 차두시간이 3초보다 적을 확률을 이동된 음지수분포를 이용하여 산출하시오.

해설 이동된 음지수분포

$\lambda = \frac{500}{3,600} = 0.1389$ 대/초　　$\mu = \frac{1}{\lambda}$ → ∴ $\mu = 7.2$ 초/대

$P(h<4) = \int_{1.5}^{3} \frac{1}{7.2-1.5} e^{-((t-1.5)/(7.2-1.5))} dt$

$= \int_{1.5}^{3} \frac{1}{5.7} e^{-((t-1.5)/(5.7))} dt$

$= [e^{-((t-1.5)/(5.7))}]_{1.5}^{3} = 1 - e^{-(1.5)/(5.7)} = 0.2314$

∴ `23.14``%

61 어느 도로에 대한 개선이 이루어지기 전후의 속도를 측정한 결과가 다음과 같다. 유의수준 5%에서 도로개선으로 인한 속도증가효과에 대해 검정을 하시오.(유의수준 : α=0.05일 때 1.96)

개선 전 : $U_1 = 35.5km/h,\ s_1 = 5.2km,\ n_1 = 300$　　개선 후 : $U_2 = 37.4km/h,\ s_2 = 4.3km,\ n_2 = 400$

해설 $S_d = \sqrt{\frac{s1^2}{n1} + \frac{s2^2}{n2}} = \sqrt{\frac{5.2^2}{300} + \frac{4.3^2}{400}} = 0.37$

$$\frac{|U_1 - U_2|}{Z} = \frac{|35.5 - 37.4|}{1.96} = 0.97$$

$\therefore \frac{|U_1 - U_2|}{Z} > S_d$이므로 도로개선으로 인한 속도증가의 효과가 존재한다.

62 자료가 아래와 같을 때 표지판 설치 전후의 속도감소 효과를 유의수준 5%에서 검정하시오.(유의수준 : α=0.05일 때 1.96)

	설치 전	설치 후
X(km)	42	38
표준편차	4.2	5.4
표본수	50	100

해설 $S_d = \sqrt{\frac{s1^2}{n1} + \frac{s2^2}{n2}} = \sqrt{\frac{4.2^2}{50} + \frac{5.4^2}{100}} = 0.803$

$$\frac{|U_1 - U_2|}{Z} = \frac{|42 - 38|}{1.96} = 2.041$$

$\therefore \frac{|U_1 - U_2|}{Z} > S_d$이므로 도로개선으로 인한 속도감소의 효과가 존재한다.

63 전방교통류와 후방교통류의 특성이 다음과 같을 때 AA'(충격파)의 속도를 구하시오.

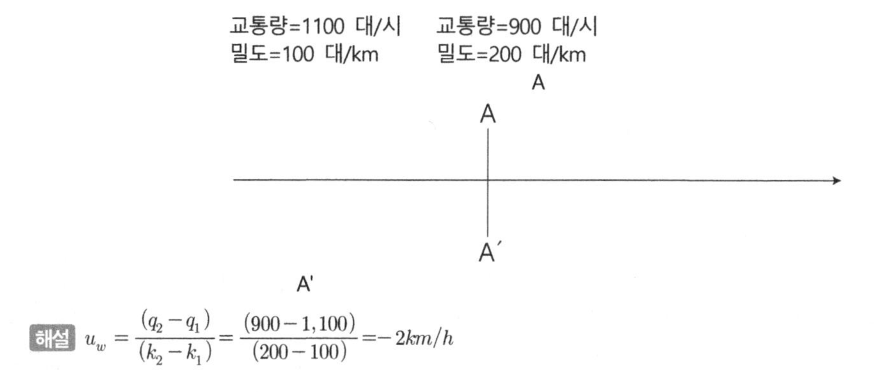

해설 $u_w = \frac{(q_2 - q_1)}{(k_2 - k_1)} = \frac{(900 - 1,100)}{(200 - 100)} = -2km/h$

참고

- **충격파 이론**

교통특성은 시간-거리에 따라 항상 끊임없이 변화하여 이때 한 상태와 또 다른 상태의 교통류 간에는 속도 등의 변화에 따른 경계선이 생기게 마련이다. 교통류이론에서 이 경계선을 충격파(shock wave)라고 하며, 이는 경우에 따라 매우 완만하거나 때론 급격한 특징을 갖는다. 전자는 양방향 2차로 도로에서 저속차량과 고속차량 사이의 예를 들 수 있고, 후자는 신호교차로에 정지하여 대기하고 있는 차량들을 향해 접근하는 승용차 흐름을 그 예로 들 수 있다.

경계선의 특성에 따라 충격파는 6개의 구분이 가능하다.

- 전면 정지(frontal stationary)
- 후면 정지(rear stationary)
- 전방 형성(forward forming)
- 후방 형성(backward forming)
- 전방 소멸(forward recovery)
- 후방 소멸(backward recovery)

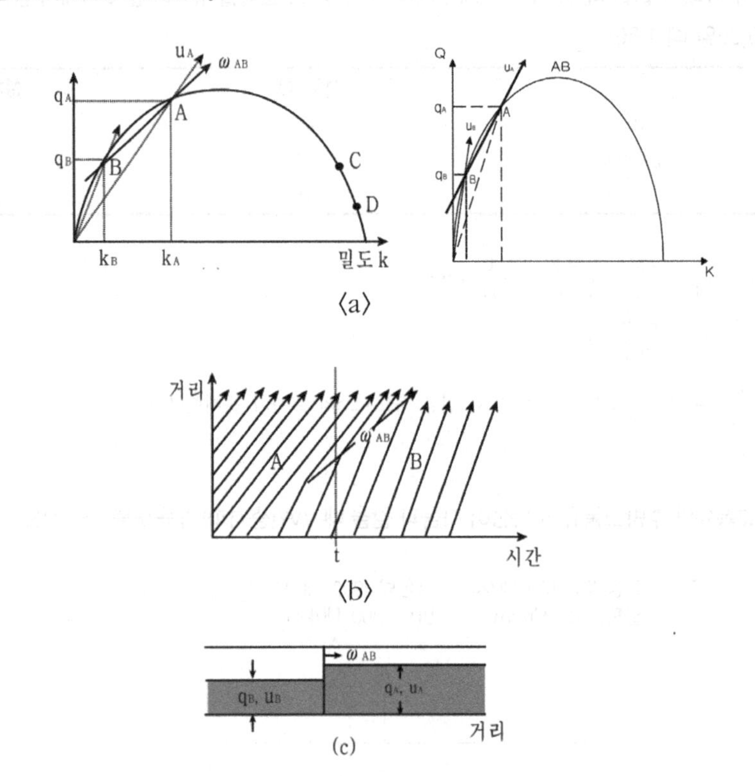

① 충격파 방정식

한 연속류 도로구간의 교통량-밀도곡선이 [그림 (a)]와 같이 설정되었다고 하자. 이 그림에서 보는 바와 같이 A교통류 상태가 본래의 교통흐름이라 하고 이때의 교통량, 밀도, 속도는 q_A, k_A, u_A로 표시한다. A교통류 다음으로는 교통량이 감소하고 이에 따라 새로운 교통류 B가 나타난다(q_B, k_B, u_B). B교통류에서는 그림에서 보는 대로 아직 용량에 도달하기 이전 상태이므로 교통량 감소는 곧 속도의 증가로 나타나고($u_B > u_A$), 그 결과 B교통류의 차량들이 A교통류의 차량들을 따라 잡게 된다.

이를 보다 구체적으로 나타내기 위해[그림 (b),(c)]를 추가로 도식한다. [그림 (b)]는 거리-시간 관계도이며 이 그림에서 A, B상태에서의 차량속도를 나타내는 기울기는 의도적으로 [그림 (a)]의 속도를 나타내는 원점과 A, B점간을 연결하는 직선의 기울기와 평행하도록 작도되었다. [그림 (b)]에서 굵은 선 ω_{AB} 는 A, B교통류간 충격파를 표시하고 있는데 이는 B교통류의 고속차량들이 A교통류의 저속차량들을 따라잡는 모습을 보여 주는 거리-시간 관계도이다.

[그림 (c)]는 시점 t에서 나타나는 교통류 A, B의 형상을 나타낸 것이다.
이 그림에서는 세 종류의 속도가 표시되고 있는데 u_A가 u_B에 비해 낮은 값을 갖기 때문에 충격파의 방향은 분명하다. 그러나 이는 단순한 경우에 불과하며 교통류간 변화상태가 복잡해지게 되면 충격파의 진행방향은 쉽게 알 수 없게 된다. 따라서 이러한 경우에서는 일단 충격파의 진행방향을 전방, 즉 교통류의 진행방향과 같다고 가정해서 분석한 후, 그 결과에 따라 충격파 진행방향을 결정하는 것이 좋다.

다음으로 충격파 방정식의 산출과정을 보면 개념적으로 A, B교통류의 경계면을 중심으로 양 교통류에서 차량대수는 같아야 한다. 그런데 도로의 상류에서 주행하는 B교통류의 속도를 충격파를 기준으로 해서 표시하면 $(u_B-\omega_{AB})$가 되고 하류부 교통류의 경우 $(u_A-\omega_{AB})$가 된다. 따라서 이 두 식을 이용해서 두 교통류의 시간 t동안의 교통량을 각각 다음과 같이 표시 할 수 있다.

$N_B = q_B \cdot\ t = [(u_B - w_{AB}) \cdot\ k_B]t$
$N_A = q_A \cdot\ t = [(u_A - w_{AB}) \cdot\ k_A]t$

경계면이 충격파 w_{AB}에서 이 두 값은 같으므로

$$\omega_{AB} = \frac{u_A k_A - u_B k_B}{k_A - k_B} = \frac{q_A - q_B}{k_A - k_B} = \frac{\Delta q}{\Delta k}$$

결국 두 교통류간에서 발생하는 충격파의 속도는 두 교통류간 밀도차이와 교통량 차이의 비율로 나타남을 알 수 있는데 이는 [그림 (a)]에서 확인할 수 있다.

64 차량의 자유속도가 60km/h일 경우 앞 차량의 정지로 인한 충격파의 속도와 출발하는 차량의 속도가 40km/h일 때 차량의 자유속도가 80km/h일 경우 충격파의 속도를 구하시오.(단, $n_1 = 0.6$)

해설 ① 정지로 인한 충격파 : $u_w = -u_f n_1 = -60(0.6) = -36km/h$
② 출발로 인한 충격파 : $u_w = -(u_f - u_2) = -(80-40) = -40km/h$

참고

- **Greenshield모형에 의해**

$u_i = u_f(1-\frac{k_i}{k_j})$에서 $\frac{k_i}{k_j} = n_i$ 라 하면 $u_f(1-n_1)$와 $u_2 = u_f(1-n_2)$이다.

또는 $q_1 = u_1 k_1,\quad q_2 = u_2 k_2$ 이므로 위 식에 대입하여 정리하면 다음과 같다.

$u_w = u_f[1-(n_1+n_2)]$

① 유사한 밀도시 충격파 : $u_w = u_f[1-(n_1+n_2)] = u_f(1-2n)$
($n_1,\ n_2$이 거의 유사할 때)

② 출발로 인한 충격파 : $u_w = u_f[1-(1+n_2)] = -u_f \cdot n_2 = -(u_f - u_2)$
($n_2 = [1-(\frac{u_2}{u_f})]$일 때)

③ 정지로 인한 충격파 : $u_w = u_f[1-(n_1+1)] = -u_f n_1$

65 Q=1800대/시 K=40대/km인 추월이 불가능한 2차로도로에서 사고로 인해 3분간 도로가 차단되었다. 이때의 충격파 속도와 정지로 인한 대기행렬의 길이와 대기행렬 차량대수를 구하시오.(단, 대기행렬의 K_j는 160대/km)

해설 $q_1 = 1,800,\ q_2 = 0,\ k_1 = 40,\ k_2 = 160$

이를 식에 대입하면 충격파의 속도 u는

$$u_{12} = \frac{0-1,800}{160-40} = -15km/시$$

· 충격파속도 : -15km/시
· 성장속도 : 0-(-15)=15km/시
· 최대대기행렬 : 정지상황이 3분이므로 15km/시×(3/60)시=0.75km
· 대기차량대수 : 160대/km×0.75km=120대

66 2차로 도로구간의 교통량은 각 방향별로 1,000대/시이다. 상향구배 방향의 공간평균속도는 밀도가 25대/km일 경우 40km/시로 추정되며 도로에 인접한 건설현장으로부터 흙을 가득 실은 큰 덤프트럭이 교통류에 들어와 흙을 적하할 장소로 유출하기 전 상향구배 2.4km구간에서 20km/시의 속도로 주행하고 있다. 이후 밀도 50대/km와 교통량 1,275대/시를 갖는 차량군이 형성되고 있다. 그리고 반대방향 도로구간의 상대적으로 높은 교통량 때문에 어떤 차량도 그 트럭을 추월할 수 없다. 이런 교통상황에서 트럭이 흙을 유출할 동안 대기차량대수를 산정하시오.

해설 $q_1 = 1,000,\ q_2 = 1,275,\ k_1 = 25,\ k_2 = 50$으로 정할 수 있다.
이를 식에 대입하면 충격파의 속도 u는

$$u_w = \frac{1,275-1,000}{50-25} = 11\,km/h$$

차량군의 앞쪽은 차량진행 방향을 기준으로 할 때 앞쪽으로 충격파가 20km/시의 속도로 진행하며, 차량군의 뒤쪽 역시 교통류 진행방향으로 11km/시의 속도로 충격파가 진행한다.
따라서 차량군의 성장속도는 (20-11)=9km/시의 속도를 나타내게 된다.

또한 유고시 트럭이 도로상에 주행한 시간을 계산하면

(2.4/20)=0.12시

트럭이 도로에서 유출하는 시간까지 차량군의 길이를 구하면
유고시간×성장속도=0.12시×9km/시=1.08km

1.08km 내에 차량대수를 구하려면
밀도×차량군의 길이=50대/km×1.08km=54대

∴ 이 충격파에 의한 대기차량군에 속해 있는 대기차량대수는 54대이다.

67 **시간당 교통량 1,200대/시, 밀도가 40대/km인 고속도로에서 유고가 발생하여 도로가 완전히 차단되었다. 30분 후에 1,800대/시의 교통류율로 통행이 재개되었다면 이때 유고지점 후방의 최대대기차량 길이(차량대수)와 충격파속도를 산출하시오.(단, 대기행렬의 최대밀도는 120대/km)**

해설 $q_1 = 1,200,\ k_1 = 40$

$q_2 = 0\ ,\ \ k_2 = 120$

$$u_{12} = \frac{q_2 - q_1}{k_2 - k_1} = \frac{0 - 1,200}{120 - 40} = -15\ km/h$$

· 충격파 속도 : -15km/시
· 성장속도 : 0-(-15)=15km/시
· 최대대기행렬 : 정지상황이 30분이므로 15km/시×(30/60)시=7.5km
· 대기차량대수 : 120대/km×7.5km=900대

68 **교통량 1,000대/시, 밀도가 25대/km인 추월이 불가능한 2차로도로에서 한 대 차량의 고장으로 10km/시로 감속하여 주행하며 교통량 1,200대/시를 나타낸다. 10분 후에 문제의 차량은 도로를 빠져 났으며 이와 함께 차량군 앞쪽에 있던 차량들이 20km/시의 속도와 70대/km의 밀도로 풀리기 시작한다. 이때 10km/시로 진행하던 차량군이 소멸되기까지 소요되는 시간을 산출시오.**

해설 $q = u \cdot k$ 공식을 이용하여 교통상황별 충격파 형태를 다음과 같이 정리할 수 있다.
① 상황 : $q_1 = 1,000,\ u_1 = 40,\ k_1 = 25$
② 상황 : $q_2 = 1,200,\ u_2 = 10,\ k_2 = 120$
③ 상황 : $q_3 = 1,400,\ u_3 = 20,\ k_3 = 70$

각 상황별 충격파의 형태를 도시하며, 다음 그림과 같다.

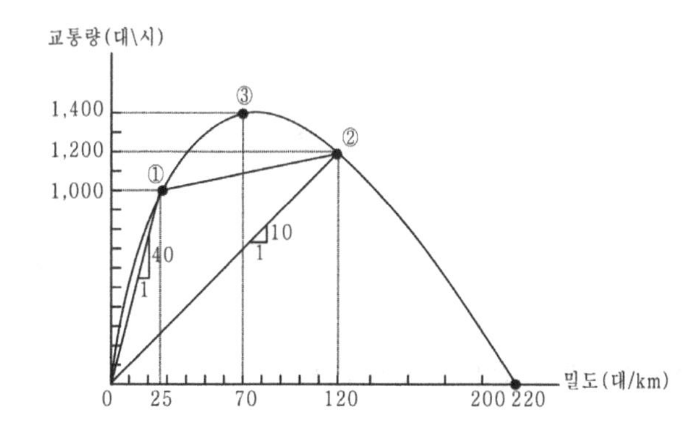

$$u_{12} = \frac{1,200 - 1,000}{120 - 25} = 2.1km/시$$

차량군의 앞쪽은 차량진행 방향을 기준으로 할 때 앞쪽으로 충격파가 10km/시의 속도로 진행하며, 차량군의 뒤쪽 역시 교통류 진행방향으로 2.1km/시의 속도로 충격파가 진행한다.
따라서 차량군의 성장속도는 (10-2.1)=7.9km/시의 속도를 나타내게 된다.

차량군이 풀릴 때의 조건은 [그림]에서 ③상황을 의미한다.
10분 후에는 이 차량군의 크기를 구하면 7.9km/시×10/60시=1.3km
1.3km 내에 들어갈 수 있는 차량대수는 1.3km×120대/km=156대

트럭이 빠지고 나면 차량군 내에서 다음의 충격파가 발생

$$u_{23} = \frac{1,400-1,200}{70-120} = -4km/시$$

따라서 차량군 앞쪽의 충격파는 뒤쪽으로 4km/시의 속도로 진행하며 차량군 뒤쪽의 충격파는 변동 없이 앞쪽으로 2.1km/시의 속도로 진행하므로 이 두 충격파간의 상대속도는 4+2.1=6.1km/시이다.

트럭이 빠지기 바로 직전에 차량군 크기는 1.3km이므로 두 충격파간에 발생한 상대속도 6.1km/시에 의해 다음 시간이 지나면 소멸된다.

(1.3/6.1)×60=12.7분

맨 마지막 차량이 차량군에서 벗어나고 나서 이 마지막 차량의 전방과 사이에서 충격파가 발생하며 이 충격파의 속도는 다음과 같다.

$$u_{31} = \frac{1,400-1,000}{70-25} = 8.9km/시$$

충격파의 방향은 도로의 앞쪽 방향이다.

69 도로용량이 1,500대/시인 편도 2차로 고속도로에서 사고를 인해 통행이 금지되었다. 통행금지 후 15분 뒤에 통행금지가 해제되었다. 편도 2차로 고속도로의 유입교통량이 2,000대/시로 일정할 때 다음 질문에 답하시오.

(1) 시간당 유입교통량과 도로용량의 관계를 Queueing Diagram을 작성하시오.

해설 2차로 고속도로의 용량은 1,500대/시×2차로=3,000대/시

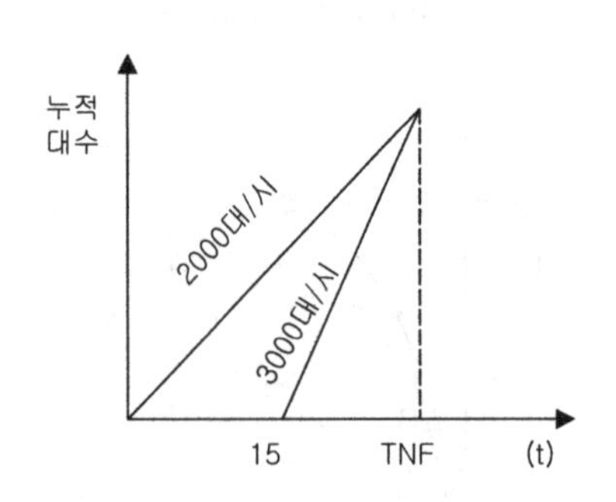

(2) 사고 이후 완전히 회복될 때까지의 시간을 산출하시오.

해설 15분=0.25시간

2,000× *TNF*=3,000×(*TNF*-0.25) → *TNF*=0.75시간=45분

∴ 사고 이후 대기행렬 해소시간 : 45분

참고

• **사고로 용량 감소(부분 폐쇄)**

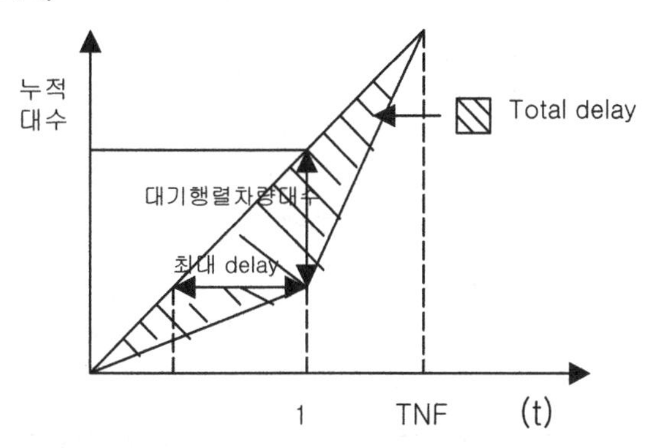

70 **편도 3차로인 고속도로에서 첨두시에 교통사고가 발생하였다. 사고 발생 직후 45분 경과 후의 모든 사고처리를 끝냈다. 다음의 교통조건을 고려하여 대기행렬 해소시간과 최대대기행렬의 차량대수를 산출하시오.**

교 통 조 건
• 용량 : 6,000pcph(편도3차로) • 첨두시간 교통수요는 용량의 80% • 사고발생시 45분간 지속, 1개 차선의 용량만큼 감소

해설 • 대기행렬 해소시간

45분=0.75시간

4,800× TNF=(4,000×0.75)+(6,000×(TNF-0.75))

TNF=1.25시간=75분

∴ 45분 경과 후 대기행렬 해소시간 : 75분-45분=30분

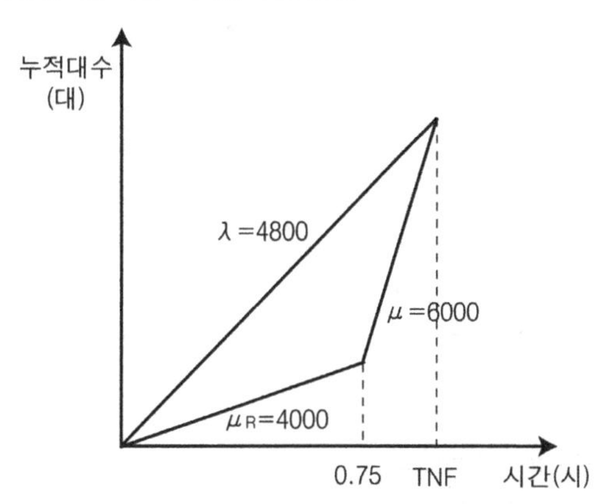

• 최대대기행렬의 차량대수

(4,800×0.75)-(4,000×0.75)=600대

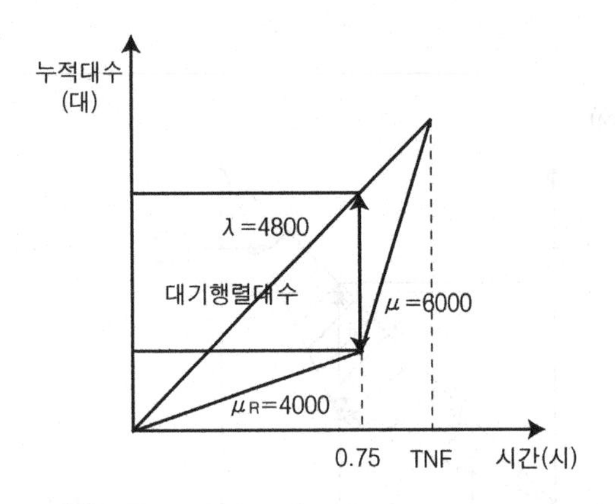

71 일방향 3차로인 고속도로에서 교통사고가 발생하였다. 사고발생 직후 15분 경과 후의 모든 사고처리를 끝냈다. 다음의 물음에 답하시오.

교 통 조 건
• 고속도로에서 정지상태의 차량행렬로부터 출발하는 교통량 : 1,500pcphpl • 첨두시간 15분간 1차로 차단 • 차로 차단 해제 후 첨두시간 도착교통량 : 5,500pcph(3차로)

(1) 15분 경과 후 완전히 대기행렬이 해소되는 시간을 구하시오.

해설 일방향 3차로의 출발교통량 : 1,500×3=4,500대/시

15분간 1차로 차단시 : 3,667대/시

4,500× *TNF*=(3,667×0.25)+(5,500(*TNF*-0.25))

TNF=0.458시간=27.5분

∴ 15분 경과 후 회대기행렬 해소시간 : 27.5-15=12.5분

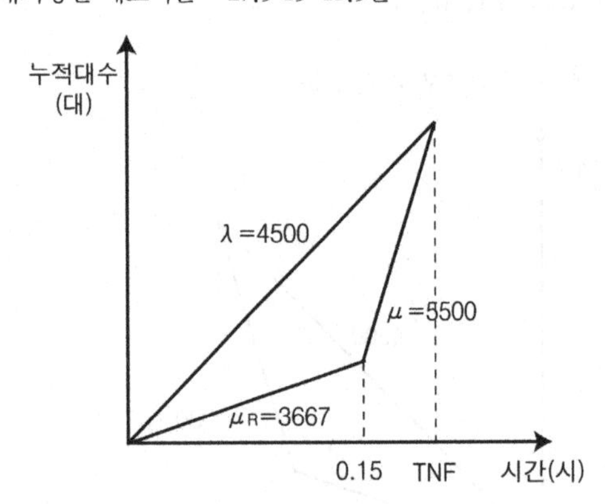

(2) 최대대기행렬의 차량대수를 구하시오.

해설 (4,500×0.25)-(3,667×0.25)=208대

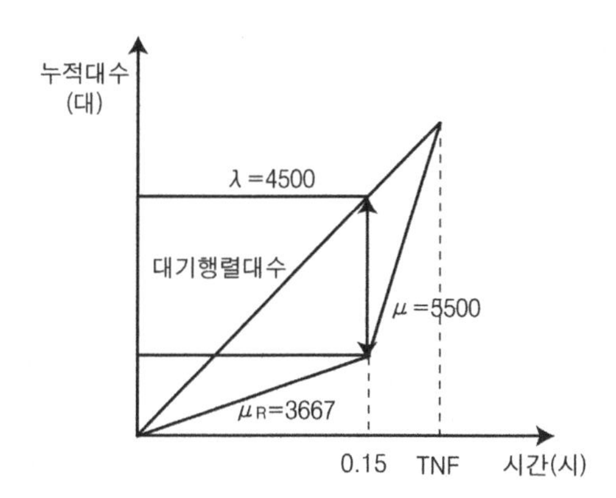

72 단독서비스 창구에서 평균도착율 120대/시, 평균서비스율 150대/시이다. 이 창구의 도착분포형태가 poisson분포를 따르고 유출형태가 지수함수 형태일 때 다음 물음에 답하시오.

(1) 시스템 내에 한 대도 없을 확률

해설 $\rho = \dfrac{\lambda}{\mu} = \dfrac{120}{150} = 0.8 \qquad P(0) = (1-\rho) = 1 - 0.8 = 0.2$

(2) 시스템 내에 3대가 있을 확률

해설 $P(3) = \rho^n\,(\rho - 1) = 0.8^3\,(1 - 0.8) = 0.1$

(3) 시스템 내의 평균대기행렬 길이

해설 $E[Lq] = \dfrac{\rho^2}{1-\rho} = \dfrac{0.8^2}{1-0.8} = 3.2$대

(4) 평균대기시간

해설 $E(Tq) = \dfrac{\lambda}{\mu(\mu-\lambda)} = \dfrac{120}{150 \times (150-120)} = 0.027$시간 $= 96$초

참고

- **차량의 대기행렬모형**

대기행렬 분석이론은 거시적 분석과 미시적 분석으로 구분할 수 있다.
여기서 거시적 분석이란 시설물로 도착하는 수요의 형태와 시설물의 서비스 형태를 연속적인 변수로 설명할 수 있는 경우를 의미하며, 미시적 분석이란 이들이 불연속적 변수를 설명할 때를 의미한다. 일반적으로 거시적 분석은 도착률과 서비스율이 높을 때 적용하며 미시적 분석은 도착률과 서비스율이 낮을 때 적용한다.
대기행렬의 분석에서 필요한 입력자료는 다음과 같다.

· 평균도착률
· 도착분포의 형태
· 평균서비스율
· 서비스분포의 형태
· 대기행렬의 형성형태

평균도착률은 교통량 또는 차두간격 등의 개념으로써 일반적인 표현방식은 대/시 또는 대/초의 형태를 갖는다. 도착분포의 형태는 결정론적 분석방법과 확률론적 분석방법으로 구분할 수 있으며, 우리가 흔히 사용하는 수요라는 개념과 대체로 일치한다고 볼 수 있다.
평균서비스률은 교통공학에서의 용량과 일치하는 개념이라 할 수 있다. 서비스분포의 형태 또한 결정론적 분석방법과 확률론적 분석방법으로 구분한다.
대기행렬의 형성형태는 대기행렬이 어떤 방식으로 형성되는가 하는 것을 규명하는 항목으로써, 그 필요성이란 톨게이트와 같이 먼저 온 사람이 먼저 서비스 받는 방식과 엘리베이터와 같이 늦게 온 사람이 오히려 먼저 내릴 수 있는 방식이 존재하는 것을 생각해 볼 때 반드시 규명되어져야 하는 것임을 알 수 있다. 전자의 경우는 가장 보편적인 대기행렬의 형성형태로서 FIFO(first in, first out)라고 부르며 후자를 FILO(first in, last out)라고 부른다. 한편 도착순서에 상관없이 무작위적으로 서비스받는 형태는 SIRO(served in random order)라고 한다.

대기행렬 공식 유도과정을 살펴보면 평균도착률을 λ라 하면 도착간의 평균시간 간격 $1/\lambda$이 되고, 평균서비스율을 μ라 하면 평균서비스시간은 $1/\mu$이 된다. 교통강도 $\rho = \lambda/\mu$는 $\rho<1$ 이어야 하며, $\rho \geq 1$이면 대기행렬이 무한정 길어진다.

시각 t에 n개가 시스템 내에 있을 확률을 $P_n(t)$라고 할 때, $t+\Delta t$의 상황을 고려하고자 하는데 이때, Δt는 매우 짧아서 이 시간동안에는 하나의 차량만이 시스템으로 들어오거나 나갈 수 있다.

① Δt동안 다음의 4가지의 확률이 존재한다.
· $\lambda\Delta t$ = 한 대의 차량이 시스템 내로 들어올 확률
· $1-\lambda\Delta t$ =한대의 차량도 시스템 내로 들어오지 않을 확률
· $\mu\Delta t$ = 한 대의 차량이 시스템을 나갈 확률
· $1-\mu\Delta t$ =한 대의 차량도 시스템을 나가지 않을 확률

② 시각 $t+\Delta t$에 시스템 내에 n대의 차량이 있는 경우는 다음의 세 가지 경우가 있다.
· 시각 t에 n대가 있고, Δt동안 한 대의 차량도 들어오거나 나가지 않을 때
(Δt동안 동시에 출발과 도착이 있을 확률은 "0" 이라고 가정)
· 시각 t에 $n-1$대가 있고, Δt동안 한 대의 차량이 도착할 때
· 시각 t에 $n+1$대가 있고, Δt동안 한 대의 차량이 출발할 때

③ 시각 $(t+\Delta t)$에 n대의 차량이 시스템 내에 있을 확률은 다음과 같다.

$$P_n(t+\Delta t) = P_n(t)[(1-\lambda\Delta t)(1-\mu\Delta t)] + P_{n-1}(t)[\lambda\Delta t(1-\mu\Delta t)]$$
$$+ P_{n+1}(t)[(1-\lambda\Delta t)\mu\Delta t] \quad (\text{for } n \geq 1)$$

$$P_n(t+\Delta t) - P_n(t) = -P_n(t)(\mu+\lambda)\Delta t + P_{n-1}(t)\lambda\Delta t$$
$$+ P_{n+1}(t)\mu\Delta t + \mu\lambda(\Delta t)^2[P_n(t) - P_{n-1}(t) + P_{n+1}(t)]$$

$(\Delta t)^2 \simeq 0$이라고 가정하고, Δt로 나누면,

$$\frac{P_n(t+\Delta t) - P_n(t)}{\Delta t} = \lambda P_{n-1}(t) - (\mu+\lambda)P_n(t) + \mu P_{n+1}(t)$$

$\Delta t \rightarrow 0$라고 하자

$$\frac{dP_n(t)}{dt} = \lambda P_{n-1}(t) - (\mu+\lambda)P_n(t) + \mu P_{n+1}(t),\ n = 1, 2, 3, ...$$

④ 시각 $t+\Delta t$에 시스템 내에 차량이 한 대도 없을 확률은 다음의 두 가지가 있을 수 있다.

- 시각 t에 차가 한 대도 없고, 시간 Δt동안 한 대도 도착하지 않을 때
- 시각 t에 차가 한 대 있고, 시간 Δt동안 한 대가 출발하고 한 대도 도착하지 않을 때

이 관계를 식으로 나타내면,

$$P_0(t+\Delta t) = P_0(t)(1-\lambda\Delta t) + P_1(t)[(\mu\Delta t)(1-\lambda\Delta t)]$$

Δt로 나누면,

$$\frac{P_0(t+\Delta t) - P_0(t)}{\Delta t} = \mu P_1(t) - \lambda P_0(t)$$

$\Delta t \rightarrow 0$라고 하자.

$$\frac{dP_0(t)}{dt} = \mu P_1(t) - \lambda P_0(t)$$

⑤ 시스템이 steady state이므로, 결과는 다음과 같다.

$$\frac{dP_n(t)}{dt} = 0 (\text{시각 } t\text{에 모든 } n\text{에 대해})$$

$\mu P_{n-1}(t) + \lambda P_{n+1} = (\lambda+\mu)P_n (n > 0)$

$\mu P_1 = \lambda P_0$, $n = 0$일 때

$t \rightarrow \infty$에 따라 P_n는 $P_n(t)$의 값이 된다.

$$\lambda P_0 = \mu P_1$$
$$\lambda P_0 + \mu P_2 = (\lambda+\mu)P_1$$
$$\lambda P_1 + \mu P_3 = (\lambda+\mu)P_2$$

$\rho = \lambda/\mu$로 대체하면,

$P \ \ P_1 = \rho P_0$

$P_2 = (\rho+1)P_1 - \rho P_0 = \rho^2 P_0$

$P_3 = (\rho+1)P_2 - \rho P_1 = \rho^3 P_0$

$\vdots$

$P_n = \rho^n P_0$

모든 확률의 합은 1이므로,

$$\sum_{n=0}^{n \to \infty} P_n = 1$$

$$1 = P_0 + \rho P_0 + \rho^2 P_0 + \ldots$$

$$= P_0(1 + \rho + \rho^2 + \rho^3 + \ldots)$$

$$= P_0\left(\frac{1}{1-\rho}\right) \quad (\rho < 1)$$

$$\therefore \ P_n = \rho^n (1-\rho)$$

통상 기사시험에 나오는 단일서비스 대기행렬의 관계식들을 정리하면 다음과 같다.

① 확률모형-시스템 내의 차량이 x대 있을 확률

$f(x) = P[X=x] = \rho^x (1-\rho), \ x = 0, 1, \ 2 \ \cdots$

$\rho = \dfrac{\lambda}{\mu}$

λ=단위시간당 고객도착률

μ=단위시간당 고객서비스율

② 평균고객수(즉 기대치) : 평균차량대수 : 시스템 내 고객수

$E[X] = \dfrac{\rho}{1-\rho}$

③ 평균 대기행렬의 길이 : 서비스를 기다리는 고객수 : 신호를 기다리는 차량수

$E[Lq] = \dfrac{\rho^2}{1-\rho}$, 즉$E(X) - \rho$

④ 한 고객이 서비스시설을 이용하는데(통과하는데) 걸리는 시간 : 평균체류시간

$E(T) = \dfrac{1}{\mu-\lambda}$, 즉 $\dfrac{E(X)}{\lambda}$

⑤ 한 고객이 대기행렬 속에서 소비하는 시간(평균체류시간-평균서비스시간)

$E(Tq) = \dfrac{\lambda}{\mu(\mu-\lambda)}$

즉 $\dfrac{1}{\mu-\lambda} - \dfrac{1}{\mu} = \dfrac{\lambda}{\mu(\mu-\lambda)}$

⑥ 한 시스템 내의 차량대수의 분산 $Var(n)$

$$Var(n) = \frac{\rho}{(1-\rho)^2} = \frac{\lambda\mu}{(\mu-\lambda)^2}$$

73 평균도착율 6대, 평균서비스율 8대일 경우 평균대기행렬의 길이와 시스템 내에 2대가 있을 확률과 시스템 내 평균대기행렬길이와 평균대기시간을 구하시오.(단, 도착분포형태는 poisson분포를 따르고 유출형태는 지수함수 형태이다)

해설 $\rho = \frac{\lambda(\text{도착률})}{\mu(\text{서비스율})} = \frac{6}{8} = 0.75$

시스템 내에 2대가 있을 확률 :

$P(2) = \rho^n\,(\rho-1) = 0.75^2(1-0.75) = 0.1406$

시스템 내의 평균대기행렬 길이 : $E[Lq] = \frac{\rho^2}{1-\rho}$

$E[Lq] = \frac{\rho^2}{1-\rho} = \frac{0.75^2}{1-0.75} = 2.25\text{대}$

평균대기시간 : $E(Tq) = \frac{\lambda}{\mu(\mu-\lambda)} = \frac{6}{8\times(8-6)} = 0.375\text{시간} = 22.5\text{분}$

74 실제 도착교통량 398대/시, 단일창구에서 서비스 도착교통량이 720대/시일 때 다음을 계산하시오.

(1) 교통강도

해설 $\rho = \frac{398}{720} = 0.55$

(2) 존재하지 않을 확률

해설 $P(0) = (1-\rho) = 1-0.55 = 0.45$

(3) 시스템 내의 평균대기행렬 길이

해설 $E[Lq] = \frac{\rho^2}{1-\rho} = \frac{0.55^2}{1-0.55} = 0.67\text{대}$

(4) 평균대기시간

해설 $E[Tq] = \frac{\lambda}{\mu(\mu-\lambda)} = \frac{398}{720\times(720-398)} = 0.00172\text{시간} = 6.18\text{초}$

75 서비스율이 μ이고 도착률이 λ일 때 이용계수를 ρ라 하자. 시스템 내에 차량이 한 대도 없을 확률을 이용계수식으로 쓰시오.

해설 이용계수식 : $\rho(\text{교통강도}) = \frac{\lambda(\text{도착률})}{\mu(\text{서비스율})}$ → $\rho_o = 1-\rho$

76 은행고객들이 점원이 한사람인 창구에 12인/시의 속도로 도착하고 있다. 한 고객당 서비스시간은 평

균 3분이며 도착분포형태가 Poisson분포를 따르고 유출형태가 지수함수 형태일 때 다음사항을 계산하시오.

(1) 은행점원이 일이 없어 대기하는 시간의 백분율

해설 λ(도착률) = 12인/시, μ(서비스율) = 60/3(인/시), $\rho = \frac{\lambda}{\mu} = \frac{12}{20} = 0.6$

$P(0) = (1-\rho) = 1-0.6 = 0.4$

(2) 은행에 다섯 명의 고객이 있을 확률

해설 $P(5) = \rho^n (\rho - 1) = 0.6^5 (1-0.6) = 0.031$

(3) 은행에 존재하는 평균고객수

해설 $E[X] = \frac{\rho}{1-\rho} = \frac{0.6}{1-0.6} = 1.5$인

(4) 대기행렬의 길이

해설 $E[Lq] = \frac{\rho^2}{1-\rho} = \frac{0.6^2}{1-0.6} = 0.9$대

(5) 은행에서 고객들의 평균체류시간

해설 $E[v] = \frac{1}{(\mu-\lambda)} = \frac{1}{(20-12)} = 0.125$시간 = 450초

77 아래의 합류구간에서 주방향 교통류의 원활한 흐름을 위하여 램프구간에 신호제어기를 설치하여 6초에 1대만 통과하도록 설치하였다. 도착하는 차량은 시간당 350대이고 도착분포형태가 Poisson분포를 따르고 유출형태가 지수함수 형태일 때 다음 문제에 답하시오.

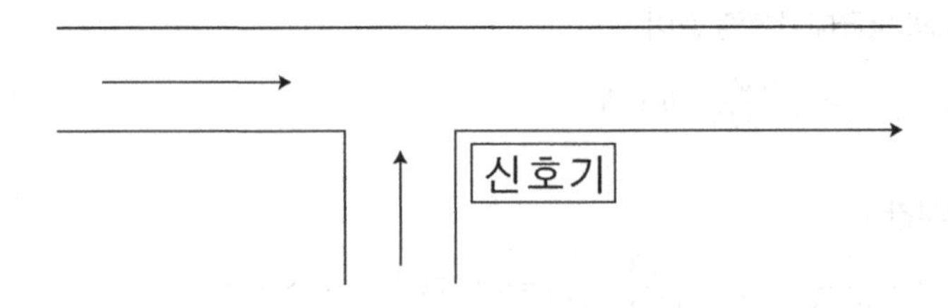

(1) 한 대도 도착하지 않을 확률은?

해설 λ(도착률) = 350대/시, μ(서비스율) = 1/6(대/초) × 3,600(초/시) = 600대/시 $\rho = \frac{\lambda}{\mu} = \frac{350}{600} = 0.5833$

$P(0) = (1-\rho) = 1-0.5833 = 0.4167$

(2) 한 번에 3대가 도착할 확률은?

해설 $P(3) = \rho^n (\rho - 1) = 0.5833^3 (1-0.5833) = 0.083$=

(3) 램프에 대기하는 차량의 평균대수는?

해설 $E[X]=\dfrac{\rho}{1-\rho}=\dfrac{0.5833}{1-0.5833}=1.4$대

(4) 평균대기열의 길이는 얼마인가?

해설 $E[Lq]=\dfrac{\rho^2}{1-\rho}=\dfrac{0.5833^2}{1-0.5833}=0.82$대

(5) 각 차량의 평균대기시간은?

해설 $E(Tq)=\dfrac{\lambda}{\mu(\mu-\lambda)}=\dfrac{350}{600(600-350)}=0.0023$시 $=8.4$초

2. 교통용량

1 첨두1시간 내에 15분단위로 교통량을 조사한 결과 1,100대/15분, 1,000대/15분, 950대/15분, 1,050대/15분으로 측정되었다. 첨두시간계수(PHF)를 산출하시오.

해설 PHF=피크1시간 교통량/(4×15분 간 최대교통량)

$$=\dfrac{1,100+1,000+950+1,050}{4\times1,100}=\dfrac{4,100}{4,400}=0.93$$

2 첨두 한 시간 교통량은 4,300vph이며 첨두시간계수(PHF)는 0.896일 때 첨두 15분 교통량을 구하시오.

해설 $PHF=\dfrac{PHV}{4\times V_{15}}=\dfrac{4,300}{4\times0.896}=1,200\rightarrow\ V_{15}=1,200$대/15분

3 첨두1시간 교통량은 4,500vph이며 첨두시간계수(PHF)는 0.87일 때 첨두15분 교통량을 구하시오.

해설 $PHF=\dfrac{PHV}{4\times V_{15}}=\dfrac{4,500}{4\times0.87}=1,293\rightarrow\ V_{15}=1,293$대/15분

4 어느 도시가로의 첨두시간계수는 0.95로 조사되어 있다. 이 가로에서 첨두1시간 교통량을 조사하여 3,800대/시의 교통량을 얻었다면, 이 때 15분간에 조사할 수 있는 교통량 중 높은 교통량은 얼마인가? (소수점 이하는 반올림하시오)

해설 $PHF=\dfrac{PHV}{4\times V_{15}}=\dfrac{3,800}{4\times0.95}=1,000\rightarrow V_{15}=1,000$대/15분

5 다음은 어느 교차로의 한 접근로에서 조사된 교통량을 나타낸 표이다. 다음을 구하시오.

시간		교통량	시간		교통량
7:45	8:00	320	9:15	9:30	460
8:00	8:15	420	9:30	9:45	320
8:15	8:30	500	9:45	10:00	270
8:30	8:45	600	10:00	10:15	220
8:45	9:00	640	10:15	10:30	310
9:00	9:15	520			

(1) 첨두시간대는 언제인가?

해설 8:15-9:15

(2) 첨두시간교통량은 얼마인가?

해설 2,260대/시

(3) 첨두시간계수는 얼마인가?

해설 $PHF=\dfrac{PHV}{(4\times V_{15})}=\dfrac{2,260}{4\times 640}=0.88$

6 첨두시간 1시간 동안 15분 간격으로 교통량을 조사한 결과가 아래와 같다. 다음 물음에 답하시오.

시간	교통량
8:00~8:15	1,100
8:15~8:30	1,250
8:30~8:45	1,200
8:45~9:00	1,050
8:00~9:00	4,600

(1) 첨두15분 교통류율은?

해설 첨두15분 교통류율=1,250대/15분

(2) 첨두시간계수는 얼마인가?

해설 $PHF=\dfrac{PHV}{(4\times V_{15})}=\dfrac{4,600}{4\times 1,250}=0.92$

7 첨두시간 1시간 동안 15분 간격으로 교통량을 조사한 결과가 아래와 같다. 다음 물음에 답하시오.

시간	교통량
18:00~18:15	1,000
18:15~18:30	1,100
18:30~18:45	1,200
18:45~19:00	1,000
18:00~19:00	4,300

(1) 첨두15분 교통류율은?

해설 첨두15분 교통류율=1,200대/15분

(2) 첨두시간 계수는 얼마인가?

해설 $PHF=\dfrac{PHV}{(4\times V_{15})}=\dfrac{4,300}{4\times 1,200}=0.9$

8 **평지구간의 4차로 고속도로 구간에 버스가 5%, 트럭이 10%인 교통류가 주행하고 있다. 이때의 중차량 보정계수 값을 구하시오.(E_t=1.5, E_B=1.3)**

해설 평지이므로

$$f_{HV}=\frac{1}{[1+P_T(E_T-1)+P_B(E_B-1)]}=\frac{1}{1+0.1(1.5-1)+0.05(1.3-1)}=0.94$$

참고

• **중차량 보정계수 f_{HV} 산정**

승용차 환산계수와 각 중차량의 구성비에 대해 다음 식에 따라 중차량 보정계수를 계산한다.

– 일반지형의 경우

$$f_{HV}=\frac{1}{[1+P_{T_1}(E_{T_1}-1)+P_{T_2}(E_{T_2}-1)]}\quad\text{(평지)}$$

$$f_{HV}=\frac{1}{[1+P_{HV}(E_{HV}-1)]}\quad\text{(구릉지, 산지)}$$

– 특정 경사구간의 경우, 종단경사 3% 이상이 500m 이상 계속되는 구간으로 별도 분리

$$f_{HV}=\frac{1}{[1+P_{HV}(E_{HV}-1)]}$$

여기서,

E_{T_1}, E_{T_2} = 중형차량, 대형차량의 승용차환산계수

P_{T_1}, P_{T_2} = 중형차량, 대형차량의 구성비

E_{HV} = 중차량에 대한 승용차 환산계수

P_{HV} = 중차량 구성비

9 **평지구간에 용량이 2200pcphpl 상태에서 중차량 환산계수(트럭 · 버스 : 1.5, 트레일러 : 1.9), 중차량 혼입율(트럭 · 버스 : 15%, 트레일러 : 5%), 추월불가능구간 0%일 때 용량을 산정하시오.**

해설 추월불가능구간 0%란 2차로 도로의 경우를 말한다.

$$f_{HV}=\frac{1}{[1+Pt(Et-1)+Pb(Eb-1)]}=\frac{1}{[1+0.15(1.5-1)+0.05(1.9-1)]}=0.893$$

용량=2200 × f_{HV}=2200×0.893=1965vph

10 **승용차 80%, 트럭 10%, 버스 10%의 혼입율을 가지며 트럭과 버스의 환산계수가 각각 3.0과 4.0이라 할 때 f_{HV}를 구하시오.**

해설 $P_c=0.8,\ P_t=0.1,\ P_b=0.8,\ E_t=3.0,\ E_B=4.0$

$$f_{HV}=\frac{1}{1+Pt\,(Et-1)+Pb\,(Eb-1)}=\frac{1}{1+0.1(3-1)+0.1(4-1)}=0.67$$

11 **구릉지인 경우, 중차량의 승용차환산계수가 2이고, 중차량의 혼입율이 20%일 때 중차량의 혼입에 따른 보정계수는 얼마인가?**

해설 $P_{HV}=0.2,\quad E_{HV}=2$

구릉지이므로 $f_{HV}=\dfrac{1}{[1+P_{HV}\,(E_{HV}-1)]}=\dfrac{1}{1+0.2(2-1)}=0.83$

12 **설계속도 100km/h인 4차로 고속도로 기본구간에 대한 서비스수준(LOS)과 v/c를 구하시오.(단. LOS 판단은 아래문제에 제시된 표를 참고하시오)**

、첨두시간교통량 : 2,500대/시	、최대허용교통량 : 2,200대/시
、PHF : 0.95	、측방여유폭 : 0.8
、차량구성비 : (트럭 、버스 20%), (트레일러 : 5%)	
、$E_{T1}=1.5,\quad E_{T2}=2.0$	

해설 $v/c=\dfrac{SF}{(C_j\times N\times f_w\times f_{HV})}$

$C_j=2,200pcphpl,\quad N=2,\quad E_{T1}=1.5,\quad E_{T2}=2.0$

$$f_{HV}=\frac{1}{P_T(E_T-1)+P_B(E_B-1)}=\frac{1}{(1+0.2\times0.5+0.05\times1)}=0.87$$

$SF=2,500/0.95=2,632\ vph$

$$v/c=\frac{2,632}{(2,200\times2\times0.87\times0.8)}=0.86$$

∴ 서비스수준(LOS) E

13 〈고속도로 기본구간의 서비스수준〉 표를 보고 4차로 고속도로 기본구간에 대한 서비스수준(LOS)과 v/c를 구하시오.(단, 설계속도 : 100km/h, 현재교통량 : 2,600대/시, 용량 : 2,200대/시, F_{HV} : 0.84, F_w : 0.96)

〈고속도로 기본구간의 서비스수준〉

서비스 수준	밀도 (pcpkmpl)	설계속도 120 kph		설계속도 100 kph		설계속도 80 kph	
		교통량 (pcphpl)	v/c비	교통량 (pcphpl)	v/c비	교통량 (pcphpl)	v/c비
A	≤6	≤700	≤0.3	≤600	≤0.27	≤500	≤0.25
B	≤10	≤1,150	≤0.5	≤1,000	≤0.45	≤800	≤0.40
C	≤14	≤1,500	≤0.65	≤1,350	≤0.61	≤1,150	≤0.58
D	≤19	≤1,900	≤0.83	≤1,750	≤0.8	≤1,500	≤0.75
E	≤28	≤2,300	≤1.00	≤2,200	≤1.00	≤2,000	≤1.00
F	〉28	-	-	-	-	-	-

해설 $v/c = \dfrac{SF}{(C_j \times N \times f_w \times F_{HV})}$, $C_j = 2,200pcphpl$, $N=2$

$$v/c = \frac{2,600}{(2,200 \times 2 \times 0.96 \times 0.84)} = 0.73$$

∴ 서비스수준(LOS) D

14 설계속도가 100kph인 평지부 고속도로의 용량을 산정하시오.(차로수=3, 기본용량=2,200대/시, 차로폭보정계수=0.9, 측방여유폭 보정계수=0.97, 중형차구성비=15%, 대형차구성비=3%, 중형차의 승용차 환산계수=1.5, 대형차의 승용차 환산계수=2.0)

해설 $f_{HV} = \dfrac{1}{1+0.15(2.5-1)+0.03(2-1)} = 0.905$

$C = C_j \times N \times f_W \times f_{HV} = 2,200 \times 0.9 \times 0.97 \times 3 \times 0.905 = 5,125$대/시/3차로

15 2현시 운영의 신호교차로에서 신호주기 시간이 80초이고, 주기당 손실시간은 6초일 때 교차로 전체의 주 이동류의 v/c비는?(각 현시별 주이동류의 교통수요와 포화유율은 1현시 V=700, S=1,500, 2현시 V=400, S=1,000)

해설
- 각 접근로별 V/S비 계산과 주 이동류 파악
- 1현시 : $\dfrac{V}{S} = \dfrac{700}{1,500} = 0.47$
- 2현시 : $\dfrac{V}{S} = \dfrac{400}{1,000} = 0.40$
- 주기별 유효녹색시간

유효녹색시간(g)=신호주기(C)-주기당 손실시간(L)$= 80 - 6 = 74$초

- 교차로 v/c

교차로 $v/c = \frac{C}{C-L} \times \sum_j (v/s)_j = \frac{C}{g} \times \sum_j (v/s)_j = \frac{80}{74} \times (0.47+0.4) = 0.94$

16 신호등 교차로에서의 한 접근로의 포화류율은 2,250대/시간, 녹색시간비 g/c는 0.4이다. 이 접근로의 용량은 얼마인가?

해설 $C_i = S_i \times (\frac{g_i}{C})$=2,250×0.4=900대/시

17 신호등 교차로에서의 한 접근로의 포화류율(s) 2,450대/시간, 유효녹색시간비 (g/c)는 0.4이다. 이 접근로의 용량은 얼마인가?

해설 $C_i = S_i \times (\frac{g_i}{C})$=2,450×0.4=980대/시

18 일주일간의 교통량이 요일당 아래와 같을 때 목요일 조사값을 보정하기 위한 Daily Factor의 값은 얼마인가?

요일	월	화	수	목	금	토	일
교통량	1,700	1,850	1,900	1,710	1,580	1,150	800

해설 TOTAL 교통량=10,690, 일평균교통량=10,690/7=1527.14=1,528

$DF = \frac{\text{일평균교통량}}{\text{특정일교통량}} = \frac{1,528}{1,710} = 0.894$

19 어느 도로구간에서 10월 둘째주 목요일 7:00~9:00시 동안에 조사한 교통량이 3,600대였다. 이 구간동안의 교통량은 일일 교통량의 17%를 차지하며 목요일에 대한 변동계수는 0.97, 10월에 대한 변동계수는1.43일 때 이 도로의 연평균일교통량($AADT$)를 산출하시오.

해설 $AADT$= 교통량×(100/일일교통량비율)×요일변동계수×월변동계수

$= 3,600 \times \frac{100}{17} \times 0.97 \times 1.43 = 29,374$대/일

20 어느 구간에서 10월 둘째주 목요일 하루의 전역조사 교통량이 37,000대였다. 이 도로부근에 있으면서 교통량 변동패턴이 비슷하여 같은 GROUP 내에 있다고 판단되는 상시조사지점에서 얻은 교통량의 월변동계수($AADT$: 1월평균 평일교통량)와 요일변동계수(월평균 평일 교통량/월평균 평일의 요일 교통량)는 다음과 같다. 이 도로구간의 $AADT$를 산출하시오.

월 변동계수($AADT$/월평균 평일 교통량)

월	1	2	3	4	5	6	7	8	9	10	11	12
월변동계수	1.05	0.98	0.9	1.08	1.09	1.03	1.03	0.94	0.96	1.0	0.96	0.96

요일 변동계수(10월평일)

월	요일	월	화	수	목	금
10	요일변동계수	1.0	1.0	0.99	0.99	0.99

해설 10월 평일의 평균교통량=37,000×0.99=36,630대/일
$AADT$=36,630×1.0=36,630대/일

21 어느 도로구간에서 10월 첫째주 화요일 7:00~9:00시 동안에 조사한 교통량이 3,300대였다. 이 구간동안의 교통량은 일일 교통량의 15%를 차지하며 화요일에 대한 변동계수는 0.95, 10월에 대한 변동계수는1.43일 때 이 도로의 $AADT$를 구하시오.

해설 $AADT=$ 교통량×(100/일일교통량비율)×요일변동계수×월변동계수

$$= 3{,}300 \times \frac{100}{15} \times 0.95 \times 1.43 = 29{,}887\text{대/일}$$

22 어느 교통량이 상시 측정지점에서의 요일별 일평균 교통량의 표와 같다. 이 표를 토대로 요일별교통량의 교통량 보정계수를 구하시오.

요일	교통량	누적퍼센트(%)
일	1,000	8.66
월	1,500	12.99
화	2,500	21.65
수	1,800	15.58
목	2,300	19.91
금	1,400	12.12
토	1,050	9.09

해설 전체 교통량=11,550, 일평균 교통량=11,500/7=1,650대/시

$$\text{일요일 } DF = \frac{\text{일평균 교통량}}{\text{특정일 교통량}} = \frac{1{,}650}{1{,}000} = 1.65$$

$$\text{월요일 } DF = \frac{\text{일평균 교통량}}{\text{특정일 교통량}} = \frac{1{,}650}{1{,}500} = 1.1$$

$$\text{화요일 } DF = \frac{\text{일평균 교통량}}{\text{특정일 교통량}} = \frac{1{,}650}{2{,}500} = 0.66$$

$$\text{수요일 } DF = \frac{\text{일평균 교통량}}{\text{특정일 교통량}} = \frac{1{,}650}{1{,}800} = 0.92$$

$$목요일\ DF=\frac{일평균\ 교통량}{특정일\ 교통량}=\frac{1,650}{2,300}=0.72$$

$$금요일\ DF=\frac{일평균\ 교통량}{특정일\ 교통량}=\frac{1,650}{1,400}=1.18$$

$$토요일\ DF=\frac{일평균\ 교통량}{특정일\ 교통량}=\frac{1,650}{1,050}=1.57$$

23 요일별 변동계수를 구하시오.

요일	월	화	수	목	금	토	일
평균교통량	2,450	2,400	2,450	2,450	2,600	2,300	2,000

해설 전체교통량=16,650, 일평균교통량=16,650/7=2,379대/시

$$월요일\ DF=\frac{일평균\ 교통량}{특정일\ 교통량}=\frac{2,379}{2,450}=0.97$$

$$화요일\ DF=\frac{일평균\ 교통량}{특정일\ 교통량}=\frac{2,379}{2,400}=0.99$$

$$수요일\ DF=\frac{일평균\ 교통량}{특정일\ 교통량}=\frac{2,379}{2,450}=0.97$$

$$목요일\ DF=\frac{일평균\ 교통량}{특정일\ 교통량}=\frac{2,379}{2,450}=0.97$$

$$금요일\ DF=\frac{일평균\ 교통량}{특정일\ 교통량}=\frac{2,379}{2,600}=0.92$$

$$토요일\ DF=\frac{일평균\ 교통량}{특정일\ 교통량}=\frac{2,379}{2,300}=1.03$$

$$일요일\ DF=\frac{일평균\ 교통량}{특정일\ 교통량}=\frac{2,379}{2,000}=1.19$$

24 어느 도로구간 내에서 얻은 자료로부터 $AADT$가 36,000대, K_{30}계수의 값이 0.06, 중차량비율이 20%로 나타났다. 방향별 교통량 분포가 60:40일 때 이 도로의 중방향 설계시간 교통량을 구하시오.(단, 중차량의 승용차환산계수는 1.8로 한다)

해설 $K_{30}=0.06,\ D=0.6$

$DDHV=AADT\times K_{30}\times D$=36,000×0.06×0.6=1,296 대/시

∴ (1,296×0.8+1,296×0.2×1.8)=1,504 대/시

참고

DHV(설계시간 교통량) $=AADT\times K_{30}$

$DDHV$(중방향 설계시간 교통량) $=AADT\times K_{30}\times D$

$PDDHV$(첨두시 중방향 설계시간 교통량) $=\dfrac{AADT\times K_{30}\times D}{PHF}$

① 설계시간계수 K는 지방부 12~18%, 도시부 5~12% 사이

② 중방향계수 D는 지방부 0.65, 도시부 0.60을 보통 사용

25 계획 중인 어떤 고속도로의 설계지정항목 중에서 계획년도 $AADT$=57,600대, K계수=0.15, D계수=0.6, 설계속도(V)=120km/h, 계획서비스수준 v/c=0.75, 차로당 용량(c)=2,200vph이다.

(1) 양방향 차로수는?

해설 $차로수(N)=\frac{AADT\cdot D\cdot K}{SFi}=\frac{AADT\cdot D\cdot K}{c\cdot(v/c)}$

$=\frac{57,600\times0.15\times0.6}{2,200\times0.75}=3.14$

∴ 왕복 8차로 설계

(2) 소요차로가 건설되었을 때 v/c비는?

해설 $차로수(N)==\frac{AADT\cdot D\cdot K}{SFi}=\frac{AADT\cdot D\cdot K}{c\cdot(v/c)}$

$v/c=\frac{AADT\cdot D\cdot K}{c\cdot N}=\frac{57,600\times0.15\times0.6}{2,200\times4}=0.59$

26 상시조사지점의 교통량이 40,000대이고 K값(30$HV/AADT$)이 14%이고 또 조사지점에서의 중방향 교통량 비율(D계수)과 대형차 구성비(T계수)가 각각 60%와 15%일 때 이 도로구간의 설계시간교통량을 구하시오.(단 대형차의 승용차 환산계수(PCE)는 1.8이다)

해설 30HV=40,000×0.14=5,600대/시(양방향)
중방향 30HV=5,600×0.6=3,360대/시
양방향 설계시간 교통량 =3,360×2=6,720대/시
∴ 승용차단위 양방향 설계시간 교통량
=(6,720×0.15×1.8)+(6,720×0.85)=7,526 대/시

27 상시조사지점 자료로부터 K값(30$HV/AADT$)이 15%임을 알았다. 29,700의 $AADT$의 이 도로에서 또 중방향 비율(D계수)과 대형차 구성비(T계수)가 각각 60%와 15%일 때 이 도로구간의 설계시간 교통량을 구하시오.(단 대형차의 승용차 환산계수(PCE)는 1.8이다)

해설 30HV=29,700×0.15=4,455대/시(양방향)
중방향 30HV=4,455×0.6=2,673대/시
양방향 설계시간 교통량 =2,673×2=5,346대/시
∴ 승용차단위 양방향 설계시간 교통량
=(5,346×0.15×1.8)+(5,346×0.85)=5,988 대/시

28 고속도로 서비스수준 B 이상 만족하기 위한 차로수 계획을 세우려 한다. 이 고속도로의 차로수를 산정하시오. (설계속도 : 100Km/h, 서비스교통량 : 2,350 대/h, F_{HV} : 0.72, F_w : 0.96, F_P : 1.00, 서비스수준 B의 V/C : 0.45)

해설 $N=\frac{SFi}{C_j\times(v/c)i\times f_{HV}\times f_W\times f_P}=\frac{2,350}{2200\times0.45\times0.72\times0.96\times1.00}=3.43$

∴ 위의 서비스를 만족시키기 위해서는 편도 4차로가 필요하다.

참고

- **서비스교통량**

주어진 도로조건과 교통조건에 대한 서비스 교통량(vph)은 이상적인 조건의 최대 서비스교통량(pcphpl)을 기준으로 차로폭 및 측방여유폭과 중차량을 고려하여 산출한다.

$SF_i = MSF_i \times N \times f_W \times f_{HV}$

$= C_j \times (V/C)_i \times N \times f_W \times f_{HV}$

여기서,

SF_i = 서비스수준 i에서 주어진 도로 및 교통 조건에 대한 서비스교통량(vph)

N = 편도 차로 수

f_W = 차로폭 및 측방여유폭 보정계수

f_{HV} = 중차량 보정계수

MSF_i = 서비스수준 i에서 차로당 최대 서비스교통량(pcphpl)

29 **차로계획 중인 어떤 고속도로의 설계지정항목(design designation)의 값은 다음과 같다. 계획연도의 $AADT$=57,600대, K계수=0.18, D계수=0.6, 설계속도=120kph 계획서비스수준 v/c=0.75, 차로당 용량이 23,00대/시간일 때 이 도로의 양방향 차로수를 구하고 소요차로가 건설되었을 때의 v/c비를 산정하시오.**

해설 · 중방향 예상교통량 : $DHV = 57,600 \times 0.18 \times 0.6 = 6,220$ 대/시

· 차로당 서비스교통량 : $SF_i = 2,300 \times 0.75 = 1,725$ 대/시

· 소요차로수(중방향) : $N = \dfrac{6,220}{1,725} = 3.6$ → 4차로

∴ 양방향 8차로의 도로가 필요하다.

∴ 소요된 차로수 대로 건설되었을 때의 v/c=6,220/(2,300×4)=0.6

30 **지방부 고속도로, 설계속도 100kph, 서비스수준 B,(V/C)=0.61, 용량=2,200대/시, 표년도 $AADT$=35,000대/시, K계수=0.18, D계수=0.6, 이중 첨두시간에 중형(2.5톤 이상 트럭과 버스) 구성비 20%, 대형(특수차량)의 구성비 5%와 PHF 0.90일 때 기본구간 차로수(평지부 일반 E_{t1}=1.5, E_{t2}=2)를 설계하고 이때 v/c비를 산정하시오.**

해설 $DHV = \dfrac{35,000 \times 0.18 \times 0.6}{0.90 \times f_{HV}}$

$f_{HV} = \dfrac{1}{[1 + 0.2(1.5-1) + 0.05(2-1)]} = 0.87$

· $DHV = \dfrac{35,000 \times 0.18 \times 0.6}{0.90 \times 0.87} = 4,828$ 대/시

· $SF_i = 2,200 \times 0.61 = 1,342$대/시

· $N=\frac{4,828}{1,342}=3.598$ → 4차로

∴ 양 방향 8차로 필요

· 용량 C=2,200×4=8,800대/시

· 설계된 차로수로 운영할 때 $v/c=\frac{4,828}{8,800}=0.55$

31 **다음과 같은 도로 및 교통 조건을 갖는 도시지역 고속도로가 있다. 이 지역의 교통 수요는 매년 4%정도의 증가 추세를 보일 것으로 예측된다. 현재와 3년 후의 서비스수준을 평가하고 확장이 필요한 시기를 결정하라.**

도로 조건	교통 조건
· 설계속도 80kph · 양방향 6차로 · 차로폭 3.5m · 측방여유폭 1.5m · 지형은 평지	· 첨두시간계수(PHF) 0.95 · 첨두시간 교통량(일방향 : 3,000 vph(현재), 3,375 vph(3년 후) · 중차량 구성비 10%

가 정

· 포장 상태와 기후 조건은 양호한 상태로 가정
· 중차량 구성은 2.5톤 이상의 중형 트럭으로 가정
· 확장이 요구되는 서비스수준은 D(하한치)로 가정

고속도로 기본구간 서비스수준

서비스수준	밀도 (pcpkmpl)	설계 속도 120 kph		설계 속도 100 kph		설계 속도 80 kph	
		교통량 (pcphpl)	v/c비	교통량 (pcphpl)	v/c비	교통량 (pcphpl)	v/c비
A	≤6	≤700	≤0.3	≤600	≤0.27	≤500	≤0.25
B	≤10	≤1,150	≤0.5	≤1,000	≤0.45	≤800	≤0.40
C	≤14	≤1,500	≤0.65	≤1,350	≤0.61	≤1,150	≤0.58
D	≤19	≤1,900	≤0.83	≤1,750	≤0.8	≤1,500	≤0.75
E	≤28	≤2,300	≤1.00	≤2,200	≤1.00	≤2,000	≤1.00
F	>28	-	-	-	-	-	-

해설 · 차로폭 및 측방여유폭 보정계수 : $f_W=1.00$

· 중차량 보정계수 f_{HV}

$P_{T_0}=P_{T_2}=0$, $P_{T_1}=0.1$, $E_{T_1}=1.5$ 이므로,

$$f_{HV}=\frac{1}{1+P_{T_0}(E_{T_0}-1)+P_{T_1}(E_{T_1}-1)+P_{T_2}(E_{T_2}-1)}=\frac{1}{1+0.1(1.5-1)}$$

$=0.95$

· 첨두시간 환산 교통량 : $V_P=\frac{V}{PHF}$

$=\frac{3,000}{0.95}=3,158vph$(현재)

$=\frac{3,375}{0.95}=3,553vph$(3년후)

· 주어진 도로 및 교통 조건에 대한 용량(C)을 산출시 80kph일 때 용량 $C_j=2,000$

$C = C_j \times N \times f_W \times f_{HV} = 2,000 \times 3 \times 1.0 \times 0.95 = 5,700vph$

· 현재와 3년 후의 V/C비를 산정하여 밀도를 산출, 서비스수준 판정

∴ 현재 : V/C = 3,158/5,700 = 0.55 → 밀도 = 13.3 → 서비스수준 C

∴ 3년 후 : V/C = 3,553/5,700 = 0.62 → 밀도 = 15.2 → 서비스수준 D

· 교통량이 확장 서비스수준(LOS D) 하한치를 초과할 때의 연도를 구함

설계속도 100kph에서 Cj = 2,000, V/C = 0.75이므로,

$SF_i = C_j \times (V/C)_i \times N \times f_W \times f_{HV}$ 에서

$SF_D = 2,000 \times 0.75 \times 3 \times 1.0 \times 0.95 = 4,275vph$

$3,158 \times 1.04^n = 4,275$에서 $n = 7.72$년

∴ 따라서, 확장 사업 완공이 되어야 하는 시기는 7년 후이며, 공사 기간이 3년이 소요된다면 4년 후 확장을 시작해야 한다.

32 $AADT$=10,000, D=60%, K=10%, 교통량이 연평균 20% 증가할 때 3년 후의 설계시간 교통량은 얼마인가?

해설 K=0.1 D=0.6

$DHV = AADT \times K \times D$=10,000×0.1×0.6=600

$600 \times (1+0.2)^3$=1,037 대/시

33 톨게이트 상류에서 조사한 첨두시간 교통수요는 6,650대 이었다. 톨게이트를 지난 후의 도로용량이 5,000(대/시)이며 톨게이트의 요금징수 시간이 차량당 평균 10초이다. 도로운영에서 톨게이트를 통과하는 시간당 차량대수와 도로 용량이 일치하는 것이 좋다. 톨게이트의 적정 요금징수소(Booth)의 수를 구하시오.

해설 적정 톨게이트 통과율=톨게이트를 지난 후의 도로용량=5,000대/시

5,000/3,600=1.39대/초

요금징수소의 수(x)

톨게이트 요금 징수시간=10초/대

초당 톨게이트 이용차량수=(x/10)대/초

적정 톨게이트 통과율=초당 톨게이트 이용차량수

1.39=x/10 → x=10×1.39=13.9

∴ 14개

34 다음 4지 신호교차로에서 각 접근로별 평균제어지체는 아래 표와 같다. 이 교차로의 서비스수준을 결정하시오.

접근로	1	2	3	4
교통량(vph)	500	1,300	350	1,500
평균제어지체(초/대)	45.4	23.7	24.8	34.9

해설 $\text{평균지체} = \dfrac{\text{접근로 총지체시간}}{\text{접근로 총교통량}}$

$$= \frac{(500 \times 45.4) + (1,300 \times 23.7) + (350 \times 24.8) + (1,500 \times 34.9)}{500 + 1,300 + 350 + 1,500} = 31.4초/대$$

∴ 서비스수준 C

참고

• **신호교차로의 서비스수준**

서비스수준	차량당 제어지체
A	≤ 15초
B	≤ 30초
C	≤ 50초
D	≤ 70초
E	≤ 100초
F	≤ 220초
FF	≤ 340초
FFF	> 340초

35 전체 도로 폭이 4.3m인 보행자도로의 한쪽은 연석 폭원은 0.5m이며, 다른 쪽은 상점이 있다. 15분 첨두 보행교통량이 1,827(인/15분)일 때 첨두 15분 동안 평균적인 상황에서의 서비스수준을 판정하시오.(상점 디스플레이로 영향을 받는 방행폭원은 0.9m라고 가정)

해설 ① 총 보도폭에서 연석과 상점디스플레이에 의한 방해폭원을 빼주면 유효보도폭이 결정된다.

$W_E = W_T - W_O = 4.3 - 0.5 - 0.9 = 2.9m$

② 15분간 보행교통량을 보행교통류율(인/분/m)로 환산한다.

$V_P = V_{15} / (15 \times W_E) = 1,827 / (15 \times 2.9) = 42인/분/m$

∴ 서비스수준 C

참고

• **보행자 서비스수준**

서비스수준	보행자교통류율 (인/분/m)	점유공간 (㎡/인)	밀도 (인/㎡)	속도 (m/분)
A	≤ 20	≥ 3.3	≤ 0.3	≥ 75
B	≤ 32	≥ 2.0	≤ 0.5	≥ 72
C	≤ 46	≥ 1.4	≤ 0.7	≥ 69
D	≤ 70	≥ 0.9	≤ 1.1	≥ 62
E	≤ 106	≥ 0.38	≤ 2.6	≥ 40
F	-	〈 0.38	〉 2.6	〈 40

36 보행신호가 2현시로 운영, 총 주기가 120초, 황색시간 6초 그리고 다음 그림과 같이 횡단보도가 설치

된 신호교차로에서 보행자 지체와 보행자 공간을 이용하여 횡단보도의 서비스수준을 판정하시오. 분석대상 횡단보도에서 횡단보도 길이(L=14.0m), 횡단보도 폭(W=5.0m), 횡단보도 진입보행량(Vi=450인/15-분), 횡단보도 진출보행량(Vo=204인/15-분), 보행자 녹색시간(G=25.0초), 보행자 속도는 1.2m/초로, 손실시간은 없다고 가정한다.

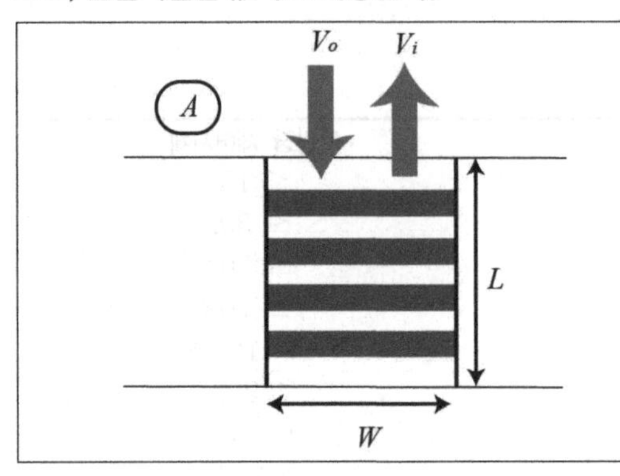

V_i : A지점으로 들어오는 횡단보도 진입보행량
V_o : A지점으로 들어오는 횡단보도 진출보행량
L: 횡단보도 길이(m)
W: 횡단보도 폭(m)

해설 (1) 보행자 지체 기준으로 서비스 수준을 산정하시오.

- 횡단보도를 횡단하고자 하는 보행자의 평균지체 시간을 계산

$$d_p = \frac{(C-G)^2}{2C} = \frac{(120-25)^2}{2(120)} = 37.6\text{초}$$

여기서, d_p : 평균 보행자 지체(초)
G: 보행자 녹색시간(초)
C: 주기(초)

∴ 서비스수준 C

(2) 점유공간 기준으로 서비스 수준을 산정하시오.

- 보행량(15분단위)를 주기 당 보행자수로 바꿈

$$V_i = (\frac{450}{15})\frac{120}{60} = 60\text{ 인/주기}$$

$$V_o = (\frac{450}{15})\frac{120}{60} = 32\text{ 인/주기}$$

- 보행자 녹색시간이 시작될 때 대기 중이던 보행자수

$$N = \frac{V_o(C-G_c)}{C} = \frac{32(120-25)^2}{120} = 25.3\text{인/주기}$$

- 25.3명의 보행자가 횡단하는데 필요한 시간

$$t = 3.2 + \frac{L}{S_p} = (0.81 \times \frac{N}{W_e}) = 3.2 + \frac{14}{1.2} + (0.81 \times \frac{25.3}{5}) = 18.97\text{초}$$

여기서, t : 총 횡단시간(초)
L: 횡단보도 길이(m)
S_p : 보행자의 평균 속도(m/s)
N_{ped} : 한 주기동안 횡단한 보행자(인)
W_e : 유효 횡단보도 폭(m)
3.2: 보행자 $start-up\ time$(초)

- 횡단보도에서 제공되는 총 여유 공간(시간-공간, ㎡-초) 계산

$$TS = L_d W_e (G_c - \frac{L}{2S_p}) = (14)(5)(25 - \frac{14}{2.4}) = 1341.6\text{㎡} - \text{초}$$

여기서, TS: 시－공간면적(㎡－인)

- 총 횡단보도 점유시간(인-초) 계산

  $T = (V_i + V_o)t = (60+32)(18.97) = 1745.2\text{인} - \text{초}$

- 보행자 1인당 점유공간은 $M = \frac{1341.6}{1745.2} = 0.77\text{㎡/인}$

  ∴ 서비스수준 E

참고

• **신호횡단보도 서비스수준**

서비스수준	평균 보행자지체(초/인)
A	≤ 15
B	≤ 30
C	≤ 45
D	≤ 60
E	≤ 90
F	〉90

3. 교통신호 운영

1 신호교차로에서 지체시간을 측정하기 위하여 다음과 같은 자료를 수집하였다. 총 지체도, 정지차량당 평균지체도, 접근차량당 평균지체도를 소수 둘째자리까지 구하시오.(단위선정시간 15초)

	+0	+15	+30	+45초	정지 차량수	지나간 차량수
5:00	0	2	7	9	11	6
5:01	4	0	0	3	6	14
5:02	9	16	14	6	18	0
5:03	1	4	9	13	17	0
5:04	5	0	0	2	4	17
합계	19	22	30	33	56	37

(1) 총지체도는?

해설 총지체도=차량수의 합×선정단위시간=104×15=1,560대·초

(2) 정지차량당 평균지체도는?

해설 정지차량당 평균지체도=총지체도/정지차량수
=1,560대 · 초/56대=27.86초

(3) 접근차량당 평균지체도는?

해설 접근차량당 평균지체도
=총지체도/접근교통량(정지차량수+지나간 차량수)
=1,560대 · 초/(56+37)대=16.78초

참고

- **교차로에서의 접근차량과 교차로 총지체 산정법**
  - 총지체도=차량수의 합×선정단위시간
  - 정지차량당 평균지체도=총지체도/정지차량수
  - 접근차량당 평균지체도=총지체도/접근교통량

2 중앙로와 남북로가 만나는 한 접근로의 조사결과가 다음과 같다. 총지체도와 접근차량당 평균지체도를 구하시오.(주기 110초, 선정단위시간 15초)

조사기간	+0	+15	+30	+45초	교통량
8:00	3	6	4	8	45
8:01	3	4	4	0	26
8:02	8	4	3	4	35
8:03	6	4	2	5	35
8:04	6	4	3	2	15
총계	83				156

해설 - 총지체도=차량수의 합×선정단위시간=83대×15초=1,245대 · 초
- 접근차량당 평균지체도=총지체도/접근교통량=1,245대 · 초/156대=7.98초

3 주기 130초 동안 16초 간격의 지체조사 결과는 아래와 같다. 접근차량 1대당 지체는?(단 교통량은 900대)

조사시간	0	16	32	48	64	80
정지차량수	13	9	10	14	12	17

해설 - 총지체도=차량수의 합×선정단위시간= 75대×16초=1,200대 · 초
- 접근차량당 평균지체도=총지체도/접근교통량=1,200대 · 초/900대=1.33초

4 어느 접근로의 지체도를 측정하기 위해서 조사를 실시하였다. 측정자료가 아래와 같을 때 다음의 질문에 대해 답하시오.(주기 100초, 선정단위 15초)

조사기간	+0	+15	+30	+45초	교통량
8:00	6	2	7	4	40
8:01	3	2	4	0	30
8:02	2	4	5	5	50
8:03	1	2	4	2	72
8:04	3	2	8	4	15

(1) 총지체도는?

해설 총지체도=정지차량수의 합×단위선정시간

$=(6+3+2+...+5+2+4)=70\times15=1{,}050$대·초

(2) 접근차량당 평균지체도는?

해설 접근차량당 평균지체도=총지체도/접근교통량

$=\frac{1{,}050}{(40+30+50+72+45)}=\frac{1{,}050}{207}=5.07$초

접근차량당 평균지체도=총지체도/접근교통량

=1,050대·초/207대=5.07초

5 **어느 접근로의 지체도를 측정하기 위해서 조사를 실시하였다. 측정자료가 아래와 같을 때 다음의 질문에 대해 답하시오.(주기 100초, 선정단위 시간 15초)**

조사기간	+0	+15	+30	+45초	교통량
8:00	7	3	7	7	50
8:01	3	3	4	4	40
8:02	3	4	6	5	50
8:03	4	3	4	3	60
8:04	3	3	9	5	50

(1) 총지체도는 얼마인가?

해설 총지체도=정지차량수의 합×단위선정시간

$=(7+3+3+...+5+3+5)=90\times15=1{,}350$대·초

(2) 접근차량당 평균지체도는 얼마인가?

해설 접근차량당 평균지체도=총지체도/접근교통량

$=\frac{1{,}350}{(50+40+50+60+50)}=\frac{1{,}350}{250}=5.4$초

6 포화교통량을 산출하시오.

차량	출발시의 headway	차량	출발시의 headway
1	4.3	6	2.0
2	4.0	7	2.0
3	3.5	8	2.0
4	2.0	9	2.0
5	2.0	10	2.0

해설 포화차두시간=2초
포화교통량=3,600/2=1,800대/시(pcphgpl)

7 다음과 같이 출발 차두시간을 구하였을 때 포화교통량을 산출하시오.

1	2	3	4	5	6	7	8	9	10
3.4s	2.7s	2.4s	2.2s	2.2s	2.2s	2.2s	2.2s	2.2s	2.2s

해설 포화차두시간=2.2초 포화교통량=3,600/2.2=1,637대/시(pcphgpl)

8 신호교차로에서 대기차량들이 정지선 통과상태에서 5번째 차량 이후부터는 모든 차량이 포화유율 0.5로 출발시 총통과 차량수는 10대, 총통과 시간은 24초 소요된다면 출발지연시간을 산출하시오.

해설 차두시간(초/대)=1/포화교통류율=1/0.5=2초
출발지연=24-(10×2)=x ∴ x=4(초)

9 출발 차두시간이 다음 그림과 같을 때 손실시간을 산출하시오.

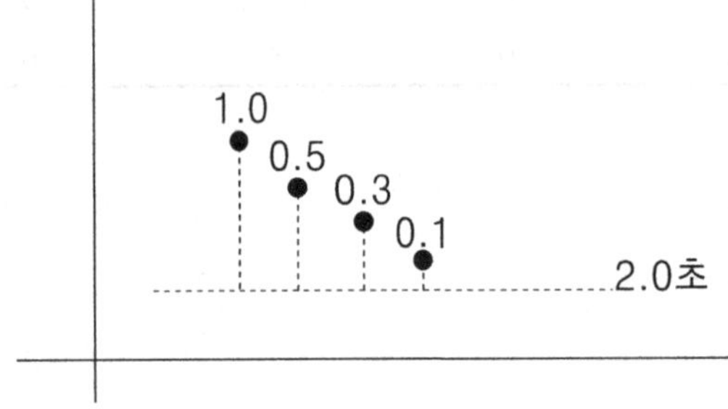

해설 포화차두시간=2.0초
출발손실시간=1.0+0.5+0.3+0.1=1.9초

10 신호교차로에서 신호등이 푸른색으로 바뀌면서 한 차로에 대한 차두 간격시간이 아래와 같을 때 포화시간간격, 포화교통량, 출발손실시간을 계산하시오.

대기행렬에 있는 차량번호	차두간격(초)	대기행렬에 있는 차량번호	차두간격(초)
1	2.6	5	1.8
2	2.4	6	1.8
3	2.2	7	1.8
4	2.1	8	1.8

해설 포화차두시간=1.8초
포화교통량=3,600/1.8=2,000대/시(pcphgpl)
출발손실시간=0.8+0.6+0.4+0.3=2.1초

11 신호교차로에서 대기차량들의 정지선 통과 상태에서 5번째 차량 이후부터는 모든 차량이 포화유율 1,900대/시로 출발하였다. 이때 총 통과차량수는 10대이고 총 통과시간은 24초 소요되었다. 출발지연시간은 얼마인가?

해설 $h = \frac{3,600}{1,900}$ h=1.89초 $L_1 = 24 - 10(1.89) = 5.1$초

12 녹색시간 42초, 출발지연시간 2.5초, 진행연장시간 1.5초일 때 유효녹색시간을 산출하시오.

해설 유효녹색시간 $= G - L_1 + L_2 = 42 - 2.5 + 1.5 = 41$초

13 주기가 100초 4현시고 이루어지는 교차로에서 출발지연시간이 2.7초이고 진행연장시간이 2초, 황색시간이 3초일 때 시간당 총 손실시간은 얼마인가?

해설 100초당 손실시간=4×(2.7+3-2)=14.8
1시간당 총손실시간 $14.8 \times \frac{3,600}{100} = 532.8$초

14 신호등 교차로에서 한 접근로에서 교통량비(flow ratio) v/s=0.27이며, 녹색시간비 g/c는 0.4일 때 포화도는 얼마인가?

해설 포화도=$(V/S)/(g/C) = 0.27/0.4 = 0.675$

참고

- **접근로 or 이동류의 용량**

$c_i = S_i \times (g/C)_i$
여기서
C_i : i 접근로 or 이동류의 용량(vph)
S_i : i 접근로 or 이동류의 포화교통류율(vphg)
$(g/C)_i$: i 접근로 or 이동류의 유효녹색시간대 주기의 비

X_i (포화도) $= (v/c)_i = v_i / [S_i \times (g/C)_i] = v_i C / S_i g_i = (v/s)_i / (g/C)_i$

15 어느 교차로의 한 접근로에서 포화 교통량이 1800대/시 접근교통량이 320대이고 유효녹색시간이 25초일 때 이 접근로의 V/C의 비는 얼마인가?(단, 주기는 120초이다)

해설 $v/c = (v/s)/(g/c)$=(320/1,800)/(25/120)=0.85

16 주기가 60초, 유효녹색시간은 25초, 포화교통량이 1000대/시, 도착 교통량은 500대/시이다. 이 접근로의 차량군비를 구하시오.

해설 $v/c = (v/s)/(g/c)$=(500/1,000)/(25/60)=1.2

17 4현시에 주기 100초인 어느 교차로의 임계v/c를 구하시오.(손실시간 : 4초, v/s : 0.8)

해설 - 총유효녹색시간=100-(4×4)=84초

- 교차로임계 $v/c=0.8 \times \frac{100}{84} = 0.95$

18 2현시 운영의 신호교차로에서 신호주기 시간이 80초이고 주기당 손실시간은 6초일 때 교차로에 대한 다음 물음에 답하여라.(각 현시별 주이동류의 교통수요와 포화유율은 1현시 V=700, S=1,500, 2현시 V=400, S=1,000)

(1) 각 접근로별 V/S비 계산과 주 이동류 파악

해설 1현시= $V/S = \frac{700}{1,500} = 0.47$

2현시= $V/S = \frac{400}{1,000} = 0.40$

(2) 주기별 유효녹색시간

해설 유효녹색시간(g)=신호주기(C)-주기당 손실시간=80-6=74초

(3) 교차로 V/C

해설 $V/C = (0.47 + 0.40) \times \frac{80}{74} = 0.94$

19 어느 교차로의 한 접근로에서 포화교통량이 1,800대/시 접근교통량이 320대이고 유효녹색시간이 25초일 때 이 접근로의 포화도를 산출하시오.(단, 주기는 120초)

해설 포화도=$(V/S)/(g/C) = (320/1,800)/(25/120) = 0.85$

20 4현시 교차로의 v/s합은 0.78, 현시당 손실시간 3초일 경우 webster 방식을 이용한 적정주기를 산출하시오.

해설 손실시간 L=3초×4현시=12초

$$C_p = \frac{1.5L+5}{1-\sum y/s} = \frac{1.5\times 12+5}{1-0.78} = 105\text{초}$$

21 4현시 신호등 교차로에서 최대교통량 방향의 교통량비(v/s)를 합한 값 $\sum Yi$가 0.80이며 교차로 전체의 v/c비가 0.9일때의 최소주기와 Webster 방식으로 적정주기를 산출하시오.(단, 각 현시의 손실시간은 3초)

해설 $v/c = (\sum Y_i)\dfrac{c}{c-L}$

$\dfrac{0.9}{0.8} = \dfrac{c}{c-12}$ 그러므로 최소주기 $C_{\min} = 108$초

webster 적정주기공식 $Cop = \dfrac{1.5L+5}{1-\sum Y_i}$

$Cop = \dfrac{1.5(12)+5}{1-0.8} = 115$초

참고

- **Webster 방식 이용 신호주기 산정**

  이 방식은 실측 자료 및 시뮬레이션을 통한 차량의 지체도를 고려하여 신호주기를 결정하는 방식으로 최소지체를 나타내는 신호주기 산정해 냄

$$C_p = \frac{1.5L+5.0}{1-\sum_{i=1}^{n} y_i}$$

C_p : 최적 신호주기(초)　　L : 주기당 총 손실시간(초)

n : 주기당 현시의 수　　y_i : $\dfrac{\text{현시 } i\text{의 최대교통량}}{\text{현시 } i\text{의 포화교통량}}$

[팁] 원래 이 방법은 임계 v/c비가 0.85~0.95 사이의 경우에 해당하는데 만약 여기서 임계 v/c비가 1.0이면 논리적으로 이 방법은 최소신호주기 산정공식으로 대체된다.

최소신호주기 산정공식은 $C_{\min} = \dfrac{L}{1-\sum_{i=1}^{n} y_i}$ 으로 여기서, $C_{\min}$은 최소신호주기이다.

22 다음 그림과 같은 교차로에서 2현시 운영을 하고자 할 때 webster 방식으로 신호주기와 유효녹색시간을 산정하시오. (단, s : 2000대/시, 손실시간 : 3초)

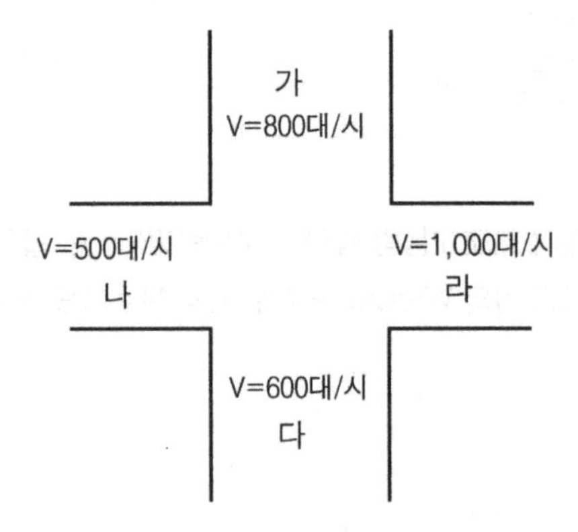

해설 각 접근로별 v/s비 계산과 주이동류 파악

가 : 800/2,000=0.4

나 : 500/2,000=0.25

다 : 600/2,000=0.3

라 : 1,000/2,000=0.5

임계v/s비 (0.4+0.5)=0.9

$\therefore$ webster 방식 주기 : $\dfrac{(1.5\times6)+5.0}{1-0.9}=140$초

$\therefore$ 유효녹색시간 : $140-6=134$초

23 현시 교차로에서 현시당 손실시간이 3초일 때 최소신호주기와 webster 방식 최적신호주기를 구하시오.

현시 1 : 관측교통량 1,232 포화교통량 2,600, y_i=0.47
현시 2 : 관측교통량 2,665 포화교통량 6,600, y_i=0.40

해설 우선 주기당 총 손실시간부터 구해야 한다.

L=2현시×현시당 손실시간=2×3=6초

$$\sum_{i=1}^{2} y_i=(0.47+0.40)=0.87$$

최적신호주기는 $C_p=\dfrac{1.5L+5.0}{1-\sum_{i=1}^{n} y_i}=\dfrac{1.5\times6+5.0}{1-0.87}=108$초

최소신호주기는 $C_{\min}=\dfrac{L}{1-\sum_{i=1}^{n} y_i}=\dfrac{6}{1-0.87}=46$초

24 4현시 신호시간, 차두간격은 2초, 주기는 100초, 황색시간은 4초, 출발지연은 5초, 진행연장 3초이다. 다음과 같이 주어진 조건에 따라 물음에 답하시오.

현시	교통량
1	100
2	500
3	150
4	610

(1) 총 손실시간을 산정하시오.

해설 총 손실시간(L)

={출발지연시간(L_1)+황색시간(Y)-진행연장시간(E)}×현시수

=(5+4-3)×4=24초

(2) webster식 최적주기를 산정하시오.

해설 포화교통량(s)=3,600/h=3,600/2=1,800vph

$Y_1 = v/s_1$=100/1,800=0.056

$Y_2 = v/s_2$=500/1,800=0.278

$Y_3 = v/s_3$=150/1,800=0.083

$Y_4 = v/s_4$=610/1,800=0.339 $\therefore$ $\Sigma(Y_i)$=0.756

최적주기(Co)

={(1.5×L)+5}/{1-$\Sigma(Y_i)$}={(1.5×24)+5}/(1-0.756)

=168초⇒170초(10초 단위로 환산)

(3) 각 이동류별 녹색시간을 구하시오.

해설 전체 유효녹색시간=$Co - L = 170 - [(4\times4) - 4(5-3)] = 146$

각 이동류별 녹색시간(G_i)={$Y_i/\Sigma(Y_i)$×전체유효녹색시간}+$L_1 - E$

(G_1)={$Y_1/\Sigma(Y_i)$×전체유효녹색시간}+$L_1 - E$

=(0.056/0.756×146)+5-3=13초

(G_2)={$Y_2/\Sigma(Y_i)$×전체유효녹색시간}+$L_1 - E$

=(0.278/0.756×146)+5-3=56초

(G_3)={$Y_3/\Sigma(Y_i)$×전체유효녹색시간}+$L_1 - E$

=(0.083/0.756×146)+5-3=18초

(G_4)={$Y_4/\Sigma(Y_i)$×전체유효녹색시간}+$L_1 - E$

=(0.339/0.756×146)+5-3=67초

[팁] 유효녹색시간 산정식과 혼동하지 말 것

25 4현시 신호시간이고 차두간격은 2초, 주기는 100초, 손실시간은 4초, 회전교통량은 1.5배이다.

순서	현시	교통량
1		100
2		500
3		150
4		610

(1) 총 손실시간은?

해설 총 손실시간(L)=손실시간×현시수=4×4=16초

(2) webster식 최적주기는?

해설 포화교통량(s)=3,600/h=3,600/2=1,800vph

$Y_1 = v/s_1$=(100×1.5)/1,800=0.083

$Y_2 = v/s_2$=500/1,800=0.278

$Y_3 = v/s_3$=(150×1.5)/1,800=0.125

$Y_4 = v/s_4$=610/1,800=0.339 $\therefore \Sigma(Y_i)$=0.825

최적주기(Co)

={(1.5×L)+5}/{1-Σ(Y_i)}={(1.5×16)+5}/(1-0.825)=166초

⇒170초(10초 단위로 환산)

(3) 각 이동류별 유효녹색시간은?

해설 전체 유효녹색시간=$C_0 - L$=170-16=154

각 이동류별 녹색시간(G_i)={Y_i/Σ(Y_i)×전체유효녹색시간}

ϕ_1=(0.083/0.825×154)=16초

ϕ_2=(0.278/0.825×154)=52초

ϕ_3=(0.125/0.825×154)=23초

ϕ_4=(0.339/0.825×154)=63초

26 AC도로 폭 20m, BD도로 폭 14m, 이상적인 상태에서 포화교통량 2,200pcphgpl, 출발손실시간 2.3초, 진행연장시간 2초, 지각반응시간 1초, 교차로 진입차량의 접근속도 60kph, 임계감속도 $5m/s^2$, 차량길이 5m와 같은 조건의 4지교차로가 있다. 다음 질문에 대해 답하시오.

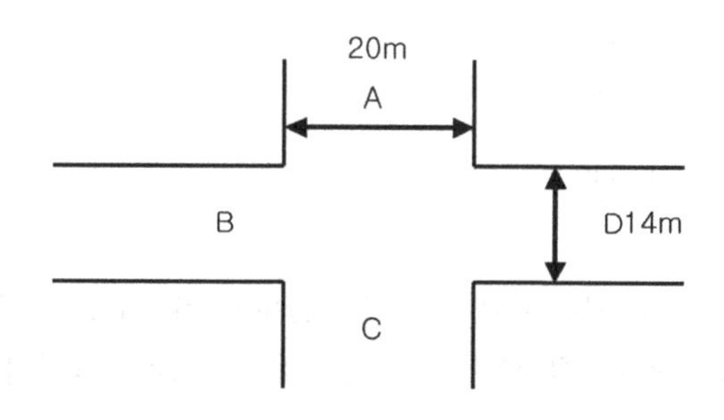

현시	소요현시율
1	0.108
2	0.296
3	0.067
4	0.255

(1) 각 황색시간을 구하시오.

해설 - AC도로의 황색시간 : $1.0+\frac{60/3.6}{2\times5}+\frac{14+5}{60/3.6}=3.8$초

- BD도로의 황색시간 : $1.0+\frac{60/3.6}{2\times5}+\frac{20+5}{60/3.6}=4.2$초

(2) 최적주기를 구하시오.

해설 주기당 손실시간(L)=2(3.8+4.2)+4(2.3-2.0)=17.2초

∴ $\Sigma(Y_i)$=0.726

최적주기(C_0)

={(1.5×L)+5}/{1-$\Sigma(Y_i)$}={(1.5×17.2)+5}/(1-0.726)

=112.41초⇒120초(10초 단위로 환산)

(3) 각 현시에 유효녹색시간을 구하시오.

해설 전체 유효녹색시간

=C_0-L=120-2(4.2+3.8)-4(2.3-2)=102.8초

각 현시의 유효녹색시간

ϕ_1=(0.108/0.726)×102.8)=15.3초

ϕ_2=(0.296/0.726)×102.8)=41.9초

ϕ_3=(0.067/0.726)×102.8)=9.5초

ϕ_4=(0.255/0.726)×102.8)=36.1초

(4) 최소녹색시간을 구하시오.(보행속도는 1.2m/sec)

해설 ① 보행자 횡단시간

AC도로(BD도로 횡단) : 14/1.2=11.67초

BD도로(AC도로 횡단) : 20/1.2=16.67초

② 최소녹색시간

보행자 횡단시간-황색시간+보행자 초기녹색시간

AC도로 : 11.67-3.8+7=14.87초

BD도로 : 16.67-4.3+7=19.47초

③ 최소녹색시과 분할된 신호시간 비교

AC도로 직진신호 : 41.9초〉14.87초 (만족)

BD도로 직진신호 : 36.1초〉19.47초 (만족)

27 **어떤 신호교차로에 도착하는 차량들이 다음과 같을 때 차량군비(R_p)를 구하시오.(단, 녹색시간 30초 동안 20대 차량이 도착하고 적색시간 26초 동안에는 15대가 도착하며 총 신호주기 60초 동안에는 40대가 도착한다)**

해설 $-\text{차량군비}(R_p) = \dfrac{PVG(\text{녹색신호동안도착차량의총차량}\%)}{PTG(\text{그이동류유효녹색신호비}g/c\times 100)} = \dfrac{20/40}{30/60} = 1$

참고

- **차량이 교차로에 도착하는 형태**

일단의 신호교차로 LOS 분석시 사용되는 지체는 임의도착상태에 발생하는 지체이다. 따라서 신호가 연속진행으로 될 경우에는 그 연속진행정도에 따라 지체 값이 변한다.

따라서 차량도착형태에 따른 지체는 임의 도착상태시 구한 지체에 연속진행보정계수를 곱하여 구한다.

① 차량의 도착형태 5가지

㉠ 적색시점도착

밀집된 차량군이 적색신호가 시작될 때 교차로에 도착하는 경우로 연속진행상태 가장 나쁨

㉡ 적색중간도착

밀집차량군이 적색신호 중간에 도착하거나, 분산된 차량이 적색신호 전반부 도착의 경우

㉢ 임의도착

임의로 도착하는 경우로 독립신호교차로처럼 신호연동방식이 아니거나 연동교차로간 거리가 멀어 연동효과가 사라진 경우를 일컬음

㉣ 녹색중간도착

밀집 차량군이 녹색신호중간에 도착하거나 분산된 차량군이 녹색신호 전반부 도착의 경우

㉤ 녹색시점도착

밀집된 차량군이 녹색신호가 시작될 때 도착하는 경우. 연속진행상태가 가장 좋다. 도착행태는 지체 및 서비스수준에 큰 영향이 미치므로 가능한 한 정확히 결정해야 한다.

이를 위해 정확한 계산식은

$$R_p = \frac{PVG}{PTG}$$

여기서

R_p : 차량군비

PVG : 녹색신호동안 도착하는 차량의 총차량에 대한 %

PTG : 그 이동류에 대한 녹색신호 비 : $PTG = g/C \times 100$

28 **녹색시간이 30초 동안 20대 차량이 도착하고 적색시간 25초 동안 20대가 도착하며 총신호주기 59초**

동안 45대가 도착한다. 이때의 차량군비를 구하시오.

해설 -R_p(차량군비) $= \frac{PVG}{PTG} = \frac{20/45}{30/59} = 0.87$

29 '가'도로의 폭이 18m, '나'도로의 폭이 12m이고 보행자 최소초기녹색시간이 7초, 차량황색시간이 4초이다. 이때의 '가' 도로와 '나'도로의 각 보행자시간과 점멸시간, 차량의 최소녹색시간을 구하시오.(보행자 횡단평균속도 : 1.0m/s)

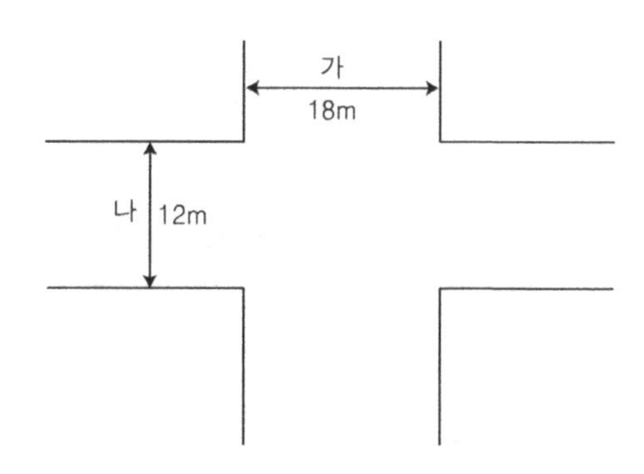

해설 • **'가'도로**

- 점멸시간 : $\frac{횡단보도길이}{횡단보행속도} = \frac{18m}{1.0m/s} = 18초$
- 보행자시간 : $7초 + \frac{18m}{1.0m/s} = 25초$
- 최소녹색시간 : 25초-4초=21초

• **'나'도로**

- 점멸시간 : $\frac{횡단보도길이}{횡단보행속도} = \frac{12m}{1.0m/s} = 12초$
- 보행자시간 : $7초 + \frac{12m}{1.0m/s} = 19초$
- 최소녹색시간 : 19초-4초=15초

30 최소녹색시간 20초, 황색시간 3초, 보행자 지체시간 4초, 보행속도 1.0m/s일 때 횡단보도 길이는?

해설 G_p=보행자지체시간+[W/보행속도- Y]

W/보행속도= G_p-보행자지체시간+ Y

W=보행속도×(G_p-보행자지체시간+ Y)=1.0(20-4+3)=19m

31 최소녹색시간 15초, 황색시간 3초, 보행자 지체시간 5초, 보행속도 1.2m/s일 때 횡단보도 길이는?

해설 G_p=보행자지체시간+[W/보행속도- Y]

W/보행속도= G_p-보행자지체시간+ Y

W=보행속도×(G_p-보행자지체시간+ Y)=1.2(15-5+3)=15.6m

32 **보행자수 5,000인/시이고 보행자 평균속도 1.0m/초, 보행자 밀도 0.8인/㎡일 때 보도폭을 구하시오.**

해설 Q(보행량)=보행속도×보행공간(인/㎡)=1.0m/초×0.8=0.8인/초 · m

초당 보행자수= $\frac{5,000}{3,600} = 1.39$인/초

$\therefore$ 보도폭= $\frac{\text{보행자수}}{\text{보행량}} = \frac{1.39\text{인/초}}{0.8\text{인/초} \cdot m} = 1.74m$

참고

- **보도폭**

보행자수 150인/일 이상, 자동차교통량 2,000대/일 이상, 통학로 및 주거밀집지역은 위의 조건이하인 경우에도 보도 설치

[표] 도로 기능별 보도폭

구 분		보도의 최소폭(m)
지방지역의 도로		1.5
도시지역	주간선도로 및 보조간선도로	3.0
	집산도로	2.25
	국지도로	1.5
가로수		1.5
기타 노상시설		0.5

보도의 폭과 보행자수의 관계식은 다음과 같다.

$P = 3,600D_p \times v \times W$

여기서

P = 보행자수(인/시)
v = 보행자속도(m/sec)
D_p = 보행자밀도(인/m^2)
W = 보도폭(m)

33 **보행자수 5,000인/시이고 보행자 평균속도 1.2m/초, 보행자 밀도 0.7인/㎡일 때 보도폭을 구하시오.**

해설 Q(보행량)=보행속도×보행공간(인/㎡)=1.2m/초×0.7=0.84인/초 · m

초당 보행자수= $\frac{5,000}{3,600} = 1.39$인/초

$\therefore$ 보도폭= $\frac{\text{보행자수}}{\text{보행량}} = \frac{1.39\text{인/초}}{0.84\text{인/초} \cdot m} = 1.65m$

34 **신호등의 황색신호등의 인지반응시간(t)=0.5sec, 감속도(a)=4m/s^2, 교차로 접근속도(V)=60km/h, 횡단교차로 길이(W)=20m, 자동차길이(L)=5m일 때 적정 황색시간(Y)는?**

해설 $Y=t+\frac{v}{2a}+\frac{W+L}{v}$ = $0.5+\frac{60/3.6}{2\times4}+\frac{20+5}{60/3.6}=4.08$초

참고

- **황색시간 결정식**

  $Y=t+\frac{v}{2a}+\frac{W+L}{v}$

  여기서

  Y : 적정황색시간(초)

  t : 운전자 반응시간(1~2초)

  v : 차량속도(m/sec)

  a : 차량의 감속도(m/sec^2)

  W : 교차로의 폭(m)

  L : 차량의 길이(m)

35 **신호등이 황색으로 변하는 것을 보고 정지선 앞에서 정지하는 차량의 최소 평균감속거리는 35m이다. 황색 신호의 인지반응시간 0.5초, 교차로 접근속도 60kph, 횡단교차로의 길이를 20m라고 할 때 적정황색시간을 구하시오.(단, 차량의 길이는 무시함)**

해설 적정황색시간 $(Y)=t+\frac{v}{2a}+\frac{W+L}{v}=0.5+\frac{35+20}{60/3.6}=3.8$초

36 **차량의 속도가 40km/h이며 교차로의 폭이 20m인 교차로의 적정황색시간을 구하시오.(단, 차량의 감속도 : 4.5m/s^2, 차량길이 : 5m, 운전자 반응시간 : 1초)**

해설 차량의 속도=40km/h=40/3.6=11.1m/s(단위환산)

$Y=t+\frac{v}{2a}+\frac{W+L}{v}$에 대입하여 적정황색시간을 구하면

$Y=1+\frac{11.1}{2\times4.5}+\frac{20+5}{11.1}=4.48$(초)

37 **차량의 속도가 50km/h이며 교차로의 폭이 0.02km인 교차로의 황색시간이 4.5초이다. 이 교차로에서 차량의 감속도는 얼마로 해야 하는가?(단, 차량길이 : 5m, 운전자의 반응시간 : 1초)**

해설 $Y=t+\frac{v}{2a}+\frac{W+L}{v}\rightarrow4.5=1+\frac{50/3.6}{2\times a}+\frac{20+5}{50/3.6}$

$\therefore\ a=4.085m/s^2$

38 **적정황색시간 Y_{AC}, Y_{BD} 구하시오.(단, 속도 : 50kph, 감속도 : $5m/s^2$, 신호주기 : 120초, 인지반응시간 : 1초, 자동차길이 : 6m)**

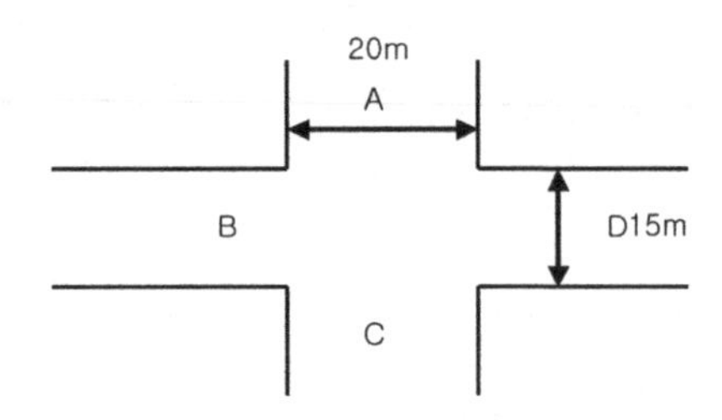

해설 $Y=t+\frac{V}{2a}+\frac{W+L}{V}$

$Y_{AC}=1+\frac{50/3.6}{2\times5}+\frac{15+6}{50/3.6}=3.9$초

$Y_{BD}=1+\frac{50/3.6}{2\times5}+\frac{20+6}{50/3.6}=4.26$초

39 딜레마존의 길이를 구하시오.

ˎ황색신호시간 : 3.0초	ˎ인지ˎ반응시간 : 1초	ˎ차량길이 : 5m
ˎ교차로길이(폭) : 20m	ˎ차량속도 : 60km/h	ˎ임계 감속도 : $5m/s^2$

해설 $Y=t+\frac{V}{2a}+\frac{W+L}{V}=1+\frac{60/3.6}{2\times5}+\frac{20+5}{60/3.6}=4.17$초

D=(적정황색시간-황색신호시간)×차량의 속도 =(4.17-3)×(60/3.6)=19.5m

40 어느 교차로에서 한 차량이 녹색신호시간이 끝날 무렵에 연속진행 중 교차로 내에서 다른 방향의 차량과 측면충돌 사고가 발생했다. 이때 이 운전자는 자신의 잘못이 아니라 황색시간이 너무 짧게 설정되어 있어서 사고가 난 것이라고 주장하였다. 다음 질문에 대해 답하시오.

ˎ황색신호시간 : 3.0sec	ˎ인지ˎ반응시간 : 1sec	ˎ차량길이 : $5m$
ˎ교차로길이(폭) : $20m$	ˎ차량속도 : $50km/h$	ˎ차량 감속도 : $5m/s^2$

(1) 이 운전자의 주장이 옳은지, 그른지를 판단하여라.

해설 $Y=t+\frac{V}{2a}+\frac{W+L}{V}=1+\frac{50/3.6}{2\times5}+\frac{20+5}{50/3.6}=4.19$초

∴ 적정황색시간이 4.19초인데 반해 교차로의 실제황색시간은 3.0초이므로 운전자의 주장이 옳다.

(2) 이 교차로의 딜레마존의 길이를 구하시오.

해설 D=(적정황색시간-황색신호시간)×차량의 속도

=(4.19-3)×(50/3.6)=16.53m

41 속도 40km/h일 때 연속진행을 위한 필요한 offset을 구하시오.(A점 기준)

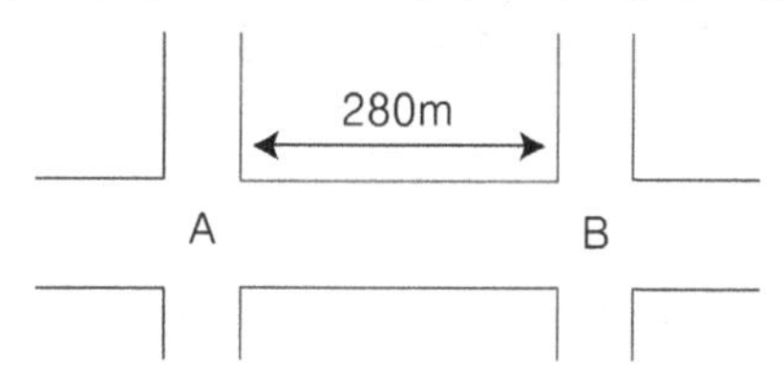

해설 $T_{offset} = \dfrac{L}{V} = \dfrac{280}{40/3.6} = 25.2$초

42 주 신호교차로간을 주행하는 차량평균속도(V)=40km/h, 옵셋시간(T_{off})=30sec, 두 교차로 간의 황색시간(Y)=3sec이다. 두 교차로 간의 간격(L)을 구하시오.

해설 $T_{offset} + Y = \dfrac{L}{V}$

$L = (T_{off} + Y) \times V = (30+3) \times (40/3.6) = 366.67m$

43 간선도로의 구간 길이가 350m이고 속도가 50km/h일 때 offset을 계산하시오.

해설 $T_{offset} = \dfrac{L}{V} = \dfrac{350}{50/3.6} = 25.2$초

44 동시연동시스템으로 교차로 간격 400m, 주기 100초일 때 연동을 위한 속도를 구하시오.

해설 $V = \dfrac{L}{C} = \dfrac{400}{100} = 4m/s = 4 \times 3.6 = 14.4km/h$(단위환산)

45 교호연동시스템으로 교차로 간격 300m, 주기 100초일 때 연동을 위한 속도를 구하시오.

해설 $V = \dfrac{2L}{C} = \dfrac{2 \times 300}{100} = 6m/s = 6 \times 3.6 = 21.6km/h$(단위환산)

4. 도로 및 교차로계획

1 20/20 시력으로 30m 식별 가능하다. 만약 20/50 시력으론 어느 거리에서 볼 수 있는가?

해설 $30m \times \frac{20}{50} = 12m$

참고

정상시력이란 아주 맑은 상태에서 1/3인치 크기의 글자를 20ft 거리에서 읽을 수 있는 사람의 시력을 말하며 20/20으로 나타낸다. 20/40이란 정상시력을 가진 사람은 40ft에서 볼 수 있는데 비해 측정대상자는 20ft의 거리에서야 볼 수 있음을 의미한다.

2 10/10의 시력을 가진 운전자가 100m의 거리에서 교통표지판을 읽을 수 있다. 만약 20/50의 시력을 가진 사람이 그 표지판을 읽기 위해서는 얼마의 거리가 필요한가?

해설 $D = 100m \times \frac{20}{50} = 40m$

3 20/20 시력을 가진 운전자가 50m 거리에서 교통표지판을 읽을 수 있다. 만약 교통표지판 내 글자 크기가 10cm라고 할 때 20/50의 시력을 가진 운전자가 이 표지판을 읽기 위해서는 얼마의 거리가 필요한가?

해설 $50m \times \frac{20}{50} = 20m$

4 20/20 시력을 가진 사람이 80m 거리에서 1cm의 글자를 분명히 볼 수 있었다. 20/50 시력을 가진 사람이 볼 수 있는 거리는?

해설 $80m \times \frac{20}{50} = 32m$

5 20/40 시력을 가진 사람이 10cm 크기의 글씨 30m에서 볼 수 있다. 정상인 시력을 가진 사람은 30m에서 볼 수 있는 글씨의 크기는?

해설 $\frac{20}{40} \times 10 = 5cm$

6 20/20 시력을 가진 사람이 8cm 크기의 글씨 50m에서 볼 수 있다. 20/50인 시력을 가진 사람이 30m에서 볼 수 있는 글씨의 크기는?

해설 $8cm \times \frac{30}{50} \times \frac{50}{20} = 12cm$

7 $A-B$ 구간의 도로상에 최소곡선반경을 구하고자 한다. 설계속도는 90km/h로 계획하고 유사시설 조사결과에 따라 편구배 0.06, 마찰계수 0.63으로 설정하기로 했다면 최소곡선반경은 얼마인가?

해설 $R = \frac{V^2}{127(e+f)} = \frac{90^2}{127(0.63+0.06)} = 92.43m$

8 도로의 원곡선구간에서 편경사 4%, 최대속도 60kph일 때 최소곡선반경을 구하시오.(단, 횡방향 마찰계수는 0.15)

해설 $R = \frac{v^2}{127(f+e)} = \frac{60^2}{127(0.15+0.04)} = 149.19m$

9 곡선반경이 150m인 원곡선 구간의 편경사가 3%이다. 곡선부의 최대속도를 구하시오.(단, 횡방향 마찰계수는 0.15이다)

해설 $v^2 = 127(f+e) \cdot R = 127(0.15+0.03) \times 150$ $\therefore\ v = 58.58kph$

10 한 차량이 곡선반경 R=300m인 평면곡선을 100km/h의 속도로 주행하고 있다. 이 도로에서의 마찰계수가 0.2일 때 이 평면곡선에서 차량이 미끄러지지 않기 위한 편구배를 구해라.

해설 $e = (\frac{V^2}{127R}) - f = (\frac{100^2}{127 \times 300}) - 0.2 = 0.06$ $\therefore\ e = 6\%$

11 설계속도 80kph인 도로의 곡선부가 곡선반경이 250m라 할 때 필요한 편경사(편구배)의 크기를 구하시오.(단, 횡방향 마찰계수는 0.15)

해설 $e = (\frac{V^2}{127R}) - f = (\frac{80^2}{127 \times 250}) - 0.15 = 0.05$ $\therefore\ e = 5\%$

12 평균통행속도가 50km/h이며 편구배(e)가 0.1, 마찰계수(f)가 0.15일 때 다음을 계산하여라.

(1) 최소곡선반경(R)은?

해설 $R = \frac{v^2}{127(f+e)} = \frac{50^2}{127(0.1+0.15)} = 78.74m$

(2) 마찰계수가(f)가 0.5로 변할 때의 평균통행속도는?

해설 $v^2 = 127(f+e) \cdot R = 127(0.5+0.1) \times 78.74 \therefore v = 77.46km/h$

(3) 편구배와 원심력이 평형을 이룰 때의 평균통행속도는?

해설 $m \cdot g \cdot \sin\theta = \frac{mv^2}{r} (\sin\theta \fallingdotseq 1) \rightarrow v^2 = g \cdot r = 9.8m/s^2 \times 78.74m \quad \therefore v = 27.78m/s = 100km/h$

13 젖은 노면의 마찰력이 맑은 날에 비해 20% 저하된다고 할 때 곡선반경 160m, 설계속도 100km/h, 편구배 5.2%인 곡선부 도로의 우천시 설계속도를 산정하시오.

해설 $f_d = (\frac{V^2}{127R}) - e = (\frac{100^2}{127 \times 160}) - 0.052 = 0.44$ (맑은 날 노면의 마찰계수)

$f_w = 0.44 \times (1-0.2) = 0.352$ (젖은 노면의 마찰계수)

$v^2 = 127(f+e) \cdot R = 127(0.52+0.352) \times 160 \quad \therefore v = 90.61km/h$

14 곡선반경 800m인 평면속선의 편구배가 0.10이다. 이 곡선을 주행하는 20ton 차량의 무게중심이 노면으로부터 2.5m 위에 있고 차륜 간 폭이 1.5m 일 때 이 차량의 속도가 얼마 이상이면 전도되는지 계산하시오.

해설 R=800m, e=0.10, W=20ton,

Y=2.5m, X=1.5/2=0.75m, g=9.8$m/\sec^2$

$\frac{V^2}{127R} = \frac{\overline{X} + \overline{Y} \cdot e}{\overline{Y} - e \cdot \overline{X}} = \frac{0.75 + (2.5 \times 0.1)}{2.5 - (0.75 \times 0.1)}$ 이므로

$V = \sqrt{127 \times 800 \times \frac{0.75 + (2.5 \times 0.1)}{2.5 - (0.75 \times 0.1)}} = 204.69km/h$

참고

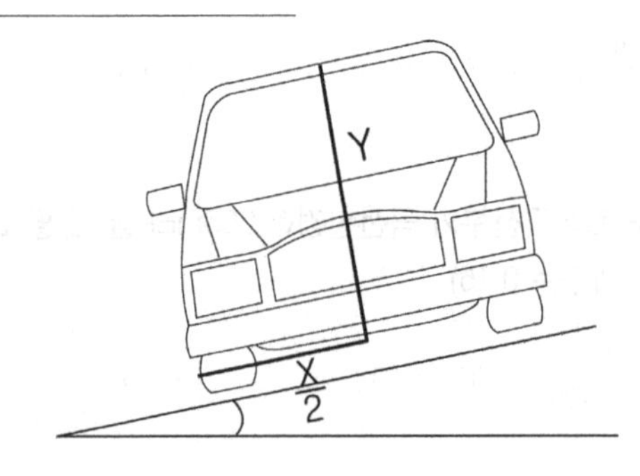

· **편구배**

차량이 곡선부를 돌 때 원심력에 의해서 바깥쪽으로 미끄러지거나 전도되는 것을 방지하기 위하여 곡선부 바깥쪽을 높여 경사를 지워주는 것을 말한다.

$\tan\beta = e =$ 편구배

$e+f=\frac{V^2}{127R}$ (미끄러질 경우), $\frac{V^2}{127R}=\frac{\overline{X}+\overline{Y}\cdot e}{\overline{Y}-e\cdot\overline{X}}$ (전도할 경우)

$R=\frac{v^2}{127(e+f)}$ (곡선반경을 구할 경우)

v : 속도(km/h) R : 곡선반경(m)

e : 편구배 f : 마찰계수

$\overline{X}$: 무게중심에서 차륜까지 폭

$\overline{Y}$: 바닥에서 무게중심까지 높이

15 **곡선반경 200m인 평면곡선의 편구배가 0.1이다. 이 곡선을 주행하는 20ton 차량의 무게중심이 노면으로부터 2.5m 위에 있고 차륜 간 폭이 1.5m일 때 이 차량의 속도가 얼마 이상 되면 전도하는지 계산하시오.**

해설 $\frac{V^2}{127R}=\frac{\overline{X}+\overline{Y}\cdot e}{\overline{Y}-e\cdot\overline{X}}=\frac{0.75+(2.5\times0.1)}{2.5-(0.75\times0.1)}$ 이므로

$$V=\sqrt{127\times200\times\frac{0.75+(2.5\times0.1)}{2.5-(0.75\times0.1)}}=103.34km/h$$

16 **무게중심의 타이어로부터 X는 1m, Y는 1.5m 떨어진 차량이 R=200M곡선반경을 가진 평면곡선을 주행하고 있다. 이 평면곡선의 편구배가 0.05이고 마찰계수가 0.2라고 할 때 이 차량이 미끄러지거나 전도하지 않기 위한 속도를 구하시오.**

해설 미끄러질 때 : $V=\sqrt{127\times200\times(0.05+0.2)}=79.69\ km/h$

전도할 때 : $V=\sqrt{127\times200\times\frac{1.0+1.5\times0.05}{1.5-0.05\times1.0}}=137.23\ km/h$

∴ 그러므로 속도는 79.69km/h이다.

17 **속도(V)=70km/h, 마찰계수(f)=0.4, 편구배(g)=0.03이다. 최소정지시거($MSSD$)를 산출하시오.**

해설 최소정지시거$(MSSD)=0.694V+\frac{V^2}{254(f+g)}$

$$=0.694\times70+\frac{70^2}{254(0.4+0.03)}=93.44m$$

참고

① 운전자의 인지부터 차량의 제동까지의 제동거리에 대한 공식

제동거리=인지반응시간(위험인지시간+반응시간)+제동시간

=공주거리+제동거리

$$D=t_r\cdot V+\frac{V^2}{2g}(f+g)=\frac{t_r\cdot V}{3.6}+\frac{1}{2\times9.8\times3.6^2}\frac{V^2}{(f+g)}\qquad=0.278t_r\cdot v+\frac{v^2}{254(f+s)}$$

$D=\frac{v}{3.6}\cdot t+\frac{V^2}{254\cdot(f+g)}$ 다시쓰면 $=0.278t_r V_o+\frac{V^2}{254\cdot(f+g)}$

이다.

② 시거

시거란 중심선상 1.0m의 높이에서 당해 차로의 중심선상에 있는 높이 15cm 의 물체정점을 볼 수 있는 거리를 말한다.

㉠ 정지시거 : 정지에 필요한 거리로서 모든 도로에 적용됨. 최소정지시거는 차량의 제동거리와 운전자의 반응시간 동안에 차량이 주행한 거리를 합하여 결정한다.

이 최소정지시거는 도로상을 주행하는 운전자에게 필요한 최소한의 안전거리이기 때문에 도로의 설계에 있어 가장 중요한 요소

$MSSD$ =반응거리+제동거리

$$=\frac{vt}{3.6}+\frac{V^2}{254(f+g)}=0.278t_r V_o+\frac{V^2}{254(f+g)}$$

③ 운전자의 인지 반응 시간은 보통 1초이나 도로설계시는 2.5초를 기본으로 한다.

$$D=0.278t_r\cdot V+\frac{V^2}{254(f+G)}\rightarrow=0.278\cdot 2.5\cdot V+\frac{V^2}{254(f+G)}$$

$$D=0.694\cdot V+\frac{V^2}{254(f\pm G)}$$

D : 정지시거(m)

V : 속도(km/h)

g : 중력가속도($9.8m/s^2$)

f : 타이어와 노면의 종방향 마찰계수

G : 종단구배(%/100)

t : 반응시간(초)

④ 차량의 제동거리(D_b)단위 : m

mps단위→ $D_b=\frac{V^2-V_o^{\ 2}}{2g(f+G)}$　　kph단위→ $D_b=\frac{V^2-V_o^{\ 2}}{254(f+G)}$

V : km/h

g : 중력가속도

f : 마찰계수

G : tan β 즉 종단구배

18 설계속도 80km/h의 속도를 가진 4차로도로에서 경사가 +4%일 때 최소정지시거는 얼마가 되어야 하는가? (단, 타이어와 노면의 마찰계수 = 0.5 $PIEV$(인지반응 = 2.5초)

해설 최소정지시거($MSSD$) $=\frac{t_r\cdot V}{3.6}+\frac{V^2}{254\times(f+g)}$

$$= \frac{2.5 \times 80}{3.6} + \frac{80^2}{254 \times (0.5 + 0.04)} = 102.26m$$

19 자동차 주행속도가 60km/h, 반응시간의 2.5초, 마찰계수가 0.33, 구배가 2.0%일 때 내리막에서 최소 정지시거를 구하시오.

해설 $최소정지시거(MSSD) = \frac{t_r \cdot V}{3.6} + \frac{V^2}{254 \times (f+g)} = \frac{2.5 \times 60}{3.6} + \frac{60^2}{254 \times (0.33 - 0.02)} = 87.39m$

20 f=0.4, 종단구배 +3%, v=100km/h의 인지반응시간 2.5초일 때 최소정지시거를 구하시오.

해설 $최소정지시거(MSSD) = \frac{t_r \cdot V}{3.6} + \frac{V^2}{254 \times (f+g)} = 0.694 \times 100 + \frac{100^2}{254(0.4 + 0.03)} = 160.96m$

21 설계속도가 100㎞이고 구배가 3%, 마찰계수가 0.6, 반응시간이 2.5초일 때 최소 안정시거를 구하시오.

해설 $최소정지시거(MSSD) = \frac{t_r \cdot V}{3.6} + \frac{V^2}{254 \times (f+g)} = \frac{2.5 \times 100}{3.6} + \frac{100^2}{254(0.6 + 0.03)} = 131.94m$

22 f=0.4, 종단구배 +3%, v=70㎞/h, 인지반응 시간 2.5초일 때 최소정지시거는?

해설 $최소정지시거(MSSD) = \frac{t_r \cdot V}{3.6} + \frac{V^2}{254 \times (f+g)} = \frac{2.5 \times 70}{3.6} + \frac{70^2}{254(0.4 + 0.03)} = 93.44m$

23 80kph의 속도를 가진 4차로도로에서 경사가 +4%일 때 최소 정지시거는 얼마가 되어야 하는가?(단, 타이어와 노면의 마찰계수=0.5, 인지시간=2.5초)

해설 $최소정지시거(MSSD) = \frac{t_r \cdot V}{3.6} + \frac{V^2}{254 \times (f+g)} = \frac{2.5 \times 80}{3.6} + \frac{80^2}{254(0.5 + 0.04)} = 102.26m$

24 100km로 주행 중인 차량이 장애물을 발견하고 0.5㎨으로 감속하였다. 이때의 정지시거를 구하시오.

해설 $정지시거거리(D) = \frac{V^2}{254a} = \frac{100^2}{254 \times 0.5} = 78.7m$

25 위의 문제에서 종단구배가 -3%라면 제동거리는 얼마인가?

해설 $정지시거거리(D) = \frac{v^2}{254(a+g)} = \frac{100^2}{254(0.5 - 0.03)} = 83.8m$

26 차량이 60km/h(V)의 속도로 주행하다 정지($V1$)하였다. 차량의 제동거리(D)는?(마찰계수(f)=0.2, 구배(g)=0)

해설 정지시거$(D) = \dfrac{|0^2 - 60^2|}{254(0.2+0)} = 70.87m$

27 한 차량이 고속도로부터 진출램프부를 빠져나가려 한다. 이 차량의 속도가 90㎞/h이고 램프부를 진입할 때의 속도가 40㎞/h로 변화해야 한다.

(1) 만약 차량의 감속도가 0.5㎨ 이라면 감속을 위한 taper길이는 얼마로 하는 것이 좋은가?(단, 이 도로의 종단구배는 0이다)

해설 $D_1 = \dfrac{|V_1^{\,2} - V_2^2|}{254(f \pm g)} = \dfrac{90^2 - 40^2}{254(0.5)} = 51.2m$

(2) (1)번에서 종단구배가 +2%라면 제동거리의 변화율은?

해설 $D_2 = \dfrac{90^2 - 40^2}{254(0.5+0.02)} = 49.2m$

∴ 제동거리의 변화율은 다음과 같다.

변화율 $= \dfrac{D1 - D2}{D1} \times 100\% = \dfrac{51.2 - 49.2}{51.2} \times 100\% = 3.9(\%)$

28 부도로교통이 양보표지에 의해 통제되는 아래 교차로에서 주도로 및 부도로의 제한속도가 각각 60kph, 40kph이며 주도로 바깥쪽차로 중심선에서의 장애물까지의 거리는 몇m 이상이어야 하는가?(단, 마찰계수는 0.54, 인지반응시간은 1.5초)

해설 $D = \dfrac{t_r \cdot V}{3.6} + \dfrac{|v^2 - v_1^2|}{254(f+g)}| = \dfrac{1.5 \times 60}{3.6} + \dfrac{|60^2 - 40^2|}{254(0.54+0)} = 39.58m$

29 정상시력을 가진 운전자는 15m의 거리에서 20cm의 표지판을 읽을 수 있다. 정상시력을 가진 운전자의 1/2에 해당하는 설계기준 운전자의 시력으로 60cm의 표지판을 읽을 수 있도록 고속도로의 유출부에서 방향안내표지를 설치하고자 한다. 이때 g=3%, $t = 2.5\text{sec}$, 고속도로상에서의 속도(V)=100km/h, 유출부에서의 속도(V_1)=60km/h이다. 표지판은 유출부에서 얼마만큼 전방에 설치하여야 하는가?(마찰계수(f)=0.6)

해설 정상시력을 가진 운전자가 표지판을 읽을 수 있는 거리

(D_1)=15×(60/20)=45m(글자의 크기가 60cm이므로)

설계기준 운전자가 표지판을 읽을 수 있는 거리(D_2)=45×(1/2)=22.5m

유출부까지 감속하는데 주행하는 거리

$D_3 = \dfrac{V}{3.6} \times t + \dfrac{|v^2 - v_1^2|}{254(f+g)}| = \dfrac{100}{3.6} \times 2.5 + \dfrac{|100^2 - 60^2|}{254(0.6+0.03)} = 109.44m$

∴ 표지판 설치위치$(D_4) = D_3 - D_2 = 109.44 - 22.5 = 86.94m$

30 **정상시력을 가진 운전자가 15m거리에서 1인치 표지판의 글자를 분명히 읽을 수 있으며 설계시 기준으로 하는 운전자의 시력은 20/400이라고 가정하자. 한 평탄지 고속도로의 유출부에서 방향 안내표지를 설치하고자 할 때 고속도로의 속도가 100km/h이고 유출부에서의 속도를 50km/h로 유도하려면 이 표지판은 유출부에서 얼마만큼 전방에 설치되어야 하는가?(단, 운전자의 인지반응시간은 2.5초, 마찰계수 0.3, 글자의 크기는 8인치로 가정한다)**

해설 정상시력을 가진 운전자가 이 표지판을 읽을 수 있는 거리는 다음과 같다.

D_1=15×8=120(m)

설계기준 운전자가 이 표지판을 읽기 위해서는 다음과 같은 거리가 필요

$D_2=120\times\frac{20}{40}=60(m)$

이 유출부로 안전하게 진입하기 위해 감속하는데 필요한 거리 s는

$$S=0.694(V)+\frac{V^2-V_0^{\,2}}{254(F\pm G)}=0.694(100)+\frac{100^2-50^2}{254(0.3)}=167.8(m)$$

∴ 그러므로 표지판은 유출부로부터 167.8-60=107.8m 떨어진 전방에 설치해야 한다.

$$=0.694\times70+\frac{70^2}{254(0.4+0.03)}=93.44m$$

[팁] 초기반응속도를 계산할 때 통상 인지반응시간은 2.5초로 설정하므로 다음과 같은 식을 암기해 놓으면 계산하기 용이하다.

$$\frac{V\times2.5}{3.6}=0.694V$$

31 **고속도로의 요금소 전방에 예고 표지판을 설치하였다. 보통 대기행렬(D_1)=150m, 제한속도(V)=100km/h, 마찰계수(f)=0.25, 반응시간(t)=2.5sec이다. 표지판의 위치는 매표소에서 얼마까지 떨어져 위치해야 하는가?(운전자가 표지판을 볼 수 있는 거리(D_2)는 100m 후방에서부터)**

해설 매표소까지 정지(V_1=0)하는데 주행하는 거리

$$D_3=\frac{V}{3.6}\times t+\frac{|V^2-V_0^{\,2}|}{254(f+g)}=\frac{100}{3.6}\times2.5+\frac{|100^2-0^2|}{254(0.25+0)}=226.92m$$

표지판의 설치위치 = 최종정지위치+대기행렬길이-표지판을 볼 수 있는 위치

∴ 표지판 설치위치$(D_4)=D_3+D_1-D_2=226.92+150-100=276.92m$

32 **정상시력을 가진 운전자가 15m의 거리에서 20cm의 표지판을 읽을 수 있으며 설계기준으로 하는 운전자의 시력 1/2로 하자. 종단구배가 3%가 되는 고속도로의 유출부에서 방향안내표지를 설치하고자 할 때 고속도로의 속도가 100km/시이고 유출부에서의 속도를 60km/시로 유도하려면 이 표지판은 유출부에서 얼마만큼 전방에 설치하여야 하는가?(인지반응시간 : 2.5초 마찰계수 : 0.5)**

해설 정상시력을 가진 운전자가 이 표지판을 읽을 수 있는 거리는 15m

설계기준 운전자가 이 표지판을 읽을 수 있는 거리는 15m$\times\frac{1}{2}$=7.5m

따라서 유출부로 안전하게 진입하기 위해 감속하는데 필요한 거리는

$$D=\frac{Vt}{3.6}+\frac{V^2-V_0^{\,2}}{254(f+g)}=\frac{100\times2.5}{3.6}+\frac{100^2-60^2}{254(0.5+0.03)}=117m$$

∴ 그러므로 표지판은 유출부로부터 117-7.5=109.5m 떨어진 전방에 설치해야 한다.

33 **곡선반경이 200m인 도로에서 곡선부 정지시거 150m를 확보하기 위해서 곡선부 도로의 내측차로 중심선으로부터 장애물 제거간격은?**

해설 $M=R(1-\cos\frac{28.65}{R}D)=\frac{D^2}{8R}=\frac{150^2}{8\times200}=14.06m$

참고

- **시거확보**

곡선부로 형성된 평면선형에서 곡선부의 내측에 위치한 장애물이 시거를 확보되는 지의 여부

$M=R(1-\cos\frac{28.65}{R}D)=\frac{D^2}{8R}$ $M=R(1-\cos\frac{28.65}{R}D)=\frac{D^2}{8R}$

M : 차로의 중심부터 측정한 시거 확보 폭(m)
D : 그 도로의 설계속도에 따른 정지시거(m)
R : 곡선부의 곡선반경(m)

34 **한 평면곡선의 안쪽 차로 중심으로부터 6m 지점에 장애물이 놓여져 있다. 이 곡선의 반경이 100m라 할 때 평면시거를 구하시오.(단, 차량 주행경로는 무시하시오)**

해설 $M=R-R\cos\frac{\theta}{2}=R(1-\cos\frac{\theta}{2})=R(1-\cos\frac{28.65\,D}{R})=6$

$\therefore\ 1-\cos(\theta/2)=0.06,\ \ \frac{\theta}{2}=\cos^{-1}(0.94),\ \ \theta=39.8°$

시거$(L)=\pi R\theta/180=(\pi\times100\times39.8)/180=69.5m$

$M=\frac{D^2}{8\cdot R}\ \rightarrow\ D=69.3m$

35 **속도(V)=90km/h일 때 운행상의 충격완화를 위한 종단곡선의 길이(L)는?(종단구배 +3%(i_1), -2%(i_2))**

해설 $A=|i_1-i_2|=|3-(-2)|=5$

$L=\frac{V^2S}{360}=\frac{90^2\times5}{360}$=112.5m

참고

- **충격완화를 위한 종단곡선의 길이**

$$L=\frac{V^2|i_1-i_2|}{360}$$

L : 충격완화를 위한 종단곡선길이
$|i_1-i_2|$: 종단구배 차
V : 설계속도(km/h)

36 길이(L)가 1,000m인 종단곡선이 있다. $G_1=+5\%$, $G_2=-2\%$인 종단구배지를 연결하였다. 운전자의 눈높이(H_1)=1.2m, 장애물의 높이(H_2)=1.3m이다. 추월시거(S)는?

해설 • **시거가 종단길이보다 작을 때($S<L$)**

$$A=|G_1-G_2|=|5-(-2)|=7$$

$$L=\frac{AS^2}{200(\sqrt{H_1}+\sqrt{H_2})^2}\rightarrow S^2=\frac{200(\sqrt{H_1}+\sqrt{H_2})^2L}{A}\rightarrow$$

$$S=\sqrt{\frac{200(\sqrt{H_1}+\sqrt{H_2})^2L}{I}}\rightarrow S=\sqrt{\frac{100(\sqrt{2\times1.2}+\sqrt{2\times1.3})^2\times1,000}{7}}=377.89\text{m}$$

• **종단길이가 시거보다 작을 때 ($S>L$)**

$$L=2S-\frac{200(\sqrt{H_1}+\sqrt{H_2})^2}{A}\rightarrow 2S=\frac{200(\sqrt{H_1}+\sqrt{H_2})^2}{A}+L$$

$$\rightarrow S=\left(\frac{200(\sqrt{H_1}+\sqrt{H_2})^2}{A}+L\right)\times\frac{1}{2}$$

$$\rightarrow S=\left(\frac{200(\sqrt{1.2}+\sqrt{1.3})^2}{7}+1,000\right)\times\frac{1}{2}=571.4\text{m}$$

그러나 종단길이가 시거보다 크므로 조건에 맞지 않다.

참고

- **볼록종단곡선**

㉠ 시거 S가 종단곡선길이 L보다 길거나 같은 경우($S\geq L$)

$$L=2S-\frac{200(\sqrt{H_1}+\sqrt{H_2})^2}{A}$$

통상 운전자의 눈높이를 1M, 장애물의 높이를 0.15M로 계산하면

$$L=2S-\frac{385}{A}$$

㉡ 시거 S가 종단곡선길이 L보다 짧을 경우($S\leq L$)

$$L=\frac{AS^2}{200(\sqrt{H1}+\sqrt{H2})^2}$$

㉢ 통상 운전자의 눈높이를 1M, 장애물의 높이를 0.15M로 계산하면

$L = \frac{AS^2}{385}$

L=종단곡선의 최소길이(m)

S=시거(m)

A=경사의 대수차 $\{|G_2 - G_1|\}$ [%]

H_1=운전자 눈높이

H_2=장애물 높이

- **오목종단곡선**

㉠ 시거 S가 종단곡선길이 L보다 길거나 같은 경우($S \geq L$)

$$L = 2S - \frac{200(H + S \cdot \tan\beta)}{A}$$

㉡ 전조등 높이 0.6M와 조명각 1° 를 대입하면

$$L = 2S - \frac{120 + 3.5S}{A}$$

㉢ 시거 S가 종단곡선길이 L보다 짧을 경우($S < L$)

$$L = \frac{S^2 A}{200(H + S \cdot \tan\beta)}$$

㉣ 전조등 높이 0.6M와 조명각 1° 를 대입하면

$$L = \frac{S^2 A}{120 + 3.5S}$$

L=종단곡선의 최소길이(m)

S=시거(m)

A=경사의 대수차 $\{|G_2 - G_1|\}$ [%]

β=전조등 상향각[°]

H=전조등 높이

37 **설계속도가 80km/h인 도로구간의 최소정지시거는 140m이다. 구배가 I_1=-3%, I_2=3%인 오목종단곡선의 길이를 정지시거가 만족하도록 가정하여라.(단, 전조등은 도로면에 0.5m~0.6m에 위치하고 전조등은 1%위로 비친다고 가정한다)**

해설 V=80km/h, S=140m, I=[-3-(+3)]=6%

- 오목형 $S < L$인 경우

$$L = \frac{140^2 \times (6)}{120 + 3.5 \times 140} = 192.79m$$

- 오목형 $S \geq L$인 경우

$$L = 2S - \frac{120 + 3.5S}{A} = 2 \times 140 - \frac{(120 + (3.5 \times 140))}{6} = 178.33m$$

그러나 종단길이가 시거보다 크므로 조건에 맞지 않다.

38 가속차로를 완전히 벗어나 80kph의 속도로 주행선에 합류하는 경우 가속차로의 폭은 3.6m라 하면 이를 벗어나는데 걸리는 시간은 4초이다. 이 때 taper의 길이는?

해설 $T = \frac{t \times v_a}{3.6} = \frac{4s \times 80km/h}{3.6} = 88.9m$

T : 테이퍼 길이, V_a : 평균주행속도, t : 주행시간

참고

- **접근로의 테이퍼**

접근로의 테이퍼는 접근방향 교통류를 우측으로 밀리게 하며 이로 인해 좌회전 차로를 설치할 수 있는 공간을 조성하며 직진차량들이 원만한 진행을 할 수 있도록 충분한 거리 안에서 설치되는 것이 중요하다.

$T_a = \frac{W_1 V_2}{60}$: 바람직한 설계기준　　　$T_a = W_s \cdot V$: 최소설계기준

W_1=차로폭(ft), V=속도(mph), W_s=좌회전차로의 돌출 폭(ft)

- **좌회전차로의 테이퍼**

이는 좌회전교통류를 직진차로에서 좌회전 차로로 유도하는 기능을 하며 이에 대한 설계시 좌회전차량이 좌회전 차로로 진입할 때 무리한 감속을 유발하지 않도록 해야 하며 너무 완만히 설계하면 운전자에게 혼란을 가져올 수 있다는 것에 유의해야 한다.

$T_b = \frac{W_1 V}{2.5}$: 바람직한 설계기준　　　$T_b = 4:1$: 최소설계기준

- **좌회전 차로길이 설계**

$L = 1.5 \cdot N \cdot S + l - T \geq 2.0 \cdot N \cdot S$

여기서, L : 좌회전 대기차로길이

N : 좌회전 차량수(신호 1주기당 또는 비신호 1분간 도착좌회전수 차량수)

S : 차량길이(=7.0m)

l : 가 · 감속길이$= \frac{1}{2a} \cdot (V/3.6)^2$

a : 감속을 위한 가속도 값(일반적으로 $2.0m/s^2$, 시가지의 경우 $3.0m/s^2$)

T : 차로테이퍼 길이

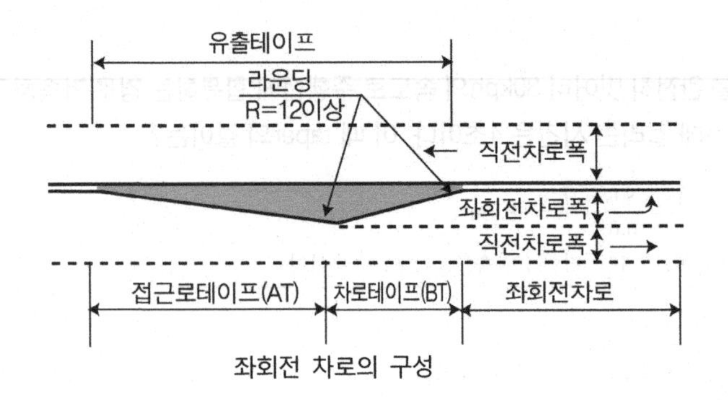

좌회전 차로의 구성

39 **설계속도 60kph, 곡선반경 300m, 가속도변화율 1m/sec^3일 때 완화곡선 최소길이는?**

해설 $L = \frac{0.07V^3}{RC} = \frac{0.07 \times 60^3}{300 \times 1} = 50.4m$

참고

$L = \frac{0.07V^3}{RC}$

L : 완화곡선의 최소길이(m)

V : 속도(km/h)

R : 곡선반경(m)

C : 원심력의 가속도 변화율(m/sec^3), 보통 1~3m/sec^3값이 사용된다.

5. 교통안전 및 시설

1 **"가"도로와 "나"도로가 만나는 교차로에서 작년 한 해 동안 발생한 사고 건수는 72건이었으며 이 교차로에 들어오는 하루 평균교통량은 27,000대이었다. 이 교차로의 백만 대당 교통사고율을 구하시오.**

해설 백만 대당 교통사고율$= \frac{72 \times 10^6}{27,000 \times 365} = 7.31$건/백만대

참고

- **교통사고 사고율에 의한 방법**
  - 교차로와 같이 한 지점에 대한 경우

$$AR(\text{교통사고율}) = \frac{\text{교통사고건수} \times 1,000,000(10^6)}{365 \times \text{연수} \times \text{일평균교통량}(AADT)}$$

– 산악지형(국도 등)과 같이 도로구간에 대한 경우

$$AR(\text{교통사고율}) = \frac{\text{교통사고건수} \times 10^6}{365 \times \text{연수} \times AADT \times \text{도로구간의길이}(km)}$$

– 1억 차량당 사고율(AR')

$$AR' = \frac{\text{교통사고건수} \times 10^8}{365 \times \text{연수} \times AADT \times \text{도로구간의길이}(km)}$$

2 4번 국도의 어느 10Km 구간에서 작년 한 해 동안의 교통사고 발생건수는 56건이었으며 이 구간의 $AADT$는 8,000대이다. 이 도로구간의 MEV(백만대당 교통사고율)를 구하시오.

해설 $MEV = \frac{56 \times 10^6}{10 \times 8000 \times 365} = 1.91$건/백만대·$km$

3 35km의 도로구간에서 1년 동안 50건의 교통사고가 발생하였다. 조사결과 일평균 교통량($AADT$)이 6,000대이고 총 사고건수 중 3%가 치명적인 사고였다고 한다면 다음에 대해 답하시오.

(1) 차량 1억대-km당 총사고율은 얼마인가?

해설 차량 1억대-km당 총사고율

$$= \frac{\text{총사고건수} \times 100,000,000}{AADT \times 365 \times \text{도로구간길이}} = \frac{50 \times 100,000,000}{6,000 \times 365 \times 35} = 65.2 \text{ 건억대}\cdot km$$

(2) 차량 1억대-km당 치명적인 사고율은 얼마인가?

해설 1억대 · km당 총 사고율= $65.2 \times 0.03 = 1.96$ 건/억대·km

4 42번 국도에서 어느 25km 구간에서 작년 한해 동안 교통사고 건수는 74건이었으며, 이 구간의 $AADT$는 9,000대이다. 이 도로 구간의 1억대 · km당 총 사고율을 구하시오.

해설 1억대 · km당 총 사고율= $\frac{74 \times 10^8}{25 \times 9000 \times 365} = 90.1$ 건/억대·km

5 하루에 15,400대의 차량이 통행하는 200m 구간의 도시간선도로 교통사고 23건/3년 중 8건은 인명피해사고이고 우리나라평균치 1억대 · km당 3년 간 375건 중 120건 인명피해 사고이다. 이 도로구간의 사고율, 이 구간의 위험도 즉 사고 많은 장소인지 판정하시오.(단, 인명피해사고의 가중치는 3, 신뢰수준은 95%)

해설 • **이 도로구간의 교통사고율계산**

- 실제등가사고건수 = $(23-8)+3\times8=39$건(등가물피사고)
- $AR = \frac{39 \times 1\text{억}}{3\text{년} \times 365\text{일} \times 15,400\text{대} \times 0.2\text{km}} = 1,157$건(1억대 · km당)

- **한계 사고율계산**

- 우리나라(이와 유사한 도로의)평균사고율

  (375-120)+3×120=615건(1억대 · ㎞당)

- $M=\dfrac{3\text{년}\times 365\text{일}\times 15,400\text{대}\times 0.2\text{km}}{1\text{억}}=0.0337(\text{억대}\cdot\text{km})$

- $\text{한계사고율}=615+1.645\sqrt{\dfrac{615}{0.0337}}+\dfrac{1}{2\times 0.0337}=852\text{건}(1\text{억대}\cdot\text{km당})$

- **위험도 계산 및 평가**

위험도 : 1,157 〉 852(AR 〉 R_c)

∴ 이 도로구간은 위험한 구간(사고 많은 장소)이다.

참고

$$R_c=R_a+k\sqrt{\frac{R_a}{M}}+\frac{1}{2M}$$

R_c = 대상지역의 한계 교통사고율

R_a = 유사한 도로에서의 평균교통사고율

K = 유의수준계수

M = 대상지역 교통사고 노출량

$$\therefore\ M=\frac{AADT\times 365\times\text{도로구간길이}}{1\text{백만}}$$

$AR>R_c$(위험도로로 판정) $AR<R_c$(위험도로가 아님)

6 어느 한 지역의 일평균 교통량이 10,000대이고 도로구간이 12km이며 이와 유사한 도로의 평균사고율이 1년에 3.5건이라면 95%의 유의수준으로 한계교통사고율(백만차량 · km)을 산출하시오.(단, 95%의 유의수준일 때 K=1.645)

해설 • **대상지역의 교통사고 노출량 계산**

$$M=\frac{AADT\times 365\times\text{도로구간의길이}\times\text{연수}}{10^6}=\frac{10,000\times 365\times 12\times 1}{10^6}=43.8$$

- **한계 교통사고율 계산**

$$R_c=R_a+k\sqrt{\frac{R_a}{M}}+\frac{1}{2M}=3.5+1.645\times\sqrt{\frac{3.5}{43.8}}+\frac{1}{2\times 43.8}$$

$$=3.976\text{건}/\text{백만차량}\cdot km$$

7 우리나라 2차로 국도의 1㎞당 사고건수를 예측하기 위한 중회귀 모형식(설명변수 : 교통량, 주행속도, 차도폭원, 혼잡도), 회귀계수(b))이다. 교통량이 거의 일정한 지방부 2차로 국도 2㎞내, 사고건수 15건/3년 이 중 200m의 어느 곡선구간에서의 사고 5건, 다음의 회귀모형식을 이용하여 예측결과 전구간 13건, 200m 구간 1.5건으로 200m 곡선구간이 신뢰수준 95%에서 사고 많은 지점으로 간주될 수 있는지를 판정하시오.

$$Y = b_0 + b_1 X_1 + b_2 X_2 + b_3 X_3 + b_4 X_4$$

해설 - 전체 구간에 대한 곡선구간의 위험률(p)=1.5/13=0.115
- 곡선구간의 평균 사고율 기대값(np)=15×0.115=1.725건

$$Z = \frac{5-1.725}{\sqrt{15 \times 0.115 \times 0.885}} = 2.65 > 1.645$$

그러므로 이 곡선구간은 위험하며 사고 많은 장소로 볼 수 있다.

8 어떤 속도로 달리던 차량이 급정거하여 바퀴자국이 32m나 생겼다. 같은 장소에서 시험차량으로 60kph의 속도로 달리다가 급정거하니 바퀴자국이 길이는 28.3m이었다. 속도에 따른 노면과 타이어 간의 마찰계수가 변함이 없다면 이 때 차량의 속도를 추정하시오.

해설 $D = \frac{|V^2 - V_1^2|}{254(f+g)} \rightarrow f = \frac{|V^2 - V_1^2|}{254 \times D_1} = \frac{|0^2 - 60^2|}{254 \times 28.3} = 0.5$

$|0^2 - V^2| = D \times 254(f+g) \rightarrow V = \sqrt{D \times 254(f+g)}$

$V = \sqrt{32 \times 254 \times 0.5} = 63.75 km/h$

9 자동차주행속도 V=60kph로 주행 중 도로상의 장애물을 발견하고 급정지하였다. Skidding distance를 계산하시오.(단, 마찰계수 f=0.33)

해설 $D = \frac{V_1^{\ 2}}{254 \cdot (f+g)} = \frac{60^2}{254 \times (0.33+0)} = 42.95m$

10 차량이 60km/h(V)의 속도로 주행하다 정지(V_1)하였다. 차량의 제동거리(D)는 얼마인가?(마찰계수(f)=0.2, 구배(g)=0)

해설 $D = \frac{|V^2 - V_1^2|}{254(f+g)} \rightarrow D = \frac{|0^2 - 60^2|}{254(0.2+0)} = 70.87m$

11 구배가 0%인 도로에서 70km/h로 달리는 차량이 급제동을 할 때의 감속도는 산출하고 이 때 나타나는 바퀴자국의 길이는 계산하시오.(단, 노면과 바퀴의 마찰계수 0.5가 제동하는 동안 일률적으로 작용한다고 본다)

해설 f(마찰력) $= wf = ma$

주행거리공식 : $X - X_0 = \frac{v^2}{2a}$

$mgf = ma$

g(중력가속도)$\times f$(마찰계수)$= a$(감속도)이므로

$a = g \times f = 9.8 \times 0.5 = 4.9\ m/s^2$

미끄러진 거리$= \frac{v^2}{2a} = \left(\frac{70^2}{2 \times 4.9 \times 3.6^2}\right) = 38.6m$

12 속도(V)=60km/h, 노면과 바퀴의 마찰계수(f)=0.5이다. 차량이 급제동할 때의 감속도(a)와 바퀴자국의 길이(D)를 구하시오.(구배는 0%)

해설 $D=\dfrac{V^2}{2g(f+g')3.6^2}$ 에서 g'(구배)가 0%라면 → $D=\dfrac{V^2}{2g\times f\times 3.6^2}$

g(중력가속도)$\times f$(마찰계수)$=a$(감속도)이므로

$a=g\times f=9.8\times 0.5=4.9\ m/s^2$

$D=\dfrac{V^2}{2a\times 3.6^2}=\dfrac{60^2}{2\times 4.9\times 3.6^2}=28.34m$

13 60km/h로 달리던 차가 급제동하여 10m 미끄러졌는데 미끄러진 후의 속도를 구하시오.(단, 반응시간 무시, 마찰계수는 0.7, 구배는 0%)

해설 $D=\dfrac{V_1^{\ 2}-V_2^{\ 2}}{254(f+G)}$ → $10=\dfrac{60^2-V_2^{\ 2}}{254(0.7+0)}$

$V_2^{\ 2}=60^2-(254\times 0.7\times 10)$ → $V_2=42.68\ km/h$

∴ 미끄러진 후의 속도는 42.68km/h

14 속도 V=30kph로 주행하던 차가 급제동한 결과 Skidding distance d=54ft로 나타났다. 이때의 마찰계수(f)를 구하시오.

해설 1ft=0.3048m이고, 54ft=16.46m이다.

$D=\dfrac{V^2}{2gf}$ → $16.46=\dfrac{(30/3.6)^2}{9.8\times 2\times f}$

$f=\dfrac{(30/3.6)^2}{9.8\times 2\times 16.46}=0.215$

∴ 마찰계수(f)는 0.215

15 한 운전자가 주행 중에 장애물을 만나 급제동하며 그 장애물 앞에서 가까스로 정지하였다. 이때 바퀴에 의한 미끄럼 흔적(Skid Mark)이 25m이고 노면의 마찰계수가 0.6일 때 다음 각 조건에서의 차량의 초속도를 계산하시오.

(1) 3% 상향구배일 때 차량의 초속도는?

해설 $D_b=\dfrac{V^2-V_0^2}{254(f+g)}$ → $25=\dfrac{V^2}{254\times(0.6+0.03)}$

∴ $V^2=63.3km/h$

(2) 2.3% 하향구배일 때 차량의 초속도는?

해설 $V^2=25\times 254(0.6-0.023)=3663.9$ ∴ $V_o=60.5\ km/h$

(3) 평탄지일 때 차량의 초속도는?

해설 $V^2 = 25 \times 254(0.6) = 3{,}810$　　$\therefore V_o = 61.7\,km/h$

16 한 차량이 급정거하여 바퀴자국이 32m가 생겼다. 같은 장소에서 60km/h의 속도로 달리던 차량이 급정거하여 남겨진 바퀴자국의 길이가 28.3m이었다. 속도에 따른 노면과 타이어 간의 마찰계수가 변함이 없다면 이 차량의 속도를 구하시오.(구배 : 0%)

해설 $D = \dfrac{V_1{}^2 - V_2{}^2}{254 \cdot (f+g)}$ → $28.3 = \dfrac{60^2 - 0^2}{254(f+0)}$ → $f = 0.5$

$30 = \dfrac{v_1^2 - 0^2}{254(0.5+0)}$ → $v = 63.75km/h$

17 한 운전자가 주행 중에 장애물을 발견하여 급제동하며 정지하였다. 이 도로의 제한속도가 30km/h라면 이 차량이 속도위반을 했는지 판단하시오.(조건 : 스키드마크 20m, 마찰계수 : 0.5, 인지반응시간 : 2.5초)

해설 $D = \dfrac{t_r \cdot V}{3.6} + \dfrac{V^2}{254(f+g')}$ 에서 g'(구배)는 생략하고 인지반응시간을 제외한 차량의 제동거리를 계산한다.

$$D = \frac{V^2}{254 \times (f+g)} = \frac{30^2}{254 \times (0.5+0)} = 7.09m$$

위의 조건과 비교했을 때 7.09m 〈 20m

∴ 30km/h로 주행한 차량의 스키드마크가 위 조건의 스키드마크보다 더 짧기 때문에 운전자는 속도를 위반하였다.

18 차량이 50m 거리를 미끄러져 주차한 차량과 충돌하였으며 충돌 후 두 차량이 18m 미끄러져 정지하였다. 양 차량의 무게가 동일할 때 주행차량의 초기 속도는?(마찰계수 : 0.6)

해설 $v = \sqrt{254 \times f\,[\,S_2(\dfrac{W_A + W_B}{W_B})^2 + S_1\,]}$　　W_A 와 W_B 가 같으므로

$v = \sqrt{254 \times 0.6\,[\,18(\dfrac{2}{1})^2 + 50]} = 136.35km/h$

참고

- **충돌 전 초기속도**

$$v = \sqrt{254 \times f\,[\,S_2(\frac{W_A + W_B}{W_B})^2 + S_1\,]}$$

W_A : 주행차량의 무게(kg)

W_B : 정차한 차량의 무게(kg)

f : 평균마찰계수

S_1 : 충돌 전 초기에 미끄러진 거리(m)

S_2 : 충돌 후 두 차량이 함께 미끄러진 거리(m)

19 **주행 중인 차량이 도로변의 전봇대와 충돌하여 진행방향에서 왼쪽으로 60°의 각도로 30m 미끄러져 정지하였다. 충돌 전의 초기속도를 구하시오.(단, 마찰계수는 0.4)**

해설 $f=0.4 \quad d_1=0 \quad d_2=30$

$$v=\sqrt{254\times f\,[\frac{d_2}{\cos^2 A}+d_1]}$$

$$v=\sqrt{254\times 0.4\,[\frac{30}{\cos^2 60}+0]}=110.42km/h$$

실전문제

1 시험차량을 이용하여 일정구간을 남방향에서 북방향 주행시 얻은 결과가 아래와 같다.

- 남 → 북 방향 통행시간(tn) : 10분
- 북 → 남 방향 통행시간(ts) : 9분
- 북 → 남 방향 주행시 반대편에서 오는 차량대수(Ms) : 200대
- 남 → 북 방향주행시 조사차량을 추월한 차량수(On) : 8대
- 남 → 북 방향주행시 조사차량이 추월한 차량수(Pn) : 5대
- 남과 북구간의 거리(ℓ) : 4 km

(1) 북방향 교통량을 구하시오.

(2) 북방향 평균주행시간을 구하시오.

(3) 북방향 주행속도를 구하시오.

(4) 북방향 밀도를 구하시오.

2 순간속도를 측정하기 위하여 30m의 측정구간을 설정하여 5대의 차량의 통과시간을 측정한 결과 다음과 같다. 시간평균속도와 공간평균속도를 구하시오.

차량번호	측정구간 통과 시간(초)
1	2.6
2	2.7
3	1.9
4	2.3
5	2.1

3 단독서비스 창구에서 평균도착율 150대/시, 평균서비스율 200 대/시이다. 이 창구의 도착분포 형태가 poisson 분포를 따르고 유출형태가 지수함수 형태일 때 다음 사항을 계산하시오.

(1) 시스템 내에 한 대도 없을 확률

(2) 시스템 내에 3대가 있을 확률

(3) 시스템 내의 평균대기행렬 길이

(4) 평균대기시간

4 편도 3차로 도로의 용량은 6,000대/시이고 수요는 5,600대/시이다. 1시간의 보수공사로 인해 1차로를 폐쇄하였다. 다음의 질문에 답하여라.

공사구간

(1) 현 상황에서 발생되는 도로용량과 수요의 관계를 그래프로 그리시오.

(2) 공사로 인해 지체가 발생할 때 최대 지체를 겪는 차량은 몇 번째 차량인가?

(3) 최대 지체시간을 구하시오.

(4) 대기행렬이 완전히 해소되는 시간을 구하시오.

5 각 이동류별로 한 차로씩 배정된 신호교차로의 교통량이 다음과 같고, 포화교통류율이 1800pcphgpl이다. 현시가 다음과 같이 같고, 현시당 황색시간 3초, 출발손실시간 2.3초, 진행연장시간 2.0초일 때, 다음의 물음에 답하여라.

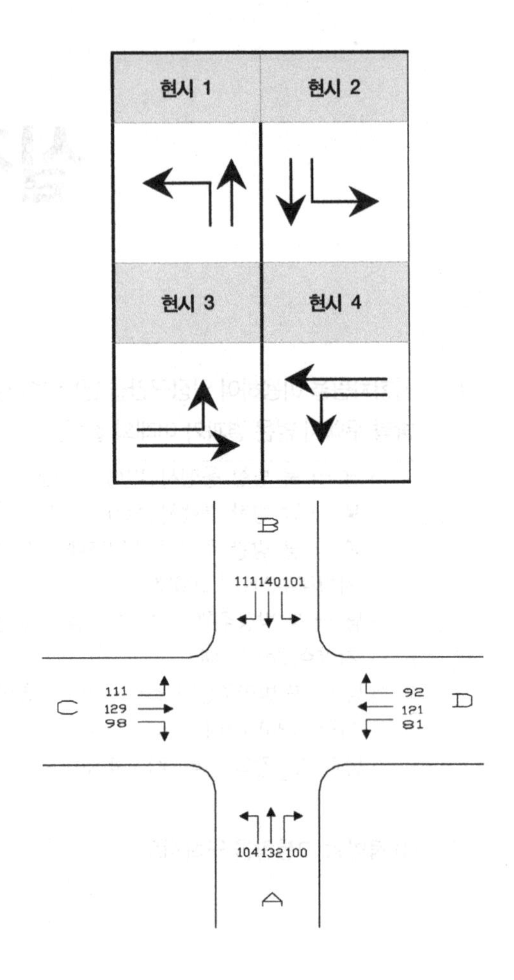

(1) 주기당 총 손실시간을 구하시오.

(2) webster적정주기를 구하시오.

(3) 각 현시의 유효녹색시간을 구하시오.

6 좌회전+직진 공용 차로에서 5대중 평균 2대가 좌회전 차량이다. 적색신호시간 동안 10대의 도착차량 중에서 직진이 4대 있을 확률은 얼마인가?

7 임의 도착교통량이 시간당 600대이다. 1분 동안에 5대가 도착할 확률은 얼마인가?(단, 임의 도착교통량분포는 poisson분포에 따른다)

8 Y형 교차로에서 우회전확률이 2/3, 좌회전확률이 1/3이다. 3대 차량 중 1대 이하가 우회전할 확률은?

9 어떤 주차장에서 3분당 차량1대가 도착한다고 한다. 주차장에 2분 동안 1대도 도착하지 않을 확률을 구하시오.(단, 주차장 도착차량분포는 음지수분포에 따른다)

10 어느 500m구간에서 속도조사를 실시하였다. 3개의 차량이 이 구간을 통과하는데 각각 21초, 20초, 24초로 나타났다.

(1) 공간평균속도는 얼마인가?

(2) 시간평균속도는 얼마인가?

11 4차로인 도로에서 승용차환산계수를 적용하여 구한 교통량이 7,000대/h일 때 평균속도가 40㎞/h였다. 다음 질문에 답하시오.

(1) 밀도(k)를 산출시오.

(2) 차두시간을 산출하시오.

(3) 차두거리를 산출하시오.

12 교통류분석을 수행하기 위해 교통량(q)와 밀도(k)의 관계를 조사한 결과 $q=-0.1k^2+30k$ 일 때 다음 질문에 답하시오.

(1) $q_{\max}$을 구하시오.

(2) u_m을 구하시오.

(3) k_j를 구하시오.

13 어느 도로구간 내에서 얻은 자료로부터 얻은 자료로부터 AADT가 40,000대, k계수의 값이 0.09, 중차량비율이 20%로 나타났다. 방향별 교통량분포가 60:40일 때 이 도로의 설계시간 교통량을 산출하시오.(단 중차량의 승용차환산계수는 1.8로 한다)

14 도시부 고속도로구간 계획시 AADT=45,000대/시, k=0.09, D=0.6, PHF=0.95이고, 최대서비스교통량이 1,500대/시일 때 다음과 같은 조건을 만족할 수 있는 차로수를 산정하시오.(차로폭 및 측방여유폭은 이상적인 상태이고, 중차량보정계수는 0.77이다)

15 다음은 어느 교차로에서 조사된 교통량을 나타낸 표이다. 첨두시간 계수를 산출하시오.

시간		교통량
08:00	8:15	420
08:15	8:30	640
08:30	8:45	600
08:45	9:00	540

16 어느 접근로의 지체도를 측정하기 위해서 조사를 실시하였다. 측정자료가 아래와 같을 때 다음 질문에 답하시오.(주기 100초, 선정단위 15초)

조사기간	+0	+15	+30	+45초	교통량
8:00	7	4	7	4	50
8:01	6	7	5	0	35
8:02	5	3	0	5	50
8:03	7	4	4	2	70
8:04	3	5	8	4	45

(1) 총 지체도는?

(2) 접근 차량당 평균지체도는?

17 신호교차로에서 신호등이 푸른색으로 바뀌면서 한 차로에 대한 차두간격 시간이 아래와 같을 때 포화차두 시간간격, 포화교통량, 출발손실시간을 계산하시오.

대기행렬에 있는 차량번호	차두간격(초)	대기행렬에 있는 차량번호	차두간격(초)
1	2.8	5	2.1
2	2.6	6	2.0
3	2.4	7	2.0
4	2.2	8	2.0

18 딜레마존의 길이를 구하시오.

> 황색신호시간 : 3.0초
> 인지 · 반응시간 : 1.5초
> 차량길이 : 5m
> 교차로길이(폭) : 25m
> 차량속도 : 60km/h
> 임계 감속도 : $5m/s^2$

19 2현시 교차로에서 현시 당 손실시간이 3초일 때 webster식으로 주기를 구하고 교차로 v/c를 구하시오.

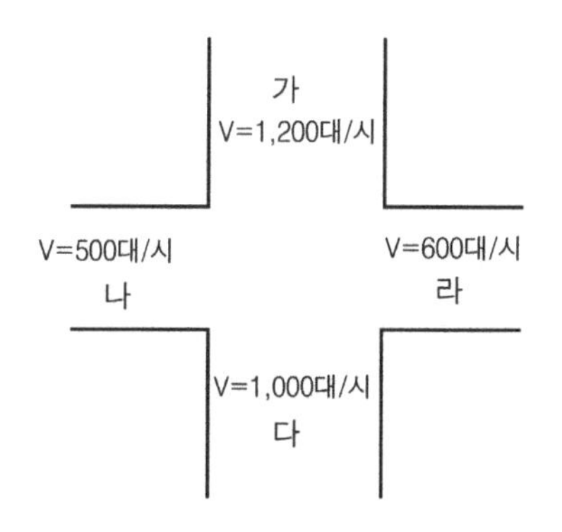

1현시	2현시
← →	↑ ↓

접근로	포화교통량
가	3,200
나	1,200
다	3,200
라	1,200

20 평균통행속도가 60km/h이며 편구배(e)가 0.4, 마찰계수(f)가 0.15일 때 다음을 계산하여라.

(1) 최소곡선반경(R)은?

(2) 마찰계수가(f)가 0.3로 변할 때의 평균통행속도는?

21 정상시력을 가진 운전자가 20m거리에서 20cm 표지판의 글자를 분명히 읽을 수 있으며 설계시 기준으로 하는 운전자의 시력은 20/40이라고 가정하자. 한 평탄지 고속도로의 유출부에서 방향 안내표지를 설치하고자 할 때 고속도로의 속도가 100km/h이고 유출부에서의 속도를 60km/h로 유도하려면 이 표지판은 유출부에서 얼마만큼 전방에 설치되어야 하는가?(단 운전자의 인지반응시간은 2.5초, 마찰계수 0.3, 글자의 크기는 60cm로 가정한다)

22 한 운전자가 주행 중에 장애물을 발견하여 급제동하며 정지하였다. 이 도로의 제한속도가 40km/h라면 이 차량은 속도위반을 했는지 판단하시오.(단, 조건은 skid mark : 45m, 마찰계수 : 0.4, 인지반응시간 : 2.5초)

23 하루에 16,000대의 차량이 통행하는 1km 구간의 도시간선도로 교통사고 50건/3년 중 10건은 인명피해사고이고 우리나라평균치 1억대 · ㎞당 3년 간 380건 중 120건 인명피해 사고이다. 이 도로구간의 사고율, 이 구간의 위험도 즉 사고 많은 장소인지 판정하시오.(단, 인명피해사고의 가중치는 3, 신뢰수준은 95%)

부록

실전문제 해설

제1부 교통계획(이론문제)

1 폐쇄선 조사, 스크린라인 조사, 영업용차량 조사, 대중교통수단 이용객 조사, 터미널승객 조사, 직장방문 조사, 가구방문 조사, 노측면접 조사, 차량번호판 조사

2
- 각 존은 가급적 동질적인 토지 이용이 포함이 되도록 한다.
- 각 존 내부의 사회적, 경제적 성격이 비슷하게 존을 산정한다.
- 간선도로나 강, 철도 등이 가급적 존 경계선과 일치하도록 한다.
- 행정구역과 가급적 일치시킨다.
- 각 존의 모양은 원형에 가깝게 해야 한다.
- 한 존에 소규모 도시의 주거지역 : 1,000~3,000명
- 대규모 도시의 주거지역 : 5,000~10,000명(각 존의 가구수, 인구, 통행량 규모가 비슷해야 한다.)

3
- 가급적 행정구역 경계선과 일치시킨다.
- 도시주변의 인접 위성도시나 장래도시화 지역은 포함시킨다.
- 횡단되는 도로나 철도는 최소화한다.
- 주변에 동이 위치하면 포함시킨다.

4 출발지와 목적지, 통행목적, 통행비용, 자동차소유여부와 보유대수, 환승 여부, 가구총소득, 5세 이상 가족수, 통행시간, 교통비, 이용한 교통수단, 운전면허증 소지여부

5
- 근시안적인 교통계획의 장기적인 테두리 설정해준다.
- 즉흥적인 계획과 집행을 막을 수 있다.
- 교통행정에 대한 지침을 제공하는 역할을 한다.
- 정책목표를 세울 수 있는 계기가 마련된다.
- 한정된 재원의 투자우선순위를 설정해 준다.
- 세부계획을 수립할 수 있는 준거를 마련해 준다.
- 교통문제 진단, 인식여건 조성시킨다.
- 집행된 교통정책 점검할 수 있다.
- 단기, 중기, 장기교통정책의 조정과 상호연관성을 높일 수 있다.

6

장기교통계획	단기교통계획
소수대안	다수의 대안
유사한 대안	서로다른 대안
교통수요고정	교통수요의 변화
단일교통수단위주	여러교통수단을 동시에 고려
공공기관의 정책	공공기관 및 민간기관 정책
장기적	단기적
시설지향적	서비스지향적
추정지향적	피드백지향적
자본집약적	저자본집약적

7

- 이해가 용이
- 자료 이용이 효율적
- 검정과 변수조정이 용이
- 추정이 비교적 정확
- 교통정책에 민감하게 변화
- 다양한 유형에 적용 가능
- 타 지역에 이전이 용이

8

- 교통존이 한정되지 않으므로 어떤 지역단위에서도 적용이 가능
- 효용이론에 근거한 모델 구축
- 형태성이 강하기 때문에 공간적 시간적으로 이전 가능
- 관측 불가능한 효용에 대해서 가정된 분포의 형태에 따라서 다양한 형태의 모형이 구축 가능
- 4단계 교통수요추정모형과 비교해서 여러 가지 과정을 동시에 수행 가능
- 단기적 교통정책의 영향을 쉽게 확인
- 비용 절감, 짧은 시간만에 결과 도출

9

· **장점**

- 각 단계별로 결과에 대한 검증함으로써 교통수요를 수리적 모형으로 묘사 가능
- 통행패턴의 변화가 일어나지 않는다는 가정을 전제로 하기 때문에 통행패턴의 변화가 적은 사업에 유용
- 장기적, 대규모 사업 분석에 유용
- 각 단계별로 적절한 모형의 선택이 가능

· **단점**

- 과거의 일정한 시점을 기초로 모형화 함으로써 추정시 경직성을 나타냄
- 계획가나 분석가의 주관이 강하게 작용할 수 있음
- 총체적 자료에 의존하기 때문에 통행자의 행태적 측면이 거의 무시됨
- 단기적, 서비스 지향 사업에 적용 곤란
- 누적오차 발생

10

통행발생	과거추세연장법(증감율법, 원단위법), 회귀분석법, 카테고리 분석법
통행분포	성장률법(균일성장률법, 평균성장률법, 프라타법, 디트로이트법), 간섭기회모형, 중력모형
교통수단 선택	통행단모형, 전환곡선모형, 개별행태모형
통행배분	용량을 제약하지 않는 방법(ALL-OR-NOTHING법) 용량을 제약하는 방법(반복 배분법, 분할 배분법, 평행 배분법, 확률적 통행 배분법))

11

· **장점**

- 도로의 여건이 최대한 주어진다면 개인의 희망노선을 알려준다.
- 대중교통 같은 노선을 결정하는 경우에 개념이 같다는 점
- 이론이 단순하며 모형을 적용하기가 용이하다.
- 총 교통체계의 관점에서 최적 통행 배분상태 검토할 수 있다.

· **단점**

- 도로의 용량을 고려하지 않음
- 실질적인 도로용량을 초과하는 경우가 다수 발생
- 통행자의 개별적 행태 측면의 반영 미흡
- 통행시간에 다른 통행자의 경로변경 등의 현실성을 고려치 않음

12

• **비용-편익분석법**

㉮ 비용-편익비(B/C비)
- 비용으로 편익을 나누어 가장 큰 수치가 나타나는 대안을 선택하는 방법
- 장래에 발생될 비용과 편익을 현재가치로 환산해야 한다.
- B/C 〉 1이면 타당성이 있는 사업, B/C비 〈 1이면 타당성이 없는 사업

$$(B/C)\text{비} = \frac{\text{편익의 현재가치}}{\text{비용의 현재가치}}$$

㉯ 초기년도수익률(FYRR : First Year Rate of Return)
- 사업시행으로 인한 수익이 나타나기 시작하는 해의 수익을 소요비용으로 나누는 방법
- 초기에 많은 비용이 소요되고 일정한 편익이 발생되는 경우에 적합

$$FYRR = \frac{\text{수익성이 발생하기 시작한 해의 편익}}{\text{사업에 소요된 비용}}$$

㉰ 내부수익률(IRR : Internal Rate of Return)
- 편익과 비용의 현재가치로 환산된 값이 같아지는 할인율을 구하는 방법
- 내부수익율 : 사업시행으로 인한 순현재가치(NPV)를 0으로 만드는 할인율
- 내부수익률이 사회적 기회비용(일반적인 할인율)보다 크면 수익성이 존재
- NPV=0, B/C=1로 만들어 주는 값⇒IRR

$$IRR = \sum_{t=0}^{n} \frac{B_t}{(1+r)^t} = \sum_{t=0}^{n} \frac{C_t}{(1+r)^t}$$

㉣ 순현재가치(NPV : Net Present Value)
- 현재가치로 환산된 총 편익에서 총 비용을 제하여 편익을 구하는 방법
- 교통사업의 경제성 분석시 가장 보편적으로 사용
- 할인율을 적용하여 장래의 비용, 편익을 현재가치화
- $NPV > 0$이라면 타당성이 있는 사업이라 판단

$$NPV = \sum_{t=0}^{n} \frac{B_t}{(1+r)^t} - \sum_{t=0}^{n} \frac{C_t}{(1+r)^t} = 0$$

㉤ 자본회수기간(PP : Payback Period)
- 할인율이 적용된 총 편익과 총 비용이 같아지는 기간을 찾는 방법
- 자본회수 기간은 짧을수록 유리
- PP의 n년도를 도출

$$PP = \sum_{t=0}^{n} \frac{B_t}{(1+r)^t} = \sum_{t=0}^{n} \frac{C_t}{(1+r)^t}$$

13

기법	장점	단점
B/C	· 이해의 용이 · 사업규모 고려 가능 · 비용, 편익이 발생하는 시간에 대한 고려 가능	· 편익과 비용을 명확하게 구분하기 힘들다. · 대안이 상호 배타적일 경우 대안선택의 오류 발생 가능 · 할인율을 반드시 알아야 한다.
FYRR	· 이해의 용이 · 계산 간단	· 사업의 초기년도를 정하기 곤란 · 편익, 비용이 발생하는 시간 고려가 불가능 · 할인율을 고려하기 않아 정확성 결여
IRR	· 사업의 수익성 측정 가능 · 타대안과 비교가 용이 · 평가과정과 결과 이해가 용이	· 사업의 절대적인 규모를 고려하지 못함 · 몇 개의 내부수익률이 동시에 도출될 가능성 내재
NPV	· 대안선택에 있어 정확한 기준제시 · 장래발생편익의 현재가치 제시 · 한계 순현재가치를 고려하여 여러 가지 분석 가능	· 할인율(자본의 기회비용)을 반드시 알아야 함 · 이해가 어려움 · 상대적 기준이 아니므로 대안 우선순위 결정시 오류발생 가능성이 존재
PP	· 사업 시행 후 타사업이 있을 경우 정책결정에 유용 · 자본이 부족할 때 유리	· 분석 전기간에 걸친 적절한 지표로 사용하기에는 역부족

14
- 대중교통체계의 비효율성
- 도시구조와 교통체계간의 부조화
- 교통시설에 대한 운영 및 관리의 미숙
- 교통시설 공급의 부족
- 교통계획 및 행정의 미흡

15
- 단거리교통
- 대량수송
- 도심지 등 특정지역에 집중
- 통행로, 교통수단, 터미널에 의한 서비스 제공
- 첨두특성(오전, 오후 등 2회의 피크 현상)

16

추정방식	장점	단점
과거추세연장법	이해가 쉽고, 적용 편리계산 간편	신뢰성부족 장래의 불확실성에 대한 고려가 불가능 함
주차발생원단위법	단기적 주차수요예측에 높은 신뢰성 제공함	주차이용효율 산출이 어려움 발생원단위 변화의 융통성 부족
건물연상면적 원단위법	총체적 수요추정에 비교적 높은 신뢰성 제공	자료수집곤란
P요소법	여러 가지 지역특성의 포괄적 고려 가능 특정장소의 수요추정에 곤란	각 계수에 대한 자료수집 어려움
자동차 기종점에 의한 방법	특정지역에 대해서는 정확한 수요 추정이 가능	조사곤란 시간 및 비용소요과다
누적주차수요 추정법	시간에 대한 고려가능 특정용도의 수요추정에 적용이 쉽다.	추정시 각 용도별로 각각 추정함으로써 비용이 많이 소요됨

2부 교통계획(계산문제)

1

$(700\times 3.0)+(60\times 0.4)+(1{,}000\times 3.4)+(200\times 2.5)=6{,}024$통행

2

(1)$\mu=\dfrac{\Delta V}{\Delta P}\times\dfrac{P}{V}=-0.3$

(2)$\mu=\dfrac{\Delta V}{\Delta P}\times\dfrac{P}{V}=0.4$

(3) $V1=100\cdot 1{,}600^{-0.3}\cdot 600^{0.4}$=142대

지하철의 수요탄력성 μ=0.4 $\dfrac{\Delta P}{P_2}\rightarrow\dfrac{(700-600)}{600}$=0.1667

지하철 요금이 16.67% 증가되므로 택시수요는

$\dfrac{\Delta V}{V_1}=\mu\times\dfrac{\Delta P}{P_2}$=0.4×16.67%=6.67% 증가한다.

새로운 택시수요는 142×(1+0.0667)=152대

3

- All-or-nothing 배정기법

200 → b로 가면 (V_a=0, V_b=200)

link cost는 t_a=10, t_b=25 즉 total cost=(0×10)+(200×25)=5,000

$200 \rightarrow a$로 가면 (V_a=200, V_b=0)

link cost는 t_a=30, t_b=15 즉 total cost=(200×30)+(0×15)=6,000

$200 \rightarrow a$ 〉 $200 \rightarrow b$이므로 V_a=200, V_b=0 배정한다.

- Incremental Assignment

$\alpha^1 = 50\%$, $\alpha^2 = 50\%$라 하면

K_{12}=0.5×200=100, K^2_{12}=0.5×200=100

V_a=100, V_b=100 이다.

4 - user equilibrium

② 노드에서 ③ 노드로 가는 링크는 하나이므로 링크 1과 링크 2에서 사용자 평형을 이루는 x_1 과 x_2를 구하면 된다. 전체 통행량은 4이므로 ① 노드에서 ② 노드의 통행량은 4이다.

$1+3x_2 = 2+x_1^2$ ....1)

$x_1+x_2 = 4$ ....2)

식 2)를 1)에 대입하면,

$x_1^2+3x_1-11=0$

근의 공식을 이용하여 풀이하면 각 경로별 교통량을 산출할 수 있다.

$\therefore x_1 = 2.14$

$x_2 = 1.86$

$x_3 = 4$

각 경로별 통행시간은

$\therefore t_1 = 2+x_1^2 = 6.58$

$t_2 = 1+3x_2 = 6.58$

$t_3 = 3+x_3 = 7$

- system optimization

$t_1C_1 = (2+x_1^2)x_1 = x^3+2x_1$

$t_2C_2 = (1+3x_2)x_2 = 3x_2^2+x_1$

$MC_1 = 3x_1^2+2x_1$, $MC_2 = 6x_2+1$

$MC_1 = MC_2$, $x_1+x_2=4$ 이용하여 풀이하면,

$3x_1+2x_1 = 6x_2+1$ ....3)

$x_1+x_2 = 4$ ....4)

식 4)를 3)에 대입하면,

$3(4-x_2)^2+2(4-x_2)-6x_2-1=0 \rightarrow 3x_2^2-32x_2+55=0$

근의 공식을 이용하여 풀이하면 각 경로별 교통량을 산출할 수 있다.

$\therefore x_1 = 2.15$

$x_2 = 1.85$

$x_3 = 4$

각 경로별 통행시간은

$$\therefore t_1 = 2 + x_1^2 = 6.62$$
$$t_2 = 1 + 3x_2 = 6.55$$
$$t_3 = 3 + x_3 = 7$$

5 $NPV_I = -10 + \frac{7}{1.08} + \frac{5}{(1.08)^2} + \frac{3}{(1.08)^3} + \frac{2}{(1.08)^4} + \frac{1}{(1.08)^5} = 5{,}300{,}315$원

$NPV_{II} = -10 + \frac{5}{1.08} + \frac{5}{(1.08)^2} + \frac{6}{(1.08)^3} + \frac{6}{(1.08)^4} + \frac{6}{(1.08)^5} = 12{,}172{,}995$원

∴ 대안II을 선택한다.

6 $Q = \frac{P \cdot V \cdot N}{2L} = \frac{50 \times 40 \times 10}{2 \times 20} = 500$명/시간

7 (1) 13:30~14:30

(2) $\frac{(53+54)}{2}$ =53.5대-시

(3) $\frac{53.5}{0.85}$ =63면

(4) $\frac{70}{63}$ =1.1회/시간

(5) $\frac{53.5}{70}$ =0.76시간

8 $P(\text{주차수요}) = \frac{0.6 \times 1.1 \times 1.1}{1.8 \times 0.85} \times 0.45 \times 0.9 \times 15{,}000 \times 0.1 = 289$대

∴ 5년 후 확보되어야 할 주차대수=$289(1+0.05)^5 = 369$대

9 U_t=-0.0005×2000-0.0003×20=-1.006

U_b=-0.0005×500-0.0003×30=-0.259

$P_t = \frac{e^{-1.006}}{e^{-1.006} + e^{-0.259}}$ =0.3215

∴ 택시를 이용할 확률은 32.15% 이다.

10 F=장래의 총 통행량/현재의 총 통행량 즉, $F=\frac{\sum T_{ij}}{\sum t_{ij}}=\frac{90}{75}=1.2$

T11=6×1.2=7.2 T12=8×1.2=9.6 T13=6×1.2=7.2
T21=5×1.2=6 T22=7×1.2=8.4 T23=10×1.2=12
T31=9×1.2=10.8 T32=10×1.2=12 T33=14×1.2=16.8

O \ D	1	2	3	계
1	7	10	7	24
2	6	8	12	26
3	11	12	17	40
계	24	30	36	90

11 1,000세대×4인/가구×1.8회/인=7,200통행
각 수단별 분담률 : 자가용 7,200×0.25=1,800통행
택시 7,200×0.1=720통행
버스 7,200×0.25=1,800통행
지하철 7,200×0.4=2,880통행

차량대수 : 자가용 1,800/1.2인=1,500
택시 720/1.8인=400
버스 1,800/45인=40
∴ 총 통행량=1,500+400+(40×2)=1,980대
∴ 피크시 1시간 교통량=1,980대×0.15=297대

제3부 교통공학(이론문제)

1
- 주행속도 : 구간거리/(통행시간-정지시간)
- 통행속도 : 구간거리/총통행시간
- 지점속도 : 일정도로구간의 한 지점에서 측정한 차량속도
- 자유속도 : 주행시 다른 차량의 영향을 받지 않고 자유롭게 낼 수 있는 속도
- 설계속도 : 차량의 안전한 주행과 도로의 구조, 설계조건 등을 감안하여 설정한 속도
- 운영속도 : 도로의 설계속도를 초과하지 않는 범위 내에서 차량이 낼 수 있는 최대 속도

2 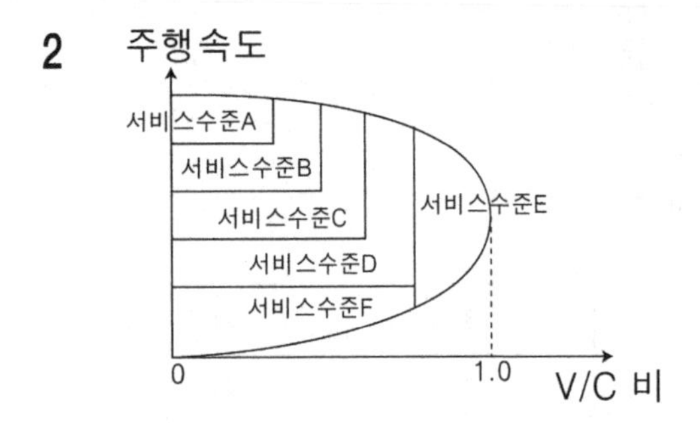

3 - 평지
- 추월가능구간이 100%인 도로
- 차로폭은 3.5m 이상이어야 한다.
- 측방여유폭은 1.5m이어야 한다.
- 교통통제 및 회전차량으로 인한 직진 차량이 방해받지 않는 도로
- 방향별 교통량 분포가 균등한 도로(방향별분포 50/50)
- 도로유형 I 은 설계속도 80km/h 이상, 도로유형 II는 설계속도 80km/h 미만

4 엇갈림이란 교통통제 시설이 도움 없이 상당히 긴 도로를 따라가면서 동일방향의 두 교통류가 차로를 변경하는 교통현상을 말한다. 엇갈림구간은 합류구간 바로 다음에 분류구간이 있을 때는 유입연결로 바로 다음에 분류구간이 있을 때 또는 유입연결로 바로 다음에 유출연결로가 있을 때 이 두 지점이 연속된 보조차로로 연결되어 있는 구간이다.

5 ① 자료조사
② 교통량보정
③ 포화교통량 보정
④ 용량분석
⑤ 서비스수준 분석

6 ① 적은 비용투자
② 단기적인 편익발생
③ 지역적이고 미시적인 기법
④ 고투자사업의 보완
⑤ 교통체계의 양적 측면보다 질적 측면 강조
⑥ 기존시설 및 서비스의 효율적 활용
⑦ 도시교통체계의 모든 요소간의 조정 및 균형 유지의 역할
⑧ 고투자사업 대치 가능
⑨ 차량보다는 사람의 효율적인 움직임에 중점

7 - 계량적이어야 한다.

- 시뮬레이션이 가능하고 현장측정이 가능해야 한다.
- 민감한 것이어야 한다.
- 통계적으로 나타낼 수 있어야 한다.
- 중복되는 것은 피해야 한다.

8 ① 수요감소 : Car-Sharing, Park & Ride, 준대중 교통수단 도입, 버스노선조정, 요금정책, 자전거/보행자시설 설치
② 공급증가 : 신호체계 개선, 교통정보 제공, 관리센터 설치, 시차제 실시, 트럭통행 규제
③ 수요감소/공급증가 : 버스전용차로제(신설), 노상주차 제한
④ 수요감소/공급감소 : 버스전용차로제(기존차로 이용), 승용차 통행제한구역 설정, 주차면적 감소, 노상주차시설 확대

9

장점	도로용량증대, 상충이동류의 감소, 교통 안전성 향상, 신호시간조절의 용이, 주차조건의 개선, 평균통행속도의 증가, 교통운영의 개선, 도로변 업무지역의 효과
단점	통행거리의 증가, 대중교통용량의 감소, 도로변 영업에 악영향, 회전용량의 감소, 교통통제설비의 증가, 넓은 도로에서 보행자 횡단 곤란

10 - 방향별 교통량 분포가 6:4 이상인 경우
- 양방향 교통소통을 위해 도로용량이 충분한 구간
- 신호통제가 확실히 이루어져야 한다.
- 6차선 이상의 도로에서 실시할 수 있다.
- 장기적으로 교통 혼잡이 발생하고 일방통행제 실시가 불가능한 간선도로

11 - 적절한 설계
- 적절한 설치
- 적용의 통일성
- 일관성 있는 운영
- 규칙적인 유지관리

12

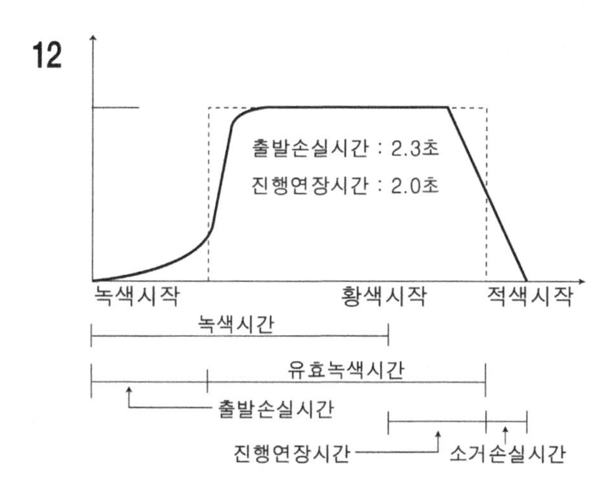

13
- 교통예측이 불가능하여 고정시간신호를 처리하기 어려운 교차로에 적합하다.
- 복잡한 교차로에 적합
- 고정시간신호로는 간격이나 위치가 부적당한 곳에 적당
- 하루 중 잠시 동안 신호설치의 준거에 도달한 곳에 사용하면 좋다.
- 교통량의 시간별 변동이 심할 때 사용하면 지체를 최소화
- 부도로 교통에 꼭 필요한 때에만 주도로 교통을 차단시킬 목적으로 사용하면 좋다.
- 주도로 교통에 불필요한 지체를 주지 않게 계속적인 (정지-진행)의 운영을 할 수 있다.

14
- 상충점 분리
- 상충지점수 최소화
- 상충횟수 최소화
- 상충면적 최소화
- 상대속도 최소화
- 이질교통류는 서로 분리
- 기하구조와 교통통제・운영방법 조화
- 가장 타당한 교차방법을 사용할 것
- 회전 교통 경로를 마련할 것
- 복잡한 합류와 분류를 피할 것
- 주도로 우선권 부여

15
- 자연스러운 주행속도를 유지하도록 하여야 한다.
- 적당한 크기를 확보해야 한다.
- 필요 이상의 교통섬을 설치하는 것은 피해야 한다.
- 시야가 확보되지 않거나 곡선이 급한 지점 등에는 안전상 설치를 금지하는 것이 바람직하다.

16
- 바람직하지 않은 교통흐름은 억제되거나 금지되어야 한다.
- 차량의 진행경로는 분명히 표시되어야 한다.
- 차량의 본래 주행속도는 되도록 유지되어야 한다.
- 상충이 발생하는 지점은 가능한 한 분리시켜야 한다.
- 교통류는 서로 직각으로 교차하고 비스듬히 합류해야 한다.
- 우선순위가 높은 교통류의 처리가 우선적으로 이루어져야 한다.
- 바람직한 교통통제기법이 충분히 활용될 수 있어야 한다.
- 직진차량은 되도록 속도 변화를 갖지 않아야 한다.
- 보행자에 대한 안전성을 높인다.
- 운전자를 한 번에 한 가지 이상의 의사결정을 하지 않도록 해야 한다.
- 운전자가 적절한 시인성 및 시계를 가지도록 해야 한다.
- 교통섬의 최소면적은 4.5㎡ 이상 되어야 한다.

17 도시고속도로, 간선도로, 보조간선도로, 집산도로, 국지도로

18

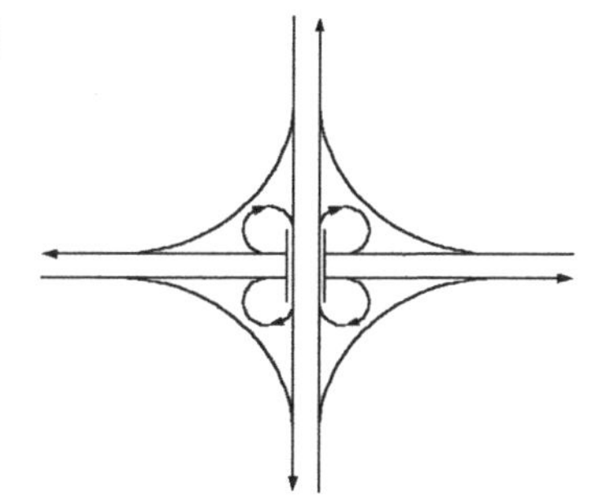

19
- ATMS(Advanced Traffic Management Systems)첨단교통관리시스템
- APTS(Advanced Public Transportation Systems)첨단대중교통시스템
- ATIS(Advanced Traveller Information Systems)첨단여행자정보시스템
- CVO(Advanced Commercial Vehicle Operation)첨단화물교통
- AVHS(Advanced Vehicle & Highway Systems)첨단차량제어시스템

20
- 사고건수법 : 주어진 기간 동안에 도로의 구간이나 지점에서 발생한 교통사고 건수
- 사고율법 : 교통량 또는 차량의 운행거리를 이용한 교통사고율을 산정
- 사고건수 · 사고율법 : 사고건수법과 사고율법을 혼용한 방법
- 한계사고율법 : 지점 또는 구간의 사고율이 비슷한 특성을 지니는 유사지점과(Reference Site) 비교하여 사고위험도의 높낮이를 통계적으로 해석하는 방법
- 사고 심각도법(EPDO) : 교통사고의 심각도를 고려하여 사망, 부상 등 사회적 손실을 재산피해와 비교하여 가중치를 부여하는 방법(Reference Site) 비교하여 사고위험도의 높낮이를 통계적으로 해석하는 방법
- 사고 심각도법(EPDO) : 교통사고의 심각도를 고려하여 사망, 부상 등 사회적 손실을 재산피해와 비교하여 가중치를 부여하는 방법

제4부 교통공학(계산문제)

1

(1) $V_n = \dfrac{60(M_s + O_n - P_n)}{T_n + T_s} = \dfrac{60(200+8-5)}{10+9} = 641$대/시

(2) $\overline{T_n} = T_n - \dfrac{60(O_n - P_n)}{V_n} = 10 - \dfrac{60(8-5)}{641} = 9.72$분

(3) $\overline{V} = \dfrac{\ell}{t} = \dfrac{4 \times 60}{9.72} = 24.69km/h$

(4) $K = \dfrac{Q}{V} = \dfrac{641}{24.69} = 25.96$대$/km$

2 시간 평균속도 = $(\dfrac{30}{2.6} + \dfrac{30}{2.7} + \dfrac{30}{1.9} + \dfrac{30}{2.3} + \dfrac{30}{2.1}) \times \dfrac{1}{5} = 13.15m/s$

∴ 47.35km/h

공간 평균속도 = $\frac{30 \times 5}{2.6 + 2.7 + 1.9 + 2.3 + 2.1} = 12.93m/s$

∴ 46.55km/h

3 (1) $\rho = \frac{\lambda}{\mu} = \frac{150}{200} = 0.75 \quad P(0) = (1-\rho) = 1 - 0.75 = 0.25$

(2) $P(3) = \rho^n(\rho - 1) = 0.75^3(1-0.75) = 0.105$

(3) $E[Lq] = \frac{\rho^2}{1-\rho} = \frac{0.75^2}{1-0.75} = 2.25$대

(4) $E[Tq] = \frac{\lambda}{\mu(\mu-\lambda)} = \frac{150}{200(200-150)} = 0.015$시간 → 54초

4 (1)

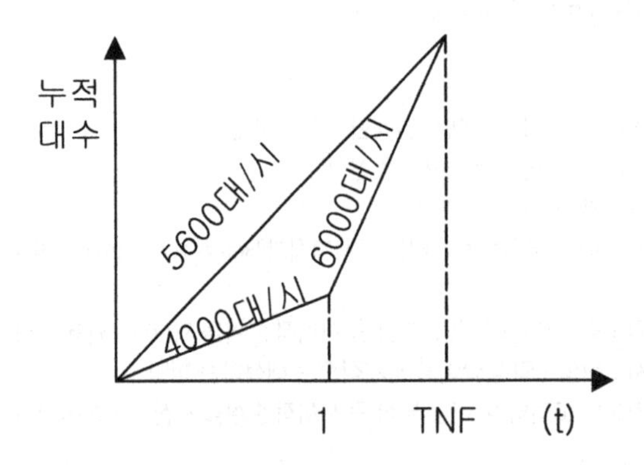

(2) 4,000대/시 = $\frac{x}{1시간}$ ∴ $x = 4{,}000$번째차량

(3) 5,600대/시 = $\frac{4{,}000}{x}$ → $x = 0.714$시간

∴ 최대지체시간 : 1시간 - 0.714시간 = 0.286시간

(4) 5,600×TNF=4,000×1 + 6,000×(TNF-1) → 400TNF=2,000

∴ TNF=5시간

5 (1) 주기당 총손실시간(L) = 4(3+2.3-2.0) =13.2초

(2)

접근로	이동류	교통량	소요현시율
A	좌회전 직진 우회전	104 132 100	104/1,800=0.058 132/1,800=0.073 100/1,800=0.056
B	좌회전 직진 우회전	101 140 111	101/1,800=0.056 140/1,800=0.078 111/1,800=0.062
C	좌회전 직진 우회전	11 129 98	111/1,800=0.062 129/1,800=0.072 98/1,800=0.054
D	좌회전 직진 우회전	81 121 92	81/1,800=0.045 121/1,800=0.067 92/1,800=0.051

- 1현시 소요현시율(v/s)=0.187
- 2현시 소요현시율(v/s)=0.196
- 3현시 소요현시율(v/s)=0.188
- 4현시 소요현시율(v/s)=0.163

· Σ(V/S) = ΣYi = 0.255 +0.260 +0.212+0.223 = 0.734

$$C_0 = \frac{1.5L+5}{1-\sum(V/S)} = \frac{(1.5\times 13.2)+5}{1-0.734} = 93.2초 \rightarrow 100초(10초\ 단위로\ 환산)$$

(3) g = C -L =100-13.2=86.8(초)

각 현시의 유효녹색시간

ϕ_1=(0.187/0.734)×86.8)=22.1초

ϕ_2=(0.196/0.734)×86.8)=23.2초

ϕ_3=(0.188/0.734)×86.8)=22.2초

ϕ_4=(0.163/0.734)×86.8)=19.3초

6 좌회전 할 확률 : $\frac{2}{5} = 0.4$ 직진 할 확률 : $1-0.4 = 0.6$

시행의 수(n)=10

10번의 시행에서 일어나는 사상의 수(x)

좌회전 할 확률(p)=0.6

$q=1-p=1-0.6=0.4$

8명중에서 5명이 대중교통을 이용할 확률

$$B(4) = \frac{10!}{4!(10-4)!}(0.6)^4(0.4)^{(10-4)} = \frac{10!}{4!6!}(0.6)^4(0.4)^6 = 0.1115$$

∴ 11.15%

7 $\lambda(평균도착률) = \frac{600}{3{,}600} = \frac{1}{6}대/초,\ t=60초,\ m=\lambda\cdot\ t=\frac{1}{6}\times 60=10대,\ x=4$

$$P(x) = \frac{m^x e^{-m}}{x!} \rightarrow P(5) = \frac{10^5\times e^{-10}}{5\ !} = 0.0378 \qquad \therefore\ 3.78\%$$

8 이항분포 $B(x) = \binom{n}{x} p^x q^{n-x} = \frac{n!}{x!(n-x)!} p^x q^{n-x}$

시행의 수(n)=3

n번의 시행에서 일어나는 사상의 수(x)

한 시행에서 한 사상이 일어날 확률(p)=2/3

$q = 1 - p = 1 - 1/3 = 2/3$

$$B(0) = \frac{3!}{0!(3-0)!}(\frac{2}{3})^0(\frac{1}{3})^{(3-0)} = \frac{3!}{0!3!}(\frac{2}{3})^0(\frac{1}{3})^3 = 0.0370$$

$$B(1) = \frac{3!}{1!(3-1)!}(\frac{2}{3})^1(\frac{1}{3})^{(3-1)} = \frac{3!}{1!2!}(\frac{2}{3})^1(\frac{1}{3})^2 = 0.2222$$

B(0≤x≤1)=B(0)+B(1)=0.2592= ∴ 25.92%

9 $\lambda = 1\text{대}/3\text{분} = \frac{1}{3}\text{대}/\text{분} \qquad P(0) = P(h \geq 1) = e^{-\lambda t} = e^{-1/3 \cdot 2} = e^{-2/3} = 0.5134$

∴ 51.34%

10 (1) $SMS = N \times \frac{s}{\Sigma t} = 3 \times \frac{500}{(21+20+24)} = 23.08m/s = 83.08km/h$

(2) $TMS = \frac{1}{N} \times \Sigma \frac{s}{ti} = \frac{1}{3} \times (\frac{500}{21} + \frac{500}{20} + \frac{500}{24}) = 23.21.92m/s = 83.57km/h$

11

(1) $\frac{\text{교통량}}{\text{속도}} = \frac{\frac{7{,}000\text{대}/\text{시}}{4}}{40km/h} = 43.75\text{대}/km/\text{line}$

(2) $\frac{3{,}600}{Q} = \frac{3{,}600}{1{,}750} = 2.06\text{초}/\text{대}$

(3) $\frac{1{,}000}{\text{밀도}} = \frac{1{,}000}{43.75} = 22.86m/\text{대}$

12 (1) $\frac{dQ}{dk} = -0.2k_m + 30 = 0$

$k_m = \frac{30}{0.2} = 150$

$Q_{\max} = -0.1 \times 150^2 + 30 \times 150 = 2{,}250\text{대}/h$

(2) $u_m = 2{,}250/150 = 15km/h$

(3) k_j는 Q가 0인 상태에서 밀도를 나타내므로 $k_j(0.1k_j - 30) = 0$

k_j는 0이 아니므로 $0.1k_j - 30 = 0$

$\therefore k_j = 300\text{대}/km$

13 $K=0.06,\ D=0.6$

$DDHV = AADT \times K \times D = 40{,}000 \times 0.09 \times 0.6 = 2{,}160$대/시

∴ (2,160×0.8+2,160×0.2×1.8)=2.506 대/시

14 $PHF = \dfrac{PHV}{(4 \times V_{15})} = \dfrac{(420+640+600+540)}{4 \times 640} = 0.86$

15 $PDDHV = \dfrac{AADT \times K \times D}{PHF} = \dfrac{45{,}000 \times 0.09 \times 0.6}{0.95} = 2{,}558vph$

$MSF_D = 1{,}500\ pcphpl$ (최대서비스교통량)

$SF_D = 1{,}500 \times 1 \times 0.77 = 1{,}155vphpl$ (서비스교통량)

$N = \dfrac{PDDHV}{SF_D} = \dfrac{2{,}558}{1{,}155} = 2.21$차로/방향

따라서, 양방향 6차로가 필요하다.

16 (1) 총지체도=(7+6+5....+5+2+4)$= 90 \times 15 = 1{,}350$대· 초

(2) 접근차량당 평균지체도$= \dfrac{1{,}350}{(50+35+50+70+45)} = \dfrac{1{,}350}{250} = 5.4$초

17 · 포화차두시간=2.0초

· 포화교통량=3,600/2.0=1,800대/시

· 출발손실시간=0.8+0.6+0.4+0.2+0.1=2.1초

18 $Y = t + \dfrac{V}{2a} + \dfrac{W+L}{V} = 1.5 + \dfrac{60/3.6}{2 \times 5} + \dfrac{25+5}{60/3.6} = 4.97$초

D=(적정황색시간-황색신호시간)×차량의 속도=(4.97-3)×(60/3.6)=32.83m

19 각 접근로별 v/s 계산과 주이동류 파악

가 : 1,200/3,200=0.375

나 : 500/1,200=0.417

다 : 1,000/3,200=0.313

라 : 600/1,200=0.5

접근로의 임계방향 v/s비의 합 : (0.5+0.375)=0.875

∴ webster식 주기$= \dfrac{(1.5 \times 6) + 5.0}{1 - 0.875} = 112$초 ⇒ 120초(10초단위로 환산)

$\therefore\ v/c = (\sum_{i=1}^{n} (V/S)_{ci} [\dfrac{C}{C-L}] = 0.875 \times \dfrac{120}{120-6} = 0.92$

20 (1)$R=\frac{v^2}{127(f+e)}=\frac{60^2}{127(0.4+0.15)}=51.54m$

(2)$v^2=127(f+e)\cdot \quad R=127(0.4+0.3)\times 51.54$

$\therefore\ v=67.69km/h$

21 정상시력을 가진 운전자가 이 표지판을 읽을 수 있는 거리는 다음과 같다.

$D_1=20\times 3=60(m)$

설계기준 운전자가 이 표지판을 읽기 위해서는 다음과 같은 거리가 필요

$D_2=\frac{20}{40}\times 60=30(m)$

이 유출부로 안전하게 진입하기 위해 감속하는데 필요한 거리(s)는

$S=2.5\times\frac{100}{3.6}+\frac{100^2-60^2}{254(0.3)}=153.43(m)$

∴ 그러므로 표지판은 유출부로부터 153.43-30=123.43m 떨어진 전방에 설치해야 한다.

22 $D=\frac{t_r\cdot\ V}{3.6}+\frac{V^2}{254(f+g')}$ 에서 g'(구배)는 생략하고 인지반응시간을 제외한 차량의 제동거리를 계산한다.

$D=\frac{40^2}{254\times(0.4+0)}=15.75m$

위의 조건과 비교했을 때 15.75m〈45m

∴ 차량 주행시 정지할 때의 skid mark가 제한속도로 주행시 정지할 때 skid mark 보다 더 길기 때문에 운전자는 속도를 위반하였다.

23 · 이 도로구간의 사고율 계산

- 실제등가 사고건수 = $(50-10)+10\times 3=70$건(등가물피사고)

$AR=\frac{70\times 1억}{3년\times 365일\times 16{,}000\times 1km}=399.5$건(1억 대· km당)

· 한계 교통사고율 계산

- 우리나라(이와 유사한 도로의) 평균사고율

$=(380-120)+3\times 120=620$건(1억 대· km당)

$M=\frac{3년\times 365일\times 16{,}000대\times 1km}{1억}=0.1752$건(1억 대· km당)

한계교통 사고율 = $620+1.64\sqrt{\frac{620}{0.1752}}+\frac{1}{2\times 0.1752}=721$건(1억 대· ㎞당)

· 위험도계산 및 평가

위험도 : 339.5〈721($AR<Rc$)

∴ 이 도로구간은 위험한 구간이 아닌 것으로 판명되었다.

필수 암기 공식

■ 선형회귀식

$Y = a + bx$

$a = Y - bx$

$$b = \frac{n\sum XY - \sum X \sum Y}{n\sum X^2 - (\sum X)^2}$$

■ 링크통행량과 도로의 용량을 나타내는 BPR식

$T = T[1 + 0.15(v/c)^4]$

■ 표본의 크기

① 표준편차를 알 때

$n = (\frac{Z\delta}{\alpha})2$ Z =1.96(유의계수), δ =표준편차, α =절대오차

■ 교통개선대안 설정 및 평가

① 편익·비용분석(B/C)

비용의 현재가치로 편익의 현재가치를 나눈 값

$$B/C = \frac{\sum_{t=0}^{n} \frac{B_t}{(1+r)^t}}{\sum_{t=0}^{n} \frac{C_t}{(1+r)^t}}$$

$B/C > 1$ 타당성 있음

$B/C < 1$ 타당성 없음

B_t : t연도편익 C_t : t연도 비용 r : 이자율 n :분석기간

② 초기연도수익률($FYRR$)

교통수익성이 나타나기 시작하는 첫해의 편익을 편익이 생기기 시작하는 연도까지 소요된 비용으로 나눈 값

$$FYRR = \frac{\text{수익성이 발생하기 시작한 해의 편익}}{\text{사업에 소요된 비용}}$$

③ 순현재가치법(NPV)

현재가치로 환산된 장래의 연도별 편익의 합계에서 현재가치로 환산된 장래의 연도별 비용의 합을 뺀 값

$$NPV = \sum_{t=0}^{n} \frac{B_t}{(1+r)^t} - \sum_{t=0}^{n} \frac{C_t}{(1+r)^t} = 0$$

$NPV > 0$: 사업의 편익창출

④ 내부수익률(IRR)

편익과 비용의 현재가치의 합계가 같아지는 할인율

IRR > 자본의 비율(이자율)=기회비용

$$IRR = \sum_{t=0}^{n} \frac{B_t}{(1+r)^t} = \sum_{t=0}^{n} \frac{C_t}{(1+r)^t}$$

■ **수요 탄력성법**

$$\mu = \frac{\Delta V}{\Delta P} \cdot \frac{P_0}{V_0}$$

V_0 : 수요량

P_0 : 공급가액

ΔV : 수요변화량

ΔP : 공급가액 변화량

■ **주행차량 이용법**

① n방향 시간당교통량

$$V_n = \frac{60(M+O-P)}{(T_n+T_s)}$$

M : 주행방향 반대방향에서 만난 차량수

T_n : n방향 운행시 운행시간

T_s : s방향 운행시 운행시간

② 평균주행시간

$$T_n = T_n - \frac{60(O-P)}{V_n}$$

O : 시험차량을 추월한 차량수

P : 시험차량이 추월한 차량수
V_n : n방향 시간당 교통량

■ **주차**

① 주차회전율$=\frac{\text{이용차량대수}}{\text{총주차면수}}$

② 점유율$=\frac{\text{주차부하}}{\text{가용용량}\times\text{관측시간의 길이}}$

③ 소요주차면수$=\frac{\text{주차부하}}{\text{효율계수}}$

④ 주차시간 길이$=\frac{\text{첨두시간대의 교통량}}{\text{소요 주차면수}}=\frac{\text{주차부하}}{\text{첨두시간 교통량}}$

⑤ 주차부하=주차대수×주차시간

■ **주차원단위법**

$$P=\frac{U\cdot F}{(1{,}000\cdot e)}$$

P : 주차수요
U : 1,000㎡당 주차발생량
F : 건물 상면적
e : 주차이용효율

■ **설계시간 교통량**

$DHV=AADT\times(K_{30}/100)$

① 방향고려시
$DHV=AADT\times(K_{30}/100)\times(D/100)$

② 차선수 결정
$N=DHV/$설계서비스교통량

■ **차두시간, 차간간격**

① 차두시간 (headway)
$h=3600/q$

② 차간간격(gap)
$g=h-L/V$

③ 차두거리(spacing)

$s = 1/$밀도

■ **포화교통량 (pcphgpl)**

$s = 3600/h$

h : 포화차두시간(우리나라는 1.63초)

■ **교차로 지체도 측정방법**

① 총지체도 = 총정지차량수 × 설정된 시간 간격(단위 : 대·초)

② 접근차량당 평균지체도 = $\frac{\text{총지체도}}{\text{도착교통량}}$ (단위 : 초)

■ **포아송분포**

$$P_x = \frac{m^x \cdot \; e^{-m}}{x!}$$

■ **이항분포**

$$P_x = \frac{n!}{x!(n-x)!} p^x q^{n-x}$$

■ **음이항분포**

$$P_x = \frac{(x-1)(k-1)!}{x!(k-1)!} p^k q^x$$

■ **시간 · 공간평균속도**

① 시간평균속도($\overline{U_t}$)–산술평균 : 모든 차량의 속도를 그 수로 나눈 값

$$\overline{U_t} = \frac{1}{N}\sum_{i=1}^{N}\frac{\Delta X}{\Delta t_i} = \frac{1}{N}\sum_{i=1}^{N} U_i$$

② 공간평균속도($\overline{U_S}$)–조화평균 : 모든 차량이 이동한 총 거리를 합하여 총 걸린 시간으로 나눈 속도

$$\overline{U_s} = \frac{1}{\frac{1}{N} \cdot \; \sum_{i=1}^{N}\frac{1}{U_i}}$$

■ **황색시간길이**

$$Y = t + \frac{v}{2a} + \frac{(w+L)}{v}$$

t : 반응시간

a : 가속도
w : 횡단길이
L : 차량길이
v : 속도[m/sec]

■ **webster 방식 신호주기**

$$C_0 = \frac{1.5L + 5.0}{1 - \sum_{i=0}^{n} y_i}$$ L : 총손실시간 y_i : 총현시율

■ **최소신호주기**

$$C_{\min} = \frac{L}{1 - \sum_{i=0}^{n} y_i}$$

■ **최소정지시거(MSSD)**

$$MSSD = 0.694(v) \times \frac{v^2}{254(f \pm g)}$$

■ **도로곡선반경**

$$R = \frac{v^2}{127(f \pm g)}$$

■ **1백만 차량당 사고건수**

$$MEV = \frac{\text{교통사고건수} \times 10^6}{AADT \times \text{연수} \times 365}$$ (교차로일 경우)

■ **1억 차량당 사고건수**

$$HMEV = \frac{\text{교통사고건수} \times 10^8}{AADT \times \text{연수} \times 365 \times \text{구간길이}}$$ (도로구간일 경우)

■ **1백만대 · km당 사고율**

$$AR = \frac{\text{교통사고건수} \times 10^6}{AADT \times \text{연수} \times 365 \times \text{구간길이}}$$ (교차로일 경우 구간길이는 고려하지 않음)

■ **1억대 · km당 사고율**

$$AR' = \frac{\text{교통사고건수} \times 10^8}{AADT \times \text{연수} \times 365 \times \text{구간길이}}$$

■ **통계적 교통사고율**

$$\text{한계교통사고율}(R_C) = R_A + K\sqrt{\frac{R_A}{M}} + \frac{1}{2M}$$

R_A : 유사지역 평균교통사고율　　K : 유의수준계수　　M : 사고노출량

$AR > R_C$(위험도로 판정)　　$AR < R_C$(위험도로 아님)

■ **사고노출량**

$$M(\text{사고노출량}) = \frac{AADT \times 365 \times \text{도로구간길이} \times \text{연수}}{10^6}$$

■ 교통사고 감소건수

$$\text{교통사고 감소 건수} = N \times \frac{ARF}{100} \times \frac{\text{개선 후 } ADT}{\text{개선 전 } ADT}$$

N : 개선 전 사고건수　　ARF : 사고 감수계수(%)

■ **SKID MARK**

$$\text{미끄러진 거리}(S) = \frac{V^2}{2gf}$$

V : 초기주행속도(m/s)　　g : 중력가속도(m/s^2)　　f : 마찰계수

기출문제

2021년도 3월 교통기사 필기시험

1과목 : 교통계획

1. 통행분포(trip distribution)단계에서 사용되는 모형으로 각 교통지구별 유출·입 교통량의 제약조건을 만족시킬 수 있는 범위 내에서 결과를 도출할 수 있도록 프라타(Fratar) 모형의 계산과정을 보다 단순화시킨 것은?

① 성장인자모형 ② 중력모형
③ 디트로이트모형 ④ 엔트로피모형

2. 저서 「Traffic Towns」에서 도시의 구성 단위와 주거환경 지구라는 지구교통의 개념을 발전시킨 사람은?

① H. Wright ② C.Stein
③ Abercrombie ④ Buchanan

3. 교통계획의 경제성 분석기법에 대한 설명이 옳은 것은?

① 편익-비용 분석법은 사업의 절대적 규모를 고려할 수 있다.
② 순현재가치(NPV) 분석법은 사업의 절대적 수익성을 측정할 수 없다.
③ 내부수익률(IRR) 분석법은 평가 과정과 결과 이해가 용이하다.
④ 경제성 분석기법에서 할인율은 분석 결과에 영향을 미치지 않는다.

4. 모집단의 개체가 똑같은 확률로 뽑히도록 표본단위를 모집단에서 추출하는 방법은?

① 비 확률 표본 설계 ② 단순확률 표본 설계
③ 집락확률 표본 설계 ④ 층화확률 표본 설계

5. 주차이용효율(e)을 이용하여 주차 수요를 추정하는 것은?

① P요소법
② 과거추세연장법
③ 누적주차수요추정법
④ 기·종점에 의한 주차수요추정법

6. 간섭기회모형(intervening opportunity model)에 대한 설명으로 틀린 것은?

① 통행자가 주어진 기회를 선택할 확률은 일정하다.
② 목적지의 선택은 목적지까지의 상대적 접근성에 의해 결정된다.
③ 통행유입량을 그 목적지가 가지는 잠재적인 기회의 크기로 간주한다.
④ 각 통행자는 자신의 통행비용을 최대화 한다는 가정을 한다.

7. 개별행태모형(disaggregate behavioral model)에 대한 설명이 틀린 것은?

① 확률적 효용이론에 근거한다.
② 종속변수는 통행량이며 독립변수는 사회경제지표다.
③ 개인의 통행특성자료를 바탕으로 교통수요를 추정한다.
④ 개인의 형태를 반영하기 때문에 공간적·시간적으로 영향을 받지 않는다.

8. 대중교통체계의 정책적 목표로 적합하지 않은 것은?

① 신속하고 안전한 대중교통체계 확립
② 버스 경쟁 노선의 극대화
③ 수요에 따른 종합적 대중교통망 형성
④ 교통수단 간의 연계 교통망 구축

9. 다음 설명에 해당하는 첨단운전자지원시스템은?

> 운전자가 운전 중 동일 차로 전방에 정차한 차량 등을 감지해 운전자에게 경고하여 운전자가 충돌을 완화하거나 피할 수 있도록 함으로써 사고예방 또는 사고 심각도를 줄일 수 있는 장치다.
> 카메라, RADAR, LIDAR 등의 센서를 통해 전방 장애물을 인식한 후 상대속도와 거리로 충돌 예측 시간을 산출하고, 충돌 위험이 있을 때 경고 정보를 줌으로써 충돌을 막을 수 있다.

① 차로이탈경고장치(LDWS)
② 전방충돌경고장치(FCWS)
③ 적응순항제어장치(ACC)
④ 사각지대감시장치(BSD)

10. O-D조사에 사용하는 표본의 크기에 대한 설명으로 옳은 것은?

① 표본의 크기가 증가하면 조사 자료의 정확도는 감

소한다.

② 통행량이 많은 경우 표본율을 증가시키면 오차의 범위가 극대화 된다.

③ 표본의 크기가 증가하면 조사 정확도의 증가율은 점차 증가한다.

④ 표본율이 같은 경우, 통행량이 많은 경우가 통행량이 적은 경우보다 정확한 추정값을 얻기 쉽다.

11. 전철 또는 지하철 건설 시 주요 고려하상으로 가장 거리가 먼 것은?

① 산업구조　② 승객수요

③ 도시형태　④ 인구밀도

12. Wardrop의 원리에 따른 아래의 상태를 뜻하는 것은?

개별 통행자가 자신의 과거 경험 및 이미 알고 있는 가능한 정보를 종합하여 통행하고자 선택한 경로가 최소시간결로라 전제하며, 설상 다른 경로로 변경하여도 현재의 경로보다 통행시간을 단축시킬 수 없다고 믿는 상태

① 사회적 평형상태

② 교통체계의 평형상태

③ 수요-공급의 평형상태

④ 확률적 사용자 평형상태

13. Smeed(1949)는 유럽 20개국의 1938년도 교통사고계를 이용하여 다음과 같이 모형화하였다. 이에 대한 설명으로 옳지 않은 것은?

$$\frac{D}{P} = 0.0003 \times \sqrt[3]{\frac{N}{P}}$$

(단, N : 자동차등록대수(대), P : 인구수(명), D : 연간 교통사고사망자수(명))

① 가장 먼저 알려진 교통사고 예측모형이다.

② 인구가 증가하면 교통사고 사망자수도 증가한다.

③ 자동차 등록대수가 증가하면 교통사고 사망자수도 증가한다.

④ 인구의 한 단위 증가보다 자동차 등록대수의 한 단위 증가가 교통사고 사망자수에 더 큰 영향을 끼친다.

14. 다음 중 교통수요 관리방안과 그 특징에 대한 설명으로 틀린 것은?

① 10부제 운행 - 집행이 용이하다.

② 버스 이용하기 - 정치적 수용성이 적다.

③ 공영주차장 요금인상 - 집행이 용이하다.

④ 자가용 함께 타기 - 사회적 부담이 적다.

15. 공공자원의 사회적 기회비용을 반영하여 결정된 가격을 무엇이라고 하는가?

① 인플레이션　② 잠재가격

③ 내부수익률　④ 디플레이션

16. 폐쇄선 설정 시 고려 사항으로 옳은 것은?

① 가급적 행정구역 경계선과 일치시킨다.

② 가급적 다양한 토지이용이 포함되도록 한다.

③ 대규모 도시인 경우, 존 당 1000~3000명을 포함시켜야 한다.

④ 반드시 한 개의 간선도로가 존을 통과 하도록 하여야 한다.

17. 지하철과 비교하였을 때, 경전철이 갖는 일반적인 특성으로 틀린 것은?

① 차량의 중량이 가벼운 편이다.

② 지하철에 비해 주행 속도가 빠르다.

③ 승객 승차대가 낮아 승·하차 시 편리하다.

④ 도로 상을 운행하기도 한다.

18. A지역에서 B지역으로 이동할 때, 버스의 효용함수값이 -0.67, 지하철의 효용함수값이 -0.87일 때, 버스를 선택할 확률은? (단, 교통수단은 버스와 지하철만 고려하며, 이항로짓모형을 따른다.)

① 약 43.5%　② 약 45.0%

③ 약 55.0%　④ 약 56.5%

19. 계획대상과 그 특성에 따라 계획하고자 하는 구체적 시설을 기준으로 교통계획을 분류한 것에 해당하는 것은?

① 장기교통계획　② 가로망계획

③ 도시교통계획　④ 교통축계획

20. 도로의 일반적 결정기준에서 주간선도로와 주간선도로의 배치간격 기준으로 옳은 것은?

① 150m 내외　② 250m 내외

③ 500m 내외　④ 1000m 내외

2과목 : 교통공학

21. 차량추종모형에서 운전자의 반응시간과 관련하여 고려하는 변수로 가장 거리가 먼 것은?

① 차량 속도　　② 차량 위치
③ 운전자 민감도　　④ 차량군의 밀도 차이

22. 어느 교차로의 도착교통량이 시간당 600대이고, 도착 교통량이 포아송(Poisson) 분포를 따른다고 가정할 때, 30초 동안에 6대가 도착할 확률은?

① 0.127　　② 0.146
③ 0.175　　④ 0.188

23. 주차요금을 내기 위해 무작위로 도착하는 차량의 평균 도착시간 간격이 60초이고, 요금징수시간은 평균 18초인 음지수분포를 가질 때 도착차량이 대기해야 할 확률은?

① 0.1　　② 0.3
③ 0.5　　④ 0.7

24. 어느 교통류에서 차량별 구성비가 트럭 10%, 버스 15%인 경우 중차량보정계수(fHV)는 약 얼마인가? (단, 일반지형 중 평지의 경우이며, 승용차 환산계수는 ET=1.7, EB=1.5 이다.)

① 0.87　　② 0.91
③ 0.70　　④ 0.76

25. 차량의 미끄럼 마찰계수에 영향을 주지 않는 것은?

① 타이어 상태　　② 노면습윤 상태
③ 운전자 반응시간　　④ 도로 포장면 재질

26. 감응식신호에서 현시가 다음으로 넘어가는 조건으로 가장 거리가 먼 것은?

① 주기초과(cycle-out)
② 강제변경(force-out)
③ 차량간격초과(gap-out)
④ 설정최대값초과(max-out)

27. 아래와 같은 특징을 갖는 속도-밀도 모형은?

> • 속도와 밀도의 관계를 선형으로 나타내었다.
> • 모형의 사용이 간편하며 현장관측자료와 비교적 잘 맞다.
> • 전체 밀도구간에 대해 속도가 직선으로 변화하지 않고 밀도가 매우 높거나 낮은 경우 비선형적인 관계를 나타낸다.

① Pipes 모형　　② Edie 모형
③ Greenburg 모형　　④ Greenshield 모형

28. 다음 설명에 해당하는 고속도로 기본구간의 서비스 수준은?

> 안정류(stable flow)상태에 있으면서, 주행 속도는 교통조건 때문에 어느정도 제약을 받기 시작한다.
> 운전자는 여전히 자기가 원하는 속도와 차로를 자유로이 선택할 수 있어 육체적으로나 정신적으로 상당한 수준의 쾌적감을 유지한다. 가벼운 사고나 고장의 경우 속도 감소가 전혀 일어나지 않을 수는 없지만 혼잡은 쉽게 흡수된다.

① A　　② B
③ C　　④ D

29. 어느 교차로의 한 접근로의 지체도 조사 결과가 아래와 같다. 신호주기가 110초, 조사단위시간이 15초 일 때, 정지차량당 평균정지지체는? (단, 조사시간대에 관측된 총 진입 교통량 중 정지 차량수는 95대이다.)

조사시각	정지차량대수			
	+0초	+15초	+30초	+45초
05:00	0	0	2	6
05:01	5	0	6	1
05:02	1	2	6	2
05:03	1	3	0	4
05:04	3	0	6	5
소 계	10	5	20	18

① 약 6.6초　　② 약 8.4초
③ 약 12.3초　　④ 약 15.0초

30. 어느 교통류의 속도(u)와 밀도(k)의 관계가 아래와 같을 때, 이 교통류의 임계밀도, 임계속도, 용량은 얼마인가?

$$u = 40.0 - 0.25k$$

① 임계밀도 : 70vpk, 임계속도 : 20kph, 용량 : 1400vph
② 임계밀도 : 80vpk, 임계속도 : 20kph, 용량 : 1600vph
③ 임계밀도 : 70vpk, 임계속도 : 25kph, 용량 : 1750vph
④ 임계밀도 : 80vpk, 임계속도 : 25kph, 용량 : 2000vph

31. 다음은 녹색시간 동안 방출되는 용량이 한 주기 동안의 도착량보다 많은 경우, 신호교차로에서의 대기행렬모형이다. 정지하는 차량의 비율(PS)로 옳은 것은? (단, r: 유

효적색시간(초), g: 유효녹색시간(초), q: 한 접근로의 평균 도착교통류율(pcu/초), to: 녹색신호의 시작에서부터 대기행렬이 완전히 소멸 되는 시간(초))

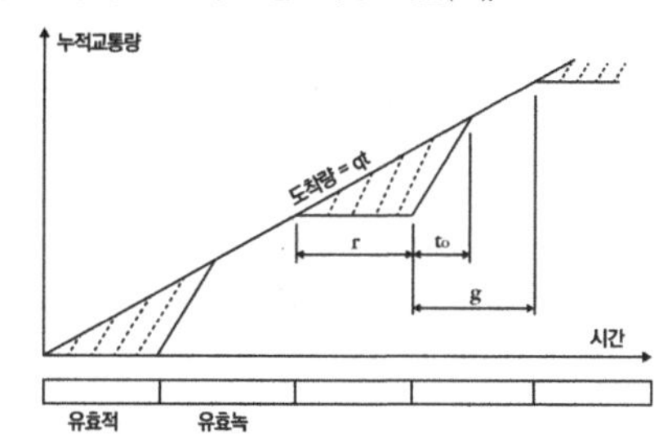

① $P_s = \dfrac{q(r+t_0)}{q(r+g)}$ ② $P_s = \dfrac{r^2}{2q(1-r)}$

③ $P_s = \dfrac{qr}{2}(r+t_0)$ ④ $P_s = \dfrac{r+t_0}{2}$

32. 어느 신호교차로에서 15분 간격으로 조사한 교통량이 아래와 같을 때 첨두시간계수(PHF)는?

시간	교통량(대)	시간	교통량(대)
7:00-7:15	1200	7:45-8:00	900
7:15-7:30	800	8:00-8:15	1150
7:30-7:45	1100	8:15-8:30	1100

① 약 0.83 ② 약 0.86
③ 약 0.92 ④ 약 0.95

33. 운전자에 대한 일반적인 설명으로 틀린 것은?

① 운전자는 속도가 증가하면 주변을 볼 수 있는 시야가 줄어든다.
② 운전자는 앞차의 가·감속에 반응하며 운전을 한다.
③ 운전자의 연령이 높을수록 평균반응시간이 줄어드는 경향이 있다.
④ 운전자가 도로상의 낙하물을 보고 행동하는 과정은 지각, 인지, 판단, 반응으로 구분하여 볼 수 있다.

34. 다음 그림과 같이 좌우회전이 허용되지 않은 간단한 2현시 교차로의 접근교통량에서 동서로와 남북로 간 유효녹색 시간의 배분은?

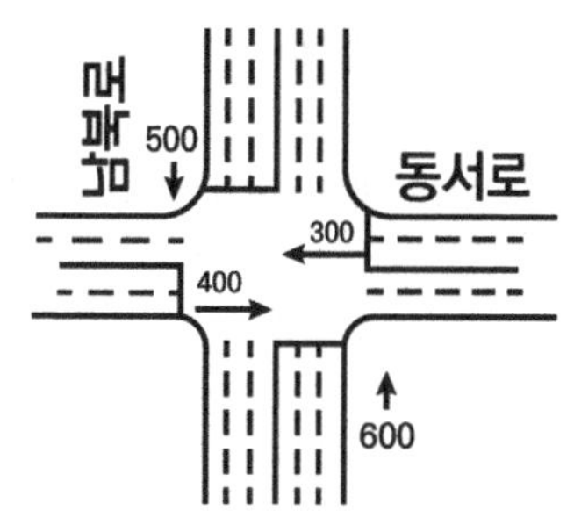

① 1 : 1 ② 1 : 2
③ 2 : 3 ④ 7 : 11

35. 다음 중 위해물 주위 혹은 이를 지나치는 차량에게 안전한 주행선을 안내하는 일종의 이동차로 표시에 해당하는 교통통제설비는?

① 방호울타리 ② 교통콘
③ 반사경 ④ 그루빙

36. 양방향정지 비신호교차로의 효과척도는?

① 밀도 ② 평균운영지체
③ 시간당 상충횟수 ④ 방향별 교차로 진입교통량

37. 신호교차로의 운영 주기가 90초, 각 현시의 임계 차로군의 교통량비의 합이 0.72, 교차로 전체의 임계 V/c 비 값이 0.76 일 때, 이 교차로의 주기 당 총 손실 시간은?

① 약 3초 ② 약 5초
③ 약 7초 ④ 약 9초

38. 다음 중 도로에 매설하지 않고 사용할 수 있는 검지기는?

① 압력반응검지기 ② 감응루프식검지기
③ 초음파검지기 ④ 충격식검지기

39. 교통류의 특성을 나타내는 기본 요소와 가장 거리가 먼 것은?

① 속도 ② 밀도
③ 교통량 ④ 지체도

40. 다음 중 일정 구간에서 시험차량이 추월을 당한 횟수만큼 추월을 한 횟수를 유지하면서 운행하며 주행시간을 기록하는 방법은?

① 번호판 판독법 ② 주행차량이용법
③ 평균속도운행법 ④ 교통류적응운행법

3과목 : 교통시설

41. 노면의 종류에 따른 차도의 횡단경사 기준이 잘못 연결된 것은?

① 아스팔트 포장도로 : 1.5% 이상 2.0% 이하

② 간이포장도로 : 2.0% 이상 4.0% 이하

③ 비포장도로 : 2.0% 이상 5.0% 이하

④ 시멘트 포장도로 : 1.5% 이상 2.0% 이하

42. 연결로의 형식 기준 및 설계속도를 적용할 때의 주의사항으로 틀린 것은?

① 이용 교통량이 많을 것으로 예상되는 연결로는 본선의 설계기준을 적용하여 설계한다.

② 본선의 분류단 부근에는 보통 주행속도의 변화가 있으므로, 속도 변화에 적합한 완화구간을 설치하여 운전자가 주행속도를 자연스럽게 바꿀 수 있도록 유도한다.

③ 연결로의 실제 주행속도는 선형에 따라 변하므로 편경사 등의 기하구조를 설계할 때는 실제 주행속도는 고려할 필요가 없다.

④ 연결로의 형식은 오른쪽 진출입을 원칙으로 하며, 이 때 진출입의 연속성 및 일관성이 유지되도록 하여야 한다.

43. 비상주차대의 유효길이 산정 기준과 가장 관계가 깊은 것은?

① 설계기준 자동차 길이

② 도로의 설계속도

③ 접속길이

④ 진입속도

44. 주차형식에 대한 설명이 틀린 것은?

① 평행주차는 주차장의 길이가 길어지는 단점이 있다.

② 30°전진주차는 차로 진행 방향으로 긴주차폭이 필요하다.

③ 90°각도주차는 30°전진주차보다 1대당 주차소요면적이 작다.

④ 평행주차는 측방의 주차면을 병렬로 이용하여 각도주차보다 주차용량을 증대시킬 수 있다.

45. 평면교차로를 도류화하는 목적으로 옳지 않은 것은?

① 자동차가 합류, 분류 및 교차하는 위치와 각도를 조정한다.

② 자동차가 진행해야 할 경로를 명확히 하고 주된 이동류에 통행 우선권을 제공한다.

③ 보행자 안전지대를 설치하기 위한 장소와 교통제어시설을 잘 보이는 곳에 설치하기 위한 장소를 제공한다.

④ 교차로의 면적을 줄임으로써 차량 간의 상충면적을 늘려준다.

46. 설계속도가 50km/h, 편경사가 0.06, 횡방향 미끄럼 마찰계수가 0.2일 때, 최소곡선반경은?

① 약 46m ② 약 56m

③ 약 66m ④ 약 76m

47. 버스정류시설 중 버스 승객의 승강을 위하여 본선 차로에서 분리하여 설치된 띠 모양의 공간을 의미하는 것은?

① 버스정류장(Bus Bay)

② 버스정류소(Bus Stop)

③ 버스터미널(Bus Terminal)

④ 간이버스정류장

48. 설계속도가 70km/h 이상 80km/h 미만인 지방지역 도로의 차로 폭 기준으로 옳은 것은?

① 2.75m 이상 ② 3.00m 이상

③ 3.25m 이상 ④ 3.50m 이상

49. 인터체인지의 연결로 형식 중 좌직결 연결로(Left-direct Connection)에 관한 설명으로 틀린 것은?

① 고속인 좌측 차선에서 유·출입하므로 위험하다.

② 용량이 작으므로 이용 교통량이 작은 곳에 적합한 형식이다.

③ 분기점과 같이 대량의 고속 교통을 처리하며, 좌회전 교통이 주류인 곳에 적용한다.

④ 본선 차도의 좌·우에 연결로가 교대로 존재하면 불필요한 엇갈림이 생긴다.

50. 설계속도가 60km/h일 때 확보하여야 하는 최소 정지시거 기준으로 옳은 것은?

① 55m 이상 ② 75m 이상

③ 95m 이상 ④ 110m 이상

51. 좌회전 차로 설계 시 좌회전 차로의 길이와 차로 폭을 결정할 때 동시에 고려하여야 할 요소로 가장 거리가 먼 것은?

① 신호주기 ② 접근속도

③ 차량 혼입률 ④ 좌회전교통량

52. 도로의 출입 등의 기준 및 주요 원칙에 대한 설명으로 옳은 것은?

① 특별한 사유가 없으면 고속국도와 교차하는 모든 도로와 평면교차가 되도록 한다.

② 사실상 출입제한은 가장 약한 접근관리 기법의 하나이다.

③ 접근관리 설계기법이랑 주도로와 부도로가 접속할 때 주도로의 간격, 기하구조 설계, 교통제어방식을 합리적으로 관리하는 설계기법을 말한다.

④ 고속국도와 자동차 전용도로는 지정된 곳에 한정하여 자동차만 출입이 허용되도록 하여야 한다.

53. 도로와 철도가 평면교차하는 경우 교차각은 최소 얼마 이상으로 하여야 하는가?

① 15°　　② 30°

③ 45°　　④ 60°

54. 평면곡선반지름이 150m인 평면곡선부의 최소 확폭량 기준이 옳은 것은? (단, 설계기준차량이 대형 자동차인 경우)

① 0.25m　　② 0.50m

③ 0.75m　　④ 1.00m

55. 고속국도 휴게시설 등에의 도로안전시설 설치 및 관리에 관한 아래 설명에서, ㉠과 ㉡에 들어갈 내용이 모두 옳은 것은?

> (㉠)은(는) 고속국도에 연결된 휴게시설, 주차장 등 대통령령으로 정하는 사설을 이용하는 보행자의 안전과 차량의 원활한 통행을 위하여 (㉡) 등 도로안전시설을 설치하고 관리하여야 한다.

① ㉠ : 경찰서장, ㉡ : 교통관리시설

② ㉠ : 국토교통부장관, ㉡ : 과속방지시설

③ ㉠ : 행정안전부장관, ㉡ : 교통관리시설

④ ㉠ : 경찰청장, ㉡ : 과속방지시설

56. 아래 내용 중 ( )안에 들어갈 말로 옳은 것은?

> "앞지르기시거"란 2차로 도로에서 저속 자동차를 안전하게 앞지를 수 있는 거리로서 차로 중심선 위의 (㉠) 높이에서 반대쪽 차로의 중심선에 있는 높이 (㉡)의 반대쪽 자동차를 인지하고 앞차를 인지하고 앞차를 안전하게 앞지를 수 있는 거리를 도로 중심성에 따라 측정한 길이를 말한다.

① ㉠ : 1.0m, ㉡ : 1.2m

② ㉠ : 1.0m, ㉡ : 1.5m

③ ㉠ : 1.2m, ㉡ : 1.0m

④ ㉠ : 1.5m, ㉡ : 1.0m

57. 우리나라 도로교통법규에 따른 신호기의 종류에 해당하지 않는 것은?

① 보행 신호등　　② 회전 신호등

③ 자전거 신호등　　④ 노면전차 신호등

58. 설계속도와 설계구간에 대한 내용으로 옳지 않은 것은?

① 설계속도란 도로설계의 기초가 되는 자동차의 속도를 말한다.

② 설계속도에 따라 곡선반경, 곡선의 길이, 종단경사 등이 결정된다.

③ 설계구간이란 도로의 종류나 설계속도가 같으며, 같은 설계기준이 적용되는 구간을 말한다.

④ 노선의 기하구조는 설계구간이 짧은 곳에 비연속적으로 적용하는 것이 바람직하다.

59. Park and Ride 주차시설에 대한 설명으로 옳은 것은?

① 대규모 유원지, 상가에 설치된 주차장이다.

② 공원이나 유원지에서 입장료를 낸 사람에게 개방된 주차장이다.

③ 공원에서 공원 내를 운행하는 셔틀버스로 갈아타기 위해 만든 주차장이다.

④ 대중교통 연계지점에 건설된 주차장으로 이곳에 승용차를 주차시킨 후 대중교통으로 환승하게 하기 위해서 만든 주차장이다.

60. 도로를 보호하고 비상시에 이용하기 위하여 차도에 접속하여 설치하는 도로의 부분을 무엇이라 하는가?

① 변속차로　　② 분리대

③ 회전차로　　④ 길어깨

4과목 : 도시계획개론

61. 후크(hook) 신도시 계획의 기본요소와 가장 거리가 먼 것은?

① 시가화 지역과 농촌 지역이 통합

② 전원 속의 도시

③ 신도시의 도시성 향상

④ 자동차와 보행자를 분리하는 도로망 체계

62. 케빈 린치(Kevin Lynch)가 주장한 도시 경관 이미지의

구성요소에 해당하지 않는 것은?

① 통로(path) ② 경계(edge)
③ 상징물(landmark) ④ 광장(open space)

63. 기존의 도로를 확장하는 경우 고려할 사항으로 옳지 않은 것은?

① 기존 도로 주변 토지의 이용효율을 고려한다.
② 공사의 난이도를 고려한다.
③ 기존 도로의 선형을 고려한다.
④ 가급적 기존 도로의 양쪽 방향으로 확장한다.

64. 수도권정비계획법상 권역의 구분에 해당하지 않는 것은?

① 과밀억제권역 ② 개발유보권역
③ 성장관리권역 ④ 자연보전권역

65. 고대 그리스 도시에서 교역과 정치활동의 중심지였던 도심광장을 무엇이라고 하는가?

① 포럼(Forum) ② 아고라(Agora)
③ 휘닉스(Ponyx) ④ 아카데미(Academy)

66. 제1차 국통종합개발계획과 비교하여 제2차 국토종합개발계획의 주요 정책 방향으로 가장 거리가 먼 것은?

① 전국을 28개 생활권으로 구분하고 각 생활권의 중심도시와 주변지역을 상호 연계하여 발전될 수 있도록 시도하였다.
② 다핵 구조의 형성 방안으로 성장거점도시 정책이 채택되었다.
③ 대규모 공업기지를 우선 배치하고, 교통통신, 수자원 및 에너지 공급망을 확충 정비한다.
④ 국토의 균형발전을 꾀하고 국민생활환경 개선에 많은 노력을 기울였다.

67. 힐 호스트(O. Hilhost)의 지역 구분에 해당하지 않는 것은?

① 번성지역 ② 계획권역
③ 분근지역 ④ 동질지역

68. 도로망의 구성형태와 대표도시의 연결이 옳은 것은?

① 방사형 : 뉴욕(New York)
② 대각선 삽입형 : 파리(Paris)
③ 방사환상형 : 모스크바(Moscow)
④ 격자형 : 카를스루에(Karlsruhe)

69. 고대 중국 장안성의 가로망은 어떤 형태를 기본으로 하였는가?

① 격자형 ② 방사형
③ 불규칙형 ④ 환상형

70. 도시공원 및 녹지 등에 관한 법률상 생활권 공원의 유형에 해당하지 않는 것은?

① 소공원 ② 근린공원
③ 어린이공원 ④ 도시자연공원

71. 단독주택 및 다세대주택이 밀집한 지역에서 정비기반시설과 공동이용시설 확충을 통하여 주거환경을 보전·정비·개량하기 위하여 시행하는 정비사업은?

① 재개발사업 ② 재건축사업
③ 주건환경개선사업 ④ 도시환경정비사업

72. 샤핀(F.S.Chapin)이 제시한 토지이용의 결정요인 중 공공 이익의 요소에 해당하지 않는 것은?

① 쾌적성 ② 보건성
③ 편리성 ④ 균일성

73. 도시계획 과정에서의 주민참여에 대한 설명으로 틀린 것은?

① 도시계획의 입안 및 집행에 지역주민이 직접·간접적으로 참여할 수 있다.
② 폐쇄적인 계획 추진에서 발생하기 쉬운 오류와 저항을 사전에 예방할 수 있다.
③ 주민 참여는 개발에 의한 이익을 균등 배분하기 위함이다.
④ 주민의 의사와 욕구를 개발목표에 맞추어 구체화시킴으로써 도시 행정의 능률적인 수행을 도모할 수 있다.

74. 산업별 종사자수가 아래와 같을 때, 입지계수에 의한 J도시의 기반 산업은?

산업구분	전국(명)	J도시(명)
1차	3000	50
2차	6000	250
3차	10000	60
4차	1000	100
계	20000	1000

① 1차 및 3차산업 ② 1차 및 2차산업
③ 2차 및 3차산업 ④ 3차 및 4차산업

75. 녹지의 유형 중 대기오염, 소음, 진동, 악취 그밖에 이에 준하는 공해와 각종 사고나 자연재해, 그 밖에 이에 준하는 재해 등의 방지를 위하여 설치하는 것은?

① 경관녹지 ② 방재녹지
③ 완충녹지 ④ 연결녹지

76. 용적률의 개념을 정확히 표현한 것은?

① 건축면적/대지면적 ② 공지면적/대지면적
③ 연면적/건축면적 ④ 연면적/대지면적

77. 다음 중 기반시설로서의 교통시설에 해당하지 않는 것은?

① 도로 ② 자동차정류장
③ 폐차장 ④ 궤도

78. 도시인구를 예측하는데 있어서 과거추세에 의한 예측방법이 아닌 것은?

① 등차급수법 ② 최소자승법
③ 집단생잔법 ④ 지수함수법

79. 국토의 계획 및 이용에 관한 법률 상 도시·군 관리계획에 해당되는 내용이 아닌 것은?

① 도시개발사업이나 정비사업에 관한 계획
② 도시·군기본계획의 지정 또는 변경에 관한 계획
③ 지구단위계획구역의 지정 또는 변경에 관한 계획
④ 용도지역·용도지구의 지정 또는 변경에 관한 계획

80. 토지이용의 입지 배분 시 주거지역의 입지 조건으로 고려할 사항과 가장 거리가 먼 것은?

① 기반시설 ② 접근성
③ 지형조건 ④ 경제성

5과목 : 교통관계법규

81. 국토교통부장관은 국가의 효율적인 교통체계를 구축하기 위한 국가기간교통망계획을 몇 년 단위로 수립하여야 하는가?

① 5년 ② 10년
③ 15년 ④ 20년

82. 신호기(차량 신호등)의 신호 종류에 따른 의미가 옳은 것은?

① 황색등화 일 때 차마는 계속 직진하고, 보행자는 도로를 횡단할 수 있다.
② 황색등화 일 때 차마는 우회전 할 수 없다.
③ 황색등화가 점멸일 때 차마는 적색 등화일 때처럼 정지선에 정지하여야 한다.
④ 적색등화 일 때 신호에 따라 진행하는 다른 차마의 교통을 방해하지 아니하고 우회전할 수 있다.

83. 도로교통법령상 차로의 설치 및 차로에 따른 통행구분 기준에 대한 설명으로 틀린 것은?

① 차로는 횡단보도·교차로 및 철길 건널목에는 설치할 수 없다.
② 차로의 순위는 도로의 오른쪽 가장자리에 있는 차로부터 1차로로 한다.
③ 시·도경찰청장은 차마의 교통을 원활하게 하기 위하여 필요한 경우 도로에 행정안전부령으로 정하는 차로를 설치할 수 있다.
④ 보도와 차도의 구분이 없는 도로에 차로를 설치하는 때에는 그 도로의 양쪽에 길가장자리구역을 설치하여야 한다.

84. 광역교통 개선대책을 수립하여야 하는 대규모 개발사업의 범위에 해당하지 않는 것은? (단, 그 밖에 다른 법률에서 광역교통개선대책의 수립대상으로 규정한 사업의 경우는 고려하지 않는다.)

① 사업면적이 110만m2인 택지개발사업
② 시설계획지구의 면적이 200만m2인 관광단지조성사업
③ 시설계획지구의 면적이 200만m2인 산업단지조성사업
④ 수용인구가 3만명인 도시개발사업

85. 노외주차장인 주차전용건축물의 건축 제한 기준이 틀린 것은?

① 건폐율 : 100분의 90 이하
② 용적률 : 1500% 이하
③ 대지면적의 최소한도 : 45m2 이상
④ 연면적 : 1만제곱미터 이상

86. 도시교통정비촉진법에 따라 ( )에 들어갈 내용으로 옳은 것은?

> 도시교통정비지역 또는 도시교통정비 지역의 교통권역에서 도시의 개발, 산업입지와 산업단지의 조성, 에너지 개발 사업을 하려는 자는 (   )을(를) 실시하여야 한다.

① 환경영향평가 ② 기술영향평가

③ 교통영향평가 ④ 타당성평가

87. 교통안전법령상 교통안전관리자가 자격의 종류에 해당하지 않는 것은?

① 도로교통안전관리자 ② 철도교통안전관리자
③ 항만교통안전관리자 ④ 선박교통안전관리자

88. 건축물의 연면적 중 주차장으로 사용되는 부분의 비율이 얼마 이상인 경우 주차전용 건축물로 정의하는가? (단, 건축법령상 건축물의 용도에 따른 사항은 고려하지 않는다.)

① 95% ② 85%
③ 75% ④ 55%

89. 관계 중앙행정기관의 장이 교통시설 관련 개발사업을 추진하려는 경우, 연계교통체계 구축대책을 수립·시행해야 하는 교통시설에 해당하지 않는 것은? (단, 대통령령으로 정하는 대규모 개발사업은 고려하지 않는다.)

① 「항만법」에 따른 항만
② 「공항시설법」에 따른 공항
③ 「철도건설법」에 따른 고속철도
④ 「물류시설의 개발 및 운영에 관한 법률」에 따른 물류단지

90. 도로관리청이 자동차전용도로를 지정하려는 경우 자동차전용도로의 연장은 최소 얼마 이상이 되도록 하여야 하는가? (단, 기타의 경우는 고려하지 않는다.)

① 3km ② 5km
③ 7km ④ 10km

91. 도로법에 규정된 도로의 종류에 해당하지 않는 것은?

① 면도 ② 군도
③ 고속국도 ④ 일반국도

92. 도시교통정비촉진법령에 의한 교통혼잡 특별관리구역 또는 교통혼잡 특별관리시설물의 지정 기준이 옳은 것은? (단, 혼잡시간대란 일정한 지역을 통과하거나 둘러싼 도로 중 1개 이상의 도로에서 시간대별 평균 통행속도가 시속 15km 미만인 상태다.)

① 혼잡시간대가 평일 평균 하루 3회 이상 발생할 것
② 시설물을 둘러싼 도로 중 1개 이상의 도로에서 혼잡시간대가 토·일요일과 공휴일을 포함한 주 중 가장 많이 발생하는 날을 기준으로 하루 3회 이상 발생할 것
③ 혼잡시간대가 가장 많이 발생하는 날의 혼잡시간대 중 1회 이상의 혼잡시간대에 해당 도로를 통하여 해당 시설물로 진입하거나 진출하는 교통량이 그 도로 한쪽 방향 교통량의 15% 이상일 것
④ 혼잡시간대에 해당 지역으로 진입하거나 진출하는 교통량이 해당 지역을 통과하는 도로의 계획 교통량의 15% 이상일 것

93. 대도시권 광역교통기본계획에 포함되어야 할 사항에 해당하지 않는 것은? (단, 그 밖에 대도시권에 광역교통의 개선을 위하여 대통령령으로 정하는 사항은 고려하지 않는다.)

① 광역교통시설 부담금의 배분 및 사용에 관한 사항
② 대도시권 광역교통의 현황 및 장기적인 교통 수요의 예측에 관한 사항
③ 대도시권 대중교통수단의 장기적인 확충 및 개선에 관한 사항
④ 광역교통기본계획의 목표 및 단계별 추진전략에 관한 사항

94. 국가통합교통체계효율법령상 환승센터 및 복합환승센터 구축 기본계획의 수립단위로 옳은 것은?

① 3년 ② 5년
③ 10년 ④ 20년

95. 평행주차형식 외의 경우 일반형 주차단위 구획의 너비와 길이 기준이 옳은 것은?

① 너비 2.0m 이상, 길이 3.6m 이상
② 너비 2.3m 이상, 길이 3.6m 이상
③ 너비 2.3m 이상, 길이 5.0m 이상
④ 너비 2.5m 이상, 길이 5.0m 이상

96. 신설·확장 또는 개량한 도로로서 포장된 도로의 노면에 대해서는 그 신설·확장 또는 개량한 날부터 도로 굴착을 수반하는 도로점용허가를 할 수 없는 기간 기준으로 옳은 것은? (단, 보도 및 기타의 경우는 고려하지 않는다.)

① 6개월 이내 ② 1년 이내
③ 2년 이내 ④ 3년 이내

97. 도시교통정비촉진법령상 시장 또는 군수가 중기계획의 수립을 위하여 실시하는 조사에 반드시 포함되어야 하는 내용이 아닌 것은?

① 토지이용 현황 및 계획
② 화물자동차 과적 현황 및 단속 계획
③ 교통안전시설 확충계획
④ 교통혼잡지역의 현황·원인 및 대책

98. 교통안전법의 용어 정의 중 "지정행정기관"에 해당하는

것은? (단, 국무총리가 교통안전정책상 특히 필요하다고 인정하여 지정하는 경우는 고려하지 않는다.)

① 법제처 ② 외교부
③ 농림축산식품부 ④ 과학기술정보통신부

99. 시장 또는 군수가 대중교통의 이용을 촉진하고 원활한 교통소통을 확보하기 위하여 필요하다고 인정되는 경우에 취해야 하는 조치가 아닌 것은?

① 간선급행버스체계의 구축
② 대중교통수단 제한속도의 상향
③ 노선버스중심의 지능형교통체계 구축
④ 고가 또는 지하도로 등 교차로의 입체화

100. 다음과 같은 노면표시를 설치하여야 하는 장소는?

양보

① 동일 방향 도로의 전방에 장애물이 있는 지점
② 교차로나 합류도로 등에서 차가 양보하여야 하는 지점
③ 노폭이 넓은 도로의 중앙지대에 안전지대를 설치할 필요가 있는 장소
④ 도로를 무단 횡단하는 보행자가 빈번하여 운전자가 주의하여야 하는 장소

6과목 : 교통안전

101. 다음 중 충격흡수시설의 설치 장소로 가장 부적합한 곳은?

① 요금소 전면 ② 급커브 지역
③ 지하차도 입구 ④ 연결로 출구 분기점

102. 야간운행 중 마주오는 차량의 전조등 불빛으로 인해 순간적으로 보행자나 장애물이 보이지 않는 현상을 무엇이라 하는가?

① 암순응 현상 ② 증발 현상
③ 암조 현상 ④ 현혹 현상

103. 교통사고 현장에 나타난 스키드 마크(skid mark)의 길이가 12m 일 때, 사고차량의 제동직전 주행속도는? (단, 사고현장은 평지이고, 타이어와 노면의 마찰계수는 0.8이다.)

① 약 44km/h ② 약 49km/h
③ 약 54km/h ④ 약 59km/h

104. 연속된 교차로에서 첫 번째의 녹색 신호 시작과 다음 신호의 녹색 신호 시작 시간과의 시간 간격을 무엇이라 하는가?

① 분할비(split ratio) ② 옵셋(offset)
③ 간격(interval) ④ 주기(cycle)

105. 교통사고의 원인이 되는 미끄러운 노면의 개선 대책으로 가장 거리가 먼 것은?

① 노면 재포장 ② 제한속도 낮춤
③ 시야 장애물 제거 ④ 미끄럼 주의표지 설치

106. 2대 이상의 자동차가 동일한 방향으로 주행하던 중 뒤차가 앞차의 후면을 충격한 사고를 무엇이라 하는가?

① 추돌 ② 전도
③ 전복 ④ 충돌

107. 교통사고 사상자 기준에 의한 교통사고로 인한 사망사고의 정의로 옳은 것은?

① 교통사고 발생 시부터 1일(24시간) 이내 사망자를 낸 사고
② 교통사고 발생 시부터 5일(120시간) 이내 사망자를 낸 사고
③ 교통사고 발생 시부터 10일(240시간) 이내 사망자를 낸 사고
④ 교통사고 발생 시부터 30일(720시간) 이내 사망자를 낸 사고

108. 사고위험지역 선정 시 교통량이 적은 지방부도로에 효과적이지만 교통량 수준에 따른 요인은 고려하지 않는 단점이 있는 방법은?

① 사고율법 ② 사고건수법
③ 율-품질관리법 ④ 사고건수-율법

109. 교통사고다발지역 개선 방법 중 시거(Sight Distance) 불량에 대한 개선 방안으로 가장 거리가 먼 것은?

① 시애 장애물 제거 ② 중앙분리대 설치
③ 시선유도표지 설치 ④ 가로조명 개선

110. 과거의 사고자료를 사용하지 않고, 충돌 가능성이 높은 곳에서 교통사고가 많이 발생한다는 가정하에 짧은 시간

동안 교통사고 발생 개연성이 높은 차량의 위험운행행태를 관측하여 그 장소의 사고위험성을 평가하는 방법은?

① 교통상충법 ② 격자형좌표법

③ 통계적방법 ④ 사고패턴비교법

111. 운전자와 교통사고의 관계에 대한 설명으로 틀린 것은?

① 운전자의 신체적 특성은 사고 발생과 관계가 없다.

② 운전자 교육은 안전한 행동을 하도록 운전자에게 동기를 부여한다.

③ 운전자의 연령과 성별에 따라 사고유형이 달라질 수 있다.

④ 피로와 졸음은 운전자의 능력을 감소시킨다.

112. 교통시설안전진단의 종류 및 대상사업 기준에 대한 설명으로 틀린 것은?

① 최근 5년간 사망 교통사고가 3건 이상 발생한 도로의 교차로 경계선으로부터 100m까지의 구간에 대하여 운영단계 도로안전 진단을 실시하여야 한다.

② 총 길이 5km 이상인 고속국도 건설 사업은 설계단계 도로안전진단 대상에 해당한다.

③ 설계단계 도로안전진단이란 일정 규모 이상의 도로를 설치하는 경우 도로의 교통안전에 관한 위험요인을 조사·측정 및 평가하기 위하여 설계단계에서 실시하는 것을 말한다.

④ 운영단계 도로안전진단이란 교통시설의 결함여부 등을 조사한 결과 당해 교통사고 발생원인과 관련하여 교통시설에 진단이 필요하다고 인정되는 때 교통안전진단기관에 의뢰하여 실시하는 것을 말한다.

113. 한 차량이 도로를 벗어나 높이 5m의 언덕 아래로 추락하였다. 도로의 끝으로부터 추락한 차량까지의 거리가 10m라면 초기속도는?

① 약 20km/h ② 약 36km/h

③ 약 47km/h ④ 약 60km/h

114. 차량의 타이어가 고속으로 회전하면서 접지부에서 받은 타이어의 변형이 다음 접지 시점까지도 복원되지 않고 물결 형상의 진동을 발생시켜 결국 타이어가 파괴되는 현상은?

① 휠 리프트 ② 노즈다이브

③ 스탠딩웨이브 ④ 하이드로플래닝

115. 시행된 교통안전개선사업의 평가방법 중 사업 지점에서의 시행 전·후 효과척도의 비율(%) 변화량을 동 기간 동안 개선이 시행되지 않은 유사 지점에서의 비율(%) 변화량과 비교하여 개선 효과를 평가하는 방법은?

① 사전·사후분석(Before After Study)

② 비교평가분석(Comparative Parallel Study)

③ 평균사고율법(Rate-Quality Control Method)

④ 통제지점에 의한 사전·사후분석(Before and After Study with Control Sites)

116. 사고건수법에 따른 교통사고 위험지점 선정 시 필요한 자료로 가장 거리가 먼 것은?

① 기간 ② 교통량

③ 구간거리 ④ 사고지점

117. 일평균교통량이 10200대인 도로(구간길이 1.3km)에서 3년 동안 사망사고 3건, 부상사고 6건, 대물피해사고 28건이 발생하였다. 교통사고 피해정도에 의한 방법에 따른 백만차량당 교통사고율은? (단, 사고유형별 가중치는 사망사고 12, 부상사고 3, 대물피해사고 1 이다.)

① 2.55건 ② 3.37건

③ 4.41건 ④ 5.65건

118. 방호울타리의 기능으로 가장 거리가 먼 것은?

① 보행자 또는 도로변의 주요 시설을 안전하게 보호한다.

② 충돌한 차를 정상적인 진행 방향으로 복귀시킨다.

③ 도로 끝 및 도로 선형을 명시한다.

④ 보행자의 무단횡단을 억제한다.

119. 주행 중이던 A차량이 주차해 있던 B차량과 충돌하여 15m를 함께 미끄러져 정지하였다. A와 B차량의 무게가 각각 1000kg, 900kg일 때, A차량의 충돌 전 초기 속도는? (단, 마찰계수는 0.7이며, 경사는 없고 완전비탄성충돌이라고 가정한다.)

① 약 71.5km/h ② 약 82.6/h

③ 약 89.5/h ④ 약 98.1

120. 차량 바퀴의 미끄럼 흔적에 대한 설명이 틀린 것은?

① 양 뒷바퀴의 미끄럼 흔적들 모두가 전륜의 미끄럼 흔적을 벗어나지 않으면 직선 미끄럼으로 간주한다.

② 직선 미끄럼의 차량 미끄럼 거리는 그 차량의 모든 바퀴들의 미끄럼 흔적 중 가장 긴 미끄럼 흔적의 길이로 한다.

③ 미끄러지는 동안에 차량이 회전하는 경우 곡선의 미끄럼 흔적을 남긴다.

④ 곡선 미끄럼의 경우 각 바퀴의 미끄럼 흔적을 측

정하고 그 중 가장 긴 미끄럼 흔적의 길이를 미끄럼 길이로 한다.

정답

1	2	3	4	5	6	7	8	9	10
③	④	③	②	①	④	②	②	②	④
11	12	13	14	15	16	17	18	19	20
①	④	④	②	②	①	②	③	②	④
21	22	23	24	25	26	27	28	29	30
④	②	②	①	③	①	④	②	②	②
31	32	33	34	35	36	37	38	39	40
①	③	③	①	②	②	②	③	④	④
41	42	43	44	45	46	47	48	49	50
③	③	①	④	④	④	①	③	②	②
51	52	53	54	55	56	57	58	59	60
①	④	③	①	②	①	②	④	④	④
61	62	63	64	65	66	67	68	69	70
①	④	④	②	②	③	①	③	①	④
71	72	73	74	75	76	77	78	79	80
③	④	③	④	③	④	③	③	②	④
81	82	83	84	85	86	87	88	89	90
④	④	②	③	④	③	④	①	③	②
91	92	93	94	95	96	97	98	99	100
①	②	①	②	④	④	②	③	②	②
101	102	103	104	105	106	107	108	109	110
②	②	②	②	③	①	④	②	②	①
111	112	113	114	115	116	117	118	119	120
①	①	②	③	④	②	④	③	④	④

2021년도 5월 교통기사 필기시험

1과목 : 교통계획

1. 도로투자사업의 경제성 평가 과정에서 고려되는 도로사용자 측면의 편익과 가장 거리가 먼 것은?

① 통행비용의 절감 ② 통행시간의 절약
③ 통행료 수입 증대 ④ 운전 피로도 감소

2. 경제성 분석에 사용되는 순현재가치(NPV)가 어떤 조건일 때 사업의 수익성이 있다고 판단할 수 있는가?

① NPV ㅣ=1 ② NPV ＜ 0
③ NPV = 0 ④ NPV ＞ 0

3. 일반적으로 교통기관의 서비스 수준에 가장 둔감한 통행 목적은?

① 개인통행 ② 통근통행
③ 쇼핑통행 ④ 여가통행

4. 장래에 발생하는 비용과 편익을 인플레이션을 고려하여 현재가치로 환산하기 위한 자본의 이자율을 의미하는 것은?

① 할인율 ② 비용/편익비
③ 내부수익률 ④ 초기년도수익률

5. 교통존 설정에 관한 설명으로 틀린 것은?

① 행정구역과 가급적 일치시킨다.
② 간선도로는 가급적 존 경계선과 일치시킨다.
③ 각 존은 가급적 다양한 토지이용이 포함되게 한다.
④ 존의 크기를 크게 하면 조사의 정밀도는 저하되지만 조사비용과 분석시간을 줄일 수 있다.

6. 대중교통수단에 관한 설명으로 틀린 것은?

① 지하철은 대량성 면에서 우수하다.
② 지하철은 버스와의 연계에 따른 불편이 있을 수 있다.
③ 버스는 건설비가 많이 소요되나 정시성이 우수하다.
④ 버스는 수요에 대처하기 쉬운 반면, 교통혼잡을 일으키는 단점이 있다.

7. 두 결절점을 연결하는 두 구간(link) a와 b의 교통망 균형 노선 배정체계다. Ca(x), Cb(x)는 구간 a와 b의 평균 통행비용 함수이고, ma, mb(x)는 한계 통행비용 함수일 때, 이용자 최적 노선 배정 시 두 구간 a와 b의 균형 통행량(Xa", Xb")은? (단, ta와 tb는 구간별 통행비용이며, Xa와 Xb는 각 구간의 통행량이다.)

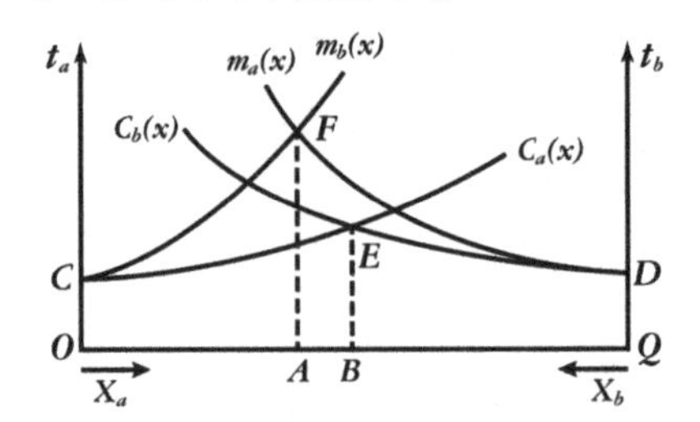

① Xa"=OA, Xb"=QA ② Xa"=OB, Xb"=QB
③ Xa"=OA, Xb"=QB ④ Xa"=OB, Xb"=QA

8. 대중교통 요금 구조 중 통행거리에 관계없이 동일한 (기본)요금만 지불하는 것으로, 장거리 승객을 위하여 단거리 승객이 추가로 비용을 부담하는 특성이 있는 것은?

① 거리요금제 ② 구간요금제
③ 균일요금제 ④ 시간비례제

9. 단기교통계획과 비교하여 장기교통계획이 갖는 특징이 아닌 것은?

① 소수의 대안
② 서비스 지향적
③ 자본집약적 사업 추진
④ 교통 수요가 비교적 고정

10. 교통수요관리(TDM) 기법 중 교통수단의 전환을 유도하는 정책과 가장 거리가 먼 것은?

① 버스전용차로제
② 자전거 전용도로 확보
③ 교통유발부담금 제도 강화
④ 교통방송을 통합 통행노선의 전환

11. 통행발생(Trip Generation) 단계에서 사용하는 분석 모형에 해당하지 않는 것은?

① 카테고리분석법 ② 디트로이트법
③ 회귀분석법 ④ 원단위법

12. 기준년도 OD 통행량과 목표연도의 교차통행량이 아래와 같을 때, 초기과정(k=0)에서 구한 존 별 유출량과 유입량의 성장인자를 이용하여 산출한 1차 반복과정(k=0)의 평균성장 인자값이 틀린 것은?

〈기준년도 OD통행량〉

O \ D	1	2	3
1	6	54	124
2	54	6	332
3	54	43	6

〈목표연도 교차통행량〉

존 번호	통향 유출	통해 유입
1	206	145
2	396	534
3	743	666

① E11 : 1.20 ② E21 : 1.14
③ E13 : 1.42 ④ E33 : 1.51

13. 현재 상태가 아닌 가상의 상태에서 교통 이용자의 행동, 태도의 변화 등을 조사 · 분석하는 기법은?

① 패널(Panel) 조사
② SP(Stated Preference) 조사
③ RP(Revealed Preference) 조사
④ 엑티비티 다이어리(Activity Diary) 조사

14. 대중교통수단의 최대용량(Maximum Capacity)에 영향을 주는 변수로 가장 거리가 먼 것은?

① 요금
② 차량의 형태
③ 운행가능한 차량의 총수
④ 통행료(Right-of way)의 독점 정도

15. 통행단 교통수단 선택모형(Trip-end modal split model)에서 수단분담은 어느 단계에서 시행하는가?

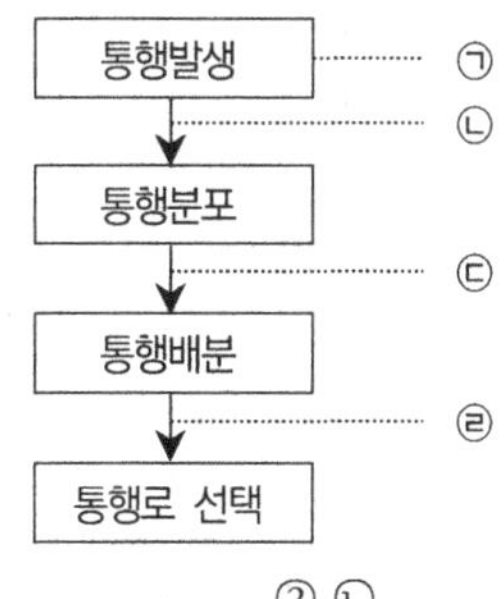

① ㉠ ② ㉡
③ ㉢ ④ ㉣

16. 사람통행에 의한 주차 수요 추정법 중 P요소법에서 직접적으로 사용하는 요소가 아닌 것은?

① 지역주차 조정계수 ② 계절주차 집중계수
③ 첨두시 주차집중률 ④ 건물 연면적

17. 사람통행 실태조사의 결과를 검증 · 보완하고 교통량 추세 분석, 통행배정을 위해 실시하는 것으로, 한 지역을 가로지르는 가상적인 선과 교차하는 모든 도로 상에서의 통행량을 측정하는 것은?

① 폐쇄선조사 ② 기 · 종점조사
③ 면접조사 ④ 스크린라인조사

18. 교통체계관리(TSM)기법 중 수요와 공급을 동시에 감소시키는 기법은?

① 승용차 공동이용
② 기존 차로 활용 버스전용차로제
③ 노상주차 제한
④ Park &Ride

19. 지능형교통체계의 정보수집시설에 대한 설명이 틀린 것은?

① 루프검지기는 교차로의 정지선 앞이나 링크구간의 상류부에 설치할 수 있다.
② 영상검지기는 영상검지카메라가 최적의 시야가 확보되도록 설치하는 것이 중요하다.
③ 동영상 수집 검지기는 반복 정체 또는 돌발 상황에 따른 상시 감시가 필요한 지점에 설치한다.
④ 자동차 번호판 자동 인식 장치는 차로 변경이 잦은 지점, 교통 상황의 변화가 자주 발생하는 현상을 체크하기 어려운 지점에 설치한다.

20. 교통 수요 추정 시 사용하는 원단위법에 관한 설명으로 가장 거리가 먼 것은?

① 계산이 용이하다.
② 해당 지역의 토지이용특성을 고려하여 장래 통행량을 추정한다.
③ 교통체계의 최적화 문제에 이용하기 쉽다.
④ 현재와 장래 사이에는 독립변수의 구조적인 관계가 변하지 않는다는 가정을 전제로 한다.

2과목 : 교통공학

21. 이동측정법(Moving Vehicle Method)에 대한 설명이 틀린 것은?

① 양방향 도로에서만 적용이 가능하다.
② 교통량과 통행시간 자료를 동시에 수집할 수 있다.
③ 교통량이 아주 많거나 또는 아주 적은 다차로 도

로 구간에 적용하기 적합하다.

④ 조사구간은 물리적 · 교통적 여건에서 유사한 연속성을 지니도록 해야 한다.

22. 20/20의 시력을 가진 운전자가 80m의 거리에서 글자 크기가 15cm인 교통표지판을 읽을 수 있다면, 20/50의 시력을 가진 운전자가 글자 크기가 동일한 표지판을 읽기 위해 필요한 거리는?

① 32m ② 36m
③ 40m ④ 48m

23. 고속도로 기본구간의 이상적인 조건 기준이 틀린 것은?

① 평지
② 차로폭 3.5m 이상
③ 측방여유폭 1m 이상
④ 승용차만으로 구성된 교통류

24. 어느 도로 구간의 자유속도가 100km/h, 혼잡밀도는 150대/km, 밀도가 60대/km일 때, 속도는 얼마인가? (단, Greenshields 모형에 따른다.)

① 40km/h ② 49km/h
③ 60km/h ④ 90km/h

25. 교통제어(통제)설비의 요구조건으로 틀린 것은?

① 요구(필요성)에 부응해야 한다.
② 운전자의 주의를 끌어서는 안 된다.
③ 간단하고 명료하게 의미를 전달할 수 있어야 한다.
④ 적절한 반응을 위해 충분한 시간이 주어질 수 있는 곳에 설치되어야 한다.

26. 신호연동을 산정하기 위한 시공도이 작성에서 반드시 필요한 요소가 아닌 것은?

① 신호시간 ② 차량길이
③ 차량속도 ④ 교차로간격

27. 운영방식에 따른 비신호교차로의 종류에 해당하지 않는 것은?

① 무통제 교차로 ② 양방향정지 교차로
③ 일방향정지 교차로 ④ 로터리식 교차로

28. 병목흐름(Bottleneck flow)인 상태에서의 도착 차량수와 출발차량수를 누적하여 나타낸 아래의 시간-차량 누적곡선에 대한 설명이 틀린 것은?

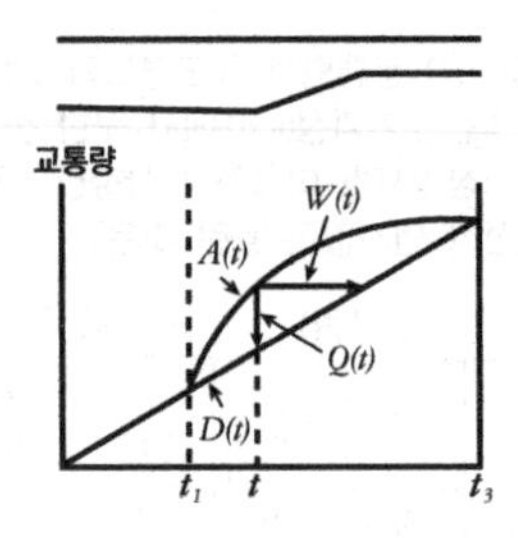

① 차량의 열은 t1에서 시작하여 t3까지 없어지지 않는다.
② t1과 t3사이의 어떤 시간(t)에서의 열의 길이(Q(t))는 A(t) - D(t)이다.
③ t시간에 도착하는 차량은 W(t) 이후에 출발한다.
④ 총열의 지체는 t3-t1이다.

29. 한 차로에서 차간시간은 0이 될 수 없으며, 차두시간은 최소한의 안전 차두시간보다 작을 수 가 없다는 논리로 차두시간의 분포모형을 산정하는데 적합한 확률모형은?

① 이항분포 ② 포아송분포
③ 음지수분포 ④ 편의된 음지수분포

30. 아래 그림과 같이 교통류에 Bottle neck이 형성될 경우 그에 의한 충격파의 속도는? (단, K:밀도, U:속도, q:교통량)

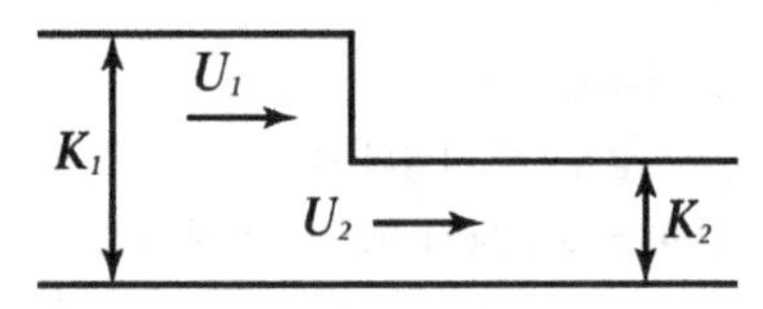

① $U_w = \dfrac{q_1 - K_1}{q_2 - K_2}$

② $U_w = \dfrac{U_1 - U_2}{K_2 - K_1}$

③ $U_w = \dfrac{q_1 - q_2}{K_1 U_1 - K_2 U_2}$

④ $U_w = \dfrac{q_2 - q_1}{K_2 - K_1}$

31. 어떤 기준 시간으로부터 녹생등화가 켜질 때까지의 시간차를 초 또는 주기의 %로 나타낸 값은?

① 현시 ② 주기
③ 옵셋 ④ 신호간격

32. 도시 내 간석도로의 피크 시 조사한 교통량이 다음과 같을 때 피크시간계수(PHF)는?

시간	교통량(대)
8:00-8:15	900
8:15-8:30	1100
8:30-8:45	1200
8:45-9:00	1000

① 0.75 ② 0.775
③ 0.825 ④ 0.875

33. 한 운전자가 70km/h의 속도로 주행 중에 장애물을 발견하여 급제동할 때 필요한 최소 정지시거는? (단, 도로는 2%의 하향경사로, 노면 마찰계수는 0.5, 운전자 반응시간은 2.5초이다.)

① 약 88m ② 약 76m
③ 약 58m ④ 약 48m

34. 임의도착 교통류에서 도착교통량이 시간당 1200대일 때, 1분 동안 20대가 도착할 확률은?

① 약 0.030 ② 약 0.059
③ 약 0.089 ④ 약 0.118

35. 고속도로 특정 경사 구간에서 중차량의 승용차 환산계수를 결정하는데 필요한 요소가 아닌 것은?

① 종단 경사 ② 중차량 구성비
③ 중차량의 길이 ④ 종단경사의 길이

36. 가변차로제의 장점이 아닌 것은?

① 설치 및 운영이 매우 간단하다.
② 기존 도로를 효율적으로 활용한다.
③ 일반통행제와 비교할 때 우회도로를 필요로 하지 않는다.
④ 필요한 시간대에 필요한 방향으로 용량을 추가로 배정할 수 있다.

37. 포화교통류율(s, pcphgpl)과 포화차두시간(h, 초)의 관계로 옳은 것은?

① $h=\frac{s}{3600}$ ② $h=\frac{1000}{s}$
③ $h=\frac{s}{1000}$ ④ $h=\frac{3600}{s}$

38. 고속도로 엇갈림구간(Weaving Area)의 교통유 특성에 영향을 미치는 도로 기하구조 요소에 해당하지 않는 것은?

① 엇갈림구간의 길이
② 엇갈림구간의 형태
③ 엇갈림구간의 폭(차로수)
④ 엇갈림구간의 설계속도

39. 도로의 한 지점을 통과하는 차량 3대의 속도가 아래와 같을 때, 공간평균속도는 약 얼마인가?

차량번호	1	2	3
속도(km/h)	55	58	65

① 63km/h ② 59km/h
③ 54km/h ④ 32km/h

40. 단일 서비스기관의 대가 행렬모형에서 평균 도착율이 λ, 평균서비스율이 μ일 때, 시스템 내의 평균 체류시간을 나타내는 식은?

① $\frac{1-\lambda}{\mu}$ ② $\frac{\lambda}{\mu-\lambda}$
③ $\frac{1}{\mu-\lambda}$ ④ $\frac{\lambda}{\mu(\mu-\lambda)}$

3과목 : 교통시설

41. 도로의 포장 방법에 따른 특성을 비교한 내용이 틀린 것은?

구분	아스팔트 포장	콘크리트 포장
㉠ 시공성	신속성 유리	장기간 양생 필요
㉡ 유지관리	보수 후 단시간 내 교통개방 가능	보수 후 단시간 내 교통개방 불가능
㉢ 주행성	소음이 적음	소음이 많음
㉣ 적용도로	중차량이 많은 도로	중차량이 적은 도로

① ㉠ ② ㉡
③ ㉢ ④ ㉣

42. 버스정류장의 제원 중 고속국도에 설치하는 버스정류장 감속차로부의 감속차로 길이 기준은? (단, 설계속도가 100km/h인 경우)

① 75m 이상 ② 120m 이상
③ 140m 이상 ④ 160m 이상

43. 지하차도에 설치하는 길어깨의 폭은 설계속도가 시속 100km 이상인 경우 최소 얼마 이상으로 하여야 하는

가?

① 0.5m ② 1m

③ 1.5m ④ 3m

44. 어느 건물의 주차용량이 60대, 주차이용대수가 일일 300대이고, 평균주차시간이 3시간이다. 주차장이 하루 20시간 개방된다고 한다면 이 주차장의 주차효율은?

① 0.65 ② 0.75

③ 0.85 ④ 0.95

45. 중앙분리대의 설치에 대한 설명으로 틀린 것은?

① 중앙분리대의 분리대 내에는 노상시설물을 설치할 수 없다.

② 중앙분리대는 도로 중심선 쪽의 교통마찰을 감소시켜 용량을 증대시키는 효과가 있다.

③ 설계속도가 시속 90km인 도로에서는 중앙분리대에 폭 0.5m 이상의 측대를 설치하여야 한다.

④ 차로를 왕복 방향별로 분리하기 위하여 중앙선을 두 줄로 표시하는 경우 각 중앙선의 중심사이의 간격은 0.5m 이상으로 한다.

46. 평면 교차로에서 우회전 도류로의 폭을 결정하는 요소로 가장 거리가 먼 것은?

① 설계기준자동차 ② 평면곡선 반지름

③ 도류로의 차로수 ④ 도류로의 회전각

47. 설계시간계수(K30)의 일반적인 특성에 대한 설명이 틀린 것은?

① K30이 클수록 교통 수요의 변화가 크다.

② 도시지역 도로가 지방비역 도로보다 K30이 크다.

③ K30은 설계시간 교통량을 계산할 때 사용한다.

④ 연평균 일교통량이 증가할수록 해당 도로의 K30은 감소한다.

48. 종단경사가 있는 구간에서 오르막차로를 설치하지 아니할 수 있는 설계속도 기준은?

① 시속 80km 이하 ② 시속 60km 이하

③ 시속 40km 이하 ④ 시속 20km 이하

49. 도로의 구조 · 시설 기준에 관한 규칙상 보도의 유효폭은 최소 얼마 이상으로 하여야 하는가? (단, 지방지역의 도로와 도시지역의 국지도로가 지형 상 불가능하거나 기존 도로의 증설 · 개설 시 불가피하다고 인정되는 경우는 제외)

① 2m ② 2.25m

③ 2.5m ④ 3m

50. 도로의 차로 폭을 결정하는데 고려해야 할 사항으로 가장 거리가 먼 것은?

① 교차로와 회전차로 수

② 교통량 및 대형차 혼입율

③ 서비스 수준

④ 평균 주행속도(설계속도)

51. 앞지르기시거를 계산하기 위한 가정이 틀린 것은?

① 앞지르기 당하는 자동차는 일정한 속도로 주행한다.

② 앞지르기 하는 자동차는 앞지르기를 하기 전까지는 앞지르기 당하는 자동차보다 빠른 속도로 주행한다.

③ 앞지르기가 가능하다는 것을 인지한다.

④ 반대편 차로의 마주 오는 자동차는 설계쏙도로 주행하는 것으로 한다.

52. 인터체인지의 입체교차 형식 중 불완전 입체교차에 해당하는 것은?

① 직결형 ② 완전 클로버형

③ 트럼펫형 ④ 다이아몬드형

53. 도로의 구조 · 시설 기준에 관한 규칙에 따른 설계기준자동차에 해당하지 않는 것은?

① 승용자동차 ② 중형자동차

③ 대형자동차 ④ 세미트레일러

54. 도로의 설계속도에 따른 차도의 최소 평면곡선 반지름 기준이 옳은 것은? (단, 편경사가 6%인 경우이다.)

① 설계속도 120km/h, 최소 평면곡선 반지름 640m

② 설계속도 100km/h, 최소 평면곡선 반지름 460m

③ 설계속도 80km/h, 최소 평면곡선 반지름 380m

④ 설계속도 60km/h, 최소 평면곡선 반지름 200m

55. 버스정류장(Bus Bay)의 설치장소 기준에 대한 설명으로 틀린 것은?

① 고속국도 등 주간선도로에 설치한다.

② 버스승하차에 의한 교차로 용량은 버스의 이용 횟수, 승 · 하차 인원, 승 · 하차 소요시간 등을 고려하여 산정한다.

③ 보조간선도로로서, 특히 본선의 교통류가 버스정차로 인하여 혼란이 야기될 우려가 있는 경우 설치한다.

④ 버스정류소를 설치했을 때 그 도로의 예상서비스 수준이 설계서비스 수준보다 높은 경우 설치한다.

56. 용어의 정의가 틀린 것은?

① 편경사란 도로의 진행 방향 중심선의 길이에 대한 높이의 변화 비율을 말한다.

② 길어깨란 도로를 보호하고, 비상시나 유지관리시에 이용하기 위하여 차로에 접속하여 설치하는 도로의 부분을 말한다.

③ 회전차로란 자동차가 우회전, 좌회전, 또는 유턴을 할 수 있도록 직진하는 차로와 분리하여 추가로 설치하는 차로를 말한다.

④ 연결로란 도로가 입체적으로 교차할 때 교차하는 도로를 서로 연결하거나 높이가 다른 도로를 서로 연결하여 주는 도로를 말한다.

57. 길어깨 중 측대의 기준으로 거리가 가장 먼 것은?

① 강우 시 노면배수의 집수 역할을 하여 배수 시 노면 패임을 방지 한다.

② 차로를 이탈한 자동차에 대한 안전성을 향상시킨다.

③ 주행상 필요한 측방 여유폭의 일부를 확보하여 차로의 효용을 유지한다.

④ 차로와의 경계를 노면 표시 등으로 일정 폭 만큼 명확하게 나타내고 운전자의 시선을 유도하여 안전성을 증대시킨다.

58. 도로의 기능에 따른 구분 중 이동성이 가장 낮은 도로는?

① 국지도로 ② 집산도로
③ 간선도로 ④ 고속국도

59. 지하식 보행시설에 대한 설명이 틀린 것은?

① 범죄의 가능성이 크다.

② 유지·관리가 어려운 편이다.

③ 외부를 볼 수 없어 방향 감각을 잃기 쉽다.

④ 횡단보도시설에 비해 건설비가 적게 든다.

60. 평면교차로에서의 도류화 설계를 위한 기본원칙이 틀린 것은?

① 평면곡선부는 적절한 평면곡선 반지름과 차로폭을 가져야 한다.

② 교통관제시설은 도류화의 일부분이 아니므로 교통섬과 분리하여 별도로 설계하여야 한다.

③ 운전자가 한 번에 한 가지 이상의 의사결정을 하지 않도록 해야 한다.

④ 자동차의 속도와 경로를 점진적으로 변화시킬 수 있도록 접근로의 단부를 처리해야 한다.

4과목 : 도시계획계론

61. 도시·군기본계획의 원칙적인 수립권자에 해당하지 않는 자는?

① 군수 ② 면장
③ 특별시장 ④ 특별자치도지사

62. 중앙행정기관이나 지방자치단체 또는 대통령령이 정하는 기관이 작성하는 통계 중 통계청장이 지정·고시하는 통계로, 인구·사회·경제 기타 정책의 수립 및 평가에 널리 활용되는 것은?

① 기준통계 ② 일반통계
③ 지정통계 ④ 특수통계

63. 다음 중 일반적인 도시의 특성과 가장 거리가 먼 것은?

① 1차 산업 종사자수 증가

② 인구 구성의 이질성

③ 사회적 익명성 증가

④ 높은 인구밀도

64. 도시·군관리계획의 내용에 해당하지 않는 것은?

① 도시개발사업이나 정비사업에 관한 계획

② 개발제한구역의 지정 또는 변경에 관한 계획

③ 용도지역·용도지구의 지정 또는 변경에 관한 계획

④ 시·군의 공간구조와 장기적인 발전방향에 관한 계획

65. 도시공원 및 녹지 등에 관한 법령에 따른 도시공원의 종류에 해당하지 않는 것은?

① 근린공원 ② 묘지공원
③ 옥외공원 ④ 어린이공원

66. 국토의 계획 및 이용에 관한 법령에 따른 용도지구 중 보호지구의 세분에 해당하지 않는 것은?

① 자연보호지구 ② 생태계보호지구
③ 중요시설물보호지구 ④ 역사문화환경보호지구

67. 보행자 전용가로, 공원녹지 등의 보행자 공간을 연속시키는 것으로 주택지에서는 유치원, 학교, 근린시설을 연결시키고 도심에서는 광장, 상점등을 결합시켜 나무가

우거지고 보행위락시설이 정비된 연속된 가로를 무엇이라 하는가?

① 커뮤니티몰 ② 쇼핑몰
③ 식생통로 ④ 슈퍼블록

68. 다음 중, 주거지역의 도로율 기준으로 옳은 것은? (단, 도시 · 군계획시설의 결정 · 구조 및 설치기준에 관한 규칙에 따르며, 간선도로의 도로율은 고려하지 않는다.)

① 8% 이상 20% 미만 ② 10% 이상 20% 미만
③ 15% 이상 30% 미만 ④ 25% 이상 35% 미만

69. 도시의 구성요소인 토지와 시설에 대한 물리적 계획의 3요소가 모두 옳은 것은?

① 인구, 밀도, 정책 ② 교통, 주택, 산업
③ 배치, 인구, 활동 ④ 밀도, 배치, 동선

70. 현재 인구가 150만명이고, 연평균 인구 증가율이 4%일 때, 등차급수법에 따른 5년 후의 추정인구는?

① 156만명 ② 172만명
③ 180만명 ④ 206만명

71. 대지면적에 대한 건축면적의 비율로, 거주환경의 쾌적성과 안전성 등의 확보를 위한 공지의 조성을 목적으로 하는 토지이용규제수단은?

① 공공율 ② 건폐율
③ 도로율 ④ 환지율

72. 다음과 같은 특징을 갖는 가로망 형태는?

- 지형이 평탄한 도시에 적합하다.
- 고대 및 중세 봉건도시에서 흔히 볼 수 있었다.
- 도로기능의 다양성이 결여된다.
- 대표 도시는 뉴욕이다.

① 방사형 ② 쿨데삭형
③ 방사환상형 ④ 격자형

73. 인구가 처음에는 완만하게 증가하다가 어느 시점을 지나면서 급격히 증가하고 다시 완만하게 증가하며, 성장의 물리적 한계가 있는 도시의 인구 예측에 적용이 가능한 인구예측 모형은?

① 선형모형 ② 집단생장모형
③ 로지스틱모형 ④ 비율예측방법

74. 도시 · 군계획시설로서 도로의 배치간격 기준으로 옳은 것은?

① 국지도로간 : 500m 내외
② 주간선도로와 주간선도로 : 2km 내외
③ 주간선도로와 보조간선도로 : 1km 내외
④ 보조간선도로와 집산도로 : 250m 내외

75. 하워드가 주장한 전원도시의 개념을 바탕으로, 1900년대 초에 언윈과 파커에 의해 런던 교외에 건설된 전원도시는?

① 빅토리아 ② 할로우
③ 레치워스 ④ 햄스테트

76. 다음 중 토지이용 분포에 따른 도시 내부의 공간구조를 설명하는 이론에 해당하지 않는 것은?

① 동심원이론 ② 선형이론
③ 중심지이론 ④ 다핵심이론

77. 도시의 외연적 확산 현상의 원인과 가장 거리가 먼 것은?

① 주택 수요 증가
② 도심 개발의 한계
③ 도시의 지가 상승
④ 토지에 입체적 고밀도 이용 활동화

78. 도시 · 군기본계획에 대한 설명으로 옳은 것은?

① 도시개발사업의 시행을 위한 집행계획이다.
② 장기적 · 종합적 계획이며 지침제시적 계획이다.
③ 개별 시민의 건축 행위에 대한 법적 구속력을 규정한다.
④ 도시 · 군계획과 도시 · 군관리계획의 상위 계획에 해당한다.

79. 도시의 경제 · 사회 · 문화적인 특성을 살려 개성 있고 지속가능한 발전을 촉진하기 위하여 경관, 생태, 정보통신, 과학, 문화, 관광 등의 분야별로 국토교통부장관이 지정할 수 있는 도시계획 관련 사항은?

① 관광단지 지정 ② 시범도시 지정
③ 지구단위계획 지정 ④ 디지털시티 지정

80. 도시조사분석방법론에 대한 설명으로 옳지 않은 것은?

① 추정된 회귀분석모형은 미래예측에 활용할 수 있다.
② 회귀분석이란 독립변수와 종속변수 사잉의 선형 및 비선형관계를 구하는 방법이다.
③ 상관분석이란 상관계수를 이용하여 두 변수의 관계가 얼마나 밀접한가를 측정하는 방법이다.

④ 다중선형회귀분석이란 하나의 종속변수와 하나의 독립변수 사잉의 선형 및 비선형 관계를 구하는 방법이다.

5과목 : 교통관계법규

81. 국가통합교통체계효율화법의 정의에 따른 복합환승센터의 구분에 해당하지 않는 것은?

① 국가기간복합환승센터

② 지능형복합환승센터

③ 광역복합환승센터

④ 일반복합환승센터

82. 국가통합교통체계효율화법상 천재지변으로 인해 국가교통관리에 중대한 차질이 발생한 경우, 이에 효과적으로 대응하기 위하여 비상 시 교통대책을 수립할 수 있는 자는?

① 경찰서장 ② 소방청장

③ 행정안전부장관 ④ 국토교통부장관

83. 대도시권 광역교통 관리에 관한 특별법령의 정의에 따른 '대도시권'의 권역 구분에 해당하지 않는 것은?

① 대구권 ② 대전권

③ 수도권 ④ 전주권

84. 주차장법령상 "주차전용건축물"이란 건축물의 연면적 중 주차장으로 사용되는 부분의 비율 기준이 얼마 이상인 것을 말하는가? (단, 기타의 경우는 고려하지 않는다.)

① 80% 이상 ② 85% 이상

③ 90% 이상 ④ 95% 이상

85. 대중교통의 육성 및 이용촉진에 관한 법률의 정의에 따른 '대중교통시설'에 해당하지 않는 것은? (단, 그 밖에 대통령령이 정하는 시설 또는 공작물로서 대중교통수단의 운행과 관련된 시설 또는 공작물을 고려하지 않는다.)

① 버스 전용차로

② 택시 정류장

③ 「도시철도법」에 따른 도시철도시설

④ 「도시교통정비촉진법」에 따른 환승시설

86. 도로교통법령상 모든 차의 운전자에 대하여, 소방용수시설 또는 비상소화장치가 설치된 곳으로부터 최대 몇 미터 이내의 곳에는 차의 정차 및 주차가 금지되는가?

① 3m 이내 ② 5m 이내

③ 7m 이내 ④ 10m 이내

87. 도로법의 정의에 따라 '도로의 부속물'에 해당하지 않는 것은? (단, 그 밖에 도로의 기능 유지 등을 위한 시설로서 대통령령으로 정하는 시설의 경우는 고려하지 않는다.)

① 도로표지 ② 중앙분리대

③ 버스정류시설 ④ 도로용 엘리베이터

88. 도로법령상 접도구역의 지정 등에 관한 기준과 관련하여, ( )에 들어갈 내용이 모두 옳은 것은?

> 도로관리청이 도로법 제 40조 제1항에 따라 접도구역(接道區域)을 지정할 때에는 소관도로의 경계선에서 (㉠)미터 (고속국도의 경우는 (㉡)미터)를 초과하지 아니하는 범위에서 지정하여야 한다.

① ㉠ : 5, ㉡ : 30 ② ㉠ : 5, ㉡ : 20

③ ㉠ : 10, ㉡ : 30 ④ ㉠ : 10, ㉡ : 20

89. 도로교통법의 정의에 따라 보행자가 도로를 횡단할 수 있도록 안전표지로 표시한 도로의 부분을 무엇이라 하는가?

① 교차로 ② 횡단보도

③ 안전지대 ④ 길가장자리구역

90. 국가통합교통체계효율화법령상 복합환승센터의 지정과 관련하여, 복합환승센터 개발계획 변경 시 관할 시 · 도지사의 의견을 듣고 관계 중앙행정기관의 장과 협의한 후 국각교통위원회의 심의를 거쳐야 하는 기준 사항이 아닌 것은?

① 복합환승센터의 사업시행자를 변경하려는 경우

② 복합환승센터 지정 면적의 100분의 10이상을 변경하려는 경우

③ 복합환승센터 건축연면적의 100분의 30이상을 변경하려는 경우

④ 복합환승센터의 연계교통시설을 위한 계획 및 환승시설의 위치 · 규모 등을 변경하려는 경우

91. 주차장법령상 노외주차장의 구조 · 설비기준에서 ( )에 들어갈 내용이 옳은 것은?

> 노외주차장의 주차단위구획은 평평한 장소에 설치하여야 한다. 다만, 경사도가 ( )퍼센트 이하인 경우로서, 시장 · 군수 또는 구청장이 안전에 지장이 없다고 인정하는 경우에는 그러하지 아니한다.

① 3 ② 5

③ 7 ④ 10

92. 도로법상 도로관리청은 몇 년마다 해당 소관도로에 대하여 도로건설 · 관리계획을 수립하여야 하는가? (단, 국가지원지방도는 고려하지 않는다.)

① 5년 ② 10년
③ 15년 ④ 20년

93. 교통안전법령의 정의에 따른 '지정행정기관'에 해당하지 않는 것은? (단, 국무총리가 특히 필요하다고 인정하여 지정하는 중앙 행정기관은 고려하지 않는다.)

① 국방부 ② 교육부
③ 법무부 ④ 기획재정부

94. 주차장법상 원칙적으로 노상주차장을 설치하는 자는? (단, 기타의 경우는 고려하지 않는다.)

① 시장 · 군수 ② 국토교통부장관
③ 행정안전부장관 ④ 경찰청장

95. 교통시설의 정비를 촉진하고 교통수단과 교통체계를 효율적으로 운영 · 관리하여 도시교통의 원활한 소통과 교통편의 증진에 이바지함을 목적으로 제정된 법령은?

① 도로법 ② 도로교통법
③ 교통안전법 ④ 도시교통정비촉진법

96. 도시교통정비촉진법령상 교통유발부담금의 부과는 해당 시설물의 각 층 바닥면적을 합한 면적이 최소 얼마 이상인 시설물을 대상으로 하는가? (단, 부과대상 시설물이 주택법에 따른 주택단지에 위치한 시설물로서 도로변에 위치하지 아니한 시설물인 경우는 고려하지 않는다.)

① 1000m2 ② 2000m2
③ 3000m2 ④ 4000m2

97. 도로교통법령에 따른 차로의 설치 기준이 틀린 것은?

① 차로는 횡단보도 · 교차로에는 설치할 수 없다.
② 설치하는 차로의 너비는 3m 이상으로 하며 좌회전용차로의 설치 등 부득이하다고 인정되는 때에는 275cm이상으로 할 수 있다.
③ 중앙선 표시는 노란색으로 한다.
④ 보도와 차도의 구분이 없는 도로에 차로를 설치하는 때에는 그 도로의 양쪽에 길가장자리구역을 설치할 필요가 없다.

98. 대도시권 광역교통 관리에 관한 특별법령상 광역교통 개선대책을 수립하여야 하는 대규모 개발사업의 수용인구 또는 수용인원 기준이 옳은 것은?

① 1만명 이상 ② 3만명 이상
③ 5만명 이상 ④ 10만명 이상

99. 도시교통정비촉진법상 국토교통부장관이 도시교통정비지역으로 지정 · 고시할 수 있는 도시 인구 기준은? (단, 도농복합형태의 시는 고려하지 않는다.)

① 5만명 이상 ② 10만명 이상
③ 15만명 이상 ④ 20만명 이상

100. 교통안전법령상 교통안전관리자 자격의 종류에 해당하지 않는 것은?

① 항공교통안전관리자 ② 궤도교통안전관리자
③ 항만교통안전관리자 ④ 삭도교통안전관리자

6과목 : 교통안전

101. 물기가 있는 도로 주행시 노면과 타이어 사잉에 얇은 수막이 생겨 주행 시 브레이크 기능을 상실하게 되는 것을 무엇이라 하는가?

① 페드 현상 ② 시미 현상
③ 스탠딩 웨이브 현상 ④ 하이드로 플래닝 현상

102. 도로안전진단(Road Safety Audit)에 대한 설명으로 틀린 것은?

① 도로설계자 뿐만 아니라 도로 이용자의 입장 등 다양한 측면에서 도로안전을 점검하고 이에 대한 결과를 도로 현장에 반영하여 개선하는 절차이다.
② 도로안전진단의 주체는 도로의 계획, 설계 및 운영과 관련이 없는 독립적인 사람이어야 한다.
③ 도로안전진단제도는 미국에서 처음 시작되었다.
④ 계획, 시공, 운영 단계까지 모든 단계에 적용될 수 있다.

103. 교통사고의 유발요인을 인적요인, 차량요인, 도로물리요인, 환경요인으로 구분할 때 차량요인에 해당하는 것은?

① 음주 운전 ② 신호등 고장
③ 조향 장치 고장 ④ 운전 중 핸드폰 통화

104. 30km의 도로구간에서 1년 동안 60건의 사고가 발생하였다. 조사 결과 1일 평균 교통량(ADT)이 6000대일 경우 차량 1억대 · km당 사고율은? (단, 1년은 365일이다.)

① 91.3건 ② 85.2건
③ 81.4건 ④ 75.3건

105. 중앙분리대를 설치하는 경우 가장 효율적으로 예방될 수 있는 사고 유형은?

① 추락사고 ② 접촉사고

③ 추돌사고　　④ 정면충돌사고

106. 주행하는 차량의 운동량을 차량의 경로에 위치한 소모용 재료의 질량으로 전이시키는 충격완화시설은?

① 관성 방호책

② 하이드라이 셀 샌드위치

③ 하이드로 셀 샌드위치

④ 압축유형 방호책

107. 사고경험에 기초한 위험지점 선정 방법 중 아래 설명에 해당하는 것은?

> - 주어진 어떤 값보다 사고 발생 건수가 많은 곳을 위험도가 높다고 판단하여 사고 잦은 장소라 판정하는 방법이다.
> - 소도시 가로, 대도시의 집 · 분산도로, 국지가로나 교통량이 적은 지방부 도로 등에서 주고 같은 종류의 도로 또는 교차로를 비교할 때 사용하며 교통량은 큰 위미를 갖지 않는다.

① 사고율법　　② 사고건수법

③ 사고건수-사고율법　　④ 사고율-통계적 방법

108. 주행 중이던 차량이 급정거하여 스키드마크가 20m가 나타난 다음 30m를 지나서 다시 25m가 계속되었다면 차량의 제동 전 초기 속도는? (단, 타이어와 노면의 마찰계수는 0.8이고, 경사는 없다.)

① 95.6km/h　　② 99.7km/h

③ 105.6km/h　　④ 107.7km/h

109. 어느 차량이 40m거리를 미끄러져 주차한 차량과 충돌하였으며 충돌 후 두 차량이 함께 15m를 미끄러져 정지하였다. 두 차량의 무게가 동일할 때 주행차량의 초기 속도는? (단, 마찰계수는 0.5로 한다.)

① 101.2km/h　　② 105.4km/h

③ 112.7km/h　　④ 117.3km/h

110. 교통안전을 위한 사고유발인자 개선조치를 도로 사용자 · 차량 · 도로 측면으로 구분하고 이를 다시 충돌 전 · 충돌 중 · 충돌 후 개선조치로 제시한 Haddon Matrix에 대한 설명으로 틀린 것은?

① 차량 측면의 충돌 후 관련 개선조치로 충격보호장치가 해당된다.

② 도로사용자 측면의 충돌 전 관련 개선조치로 운전자 교육이 해당된다.

③ 도로사용자 측면의 충돌 후 관련 개선조치로 비상의료서비스가 해당된다.

④ 도로 측면의 충돌 중 관련 개선조치로 부러지는 지주 설치 등 노변안전조치가 해당된다.

111. 어느 사고다발지점에 대해 개선사업을 실시한 경우 운전자가 변화된 도로환경에 따라 과거보다 주의력을 감소시킴으로써 당초 의도한 대선대책의 효과를 상쇄시키는 경향은?

① 주관적위험(Subjective Risk)

② 위험보정(Risk Compensation)

③ 사고이동(Accident Migration)

④ 평균으로서의 회귀효과(Regression to Mean Effect)

112. 교통사고 예방과 피해 감소를 위한 각종 대책으로 대별되는 3E에 해당하지 않는 분야는?

① 교육(Education)　　② 공학(Engineering)

③ 규제(Enforcement)　　④ 환경(Environment)

113. 정지하고 있던 차량이 3m/sec2으로 가속하여 72km/h에 도달하기까지 소요되는 시간은?

① 약 5.8초　　② 약 6.7초

③ 약 7.6초　　④ 약 8.5초

114. 위험지점 선정방법 중 율-품질관리법에 대한 설명으로 틀린 것은? (단, Rc:한계사고율, Ra:도로 등급별 평균사고율, K:상수, M:해당 지점이나 구간의 분석기간동안의 차량 노출)

① 적용상 실질적으로 참조지점을 찾기 어렵거나 참조지점이 아예 존재하지 않을 수 있다.

② 일반적으로 사고발생은 포아송 분포를 따른다는 가정에 기초한다.

③ 산출공식은 $Rc = Ra + K\sqrt{\frac{Ra}{M}} + \frac{M}{0.5}$ 이다.

④ 한계사고율은 분석될 지점 도로의 등급 및 평균사고율과 차량노출의 함수로서 통계적으로 결정된다.

115. 비신호교차로에서 제한된 시거로 인한 지각충돌사고의 개선 방안으로 가장 거리가 먼 것은?

① 시야장애물의 제거　　② 정지표지 설치

③ 교차로의 도류화　　④ 노면 재포장

116. 아래 그림과 같이 평탄한 길을 달리던 자동차가 10m 높이 아래로 추락하였다. 이 때 추락한 수평거리가 30m 이었다면 추락 직전 수평방향의 속도는 약 얼마인가?

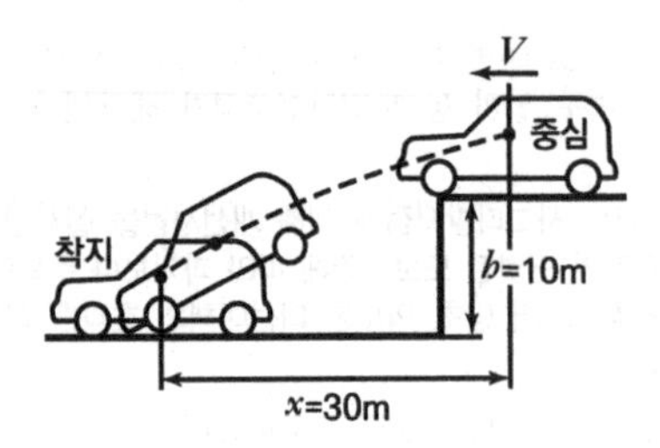

① 약 15km/h　　② 약 30km/h

③ 약 54km/h　　④ 약 76km/h

117. 교통사고 위험지점의 개선으로 얻게 되는 2차 편익과 가장 거리가 먼 것은?

① 차량혼잡의 감소

② 개선된 차도 및 노변의 기하구조

③ 운행속도의 적정화

④ 교통량 감소

118. 운전자들에게 필요한 정보를 올바른 방법으로 제공하여 운전자들이 충돌을 피할 수 있게 해야 한다는 개념의 'Positive Guidance'의 기대심리에 대한 설명으로 옳지 않은 것은?

① 어떠한 상황에서든 과거로 회귀한다는 기대

② 차가 계속 일정한 속도로 움직일 것이라는 계속성의 기대

③ 일시적 또는 간헐적으로 어떤 사건이 일어날 것이라는 기대

④ 과거에 일어나지 않은 일은 계속 일어나지 않을 것이라는 기대

119. 교통사고를 유발하는 운전자 요인 중 경험·실습적 요인과 가장 거리가 먼 것은?

① 음주 장애

② 운전 미숙

③ 주행구간에 대한 비친숙성

④ 주행구간에 대한 과도한 습관성

120. 교통마찰(traffic conflict)조사의 목적으로 가장 거리가 먼 것은?

① 전후조사를 통한 개선 사업의 효과 분석

② 교통사고 다발지점의 개선 방향 연구

③ 도로 문제 지점의 기하설계요소 평가

④ 교통량 관리 및 조절 시스템 마련을 위한 방안 연구

정답

1	2	3	4	5	6	7	8	9	10
③	④	②	①	③	③	②	③	②	④
11	12	13	14	15	16	17	18	19	20
②	③	②	①	②	④	④	②	④	③
21	22	23	24	25	26	27	28	29	30
③	①	③	③	②	②	③	④	④	④
31	32	33	34	35	36	37	38	39	40
③	④	①	③	③	①	④	④	②	③
41	42	43	44	45	46	47	48	49	50
④	④	②	②	①	③	②	③	①	①
51	52	53	54	55	56	57	58	59	60
②	④	②	②	④	①	①	①	④	②
61	62	63	64	65	66	67	68	69	70
②	③	①	④	③	①	①	③	④	③
71	72	73	74	75	76	77	78	79	80
②	④	③	④	③	③	④	②	②	④
81	82	83	84	85	86	87	88	89	90
②	④	④	④	②	②	④	①	②	③
91	92	93	94	95	96	97	98	99	100
③	①	①	①	④	①	④	①	②	②
101	102	103	104	105	106	107	108	109	110
④	③	③	①	④	①	②	①	③	①
111	112	113	114	115	116	117	118	119	120
②	④	②	③	④	④	④	①	①	④

2022년도 3월 교통기사 필기시험

1과목 : 교통계획

1. 도로의 배치에서 주간선도로와 보조간선도로의 배치 간격 기준은?

① 1000m 내외　② 750m 내외
③ 500m 내외　④ 200m 내외

2. TSM 기법 중 승용차의 수요와 교통시설의 공급을 동시에 감소시키는 기법과 거리가 먼 것은?

① 기존 차로를 이용한 버스전용차로제
② 승용차 통행 제한 구역의 설정
③ 노상주차 시설 확대
④ 주차면적 감소

3. 선형적 효용함수의 독립변수인 통행시간(분)과 통행비용(원)에 대한 계수가 각 -0.017, 0.0005 일 때 시간가치(value of time)는?

① 24원/분　② 29원/분
③ 32원/분　④ 34원/분

4. 외국의 C-ITS 도입 사례가 아닌 것은?

① 캐나다 SCC　② 일본 ITS Spot
③ 유럽 Drive C2X　④ 미국 Connected Vehicle

5. 아래의 설명에 해당하는 대중교통 요금구조는?

> 승객이 통행한 거리에 따라 요금이 차별적으로 부과되는 요금구조이며 형평성의 관점에서 장거리 승객은 단거리 승객보다 많은 운행비용이 소모되므로 더 많은 요금을 지불해야 한다.

① 거리요금제　② 표본요금제
③ 균일요금제　④ 정기요금제

6. 할인율이 20%일 경우 2년 후 발생한 수익 100만원의 순현재가치는 약 얼마인가?

① 69만원　② 92만원
③ 144만원　④ 120만원

7. 도로교통량 조사에서 수시조사를 시행하는 요일 기준에 해당하지 않는 것은? (단, 해당 요일은 휴가철, 명절, 연휴 등 교통량에 영향을 주는 시기가 아니라고 가정한다.)

① 화요일　② 수요일
③ 목요일　④ 금요일

8. 수단선택(model split) 단계에서 사용하는 모형 중 장래의 존별 통행발생량을 산출한 후 통행분포 전에 이용 가능한 교통수단별 분담률을 산정하여 각 수단별 통행수요를 도출하는 것은?

① OD pair Model
② 통행단 모형(Trip end Model)
③ 엔트로피 모형(Entropy Model)
④ 전환곡선 모형(Diversion Curves Model)

9. 현재 존간 통행량이 아래와 같을 때 균일성장률법에 따른 장래의 존별 통행량이 옳은 것은? (단, tij : 장래의 존 i와 j간의 통행량)

〈 현 재 〉

O(i) \ D(i)	1	2	계
1	3	4	7
2	7	5	12
계	10	9	19

〈 장 래 〉

O(i) \ D(i)	1	2	계
1			21
2			36
계	30	27	57

① t11 = 9, t12 = 12, t21 = 21, t22 = 15
② t11 = 10, t12 = 11, t21 = 20, t22 = 16
③ t11 = 11, t12 = 10, t21 = 19, t22 = 17
④ t11 = 12, t12 = 9, t21 = 18, t22 = 18

10. 택시요금의 변화에 따라 버스수요의 변화정도를 설명하는 개념은?

① 가격탄력성　② 공급탄력성
③ 교차탄력성　④ 소득탄력성

11. 일반 시내 도로 상에 버스 우선 통행 기법을 도입할 때 나타나는 효과와 거리가 먼 것은?

① 버스 정시성 확보
② 버스 운행 비용 감소
③ 버스 통행의 신속성 증가

④ 버스 통행을 위한 시설 비용 감소

12. **교통체계운영(TSM)에 대한 설명으로 옳은 것은?**

① 주로 단기적인 교통체계 운영 전략이다.
② 대중교통수단의 요금 규정 운영 전략이다.
③ 교통지구의 교통 관련 산업 경영 전략이다.
④ 장기적이고 종합적인 교통체계 운영 전략이다.

13. **장기교통계획과 단기교통계획의 특성을 비교한 내용으로 옳지 않은 것은?**

	장기교통계획	단기교통계획
㉠	소수의 대안	다수의 대안
㉡	많은 교통수단 동시 고려	단일 교통수단 위주
㉢	시설지향적	서비스지향적
㉣	자본집약적	저자본비용

① ㉠ ② ㉡
③ ㉢ ④ ㉣

14. **통행발생(trip generation)단계에서 사용되는 분석 방법은?**

① 카테고리분석법 ② 전환곡선법
③ 프로빗모형 ④ 로짓모형

15. **교통수요예측을 위한 자료 수집에서 표본의 전수화과정이 필요 없는 경우는?**

① 교통정책목표달성 측정치 산출
② 통행량의 시계열적 변화 및 추세 파악
③ 교통모형의 계수 값(parameter) 추정을 위한 모형 정산 과정
④ 무작위 표본자료(random sample)가 아닌 표본자료를 이용한 모형 정산 시 가중치 계산

16. **교통사업의 평가 방법 중 경제적 효율성 분석방법이 아닌 것은?**

① 내부수익률 방법 ② 순현재가치 방법
③ 편익-비용비 방법 ④ 메쉬 분석방법

17. **아래에서 가정기반통행(home-based trip)의 통행량은?**

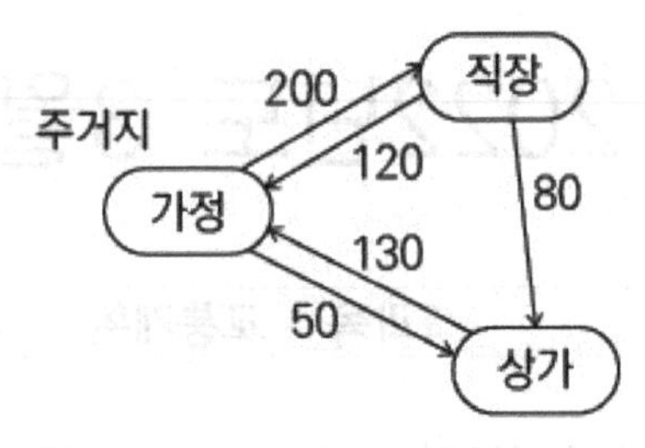

① 160 통행 ② 250 통행
③ 500 통행 ④ 580 통행

18. **교통조사에서 표본설계 시 사용하는 표본추출방법을 확률추출법과 비확률(유의)추출법으로 구분할 때, 다음 중 비확률추출법에 해당하는 것은?**

① 계통추출법 ② 집락추출법
③ 다단추출법 ④ 응모추출법

19. **경전철(LRT)의 일반적인 특성으로 옳지 않은 것은?**

① 차량의 중량이 가볍다.
② 승객승차대가 낮아 승 · 하차시 편리하다.
③ 중량전철에 비해 단위 건설비가 많이 든다.
④ 시간당 수송용량이 중량전철보다 적은 편이다.

20. **P요소법에 대한 설명으로 옳지 않은 것은?**

① 차량의 평균승차인원을 고려하여 주차수요를 추정한다.
② 지구나 도심지와 같은 특정한 장소의 주차수요 예측에 적합하다.
③ 주차수요결정에 필요한 각종 요소를 얻을 수 있는 경우 적합한 방법이다.
④ 원단위법에 비하여 여러 가지 지역 특성을 포괄적으로 고려하지 못하는 단점이 있다.

2과목 : 교통공학

21. **차량의 평균 속도가 50km/h, 평균 차두간격이 25m 일 때 도로의 평균 교통량은?**

① 500대/시간 ② 800대/시간
③ 1000대/시간 ④ 2000대/시간

22. **일반지형의 평지인 고속도로 기본 구간의 차종별 구성비와 승용차 환산계수가 아래와 같을 때, 중차량보정계수(fHV)는?**

차종	소형	중형	대형
구성비	70%	20%	10%
승용차환산계수	1.2	1.5	2.0

① 0.36 ② 0.46
③ 0.56 ④ 0.83

23. 도로의 기능에 따른 구분 중, 접근성이 가장 좋은 도로는?

① 고속도로 ② 국지도로
③ 집산도로 ④ 간선도로

24. 교차로 교통통제의 목적으로 거리가 가장 먼 것은?

① 사고감소 및 예방
② 주도로에 통행우선권 부여
③ 부도로 통과교통의 상충면적 확대
④ 교차로 용량 증대 및 서비스 수준 향상

25. 차량 속도의 변화에 따라 미끄럼 마찰계수의 변동폭이 가장 큰 노면 및 타이어상태에 해당하는 것은?

① 습윤 - 마모된 타이어
② 건조 - 양호한 타이어
③ 건조 - 마모된 타이어
④ 습윤 - 양호한 타이어

26. 구간별 교통류의 상태가 아래와 같을 때, 그 경계면 AA에서 후방 충격파의 속도는?

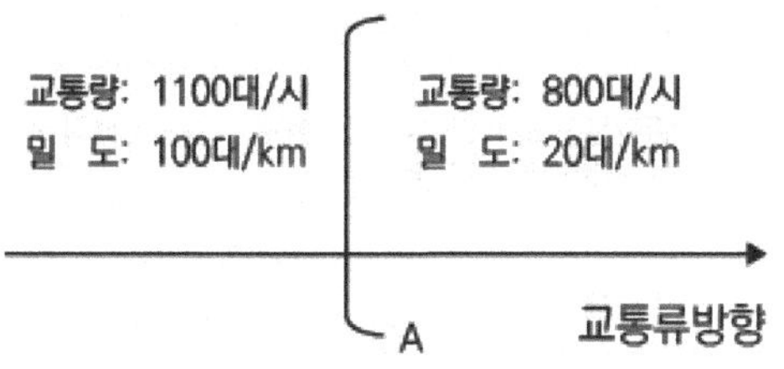

① 3.75 km/시 ② 4.00 km/시
③ 5.43 km/시 ④ 7.25 km/시

27. 다음 중 도심부 신호교차로의 서비스수준을 분석할 때 고려하는 지체가 아닌 것은?

① 균일지체(uniform delay)
② 상관지체(interaction delay)
③ 증분지체(incremental delay)
④ 추가지체(initial queue delay)

28. 차량추종이론(car-following)에 관한 설명으로 옳지 않은 것은?

① 반응시간은 운전자의 민감도에 의해 결정된다.
② 민감도가 지나치게 크면 교통류의 불안요소가 커지는 것이 일반적이다.
③ 추종이론은 거시적 관점에서 차량의 움직임을 설명하는 교통류 이론이다.
④ 고속도로에서 후미차량이 앞 차량과 유사한 움직임을 보이는 것을 설명하는데 활용될 수 있다.

29. 어느 도로의 한 지점에서의 차량 통행량은 12대/분이다. 그 지점에서 교통조사를 시작하고 10초동안 한 대의 차량도 도착하지 않을 확률은? (단, 포아송 분포를 따른다고 가정한다.)

① 10.2% ② 11.3%
③ 12.4% ④ 13.5%

30. 다음 중 도로상을 운행하는 차량의 구간속도 산출 시 이용되는 조사 방법이 아닌 것은?

① 번호판 판독법 ② 시험차량 운행법
③ 주행차량 이용법 ④ 노측면접법

31. 3현시로 운영되는 신호교차로에서 총 v/s의 합이 0.87 현시당 손실시간이 3초인 경우 Webster 방법에 의한 최적신호주기는? (단, 주기는 계산결과에 따라 소수점 이하는 버린 수치를 기준으로 한다.)

① 96초 ② 128초
③ 142초 ④ 177초

32. 교차로 신호운영 방법 중 좌회전과 직진의 동시신호와 분리신호에 대한 설명이 옳지 않은 것은?

① 동시신호로 할 경우 차로를 공유할 수 있다.
② 원칙적으로 교차로 용량에는 큰 차이가 없다.
③ 동시신호는 좌회전 교통량이 직진에 비해 현저히 적을 때 유리하다.
④ 분리신호와 동시신호는 교차로와 교통특성에 따라 선택한다.

33. 시간평균속도와 공간평균속도에 대한 설명 중 옳은 것은?

① 시간평균속도는 도로 구간의 길이와 관련된 속도로 교통류 분석 시 주로 이용되며, 공간평균속도는 속도 분석, 교통사고 분석 시 주로 이용된다.
② 공간평균속도는 일정 시간 동안 도로의 한 지점을 통과하는 모든 차량의 평균속도이다.
③ 공간평균속도는 각 차량 속도의 산술평균값, 시간

평균속도는 각 차량 속도의 조화평균값이다.

④ 교통 흐름이 전혀 변하지 않는 경우를 제외하고 공간평균속도는 항상 시간평균속도보다 작다.

34. 그림과 같은 병목흐름에서 도착 및 출발하는 차량수를 누적시킨 시간-차량 누적 곡선에 대한 설명으로 옳지 않은 것은?

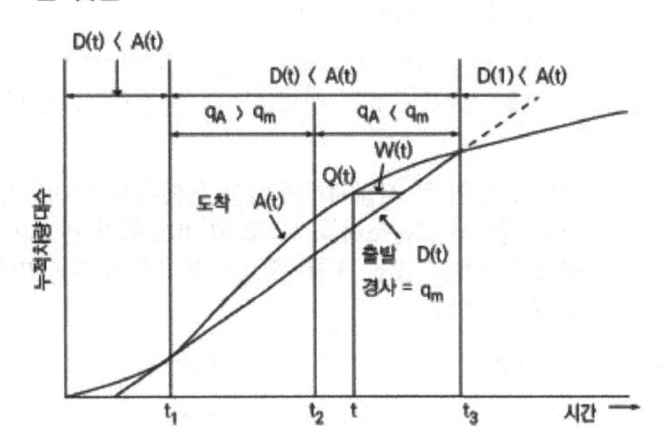

① 시각 t에서의 대기행렬의 길이는 Q(t)이다.

② 시각 t에 도착한 차량의 대기시간은 W(t)이다.

③ t1에서 시작하여 t3점까지 대기행렬이 존재한다.

④ 총 대기행렬의 규모는 A(t)곡선과 D(t)직선 사이 면적의 1/2 이다.

35. 주기가 90초인 신호교차로에서 어느 한 접근로의 직진 교통량이 500vph, 포화교통량이 2000vph 이었다. 이 직진 교통류의 녹색신호시간이 35초 일 때 포화도는 얼마인가? (단, 황색시간은 3초, 손실시간은 3.3초 이다.)

① 0.55 ② 0.65

③ 0.95 ④ 1.15

36. 지점조사에서 얻은 차량 4대의 순간속도가 30, 40, 50, 60(km/h)일 경우 공간평균속도는?

① 45.0km/h ② 42.1km/h

③ 47.6km/h ④ 40.8km/h

37. 다음 중 용량산정에 앞지르기시거가 적용되는 도로시설은?

① 간선도로 ② 오르막차로

③ 고속도로 ④ 2차로 도로

38. 신호교차로 접근로에서 두 개의 차로를 사용하는 좌회전 차량의 포화교통류율이 1800대 시/차로, 신호주기가 180초, 유효녹색시간이 60초 일 때 해당 좌회전 차로의 총 용량은?

① 600대/시 ② 900대/시

③ 1200대/시 ④ 1500대/시

39. 설계시간계수(K)에 대한 설명으로 옳지 않은 것은?

① 일반적으로 연평균 일교통량이 큰 도로에서는 설계시간계수가 감소한다.

② 설계시간교통량(DHV)은 계획목표년도의 연평균 일교통량(AADT)과 설계시간계수(K)를 곱하여 산출한다.

③ 일반적으로 지방지역 도로가 도시지역 도로보다 높은 값을 가진다.

④ 설계시간계수가 클수록 교통 수요 변화가 작다.

40. 지점속도조사의 목적으로 가장 거리가 먼 것은?

① 전후 조사를 통한 교통개선사업의 효과 평가

② 적절한 교통규제 및 제어시설의 결정

③ 운전자 반응시간 정상 모형 검증

④ 차종별 속도 평균 판단

3과목 : 교통시설

41. 도로의 용량에 영향을 미치는 요인으로 거리가 먼 것은?

① 차로 폭

② 차량의 구성비

③ 시간대별 교통량 분포

④ 도로가 위치한 지역의 연평균 강수량

42. 설계속도가 120km/h 인 고속국도에 설치하는 버스정류장의 최소 길이 기준은? (단, 직접식인 경우)

① 600m 이상 ② 540m 이상

③ 470m 이상 ④ 420m 이상

43. 종단선형에서 일반적으로 볼록형 종단곡선의 최소길이가 결정되는 기준은?

① 도로 폭 ② 배수시설

③ 곡선반경 ④ 소요시거

44. 접근성과 이동성에 따라 도로를 구분할 때 고려해야 하는 특성과 거리가 가장 먼 것은?

① 평균 통행거리 ② 평균 주행속도

③ 토지 면적 ④ 출입제한의 정도

45. 우회전 도류로의 폭을 결정하는데 필요한 요소와 거리가 가장 먼 것은?

① 노면상태 ② 설계기준자동차

③ 평면곡선 반지름 ④ 도류로의 회전각

46. 길어깨의 주요 기능으로 틀린 것은?

① 유지관리가 양호한 길어깨는 도로의 미관을 높인다.

② 유지 관리 작업 공간이나 지하매설물의 설치 공간을 제공한다.

③ 절토부에서는 곡선부의 시거를 한정시켜 교통 통제에 탁월한 효과를 갖는다.

④ 차도, 보도, 자전거·보행자도로에 접속하여 도로의 주요 구조부를 보호한다.

47. 인터체인지의 형식 중 클로버형과 비교하여 다이아몬드형이 갖는 특징이 아닌 것은?

① 건설비가 적게 든다.

② 점유면적이 적게 든다.

③ 교통의 우회거리가 짧은 편이다.

④ 주도로부터의 분기점이 다양하여 표지 설치가 복잡하다.

48. 설계기준자동차의 최소 회전반지름의 정의로 옳은 것은?

① 차량의 안쪽 앞바퀴 외측선의 최소 회전반지름

② 차량의 바깥쪽 뒷바퀴 중심선의 최소 회전반지름

③ 차량의 안쪽 뒷바퀴 외측선의 최소 회전반지름

④ 차량의 바깥쪽 앞바퀴 중심선의 최소 회전반지름

49. 아래와 같은 교통조건을 가진 도로의 적정 황색신호시간은?

- 차량속도 : 60km/h
- 임계감속도 : 4m/sec^2
- 교차로 횡단길이 : 18m
- 차량길이 : 5m
- 운전자 반응시간 : 1초

① 약 2.5초 ② 약 3.5초

③ 약 4.5초 ④ 약 5.5초

50. 평면교차로 도류화의 목적으로 틀린 것은?

① 자동차의 통행속도를 안전한 정도로 통제한다.

② 평면교차로 면적을 넓혀 차량 간 상충면적을 줄인다.

③ 보행자 안전지대를 설치하기 위한 장소를 제공한다.

④ 교통제어시설을 잘 보이는 곳에 설치하기 위한 장소를 제공한다.

51. 피크시 건물 연면적 1000m2 당 주차 발생량이 150대일 때, 연면적이 3000m2인 건물의 주차수요는? (단, 주차이용효율은 60%이며 원단위법에 따른다.)

① 300대 ② 450대

③ 750대 ④ 900대

52. 보도의 유효폭은 보행자의 통행량과 주변 토지 이용 상황을 고려하여 결정하되, 최소 몇 m 이상으로 하여야 하는가? (단, 기타의 경우는 고려하지 않는다.)

① 1m ② 1.5m

③ 2m ④ 2.5m

53. 교통안전표지 중 규제표지의 모양으로 옳지 않은 것은?

① 원 ② 삼각형

③ 팔각형 ④ 사각형

54. 주차장법규상 자주식주차장으로서 지하식 또는 건축물식 노외주차장의 벽면에서부터 50cm 이내를 제외한 주차장 출구 바닥면의 최소 조도(照度) 기준으로 옳은 것은?

① 10럭스 ② 100럭스

③ 50럭스 ④ 300럭스

55. 설계속도가 100km/h 이상인 도시지역 도로(㉠)와 설계속도가 100km/h 이상인 지방지역 도로(㉡)에 설치하는 중앙분리대의 최소 폭 기준이 옳은 것은? (단, 자동차 전용도로의 경우는 고려하지 않는다.)

① ㉠ 1.5m, ㉡ 1.0m

② ㉠ 1.0m, ㉡ 2.0m

③ ㉠ 2.0m, ㉡ 1.5m

④ ㉠ 2.0m, ㉡ 3.0m

56. 도로 포장에 사용되는 콘크리트 포장 형식 중, 횡방향 줄눈을 없애고 종방향 철근을 연속적으로 사용하여 콘크리트 슬래브에서 발생하는 크랙을 억제하는 것은?

① 무근 콘크리트 포장(JCP)

② 섬유보강 콘크리트 포장(FCP)

③ 연속철근 콘크리트 포장(CRCP)

④ 단경간 철근 콘크리트 포장(JRCP)

57. 화물터미널 설계 시 고려해야 할 시설로 거리가 가장 먼 것은?

① 화물적하대

② 여객관제시설

③ 주유소, 정비소

④ 아프론(적하대 전면 기동공간)

58. 평면곡선의 최소길이를 정할 때 고려할 사항이 아닌 것은?

① 운전자가 핸들조작에 곤란을 느끼지 않도록 한다.

② 규정된 평면곡선의 최소길이는 최소 완화구간의 길이와 같다.

③ 평면곡선의 최소길이는 약 4~6초 간 주행할 수 있는 길이 이상을 확보하는 것이 좋다.

④ 도로 교각이 작은 경우에는 평면곡선 반지름이 실제의 크기보다 작게 보이는 착각을 피할 수 있도록 한다.

59. 도로의 구조 · 시설 기준에 관한 규칙상 설계속도가 100km/h 이고 적용 최대 편경사가 6%인 차도의 최소 평면곡선 반지름 기준으로 옳은 것은?

① 530m ② 460m

③ 440m ④ 420m

60. 도로의 선형을 설계할 때 고려해야 할 사항으로 틀린 것은?

① 자동차 주행 시 안전성과 쾌적성을 유지하도록 설계한다.

② 선형 설계 시 최대한 지형에 맞추고 설계속도는 고려하지 않는다.

③ 공사비와 편익의 균형이 잡혀 경제적인 타당성을 갖도록 설계한다.

④ 운전자의 시각적 및 심리적 측면에서 양호하도록 설계한다.

4과목 : 도시계획개론

61. 도시 · 군계획시설의 결정 · 구조 및 설치 기준에 관한 규칙에 따른 용도지역별 도로율 기준에 옳은 것은? (단, 기타 사항은 고려하지 않는다.)

① 녹지지역은 10% 이상 20% 미만이며, 이 경우 간선도로의 도로율은 5% 이상 10% 미만이어야 한다.

② 주거지역은 15% 이상 30% 미만이며, 이 경우 간선도로의 도로율은 8% 이상 15% 미만이어야 한다.

③ 상업지역은 20% 이상 30% 미만이며, 이 경우 간선도로의 도로율은 10% 이상 15% 미만이어야 한다.

④ 공업지역은 20% 이상 30% 미만이며, 이 경우 간선도로의 도로율은 5% 이상 10% 미만이어야 한다.

62. 도시조사를 위해 활용하는 자료 중, 토지 · 건축 관련 행정 자료에 포함되지 않는 것은?

① 산업총조사보고서 ② 토지이용계획확인원

③ 토지특성조사표 ④ 건축물대장

63. 지리정보시스템(GIS)에 대한 설명으로 틀린 것은?

① 도형자료는 점, 선, 면의 형태로 이루어져 있다.

② 자료를 다양한 방법과 관점에서 통합하여 모델링할 수 있다.

③ 지리적 정보를 이용하여 데이터베이스를 구축 · 관리할 수 있다.

④ 속성자료는 3차원의 화상으로 이루어져 있다.

64. 다음 중 주로 도시 내부의 공간 구조 형성을 설명하는 이론이 아닌 것은?

① 다핵 이론 ② 선형 이론

③ 동심원 이론 ④ 중심지 이론

65. 격자형 가로망에 대한 설명으로 틀린 것은?

① 지형이 평탄한 도시에 적합하다.

② 고대 및 중세 봉건도시에서 흔히 볼 수 있다.

③ 방사형에 비해 토지 이용 상 결함이 있다.

④ 도로 기능의 다양성이 결여되기 쉽다.

66. 주거단지계획에서 슈퍼블록(super block)을 구성함으로써 얻는 효과로 가장 거리가 먼 것은?

① 완전한 보차분리가 가능하다.

② 커뮤니티시설의 중심 배치에 따라 간선도로변의 활성화가 가능하다.

③ 충분한 공동의 오픈스페이스 확보가 가능하다.

④ 건물을 집약화 함으로써, 고층화 · 효율화가 가능하다.

67. 다음 중 계획가와 계획 도시(안)의 연결이 틀린 것은?

① 르 꼬르뷔제 : 빛나는 도시(Radinat City)

② 테일러 : 위성도시(Satellite City)

③ 마타 : 선상도시(Linear City)

④ 페리 : 래드번(Radburn)

68. 도시화를 집중적 도시화, 분산적 도시화, 역도시화의 3단계로 구분할대 역도시화에 대한 설명으로 가장 거리가

먼 것은?

① 도시권 전체의 인구가 감소하는 단계

② 각종 도시기능들이 도심지역을 중심으로 집중하기 시작하는 단계

③ 도시 규모가 커지게 되어 집적의 불이익이 집적의 이익보다 커지는 단계

④ 도시의 인구 이주가 U-턴 또는 J-턴 현상이 발생하는 단계

69. 현재 A도시의 인구가 300만명이고 연평균 증가율이 4%라면 10년 후의 추정인구는? (단, 등차급수법에 따른다.)

① 340만명 ② 400만명

③ 420만명 ④ 440만명

70. 공원 · 녹지체계의 유형 중 단지 내 녹지를 한 곳으로 모으는 경우로 녹지가 대형화되어 생태적으로 안정성이 높아지는 녹지로의 도달 거리가 길어져 접근성이 낮아질 수 있는 유형은?

① 격자형(格子形) ② 대상형(帶狀形)

③ 분산형(分散形) ④ 집중형(集中形)

71. 도시를 구성하는 토지와 시설에 대한 물리적 계획의 3대 요소에 해당하지 않는 것은?

① 밀도 ② 배치

③ 동선 ④ 경관

72. 지리적 · 공간적 차원으로서 인간정주사회의 최소 단위인 하나의 인간에서 출발하여 15단계의 공간 단위로 분류한 학자는?

① 게데스(Patrick Geddes)

② 독시아디스(C. A. Doxiadis)

③ 케빈 린치(Kevin Lynch)

④ 레이먼드 언윈(RAymond Unwin)

73. 다음 중 건폐율의 정의로 옳은 것은?

① 대지면적에 대한 연면적의 비율

② 대지면적에 대한 공지면적의 비율

③ 건축면적에 대한 연면적의 비율

④ 대지면적에 대한 건축면적의 비율

74. 혼잡한 주요도로의 교차지점에서 각종 차량과 보행자를 원활히 소통시키기 위하여 필요한 곳에 설치하는 교통광장은?

① 근린광장 ② 교차점광장

③ 주요시설광장 ④ 역전광장

75. 특별시 · 광역시 · 특별자치시 · 특별자치도 · 시 또는 군의 관할 구역에 대하여 기본적인 공간 구조와 장기발전 방향을 제시하는 종합계획으로서 도시 · 군관리계획 수립의 지침이 되는 계획은?

① 국가계획 ② 광역도시계획

③ 지구단위계획 ④ 도시 · 군기획계획

76. 가도시화 현상에 대한 설명으로 옳은 것은?

① 몇 개의 대도시와 그 주변 도시들의 융합되는 도시화 현상

② 대도시 중심부의 기능이 약화되어 도시의 공간구조가 도시 주변 지역 중심으로 바뀌는 현상

③ 도시의 부양능력에 비해 지나치게 많은 인구가 도시에 집중하여 인구만 비대해진 도시화 현상

④ 낙후 지역의 효과적인 개발을 위해 잠재력이 큰 지점이나 지방 도시에 대한 집중 투자로 발생하는 도시화 현상

77. 참여형 도시계획으로서 주민참여 도시만들기의 우리나라 최근 동향이라고 볼 수 없는 것은?

① 특정한 주제를 깊이 다룬다.

② 주민참여를 의무화하고 있다.

③ 주민의 참여시기가 빨라지고 있다.

④ 주민의 참여방법이 다양화되고 있다.

78. E. Howard가 제안한 전원도시 계획안에 대한 설명이 틀린 것은?

① 인구 규모를 3~5만명으로 한다.

② 도시 주변으로 대규모의 공업지대를 우선 유치하고 식량은 철도를 통해 타 도시로부터 공급받는 것을 원칙으로 한다.

③ 시가지에는 충분한 오픈 스페이스를 확보한다.

④ 계획집행의 철저를 기하기 위해 토지를 공유화한다.

79. 도시지역과 그 주변지역의 무질서한 시가화를 방지하고, 계획적 · 단계적인 개발을 도모하기 위하여 일정 기간 동안 시가화를 유보하고자 지정하는 구역은?

① 시가화개선구역 ② 시가화정비구역

③ 시가화조정구역 ④ 시가화유도구역

80. 19세기 중반 파리 개조 계획을 전개한 사람은?

① Lynch ② Mumford

③ Haussnann　　　　④ Hall

5과목 : 교통관계법규

81. 도로교통법상 교통안전시설(신호기 및 안전표지)의 원칙적인 설치 · 관리권자에 해당하는 자는? (단, 유료도로법에 따른 유료 도로의 경우는 고려하지 않는다.)

① 지방경찰청장

② 시설관리공단장

③ 국토교통부장관

④ 군수(광역시의 군수 제외)

82. 도로교통법령상 횡단보도의 설치 기준과 관련한 아래 설명에서 ( ) 에 들어갈 내용으로 옳은 것은?

> 횡단보도는 육교 · 지하도 및 다른 횡단보도로부터 다음 각 목에 따른 거리 이내에는 설치하지 아니한다.
> - 도로교통법상 정의에 따른 도로로서 도로의 구조 · 시설 기준에 관한 규칙 제2조제8호에 따른 일반도로 중 집산도로 및 국지도로 : (　　)미터

① 50　　　　② 100

③ 150　　　　④ 200

83. 주차장법령상 노외주차장의 출입구가 1개인 경우, 차로의 너비 기준이 가장 긴 주차형식은? (단, 이륜자동차전용 노외주차장이 아닌 경우)

① 직각주차　　　　② 평행주차

③ 45도 대향 주차　　　　④ 60도 대향 주차

84. 국가통합교통체계효율화법령상 타당성 평가 펼가와 예비타당성조사 결과의 비교에서 현저한 차이가 발생한 경우로 인정하는 기준이 옳은 것은? (단, 교통 수요 예측 결과 기준)

① 해당 타당성 평가 실시 결과가 예비타당성조사 실시 결과보다 100분의 5 이상 증감한 경우

② 해당 타당성 평가 실시 결과가 예비타당성조사 실시 결과보다 100분의 10 이상 증감한 경우

③ 해당 타당성 평가 실시 결과가 예비타당성조사 실시 결과보다 100분의 20 이상 증감한 경우

④ 해당 타당성 평가 실시 결과가 예비타당성조사 실시 결과보다 100분의 30 이상 증감한 경우

85. 도로법상 비용부담의 원칙과 관련한 아래 내용 중, ㉠과 ㉡에 들어갈 내용이 순서대로 모두 옳은 것은?

> 도로에 관한 비용은 이 법 또는 다른 법률에 특별한 규정이 있는 경우 외에는 도로관리청이 국토교통부장관인 도로에 관한 것은 (㉠)가 부담하고, 그 밖의 도로에 관한 것은 해당 도로의 도로관리청이 속해 있는 (㉡)가 부담한다.

① ㉠ 국토교통부, ㉡ 지방자치단체

② ㉠ 국토교통부, ㉡ 지방경찰청

③ ㉠ 국가, ㉡ 지방자치단체

④ ㉠ 국가, ㉡ 지방경찰청

86. 주차장법령상 노상주차장의 구조 · 설비기준으로 옳지 않은 것은? (단, 지방자치단체의 조례로 따로 정하는 경우는 고려하지 않는다.)

① 고속도로 · 자동차전용도로로 또는 고가도로에 설치하여서는 아니 된다.

② 도로의 너비 또는 교통 상황 등을 고려하여 그 도로를 이용하는 자동차의 통행에 지장이 없도록 설치하여야 한다.

③ 너비 6미터 이상의 도로에 설치해서는 안 된다.

④ 주차대수 규모가 20대 이상 50대 미만인 경우 장애인 전용주차구획을 1면 이상 설치하여야 한다.

87. 주차장법령상 평행주차형식 외의 경우에서 일반형 주차단위 구획의 너비와 길이 기준으로 옳은 것은?

① 너비 2.0미터 이상, 길이 5.0미터 이상

② 너비 2.0미터 이상, 길이 5.1미터 이상

③ 너비 2.5미터 이상, 길이 5.0미터 이상

④ 너비 2.5미터 이상, 길이 5.1미터 이상

88. 도로교통법상 차로와 차로를 구분하기 위하여 그 경계지점을 안전표지로 표시한 선은?

① 연석선　　　　② 중앙선

③ 차선　　　　④ 경계선

89. 도시교통정비 촉진법상 교통유발부담금의 부과 · 징수권자는?

① 시장　　　　② 구청장

③ 지방경찰청장　　　　④ 행정안전부장관

90. 대중교통의 육성 및 이용촉진에 관한 법률상 아래와 같은 목적으로 지정하는 것은?

> 대중교통을 체계적으로 육성하여 대중교통 이용을 촉진하고 개성있고 지속가능한 대중교통중심의 도시를 조성하기 위하여 필요한 때에는 국토교통부장관이 직접 또는 시·도지사의 요청에 의하여 지정할 수 있다.

① 대중교통시범도시 ② 대중교통혁신도시
③ 대중교통협력도시 ④ 대중교통행복도시

91. 도시교통정비 촉진법상 국토교통부장관이 도시교통정비 지역으로 지정·고시할 수 있는 대상 지역 기준은? (단, 도농복합형태의 시의 경우는 읍·면 지역을 제외한 지역이다.)

① 인구 10만명 이상의 도시
② 인구 20만명 이상의 도시
③ 인구 30만명 이상의 도시
④ 인구 50만명 이상의 도시

92. 도시교통정비 촉진법령상 시장 또는 군수는 도시교통정비 중기계획의 단계적 시행에 필요한 연차별 시행계획을 몇 년 단위로 수립하여야 하는가?

① 1년 ② 2년
③ 3년 ④ 5년

93. 도로법상 도로의 등급이 높은 것부터 낮은 순서로 옳게 나열한 것은?

① 고속국도-특별시도-일반국도-지방도
② 고속국도-특별시도-지방도-일반국도
③ 고속국도-일반국도-특별시도-지방도
④ 고속국도-일반국도-지방도-특별시도

94. 대도시권 광역교통 관리에 관한 특별법령상 대도시권의 범위 기준과 관련하여, 다음 중 부산·울산권에 해당하지 않는 것은?

① 부산광역시 ② 울산광역시
③ 경상남도 양산시 ④ 경상남도 창녕군

95. 도로법상 고속국도에 관한 설명으로 옳지 않은 것은?

① 고속국도의 도로관리청은 국토교통부장관이다.
② 고속국도는 도로교통망의 중요한 축을 이루며 주요 도시를 연결하는 도로로서 자동차 전용의 고속교통에 사용되는 도로 노선을 정하여 지정·고시한 것이다.
③ 고속국도에서는 자동차만을 사용해서 통행하거나 출입하여야 한다.
④ 고속국도와 다른 도로·철도·궤도를 교차시키려는 경우에는 특별한 사유가 없으면 평면교차시설로 하여야 한다.

96. 국가통합교통체계효율화법상 국토교통부장관이 수립하여야 하는 환승센터 및 복합환승센터 구축 기본계획의 수립 주기 기준으로 옳은 것은?

① 3년 ② 5년
③ 10년 ④ 20년

97. 대도시권 광역교통 관리에 관한 특별법령상 광역교통 개선대책을 수립하여야 하는 대규모 개발사업의 면적 및 수용인구(인원) 기준이 옳은 것은?

① 면적이 100만제곱미터 이상이거나 수용인구(인원) 기준이 1만명 이상인 것
② 면적이 100만제곱미터 이상이거나 수용인구(인원) 기준이 2만명 이상인 것
③ 면적이 50만제곱미터 이상이거나 수용인구(인원) 기준이 1만명 이상인 것
④ 면적이 50만제곱미터 이상이거나 수용인구(인원) 기준이 2만명 이상인 것

98. 교통안전법상 국가교통안전기본계획은 몇 년 단위로 수립하여야 하는가?

① 1년 ② 3년
③ 5년 ④ 10년

99. 국가통합교통체계효율화법령상 대통령령으로 정하는 규모 이상의 국가기간교통시설 개발사업·교통체계지능화사업 또는 교통기술 연구·개발사업으로서 국가교통위원회의 심의를 거쳐야 하는 사업 기준에 해당하지 않는 것은?

① 「도로법」에 따른 고속국도의 개발 사업으로서 총사업비가 2조원 이상인 개발사업
② 연구·개발사업 중 총사업비가 500억원 이상인 사업
③ 교통체계지능화사업 중 총사업비가 500억원 이상인 사업
④ 「신항만건설촉진법」에 따른 신항만 개발사업으로서 총사업비가 500억원 이상인 사업

100. 교통안전법령상 교통안전관리자의 직무에 해당하지 않는 것은?

① 교통사고 원인 조사·분석 및 기록 유지
② 교통사고 피해자에 대한 적정 손해배상의 보장 범위 판정
③ 기상조건에 따른 안전 운행에 필요한 조치

④ 교통안전관리규정의 시행 및 그 기록의 작성

6과목 : 교통안전

101. 어느 차량이 주행 중 도로를 벗어나 9m 아래의 계곡으로 떨어져 도로 끝에서 수평거리 20m인 지점에 추락하였다. 이 차량이 도로를 벗어날 때의 주행속도는? (단, 중력가속도는 9.8m/sec^{2}으로 가정한다.)

① 약 15km/h ② 약 27km/h
③ 약 53km/h ④ 약 75km/h

102. 어떤 장소에서 짧은 시간 동안 수시로 충돌에 근접하는 교통현상을 관측하여 그 장소의 교통사고위험성을 평가하는 것은?

① 실험계획조사 ② 교통상충조사
③ 회구분석모형 ④ 안전접근속도분석

103. 교통사고 감소를 위한 3E에 해당하지 않는 것은?

① 공학(Engineering) ② 규제(Enforcement)
③ 교육(Education) ④ 격려(Enhearten)

104. 차도를 이탈한 차량이 고정 장애물에 직접 충돌하는 것을 막기 위해 차량의 충돌 시 속도가 완만하게 줄어들도록 하거나 충돌 후 방향이 전환되도록 고안된 안전시설은?

① 숏 블라스팅 ② 과속방지시설
③ 시선유도표지 ④ 충격흡수시설

105. 다음 중 차량감속과 통과교통억제를 통해 보행환경 및 도로공간을 개선하고자 교통정온화 기법을 도입한 사례가 아닌 것은?

① 일본의 커뮤니티 도로
② 네덜란드의 본엘프
③ 미국 커뮤니티가든
④ 영국의 홈존

106. 길이가 10km인 도로 구간에서 3년 간 50건의 교통사고가 발생하였다. 이 도로 구간의 AADT가 12000대일 때 백만 차량·km 당 사고율은?

① 0.38건 ② 3.42건
③ 3.81건 ④ 38.1건

107. 교통사고 위험구간 선정 방법 중 사고율-통계적 방법(한계사고율법)에 대한 설명으로 틀린 것은?

① 사용변수로서 MEV 당 사고율 등 교통사고율을 사용한다.
② 여러 장소에서 임의로 발생하는 사고건수는 포아송 분포를 따르며, 사고건수가 커지면 포아송 분포가 정규분포에 근사화되는 특성을 이용하였다.
③ 유사한 특성을 갖는 장소의 평균사고율을 활용하여 위험구간을 선정한다.
④ 실제사고율이 임계사고율보다 작은 장소를 교통사고 위험구간으로 선정한다.

108. 교통사고 조사의 일반 원칙 사항으로 가장 거리가 먼 것은?

① 신속한 조사를 행할 것
② 주도 면밀한 조사를 행할 것
③ 확고 부동한 사실을 파악할 것
④ 가해자의 진술을 존중하고 인정할 것

109. 운전자의 태도와 교통사고와의 일반적인 관계가 옳은 것은?

① 사고다발자는 책임감이 강하다.
② 사고다발자는 강한 준법정신을 가지고 있다.
③ 교통사고와 운전자의 책임감과는 관계가 없다.
④ 사고다발자는 일반운전자에 비하여 공격적이고 자신의 능력을 과신하는 경향이 있다.

110. 주행 중이던 차량이 40m의 거리를 미끄러져 주차한 차량과 충돌하였고, 충돌 후 두 차량이 함께 20m를 미끄러져 정지하였다. 두 차량의 무게가 동일할 때 주행차량의 초기 속도는? (단, 마찰계수는 0.4 이다.)

① 100.4 km/시 ② 105.4 km/시
③ 110.4 km/시 ④ 115.4 km/시

111. 가시도가 불량하여 발생하는 야간사고의 개선대책으로 옳지 않은 것은?

① 주의표지 설치
② 가로조명시설 증설
③ 버스 정차대 규모 조정
④ 교통신호와 혼동 가능한 네온사인의 제한

112. 교통안전법상 용어의 정의가 옳지 않은 것은?

① "교통사고"라 함은 교통수단의 운행·항행·운항과 관련된 사람의 사상 또는 물건의 손괴를 말한다.
② "교통체계"라 함은 사람 또는 화물의 이동·운송과 관련된 활동을 수행하기 위하여 개별적으로 또는 서로 유기적으로 연계되어 있는 교통수단 및

교통시설의 이용 · 관리 · 운영체계 또는 이와 관련된 산업 및 제도 등을 말한다.

③ "교통수단안전점검"이란 교통안전과 관련된 조사 · 측정 · 평가업무를 전문적으로 수행하는 교통안전진단기관이 교통수단 · 교통시설 또는 교통체계에 대하여 교통안전에 관한 위험요인을 조사 · 측정 및 평가하는 모든 활동을 말한다.

④ "교통시설"이라 함은 교통수단의 운행 · 운항 또는 항행에 필요한 시설과 그 시설에 부속되어 사람의 이동 또는 교통수단의 원활하고 안전한 운행 · 운항 또는 항행을 보조하는 교통안전표지 · 교통관제시설 · 항행안전시설 등의 시설 또는 공작물을 말한다.

113. 교통사고의 원인과 개선방안의 연결이 틀린 것은?

① 선형불량 - 연석 시설 개선

② 시거불량 - 시선유도표지 설치

③ 보행자 횡단 - 보행자 안전지대 설치

④ 미끄러운 노면 - 노면요철 처리

114. 과속방지턱의 구조 기준으로 옳지 않은 것은?

① 형상은 원호형을 표준으로 한다.

② 충분한 시인성을 갖기 위해 비반사성 도료를 사용하여 표면 도색함을 원칙으로 한다.

③ 도로의 노면 포장 재료와 동일한 재료로써 노면과 일체가 되도록 설치함을 원칙으로 한다.

④ 제원은 설치 길이 3.6m, 설치 높이 10cm로 한다.

115. 교통사고의 구분 중 경상사고와 관련한 아래 내용에서 ( )에 들어갈 내용으로 옳은 것은?

교통사고로 인하여 다친 사람이 의사의 최초 진단 결과 (   )의 치료가 필요한 상해를 입은 사고

① 7일 미만　② 3주 이상

③ 5일 이상 3주 미만　④ 10일 이상 30일 미만

116. 세 갈래 교차로 (㉠)와 네 갈래 교차로 (㉡)의 교차 상충의 수로 모두 옳은 것은?

① ㉠ 3개, ㉡ 8개　② ㉠ 3개, ㉡ 16개

③ ㉠ 4개, ㉡ 16개　④ ㉠ 9개, ㉡ 32개

117. 다음 중 사고를 초래하는 운전자의 행동과 가장 거리가 먼 것은?

① 법규위반(violation)　② 침착(patience)

③ 착오(lapses)　④ 실수(errors)

118. 교통안전진단의 목표로 거리가 가장 먼 것은?

① 해당 사업의 건설비를 최소화한다.

② 교통사고의 위험 및 정도를 최소화한다.

③ 건설 후의 치료적 작업의 필요성을 최소화한다.

④ 그 사업의 전공용기간의 관련 비용을 최소화한다.

119. 교통사고를 유발하는 위험요소를 찾아 분석하고 제거하며, 제거하지 못할 경우 운전자에게 미리 위험요소를 알려주어 보다 안전하고 올바른 주행을 유도하는 교통안전성 향상 기법은?

① Inclusive transport　② Positive guidance

③ Social distancing　④ Advanced clean transit

120. 어떤 차량이 평탄한 도로에서 50m의 스키드마크를 나타내며 충돌 없이 정지하였다. 이 차량의 제동 직전의 주행속도는? (단, 마찰계수는 0.5 이다.)

① 60 km/h　② 70 km/h

③ 80 km/h　④ 90 km/h

정답

1	2	3	4	5	6	7	8	9	10
③	③	④	①	①	①	④	②	①	③
11	12	13	14	15	16	17	18	19	20
④	①	②	①	③	④	③	④	③	④
21	22	23	24	25	26	27	28	29	30
④	④	②	③	①	①	②	③	④	④
31	32	33	34	35	36	37	38	39	40
③	③	④	④	②	②	④	③	④	③
41	42	43	44	45	46	47	48	49	50
④	②	④	③	①	③	④	④	③	②
51	52	53	54	55	56	57	58	59	60
③	③	④	④	④	③	②	②	②	②
61	62	63	64	65	66	67	68	69	70
②	①	④	④	③	②	④	②	③	④
71	72	73	74	75	76	77	78	79	80
④	②	④	②	④	③	①	②	③	③
81	82	83	84	85	86	87	88	89	90
④	②	①	④	③	③	③	③	①	①
91	92	93	94	95	96	97	98	99	100
①	③	③	④	④	②	③	③	④	②
101	102	103	104	105	106	107	108	109	110
③	②	④	④	③	①	④	④	④	③
111	112	113	114	115	116	117	118	119	120
③	③	①	②	③	②	②	①	②	③

참고문헌

1) 국토교통부, 도로용량편람(2013)
2) 국토교통부, 도로의 구조·시설기준에 관한 규칙 해설 및 지침(2009)
3) 국토교통부, 평면교차로설계지침(2004)
4) 김익기, 교통수요분석에서 통행목적별 OD 접근방법과 PA접근방법의 이론적 비교연구, 대한교통학회지, v.15, no.1, 45-62(1997)
5) 도로교통관리공단, 교통사고조사 매뉴얼(2001)
6) 도철웅, 교통공학원론(상, 하), 청문각(2000)
7) 박창수, 도시교통공학론, 도서출판 정일(2001)
8) 박창수, 도시교통 운영론, 도서출판 정일(2001)
9) 원제무, 알기 쉬운 도시교통, 박영사(2000)
10) 원제무, 도시교통론, 박영사(1998)
11) 윤대식, 교통수요분석, 박영사(2001)
12) Ben-Akiva, M. and S. R Lerman, *Discrete Choice Analysis*, The MIT Press(1985)
13) Federal Highway Administration, *Traffic Control System Handbook*(2005)
14) Yosef Sheffi, *Urban Transportation Networks*, Prentice-Hall. Inc(1985)